应用概率论教程

（下册）

赵希人　赵正毅　编著

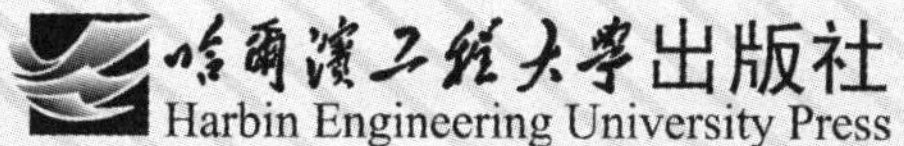

内容简介

本书包括过程和应用两部分，主要内容有随机过程基础概念，马尔可夫链，马尔可夫过程，平稳随机过程，正态过程，时间序列分析、预测及建模，维纳滤波理论，维纳滤波应用，卡尔曼滤波理论，卡尔曼滤波应用，线性系统在随机过程作用下的分析计算。书中推理详细，并介绍大量应用实例供读者学习参考。

本书可作为理工科院校研究生、本科生学习概率论的教材，也可作为科技工作者的参考用书。

图书在版编目(CIP)数据

应用概率论教程.下册/赵希人，赵正毅编著.—哈尔滨:哈尔滨工程大学出版社，2019.7
ISBN 978-7-5661-2356-5

Ⅰ.①应… Ⅱ.①赵… ②赵… Ⅲ.①概率论-应用-教材 Ⅳ.①O211.9

中国版本图书馆CIP数据核字(2019)第131019号

选题策划 宗盼盼
责任编辑 王俊一 宗盼盼
封面设计 博鑫设计

出版发行 哈尔滨工程大学出版社
社　　址 哈尔滨市南岗区南通大街145号
邮政编码 150001
发行电话 0451-82519328
传　　真 0451-82519699
经　　销 新华书店
印　　刷 哈尔滨圣铂印刷有限公司
开　　本 787 mm×1 092 mm 1/16
印　　张 40
字　　数 1 051千字
版　　次 2019年7月第1版
印　　次 2019年7月第1次印刷
定　　价 100.00元
http://www.hrbeupress.com
E-mail:heupress@hrbeu.edu.cn

前　言

本书编写的主要目的是为理工科研究生学习概率论提供一本较全面、透彻的基础理论及其应用的学习参考书。本书特别适合信息与控制科学及工程学科（简称“信控学科”）所属专业的研究生使用；对于高等院校从事概率论教学的年轻教师，本书也是很好的教学参考资料；对于从事信控技术的广大科技工作者来说，如何应用概率论解决实际工程的技术问题，本书提出的概念和方法具有普遍的参考意义。

自从伯努利第一次发表大数定理以来，概率论的发展已有三百多年的历史。在这三个多世纪里，随着概率论不断地发展和完善，多门学科在基础理论上也得到了不断的发展和完善。特别是对于信控学科来说，概率论的发展和信控学科的发展几乎是密不可分的，在信控学科内的各个领域，概率论提供了坚实的理论基础，带动并促进了信控学科向更高水平发展。概率论发展到今天，可以说已经是一门极富应用性和极具吸引力的学科。因此，在国内外几乎所有的大学，概率论这门课程普遍得到高度重视，在研究生的培养计划里，很多学校都把概率论设为必修课，甚至设为学位课（学位课比必修课更具重要性）。于是新教材不断涌现，原来的优秀教材也不断更新，不断地补充新内容和新方法，例如，享有盛誉的美国学者帕普里斯所著的经典教材《概率、随机变量与随机过程》已经更新至第四版，从第一版的 51 万字（1983 年）到第四版已达到 110 万字（2004 年）；再比如美国知名概率与统计学家罗斯所著的《概率论基础教程》已经更新了七版，这些情况不胜枚举。在中国，近四十年来，概率论教材建设空前发展，不仅有很多统编教材，而且各高等院校为了满足学科的建设和专业的需求，也编写出很多有特色的概率论教材。由此可见，概率论教材的不断建设和不断更新是培养高质量研究生的一个非常重要的环节。

本书的编写是基于以下几点考虑的。首先，理工科研究生的培养计划里概率论这门课的教学课时是有限的，作者希望学生能在较少的教学课时内学到更多的内容，为此，本书知识介绍比较详细，很多内容研究生自学也能读懂，这样一来，教师按教学课时从中选取一些章节在课堂上讲授即可。其次，考虑到理工科研究生的数学基础一般是比较扎实的，具备实变函数和矩阵的基础理论，因此，本书的内容注重推导和论证，具有较强的理论性，这样才能满足理工科研究生培养目标的需求。再次，考虑到概率论在世界范围内的最新发展，有些新概念及处理方法在国内的概率论教材中很少见到，这些内容，作者给予了重视并编写到本书中。最后，研究生还应学习概率论的重要应用，这些应用性理论和方法，对理工科研究生进一步深入研究概率论的应用具有重要的参考意义。

《应用概率论教程》分为上、下两册。本书为下册，包括两编共十一章内容（详见本书目录），其中第 3 编为过程部分，第 4 编为应用部分。具体地说，第 3 编介绍了随机过程的基础概念，并较深入地讨论了马尔可夫链、马尔可夫过程、平稳过程、正态过程及时间序列分析、预测和建模等方面的内容,其中包括了大量的定理、性质及推论,均给出了详细的证明,书中列举了多个例题,每章都配有相应的习题供读者练习。第4编介绍了概率论在信息和控制工程中的经典性应用,其中包括维纳滤波理论及应用、卡尔曼滤波理论及应用、奥斯特姆计算方法及应用。这些应用例子都是作者长期从事科研工作的体会和总结,并经过实践检验被证明是行之有效的,供读者参考。

本书较全面、系统地介绍了概率论的基础概念和基础理论,并且较详细地介绍了概率论的应用,因此,对于初学概率论的研究生来说,本书是有益的自学参考书。

由于作者的水平和能力有限,书中难免有不当甚至错误之处,恳请读者批评指正。

赵希人　赵正毅

2018年11月

符号及说明

ω——基本事件或称样本点。

Ω——基本事件空间或称样本空间，它是全体基本事件的集合，即 $\Omega=\{\omega\}$。

$A,B,C,D,\cdots$——事件，它们是 Ω 中某些基本事件的集合。

$\varnothing$——空集。

$\mathcal{F}$ ——Ω 中全体事件的集合，它是 Ω 中全体 Borel 集所构成的 σ - 代数，其中 $\varnothing$ 称为不可能事件，Ω 称为必然事件。

$P(A)$——事件 A 的概率，它是 $\mathcal{F}$ 上的概率测度。

$(\Omega,\mathcal{F})$——可测空间。

$(\Omega,\mathcal{F},P)$——概率空间。

$\mathbf{R}^n$——n 维实数空间（$\mathbf{R}^1$ 为 1 维实数空间）。

$\mathbf{C}^n$——n 维复数空间（$\mathbf{C}^1$ 为 1 维复数空间）。

$\mathcal{B}_1$——1 维 Borel 体，它是 $\mathbf{R}^1$ 上全体 Borel 集所构成的集类。

$\mathcal{B}_n$——n 维 Borel 体，它是 $\mathbf{R}^n$ 上全体 Borel 集所构成的集类。

$\equiv$——恒等于，例如 $A\equiv B$ 表示 A 恒等于 B。

$\triangleq$——定义为，例如 $A\triangleq f(x)$ 表示 A 定义为 $f(x)$。

$\forall$——对任意，例如 $\forall x\in\mathbf{R}^1$ 表示对任意 $x\in\mathbf{R}^1$。

$\exists$——存在，例如 $\exists N$ 表示存在 N。

$\Leftrightarrow$——等价，例如 $A\Leftrightarrow B$ 表示由 A 可推出 B 且由 B 可推出 A。

$\in$——属于，例如 $a\in A$ 表示 a 属于 A。

$\subset$——包含于，例如 $A\subset B$ 表示 A 包含于 B，即 B 包含 A。

$\cap$——交，例如 $A\cap B$ 表示 A 与 B 的交集。

$\cup$——并，例如 $A\cup B$ 表示 A 与 B 的并集。

$\backslash$——差，例如 $A\backslash B=A\bar{B}=A-AB$ 表示 A 与 B 的差集。

$\Rightarrow$——必有，例如 $A\Rightarrow B$ 表示由 A 必有 B（必要性）。

$\sup X$——集合 X 的上确界，称 $M=\sup X$，如果 $\forall x\in X$ 有 $x\leqslant M$；$\forall M'<M,\exists x_{M'}\in X:x_{M'}>M'$。

$\inf X$——集合 X 的下确界，称 $m=\inf X$，如果对任意 $m'>m$，m'不再是集合 X 的下界。

$\lim\limits_{n\to\infty}\sup A_n$——上极限事件，即 $\lim\limits_{n\to\infty}\sup A_n=\bigcap\limits_{m=1}^{\infty}\bigcup\limits_{n=m}^{\infty}A_n$，表示无穷多个 A_n 发生的事件，记作 $\overline{\lim\limits_{n\to\infty}}A_n\triangleq\lim\limits_{n\to\infty}\sup A_n$，或记作$\{A_n,i.\ o.\}\triangleq\lim\limits_{n\to\infty}\sup A_n$。

$\lim\limits_{n\to\infty}\inf A_n$——下极限事件，即 $\lim\limits_{n\to\infty}\inf A_n=\bigcup\limits_{m=1}^{\infty}\bigcap\limits_{n=m}^{\infty}A_n$，表示几乎一切 A_n 发生的事件，记作 $\underline{\lim\limits_{n\to\infty}}A_n\triangleq\lim\limits_{n\to\infty}\inf A_n$。

$\lim\limits_{n\to\infty}A_n$——极限事件，即 $\lim\limits_{n\to\infty}A_n\triangleq\overline{\lim\limits_{n\to\infty}}A_n=\underline{\lim\limits_{n\to\infty}}A_n$。

$\lim\limits_{n\to\infty}\sup a_n$——数列$\{a_n,n\geqslant1\}$的上极限，即 $\lim\limits_{n\to\infty}\sup a_n=\inf\limits_{m\geqslant1}\sup\limits_{n\geqslant m}a_n$，记作 $\overline{\lim\limits_{n\to\infty}}a_n\triangleq\lim\limits_{n\to\infty}\sup a_n$。

$\lim_{n\to\infty}\inf a_n$——数列$\{a_n, n\geqslant 1\}$的下极限,即 $\lim_{n\to\infty}\inf a_n = \sup_{m\geqslant 1}\inf_{n\geqslant m} a_n$,记作 $\underline{\lim}_{n\to\infty} a_n \triangleq \lim_{n\to\infty}\inf a_n$。

$\lim_{n\to\infty} a_n$——数列$\{a_n, n\geqslant 1\}$的极限,记作 $\lim_{n\to\infty} a_n \triangleq \overline{\lim}_{n\to\infty} a_n = \underline{\lim}_{n\to\infty} a_n$。

$P(A\mid B)$——在事件 B 成立条件下事件 A 的条件概率。

$E(A\mid B)$——在事件 B 成立条件下事件 A 的条件期望。

ln——以 e 为底的对数,或称自然对数。

lg——以 10 为底的对数,或称常用对数。

log——以任意数为底的对数。

e^x 或 $\exp\{x\}$——以 e 为底的指数函数。

$\binom{n}{m} = C_n^m = \dfrac{n!}{m!\ (n-m)!}$。

$\doteq$——约等于。

目　录

第3编　过程部分

第4编　应用部分

第3编　过程部分

第10章

随机过程基础概念

随机过程是在概率论的理论基础上，进一步深入研究自然界各种随机现象随时间变化的统计规律，特别是在信息与控制科学及工程领域内，随机过程的理论与方法有着相当广泛的应用。在本章，我们将介绍随机过程的若干基础概念，为进一步深入学习随机过程提供较全面的理论准备。

10.1 随机过程定义及有限维分布函数族

定义 10.1.1 称二元单值实函数的集合$\{X(\omega,t),t\in T\}$为随机过程，如果$\{X(\omega,t),t\in T\}$满足以下两个条件：

(1)对每一$t\in T$，$X(\omega,t)$是一个定义于概率空间$(\Omega,\mathcal{F},P)$上的随机变量。

(2)对每一$\omega\in\Omega$，样本函数$X(\omega,t)$是T上关于$\mathcal{B}(T)$的 Borel 可测函数。

说明 随机过程定义包含以下含义：

(1)对每一$t\in T$，$X(\omega,t)$是$\Omega=\{\omega\}$上的单值实函数且对任意实数$x\in\mathbf{R}^1$有$\{\omega:X(\omega,t)\leqslant x\}\in\mathcal{F}$，因此，$X(\omega,t)$是一个定义在$(\Omega,\mathcal{F},P)$上的随机变量，而对$T$中所有的$t$而言，$\{X(\omega,t),t\in T\}$就是无穷多个随机变量的集合。

(2)设$(T,\mathcal{B}(T))$是可测空间，其中$\mathcal{B}(T)$是T上全体 Borel 集所组成的σ-代数，我们说对每一$\omega\in\Omega$，样本函数$X(\omega,t)$是T上关于$\mathcal{B}(T)$的 Borel 可测函数，是指对任意实数$x\in\mathbf{R}^1$，有$\{t:X(\omega,t)\leqslant x\}\in\mathcal{B}(T)$，而对$\Omega$中所有的基本事件而言，$\{X(\omega,t),t\in T\}$就是所有样本函数的集合。

(3)为方便起见，我们以后用$\{X(t),t\in T\}$代替$\{X(\omega,t),t\in T\}$来表示随机过程，本书中参数t表示时间(当然t也可以代表其他物理量)。

(4)称随机过程$\{X(t),t\in T\}$的取值为状态，因为随机变量$X(t)$有离散型和连续型两种，所以随机过程的状态也就有离散型和连续型两种，而时间t的取值也有两种，即离散时间和连续时间，T为时间t的集合，因此，离散时间t的集合可表示为$T=\{t_n,n=0,1,2,\cdots\}$或$T=\{t_n,n=\cdots,-2,-1,0,1,2,\cdots\}$，连续时间$t$的集合可表示为$T=\{t,t\in[a,b]\}$，其中$a,b(a<b)$为任意实数或$T=\{t,t\in(-\infty,+\infty)\}$，这样一来，随机过程就有以下四种类型：

①离散时间状态离散的随机过程。例如，离散时间的马尔可夫链。

②离散时间状态连续的随机过程。例如,离散时间的马尔可夫过程。离散时间状态离散的随机过程和离散时间状态连续的随机过程,通常称为随机序列。

③连续时间状态离散的随机过程。例如,连续时间的马尔可夫链。

④连续时间状态连续的随机过程。例如,连续时间的马尔可夫过程。

对每一 $t \in T$,为了描述随机过程在 t 时刻的统计特性,必须知道 $X(t)$ 的一维分布函数,即

$$F(t;x) \triangleq P(X(t) < x), t \in T \tag{10.1.1}$$

或一维密度函数(如果存在),即

$$p(t;x) \triangleq \frac{\partial F(t;x)}{\partial x}, t \in T \tag{10.1.2}$$

对任意 $t_1, t_2 \in T$,为了描述随机过程在 t_1, t_2 时刻的统计特性,必须知道 $X(t_1), X(t_2)$ 的二维分布函数,即

$$F(t_1, t_2; x_1, x_2) \triangleq P[X(t_1) < x_1, X(t_2) < x_2], t_1, t_2 \in T \tag{10.1.3}$$

或二维密度函数(如果存在),即

$$p(t_1, t_2; x_1, x_2) \triangleq \frac{\partial^2}{\partial x_1 \partial x_2} F(t_1, t_2; x_1, x_2), t_1, t_2 \in T \tag{10.1.4}$$

一般地,对任意正整数 $n \geqslant 1$ 及任意 $t_1, t_2, \cdots, t_n \in T$,为了描述随机过程在 $t_1, t_2, \cdots, t_n$ 时刻的统计特性,必须知道 n 维分布函数,即

$$F(t_1, t_2, \cdots, t_n; x_1, x_2, \cdots, x_n) \triangleq P[X(t_1) < x_1, X(t_2) < x_2, \cdots, X(t_n) < x_n] \tag{10.1.5}$$

或 n 维密度函数(如果存在),即

$$p(t_1, t_2, \cdots, t_n; x_1, x_2, \cdots, x_n) = \frac{\partial^n}{\partial x_1 \partial x_2 \cdots \partial x_n} F(t_1, t_2, \cdots, t_n; x_1, x_2, \cdots, x_n) \tag{10.1.6}$$

把随机过程的一维分布函数,二维分布函数,…,以及 n 维分布函数的全体

$$\{F(t_1, t_2, \cdots, t_n; x_1, x_2, \cdots, x_n), t_i \in T, i = 1, 2, \cdots, n, n \geqslant 1\} \tag{10.1.7}$$

称为该随机过程的**有限维分布函数族**。

由上述可知,如果知道随机过程 $\{X(t), t \in T\}$ 的有限维分布函数族,那么对任意 n 个时刻 $t_1, t_2, \cdots, t_n$,随机过程在这 n 个时刻上的统计特性就完全被确定。

由概率论多维分布的定义可知,有限维分布函数族(10.1.7)式有以下两个性质:

(1)对称性:对 $1, 2, \cdots, n$ 的任意排列 $i_1, i_2, \cdots, i_n$ 有

$$F(t_1, t_2, \cdots, t_n; x_1, x_2, \cdots, x_n) = F(t_{i_1}, t_{i_2}, \cdots, t_{i_n}; x_{i_1}, x_{i_2}, \cdots, x_{i_n}) \tag{10.1.8}$$

(2)相容性:对任意 $m < n$ 有

$$F(t_1, t_2, \cdots, t_m, t_{m+1}, \cdots, t_n; x_1, x_2, \cdots, x_m, \infty, \cdots, \infty) = F(t_1, t_2, \cdots, t_m; x_1, x_2, \cdots, x_m) \tag{10.1.9}$$

有时用特征函数分析随机过程的特性会更方便些,为此,引入随机过程 $\{X(t), t \in T\}$ 的 n 维特征函数。

定义 10.1.2 设 $\{X(t), t \in T\}$ 为随机过程,对任意 $n \geqslant 1$ 及任意 $t_1, t_2, \cdots, t_n$,称

$$\begin{aligned} & f(t_1, t_2, \cdots, t_n; \hat{t}_1, \hat{t}_2, \cdots, \hat{t}_n) \\ \triangleq\ & E\left(\exp\{\mathrm{i}[\hat{t}_1 X(t_1) + \hat{t}_2 X(t_2) + \cdots + \hat{t}_n X(t_n)]\}\right) \\ =\ & \int_{-\infty}^{+\infty}\int_{-\infty}^{+\infty}\cdots\int_{-\infty}^{+\infty} \exp\{\mathrm{i}(\hat{t}_1 x_1 + \hat{t}_2 x_2 + \cdots + \hat{t}_n x_n)\}\,\mathrm{d}^n F(t_1, t_2, \cdots, t_n; x_1, x_2, \cdots, x_n) \end{aligned} \tag{10.1.10}$$

为该随机过程 $\{X(t),t\in T\}$ 的 n 维特征函数。

因为分布函数与特征函数是一一对应的，且随机过程的 n 维分布函数具有对称性和相容性，所以随机过程的 n 维特征函数也具有对称性和相容性，即

(1)对称性：对 $1,2,\cdots,n$ 的任一排列 $i_1,i_2,\cdots,i_n$ 有

$$f(t_1,t_2,\cdots,t_n;\hat{t}_1,\hat{t}_2,\cdots,\hat{t}_n)=f(t_{i_1},t_{i_2},\cdots,t_{i_n};\hat{t}_{i_1},\hat{t}_{i_2},\cdots,\hat{t}_{i_n}) \tag{10.1.11}$$

(2)相容性：

$$f(t_1,t_2,\cdots,t_m,t_{m+1},\cdots,t_n;\hat{t}_1,\hat{t}_2,\cdots,\hat{t}_m,0,\cdots,0)=f(t_1,t_2,\cdots,t_m;\hat{t}_1,\hat{t}_2,\cdots,\hat{t}_m) \tag{10.1.12}$$

下面介绍随机过程理论中的存在定理。

定理 10.1.1　柯尔莫哥洛夫(A. N. Kolmogorov)存在定理　设已给参数集 T 及满足对称性(10.1.8)式和相容性(10.1.9)式的有限维分布函数族

$$F\triangleq\{F(t_1,t_2,\cdots,t_n;x_1,x_2,\cdots,x_n),t_i\in T,i=1,2,\cdots,n,n\geqslant 1\}$$

则必存在概率空间 $(\Omega,\mathcal{F},P)$ 及定义在其上的随机过程 $\{X(t),t\in T\}$，使得该随机过程的有限维分布函数族与 F 相重合，即对任意正整数 n，任意 n 个时刻 $t_1,t_2,\cdots,t_n\in T$ 及任意 n 个实数 $x_1,x_2,\cdots,x_n\in\mathbf{R}^1$ 均有

$$P[X(t_1)<x_1,X(t_2)<x_2,\cdots,X(t_n)<x_n]=F(t_1,t_2,\cdots,t_n;x_1,x_2,\cdots,x_n)$$

定理 10.1.1 是随机过程理论的基础定理，最早是由柯尔莫哥洛夫提出并证明[1-2]的，读者也可在其他有关著作中读到详细的证明[3]。

说明　满足定理 10.1.1 的概率空间和随机过程不是唯一的，有很多方法可造出不同的概率空间和随机过程且满足定理 10.1.1。

下面举例说明随机过程的有限维分布函数族的求法。

例 10.1.1　设 $X(t)=U+Vt,|t|<+\infty$，其中 (U,V) 为二维随机变量，且密度函数 $p(u,v)$ 为已知，试求 $\{X(t),-\infty<t<+\infty\}$ 的有限维分布函数族。

解　一维分布函数为

$$F(t_1;x_1)=P[X(t_1)<x_1]=P(U+Vt_1<x_1]=\iint\limits_{u+vt_1<x_1}p(u,v)\,\mathrm{d}u\mathrm{d}v$$

二维分布函数为

$$\begin{aligned}F(t_1,t_2;x_1,x_2)&=P[X(t_1)<x_1,X(t_2)<x_2]\\&=P(U+Vt_1<x_1,U+Vt_2<x_2)\\&=\iint\limits_{\substack{u+vt_1<x_1\\u+vt_2<x_2}}p(u,v)\,\mathrm{d}u\mathrm{d}v\end{aligned}$$

一般地，n 维分布函数为

$$\begin{aligned}F(t_1,t_2,\cdots,t_n;x_1,x_2,\cdots,x_n)&=P[X(t_1)<x_1,X(t_2)<x_2,\cdots,X(t_n)<x_n]\\&=P(U+Vt_1<x_1,U+Vt_2<x_2,\cdots,U+Vt_n<x_n)\\&=\iint\limits_{\substack{u+vt_i<x_i\\i=1,2,\cdots,n}}p(u,v)\,\mathrm{d}u\mathrm{d}v\end{aligned}$$

于是得到该随机过程 $\{X(t),-\infty<t<+\infty\}$ 的有限维分布函数族为

$$\{F(t_1,t_2,\cdots,t_n;x_1,x_2,\cdots,x_n),|t_i|<+\infty,i=1,2,\cdots,n,n\geqslant 1\}$$

例 10.1.2 设样本空间 $\Omega=\{\omega\}$ 为实数轴上的线段 $[0,1]$，其概率分布是均匀的，时间参数 t 的集合 T 也是区间 $[0,1]$，现定义随机过程 $\{X(t),t\in T\}$ 和 $\{Y(t),t\in T\}$ 分别为

$$X(t,\omega)=0,\text{对一切 } t \text{ 及 } \omega \tag{10.1.13}$$

$$Y(t,\omega)=\begin{cases}1,t=\omega\\0,t\neq\omega\end{cases} \tag{10.1.14}$$

试求 $\{X(t),t\in T\}$ 及 $\{Y(t),t\in T\}$ 的有限维分布函数族。

解 对任意正整数 n，由(10.1.13)式可知

$$\begin{aligned}F_X(t_1,t_2,\cdots,t_n;x_1,x_2,\cdots,x_n)&=P[X(t_1)<x_1,X(t_2)<x_2,\cdots,X(t_n)<x_n]\\&=\begin{cases}0,x_i\leqslant 0,i=1,2,\cdots,n\\1,\text{其他}\end{cases}\end{aligned} \tag{10.1.15}$$

由(10.1.14)式可知

$$\begin{aligned}F_Y(t_1,t_2,\cdots,t_n;y_1,y_2,\cdots,y_n)&=P[Y(t_1)<y_1,Y(t_2)<y_2,\cdots,Y(t_n)<y_n]\\&=\begin{cases}0,y_i\leqslant 0,i=1,2,\cdots,n\\1-\sum\limits_{i\in\{k:y_k\leqslant 1,k=1,2,\cdots,n\}}P(\omega=t_i),\text{其他}\end{cases}\end{aligned} \tag{10.1.16}$$

然而，由概率的基本性质又知

$$\sum_{i\in\{k:y_k\leqslant 1,k=1,2,\cdots,n\}}P(\omega=t_i)=0$$

于是(10.1.16)式为

$$F_Y(t_1,t_2,\cdots,t_n;y_1,y_2,\cdots,y_n)=\begin{cases}0,y_i\leqslant 0,i=1,2,\cdots,n\\1,\text{其他}\end{cases} \tag{10.1.17}$$

比较(10.1.15)式和(10.1.17)式可知，随机过程 $\{X(t),t\in T\}$ 与随机过程 $\{Y(t),t\in T\}$ 的有限维分布函数族是相同的。

例 10.1.3 设 $\{X(\omega_1,t),t\in T\}$ 为定义在概率空间 $(\Omega_1,\mathcal{F}_1,P_1)$ 上的随机过程，又 $(\Omega_2,\mathcal{F}_2,P_2)$ 为另一概率空间，$\Omega_i=\{\omega_i\}\ (i=1,2)$，现构造一乘积空间，即

$$\Omega=\Omega_1\times\Omega_2,\mathcal{F}=\mathcal{F}_1\times\mathcal{F}_2,P=P_1\times P_2$$

再定义新随机过程 $\{Y(\omega,t),t\in T\}$ 为

$$Y(\omega,t)=X(\omega_1,t),\text{当 } \omega=(\omega_1,\omega_2) \text{ 时}$$

试证：(1) $\{Y(\omega,t),t\in T\}$ 是定义在概率空间 $(\Omega,\mathcal{F},P)$ 上的随机过程；

(2) $\{Y(\omega,t),t\in T\}$ 与 $\{X(\omega_1,t),t\in T\}$ 具有相同的有限维分布函数族。

证明 (1)对每一 $t\in T$，因为

$$\begin{aligned}(\omega:Y(\omega,t)<\lambda)&=(\omega=(\omega_1,\omega_2):X(\omega_1,t)<\lambda)\\&=(\omega_1:X(\omega_1,t)<\lambda)\times\Omega_2\in\mathcal{F}\end{aligned}$$

故 $\{Y(\omega,t),t\in T\}$ 满足定义 10.1.1 中(1)；又由题设可知，$\{X(\omega_1,t),t\in T\}$ 为概率空间 $(\Omega_1,\mathcal{F}_1,P_1)$ 上的随机过程且当 $\omega=(\omega_1,\omega_2)$ 时，$Y(\omega,t)=X(\omega_1,t)$，这说明对每一 ω，$Y(\omega,t)$ 也是 T 上关于 $\mathcal{B}(T)$ 的 Borel 可测函数，即 $\{Y(\omega,t),t\in T\}$ 满足定义 10.1.1 中(2)。于是，由定义 10.1.1 可知，$\{Y(\omega,t),t\in T\}$ 是定义在 $(\Omega,\mathcal{F},P)$ 上的随机过程。

(2)因为对任意正整数 n，任意 n 个时刻 $t_1,t_2,\cdots,t_n$ 及任意 n 个实数 $\lambda_1,\lambda_2,\cdots,\lambda_n$ 有

$$\begin{aligned}P[\omega:Y(\omega,t_i)<\lambda_i,i=1,2,\cdots,n]&=P_1[\omega_1:X(\omega_1,t_i)<\lambda_i,i=1,2,\cdots,n]\times P_2(\Omega_2)\\&=P_1[\omega_1:X(\omega_1,t_i)<\lambda_i,i=1,2,\cdots,n]\end{aligned}$$

这说明

$$\{F_Y(t_1,t_2,\cdots,t_n;\lambda_1,\lambda_2,\cdots,\lambda_n),t_i\in T,i=1,2,\cdots,n,n\geqslant 1\}$$
$$=\{F_X(t_1,t_2,\cdots,t_n;\lambda_1,\lambda_2,\cdots,\lambda_n),t_i\in T,i=1,2,\cdots,n,n\geqslant 1\}$$

所以$\{Y(\omega,t),t\in T\}$与$\{X(\omega_1,t),t\in T\}$具有相同的有限维分布函数族。

说明 例 10.1.3 给我们的启发是用空间联合(乘积空间)的方法,可以构造出很多概率空间$(\Omega,\mathcal{F},P)$及很多随机过程$\{Y(\omega,t),t\in T\}$满足定理10.1.1,所以满足定理 10.1.1 的概率空间和随机过程不是唯一的。

10.2 随机过程的示性函数

在 10.1 节已经指出,为了描述随机过程$\{X(t),t\in T\}$在任意 n 个时刻上的统计特性,必须知道它的有限维分布函数族,但在计算高维数分布函数时,往往在计算上遇到很大困难,因此,在应用中通常是利用随机过程的均值函数、方差函数和相关函数描述其特性,称这几个函数为随机过程的示性函数。

10.2.1 实随机过程的示性函数

定义 10.2.1 设$\{X(t),t\in T\}$为实随机过程,如果积分

$$m_X(t)\triangleq E[X(t)]=\int_{-\infty}^{+\infty}x\mathrm{d}F(t;x)=\int_{-\infty}^{+\infty}xp(t;x)\mathrm{d}x \tag{10.2.1}$$

存在,则称 $m_X(t)$ 为该随机过程的**均值函数**,有时简记为 $m(t)$。其中,$F(t;x)$和$p(t;x)$分别为该实随机过程的一维分布函数和一维密度函数。

定义 10.2.2 设$\{X(t),t\in T\}$为实随机过程,如果

$$D_X(t)\triangleq E\{[X(t)-m(t)]^2\}=\int_{-\infty}^{+\infty}[x-m(t)]^2\mathrm{d}F(t;x) \tag{10.2.2}$$

存在,则称 $D_X(t)$ 为该实随机过程的**方差函数**,有时简记为 $D(t)$。特别地,称

$$\sigma_X(t)\triangleq\sqrt{D_X(t)} \tag{10.2.3}$$

为实随机过程$\{X(t),t\in T\}$的标准偏差函数。

定义 10.2.3 设$\{X(t),t\in T\}$为实随机过程,如果

$$\Gamma_X(t_1,t_2)\triangleq E[X(t_1)X(t_2)]=\int_{-\infty}^{+\infty}\int_{-\infty}^{+\infty}x_1x_2\mathrm{d}^2F(t_1,t_2;x_1,x_2) \tag{10.2.4}$$

存在,则称 $\Gamma_X(t_1,t_2)$为该实随机过程的**原点自相关函数**。特别地,称 $\Gamma_X(t,t)=E\{[X(t)^2\}$ 为二阶原点矩函数。完全类似,称

$$\Gamma_{XY}(t_1,t_2)=E[X(t_1)Y(t_2)] \tag{10.2.5}$$

为实随机过程$\{X(t),t\in T\}$和$\{Y(t),t\in T\}$的**原点互相关函数**。

称积分

$$\begin{aligned}B_X(t_1,t_2)&\triangleq E\{[X(t_1)-m_X(t_1)][X(t_2)-m_X(t_2)]\}\\&=\int_{-\infty}^{+\infty}\int_{-\infty}^{+\infty}[x_1-m_X(t_1)][x_2-m_X(t_2)]\mathrm{d}^2F(t_1,t_2;x_1,x_2)\\&=\int_{-\infty}^{+\infty}\int_{-\infty}^{+\infty}[x_1-m_X(t_1)][x_2-m_X(t_2)]p(t_1,t_2;x_1,x_2)\mathrm{d}x_1\mathrm{d}x_2\end{aligned} \tag{10.2.6}$$

为实随机过程$\{X(t),t\in T\}$的**中心自相关函数**。完全类似,称

$$B_{XY}(t_1,t_2)=E\{[X(t_1)-m_X(t_1)][Y(t_2)-m_Y(t_2)]\} \tag{10.2.7}$$

为实随机过程$\{X(t),t\in T\}$和$\{Y(t),t\in T\}$的**中心互相关函数**。

由(10.2.4)式和(10.2.6)式可知

$$B_X(t_1,t_2)=\Gamma_X(t_1,t_2)-m_X(t_1)m_X(t_2) \tag{10.2.8}$$

比较(10.2.2)式和(10.2.6)式还有

$$D_X(t)=B_X(t,t)=\Gamma_X(t,t)-m_X^2(t) \tag{10.2.9}$$

下面举几个例子来说明如何求随机过程的示性函数。

例 10.2.1 设$X(t)=X_0+Vt(a\leqslant t\leqslant b)$,其中$X_0$和$V$是相互独立的服从正态$N(0,1)$分布的随机变量。

因为X_0和V是正态分布,所以对任意$t(a\leqslant t\leqslant b)$,$X(t)$也为正态分布,而且由概率论可知$X(t_1),X(t_2),\cdots,X(t_n)$为$n$维正态分布。由(10.2.1)式、(10.2.4)式及(10.2.9)式可分别求出均值函数为

$$m_X(t)=E[X(t)]=E(X_0+Vt)=E(X_0)+E(V)t=0$$

原点自相关函数为

$$\begin{aligned}\Gamma_X(t_1,t_2)&=E[X(t_1)X(t_2)]\\&=E[(X_0+Vt_1)(X_0+Vt_2)]\\&=E(X_0^2)+E(X_0V)t_1+E(X_0V)t_2+E(V^2)t_1t_2=1+t_1t_2\end{aligned}$$

方差函数$D_X(t)$为

$$D_X(t)=\Gamma_X(t,t)-m_X^2(t)=1+t^2$$

例 10.2.2 设$X(t)=A\sin\omega t+B\cos\omega t$, $-\infty<t<+\infty,\omega>0$为实常数,而$A,B$为相互独立的服从正态$N(0,\sigma^2)$分布的随机变量。

由于A,B为正态分布且$X(t)$为A,B的线性组合,所以$X(t)$为正态分布且$X(t_1)$,$X(t_2),\cdots,X(t_n)$为n维正态分布。由(10.2.1)式、(10.2.4)式及(10.2.9)式可以求出该实随机过程的示性函数。

均值函数为

$$m_X(t)=E[X(t)]=E(A\sin\omega t+B\cos\omega t)=E(A)\sin\omega t+E(B)\cos\omega t=0$$

原点自相关函数为

$$\begin{aligned}\Gamma_X(t_1,t_2)&=E[X(t_1)X(t_2)]\\&=E[(A\sin\omega t_1+B\cos\omega t_1)(A\sin\omega t_2+B\cos\omega t_2)]\\&=E(A^2)\sin\omega t_1\sin\omega t_2+E(BA)\cos\omega t_1\sin\omega t_2+E(AB)\sin\omega t_1\cos\omega t_2+\\&\quad E(B^2)\cos\omega t_1\cos\omega t_2\\&=\sigma^2(\cos\omega t_1\cos\omega t_2+\sin\omega t_1\sin\omega t_2)\\&=\sigma^2\cos[\omega(t_1-t_2)]\end{aligned}$$

方差函数为

$$D_X(t)=\Gamma_X(t,t)-m_X^2(t)=\sigma^2$$

例 10.2.3 设$X(t)=\sum\limits_{k=1}^{N}(A_k\sin\omega_k t+B_k\cos\omega_k t)$, $-\infty<t<+\infty,\omega_k>0$为实常数,而$A_k,B_k(k=1,2,\cdots,N)$为相互独立的服从正态$N(0,\sigma_k^2)$分布的随机变量。

在本例条件下,$X(t)$仍为正态分布且$X(t_1),X(t_2),\cdots,X(t_n)$为 n 维正态分布,利用和例 10.2.1、例 10.2.2 相同的方法,可以求出均值函数为

$$\begin{aligned} m_X(t) &= E[X(t)] = E[\sum_{k=1}^{N}(A_k\sin\omega_k t + B_k\cos\omega_k t)] \\ &= \sum_{k=1}^{N}[E(A_k)\sin\omega_k t + E(B_k)\cos\omega_k t] = 0 \end{aligned}$$

原点自相关函数为

$$\begin{aligned} \Gamma_X(t_1,t_2) &= E[X(t_1)X(t_2)] \\ &= E[(\sum_{k=1}^{N}A_k\sin\omega_k t_1 + B_k\cos\omega_k t_1)(\sum_{l=1}^{N}A_l\sin\omega_l t_2 + B_l\cos\omega_l t_2)] \\ &= \sum_{k=1}^{N}\sum_{l=1}^{N}E(A_kA_l)\sin\omega_k t_1\sin\omega_l t_2 + \sum_{k=1}^{N}\sum_{l=1}^{N}E(B_kA_l)\cos\omega_k t_1\sin\omega_l t_2 + \\ &\quad \sum_{k=1}^{N}\sum_{l=1}^{N}E(A_kB_l)\sin\omega_k t_1\cos\omega_l t_2 + \sum_{k=1}^{N}\sum_{l=1}^{N}E(B_kB_l)\cos\omega_k t_1\cos\omega_l t_2 \end{aligned} \tag{10.2.10}$$

由于 $k\neq l$ 时,A_k,A_l,B_k,B_l 相互独立,所以有

$$E(A_kA_l)=E(B_kA_l)=E(A_kB_l)=E(B_kB_l)=0$$

而当 $k=l$ 时,有 $E(A_k^2)=\sigma_k^2,E(B_k^2)=\sigma_k^2,E(B_kA_k)=E(A_kB_k)=0$,这样一来,(10.2.10)式可以写成

$$\begin{aligned} \Gamma_X(t_1,t_2) &= \sum_{k=1}^{N}\sigma_k^2\sin\omega_k t_1\sin\omega_k t_2 + \sum_{k=1}^{N}\sigma_k^2\cos\omega_k t_1\cos\omega_k t_2 \\ &= \sum_{k=1}^{N}\sigma_k^2\cos\omega_k(t_1-t_2) \end{aligned}$$

方差函数 $D_X(t)$为

$$D_X(t) = \Gamma_X(t,t) - m_X^2(t) = \sum_{k=1}^{N}\sigma_k^2$$

例 10.2.4　考察一阶滑动平均序列$\{X(k),k=\cdots,-2,-1,0,1,2,\cdots\}$,其定义为

$$X(k)=\xi(k)+C\xi(k-1) \tag{10.2.11}$$

其中,$\{\xi(k),k=\cdots,-2,-1,0,1,2,\cdots\}$为相互独立的且服从正态 $N(0,1)$分布的随机变量;C 为常数。因为 $X(k)$为$\{\xi(k),k=\cdots,-2,-1,0,1,2,\cdots\}$的线性组合,所以 $X(k)$也为正态分布的随机变量,且有

$$m_X(k)=E[\xi(k)]+CE[\xi(k-1)]=0$$

$$\begin{aligned} \Gamma_X(k,s) &= E[X(k)X(s)]=E\{[\xi(k)+C\xi(k-1)][\xi(s)+C\xi(s-1)]\} \\ &= E[\xi(k)\xi(s)]+CE[\xi(k-1)\xi(s)]+CE[\xi(k)\xi(s-1)]+C^2E[\xi(k-1)\xi(s-1)] \\ &= \delta(k-s)+C\delta(k-1-s)+C\delta(k-s+1)+C^2\delta(k-s) \\ &= \begin{cases} 1+C^2, & k-s=0 \\ C, & |k-s|=1 \\ 0, & |k-s|>1 \end{cases} \end{aligned} \tag{10.2.12}$$

其中,δ(・)为克罗内克 δ 函数,定义为

$$\delta(n)=\begin{cases} 1,n=0 \\ 0,n\neq 0 \end{cases} \tag{10.2.13}$$

例 10.2.5 考察一阶自回归序列$\{X(k),k=1,2,\cdots\}$,其定义为

$$X(k)+aX(k-1)=\xi(k) \tag{10.2.14}$$

其中$|a|<1$且为常数,$\{\xi(k),k=1,2,\cdots\}$为相互独立的且服从正态$N(0,1)$分布的随机变量序列,初始值$X(0)$为已知常数,试确定$\{X(k),k=1,2,\cdots\}$的均值函数$m_X(k)$及原点自相关函数$\Gamma_X(k,s)$。

由(10.2.14)式可以写出

$$\begin{aligned} X(1) &= -aX(0)+\xi(1) \\ X(2) &= (-a)^2X(0)+(-a)\xi(1)+\xi(2) \\ &\cdots\cdots\cdots\cdots \\ X(k) &= (-a)^kX(0)+\sum_{i=1}^{k}(-a)^{k-i}\xi(i) \end{aligned}$$

于是均值函数$m_X(k)$为

$$m_X(k)=E[X(k)]=(-a)^kE[X(0)]=(-a)^kX(0)$$

自相关函数$\Gamma_X(k,s)$为

$$\begin{aligned} \Gamma_X(k,s) &= E[X(k)X(s)] \\ &= E\{[(-a)^kX(0)+\sum_{i=1}^{k}(-a)^{k-i}\xi(i)][(-a)^sX(0)+\sum_{j=1}^{s}(-a)^{s-j}\xi(j)]\} \\ &= (-a)^{k+s}X^2(0)+(-a)^sX(0)\sum_{i=1}^{k}(-a)^{k-i}E[\xi(i)]+(-a)^kX(0)\cdot \\ &\quad \sum_{j=1}^{s}(-a)^{s-j}E[\xi(j)]+\sum_{i=1}^{k}\sum_{j=1}^{s}(-a)^{k+s-i-j}E[\xi(i)\xi(j)] \end{aligned} \tag{10.2.15}$$

由于$\xi(i)$服从正态$N(0,1)$分布,所以$E[\xi(i)]=E[\xi(j)]=0$,这样一来,(10.2.15)式中间两项皆取零值,又因为$E[\xi(i)\xi(j)]=\delta(i-j)$,则(10.2.15)式等号右边第四项取值如下:

当$k>s$时,有

$$\sum_{i=1}^{k}\sum_{j=1}^{s}(-a)^{k+s-i-j}\delta(i-j)=\sum_{i=1}^{s}(-a)^{k+s-2i}=\frac{(-a)^{k-s}-(-a)^{k+s}}{1-a^2}$$

当$k<s$时,有

$$\sum_{i=1}^{k}\sum_{j=1}^{s}(-a)^{k+s-i-j}\delta(i-j)=\frac{(-a)^{s-k}-(-a)^{s+k}}{1-a^2}$$

当$k=s$时,有

$$\sum_{i=1}^{k}\sum_{j=1}^{s}(-a)^{k+s-i-j}\delta(i-j)=\frac{1-(-a)^{2k}}{1-a^2}$$

归纳以上三式可得对任意k,s有

$$\sum_{i=1}^{k}\sum_{j=1}^{s}(-a)^{k+s-i-j}\delta(i-j)=\frac{(-a)^{|k-s|}-(-a)^{|k+s|}}{1-a^2},k,s\geqslant 1 \tag{10.2.16}$$

将(10.2.16)式代入(10.2.15)式得到一阶自回归序列$\{X(k),k=1,2,\cdots\}$的原点自相关函数$\Gamma_X(k,s)$为

$$\Gamma_X(k,s)=(-a)^{k+s}X^2(0)+\frac{(-a)^{|k-s|}-(-a)^{k+s}}{1-a^2},k,s\geqslant 1$$

当$k\to\infty,s\to\infty$时,由于$|a|<1$,所以

$$\Gamma_X(k,s)=\frac{(-a)^{|k-s|}}{1-a^2},k,s\to\infty$$

下面定理给出实随机过程相关函数的重要性质。

定理 10.2.1　如果实随机过程$\{X(t),t\in T\}$的相关函数$\Gamma(t_1,t_2)$存在,则

(1)$\Gamma(t,t)\geqslant 0$　(10.2.17)

(2)$\Gamma(t_1,t_2)=\Gamma(t_2,t_1)$　(10.2.18)

(3)$\Gamma(t_1,t_2)$是非负定的,即对任意有限个$t_1,t_2,\cdots,t_n\in T$和任意普通函数$\theta(t)$,$t\in T$,有

$$\sum_{k=1}^{n}\sum_{j=1}^{n}\Gamma(t_k,t_j)\theta(t_k)\theta(t_j)\geqslant 0\tag{10.2.19}$$

(4)$\Gamma^2(t_1,t_2)\leqslant\Gamma(t_1,t_1)\Gamma(t_2,t_2)$　(10.2.20)

证明　(1)由(10.2.9)式可知,$\Gamma(t,t)=D(t)+m^2(t)$,再由(10.2.2)式,显见$D(t)\geqslant 0$,于是有$\Gamma(t,t)\geqslant 0$。

(2)由定义(10.2.4)式可知

$$\Gamma(t_1,t_2)=E[X(t_1)X(t_2)]=E[X(t_2)X(t_1)]=\Gamma(t_2,t_1)$$

(3)由相关函数定义(10.2.4)式还有

$$\begin{aligned}\sum_{k=1}^{n}\sum_{j=1}^{n}\Gamma(t_k,t_j)\theta(t_k)\theta(t_j)&=\sum_{k=1}^{n}\sum_{j=1}^{n}E[X(t_k)X(t_j)]\theta(t_k)\theta(t_j)\\&=E\{[\sum_{k=1}^{n}X(t_k)\theta(t_k)]^2\}\geqslant 0\end{aligned}$$

(4)因为对任意实常数a有

$$E\{[X(t_1)+aX(t_2)]^2\}=\Gamma(t_1,t_1)+2a\Gamma(t_1,t_2)+a^2\Gamma(t_2,t_2)\geqslant 0$$

所以,其判别式必非正,即

$$\Gamma^2(t_1,t_2)\leqslant\Gamma(t_1,t_1)\Gamma(t_2,t_2)$$

定理证毕。

由定理 10.2.1 不难证明由相关函数$\Gamma(t_1,t_2)$所构造的矩阵

$$\begin{bmatrix}\Gamma(t_1,t_1)&\Gamma(t_1,t_2)&\cdots&\Gamma(t_1,t_n)\\\Gamma(t_2,t_1)&\Gamma(t_2,t_2)&\cdots&\Gamma(t_2,t_n)\\\vdots&\vdots&&\vdots\\\Gamma(t_n,t_1)&\Gamma(t_n,t_2)&\cdots&\Gamma(t_n,t_n)\end{bmatrix}$$

为非负定的对称阵。

10.2.2　复随机过程的示性函数

为了对随机过程在理论上进行深入讨论,我们引入复随机过程的定义及其示性函数。

定义 10.2.4　复随机过程　设$\{X(t),t\in T\}$和$\{Y(t),t\in T\}$为两个实随机过程,则称

$$Z(t)=X(t)+\mathrm{i}Y(t),t\in T\tag{10.2.21}$$

为复随机过程,其中$\mathrm{i}=\sqrt{-1}$,简记为$\{Z(t),t\in T\}$。

和实随机过程相似,对任意$n\geqslant 1$及任意n个时刻$t_1,t_2,\cdots,t_n$,为了确定复随机过程$Z(t)$在这n个时刻上的统计特性,应该知道$\{Z(t_1),Z(t_2),\cdots,Z(t_n)\}$的分布函数,即

$$
\begin{aligned}
&F(t_1,t_2,\cdots,t_n;z_1,z_2,\cdots,z_n)\\
&=P[Z(t_1)<z_1,Z(t_2)<z_2,\cdots,Z(t_n)<z_n]\\
&=P[X(t_1)+\mathrm{i}Y(t_1)<x_1+\mathrm{i}y_1,X(t_2)+\mathrm{i}Y(t_2)<x_2+\mathrm{i}y_2,\cdots,X(t_n)+\mathrm{i}Y(t_n)<x_n+\mathrm{i}y_n]\\
&=P[X(t_1)<x_1,X(t_2)<x_2,\cdots,X(t_n)<x_n;Y(t_1)<y_1,Y(t_2)<y_2,\cdots,Y(t_n)<y_n]\\
&=F(t_1,t_2,\cdots,t_n;x_1,x_2,\cdots,x_n;y_1,y_2,\cdots,y_n)
\end{aligned} \tag{10.2.22}
$$

这就是说,n 维复随机向量$[Z(t_1),Z(t_2),\cdots,Z(t_n)]$的统计特性完全被确定就等价于 $2n$ 维实随机向量$[X(t_1),X(t_2),\cdots,X(t_n),Y(t_1),Y(t_2),\cdots,X(t_n)]$的统计特性完全被确定,其中 $X(t_i)$和 $Y(t_i)$分别为 $Z(t_i)(i=1,2,\cdots,n)$的实部和虚部。

定义 10.2.5 复随机过程的均值函数 设$\{Z(t)=X(t)+\mathrm{i}Y(t),t\in T\}$为复随机过程,则称

$$
E[Z(t)]=E[X(t)]+\mathrm{i}E[Y(t)]\triangleq m_Z(t) \tag{10.2.23}
$$

为复随机过程的均值函数。

定义 10.2.6 复随机过程的方差函数 设$\{Z(t)=X(t)+\mathrm{i}Y(t),t\in T\}$为复随机过程,则称

$$
D_Z(t)\triangleq E[|Z(t)-m_Z(t)|^2]=E\{[X(t)-m_X(t)]^2\}+E\{[Y(t)-m_Y(t)]^2\} \tag{10.2.24}
$$

为复随机过程的方差函数,其中 $m_Z(t)=m_X(t)+\mathrm{i}m_Y(t)$。

定义 10.2.7 复随机过程的相关函数 设$\{Z(t)=X(t)+\mathrm{i}Y(t),t\in T\}$为复随机过程,则称

$$
\begin{aligned}
\Gamma_Z(t_1,t_2)&\triangleq E[Z(t_1)\overline{Z(t_2)}]\\
&=E\{[X(t_1)+\mathrm{i}Y(t_1)][X(t_2)-\mathrm{i}Y(t_2)]\}\\
&=\Gamma_X(t_1,t_2)+\Gamma_Y(t_1,t_2)+\mathrm{i}[\Gamma_{YX}(t_1,t_2)-\Gamma_{XY}(t_1,t_2)]
\end{aligned} \tag{10.2.25}
$$

为复随机过程的原点自相关函数,称

$$
\begin{aligned}
B_Z(t_1,t_2)&\triangleq E\{[Z(t_1)-m_Z(t_1)]\overline{[Z(t_2)-m_Z(t_2)]}\}\\
&=E[Z(t_1)\overline{Z(t_2)}]-m_Z(t_1)\overline{m_Z(t_2)}\\
&=\Gamma_Z(t_1,t_2)-m_Z(t_1)\overline{m_Z(t_2)}
\end{aligned} \tag{10.2.26}
$$

为复随机过程的中心自相关函数。

复随机过程的相关函数有如下性质。

定理 10.2.2 设$\{Z(t)=X(t)+\mathrm{i}Y(t),t\in T\}$为复随机过程,则

(1)$\Gamma_Z(t,t)\geqslant 0$ (10.2.27)

(2)$\Gamma_Z(t_1,t_2)=\overline{\Gamma_Z(t_2,t_1)}$ (10.2.28)

(3)$\Gamma_Z(t_1,t_2)$是非负定的,即对任意 $t_1,t_2,\cdots,t_n$ 及复数 $\lambda_1,\lambda_2,\cdots,\lambda_n$ 有

$$
\sum_{k=1}^{n}\sum_{j=1}^{n}\Gamma_Z(t_k,t_j)\lambda_k\overline{\lambda_j}\geqslant 0 \tag{10.2.29}
$$

(4)$|\Gamma_Z(t_1,t_2)|^2\leqslant\Gamma_Z(t_1,t_1)\Gamma_Z(t_2,t_2)$ (10.2.30)

证明 (1)由(10.2.25)式可知

$$
\Gamma_Z(t,t)=\Gamma_X(t,t)+\Gamma_Y(t,t)\geqslant 0
$$

(2)由(10.2.25)式可知

$$
\Gamma_Z(t_2,t_1)=\Gamma_X(t_2,t_1)+\Gamma_Y(t_2,t_1)+\mathrm{i}[\Gamma_{YX}(t_2,t_1)-\Gamma_{XY}(t_2,t_1)]
$$

所以

$$\begin{aligned}\overline{\Gamma_Z(t_2,t_1)} &= \Gamma_X(t_2,t_1)+\Gamma_Y(t_2,t_1)-\mathrm{i}[\Gamma_{YX}(t_2,t_1)-\Gamma_{XY}(t_2,t_1)]\\ &=\Gamma_X(t_1,t_2)+\Gamma_Y(t_1,t_2)+\mathrm{i}[\Gamma_{XY}(t_2,t_1)-\Gamma_{YX}(t_2,t_1)]\\ &=\Gamma_X(t_1,t_2)+\Gamma_Y(t_1,t_2)+\mathrm{i}[\Gamma_{YX}(t_1,t_2)-\Gamma_{XY}(t_1,t_2)]\\ &=\Gamma_Z(t_1,t_2)\end{aligned}$$

(3)
$$\begin{aligned}\sum_{k=1}^{n}\sum_{j=1}^{n}\Gamma_Z(t_k,t_j)\lambda_k\overline{\lambda_j} &= \sum_{k=1}^{n}\sum_{j=1}^{n}E[Z(t_k)\overline{Z(t_j)}]\lambda_k\overline{\lambda_j}\\ &= E[\sum_{k=1}^{n}Z(t_k)\lambda_k\sum_{j=1}^{n}\overline{Z(t_j)\lambda_j}]\\ &= E[\left|\sum_{k=1}^{n}Z(t_k)\lambda_k\right|^2]\geqslant 0\end{aligned}$$

(4)利用许互兹不等式(见上册(4.4.69)式),有

$$\begin{aligned}|\Gamma_Z(t_1,t_2)|^2 &= |E[Z(t_1)\overline{Z(t_2)}]|^2\\ &\leqslant\{E[|Z(t_1)\overline{Z(t_2)}|]\}^2\\ &\leqslant E[|Z(t_1)|^2]E[|\overline{Z(t_2)}|^2]\\ &=\Gamma_Z(t_1,t_1)\Gamma_Z(t_2,t_2)\end{aligned}$$

定理证毕。

例 10.2.6　设 $Z(t)=\sum_{k=1}^{N}A_k\mathrm{e}^{\mathrm{i}(\omega_k t+\varphi_k)}$, $-\infty<t<\infty$, $\omega_k>0$ 为常数,$\{A_k,k=1,2,\cdots,N\}$ 为相互独立的且服从正态 $N(0,\sigma_k^2)$ 分布的随机变量,$\{\varphi_k,k=1,2,\cdots,N\}$ 为相互独立的且在$[0,2\pi]$上服从均匀分布的随机变量,$\{\varphi_k\}$与$\{A_k\}$相互独立。试求:(1)$E[Z(t)]$;(2)$\Gamma_Z(t_1,t_2)$。

解
$$E[Z(t)]=\sum_{k=1}^{N}E[A_k\mathrm{e}^{\mathrm{i}(\omega_k t+\varphi_k)}]=\sum_{k=1}^{N}E(A_k)E[\mathrm{e}^{\mathrm{i}(\omega_k t+\varphi_k)}]=0$$

$$\begin{aligned}\Gamma_Z(t_1,t_2) &= E[Z(t_1)\overline{Z(t_2)}]=E\{[\sum_{k=1}^{N}A_k\mathrm{e}^{\mathrm{i}(\omega_k t_1+\varphi_k)}][\sum_{j=1}^{N}\overline{A_j\mathrm{e}^{\mathrm{i}(\omega_j t_2+\varphi_j)}}]\}\\ &=\sum_{k=1}^{N}\sum_{j=1}^{N}E(A_k\bar{A}_j)E[\mathrm{e}^{\mathrm{i}(\varphi_k-\varphi_j)}\mathrm{e}^{\mathrm{i}(\omega_k t_1-\omega_j t_2)}]\\ &=\sum_{k=1}^{N}\sum_{j=1}^{N}E(A_kA_j)E[\cos(\varphi_k-\varphi_j)+\mathrm{i}\sin(\varphi_k-\varphi_j)]\mathrm{e}^{\mathrm{i}(\omega_k t_1-\omega_j t_2)}\end{aligned}$$

因为 $E[\cos(\varphi_k-\varphi_j)]=\int_0^{2\pi}\int_0^{2\pi}\cos(\varphi_k-\varphi_j)\frac{1}{4\pi^2}\mathrm{d}\varphi_k\mathrm{d}\varphi_j=\begin{cases}1,k=j\\0,k\neq j\end{cases}$

$$E[\sin(\varphi_k-\varphi_j)]=0$$

所以 $E[\mathrm{e}^{\mathrm{i}(\varphi_k-\varphi_j)}]=\delta(k-j)$且有 $E(A_kA_j)=\sigma_k^2\delta(k-j)$,则

$$\Gamma_Z(t_1,t_2)=\sum_{k=1}^{N}\sum_{j=1}^{N}\sigma_k^2\delta(k-j)\delta(k-j)\mathrm{e}^{\mathrm{i}(\omega_k t_1-\omega_j t_2)}=\sum_{k=1}^{N}\sigma_k^2\mathrm{e}^{\mathrm{i}\omega_k(t_1-t_2)}$$

其中,$\delta(k-j)$为克罗内克 δ 函数。

以后如不做特殊说明,所讨论的过程均指实随机过程。

10.2.3　二维随机过程的示性函数

下面介绍二维随机过程。

设$\{X(t),Y(t),t\in T\}$为二维随机过程,如果对任意 n 个时刻 $t_1,t_2,\cdots,t_n\in T$,其中 n 为任意正整数,$2n$ 维随机向量

$$[X(t_1),X(t_2),\cdots,X(t_n),Y(t_1),Y(t_2),\cdots,Y(t_n)]$$

的分布函数

$$\begin{aligned}&F(t_1,t_2,\cdots,t_n;x_1,x_2,\cdots,x_n;y_1,y_2,\cdots,y_n)\\ &\triangleq P[X(t_1)<x_1,X(t_2)<x_2,\cdots,X(t_n)<x_n;Y(t_1)<y_1,Y(t_2)<y_2,\cdots,Y(t_n)<y_n]\end{aligned} \tag{10.2.31}$$

都是已知的,并且均满足对称性及相容性的要求,那么二维随机过程$\{X(t),Y(t),t\in T\}$在 $t_1,t_2,\cdots,t_n\in T$ 时刻上的统计特性就完全被确定。称

$$\{F(t_1,t_2,\cdots,t_n;x_1,x_2,\cdots,x_n;y_1,y_2,\cdots,y_n),t_i\in T,i=1,2,\cdots,n\} \tag{10.2.32}$$

为二维随机过程$\{X(t),Y(t),t\in T\}$的有限维分布函数族,如果存在 $2n$ 阶偏导数

$$\frac{\partial^{2n}F(t_1,t_2,\cdots,t_n;x_1,x_2,\cdots,x_n;y_1,y_2,\cdots,y_n)}{\partial x_1\partial x_2\cdots\partial x_n\partial y_1\partial y_2\cdots\partial y_n}\triangleq p(t_1,t_2,\cdots,t_n;x_1,x_2,\cdots,x_n;y_1,y_2,\cdots,y_n) \tag{10.2.33}$$

则称 $p(t_1,t_2,\cdots,t_n;x_1,x_2,\cdots,x_n;y_1,y_2,\cdots,y_n)$ 为二维随机过程$\{X(t),Y(t),t\in T\}$的密度函数。

称$\{m_X(t),m_Y(t)\}$为二维随机过程$\{X(t),Y(t),t\in T\}$的均值函数,其中

$$m_X(t)=E[X(t)],m_Y(t)=E[Y(t)]$$

称 2×2 维矩阵

$$\begin{bmatrix}\Gamma_{XX}(t_1,t_2) & \Gamma_{XY}(t_1,t_2)\\ \Gamma_{YX}(t_1,t_2) & \Gamma_{YY}(t_1,t_2)\end{bmatrix}\triangleq E\left\{\begin{bmatrix}X(t_1)\\ Y(t_1)\end{bmatrix}\begin{bmatrix}X(t_2)\\ Y(t_2)\end{bmatrix}^{\mathrm T}\right\} \tag{10.2.34}$$

为二维随机过程$\{X(t),Y(t),t\in T\}$的原点相关函数矩阵,其中

$$\begin{cases}\Gamma_{XX}(t_1,t_2)=E[X(t_1)X(t_2)]\\ \Gamma_{YY}(t_1,t_2)=E[Y(t_1)Y(t_2)]\end{cases} \tag{10.2.35}$$

分别为一维随机过程$\{X(t),t\in T\}$和$\{Y(t),t\in T\}$的原点自相关函数,而

$$\begin{cases}\Gamma_{XY}(t_1,t_2)=E\{X(t_1)Y(t_2)\}\\ \Gamma_{YX}(t_1,t_2)=E\{Y(t_1)X(t_2)\}\end{cases} \tag{10.2.36}$$

分别为随机过程$\{X(t),t\in T\}$和$\{Y(t),t\in T\}$的原点互相关函数。

称 2×2 维矩阵

$$\begin{aligned}&\begin{bmatrix}B_{XX}(t_1,t_2) & B_{XY}(t_1,t_2)\\ B_{YX}(t_1,t_2) & B_{YY}(t_1,t_2)\end{bmatrix}\\ &\triangleq E\left\{\begin{bmatrix}X(t_1)-m_X(t_1)\\ Y(t_1)-m_Y(t_1)\end{bmatrix}\begin{bmatrix}X(t_2)-m_X(t_2)\\ Y(t_2)-m_Y(t_2)\end{bmatrix}^{\mathrm T}\right\}\\ &=\begin{bmatrix}E\{[X(t_1)-m_X(t_1)][X(t_2)-m_X(t_2)]\} & E\{[X(t_1)-m_X(t_1)][Y(t_2)-m_Y(t_2)]\}\\ E\{[Y(t_1)-m_Y(t_1)][X(t_2)-m_X(t_2)]\} & E\{[Y(t_1)-m_Y(t_1)][Y(t_2)-m_Y(t_2)]\}\end{bmatrix}\end{aligned} \tag{10.2.37}$$

为二维随机过程$\{X(t),Y(t),t\in T\}$的中心相关函数矩阵。

例 10.2.7 设$\{X(t),Y(t),t\in T\}$为二维实随机过程,现定义

$$Z(t)=X(t)+Y(t),t\in T$$

则 $Z(t)$ 的均值函数为

$$m_Z(t)=E[Z(t)]=E[X(t)+Y(t)]=m_X(t)+m_Y(t)$$

$Z(t)$ 的相关函数为

$$\begin{aligned}\Gamma_Z(t_1,t_2)&=E[Z(t_1)Z(t_2)]\\&=E\{[X(t_1)+Y(t_1)][X(t_2)+Y(t_2)]\}\\&=\Gamma_{XX}(t_1,t_2)+\Gamma_{YY}(t_1,t_2)+\Gamma_{XY}(t_1,t_2)+\Gamma_{YX}(t_1,t_2)\end{aligned}$$

$Z(t)$ 与 $X(t)$ 的互相关函数为

$$\begin{aligned}\Gamma_{ZX}(t_1,t_2)&=E[Z(t_1)X(t_2)]\\&=E\{[X(t_1)+Y(t_1)]X(t_2)\}\\&=\Gamma_{XX}(t_1,t_2)+\Gamma_{YX}(t_1,t_2)\end{aligned}$$

10.2.4　两个随机过程的独立性及不相关性

我们已经讨论了两个随机变量的独立性(见《应用概率论教程》(上册)(简称上册)定义 2.3.1)及不相关性的含义(见上册定义 4.5.3),现在讨论两个随机过程的独立性及不相关性。

定义 10.2.8　称随机过程 $\{X(t),t\in T\}$ 和 $\{Y(t),t\in T\}$ 是相互独立的,如果对任意正整数 $m\geqslant1,n\geqslant1$,以及任意 $t_1,t_2,\cdots,t_m\in T$,任意 $t_1',t_2',\cdots,t_n'\in T$,$m+n$ 维随机向量 $[X(t_1),X(t_2),\cdots,X(t_m),Y(t_1'),Y(t_2'),\cdots,Y(t_n')]$ 的联合分布函数满足

$$\begin{aligned}&F_{XY}(t_1,t_2,\cdots,t_m;x_1,x_2,\cdots,x_m;t_1',t_2',\cdots,t_n';y_1,y_2,\cdots,y_n)\\&\triangleq P[X(t_1)<x_1,X(t_1)<x_2,\cdots,X(t_m)<x_m;Y(t_1')<y_1,Y(t_2')<y_2,\cdots,Y(t_n')<y_n]\\&=P[X(t_1)<x_1,X(t_2)<x_2,\cdots,X(t_m)<x_m]P[Y(t_1')<y_1,Y(t_2')<y_2,\cdots,Y(t_n')<y_n]\\&=F_X(t_1,t_2,\cdots,t_m;x_1,x_2,\cdots,x_m)F_Y(t_1',t_2',\cdots,t_n';y_1,\cdots,y_n)\end{aligned}\tag{10.2.38}$$

简记为

$$F_{XY}(\boldsymbol{t},\boldsymbol{x};\boldsymbol{t}',\boldsymbol{y})=F_X(\boldsymbol{t},\boldsymbol{x})F_Y(\boldsymbol{t}',\boldsymbol{y})\tag{10.2.39}$$

其中,$\boldsymbol{t}\triangleq[t_1,t_2,\cdots,t_m]$;$\boldsymbol{x}\triangleq[x_1,x_2,\cdots,x_m]$;$\boldsymbol{t}'\triangleq[t_1',t_2',\cdots,t_n']$;$\boldsymbol{y}\triangleq[y_1,y_2,\cdots,y_n]$。

如果存在联合密度函数

$$\begin{aligned}p_{XY}(\boldsymbol{t},\boldsymbol{x};\boldsymbol{t}',\boldsymbol{y})&=\frac{\partial^2F_{XY}(\boldsymbol{t},\boldsymbol{x};\boldsymbol{t}',\boldsymbol{y})}{\partial\boldsymbol{x}\partial\boldsymbol{y}}\\&=\frac{\partial^{n+m}F(t_1,t_2,\cdots,t_m;x_1,x_2,\cdots,x_m;t_1',t_2',\cdots,t_n';y_1,y_2,\cdots,y_n)}{\partial x_1\partial x_2\cdots\partial x_m\partial y_1\partial y_2\cdots\partial y_n}\end{aligned}\tag{10.2.40}$$

则(10.2.39)式等价地有

$$p_{XY}(\boldsymbol{t},\boldsymbol{x};\boldsymbol{t}',\boldsymbol{y})=p_X(\boldsymbol{t},\boldsymbol{x})p_Y(\boldsymbol{t}',\boldsymbol{y})\tag{10.2.41}$$

定义 10.2.9　称随机过程 $\{X(t),t\in T\}$ 和 $\{Y(t),t\in T\}$ 是不相关的,如果对任意 $t_1,t_2\in T$,中心互相关函数满足

$$B_{XY}(t_1,t_2)=E\{[X(t_1)-m_X(t_1)][Y(t_2)-m_Y(t_2)]\}=0\tag{10.2.42}$$

即

$$\begin{aligned}B_{XY}(t_1,t_2)&=E[X(t_1)Y(t_2)]-m_X(t_1)m_Y(t_2)\\&=\Gamma_{XY}(t_1,t_2)-m_X(t_1)m_Y(t_2)=0\end{aligned}\tag{10.2.43}$$

关于随机过程的独立性与不相关性之间的关系,有如下结论。

定理 10.2.3　如果随机过程 $\{X(t),t\in T\}$ 与随机过程 $\{Y(t),t\in T\}$ 独立,则两者必不相

关,但反之不真。

证明 取 $n=m=1$,由独立性定义可知,对任意 $t_1,t_2\in T$ 有

$$F_{XY}(t_1,x_1;t_2,y_2)=F_X(t_1,x_1)F_Y(t_2,y_2)$$

于是有

$$\begin{aligned}B_{XY}(t_1,t_2)&=E[X(t_1)Y(t_2)]-m_X(t_1)m_Y(t_2)\\&=\int_{-\infty}^{+\infty}\int_{-\infty}^{+\infty}x_1y_2\mathrm{d}^2F_{XY}(t_1,x_1;t_2,y_2)-m_X(t_1)m_Y(t_2)\\&=\int_{-\infty}^{+\infty}\int_{-\infty}^{+\infty}x_1y_2\mathrm{d}F_X(t_1,x_1)\mathrm{d}F_Y(t_2,y_2)-m_X(t_1)m_Y(t_2)\\&=\int_{-\infty}^{+\infty}x_1\mathrm{d}F_X(t_1,x_1)\int_{-\infty}^{+\infty}y_2\mathrm{d}F_Y(t_2,y_2)-m_X(t_1)m_Y(t_2)\\&=m_X(t_1)m_Y(t_2)-m_X(t_1)m_Y(t_2)=0\end{aligned}$$

所以$\{X(t),t\in T\}$与$\{Y(t),t\in T\}$不相关。

为了说明“反之不真”,现举一反例:

取 $X(t)=\xi_1\cdot 1(t),t\in T=[0,\infty),Y(t)=\xi_2\cdot 1(t),t\in T=[0,\infty)$,其中 $1(t)=\begin{cases}1,t\geqslant 0\\0,t<0\end{cases}$,通常称 $1(t)$ 为单位阶跃函数,而 ξ_1 与 ξ_2 为两个随机变量且联合密度函数为

$$p_{\xi_1\xi_2}(x_1,x_2)=\begin{cases}\dfrac{1}{\pi},x_1^2+x_2^2\leqslant 1\\0,其他\end{cases}$$

由上册例 4.5.1 可知,对任意 $t_1,t_2>0$,因为 $p_{XY}(t_1,x_1;t_2,y_2)\neq p_X(t_1,x_1)p_Y(t_2,y_2)$,说明$\{X(t),t\in T\}$与$\{Y(t),t\in T\}$不独立,但又知 $E[X(t_1)Y(t_2)]-E[X(t_1)]E[Y(t_2)]=0$,即两者不相关。定理证毕。

10.3 随机过程的极限、连续性、可微性和可积性

在随机过程理论中,经常涉及过程的导数和积分,但是关于随机过程导数和积分的概念归根结底是一个随机变量序列的极限问题,而关于随机变量序列极限(或称收敛性)的定义及若干性质,我们已经在上册 6.1 节做了详细讨论,现在我们在上册 6.1 节的基础上讨论随机过程的极限、连续性、可微性和可积性。

10.3.1 随机过程的极限

定义 10.3.1 设$\{X(t),t\in T\}$为随机过程,如果对任意 $\varepsilon>0$,恒有

$$\lim_{t\to t_0}P(|X(t)-X|\geqslant\varepsilon)=0 \tag{10.3.1}$$

其中 X 为某随机变量,则称该随机过程$\{X(t),t\in T\}$在 $t=t_0$ 时刻依概率收敛于随机变量 X,记作

$$\lim_{t\to t_0}X(t)=X,(P) \tag{10.3.2}$$

或称 X 为随机过程$\{X(t),t\in T\}$在 $t=t_0$ 时刻的**依概率极限**。

定义 10.3.2 设$\{X(t),t\in T\}$为随机过程,X 为随机变量且 $E[X^2(t)]<\infty,t\in T$,

$E(X^2)<\infty$,如果

$$\lim_{t\to t_0} E\left[X(t)-X\right]^2=0 \tag{10.3.3}$$

则称该随机过程$\{X(t),t\in T\}$在$t=t_0$时刻均方收敛于X,记作

$$\underset{t\to t_0}{\mathrm{l\cdot i\cdot m}}\, X(t)=X \tag{10.3.4}$$

或称X是随机过程$\{X(t),t\in T\}$在$t=t_0$时刻的**均方极限**,其中符号 l · i · m 是英文 limt in mean 的缩写。有关依概率收敛和均方收敛的若干性质,在上册 6.1 节已做了详细讨论,这里不再赘述(见上册(6.1.45)式至(6.1.61)式)。

例 10.3.1　考察随机序列$\{X_n,n=1,2,\cdots\}$,其概率分布为

X_n:	n	0	$-n$
$P(X_n)$:	$\frac{1}{n^k}$	$1-\frac{2}{n^k}$	$\frac{1}{n^k}$

其中$k>0$为任一正数,试分析该序列的收敛性。

因为

$$\lim_{n\to\infty} P(|X_n-0|\geqslant\varepsilon)=\lim_{n\to\infty}P(X_n=n)+\lim_{n\to\infty}P(X_n=-n)=\lim_{n\to\infty}\frac{2}{n^k}\to 0,k>0$$

所以由定义 10.3.1 可知,对任意$k>0$,$\{X_n,n=1,2,\cdots\}$依概率收敛于零。

另一方面,有

$$\lim_{n\to\infty}E[(X_n-0)^2]=\lim_{n\to\infty}\left[n^2\frac{1}{n^k}+0\left(1-\frac{2}{n^k}\right)+n^2\frac{1}{n^k}\right]=\lim_{n\to\infty}\frac{2}{n^{k-2}}=\begin{cases}0,k>2\\2,k=2\\\infty,0<k<2\end{cases}$$

于是由定义 10.3.2 可知,对任意$k>2$,随机序列$\{X_n,n=1,2,\cdots\}$均方收敛于零,而对任意$0<k\leqslant 2$,该序列不均方收敛于零。

例 10.3.2　考察均值为零的随机序列$\{X_n,n=1,2,\cdots\}$且$E(X_n^2)<\infty$,称

$$M_n=\frac{1}{n}\sum_{i=1}^{n}X_i \tag{10.3.5}$$

为样本平均序列,现引入

$$C(n)=E(X_nM_n)=\frac{1}{n}\sum_{i=1}^{n}E(X_nX_i) \tag{10.3.6}$$

我们来证明下面的等价关系,即

$$\lim_{n\to\infty}E(M_n^2)=0\Leftrightarrow\lim_{n\to\infty}C(n)=0 \tag{10.3.7}$$

为此,我们先推导一个有用的关系式,首先

$$\begin{aligned}2\sum_{i=1}^{n}iC(i)-\sum_{i=1}^{n}E(X_i^2)&=\sum_{i=1}^{n}\sum_{j=1}^{i}E(2X_iX_j)-\sum_{i=1}^{n}E(X_i^2)\\&=E\left(\sum_{i=1}^{n}\sum_{j=1}^{i}2X_iX_j-\sum_{i=1}^{n}X_i^2\right)\end{aligned} \tag{10.3.8}$$

再利用归纳法可证明

$$\sum_{i=1}^{n}\sum_{j=1}^{i}2X_iX_j-\sum_{i=1}^{n}X_i^2=\left(\sum_{i=1}^{n}X_i\right)^2 \tag{10.3.9}$$

将(10.3.9)式代入(10.3.8)式,于是有

$$2\sum_{i=1}^{n} iC(i) - \sum_{i=1}^{n} E(X_i^2) = n^2 E(M_n^2) \tag{10.3.10}$$

下面先证

$$\lim_{n\to\infty} C(n) = 0 \Rightarrow \lim_{n\to\infty} E(M_n^2) = 0$$

由 $\lim\limits_{n\to\infty} C(n) = 0$ 可知必有 $\lim\limits_{n\to\infty}\frac{1}{n}\sum\limits_{i=1}^{n} C(i) = 0$, 即

$$\lim_{n\to\infty}\frac{1}{n^2}\sum_{i=1}^{n} iC(i) = 0 \tag{10.3.11}$$

然而由(10.3.10)式可知

$$E(M_n^2) = \frac{2}{n^2}\sum_{i=1}^{n} iC(i) - \frac{1}{n^2}\sum_{i=1}^{n} E(X_i^2)$$

再由(10.3.11)式并考虑到 $E(X_i^2) < \infty$,于是立得

$$\lim_{n\to\infty} E(M_n^2) = 0$$

再证

$$\lim_{n\to\infty} E(M_n^2) = 0 \Rightarrow \lim_{n\to\infty} C(n) = 0$$

由(10.3.6)式及许瓦兹不等式,并考虑到 $E(X_n^2) < \infty$,有

$$C(n) = \sqrt{[E(X_n M_n)]^2} \leqslant \sqrt{E(X_n^2)E(M_n^2)} \to 0, n\to\infty$$

这样一来,等价关系(10.3.7)式成立。

应当指出,如果 $\lim\limits_{n\to\infty} E(M_n^2) = 0$,则称该序列的样本平均序列 $\{M_n, n = 1,2,\cdots\}$ 关于均值是均方遍历的。由此结果可得如下结论:零均值随机序列 $\{X_n, n = 1,2,\cdots, E(X_n^2) < \infty\}$ 的样本平均序列 $\left\{M_n = \frac{1}{n}\sum\limits_{i=1}^{n} X_i, n = 1,2,\cdots\right\}$ 关于均值为均方遍历的充要条件是

$$\lim_{n\to\infty} C(n) = \lim_{n\to\infty}\frac{1}{n}\sum_{i=1}^{n} E(X_n X_i) = 0$$

例 10.3.3 作为上册 6.1 节均方收敛性质 4 的推广,我们考察多元随机变量函数序列的均方极限。

设 $\{X_n^{(1)}, X_n^{(2)}, \cdots, X_n^{(m)}, n \geqslant 1\}$ 为多元随机变量序列, $\{X^{(1)}, X^{(2)}, \cdots, X^{(m)}\}$ 为多元随机变量,且 $E\{[X^{(k)}]^2\} < \infty, E\{[X_n^{(k)}]^2\} < \infty (k = 1,2,\cdots,m, n = 1,2,\cdots)$,而 $f(u_1, u_2, \cdots, u_m)$ 为多元连续函数且满足李普希兹条件。如果

$$\underset{n\to\infty}{\mathrm{l\cdot i\cdot m}}\, X_n^{(k)} = X^{(k)}, k = 1,2,\cdots,m \tag{10.3.12}$$

则

$$\underset{n\to\infty}{\mathrm{l\cdot i\cdot m}}\, f(X_n^{(1)}, X_n^{(2)}, \cdots, X_n^{(m)}) = f(X^{(1)}, X^{(2)}, \cdots, X^{(m)}) \tag{10.3.13}$$

证明 因为 $f(u_1, u_2, \cdots, u_m)$ 为多元连续函数且满足李普希兹条件,所以对任意 $u_1, u_2, \cdots, u_m$ 和 $v_1, v_2, \cdots, v_m$,必存在 $M_1 > 0, M_2 > 0, \cdots, M_m > 0$,使得

$$|f(u_1, u_2, \cdots, u_m) - f(v_1, v_2, \cdots, v_m)| \leqslant M_1|u_1 - v_1| + M_2|u_2 - v_2| + \cdots + M_m|u_m - v_m|$$

于是

$$[f(u_1, u_2, \cdots, u_m) - f(v_1, v_2, \cdots, v_m)]^2 \leqslant (M_1|u_1 - v_1| + M_2|u_2 - v_2| + \cdots + M_m|u_m - v_m|)^2 \tag{10.3.14}$$

令 $u_i = X_n^{(i)}, v_i = X^{(i)}, i = 1,2,\cdots,m$,并对(10.3.14)式两边求期望,注意到(10.3.12)式,

则有

$$
\begin{aligned}
& E\{[f(X_n^{(1)},X_n^{(2)},\cdots,X_n^{(m)})-f(X^{(1)},X^{(2)},\cdots,X^{(m)})]^2\} \\
\leqslant & E\{[M_1|X_n^{(1)}-X^{(1)}|+M_2|X_n^{(2)}-X^{(2)}|+\cdots+M_m|X_n^{(m)}-X^{(m)}|]^2\} \\
\leqslant & \{\sqrt{E\{M_1^2[X_n^{(1)}-X^{(1)}]^2\}}+\sqrt{E\{M_2^2[X_n^{(2)}-X^{(2)}]^2\}}+\cdots+ \\
& \sqrt{E\{M_m^2[X_n^{(m)}-X^{(m)}]^2\}}\}^2 \text{（见闵可夫斯基不等式）} \\
= & \{M_1\sqrt{E\{[X_n^{(1)}-X^{(1)}]^2\}}+M_2\sqrt{E\{[X_n^{(2)}-X^{(2)}]^2\}}+\cdots+ \\
& M_m\sqrt{E\{[X_n^{(m)}-X^{(m)}]^2\}}\}^2 \to 0, n\to\infty
\end{aligned}
$$

于是(10.3.13)式得证。

10.3.2　随机过程的均方连续性

定义 10.3.3　设$\{X(t),t\in T\}$为随机过程且$E[X^2(t)]<\infty$,如果

$$\mathop{\mathrm{l\cdot i\cdot m}}_{t\to t_0} X(t)=X(t_0) \tag{10.3.15}$$

即

$$\lim_{t\to t_0} E\{[X(t)-X(t_0)]^2\}=0 \tag{10.3.16}$$

则称$\{X(t),t\in T\}$在t_0处**均方连续**。又如果对T中一切t都均方连续,则称$\{X(t),t\in T\}$在T上均方连续。

由上述定义可知,若随机过程在T上均方连续,则必在T上依概率连续,即

$$\lim_{h\to 0} X(t+h)=X(t),(P),t\in T$$

但其逆不真。

为了判断随机过程$\{X(t),t\in T\}$的均方连续性,有如下定理。

定理 10.3.1　均方连续准则　设$\{X(t),t\in T\}$为随机过程且$E[X^2(t)]<\infty,t\in T$,则它在t_0处均方连续的充要条件是相关函数$\Gamma(t_1,t_2)$在$t_1=t_2=t_0$处连续,即

$$\lim_{t_1,t_2\to t_0}\Gamma(t_1,t_2)=\Gamma(t_0,t_0) \tag{10.3.17}$$

证明　(1)必要性:因为

$$
\begin{aligned}
\lim_{t_1,t_2\to t_0}\Gamma(t_1,t_2) &= \lim_{t_1,t_2\to t_0} E[X(t_1)X(t_2)] \\
&= E[\mathop{\mathrm{l\cdot i\cdot m}}_{t_1\to t_0} X(t_1)\mathop{\mathrm{l\cdot i\cdot m}}_{t_2\to t_0} X(t_2)] \text{（见上册(6.1.55)式）} \\
&= E[X^2(t_0)]=\Gamma(t_0,t_0)
\end{aligned}
$$

故必要性得证。

(2)充分性:因为

$$
\begin{aligned}
\lim_{t\to t_0} E\{[X(t)-X(t_0)]^2\} &= \lim_{t_1,t_2\to t_0} E\{[X(t_1)-X(t_0)][X(t_2)-X(t_0)]\} \\
&= \lim_{t_1,t_2\to t_0}\Gamma(t_1,t_2)-\lim_{t_2\to t_0}\Gamma(t_0,t_2)-\lim_{t_1\to t_0}\Gamma(t_1,t_0)+\Gamma(t_0,t_0)=0
\end{aligned}
$$

故充分性得证。定理证毕。

10.3.3　随机过程的均方可微性

定义 10.3.4　设$\{X(t),t\in T\}$为随机过程且$E[X^2(t)]<\infty,t\in T$,如果均方极限

$$\mathop{\mathrm{l\cdot i\cdot m}}_{h\to 0}\frac{X(t+h)-X(t)}{h} \tag{10.3.18}$$

存在,则称该极限为随机过程$\{X(t),t\in T\}$在t处的均方导数,记作$X'(t)$,即

$$X'(t)\triangleq \underset{h\to 0}{\mathrm{l\cdot i\cdot m}}\frac{X(t+h)-X(t)}{h} \tag{10.3.19}$$

此时,称随机过程$\{X(t),t\in T\}$在t处**均方可微**。

如果随机过程$\{X(t),t\in T\}$在T上每一点都均方可微,则称随机过程$\{X(t),t\in T\}$在T上均方可微,这时,称随机过程$\{X'(t),t\in T\}$为随机过程$\{X(t),t\in T\}$的导数随机过程。

导数随机过程的均值函数为

$$\begin{aligned}m^{(1)}(t)\triangleq E[X'(t)]&=E\left[\underset{h\to 0}{\mathrm{l\cdot i\cdot m}}\frac{X(t+h)-X(t)}{h}\right]\\&=\lim_{h\to 0}E\left[\frac{X(t+h)-X(t)}{h}\right]=\frac{\mathrm{d}m(t)}{\mathrm{d}t}=m'(t)\end{aligned} \tag{10.3.20}$$

即导数随机过程$\{X'(t),t\in T\}$的均值函数为随机过程$\{X(t),t\in T\}$均值函数的导数。

导数随机过程的相关函数为

$$\begin{aligned}&\Gamma^{(1)}(t_1,t_2)\\&\triangleq E[X'(t_1)X'(t_2)]\\&=E\left[\underset{h\to 0}{\mathrm{l\cdot i\cdot m}}\frac{X(t_1+h)-X(t_1)}{h}\underset{h'\to 0}{\mathrm{l\cdot i\cdot m}}\frac{X(t_2+h')-X(t_2)}{h'}\right]\\&=E\left\{\underset{h,h'\to 0}{\mathrm{l\cdot i\cdot m}}\frac{1}{hh'}[X(t_1+h)X(t_2+h')-X(t_1)X(t_2+h')-X(t_1+h)X(t_2)+X(t_1)X(t_2)]\right\}\\&=\lim_{h,h'\to 0}\frac{1}{hh'}[\Gamma(t_1+h,t_2+h')-\Gamma(t_1,t_2+h')-\Gamma(t_1+h,t_2)+\Gamma(t_1,t_2)]\\&=\frac{\partial^2\Gamma(t_1,t_2)}{\partial t_1\partial t_2}\end{aligned} \tag{10.3.21}$$

即导数随机过程$\{X'(t),t\in T\}$的相关函数为随机过程$\{X(t),t\in T\}$相关函数$\Gamma(t_1,t_2)$的二阶混合偏导数。

关于随机过程$\{X(t),t\in T\}$的均方可微性,有如下定理。

定理 10.3.2　均方可微准则　设$\{X(t),t\in T\}$为随机过程且$E[X^2(t)]<\infty,t\in T$,则它在t处均方可微的充要条件是$\Gamma(t_1,t_2)$在$t_1=t_2=t$处具有二阶混合偏导数。

证明　由上册 6.1 节均方收敛准则 2 可知$\underset{h\to 0}{\mathrm{l\cdot i\cdot m}}\frac{X(t+h)-X(t)}{h}$的存在等价于$\lim\limits_{h,h'\to 0}E\left[\frac{X(t+h)-X(t)}{h}\ \frac{X(t+h')-X(t)}{h'}\right]$的存在,再由(10.3.21)式的推导过程可知,$\lim\limits_{h,h'\to 0}\left[\frac{X(t+h)-X(t)}{h}\ \frac{X(t+h')-X(t)}{h'}\right]$就是$\left.\frac{\partial^2\Gamma(t_1,t_2)}{\partial t_1\partial t_2}\right|_{t_1=t_2=t}$。定理证毕。

均方导数有如下性质。

定理 10.3.3　如果随机过程$\{X(t),t\in T\}$在t处均方可微,则它在t处必均方连续。

证明　由于

$$\underset{h\to 0}{\mathrm{l\cdot i\cdot m}}\frac{X(t+h)-X(t)}{h}<\infty$$

则必有$\underset{h\to 0}{\mathrm{l\cdot i\cdot m}}[X(t+h)-X(t)]=0$。定理毕证。

定理 10.3.4　均方导数是唯一的,即如果$X'(t)=X,X'(t)=Y$,则$X=Y$。

证明　由均方极限的唯一性,立得此定理。

定理 10.3.5　均方导数具有线性性。

若随机过程 $\{X(t), t\in T\}$ 和 $\{Y(t), t\in T\}$ 均方可微，a, b 为实常数，则随机过程 $\{aX(t)+bY(t), t\in T\}$ 也均方可微，且

$$[aX(t)+bY(t)]' = aX'(t)+bY'(t) \tag{10.3.22}$$

证明　由均方极限的线性性，立得此定理。

定理 10.3.6　如果随机过程 $\{X(t), t\in T\}$ 均方可微，$f(t)$ 是普通的可微实函数，则 $f(t)X(t)$ 均方可微且

$$[f(t)X(t)]' = f'(t)X(t)+f(t)X'(t) \tag{10.3.23}$$

证明　
$$\begin{aligned}[f(t)X(t)]' &= \underset{h\to 0}{\mathrm{l\cdot i\cdot m}}\frac{f(t+h)X(t+h)-f(t)X(t)}{h}\\ &= \underset{h\to 0}{\mathrm{l\cdot i\cdot m}}\frac{f(t+h)X(t+h)-f(t)X(t+h)+f(t)X(t+h)-f(t)X(t)}{h}\\ &= \underset{h\to 0}{\mathrm{l\cdot i\cdot m}}\left[\frac{f(t+h)-f(t)}{h}X(t+h)\right]+f(t)\underset{h\to 0}{\mathrm{l\cdot i\cdot m}}\frac{X(t+h)-X(t)}{h}\\ &= f'(t)X(t)+f(t)X'(t)\end{aligned}$$

定理证毕。

10.3.4　随机过程的均方可积性

定义 10.3.5　设 $\{X(t), t\in T\}$ 为随机过程且 $E[X^2(t)]<\infty, t\in T, f(t), t\in T$ 为普通实函数，考虑 $T=[a,b]$ 中的任一组分点，即

$$a=t_0<t_1<t_2<\cdots<t_n=b$$
$$\Delta_n=\max_{1\leqslant k\leqslant n}(t_k-t_{k-1})$$

如果当 $\Delta_n\to 0$ 时，和式

$$Y_n = \sum_{k=1}^{n} f(u_k)X(u_k)(t_k-t_{k-1}) \tag{10.3.24}$$

均方收敛于某随机变量，其中 $t_{k-1}\leqslant u_k\leqslant t_k, 1\leqslant k\leqslant n$，则称该随机变量为 $\{f(t)X(t), t\in T\}$ 在 $T=[a,b]$ 上的(黎曼)均方积分，记作

$$\int_a^b f(t)X(t)\,\mathrm{d}t \triangleq \underset{\Delta_n\to 0}{\mathrm{l\cdot i\cdot m}}\, Y_n = \underset{\Delta_n\to 0}{\mathrm{l\cdot i\cdot m}}\sum_{k=1}^{n} f(u_k)X(u_k)(t_k-t_{k-1})$$

进一步，若

$$\underset{\substack{b\to\infty\\ a\to-\infty}}{\mathrm{l\cdot i\cdot m}}\int_a^b f(t)X(t)\,\mathrm{d}t$$

存在，则记为

$$\int_{-\infty}^{\infty} f(t)X(t)\,\mathrm{d}t \triangleq \underset{\substack{b\to\infty\\ a\to-\infty}}{\mathrm{l\cdot i\cdot m}}\int_a^b f(t)X(t)\,\mathrm{d}t \tag{10.3.25}$$

均方积分既然是一个随机变量，就可以求出它的均值和二阶矩分别为

$$\begin{aligned}E\left[\int_a^b f(t)X(t)\,\mathrm{d}t\right] &= E\left[\underset{\Delta_n\to 0}{\mathrm{l\cdot i\cdot m}}\sum_{k=1}^{n} f(u_k)X(u_k)(t_k-t_{k-1})\right]\\ &= \lim_{\Delta_n\to 0}\sum_{k=1}^{n} f(u_k)E[X(u_k)](t_k-t_{k-1})\end{aligned}$$

$$= \int_a^b f(t) m_x(t) \mathrm{d}t \tag{10.3.26}$$

和

$$E\left\{\left[\int_a^b f(t) X(t) \mathrm{d}t\right]^2\right\} = E\left[\int_a^b f(t_1) X(t_1) \mathrm{d}t_1 \int_a^b f(t_2) X(t_2) \mathrm{d}t_2\right]$$

$$= E\left[\underset{\substack{\Delta_n \to 0 \\ \Delta_m \to 0}}{\mathrm{l \cdot i \cdot m}} \sum_{k=1}^{n} f(u_k) X(u_k)(t_k - t_{k-1}) \sum_{l=1}^{m} f(u_l) X(u_l)(t_l - t_{l-1})\right]$$

$$= \lim_{\substack{\Delta_n \to 0 \\ \Delta_m \to 0}} \left\{E\left[\sum_{k=1}^{n} f(u_k) X(u_k)(t_k - t_{k-1}) \sum_{l=1}^{m} f(u_l) X(u_l)(t_l - t_{l-1})\right]\right\}$$

$$= \int_a^b \int_a^b f(t_1) f(t_2) \Gamma(t_1, t_2) \mathrm{d}t_1 \mathrm{d}t_2 \tag{10.3.27}$$

关于随机过程$\{X(t), t \in T\}$的均方可积性,有如下定理。

定理 10.3.7 均方可积准则 设$\{X(t), t \in T\}$为随机过程且$E[X^2(t)] < \infty, t \in T$, $f(t), t \in T$为普通实函数,则$f(t)X(t)$在$[a,b]$上均方可积的充要条件是下列的二重积分

$$\int_a^b \int_a^b f(t_1) f(t_2) \Gamma(t_1, t_2) \mathrm{d}t_1 \mathrm{d}t_2$$

存在,其中$\Gamma(t_1, t_2)$为$\{X(t), t \in T\}$的原点自相关函数。

证明 随着$\Delta_n \to 0$,则

$$\left\{\sum_{k=1}^{n} f(u_k) X(u_k)(t_k - t_{k-1})\right\}$$

就是随机变量序列,由上册(4.4.70)式(取$p=2$)可知,它还是二阶矩有界的随机变量序列。于是由均方收敛准则2(见上册均方收敛性质6.1.11)可知

$$\underset{\Delta_n \to 0}{\mathrm{l \cdot i \cdot m}} \left\{\sum_{k=1}^{n} f(u_k) X(u_k)(t_k - t_{k-1})\right\}$$

的收敛等价于

$$\lim_{\substack{\Delta_n \to 0 \\ \Delta_m \to 0}} \left\{E\left[\sum_{k=1}^{n} f(u_k) X(u_k)(t_k - t_{k-1}) \sum_{l=1}^{m} f(u_l) X(u_l)(t_l - t_{l-1})\right]\right\}$$

$$= \lim_{\substack{\Delta_n \to 0 \\ \Delta_m \to 0}} \sum_{k=1}^{n} \sum_{l=1}^{m} f(u_k) f(u_l) E[X(u_k) X(u_l)](t_k - t_{k-1})(t_l - t_{l-1})$$

$$= \int_a^b \int_a^b f(t_1) f(t_2) \Gamma(t_1, t_2) \mathrm{d}t_1 \mathrm{d}t_2$$

的存在。定理证毕。

为了进一步研究随机过程积分的性质,现引入如下引理。

引理 10.3.1 对任意实数$a_1, a_2, \cdots, a_n$及任意正整数n,有

$$\left(\sum_{i=1}^{n} a_i\right)^2 \leqslant n \sum_{i=1}^{n} a_i^2 \tag{10.3.28}$$

证明 用归纳法即可证明。

引理 10.3.2 设$f(t), t \in [a,b]$为连续实函数,则对任意$t \in [a,b]$,有

$$\left[\int_a^t f(s) \mathrm{d}s\right]^2 \leqslant (t-a) \int_a^t f^2(s) \mathrm{d}s \tag{10.3.29}$$

证明 考虑$[a,t]$中的一组等间隔分点,即$a = t_0 < t_1 < t_2 < \cdots < t_n = t, t_i - t_{i-1} = \Delta t, i =$

$1,2,\cdots,n,n\Delta t=t-a$,令引理 10.3.1 中的 a_i 为 $a_i=f(t_i),i=1,2,\cdots,n$,则由(10.3.28)式有

$$[\sum_{i=1}^{n}f(t_i)]^2\leqslant n\sum_{i=1}^{n}f^2(t_i) \tag{10.3.30}$$

上述不等式((10.3.30)式)两边同乘$(\Delta t)^2$,并令 $\Delta t\to 0$ 取极限,因为连续函数必存在积分,故有

$$\begin{aligned}\left[\int_a^t f(s)\mathrm{d}s\right]^2&=\lim_{\Delta_t\to 0}[\sum_{i=1}^{n}f(t_i)\Delta t]^2\leqslant\lim_{\Delta t\to 0}n\Delta t\sum_{i=1}^{n}f^2(t_i)\Delta t\\&=(t-a)\int_a^t f^2(s)\mathrm{d}s\end{aligned}$$

引理证毕。

利用上述引理可证明如下定理。

定理 10.3.8　设$\{X(t),t\in T=[a,b]\}$为均方连续随机过程,则对一切 $t\in T$,有

$$\begin{aligned}E\left\{\left[\int_a^t X(s)\mathrm{d}s\right]^2\right\}&\leqslant\left\{\int_a^t\sqrt{E[X^2(s)]}\mathrm{d}s\right\}^2\\&\leqslant(t-a)\int_a^t E[X^2(s)]\mathrm{d}s\\&\leqslant(b-a)\int_a^t E[X^2(s)]\mathrm{d}s\end{aligned}$$

证明　第三个不等式是显然的,只需证第一个不等式和第二个不等式。由(10.3.27)式并利用许瓦兹不等式有

$$\begin{aligned}E\left\{\left[\int_a^t X(s)\mathrm{d}s\right]^2\right\}&=\int_a^t\int_a^t E[X(t_1)X(t_2)]\mathrm{d}t_1\mathrm{d}t_2\\&\leqslant\int_a^t\sqrt{E[X^2(t_1)]}\int_a^t\sqrt{E[X^2(t_2)]}\mathrm{d}t_1\mathrm{d}t_2\\&=\int_a^t\sqrt{E[X^2(t_1)]}\mathrm{d}t_1\int_a^t\sqrt{E[X^2(t_2)]}\mathrm{d}t_2\\&=\left\{\int_a^t\sqrt{E[X^2(s)]}\mathrm{d}s\right\}^2\end{aligned}$$

故第一个不等式得证。

由定理的假设条件及定理 10.3.1 可知,$E[X^2(t)]$连续,再由引理 10.3.2 立得

$$\left\{\int_a^t\sqrt{E[X^2(s)]}\mathrm{d}s\right\}^2\leqslant(t-a)\int_a^t E[X^2(s)]\mathrm{d}s$$

定理证毕。

定理 10.3.9　均方积分唯一性　设$\{X(t),t\in T\}$为随机过程且 $E[X^2(t)]<\infty,f(t)$,$t\in T$ 为普通实函数,若均方积分

$$\int_a^b X(t)f(t)\mathrm{d}t$$

收敛,则必收敛于唯一的随机变量。

证明　考察 $T=[a,b]$中的任一组分点,即

$$a=t_0<t_1<t_2<\cdots<t_n=b$$

$$\Delta_n=\max_{1\leqslant k\leqslant n}(t_k-t_{k-1})$$

显然,和式

$$Y_n = \sum_{k=1}^{n} f(u_k)X(u_k)(t_k - t_{k-1})$$

为某随机变量,其中 $t_{k-1} \leqslant u_k \leqslant t_k, k=1,2,\cdots,n$,随着 $\Delta_n \to 0$,$\{Y_n\}$ 为随机变量序列,由定理的假设条件及均方极限的唯一性(见上册(6.1.57)式)可知,若 $\{Y_n\}$ 收敛,则必是唯一的。然而又知

$$\underset{\Delta_n \to 0}{\mathrm{l \cdot i \cdot m}}\, Y_n = \int_a^b X(t)f(t)\,\mathrm{d}t$$

定理证毕。

定理 10.3.10　均方积分的线性性　设 $\{X(t), t \in T=[a,b]\}$ 和 $\{Y(t), t \in T=[a,b]\}$ 为两个随机过程,且在 T 上均方可积,α 和 β 为常数,则

$$\int_a^b [\alpha X(t) + \beta Y(t)]\,\mathrm{d}t = \alpha \int_a^b X(t)\,\mathrm{d}t + \beta \int_a^b Y(t)\,\mathrm{d}t \tag{10.3.31}$$

$$\int_a^b X(t)\,\mathrm{d}t = \int_a^c X(t)\,\mathrm{d}t + \int_c^b X(t)\,\mathrm{d}t, a \leqslant c \leqslant b \tag{10.3.32}$$

证明　由均方收敛的线性性(见上册(6.1.58)式)可直接推出(10.3.31)式和(10.3.32)式。

定理 10.3.11　设 $\{X(t), t \in T=[a,b]\}$ 为均方连续的随机过程且 $E[X^2(t)] < \infty, f(t)$, $t \in [a,b]$ 为普通实函数,则

$$Y(t) = \int_a^t f(s)X(s)\,\mathrm{d}s, a \leqslant t \leqslant b \tag{10.3.33}$$

在 $[a,b]$ 上均方连续、均方可微,且有

$$Y'(t) = f(t)X(t)$$

证明　由于

$$\begin{aligned}
\lim_{h \to 0} E\{[Y(t+h) - Y(t)]^2\} &= \lim_{h \to 0} E\left\{\left[\int_a^{t+h} f(s)X(s)\,\mathrm{d}s - \int_a^t f(s)X(s)\,\mathrm{d}s\right]^2\right\} \\
&= \lim_{h \to 0} E\{[f(t)X(t)h]^2\} \\
&= \lim_{h \to 0} h^2 E[X^2(t)]f^2(t) = 0
\end{aligned}$$

故均方连续性得证。

又因为

$$\begin{aligned}
&\lim_{h \to 0} E\left\{\left[\frac{Y(t+h) - Y(t)}{h} - X(t)f(t)\right]^2\right\} \\
&= \lim_{h \to 0} E\left(\left\{\frac{1}{h}\left[\int_a^{t+h} f(s)X(s)\,\mathrm{d}s - \int_a^t f(s)X(s)\,\mathrm{d}s\right] - X(t)f(t)\right\}^2\right) \\
&= \lim_{s \to t}\{E[X(s)f(s) - X(t)f(t)]^2\} \\
&\leqslant \left(\lim_{s \to t}[f(s) - f(t)]\sqrt{E[X^2(s)]} + f(t)\sqrt{\lim_{s \to t} E\{[X(s) - X(t)]^2\}}\right)^2 = 0
\end{aligned}$$

所以 $Y(t)$ 均方可微,且有 $Y'(t) = f(t)X(t)$。定理证毕。

定理 10.3.12　设 $\{X(t), t \in T=[a,b]\}$ 为随机过程且 $E[X^2(t)] < \infty, f(t)$, $t \in T=[a,b]$ 为连续实函数,如果 $\{X(t), t \in T\}$ 在 $[a,b]$ 上均方可积,则 $\{f(t)X(t), t \in T\}$ 在 $[a,b]$ 上仍均方可积。

证明　由定理 10.3.7 可知,$X(t)$ 在 $[a,b]$ 上均方可积等价于

$$\int_a^b \int_a^b \Gamma(t_1,t_2)\,\mathrm{d}t_1\mathrm{d}t_2 < \infty$$

成立,又因为$f(t),t\in[a,b]$为连续实函数,故有

$$\int_a^b \int_a^b f(t_1)f(t_2)\Gamma(t_1,t_2)\,\mathrm{d}t_1\mathrm{d}t_2 < \infty$$

所以随机过程$\{f(t)X(t),t\in[a,b]\}$在$[a,b]$上均方可积。定理证毕。

例 10.3.4　现在考察如图 10.3.1 所示的线性定常系统,系统的传递函数 $W(s)$为

$$W(s)=\frac{b_m s^m+b_{m-1}s^{m-1}+\cdots+b_0}{a_n s^n+a_{n-1}s^{n-1}+\cdots+a_0},n>m \tag{10.3.34}$$

其中,$a_n,a_{n-1},\cdots,a_0,b_m,b_{m-1},\cdots,b_0$ 为系统参数且为常数,而且初始条件为零。系统的输入为均方连续的随机过程$\{X(t),t\in T=[a,b]\}$且 $E[X^2(t)]<\infty$,由自动控制理论可知,系统输出$\{Y(t),t\in T=[a,b]\}$为

$$Y(t)=\int_a^t k(t-\tau)X(\tau)\,\mathrm{d}\tau \tag{10.3.35}$$

而 $k(t)$为 $W(s)$的拉普拉斯(简称拉氏)反变换,记作

$$k(t)=L^{-1}\{W(s)\} \tag{10.3.36}$$

并称 $k(t)$为该系统的脉冲响应函数。

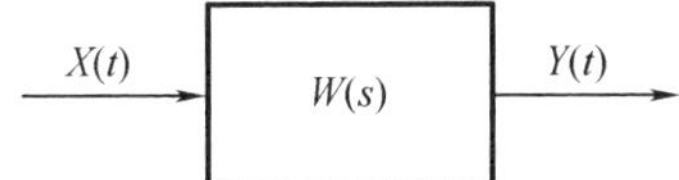

图 10.3.1　线性定常系统

因为 $W(s)$为有理真分式,故由拉氏变换理论可知 $k(t-\tau),\tau\in[a,t]$为连续实函数,于是由定理 10.3.12 可知$\{k(t-\tau)X(\tau),\tau\in[a,b]\}$均方可积,进一步由定理 10.3.11 又知系统输出过程$\{Y(t),t\in[a,b]\}$为均方连续、均方可微的随机过程且有 $E[Y^2(t)]<\infty$。

另外,系统输出的均值函数为

$$m_Y(t)=E[Y(t)]=E\left[\int_a^t k(t-\tau)X(\tau)\,\mathrm{d}\tau\right]=\int_a^t k(t-\tau)m_X(\tau)\,\mathrm{d}\tau \tag{10.3.37}$$

系统输出的相关函数为

$$\begin{aligned}\Gamma_Y(t_1,t_2)&=E[Y(t_1)Y(t_2)]\\&=E\left[\int_a^{t_1}k(t_1-\tau)X(\tau)\,\mathrm{d}\tau\int_a^{t_2}k(t_2-l)X(l)\,\mathrm{d}l\right]\\&=\int_a^{t_1}\int_a^{t_2}k(t_1-\tau)k(t_2-l)\Gamma_X(\tau,l)\,\mathrm{d}\tau\mathrm{d}l\end{aligned} \tag{10.3.38}$$

例 10.3.5　设随机过程$\{X(t),t\in T\}$为 $X(t)=At+B$,其中 A,B 为随机变量且存在一、二阶矩,试分析其均方连续性、均方可微性及均方可积性。

由定义 10.3.3 可知

$$\lim_{h\to 0}E\{X(t+h)-X(t)\}^2=\lim_{h\to 0}h^2E(A^2)=0$$

所以$\{X(t),t\in T\}$均方连续,因而必均方可积。

由均方可微的定义 10.3.4 可知

$$\underset{h\to 0}{1\cdot\mathrm{i}\cdot\mathrm{m}}\frac{X(t+h)-X(t)}{h}=\underset{h\to 0}{1\cdot\mathrm{i}\cdot\mathrm{m}}\frac{Ah}{h}=A$$

所以$\{X(t),t\in T\}$均方可微。

现在讨论该过程的积分过程和导数过程的均值函数及相关函数。

设 $Y(t) \triangleq \frac{1}{t}\int_0^t X(t)\mathrm{d}t$，显然 $Y(t)$ 的均值函数为

$$m_Y(t) = E\left[\frac{1}{t}\int_0^t X(t)\mathrm{d}t\right] = \frac{t}{2}E(A) + E(B)$$

$Y(t)$ 的相关函数为

$$\begin{aligned}\Gamma_Y(t_1,t_2) &= E[Y(t_1)Y(t_2)] \\ &= E\left[\frac{1}{t_1}\int_0^{t_1}(At+B)\mathrm{d}t\frac{1}{t_2}\int_0^{t_2}(A\tau+B)\mathrm{d}\tau\right] \\ &= \frac{1}{4}t_1t_2E(A^2) + \frac{1}{2}t_2E(BA) + \frac{1}{2}t_1E(BA) + E(B^2)\end{aligned}$$

若令导数过程为 $Z(t) \triangleq X'(t)$，则有

$$m_Z(t) = E(A), \Gamma_Z(t_1,t_2) = E(A^2)$$

例 10.3.6 已知随机过程 $\{X(t), t \in T\}$ 的均值为零，相关函数为 $\Gamma(t_1,t_2) = \mathrm{e}^{-a|t_1-t_2|}$，$t_1,t_2 \in T$，$a>0$ 为常数，试分析其均方连续性、均方可微性及均方可积性。

因为

$$\lim_{h,h'\to 0}\Gamma(t+h,t+h') = \lim_{h,h'\to 0}\mathrm{e}^{-a|t+h-t-h'|} = 1 = \Gamma(t,t)$$

这说明 $\Gamma(t_1,t_2)$ 在 $t_1=t_2=t\in T$ 处连续，所以由定理 10.3.1 可知，过程 $\{X(t), t\in T\}$ 均方连续且均方可积。

下面考察均方可微性，对任意 $h'>0, h>0$，因为

$$\begin{aligned}\left.\frac{\partial\Gamma(t_1,t_2)}{\partial t_1\partial t_2}\right|_{t_1=t_2=t} &= \lim_{h,h'\to 0}\frac{1}{hh'}[\Gamma(t+h,t+h') - \Gamma(t,t+h') - \Gamma(t+h,t) + \Gamma(t,t)] \\ &= \lim_{h,h'\to 0}\frac{1}{hh'}(\mathrm{e}^{-a|h-h'|} - \mathrm{e}^{-ah'} - \mathrm{e}^{-ah} + 1)\end{aligned}$$

将上式经泰勒展开并整理可得

$$\begin{aligned}\left.\frac{\partial\Gamma(t_1,t_2)}{\partial t_1\partial t_2}\right|_{t_1=t_2=t} &= \lim_{h,h'\to 0}\frac{1}{hh'}[ah + ah' - a|h-h'| - a^2hh' + o(h^2,h'^2)] \\ &= \begin{cases}\lim\limits_{h,h'\to 0}\dfrac{1}{hh'}[2ah' - a^2hh' + o(h^2,h'^2)] \to \infty, h>h' \\ \lim\limits_{h,h'\to 0}\dfrac{1}{hh'}[2ah - a^2hh' + o(h^2,h'^2)] \to \infty, h'>h\end{cases}\end{aligned}$$

这个结果说明 $\left.\frac{\partial\Gamma(t_1,t_2)}{\partial t_1\partial t_2}\right|_{t_1=t_2=t}$ 不存在，故由定理 10.3.2 可知，该过程 $\{X(t), t\in T\}$ 不均方可微。

最后考察 $\{X(t), t\in T\}$ 的积分过程，令

$$Y(t) = \int_0^t X(\tau)\mathrm{d}\tau$$

经过计算，可求出积分过程 $Y(t)$ 的均值函数 $m_Y(t)$ 和相关函数 $\Gamma_Y(t_1,t_2)$ 分别为

$$m_Y(t) = 0$$

$$\Gamma_Y(t_1,t_2) = \begin{cases}\dfrac{2t_2}{a} + \dfrac{1}{a^2}[\mathrm{e}^{-at_2} + \mathrm{e}^{-at_1} - 1 - \mathrm{e}^{-a(t_1-t_2)}], t_1>t_2 \\ \dfrac{2t_1}{a} + \dfrac{1}{a^2}[\mathrm{e}^{-at_1} + \mathrm{e}^{-at_2} - 1 - \mathrm{e}^{-a(t_2-t_1)}], t_2>t_1\end{cases}$$

10.4　随机过程的可分性与可测性

10.4.1　可分性

随机过程的可分性是随机过程理论中很重要的基础概念之一，它是由杜泊（J. L. Doob）[4]首先提出并建立起来的，随后王梓坤也做了详细的论述[3]。随机过程$\{X(t),t\in T\}$当其有限维分布函数族为已知时，该过程的统计特性就完全被确定，这种说法对于时间集 T 为有限集或可列集时是正确的，但对于时间集 T 为连续集即非可数集时就不一定正确。例如，我们要计算事件 B 的概率，B 为

$$B=(\omega:\sup_{t\in T}X(t)\leqslant c)=\bigcap_{t\in T}(\omega:X(t)\leqslant c) \tag{10.4.1}$$

显见，如果 T 为有限集或可列集时，因为概率空间$(\Omega,\mathcal{F},P)$中的事件集$\mathcal{F}$是 σ 代数，对可列并运算和可列交运算是封闭的，故有 $B\in\mathcal{F}$，因此事件 B 的概率是存在的，但如果 T 为连续集即非可数集时，因为 σ 代数并不能保证当 T 为非可数集时，可列并运算和可列交运算也是封闭的，因此 B 是否为可测事件就很难断定，为了使当 T 为非可数集时，B 也能成为$\mathcal{F}$中的元素，就必须加条件限制才行，这个条件就称为可分性，换句话说，如果随机过程是可分的，即使 T 为非可数集，由(10.4.1)式所表示的 B 仍为事件，也即 $B\in\mathcal{F}$，这时事件 B 的概率就存在（见定理 10.4.1）。

例 10.4.1　(例 10.1.2 续)　设 $\Omega=[0,1]$，$\mathcal{F}$为$[0,1]$上所有波雷尔（Borel）集所组成的 σ 代数，P 为勒贝格测度，则$(\Omega,\mathcal{F},P)$为概率空间，时间参数 t 的集也为 $T=[0,1]$，现定义随机过程$\{X(t),t\in T\}$和$\{Y(t),t\in T\}$为

$$X(t)=0,\text{对一切 }t,\omega$$

$$Y(t)=\begin{cases}1,t=\omega\\0,t\neq\omega\end{cases}$$

如同例 10.1.2 所分析的$\{X(t),t\in T\}$与$\{Y(t),t\in T\}$具有相同的有限维分布函数族，但是显然有

$$P\left[\omega:\sup_{t\in T}X(t)\leqslant\frac{1}{2}\right]=1 \tag{10.4.2}$$

$$P\left[\omega:\sup_{t\in T}Y(t)\leqslant\frac{1}{2}\right]=0 \tag{10.4.3}$$

这说明，即使 $X(t)$ 与 $Y(t)$ 具有相同的有限维分布函数族，但由 $X(t)$ 和 $Y(t)$ 按同一要求所构造的事件却有不同的概率，这显然是我们无法接受的。产生这一问题的根本原因，如同前面所述，是因为 T 为非可数集，为了解决这个问题，对于具有非可数集 T 的随机过程来说，还应当要求随机过程样本函数具有“光滑性”才行。随机过程满足“光滑性”要求的一个充分条件是对任意 $\varepsilon>0$ 及任意 $\tau\in T$，如果

$$\lim_{t\to\tau}P[|X(t)-X(\tau)|\geqslant\varepsilon]=0 \tag{10.4.4}$$

成立，我们称该随机过程$\{X(t),t\in T\}$满足“光滑性”要求，并把这种“光滑性”要求称为过程的可分性。

在以下的讨论中，我们假定对任一 $t\in T$，$X(t)$ 是定义于完备概率空间$(\Omega,\mathcal{F},P)$上的随

机变量,且允许 $X(t)=\pm\infty$,因为

$$(\omega:X(t)=-\infty)=\bigcap_n(\omega:X(t)\leqslant -n)\in\mathcal{F}$$

$$(\omega:X(t)=+\infty)=\bigcap_n(\omega:X(t)>n)\in\mathcal{F}$$

因此规定

$$P[\omega:X(t)=-\infty]=0,P[\omega:X(t)=+\infty]=0 \tag{10.4.5}$$

为了准确、深入地讨论"可分性"的概念,现引入以下定义。

定义 10.4.1 实函数 $x(t),t\in T$ 的可分性 设 $x(t),t\in T$ 是一实函数,如果对任一 $t\in T$,存在可列点集 $r\triangleq\{r_i\}\subset R$,使同时有

$$\lim_{i\to\infty}r_i=t,\lim_{i\to\infty}x(r_i)=x(t) \tag{10.4.6}$$

其中 R 为 T 上的可列稠密子集,则称该函数 $x(t),t\in T$ 关于 R 是可分的,称 R 为函数$x(t)$,$t\in T$ 的可分集。

定义 10.4.2 随机过程$\{X(t),t\in T\}$的可分性 称随机过程$\{X(t),t\in T\}$关于 R 是可分的,如果存在一个概率为零的 ω 集 $N=\{\omega\}$ 以及 T 上的可列稠密子集 R,使对任一 $\omega\in(\Omega-N)=\Omega\overline{N}$,样本函数 $x(t),t\in T$ 关于 R 是可分的,则称 R 为过程$\{X(t),t\in T\}$的可分集,称 N 为例外集,称随机过程$\{X(t),t\in T\}$在 T 上是可分的,如果在 T 中存在一个到处稠密的可列子集 R,使它关于 R 是可分的,又如果$\{X(t),t\in T\}$关于 T 上任意可列稠密子集 R 均可分,则称$\{X(t),t\in T\}$在 T 上完全可分。

说明 对于函数 $x(t),t\in T$ 关于 R 可分性定义(10.4.6)式,可以等价地表述如下:

$$(1)\begin{cases}\inf\limits_{r_i\in rI}x(r_i)=\inf\limits_{t\in TI}x(t)\\ \sup\limits_{r_i\in rI}x(r_i)=\sup\limits_{t\in TI}x(t)\end{cases} \tag{10.4.7}$$

其中,$r=\{r_i\}\subset R$ 为可列点集;$I=\left(t-\dfrac{1}{n},t+\dfrac{1}{n}\right)(n=1,2,\cdots)$为任意开区间且 $TI\neq\varnothing$。(10.4.7)式表明,如果对任意开区间 I,$x(t),t\in TI$ 与 $x(r_i),r_i\in rI$ 的下、上确界相等,则 $x(t),t\in T$ 关于 R 是可分的。

$$(2)\begin{cases}\liminf\limits_{r_i\to t}x(r_i)=\liminf\limits_{s\to t}x(s)\\ \limsup\limits_{r_i\to t}x(r_i)=\limsup\limits_{s\to t}x(s)\end{cases} \tag{10.4.8}$$

(10.4.8)式表明,对任意 $t\in T$,$x(s),s\to t$ 与 $x(r_i),r_i\to t$ 的下、上确界的极限相等,则 $x(t)$,$t\in T$关于 R 是可分的。

(3)设 $x(t),t\in T$ 为一实函数,记 $X_T\triangleq\{(t,x(t)),t\in T\}$ 表示平面上连续点集,又设 $R\triangleq\{r_i\}$为 T 中任一可列稠密子集,记 $X_R\triangleq\{(r_i,x(r_i)),r_i\in R\}$ 表示平面上离散点集,将每相邻两个离散点$(r_i,x(r_i))$和$(r_{i+1},x(r_{i+1}))$连线,构造 X_R 的闭包,记作 $\overline{X}_R$,确切说,$\overline{X}_R$ 是由 X_R 及其极限点构成,如果

$$X_T\subset\overline{X}_R \tag{10.4.9}$$

则 $x(t),t\in T$ 关于 R 是可分的。显见,用这一等价定义来判断是否可分是比较形象的。

利用可分性定义,容易得出如下结论。

例 10.4.2 设样本函数 $x(t),t\in T$ 为实函数,其中 T 是可列点集,即 $T=\{t_i,i=1,2,\cdots\}$,则 $x(t),t\in T$ 关于 T 是可分的。

例 10.4.3　设样本函数 $x(t),t\in T$ 为连续函数且 T 为非可数集，则 $x(t),t\in T$ 关于 T 中任一可列稠密子集 R 都是可分的。

例 10.4.4　设样本函数 $x(t),t\in T$ 关于 R 是可分的，又设 $f(y)$ 为连续函数，则 $f(x(t))$，$t\in T$ 关于 R 仍是可分的，其中 R 为 T 中任一可列稠密子集。

例 10.4.5　设样本函数 $x(t),t\in T=[0,\infty]$ 是具有可列间断点 $t_i,i=1,2,\cdots$ 的分段左（或右）连续函数，其中间断点 $t_i,i=1,2,\cdots$ 可以是有理点，也可以是无理点，则 $x(t),t\in T=[0,\infty]$ 关于 T 中任一到处稠密的可列点集 R 均是可分的。

由以上例子可以看出，具有可分性的函数是相当广泛的，但也存在不可分的函数。

例 10.4.6　（例 10.4.1 续）　对于例 10.4.1 中的 $Y(t)$ 是不可分的，而 $X(t)$ 是可分的。

我们曾说过，如果随机过程 $\{X(t),t\in T\}$ 是可分的，即使 T 为非可数集，由(10.4.1)式所表示的集 B 仍为事件，即 $B\in\mathcal{F}$，现在证明这一结论。

定理 10.4.1　设 $\{X(t),t\in T\}$ 为定义在 $(\Omega,\mathcal{F},P)$ 上的随机过程，如果 $X(t)$ 是可分的，则有

$$B=\bigcap_{t\in T}(\omega:X(t)\leqslant c)\in\mathcal{F}\tag{10.4.10}$$

其中，T 为非可数集。

证明　记

$$B_R=\bigcap_{r_i\in r\subset R}(\omega:X(r_i)\leqslant c)\tag{10.4.11}$$

其中，R 为 T 上的可列稠密子集。因为 T 为非可数集，R 为可数集，所以必有

$$B\subset B_R\tag{10.4.12}$$

另一方面，设 $\omega\in B_R-N$（N 为例外集），则对任意 $t\in T$，由于 $\{X(t),t\in T\}$ 关于 R 是可分的，则由定义 10.4.2 可知，必有可列点集 $r=\{r_i\}\subset R$，使同时有

$$r_i\to t,X(r_i)\to X(t)$$

即 $\lim\limits_{r_i\to t}X(r_i)=X(t)$，这样一来，就有 $(\omega:\lim\limits_{r_i\to t}X(r_i)\leqslant c)=(\omega:X(t)\leqslant c)$，然而由假设可知，$(\omega:\lim\limits_{r_i\to t}X(r_i)\leqslant c)\in B_R-N$，因此有 $(\omega:X(t)\leqslant c)\in B_R-N$，并且由(10.4.10)式可知，$(\omega:X(t)\leqslant c)\in B$ 且对任意 $t\in T$ 成立，这就得出如下推理：

$$\omega\in B_R-N\Rightarrow\omega\in B(\text{对任意 } t\in T \text{ 成立})$$

于是有

$$B_R-N\subset B\tag{10.4.13}$$

将(10.4.12)式、(10.4.13)式联合得

$$B_R\supset B\supset B_R-N$$

考虑到 N 为例外集，即 $P(N)=0$，由此可得

$$B=B_R(\text{最多只差一个零测集})$$

再由 $\mathcal{F}$ 的完备性可知 $B_R\in\mathcal{F}$，因此有 $B\in\mathcal{F}$。定理证毕。

说明　(1)如果将定理 10.4.1 中的事件 $(\omega:X(t)\leqslant c)$ 更换为 $(\omega:X(t)\in A)$，其中 A 为任意有界非可数闭集，则该定理的结论仍然正确。

(2)定理 10.4.1 的证明方法具有经典性的意义，它告诉我们，如果想证明一个结论在非可数闭集 T 上正确，只需在 T 上的任一可列稠密子集 R（如全体有理数组成的集合）上证明该结论正确即可，然后利用可分性推知该结论在全 T 上正确。回顾一下，概率论中的海莱第一定理（见上册定理 6.2.1）及统计学中的格里汶科定理（见上册定理 7.1.1）都是按照

这一思路完成的,所以对可分性理论及应用应引起重视。

在随机过程理论中,如何处理不可分的随机过程对于应用来说很重要,为此引入如下定义。

定义 10.4.3 随机等价过程 设$\{X(t),t\in T\}$与$\{Y(t),t\in T\}$是定义在同一概率空间$(\Omega,\mathcal{F},P)$上的两个随机过程,如果对任意$t\in T$,有

$$P(\omega:X(t)=Y(t))=1 \tag{10.4.14}$$

则称$\{X(t),t\in T\}$与$\{Y(t),t\in T\}$为**随机等价过程**,记为$X(t)\sim Y(t)$。

由定义 10.4.3 可知,如果随机过程$\{X(t),t\in T\}$与$\{Y(t),t\in T\}$随机等价,则

(1)对任意有限或可列$t_i\in T,i=1,2,\cdots$,有

$$P[X(t_i)=Y(t_i),i=1,2,\cdots]=1 \tag{10.4.15}$$

(2)对任意$t_i\in T$及任意实数$C_i,i=1,2,\cdots,n$,有

$$P[X(t_i)<C_i,i=1,2,\cdots,n]=P[Y(t_i)<C_i,i=1,2,\cdots,n]$$

即有

$$F_X(t_1,t_2,\cdots,t_n;C_1,C_2,\cdots,C_n)=F_Y(t_1,t_2,\cdots,t_n;C_1,C_2,\cdots,C_n) \tag{10.4.16}$$

这就是说,如果两个随机过程是随机等价的,则它们具有相同的有限维分布函数族。对于任意给定的一个随机过程$\{X(t),t\in T\}$,均可造出与它等价的过程。

例 10.4.7 设$\{X(t),t\in T\}$为随机过程,试造出$\{Y(t),t\in T\}$,使$Y(t)\sim X(t)$。

解 对每一$t\in T$,任取一ω集$N(\omega,t)\in\mathcal{F}$,使

$$P(N(\omega,t))=0$$

再定义

$$Y(t)=\begin{cases}X(t), & \omega\,\overline{\in}\,N(\omega,t)\\ \mathbf{R}^1\text{ 中任意值}, & \omega\in N(\omega,t)\end{cases} \tag{10.4.17}$$

则对任意$t\in T$,有

$$\begin{aligned}P[Y(t)=X(t)]=&P[Y(t)=X(t)\mid\omega\,\overline{\in}\,N(\omega,t)]P[\omega\,\overline{\in}\,N(\omega,t)]+\\&P[Y(t)=X(t)\mid\omega\in N(\omega,t)]P[\omega\in N(\omega,t)]\end{aligned}$$

因为$P[\omega\in N(\omega,t)]=0,P[\omega\,\overline{\in}\,N(\omega,t)]=1$,则

$$P[Y(t)=X(t)]=P[Y(t)=X(t)\mid\omega\,\overline{\in}\,N(\omega,t)]=1$$

因此,由定义 10.4.3 可知$Y(t)\sim X(t)$。

例 10.4.8 试用定义 10.4.3 判断例 10.1.2 中的$X(t)$与$Y(t)$等价。

解 对每一$t\in[0,1]$,取ω集$N(\omega,t)=\{\omega:\omega=t\}\in\mathcal{F}$,因为$N(\omega,t)$是单点集,显然$P[N(\omega,t)]=0$,再由例 10.1.2 关于$Y(t)$的定义式知

$$Y(t)=\begin{cases}X(t), & \omega\neq t\Leftrightarrow\omega\,\overline{\in}\,N(\omega,t)\\ 1, & \omega=t\Leftrightarrow\omega\in N(\omega,t)\end{cases}$$

于是由(10.4.17)式知$Y(t)\sim X(t)$,即$Y(t)$与$X(t)$是随机等价过程。因此$\{Y(t),t\in[0,1]\}$与$\{X(t),t\in[0,1]\}$具有相同的有限维分布函数族,这一结论同例 10.1.2 所得结论相同。

下面给出可分修正存在定理。

定理 10.4.2 可分修正存在定理(J. L. Doob)[4] 对任一定义在$(\Omega,\mathcal{F},P)$上的随机过程$\{X(t),t\in T\}$,必存在与该过程随机等价的且为可分的随机过程$\{Y(t),t\in T\}$,通常称$\{Y(t),t\in T\}$为$\{X(t),t\in T\}$的**可分修正过程**。

该定理的证明见文献[3]或文献[4]。

说明　定理 10.4.2 给我们指出一个重要结论：对任一随机过程 $\{X(t),t\in T\}$，不论它是否可分，必存在一个与 $\{X(t),t\in T\}$ 随机等价且为可分的随机过程 $\{Y(t),t\in T\}$，而且 $\{Y(t),t\in T\}$ 与 $\{X(t),t\in T\}$ 具有相同的有限维分布函数族。因此，当我们所研究的问题只涉及有限维分布函数族时，均可假设该过程是可分的。

下面讨论随机过程的完全可分性与随机连续性的关系。

定理 10.4.3　设 $\{X(t,\omega),t\in T\}$ 为定义在 $(\Omega,\mathcal{F},P)$ 上的随机过程，则

$$X(t,\omega)\text{可分且 }X(t,\omega)\text{依概率连续}\Rightarrow X(t,\omega)\text{完全可分} \tag{10.4.18}$$

证明　(1)设 $\{X(t,\omega),t\in T\}$ 依概率连续，即 $\forall t_0\in T$，$\exists\{t_i\}$，当 $t_i\to t_0$ 时有

$$\lim_{i\to\infty}X(t_i,\omega)=X(t_0,\omega),(P)$$

于是由测度论可知，在 $\{t_i\}$ 中必有子列 $\{t_{i_k}\}$，有

$$\lim_{k\to\infty}X(t_{i_k},\omega)=X(t_0,\omega),(\mathrm{a,s})$$

即

$$P[\lim_{k\to\infty}X(t_{i_k},\omega)=X(t_0,\omega)]=1 \tag{10.4.19}$$

(2)又设 $\{X(t,\omega),t\in T\}$ 可分，则必存在可分集 V，使得

$$P(X_T\subset\overline{X}_V)=1\text{(见(10.4.9)式)} \tag{10.4.20}$$

其中，$\overline{X}_V$ 为 $X(t,\omega)$ 在 V 上的闭包。

现由(10.4.19)式、(10.4.20)式往证：对 T 上任意可列稠密子集 R 有

$$P(X_T\subset\overline{X}_R)=1 \tag{10.4.21}$$

如果能证得(10.4.21)式，那么 $\{X(t,\omega)\}$ 完全可分，则定理得证。

设 R 为 T 上任一可列稠密子集，任取 $t_0\in V$(可分集)，则存在 $\{t_i\}\subset R$，令 $t_i\to t_0$，由(10.4.19)式有 $P((t_0,X(t_0,\omega))\in\overline{X}_R)=1$，再由 V 的可列性有 $P(X_V\subset\overline{X}_R)=1$，进一步有

$$P(\overline{X}_V\subset\overline{X}_R)=1 \tag{10.4.22}$$

又由(10.4.20)式可知，$P(X_T\subset\overline{X}_V)=1$，再考虑到(10.4.22)式立得

$$P(X_T\subset\overline{X}_V\subset\overline{X}_R)=1$$

于是(10.4.21)式得证。定理证毕。

说明　为了理解定理 10.4.3，应注意以下三个概念：

(1)如果一个随机序列 $\{\xi_i,i=1,2,\cdots\}$ 依概率收敛于某随机变量 ξ，即 $\lim\limits_{i\to\infty}\xi_i=\xi,(P)$，则 $\{\xi_i\}$ 中必存在子列 $\{\xi_{i_k},k=1,2,\cdots\}$ 以概率 1 收敛于该随机变量 ξ，即 $\lim\limits_{k\to\infty}\xi_{i_k}=\xi,(\mathrm{a,s})$(见上册文献[17])。

(2)(10.4.9)式是任一实函数 $x(t)$ 关于 R 可分的定义式，如果对于随机过程 $\{X(t),t\in T\}$ 来说，关于 R 可分的定义式应表示为

$$P(X_T\subset\overline{X}_R)=1\text{，即 }X_T\subset\overline{X}_R,(\mathrm{a,s})$$

其中，$\overline{X}_R$ 是 $X(t)$ 在 R 上的闭包。

(3)这里是任取 $t_0\in V$(可分集)$\subset T$ 来证明 $X_T\subset\overline{X}_R,(\mathrm{a,s})$ 的，我们曾说过这就是一个经典的证明方法：先在可分集 V 上证得 $\overline{X}_V\subset\overline{X}_R,(\mathrm{a,s})$ 对任意 R 成立，再由可分性推知，在

全 T 上对任意 R 也成立,即 $X_T \subset \overline{X}_V \subset \overline{X}_R$,(a,s)正是可分性的应用。

10.4.2 可测性

随机过程的可测性是随机过程理论中重要的基础概念之一,如果一个随机过程不可测,那就谈不上积分,进一步的关于随机过程的分析计算也就无从谈起。因此,讨论随机过程的可测性对于随机过程的理论研究和应用研究是非常必要的。

我们说,随机过程$\{X(t,\omega),t\in T\}$是可测的,它包含以下两个含义:

(1)当 t 固定时,$X(t,\omega)$是定义在概率空间$(\Omega,\mathcal{F},P)$上的随机变量,对任意实数 $c\in \mathbf{R}^1$,$\{\omega\}$集满足

$$\{\omega:X(t,\omega)\leqslant c\}\in \mathcal{F} \tag{10.4.23}$$

这就是说,$X(t,\omega)$是 ω 的关于$\mathcal{F}$的可测函数。

(2)当 ω 固定时,$X(t,\omega)$是一个样本函数,它是单值实函数,取可测空间为$(T,\mathcal{B}(T))$,其中$\mathcal{B}(T)$是 T 上全体 Borel 集所组成的 σ 代数,对任意实数 $c\in \mathbf{R}^1$,$\{t\}$集满足

$$\{t:X(t,\omega)\leqslant c\}\in \mathcal{B}(T) \tag{10.4.24}$$

这就是说,$X(t,\omega)$是 t 的关于$\mathcal{B}(T)$的可测函数。

上述两个含义与随机过程定义 10.1.1 所阐述的是一致的。现在把上述两个含义归纳在一起,于是得到随机过程二元可测的定义,为此令$\mathcal{B}(T)\times\mathcal{F}$表示$\mathcal{B}(T)$与$\mathcal{F}$的乘积 σ 代数,$L\times P$ 表示$\mathcal{B}(T)$上勒贝格测度 L 与$\mathcal{F}$上概率测度 P 的独立乘积测度,于是有如下定义。

定义 10.4.4 称随机过程$\{X(t,\omega),t\in T\}$为 Borel 可测,如果对任意实数 $c\in \mathbf{R}^1$,集$\{t,\omega\}$满足

$$\{(t,\omega):X(t,\omega)\leqslant c\}\in \mathcal{B}(T)\times\mathcal{F} \tag{10.4.25}$$

定义 10.4.5 称随机过程$\{X(t,\omega),t\in T\}$为概率 1 Borel 可测,如果对任意实数$c\in \mathbf{R}^1$,存在$(t,\omega)\in(T\times\Omega)$的零测集 F,即

$$(L\times P)F=0 \tag{10.4.26}$$

当$(t,\omega)\notin F$ 时,$\{X(t,\omega),t\in T\}$是 Borel 可测的。

说明 (1)比较定义 10.4.4 和定义 10.1.1 可以看出两者是一致的,这说明,我们给出的随机过程的定义实际上是 Borel 可测随机过程的定义,不是 Borel 可测的随机过程,我们不去研究。

(2)随机过程中的定义域 T 是 $\mathbf{R}^1$ 中的任一区间,可以是有穷或无穷区间,也可以是开区间、闭区间或半开半闭区间。

有了可测性的定义以后,自然而然就产生了一个新问题:如何判别一个随机过程是可测的,下面的定理给出了一个结论。

定理 10.4.4 设$\{X(t,\omega),t\in T\}$为定义在概率空间$(\Omega,\mathcal{F},P)$上的随机过程,如果样本函数$X(t,\omega),t\in T$ 是左连续的,则该过程是 Borel 可测随机过程。

证明 不失一般性,取 $T=[0,\infty)$,对固定的 $t\in T$,定义 $X^{(n)}(s,\omega)$为

$$X^{(n)}(s,\omega)=X(0,\omega)I_{\{0\}}(s)+\sum_{k=1}^{n}X\left(\frac{kt}{n},\omega\right)I_{(\frac{k-1}{n}t,\frac{k}{n}t]}(s),\frac{k-1}{n}t<s\leqslant\frac{k}{n}t,\text{对一切 }\omega\in\Omega$$

其中 $I_{(a,b]}(s)$为示性函数,即

$$I_{(a,b]}(s)=\begin{cases}1,s\in(a,b]\\0,s\notin(a,b]\end{cases}$$

显见,对一切 $\omega\in\Omega$,$X^{(n)}(s,\omega)$是在区间$[0,t]$上具有相等间隔且间隔为 $\Delta t=\frac{t}{n}$和随机振幅 $X\left(\frac{kt}{n},\omega\right)$且 $X\left(\frac{kt}{n},\omega\right)\in(\Omega,\mathcal{F},P)$的随机阶梯函数,因此 $X^{(n)}(s,\omega)$是 Borel 可测函数,即对任意 $c\in\mathbf{R}^1$,$\{s,\omega\}$集满足

$$\{(s,\omega):X^{(n)}(s,\omega)<c\}\in\mathcal{B}([0,t])\times\mathcal{F}$$

随着 n 的增加,$\{X^{(n)}(s,\omega),n=1,2,\cdots\}$就是 Borel 可测函数列,又因为 $X(t,\omega),t\in T$ 是左连续的,故有$\lim\limits_{n\to\infty}X^{(n)}(s,\omega)=X(s,\omega)$,这说明,Borel 可测函数列$\{X^{(n)}(s,\omega),n=1,2,\cdots\}$有极限存在且为 $X(s,\omega),s\in[0,t]$,于是由完备性可知,$X(s,\omega),s\in[0,t]$必为 Borel 可测函数,再考虑到上述结论对任意 $t\in[0,\infty)$均成立,所以该过程$\{X(t,\omega),t\in T\}$是 Borel 可测随机过程。定理证毕。

参照该定理的证明方法容易证得以下推论。

推论 10.4.1　样本函数连续的随机过程$\{X(t,\omega),t\in T\}$是 Borel 可测随机过程。

推论 10.4.2　样本函数右连续的随机过程$\{X(t,\omega),t\in T\}$是 Borel 可测随机过程。

推论 10.4.3　随机阶梯过程是 Borel 可测的:设$\{X(t,\omega),t\in T\}$为定义在概率空间$(\Omega,\mathcal{F},P)$上的随机过程,$[a_i,b_i]\subset T,i=1,2,\cdots,n$ 为 n 个互不相交区间,当 $t\in[a_i,b_i]$时,$X(t,\omega)=A_i$;当 $t\notin[a_i,b_i]$时,$X(t,\omega)=0$,其中 A_i 是$(\Omega,\mathcal{F},P)$上的随机变量,则$\{X(t,\omega),t\in T\}$是 T 上的 Borel 可测随机过程。

推论 10.4.4　一般的随机阶梯过程是 Borel 可测的:设$\{X(t,\omega),t\in T\}$为定义在概率空间$(\Omega,\mathcal{F},P)$上的随机过程,又设$(T,\mathcal{B}(T))$是可测空间,$E,E_i\in\mathcal{B}(T),i=1,2,\cdots,n,\bigcup\limits_{i=1}^{n}E_i\subset E$ 且 $E_i\cap E_j=\varnothing,i\neq j$,当 $t\in E_i$ 时,$X(t,\omega)=A_i$,其中 A_i 为$(\Omega,\mathcal{F},P)$上的随机变量;当 $t\notin\bigcup\limits_{i=1}^{n}E_i$ 时,$X(t,\omega)=0$,则$\{X(t,\omega),t\in T\}$是 E 上的 Borel 可测随机过程。

Borel 可测的随机过程有如下性质。

定理 10.4.5[3,5]　设$\{X(t,\omega),t\in T\}$和$\{Y(t,\omega),t\in T\}$为定义在同一概率空间$(\Omega,\mathcal{F},P)$上的两个 Borel 可测的随机过程,则

(1)设 E 是 T 上的任一可测子集,则$\{X(t,\omega),t\in E\}$和$\{Y(t,\omega),t\in E\}$也是 Borel 可测的随机过程。

(2)对任意实数 $a_1,a_2,a\in\mathbf{R}^1$,有

$$\{a_1X(t,\omega)+a_2Y(t,\omega),t\in T\}$$
$$\{X(t,\omega)Y(t,\omega),t\in T\}$$
$$\{X(t,\omega)/Y(t,\omega),t\in T,Y(t,\omega)\neq 0\}$$
$$\{|X(t,\omega)|^a,t\in T\}$$
$$\max\{X(t,\omega),Y(t,\omega),t\in T\}$$
$$\min\{X(t,\omega),Y(t,\omega),t\in T\}$$

均为 Borel 可测随机过程。

(3)设$\{X_n(t,\omega),n=1,2,\cdots\}$为定义在概率空间$(\Omega,\mathcal{F},P)$上的 Borel 可测随机过程列,如果

$$h(t,\omega)\triangleq\sup_n\{X_n(t,\omega),n=1,2,\cdots\}$$
$$g(t,\omega)\triangleq\inf_n\{X_n(t,\omega),n=1,2,\cdots\}$$

$$\overline{X}(t,\omega) \triangleq \lim_{n} \sup\{X_n(t,\omega), n=1,2,\cdots\}$$
$$\underline{X}(t,\omega) \triangleq \lim_{n} \inf\{X_n(t,\omega), n=1,2,\cdots\}$$
$$X(t,\omega) \triangleq \lim_{n}\{X_n(t,\omega), n=1,2,\cdots\}$$

存在,则$\{h(t,\omega),t\in T\}$,$\{g(t,\omega),t\in T\}$,$\{\overline{X}(t,\omega),t\in T\}$,$\{\underline{X}(t,\omega),t\in T\}$,$\{X(t,\omega),t\in T\}$是Borel可测随机过程。

定理 10.4.6 Borel 可测修正存在定理 设$\{X(t,\omega),t\in T\}$为定义在概率空间$(\Omega,\mathcal{F},P)$上的随机过程,如果该过程依概率连续,则必存在$\{X(t,\omega),t\in T\}$的完全可分且Borel可测的修正过程$\{\widetilde{X}(t,\omega),t\in T\}$。

证明 由定理10.4.2及定理10.4.3可知,如果随机过程$\{X(t,\omega),t\in T\}$依概率连续,则必存在完全可分的修正过程$\{\widetilde{X}(t,\omega),t\in T\}$。因此,我们不妨假设$\{X(t,\omega),t\in T\}$是完全可分的修正过程,这样一来,我们只需证明,在依概率连续的条件下,必存在Borel可测的随机等价过程即可。

令$R^{(n)}\triangleq\{r_j^{(n)},j=1,2,\cdots,n\}$为$T=[a,b]$上容量为$n$的任一可列稠密子集,对每一$n\geqslant 1$满足

$$a=r_1^{(n)}<r_2^{(n)}<\cdots<r_{n-1}^{(n)}<r_n^{(n)}=b, R^{(n)}\subset R^{(n+1)}$$

因为$\{X(t,\omega),t\in T\}$依概率连续且完全可分修正,即$\lim\limits_{r_k^{(n)}\to t} X(r_k^{(n)},\omega)=X(t,\omega),(P)$,于是由测度论中的雷兹(F. Riesz)定理[5]可知,$R^{(n)}$中必有容量为n'的可列稠密子集$R^{(n')}=\{r_j^{(n')},j=1,2,\cdots,n'\}$满足对任意$t\in T$有$\lim\limits_{r_j^{(n')}\to t} X(r_j^{(n')},\omega)=X(t,\omega),(\mathrm{a,s})$,即$P\left[\lim\limits_{r_j^{(n')}\to t} X(r_j^{(n')},\omega)=X(t,\omega)\right]=1$

现构造如下随机阶梯函数,即

$$Y^{(n')}(t,\omega)=\sum_{k=1}^{n'-2}X(r_k^{(n')},\omega)I_{[r_k^{(n')},r_{k+1}^{(n')})}(t)+X(r_{n'-1}^{(n')},\omega)I_{[r_{n'-1}^{(n')},b]}(t),\text{对一切}\ \omega\in\Omega$$

显见,$Y^{(n')}(t,\omega)$是右连续的随机阶梯函数,由推论10.4.2可知,$Y^{(n')}(t,\omega)$是Borel可测的随机过程且对任意$t\in T$有

$$P[\lim_{n'\to\infty}Y^{(n')}(t,\omega)=X(t,\omega)]=1,\text{对一切}\ \omega\in\Omega$$

现定义$\widetilde{X}(t,\omega)=\lim\limits_{n'\to\infty}Y^{(n')}(t,\omega)$,则由定理10.4.5又知$\{\widetilde{X}(t,\omega),t\in T\}$是Borel可测的且与$\{X(t,\omega),t\in T\}$随机等价。定理证毕。

说明 (1)如果我们所处理的问题只涉及有限维分布函数族,而且又知该过程是依概率连续的,那我们依据定理10.4.6就可以假定该随机过程完全可分且Borel可测,这就意味着,随机过程的依概率连续是我们可以做出这个假定的很重要的充分条件。

(2)如果我们所处理的过程是二阶矩有界的过程,即$E[X^2(t)]<\infty(t\in T)$,这时我们经常用均方连续表征过程的随机连续性,由于均方连续比依概率连续更强,所以只要过程是均方连续且只涉及有限维分布函数族,那么我们也可以假定该二阶矩过程完全可分且Borel可测。

10.5　随机过程样本函数的连续性

我们在 10.3 节已经讨论了随机过程的随机连续性，其中包括依概率连续和均方连续，特别是针对二阶矩有界的随机过程，我们较详细地讨论了均方连续性、均方可微性及均方可积性。但是，在实际应用中，我们是对随机过程的样本函数进行分析计算，因此，对样本函数连续性的研究是非常必要的。换句话说，如果随机过程的样本函数是连续的，那对样本函数的微分运算、积分运算及其他分析计算就有了充分的理论依据。

定义 10.5.1　样本函数连续性　设 $x(t,\omega)$，$t\in T$ 是随机过程 $\{X(t,\omega),t\in T\}$ 的样本函数且关于 R 是可分的，如果对每一 $\omega\in\Omega$ 的样本函数均满足 $\forall\varepsilon>0$，$\exists\delta>0$，当 $r_1\in R,r_2\in R$ 且 $|r_1-r_2|<\delta$ 时，有

$$|x(r_1,\omega)-x(r_2,\omega)|<\varepsilon \tag{10.5.1}$$

则称随机过程样本函数在 R 上连续，其中 R 为 T 上的可分集。又如果存在例外集 N，$P(N)=0$，使对每一 $\omega\in(\Omega-N)$ 的样本函数是连续的，则称随机过程样本函数在 R 上以概率 1 连续。

注意　随机过程样本函数在 R 上连续与在 T 上连续概念不同，但两者有如下关系。

定理 10.5.1　随机过程样本函数在 R 上连续与在 T 上连续是等价的，即在 R 上连续$\Leftrightarrow$在 T 上连续。

证明　因为 R 是 T 上的可分集，所以"$\Leftarrow$"是显然的，故只需证"$\Rightarrow$"：由 R 上连续定义 (10.5.1) 式及关于 R 的可分性可知，$\forall\varepsilon>0$，$\exists\delta>0$，当 $r_1,r_2\in R$ 且 $|r_1-r_2|<\delta$ 时，有

$$|x(r_1,\omega)-x(r_2,\omega)|<\frac{\varepsilon}{3}(\text{由 } R \text{ 上的连续})$$

当 $t_1,t_2\in T$ 且 $|t_1-t_2|<\delta$ 时，有

$$|x(t_1,\omega)-x(r_1,\omega)|<\frac{\varepsilon}{3}(\text{由 } R \text{ 的可分性})$$

$$|x(t_2,\omega)-x(r_2,\omega)|<\frac{\varepsilon}{3}(\text{由 } R \text{ 的可分性})$$

于是

$$\begin{aligned}
&|x(t_1,\omega)-x(t_2,\omega)|\\
=&|x(t_1,\omega)-x(r_1,\omega)+x(r_1,\omega)-x(r_2,\omega)+x(r_2,\omega)-x(t_2,\omega)|\\
\leqslant&|x(t_1,\omega)-x(r_1,\omega)|+|x(r_1,\omega)-x(r_2,\omega)|+|x(r_2,\omega)-x(t_2,\omega)|\\
\leqslant&\frac{\varepsilon}{3}+\frac{\varepsilon}{3}+\frac{\varepsilon}{3}=\varepsilon
\end{aligned}$$

定理证毕。

说明　(1) 定理 10.5.1 给了我们重要提示，如果想证明 $\{X(t,\omega),t\in T\}$ 在全 T 上连续，只需证明 $\{X(t,\omega),t\in T\}$ 在 T 上的可列稠密子集 R 上连续即可。

(2) 随机过程的随机连续性与随机过程样本函数的连续性不能等同，下面的例子给予说明。

例 10.5.1　设 $\{X(t,\omega),t\in T\}$ 是定义于 $(\Omega,\mathcal{F},P)$ 上的随机过程，其中 $\Omega=[0,1]$，$T=[0,1]$，定义

$$X(t,\omega)=\begin{cases}0,\omega\geqslant t\\1,\omega<t\end{cases}\tag{10.5.2}$$

试分析:(1)$X(t,\omega)$的可分性;

(2)$X(t,\omega)$的随机连续性和样本函数的连续性。

解 (1)由定义(10.5.2)式可知,对任一$\omega_i\in\Omega=[0,1]$,样本函数$x(t,\omega_i)$在$[0,1]$上为左连续阶梯函数,所以是可分的,而且由下面证明可知随机过程具有随机连续性,故样本函数$x(t,\omega_i)$是完全可分的。

(2)对任意$t,t+\Delta,\Delta>0$,这时ω有以下三种情况:

①$\omega<t$且$\omega<t+\Delta$;

②$\omega\geqslant t+\Delta$且$\omega>t$;

③$t\leqslant\omega<t+\Delta$。

于是,对任意$\alpha>0$有

$$\begin{aligned}&E[\,|X(t,\omega)-X(t+\Delta,\omega)|^{\alpha}]\\=&E[\,|X(t,\omega)-X(t+\Delta,\omega)|^{\alpha}\,|(\omega<t)]P(\omega<t)+\\&E[\,|X(t,\omega)-X(t+\Delta,\omega)|^{\alpha}\,|(\omega\geqslant t+\Delta)]P(\omega\geqslant t+\Delta)+\\&E[\,|X(t,\omega)-X(t+\Delta,\omega)|^{\alpha}\,|(t\leqslant\omega<t+\Delta)]P(t\leqslant\omega<t+\Delta)\\=&|0-1|^{\alpha}\Delta=1^{\alpha}\Delta=\Delta\end{aligned}$$

如果$\Delta<0$,同样有$E[\,|X(t,\omega)-X(t+\Delta,\omega)|^{\alpha}]=-\Delta$,于是对任意$\Delta$有

$$E[\,|X(t,\omega)-X(t+\Delta,\omega)|^{\alpha}]=|\Delta|\to0,\ |\Delta|\to0$$

这说明该过程是α阶连续,当$\alpha=2$时又称均方连续,这是一种强连续,因此必有依概率连续(见上册定理6.1.5),也就是说,该过程是随机连续的。但是,对任意$\omega\in[0,1]$,样本函数均为阶跃函数,即$x(t,\omega)=1(t-\omega)$,显然,每一样本函数都不是连续的。

因此,由例10.5.1可得如下结论:随机过程的随机连续性不能导出样本函数的连续性。

接下来的问题,自然就是如何判别随机过程样本函数具有连续性,下面的定理给出了答案。

定理10.5.2 样本函数连续准则[3,6-7] 设$\{X(t,\omega),t\in T=[a,b]\}$为定义于$(\Omega,\mathcal{F},P)$上的可分的随机过程,如果存在常数$\alpha>0,\varepsilon>0,c>0$,使得对任意$t\in T$,任意$t+\Delta\in T$及对一切$\omega\in\Omega$满足

$$E[\,|X(t,\omega)-X(t+\Delta,\omega)|^{\alpha}]\leqslant c\,|\Delta|^{1+\varepsilon}\tag{10.5.3}$$

则$\{X(t,\omega),t\in T=[a,b]\}$的样本函数以概率1连续。

证明 该定理的证明思路是这样:由马尔可夫不等式(见上册定理4.4.10)及(10.5.3)式可知,对任意$d>0,t\in T,t+\Delta\in T$有

$$\begin{aligned}P(\,|X(t,\omega)-X(t+\Delta,\omega)|>d)&\leqslant\frac{E[\,|X(t,\omega)-X(t+\Delta,\omega)|^{\alpha}]}{d^{\alpha}}\\&\leqslant\frac{c\,|\Delta|^{1+\varepsilon}}{d^{\alpha}}\to0,\ |\Delta|\to0\end{aligned}\tag{10.5.4}$$

这说明该过程依概率连续,于是由定理10.4.3可知,该过程在$[a,b]$上完全可分,现取$[a,b]$上一个可列稠密子集$R=\left(\dfrac{kT}{2^n},n=1,2,\cdots;k=0,1,2,\cdots,2^n-1\right)$,再由定理10.5.1可知,只要证得该过程在$R$上以概率1连续,那就表明该过程在$[a,b]$上以概率1连续。

现往证定理如下：

把$[a,b]$等分成彼此相接但又不相互覆盖的 2^n 个区间，$n=1,2,\cdots$，每个区间的长度为 $\Delta_n=\frac{T}{2^n}$，对于区间$[k\Delta_n,(k+1)\Delta_n]\subset[a,b]$，$k=0,1,2,\cdots,2^n-1$，有

$$P\left[\ |X(k\Delta_n,\omega)-X((k+1)\Delta_n,\omega)|>\frac{1}{n^2}\right]$$

$$\leqslant\frac{E[\ |X(k\Delta_n,\omega)-X((k+1)\Delta_n,\omega)|^{\alpha}]}{n^{-2\alpha}}\text{（见上册(4.4.76)式）}$$

$$\leqslant\frac{c\ |\Delta_n|^{1+\varepsilon}}{n^{-2\alpha}}\text{（由(10.5.3)式）}$$

$$=\frac{cn^{2\alpha}T^{(1+\varepsilon)}}{2^{n(1+\varepsilon)}}\left(\text{由 }\Delta_n=\frac{T}{2^n}\right)$$

于是

$$P\left\{\bigcup_{k=0}^{2^n-1}\left[\ |X(k\Delta_n,\omega)-X((k+1)\Delta_n,\omega)|>\frac{1}{n^2}\right]\right\}$$

$$=\sum_{k=0}^{2^n-1}P\left(\ |X(k\Delta_n,\omega)-X((k+1)\Delta_n,\omega)|>\frac{1}{n^2}\right)\text{（由区间互不相容及有限可加性）}$$

$$\leqslant\sum_{k=0}^{2^n-1}\frac{cn^{2\alpha}T^{(1+\varepsilon)}}{2^{n(1+\varepsilon)}}=\frac{cn^{2\alpha}T^{(1+\varepsilon)}}{2^{n\varepsilon}}$$

令事件

$$A_n\triangleq\bigcup_{k=0}^{2^n-1}\left[\ |X(k\Delta_n,\omega)-X((k+1)\Delta_n,\omega)|>\frac{1}{n^2}\right]$$

因为 $\sum\limits_{n=1}^{\infty}P(A_n)\leqslant\sum\limits_{n=1}^{\infty}\frac{cn^{2\alpha}T^{(1+\varepsilon)}}{2^{n\varepsilon}}<\infty$，于是由波雷尔－康特立引理可知，事件 A_n 以概率 1 只能发生有限次，也就是说，事件 $\overline{A}_n$ 以概率 1 可发生无穷多次，也即 $\overline{A}_n$ 以概率 1 成立，然而由德莫根定理知

$$\overline{A}_n=\overline{\bigcup_{k=0}^{2^n-1}\left[\ |X(k\Delta_n,\omega)-X((k+1)\Delta_n,\omega)|>\frac{1}{n^2}\right]}$$

$$=\bigcap_{k=0}^{2^n-1}\overline{\left[\ |X(k\Delta_n,\omega)-X((k+1)\Delta_n,\omega)|>\frac{1}{n^2}\right]}$$

$$=\bigcap_{k=0}^{2^n-1}\left[\ |X(k\Delta_n,\omega)-X((k+1)\Delta_n,\omega)|\leqslant\frac{1}{n^2}\right]$$

这就得出，对所有的 k，$0\leqslant k\leqslant2^n-1$，如下事件：

$$|X(k\Delta_n,\omega)-X((k+1)\Delta_n,\omega)|\leqslant\frac{1}{n^2}$$

以概率 1 同时成立，也即

$$\left|X\left(\frac{kT}{2^n},\omega\right)-X\left(\frac{(k+1)T}{2^n},\omega\right)\right|\leqslant\frac{1}{n^2}\tag{10.5.5}$$

对所有的 k，$0\leqslant k\leqslant2^n-1$ 以概率 1 同时成立。

下面往证：对任意固定的 $\omega\in\Omega$，样本函数 $x(t,\omega)$，$t\in T$ 在 R 上连续。为此，对任意给

定的 $\varepsilon_1>0$,必存在 N_1 满足

$$\sum_{n\geqslant N_1}\frac{1}{n^2}<\varepsilon_1 \tag{10.5.6}$$

现取 $\delta=\frac{T}{2^{N_1}}$,对于 R 中的任意两点 $\frac{k_1T}{2^{d_1}}\in R$,$\frac{k_2T}{2^{d_2}}\in R$ 并由该两点形成的闭区间 $\left[\frac{k_1T}{2^{d_1}},\frac{k_2T}{2^{d_2}}\right]$,当 $\left|\frac{k_2T}{2^{d_2}}-\frac{k_1T}{2^{d_1}}\right|<\delta=\frac{T}{2^{N_1}}$时,必存在闭区间列$\left[\frac{kT}{2^m},\frac{(k+1)T}{2^m}\right]$,$m=N_1,N_1+1,N_1+2,\cdots$,使得

$$\left|\frac{k_2T}{2^{d_2}}-\frac{k_1T}{2^{d_1}}\right|=\sum_{m\geqslant N_1}\left[\frac{(k+1)T}{2^m}-\frac{kT}{2^m}\right]$$

其中,m,k 均为正整数,而且具有固定 m 的闭区间在此和中出现的次数不多于 2(见文献[3]),于是由(10.5.5)式立得

$$\begin{aligned}\left|X\left(\frac{k_1T}{2^{d_1}},\omega\right)-X\left(\frac{k_2T}{2^{d_2}},\omega\right)\right|&=\left|\sum_{m\geqslant N_1}\left[X\left(\frac{(k+1)T}{2^m},\omega\right)-X\left(\frac{kT}{2^m},\omega\right)\right]\right|\\&\leqslant\sum_{m\geqslant N_1}\left|X\left(\frac{(k+1)T}{2^m},\omega\right)-X\left(\frac{kT}{2^m},\omega\right)\right|\\&\leqslant\sum_{m\geqslant N_1}\frac{1}{m^2}<\varepsilon_1\end{aligned}$$

定理证毕。

说明 定理 10.5.2 给出的条件(10.5.3)式虽然不是必要条件,但从定理的推导过程中可以看出,从本质上已不能改进,即(10.5.3)式中的 $1+\varepsilon$ 不能用 1 代替,这意味着(10.5.3)式中的 $1+\varepsilon$ 不仅是充分的,而且也是必要的。这个说明有助于我们深入理解随机过程的随机连续性和样本函数连续性的差别。

我们知道,当 $|\Delta|\to 0$ 时,$|\Delta|^{1+\varepsilon}(\varepsilon>0)$ 是比 $|\Delta|$ 更高阶的无穷小量,但当

$$E\{|X(t,\omega)-X(t+\Delta,\omega)|^2\}\leqslant c|\Delta|\to 0,\ |\Delta|\to 0$$

成立时,我们由(10.3.16)式可知该过程具有均方连续性,当然也具有依概率连续性,然而这却不能导出样本函数的连续性(见例 10.5.1),这是因为,样本函数的连续性所要求的条件 $|\Delta|^{1+\varepsilon}\to 0(\varepsilon>0)$,$|\Delta|\to 0$ 要比随机过程的随机连续性所要求的条件 $|\Delta|\to 0$ 高,因此,我们可以认为样本函数的连续性比随机过程的随机连续性(均方连续、依概率连续)具有更强的连续性。

基于以上说明可得如下结论:如果随机过程 $\{X(t,\omega),t\in T\}$ 的样本函数以概率 1 连续,则该过程必随机连续(均方连续、依概率连续),但反之不真。

对于正态过程,由定理 10.5.2 可得出更为直观的结论。

推论 10.5.1 设 $\{X(t,\omega),t\in T=[a,b]\}$ 为实正态过程且满足

(1) $X(t,\omega)$ 在 $[a,b]$ 上是可分的;

(2) 增量 $\Delta X(t,\omega)\triangleq X(t+\Delta,\omega)-X(t,\omega)$ 服从如下正态分布,即

$$\Delta X(t,\omega)\sim N(0,D[\Delta X(t,\omega)])$$

如果

$$D[\Delta X(t,\omega)]\leqslant c\,|\Delta|^{\varepsilon} \tag{10.5.7}$$

其中,$c>0$,$\varepsilon>0$ 为常数,则该过程的样本函数以概率 1 连续。

证明　只需证明由(10.5.7)式可推出(10.5.3)式成立即可。设 $Y \sim N(0,\sigma^2)$,则

$$E(|Y|^\alpha) = \frac{1}{\sqrt{2\pi}\sigma}\int_{-\infty}^{\infty}|y|^\alpha \exp\left\{-\frac{y^2}{2\sigma^2}\right\}dy$$
$$= \frac{\sigma^\alpha}{\sqrt{2\pi}}\int_{-\infty}^{\infty}|z|^\alpha \exp\left\{-\frac{z^2}{2}\right\}dz = \sigma^\alpha\beta$$

其中,$y = \sigma z, \beta = \frac{1}{\sqrt{2\pi}}\int_{-\infty}^{\infty}|z|^\alpha \exp\left\{-\frac{z^2}{2}\right\}dz > 0$,于是由(10.5.7)式有

$$E[|\Delta X(t,\omega)|^\alpha] = \{D[\Delta X(t,\omega)]\}^{\alpha/2}\beta \leqslant c^{\alpha/2}|\Delta|^{\alpha\varepsilon/2}\beta$$

选 α 使$\frac{\alpha\varepsilon}{2}>1$,则(10.5.3)式成立。推论证毕。

推论 10.5.2　设$\{X(t,\omega), t\in T=[a,b]\}$为可分的实正态过程,则

(1)样本函数以概率 1 连续的必要条件是均值函数

$$m(t,\omega) = E[X(t,\omega)] \tag{10.5.8}$$

和方差函数

$$D[X(t,\omega)] = E\{[X(t,\omega)-m(t,\omega)]^2\} \tag{10.5.9}$$

是 t 的连续函数。

(2)样本函数以概率 1 连续的充分条件是均值函数 $m(t,\omega)$为 t 的连续函数,且

$$|B_X(s,t)-B_X(s,s)| \leqslant c|s-t|^\varepsilon \tag{10.5.10}$$

其中,$c>0,\varepsilon>0$ 为常数;$B_X(s,t) \triangleq E\{[X(s,\omega)-m(s,\omega)][X(t,\omega)-m(t,\omega)]\}$为该正态过程的中心自相关函数(见(10.2.6)式)。

证明　必要性:因为过程是正态的,故对任意 $t\in T$,$X(t,\omega)$的特征函数为

$$f(\lambda,t) \triangleq E\{\exp\{\mathrm{i}\lambda X(t,\omega)\}\}$$
$$= \exp\left\{\mathrm{i}m(t,\omega)\lambda - \frac{\lambda^2}{2}D[X(t,\omega)]\right\}$$

其中,$m(t,\omega)=E[X(t,\omega)]$;$D[X(t,\omega)]=E\{[X(t,\omega)-m(t,\omega)]^2\}=B_X(t,t)$。又因为 $X(t,\omega)$以概率 1 样本连续,所以$\{X(t,\omega), t\in T\}$是 Borel 可测的(见推论 10.4.1),于是由 Lebesgue 控制收敛定理(见文献[5])可知,对任意固定的 λ,$f(\lambda,t)$是 t 的连续函数,再由

$$D[X(t,\omega)] = -\frac{1}{\lambda^2}[\log f(\lambda,t)+\log f(-\lambda,t)]$$

$$m(t,\omega) = \frac{1}{\mathrm{i}\lambda}\left[\log f(\lambda,t)+\frac{\lambda^2}{2}D[X(t,\omega)]\right]$$

可知 $\sigma^2(t) \triangleq D[X(t,\omega)]$及 $m(t,\omega)=E[X(t,\omega)]$是 t 的连续函数,必要性得证。

充分性:令 $Y(t,\omega)=X(t,\omega)-m(t,\omega)$,由 $m(t,\omega)$是连续函数可知,$\{Y(t,\omega), t\in T\}$也是可分的实正态过程,于是有

$$D[X(s,\omega)-X(t,\omega)] = E\{[X(s,\omega)-X(t,\omega)-m(s,\omega)+m(t,\omega)]^2\}$$
$$= E\{[Y(s,\omega)-Y(t,\omega)]^2\}$$
$$= |B_X(s,s)-B_X(s,t)+B_X(t,t)-B_X(t,s)|$$
$$\leqslant |B_X(s,s)-B_X(s,t)|+|B_X(t,t)-B_X(t,s)|$$
$$\leqslant 2c\,|t-s|^\varepsilon \text{(由(10.5.10)式)}$$

再由推论 10.5.1 立得$\{X(t,\omega), t\in T\}$的样本函数以概率 1 连续。推论证毕。

说明　我们知道,正态过程的有限维分布函数族只涉及一阶矩和二阶矩,因此,正态过

程是二阶矩过程,这样一来,在10.3节所讨论的内容对于正态过程是适用的,基于这个认识,我们不难得出以下结论:

(1)相关函数 $B_X(s,t)$ 在 $s=t\in T$ 处连续 $\Leftrightarrow B_X(s,t)$ 在任意 $t\in T,s\in T$ 处连续,形象地说,$B_X(s,t)$ 在正方形 $T\times T$ 对角线上连续 $\Leftrightarrow B_X(s,t)$ 在正方形 $T\times T$ 整个面上连续,这可由均方连续准则(见定理10.3.1)及均方收敛性质(见上册(6.1.54)式至(6.1.56)式)证得。

(2)由样本函数在 T 上的连续性定义10.5.1有

$|B_X(s,t)-B_X(s,s)|\leqslant c\ |s-t|^{\varepsilon},c>0,\varepsilon>0\Leftrightarrow B_X(s,s)\triangleq D[X(s,\omega)]$ 是连续函数。

基于推论10.5.1、推论10.5.2及以上两点说明,我们可得如下结论。

定理10.5.3 设 $\{X(t,\omega),t\in T=[a,b]\}$ 为可分的实正态过程,则该过程的样本函数以概率1连续的充要条件是

(1)均值函数 $m(t,\omega)=E[X(t,\omega)]$ 在 T 上连续;

(2)中心自相关函数 $B_X(s,t)\triangleq E\{[X(s,\omega)-m(s,\omega)][X(t,\omega)-m(t,\omega)]\}$ 在 $T\times T$ 面上连续,或等价地说 $B_X(s,t)$ 在正方形 $T\times T$ 对角线上连续,即

$$|B_X(s,s+\Delta s)-B_X(s,s)|\leqslant c\ |\Delta s|^{\varepsilon}\to 0,|\Delta s|\to 0$$

其中,$c>0,\varepsilon>0$ 为常数。

推论10.5.3 设 $\{X(t,\omega),t\in T=[a,b]\}$ 为可分的零均值实正态过程,则该过程的样本函数以概率1连续等价于该过程均方连续。

该推论的证明留给读者自行练习。我们曾说过,在一般情况下,如果过程的样本函数以概率1连续,则该过程必均方连续,反之不真。但对于可分的且均值函数为连续函数的实正态过程来说两者是一致的,这样一来,利用均值函数和相关函数的连续性就很容易判别该可分的实正态过程是否样本函数连续或均方连续。

10.6 常见的几种随机过程

10.6.1 二阶矩过程

定义10.6.1 设 $\{X(t),t\in T\}$ 为随机过程,如果对任意 $t\in T$,有

$$E[X^2(t)]<\infty$$

则称该随机过程 $\{X(t),t\in T\}$ 为**二阶矩过程**。

10.6.2 正态过程

定义10.6.2 设 $\{X(t),t\in T\}$ 为随机过程,如果对任意正整数 n 及任意 $t_i\in T,i=1,2,\cdots,n$,随机向量

$$\boldsymbol{X}^{\mathrm{T}}=[X(t_1),X(t_2),\cdots,X(t_n)]$$

的分布是正态的,则有如下概率密度函数,即

$$p(\boldsymbol{x})=\frac{1}{(2\pi)^{n/2}\,|\boldsymbol{B}|^{1/2}}\mathrm{e}^{(-1/2)(\boldsymbol{x}-\boldsymbol{m})^{\mathrm{T}}\boldsymbol{B}^{-1}(\boldsymbol{x}-\boldsymbol{m})} \tag{10.6.1}$$

其中

$$
\boldsymbol{m}=E(\boldsymbol{X})=\begin{bmatrix} E[X(t_1)] \\ E[X(t_2)] \\ \vdots \\ E[X(t_n)] \end{bmatrix} \triangleq \begin{bmatrix} m_1 \\ m_2 \\ \vdots \\ m_n \end{bmatrix}
$$

为均值向量;而

$$
\boldsymbol{B}=E[(\boldsymbol{X}-\boldsymbol{m})(\boldsymbol{X}-\boldsymbol{m})^{\mathrm{T}}] \triangleq \begin{bmatrix} b_{11} & b_{12} & \cdots & b_{1n} \\ b_{21} & b_{22} & \cdots & b_{2n} \\ \vdots & \vdots & & \vdots \\ b_{n1} & b_{n2} & \cdots & b_{nn} \end{bmatrix}
$$

为相关函数阵,且 $b_{ij}=E\{[X(t_i)-m_i][X(t_j)-m_j]\}$,$i,j=1,2,\cdots,n$,并假定 $\boldsymbol{B}$ 为正定矩阵。则称该随机过程为**正态过程**。

显然,正态过程是二阶矩过程的一个子类。下面介绍正态过程的存在定理。

定理 10.6.1　设 $\Gamma(t_1,t_2)$ 为二元实函数,如果 $\Gamma(t_1,t_2)$ 是非负定的,即对任意正整数 n 及 $t_i\in T$ 和实函数 $\theta(t_i)\in\mathbf{R}^1$,$i=1,2,\cdots,n$,有

$$
\sum_{k=1}^{n}\sum_{j=1}^{n}\Gamma(t_k,t_j)\theta(t_k)\theta(t_j)\geqslant 0 \tag{10.6.2}
$$

则必存在唯一的实正态过程 $\{X(t),t\in T\}$ 且有

$$
\begin{cases} E[X(t_1)X(t_2)]=\Gamma(t_1,t_2),t_1,t_2\in T \\ E[X(t)]=0 \end{cases} \tag{10.6.3}
$$

也即 $\Gamma(t_1,t_2)$ 是该实正态过程 $\{X(t),t\in T\}$ 的自相关函数。

证明　因为 $\Gamma(t_1,t_2)$ 是非负定的,即对任意 n 及任意 $t_i\in T$ 和 $\theta_i\in\mathbf{R}^1$,$i=1,2,\cdots,n$,有

$$
\sum_{k=1}^{n}\sum_{j=1}^{n}\Gamma(t_k,t_j)\theta_k\theta_j\geqslant 0
$$

故可以构造如下的特征函数,即

$$
f(t_1,t_2,\cdots,t_n;\hat{t}_1,\hat{t}_2,\cdots,\hat{t}_n)=\exp\left\{-\frac{1}{2}\hat{\boldsymbol{t}}\boldsymbol{B}\hat{\boldsymbol{t}}^{\mathrm{T}}\right\} \tag{10.6.4}
$$

其中,$\hat{\boldsymbol{t}}=[\hat{t}_1,\hat{t}_2,\cdots,\hat{t}_n]$;$\boldsymbol{B}=[\Gamma(t_k,t_j)]_{n\times n}\geqslant 0$。容易验证 $f(t_1,t_2,\cdots,t_n;\hat{t}_1,\hat{t}_2,\cdots,\hat{t}_n)$ 满足对称性(10.1.11)式及相容性(10.1.12)式,于是由定理 10.1.1 可知,必存在概率空间$(\Omega,\mathcal{F},P)$及定义在其上的随机过程 $\{X(t),t\in T\}$,使得该过程的有限维特征函数族与(10.6.4)式相重合,然而由上册定义 5.5.2 又知,由(10.6.4)式所表示的特征函数是 n 维实正态向量的特征函数,因此 $\{X(t),t\in T\}$ 为实正态过程且由上册定义 5.5.2 可知 $E[X(t)]=0$,$E[X(t_k)X(t_j)]=\Gamma(t_k,t_j)$,这表明 $\Gamma(t_1,t_2)$ 为该实正态过程 $\{X(t),t\in T\}$ 的自相关函数,又因为由(10.6.4)式所表示的特征函数是唯一的,因此,该实正态过程是唯一的。定理证毕。

说明　(1)因为特征函数与分布函数是一一对应的,因此,定理 10.1.1 不仅对有限维分布函数族成立,对有限维特征函数族同样也成立。

(2)设 $m(t)$ 为一元实函数,$B(t_1,t_2)$ 为二元实函数,如果 $B(t_1,t_2)$ 是非负定的,则必存在唯一的实正态过程 $\{X(t),t\in T\}$ 且有 $E[X(t)]=m(t)$,$B(t_1,t_2)=E\{[X(t_1)-m(t_1)]\cdot[X(t_2)-m(t_2)]\}$。这一结论可通过构造如下特征函数:

$$f(t_1,t_2,\cdots,t_n;\hat{t}_1,\hat{t}_2,\cdots,\hat{t}_n)=\exp\left\{\mathrm{i}\boldsymbol{m}\hat{\boldsymbol{t}}^{\mathrm{T}}-\frac{1}{2}\hat{\boldsymbol{t}}\boldsymbol{B}\boldsymbol{t}^{\mathrm{T}}\right\}$$

其中,$\boldsymbol{m}=[m(t_1),m(t_2),\cdots,m(t_n)]$;$\hat{\boldsymbol{t}}=[\hat{t}_1,\hat{t}_2,\cdots,\hat{t}_n]$;$\boldsymbol{B}=[B(t_i,t_j)]_{n\times n}$,再利用定理10.6.1同样方法证得。

定理10.6.2 设$\Gamma(t_1,t_2)$为二元复函数,即

$$\Gamma(t_1,t_2)=A(t_1,t_2)+\mathrm{i}B(t_1,t_2),t_1,t_2\in T \tag{10.6.5}$$

如果$\Gamma(t_1,t_2)$是非负定的,即对任意正整数n及$t_i\in T$和复数$\theta_i\in\mathbf{C}^1,i=1,2,\cdots,n$,有

$$\sum_{k=1}^{n}\sum_{j=1}^{n}\Gamma(t_k,t_j)\theta_k\bar{\theta}_j\geqslant 0 \tag{10.6.6}$$

则必存在复正态过程$\{Z(t),t\in T\}$且有

$$E[Z(t)]=0,t\in T \tag{10.6.7}$$

$$E[Z(t_1)\overline{Z(t_2)}]=\Gamma(t_1,t_2),t_1,t_2\in T \tag{10.6.8}$$

证明 因为$\Gamma(t_1,t_2)$是非负定的,故对任意正整数$n,t_i\in T$,复数$\theta_i\in\mathbf{C}^1,i=1,2,\cdots,n$,有

$$\begin{aligned}0&\leqslant\sum_{k=1}^{n}\sum_{j=1}^{n}\Gamma(t_k,t_j)\theta_k\bar{\theta}_j\\&=\sum_{k=1}^{n}\sum_{j=1}^{n}[A(t_k,t_j)+\mathrm{i}B(t_k,t_j)](\alpha_k-\mathrm{i}\beta_k)(\alpha_j+\mathrm{i}\beta_j)\\&=\sum_{k=1}^{n}\sum_{j=1}^{n}[A(t_k,t_j)(\alpha_k\alpha_j+\beta_k\beta_j)-B(t_k,t_j)(\alpha_k\beta_j-\beta_k\alpha_j)]\end{aligned} \tag{10.6.9}$$

(10.6.9)式可用矩阵和向量表示,即

$$[\alpha_1,\alpha_2,\cdots,\alpha_n,\beta_1,\beta_2,\cdots,\beta_n]\cdot$$

$$\left[\begin{array}{cccc|cccc}A(t_1,t_1)&A(t_1,t_2)&\cdots&A(t_1,t_n)&-B(t_1,t_1)&-B(t_1,t_2)&\cdots&-B(t_1,t_n)\\A(t_2,t_1)&A(t_2,t_2)&\cdots&A(t_2,t_n)&-B(t_2,t_1)&-B(t_2,t_2)&\cdots&-B(t_2,t_n)\\\vdots&\vdots&&\vdots&\vdots&\vdots&&\vdots\\A(t_n,t_1)&A(t_n,t_2)&\cdots&A(t_n,t_n)&-B(t_n,t_1)&-B(t_n,t_2)&\cdots&-B(t_n,t_n)\\\hline B(t_1,t_1)&B(t_1,t_2)&\cdots&B(t_1,t_n)&A(t_1,t_1)&A(t_1,t_2)&\cdots&A(t_1,t_n)\\B(t_2,t_2)&B(t_2,t_2)&\cdots&B(t_2,t_n)&A(t_2,t_2)&A(t_2,t_2)&\cdots&A(t_2,t_n)\\\vdots&\vdots&&\vdots&\vdots&\vdots&&\vdots\\B(t_n,t_1)&B(t_n,t_2)&\cdots&B(t_n,t_n)&A(t_n,t_1)&A(t_n,t_2)&\cdots&A(t_n,t_n)\end{array}\right]\begin{bmatrix}\alpha_1\\\alpha_2\\\vdots\\\alpha_n\\\beta_1\\\beta_2\\\vdots\\\beta_n\end{bmatrix}$$

$$\triangleq[\boldsymbol{\alpha},\boldsymbol{\beta}]\begin{bmatrix}\boldsymbol{A}&-\boldsymbol{B}\\\boldsymbol{B}&\boldsymbol{A}\end{bmatrix}\begin{bmatrix}\boldsymbol{\alpha}^{\mathrm{T}}\\\boldsymbol{\beta}^{\mathrm{T}}\end{bmatrix}\geqslant 0$$

也可表示为

$$[\sqrt{2}\boldsymbol{\alpha},\sqrt{2}\boldsymbol{\beta}]\begin{bmatrix}\frac{1}{2}\boldsymbol{A}&-\frac{1}{2}\boldsymbol{B}\\\frac{1}{2}\boldsymbol{B}&\frac{1}{2}\boldsymbol{A}\end{bmatrix}\begin{bmatrix}\sqrt{2}\boldsymbol{\alpha}^{\mathrm{T}}\\\sqrt{2}\boldsymbol{\beta}^{\mathrm{T}}\end{bmatrix}\geqslant 0$$

如用$\hat{\boldsymbol{t}}\triangleq[\hat{t}_1,\hat{t}_2,\cdots,\hat{t}_n]$代替$\sqrt{2}\boldsymbol{\alpha}\triangleq\sqrt{2}[\alpha_1,\alpha_2,\cdots,\alpha_n]$,用$\hat{\boldsymbol{\lambda}}\triangleq[\hat{\lambda}_1,\hat{\lambda}_2,\cdots,\hat{\lambda}_n]$代替$\sqrt{2}\boldsymbol{\beta}\triangleq\sqrt{2}[\beta_1,\beta_2,\cdots,\beta_n]$,可得$2n$维正态向量的特征函数为

$$f(\hat{\boldsymbol{t}},\hat{\boldsymbol{\lambda}})=\exp\left\{-\frac{1}{2}(\hat{\boldsymbol{t}},\hat{\boldsymbol{\lambda}})\begin{bmatrix}\frac{1}{2}\boldsymbol{A} & -\frac{1}{2}\boldsymbol{B}\\ \frac{1}{2}\boldsymbol{B} & \frac{1}{2}\boldsymbol{A}\end{bmatrix}\begin{bmatrix}\hat{\boldsymbol{t}}^{\mathrm{T}}\\ \hat{\boldsymbol{\lambda}}^{\mathrm{T}}\end{bmatrix}\right\}$$

再由定理 10.6.1 可知,必存在二元正态过程$\{X(t),Y(t),t\in T\}$且满足

$$\begin{cases}E[X(t)]=E[Y(t)]=0\\ \Gamma_X(s,t)\triangleq E[X(s)X(t)]=\frac{1}{2}A(s,t)\\ \Gamma_Y(s,t)\triangleq E[Y(s)Y(t)]=\frac{1}{2}A(s,t)\\ \Gamma_{XY}(s,t)\triangleq E[X(s)Y(t)]=-\frac{1}{2}B(s,t)\\ \Gamma_{YX}(s,t)\triangleq E[Y(s)X(t)]=\frac{1}{2}B(s,t)\end{cases}\tag{10.6.10}$$

由此,我们可定义一个复正态过程为

$$Z(t)=X(t)+\mathrm{i}Y(t)\tag{10.6.11}$$

于是由(10.6.10)式有

$$E[Z(t)]=E[X(t)]+\mathrm{i}E[Y(t)]=0$$

即(10.6.7)式得证。

进一步由(10.2.25)式有

$$\begin{aligned}\Gamma_Z(t_1,t_2)&=\Gamma_X(t_1,t_2)+\Gamma_Y(t_1,t_2)+\mathrm{i}[\Gamma_{YX}(t_1,t_2)-\Gamma_{XY}(t_1,t_2)]\\&=\frac{1}{2}A(t_1,t_2)+\frac{1}{2}A(t_1,t_2)+\mathrm{i}\left[\frac{1}{2}B(t_1,t_2)+\frac{1}{2}B(t_1,t_2)\right]\\&=A(t_1,t_2)+\mathrm{i}B(t_1,t_2)\\&=\Gamma(t_1,t_2)\end{aligned}\tag{10.6.12}$$

即(10.6.8)式得证。这就是说,由二元复函数$\Gamma(t_1,t_2)$是非负定的,可找到复正态过程$\{Z(t),t\in T\}$且满足(10.6.7)式和(10.6.8)式。定理证毕。

说明　可以把定理 10.6.2 的结论推广到一般的情形:设$m(t),t\in T$为一元复函数,$B(t_1,t_2),t_1,t_2\in T$为二元复函数,如果$B(t_1,t_2)$是非负定的,则必存在复正态过程$\{Z(t),t\in T\}$且有

$$E[Z(t)]=m(t),t\in T$$

$$B(t_1,t_2)=E\{[Z(t_1)-m(t_1)]\overline{[Z(t_2)-m(t_2)]}\},t_1,t_2\in T$$

10.6.3　严平稳过程

定义 10.6.3　设$\{X(t),t\in T\}$为随机过程,如果对任意正整数n及任意$t_i\in T,i=1,2,\cdots,n$,对所有实数$\tau\in\mathbf{R}^1$及$t_i+\tau\in T,i=1,2,\cdots,n$,有

$$\begin{aligned}F(t_1,t_2,\cdots,t_n;x_1,x_2,\cdots,x_n)&=P[X(t_1)<x_1,X(t_2)<x_2,\cdots,X(t_n)<x_n]\\&=P[X(t_1+\tau)<x_1,X(t_2+\tau)<x_2,\cdots,X(t_n+\tau)<x_n]\\&=F(t_1+\tau,t_2+\tau,\cdots,t_n+\tau;x_1,x_2,\cdots,x_n)\end{aligned}\tag{10.6.13}$$

则称该随机过程$\{X(t),t\in T\}$为**严平稳过程**。

显见,严平稳过程的有限维分布函数随时间推移不变。如果密度函数存在,仍有上述

性质,即

$$p(t_1,t_2,\cdots,t_n;x_1,x_2,\cdots,x_n)=p(t_1+\tau,t_2+\tau,\cdots,t_n+\tau;x_1,x_2,\cdots,x_n) \quad (10.6.14)$$

值得注意的是,由于严平稳过程对二阶矩没有要求,所以它不一定是二阶矩过程。

10.6.4 宽平稳过程

定义 10.6.4 设$\{X(t),t\in T\}$为二阶矩过程,如果对任意 $t_1,t_2,t_1+\tau,t_2+\tau\in T$,其中 $\tau\in\mathbf{R}^1$ 为任意实数,分布函数 $F(\cdot)$满足

$$F(t_1;x_1)=F(t_1+\tau;x_1) \quad (10.6.15)$$

$$F(t_1,t_2;x_1,x_2)=F(t_1+\tau,t_2+\tau;x_1,x_2) \quad (10.6.16)$$

则称该随机过程$\{X(t),t\in T\}$为**宽平稳过程**。

宽平稳过程有如下性质。

定理 10.6.3 设$\{X(t),t\in T\}$为宽平稳过程,则它的均值函数为常数,相关函数 $\Gamma(t_1,t_2)$只与时间差 t_1-t_2 有关,即

$$E[X(t)]=m(t)=m=\text{常数} \quad (10.6.17)$$

$$\Gamma(t_1,t_2)=\Gamma(t_1-t_2) \quad (10.6.18)$$

证明 对任意 $t\in T$,取 $\tau=-t$,则由(10.6.15)式有 $F(t;x_1)=F(0;x_1)$,于是

$$E[X(t)]=\int x_1\mathrm{d}F(t;x_1)=\int x_1\mathrm{d}F(0;x_1)=E[X(0)]\triangleq m=\text{常数}$$

另一方面,取 $\tau=-t_2$,还有

$$\begin{aligned}\Gamma(t_1,t_2)&=E[X(t_1)X(t_2)]\\&=\iint x_1x_2\mathrm{d}^2F(t_1,t_2;x_1,x_2)\\&=\iint x_1x_2\mathrm{d}^2F(t_1+\tau,t_2+\tau;x_1,x_2)\\&=\iint x_1x_2\mathrm{d}^2F(t_1-t_2,0;x_1,x_2)\\&\triangleq\Gamma(t_1-t_2)\end{aligned}$$

定理证毕。

可以看出,严平稳过程不一定是宽平稳过程,因为严平稳过程不一定具有二阶矩。宽平稳过程更未必是严平稳过程,因为由(10.6.15)式和(10.6.16)式一般不能推出(10.6.13)式。如果严平稳过程又是二阶矩过程,由定义 10.6.4 可知,那它一定又是宽平稳过程,反之不真。但对于正态过程来说,却有如下结论。

定理 10.6.4 设$\{X(t),t\in T\}$为正态随机过程,则它为严平稳过程的充要条件是它为宽平稳过程。

证明 因为正态过程是二阶矩过程,所以必要性是显然的,只需证充分性。对于任意正整数 n 及任意 $t_1,t_2,\cdots,t_n\in T$,由于过程是正态的,所以由定义 10.6.2 可知密度函数为

$$p(\boldsymbol{x})=\frac{1}{(2\pi)^{n/2}|\boldsymbol{B}|^{1/2}}\mathrm{e}^{(-1/2)(\boldsymbol{x}-\boldsymbol{m})^{\mathrm{T}}B^{-1}(\boldsymbol{x}-\boldsymbol{m})}$$

其中,$\boldsymbol{m}$ 为均值向量;$n\times n$ 正定对称阵 $\boldsymbol{B}=(b_{ij})_{n\times n}$为相关函数阵,且

$$b_{ij}=E\{[X(t_i)-m_i][X(t_j)-m_j]\},i,j=1,2,\cdots,n$$

又因为过程是宽平稳的,所以由定理 10.6.3 可知

$$m_1 = m_2 = \cdots = m_n = m = \text{常数}$$

$$b_{ij} = E[X(t_i)X(t_j)] - m^2 = \Gamma(t_i - t_j) - m^2, i,j = 1,2,\cdots,n$$

另一方面,对任意 τ 及 $t_i + \tau \in T, i = 1,2,\cdots,n$,由于过程的正态性,其密度函数为

$$p^*(\boldsymbol{x}) = \frac{1}{(2\pi)^{n/2}|\boldsymbol{B}^*|^{1/2}} e^{(-1/2)(\boldsymbol{x}-\boldsymbol{m}^*)^{\mathrm{T}}\boldsymbol{B}^{*-1}(\boldsymbol{x}-\boldsymbol{m}^*)}$$

因为过程是宽平稳的,所以

$$m_i^* = E[X(t_i + \tau)] = X(t_i) = m_i = m, i = 1,2,\cdots,n$$

$$b_{ij}^* = E[X(t_i + \tau)X(t_j + \tau)] - m^2 = \Gamma(t_i - t_j) - m^2 = b_{ij}$$

$$i,j = 1,2,\cdots,n$$

这样一来,可得 $\boldsymbol{m}^* = \boldsymbol{m}, \boldsymbol{B}^* = \boldsymbol{B}$,于是 $p(\boldsymbol{x}) = p^*(\boldsymbol{x})$。再由定义 10.6.3 可知该过程是严平稳的。定理证毕。

为以后叙述方便,除特别说明以外,我们把宽平稳过程叫作平稳过程。在后面的第 13 章将对平稳过程做更详细的分析。

10.6.5　正交增量过程

定义 10.6.5　设 $\{X(t), t \in T\}$ 为二阶矩过程,如果对任意 $t_1 < t_2 \leqslant t_3 < t_4 \in T$,有

$$E\{[X(t_2) - X(t_1)][X(t_4) - X(t_3)]\} = 0 \tag{10.6.19}$$

则称该随机过程 $\{X(t), t \in T\}$ 为**正交增量过程**。

若取 $t_2 = t_3$,且规定 $X(t_1) = 0$,显然对任意 $t_4 > t_3$,有

$$E\{X(t_3)[X(t_4) - X(t_3)]\} = 0 \tag{10.6.20}$$

关于正交增量过程的相关函数有如下性质。

定理 10.6.5　设 $\{X(t), t \in T\}$ 为正交增量过程,则相关函数 $\Gamma(t_1, t_2)$ 为

$$\Gamma(t_1, t_2) = \begin{cases} \Gamma(t_1, t_1), t_1 \leqslant t_2 \\ \Gamma(t_2, t_2), t_2 \leqslant t_1 \end{cases} \tag{10.6.21}$$

证明　不妨设 $t_1 \leqslant t_2 \in T$,则由(10.6.20)式可以推出

$$\begin{aligned} \Gamma(t_1, t_2) &= E[X(t_1)X(t_2)] \\ &= E\{X(t_1)[X(t_2) - X(t_1) + X(t_1)]\} \\ &= E\{X(t_1)[X(t_2) - X(t_1)]\} + E[X(t_1)X(t_1)] \\ &= \Gamma(t_1, t_1) \end{aligned} \tag{10.6.22}$$

若 $t_2 \leqslant t_1 \in T$,用同样方法可证得

$$\Gamma(t_1, t_2) = \Gamma(t_2, t_2) \tag{10.6.23}$$

归纳(10.6.22)式及(10.6.23)式立得(10.6.21)式。定理证毕。

10.6.6　马尔可夫(A. A. Марков)过程

定义 10.6.6　设 $\{X(t), t \in T\}$ 为随机过程,对任意 n 个时间点 $t_1 < t_2 < \cdots < t_n < t \in T$ 及任意实数 $x_1, x_2, \cdots, x_n, x$,其中 n 为任意正整数,如果

$$P[X(t) < x | X(t_1) = x_1, X(t_2) = t_2, \cdots, X(t_{n-1}) = x_{n-1}, X(t_n) = x_n] = P[X(t) < x | X(t_n) = x_n] \tag{10.6.24}$$

则称该随机过程 $\{X(t), t \in T\}$ 为**马尔可夫过程**。

(10.6.24)式表明,在 $X(t_i)=x_i,i=1,2,\cdots,n$ 为已知的条件下,事件$(X(t)<x)$发生的概率只与最近时刻 t_n 的情形有关,而与 $t_{n-1},t_{n-2},\cdots,t_1$ 时刻的情形无关,把这种性质称为无后效性。

如果把 t_n 理解为"现在",那么 $t>t_n$ 就是"未来",而 $t_1<t_2<\cdots<t_{n-1}$ 就是"过去",马尔可夫过程的"无后效性"告诉我们,过程$\{X(t),t\in T\}$在"将来"的情形只与"现在"有关,而与"过去"无关。

为了描述马尔可夫过程,有如下定理。

定理 10.6.6 设$\{X(t),t\in T\}$为马尔可夫过程,则对任意正整数 n 及 $t_1<t_2<\cdots<t_n\in T$,其有限维密度函数 $p(t_1,t_2,\cdots,t_n;x_1,x_2,\cdots,x_n)$ 可由二维密度函数 $f(s,\tau;\xi,\zeta)$ 决定,其中 $s<\tau\in T$,ξ 和 ζ 为任意实数。

证明 由贝叶斯(Bayes)公式可知

$$p(t_1,t_1,\cdots,t_n;x_1,x_1,\cdots,x_n)=p(t_1,t_2,\cdots,t_{n-1};x_1,x_2,\cdots,x_{n-1})\cdot p(t_n;x_n\mid t_1,\cdots,t_{n-1};x_1,\cdots,x_{n-1}) \tag{10.6.25}$$

再由随机过程的马尔可夫性质还有

$$p(t_n;x_n\mid t_1,t_2,\cdots,t_{n-1};x_1,x_2,\cdots,x_{n-1})=p(t_n;x_n\mid t_{n-1};x_{n-1}) \tag{10.6.26}$$

把(10.6.26)式代入(10.6.25)式可得

$$p(t_1,t_2,\cdots,t_n;x_1,x_2,\cdots,x_n)=p(t_1,t_2,\cdots,t_{n-1};x_1,x_2,\cdots,x_{n-1})p(t_n;x_n\mid t_{n-1};x_{n-1})$$

反复运用上面的方法,就得到

$$\begin{aligned}p(t_1,t_2,\cdots,t_n;x_1,x_2,\cdots,x_n)&=p(t_1;x_1)p(t_2;x_2\mid t_1;x_1)\cdots p(t_n;x_n\mid t_{n-1};x_{n-1})\\&=p(t_1;x_1)\prod_{i=2}^{n}p(t_i;x_i\mid t_{i-1};x_{i-1})\end{aligned} \tag{10.6.27}$$

若令 $p(s,\tau;\xi,\zeta)$ 中的参量分别为

$$s=t_{i-1},\tau=t_i,\xi=x_{i-1},\zeta=x_i,i=2,3,\cdots,n$$

则

$$p(t_i;x_i\mid t_{i-1};x_{i-1})=\frac{p(t_{i-1},t_i;x_{i-1},x_i)}{\int_{-\infty}^{+\infty}p(t_{i-1},t_i;x_{i-1},x_i)\,\mathrm{d}x_i} \tag{10.6.28}$$

$$p(t_1;x_1)=\int_{-\infty}^{+\infty}p(t_1,\tau;x_1,\zeta)\,\mathrm{d}\zeta \tag{10.6.29}$$

由(10.6.28)式及(10.6.29)式可知(10.6.27)式中的多维密度函数 $p(t_1,t_2,\cdots,t_n;x_1,x_2,\cdots,x_n)$ 仅由二维密度函数 $p(s,\tau;\xi,\zeta)$ 所决定。定理证毕。

例 10.6.1 设线性定常系统的结构如图 10.6.1 所示,其中系统输入为 $X(t)=0$,初始条件 $Y(0)$ 为正态随机变量,且 $E[Y(0)]=0,E[Y^2(0)]=\sigma^2$,试分析系统输出过程$\{Y(t),t\geqslant 0\}$。

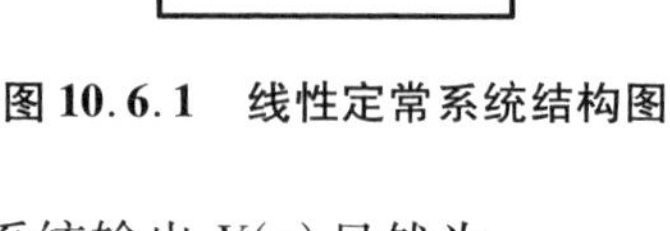

$X(t)$ → $\frac{1}{s+1}$ → $Y(t)$

图 10.6.1 线性定常系统结构图

在初始条件 $Y(0)$ 作用下,系统输出 $Y(t)$ 显然为

$$Y(t)=Y(0)\mathrm{e}^{-t},t\geqslant 0$$

由于 $Y(0)$ 为正态分布的随机变量且 e^{-t} 为有界连续函数，故 $\{Y(t), t\geq 0\}$ 为正态随机过程。另外，对任意正整数 n 及任意 $0<t_1<t_2<\cdots<t_n$，因为 $Y(t_{n-1})=Y(0)e^{-t_{n-1}}$，而且

$$Y(t_n)=Y(0)e^{-t_n}=Y(0)e^{-t_{n-1}}e^{t_{n-1}}e^{-t_n}=Y(t_{n-1})e^{-(t_n-t_{n-1})} \tag{10.6.30}$$

所以当 $Y(t_1), Y(t_2), \cdots, Y(t_{n-1})$ 为已知的条件下，$Y(t_n)$ 仅与 $Y(t_{n-1})$ 有关，故系统输出过程 $\{Y(t), t\geq 0\}$ 又是马尔可夫过程。这样一来，可以把 $\{Y(t), t\geq 0\}$ 称为正态马尔可夫过程。

例 10.6.2　设 $\{X(t), t\geq 0\}$ 为由 $\ddot{X}(t)=0$ 所定义的随机过程，其中初始状态 $X(0)$ 和 $\dot{X}(0)$ 具有联合正态分布，试分析随机过程 $\{X(t), t\geq 0\}$。

首先解微分方程 $\ddot{X}(t)=0$ 可得

$$X(t)=X(0)+\dot{X}(0)t \tag{10.6.31}$$

现考察三个时间点，$t_3>t_2>t_1>0$，由(10.6.31)式显然有

$$X(t_3)=X(0)+\dot{X}(0)t_3 \tag{10.6.32}$$

$$X(t_2)=X(0)+\dot{X}(0)t_2 \tag{10.6.33}$$

$$X(t_1)=X(0)+\dot{X}(0)t_1 \tag{10.6.34}$$

由(10.6.32)式减去(10.6.33)式可得

$$X(t_3)-X(t_2)=(t_3-t_2)\dot{X}(0) \tag{10.6.35}$$

再由(10.6.33)式减去(10.6.34)式可得

$$X(t_2)-X(t_1)=(t_2-t_1)\dot{X}(0)$$

于是

$$\dot{X}(0)=\frac{X(t_2)-X(t_1)}{t_2-t_1} \tag{10.6.36}$$

把(10.6.36)式代入(10.6.35)式可得

$$X(t_3)=X(t_2)+\frac{t_3-t_2}{t_2-t_1}[X(t_2)-X(t_1)] \tag{10.6.37}$$

由(10.6.36)式可见，只有 $X(t_2)$ 和 $X(t_1)$ 同时给定，$X(t_3)$ 才唯一确定。

现在对随机过程 $\{X(t), t\geq 0\}$ 可以这样来描述：

对于任意正整数 n 及 $0<t_1<t_2<\cdots<t_n<t_{n+1}$，在 $X(t_1)=x_1, X(t_2)=x_2, \cdots, X(t_n)=x_n$ 为已知条件下，由(10.6.37)式可知 $X(t_{n+1})$ 的条件分布函数为

$$\begin{aligned}&P[X(t_{n+1})<x_{n+1} \mid X(t_1)=x_1, \cdots, X(t_n)=x_n]\\=&P[X(t_{n+1})<x_{n+1} \mid X(t_{n-1})=x_{n-1}, X(t_n)=x_n]\end{aligned}$$

由此可见，这种过程的特点是，过程现在(t_{n+1})的性质只与过去最近的两个时刻(t_n, t_{n-1})的性质有关，而与其他时刻($t_{n-2}, t_{n-3}, \cdots, t_1$)无关，把这种过程称为二阶马尔可夫过程。

现引入如下定义。

定义 10.6.7　设 $\{X(t), t\geq 0\}$ 为随机过程，对任意 n 个时间点 $t_1<t_2<\cdots<t_n<t$ 及任意实数 $x_1, x_2, \cdots, x_n, x$，其中 $n\geq 2$ 为任意正整数，如果

$$\begin{aligned}&P[X(t)<x \mid X(t_1)=x_1, X(t_2)=x_2, \cdots, X(t_n)=x_n]\\=&P[X(t)<x \mid X(t_{n-1})=x_{n-1}, X(t_n)=x_n]\end{aligned} \tag{10.6.38}$$

则称该随机过程 $\{X(t), t\geq 0\}$ 为**二阶马尔可夫过程**。

和定理10.6.6相类似,有如下定理。

定理10.6.7 设$\{X(t),t\in T\}$为二阶马尔可夫过程,则对任意正整数$n\geqslant 2$及任意n个时间点$t_1<t_2<\cdots<t_n\in T$,其有限维密度函数

$$p(t_1,t_2,\cdots,t_n;x_1,x_2,\cdots,x_n)$$

可由三维密度函数$f(s_1,s_2,\tau;\xi_1,\xi_2,\zeta)$决定,其中$s_1<s_2<\tau\in T,\xi_1,\xi_2,\zeta$为任意实数。

该定理的证明过程与定理10.6.6的证明过程类似。

仿定义10.6.7,可以定义更高阶的马尔可夫过程。

10.6.7 独立增量过程

定义10.6.8 设$\{X(t),t\in T\}$为随机过程,如果对任意$t_1<t_2<\cdots<t_n$,其中n为任意正整数,增量

$$X(t_2)-X(t_1),X(t_3)-X(t_2),\cdots,X(t_n)-X(t_{n-1})$$

是相互独立的随机变量,则称该随机过程$\{X(t),t\in T\}$为**独立增量过程**。

进一步,设$\{X(t),t\in T\}$为独立增量过程,如果对任意$s\in T,\tau>0$,增量

$$X(s+\tau)-X(s)$$

的分布函数只与τ有关,则称该随机过程为**齐次独立增量过程**。

不难证明,独立增量过程是马尔可夫过程。

如果独立增量过程是均值函数为常数的二阶矩过程,那么它一定是正交增量过程,事实上对任意$t_1<t_2\leqslant t_3<t_4$,有

$$E\{[X(t_2)-X(t_1)][X(t_4)-X(t_3)]\}=E[X(t_2)-X(t_1)]E[X(t_4)-X(t_3)]=0$$

例10.6.3 设$\{X(t),t\in T\},T=\{t_1,t_2,\cdots\}$为独立随机变量序列,则可以证明$\left\{Y(t),t\in T,Y(t_n)=\sum\limits_{i=1}^{n}X(t_i)\right\}$是独立增量过程。事实上,考察$T$中任意的$t_{j_1}<t_{j_2}<\cdots<t_{j_m}$,由于

$$Y(t_{j_{k+1}})-Y(t_{j_k})=\sum_{i=1}^{j_{k+1}}X(t_i)-\sum_{i=1}^{j_k}X(t_i)=\sum_{i=j_k+1}^{j_{k+1}}X(t_i),k=1,2,\cdots,m$$

是相互独立的随机变量,所以$\left\{Y(t),t\in T,Y(t_n)=\sum\limits_{i=1}^{n}X(t_i)\right\}$为独立增量过程,进一步,若$X(t_i),i=1,2,\cdots$具有相同的分布,则$\{Y(t),t\in T\}$又是齐次的;反之,如果$\{Y(t),t\in T,T=\{t_1,t_2,\cdots\},Y(t_0)=0\}$是独立增量过程,则$\{X(t),t\in T,T=\{t_1,t_2,\cdots\},X(t_i)=Y(t_i)-Y(t_{i-1})\}$也是独立随机变量序列,而且当$\{Y(t),t\in T\}$为齐次时,$\{X(t),t\in T\}$具有相同的分布。

10.6.8 维纳(Wiener)过程

定义10.6.9 设$\{X(t),t\in T\}$为独立增量过程,$X(0)=0$,如果对任意$s<t\in T$,增量$X(t)-X(s)$具有正态$N(0,\sigma^2(t-s))$分布,其中$\sigma^2>0$为常数,则称该过程$\{X(t),t\in T\}$为**维纳过程**。

由定义可知,维纳过程的均值函数为

$$E[X(t)]=m(t)=0$$

相关函数为

当 $t_2>t_1$ 时，有

$$\begin{aligned}\Gamma(t_1,t_2)&=E[X(t_1)X(t_2)]=E\{X(t_1)[X(t_2)-X(t_1)+X(t_1)]\}\\&=E\{[X(t_1)-X(0)]^2\}=\sigma^2t_1\end{aligned}$$

当 $t_1>t_2$ 时，同样可推出 $\Gamma(t_1,t_2)=\sigma^2t_2$，综上所述可得

$$\Gamma(t_1,t_2)=\sigma^2\min(t_1,t_2)\tag{10.6.39}$$

定理 10.6.8　维纳过程的样本函数以概率 1 连续。

该定理的证明留给读者作为练习。

例 10.6.4　铺轨问题　铁路工程队每天铺一段长 l_i 的路轨，假设生产钢轨的误差使得每段钢轨与标定的长度 l_0 之差 $\Delta l_i=l_i-l_0(i=1,2,\cdots)$ 均具有正态 $N(0,\sigma^2)$ 分布，且彼此互相独立。现考察第 $n(n=1,2,\cdots)$ 天时，铺轨的总长度 $L(n)$ 与标定总长度 $L_0(n)$ 之差 $\Delta L(n)$ 的统计性质。

由于

$$E[\Delta L(n)]=E[L(n)-nl_0]=E\left(\sum_{i=1}^{n}l_i-nl_0\right)=E\left(\sum_{i=1}^{n}\Delta l_i\right)=0$$

以及 $E\{[\Delta L(n)]^2\}=E[(\sum_{i=1}^{n}\Delta l_i)^2]=\sum_{i=1}^{n}E[(\Delta l_i)^2]=n\sigma^2$，故由问题的假设可知，$\Delta L(n)$ 具有正态 $N(0,n\sigma^2)$ 分布。由定义 10.6.9 可知，$\{\Delta L(n),n=1,2,\cdots\}$ 是维纳过程。

例 10.6.5　设 $\{X(t),t\in T\}$ 为维纳过程，试分析其均方连续性、均方可积性及均方可微性。若定义

$$Y(t)=\frac{1}{t}\int_o^t X(t)\,\mathrm{d}t$$

进一步计算 $\{Y(t),t\in T\}$ 的均值函数及相关函数。

由(10.6.39)式有

$$\lim_{h,h'\to0}\Gamma(t+h,t+h')=\lim_{h,h'\to0}[\sigma^2\min(t+h,t+h')]=\sigma^2t=\Gamma(t,t)$$

故由定理 10.3.1 可知维纳过程均方连续、均方可积。现分析均方可微性，因为对 $h>0,h'>0$ 有

$$\begin{aligned}\left.\frac{\partial\Gamma(t_1,t_2)}{\partial t_1\partial t_2}\right|_{t_1=t_2=t}&=\lim_{h,h'\to0}\frac{1}{h'h}[\Gamma(t+h,t+h')-\Gamma(t,t+h')-\Gamma(t+h,t)+\Gamma(t,t)]\\&=\lim_{h,h'\to0}\frac{1}{h'h}[\sigma^2\min(t+h,t+h')-\sigma^2t-\sigma^2t+\sigma^2t]=\infty\end{aligned}$$

故由定理 10.3.2 可知，维纳过程不是均方可微的。

进一步，对 $Y(t)$ 而言，其均值函数为 $m_Y(t)=0$，相关函数可计算为

$$\Gamma_Y(t_1,t_2)=\begin{cases}\dfrac{\sigma^2t_2}{t_1}\left(\dfrac{3t_1-t_2}{6}\right),t_1>t_2\\[2ex]\dfrac{\sigma^2t_1}{t_2}\left(\dfrac{3t_2-t_1}{6}\right),t_2>t_1\end{cases}$$

10.6.9　泊松(Poisson)过程

定义 10.6.10　设 $\{X(t),t\in T\}$ 为独立增量过程，$X(0)=0$，如果对任意 $0\leqslant s<t$，增量

$X(t)-X(s)$的分布为泊松分布,即

$$P[X(t)-X(s)=k]=\mathrm{e}^{-\lambda(t-s)}\frac{[\lambda(t-s)]^k}{k!},k=0,1,2,\cdots \tag{10.6.40}$$

其中$\lambda>0$为常数,则称该随机过程$\{X(t),t\geqslant 0\}$为**泊松过程**。

不难求出泊松过程,对任意$t,s,t>s$,其增量的均值与方差为

$$E[X(t)-X(s)]=\lambda(t-s) \tag{10.6.41}$$

$$D[X(t)-X(s)]=\lambda(t-s) \tag{10.6.42}$$

而泊松过程的均值函数为

$$m(t)=E[X(t)]=E[X(t)-X(0)]=\lambda t \tag{10.6.43}$$

泊松过程的中心自相关函数:当$t_2>t_1$时,有

$$\begin{aligned}B(t_1,t_2)&=E\{[X(t_1)-\lambda t_1][X(t_2)-\lambda t_2]\}\\&=E\{[X(t_1)-\lambda t_1][X(t_1)-\lambda t_1+X(t_2)-\lambda t_2-X(t_1)+\lambda t_1]\}\\&=E\{[X(t_1)-\lambda t_1]^2\}+E\{[X(t_1)-\lambda t_1][(X(t_2)-\lambda t_2)-(X(t_1)-\lambda t_1)]\}\end{aligned} \tag{10.6.44}$$

因为泊松过程是独立增量过程,所以(10.6.44)式等号右侧第二项为零,于是有

$$B(t_1,t_2)=E\{[X(t_1)-\lambda t_1]^2\}=\lambda t_1$$

而当$t_1>t_2$时,同样可以推出其中心自相关函数为

$$B(t_1,t_2)=\lambda t_2$$

因此,泊松过程的中心自相关函数为

$$B(t_1,t_2)=\lambda\min(t_1,t_2) \tag{10.6.45}$$

由此可见,泊松过程是齐次的,但非平稳。

定理 10.6.9 泊松过程是均方连续、均方可积,但不是均方可微的随机过程。

该定理的证明比较简单,留给读者作为练习。

例 10.6.6 考察这样一类随机过程:过程处于某一状态不变,直至某一瞬间过程发生跳跃而达到一个新的状态,以后一直停留在这个状态直到发生新跳跃为止,每次跳跃都是相互独立的。例如,电话总机收到的呼叫电话的次数,花粉在水中由于受到水分子的碰撞所做的布朗运动,用电户的拉闸或合闸的次数等随时间变化的过程就是这类过程。

现规定当$t=0$时,$X(0)=0$,让我们来分析在$[0,t]$区间内,状态发生跳跃为$k(k=1,2,\cdots)$次的概率。经分析(见上册例2.2.2)有

$$\begin{aligned}P[X(t)=k]&=\lim_{N\to\infty}\mathrm{C}_k^N P_1\\&=\lim_{N\to\infty}(1-q\Delta t)^{N-k}(q\Delta t)^k\mathrm{C}_k^N\\&=\lim_{N\to\infty}(1-q\Delta t)^{N-k}(q\Delta t)^k\frac{N!}{k!\ (N-k)!}\\&=\mathrm{e}^{-qt}\frac{(qt)^k}{k!}\end{aligned}$$

显然这是泊松分布,由定义10.6.10可知,这类过程就是泊松过程。

例 10.6.7 进一步考察例10.2.5所分析的一阶自回归序列$\{X(k),k=1,2,\cdots\}$,$X(k)$可表示为

$$X(k)+aX(k-1)=\xi(k)$$

其中,$|a|<1$为常数,$\{\xi(k),k=1,2,\cdots\}$为相互独立的服从正态$N(0,1)$分布的随机变量

序列，初始状态 $X(0)$ 为服从正态 $N(0,\sigma^2)$ 分布的随机变量，且与 $\{\xi(k),k=1,2,\cdots\}$ 相互独立。

由例 10.2.5 的分析结果可知对任意 $k\geqslant1$，有

$$X(k)=(-a)^kX(0)+\sum_{i=1}^{k}(-a)^{k-i}\xi(i) \tag{10.6.46}$$

可见 $X(k)$ 是正态独立随机变量 $X(0),\xi(1),\xi(2),\cdots,\xi(k)$ 的线性组合，故 $\{X(k),k\geqslant1\}$ 为正态随机序列。

进一步由例 10.2.5 的结果可知该序列的相关函数 $\Gamma_X(k,s)$ 为

$$\Gamma_X(k,s)=(-a)^{k+s}\sigma^2+\frac{(-a)^{|k-s|}-(-a)^{k+s}}{1-a^2},k,s\geqslant1 \tag{10.6.47}$$

故当 k,s 为有限时，该序列是非平稳的，而当 $k\to\infty,s\to\infty$ 时，该序列 $\{X(k),k\geqslant1\}$ 为平稳序列，此时有

$$\Gamma_X(k,s)=\frac{(-a)^{|k-s|}}{1-a^2}\triangleq\Gamma_X(k-s),k,s\to\infty$$

由序列 $\{X(k),k\geqslant1\}$ 的定义式及(10.6.46)式可知

$$X(k)=-aX(k-1)+\xi(k)$$

以及

$$X(k-j)=(-a)^{k-j}X(0)+\sum_{i=1}^{k-j}(-a)^{k-j-i}\xi(i),j=2,3,\cdots,k-1$$

因为 $\xi(k)$ 与 $\xi(i)(i=1,2,\cdots,k-j;j=2,3,\cdots,k-1)$ 相互独立，这样一来有

$$\begin{aligned}&P[X(k)<x\mid X(k-1)=x(k-1),X(k-2)=x(k-2),\cdots,X(0)=x(0)]\\&=P[\xi(k)<x+ax(k-1)\mid X(k-1)=x(k-1),X(k-2)=x(k-2),\cdots,X(0)=x(0)]\\&=P[\xi(k)<x+ax(k-1)\mid X(k-1)=x(k-1)]\\&=P[X(k)<x\mid X(k-1)=x(k-1)]\end{aligned}$$

这说明上述序列 $\{X(k),k=1,2,\cdots\}$ 为马尔可夫序列。

10.7　习　　题

1. 设样本函数 $x(t,\omega),t\in T$ 为单值实函数，其中 T 为可列点集，$T=\{t_i,i=1,2,\cdots\}$，试证：$x(t,\omega),t\in T$ 关于 T 是可分的。

2. 设样本函数 $x(t,\omega),t\in T$ 为连续函数且 T 为非可数集，试证：$x(t,\omega),t\in T$ 关于 T 上任一可列稠密子集 R 均为可分的。

3. 设样本函数 $x(t,\omega),t\in T$ 关于 R 是可分的，又设 $f(y)$ 为 y 的连续函数，试证：$f(x(t,\omega)),t\in T$ 关于 R 仍可分。

4. 设样本函数 $x(t,\omega),t\in T$ 是具有可列间断点 $t_i,i=1,2,\cdots$ 的分段左(或右)连续函数，试证：$x(t,\omega),t\in T$ 是可分的。

5. 试证：样本函数为连续的随机过程 $\{X(t,\omega),t\in T\}$ 是 Borel 可测的。

6. 试证：样本函数为右连续的随机过程 $\{X(t,\omega),t\in T\}$ 是 Borel 可测的。

7. 设 $\{X(t,\omega),t\in T\}$ 为随机过程，$[a_i,b_i]\subset T,i=1,2,\cdots,n$ 为 n 个互不相交区间，当 $t\in[a_i,b_i]$ 时，$X(t,\omega)=A_i$；当 $t\notin[a_i,b_i]$ 时，$X(t,\omega)=0$，其中 A_i 是$(\Omega,\mathcal{F},P)$上的随机变

量,试证:$\{X(t,\omega),t\in T\}$是T上 Borel 可测的。

8. 设$\{X(t,\omega),t\in T\}$为随机过程,又设$(T,\mathcal{B}(T))$为可测空间,$E,E_i\in\mathcal{B}(T),i=1,2,\cdots,n,\bigcup_{i=1}^{n}E_i\subset E$且$E_i\cap E_j=\varnothing,i\neq j$,当$t\in E_i$时,$X(t,\omega)=A_i$,其中$A_i$为$(\Omega,\mathcal{F},P)$上的随机变量,当$t\in\bigcup_{i=1}^{n}E_i$时,$X(t,\omega)=0$,试证:$\{X(t,\omega),t\in T\}$是$E$上 Borel 可测的。

9. 设$B_X(s,t)$是随机过程$\{X(t,\omega),t\in T\}$的中心自相关函数,试证:

$$|B_X(s,t)-B_X(s,s)|\leqslant c\ |s-t|^{\varepsilon},c>0,\varepsilon>0$$

$$\Leftrightarrow B_X(s,s)=D[X(s,\omega)]\text{是连续函数}$$

10. 设$\{X(t,\omega),t\in T\}$为可分的零均值实正态过程,试证:该过程有样本函数连续$\Leftrightarrow$随机过程均方连续。

11. 试证:维纳过程的样本函数以概率1连续。

12. 设$\{X(t,\omega),t\geqslant 0\}$为泊松过程,$X(0)=0$,试求有限维分布函数族。

13. 设$\{X(t,\omega),t\geqslant 0\}$为随机过程,$X(t)=A$,其中$A$为随机变量且分布函数$F_A(x)=P(A<x)$为已知,试求有限维分布函数族。

14. 设$\{X(t),-\infty<t<+\infty\}$为二阶矩过程,试证:自相关函数$\Gamma_X(t_1,t_2)$在任意$t_1=t_2=t\in\mathbf{R}^1$处连续等价于在任意$t_1\in\mathbf{R}^1,t_2\in\mathbf{R}^1$处连续。

15. 设二阶矩过程$\{X(t),-\infty<t<+\infty\}$的均值函数为零,自相关函数为$\Gamma_X(t_1,t_2)=\dfrac{1}{a^2+(t_1-t_2)^2}$,$a>0$为常数,试分析均方意义下的连续性、可积性和可微性。

16. 设$\{X(t),-\infty<t<+\infty\}$为正态随机过程且$E[X(t)]=0$,试证:对任意$t_1,t_2,t_3,t_4\in(-\infty,+\infty)$,有$E[X(t_1)X(t_2)X(t_3)X(t_4)]=E[X(t_1)X(t_2)]E[X(t_3)X(t_4)]+E[X(t_2)X(t_3)]E[X(t_1)X(t_4)]+E[X(t_1)X(t_3)]E[X(t_2)X(t_4)]$。

17. 随机过程的切比雪夫不等式。设$\{X(t),a\leqslant t\leqslant b\}$为实值均方可微随机过程,记$D(t)\triangleq\sqrt{E[|X(t)|^2]}$,$D_1(t)\triangleq\sqrt{E[|X'(t)|^2]}$。试证:

(1)$P[\sup\limits_{a\leqslant t\leqslant b}|X(t)|>\varepsilon]\leqslant\dfrac{1}{\varepsilon^2}E[\sup\limits_{a\leqslant t\leqslant b}X^2(t)]$;

(2)$X^2(t)=X^2(a)+2\int_a^t X'(\tau)X(\tau)\mathrm{d}\tau=X^2(b)-2\int_t^b X'(\tau)X(\tau)\mathrm{d}\tau$;

(3)$2X^2(t)\leqslant X^2(a)+X^2(b)+2\int_a^b|X'(\tau)X(\tau)|\mathrm{d}\tau$;

(4)$E[\sup\limits_{a\leqslant t\leqslant b}X^2(t)]\leqslant\dfrac{1}{2}\{E[X^2(a)]+E[X^2(b)]\}+\int_a^b\sqrt{E\{[X'(\tau)]^2\}E[X^2(\tau)]}\mathrm{d}\tau$;

(5)于是,随机过程的切比雪夫不等式为

$$P[\sup_{a\leqslant t\leqslant b}|X(t)|>\varepsilon]\leqslant\frac{1}{\varepsilon^2}\left\{\frac{1}{2}[D^2(b)+D^2(a)]+\int_a^b D(\tau)D_1(\tau)\mathrm{d}\tau\right\}$$

18. 试证:泊松过程均方连续、均方可积,但不均方可微。

19. 设$\{X(k),k=1,2,\cdots\}$为一阶滑动平均序列,即$X(k)=\xi(k)+C\xi(k-1)$,其中$\{\xi(k),k=\cdots,-2,-1,0,1,2,\cdots\}$是相互独立服从正态$N(0,1)$分布的随机变量序列,$C>0$为常数,试问:该过程是否为正态过程、平稳过程、马尔可夫过程及独立增量过程?

20. 设$\Gamma_X(t_1,t_2)$为随机过程$\{X(t),t\geqslant 0\}$的自相关函数,试证:$\Gamma_X(t_1,t_2)a^2$也是自相关函数,其中$a\neq 0$为任意实数。

21. 设$\{Z_n, n=0,1,2,\cdots\}$为正态随机变量序列,它均方收敛于随机变量Z,试证:Z是正态随机变量。

22. 设$\{X(t), t\geqslant 0\}$为正态随机过程,且$X'(t)$及$Y(t)=\int_0^t X(\tau)\mathrm{d}\tau$存在,试证:$X'(t)$及$Y(t)$也是正态过程。

23. 设$\{X(t), -\infty<t<+\infty\}$为平稳随机过程,且自相关函数$\Gamma_X(t_1,t_2)=\Gamma_X(t_1-t_2)=\Gamma_X(\tau)$及二维密度函数$p(\tau,x_1,x_2)$均为已知。

(1)试证:$P[\,|X(t+\tau)-X(t)|\geqslant a]\leqslant 2[\Gamma(0)-\Gamma(\tau)]/a^2$。

(2)试求$P[\,|X(t+\tau)-X(t)|\geqslant a]$。

24. 设$\{X(t), -\infty<t<+\infty\}$为随机过程,对任意$t\in(-\infty,+\infty)$,其一维分布密度函数为正态$N(0,1)$分布,现规定$Y(t)=g[X(t)]$,试求函数$g[\,\cdot\,]$,使得$Y(t)$在$[a,b]$上具有均匀分布。

25. 设A是具有密度函数$p_A(a)$的随机变量,现构成如下微分方程:$X'(t)+AX(t)=0$,$X(0)=1$,试求其解过程$\{X(t), t\geqslant 0\}$的均值函数$m_X(t)$、自相关函数$\Gamma_X(t_1,t_2)$及$X(t)$的一维密度函数$p_X(t,x)$。

26. 设$\{X(n), n=0,1,2,\cdots\}$是独立同分布随机变量序列且$E[X(n)]=0$,$E[X^2(n)]=\sigma^2<\infty$,又设$\{a_n, n=0,1,2,\cdots\}$为实数列,且$\sum\limits_{n=1}^{\infty}a_n^2<\infty$,试证:$\sum\limits_{n=1}^{\infty}a_nX(n)$必均方收敛。

27. 设随机过程$\{X(t), t\geqslant 0\}$定义为$X(t)=A\cos\omega t+B\sin\omega t$,其中$\omega>0$为已知常数,$A$与$B$为相互独立的正态随机变量且$E(A)=E(B)=0$,$D(A)=D(B)=\sigma^2$,试求$P\left[\int_0^{2\pi/\omega}X^2(t)\mathrm{d}t>c\right]$,其中$c>0$为常数。

28. 设$\{X(t), t\geqslant 0\}$为维纳过程,$X(0)=0$,试求有限维分布函数族。

29. 设$\{X(t), t\geqslant 0\}$为随机过程,$X(t)=\xi+\eta t$,其中ξ,η为随机变量,$E(\xi)=E(\eta)=0$,$E(\xi^2)=\sigma_1^2$,$E(\eta^2)=\sigma_2^2$,$E(\xi\eta)=r$,试求$X(t)$的均值函数和自相关函数。

30. 设随机过程$\{X(t), -\infty<t<+\infty\}$和$\{Y(t), -\infty<t<+\infty\}$的均值函数为$m_X(t)$和$m_Y(t)$,原点自相关函数为$\Gamma_X(t_1,t_2)$和$\Gamma_Y(t_1,t_2)$,又$f(t)$,$g(t)$,$\varphi(t)$为普通实函数,试求随机过程$\{Z(t)=f(t)X(t)+g(t)Y(t)+\varphi(t), -\infty<t<+\infty\}$的均值函数$m_Z(t)$及自相关函数$\Gamma_Z(t_1,t_2)$。

31. 设$\{X(n), n=1,2,\cdots\}$为随机变量序列,其分布为

$X(n)$	n^2	0	$-n^2$
$P[X(n)]$	$\dfrac{1}{n^3}$	$1-\dfrac{2}{n^3}$	$\dfrac{1}{n^3}$

试证:$\{X(n), n=1,2,\cdots\}$依概率收敛于零,但不均方收敛于零。

32. 随机过程$\{X(t), -\infty<t<+\infty\}$定义为$X(t)=At+B$,其中$A,B$为随机变量且一、二阶矩存在,试求$Y(t)\triangleq\dfrac{1}{t}\int_0^t X(\tau)\mathrm{d}\tau$及$Z(t)\triangleq\dfrac{\mathrm{d}X(t)}{\mathrm{d}t}$的均值函数及自相关函数。

33. 设$\{X(t), -\infty<t<+\infty\}$与$\{Y(t), -\infty<t<+\infty\}$为相互独立的零均值正态过程,试证:

(1)$\alpha X(t)+\beta Y(t)$也是正态过程,其中α,β为常数;

(2)$\{X^2(t), -\infty<t<+\infty\}$为二阶矩过程,求其均值函数及自相关函数。

34. 试证:独立增量过程是马尔可夫过程。

35. 设$\{X(t),t\geqslant 0\}$为泊松过程,$X(0)=0$,定义$Y(t)\triangleq \frac{1}{t}\int_0^t X(\tau)\mathrm{d}\tau$,试求$Y(t)$的均值函数及自相关函数。

36. 设$\{X(t),t\geqslant 0\}$为泊松过程,参数为λ,令$Y(t)\triangleq X(t+b)-X(t)$,其中$b>0$为常数,试求$Y(t)$的均值函数及自相关函数。

37. 设$\{X(t),a\leqslant t\leqslant b,a<b\}$为二阶矩过程,且在$T=[a,b]$上均方连续,试证:$X(t)$在$T$上必均方可积。

38. 设随机过程$\{X(t),t\geqslant 0\}$的自相关函数$\Gamma_X(t_1,t_2)$为已知,试求$\{\eta(t)=X(t+1)-X(t),t\geqslant 0\}$的自相关函数。

39. 设$\Gamma_1(t_1,t_2)$与$\Gamma_2(t_1,t_2)$为自相关函数,试证:$\Gamma_1+\Gamma_2$和$\Gamma_1\Gamma_2$也是自相关函数。

40. 设$\{X(t),t\geqslant 0\}$为维纳过程,试求下列过程的自相关函数:

(1)$X(t+l)-X(l)$;

(2)$X(t+l)-X(t)$;

(3)$\int_0^t X(\tau)\mathrm{d}\tau$;

(4)$X^2(t)$。

其中l为实常数。

41. 设$\{X(t),t\geqslant 0\}$为维纳过程,试求下列过程的均值函数及自相关函数。

(1) $X(t)+At$,A为常数;

(2) $X(t)+\xi t$,ξ为与$X(t)$相互独立的随机变量且服从正态$N(0,1)$分布。

42. 设E为独立抛掷硬币实验,随机过程$\{X(t),t>\}$定义为

$$X(t)=\begin{cases}\sin \pi t, & E\text{ 为正面}\\ 2t, & E\text{ 为反面}\end{cases}$$

试求$X(t)$在$t=\frac{1}{4}$时的分布函数$F(t,x)$。

43. 设平面上一个动点M的坐标$X(t),Y(t)$是两个独立的随机走动过程,在每个坐标上的走动步伐均为S,而且向前或向后走动的概率各为$\frac{1}{2}$,规定每隔T秒走动一步。令$Z(t)=\sqrt{X^2(t)+Y^2(t)}$表示动点$M$距原点的距离,试证:当$t\gg T$时,$Z(t)$的概率密度函数为

$$p_Z(z)=\frac{Tz}{ts^2}\exp\left\{-\frac{Tz^2}{2ts^2}\right\},z\geqslant 0$$

44. 设$\{X(t),-\infty<t<+\infty\}$为复平稳过程,自相关函数$B(\tau)$为已知,令$S=\int_a^b X(t)\mathrm{d}t$,试证:

$$E(|S|^2)=\int_{-T}^{T}(T-|\tau|)B(\tau)\mathrm{d}\tau,\ T=b-a$$

45. 设$\{X(t),t\geqslant 0\}$为维纳过程,规定

$$Y(t)=\begin{cases}tX\left(\frac{1}{t}\right), & t>0\\ 0, & t\leqslant 0\end{cases}$$

试证：$\{Y(t), t>0\}$ 也是维纳过程。

46. 设 $\{X(n), n=1,2,\cdots\}$ 为平稳随机序列，且 $E[X(n)]=0, E[X(n)X(m)]=B_X(n-m)$，又设 $\{a_n, n=1,2,\cdots\}$ 为实数列，如果 $\sum_{i=1}^{\infty}\sum_{j=1}^{\infty}|a_i a_j B(i-j)|<\infty$。试证：$\sum_{n=1}^{\infty}a_n X(n)$ 必均方收敛。

47. 设 $\{X(t), t\geqslant 0\}$ 为独立增量过程且已知 $m(t)=E[X(t)]$。试证：

$$E[X(t_{n+1})|X(t_1),X(t_2),\cdots,X(t_n)]=X(t_n)+m(t_{n+1})-m(t_n)$$

48. 设 $\{Z(t), t\in T\}$ 为复随机过程，自相关函数为

$$\Gamma_Z(t_1,t_2)\triangleq E[Z(t_1)\overline{Z(t_2)}]=A(t_1,t_2)+\mathrm{i}B(t_1,t_2)$$

试证：$A(t_1,t_2)=A(t_2,t_1), B(t_1,t_2)=-B(t_2,t_1)$。

第11章

马尔可夫链

马尔可夫链是一类特殊的马尔可夫过程，首先是由马尔可夫(A. A. Марков，1856—1922)所研究。

这类过程$\{X(t),t\in T\}$有如下特点：首先，时间参数t是离散的，即$T=\{t_0,t_1,t_2,\cdots\}$，也可写成$T=\{0,1,2,\cdots\}$，而系统状态$X(t)$也是离散的，可以是有限多个，也可以是可数无穷多个，即$X(t)=\{X(t_0),X(t_1),X(t_2),\cdots,X(t_N)\}$，其中$N$为某确定的正整数，或者$X(t)=\{X(t_0),X(t_1),X(t_2),\cdots\}$，也可写成$X(t)=\{X(0),X(1),X(2),\cdots,X(N)\}$或者$X(t)=\{X(0),X(1),X(2),\cdots\}$；其次，该过程如同定义10.6.6所述，具有"无后效性"，也就是说，当过程$X(t)$在$t=t_n$时处于一个给定的状态$X(t_n)$以后，过程$X(t)$在未来时刻$t=t_{n+1}$，t_{n+2}，…如何发展只与$X(t_n)$有关，而与$t=t_{n-1}$，t_{n-2}，…时刻的状态无关。

由于马尔可夫过程和马尔可夫链在理论和工程中有着广泛的应用，因此，引起了广大学者的极大关注并做了深入地研究。首先，柯尔莫哥洛夫(A. N. Kolmogorov)[2]给出了马尔可夫过程的一般定义、分类及基本方程，从而建立了马尔可夫过程的理论基础。在此基础上，杜泊(J. L. Doob)[7-8]、钟开来(Kai Lai Chung)[9]、狄肯(E. B. Dynkin)[10-11]、王梓坤[3]、吴立德[12-14]和胡迪鹤[15]等学者在这一理论的研究中都做出了杰出的贡献。

在本章我们将系统地讨论离散时间状态有限或可列的一类马尔可夫过程，通常称为马尔可夫链，简称马氏链。

11.1 马尔可夫链一般概念

设$\{X(n),n=0,1,2,\cdots\}$为离散时间状态离散的随机序列，$X(n)$的取值为$a_i(i=0,1,2,\cdots)$，为了后面书写简单，我们约定以下两事件相同，即

$$(X(n)=a_i)\triangleq(X(n)=i) \tag{11.1.1}$$

于是有如下定义。

定义11.1.1 马尔可夫链 对于上述的离散时间状态离散的随机序列$\{X(n),n=0,1,2,\cdots\}$，如果

$$\begin{aligned}&P[X(n)=i_n\mid X(n-1)=i_{n-1},\cdots,X(0)=i_0]\\&=P[X(n)=i_n\mid X(n-1)=i_{n-1}]\end{aligned} \tag{11.1.2}$$

则称该随机序列$\{X(n),n=0,1,2,\cdots\}$为**马尔可夫链**，简称**马氏链**；称$X(0)$为马氏链的初始状态；称$\{a_i,i=0,1,2,\cdots\}$或简记$\{0,1,2,\cdots\}\triangleq I$为马氏链的状态空间。

马氏链的物理背景是这样的：在实际中，随机实验并非都是独立的，经常遇到非独立的随机实验，其中最简单的一种就是马氏链。更确切地说，当我们进行离散时间的随机取样，并且所有可能的取样值也是离散值时，如果第n次的取样实验只与第$n-1$次取样结果有关，而与小于$n-1$次取样结果无关，则这样的随机取样序列就是马尔可夫链。

下面引入马氏链的无条件概率与条件概率的表示。

随机变量$X(n)$取值为a_i的概率$p_i(n)$表示为

$$p_i(n)=P[X(n)=a_i]\triangleq P[X(n)=i],i=0,1,2,\cdots \tag{11.1.3}$$

通常称$p_i(n)$为马氏链的无条件概率，特别当$n=0$时，$p_i(0)$又称为初始无条件概率或简称初始概率。当$X(s)$取值为a_i条件下，$X(n)(n>s)$取值为a_j的条件概率记为$p_{ij}(s,n)$，即

$$p_{ij}(s,n)=P[X(n)=a_j|X(s)=a_i]\triangleq P[X(n)=j|X(s)=i],n>s \tag{11.1.4}$$

通常称$p_{ij}(s,n)$为转移概率，显然它与i,j,n,s有关。如果$p_{ij}(s,n)$只与$n-s$有关，即

$$p_{ij}(s,n)=p_{ij}(n-s) \tag{11.1.5}$$

则称$\{X(n),n=0,1,2,\cdots\}$为**齐次马氏链**。以后，我们主要讨论齐次马氏链。

值得强调的是一步转移概率$p_{ij}(s,s+1)$，对于齐次马氏链，一步转移概率记为$p_{ij}(1)$，有时简记为p_{ij}。进一步称

$$\boldsymbol{P}=(p_{ij}),i,j=0,1,2,\cdots \tag{11.1.6}$$

为齐次马氏链一步转移概率矩阵。$\boldsymbol{P}$也可表示为

$$\boldsymbol{P}=\begin{bmatrix} p_{00} & p_{01} & p_{02} & \cdots \\ p_{10} & p_{11} & p_{12} & \cdots \\ p_{20} & p_{21} & p_{22} & \cdots \\ \vdots & \vdots & \vdots & \\ p_{i0} & p_{i1} & p_{i2} & \cdots \\ \vdots & \vdots & \vdots & \end{bmatrix}$$

注意，我们规定，对任意$s\geqslant 0$，有

$$p_{ij}(s,s)=p_{ij}(s,s+0)=\delta(i-j)=\begin{cases}1,i=j\\0,i\neq j\end{cases} \tag{11.1.7}$$

一步转移概率矩阵$\boldsymbol{P}$有如下性质：

$$0\leqslant p_{ij}\leqslant 1$$

$$\sum_{j=0}^{\infty}p_{ij}=1,i=0,1,2,\cdots \tag{11.1.8}$$

事实上，由

$$p_{ij}=P[X(n+1)=a_j|X(n)=a_i]$$

及条件概率的定义显然有$0\leqslant p_{ij}\leqslant 1$，另外还有

$$\sum_{j=0}^{\infty}p_{ij}=\sum_{j=0}^{\infty}P[X(n+1)=a_j|X(n)=a_i]=P[\Omega|X(n)=a_i]=1$$

完全类似地有m步转移概率及m步转移概率矩阵，对于齐次马氏链可以写成

$$p_{ij}(m)=p_{ij}(s,s+m)=P[X(s+m)=a_j|X(s)=a_i] \tag{11.1.9}$$

以及

$$\boldsymbol{P}(m) \triangleq [p_{ij}(m)], i,j=0,1,2,\cdots \tag{11.1.10}$$

现举例说明上述概念。

例 11.1.1 箱中装有 c 个白球和 d 个黑球,每次从箱中任取一球,抽出的球要到从箱中再抽出一球后才放回箱中,每抽出一球作为一次取样实验。

现引入随机变量序列为 $\{X(n), n=0,1,2,\cdots\}$, $X(n)$ 代表第 n 次取样实验,每次取样实验只可能有两个结果,即白球或者黑球,若以 0 代表白球,以 1 代表黑球,则有

$$X(n)=\begin{cases}0, \text{第 } n \text{ 次抽球结果为白球}\\1, \text{第 } n \text{ 次抽球结果为黑球}\end{cases}$$

由上面的抽球规则可知,第 n 次抽得白球或黑球的概率只与第 $n-1$ 次的抽球结果有关,而与第 $n-2$ 次,第 $n-3$ 次,…,第 0 次(初始抽球)抽球结果无关,即

$$\begin{aligned}&P[X(n)=i_n \mid X(n-1)=i_{n-1},\cdots,X(0)=i_0]\\&=P[X(n)=i_n \mid X(n-1)=i_{n-1}]\end{aligned}$$

其中 $i_0,i_1,i_2,\cdots,i_n$ 只取 0 或 1 两个值,由此可知 $\{X(n), n=0,1,2,\cdots\}$ 为马氏链。

下面求一步转移概率 p_{ij}, $i,j=0,1$,由抽球规则可知,对任意 $s\geqslant 0$ 有

$$p_{00}(s,s+1)=P[X(s+1)=0 \mid X(s)=0]=\frac{c-1}{c+d-1}\triangleq p_{00}$$

$$p_{01}(s,s+1)=P[X(s+1)=1 \mid X(s)=0]=\frac{d}{c+d-1}\triangleq p_{01}$$

$$p_{10}(s,s+1)=P[X(s+1)=0 \mid X(s)=1]=\frac{c}{c+d-1}\triangleq p_{10}$$

$$p_{11}(s,s+1)=P[X(s+1)=1 \mid X(s)=1]=\frac{d-1}{c+d-1}\triangleq p_{11}$$

由以上计算可知 $p_{ij}(s,s+1)$ 与 s 无关,即 $p_{ij}(s,s+1)=p_{ij}(1)\triangleq p_{ij}(i,j=0,1)$,因此 $\{X(n), n=0,1,2,\cdots\}$ 是齐次马氏链,且一步转移概率矩阵为

$$\boldsymbol{P}=(p_{ij})_{2\times 2}=\begin{bmatrix}p_{00} & p_{01}\\p_{10} & p_{11}\end{bmatrix}=\begin{bmatrix}\frac{c-1}{c+d-1} & \frac{d}{c+d-1}\\\frac{c}{c+d-1} & \frac{d-1}{c+d-1}\end{bmatrix}$$

初始概率为 $p_0(0)=\frac{c}{c+d}$, $p_1(0)=\frac{d}{c+d}$。

对于马氏链,有如下定理。

定理 11.1.1 随机序列 $\{X(0), n=0,1,2,\cdots\}$ 为马氏链的充分必要条件是对任意正整数 n,有

$$\begin{aligned}&P[X(n)=i_n,\cdots,X(0)=i_0]\\&=P[X(n)=i_n \mid X(n-1)=i_{n-1}]\cdots P[X(1)=i_1 \mid X(0)=i_0]P[X(0)=i_0]\end{aligned} \tag{11.1.11}$$

证明 先证必要性:由马氏链的定义知

$$\begin{aligned}&P[X(n)=i_n,\cdots,X(0)=i_0]\\&=P[X(n)=i_n \mid X(n-1)=i_{n-1},\cdots,X(0)=i_0]P[X(n-1)=i_{n-1},\cdots,X(0)=i_0]\\&=P[X(n)=i_n \mid X(n-1)=i_{n-1}]P[X(n-1)=i_{n-1},\cdots,X(0)=i_0]\end{aligned}$$

反复运用上式可得(11.1.11)式,于是必要性得证。

再证充分性:若(11.1.11)式成立,则利用条件概率(见上册定义 1.3.1)有

$$
\begin{aligned}
&P[X(n)=i_n,\cdots,X(0)=i_0] \\
&\quad =P[X(n)=i_n \mid X(n-1)=i_{n-1}]P[X(n-1)=i_{n-1},\cdots,X(0)=i_0]
\end{aligned}
$$

由此立得

$$
\begin{aligned}
\frac{P[X(n)=i_n,\cdots,X(0)=i_0]}{P[X(n-1)=i_{n-1},\cdots,X(0)=i_0]}&=P[X(n)=i_n \mid X(n-1)=i_{n-1},\cdots,X(0)=i_0] \\
&=P[X(n)=i_n \mid X(n-1)=i_{n-1}]
\end{aligned}
$$

再由马氏链的定义 11.1.1 可知$\{X(n),n=0,1,2,\cdots\}$为马氏链。定理证毕。

定理 11.1.2　设$\{X(n),n=0,1,2,\cdots\}$是马氏链,则它按相反方向也是马氏链,即对任意正整数 n,k 有

$$
\begin{aligned}
&P[X(n)=i_n \mid X(n+1)=i_{n+1},\cdots,X(n+k)=i_{n+k}] \\
&=P[X(n)=i_n \mid X(n+1)=i_{n+1}]
\end{aligned}
\tag{11.1.12}
$$

证明　由条件概率及(11.1.11)式,有

$$
\begin{aligned}
&P[X(n)=i_n \mid X(n+1)=i_{n+1},\cdots,X(n+k)=i_{n+k}] \\
&=\frac{P[X(n)=i_n,X(n+1)=i_{n+1},\cdots,X(n+k)=i_{n+k}]}{P[X(n+1)=i_{n+1},\cdots,X(n+k)=i_{n+k}]} \\
&=\frac{P[X(n+1)=i_{n+1} \mid X(n)=i_n)P(X(n)=i_n]}{P[X(n+1)=i_{n+1}]} \\
&=\frac{P[X(n)=i_n,X(n+1)=i_{n+1}]}{P[X(n+1)=i_{n+1}]} \\
&=P[X(n)=i_n \mid X(n+1)=i_{n+1}]
\end{aligned}
$$

定理证毕。

定理 11.1.3　设$\{X(n),n=0,1,2,\cdots\}$为马氏链,则对任意正整数 $s<r<n$,当 $X(r)$为已知时,$X(s)$与 $X(n)$相互独立,即

$$
\begin{aligned}
&P[X(n)=i_n,X(s)=i_s \mid X(r)=i_r] \\
&=P[X(n)=i_n \mid X(r)=i_r]P[X(s)=i_s \mid X(r)=i_r]
\end{aligned}
\tag{11.1.13}
$$

证明　由条件概率及(11.1.11)式,有

$$
\begin{aligned}
&P[X(n)=i_n,X(s)=i_s \mid X(r)=i_r] \\
&=P[X(n)=i_n,X(r)=i_r,X(s)=i_s] \mid P[X(r)=i_r] \\
&=\frac{P[X(n)=i_n \mid X(r)=i_r]}{P[X(r)=i_r]}P[X(r)=i_r \mid X(s)=i_s]P[X(s)=i_s] \\
&=P[X(n)=i_n \mid X(r)=i_r]\frac{P[X(r)=i_r,X(s)=i_s]}{P[X(r)=i_r]} \\
&=P[X(n)=i_n \mid X(r)=i_r]P[X(s)=i_s \mid X(r)=i_r]
\end{aligned}
$$

定理证毕。

该定理告诉我们一个十分重要的事实:对于马氏链来说,如果现在的状态为已知时,则过去的状态与将来的状态是相互独立的。下面介绍著名的查普曼 - 柯尔莫哥洛夫(Chapman - Kolmogorov)方程。

定理 11.1.4　查普曼 - 柯尔莫哥洛夫方程　设 $p_{ij}(k)$为齐次马氏链$\{X(n),n=0,1,2,\cdots\}$的 k 步转移概率,则对任意正整数 l,n 有

$$
p_{ij}(l+n)=\sum_{k=0}^{\infty}p_{ik}(l)p_{kj}(n)
\tag{11.1.14}
$$

若用转移概率矩阵 $\boldsymbol{P}(\cdot)$ 表示时,可写成

$$\boldsymbol{P}(l+n)=\boldsymbol{P}(l)\boldsymbol{P}(n) \tag{11.1.15}$$

证明 对任意正整数 s,由马氏链的齐次性有

$$\begin{aligned}
p_{ij}(l+n) &= p_{ij}(s,s+l+n)\\
&= P[X(s+l+n)=j\mid X(s)=i]\\
&= P[X(s)=i,X(s+l+n)=j]\mid P[X(s)=i]\\
&= \sum_{k=0}^{\infty}\frac{P[X(s)=i,X(s+l)=k,X(s+l+n)=j]}{P[X(s)=i]}\text{(全概率公式)}\\
&= \sum_{k=0}^{\infty}\frac{P[X(s)=i,X(s+l)=k]}{P[X(s)=i]}\cdot P[X(s+l+n)=j\mid X(s)=i,X(s+l)=k]\\
&= \sum_{k=0}^{\infty}P[X(s+l)=k\mid X(s)=i]\cdot P[X(s+l+n)=j\mid X(s+l)=k]\\
&= \sum_{k=0}^{\infty}p_{ik}(l)p_{kj}(n)
\end{aligned}$$

定理证毕。

由(11.1.15)式,容易推得

$$\boldsymbol{P}(k)=\boldsymbol{P}^{k}(1),k=1,2,\cdots \tag{11.1.16}$$

事实上,设 $l=1,n=1$,则由(11.1.15)式可得 $P(2)=P^{2}(1)$,反复运用(11.1.15)式就可得到(11.1.16)式。

由(11.1.16)式可以看出,齐次马氏链的任意 k 步转移概率矩阵 $\boldsymbol{P}(k)$ 都由一步转移概率矩阵所确定。因此,确定一步转移概率矩阵 $\boldsymbol{P}(1)$ 就有十分重要的意义。

例 11.1.2 考察具有两个吸收壁的一维随机跳跃。设分子只能处于 $0,1,2,\cdots,n$ 个位置上,其中 0 和 n 这两个位置为吸收壁,当分子在任意时刻 j 处于 $i(1\leqslant i\leqslant n-1)$ 位置时,那么在 $j+1$ 时刻就要发生跳跃,假设跳至 $i+1$ 位置上的概率为 $p(0<p<1)$,跳至 $i-1$ 位置上的概率为 $q,q=1-p$,显然,这个随机跳跃构成马氏链,而且是齐次的,由上述过程可以写出一步转移概率为

$$p_{00}=p_{00}(j,j+1)=1$$

$$p_{nn}=p_{nn}(j,j+1)=1$$

$$p_{ir}=p_{ir}(j,j+1)=\begin{cases}p,r=i+1\\ q,r=i-1,q=1-p\\ 0,\text{其他}\end{cases}$$

于是一步转移概率矩阵 $\boldsymbol{P}$ 为

$$\boldsymbol{P}=(p_{ij})=\begin{bmatrix}p_{00} & p_{01} & \cdots & p_{0n}\\ p_{10} & p_{11} & \cdots & p_{1n}\\ \vdots & \vdots & & \vdots\\ p_{n0} & p_{n1} & \cdots & p_{nn}\end{bmatrix}=\begin{bmatrix}1 & 0 & 0 & 0 & \cdots & 0 & 0 & 0\\ q & 0 & p & 0 & \cdots & 0 & 0 & 0\\ 0 & q & 0 & p & \cdots & 0 & 0 & 0\\ \vdots & \vdots & \vdots & \vdots & & \vdots & \vdots & \vdots\\ 0 & 0 & 0 & 0 & \cdots & q & 0 & p\\ 0 & 0 & 0 & 0 & \cdots & 0 & 0 & 1\end{bmatrix}$$

例如,若 $n=2$,则有

$$P=\begin{bmatrix}1 & 0 & 0\\ q & 0 & p\\ 0 & 0 & 1\end{bmatrix}$$

而且还有

$$P(s)=P^s \tag{11.1.17}$$

其中,s 为转移步数。

例 11.1.3　考察没有吸收壁的一维随机跳跃。在例 11.1.2 中,如果

$$p_{00}=p_{00}(j,j+1)=q$$
$$p_{01}=p_{01}(j,j+1)=p,p=1-q$$
$$p_{n(n-1)}=p_{n(n-1)}(j,j+1)=q$$
$$p_{nn}=p_{nn}(j,j+1)=p,p=1-q$$

其他情况不变,这样就构成了没有吸收壁的一维随机跳跃。参照例 11.1.2,可以写出一步转移概率矩阵 P 为

$$P=\begin{bmatrix}q & p & 0 & 0 & \cdots & 0 & 0 & 0\\ q & 0 & p & 0 & \cdots & 0 & 0 & 0\\ 0 & q & 0 & p & \cdots & 0 & 0 & 0\\ \vdots & \vdots & \vdots & \vdots & & \vdots & \vdots & \vdots\\ 0 & 0 & 0 & 0 & \cdots & q & 0 & p\\ 0 & 0 & 0 & 0 & \cdots & 0 & q & p\end{bmatrix}$$

当 $n=2$ 时,有

$$P=\begin{bmatrix}q & p & 0\\ q & 0 & p\\ 0 & q & p\end{bmatrix}$$

不难计算有

$$P(2)=P^2=\begin{bmatrix}q & pq & p^2\\ q^2 & 2pq & p^2\\ q^2 & pq & p\end{bmatrix}\neq P \tag{11.1.18}$$

定理 11.1.5　设$\{X(n),n=0,1,2,\cdots\}$为齐次马氏链,$X(n)$的可能取值为 $0,1,2,\cdots$,则$\{X(n),n=0,1,2,\cdots\}$的有限维分布函数族只由初始概率 $p_j(0)=P[X(0)=j]$ $(j=0,1,2,\cdots)$和条件概率 $p_{ij}(n-s)=P[X(n)=j|X(s)=i]$ $(n>s\geqslant 0,i,j=0,1,2,\cdots)$所决定。

证明　对任意正整数 k 及任意 $0<n_1<n_2<\cdots<n_k$,$\{X(n),n=0,1,2,\cdots\}$的 k 维概率分布为

$$\begin{aligned}&P[X(n_1)=i_1,X(n_2)=i_2,\cdots,X(n_k)=i_k]\\ =&\sum_{j=0}^{\infty}P[X(0)=j,X(n_1)=i_1,\cdots,X(n_k)=i_k]\\ =&\sum_{j=0}^{\infty}P[X(n_k)=i_k|X(n_{k-1})=i_{k-1}]P[X(n_{k-1})=i_{k-1},\cdots,X(n_1)=i_1,X(0)=j]\\ =&\sum_{j=0}^{\infty}p_{i_{k-1}i_k}(n_k-n_{k-1})p_{i_{k-2}i_{k-1}}(n_{k-1}-n_{k-2})\cdots p_{i_1i_2}(n_2-n_1)P[X(n_1)=i_1,X(0)=j]\end{aligned}$$

$$= \sum_{j=0}^{\infty} p_{i_{k-1}i_k}(n_k - n_{k-1}) p_{i_{k-2}i_{k-1}}(n_{k-1} - n_{k-2}) \cdots p_{i_1 i_2}(n_2 - n_1) p_{ji_1}(n_1) P[X(0) = j]$$

定理证毕。

11.2 状态分类与状态空间分解

下面的讨论均指齐次马氏链。

11.2.1 状态可达与状态互通

定义 11.2.1 状态 i 可达状态 j 设 $\{X(n), n=0,1,2,\cdots\}$ 为齐次马氏链，$I=\{0,1,2,\cdots\}$ 为马氏链的状态空间，$i,j\in I$ 是其中的两个状态，如果存在某个正整数 $n\geqslant 1$，使马氏链从状态 i 出发，经 n 步转移以正概率到达状态 j，即

$$\begin{aligned} p_{ij}(s,s+n) &= P[X(n+s)=j \mid X(s)=i], \forall s \\ &= P[X(n)=j \mid X(0)=i] (\text{由齐次性}) \\ &\triangleq p_{ij}(n) > 0 \end{aligned} \tag{11.2.1}$$

则称该马氏链的**状态 i 可达状态 j**，记作 $i\to j$，其中 s 为任意正整数。

上述定义说明，对齐次马氏链来说，无论将任意第 s 步($s=0,1,2,\cdots$)作为初始算起，再经过有限次转移，由状态 i 均可以一正概率 $p_{ij}(n)$ 到达状态 j，而且这概率与 s 无关；反之，对一切 $s\geqslant 0$，如果

$$p_{ij}(s,n+s) = P[X(n+s)=j \mid X(s)=i] = p_{ij}(n) = 0, \forall n \tag{11.2.2}$$

则称马氏链的状态 i 不可达状态 j，记作 $i\nrightarrow j$。值得说明(11.2.2)式的含义是

$$\begin{aligned} & P[X(n+s)=j \mid X(s)=i], \forall n,s \\ &= P[\bigcup_{n=1}^{\infty} X(n+s)=j \mid X(s)=i], \forall s \\ &= P[\bigcup_{n=1}^{\infty} X(n)=j \mid X(0)=i] (\text{由齐次性}) \\ &\leqslant \sum_{n=1}^{\infty} P[X(n)=j \mid X(0)=i] (\text{由上册}(1.2.9)\text{式}) \\ &= \sum_{n=1}^{\infty} p_{ij}(n) = 0 \end{aligned}$$

(11.2.2)式表明，无论将哪一步 $s=0,1,2,\cdots$ 作为初始算起，也无论再经过多少步转移，由状态 i 均不可能到达状态 j。

定义 11.2.2 状态 i 与状态 j 相通 设 i,j 为马氏链的两个状态，如果 $i\to j$ 且 $j\to i$，则称**状态 i 与状态 j 相通**(也称互通)，记作 $i\leftrightarrow j$。

定理 11.2.1 设 i,j,k 为马氏链的三个状态，如果 $i\to j$ 且 $j\to k$，则必有 $i\to k$。

证明 由定义 11.2.1 可知，必存在 $l\geqslant 1$ 和 $n\geqslant 1$，使得

$$p_{ij}(l) > 0, p_{jk}(n) > 0$$

再由查普曼－柯尔莫哥洛夫方程有

$$p_{ik}(l+n) = \sum_{m=0}^{\infty} p_{im}(l) p_{mk}(n) \geqslant p_{ij}(l) p_{jk}(n) > 0$$

于是由定义 11.2.1 可知 $i\to k$。定理证毕。

定理 11.2.2　设 i,j,k 为马氏链的三个状态，如果 $i\leftrightarrow j,j\leftrightarrow k$，则必有 $i\leftrightarrow k$。

证明　由定理 11.2.1 可知 $i\to j,j\to k\Rightarrow i\to k$，反向也有 $k\to j,j\to i\Rightarrow k\to i$，于是由定义 11.2.2 可知 $i\leftrightarrow k$。定理证毕。

定义 11.2.3　首次实现 $i\to j$ 的转移时间　设 i,j 为马氏链的两个状态，在 $X(0)=i$ 条件下，称

$$T_{ij}\triangleq \min\{n:X(0)=i,X(n)=j,n\geqslant 1\} \tag{11.2.3}$$

为首次实现 $i\to j$ 所需的转移时间。

说明　(1)因为我们所讨论的是齐次马氏链，所以可把任意时刻 $s(s=0,1,2,\cdots)$ 作为起始，从状态 $X(s)=i$ 出发，经过 T_{ij} 有限次转移可首次实现 $X(s+T_{ij})=j$，显然 T_{ij} 是随机变量，其所有可能取值为 $\{1,2,\cdots\}$。

(2)如果

$$\omega\overline{\in}\{\omega:X(\omega,0)=i\}$$

或

$$\omega\in\{\omega:X(\omega,0)=i,X(\omega,n)\neq j,n\geqslant 1\}$$

这时规定 $T_{ij}=\infty$，它表明无论经过多少次转移，也不可能实现 $i\to j$。

定义 11.2.4　首次实现 $i\to j$ 的概率　设 i,j 为马氏链的两个状态，称

$$f_{ij}(n)\triangleq P[T_{ij}=n|X(0)=i] \tag{11.2.4}$$

为马氏链自 $X(0)=i$ 出发，经 $n(1\leqslant n<\infty)$ 次转移首次到达 j 的概率。

经计算有

$$\begin{aligned}
f_{ij}(n)&=P[X(n)=j,X(n-1)\neq j,\cdots,X(1)\neq j|X(0)=i]\\
&=P[X(n)=j,X(n-1)\neq j,\cdots,X(2)\neq j|X(1)\neq j,X(0)=i]\cdot\\
&\quad P[X(1)\neq j|X(0)=i]\\
&=P[X(n)=j,X(n-1)\neq j,\cdots,X(2)\neq j|X(1)\neq j]P[X(1)\neq j|X(0)=i]\\
&=P[X(n)=j|X(n-1)\neq j]P[X(n-1)\neq j|X(n-2)\neq j]\cdots P[X(2)\neq j|X(1)\neq j]\cdot\\
&\quad P[X(1)\neq j|X(0)=i]\\
&=P(i_n=j|i_{n-1}\neq j)P(i_{n-1}\neq j|i_{n-2}\neq j)\cdots P(i_2\neq j|i_1\neq j)P(i_1\neq j|i_0=i)\text{（记 }X(k)\triangleq i_k\text{）}\\
&=\sum_{\substack{i_n=j\\ i_{n-1}\neq j}}\cdots\sum_{\substack{i_2\neq j\\ i_1\neq j}}\sum_{\substack{i_1\neq j\\ i_0=i}}p_{ii_1}p_{i_1i_2}\cdots p_{i_{n-2}i_{n-1}}p_{i_{n-1}j}
\end{aligned} \tag{11.2.5}$$

定义 11.2.5　迟早实现 $i\to j$ 的概率　设 i,j 为马氏链的两个状态，称

$$f_{ij}\triangleq\sum_{n=1}^{\infty}f_{ij}(n)=\sum_{n=1}^{\infty}P[T_{ij}=n|X(0)=i]=P\{\bigcup_{n=1}^{\infty}[T_{ij}=n|X(0)=i]\} \tag{11.2.6}$$

为马氏链自状态 i 出发，迟早到达状态 j 的概率，显然有

$$0\leqslant f_{ij}(n)\leqslant f_{ij}\leqslant 1 \tag{11.2.7}$$

定理 11.2.3　对于马氏链状态中的任意 i,j 及 $1\leqslant n<\infty$，有

$$p_{ij}(n)=\sum_{l=1}^{n}f_{ij}(l)p_{jj}(n-l),n\geqslant 1 \tag{11.2.8}$$

其中，$p_{jj}(0)=1$。

证明　记事件 E_l 为

$E_l \triangleq$(先经 l 次转移首次到达 j,且再经 $n-l$ 次转移再次到达 $j \mid X(0)=i$)

$=$(首次 $X(l)=j$ 且 $X(n)=j \mid X(0)=i$)

于是有

$$
\begin{aligned}
P(E_l) &= P[\text{首次 } X(l)=j \text{ 且 } X(n)=j \mid X(0)=i] \\
&= P[\text{首次 } X(l)=j \mid X(0)=i]P[X(n)=j \mid \text{首次 } X(l)=j, X(0)=i] \\
&= P[\text{首次 } X(l)=j \mid X(0)=i]P[X(n)=j \mid \text{首次 } X(l)=j] \\
&= f_{ij}(l)p_{jj}(n-l)
\end{aligned}
$$

又因为$\{E_l, l=1,2,\cdots,n\}$是互不相容事件,所以有

$$p_{ij}(n) = P\left(\bigcup_{l=1}^{n} E_l\right) = \sum_{l=1}^{n} P(E_l) = \sum_{l=1}^{n} f_{ij}(l)p_{jj}(n-l)$$

定理证毕。

说明 (1)(11.2.8)式给出了经 $n(1 \leqslant n < \infty)$步转移实现 $i \to j$ 的转移概率 $p_{ij}(n)$与经 $l(l=1,2,\cdots,n)$步转移首次实现 $i \to j$ 的转移概率 $f_{ij}(l)$的关系。

(2)如果 $i=j$,则(11.2.8)式化为

$$p_{ii}(n) = \sum_{l=1}^{n} f_{ii}(l)p_{ii}(n-l) \tag{11.2.9}$$

(11.2.9)式表明,由初始状态为 i(即 $X(0)=i$)开始,经 $n(1 \leqslant n < \infty)$步转移后使状态又返回 i(即 $X(n)=i$)的概率 $p_{ii}(n)$与经 $l(l=1,2,\cdots,n)$步转移首次出现 $i \to i$ 的转移概率 $f_{ii}(l)$的关系。

(3)(11.2.8)式还可表示为

$$p_{ij}(n) = \sum_{m=0}^{n} p_{jj}(m)f_{ij}(n-m) \tag{11.2.10}$$

(11.2.10)式可由(11.2.8)式推得:令 $m=n-l$,并代入(11.2.8)式得

$$
\begin{aligned}
p_{ij}(n) &= \sum_{l=1}^{n} f_{ij}(l)p_{jj}(n-l) = \sum_{m=n-1}^{0} f_{ij}(n-m)p_{jj}(m) \\
&= \sum_{m=0}^{n} p_{jj}(m)f_{ij}(n-m) \quad (\text{因为} f_{ij}(0)=0)
\end{aligned}
$$

定理 11.2.4 设 i,j 是马氏链的两个状态,则有如下等价:

$$f_{ij} > 0 \Leftrightarrow i \to j \tag{11.2.11}$$

证明 先证$\Leftarrow$:设 $i \to j$,则由定义 11.2.1 可知,存在正整数 $n(1 \leqslant n < \infty)$,使得 $p_{ij}(n) > 0$,再由(11.2.8)式可知

$$p_{ij}(n) = \sum_{l=1}^{n} f_{ij}(l)p_{jj}(n-l) > 0$$

于是知 $f_{ij}(1), f_{ij}(2), \cdots, f_{ij}(n)$中至少有一个为正数,于是由(11.2.6)式有

$$f_{ij} = \sum_{n=1}^{\infty} f_{ij}(n) > 0$$

再证$\Rightarrow$:由 $f_{ij} > 0$ 及(11.2.6)式可知,至少有一个 n,使得 $f_{ij}(n) > 0$,再由(11.2.8)式有

$$p_{ij}(n) = \sum_{l=1}^{n} f_{ij}(l)p_{jj}(n-l) \geqslant f_{ij}(n)p_{jj}(0) = f_{ij}(n) > 0$$

于是由定义 11.2.1 知 $i \to j$。定理证毕。

11.2.2　常返态与非常返态

下面讨论马氏链中很重要的两个状态，即常返态与非常返态。

定义 11.2.6　常返态与非常返态　设 i 是马氏链的一个状态，如果从 i 出发经转移迟早返回 i 的概率 f_{ii} 满足

$$f_{ii}=1 \tag{11.2.12}$$

则称 i 是马氏链的常返态；又如果

$$f_{ii}<1 \tag{11.2.13}$$

则称 i 是马氏链的非常返态（或称滑过态，或称暂态）。

说明　常返态和非常返态的含义：假设过程开始在状态 i 且 i 是常返态，因为 $f_{ii}=1$，所以经过有限次转移必以概率 $f_{ii}=1$ 地返回状态 i，接下来又经过有限次转移，必以概率 $f_{ii}^2=1$ 地再次返回状态 i，因为马氏链是可列的，于是就会以概率 1 地不断地返回状态 i。由此得出，如果状态 i 是常返态，则过程将以概率 1 无穷多次地返回状态 i。

另一方面，假设过程开始在状态 i 但 i 是非常返态，因为 $f_{ii}<1$，所以经过有限次转移将以概率 $f_{ii}<1$ 地返回状态 i，接下来又经过有限次转移再次返回状态 i 的概率为 $f_{ii}^2<1$，照这样循环下去，经过 m 个转移周期，过程仍返回状态 i 的概率就为 f_{ii}^m，显见，当 $m\to\infty$ 时，因为 $f_{ii}<1$，故有 $f_{ii}^m\to 0$。由此得出，当 i 为非常返态时，过程无穷多次返回状态 i 的概率为 0，或者说，过程以概率 1 地只能有限次地返回状态 i。

换一种说法是，如果 i 是常返态，则从状态 i 出发，不论经过怎样的转移，也不论转移多少次，最终一定能返回到状态 i，即返回状态 i 的概率为 1；反之，如果 i 是非常返态，不论经过多少次转移，最终不可能再返回状态 i，即返回状态 i 的概率为 0。

接下来的问题自然是，如何判断马氏链的状态 i 是否是常返态，这对于深入了解马氏链的各个状态是非常重要的，为此先介绍母函数。

定义 11.2.7　母函数　设 $\{a_n,n=0,1,2,\cdots\}$ 为一实数列，如果级数

$$A(s)=\sum_{n=0}^{\infty}a_n s^n \tag{11.2.14}$$

在 s 的某一区间 $(-s_0,s_0)\ (s_0>0)$ 中收敛，则称 $A(s)$ 是 $\{a_n,n=0,1,2,\cdots\}$ 的母函数。

说明　(1) 如果 $\{a_n,n=0,1,2,\cdots\}$ 是概率分布，即满足 $a_n\geqslant 0$ 且 $\sum\limits_{n=0}^{\infty}a_n=1$，则 $A(s)$ 在 $[-1,1]$ 中收敛（见上册性质 5.6.1）。

(2) 设 $\{a_n,n=0,1,2,\cdots\}$ 的母函数为 $A(s)$，$\{b_n,n=0,1,2,\cdots\}$ 的母函数为 $B(s)$，再定义

$$c_n=\sum_{k=0}^{n}a_k b_{n-k}=\sum_{k=0}^{n}b_k a_{n-k} \tag{11.2.15}$$

则称 $\{c_n,n=0,1,2,\cdots\}$ 是 $\{a_n,n=0,1,2,\cdots\}$ 与 $\{b_n,n=0,1,2,\cdots\}$ 的卷积，记作 $c_n=a_n*b_n$，用熟知的方法可以证明 $\{c_n,n=0,1,2,\cdots\}$ 的母函数为

$$C(s)=A(s)\cdot B(s) \tag{11.2.16}$$

(3) 实际上，母函数就是离散型的拉氏变换，通常称为 Z 变换。因此，有关 Z 变换的性质，母函数均成立（见文献[16]）。

利用母函数可证得如下定理。

定理 11.2.5 设序列$\{p_{ij}(n),n=0,1,2,\cdots\}$的母函数$P_{ij}(s)$为

$$P_{ij}(s) = \sum_{n=0}^{\infty} p_{ij}(n)s^n, |s| < 1 \tag{11.2.17}$$

又设序列$\{f_{ij}(n),n=0,1,2,\cdots\}$的母函数$F_{ij}(s)$为

$$F_{ij}(s) = \sum_{n=0}^{\infty} f_{ij}(n)s^n, |s| < 1 \tag{11.2.18}$$

则

$$P_{ij}(s) = \delta(i-j) + F_{ij}(s)P_{jj}(s), |s| < 1 \tag{11.2.19}$$

且有

$$P_{ii}(s) = \frac{1}{1-F_{ii}(s)}, |s| < 1 \tag{11.2.20}$$

$$P_{ij}(s) = F_{ij}(s)P_{jj}(s), i \neq j, |s| < 1 \tag{11.2.21}$$

其中

$$\delta(i-j) = \begin{cases} 1, i=j \\ 0, i \neq j \end{cases}$$

规定

$$f_{ii}(0) = f_{ij}(0) = 0, P_{ii}(0) = 1, P_{ij}(0) = 0, i \neq j \tag{11.2.22}$$

证明 由母函数定义(11.2.14)式及(11.2.8)式,有

$$\begin{aligned}
P_{ij}(s) &= \sum_{n=0}^{\infty} p_{ij}(n)s^n \\
&= p_{ij}(0) + \sum_{n=1}^{\infty} p_{ij}(n)s^n \\
&= p_{ij}(0) + \sum_{n=1}^{\infty} \Big[\sum_{l=1}^{n} f_{ij}(l)p_{jj}(n-l)\Big]s^n \\
&= p_{ij}(0) + \sum_{n=1}^{\infty} \sum_{l=1}^{n} [f_{ij}(l)s^l][p_{jj}(n-l)s^{n-l}] \\
&= p_{ij}(0) + \sum_{l=1}^{\infty} f_{ij}(l)s^l \sum_{n=l}^{\infty} p_{jj}(n-l)s^{n-l} \\
&= p_{ij}(0) + \sum_{l=0}^{\infty} f_{ij}(l)s^l \sum_{m=0}^{\infty} p_{jj}(m)s^m \text{(由(11.2.22)式)} \\
&= p_{ij}(0) + F_{ij}(s)P_{jj}(s)
\end{aligned}$$

由(11.2.22)式可知,$p_{ij}(0) = \delta(i-j) = \begin{cases} 1, i=j \\ 0, i \neq j \end{cases}$,代入上式立得

$$P_{ij}(s) = \delta(i-j) + F_{ij}(s)P_{jj}(s)$$

于是(11.2.19)式得证。再由(11.2.19)式,分别考察$i=j$和$i\neq j$两种情况,立得(11.2.20)式和(11.2.21)式。定理证毕。

为了能导出状态i为常返态的充要条件及状态i为非常返态的充要条件,还应介绍一个关于幂级数收敛和必散的引理。

引理 11.2.1 阿贝尔引理(N. H. Abel) 设$\{a_k,k=0,1,2,\cdots\}$为实数列:

(1)如果$\sum_{k=0}^{\infty} a_k$收敛,即

$$\sum_{k=0}^{\infty} a_k = a < \infty \tag{11.2.23}$$

则

$$\lim_{s \to 1^-} \sum_{k=0}^{\infty} a_k s^k = \sum_{k=0}^{\infty} a_k = a < \infty \tag{11.2.24}$$

(2)如果 $a_k \geqslant 0$ 且

$$\lim_{s \to 1^-} \sum_{k=0}^{\infty} a_k s^k = \infty \tag{11.2.25}$$

则

$$\sum_{k=0}^{\infty} a_k = \infty \tag{11.2.26}$$

(3)如果 $a_k \geqslant 0$ 且

$$\lim_{s \to 1^-} \sum_{k=0}^{\infty} a_k s^k = a < \infty \tag{11.2.27}$$

则

$$\sum_{k=0}^{\infty} a_k = a < \infty \tag{11.2.28}$$

其中,$s \to 1^-$ 表示 s 从小于 1 的方向趋于 1。

证明　(1)我们利用(11.2.23)式只需往证

$$\lim_{s \to 1^-} \left| \sum_{k=0}^{\infty} a_k (s^k - 1) \right| = 0 \tag{11.2.29}$$

成立即可,现用截尾法证之:

由 $\sum\limits_{k=0}^{\infty} a_k = a < \infty$ 可知,对任意 $\varepsilon > 0$,必存在 N 满足

$$\left| \sum_{K=N}^{\infty} a_k \right| < \frac{\varepsilon}{4}$$

于是有

$$\begin{aligned} \left| \sum_{k=0}^{\infty} a_k (s^k - 1) \right| &= \left| \sum_{k=0}^{N} a_k (s^k - 1) + \sum_{k=N+1}^{\infty} a_k (s^k - 1) \right| \\ &\leqslant \left| \sum_{k=0}^{N} a_k (s^k - 1) \right| + \left| \sum_{k=N+1}^{\infty} a_k (s^k - 1) \right| \end{aligned} \tag{11.2.30}$$

又因为对于 $0 \leqslant s < 1$ 时还有

$$\left| \sum_{k=0}^{N} a_k (s^k - 1) \right| \leqslant MN \left| s^N - 1 \right|$$

其中 $M = \max\limits_{0 \leqslant k \leqslant N} \{ |a_k| \} < \infty$,因此,当 $s \to 1^-$ 时必有

$$\left| \sum_{k=0}^{N} a_k (s^k - 1) \right| < \frac{\varepsilon}{2} \tag{11.2.31}$$

下面估计 $\sum\limits_{k=N+1}^{\infty} a_k (s^k - 1)$,为此,记 $A_k = \sum\limits_{r=k}^{\infty} a_r$,于是有

$$\left| \sum_{k=N+1}^{\infty} a_k (s^k - 1) \right| = \left| \sum_{k=N+1}^{\infty} (A_k - A_{k-1})(s^k - 1) \right|$$

$$= \left| A_{N+1}(s^{N+1}-1) + \sum_{k=N+2}^{\infty} A_k(s^k - s^{k-1}) \right|$$

$$\leqslant \frac{\varepsilon}{4}\left|(s^{N+1}-1)\right| + \frac{\varepsilon}{4}s^{N+1} \leqslant \frac{\varepsilon}{2} \tag{11.2.32}$$

将(11.2.31)式、(11.2.32)式代入(11.2.30)式，则有 $\left|\sum_{k=0}^{\infty} a_k(s^k-1)\right| < \varepsilon$，于是(11.2.24)式得证。

(2)对于 $0<s<1$，因为 $\sum_{k=0}^{\infty} a_k s^k \leqslant \sum_{k=0}^{\infty} a_k$，所以当 $\lim_{s\to1^-}\sum_{k=0}^{\infty} a_k s^k = \infty$ 时，必有 $\sum_{k=0}^{\infty} a_k = \infty$，即(11.2.26)式得证。

(3)因为 $a_k \geqslant 0$ 且 $\lim_{s\to1^-}\sum_{k=0}^{\infty} a_k s^k = a < \infty$，则必有 $\lim_{k\to\infty} a_k = 0$。于是由陶贝尔定理[17]可知，当 $\lim_{s\to1^-}\sum_{k=0}^{\infty} a_k s^k = a < \infty$ 时，必有 $\sum_{k=0}^{\infty} a_k = a < \infty$，即(11.2.28)式得证。引理证毕。

由定理 11.2.5 及引理 11.2.1 可推导出状态 i 为常返态的充要条件。

定理 11.2.6 设 i 是马氏链的一个状态，则有如下等价：

$$i\text{是常返态} \Leftrightarrow \sum_{n=1}^{\infty} p_{ii}(n) = \infty \tag{11.2.33}$$

证明 先证⇒：设 i 是常返态，即 $f_{ii} = \sum_{n=1}^{\infty} f_{ii}(n) = 1$，则由(11.2.24)式有

$$\lim_{s\to1^-}\sum_{n=0}^{\infty} f_{ii}(n)s^n = \lim_{s\to1^-} F_{ii}(s) = 1$$

再由(11.2.20)式可知

$$\lim_{s\to1^-} P_{ii}(s) = \lim_{s\to1^-}\sum_{n=0}^{\infty} p_{ii}(n)s^n = \frac{1}{1-\lim_{s\to1^-} F_{ii}(s)} = \infty$$

因此，由(11.2.26)式，注意到 $p_{ii}(n)\geqslant 0$，故有 $\sum_{n=0}^{\infty} p_{ii}(n) = \infty$。

再证⇐：用反证法证之，设 $\sum_{n=1}^{\infty} p_{ii}(n) = \infty$ 且 i 是非常返态，即 $f_{ii} = \sum_{n=1}^{\infty} f_{ii}(n) < 1$，于是由(11.2.24)式可知 $\lim_{s\to1^-}\sum_{n=0}^{\infty} f_{ii}(n)s^n = \lim_{s\to1^-} F_{ii}(s) = f_{ii} < 1$。再由(11.2.20)式又知

$$\lim_{s\to1^-} P_{ii}(s) = \lim_{s\to1^-}\sum_{n=0}^{\infty} p_{ii}(n)s^n = \frac{1}{1-\lim_{s\to1^-} F_{ii}(s)} = \frac{1}{1-f_{ii}} < \infty$$

由上式再考虑到 $p_{ii}(n)\geqslant 0$，于是由(11.2.28)式立得

$$\sum_{n=0}^{\infty} p_{ii}(n) = \lim_{s\to1^-}\sum_{n=0}^{\infty} p_{ii}(n)s^n = \frac{1}{1-f_{ii}} < \infty$$

显然这与假设相矛盾，即"⇐"得证。定理证毕。

定理 11.2.7 设 i 是马氏链的一个状态，则有如下等价：

$$i\text{是非常返态} \Leftrightarrow \sum_{n=1}^{\infty} p_{ii}(n) < \infty \tag{11.2.34}$$

证明 先证⇒：设 i 为非常返态，即 $f_{ii} = \sum_{n=1}^{\infty} f_{ii}(n) < 1$，由(11.2.24)式有

$$\lim_{s\to 1^-}\sum_{n=0}^{\infty}f_{ii}(n)s^n = \lim_{s\to 1^-}F_{ii}(s) = f_{ii} < 1$$

再由(11.2.20)式还有

$$\lim_{s\to 1^-}P_{ii}(s) = \lim_{s\to 1^-}\sum_{n=0}^{\infty}p_{ii}(n)s^n = \frac{1}{1-\lim\limits_{s\to 1^-}F_{ii}(s)} = \frac{1}{1-f_{ii}} < \infty$$

由上式并考虑到 $p_{ii}(n)\geqslant 0$，于是由(11.2.28)式有

$$\sum_{n=0}^{\infty}p_{ii}(n) = \lim_{s\to 1^-}P_{ii}(s) = \frac{1}{1-f_{ii}} < \infty$$

再证⇐：因为 $\sum\limits_{i=1}^{\infty}p_{ii}(n) < \infty$，所以 $\sum\limits_{n=0}^{\infty}p_{ii}(n) < \infty$，于是由(11.2.24)式有

$$\lim_{s\to 1^-}\sum_{n=0}^{\infty}p_{ii}(n)s^n = \lim_{s\to 1^-}P_{ii}(s) = \sum_{n=0}^{\infty}p_{ii}(n) < \infty$$

再由(11.2.19)式有

$$\lim_{s\to 1^-}F_{ii}(s) = \frac{\lim\limits_{s\to 1^-}P_{ii}(s)-1}{\lim\limits_{s\to 1^-}P_{ii}(s)} = \frac{\sum\limits_{n=1}^{\infty}p_{ii}(n)}{1+\sum\limits_{n=1}^{\infty}p_{ii}(n)} < 1, p_{ii}(0) = 1$$

由上式并考虑到 $f_{ii}(n)\geqslant 0$，于是由(11.2.28)式有

$$f_{ii} = \sum_{n=0}^{\infty}f_{ii}(n) = \lim_{s\to 1^-}F_{ii}(s) < 1$$

即 i 为非常返态。定理证毕。

定理 11.2.8　设 i,j 是马氏链的两个状态，如果 $i\leftrightarrow j$，则

(1)若 i 是常返态，则 j 也是常返态；

(2)若 i 是非常反态，则 j 也是非常返态。

证明　(1)因为 $i\leftrightarrow j$，则必存在 m,n，使得 $p_{ij}(n)>0, p_{ji}(m)>0$，设 $v=0,1,2,\cdots$，于是由查普曼－柯尔莫哥洛夫方程有

$$p_{jj}(m+n+v)\geqslant p_{ji}(m)p_{ii}(v)p_{ij}(n)\quad(\text{见定理 11.2.1})$$

于是有

$$\sum_{v=0}^{\infty}p_{jj}(m+n+v) \geqslant \sum_{v=0}^{\infty}p_{ji}(m)p_{ii}(v)p_{ij}(n) = p_{ji}(m)p_{ij}(n)\sum_{v=0}^{\infty}p_{ii}(v)$$

由此可得，若 $\sum\limits_{v=0}^{\infty}p_{ii}(v) = \infty$，则必有 $\sum\limits_{v=0}^{\infty}p_{jj}(m+n+v) = \infty$，即若 i 是常返态，则 j 也是常返态。

(2)同理有

$$p_{ii}(m+n+v)\geqslant p_{ij}(n)p_{jj}(v)p_{ji}(m)$$

且

$$\sum_{v=0}^{\infty}p_{ii}(m+n+v) \geqslant p_{ij}(n)p_{ji}(m)\sum_{v=0}^{\infty}p_{jj}(v)$$

以及

$$\sum_{v=0}^{\infty} p_{jj}(v) \leqslant \frac{1}{p_{ij}(n)p_{ji}(m)} \sum_{v=0}^{\infty} p_{ii}(m+n+v)$$

由此可得,若 $\sum_{v=0}^{\infty} p_{ii}(m+n+v) < \infty$,则必有 $\sum_{v=0}^{\infty} p_{jj}(v) < \infty$,即若 i 是非常返态,则 j 也是非常返态。定理证毕。

说明 我们还可以由波雷尔-康特立引理来理解常返态和非常返态的概念:设事件 $A_{ii}(n)$ 为

$$A_{ii}(n) = (\text{从状态 } i \text{ 出发经 } n \text{ 步转移返回状态 } i)$$

又设事件 A_i 为

$$A_i = (\text{从状态 } i \text{ 出发,在马氏链转移过程中有无穷多个 } A_{ii}(n) \text{ 发生})$$

显然有

$$A_i = \bigcap_{k=1}^{\infty} \bigcup_{n=k}^{\infty} A_{ii}(n) \triangleq \overline{\lim_{n\to\infty}} A_{ii}(n)$$

由定义可知

$$P(A_{ii}(n)) \triangleq p_{ii}(n)$$

于是由波雷尔-康特立引理(见上册6.1节)可知,如果

$$\sum_{n=1}^{\infty} P[A_{ii}(n)] = \sum_{n=1}^{\infty} p_{ii}(n) = \infty$$

则

$$P[\overline{\lim_{n\to\infty}} A_{ii}(n)] = P[\bigcap_{k=1}^{\infty} \bigcup_{n=k}^{\infty} A_{ii}(n)] = P(A_i) = 1$$

这说明,以概率1有无穷多个事件 $A_{ii}(n)$ 发生,或者说,只有有限个事件 $A_{ii}(n)$ 发生的概率为0,因此,当 $n\to\infty$ 时,从 i 出发最终还能返回 i 的概率是1,故称 i 为常返态。

另一方面,如果

$$\sum_{n=1}^{\infty} P(A_{ii}(n)) = \sum_{n=1}^{\infty} p_{ii}(n) < \infty$$

则

$$P[\overline{\lim_{n\to\infty}} A_{ii}(n)] = P[\bigcap_{k=1}^{\infty} \bigcup_{n=k}^{\infty} A_{ii}(n)] = P(A_i) = 0$$

这说明,有无穷多个 $A_{ii}(n)$ 事件发生的概率为0,或者说,以概率1只能有有限个 $A_{ii}(n)$ 事件发生,因此,当 $n\to\infty$ 时,从 i 出发最终还能返回 i 的概率为0,即最终不能再返回到状态 i,故称 i 为非常返态。

定理 11.2.9 (1)如果 j 是非常返态,则对所有的 i 有

$$\sum_{n=0}^{\infty} p_{ij}(n) < \infty \tag{11.2.35}$$

且有

$$\lim_{n\to\infty} p_{ij}(n) = 0 \tag{11.2.36}$$

(2)如果 j 是常返态且 $i\to j$,则对所有 i 有

$$\sum_{n=0}^{\infty} p_{ij}(n) = \infty \tag{11.2.37}$$

且有

$$f_{ij} = 1 \tag{11.2.38}$$

证明　由(11.2.8)式有

$$\begin{aligned}\sum_{n=0}^{\infty} p_{ij}(n) &= \sum_{n=0}^{\infty} \sum_{l=0}^{\infty} f_{ij}(l) p_{jj}(n-l), f_{ij}(0) = 0 \\ &= \sum_{m=0}^{\infty} p_{jj}(m) \sum_{l=0}^{\infty} f_{ij}(l) \\ &= \sum_{m=0}^{\infty} p_{jj}(m) f_{ij} \end{aligned} \tag{11.2.39}$$

由此可得:(1)如果 j 为非常返态,即 $\sum_{m=0}^{\infty} p_{jj}(m) < \infty$,又知 $f_{ij} \leqslant 1$,则由(11.2.39)式有 $\sum_{n=0}^{\infty} p_{ij}(n) < \infty$,因此有 $\lim_{n\to\infty} p_{ij}(n) = 0$,也可由波雷尔－康得立引理知,当 $n\to\infty$ 时,事件$(i\to j)$以概率 1 只能发生有限次,即当 $n\to\infty$ 时事件$(i\to j)$发生的概率为 0,因此有 $\lim_{n\to\infty} p_{ij}(n) = 0$。

(2)如果 j 为常返态,即 $\sum_{m=0}^{\infty} p_{jj}(m) = \infty$,又由定理 11.2.4 可知 $i\to j \Leftrightarrow f_{ij} > 0$,于是由(11.2.39)式有 $\sum_{n=0}^{\infty} p_{ij}(n) = \infty$,再由波雷尔－康特立引理知,当 $n\to\infty$ 时,事件$(i\to j)$以概率 1 地可发生无穷多次,因此,当 $n\to\infty$ 时,事件$(i\to j)$发生的概率为 1,即 $f_{ij} = 1$。定理证毕。

例 11.2.1　考察无约束的一维随机游动　设$\{X(n), n = 0,1,2,\cdots\}$为马氏链,其状态空间为$\{\cdots,-2,-1,0,1,2,\cdots\}$,一步转移概率为 $p_{i,i+1} = p > 0$, $p_{i,i-1} = q > 0$, $p + q = 1$,一步转移概率矩阵 $\boldsymbol{P}$ 为

$$\boldsymbol{P} = \begin{bmatrix} & \vdots & \vdots & \vdots & \vdots & \vdots & \\ \cdots & p_{-2,-2} & p_{-2,-1} & p_{-2,0} & p_{-2,1} & p_{-2,2} & \cdots \\ \cdots & p_{-1,-2} & p_{-1,-1} & p_{-1,0} & p_{-1,1} & p_{-1,2} & \cdots \\ \cdots & p_{0,-2} & p_{0,-1} & p_{0,0} & p_{0,1} & p_{0,2} & \cdots \\ \cdots & p_{1,-2} & p_{1,-1} & p_{1,0} & p_{1,1} & p_{1,2} & \cdots \\ \cdots & p_{2,-2} & p_{2,-1} & p_{2,0} & p_{2,1} & p_{2,2} & \cdots \\ & \vdots & \vdots & \vdots & \vdots & \vdots & \end{bmatrix}$$

$$= \begin{bmatrix} & \vdots & \vdots & \vdots & \vdots & \vdots & \\ \cdots & 0 & p & 0 & 0 & 0 & \cdots \\ \cdots & q & 0 & p & 0 & 0 & \cdots \\ \cdots & 0 & q & 0 & p & 0 & \cdots \\ \cdots & 0 & 0 & q & 0 & p & \cdots \\ \cdots & 0 & 0 & 0 & q & 0 & \cdots \end{bmatrix}$$

信息流程图如图 11.2.1 所示。

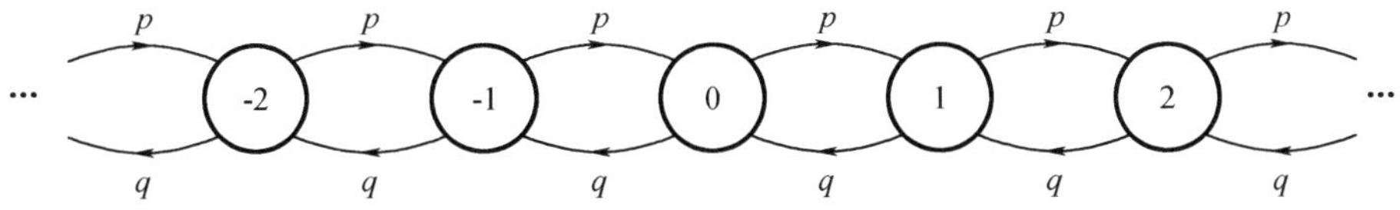

图 11.2.1　例 11.2.1 的信息流程图

由图 11.2.1 可见,所有状态是相通的(即为互通),为了判断所有状态是否为常返态,由定理 11.2.8 可知,只需判断一个状态是否为常返态即可,为简便起见,我们只考察初始状态$X(0)$是否为常返态,我们知道,从 $X(0)=0$ 开始,经奇数次转移不可能再返回 0,因此,只需研究经偶数次转移的情况,先求概率 $p_{00}(2n)$ 为

$$\begin{aligned} p_{00}(2n) &= C_{2n}^{n}p^{n}q^{n}, n=1,2,\cdots \\ &= \frac{(2n)!}{n!\ n!}(pq)^{n} \\ &= \frac{[2n\cdot(2n-2)\cdot\cdots\cdot4\cdot2]}{n!}\cdot\frac{[(2n-1)\cdot(2n-3)\cdot\cdots\cdot3\cdot1]}{n!}(pq)^{n} \\ &= \frac{2^{n}n!}{n!}\cdot\frac{2^{n}(-1)^{n}\left(-\frac{1}{2}\right)\left(-\frac{3}{2}\right)\cdots\left[-\frac{1}{2}-(n-1)\right]}{n!}(pq)^{n} \\ &= (-1)^{n}C_{-\frac{1}{2}}^{n}(4pq)^{n} \end{aligned} \tag{11.2.40}$$

由(11.2.40)式可得$\{p_{00}(2n)\}$的母函数为

$$A(s) = \sum_{n=0}^{\infty}p_{00}(2n)s^{2n} = \sum_{n=0}^{\infty}C_{-\frac{1}{2}}^{n}(4pqs^{2})^{n} = \frac{1}{\sqrt{1-4pqs^{2}}} \tag{11.2.41}$$

于是由式(11.2.41)可得如下结论:

(1)因为$A(1) = \sum_{n=0}^{\infty}p_{00}(2n) = \frac{1}{\sqrt{1-4pq}} \neq 1$,所以序列$\{p_{00}(2n)\}$不是一个概率分布。

(2)当且仅当 $p=q=\frac{1}{2}$时有

$$A(1) = \sum_{n=0}^{\infty}p_{00}(2n) = \frac{1}{\sqrt{1-4pq}} = \infty$$

于是由定理 11.2.6 可知,0 是常返态,由此得出所有状态均为常返态。

(3)当且仅当 $p\neq\frac{1}{2}$时有

$$A(1) = \sum_{n=0}^{\infty}p_{00}(2n) = \frac{1}{\sqrt{1-4pq}} < \infty$$

于是由定理 11.2.7 可知,0 是非常返态,由此得出所有状态均为非常返态。

11.2.3 周期态与非周期态

定义 11.2.8 首次实现 $i\to j$ 的平均转移时间 称

$$\mu_{ij} = E(T_{ij}) = \sum_{n=1}^{\infty}nf_{ij}(n) \tag{11.2.42}$$

为从 i 出发首次到达 j 的平均转移时间。

说明 由定义 11.2.3 可知,T_{ij}是首次实现 $i\to j$ 的转移步数,它是一个随机变量,取值可为 1,2,…,而$f_{ij}(n)=P[T_{ij}=n|X(0)=i]$表示 T_{ij}的条件概率,因此,μ_{ij}表示 $X(0)=i$ 条件下,T_{ij}的条件均值。

特别地,称

$$\mu_{ii} = E(T_{ii}) = \sum_{n=1}^{\infty} nf_{ii}(n) \tag{11.2.43}$$

为从 i 出发首次返回 i 的平均返回时间。

如果 $f_{ii}=1$ 且 $\mu_{ii}<\infty$，则称 i 为正常返态。

如果 $f_{ii}=1$ 且 $\mu_{ii}=\infty$，则称 i 为零常返态。

定义 11.2.9　周期态与非周期态　如果一个状态 j 仅在时刻 $T,2T,\cdots(T>1)$ 可能返回到状态 j，而在其他时刻有 $p_{jj}(n)=0, n\in(T,2T,\cdots)$，或者说，$T$ 是所有使得 $p_{jj}(n)>0$ 的 n 的最大公约数且 $T>1$，则称 j 为周期态，称 T 为 j 的周期，如果这样的 $T(T>1)$ 不存在，即 $T=1$，则称 j 是非周期态。

如果 j 是非周期且非零常返态，即 j 是非周期正常返态，则称 j 为**遍历状态**。

如果马氏链的所有状态都是遍历状态，则称该马氏链是**遍历链**或称其是**遍历的**。

定理 11.2.10　马氏链基本极限定理　设 i,j 为马氏链的状态，则

(1) j 为非周期常返态 $\Leftrightarrow \lim\limits_{n\to\infty} p_{jj}(n) = \dfrac{1}{\mu_{jj}}$　(11.2.44)

其中，μ_{jj} 是 j 的平均返回时间。

(2) j 为非周期常返态条件下，有

$$j \text{ 为零常返态} \Leftrightarrow \lim_{n\to\infty} p_{jj}(n) = 0 \tag{11.2.45}$$

特别是，当 j 为非周期零常返态时，对所有的 i 有

$$\lim_{n\to\infty} p_{ij}(n) = 0 \tag{11.2.46}$$

(3) j 为非周期常返态条件下，有

$$j \text{ 为正常返态} \Leftrightarrow \lim_{n\to\infty} p_{jj}(n) > 0 \tag{11.2.47}$$

特别是，当 j 为非周期正常返态时，对所有的 i 有

$$\lim_{n\to\infty} p_{ij}(n) = \frac{f_{ij}}{\mu_{jj}} \tag{11.2.48}$$

其中，f_{ij} 为自状态 i 出发，迟早到达状态 j 的概率。

(4) j 为周期常返态时，有

$$\lim_{n\to\infty} p_{jj}(nT_j) = \frac{T_j}{\mu_{jj}} \tag{11.2.49}$$

其中，$T_j>1$ 为 j 的周期。

证明　(1) 设 $v(n)=p_{jj}(n)-p_{jj}(n-1), n\geqslant 1, v(0)=p_{jj}(0)$，于是有

$$\sum_{k=0}^{n} v(k) = p_{jj}(n) \tag{11.2.50}$$

又因为 j 为常返态，故由定义 11.2.6 及定理 11.2.6 可知

$$j \text{ 为常返态} \Leftrightarrow f_{jj} = 1 \Leftrightarrow \sum_{n=1}^{\infty} p_{jj}(n) = \infty \tag{11.2.51}$$

再由母函数定义(11.2.14)式及(11.2.20)式得 $v(n)$ 的母函数为

$$\begin{aligned} V(s) &= \sum_{n=0}^{\infty} v(n)s^n = \sum_{n=0}^{\infty} [p_{jj}(n) - p_{jj}(n-1)]s^n = P_{jj}(s) - sP_{jj}(s) \\ &= \frac{1-s}{1-F_{jj}(s)} \end{aligned} \tag{11.2.52}$$

因此有

$$\lim_{s\to 1} V(s) = \lim_{s\to 1}\frac{1}{[1-F'_{jj}(s)]/(1-s)}$$
$$= \frac{1}{F'_{jj}(1)}(\text{由泰勒展开及} f_{jj}=1)$$
$$= \frac{1}{\mu_{jj}}(\text{由} \mu_{jj}=\sum_{n=1}^{\infty} n f_{jj}(n)) \tag{11.2.53}$$

另一方面,由(11.2.50)式还有

$$\lim_{s\to 1} V(s) = \lim_{s\to 1}\sum_{k=0}^{\infty} v(k)s^k = \sum_{k=0}^{\infty} v(k) = \lim_{n\to\infty} p_{jj}(n) \tag{11.2.54}$$

由(11.2.54)式、(11.2.55)式可得

$$\lim_{n\to\infty} p_{jj}(n) = \frac{1}{\mu_{jj}} \tag{11.2.55}$$

由推导可知,上述结论当且仅当$f_{jj}=\sum_{n=0}^{\infty} f_{jj}(n)=1$且$j$为非周期时成立,故有

$$f_{jj}=1 \text{且} j \text{为非周期} \Leftrightarrow \lim_{n\to\infty} p_{jj}(n) = \frac{1}{\mu_{jj}} \tag{11.2.56}$$

再由(11.2.51)式立得(11.2.44)式成立。

(2)基于(1)中的结果有如下推理:

j为非周期零常返态

$\Leftrightarrow j$为零常返态且为非周期常返态

$\Leftrightarrow \mu_{jj}=\infty$且$\lim\limits_{n\to\infty} p_{jj}(n)=\dfrac{1}{\mu_{jj}}$

$\Leftrightarrow \lim\limits_{n\to\infty} p_{jj}(n)=0$且$\lim p_{jj}(n)=\dfrac{1}{\mu_{jj}}$

$\Leftrightarrow \lim\limits_{n\to\infty} p_{jj}(n)=0$且$j$为非周期常返态

于是有j为零常返态且为非周期常返态$\Leftrightarrow \lim\limits_{n\to\infty} p_{jj}(n)=0$且$j$为非周期常返态,或者说,$j$为非周期常返态条件下,$j$为零常返态$\Leftrightarrow \lim\limits_{n\to\infty} p_{jj}(n)=0$,即(11.2.45)式成立,进一步,当$j$为非周期零常返态时,由(11.2.8)式可知,对所有i有

$$\lim_{n\to\infty} p_{ij}(n) = \sum_{l=1}^{n} f_{ij}(l)\lim_{n\to\infty} p_{jj}(n-l) = 0$$

即(11.2.46)式成立。

(3)基于(1)的结果有如下推理:

j为非周期正常返态

$\Leftrightarrow j$为正常返态且为非周期常返态

$\Leftrightarrow \mu_{jj}<\infty$且$\lim\limits_{n\to\infty} p_{jj}(n)=\dfrac{1}{\mu_{jj}}$

$\Leftrightarrow \lim\limits_{n\to\infty} p_{jj}(n)>0$且$\lim\limits_{n\to\infty} p_{jj}(n)=\dfrac{1}{\mu_{jj}}$

$\Leftrightarrow \lim\limits_{n\to\infty} p_{jj}(n)>0$且$j$为非周期常返态

于是有j为正常返态且为非周期常返态$\Leftrightarrow \lim\limits_{n\to\infty} p_{jj}(n)>0$且$j$为非周期常返态,或者说,$j$为非

周期常返态条件下，j 为正常返态$\Leftrightarrow \lim\limits_{n\to\infty} p_{jj}(n)>0$，即(11.2.47)式成立，进一步，当 j 为非周期正常返态时，由(11.2.8)式可知，对所有 i 有

$$\begin{aligned}\lim_{n\to\infty} p_{ij}(n) &= \lim_{n\to\infty}\sum_{r=1}^{n} f_{ij}(r)p_{jj}(n-r)\\ &= \sum_{r=1}^{\infty} f_{ij}(r)\lim_{n\to\infty} p_{jj}(n-r)\\ &= \sum_{r=1}^{\infty} f_{ij}(r)\frac{1}{\mu_{jj}} = \frac{f_{ij}}{\mu_{jj}}\end{aligned}$$

即(11.2.48)式成立。

(4)因为状态 j 是周期的，则有

$$f_{jj}(n)=\begin{cases} c_j>0, & n=T,2T,\cdots\\ 0, & \text{其他}\end{cases}$$

于是

$$F_{jj}(s)=\sum_{n=0}^{\infty} f_{jj}(n)s^n=\sum_{k=0}^{\infty} f_{jj}(kT)s^{kT}\triangleq\varphi(s^T)\tag{11.2.57}$$

再由(11.2.20)式还有

$$P_{jj}(s)=\frac{1}{1-F_{jj}(s)}=\frac{1}{1-\varphi(s^T)}$$

或者写成

$$P_{jj}(s^{\frac{1}{T}})=\frac{1}{1-\varphi(s)}=\sum_{n=0}^{\infty} p_{jj}(nT)s^n$$

又因为 j 是常返态，即 $f_{jj}=1$，故利用(1)中类似(11.2.50)式至(11.2.53)式的方法有

$$\lim_{n\to\infty} p_{jj}(nT)=\frac{1}{\varphi'(1)}=\frac{T}{F'_{jj}(1)}=\frac{T}{\mu_{jj}}$$

即(11.2.49)式得证。定理证毕。

定理 11.2.11　设 i,j 是马氏链的两个状态，如果 $i\leftrightarrow j$ 且 i 是周期态，则 j 也是周期态且 i 与 j 有相同的周期 $T(T>1)$。

证明　设 $T>1$ 是 i 的周期，则当且仅当对任意 $n=kT(k=1,2,\cdots)$ 有 $p_{ii}(n)>0$，因为 $i\to j$，则必存在 m，使得 $p_{ij}(m)>0$，又因为 $j\to i$，则必存在 r，使得 $p_{ji}(r)>0$，然而又知 $p_{ii}(m+r)\geqslant p_{ij}(m)p_{ji}(r)>0$，这说明 $m+r$ 必是 T 的倍数，不妨设 $m+r=k_1T$，k_1 为某正整数，于是对任意 $n=kT$，有

$$p_{jj}(m+r+n)\geqslant p_{ji}(r)p_{ii}(n)p_{ij}(m)>0$$

因为 $(m+r+n)=(m+r)+n=k_1T+kT=(k_1+k)T$，这说明 $(m+r+n)$ 是 T 的整数倍，因此 j 是周期的且周期为 T。

同理，设 T 是 j 的周期，按同样办法可证得 T 也是 i 的周期，因此，i 与 j 具有相同的周期且周期为 $T>1$。定理证毕。

推论 11.2.1　设 i,j 是马氏链的两个状态，如果 $i\leftrightarrow j$ 且 i 是非周期态，则 j 和 i 一样同为非周期态。

该推论可利用定理 11.2.11 采用反证法证得。

11.2.4 状态空间分解

定义 11.2.10 闭集 设 I 是马氏链的状态空间,$I=\{0,1,2,\cdots\}$,称 I 的子集 C 为闭集,如果 C 外的任何一个状态都不能自 C 内的任何一个状态到达,即 $\forall i\in C,\ \forall j\bar{\in} C$,有 $p_{ij}=0$,进一步,有

$$p_{ij}(2)=\sum_{k=0}^{\infty}p_{ik}p_{kj}=\sum_{k\in c}p_{ik}p_{kj}+\sum_{k\bar{\in} c}p_{ik}p_{kj}=0+0=0$$

于是可推出:$\forall n\geqslant 1$,有 $p_{ij}(n)=0$。

由该定义可知,整个状态空间是一闭集,这是较大的闭集,例 11.1.2 中的吸收态是闭集,是较小的闭集,实际上吸收态只是一个单点集。

定义 11.2.11 不可约链(互通链)和不可约闭集(互通闭集) 如果一个马氏链的所有状态彼此互通,即链中每一状态都可以到达所有其他的状态,则称该马氏链及对应的状态转移概率矩阵是不可约的(或称不可分的),也可把该链简称为互通链。

如果一个闭集的所有状态彼此互通,则称该闭集是不可约的(或称不可分的),也可简称为互通闭集。注意,允许不可约闭集外的状态进入闭集内,但不允许闭集内的状态进入闭集外。

例 11.2.2 设马氏链的状态转移概率矩阵为

$$\boldsymbol{P}=\begin{bmatrix}p_{00}&p_{01}&p_{02}\\p_{10}&p_{11}&p_{12}\\p_{20}&p_{21}&p_{22}\end{bmatrix}=\begin{bmatrix}\frac{1}{3}&\frac{2}{3}&0\\\frac{1}{5}&\frac{2}{5}&\frac{2}{5}\\0&\frac{1}{4}&\frac{3}{4}\end{bmatrix}$$

由状态转移概率矩阵 $\boldsymbol{P}$ 可画出信息流程图,如图 11.2.2 所示。

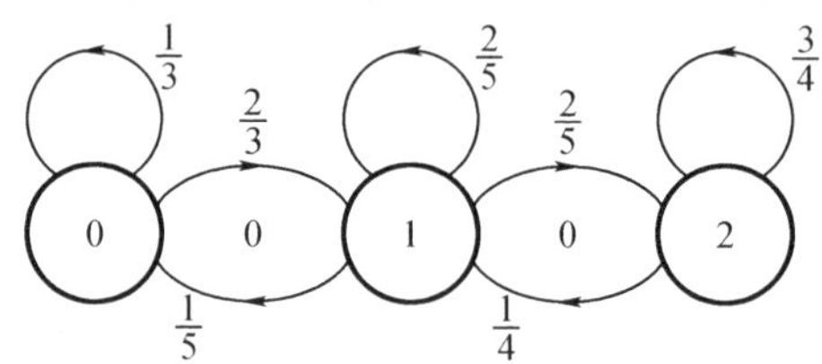

图 11.2.2 例 11.2.2 的信息流程图

显见,该马氏链有 3 个状态,即 $I=\{0,1,2\}$ 且彼此互通,因此该链是不可约链,即该链是互通链。

例 11.2.3 设马氏链的状态转移概率矩阵为

$$\boldsymbol{P}=\begin{bmatrix}p_{00}&p_{01}&p_{02}&p_{03}\\p_{10}&p_{11}&p_{12}&p_{13}\\p_{20}&p_{21}&p_{22}&p_{23}\\p_{30}&p_{31}&p_{32}&p_{33}\end{bmatrix}=\begin{bmatrix}\frac{1}{3}&\frac{2}{3}&0&0\\\frac{1}{2}&\frac{1}{2}&0&0\\\frac{1}{4}&\frac{1}{4}&\frac{1}{4}&\frac{1}{4}\\0&0&0&1\end{bmatrix}$$

由状态转移概率矩阵 $\boldsymbol{P}$ 可画出信息流程图,如图 11.2.3 所示。

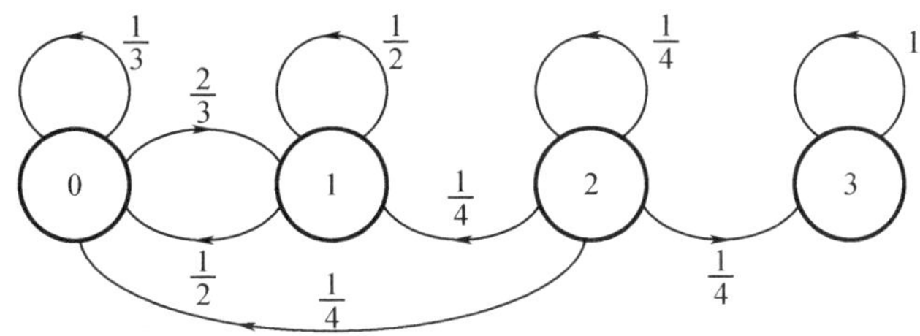

图 11.2.3　例 11.2.3 的信息流程图

由定义 11.2.11 可以得出:状态空间为 $I=\{0,1,2,3\}$,$\{0,1\}$ 为 I 中的闭集,又因为 0 和 1 互通,因此 $\{0,1\}$ 是 I 中不可约闭集,单点集 $\{3\}$ 是闭集,它是吸收态,$\{2\}$ 不是闭集。

为了深入地研究状态空间分解,需做进一步的理论分析,为此有如下定理。

定理 11.2.12　设 j 为常返态且由 j 出发可达状态 i,则 i 必为常返态。

证明　该定理实际上是往证:

$$j\text{ 为常返态且 } j\to i\Rightarrow j\text{ 为常返态且 } j\leftrightarrow i\Rightarrow i\text{ 为常返态}$$

先证第一个⇒:用反证法,如果不能实现 $j\leftarrow i$,这说明 $j\to i\to\!\!\!\!/\; j$,因此 j 不是常返态,这与假设 j 为常反态相矛盾,故必有 $j\leftarrow i$,因此有 $j\leftrightarrow i$。

再证第二个⇒:因为 j 是常返态且 $j\leftrightarrow i$,于是由定理 11.2.8 可知 i 必是常返态。定理证毕。

定理 11.2.13　对于有限状态空间的马氏链,所有状态均为非常返态是不可能的,因此,至少存在一个常返态。

证明　用反证法证之,设 $I=\{0,1,2,\cdots,n\}$ 为有限的状态空间($n+1$ 个状态),我们假设所有状态都是非常返态,于是对任意 $j(j=0,1,2,\cdots,n)$,由于 $f_{jj}<1$,故由定理 11.2.7 可知,这等价于 $\sum\limits_{n=1}^{\infty}p_{jj}(n)<\infty$,即有 $\lim\limits_{n\to\infty}p_{jj}(n)=0$,这说明从任意状态 j 出发,当 $n\to\infty$ 时不可能返回 j。由定理 11.2.9 又知,对于所有 $i(i=0,1,2,\cdots,n)$ 有 $\lim\limits_{n\to\infty}p_{ij}(n)=0$,这说明从所有状态 i 出发,当 $n\to\infty$ 时也不能到达状态 j,由于 j 是任意的,这说明从所有的 i 出发均不能到达 I 中任意一个 j 上,只能到达 I 以外的状态上,这显然与 I 为有限状态空间相矛盾,因此假设所有状态都是非常返态是不成立的,于是得出 I 中至少存在一个常返态。定理证毕。

定理 11.2.14　对于有限状态空间的马氏链,如果所有状态互通且为非周期态,则所有状态均为零常返态是不可能的,因此至少存在一个正常返态。

证明　由定理 11.2.13 可知,所有状态均为非常返态是不可能的,因此至少有一个常返态,又因所有状态互通,故由定理 11.2.12 可知,所有状态均为常返态,这样一来,整个状态空间就是有限的、非周期的、互通的常返态所组成的闭集,现用反证法往证所有状态均为零常返态也是不可能的,因此至少有一个正常返态。

设所有状态均为零常返态,则对状态空间 $I=\{0,1,2,\cdots,n\}$ 中的任意 j,由(11.2.45)式可知必有 $\lim\limits_{n\to\infty}p_{jj}(n)=0$,又由(11.2.46)式可知,对状态空间的所有 i 来说,还必有 $\lim\limits_{n\to\infty}p_{ij}(n)=0$,因此结论对 I 中的任意 j 均成立,这如同定理 11.2.13 的情况一样,是不可能的,由此得出所有状态均为零常返态是不可能的,也即至少存在一个正常返态。定理证毕。

由定理 11.2.13 及定理 11.2.14 容易得出如下结论。

定理 11.2.15 一个有限状态空间且非周期的不可约马氏链,必是遍历链。

这个定理的证明留给读者自行练习。

归纳以上分析,可得马氏链状态空间的如下分解。

定理 11.2.16 马氏链的状态空间分解

(1)如果马氏链是不可约的,则所有状态都是同一类型,要么都是常返态(零常返或正常返态),要么都是非常返态;所有状态要么都是非周期,要么都是周期且周期相同。但要注意,如果不可约马氏链的所有状态全是非常返态或零常返态,则状态空间必为无穷大(见例 11.2.1 中 $p\neq q$ 的情况)。

(2)如果马氏链不是不可约的,则状态空间 I 可唯一地分解为互不重叠的集合 $N,C_1,C_2,\cdots$,即

$$I=N+C_1+C_2+\cdots \tag{11.2.58}$$

其中,N 为所有非常返态所组成的集合;$C_1,C_2,\cdots$是分别由同一类型常返态所组成的不可约闭集,也就是说,$C_i(i=1,2,\cdots)$中的状态要么全是零常返态,要么全是非周期正常返态,要么是周期正常返态且周期相同,而且 $\forall i,j\in C_r(r=1,2,\cdots)$有

$$f_{ij}=1,f_{ji}=1$$

即 C_r 中任意两个状态 i,j 都是互通的。进一步,$\forall i\in C_r$,$\forall k\in C_u(r=1,2,\cdots;u=1,2,\cdots;r\neq u)$有

$$f_{ik}=0,f_{ki}=0$$

即不同的 C_r 中的任意两个状态 i,k 是互不相通的。

一步状态转移概率矩阵 $\boldsymbol{P}$ 为

$$\boldsymbol{P}=\begin{bmatrix}\boldsymbol{U} & \boldsymbol{O}\\ \boldsymbol{V} & \boldsymbol{W}\end{bmatrix} \tag{11.2.59}$$

其中,$\boldsymbol{U}$ 对应于由常返态所组成的闭集 $C_1,C_2,\cdots$,它表明常返态一步转移概率矩阵;$\boldsymbol{V},\boldsymbol{W}$ 对应于由非常返态所组成的集 N,$\boldsymbol{W}$ 表明非常返态在 N 中的一步转移概率矩阵,$\boldsymbol{V}$ 表明非常返态转移至常返态的一步转移概率矩阵。而且 $\boldsymbol{U}$ 又可表示为如下对角阵,即

$$\boldsymbol{U}=\begin{bmatrix}\boldsymbol{P}_1 & & \boldsymbol{O}\\ & \boldsymbol{P}_2 & \\ \boldsymbol{O} & & \ddots\end{bmatrix} \tag{11.2.60}$$

其中,$\boldsymbol{P}_1$ 对应于闭集 C_1;$\boldsymbol{P}_2$ 对应于闭集 $C_2,\cdots$。n 步状态转移概率矩阵 $\boldsymbol{P}(n)$为

$$\boldsymbol{P}(n)=\begin{bmatrix}\boldsymbol{U}^n & \boldsymbol{O}\\ \boldsymbol{V}_n & \boldsymbol{W}^n\end{bmatrix} \tag{11.2.61}$$

如果初始态在 N 中,当 $n\geqslant 1$ 时,马氏链可能有一段转移处在非常返态集 N 中,但最终必进入某个不可约闭集 $C_r(r=1,2,\cdots)$,当进入 C_r 以后,马氏链就一直在 C_r 集内运动。

如果初始态在某个 C_r 集中$(r=1,2,\cdots)$,当 $n\geqslant 1$ 时,马氏链就一直在 C_r 集内运动。

证明 我们分两种情况来证明:

(1)如果状态空间 I 是有限的,则由定理 11.2.13 可知,全部状态为非常返态是不可能的,至少存在一个常返态,也就是说,I 中有一部分非常返态或 I 中全部为常返态,我们把这些非常返态集中在一个集合中,并记为 N,如果 I 中没有非常返态,则 N 为空集。于是,除了这部分非常返态以外,一定还存在有限个常返态。

现从每个常返态出发，把它可能到达的所有状态作为一个集合，记为 $C_1, C_2, \cdots, C_k$，再由定理 11.2.12 可知，每个集合中的状态均为常返态且集合中的所有状态互通，但是任意两个集合中的任意两个状态彼此不能到达，否则这两个集合必互通，因此应合并为一个集合，这就形成了 k 个不可约闭集 $C_1, C_2, \cdots, C_k$，再由定理 11.2.11 及推论 11.2.1 可知，每个闭集内的状态是同一类型，即要么是非周期常返态，要么是周期常返态且周期相同。

进一步，当初始态在 N 中时，由定理 11.2.13 可知，最终不可能返回 N，只能到 N 以外的其他某一闭集 $C_r(r=1,2,\cdots,k)$，当初始态在某个 C_r 内时，随着转移次数 n 的增加，马氏链不可能到达另一闭集，否则这两个闭集互通，这与闭集相矛盾，也就是说，马氏链只能在 C_r 内转移。

(2) 如果状态空间 I 是无穷的（即可列无穷多），这时由定理 11.2.13 可知，全部状态均为非常返态不是不可能的，这要取决于 I 是否为不可约，如果 I 是不可约的，那 I 要么全部是常返态，要么全部是非常返态；如果 I 是可约的，那 I 中一定具有非常返态或没有非常返态。把所有非常返态集中为一个集合，并记为 N（若没有非常返态，N 为空集），剩下的常返态必可分为可列或有限多个彼此不相重叠的不可约闭集 $C_1, C_2, \cdots$，每个闭集内的状态是同一类型，这就和(1)中所述相同。定理证毕。

关于具有周期 $T(T>1)$ 的马氏链，有如下状态空间分解。

定理 11.2.17　一个不可约的由常返态组成的具有周期为 T 的马氏链，其状态空间 I 必可分解为

$$I = C_1 + C_2 + \cdots + C_T \tag{11.2.62}$$

其中子集 $C_r(r=1,2,\cdots,T)$ 互相不重叠且自 C_r 中的任一状态出发下一步必转移到 C_{r+1} 中某个状态，即有

$$C_1 \to C_2 \to \cdots \to C_T \to C_1 \to \cdots \tag{11.2.63}$$

证明　设 i 为状态空间 I 中的任意状态，把当且仅当转移步数为 $1+kT(k=0,1,2,\cdots)$ 且满足

$$p_{ij_1}(1+kT)>0$$

的所有 j_1 集中为一个集合，记为 C_1，这是 I 中一个类，即有

$$C_1 = \{j_1 : p_{ij_1}(1+kT)>0, k=0,1,2,\cdots\}$$

进一步，把当且仅当转移步数为 $2+kT(k=0,1,2,\cdots)$ 且满足

$$p_{ij_2}(2+kT)>0$$

的所有 j_2 集中为一个集合，记为 C_2，这也是 I 中的一个类，即有

$$C_2 = \{j_2 : p_{ij_2}(2+kT)>0, k=0,1,2,\cdots\}$$

显然 C_1, C_2 这两个类不相互重叠，按照这样的做法可得 T 个类：$C_1, C_2, \cdots, C_T$，由于该马氏链以 T 为周期，故有

$$\begin{aligned} C_{T+1} &= \{j_{T+1} : p_{ij_{T+1}}(1+T+kT)>0, k=0,1,2,\cdots\} \\ &= \{j_{T+1} : p_{ij_{T+1}}(1+(1+k)T)>0, k=0,1,2,\cdots\} \\ &= C_1 \end{aligned}$$

于是状态空间 I 只能有 T 个类，即

$$I = C_1 + C_2 + \cdots + C_T$$

(11.2.62)式得证。进一步，由各类的定义可知各个类均不相互重叠且满足

$$\forall i \in C_k, \forall j \bar{\in} C_{k+1}, \text{有 } p_{ij}=0$$

以及

$$\sum_{j \in C_{k+1}} p_{ij} = 1, i \in C_k$$

由此可知必有

$$C_1 \to C_2 \to \cdots \to C_T \to C_1 \to \cdots$$

即(11.2.63)式得证。定理证毕。

例 11.2.4 已知齐次马氏链一步转移概率矩阵 $\boldsymbol{P}$ 为

$$\boldsymbol{P}=\begin{bmatrix} 0 & \frac{1}{2} & \frac{1}{2} & 0 & 0 & 0 & 0 \\ 0 & 0 & 0 & \frac{2}{3} & \frac{1}{3} & 0 & 0 \\ 0 & 0 & 0 & \frac{1}{5} & \frac{4}{5} & 0 & 0 \\ 0 & 0 & 0 & 0 & 0 & 1 & 0 \\ 0 & 0 & 0 & 0 & 0 & 0 & 1 \\ 1 & 0 & 0 & 0 & 0 & 0 & 0 \\ 1 & 0 & 0 & 0 & 0 & 0 & 0 \end{bmatrix}$$

由转移概率矩阵 $\boldsymbol{P}$ 可以画出信息流程图,如图 11.2.4 所示。

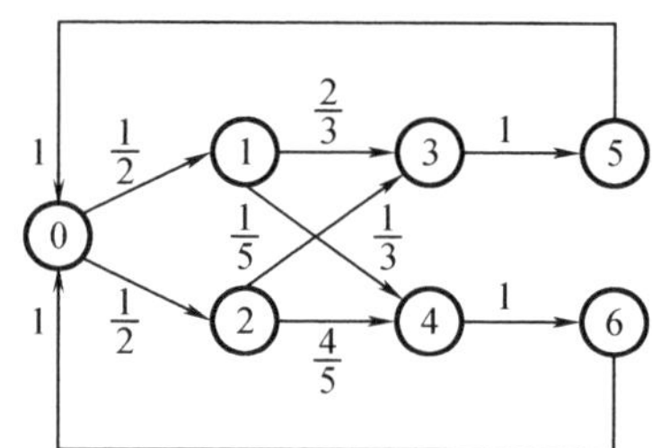

图 11.2.4 例 11.2.4 的信息流程图

由图 11.2.4 可知

$$C_1=\{1,2\},C_2=\{3,4\},C_3=\{5,6\},C_4=\{0\}$$

于是有 $C_1 \to C_2 \to C_3 \to C_4 \to C_1$,又知 C_1,C_2,C_3,C_4 互相不重叠且 $I=\sum\limits_{i=1}^{4} C_i$,因此该马氏链周期 $T=4$。

例 11.2.5 已知齐次马氏链一步转移概率矩阵 $\boldsymbol{P}$ 为

$$\boldsymbol{P}=\begin{bmatrix} a_{00} & 0 & 0 & 0 & 0 & 0 & 0 & 0 \\ 0 & 0 & a_{12} & 0 & 0 & 0 & 0 & 0 \\ 0 & a_{21} & a_{22} & 0 & 0 & 0 & 0 & 0 \\ 0 & 0 & 0 & 0 & a_{34} & a_{35} & 0 & 0 \\ 0 & 0 & 0 & a_{43} & 0 & a_{45} & 0 & 0 \\ 0 & 0 & 0 & a_{53} & a_{54} & a_{55} & 0 & 0 \\ a_{60} & a_{61} & 0 & 0 & 0 & a_{65} & a_{66} & a_{67} \\ a_{70} & 0 & a_{72} & a_{73} & 0 & 0 & a_{76} & a_{77} \end{bmatrix}$$

(图中方框标出的子块:$\boldsymbol{P}_1$,$\boldsymbol{P}_2$,$\boldsymbol{P}_3$,$\boldsymbol{V}$,$\boldsymbol{W}$)

由转移概率矩阵 $\boldsymbol{P}$ 可以画出信息流程图,如图 11.2.5 所示。

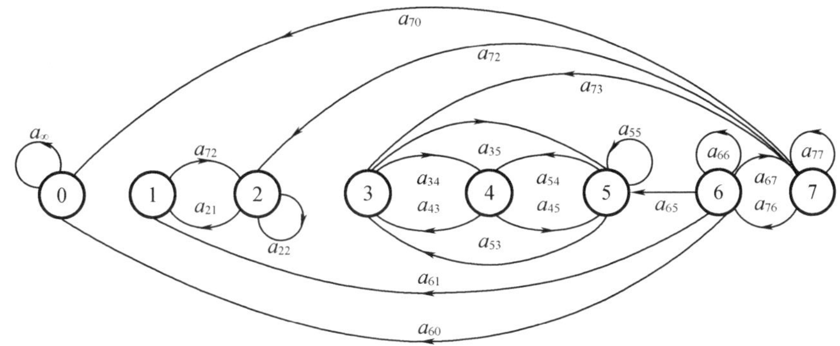

图 11.2.5　例 11.2.5 的信息流程图

由图 11.2.5 可以看出,状态 0 和状态 1,2 和状态 3,4,5 分别构成三个不可约闭集,由定理 11.2.13 可知这些状态必是常返态,对应的状态转移概率矩阵分别为 $\boldsymbol{P}_1$(1 ×1 阵),$\boldsymbol{P}_2$(2 ×2 阵),$\boldsymbol{P}_3$(3 ×3 阵),状态 6,7 为非常返态,在非常返态内的状态转移概率矩阵为 $\boldsymbol{W}$(2 ×2 阵),由非常返态转移至常返态的状态转移概率矩阵为 $\boldsymbol{V}$(2 ×6 阵)。

11.3　渐近性与遍历性

11.3.1　渐近性

设 $\{X(n),n=0,1,2,\cdots\}$ 为马尔可夫链,$I=\{0,1,2,\cdots\}$ 为状态空间,我们在这一节要解决的问题是如何求得 $\lim\limits_{n\to\infty} p_{ij}(n)$,显然这对于马代链的应用是有意义的。由定理 11.2.16 可知,状态空间 I 可分解为

$$I=N+C_1+C_2+\cdots$$

其中,N 为所有非常返态所组成的集合;$C_1,C_2,\cdots$ 是分别由同一类型常返态所组成的不可约闭集,因此,我们需考虑各种情况来计算 $\lim\limits_{n\to\infty} p_{ij}(n)$。

定理 11.3.1　设 j 为非常返态,即 $j\in N$ 或 j 为非周期零常返态,则对所有 $i\in I$ 有

$$\lim_{n\to\infty} p_{ij}(n)=0 \tag{11.3.1}$$

证明　由(11.2.36)式及(11.2.46)式立得此结论。

定理 11.3.2　设 j 为以 T 为周期的正常返态,则对所有 i 有

$$\lim_{n\to\infty} p_{ij}(nT+r)=f_{ijr}\frac{T}{\mu_{jj}},1\leqslant r\leqslant T \tag{11.3.2}$$

其中

$$f_{ijr}=\sum_{m=0}^{\infty} f_{ij}(mT+r) \tag{11.3.3}$$

μ_{jj} 由(11.2.43)式计算,表示从 j 出发,首次返回 j 的平均返回时间。

证明　由周期态定义 11.2.9 可知 $p_{jj}(l)=0,l\neq 0$,再由(11.2.8)式,用 $nT+r$ 替换(11.2.8)式中的 n,用 $mT+r$ 替换(11.2.8)式中的 l,再令 $N_1\leqslant n$,于是有

$$\sum_{m=0}^{N_1} f_{jj}(mT+r)p_{jj}(nT-mT) \leqslant p_{ij}(nT+r)$$

$$\leqslant \sum_{m=N_1+1}^{\infty} f_{ij}(mT+r) + \sum_{m=0}^{N_1} f_{ij}(mT+r)p_{jj}(nT-mT)$$

再由(11.2.49)式,先令 $n\to\infty$ 可知 $\lim\limits_{n\to\infty} p_{jj}(nT-mT)=\dfrac{T}{\mu_{jj}}$,然后再令 $N_1\to\infty$,由(11.2.6)式有 $f_{ijr}=\sum\limits_{m=0}^{\infty} f_{ij}(mT+r)$,最后得(11.3.2)式成立。定理证毕。

定理 11.3.3 设 j 为非周期正常返态,则对所有 i 有

$$\lim_{n\to\infty} p_{ij}(n)=\frac{f_{ij}}{\mu_{jj}} \tag{11.3.4}$$

证明 由(11.2.48)式立得此结论。

定理 11.3.1、定理 11.3.2、定理 11.3.3 从理论上已经解决了马氏链状态空间 I 中关于非常返态、零常返态、非周期正常返态和周期正常返态的渐近性能计算,即 $\lim\limits_{n\to\infty} p_{ij}(n)$ 的计算,但是值得注意的是

$$f_{ij}=\sum_{n=1}^{\infty} f_{ij}(n)=\sum_{n=1}^{\infty} P[T_{ij}=n \mid X(0)=i] \tag{11.3.5}$$

而 $f_{ij}(n),n\geqslant 1$ 要由(11.2.5)式来计算是比较困难的,为了解决计算上的困难,我们再引入一个较方便的求解 $\lim\limits_{n\to\infty} p_{ij}(n)$ 的方法,为此先引入齐次马氏链的遍历性定义。

11.3.2 遍历性

定义 11.3.1 设 $\{X(n),n=0,1,2,\cdots\}$ 为齐次马氏链,若对一切状态 i 及 j,有

$$\lim_{n\to\infty} p_{ij}(n)=\pi_j \tag{11.3.6}$$

则称该齐次马氏链具有**遍历性**,又称 π_j 为马氏链状态 j 的**极限概率**。

遍历性的含义是,不论系统从哪一个状态出发,当转移的步数 n 充分大时,转移至状态 j 的概率与初始状态无关,它趋于一个常数 π_j。若用矩阵表示,可写成

$$\lim_{n\to\infty} \boldsymbol{P}(n)=\lim_{n\to\infty} \boldsymbol{P}^n=\begin{bmatrix} \pi_0 & \pi_1 & \cdots & \pi_l & \cdots \\ \pi_0 & \pi_1 & \cdots & \pi_l & \cdots \\ \vdots & \vdots & & \vdots & \\ \pi_0 & \pi_1 & \cdots & \pi_l & \cdots \\ \vdots & \vdots & & \vdots & \end{bmatrix} \tag{11.3.7}$$

对于齐次马代链 $\{X(n),n=0,1,2,\cdots\}$,我们要问在什么条件下才具有遍历性,下面的定理给出了一个简单的充分条件。

定理 11.3.4 设 $\{X(n),n=0,1,2,\cdots\}$ 是具有 s 个状态 $0,1,2,\cdots,s-1$ 的齐次马氏链,如果存在正整数 n_0,使对一切 $i,j=0,1,2,\cdots,s-1$ 有

$$p_{ij}(n_0)>0 \tag{11.3.8}$$

则该马氏链具有遍历性,即

$$\lim_{n\to\infty} p_{ij}(n)=\pi_j \tag{11.3.9}$$

而且 $\pi_j(j=0,1,2,\cdots,s-1)$ 是方程组

$$\pi_j = \sum_{i=0}^{s-1} \pi_i p_{ij}, j = 0,1,2,\cdots,s-1 \tag{11.3.10}$$

满足条件

$$\pi_j > 0 \tag{11.3.11}$$

$$\sum_{j=0}^{s-1} \pi_j = 1 \tag{11.3.12}$$

的唯一解，其中 p_{ij} 为一步转移概率。

证明　由查普曼－柯尔莫哥洛夫方程(11.1.14)式可知对任意正整数 l,n 有

$$p_{ij}(l+n) = \sum_{k=0}^{s-1} p_{ik}(n) p_{kj}(l) \tag{11.3.13}$$

于是有

$$p_{ij}(l+n) = \sum_{k=0}^{s-1} p_{ik}(n) p_{kj}(l) \geqslant \left[\sum_{k=0}^{s-1} p_{ik}(n)\right] \min_{0\leqslant k\leqslant s-1} p_{kj}(l) = \min_{0\leqslant k\leqslant s-1} p_{kj}(l)$$

上式对一切 $i(0\leqslant i\leqslant s-1)$ 均成立，所以

$$\min_{0\leqslant i\leqslant s-1} p_{ij}(l+n) \geqslant \min_{0\leqslant k\leqslant s-1} p_{kj}(l)$$

也可表示为

$$\min_{0\leqslant i\leqslant s-1} p_{ij}(l+n) \geqslant \min_{0\leqslant i\leqslant s-1} p_{ij}(l)$$

这说明当 l 增加时，$\min\limits_{0\leqslant i\leqslant s-1} p_{ij}(l)$ 不减小且不超过 1，所以当 $l\to\infty$ 时，$\min\limits_{0\leqslant i\leqslant s-1} p_{ij}(l)$ 趋于一个与 i 无关的极限。同理可知，当 $l\to\infty$ 时，$\max\limits_{0\leqslant i\leqslant s-1} p_{ij}(l)$ 也趋于一个与 i 无关的极限，因此，只要能证明

$$\lim_{n\to\infty} \min_{0\leqslant i\leqslant s-1} p_{ij}(l) = \lim_{n\to\infty} \max_{0\leqslant i\leqslant s-1} p_{ij}(l) \tag{11.3.14}$$

则(11.3.9)式得证，然而(11.3.14)式又等价于

$$\lim_{n\to\infty} \max_{\substack{0\leqslant i\leqslant s-1\\ 0\leqslant u\leqslant s-1}} \left| p_{ij}(l) - p_{uj}(l) \right| = 0, 0\leqslant j\leqslant s-1 \tag{11.3.15}$$

利用查普曼－柯尔莫哥洛夫方程(11.3.13)式，取 $n=n_0, l>n_0$，则

$$\begin{aligned} p_{ij}(l) - p_{uj}(l) &= \sum_{k=0}^{s-1} p_{ik}(n_0) p_{kj}(l-n_0) - \sum_{k=0}^{s-1} p_{uk}(n_0) p_{kj}(l-n_0) \\ &= \sum_{k=0}^{s-1} [p_{ik}(n_0) - p_{uk}(n_0)] p_{kj}(l-n_0) \end{aligned} \tag{11.3.16}$$

对任意固定的 i,u,k，如果 $p_{ik}(n_0) - p_{uk}(n_0) \geqslant 0$，则记

$$\beta_{m}^{(k)} \triangleq p_{ik}(n_0) - p_{uk}(n_0)$$

如果 $p_{ik}(n_0) - p_{uk}(n_0) < 0$，则记

$$\beta_{iu}'^{(k)} \triangleq -[p_{ik}(n_0) - p_{uk}(n_0)]$$

因为

$$\sum_{k=0}^{s-1} [p_{ik}(n_0) - p_{uk}(n_0)] = \sum_{k=0}^{s-1} p_{ik}(n_0) - \sum_{k=0}^{s-1} p_{uk}(n_0) = 1 - 1 = 0$$

所以

$$\sum_{(k)} \beta_{iu}^{(k)} = \sum_{(k)} \beta_{iu}'^{(k)} \tag{11.3.17}$$

现记

$$h = \max_{\substack{0 \leqslant i \leqslant s-1 \\ 0 \leqslant u \leqslant s-1}} \sum_{(k)} \beta_{iu}^{(k)} \tag{11.3.18}$$

又按定理假设知对一切 $i,j(0 \leqslant i \leqslant s-1, 0 \leqslant j \leqslant s-1)$,有 $p_{ij}(n_0) > 0$,故

$$0 \leqslant \sum_{(k)} \beta_{iu}^{(k)} < \sum_{k=0}^{s-1} p_{ik}(n_0) = 1$$

由此可得 $0 \leqslant h < 1$,于是由(11.3.16)式、(11.3.17)式和(11.3.18)式有

$$\begin{aligned} |p_{ij}(l) - p_{uj}(l)| &= \left| \sum_{(k)} \beta_{iu}^{(k)} p_{kj}(l-n_0) - \sum_{(k)} \beta_{iu}'^{(k)} p_{kj}(l-n_0) \right| \\ &\leqslant \left| \max_{0 \leqslant k \leqslant s-1} p_{kj}(l-n_0) \sum_{(k)} \beta_{iu}^{(k)} - \min_{0 \leqslant k \leqslant s-1} p_{kj}(l-n_0) \sum_{(k)} \beta_{iu}'^{(k)} \right| \\ &\leqslant \sum_{(k)} \beta_{iu}^{(k)} \left| \max_{0 \leqslant k \leqslant s-1} p_{kj}(l-n_0) - \min_{0 \leqslant k \leqslant s-1} p_{kj}(l-n_0) \right| \\ &\leqslant h \max_{\substack{0 \leqslant i \leqslant s-1 \\ 0 \leqslant u \leqslant s-1}} |p_{ij}(l-n_0) - p_{uj}(l-n_0)| \end{aligned}$$

由此可得

$$\max_{\substack{0 \leqslant i \leqslant s-1 \\ 0 \leqslant u \leqslant s-1}} |p_{ij}(l) - p_{uj}(l)| \leqslant h \max_{\substack{0 \leqslant i \leqslant s-1 \\ 0 \leqslant u \leqslant s-1}} |p_{ij}(l-n_0) - p_{uj}(l-n_0)|$$

当 $l > 2n_0$ 时,应用上面的不等式两次可得

$$\max_{\substack{0 \leqslant i \leqslant s-1 \\ 0 \leqslant u \leqslant s-1}} |p_{ij}(l) - p_{uj}(l)| \leqslant h^2 \max_{\substack{0 \leqslant i \leqslant s-1 \\ 0 \leqslant u \leqslant s-1}} |p_{ij}(l-2n_0) - p_{uj}(l-2n_0)|$$

当 $l \to \infty$ 时,反复运用上面的方法,有

$$\begin{aligned} \lim_{n\to\infty} \max_{\substack{0 \leqslant i \leqslant s-1 \\ 0 \leqslant u \leqslant s-1}} |p_{ij}(l) - p_{uj}(l)| &\leqslant \lim_{n\to\infty} h^{[l/n_0]} \max_{\substack{0 \leqslant i \leqslant s-1 \\ 0 \leqslant u \leqslant s-1}} \left| p_{ij}\left(l - \left[\frac{l}{n_0}\right] n_0\right) - p_{uj}\left(l - \left[\frac{l}{n_0}\right] n_0\right) \right| \\ &\leqslant \lim_{n\to\infty} h^{[l/n_0]} = 0 \quad (\text{因为 } h < 1) \end{aligned}$$

于是(11.3.15)式得证,即(11.3.14)式得证,也即(11.3.9)式得证。

由以上结果,取 $l = 1$,令 $\lim\limits_{n\to\infty} p_{ij}(n+1) = \pi_j$,$\lim\limits_{n\to\infty} p_{ik}(n) = \pi_k$,将它们代入(11.3.13)式,立得

$$\pi_j = \lim_{n\to\infty} p_{ij}(n+1) = \sum_{k=0}^{s-1} \lim_{n\to\infty} p_{ik}(n) p_{kj} = \sum_{k=0}^{s-1} \pi_k p_{kj}, \quad j = 0,1,2,\cdots,s-1$$

于是(11.3.10)式得证,再由(11.3.13)式可知

$$\begin{aligned} \pi_j &= \lim_{n\to\infty} p_{ij}(n+n_0) = \sum_{k=0}^{s-1} \lim_{n\to\infty} p_{ik}(n) p_{kj}(n_0) \\ &= \sum_{k=0}^{s-1} \pi_j p_{kj}(n_0) > 0 \quad (\text{因为 } p_{kj}(n_0) > 0, \forall k,j) \end{aligned}$$

最后,由(11.3.8)式还有

$$1 = \lim_{n\to\infty} \sum_{j=0}^{s-1} p_{ij}(n+1) = \sum_{j=0}^{s-1} \lim_{n\to\infty} p_{ij}(n+1) = \sum_{j=0}^{s-1} \pi_j$$

即(11.3.11)式及(11.3.12)式得证。定理证毕。

定理 11.3.4 对于连续时间状态有限的齐次马氏链同样成立。

定理 11.3.5 设 $\{X(t), t \geqslant 0\}$ 是连续时间具有 s 个状态 $\{0,1,2,\cdots,s-1\}$ 的齐次马氏链,如果存在 $t_0 \geqslant 0$,使对一切 $i,j \in \{0,1,2,\cdots,s-1\}$ 有

$$p_{ij}(t_0) > 0 \tag{11.3.19}$$

则该马氏链具有遍历性,即

$$\lim_{t\to\infty} p_{ij}(t) = \pi_j \tag{11.3.20}$$

而且 $\pi_j(j=0,1,2,\cdots,s-1)$ 是方程组

$$\pi_j = \sum_{i=0}^{s-1} \pi_i p_{ij}(t_0),\quad j = 0,1,2,\cdots,s-1 \tag{11.3.21}$$

满足条件

$$\pi_j > 0 \tag{11.3.22}$$

$$\sum_{j=0}^{s-1} \pi_j = 1 \tag{11.3.23}$$

的唯一解，其中 $p_{ij}(t_0)$ 为转移概率。

证明　将定理 11.3.4 中的 l,n 分别用 t,τ 对换，其他过程相同，即可证得该定理。

读者可以看出，方程组(11.3.10)式中的 s 个方程并非独立，因此，为了求出 $\pi_j(j=0,1,2,\cdots,s-1)$，应由方程(11.3.12)式及方程(11.3.10)式中的前 $s-1$ 个方程联立而求得。

例 11.3.1　继续考察例 11.1.3，设马氏链有三个状态，其一步转移概率矩阵为

$$\boldsymbol{P} = \begin{bmatrix} q & p & 0 \\ q & 0 & p \\ 0 & q & p \end{bmatrix}$$

由(11.1.18)式可知 $p_{ij}(2) > 0, i,j = 0,1,2$，即 $\boldsymbol{P}(2)$ 中每个元素都大于 0。因此，该马氏链具有遍历性，$\pi_j(j=0,1,2)$ 可由如下方程组

$$\pi_j = \sum_{i=0}^{2} \pi_i p_{ij},\quad j = 0,1,2$$

中任意两个方程及

$$\sum_{j=0}^{2} \pi_j = 1$$

联立求得，经计算有

$$\pi_1 = \frac{p}{q}\pi_0, \pi_2 = \frac{p}{q}\pi_1 = \left(\frac{p}{q}\right)^2 \pi_0$$

$$\pi_0 = \frac{1}{1 + \frac{p}{q} + \left(\frac{p}{q}\right)^2}$$

如果 $p = q = \frac{1}{2}$，则 $\pi_0 = \pi_1 = \pi_2 = \frac{1}{3}$，这说明系统不论从哪个状态出发，当转移步数 n 充分大时，转移至 0 或 1 或 2 的概率与初始状态无关，均为$\frac{1}{3}$，即

$$\lim_{n\to\infty} p_{i,0}(n) = \lim_{n\to\infty} P[X(n) = 0 \mid X(0) = i] = \lim_{n\to\infty} P[X(n) = 0] = \frac{1}{3}, i = 0,1,2$$

$$\lim_{n\to\infty} p_{i,1}(n) = \lim_{n\to\infty} P[X(n) = 1 \mid X(0) = i] = \lim_{n\to\infty} P[X(n) = 1] = \frac{1}{3}, i = 0,1,2$$

$$\lim_{n\to\infty} p_{i,2}(n) = \lim_{n\to\infty} P[X(n) = 2 \mid X(0) = i] = \lim_{n\to\infty} P[X(n) = 2] = \frac{1}{3}, i = 0,1,2$$

说明　使定理 11.3.4 成立的条件如下：

(1)状态空间有限且非周期转移；

(2)存在 n_0，使对一切 $i,j \in I$ 有 $p_{ij}(n_0) > 0$。

但我们知道,条件(2)有如下等价:

$$\text{条件(2)}\Leftrightarrow\text{马氏链互通}\Leftrightarrow\text{马氏链不可约}$$

由此可得与定理 11.3.4 完全等价的定理 11.3.6。

定理 11.3.6 如果一个马氏链是非周期不可约且状态空间有限,为 $0,1,2,\cdots,s-1$,则该马氏链具有遍历性,即有

$$\lim_{n\to\infty} p_{ij}(n)=\pi_j$$

且 $\pi_j(j=0,1,2,\cdots,s-1)$ 是方程组(11.3.10)式在满足条件(11.3.11)式及方程(11.3.12)式的唯一解,其中 s 为某正整数,表示状态空间的容量。

例 11.3.2 (例 11.1.3 续)考虑具有反射壁的一维随机游动,设状态空间为 $I=\{0,1,2,\cdots,s\}$,且有

$$p_{00}=q,p_{01}=p,p+q=1$$

$$p_{ss-1}=q,p_{ss}=p$$

$$p_{ir}=\begin{cases}p,r=i+1\\q,r=i-1\\0,\text{其他}\end{cases}$$

一步状态转移概率矩阵为

$$\boldsymbol{P}=\begin{bmatrix}q&p&0&0&\cdots&0&0&0\\q&0&p&0&\cdots&0&0&0\\0&q&0&p&\cdots&0&0&0\\\vdots&\vdots&\vdots&\vdots&&\vdots&\vdots&\vdots\\0&0&0&0&\cdots&q&0&p\\0&0&0&0&\cdots&0&q&p\end{bmatrix}$$

由状态转移概率矩阵 $\boldsymbol{P}$ 可以画出信息流程图,如图 11.3.1 所示。

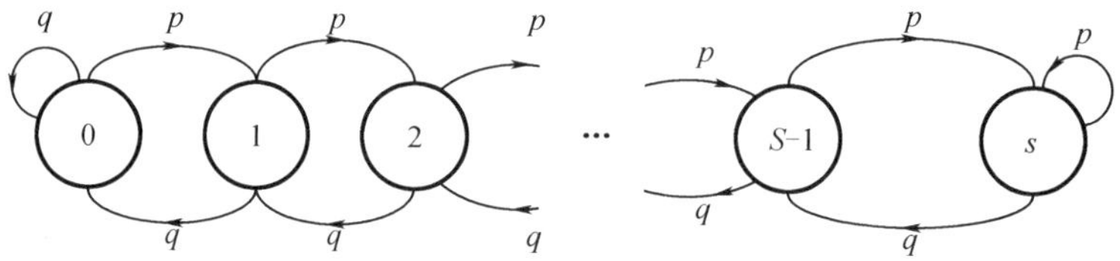

图 11.3.1 例 11.3.2 的信息流程图

由图 11.3.1 可见,该马氏链是非周期不可约且状态空间有限的,这满足定理 11.3.6 的条件,因此可知,该马氏链必有遍历性。

为了求出 $\pi_0,\pi_1,\cdots,\pi_s$,可由方程组(11.3.10)式得

$$\begin{cases}\pi_0=q(\pi_0+\pi_1)\\\pi_j=p\pi_{j-1}+q\pi_{j+1},\quad 1\leqslant j\leqslant s-1\\\pi_s=p(\pi_{s-1}+\pi_s)\end{cases}\tag{11.3.24}$$

取方程组(11.3.24)式中前 s 个方程可解出

$$\begin{cases} \pi_1 = \dfrac{p}{q}\pi_0 \\ \pi_2 = \left(\dfrac{p}{q}\right)^2 \pi_0 \\ \cdots\cdots\cdots\cdots \\ \pi_i = \left(\dfrac{p}{q}\right)^i \pi_0, i = 1,2,\cdots,s \end{cases} \tag{11.3.25}$$

再由 $\pi_0 + \pi_1 + \pi_2 + \cdots + \pi_s = 1$ 可得

$$\pi_0 = \frac{1}{\sum_{i=0}^{s}\left(\dfrac{p}{q}\right)^i} = \frac{1 - \dfrac{p}{q}}{1 - \left(\dfrac{p}{q}\right)^{s+1}} > 0 \tag{11.3.26}$$

如果 $p = q = \dfrac{1}{2}$,则由(11.3.25)式可得 $\pi_0 = \pi_1 = \pi_2 = \cdots = \pi_s = \dfrac{1}{s+1}$。

说明　利用定理 11.3.6 来解这一例题时,可利用信息流程图很容易地判别该马氏链是非周期不可约的,从而避免了大量的矩阵相乘的计算,因此比利用定理 11.3.4 来解这一例题会方便些。

下面自然会想到,如果状态空间不是有限的,而是可列无穷多的,这时马氏链的遍历性是否存在呢?答案是,在一定条件下,马氏链的遍历性仍存在,下面我们就讨论这一问题。

定理 11.3.7　设 $\{X(n), n = 0,1,2,\cdots\}$ 是一个常返不可约非周期马氏链,状态空间为 $I = \{0,1,2,\cdots\}$,则该马氏链具有遍历性,即对所有的 $i \in I$ 有

$$\lim_{n\to\infty} p_{ij}(n) = \lim_{n\to\infty} p_{jj}(n) \triangleq \pi_j$$

证明　因为对任意 j, $\{X(n), n = 0,1,2,\cdots\}$ 均为常返,又知 $i \leftrightarrow j$,故由定理 11.2.9 可知

$$1 = f_{ij} = \sum_{n=1}^{\infty} f_{ij}(n)$$

再由定理 11.2.3 可知

$$\begin{aligned} p_{ij}(n) &= \sum_{l=0}^{n} f_{ij}(l) p_{ij}(n-l) \\ &= \sum_{l=0}^{n} f_{ij}(n-l) p_{jj}(l) \end{aligned}$$

于是由(11.2.21)式可知,当 $i \neq j$ 时母函数有如下关系:

$$P_{ij}(s) = F_{ij}(s) P_{jj}(s)$$

其中 $F_{ij}(s) = \sum_{n=0}^{\infty} f_{ij}(n) s^n$, 再由母函数终值定理可得

$$\begin{aligned} \lim_{n\to\infty} p_{ij}(n) &= \lim_{s\to 1}(s-1) P_{ij}(s) \\ &= \lim_{s\to 1}(s-1) F_{ij}(s) P_{jj}(s) \\ &= \lim_{s\to 1} F_{ij}(s) \cdot \lim_{s\to 1}(s-1) P_{jj}(s) \\ &= \sum_{n=0}^{\infty} f_{ij}(n) \lim_{n\to\infty} p_{jj}(n) \\ &= \lim_{n\to\infty} p_{jj}(n) \triangleq \pi_j \end{aligned}$$

定理证毕。

该定理说明,$\lim\limits_{n\to\infty} p_{jj}(n)$与 i 无关,均为$\lim\limits_{n\to\infty} p_{jj}(n)=\pi_j$,这就是说,该马氏链具有遍历性。

定理 11.3.8 设$\{X(n),n=0,1,2,\cdots\}$是一个正常返不可约非周期马氏链,状态空间为$I=\{0,1,2,\cdots\}$,则 $\pi_j=\lim\limits_{n\to\infty} p_{jj}(n)(j=0,1,2,\cdots)$是方程组

$$\pi_j = \sum_{i=0}^{\infty}\pi_i p_{ij} = \sum_{i=0}^{\infty}\pi_i p_{ij}(m) \tag{11.3.27}$$

满足条件

$$\pi_j>0, j=0,1,2,\cdots \tag{11.3.28}$$

$$\sum_{j=0}^{\infty}\pi_j = 1 \tag{11.3.29}$$

的唯一解,其中 m 是任意正整数。

证明 由查普曼-柯尔莫哥洛夫方程(11.1.14)式并考虑到定理 11.3.7 的结论可知,对任意正整数 $m\geqslant 1$ 有

$$\begin{aligned}\pi_j &= \lim_{l\to\infty} p_{jj}(l+m)\\ &= \lim_{l\to\infty} p_{ij}(l+m)\\ &= \sum_{k=0}^{\infty}\lim_{l\to\infty} p_{ik}(l)p_{kj}(m)\\ &= \sum_{k=0}^{\infty}\pi_k p_{kj}(m)\\ &= \sum_{k=0}^{\infty}\pi_k p_{kj}, m=1\end{aligned}$$

于是方程组(11.3.27)式得证。令 $m\to\infty$,由定理 11.3.7 有

$$\pi_j = \sum_{k=0}^{\infty}\pi_k\lim_{m\to\infty} p_{kj}(m) = \pi_j\sum_{k=0}^{\infty}\pi_k \tag{11.3.30}$$

再由定理 11.2.10 的(11.2.47)式可知,由于$j\in I$是正常返态,故有

$$\pi_j=\lim_{n\to\infty} p_{jj}(n)>0$$

于是由(11.3.30)式立得

$$\sum_{k=0}^{\infty}\pi_k = 1$$

即(11.3.28)式及(11.3.29)式得证。定理证毕。

推论 11.3.1 设$\{X(n),n=0,1,2,\cdots\}$是零常返不可约非周期马氏链,状态空间为$I=\{0,1,2,\cdots\}$,则

(1)该马氏链具有遍历性,即

$$\lim_{n\to\infty} p_{ij}(n)=\lim_{n\to\infty} p_{jj}(n)\triangleq\pi_j,\text{对任意 } i,j\in I \tag{11.3.31}$$

(2)$\pi_j=0,j=0,1,2,\cdots$。

证明 由定理 11.3.7 可得(1),再由定理 11.3.1 可得(2)。

推论 11.3.2 设$\{X(n),n=0,1,2,\cdots\}$是正常返不可约非周期马氏链,状态空间为$I=\{0,1,2,\cdots\}$,则

$$\lim_{n\to\infty} p_{ij}(n)=\lim_{n\to\infty} p_{jj}(n)\triangleq\pi_j=\frac{1}{\mu_{jj}}>0 \tag{11.3.32}$$

其中,μ_{jj}为状态 j 的首次返回时间的平均值(见(11.2.43)式)。

证明　由(11.3.4)式及定理 11.3.8 并考虑到

$$j\text{ 为正常返}\Leftrightarrow f_{jj}=1\text{ 且 }\mu_{jj}<\infty$$

则有

$$\lim_{n\to\infty}p_{ij}(n)=\lim_{n\to\infty}p_{jj}(n)=\frac{f_{jj}}{\mu_{jj}}=\frac{1}{\mu_{jj}}\triangleq\pi_j$$

推论证毕。

说明　以上所讨论的渐近性能都是针对非周期马氏链的，如果马氏链不是非周期的，而是以 $T(T>1)$ 为周期的马氏链，这时对渐近性能会产生怎样的影响？我们在这里做如下说明。

设 $\{X(n),n=0,1,2,\cdots\}$ 是正常返不可约具有周期 $T(T>1)$ 的马氏链，状态空间为 $I=\{0,1,2,\cdots\}$，则由定理 11.3.2 可知，对所有 $i\in I$ 有

$$\lim_{n\to\infty}p_{ij}(nT+r)=f_{ijr}\frac{T}{\mu_{jj}},1\leqslant r\leqslant T \tag{11.3.33}$$

其中

$$f_{ijr}=\sum_{n=0}^{\infty}f_{ij}(nT+r)\text{ 且 }\sum_{r=1}^{T}f_{ijr}=f_{ij}$$

经分析[3]，(11.3.33)式可以表示为

$$\lim_{n\to\infty}p_{ij}(nT+r)=f(i,r,C_l)\frac{T}{\mu_{jj}} \tag{11.3.34}$$

其中 $j\in C_l$，C_l 为定理 11.2.17 所定义的 I 中的子集，即

$$I=\bigcup_{l=1}^{T}C_l,C_u\cap C_s=\varnothing,u\neq s,i\text{ 为初始态}$$

可以证明[3]，(11.3.34)式中的系数 $f(i,r,C_l)$ 只依赖于 j 所在的子集 C_l，而与 j 本身无关，而且由(11.3.34)式还可看出，该马氏链是否具有遍历性也不受 T 的影响，也就是说，具有周期为 $T(T>1)$ 的马氏链也可能具有遍历性。下面的例子更具体地说明这一点。

例 11.3.3　考虑一类随机游动，其一步转移概率矩阵为

$$\boldsymbol{P}=\begin{bmatrix}0&1&0&0&0&\cdots\\q_1&0&p_1&0&0&\cdots\\0&q_2&0&p_2&0&\cdots\\0&0&q_3&0&p_3&\cdots\\\vdots&\vdots&\vdots&\vdots&\vdots&\end{bmatrix}$$

由转移概率矩阵 $\boldsymbol{P}$ 可画出信息流程图，如图 11.3.2 所示。

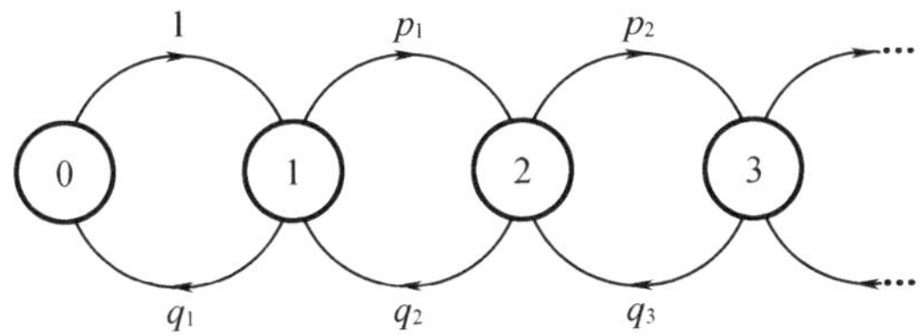

图 11.3.2　例 11.3.3 的信息流程图

显见，状态空间为可数无穷多，不可约，但周期为 2，这不满足定理 11.3.8 的条件，但我们知道，定理 11.3.8 的条件是充要条件，并非必要条件，因此，我们以该例考察遍历性的存

在性,也就是说,我们研究在什么条件下,方程组

$$\pi_j = \sum_{k=0}^{\infty} \pi_k p_{kj} \tag{11.3.35}$$

在满足

$$\sum_{k=0}^{\infty} \pi_k = 1 \tag{11.3.36}$$

时会有正解,即 $\pi_j > 0(j=0,1,2,\cdots)$。

由方程组(11.3.35)式可知

$$\pi_j = \sum_{k=0}^{\infty} \pi_k p_{kj} = p_{j-1}\pi_{j-1} + q_{j+1}\pi_{j+1}, j = 0,1,2,\cdots \tag{11.3.37}$$

其中 $p_{-1}=0,p_0=1$,再由(11.3.37)式可得

$$\pi_1 = \frac{1}{q_1}\pi_0 = \frac{p_0}{q_1}\pi_0$$

$$\pi_2 = \frac{p_1}{q_1 q_2}\pi_0 = \frac{p_1 p_0}{q_2 q_1}\pi_0$$

…………

$$\pi_i = \frac{p_{i-1}p_{i-2}\cdots p_1 p_0}{q_i q_{i-1}\cdots q_1}\pi_0 = \pi_0 \prod_{k=0}^{i-1}\frac{p_k}{q_{k+1}}, i=1,2,\cdots$$

再由(11.3.36)式可得

$$1 = \pi_0 + \sum_{i=1}^{\infty} \pi_0 \prod_{k=0}^{i-1} \frac{p_k}{q_{k+1}}$$

于是有

$$\pi_0 = \frac{1}{1 + \sum_{i=1}^{\infty} \prod_{k=0}^{i-1} \frac{p_k}{q_{k+1}}} \tag{11.3.38}$$

由此可知,当且仅当

$$\sum_{i=1}^{\infty} \prod_{k=0}^{i-1} \frac{p_k}{q_{k+1}} < \infty \tag{11.3.39}$$

成立时有 $\pi_0 > 0$,也即有 $\pi_j > 0(j=1,2,\cdots)$,因此,当且仅当(11.3.39)式成立时,该马氏链具有遍历性且为正常返。

特别地,当 $p_k = p, q_k = q = 1-p$ 时,由(11.3.39)式可知仅当

$$p < q \Leftrightarrow p < \frac{1}{2}$$

时有

$$\sum_{i=1}^{\infty} \prod_{k=0}^{i-1} \frac{p_k}{q_{k+1}} = \frac{1}{p}\sum_{i=1}^{\infty}\left(\frac{p}{q}\right)^i < \infty \tag{11.3.40}$$

也就是说,该马氏链当 $p<q$ 时具有遍历性且为正常返。

说明 这例给我们的启发是,对于正常返不可约周期为 $T(T>1)$ 的马氏链,在一定条件下(如(11.3.39)式)仍具有遍历性。

11.4　平稳分布与极限分布

定义 11.4.1　马氏链的平稳分布　设$\{X(n),n=0,1,2,\cdots\}$为马氏链,状态空间为$I=\{0,1,2,\cdots\}$,则称满足如下方程

$$\pi_j=\sum_{i=0}^{\infty}\pi_i p_{ij},\pi_j\geqslant 0,\sum_{j=0}^{\infty}\pi_j=1 \tag{11.4.1}$$

的任意集合$\{\pi_j,j=0,1,2,\cdots\}$为马氏链的平稳分布,其中,p_{ij}为马氏链的一步转移概率。下面再给出一个和定义 11.4.1 相等价的定义(见定理 11.4.1)。

定义 11.4.2　马氏链的平稳分布　设$\{X(n),n=0,1,2,\cdots\}$为马氏链,状态空间为$I=\{0,1,2,\cdots\}$,如果对任意 n 及任意 $i\in I$ 有

$$P[X(n)=i]=P[X(0)=i]=p_i \tag{11.4.2}$$

则称马氏链是平稳的,此时称$\{p_i,i=0,1,2,\cdots\}$为马氏链的平稳分布。

马氏链的平稳性在应用中有重要意义,它表明马氏链在任意时刻$n(n=0,1,2,\cdots)$处于 i 的概率与 n 无关。

定义 11.4.3　马氏链的极限分布　设马氏链$\{X(n),n=0,1,2,\cdots\}$是遍历的,则称

$$\lim_{n\to\infty}p_{ij}(n)=\lim_{n\to\infty}p_{jj}(n)\triangleq\pi_j,j=0,1,2,\cdots,i=0,1,2,\cdots \tag{11.4.3}$$

为马氏链在状态 j 的极限概率,称$\{\pi_j,j=0,1,2,\cdots\}$为马氏链的极限分布。

定义 11.4.1 与定义 11.4.2 是一致的,下面的定理给出证明。

定理 11.4.1　设$\{p_i,i=0,1,2,\cdots\}$为马氏链的初始分布,则有如下等价

$$P[X(n)=i]=P[X(0)=i]=p_i,n=1,2,\cdots$$

$\Leftrightarrow p_i$ 满足如下方程

$$p_j=\sum_{i=0}^{\infty}p_i p_{ij},p_j\geqslant 0,\sum_{j=0}^{\infty}p_j=1 \tag{11.4.4}$$

其中,p_{ij}为马氏链的一步转移概率。

证明　先证$\Rightarrow$:记

$$p_i=p_i(n)=P[X(n)=i]$$
$$p_j=p_j(n+1)=P[X(n+1)=j]$$

则有

$$\begin{aligned}p_j=p_j(n+1)&=\sum_{i=0}^{\infty}P[X(n)=i]P[X(n+1)=j\mid X(n)=i]\\&=\sum_{i=0}^{\infty}p_i(n)p_{ij}\\&=\sum_{i=0}^{\infty}p_i p_{ij}\end{aligned}$$

且由概率可知,$p_j=P[X(n+1)=j]\geqslant 0,\sum_{j=0}^{\infty}p_j=1$,于是"$\Rightarrow$"得证。

再证$\Leftarrow$:用归纳法证之,记$p_j=p_j(0)=P[X(0)=j]$,于是由(11.4.4)式有

$$p_j=P[X(0)=j]=\sum_{i=0}^{\infty}p_i p_{ij}=\sum_{i=0}^{\infty}p_i(0)p_{ij}$$

$$= \sum_{i=0}^{\infty} P[X(0)=i]P[X(1)=j|X(0)=i)]$$
$$= P[X(1)=j]$$

也即有 $p_j(0)=p_j(1)$。

再设 $p_j(0)=p_j(m)$ 成立,现往证 $p_j(0)=p_j(m+1)$。

由于

$$\begin{aligned} p_j(m) &= P[X(m)=j] = \sum_{i=0}^{\infty} p_i[X(m)=i]P[X(m+1)=j|X(m)=i] \\ &= P[X(m+1)=j] \\ &= p_j(m+1) \end{aligned}$$

由此可得 $p_j(0)=p_j(m)=p_j(m+1)$,即⇐得证。定理证毕。

说明 (1)对于状态空间有限的马氏链,定理 11.4.1 仍成立,可表述为

对于具有状态空间 $I=\{0,1,2,\cdots,s-1\}$ 的马氏链,其初始分布 $\{p_i,i=0,1,2,\cdots,s-1\}$ 为平稳分布的充要条件是 p_i 满足如下方程

$$p_j = \sum_{i=0}^{s-1} p_i p_{ij}, p_j > 0, \sum_{i=0}^{s-1} p_j = 1 \tag{11.4.5}$$

其中 p_{ij} 为马氏链的一步转移概率。为了求出平稳分布,可解如下方程组

$$\begin{cases} p_j = \sum_{i=0}^{s-1} p_i p_{ij}, j = 0,1,2,\cdots,s-2 \\ \sum_{j=0}^{s-1} p_j = 1 \end{cases} \tag{11.4.6}$$

(2)如果马氏链是平稳的,则由(11.4.4)式可有

$$\begin{aligned} p_j &= \sum_{i=0}^{\infty} p_i p_{ij} = \sum_{i=0}^{\infty} \left(\sum_{k=0}^{\infty} p_k p_{ki}\right) p_{ij} \\ &= \sum_{k=0}^{\infty} p_k \left(\sum_{k=0}^{\infty} p_{ki} p_{ij}\right) \\ &= \sum_{k=0}^{\infty} p_k p_{kj}(2) \quad (\text{由定理 } 11.1.4) \end{aligned}$$

由此可推出

$$p_j = \sum_{i=0}^{\infty} p_i p_{ij}(n), n = 1,2,\cdots \tag{11.4.7}$$

这说明,对于平稳的马氏链来说,任意 n 步转移概率 $p_{ij}(n)$ 与 n 无关,都为一步转移概率,进一步得出任意 n 步转移概率矩阵与 n 无关,即

$$\begin{cases} \boldsymbol{P}(n) = \boldsymbol{P}(1) = \boldsymbol{P} \\ p_{ij}(n) = p_{ij}(1) = p_{ij} \end{cases} \tag{11.4.8}$$

这在应用中有指导意义,应注意。

由定理 11.4.1 及定理 11.3.8 显然有如下结论。

定理 11.4.2 设 $\{X(n),n=0,1,2,\cdots\}$ 是正常返不可约非周期马氏链,则该马氏链的极限分布就是平稳分布,而且是唯一的平稳分布。

证明 比较(11.4.4)式与(11.3.27)式、(11.3.28)式及(11.3.29)式立得该结论。

例 11.4.1 考察如下具有纯反射壁的随机游动,状态空间为 $I=\{-2,-1,0,1,2\}$,一

步转移概率为

$$p_{00}=p_{44}=0, p_{01}=p_{43}=1$$

$$p_{ij}=\begin{cases}\dfrac{1}{2}, j=i\pm1, i=1,2,3\\ 0, \text{其他}\end{cases}$$

由此可得一步转移概率矩阵 $\boldsymbol{P}$ 为

$$\boldsymbol{P}=\begin{bmatrix}0 & 1 & 0 & 0 & 0\\ \frac{1}{2} & 0 & \frac{1}{2} & 0 & 0\\ 0 & \frac{1}{2} & 0 & \frac{1}{2} & 0\\ 0 & 0 & \frac{1}{2} & 0 & \frac{1}{2}\\ 0 & 0 & 0 & 1 & 0\end{bmatrix}$$

利用方程(11.4.6)式可解出当初始分布$\{p_i(0), i=0,1,2,3,4\}$为

$$p_0(0)=p_4(0)=\frac{1}{8}, p_1(0)=p_2(0)=p_3(0)=\frac{1}{4}$$

时,该马氏链是平稳的,且平稳分布为

$$\{p_i(n), i=0,1,2,3,4, n\geqslant 0\}=\left\{\frac{1}{8},\frac{1}{4},\frac{1}{4},\frac{1}{4},\frac{1}{8}\right\}$$

定理 11.4.1 和定理 11.4.2 只是讨论状态空间为正常返不可约非周期马氏链,现在可以把该定理推广到较为一般的马氏链状态空间,通常称为平稳分布的结构性定理。

定理 11.4.3　设马氏链的状态空间 I 分解为

$$I=N+C^0+C^+ \tag{11.4.9}$$

其中,N 为所有非常返态所组成的集合;

$$C^0=\sum_a C_a^0 \text{ 为所有的零常返不可约闭集所组成的集类} \tag{11.4.10}$$

$$C^+=\sum_r C_r^+ \text{ 为所有的正常返不可约非周期闭集所组成的集类} \tag{11.4.11}$$

又设$\{p_i, i\in I\}$为马氏链的初始分布,则有如下等价,即

$$\{p_i, i\in I\}\text{为平稳分布}\Leftrightarrow\begin{cases}p_i=0, \quad i\in N\cup C^0 & (11.4.12)\\ p_i=\lambda_r\dfrac{1}{\mu_{ii}}=\lambda_r\lim\limits_{n\to\infty}p_{ii}(n), i\in C_r^+, r=1,2,\cdots & (11.4.13)\end{cases}$$

其中 $0<\lambda_r<1$,且

$$\sum_r \lambda_r=1 \tag{11.4.14}$$

证明　先证⇒:因为马氏链是平稳的,故由(11.4.7)式可知,对任意正整数 n 有

$$p_i=\sum_{j=0}^{\infty}p_jp_{ji}(n)=\sum_{j=0}^{\infty}p_j\lim_{n\to\infty}p_{ji}(n) \tag{11.4.15}$$

又因为当 $i\in N\cup C^0$ 时,由(11.3.1)式可知,对所有 j 有 $\lim\limits_{n\to\infty}p_{ji}(n)=0$,进一步考虑到 $\sum\limits_{j=0}^{\infty}p_j=1$,所以由(11.4.15)式立得

$$p_i = \sum_{j=0}^{\infty} p_j \lim_{n\to\infty} p_{ji}(n) = 0$$

即(11.4.12)式得证。

再考察 $i \in C_r^+$,因为 $i,j \in C_r^+$ 且 C_r^+ 为闭集,所以由平稳性及(11.4.7)式可知,对任意 n 有

$$p_i = \sum_{j=0}^{\infty} p_j p_{ji} = \sum_{j\in C_r^+} p_j p_{ji}(n) = \sum_{j\in C_r^+} p_j \lim_{n\to\infty} p_{ji}(n) \tag{11.4.16}$$

又由定理 11.3.3 可知,当 i 为非周期正常返态时,对所有 j 有

$$\lim_{n\to\infty} p_{ji}(n) = \frac{f_{ji}}{\mu_{ii}} = \lim_{n\to\infty} p_{ii}(n) \tag{11.4.17}$$

然而由(11.2.38)式又知,当 i 为常返态时,对所有 j 有 $f_{ji}=1$,将该结果代入(11.4.17)式得 $\lim\limits_{n\to\infty} p_{ii}(n) = \dfrac{1}{\mu_{ii}}$,于是由(11.4.16)式并令

$$\lambda_r \triangleq \sum_{j\in C_r^+} p_j \tag{11.4.18}$$

则得

$$p_i = \sum_{j\in C_r^+} p_j \lim_{n\to\infty} p_{ji}(n) = \lambda_r \frac{1}{\mu_{ii}}$$

即(11.4.13)式得证。又知

$$\sum_r \lambda_r = \sum_r \sum_{j\in C_r^+} p_j = \sum_{j\in C^+} p_j = 1$$

即(11.4.14)式得证。

再证⇐:由定理 11.4.1 可知,只需由(11.4.12)式、(11.4.13)式及(11.4.14)式推出对任意 n 及任意 $i \in I$ 有

$$P[X(n)=i] = p_i(n) = p_i(0) = P[X(0)=i], n=1,2,\cdots$$

由状态空间分解为不相重叠的闭集及全概率公式可知,当 $i \in N \cup C^0$ 时有

$$\begin{aligned} P[X(n)=i] &= \sum_{j\in N\cup C^0} p_j(0) p_{ji}(n) + \sum_{j\in C^+} p_j(0) p_{ji}(n) \\ &= \sum_{j\in N\cup C^0} p_j p_{ji}(n) + \sum_{j\in C^+} p_j p_{ji}(n) \\ &= \sum_{j\in N\cup C^0} 0 p_{ji}(n) + \sum_{j\in C^+} p_j 0 = 0 = p_i = p_i(0) \end{aligned} \tag{11.4.19}$$

当 $i \in C_r^+$ 时,对每一 $C_r^+ \subset C^+$ 均为正常返不可约非周期闭链,因此由定理 11.4.2 可知,只需证明由(11.4.13)式所表示的 p_i 是极限概率即可。

设 $i,j \in C_r^+$,则由

$$P[X(m)=i] = \sum_{j=0}^{\infty} p_j p_{ji}(m) = \sum_{j\in C_r^+} p_j p_{ji}(m)$$

得

$$\lim_{m\to\infty} P[X(m)=i] = \sum_{j\in C_r^+} p_j \lim_{m\to\infty} p_{ji}(m) \tag{11.4.20}$$

再由(11.2.48)式并考虑到(11.2.38)式可知,对所有 j 有

$$\lim_{m\to\infty} p_{ji}(m) = \frac{1}{\mu_{ii}} = \lim_{m\to\infty} p_{ii}(m)$$

将上式代入(11.4.20)式,并令 $\lambda_r \triangleq \sum_{j\in C_r^+} p_j$,则得

$$\lim_{m\to\infty} P[X(m)=i] = \frac{\lambda_r}{\mu_{ii}} = p_i$$

而且

$$\sum_r \lambda_r = \sum_r \sum_{j\in C_r^+} p_j = \sum_{j\in C^+} p_j = 1$$

由此可知,由(11.4.13)式及(11.4.14)式所表示的$\{p_i, i\in C_r^+\}$是极限分布,再由定理 11.4.2 可知,该极限分布就是平稳分布,再考虑前面所证得的(11.4.19)式,于是"$\Leftarrow$"证得。定理证毕。

说明　(1)该定理是针对较一般的马氏链状态空间来说的。如果马氏链是平稳的,则马氏链的初始状态 $X(0)=i$ 处于非常返态集合 N 或零常返态集类 C^0 是不可能的,只能处于正常返态 C^+ 中,或者说,初始态以概率 0 处于 N 或 C^0 中,以概率 1 处于 C^+ 中。

(2)λ_r 是条件概率,确切地说

$$\lambda_r = P(i\in C_r^+ \mid i\in C^+) = P(i\in C_r^+ \mid C^+) \tag{11.4.21}$$

即 $i\in C^+$ 条件下,$i\in C_r^+$ 的概率,由条件概率的规范性(见上册(1.3.3)式)可知

$$\begin{aligned}1 &= P(i\in\Omega \mid C^+)\\ &= P(i\in C^+ \mid C^+)\\ &= P[\bigcup_r (i\in C_r^+) \mid C^+]\\ &= \sum_r P[(i\in C_r^+) \mid C^+]\\ &= \sum_r \lambda_r\end{aligned} \tag{11.4.22}$$

(3)定理 11.4.3 中的 C^+ 是指所有正常返不可约非周期闭集所组成的集类,如果 C^+ 不仅包括所有正常返不可约非周期闭集,也包括所有正常返不可约周期为 $T(T>1)$ 的闭集时,需引入平均极限概率的概念。

对任意 $j,k\in C_l^+ \subset C^+$,称

$$\lim_{n\to\infty} \frac{1}{n}\sum_{r=1}^{n} p_{jk}(r) \tag{11.4.23}$$

为由 j 转移到 k 的平均极限概率。下面针对 $T=1$(非周期)和 $T>1$(周期为 T)两种情况来讨论平均极限概率。

如果马氏链是正常返不可约非周期($T=1$)马氏链,则由马氏链基本极限定理 11.2.10 的(11.2.48)式可知,对所有 $j,k\in C_l^+$ $(l=1,2,\cdots)$有

$$\lim_{n\to\infty} p_{jk}(n) = \lim_{n\to\infty} p_{kk}(n) = \frac{1}{\mu_{kk}} \tag{11.4.24}$$

此时,平均极限概率为

$$\lim_{n\to\infty} \frac{1}{n}\sum_{r=1}^{n} p_{kk}(r) = \frac{1}{\mu_{kk}} \triangleq \pi_k \tag{11.4.25}$$

这就是说,对于正常返不可约非周期的马氏链,平均极限概率就是极限概率。

如果马氏链是正常返不可约周期为 $T(T>1)$的马氏链,则由(11.3.33)式有

$$\lim_{n\to\infty} \frac{1}{n}\sum_{r=1}^{n} p_{jk}(r) = \lim_{n\to\infty} \frac{1}{n}\sum_{n_1=1}^{n} \frac{1}{T}\sum_{r=1}^{T} p_{jk}(n_1 T + r)$$

$$
\begin{aligned}
&= \frac{1}{T}\sum_{r=1}^{T}\lim_{n_1\to\infty} p_{jk}(n_1T+r) \\
&= \frac{1}{T}\sum_{r=1}^{T} f_{jkr}\frac{T}{\mu_{kk}} \\
&= \sum_{r=1}^{T} f_{jkr}\frac{1}{\mu_{kk}} \\
&= f_{jk}\frac{1}{\mu_{kk}}
\end{aligned} \tag{11.4.26}
$$

其中

$$
f_{jk} = \sum_{r=1}^{T} f_{jkr} \tag{11.4.27}
$$

再由定理 11.2.9 可知,对任意 $j,k\in C_l^+$ 且 C_l^+ 为正常返闭集时有 $f_{jk}=1$,这样一来,由(11.4.26)式可得其平均极限概率为

$$
\lim_{n\to\infty}\frac{1}{n}\sum_{r=1}^{n} p_{jk}(r) = \frac{1}{\mu_{kk}} = \lim_{n\to\infty}\frac{1}{n}\sum_{r=1}^{n} p_{kk}(r) \tag{11.4.28}
$$

由以上说明可将定理 11.4.3 推广到更为一般的马氏链状态空间。

定理 11.4.4[3] 设马氏链的状态空间 I 分解为

$$
I = N + C^0 + C^+
$$

其中,N 为所有非常返态所组成的集合; $C^0 = \sum\limits_{\alpha} C_\alpha^0$ 为所有零常返不可约闭集所组成的集类; $C^+ = \sum\limits_{r} C_r^+$ 为所有正常返不可约闭集所组成的集类。

又设$\{p_i, i\in I\}$为马氏链的初始分布。则有如下等价,即

$\{p_i, i\in I\}$为平稳分布 (11.4.29)

$$
\Leftrightarrow \begin{cases} p_i = 0, i\in N\cup C^0 \\ p_i = \lambda_r\dfrac{1}{\mu_{ii}} = \lambda_r\lim\limits_{n\to\infty}\dfrac{1}{n}\sum\limits_{v=1}^{n} p_{ii}(v), i\in C_r^+, r=1,2,\cdots \end{cases} \tag{11.4.30}
$$

其中 $0<\lambda_r<1$,且

$$
\sum_{r}\lambda_r = 1 \tag{11.4.31}
$$

$\lim\limits_{n\to\infty}\frac{1}{n}\sum\limits_{v=1}^{n} p_{ii}(v)$ 为正常返不可约闭集 C_r^+ 的平均极限概率,如果 C_r^+ 是正常返不可约非周期闭集,则

$$
\lim_{n\to\infty}\frac{1}{n}\sum_{v=1}^{n} p_{ii}(v) = \lim_{n\to\infty} p_{ii}(n) = \frac{1}{\mu_{ii}} \tag{11.4.32}
$$

如果 C_r^+ 是正常返不可约周期为 $T(T>1)$的闭集,则

$$
\lim_{n\to\infty}\frac{1}{n}\sum_{v=1}^{n} p_{ii}(v) = \frac{1}{T}\sum_{v=1}^{T}\lim_{n_1\to\infty} p_{ii}(n_1T+v) = \frac{1}{\mu_{ii}} \tag{11.4.33}
$$

这是针对一般的马氏链状态空间的平稳性定理,该定理的证明见文献[3]。

(4)如果 $C^+=\varnothing$,则由(11.4.29)式及(11.4.30)式可知

$$
\sum_{i\in I} p_i = \sum_{i\in N} p_i + \sum_{i\in C^0} p_i + \sum_{i\in C^+} p_i = 0+0+0 = 0 \neq 1
$$

这显然不满足概率分布的规范性,因此当 $C^+=\varnothing$时不存在平稳分布。

(5)如果 $C^+ = C_1^+$,即 C^+ 只由一个闭集 C_1^+ 组成,说明 C^+ 是一个正常返不可约非周期闭集,于是由定理 11.4.2 可知,平稳分布就是极限分布,而且是唯一的,此时 $\lambda_1 = 1$。

(6)如果 $C^+ = \sum_r C_r^+ (r \geqslant 2)$,说明 C^+ 中至少存在两个正常返不可约非周期闭集,此时,由于满足 $\sum_r \lambda_r = 1$ 的 λ_r 有无穷多个,因此存在无穷多个平稳分布,这正如定义 11.4.1 所述,凡满足(11.4.4)式的任意集合 $\{p_i, i=0,1,2,\cdots\}$ 对 C^+ 而言,均为平稳分布。

11.5　常返性准则

对于一个不可约马氏链 $\{X(n), n=0,1,2,\cdots\}$,由定理 11.2.16 可知,该链所有状态是同一类型,要么全是非常返状态,要么全是零常返态,要么全是正常返态,要么全是非周期,要么全是周期且周期相同。在本节,我们要解决的问题是,如何根据不可约马氏链的状态转移概率矩阵来判别该链是什么类型,显然这个问题无论对于马氏链的理论研究还是工程应用都是非常重要的,这意味着,判别马氏链的某个状态是什么类型十分重要。

总结前面的分析,我们已经有如下判别准则。

设 $I = \{0,1,2,\cdots\}$ 为一个不可约马氏链的状态空间,$i \in I$ 为其中的某个状态,于是有

i 为非常返态 $\Leftrightarrow f_{ii} < 1$(见定义 11.2.6)　　(11.5.1)

$$\Leftrightarrow \sum_{n=1}^{\infty} p_{ii}(n) < \infty \text{（见定理 11.2.7）} \tag{11.5.2}$$

i 为常返态 $\Leftrightarrow f_{ii} = 1$(见定义 11.2.6)　　(11.5.3)

$$\Leftrightarrow \sum_{n=1}^{\infty} p_{ii}(n) = \infty \text{（见定理 11.2.6）} \tag{11.5.4}$$

i 为零常返态 $\Leftrightarrow f_{ii} = 1$ 且 $\mu_{ii} = \infty$(见定义 11.2.8)　　(11.5.5)

$$\Leftrightarrow \sum_{n=1}^{\infty} p_{ii}(n) = \infty \text{ 且} \lim_{n\to\infty} p_{ii}(n) = 0 \text{（见定理 11.2.6 和定理 11.2.10）} \tag{11.5.6}$$

i 为正常返态 $\Leftrightarrow f_{ii} = 1$ 且 $\mu_{ii} < \infty$(见定义 11.2.8)　　(11.5.7)

$$\Leftrightarrow \sum_{n=1}^{\infty} p_{ii}(n) = \infty \text{ 且} \lim_{n\to\infty} p_{ii}(n) > 0 \text{（见定理 11.2.6 和定理 11.2.10）} \tag{11.5.8}$$

i 为非周期正常返态　　(11.5.9)

$$\Leftrightarrow \sum_{n=1}^{\infty} p_{ii}(n) = \infty \text{ 且} \lim_{n\to\infty} p_{ii}(n) = \frac{1}{\mu_{ii}} > 0 \text{（见定理 11.2.6 和定理 11.2.10）} \tag{11.5.10}$$

其中,$f_{ii} = \sum_{n=1}^{\infty} f_{ii}(n)$ 为从 i 出发迟早返回 i 的概率;$f_{ii}(n)$ 为从 i 出发经 n 次转移首次返回 i 的概率;$\mu_{ii} = E(T_{ii}) = \sum_{n=1}^{\infty} n f_{ii}(n)$ 为从 i 出发首次返回 i 的平均转移时间;$p_{ii}(n)$ 为从 i 出发经 n 次转移返回 i 的概率。

这些准则涉及大量的数值计算(见(11.2.5)式)和矩阵计算(见(11.1.5)式),因此,运用这些准则进行常返性判断是比较困难的,下面介绍较简便的判别方法。

定理 11.5.1[18,19] 设$\{X(n),n=0,1,2,\cdots\}$为不可约马氏链,状态空间为$I=\{0,1,2,\cdots\}$,则有如下等价:

该马氏链是非常返链$\Leftrightarrow$方程组

$$y_i = \sum_{j=0}^{\infty} p_{ij}y_j, i = 1,2,\cdots \tag{11.5.11}$$

存在非常数的有界解,其中,p_{ij}为该马氏链一步转移概率。

定理 11.5.2[18,19] 设$\{X(n),n=0,1,2,\cdots\}$为不可约马氏链,状态空间为$I=\{0,1,2,\cdots\}$,如果存在一个序列$\{y_i\}$满足

$$y_i \geqslant \sum_{j=0}^{\infty} p_{ij}y_j, i = 1,2,\cdots \tag{11.5.12}$$

且

$$y_i \to \infty, i \to \infty \tag{11.5.13}$$

则该马氏链是常返链,其中p_{ij}为该马氏链的一步转移概率。

定理 11.5.1 和定理 11.5.2 的证明见文献[18]、文献[19]。

上面两个定理解决了如何判断一个马氏链是非常返链还是常返链,下面讨论如何判断一个常返马氏链是零常返链还是正常返链。

定理 11.5.3 设$\{X(n),n=0,1,2,\cdots\}$为常返非周期不可约马氏链,状态空间为$I=\{0,1,2,\cdots\}$,由马氏链遍历性(见定理 11.3.7)定义

$$\pi_j = \lim_{n\to\infty} p_{ij}(n) = \lim_{n\to\infty} p_{jj}(n) \tag{11.5.14}$$

为状态j的极限概率,则马氏链为正常返的充要条件是π_j满足如下方程组,即

$$\pi_j = \sum_{j=0}^{\infty} \pi_i p_{ij}, \pi_j > 0, \sum_{j=0}^{\infty} \pi_j = 1, j = 0,1,2,\cdots \tag{11.5.15}$$

且

$$\pi_j = \frac{1}{\mu_{jj}} > 0 \tag{11.5.16}$$

其中,p_{ij}为马氏链状态一步转移概率;μ_{jj}为状态j首次返回j所需时间的平均值。

证明 由定理 11.3.8 及推论 11.3.2 可知,必要性已经得证,故只需证充分性:设(11.5.15)式及(11.5.16)式成立,则由(11.4.4)式可知,该马氏链是平稳的,因此,由(11.4.2)式及(11.4.7)式有

$$p_j = \sum_{i=0}^{\infty} p_i p_{ij} = \sum_{i=0}^{\infty} p_i p_{ij}(n), n = 1,2,\cdots$$

于是

$$\begin{aligned} p_j &= \sum_{i=0}^{\infty} p_i \lim_{n\to\infty} p_{ij}(n) \\ &= \sum_{i=0}^{\infty} p_i \lim_{n\to\infty} p_{jj}(n) = \sum_{i=0}^{\infty} p_i \frac{1}{\mu_{jj}} \end{aligned} \tag{11.5.17}$$

其中,$\frac{1}{\mu_{jj}} = \lim_{n\to\infty} p_{jj}(n)$为状态$j$首次返回时间的平均值倒数。由概率的规范性可知$\sum_{i=0}^{\infty} p_i =$

1，因此至少有一个 $p_j>0$，再由(11.5.17)式可知至少有一个$\frac{1}{\mu_{jj}}>0$，又因为该链是不可约链，也即为互通链，所以由定理 11.2.8 和(11.2.47)式可知，j 为正常返而且对所有的 $j\in I$ 均为正常返。定理证毕。

说明　如果用反证法来理解定理 11.5.3 会更深刻些。假设方程组(11.5.15)式成立，但马氏链不是正常返，于是由状态空间分解定理可知，该马氏链要么非常返，要么零常返，但由定理 11.3.1 可知，无论状态 j 为非常返还是零常返，对所有 i 均有

$$\pi_j=\lim_{n\to\infty}p_{ij}(n)=\lim_{n\to\infty}p_{jj}(n)=0$$

这显然与方程组(11.5.15)式中 $\pi_j>0$ 相矛盾，因此，这假设不成立，也即状态 j 必为正常返。又由于该链是不可约链，所以对所有 $j\in I$ 均为正常返，由此得出该链是正常返链。

例 11.5.1　考察具有反射壁的随机游动，其状态转移概率矩阵 $\boldsymbol{P}$ 为

$$\boldsymbol{P}=\begin{bmatrix} q & p & 0 & 0 & 0 & \cdots \\ q & 0 & p & 0 & 0 & \cdots \\ 0 & q & 0 & p & 0 & \cdots \\ 0 & 0 & q & 0 & p & \cdots \\ \vdots & \vdots & \vdots & \vdots & \vdots & \end{bmatrix}$$

由状态转移概率矩阵 $\boldsymbol{P}$ 可画出信息流程图，如图 11.5.1 所示。

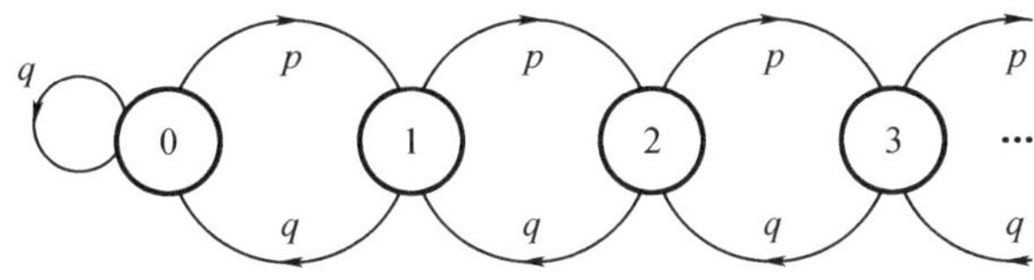

图 11.5.1　例 11.5.1 的信息流程图

显见，这是一个不可约马氏链，首先判断该链在什么条件下是非常返链和常返链，为此由方程组(11.5.11)式有

$$\begin{aligned} &y_1=py_2 \\ &y_2=qy_1+py_3 \\ &\cdots\cdots\cdots\cdots \\ &y_i=qy_{i-1}+py_{i+1},\quad i=2,3,\cdots \end{aligned}$$

进一步还有

$$\begin{aligned} &y_2-y_1=y_2-py_2=y_2q=\frac{q}{p}y_1\Rightarrow y_2=\left(\frac{q}{p}+1\right)y_1 \\ &y_3-y_2=\frac{q}{p}(y_2-y_1)=\left(\frac{q}{p}\right)^2y_1\Rightarrow y_3=\left[\left(\frac{q}{p}\right)^2+\left(\frac{q}{p}\right)+1\right]y_1 \\ &\cdots\cdots\cdots\cdots \\ &y_i=\left[\left(\frac{q}{p}\right)^{i-1}+\left(\frac{q}{p}\right)^{i-2}+\cdots+\left(\frac{q}{p}\right)+1\right]y_1 \end{aligned} \tag{11.5.18}$$

这是一个等比级数求和问题，于是有

(1)当$\frac{q}{p}<1$ 即 $q<p$ 时，对任意 i 有

$$y_i = \frac{1-\left(\frac{q}{p}\right)^i}{1-\left(\frac{q}{p}\right)} y_1 < \infty, i=1,2,\cdots$$

这说明方程组(11.5.11)式的解$\{y_i, i=1,2,\cdots\}$全部有界,于是由定理11.5.1可知,当$q<p$时,该马氏链是非常返链。

(2)当$\frac{q}{p} \geqslant 1$即$q \geqslant p$时,由(11.5.18)式表示的级数发散,即

$$y_\infty = \sum_{i=0}^{\infty} \left(\frac{q}{p}\right)^i y_1 \to \infty$$

也就是说,当$i \to \infty$时有$y_i \to \infty$,于是由定理11.5.2可知,当$q \geqslant p$时,该马氏链是常返链。

下面讨论如何判别该马氏链是正常返,这需要用定理11.5.3来解决,实际上就是寻找在什么条件下存在正的极限分布$\{\pi_j > 0, j=0,1,2,\cdots\}$,也即方程组(11.5.15)式成立。为此由方程组(11.5.15)式有

$$\pi_0 = \sum_{i=0}^{\infty} \pi_i p_{i0} = \pi_0 q + \pi_1 q \Rightarrow \pi_1 = \left(\frac{p}{q}\right)\pi_0$$

$$\pi_1 = \sum_{i=0}^{\infty} \pi_i p_{i1} = \pi_0 p + \pi_2 q \Rightarrow \pi_2 = \left(\frac{p}{q}\right)^2 \pi_0$$

$$\pi_2 = \sum_{i=0}^{\infty} \pi_i p_{i2} = \pi_1 p + \pi_3 q \Rightarrow \pi_3 = \left(\frac{p}{q}\right)^3 \pi_0$$

…………

再由方程组(11.5.15)式有

$$\sum_{j=0}^{\infty} \pi_j = 1 \Rightarrow \pi_0 \sum_{i=0}^{\infty} \left(\frac{p}{q}\right)^i = 1 \tag{11.5.19}$$

由(11.5.19)式可知,当$\frac{p}{q}<1$即$p<q$时,该级数收敛,此时有

$$\pi_0 = 1 - \frac{p}{q} > 0$$

$$\pi_j = \left(\frac{p}{q}\right)^j \pi_0 = \left(\frac{p}{q}\right)^j \left(1-\frac{p}{q}\right) > 0, j=1,2,\cdots$$

这说明,当$\frac{p}{q}<1$即$p<q$时,方程组(11.5.15)式成立,也即存在正的极限分布$\{\pi_j>0, j=0,1,2,\cdots\}$,于是由定理11.5.3可知,此时马氏链是正常返。

另一方面,当$\frac{p}{q}=1$,即$p=q$时,由(11.5.19)式可知$\pi_0=0$,此时有

$$\pi_j = \left(\frac{p}{q}\right)^j \pi_0 = \pi_0 = 0, j=1,2,\cdots$$

这就是说,当$\frac{p}{q}=1$时,不存在正的极限分布,因此,该马氏链不是正常返,但由前面的分析又知是常返,故当$\frac{p}{q}=1$时,该链是零常返。

最后,我们来讨论如何判断常返周期为$T(T>1)$的不可约马氏链为正常返周期为T的

不可约马氏链。

定理 11.5.4　设$\{X(n),n=0,1,2,\cdots\}$为常返周期为$T(T>1)$的不可约马氏链，状态空间为$I=\{0,1,2,\cdots\}$，现定义

$$\overline{\pi}_j \triangleq \lim_{n\to\infty}\frac{1}{n}\sum_{v=1}^{n}p_{jj}(v) \tag{11.5.20}$$

为马氏链状态j的平均极限概率，则该马氏链为正常返的充要条件是$\overline{\pi}_j$满足如下方程组

$$\overline{\pi}_j = \sum_{i=0}^{\infty}\overline{\pi}_j p_{ij},\overline{\pi}_j > 0, \sum_{j=0}^{\infty}\overline{\pi}_j = 1, j = 0,1,2,\cdots \tag{11.5.21}$$

且

$$\overline{\pi}_j = \frac{1}{\mu_{jj}} \tag{11.5.22}$$

其中，p_{ij}为马氏链状态一步转移概率；μ_{jj}为状态j首次返回状态j的平均返回时间且$\mu_{jj}<\infty$。

证明　对于平均极限概率，有

$$\begin{aligned}
&\lim_{n\to\infty}\frac{1}{n}\sum_{v=1}^{\infty}p_{jk}(v),\ \forall k,j\in I\\
&=\lim_{n_1\to\infty}\frac{1}{n}\sum_{n_1=1}^{n}\frac{1}{T}\sum_{v=1}^{T}p_{kj}(n_1T+v)\\
&=\frac{1}{T}\sum_{v=1}^{T}\lim_{n\to\infty}\frac{1}{n}\sum_{n_1=1}^{\infty}p_{kj}(n_1T+v)\\
&=\frac{1}{T}\sum_{v=1}^{T}\lim_{n_1\to\infty}p_{kj}(n_1T+v)
\end{aligned} \tag{11.5.23}$$

由此可知，状态j的平均极限概率为

$$\overline{\pi}_j \triangleq \lim_{n\to\infty}\frac{1}{n}\sum_{v=1}^{n}p_{jj}(v) = \frac{1}{T}\sum_{v=1}^{T}\lim_{n_1\to\infty}p_{jj}(n_1T+v), j = 0,1,2,\cdots \tag{11.5.24}$$

$\overline{\pi}_j$所对应的是平均马氏链$\left\{\overline{X}(n) = \frac{1}{T}\sum_{v=1}^{T}X(nT+v), n = 0,1,2,\cdots\right\}$，这时平均马氏链$\{\overline{X}(n),n=0,1,2,\cdots\}$就是常返非周期不可约马氏链，于是，运用定理 11.5.3 的证明方法可得该定理结论。定理证毕。

说明　关于周期马氏链为正常返的判别准则是依据平均极限概率$\overline{\pi}_j$这一概念推出的，由(11.5.24)式可知，对任意$j\in I$应有

$$\overline{\pi}_j = \frac{1}{T}\sum_{v=1}^{T}\lim_{n_1\to\infty}p_{jj}(n_1T+v) > 0$$

由此可知，至少有一个v满足

$$\lim_{n_1\to\infty}p_{jj}(n_1T+v)>0 \tag{11.5.25}$$

又因为该周期马氏链是不可约的，因此其中T个子链是同一类型的，于是得出，对所有的v $(v=1,2,\cdots,T)$，(11.5.25)式均成立，这就是说，该周期马氏链中的T个子链全部是正常返的。

关于平均极限概率这一概念，在一些著作中均有详细介绍，读者可阅读文献[3]和文献[19]。

例 11.5.2　设$\{X(n),n=0,1,2,\cdots\}$为周期马氏链，状态空间为$I=\{0,1,2,\cdots\}$，状态

转移概率矩阵 $\boldsymbol{P}$ 为

$$\boldsymbol{P}=\begin{bmatrix} 0 & 1 & 0 & 0 & 0 & \cdots \\ q & 0 & p & 0 & 0 & \cdots \\ 0 & q & 0 & p & 0 & \cdots \\ 0 & 0 & q & 0 & p & \cdots \\ \vdots & \vdots & \vdots & \vdots & \vdots & \end{bmatrix}$$

由转移概率矩阵 $\boldsymbol{P}$ 可以画出信息流程图,如图 11.5.2 所示。

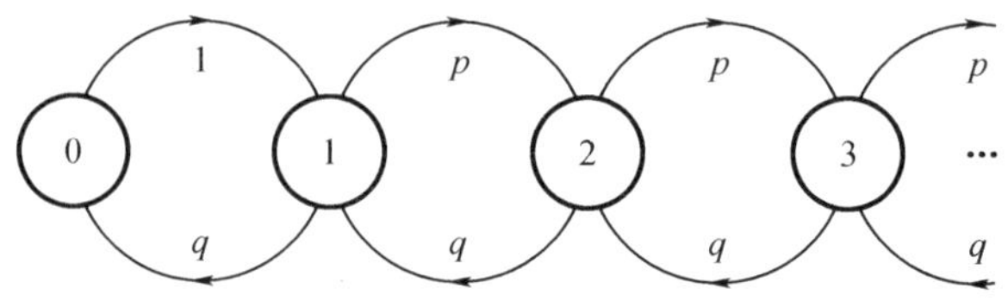

图 11.5.2　例 11.5.2 的信息流程图

显见,这是一个周期为 2 的周期马氏链,其中包含两个子链,状态空间为 C_1,C_2,即 $I=C_1+C_2$,其中

$$C_1=\{0,2,4,\cdots\}$$
$$C_2=\{1,3,5,\cdots\}$$

现在我们运用定理 11.5.4 求出 p,q 应满足什么条件,该周期马氏链为正常返周期马氏链,为此,由方程(11.5.21)式有

$$\bar{\pi}_0=\sum_{i=0}^{\infty}\bar{\pi}_i p_{i0}=\bar{\pi}_1 q \Rightarrow \bar{\pi}_1=\frac{1}{q}\bar{\pi}_0$$

$$\bar{\pi}_1=\sum_{i=0}^{\infty}\bar{\pi}_i p_{i1}=\bar{\pi}_0+\bar{\pi}_2 q \Rightarrow \bar{\pi}_2=\frac{p}{q^2}\bar{\pi}_0$$

$$\bar{\pi}_2=\sum_{i=0}^{\infty}\bar{\pi}_i p_{i2}=p\bar{\pi}_1+\bar{\pi}_3 q \Rightarrow \bar{\pi}_3=\frac{p^2}{q^3}\bar{\pi}_0$$

…………

$$\bar{\pi}_i=\frac{p^{i-1}}{q^i}\bar{\pi}_0,i=1,2,\cdots$$

进一步有

$$\sum_{j=0}^{\infty}\bar{\pi}_j=1\Rightarrow \bar{\pi}_0+\sum_{j=1}^{\infty}\frac{p^{j-1}}{q^j}\bar{\pi}_0=1$$

由此可得

$$\bar{\pi}_0=\frac{1}{1+\sum\limits_{j=1}^{\infty}\frac{p^{j-1}}{q^j}}=\frac{1}{1+\frac{1}{q}\sum\limits_{j=0}^{\infty}\left(\frac{p}{q}\right)^j}$$

由此式可知,当且仅当 $\frac{p}{q}<1$ 即 $p<q$ 时有

$$\bar{\pi}_0=\frac{1}{1+\frac{1}{q}\left(\frac{1}{1-\frac{p}{q}}\right)}=\frac{1}{1+\frac{1}{q-p}}=\frac{q-p}{2q}>0$$

此时有 $\overline{\pi}_i=\frac{p^{i-1}}{q^i}\left(\frac{q-p}{2q}\right)>0,i=1,2,\cdots$，这时该马氏链为正常返周期马氏链，也即该两个子链均为正常返马氏链。

11.6　占据时间及其极限定理

现在，我们将进一步考察马氏链的状态 k 在转移过程中所占据的时间，为此有如下定义。

定义 11.6.1　状态 k 的占据时间和总占据时间　设 $\{X(n),n=0,1,2,\cdots\}$ 为马氏链，状态空间为 $I=\{0,1,2,\cdots\}$，对任意状态 $k\in I$，令 $N_k(n)$ 表示前 n 次转移中达到状态 k 的次数，即满足 $1\leqslant v\leqslant n$ 且 $X(v)=k$ 的整数 v 的个数，则称 $N_k(n)$ 为马氏链在前 n 次转移中状态 k 的占据时间，又称

$$N_k(\infty)=\lim_{n\to\infty}N_k(n) \tag{11.6.1}$$

为 k 的总占据时间，显见，$N_k(n)$，$N_k(\infty)$ 均为随机变量。

为了得到关于占据时间的理论结果，需引入一些符号并给出相应含义。

定义随机变量 $Z_k(n)$ 为

$$Z_k(n)=\begin{cases}1,X(n)=k\\0,X(n)\neq k\end{cases} \tag{11.6.2}$$

于是有

$$N_k(n)=\sum_{m=1}^{n}Z_k(m) \tag{11.6.3}$$

$$N_k(\infty)=\sum_{m=1}^{\infty}Z_k(m) \tag{11.6.4}$$

定义 A_0 为依赖于随机变量集 $\{X(n),n>0\}$ 的任意事件。例如，$A_0=(X(n)=k,n>0)$。

定义 A_m 为依赖于随机变量集 $\{X(n),n\geqslant m\}$ 的任意事件。例如，$A_m=(X(n)=k,n>m)$。

定义

$$\begin{aligned}V_k&=(X(n)=k,\text{对某一整数 } n>0)\\&=(N_k(\infty)>0)\\&=(\text{马氏链转移无限次过程中迟早进入 } k \text{ 的事件})\end{aligned}$$

定义 $V_k(n)(n=1,2,\cdots)$ 为第 n 次转移首次进入 k 的事件，$V_k(n)$ 互不相容。显然有

$$V_k=\bigcup_{n=1}^{\infty}V_k(n) \tag{11.6.5}$$

有了以上准备，现介绍马氏链理论中的一个重要原理——首次进入法原理。

引理 11.6.1　首次进入法原理　设 $j,k\in I$ 为任意两个状态，则

$$P[A_0\mid X(0)=j]=\sum_{m=1}^{\infty}f_{jk}(m)P[A_m\mid X(m)=k] \tag{11.6.6}$$

其中

$$\begin{aligned}f_{jk}(m)&=P[T_{jk}=m\mid X(0)=j]\ (\text{见(11.2.4)式})\\&=P[V_k(m)\mid X(0)=j]\end{aligned} \tag{11.6.7}$$

证明 因为

$$P[A_0V_k \mid X(0)=j]=P[A_0\bigcup_{m=1}^{\infty}V_k(m)\mid X(0)=j]$$
$$=\sum_{m=1}^{\infty}P[A_0V_k(m)\mid X(0)=j](V_k(m)\text{互不相容}) \quad (11.6.8)$$

且有

$$A_mV_k(m)=A_0V_k(m)$$

于是由马氏性可得

$$\begin{aligned}P[A_0V_k(m)\mid X(0)=j]&=P[A_mV_k(m)\mid X(0)=j]\\&=P[A_m\mid V_k(m),X(0)=j]P[V_k(m)\mid X(0)=j]\\&=P[A_m\mid V_k(m)]P[V_k(m)\mid X(0)=j]\\&=P[A_m\mid X(m)=k]f_{jk}(m)\end{aligned} \quad (11.6.9)$$

将(11.6.9)式代入(11.6.8)式并考虑到A_0是V_0的子集,可得

$$\begin{aligned}P[A_0V_k\mid X(0)=j]&=P[A_0\mid X(0)=j]\\&=\sum_{m=1}^{\infty}f_{jk}(m)P[A_m\mid X(m)=k]\end{aligned}$$

引理证毕。

为了导出状态k的占据时间定理,还应引入以下两个概念。

令

$$f_{jk}=P[N_k(\infty)>0\mid X(0)=j] \quad (11.6.10)$$
$$=P[N_k(\infty)-N_k(m)>0\mid X(m)=j](\text{由齐次性}) \quad (11.6.11)$$
$$=P[\text{迟早发生}j\to k\mid X(0)=j]$$
$$=P[\text{迟早发生}j\to k\mid X(m)=j](\text{由齐次性})$$
$$=\sum_{n=1}^{\infty}f_{jk}(n)(\text{由(11.2.6)式})$$

令

$$g_{jk}=P[N_k(\infty)=\infty\mid X(0)=j] \quad (11.6.12)$$
$$=P[N_k(\infty)-N_k(m)=\infty\mid X(m)=j](\text{由齐次性}) \quad (11.6.13)$$

特别地,当$j=k$时有

$$g_{kk}=P[N_k(\infty)=\infty\mid X(0)=k] \quad (11.6.14)$$
$$=P[N_k(\infty)-N_k(m)=\infty\mid X(m)=k](\text{由齐次性}) \quad (11.6.15)$$

定理 11.6.1 设$\{X(n),n=0,1,2,\cdots\}$为马氏链,$I=\{0,1,2,\cdots\}$为其状态空间,则对任意状态$j,k\in I$,有

(1) $g_{jk}=f_{jk}g_{kk}$ (11.6.16)

(2) $g_{kk}=\lim\limits_{n\to\infty}(f_{kk})^n$ (11.6.17)

证明 (1)由(11.6.6)式,令$A_0=(N_k(\infty)=\infty)$,$A_m=(N_k(\infty)-N_k(m)=\infty)$,则

$$\begin{aligned}g_{jk}&=P[N_k(\infty)=\infty\mid X(0)=j]\\&=\sum_{m=1}^{\infty}f_{jk}(m)P[N_k(\infty)-N_k(m)=\infty\mid X(m)=k]\\&=\sum_{m=1}^{\infty}f_{jk}(m)g_{kk}\\&=f_{jk}g_{kk}\end{aligned}$$

即(11.6.16)式得证。

(2) 对任意 $n\geqslant 1$,由(11.6.6)式有

$$\begin{aligned}P[N_k(\infty)\geqslant n\mid X(0)=k] &= \sum_{m=1}^{\infty} f_{kk}(m)P[N_k(\infty)-N_k(m)\geqslant n-1\mid X(m)=k]\\ &= \sum_{m=1}^{\infty} f_{kk}(m)P[N_k(\infty)\geqslant n-1\mid X(0)=k]\\ &= f_{kk}P[N_k(\infty)\geqslant n-1\mid X(0)=k]\end{aligned} \tag{11.6.18}$$

同理

$$P[N_k(\infty)\geqslant n-1\mid X(0)=k]=f_{kk}P[N_k(\infty)\geqslant n-2\mid X(0)=k] \tag{11.6.19}$$

把(11.6.19)式代入(11.6.18)式可得

$$P[N_k(\infty)\geqslant n\mid X(0)=k]=(f_{kk})^2P[N_k(\infty)\geqslant n-2\mid X(0)=k]$$

按上面的做法一直进行下去,注意到 $P[N_k(\infty)\geqslant 0\mid X(0)=k]=1$,则立得

$$P[N_k(\infty)\geqslant n\mid X(0)=k]=(f_{kk})^n$$

进一步,令 $n\to\infty$ 有

$$\begin{aligned}g_{kk} &= P[N_k(\infty)=\infty\mid X(0)=k]\\ &= \lim_{n\to\infty} P[N_k(\infty)\geqslant n\mid X(0)=k]\\ &= \lim_{n\to\infty}(f_{kk})^n\end{aligned}$$

即(11.6.17)式得证。定理证毕。

由定理 11.6.1 容易得出如下定理。

定理 11.6.2　设 $I=\{0,1,2,\cdots\}$ 为马氏链的状态空间,则对任意 $k\in I$ 有

(1) $g_{kk}=1\Leftrightarrow f_{kk}=1$　(11.6.20)

(2) $g_{kk}=0\Leftrightarrow f_{kk}<1$　(11.6.21)

进一步,由定理 11.2.6、定理 11.2.7、定理 11.6.2 和定义 11.2.6 可有如下等价关系:

(1) $g_{kk}=1\Leftrightarrow f_{kk}=1\Leftrightarrow k$ 为常返 $\Leftrightarrow \sum_{n=1}^{\infty} p_{kk}(n)=\infty$　(11.6.22)

(2) $g_{kk}=0\Leftrightarrow f_{kk}<1\Leftrightarrow k$ 为非常返 $\Leftrightarrow \sum_{n=1}^{\infty} p_{kk}(n)<\infty$　(11.6.23)

这就是说,如果 k 为常返态,则等价地有 $P[N_k(\infty)=\infty\mid X(0)=k]=1$,即在无穷多次的转移过程中进入 k 的次数以概率 1 为无穷多。另一方面,如果 k 为非常返态,则等价地有 $P[N_k(\infty)=\infty\mid X(0)=k]=0$,这说明在无穷多次的转移过程中进入 k 的次数为无穷多是不可能的,即只能有限次地进入 k,这个结论和基于波雷尔-康特立引理对常返态及非常返态的分析是一致的。

例 11.6.1　设马氏链的状态空间为 $I=\{0,1\}$,一步转移概率矩阵为

$$\boldsymbol{P}=\begin{bmatrix}\frac{1}{3} & \frac{2}{3}\\ \frac{1}{4} & \frac{3}{4}\end{bmatrix}$$

可以证明 $f_{00}=f_{11}=1$,因此由定理 11.6.2 有

$$P[N_0(\infty)=\infty\mid X(0)=0]=P[N_1(\infty)=\infty\mid X(0)=1]=1$$

为了研究占据时间的极限定理,需引入以下几个量。

定义 11.6.2 称 W_n 为马氏链第 n 次到达 k 所需的最小转移次数,即

$$W_n \triangleq \min\{w: w \geqslant 1, N_k(w) = n\} \tag{11.6.24}$$

通常称 W_n 为马氏链第 n 次到达 k 的等待时间。

定义 11.6.3 称 T_n 为马氏链第 $n-1$ 次到达 k 与第 n 次到达 k 所需的最小转移次数,或称 T_n 为马氏链第 $n-1$ 次到达 k 与第 n 次到达 k 之间的时间间距。

$$T_1 = W_1 \tag{11.6.25}$$

$$T_n = W_n - W_{n-1}, n \geqslant 2 \tag{11.6.26}$$

显然有

$$W_n = \sum_{i=1}^{n} T_i \tag{11.6.27}$$

注意 我们曾在 11.2 节定义过首次实现 $i \to j$ 的转移时间 T_{ij},即

$$T_{ij} \triangleq \min\{n: X(0) = i, X(n) = j, n \geqslant 1\}$$

如果我们用 j 替换 i,用 k 替换 j,则有

$$T_{ij} \triangleq \min\{n: X(0) = i, X(n) = k, n \geqslant 1\} = T_1$$

也就是说,我们以前所研究的 T_{ij} 实际上就是研究 T_1。

定理 11.6.3 设 $\{X(n), n = 0, 1, 2, \cdots\}$ 为不可约正常返马氏链,则有

(1) 如果已知 $X(0) = j$,则

$$P(T_1 = t) = f_{jk}(t) \tag{11.6.28}$$

(2) $\{T_2, T_3, \cdots\}$ 是同分布的随机变量序列,即

$$P(T_n = t) = f_{kk}(t), n \geqslant 2 \tag{11.6.29}$$

(3) $\{T_1, T_2, \cdots\}$ 是相互独立的随机变量序列。

证明 (1) 由定义 11.2.4 可知

$$\begin{aligned} f_{jk}(t) &= P[T_{jk} = t \mid X(0) = j] \\ &= P[X(t) = k, X(v) \neq k, v = 1, 2, \cdots, t-1 \mid X(0) = j] \\ &= P(T_1 = k) \end{aligned}$$

即(11.6.28)式得证。

(2) 因为对于 $n = 1, 2, \cdots$ 有

$$\begin{aligned} P(T_{n+1} = t \mid W_n = w) &= P[X(w+t) = k, X(w+v) \neq k, v = 1, 2, \cdots, t-1 \mid X(w) = k] \\ &= f_{kk}(t) \end{aligned} \tag{11.6.30}$$

所以

$$\begin{aligned} P(T_{n+1} = t) &= \sum_{w=1}^{\infty} P(T_{n+1} = t, W_n = w) \\ &= \sum_{w=1}^{\infty} P(T_{n+1} = t \mid W_n = w) P(W_n = w) \\ &= \sum_{w=1}^{\infty} f_{kk}(t) P(W_n = w) \\ &= f_{kk}(t) \sum_{w=1}^{\infty} P(W_n = w) \\ &= f_{kk}(t), n = 1, 2, \cdots \end{aligned} \tag{11.6.31}$$

于是(11.6.29)式得证。

(3)对任意正整数 n 及 $t_1,t_2,\cdots,t_n$,有

$$P(T_1=t_1,T_2=t_2,\cdots,T_n=t_n)$$
$$=P(T_1=t_1)P(T_2=t_2\mid T_1=t_1)P(T_3=t_3\mid T_1=t_1,T_2=t_2)\cdots P(T_n=t_n\mid T_1=t_1,\cdots,T_{n-1}=t_{n-1}) \tag{11.6.32}$$

由(11.6.30)式,对于 $v=1,2,\cdots,n-1$,又有

$$\begin{aligned}P(T_{v+1}=t_{v+1}\mid T_1=t_1,T_2=t_2,\cdots,T_v=t_v) &= P\left(T_{v+1}=t_{v+1}\mid \sum_{i=1}^{v}T_i=\sum_{i=1}^{v}t_i\right)\\ &= P\left(T_{v+1}=t_{v+1}\mid W_v=\sum_{i=1}^{v}t_i\right)\\ &= P\left[X\left(\sum_{i=1}^{v}t_i+t_{v+1}\right)=k\,\middle|\,X\left(\sum_{i=1}^{v}t_i\right)=k\right]\\ &=f_{kk}(t_{v+1})\quad(\text{由(11.6.30)式})\\ &=P(T_{v+1}=t_{v+1})\quad(\text{由(11.6.28)式})\end{aligned}$$

于是(11.6.32)式化为

$$P(T_1=t_1,T_2=t_2,\cdots,T_n=t_n)=P(T_1=t_1)P(T_2=t_2)\cdots P(T_n=t_n)$$

这说明 $T_1,T_2,\cdots,T_n$ 为相互独立的随机变量。定理证毕。

由上述定理,再利用概率论的经典极限定理可推出以下极限定理。

定理 11.6.4　平均返回时间(或称时间间距的数学期望)$\boldsymbol{\mu_{kk}}$的估计　设$\{X(n),n=0,1,2,\cdots\}$为非周期不可约正常返马氏链,状态空间为 $I=\{0,1,2,\cdots\}$,则对任意 $k\in I$ 有

$$P\left[\lim_{n\to\infty}\frac{1}{n}W_n=\mu_{kk}\mid X(0)=j\right]=1 \tag{11.6.33}$$

其中,W_n 为马氏链第 n 次到达 k 的等待时间;

$$\mu_{kk}=E(T_i)=\sum_{t=1}^{\infty}tf_{kk}(t),i\geqslant 2 \tag{11.6.34}$$

$j\in I$ 为任意状态。

证明　由定理 11.6.3 可知$\{T_2,T_3,\cdots\}$是相互独立同分布的随机变量序列,又知该马氏链为正常返,即

$$\mu_{kk}=E(T_i)<\infty,i\geqslant 1$$

于是由柯尔莫哥洛夫强大数定理(见上册定理 6.3.11)可知,必有

$$\lim_{n\to\infty}\frac{1}{n-1}\sum_{i=2}^{n}T_i=\lim_{n\to\infty}\frac{1}{n-1}\sum_{i=2}^{n}E(T_i)=\mu_{kk},(\text{a. s}) \tag{11.6.35}$$

又因为 j 与 k 互通且该马氏链为正常返,故有

$$T_{jk}=T_1<\infty(\text{见定义 11.2.1})$$

于是

$$\begin{aligned}\lim_{n\to\infty}\frac{1}{n}W_n &= \lim_{n\to\infty}\frac{1}{n}\sum_{i=1}^{n}T_i\\ &= \lim_{n\to\infty}\frac{1}{n}T_1+\lim_{n\to\infty}\frac{n-1}{n}\frac{1}{n-1}\sum_{i=2}^{n}T_i\\ &= \lim_{n\to\infty}\frac{1}{n-1}\sum_{i=2}^{n}T_i\\ &= \mu_{kk},(\text{a,s})(\text{由(11.6.35)式})\end{aligned}$$

定理证毕。

说明 该定理表明,$\frac{1}{n}W_n$ 强一致收敛于 μ_{kk},即以概率 1 收敛于 μ_{kk},因此,我们可以将时间间距序列 $\{T_1,T_2,\cdots\}$ 的样本均值 $\frac{1}{n}W_n=\frac{1}{n}\sum_{i=1}^{n}T_i$ 作为时间间距的总体均值 $E(T_i)=\mu_{kk}$ 的估计。

定理 11.6.5 等待时间 W_n 的极限分布 设 $\{X(n),n=0,1,2,\cdots\}$ 为非周期不可约正常返马氏链,状态空间为 $I=\{0,1,2,\cdots\}$,$\{T_i,i\geqslant 1\}$ 为 $k\to k(k\in I)$ 返回时间间距序列,又设 T_i 的二阶原点矩为

$$m_{kk}^{(2)}=E(T_i^2)=\sum_{n=1}^{\infty}n^2 f_{kk}(n)<\infty,i\geqslant 2$$

T_i 的一阶原点矩为

$$\mu_{kk}=E(T_i)=\sum_{n=1}^{\infty}nf_{kk}(n)<\infty,i\geqslant 2$$

T_i 的方差为

$$\sigma_{kk}^2=m_{kk}^{(2)}-(\mu_{kk})^2<\infty,i\geqslant 2$$

则对任意 $X(0)=j,j\in I$,等待时间 W_n 具有渐近正态分布,即

$$\lim_{n\to\infty}\frac{1}{\sqrt{n}\sigma_{kk}}(W_n-n\mu_{kk})\sim N(0,1),(W) \tag{11.6.36}$$

证明 因为 $\{T_i,i\geqslant 2\}$ 为独立同分布随机变量序列,于是由列维-麟德伯尔格定理(见上册定理 6.4.2)可知

$$\lim_{n\to\infty}\frac{1}{\sqrt{n-1}\sigma_{kk}}\sum_{n=2}^{\infty}(T_i-\mu_{kk})\sim N(0,1)$$

又因为该链是互通链,故

$$T_1=T_{jk}<\infty$$

于是有

$$\begin{aligned}\lim_{n\to\infty}\frac{1}{\sqrt{n}\sigma_{kk}}(W_n-n\mu_{kk})&=\lim_{n\to\infty}\frac{1}{\sqrt{n}\sigma_{kk}}\sum_{i=1}^{n}(T_i-\mu_{kk})\\&=\lim_{n\to\infty}\frac{1}{\sqrt{n}\sigma_{kk}}(T_1-\mu_{kk})+\lim_{n\to\infty}\frac{\sqrt{n-1}}{\sqrt{n}}\frac{1}{\sqrt{n-1}\sigma_{kk}}\sum_{i=2}^{n}(T_i-\mu_{kk})\\&=\lim_{n\to\infty}\frac{1}{\sqrt{n-1}\sigma_{kk}}\sum_{i=2}^{n}(T_i-\mu_{kk})\sim N(0,1),(W)\end{aligned}$$

定理证毕。

定理 11.6.6 平稳分布 $\{\pi_k,k=0,1,2,\cdots\}$ 的估计 设 $\{X(n),n=0,1,2,\cdots\}$ 为非周期不可约正常返马氏链,状态空间为 $I=\{0,1,2,\cdots\}$,该马氏链的平稳分布为 $\{\pi_k,k=0,1,2,\cdots\}$,$N_k(n)$ 为前 n 次转移过程中 k 的占据时间,则对任意 $\varepsilon>0$ 有

$$\lim_{n\to\infty}P\left[\frac{1}{n}N_k(n)-\pi_k\geqslant\varepsilon\right]=0,k=0,1,2,\cdots$$

或写成

$$\lim_{n\to\infty}\frac{1}{n}N_k(n)=\pi_k,(P),k=0,1,2,\cdots \tag{11.6.37}$$

也就是说，$\frac{1}{n}N_k(n)$依概率收敛于 π_k。

证明　对任意 $k\in I$，由(11.6.2)式，令

$$Z_k(n)=\begin{cases}1, X(n)=k\\0, X(n)\neq k\end{cases}$$

于是有

$$N_k(n) = \sum_{m=1}^{n} Z_k(m) \tag{11.6.38}$$

经计算可得

$$E[Z_k(n)]=\pi_k$$
$$E[Z_k^2(n)]=\pi_k$$
$$D[Z_k(n)]=E[Z_k^2(n)]-\{E[Z_k(n)]\}^2=\pi_k-\pi_k^2<\infty$$

又由马氏链基本性质可知

$$P[X(n)=k|X(n-1)=k_1, X(n-2)=k_2,\cdots,X(0)=k_n]$$
$$=P[X(n)=k|X(n-1)=k_1]$$

这说明 $Z_k(n)$只与 $Z_k(n-1)$相关，而与 $Z_k(n-2),\cdots,Z_k(0)$不相关，因此$|r_{ij}|=0, |i-j|\geqslant 2$，其中，$r_{ij}$表示 $Z_k(i)$与 $Z_k(j)$的相关系数。于是由伯恩斯坦大数定理（见上册例 6.3.3）可知$\{Z_k(n), 1, 2,\cdots\}$服从大数定理，即

$$\begin{aligned}\lim_{n\to\infty}\frac{1}{n}N_k(n) &= \lim_{n\to\infty}\frac{1}{n}\sum_{m=1}^{n}Z_k(m)\\ &= \lim_{n\to\infty}\frac{1}{n}\sum_{m=1}^{n}E[Z_k(m)]\\ &= \lim_{n\to\infty}\frac{1}{n}\sum_{m=1}^{n}\pi_k\\ &= \pi_k, (P)\end{aligned}$$

定理证毕。

说明　经进一步分析计算，可以证明$\{Z_k(n), n=1,2,\cdots\}$还服从强大数定理，即

$$\lim_{n\to\infty}\frac{1}{n}N_k(n) = \lim_{n\to\infty}\frac{1}{n}\sum_{m=1}^{n}Z_k(m) = \pi_k, (\text{a. s}) \tag{11.6.39}$$

也就是说，$\frac{1}{n}N_k(n)$当 $n\to\infty$ 时以概率 1 收敛于 π_k。

定理 11.6.7　占据时间 $N_k(n)$的渐近分布　设$\{X(n), n=0,1,2,\cdots\}$为非周期不可约正常返马氏链，状态空间为 $I=\{0,1,2,\cdots\}$，又设对任意 $k\in I$，其平均返回时间 μ_{kk}及方差 σ_{kk}^2有界，即

$$\mu_{kk}<\infty \tag{11.6.40}$$

$$\sigma_{kk}^2<\infty \tag{11.6.41}$$

则对任意实数 $x\in\mathbf{R}^1$ 有

$$\lim_{n\to\infty}P\left[\frac{N_k(n)-(n|\mu_{kk})}{\sqrt{n(\sigma_{kk}^2|\mu_{kk}^3)}}<x\right]=\frac{1}{\sqrt{2\pi}}\int_{-\infty}^{x}\mathrm{e}^{-\frac{t^2}{2}}\mathrm{d}t \triangleq \Phi(x) \tag{11.6.42}$$

证明　在证明(11.6.42)式之前，首先应注意以下几点：

(1)由 W_n 及 $N_k(w)$ 的定义可知,对任意 n,w 有

$$N_k(w) < n \Leftrightarrow W_n > w \tag{11.6.43}$$

(2)当 $w\to\infty$ 时有

$$\mu_{kk} = \lim_{w\to\infty}\frac{w}{n(w)} \tag{11.6.44}$$

其中,$n(w)$ 表示在 $0\sim w$ 内 k 返回的次数。

(3)可以证明[19]

$$E[N_k(n)] = \frac{n}{\mu_{kk}} \tag{11.6.45}$$

$$D[N_k(n)] = \frac{n\sigma_{kk}^2}{(\mu_{kk})^3} \tag{11.6.46}$$

现在往证(11.6.42)式,为此,记 $\sigma_{kk}^2 \triangleq \sigma^2$,$\mu_{kk}\triangleq\mu$,对任意 $x\in\mathbf{R}^1$,令

$$x = \frac{n(w)-(w/\mu)}{\sqrt{w\sigma^2|\mu^3}}$$

于是由(11.6.44)式可知

$$-x = \frac{w-\mu n(w)}{\sqrt{\sigma^2 n(w)}}$$

再由(11.6.43)式必有

$$P[N_k(w)<n] = P(W_n > w)$$

即

$$P[N_k(w)<n(w)] = P(W_{n(w)} > w)$$

经归一化表示有

$$\begin{aligned} P\left[\frac{N_k(w)-(w|\mu)}{\sqrt{w\sigma^2|\mu^3}}<x\right] &= P\left[\frac{N_k(w)-(w|\mu)}{\sqrt{w\sigma^2|\mu^3}}<\frac{n(w)-(w|\mu)}{\sqrt{w\sigma^2|\mu^3}}\right] \\ &= P\left[\frac{W_{n(w)}-\mu n(w)}{\sqrt{n(w)\sigma^2}}>\frac{w-\mu n(w)}{\sqrt{\sigma^2 n(w)}}\right] \\ &= P\left[\frac{W_{n(w)}-\mu n(w)}{\sqrt{n(w)\sigma^2}}>-x\right] \\ &= \Phi(x),\ w\to\infty \quad (\text{由定理 } 11.6.5) \end{aligned}$$

定理证毕。

11.7 吸收概率和平均吸收时间

对于一般的马氏链状态空间,由定理 11.2.16 可知,状态空间 I 可唯一地分解为互不重叠的集合 $N,C_1,C_2,\cdots$,即

$$I = N + C_1 + C_2 + \cdots$$

其中,N 为所有非常返态所组成的集合;$C_1,C_2,\cdots$ 为同一类型的常返态所组成的不可约闭集。当初始状态 $X(0)=j$ 处于某个 C_r 时,马氏链就一直在 C_r 内运动,但当初始状态 $X(0)=j$ 处于 N 集时,由定理 11.2.13 可知,随着转移次数的增加,必将进入某个 C_r 中,以后就一直停留在该 C_r 内

运动,这时称状态 $X(0)=j\in N$ 被某个 C_r 所吸收。本节就是解决马氏链从$X(0)=j\in N$ 出发被某个 C_r 吸收时,吸收概率有多大以及平均吸收时间是多少的问题。

定义 11.7.1　吸收概率　设 $k\in C_r$ 为 C_r 中任一状态,$j\in N$ 为非常返集 N 中某一状态,则称f_{jk}为状态 j 被 C_r 吸收的概率,记为 f_{jC_r}。

定理 11.7.1　设 $k\in C_r$ 为 C_r 中任一常返态,则吸收概率f_{jk},$j\in N$ 必满足如下方程组

$$f_{jk}=\sum_{i\in N}p_{ji}f_{ik}+\sum_{i\in C_r}p_{ji},j\in N \tag{11.7.1}$$

证明

$$\begin{aligned}f_{jk}&=P[N_k(\infty)>0\,|\,X(0)=j]\\&=\sum_{i\in I}P[N_k(\infty)>0\,|\,X(1)=i]P[X(1)=i\,|\,X(0)=j]\\&=\sum_{i\in N}p_{jk}f_{ik}+\sum_{i\in C_1+C_2+\cdots}p_{ji}f_{ik}\\&=\sum_{i\in N}p_{ji}f_{ik}+\sum_{i\in C_r}p_{ji}\end{aligned}$$

其中

$$f_{ik}=\begin{cases}1,k\in C_r,i\in C_r\\0,k\in C_r,i\overline{\in} C_r,i\overline{\in} N\end{cases}$$

定理证毕。

说明　(1)由定义 11.7.1 可知$f_{jk}\triangleq f_{jC_r}(\forall k\in C_r,j\in N)$,这表明对任意 $k\in C_r$ 吸收概率是相同的,故称为被某常返集 C_r 的吸收概率。

(2)由方程组(11.7.1)式可以看出,求解吸收概率实际上就是求解非齐次线性方程组问题。

定理 11.7.2　非齐次方程组(11.7.1)式有唯一有界解$\{f_{jk},j\in N\}$的充要条件是如下齐次方程组

$$f_{jk}=\sum_{i\in N}p_{ji}f_{ik},k\in C_r,j\in N \tag{11.7.2}$$

的唯一有界解是零解,即

$$f_{jk}=0,\text{对一切 } j\in N,k\in C_r$$

证明　不失一般性,设 N 中有 n 个状态,C_r 中有 c 个状态,再令

$$\sum_{i\in C_r}p_{ji}=\sum_{i=1}^{c}p_{ji}\triangleq b_j,j=1,2,\cdots,n$$

则非齐次线性方程组(11.7.1)式可化为

$$\left[\begin{bmatrix}1&0&0&\cdots&0\\0&1&0&\cdots&0\\\vdots&\vdots&\vdots&&\vdots\\0&0&0&\cdots&1\end{bmatrix}-\begin{bmatrix}p_{11}&p_{12}&\cdots&p_{1n}\\p_{21}&p_{22}&\cdots&p_{2n}\\\vdots&\vdots&&\vdots\\p_{n1}&p_{n2}&\cdots&p_{nn}\end{bmatrix}\right]\begin{bmatrix}f_{1k}\\f_{2k}\\\vdots\\f_{nk}\end{bmatrix}=\begin{bmatrix}b_1\\b_2\\\vdots\\b_n\end{bmatrix} \tag{11.7.3}$$

将(11.7.3)式简记为

$$[\boldsymbol{I}_n-\boldsymbol{P}_{n\times n}]\boldsymbol{f}_k=\boldsymbol{b} \tag{11.7.4}$$

或记为

$$\boldsymbol{M}_{n\times n}\boldsymbol{f}_k=\boldsymbol{b} \tag{11.7.5}$$

其中

$$\boldsymbol{P}_{n\times n}=\begin{bmatrix}p_{11} & p_{12} & \cdots & p_{1n}\\ p_{21} & p_{22} & \cdots & p_{2n}\\ \vdots & \vdots & & \vdots\\ p_{n1} & p_{n2} & \cdots & p_{nn}\end{bmatrix},\boldsymbol{f}_k=\begin{bmatrix}f_{1k}\\ f_{2k}\\ \vdots\\ f_{nk}\end{bmatrix},\boldsymbol{b}=\begin{bmatrix}b_1\\ b_2\\ \vdots\\ b_n\end{bmatrix},\boldsymbol{M}_{n\times n}=\boldsymbol{I}_n-\boldsymbol{P}_{n\times n}$$

于是由线性代数基本定理有

方程组(11.7.1)式有唯一解

$\Leftrightarrow$齐次方程组(11.7.2)式的解为零

$\Leftrightarrow \mathrm{rank}(\boldsymbol{M}_{n\times n})=n$

$\Leftrightarrow$行列式$|\boldsymbol{M}_{n\times n}|\neq 0$

而且方程(11.7.3)的解为

$$\boldsymbol{f}_k=[\boldsymbol{I}_n-\boldsymbol{P}_{n\times n}]^{-1}\boldsymbol{b} \tag{11.7.6}$$

定理证毕。

说明 由 $b\triangleq\sum_{i\in C_r}p_{ji}$ 可以看出,对 C_r 中的每个 k,其解 $f_{jk},j\in N$ 是一样的,这说明吸收概率 $f_{ji},j\in N$ 对于 C_r 中的每个 k 是一样的。

定理 11.7.3 设$\{X(n),n=0,1,2,\cdots\}$为马氏链,状态空间 I 分解为

$$I=N+C_1+C_2+\cdots$$

其中,N 为所有非常返态所组成的集合;$C_i(i=1,2,\cdots)$为非周期不可约常返态所组成的闭集。又设 $j\in N$ 为 N 中某一状态,$k\in C_r$ 为 C_r 中某一非周期常返态,则有

$$\lim_{n\to\infty}p_{jk}(n)=f_{jC_r}\lim_{n\to\infty}p_{kk}(n)=f_{jC_r}\boldsymbol{\pi}_k \tag{11.7.7}$$

其中,f_{jC_r}为 j 被 C_r 的吸收概率;$\boldsymbol{\pi}_k$ 为状态 k 的极限概率。

证明

$$\begin{aligned}\lim_{n\to\infty}p_{jk}(n)&=\lim_{n\to\infty}P[X(n)=k\,|\,X(0)=j]\\&=\lim_{n\to\infty}P[X(n)=k,\forall i\in C_r,N_i(N_1)>0\,|\,X(0)=j],n>n_1\\&=\lim_{n\to\infty}P[\forall i\in C_r,N_i(N_1)>0\,|\,X(0)=j]P[X(n)=k\,|\,\forall i\in C_r,N_i(n_1)>0,\\&\quad X(0)=j],0<n_1<n\\&=f_{jC_r}\lim_{n\to\infty}P[X(n)=k\,|\,X(n_1)=i],i\in C_r,0<n_1<n\\&=f_{jC_r}\lim_{n\to\infty}p_{ik}(n-n_1)\\&=f_{jC_r}\lim_{n\to\infty}p_{kk}(n)\quad(\text{由定理 11.3.8、推论 11.3.1})\\&=f_{jC_r}\cdot\pi_k\end{aligned}$$

定理证毕。

说明 该定理的(11.7.7)式只适用于 $j\in N,k\in C_r(r=1,2,\cdots)$的情况。

例 11.7.1 随机游动的吸收概率 设马氏链的状态空间为 $I=\{0,1,2,\cdots,M\}$,状态转移概率矩阵为

$$\boldsymbol{P}=\begin{bmatrix}1 & 0 & 0 & 0 & \cdots & \cdots & \cdots & \cdots\\ q & 0 & p & 0 & \cdots & \cdots & \cdots & \cdots\\ 0 & q & 0 & p & \cdots & \cdots & \cdots & \cdots\\ \vdots & \vdots & \vdots & \vdots & & \vdots & \vdots & \vdots\\ 0 & 0 & 0 & 0 & \cdots & q & 0 & p\\ 0 & 0 & 0 & 0 & \cdots & 0 & 0 & 1\end{bmatrix}$$

由转移概率矩阵 **P** 可以画出信息流程图,如图 11.7.1 所示。

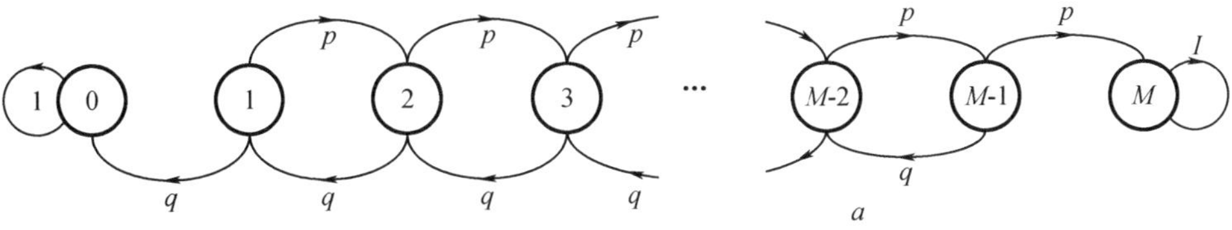

图 11.7.1　例 11.7.1 的信息流程图

由图 11.7.1 可以看出,该马氏链共有 $M+1$ 个状态,其中 0 和 M 是两个吸收态,形成两个不可约常返闭集,但每个闭集内只有一个状态,记为 $C_0=\{0\}$,$C_M=\{M\}$,其余 $M-1$ 个状态为非常返态,记为 $N=\{1,2,\cdots,M-1\}$。从其中任一非常返态 $j\in N$ 出发,我们计算吸收概率 $f_{jC_r}\triangleq f_{j,0}$,$0\in C_0$,由(11.7.1)式可知,$j=1,2,\cdots,M-1$,$k=0$,于是有

$$f_{1,0}=pf_{2,0}+q \tag{11.7.8}$$

$$\begin{cases}f_{2,0}=qf_{1,0}+pf_{3,0}\\ \cdots\cdots\cdots\cdots\\ f_{i,0}=qf_{i-1,0}+pf_{i+1,0},2\leqslant i\leqslant M-2\\ \cdots\cdots\cdots\cdots\\ f_{M-2,0}=qf_{M-3,0}+pf_{M-1,0}\end{cases} \tag{11.7.9}$$

$$f_{M-1,0}=qf_{M-2,0} \tag{11.7.10}$$

方程(11.7.9)式是一个典型的常系数二阶差分方程,我们可用 Z 变换法求解方程(11.7.9)式。设 $f_{i,0}$的 Z 变换为 $f_0(z)$,即

$$Z\{f_{i,0}\}=f_0(z)$$

现将方程(11.7.9)式两边做 Z 变换有

$$f_0(z)=qf_0(z)z^{-1}+pf_0(z)z$$

经整理得

$$(pz^2-z+q)f_0(z)=0 \tag{11.7.11}$$

由此可知,特征方程为

$$pz^2-z+q=0 \tag{11.7.12}$$

解上述特征方程可得特征根为

$$z_1=1,z_2=\frac{q}{p}$$

于是,方程(11.7.9)式的通解为

$$f_{i,0}=Az_1^i+Bz_2^i=A+B\left(\frac{q}{p}\right)^i \tag{11.7.13}$$

其中,系数 A,B 可由方程(11.7.8)式和方程(11.7.10)式确定。将(11.7.13)式分别代入方程(11.7.8)式和方程(11.7.10)式有

$$\begin{cases}A+B\left(\frac{q}{p}\right)=p\left[A+B\left(\frac{q}{p}\right)^2\right]+q\\ A+B\left(\frac{q}{p}\right)^{M-1}=q\left[A+B\left(\frac{q}{p}\right)^{M-2}\right]\end{cases} \tag{11.7.14}$$

经化简有

$$\begin{cases}A=1-B\\p^MA+q^MB=0\end{cases}\tag{11.7.15}$$

解上述联立方程可得

$$A=\frac{q^M}{q^M-p^M},B=\frac{-p^M}{q^M-p^M}$$

再将 A,B 代入(11.7.13)式得

$$f_{i,0}=\frac{\left(\frac{q}{p}\right)^M-\left(\frac{q}{p}\right)^i}{\left(\frac{q}{p}\right)^M-1}=\frac{1-\left(\frac{q}{p}\right)^{M-i}}{1-\left(\frac{q}{p}\right)^M},i=1,2,\cdots,M-1\tag{11.7.16}$$

由于该马氏链只有两个吸收态,故有

$$f_{i,M}=1-f_{i,0}\tag{11.7.17}$$

说明 例 11.7.1 所讨论的数学模型通常也称为赌徒输光模型。例如,有甲、乙两个赌徒在一起赌博,甲有赌资为 a,乙有赌资为 b,每赌一次甲赢的概率为 p(也就是乙输的概率为 p),甲输的概率为 q(也就是乙赢的概率为 q),如果甲赢一次则甲的赌资变为 $a+1$,如果甲输一次则甲的赌资变为 $a-1$,这样不断地赌下去,直到甲的赌资为0,我们就说甲已输光。

开始时,甲、乙共有赌资为 $M=a+b$,设甲的赌博序列为$\{X(n),n=0,1,2,\cdots\}$并假定为马氏序列,于是有 $X(0)=a$,当 $X(n)=0$ 时就认为甲已输光,我们所要求的甲输光的概率就是$f_{a,0}$,利用例 11.7.1 的结果有

$$f_{a,0}=\frac{1-\left(\frac{p}{q}\right)^b}{1-\left(\frac{p}{q}\right)^{a+b}}\tag{11.7.18}$$

我们讨论两个极限情况,设甲、乙的赌资充分大,即 $a\gg1,b\gg1$,则有

(1)当 $q>p$ 时有 $f_{a,0}\doteq1$,这说明甲必输光,乙赢全局;

(2)当 $p>q$ 时有 $f_{a,0}\doteq0$,这说明甲赢全局,乙必输光。

下面讨论**平均吸收时间**。

设马氏链$\{X(n),n=0,1,2,\cdots\}$的状态空间 I 分解为 $I=N+C$,其中,N 为所有非常返态所组成的集合;C 为所有常返不可约闭集 $C_1,C_2,\cdots$所组成的集类,即 $C=C_1+C_2+\cdots$。现引入如下定义。

定义 11.7.2 吸收前时间 N'和吸收时间 N_0 对所有 $j\in N$,状态 j 在被常返态闭集吸收前停留在非常返态集 N 中的总时间,称为马氏链的吸收前时间 N',即

$$N'=\sum_{j\in N}N_j(\infty)\tag{11.7.19}$$

令

$$N_0=N'+1\tag{11.7.20}$$

则称 N_0 为马氏链的吸收时间。

定义 11.7.3 平均吸收时间 m_j 称

$$\begin{aligned}m_j&=E[N_0\mid X(0)=j],j\in N\\&=1+E[N'\mid X(0)=j],j\in N\end{aligned}\tag{11.7.21}$$

为马氏链从状态 $X(0)=j$ 出发的平均吸收时间。

定理 11.7.4　设$\{X(n),n=0,1,2,\cdots\}$为马氏链，状态空间 I 为

$$I=N+C=N+C_1+C_2+\cdots$$

则对所有 $j\in N$ 有

$$m_j=1+\sum_{j\in N}\sum_{n=1}^{\infty}p_{j,i}(n) \tag{11.7.22}$$

其中，$i,j\in N$ 为 N 中任意状态。

证明　由(11.7.21)式有

$$\begin{aligned}m_j&=1+E[N'|X(0)=j]\\&=1+E[\sum_{i\in N}N_i(\infty)|X(0)=j]\\&=1+\sum_{i\in N}E[N_i(\infty)|X(0)=j]\\&=1+\sum_{i\in N}E[\sum_{m=1}^{\infty}Z_i(m)|X(0)=j]\text{(由(11.6.4)式)}\\&=1+\sum_{i\in N}\sum_{m=1}^{\infty}E[Z_i(m)|X(0)=j]\\&=1+\sum_{i\in N}\sum_{m=1}^{\infty}p_{j,i}(m)\text{(由(11.6.2)式)}\end{aligned}$$

证毕。

定理 11.7.5　平均吸收时间 $m_j,j\in N$ 满足如下线性方程

$$m_j=1+\sum_{k\in N}p_{j,k}m_k \tag{11.7.23}$$

证明　对任意 $j\in N$，由(11.7.21)式有

$$\begin{aligned}m_j&=E[N_0|X(0)=j]\\&=\sum_{k\in I}P[X(1)=k|X(0)=j]E[N_0|X(1)=k,X(0)=j]\quad\text{(由全条件期望)}\\&=\sum_{k\in I}p_{j,k}E[N_0|X(1)=k,X(0)=j]\\&=\sum_{k\in N}p_{j,k}E[N_0|X(1)=k)+\sum_{k\in C}p_{j,k}E(N_0|X(1)=k]\text{(由马氏性)}\end{aligned} \tag{11.7.24}$$

又知

$$E[N_0|X(1)=k]=1+E[N'|X(1)=k] \tag{11.7.25}$$

但当 $X(1)=k$ 且 $k\in C$ 条件下，马氏链不能再返回 N，故有 $E(N'|X(1)=k)=0(k\in C)$，由此可知 $E[N_0|X(1)=k]=1(k\in C)$，将该式带入(11.7.24)式得

$$\begin{aligned}m_j&=\sum_{k\in N}p_{j,k}E[N_0|X(1)=k]+\sum_{k\in C}p_{j,k}\\&=\sum_{k\in N}p_{j,k}E[1+N_0|X(0)=k]+\sum_{k\in C}p_{j,k}\\&=\sum_{k\in N}p_{j,k}\{1+E[N_0|X(0)=k]\}+\sum_{k\in C}p_{j,k}\\&=\sum_{k\in N+C}p_{j,k}+\sum_{k\in N}p_{j,k}E[N_0|X(0)=k]\\&=1+\sum_{k\in N}p_{j,k}m_k,j\in N,k\in N\end{aligned}$$

定理证毕。

例 11.7.2　对于例 11.7.1 所讨论的马氏链模型，现计算平均吸收时间，由例 11.7.1 可知，状态空间为 $I=\{0,1,2,\cdots,M\}$，初始状态为 $X(0)=k<M$，非常返态集为 $N=\{1,$

$2,\cdots,M-1\}$,两个常返闭集为 $C_0=\{0\},C_M=\{M\}$,于是方程(11.7.23)式化为

$$m_j = 1 + \sum_{k=1}^{M-1} p_{j,k} m_k, j \in N \tag{11.7.26}$$

由吸收时间的含义,可以规定

$$m_0 = 0 \tag{11.7.27}$$

$$m_M = 0 \tag{11.7.28}$$

再由例 11.7.1 中的状态转移概率矩阵 $\boldsymbol{P}$ 可得如下递推方程,即

$$\begin{aligned}
&m_j = 1 + qm_{j-1} + pm_{j+1}, j=1,2,\cdots,M-1\\
&\Rightarrow pm_{j+1} - m_j = -qm_{j-1} - 1\\
&\Rightarrow pm_{j+1} - pm_j - qm_j = -qm_{j-1} - 1\\
&\Rightarrow p(m_{j+1} - m_j) = q(m_j - m_{j-1}) - 1\\
&\Rightarrow pM_{j+1} = qM_j - 1
\end{aligned} \tag{11.7.29}$$

其中令

$$M_{j+1} = m_{j+1} - m_j, j=1,2,\cdots,M-1 \tag{11.7.30}$$

由(11.7.29)式可得

$$\begin{aligned}
M_{j+1} &= \frac{q}{p}M_j - \frac{1}{p}\\
&= \left(\frac{q}{p}\right)^2 M_{j-1} - \frac{1}{p} - \frac{1}{p}\frac{q}{p}\\
&= \left(\frac{q}{p}\right)^2 M_{j-1} - \frac{1}{p}\left(1 + \frac{q}{p}\right)\\
&= \left(\frac{q}{p}\right)^j M_1 - \frac{1}{p}\left[1 + \frac{q}{p} + \cdots + \left(\frac{q}{p}\right)^{j-1}\right]\\
&= \begin{cases} \left(\frac{q}{p}\right)^j M_1 - \frac{1}{p-q}\left[1 - \left(\frac{q}{p}\right)^j\right], \text{当 } p \neq q \text{ 时} & (11.7.31)\\ M_1 - \frac{1}{p}j, \text{当 } p = q \text{ 时} & (11.7.32) \end{cases}
\end{aligned}$$

由(11.7.30)式并考虑到(11.7.27)式有

$$\begin{aligned}
m_k &= \sum_{j=0}^{k-1} M_{j+1}\\
&= \begin{cases} \left(M_1 + \frac{1}{p-q}\right)\left[\frac{1-\left(\frac{q}{p}\right)^k}{1-\left(\frac{q}{p}\right)}\right] - \frac{k}{p-q}, \text{当 } p \neq q \text{ 时} & (11.7.33)\\ kM_1 - \frac{1}{2p}k(k-1), \text{当 } p = q \text{ 时} & (11.7.34) \end{cases}
\end{aligned}$$

这样一来,$\{m_k,k=1,2,\cdots,M\}$ 已经得出,再利用边界条件(11.7.28)式确定 M_1,当 $p=q$ 时,由 $m_M=0$ 有

$$0 = m_M = MM_1 - \frac{1}{2p}M(M-1)$$

$$\Rightarrow M_1 = \frac{1}{2p}(M-1) \tag{11.7.35}$$

当 $p\neq q$ 时，由 $m_M=0$ 及(11.7.33)式有

$$M_1=\frac{M}{p-q}\left[\frac{1-\left(\frac{q}{p}\right)}{1-\left(\frac{q}{p}\right)^M}\right]-\frac{1}{p-q} \tag{11.7.36}$$

将(11.7.35)式和(11.7.36)式代入(11.7.34)式和(11.7.33)式，得

$$m_k=\begin{cases}\dfrac{M}{p-q}\left[\dfrac{1-\left(\frac{q}{p}\right)^k}{1-\left(\frac{q}{p}\right)^M}\right]-\dfrac{k}{p-q}=\dfrac{k}{q-p}-\dfrac{M}{q-p}\left[\dfrac{1-\left(\frac{q}{p}\right)^k}{1-\left(\frac{q}{p}\right)^M}\right],\text{当 } p\neq q \text{ 时}\\ \dfrac{k(M-k)}{2p},\text{当 } p=q\end{cases} \tag{11.7.37}$$

如果 $M\gg1,k\ll M$ 则由(11.7.37)式及(11.7.38)式有

$$m_k\doteq\frac{k}{q-p},\text{当 } q>p \text{ 时} \tag{11.7.39}$$

$$m_k=\infty,\text{当 } q\leqslant p \text{ 时} \tag{11.7.40}$$

这就得到了在状态空间 $I=\{0,1,2,\cdots,M\}$ 上的随机游动当初始状态为 $X(0)=k$ 时，被吸收于 0 的平均吸收时间。

说明　这个结果从图 11.7.1 的信息流程图很容易理解，当 $q>p$ 且 $M\gg1,k\ll M$ 时，马氏链运动总的趋势是向左的，直到被状态 0 吸收为止，因此向右运动直到被状态 M 吸收是不可能的；反之，如果 $p>q$，则马氏链运动总的趋势是向右的，直到被状态 M 吸收为止，而向左运动直到被状态 0 吸收是不可能的。

如果 $p=q$，这时马氏链向左运动或向右运动的概率相等，因此，若 $k\doteq\frac{1}{2}M(M\gg1)$ 时，马氏链必停留在以初始状态 $X(0)=k$ 为中心的一个范围内（服从中心极限定理），因此被 0 吸收或被 M 吸收都是不可能的。

至此，我们较全面地介绍了马尔可夫链的基础理论。

在实际应用中，我们还经常遇到离散时间状态连续的马尔可夫过程，通常称这样的过程为马尔可夫序列，其条件分布函数和条件密度函数分别为

$$\begin{aligned}&F(x_n\mid x_{n-1},x_{n-2},\cdots,x_n)\\ \triangleq&P[X(n)<x_n\mid X(n-1)=x_{n-1},X(n-2)=x_{n-2},\cdots,X(0)=x_0]\\ =&P[X(n)<x_0\mid X(n-1)=x_{n-1}]\\ \triangleq&F(x_n\mid x_{n-1})\end{aligned} \tag{11.7.41}$$

以及

$$\begin{aligned}f(x_n\mid x_{n-1},x_{n-2},\cdots,x_0)&=\frac{\partial F(x_n\mid x_{n-1},x_{n-2},\cdots,x_0)}{\partial x_n}\\&=\frac{\partial F(x_n\mid x_{n-1})}{\partial x_n}\\&=f(x_n\mid x_{n-1})\end{aligned} \tag{11.7.42}$$

马氏序列同马氏链的性质是一样的，只是在表示上稍有不同。例如，序列 $\{X(n),n=0,1,2,\cdots\}$ 为马氏序列的充要条件是对任意正整数，其联合密度函数可表示为

$$f(x_n,x_{n-1},\cdots,x_0)=f(x_n\mid x_{n-1})f(x_{n-1}\mid x_{n-2})\cdots f(x_1\mid x_0)f(x_0) \tag{11.7.43}$$

马氏序列中的任一子列仍是马氏序列。

一个马氏序列,按相反方向也是马氏序列,即有

$$f(x_n \mid x_{n+1}, x_{n+2}, \cdots, x_{n+k}) = f(x_n \mid x_{n+1}) \tag{11.7.44}$$

对于马氏序列来说,对任意 $X(n), X(r), X(s), n > r > s$,查普曼-柯尔莫哥洛夫方程可表示为

$$f(x_n \mid x_s) = \int_{-\infty}^{+\infty} f(x_n \mid x_r) f(x_r \mid x_s) \mathrm{d}x_r \tag{11.7.45}$$

关于上述若干性质的证明,这里就不再赘述了。

11.8 习　　题

1. 试证:一个有限状态空间且非周期不可约马氏链必是遍历链。

2. 现有五个马氏链,其状态转移概率矩阵分别为

$$\boldsymbol{P}_1 = \begin{bmatrix} 1 & 0 & 0 & 0 \\ \frac{1}{2} & \frac{1}{2} & 0 & 0 \\ \frac{2}{3} & \frac{1}{6} & 0 & \frac{1}{6} \\ \frac{1}{2} & \frac{1}{4} & \frac{1}{8} & \frac{1}{8} \end{bmatrix}$$

$$\boldsymbol{P}_2 = \begin{bmatrix} 1 & 0 & 0 & 0 \\ 1 & 0 & 0 & 0 \\ \frac{1}{3} & \frac{2}{3} & 0 & 0 \\ \frac{1}{2} & \frac{1}{4} & \frac{1}{4} & 0 \end{bmatrix}$$

$$\boldsymbol{P}_3 = \begin{bmatrix} 0 & 0 & 1 & 0 \\ 1 & 0 & 0 & 0 \\ \frac{5}{8} & \frac{3}{8} & 0 & 0 \\ \frac{3}{4} & \frac{1}{8} & \frac{1}{8} & 0 \end{bmatrix}$$

$$\boldsymbol{P}_4 = \begin{bmatrix} \frac{1}{2} & \frac{1}{2} & 0 & 0 \\ \frac{2}{3} & \frac{1}{6} & \frac{1}{6} & 0 \\ \frac{5}{8} & \frac{1}{8} & \frac{1}{8} & \frac{1}{8} \\ \frac{1}{8} & \frac{1}{8} & \frac{5}{8} & \frac{1}{8} \end{bmatrix}$$

$$P_5=\begin{bmatrix}\frac{3}{5}&0&\frac{2}{5}&0&0\\ \frac{1}{3}&\frac{1}{3}&\frac{1}{3}&0&0\\ \frac{1}{2}&0&\frac{1}{2}&0&0\\ 0&0&0&\frac{1}{3}&\frac{2}{3}\\ 0&0&0&\frac{1}{4}&\frac{3}{4}\end{bmatrix}$$

试对每个马氏链进行状态空间分解，写出互通闭集、互通非闭集、非互通非闭集、非常返态集。

3. 设$\{X(n),n=0,1,2,\cdots\}$为马氏链，状态空间为$I=\{0,1\}$，一步转移概率矩阵为

$$P=\begin{bmatrix}p_{00}&p_{01}\\ p_{10}&p_{11}\end{bmatrix}$$

试证：

$$f_{00}(1)=p_{00},f_{00}(n)=p_{01}(p_{11})^{n-2}p_{10},n\geqslant 2$$
$$f_{01}(n)=(p_{00})^{n-1}p_{01},n\geqslant 1,f_{10}(n)=(p_{11})^{n-1}p_{10},n\geqslant 1$$
$$f_{11}(1)=p_{11},f_{11}(n)=p_{10}(p_{00})^{n-2}p_{01},n\geqslant 2,f_{00}=f_{01}=f_{10}=f_{11}=1$$
$$\mu_{00}<\infty,\mu_{11}<\infty$$

4. 设i,j为马氏链中任意两个状态，试证：$\sup p_{ij}(n)\leqslant f_{ij}\leqslant\sum_{n=1}^{\infty}p_{ij}(n)$。

5. 对马氏链中任意两个状态i,j，试证：$i\leftrightarrow j\Leftrightarrow f_{ij}f_{ji}>0$。

6. 设i,j为马氏链中任意两个状态，试证：$\sum_{n=1}^{\infty}p_{ij}(n)=f_{ij}\sum_{n=0}^{\infty}p_{jj}(n)$。

7. 试证：如果$\lim_{n\to\infty}p_{kk}(n)=\pi_k$，则$\lim_{n\to\infty}p_{jk}(n)=f_{jk}\pi_k$。

其中，π_k为马氏链状态k的极限概率；f_{jk}为马氏链自状态j出发迟早到达状态k的概率。

8. 试证：如果$\lim_{N\to\infty}\frac{1}{N}\sum_{m=0}^{N}p_{kk}(m)=\pi_k<\infty$，则$\lim_{N\to\infty}\frac{1}{N}\sum_{m=0}^{N}p_{jk}(m)=f_{jk}\pi_k$。

9. 设$f_{kk}<1$，试证：对任意j有

(1) $\sum_{n=1}^{\infty}p_{jk}(n)<\infty$；

(2) $\lim_{n\to\infty}p_{jk}(n)=0$；

(3) $\sum_{n=1}^{\infty}p_{kk}(n)=\frac{f_{kk}}{1-f_{kk}}$。

10. 设$N_k(\infty)$为状态k的总占据时间，试证：$E[N_k(\infty)\mid X(0)=j]=\sum_{n=1}^{\infty}p_{jk}(n)$。

11. 设i,j均为常返态，试证：$f_{ij}=1\Leftrightarrow i\leftrightarrow j$。

12. 设 $i,j,i\neq j$ 均为非常返态,试证:$f_{ij}=\dfrac{\sum\limits_{n=1}^{\infty}p_{ij}(n)}{\sum\limits_{n=1}^{\infty}p_{jj}(n)}$。

13. 设 i 为常返态,j 为非常返态,试证:$f_{ij}=0$。

14. 设 j 是马氏链的状态,试证:

(1)如果 j 为非周期常返态,则 $\lim\limits_{n\to\infty}\dfrac{1}{n}\sum\limits_{m=1}^{n}p_{jj}(m)=\dfrac{1}{\mu_{jj}}$;

(2)如果 j 为周期常返态,则 $\lim\limits_{n\to\infty}\dfrac{1}{n}\sum\limits_{m=1}^{n}p_{jj}(m)=\dfrac{T_j}{\mu_{jj}}$。

其中,μ_{jj}是 j 的平均返回时间,即 $\mu_{jj}=\sum\limits_{n=0}^{\infty}nf_{jj}(n)$,$T_j>1$ 的周期。

15. 设马氏链的状态空间为 $I=\{0,1\}$,状态转移概率矩阵为 $\boldsymbol{P}=\begin{bmatrix}p_{00} & p_{01}\\ p_{10} & p_{11}\end{bmatrix}$,假定 $|p_{00}+p_{11}-1|<1$。

(1)试证:

$$\boldsymbol{P}(2)=\boldsymbol{P}^2=\frac{1}{2-p_{00}-p_{11}}\begin{bmatrix}1-p_{11} & 1-p_{00}\\ 1-p_{11} & 1-p_{00}\end{bmatrix}+\frac{(p_{00}+p_{11}-1)^2}{2-p_{00}-p_{11}}\begin{bmatrix}1-p_{00} & -(1-p_{00})\\ -(1-p_{11}) & 1-p_{11}\end{bmatrix}$$

(2)试用归纳法证明:

$$\boldsymbol{P}(n)=\boldsymbol{P}^n=\frac{1}{2-p_{00}-p_{11}}\begin{bmatrix}1-p_{11} & 1-p_{00}\\ 1-p_{11} & 1-p_{00}\end{bmatrix}+\frac{(p_{00}+p_{11}-1)^n}{2-p_{00}-p_{11}}\begin{bmatrix}1-p_{00} & -(1-p_{00})\\ -(1-p_{11}) & 1-p_{11}\end{bmatrix}$$

(3)进一步,证明:

$$\lim_{n\to\infty}p_{00}(n)=\lim_{n\to\infty}p_{10}(n)=\frac{1-p_{11}}{2-p_{00}-p_{11}}$$

$$\lim_{n\to\infty}p_{01}(n)=\lim_{n\to\infty}p_{11}(n)=\frac{1-p_{00}}{2-p_{00}-p_{11}}$$

16. 有两个马氏链,其状态转移概率矩阵分别为

$$\boldsymbol{P}_1=\begin{bmatrix}1 & 0\\ \frac{1}{2} & \frac{1}{2}\end{bmatrix}$$

$$\boldsymbol{P}_2=\begin{bmatrix}\frac{1}{4} & \frac{1}{4} & \frac{1}{4} & \frac{1}{4}\\ 0 & 0 & 1 & 0\\ 0 & 0 & 0 & 1\\ 1 & 0 & 0 & 0\end{bmatrix}$$

(1)对 $\boldsymbol{P}_1$ 试证:

$$\lim_{n\to\infty}p_{00}(n)=1,\lim_{n\to\infty}p_{11}(n)=0$$

(2)对 $\boldsymbol{P}_2$ 试证:

$$\lim_{n\to\infty} p_{00}(n)=\frac{2}{5},\lim_{n\to\infty} p_{11}(n)=\frac{1}{10},\lim_{n\to\infty} p_{22}(n)=\frac{1}{5},\lim_{n\to\infty} p_{33}(n)=\frac{3}{10}$$

17. 设$\{X(n),n=0,1,2,\cdots\}$是非周期正常返不可约具有有限多个状态的平稳马氏链,试证:

$$P\left\{\lim_{n\to\infty}\frac{1}{n+1}\sum_{i=0}^{n}X(i)=E[X(0)]\right\}=1$$

即$\{X(n),n=0,1,2,\cdots\}$服从强大数定理。

18. 设马氏链$\{X(n),n=0,1,2,\cdots\}$的状态空间为 $I=\{x_0,x_1\}$,状态转移概率矩阵为 $\boldsymbol{P}=\begin{bmatrix}p_{00} & p_{01}\\ p_{10} & p_{11}\end{bmatrix}$,假定该链是平稳的,试证:

(1)该马氏链的平稳分布为

$$P[X(n)=x_0]=\frac{p_{10}}{p_{01}+p_{10}},P[X(n)=x_1]=\frac{p_{01}}{p_{01}+p_{10}},\quad n=0,1,2,\cdots$$

(2) $\lim\limits_{n\to\infty}\dfrac{1}{n+1}\sum\limits_{i=0}^{n}X(i)=E[X(0)]=\dfrac{p_{10}x_0}{p_{01}+p_{10}}+\dfrac{p_{01}x_1}{p_{01}+p_{10}}$,(a. s)

19. 设$\{X(n),n=0,1,2,\cdots\}$为非周期正常返不可约平稳马氏链,假定对每个 $X(n)$,$n=0,1,2,\cdots$,有 $E[X(n)]=a<\infty$,$D[X(n)]=\sigma^2<\infty$,试证:

$$\frac{\sum\limits_{i=0}^{n}[X(i)-a]}{\sigma\sqrt{n+1}}\sim N(0,1),n\to\infty$$

20. 设$\{X(n),n=0,1,2,\cdots\}$为非周期不可约正常返马氏链,状态空间为 $I=\{0,1,2,\cdots\}$,该马氏链的平稳分布为$\{\pi_k,k=0,1,2,\cdots\}$,$N_k(n)$为马氏链前 n 次转移过程中 k 的占据时间,试证:$\lim\limits_{n\to\infty}\dfrac{1}{n}N_k(n)=\pi_k$,(a. s),即 $P\left[\lim\limits_{n\to\infty}\dfrac{1}{n}N_k(n)=\pi_k\right]=1$。

21. 设马氏链的状态空间为 $I=\{0,1\}$,转移概率矩阵为

$$\boldsymbol{P}=\begin{bmatrix}1-\alpha & \alpha\\ \beta & 1-\beta\end{bmatrix}$$

其中,$0<\alpha<1$;$0<\beta<1$。试证 $p_{00}(n)$,$n=0,1,2,\cdots$的母函数 $\boldsymbol{P}_{00}(z)$及极限概率$\lim\limits_{n\to\infty} p_{00}(n)$分别为

$$\boldsymbol{P}_{00}(z)=\frac{1-z+z\beta}{(1-z)^2+z(1-z)(\alpha+\beta)},\lim_{n\to\infty} p_{00}(n)=\frac{\beta}{\alpha+\beta}$$

22. 设马氏链$\{X(n),n=0,1,2,\cdots\}$的状态空间为 $I=\{0,1,2,\cdots\}$,试证:

$$P[X(0)=i\mid X(n)=j]=\frac{p_{ij}(n)p_i(0)}{\sum\limits_{k=0}^{\infty}p_{kj}(n)p_k(0)}$$

其中,$p_i(0)=P[X(0)=i]$;$p_k(0)=P[X(0)=k]$。

23. 设马氏链$\{X(n),n=0,1,2,\cdots\}$的状态空间为 $I=\{0,1,2,\cdots\}$,试证:

$$P[X(r)=l \mid X(0)=i,X(n)=j]=\frac{p_{lj}(n-r)p_{il}(r)}{p_{ij}(n)}$$

其中,$0<r<n$。

24. 设$\{\xi(n),n=0,1,2,\cdots\}$为独立同分布随机变量序列且

$$P[\xi(n)=-1]=1-p,P[\xi(n)=1]=p,n=0,1,2,\cdots$$

令$X(n)=\xi(n)\xi(n+1),n=0,1,2,\cdots$,试证:

(1)当且仅当$p\neq0$且$p\neq1$且$p\neq\frac{1}{2}$时,$\{X(n),n=0,1,2,\cdots\}$为马氏链;

(2)当且仅当$p=0$或$p=1$或$p=\frac{1}{2}$时,$\{X(n),n=0,1,2,\cdots\}$仍为独立同分布随机变量序列。

25. 设$\{X(n),n=0,1,2,\cdots\}$为非周期不可约正常返马氏链,其状态空间为$I=\{0,1,2,\cdots,M-1\}$,状态转移概率矩阵$\boldsymbol{P}=(p_{ij})_{M\times M}$,满足$\sum_{i=0}^{M-1}p_{ij}=0,j=0,1,2,\cdots,M-1$,试证:该马氏链的平稳分布为$\pi_i=\frac{1}{M},i=0,1,2,\cdots,M-1$。

26. 设马氏链$\{X(n),n=0,1,2,\cdots\}$的状态空间为$I=\{0,1\}$,状态转移概率矩阵为

$$\boldsymbol{P}=\begin{bmatrix}0&1\\1&0\end{bmatrix}$$

试证:(1)该链为不可约正常返且周期为2;

(2)平稳分布为$\left\{\pi_0=\frac{1}{2},\pi_1=\frac{1}{2}\right\}$。

27. 设马氏链$\{X(n),n=0,1,2,\cdots\}$为非周期不可约链,状态空间为$I=\{0,1,2,\cdots\}$,状态转移概率矩阵$\boldsymbol{P}=(p_{ij})$满足

$$\sum_{i=0}^{\infty}p_{ij}=1,j=0,1,2,\cdots,\sum_{j=0}^{\infty}p_{ij}=1,i=0,1,2,\cdots$$

试证:该马氏链不是正常返链。

28. 设马氏链的状态空间为$I=\{0,1,2,\cdots,N-1\}$,其状态转移概率矩阵为

$$\boldsymbol{P}=\begin{bmatrix}0&1&0&0&\cdots&0&0&0&0\\q&0&p&0&\cdots&0&0&0&0\\0&q&0&p&\cdots&0&0&0&0\\\vdots&\vdots&\vdots&\vdots&&\vdots&\vdots&\vdots&\vdots\\0&0&0&0&\cdots&q&0&p&0\\0&0&0&0&\cdots&0&q&0&p\end{bmatrix}$$

假定$q>p$,试证:该马氏链的平稳分布为

$$\pi_k=\frac{1-\left(\frac{p}{q}\right)}{1-\left(\frac{p}{q}\right)^N}\left(\frac{p}{q}\right)^k,k=0,1,2,\cdots,N-1$$

29. 设马氏链的状态转移概率矩阵 $\boldsymbol{P}$ 为

$$\boldsymbol{P}=\begin{bmatrix}1 & 0 & 0\\ q & 0 & p\\ 0 & 0 & 1\end{bmatrix}, p+q=1$$

试证:该链不是遍历的,即不满足 $\lim\limits_{n\to\infty} p_{ij}(n)=\boldsymbol{\pi}_j$。

30. 设马氏链的状态转移概率矩阵 $\boldsymbol{P}$ 为

$$\boldsymbol{P}=\begin{bmatrix}0 & 0 & \frac{1}{2} & \frac{1}{2}\\ 0 & 0 & \frac{1}{2} & \frac{1}{2}\\ \frac{1}{2} & \frac{1}{2} & 0 & 0\\ \frac{1}{2} & \frac{1}{2} & 0 & 0\end{bmatrix}$$

试证:该马氏链不是遍历的,并说明原因。

31. 试用(11.6.6)式推出(11.2.8)式。

第12章 马尔可夫过程

12.1 连续时间马尔可夫链

简单地说,连续时间马尔可夫链就是时间参数为连续而状态是离散的一类马尔可夫过程。下面给出这类过程的定义。

定义 12.1.1 设$\{X(t),t\geqslant 0\}$为马氏过程,如果:

(1)对任意$t\in[0,\infty)$,随机变量$X(t)$所有可能状态的取值是离散的,即$a_0,a_1,a_2,\cdots$,$X(t)$的状态空间为$I=\{0,1,2,\cdots\}$;

(2)在$X(t)=i$的条件下,过程在$(t,t+\Delta t)$中不发生跳跃的概率为$1-\lambda_i(t)\Delta t+o(\Delta t)$ $(\Delta t>0)$,而发生跳跃的概率为$\lambda_i(t)\Delta t+o(\Delta t)(\Delta t\to 0)$;

(3)在$X(t)=i$的条件下,过程在$(t,t+\Delta t)$中发生跳跃且$X(t+\Delta t)=j$的概率为$\lambda_i(t)\pi_{ij}(t)\Delta t+o(\Delta t)(\Delta t\to 0)$;

(4)当$\Delta t\to 0$时有$\frac{o(\Delta t)}{\Delta t}\to 0$,即$\lim\limits_{\Delta t\to 0}\frac{o(\Delta t)}{\Delta t}=0$;

(5)$\lambda_i(t)$及$\pi_{ij}(t)$均为t的连续函数。

则称该马氏过程$\{X(t),t\geqslant 0\}$为**连续时间马尔可夫链**。

说明 (1)若以$p_{ij}(\tau,t)$表示在τ时刻$X(\tau)=i$条件下而在t时刻$X(t)=j$的条件概率,即

$$p_{ij}(\tau,t)=P[X(t)=j\,|\,X(\tau)=i] \tag{12.1.1}$$

则利用全概率公式及过程的马氏性可推得连续时间马氏链的查普曼-柯尔莫哥洛夫方程,即对任意$\tau<s<t$有

$$\begin{aligned}p_{ij}(\tau,t)&=P[X(t)=j\,|\,X(\tau)=i]\\&=\sum_{k=0}^{\infty}P[X(s)=k\,|\,X(\tau)=i]P[X(t)=j\,|\,X(s)=k,X(\tau)=i]\\&=\sum_{k=0}^{\infty}P[X(s)=k\,|\,X(\tau)=i]P[X(t)=j\,|\,X(s)=k]\\&=\sum_{k=0}^{\infty}p_{ik}(\tau,s)p_{kj}(s,t),\tau<s<t\end{aligned} \tag{12.1.2}$$

(2)若以 $p_{ii}(t,t+\Delta t)$ 表示 $X(t)=i$ 条件下 $X(t+\Delta t)=i$ 的条件概率，也即过程在 $(t,t+\Delta t)$ 内不发生跳跃的概率，则由定义 12.1.1 中(2)可知

$$p_{ii}(t,t+\Delta t)=1-\lambda_i(t)\Delta t+o(\Delta t) \tag{12.1.3}$$

又由定义 12.1.1 中(4)可知

$$\begin{aligned}\lambda_i(t)&=\lim_{\Delta t\to 0}\frac{1-p_{ii}(t,t+\Delta t)}{\Delta t}+\lim_{\Delta t\to 0}\frac{o(\Delta t)}{\Delta t}\\&=\lim_{\Delta t\to 0}\frac{1-p_{ii}(t,t+\Delta t)}{\Delta t}\end{aligned} \tag{12.1.4}$$

同理，若以 $p_{i\bar{i}}(t,t+\Delta t)$ 表示 $X(t)=i$ 条件下 $X(t+\Delta t)\neq i$ 的条件概率，也即过程在 $(t,t+\Delta t)$ 内发生跳跃的概率为

$$\begin{aligned}p_{i\bar{i}}(t,t+\Delta t)&=1-p_{ii}(t,t+\Delta t)\\&=\lambda_i(t)\Delta t-o(\Delta t)\end{aligned} \tag{12.1.5}$$

由此可得

$$\begin{aligned}\lambda_i(t)&=\lim_{\Delta t\to 0}\frac{p_{i\bar{i}}(t,t+\Delta t)}{\Delta t}-\lim_{\Delta t\to 0}\frac{o(\Delta t)}{\Delta t}\\&=\lim_{\Delta t\to 0}\frac{p_{i\bar{i}}(t,t+\Delta t)}{\Delta t}\end{aligned} \tag{12.1.6}$$

这说明 $\lambda_i(t)$ 具有跳跃率的概念，通常称为**跳跃强度**。

(3)若以 $p_{ij}(t,t+\Delta t)$ 表示过程 $X(t)$ 在 t 时刻为 i 条件下，在 $(t,t+\Delta t)$ 内发生跳跃且由 i 跳到 $j(j\neq i)$ 的条件概率，则由定义 12.1.1 中(3)可知

$$\begin{aligned}p_{ij}(t,t+\Delta t)&=P[\text{过程在}(t,t+\Delta t)\text{内发生跳跃且}X(t+\Delta t)=j\mid X(t)=i]\\&=P[\text{过程在}(t,t+\Delta t)\text{内发生跳跃}\mid X(t)=i]\cdot\\&\quad P[X(t+\Delta t)=j\mid\text{过程在}(t,t+\Delta t)\text{内发生跳跃},X(t)=i]\\&=P[\text{过程在}(t,t+\Delta t)\text{内发生跳跃}\mid X(t)=i]\cdot\\&\quad P[X(t+\Delta t)=j\mid X(t)=i\text{且过程在}(t+\Delta t)\text{内发生跳跃}]\\&=\lambda_i(t)\Delta t\pi_{ij}(t)+o(\Delta t),i\neq j\end{aligned} \tag{12.1.7}$$

由上面所述的含义，显然有

$$\pi_{ij}(t)\geqslant 0$$
$$\pi_{ii}(t)=0$$

由(12.1.7)式并考虑到定义 12.1.1 中(4)有

$$\lambda_i(t)\pi_{ij}(t)=\lim_{\Delta t\to 0}\frac{p_{ij}(t,t+\Delta t)}{\Delta t} \tag{12.1.8}$$

通常称 $\lambda_i(t)\pi_{ij}(t)$ 为连续时间马氏链的**转移强度**。

(4)综合说明(2)及说明(3)，可将 $p_{ij}(t,t+\Delta t)$ 表示为

$$p_{ij}(t,t+\Delta t)=[1-\lambda_i(t)\Delta t]\delta(j-i)+\lambda_i(t)\pi_{ij}(t)\Delta t+o(\Delta t) \tag{12.1.9}$$

边界条件为 $\pi_{ii}(t)=0$，其中，$\delta(j-i)=\begin{cases}1,i=j\\0,i\neq j\end{cases}$。

(5)我们经常遇到的一大类问题是连续时间齐次马氏链。设 $\{X(t),t\geqslant 0\}$ 为马氏过程，状态空间为 $I=\{0,1,2,\cdots\}$，如果

$$p_{ij}(\tau,t)=P[X(t)=j\mid X(\tau)=i]$$

$$=P[X(t-\tau)=j|X(0)=i]$$
$$=p_{ij}(t-\tau),t>\tau \qquad (12.1.10)$$

也即转移概率 $p_{ij}(\tau,t)$ 只与时间差 $t-\tau$ 有关,则称该连续时间马氏链为**连续时间齐次马氏链**。此时由定义 12.1.1 可知

$$\lambda_i(t)=\lambda_i(0)=\lambda_i \qquad (12.1.11)$$

$$\pi_{ij}(t)=\pi_{ij}(0)=\pi_{ij} \qquad (12.1.12)$$

进一步,查普曼－柯尔莫哥洛夫方程可表示为

$$p_{ij}(t-\tau)=\sum_{k=0}^{\infty}p_{ik}(s-\tau)p_{kj}(t-s),\tau<s<t \qquad (12.1.13)$$

如令 $s-\tau=u,t-s=v,t-\tau=u+v$,则(12.1.13)式可化为

$$p_{ij}(u+v)=\sum_{k=0}^{\infty}p_{ik}(u)p_{kj}(v) \qquad (12.1.14)$$

对于连续时间齐次马氏链,我们在第 11 章所讨论的许多结果都可以平移过来。例如,称两个状态 $i,j\in I$ 是互通的,当且仅当存在 $t_1>0,t_2>0$ 时有 $P_{ji}(t_1)>0$ 且 $P_{ij}(t_2)>0$;称连续时间齐次马氏链是不可约的,如果状态空间中的任意两个状态均为互通。

对于状态空间为 $I=\{0,1,2,\cdots\}$ 的连续时间齐次马氏链,如果对一切状态 $i,j\in I$ 均有

$$\lim_{t\to\infty}p_{ij}(t)=\pi_j \qquad (12.1.15)$$

则称该马氏链是遍历的且称 π_j 为状态 j 的极限概率。

对于有限状态空间为 $I=\{0,1,2,\cdots,s-1\}$ 的连续时间齐次马氏链,如果存在 $t_0\geqslant 0$,使对一切 $i,j\in I$ 有

$$p_{ij}(t_0)>0 \qquad (12.1.16)$$

则该马氏链是遍历的,即(12.1.15)式成立且 $\pi_j=\{0,1,2,\cdots,s-1\}$ 是方程组

$$\pi_j=\sum_{i=0}^{s-1}\pi_i p_{ij}(t_0),j=0,1,2,\cdots,s-1 \qquad (12.1.17)$$

满足条件 $\pi_j>0,\sum_{j=0}^{s-1}\pi_j=1$ 的唯一解,其中 $p_{ij}(t_0)$ 为转移概率(见定理 11.3.5)。应注意到,利用(12.1.17)式求解极限概率 $\pi_j(j\in\{0,1,2,\cdots,s-1\})$ 是比较困难的,这是因为很难找到 t_0 使得 $p_{ij}(t_0)>0(\forall i,j\in I)$,因此应寻找其他办法求出极限概率。

我们由定理 11.2.15 可知,一个有限状态空间且非周期不可约的齐次马氏链必是遍历链,因此必存在极限概率 $\pi_j>0$,且 $\sum_{j\in I}\pi_j=1$。基于这个结论我们可利用跳跃强度 λ_i 和转移强度 $\lambda_i\pi_{ij}$ 来求解极限概率 π_j。

设 $\{X(t),t\geqslant 0\}$ 为非周期不可约连续时间齐次马氏链,状态空间是有限的,即 $I=\{0,1,2,\cdots,s-1\}$(s 为某正整数),对任意 $i,j\in I$,由(12.1.4)式可知跳跃强度为

$$\lambda_i=\lim_{\Delta t\to 0}\frac{1-p_{ii}(\Delta t)}{\Delta t} \qquad (12.1.18)$$

转移强度为

$$\lambda_i\pi_{ij}=\lim_{\Delta t\to 0}\frac{p_{ij}(\Delta t)}{\Delta t} \qquad (12.1.19)$$

再由查普曼－柯尔莫哥洛夫方程(12.1.14)式,令 $u\to\infty$,则有

$$\pi_j = \sum_{k=0}^{s-1} \pi_k p_{kj}(v)$$

令上式 $v = \Delta t$ 并考虑到(12.1.18)式及(12.1.19)式可推出极限概率 $\pi_j (j = 0,1,2,\cdots,s-1)$ 应满足如下方程，即

$$\begin{cases} \pi_j \lambda_j = \sum_{\substack{k=0 \\ k\neq j}}^{s-1} \pi_k \lambda_k \pi_{kj} \\ \sum_{j=0}^{s-1} \pi_j = 1 \end{cases} \tag{12.1.20}$$

注意，λ_i, π_{kj} 通过实验测试是可以得到的。再利用方程(12.1.20)式可求出极限概率。

称连续时间齐次马氏链 $\{X(t), t \geqslant 0\}$ 是平稳的，如果对任意时刻 $t>0$ 及对于状态空间 $I = \{0,1,2,\cdots\}$ 中任意状态 i，有

$$P[X(t) = i] = P[X(0) = i] = p_i, i = 0,1,2,\cdots \tag{12.1.21}$$

此时称 $\{p_i, i=0,1,2,\cdots\}$ 为齐次马氏链的平稳分布。

如果连续时间齐次马氏链 $\{X(t), t\geqslant 0\}$ 是非周期不可约且状态空间有限，则极限分布 $\{\pi_i, i=0,1,2,\cdots,s-1\}$ 就是平稳分布 $\{p_i, i=0,1,2,\cdots,s-1\}$，即有

$$\pi_i = p_i, i = 0,1,2,\cdots,s-1$$

其中，s 为某正整数，此时该链必是遍历的。

例 12.1.1　齐次泊松方程　在 10.6 节我们已经介绍了齐次泊松过程的定义，由(10.6.40)式可知，对任意 $t,s(t>s)$，随机变量 $(X(t)-X(s)) = k$ 的概率为

$$P[X(t) - X(s) = k] = \mathrm{e}^{-\lambda(t-s)} \frac{[\lambda(t-s)]^k}{k!}, k = 0,1,2,\cdots \tag{12.1.22}$$

若令 s 代表 t，t 代表 $t+\Delta t$，于是在 $X(t) = i$ 条件下 $X(t+\Delta t) = j (j \geqslant i)$ 的条件概率为

$$\begin{aligned} P[X(t+\Delta t) = j \mid X(t) = i] &= P[X(t+\Delta t) - X(t) = j - i] \\ &= \mathrm{e}^{-\lambda \Delta t} \frac{(\lambda \Delta t)^{(j-i)}}{(j-i)!} \triangleq p_{ij}(t, t+\Delta t) \end{aligned} \tag{12.1.23}$$

$j-i=0$ 表示不发生跳跃，$j-i=1$ 表示发生一次跳跃，$j-i\geqslant 2$ 表示发生多于一次的跳跃。当 $\Delta t \to 0$ 时，可将(12.1.23)式展开，即

$$p_{ij}(t, t+\Delta t) = (1-\lambda\Delta t)\delta(j-i) + \lambda \Delta t \delta(j-i-1) + o(\Delta t), j \geqslant i \tag{12.1.24}$$

将(12.1.24)式与(12.1.9)式相比较，可知对齐次泊松过程有

$$\lambda_i(t) = \lambda \tag{12.1.25}$$

这表明齐次泊松过程的跳跃强度 $\lambda_i(t)$ 与 t 无关，进一步还有

$$\pi_{ij}(t) = \delta(j-i-1) = \begin{cases} 1, j-i=1 \\ 0, j-i>1 \end{cases} \tag{12.1.26}$$

这说明在区间 $(t, t+\Delta t)$ 内若发生跳跃的话，以概率 1 发生一次跳跃，以概率 0 发生多于一次跳跃或者说发生多于一次的跳跃几乎是不可能的，其概率为比 Δt 高阶的无穷小量或称概率为零(见定义 12.1.1 中(4))。

下面讨论连续时间马氏链的条件概率 $p_{ij}(\tau, t)(t>\tau)$ 所应满足的微分方程——**柯尔莫哥洛夫向前方程与向后方程**。

定理 12.1.1　设 $\{X(t), t\geqslant 0\}$ 为连续时间马氏链，则 $p_{ij}(\tau, t)$ 满足**向前方程**，即

$$\frac{\partial p_{ij}(\tau,t)}{\partial t} = -\lambda_j(t) p_{ij}(\tau,t) + \sum_{k\neq j} \lambda_k(t) \pi_{kj}(t) p_{ik}(\tau,t) \tag{12.1.27}$$

初始条件为

$$p_{ij}(\tau,\tau)=\delta(j-i)=\begin{cases}1, i=j\\0, i\neq j\end{cases} \tag{12.1.28}$$

同时 $p_{ij}(\tau,t)$ 还满足**向后方程**,即

$$\frac{\partial p_{ij}(\tau,t)}{\partial\tau}=\lambda_i(\tau)p_{ij}(\tau,t)-\lambda_i(\tau)\sum_{k\neq i}\pi_{ik}(\tau)p_{kj}(\tau,t) \tag{12.1.29}$$

终止条件为

$$p_{ij}(t,t)=\delta(i-j)=\begin{cases}1, i=j\\0, i\neq j\end{cases} \tag{12.1.30}$$

证明 先证向前方程(12.1.27)式。由(12.1.2)式可知,对任意 $\tau<t<t+\Delta t$,有

$$\begin{aligned}p_{ij}(\tau,t+\Delta t)&=\sum_{k=0}^{\infty}p_{ik}(\tau,t)p_{kj}(t,t+\Delta t)\\&=p_{ij}(\tau,t)p_{jj}(t,t+\Delta t)+\sum_{\substack{k=0\\k\neq j}}^{\infty}p_{ik}(\tau,t)p_{kj}(t,t+\Delta t)\end{aligned}$$

把(12.1.3)式及(12.1.7)式代入上式并考虑到 $\pi_{ii}(t)=0$,则有

$$\begin{aligned}p_{ij}(\tau,t+\Delta t)&=p_{ij}(\tau,t)(1-\lambda_j(t)\Delta t)+\sum_{k\neq j}p_{ik}(\tau,t)\lambda_k(t)\pi_{kj}(t)\Delta t+o(\Delta t)\\&=p_{ij}(\tau,t)-p_{ij}(\tau,t)\lambda_j(t)\Delta t+\sum_{k\neq j}p_{ik}(\tau,t)\lambda_k(t)\pi_{kj}(t)\Delta t+o(\Delta t)\end{aligned}$$

将上式等号右端第一项移至等号左端,然后等式两边同时除以 Δt 并令 $\Delta t\to0$ 取极限,则得

$$\begin{aligned}\lim_{\Delta t\to0}\frac{p_{ij}(\tau,t+\Delta t)-p_{ij}(\tau,t)}{\Delta t}&=\frac{\partial p_{ij}(\tau,t)}{\partial t}\\&=-p_{ij}(\tau,t)\lambda_j(t)+\sum_{k\neq j}p_{ik}(\tau,t)\lambda_k(t)\pi_{kj}(t), t>\tau\end{aligned}$$

于是向前方程(12.1.27)式得证,而初始条件(12.1.28)式是显然的。

再证向后方程(12.1.29)式。为此,把 $p_{ij}(\tau,t)$ 中的 t,j 固定,而把 i,τ 作为变量,由(12.1.2)式可知,对任意 $\tau-\Delta\tau<\tau<t$,有

$$\begin{aligned}p_{ij}(\tau-\Delta\tau,t)&=\sum_{k=0}^{\infty}p_{ik}(\tau-\Delta\tau,\tau)p_{kj}(\tau,t)\\&=p_{ii}(\tau-\Delta\tau,\tau)p_{ij}(\tau,t)+\sum_{\substack{k=0\\k\neq i}}^{\infty}p_{ik}(\tau-\Delta\tau,\tau)p_{kj}(\tau,t)\end{aligned} \tag{12.1.31}$$

由(12.1.3)式可知

$$\begin{aligned}p_{ii}(\tau-\Delta\tau,\tau)&=1-\lambda_i(\tau-\Delta\tau)\Delta\tau+o(\Delta\tau)\\&=1-\lambda_i(\tau)\Delta\tau+o(\Delta\tau), \Delta\tau\to0\end{aligned} \tag{12.1.32}$$

再由(12.1.5)式又知

$$\begin{aligned}p_{ik}(\tau-\Delta\tau,\tau)&=\lambda_i(\tau-\Delta\tau)\Delta\tau\pi_{ik}(\tau-\Delta\tau)+o(\Delta\tau)\\&=\lambda_i(\tau)\Delta\tau\pi_{ik}(\tau)+o(\Delta\tau), \Delta\tau\to0\end{aligned} \tag{12.1.33}$$

将(12.1.32)式及(12.1.33)式代入(12.1.31)式并考虑到 $\pi_{ii}(t)=0$,则有

$$p_{ij}(\tau-\Delta\tau,t)=p_{ij}(\tau,t)(1-\lambda_i(\tau)\Delta\tau)+\sum_{k\neq i}\lambda_i(\tau)\Delta\tau\pi_{ik}(\tau)p_{kj}(\tau,t)+o(\Delta\tau)$$

将上式移项整理并令 $\Delta\tau\to0$ 取极限,可得

$$\lim_{\Delta\tau\to 0}\frac{p_{ij}(\tau-\Delta\tau,t)-p_{ij}(\tau,t)}{-\Delta\tau}=\frac{\partial p_{ij}(\tau,t)}{\partial\tau}$$
$$=\lambda_i(\tau)p_{ij}(\tau,t)-\lambda_i(\tau)\sum_{k\neq i}\pi_{ik}(\tau)p_{kj}(\tau,t)$$

于是向后方程(12.1.29)式得证,而终止条件(12.1.30)式是显然的。定理证毕。

向前方程(12.1.27)式和向后方程(12.1.29)式最先是由柯尔莫哥洛夫导出的,见文献[1]。

说明　(1)向前方程(12.1.27)式及向后方程(12.1.29)式都出现了偏导数符号,但这两个方程不是偏微分方程,实际上是常微分方程,这是因为方程(12.1.27)式中的 i,τ 不是变量而是给定的参数,同理方程(12.1.29)式中的 j,t 也不是变量,也是给定的参数。因此,我们把向前方程的解理解为由任意给定的状态 i 出发转移至指定的状态 j 的概率变化过程,把向后方程的解理解为由指定的状态 i 出发转移至任意给定的状态 j 的概率变化过程,如果初始条件和终止条件相同,这两个解是一样的,因此在实际中只求解向前方程或向后方程即可。求解常微分方程的方法很多,其中运用拉普拉斯(拉氏)变换法来求解更为方便些。

(2)我们关心的问题是向前方程和向后方程必须满足什么条件才有解,也就是说,跳跃强度 $\lambda_i(t)$ 和转移强度 $\lambda_i(t)\pi_{ij}(t)(i,j\in I,t\geqslant 0)$ 必须满足什么条件才能使向前方程和向后方程有解。下面给出这一问题的说明:

我们知道,对任意状态 $i,j\in I$ 及任意时刻 $t\geqslant 0,\Delta t>0$,由(11.1.8)式有

$$\sum_{j=0}^{\infty}p_{ij}(t,t+\Delta t)=1 \tag{12.1.34}$$

于是有

$$1-p_{ii}(t,t+\Delta t)=\sum_{j\neq i}p_{ij}(t,t+\Delta t)$$

再由跳跃强度 $\lambda_i(t)$ 的定义(12.1.4)式及转移强度 $\lambda_i(t)\pi_{ij}(t)$ 的定义(12.1.8)式可知必有

$$\lambda_i(t)=\sum_{j\neq i}\lambda_i(t)\pi_{ij}(t) \tag{12.1.35}$$

由此可知,(12.1.35)式就是向前方程和向后方程成立的必要条件,也就是有解的必要条件;反之,若(12.1.35)式成立则等价地有(12.1.34)式成立,因此,(12.1.35)式就是向前方程和向后方程成立的充要条件,也就是向前方程和向后方程有解的充要条件。

(3)如果连续时间马氏链是齐次的,即

$$p_{ij}(\tau,t)=p_{ij}(t-\tau),\lambda_i(t)=\lambda_i,\pi_{ij}(t)=\pi_{ij}$$

这时我们用符号 t 代替上面的 $t-\tau$,于是向前方程(12.1.27)式和向后方程(12.1.29)式分别化为

$$\frac{\mathrm{d}p_{ij}(t)}{\mathrm{d}t}=-\lambda_j p_{ij}(t)+\sum_{k\neq j}\lambda_k\pi_{kj}p_{ik}(t) \tag{12.1.36}$$

以及

$$\frac{\mathrm{d}p_{ij}(t)}{\mathrm{d}t}=-\lambda_i p_{ij}(t)+\lambda_i\sum_{k\neq i}\pi_{ik}p_{kj}(t) \tag{12.1.37}$$

$$p_{ij}(0)=\delta(i-j)=\begin{cases}1,i=j\\0,i\neq j\end{cases} \tag{12.1.38}$$

在通常情况下,我们利用向前方程(12.1.36)式求出 $p_{ij}(t)$ 即可,它给出了连续时间齐次马氏链转移概率随时间的变化过程,即

$$\begin{aligned} p_{ij}(t) &= P[X(s+t)=j \mid X(s)=i],\ \forall s,t\geqslant 0,\ \forall i,j\in I \\ &= P[X(t)=j \mid X(0)=i],\ \forall t\geqslant 0,\ \forall i,j\in I \end{aligned}$$

例 12.1.2 进一步讨论例 12.1.1 所介绍的齐次泊松过程。将(12.1.25)式及(12.1.26)式代入(12.1.36)式及(12.1.37)式,得

$$\frac{\mathrm{d}p_{ij}(t)}{\mathrm{d}t} = -\lambda p_{ij}(t) + \lambda p_{ij-1}(t),\ j\geqslant i \tag{12.1.39}$$

$$\frac{\mathrm{d}p_{ij}(t)}{\mathrm{d}t} = -\lambda p_{ij}(t) + \lambda p_{i+1j}(t),\ j\geqslant i \tag{12.1.40}$$

初始条件为 $p_{ij}(0)=\delta(j-i)(j\geqslant i)$。不难看出,方程(12.1.39)式与方程(12.1.40)式是一样的,因此只需求解方程(12.1.39)式即可。

当 $j>i$ 时,将方程(12.1.39)式两边做拉氏变换并考虑到 $p_{ij}(0)=0$,于是可得 $sp_{ij}(s)=-\lambda p_{ij}(s)+\lambda p_{ij-1}(s)(j>i)$,由此可得

$$p_{ij}(s) = \frac{\lambda}{s+\lambda}p_{ij-1}(s),\ j>i \tag{12.1.41}$$

当 $j=i$ 时,由泊松过程的含义可知 $p_{ii-1}(t)=0$,于是方程(12.1.39)式化为

$$\frac{\mathrm{d}p_{ii}(t)}{\mathrm{d}t} = -\lambda p_{ii}(t)$$

初始条件为 $p_{ii}(0)=1$,将上式两边做拉氏变换可得

$$sp_{ii}(s) - 1 = -\lambda p_{ii}(s)$$

即有

$$p_{ii}(s) = \frac{1}{s+\lambda} \tag{12.1.42}$$

将(12.1.41)式及(12.1.42)式联立,得

$$p_{ij}(s) = \frac{\lambda^{j-i}}{(s+\lambda)^{j-i+1}},\ j\geqslant i \tag{12.1.43}$$

再将上式做拉氏反变换,则得到转移概率函数为

$$p_{ij}(t) = \frac{(\lambda t)^{j-i}}{(j-i)!}\mathrm{e}^{-\lambda t},\ j\geqslant i \tag{12.1.44}$$

上式表明齐次泊松过程的转移概率 $P_{ij}(t)$ 随时间 t 的变化情况。

说明 (12.1.44)式的含义是,对任意 $i,j\in I, j\geqslant i$ 及任意 $s\geqslant 0$, 当 $t\geqslant 0$ 时,有

$$\begin{aligned} p_{ij}(t) &= P[X(s+t)=j \mid X(s)=i] \\ &= P[X(t)=j \mid X(0)=i] \\ &= \frac{(\lambda t)^{j-i}}{(j-i)!}\mathrm{e}^{-\lambda t},\ j\geqslant i \end{aligned}$$

可以验证:$p_{ij}(t)$ 的确是概率,因为

$$p_{ij}(t) > 0,\ \forall j-i\geqslant 0,\ \forall t\geqslant 0$$

且

$$\sum_{j-i=0}^{\infty} p_{ij}(t) = \mathrm{e}^{-\lambda t}\sum_{j-i=0}^{\infty}\frac{(\lambda t)^{j-i}}{(j-i)!} = \mathrm{e}^{-\lambda t}\mathrm{e}^{\lambda t} = 1$$

进一步又知，当 $j-i=\lambda t$ 时 $p_{ij}(t)$ 为最大，即

$$p_{ij}(t)=\max p_{ij}(t),j-i=\lambda t \tag{12.1.45}$$

例 12.1.3　如果连续时间马氏链 $\{X(t),t\geqslant 0\}$ 不仅是齐次的，而且状态空间也是有限的，即 $\boldsymbol{I}=\{a_0,a_1,a_2,\cdots,a_N\}$，这时由方程(12.1.36)式及方程(12.1.37)式可得向前方程和向后方程分别为

$$\frac{\mathrm{d}p_{ij}(t)}{\mathrm{d}t}=-\lambda_j p_{ij}(t)+\sum_{k\neq j}\lambda_k p_{ik}(t)\pi_{kj} \tag{12.1.46}$$

$$\frac{\mathrm{d}p_{ij}(t)}{\mathrm{d}t}=-\lambda_i p_{ij}(t)+\lambda_i\sum_{k\neq i}\pi_{ik}p_{kj}(t) \tag{12.1.47}$$

初始条件为

$$p_{ij}(0)=\delta(j-i),i,j=0,1,2,\cdots,N$$

$$\pi_{ii}=0,i=0,1,2,\cdots,N$$

现在，我们来求解方程(12.1.46)式，为此令

$$q_{ij}\triangleq\lambda_i\pi_{ij},i\neq j,i,j=0,1,2,\cdots,N$$

$$q_{ii}\triangleq-\lambda_i,i=0,1,2,\cdots,N$$

及 $(N+1)\times(N+1)$ 方阵为

$$\boldsymbol{P}(t)\triangleq[p_{ij}(t)]_{(N+1)\times(N+1)},\boldsymbol{Q}\triangleq[q_{ij}(t)]_{(N+1)\times(N+1)},i,j=0,1,2,\cdots,N$$

于是可把方程(12.1.46)式写成

$$\frac{\mathrm{d}}{\mathrm{d}t}\boldsymbol{P}(t)=\boldsymbol{P}(t)\boldsymbol{Q} \tag{12.1.48}$$

将上式两边做拉氏变换并考虑到 $\boldsymbol{P}(0)=\boldsymbol{I}_{(N+1)\times(N+1)}$，则有

$$\boldsymbol{P}(s)s-\boldsymbol{I}_{(N+1)\times(N+1)}=\boldsymbol{P}(s)\boldsymbol{Q}$$

即有 $\boldsymbol{P}(s)=(s\boldsymbol{I}_{(N+1)\times(N+1)}-\boldsymbol{Q})^{-1}$，于是方程(12.1.46)式的解 $\boldsymbol{P}(t)$ 为

$$\boldsymbol{P}(t)=\mathrm{e}^{\boldsymbol{Q}t} \tag{12.1.49}$$

进一步有

$$\boldsymbol{P}(t)=\mathrm{e}^{\boldsymbol{Q}t}=\boldsymbol{I}_{(N+1)\times(N+1)}+\sum_{n=1}^{\infty}\frac{\boldsymbol{Q}^n t^n}{n!} \tag{12.1.50}$$

说明　(1)按同样方法也可求解方程(12.1.47)式，所得解与(12.1.50)式相同。

(2)用 $q_{ij}(i=0,1,2,\cdots,N;j=0,1,2,\cdots,N)$ 给出 $p_{ij}(t)$ 的显式通解除简单的情形之外是相当困难的，但是可用计算机编写适当程序求出 $p_{ij}(t)$。

(3)由(12.1.50)式表示的矩阵指数是收敛的。

例 12.1.4　设连续时间马氏链 $\{X(t),t\geqslant 0\}$ 只取两个值 $a_1,a_2(a_1\neq a_2)$，该过程的运行情况是这样：该过程 $X(t)$ 在区间 $(t,t+\Delta t)$ 内不发生跳跃的概率为 $1-\lambda\Delta t$，$X(t)$ 在区间 $(t,t+\Delta t)$ 内发生多于一次跳跃的概率为 $o(\Delta t)$，因此，$X(t)$ 在区间 $(t,t+\Delta t)$ 内发生一次跳跃的概率为 $\lambda\Delta t$。从该过程的描述可知

$$\begin{cases}\pi_{ij}=1,i\neq j,i,j=1,2\\ \pi_{ii}=0\\ \lambda_1=\lambda_2=\lambda\end{cases} \tag{12.1.51}$$

于是向前方程(12.1.36)式为

$$\begin{cases}\dfrac{\mathrm{d}p_{11}(t)}{\mathrm{d}t}=-\lambda p_{11}(t)+\lambda p_{12}(t)\\ \dfrac{\mathrm{d}p_{12}(t)}{\mathrm{d}t}=-\lambda p_{12}(t)+\lambda p_{11}(t)\end{cases} \tag{12.1.52}$$

初始条件为 $p_{11}(0)=1, p_{12}(0)=0$,将方程(12.1.52)式两边做拉氏变换,有

$$\begin{cases}sp_{11}(s)-1=-\lambda p_{11}(s)+\lambda p_{12}(s)\\ sp_{12}(s)=-\lambda p_{12}(s)+\lambda p_{11}(s)\end{cases} \tag{12.1.53}$$

解上述联立方程可得

$$p_{11}(s)=\frac{s+\lambda}{s^2+2\lambda s}, p_{12}(s)=\frac{\lambda}{s^2+2\lambda s}$$

再经拉氏反变换可得转移概率函数为

$$p_{11}(t)=\frac{1}{2}(1+\mathrm{e}^{-2\lambda t}), p_{12}(t)=\frac{1}{2}(1-\mathrm{e}^{-2\lambda t})$$

同理可求出

$$p_{21}(t)=\frac{1}{2}(1-\mathrm{e}^{-2\lambda t}), p_{22}(t)=\frac{1}{2}(1+\mathrm{e}^{-2\lambda t})$$

转移概率矩阵 $\boldsymbol{P}(t)$ 为

$$\boldsymbol{P}(t)=\begin{bmatrix}\frac{1}{2}(1+\mathrm{e}^{-2\lambda t}) & \frac{1}{2}(1-\mathrm{e}^{-2\lambda t})\\ \frac{1}{2}(1-\mathrm{e}^{-2\lambda t}) & \frac{1}{2}(1+\mathrm{e}^{-2\lambda t})\end{bmatrix}$$

12.2 泊松过程及其推广

在本节,我们将详细讨论连续时间马尔可夫链的一个典型例子——泊松过程。

12.2.1 泊松过程

定义 12.2.1 泊松过程 设 $\{X(t), t\geqslant 0\}$ 为连续时间齐次马氏链,如果

(1) $X(0)=0$;

(2)状态 $X(t)$ 取值为非负整数值;

(3)过程 $\{X(t), t\geqslant 0\}$ 是独立增量的;

(4) $\forall s,t(0\leqslant s<t)$,增量 $X(t)-X(s)$ 具有泊松分布,即

$$P[X(t)-X(s)=k]=\frac{[\lambda(t-s)]^k}{k!}\mathrm{e}^{-\lambda(t-s)}, k=0,1,2,\cdots \tag{12.2.1}$$

则称 $\{X(t), t\geqslant 0\}$ 为泊松过程。

说明 (1)由(12.2.1)式可以看出,增量 $X(t)-X(s)$ 的分布只与时间差 $t-s$ 有关,而与时间的起点 s 和终点 t 无关,因此,对于泊松过程的增量有

$$E[X(t)-X(s)]=\lambda(t-s) \tag{12.2.2}$$

$$D[X(t)-X(s)]=\lambda(t-s) \tag{12.2.3}$$

由此可知,泊松过程具有平稳增量(见(10.6.41)式、(10.6.42)式)。

(2)由(12.2.2)式可知

$$\lambda=\frac{E[X(t)-X(s)]}{t-s} \tag{12.2.4}$$

因此,λ 表明在单位时间内泊松过程的平均增量,如果我们把 $X(t)$ 理解为区间 $(0,t)$ 内事件发生的次数(显然是非负整数),那么 λ 就表明泊松过程在单位时间内事件平均发生的次数,而且 λ 与时间的起点 s 和终点 t 无关,因此,我们称泊松过程是齐次的,λ 的数值可由物理系统经测试确定。

(3)因为状态 $X(t)$ 的数值只是非负整数,因此常称 $\{X(t),t\geqslant 0\}$ 是计数过程,确切说,泊松过程是一类特殊的计数过程,是初始为零、只增不减、增量独立而且增量服从泊松分布的一类计数过程。

下面再给出一个与定义 12.2.1 完全等价的定义。

定义 12.2.2　泊松过程　设 $\{X(t),t\geqslant 0\}$ 为连续时间齐次马氏链,如果:

(1) $X(0)=0$;

(2)状态 $X(t)$ 取值为非负整数值;

(3)过程 $\{X(t),t\geqslant 0\}$ 是独立增量的;

(4) $\forall t\geqslant 0$, $\forall x\in I=\{0,1,2,\cdots\}$ 有

$$P[X(t+h)-X(t)=1\,|X(t)=x]=\lambda h+o(h) \tag{12.2.5}$$

$$P[X(t+h)-X(t)\geqslant 2\,|X(t)=x]=o(h) \tag{12.2.6}$$

其中

$$\frac{o(h)}{h}\to 0,h\to 0 \tag{12.2.7}$$

则称 $\{X(t),t\geqslant 0\}$ 为泊松过程。

说明　该定义 12.2.2 中的(4)表明,对任意 $t\geqslant 0$ 及任意 $x\in I=\{0,1,2,\cdots\}$,过程 $\{X(t),t\geqslant 0\}$ 在区间 $(t,t+h)$ 内只发生一次事件(跳跃事件)的概率 P 与区间长度 h 成正比,即 $P=\lambda h$,由此可知,在区间 $(t,t+h)$ 内不发生事件(跳跃事件)的概率为

$$\begin{aligned}P[X(t+h)-X(t)=0\,|X(t)=x]&=1-P[X(t+h)-X(t)=1\,|X(t)=x]\\&=1-\lambda h+o(h)\end{aligned} \tag{12.2.8}$$

由(12.2.5)式及(12.2.6)式有

$$\begin{aligned}\lambda&=\lim_{h\to 0}\frac{P[X(t+h)-X(t)=1\,|X(t)=x]}{h}+\lim_{h\to 0}\frac{o(h)}{h}\\&=\lim_{h\to 0}\frac{P[X(t+h)-X(t)=1\,|X(t)=x]}{h}\end{aligned} \tag{12.2.9}$$

这表明,λ 是单位时间内平均跳跃次数,而且与 t 无关,故常称 λ 为平均跳跃强度(见(12.1.6)式)。

有人一定会问,上面介绍的关于泊松过程的两个定义是什么关系呢?答案是,这两个定义是等价的,下面的定理给出证明。

定理 12.2.1　定义 12.2.1 与定义 12.2.2 等价,即定义 12.2.1⇔定义 12.2.2。

证明　这定理实际上是要我们往证定义 12.2.1(4)⇔定义 12.2.2(4)。

先证"⇒":令(12.2.1)式中的 t 为 $t=s+h(h\to 0)$,$k=1$,并考虑到增量是独立的,于是有

$$\begin{aligned}
&P[X(s+h)-X(s)=1|X(s)-X(0)=x],\ \forall x\in I=\{0,1,2,\cdots\}\\
&=P[X(s+h)-X(s)=1|X(s)=x]\\
&=P[X(s+h)-X(s)=1]\text{(由独立增量性)}\\
&=\lambda h e^{-\lambda h}\\
&=\lambda h[1-\lambda h+o(h)]\text{(由泰勒展开)}\\
&=\lambda h-\lambda^2h^2+o(h)\lambda h\\
&=\lambda h+o(h)
\end{aligned}$$

其中,$\frac{o(h)}{h}\to 0(h\to 0)$。由此可知,(12.2.5)式及(12.2.7)式得证。进一步,由(12.2.1)式还有

$$\begin{aligned}
P[X(s+h)-X(s)=0|X(s)=x]&=P[X(s+h)-X(s)=0]\\
&=e^{-\lambda h}\\
&=1-\lambda h+o(h)
\end{aligned}$$

于是有

$$\begin{aligned}
&P[X(t+h)-X(t)\geqslant 2|X(t)=x],\ \forall x\in I=\{0,1,2,\cdots\}\\
&=1-P[X(t+h)-X(t)=0|X(t)=x]-P[X(t+h)-X(t)=1|X(t)=x]\\
&=1-[1-\lambda h+o(h)]-[\lambda h+o(h)]\\
&=-2\cdot o(h)\text{(有限个 }o(h)\text{ 的线性组合仍为 }o(h))\\
&=o(h)
\end{aligned}$$

即(12.2.6)式得论,由上面的结果可知"⇒"得证。

再证"⇐":由定义 12.2.2 可知,泊松过程是连续时间齐次马氏链,故由 12.1 中的分析可知,转移概率 $p_{ij}(t)$ 必满足柯尔莫哥洛夫向前方程(12.1.36)式及向后方程(12.1.37)式,再由(12.2.5)式、(12.2.6)式及(12.2.7)式并考虑到过程的齐次性,则有

$$\lambda_i(t)=\lambda$$

$$\pi_{ij}(t)=\delta(j-i-1)=\begin{cases}1, & j-i=1\\ 0, & j-i>1\end{cases}$$

将以上两式代入(12.1.36)式及(12.1.37)式可得(12.1.39)式及(12.1.40)式。于是由例 12.1.2 可知,由向前方程可解出转移概率 $p_{ij}(t)$ 为

$$p_{ij}(t)=\frac{(\lambda t)^{j-i}}{(j-i)!}e^{-\lambda t},\ j\geqslant i\text{(见(12.1.44)式)}\tag{12.2.10}$$

因此

$$\begin{aligned}
p_{ij}(t)&=P[X(s+t)=j|X(s)=i],\ \forall s\geqslant 0\text{(由齐次性)}\\
&=P[X(s+t)-X(s)=j-i|X(s)=i]\\
&=P[X(s+t)-X(s)=j-i|X(s)-X(0)=i]\\
&=P[X(s+t)-X(s)=j-i]\text{(由增量是独立的)}\\
&=P[X(u)-X(s)=k]\text{(令 }s+t=u,j-i=k)\\
&=\frac{[\lambda(u-s)]^k}{k!}e^{-\lambda(u-s)}\quad\text{(由(12.2.10)式)}
\end{aligned}$$

于是(12.2.1)式得证,即"⇐"得证。定理证毕。

下面讨论泊松过程的若干特性。

定理 12.2.2　设$\{X(t),t\geqslant 0\}$为泊松过程，$\{t_i,i=1,2,\cdots\}$为过程的跳跃时间点序列，$\{T_i=[t_{i-1},t_i),i=1,2,\cdots\}$为第 $i-1$ 次跳跃到第 i 次跳跃之间的间隔时间序列，其中，$T_1=[0,t_1)$，则$\{T_i,i=1,2,\cdots\}$是独立同分布随机序列且为指数分布。

证明　先考察 $T_1=[0,t_1)$，由于事件$(T_1\geqslant t)$的发生$\Leftrightarrow$过程在$[0,t)$内不发生跳跃，于是有

$$P(T_1\geqslant t)=P[X(t)-X(0)=0]=\mathrm{e}^{-\lambda t}$$

即

$$F_1(t)=1-P(T_1\geqslant t)=1-\mathrm{e}^{-\lambda t} \tag{12.2.11}$$

再考察 $T_2=[t_1,t_2)$，由于

$$\begin{aligned}P(T_2\geqslant t\mid T_1=s_1)&=P([s_1,s_1+t)\text{中不发生跳跃}\mid T_1=s_1)\\&=P([s_1,s_1+t)\text{中不发生跳跃})(\text{由独立增量性})\\&=\mathrm{e}^{-\lambda t}(\text{由齐次性})\end{aligned}$$

于是有

$$P(T_2\geqslant t\mid T_1=s_1)=P(T_2\geqslant t)=\mathrm{e}^{-\lambda t} \tag{12.2.12}$$

即

$$F_2(t)=1-P(T_2\geqslant t)=1-\mathrm{e}^{-\lambda t}$$

这说明 T_2 与 T_1 独立且有同一分布。对任意 $T_n(n=1,2,\cdots)$，由 $T_n=[t_{n-1},t_n)$可知

$$\begin{aligned}&P(T_n\geqslant t\mid T_{n-1}=s_{n-1},T_{n-2}=s_{n-2},\cdots,T_1=s_1)\\&=P([\sum_{i=1}^{n-1}s_i,\sum_{i=1}^{n-1}s_i+t)\text{中不发生跳跃}\mid T_{n-1}=s_{n-1},T_{n-2}=s_{n-2},\cdots,T_1=s_1)\\&=P([\sum_{i=1}^{n-1}s_i,\sum_{i=1}^{n-1}s_i+t)\text{中不发生跳跃})(\text{由独立增量性})\\&=\mathrm{e}^{-\lambda t}(\text{由齐次性})\end{aligned}$$

由此可得

$$P(T_n\geqslant t\mid T_{n-1}=s_{n-1},T_{n-2}=s_{n-2},\cdots,T_1=s_1)=P(T_n\geqslant t)=\mathrm{e}^{-\lambda t}$$

即有

$$F_n(t)=1-P(T_n\geqslant t)=1-\mathrm{e}^{-\lambda t} \tag{12.2.13}$$

这说明 T_n 与$\{T_{n-1},T_{n-2},\cdots,T_1\}$独立且具有同一分布。于是得出$\{T_i,i=1,2,\cdots\}$为独立同分步随机序列且分布为指数分布。定理证毕。

定理 12.2.3　设$\{X(t),t\geqslant 0\}$为泊松过程，$t_n(n=1,2,\cdots)$为第 n 次跳跃时刻点，通常也称 t_n 为第 n 次跳跃的等待时间，则 t_n 服从参数为 n 和 λ 的 Γ(Gamma)分布，即 $t_n\sim G(\lambda,n)$(见上册定义 2.3.5)，t_n 的密度函数为

$$\begin{aligned}p_{t_n}(t)&=\frac{\lambda^n t^{n-1}}{\Gamma(n)}\mathrm{e}^{-\lambda t},t\geqslant 0\\&=0,t<0\end{aligned}$$

说明　由定理 12.2.2 已经证得$\{T_i,i=1,2,\cdots\}$分布为指数分布，再由 $t_n=\sum_{i=1}^{n}T_i$ 可直接推出此定理，推导过程见上册例 2.3.4，这里从略。

定理 12.2.4　**齐次泊松过程平均跳跃强度 $\boldsymbol{\lambda}$ 的强一致估计**　设$\{X(t),t\geqslant 0\}$为齐次泊松过程，$\{T_i,i=1,2,\cdots\}$为第 $i-1$ 次跳跃到第 i 次跳跃之间的间隔时间序列，则平均跳跃率

λ 的强一致估计为

$$\lambda = \left(\lim_{n\to\infty}\frac{1}{n}\sum_{i=1}^{n}T_i\right)^{-1},\text{(a. s)} \tag{12.2.14}$$

证明 由定理 12.2.2 可知$\{T_i,i=1,2,\cdots\}$为独立同分布随机序列,且 $T_i(i=1,2,\cdots)$的分布为指数分布,于是有

$$E(T_i) = \int_0^{\infty} t\lambda \mathrm{e}^{-\lambda t}\mathrm{d}t = \frac{1}{\lambda},i = 1,2,\cdots$$

再由柯尔莫哥洛夫强大数定理(见上册定理 6.3.11)可知

$$\lim_{n\to\infty}\frac{1}{n}\sum_{i=1}^{n}T_i = \lim_{n\to\infty}\frac{1}{n}\sum_{i=1}^{n}E(T_i) = \frac{1}{\lambda},\text{(a. s)}$$

于是有

$$\lambda = \left(\lim_{n\to\infty}\frac{1}{n}\sum_{i=1}^{n}T_i\right)^{-1},\text{(a. s)}$$

定理证毕。

说明 为了求出 λ 的置信区间估计,我们要利用如下结论:设$\{T_i,i=1,2,\cdots\}$为泊松过程第 $i-1$ 次跳跃到第 i 次跳跃的间隔时间序列,由定理 12.2.2 可知,$\{T_i,i=1,2,\cdots,n\}$为独立同分布且分布为指数分布的随机序列,于是有

$$2\lambda\sum_{i=1}^{n}T_i \sim \chi^2(x,2n) \tag{12.2.15}$$

其中,$\chi^2(x,2n)$为自由度为 $2n$ 的χ^2 分布;n 是我们事先选定的正整数。该结论的证明见上册例 3.4.2。现取显著水平为 α,由$\chi^2(x,2n)$可求出 A,B 满足 $P(X<A)=P(X>B)=\frac{\alpha}{2}$,于是 λ 的置信水平 $1-\alpha$ 为

$$\begin{aligned}1-\alpha &= P\left(A \leqslant 2\lambda\sum_{i=1}^{n}T_i \leqslant B\right)\\ &= P\left(\frac{A}{2\sum_{i=1}^{n}T_i} \leqslant \lambda \leqslant \frac{B}{2\sum_{i=1}^{n}T_i}\right)\end{aligned} \tag{12.2.16}$$

由此可得 λ 的置信水平 $1-\alpha$ 的置信区间为

$$\left(\frac{A}{2\sum_{i=1}^{n}T_i},\frac{B}{2\sum_{i=1}^{n}T_i}\right) \tag{12.2.17}$$

下面的讨论我们将假设泊松过程是完全可分的,即对$[0,\infty)$上的任一可列稠密子集均可分且假定可分集为 R。

定理 12.2.5 设$\{X(t),t\geqslant 0\}$为泊松过程,则样本函数 $X(t)$在任意区间$[0,t)(t<\infty)$内是以概率 1 单调不减的阶梯函数,且每次跳跃高度均为 1。

证明 由泊松过程定义 12.2.1 可知,对任意 $s,t(t>s)$有

$$\begin{aligned}P[X(t) \geqslant X(s)] &= \sum_{k=0}^{\infty}P[X(t)-X(s)=k]\\ &= \mathrm{e}^{-\lambda(t-s)}\sum_{k=0}^{\infty}\frac{[\lambda(t-s)]^k}{k!}\\ &= 1\end{aligned} \tag{12.2.18}$$

也即

$$P[X(t)\geqslant X(s)]=1,\forall s,t\in R,t>s \tag{12.2.19}$$

这说明 $X(t)$ 在 R 上以概率 1 单调不减,再由可分性推知 $X(t)$ 在$[0,\infty)$上以概率 1 单调不减。进一步,由泊松过程定义 12.2.2 又知,$\forall t\geqslant 0$,$\forall x\in I=\{0,1,2,\cdots\}$有

$$P[X(t+h)-X(t)=0\mid X(t)=x]=1-\lambda h+o(h) \tag{12.2.20}$$

$$P[X(t+h)-X(t)=1\mid X(t)=x]=\lambda h+o(h) \tag{12.2.21}$$

$$P[X(t+h)-X(t)\geqslant 2\mid X(t)=x]=o(h) \tag{12.2.22}$$

且

$$\frac{o(h)}{h}\to 0,h\to 0 \tag{12.2.23}$$

这说明,对任意 $t\in[0,\infty)$及任意区间$[t,t+h]$($h\to 0$)内,要么不发生跳跃(见(12.2.20)式),要么发生跳跃且只能发生一次跳跃,即跳跃高度为 1(见(12.2.21)式),而发生两次以上(含两次)跳跃是不可能的(见(12.2.22)式),因此,泊松过程每次发生跳跃只能是 1。定理证毕。

定理 12.2.6　设$\{X(t),t\geqslant 0\}$为泊松过程,则样本函数 $X(t)$ 不是连续函数,但对任一固定的 t_0,样本函数在 t_0 处连续。

证明　设 $X(0)=0$,则由定义 12.2.1 有

$$P[X(t)-X(0)=0]=\mathrm{e}^{-\lambda t}\to 0,t\to\infty \tag{12.2.24}$$

这说明,泊松过程的样本函数是连续函数的概率为 0,因此,泊松过程的样本函数在$[0,\infty)$以概率 1 必发生跳跃。或者说泊松过程的样本函数以概率 1 不是连续函数。另一方面,对任一固定的 $t_0\in[0,\infty)$,又有

$$\begin{aligned}P[X(t_0+\varepsilon)-X(t_0-\varepsilon)>0]&=1-P[X(t_0+\varepsilon)-X(t_0-\varepsilon)=0]\\&=1-\mathrm{e}^{-\lambda 2\varepsilon}\to 0,\varepsilon\to 0\end{aligned} \tag{12.2.25}$$

由此可知,在任一固定的 t_0 处,样本函数以概率 1 是连续的。定理证毕。

说明　任取泊松过程的一个样本函数 $X(t)$,令

$$N\triangleq\{t_i,i=1,2,\cdots\} \tag{12.2.26}$$

为所有跳跃点集合,则 N 是 Lebesgue 零测集。因此,任取 t_0 必有 $P(t_0\in N)=0$,即 $P(t_0\overline{\in}N)=1$,这就是说 $X(t)$ 在 t_0 处必是以概率 1 连续的。

定理 12.2.7　设$\{X(t),t\geqslant 0\}$是泊松过程,则

(1)对任意 $t_0\in[0,\infty)$,$X(t)$ 在 t_0 处均方连续,即

$$\lim_{t\to t_0}E\{[X(t)-X(t_0)]^2\}=0 \tag{12.2.27}$$

(2)对任意 $t_0\in[0,\infty)$,$X(t)$ 在 t_0 处依概率连续,即

$$\forall\varepsilon>0,\lim_{t\to t_0}P[X(t)-X(t_0)\geqslant\varepsilon]=0,(P) \tag{12.2.28}$$

由此可知,泊松过程在任意 t_0 处以概率 1 具有随机连续性。

证明　关于定理 12.2.7(1)的证明可见定理 10.6.9 及习题 10.7.18;关于定理 12.2.7(2)的证明可由上册定理 6.1.5 知,均方连续必有依概率连续。定理证毕。

定理 12.2.8　设泊松过程$\{X(t),t\geqslant 0\}$是可分的,则该过程必是完全可分的。

证明　由于泊松过程$\{X(t),t\geqslant 0\}$是可分的,即关于$[0,\infty)$上的某一可列稠密子集 R 是可分的,又因为泊松过程在$[0,\infty)$上依概率连续,故由定理 10.4.3 可知,该过程完全可

分,即对$[0,\infty)$上任意可列稠密子集均可分。定理证毕。

下面讨论泊松过程在任意有限区间$(0,t)$内跳跃点$t_i(i=1,2,\cdots,n)$的分布问题,为此先介绍如下引理。

引理 12.2.1　次序统计量的分布　设$\xi_1,\xi_2,\cdots,\xi_n$为n个独立同分布连续型随机变量且每个ξ_i的密度函数均为$p(x_i)$,又设$\xi(1)\leqslant\xi(2)\leqslant\cdots\leqslant\xi(n)$为$\xi_1,\xi_2,\cdots,\xi_n$的次序统计量,则$\xi(1),\xi(2),\cdots,\xi(n)$的联合密度函数为

$$p_{\xi(1)\xi(2)\cdots\xi(n)}(x_1,x_2,\cdots,x_n)=\begin{cases}n!\,p(x_1)p(x_2)\cdots p(x_n),x_1<x_2<\cdots<x_n\\0,\text{否则}\end{cases}\tag{12.2.29}$$

其中,$p(x_i)(i=1,2,\cdots,n)$为$\xi(i)$的密度函数。

该引理的证明见上册例 3.2.1。

进一步,如果$\xi_i(i=1,2,\cdots,n)$都在$(0,t)$上均匀分布,则顺序统计量$\xi(1),\xi(2),\cdots,\xi(n)$的密度函数为

$$p_{\xi(1)\xi(2)\cdots\xi(n)}(x_1,x_2,\cdots,x_n)=\begin{cases}\dfrac{n!}{t^n},0<x_1<x_2<\cdots<x_n<t\\0,\text{否则}\end{cases}\tag{12.2.30}$$

利用上面的结果可推出如下定理。

定理 12.2.9　设泊松过程$\{X(t),t\geqslant0\}$在任意有限区间$(0,t)$内发生n次跳跃,其跳跃点为$t_1,t_2,\cdots,t_n$,则这n个跳跃点与在$(0,t)$上n个相互独立且均匀分布的随机变量所对应的次序统计量有相同的分布。

证明　设跳跃点之间的间隔时间为$T_1=t_1,T_2=t_2-t_1,\cdots,T_n=t_n-t_{n-1},T_{n+1}\geqslant t-t_n$,又设在区间$(0,t)$内发生跳跃的总数为$N(t)=n$,进一步,注意到以下两个事件等价,即

$$\begin{aligned}&(t_1=s_1,t_2=s_2,\cdots,t_n=s_n,N(t)=n)\\\Leftrightarrow&(T_1=s_1,T_2=s_2-s_1,\cdots,T_n=s_n-s_{n-1},T_{n+1}\geqslant t-s_n)\end{aligned}\tag{12.2.31}$$

于是利用定理 12.2.1 的结论,可得条件密度函数为

$$\begin{aligned}&p[t_1=s_1,t_2=s_2,\cdots,t_n=s_n|N(t)=n]\\&=p[t_1=s_1,t_2=s_2,\cdots,t_n=s_n,N(t)=n]|P[N(t)=n]\\&=p(T_1=s_1,T_2=s_2-s_1,\cdots,T_{n+1}\geqslant t-s_n)|P[N(t)=n]\quad(\text{由(12.2.31)式})\\&=p(T_1=s_1,T_2=s_2-s_1,\cdots,T_n=s_n-s_{n-1})P(T_{n+1}\geqslant t-s_n)|P[N(t)=n]\quad(\text{由定理(12.2.2)})\\&=p_{T_1}(s_1)p_{T_2}(s_2-s_1)\cdots p_{T_n}(s_n-s_{n-1})P(T_{n+1}\geqslant t-s_n)|P[N(t)=n]\\&=\lambda e^{-\lambda s_1}\lambda e^{-\lambda(s_2-s_1)}\cdots\lambda e^{-\lambda(s_n-s_{n-1})}\cdot e^{-\lambda(t-s_n)}\left|\frac{(\lambda t)^n}{n!}e^{-\lambda t}\right.\\&=\frac{n!}{t^n},0<s_1<s_2<\cdots<s_n<t(\text{否则为零})\end{aligned}$$

再由引理 12.2.1 可得该定理的结论。定理证毕。

说明　定理 12.2.9 换一种方法叙述:如果泊松过程$\{X(t),t\geqslant0\}$在任意有限区间$(0,t)$内发生有限的n次跳跃,则这n个跳跃点$t_1,t_2,\cdots,t_n$独立同分布,也即在$(0,t)$上相互独立且均服从均匀分布。

接下来,我们讨论这样一个问题:一个随机过程应具备哪些条件才能是泊松过程,显然,这个问题对于判断一个物理过程是否为泊松过程是非常重要的,下面的定理给出了答案。

定理 12.2.10　设$\{X(t),t\geqslant 0\}$为随机过程且$X(t)$表示在时间区间$[0,t)$内事件发生的个数,假定$X(0)=0$,如果:

(1)$X(t)$具有独立增量性,即在互不相交的时间区间内,各自出现的事件个数是相互独立的,或严格说,对任意正整数n及任意n个时间点$0\leqslant t_1<t_2<\cdots<t_n$,增量$X(t_2)-X(t_1)$,$X(t_3)-X(t_2)$,$\cdots$,$X(t_n)-X(t_{n-1})$是相互独立的。

(2)$X(t)$具有齐次性或称之为平稳增量性,即在任意区间$[t_0,t_0+t)$内出现k次事件的概率$P[X(t_0+t)-X(t_0)=k]$只与t有关而与t_0无关,而且对任意$t>0$还有$P[X(t)=0]\neq 1$。

(3)在区间$[t_0,t_0+h)$内出现两次或两次以上事件的概率$P[X(t_0+h)-X(t_0)\geqslant 2]$关于$h$是高阶无穷小量,即

$$\lim_{h\to 0}\frac{P[X(t_0+h)-X(t_0)\geqslant 2]}{h}=0 \tag{12.2.32}$$

(4)在任意有穷区间$[t_0,t_0+t)$内只能发生有穷个事件,即

$$\forall t_0<\infty,\forall t<\infty \text{ 有 } X(t_0+h)-X(t_0)<\infty$$

则$\{X(t),t\geqslant 0\}$为泊松过程,即$\forall s,t(0\leqslant s<t<\infty)$有

$$P[X(t)-X(s)=k]=\frac{[\lambda(t-s)]^k}{k!}\mathrm{e}^{-\lambda(t-s)},k=0,1,2,\cdots \tag{12.2.33}$$

其中,$\lambda>0$为常数。

证明　令整个时间区间为$(0,1)$,并将其分成n等份,每个子区间长度都是$\frac{1}{n}$,又由齐次性可知在每个子区间内设没有事件发生的概率都为$P_0\left(\frac{1}{n}\right)$,再由独立增量性可知在$(0,1)$中设有事件发生的概率为

$$P_0(1)=\left[P_0\left(\frac{1}{n}\right)\right]^n \tag{12.2.34}$$

设

$$P_0(1)\triangleq\theta \tag{12.2.35}$$

由概率的非负性及规范性必有

$$0\leqslant\theta\leqslant 1 \tag{12.2.36}$$

又知,对任意$k(1\leqslant k\leqslant n)$有

$$P_0\left(\frac{k}{n}\right)=\left[P_0\left(\frac{1}{n}\right)\right]^k=[P_0(1)]^{\frac{k}{n}}=\theta^{\frac{k}{n}} \tag{12.2.37}$$

现对任意$t>0$来说,当n一定时,必存在k有

$$\frac{k-1}{n}\leqslant t\leqslant\frac{k}{n}$$

从而有

$$P_0\left(\frac{k-1}{n}\right)\geqslant P_0(t)\geqslant P_0\left(\frac{k}{n}\right)$$

即

$$\theta^{\frac{k-1}{n}}\geqslant P_0(\theta)\geqslant\theta^{\frac{k}{n}} \tag{12.2.38}$$

令$n\to\infty$且$\frac{k}{n}\to t$,则由(12.2.38)式有

$$P_0(t)=\theta, t>0 \tag{12.2.39}$$

下面考虑以下两种特殊情况:

(1)当 $\theta=1$ 时,表明对任意 $t>0$ 有 $P_0(t)=1$,即在区间 $(0,t)$ 内无事件发生的概率为1,这显然与定理12.2.10中的条件(2)相矛盾,因此必有 $\theta<1$。

(2)当 $\theta=0$ 时,表明对任意 $t=\dfrac{1}{n}$ 有 $P_0\left(\dfrac{1}{n}\right)=0$,这意味着在任意小的时间区间 $\left(0,\dfrac{1}{n}\right)$ 内以概率1发生事件,这就是说,当 $n\to\infty$ 时,在任意有限区间内必发生无穷多个事件,这显然与定理12.2.10中的条件(4)相矛盾,因此必有 $\theta>0$。

综上分析,θ 必为[19]

$$\theta=e^{-\lambda} \tag{12.2.40}$$

其中,$\lambda>0$ 为某正数。于是由(12.2.39)式有

$$P_0(t)=e^{-\lambda t}, t>0, \lambda>0 \tag{12.2.41}$$

最后,我们来计算 $P_k(t)$,它表明在区间 $[t_0,t_0+t)$ 内发生 k 个事件的概率,实际上由齐次性可知,我们只需计算在 $[0,t)$ 内发生 k 个事件的概率即可。为此,先讨论函数(12.2.41)式的特性:由泰勒展开有

$$P_0(\Delta t)=e^{-\lambda\Delta t}=1-\lambda\Delta t+o(\Delta t), \Delta t\to 0 \tag{12.2.42}$$

该式表明,当 $\Delta t\to 0$ 时,在区间 $[0,\Delta t)$ 内不发生事件的概率为

$$P_0(\Delta t)=1-\lambda\Delta t, \Delta t\to 0 \tag{12.2.43}$$

又知

$$\begin{aligned} P_1(\Delta t) &= 1-P_0(\Delta t)-\sum_{k=2}^{\infty}P_k(\Delta t) \\ &= \lambda\Delta t+o(\Delta t), \Delta t\to 0 (\text{由定理 12.2.10 条件(3)}) \end{aligned} \tag{12.2.44}$$

该式表明,当 $\Delta t\to 0$ 时,在区间 $(0,\Delta t)$ 内只发生一次事件的概率与 λ 成正比。

现将 $[0,t)$ 分成 N 等份,每个子区间为 Δt,即 $t=N\Delta t$,于是由上面的分析及定理的假设条件可以表述为:在 $[0,\Delta t)$ 内过程不发生事件的概率为 $1-\lambda\Delta t$,发生事件的概率为 $\lambda\Delta t$,对于 N 个子区间中的任意 k 个子区间发生事件而在其他 $N-k$ 个子区间中不发生事件的概率 P_k,由事件的独立性 P_k 可表示为

$$P_k=(1-\lambda\Delta t)^{N-k}(\lambda\Delta t)^k$$

又因为在 N 中任取 $k\leqslant N$ 的组合为 C_N^k,所以在 $[0,t)$ 内发生 k 次事件的概率 $P[X(t)=k]$ 为

$$\begin{aligned} P[X(t)=k] &= \lim_{N\to\infty}C_N^kP_k \\ &= \lim_{N\to\infty}(1-\lambda\Delta t)^{N-k}(\lambda\Delta t)^kC_N^k \\ &= \lim_{N\to\infty}(1-\lambda\Delta t)^{N-k}(\lambda\Delta t)^k\frac{N!}{k!\ (N-k)!} \\ &= e^{-\lambda t}\frac{(\lambda t)^k}{k!}, k=0,1,2,\cdots \end{aligned}$$

于是定理的(12.2.33)式得证。定理证毕。

说明 (1)该定理的证明方法通常称为两项分布取极限的方法(见上册例2.2.2)。除这个方法以外,还有一种方法可证得同样的结论:如果我们把过程发生事件定义为过程发生跳跃,当我们利用定理12.2.10的条件已经证得 $P_0(t)=e^{-\lambda}(t>0,\lambda>0)$,并经泰勒展开

取得(12.2.42)式及(12.2.44)式时就会发现,这个过程实际上就是连续时间马尔可夫链,因此,该过程的转移概率函数必满足柯尔莫哥洛夫向前方程和向后方程,于是利用向前方程就可解出转移概率 $P[X(t)=k|X(0)=0]$,而且所得结论是一致的(见(12.1.44)式)。通常称这个证明方法为求解柯尔莫哥洛夫向前方程的方法。

(2)定理 12.2.10 中的条件(4)在推导(12.2.44)式中已经用到,但条件(4)还包含更为深刻的含义:在任意有穷区间$[0,t)$中只能发生有穷次跳跃,这意味着,该过程样本函数必然是可分的(见例 10.4.5),由此可知,泊松过程必是可分的,又由定理 12.2.8 可知泊松过程是完全可分的。

我们不止一次提到,可分性概念对于随机过程理论来说是非常重要的概念之一,如果随机过程是可分的,那我们只需在可分集 R 上分析问题即可,所得结论由可分性推知在不可数闭集上同样成立。但是我们要知道,因为处理随机过程只涉及有限维分布函数族,因此可以假设随机过程是可分的[3],今后,如不申明,所讨论的随机过程均假设是可分的。

例 12.2.1　设患者去某医院求医为泊松过程,经统计知每分钟平均有两名患者求医,试计算:

(1)在 5 分钟内无人求医的概率。

(2)在 5 分钟内求医患者超过 4 名的概率。

(3)第 N 名患者与第 $N+1$ 名患者的间隔时间超过 2 分钟的概率,$N=1,2,\cdots$。

解　由题设知 $\lambda=2$,设事件

$$A_i=(5\text{ 分钟内有 } i \text{ 个患者求医},i=0,1,2,\cdots)$$

$$B_i=(5\text{ 分钟内有超过 } i \text{ 个患者求医},i=0,1,2,\cdots)$$

(1)
$$P(A_0)=\mathrm{e}^{-\lambda 5}=\mathrm{e}^{-10}=0.000\,045$$

(2)
$$P(A_1)=\frac{10}{1!}\mathrm{e}^{-10}=0.000\,45$$

$$P(A_2)=\frac{10^2}{2!}\mathrm{e}^{-10}=0.002\,25$$

$$P(A_3)=\frac{10^3}{3!}\mathrm{e}^{-10}=0.007\,5$$

$$P(A_4)=\frac{10^4}{4!}\mathrm{e}^{-10}=0.018\,75$$

于是有

$$P(B_4)=1-P(A_0)-P(A_1)-P(A_2)-P(A_3)-P(A_4)=0.971\,0$$

(3)
$$P(\text{任意两名相邻患者间隔时间超过 2 分钟})=\mathrm{e}^{-2\lambda}=\mathrm{e}^{-4}=0.018\,3$$

12.2.2　泊松过程的推广

下面讨论泊松过程的几个推广,先讨论复合泊松过程。

定义 12.2.3　复合泊松过程　设$\{X(t),t\geqslant 0\}$是一个取非负整数值的随机过程且

$$X(t)=\sum_{i=1}^{N(t)}Y_i,t\geqslant 0 \tag{12.2.45}$$

其中,$\{N(t),t\geqslant 0\}$是一个泊松过程;$\{Y_i,i\geqslant 1\}$是独立于$\{N(t),t\geqslant 0\}$的一组独立同分布的取整数值的随机变量序列,则称$\{X(t),t\geqslant 0\}$为复合泊松过程。

说明 (1)如果 $Y_i\equiv 1$,则 $X(t)=N(t)$,这时 $\{X(t),t\geqslant 0\}$ 就是普通的泊松过程。

(2)复合泊松过程的实际例子:载客汽车数量 $N(t)$ 以泊松规律到达某游区参观,Y_i 表示第 i 辆车所载游客人数且是一个随机变量,则 $X(t)$ 就表示在区间 $(0,t)$ 内到达游区总游客数量,称 $\{X(t),t\geqslant 0\}$ 为复合泊松过程。

为了讨论复合泊松过程的性质,我们先介绍如下引理。

引理 12.2.2 设 $\{Y_i,i=1,2,\cdots,N\}$ 为独立同分布随机变量序列,N 为取正整数的随机变量且与 $\{Y_i\}$ 独立,令

$$X=\sum_{i=1}^{N}Y_i \tag{12.2.46}$$

则

$$E(X)=E_NE_X(X|N)=E(N)E(Y) \tag{12.2.47}$$

$$D(X)=E(N)D(Y)+D(N)[E(Y)]^2 \tag{12.2.48}$$

其中,Y 就是 $\{Y_i\}$ 中任何一个随机变量。

证明 当 $N=n$ 时,X 就是 n 个独立同分布随机变量 $\{Y_1,Y_2,\cdots,Y_n\}$ 之和,所以有

$$E(X|N=n)=E\left(\sum_{i=1}^{n}Y_i\right)=nE(Y)$$

$$D(X|N=n)=D\left(\sum_{i=1}^{n}Y_i\right)=nD(Y)$$

当 N 为随机变量时,上式可以写为

$$E(X|N)=NE(Y)$$

$$D(X|N)=ND(Y)$$

于是由条件期望可求出无条件期望(见上册(4.3.18)式)为

$$E(X)=E_NE_X(X|N)=E_N[NE(Y)]=E(N)E(Y)$$

进一步,由条件方差可求出无条件方差(见上册(4.4.39)式)为

$$\begin{aligned}D(X)&=D[E(X|N)]+E[D(X|N)]\\&=E(N)D(Y)+D(N)[E(Y)]^2\end{aligned}$$

引理证毕。

定理 12.2.11 设 $\{X(t),t\geqslant 0\}$ 为复合泊松过程,则

(1) $\{X(t),t\geqslant 0\}$ 具有齐次性和独立增量性;

(2)对任意 $t>0$,$X(t)$ 的特征函数为

$$f_{X(t)}(u)=\mathrm{e}^{\lambda t[f_Y(u)-1]} \tag{12.2.49}$$

其中,$f_Y(u)$ 为独立同分布随机变量序列 $\{Y_n,n\geqslant 1\}$ 共同的特征函数,即

$$f_Y(u)=E(\mathrm{e}^{\mathrm{i}uY}) \tag{12.2.50}$$

λ 为泊松过程 $\{N(t),t\geqslant 0\}$ 的平均跳跃率;Y 为 $\{Y_n,n\geqslant 1\}$ 中任意一个随机变量。

(3)如果 $E(Y^2)<\infty$,则 $X(t)$ 具有有限的二阶矩且

$$E[X(t)]=\lambda tE(Y) \tag{12.2.51}$$

$$D[X(t)]=\lambda tE(Y^2) \tag{12.2.52}$$

$$\mathrm{cov}[X(s),X(t)]=\lambda E(Y^2)\min(s,t) \tag{12.2.53}$$

证明 (1)因为 $\{N(t),t\geqslant 0\}$ 为泊松过程,故由定义 12.2.1 可知 $\{N(t),t\geqslant 0\}$ 具有独立增量性和齐次性,又因为 $\{Y_n,n\geqslant 1\}$ 是独立同分布随机变量序列,因此,$X(t)=\sum_{i=1}^{N(t)}Y_i,t\geqslant 0$

必是独立增量的。

（2）为了证得$\{X(t),t\geqslant 0\}$具有齐次性，同时也为了证得$X(t)$的特征函数为（12.2.49）式所示，只需证$(X(t),t\geqslant 0)$的特征函数对任意$t>s\geqslant 0$有

$$f_{[X(t)-X(s)]}(u)=\exp\{\lambda(t-s)[f_Y(u)-1]\} \tag{12.2.54}$$

即可。

由特征函数性质（见上册特征函数性质 5.1.5）可知，对于$n=0,1,2,\cdots$，有

$$E\{e^{iu[X(t)-X(s)]}|N(t)-N(s)=n\}=[f_Y(u)]^n$$

进一步，由全概率公式还有

$$\begin{aligned}f_{[X(t)-X(s)]}(u)&=E\{e^{iu[X(t)-X(s)]}\}\\&=\sum_{n=0}^{\infty}E\{e^{iu[X(t)-X(s)]}|N(t)-N(s)=n\}P[N(t)-N(s)=n]\\&=\sum_{n=0}^{\infty}[f_Y(u)]^n e^{-\lambda(t-s)}\frac{[\lambda(t-s)]^n}{n!}\\&=e^{-\lambda(t-s)}\exp\{\lambda(t-s)f_Y(u)\}\\&=\exp\{\lambda(t-s)[f_Y(u)-1]\}\end{aligned}$$

这就证得（12.2.54）式，即证得（12.2.49）式，也即证得$\{X(t),t\geqslant 0\}$具有齐次性。

（3）因为$\{N(t),t\geqslant 0\}$为泊松过程，故由（12.2.1）式知，$E[N(t)]=\lambda t$，$D[N(t)]=\lambda t$，并将它们代入（12.2.47）式和（12.2.48）式，立得

$$E[X(t)]=\lambda tE(Y)$$

$$D[X(t)]=\lambda tE(Y^2)$$

即（12.2.51）式及（12.2.52）式得证，最后，利用以上两式证明（12.2.53）式成立。当$t>s$时，有

$$\begin{aligned}\operatorname{cov}[X(s),X(t)]&=E\{[X(s)-\lambda sE(Y)][X(t)-\lambda tE(Y)]\}\\&=E\{[X(s)-\lambda sE(Y)]^2\}+E\Big([X(s)-\lambda sE(Y)]\cdot\\&\quad\{[X(t)-\lambda tE(Y)]-[X(s)-\lambda sE(Y)]\}\Big)\\&=E\{[X(s)-\lambda sE(Y)]^2\}\text{（由独立增量性）}\\&=D[X(s)]\\&=\lambda sE(Y^2)\end{aligned}$$

同理，当$s>t$时，有$\operatorname{cov}[X(s),X(t)]=\lambda tE(Y^2)$，于是对任意$t,s$，协方差为

$$\operatorname{cov}[X(s),X(t)]=\lambda E(Y^2)\min(s,t)$$

即（12.2.53）式得证。定理证毕。

例 12.2.2　某旅游景点以每 10 分钟有两辆客车的平均速率接待参观游客，每个客车上的人数是独立的随机变量，其概率分布为

客车上的人数	20	24	28
概率	$\frac{1}{4}$	$\frac{1}{2}$	$\frac{1}{4}$

试求：（1）上午 8 点到上午 9 点平均接待游客的数量及方差；

（2）上午 8 点到 9 点与上午 8 点到 10 点之间的相关系数。

解 (1)该题叙述的过程显然是复合泊松过程,由题设可知 $\lambda=2$ 车/10 分钟,又由客车上的人数的概率分布可求出 $E(Y)$ 及 $E(Y^2)$,即

$$E(Y)=\sum_{i=1}^{3}y_iP(Y=y_i)=20\times\frac{1}{4}+24\times\frac{1}{2}+28\times\frac{1}{4}=24$$

$$E(Y^2)=\sum_{i=1}^{3}y_i^2P(Y=y_i)=400\times\frac{1}{4}+576\times\frac{1}{2}+784\times\frac{1}{4}=584$$

于是由(12.2.51)式及(12.2.52)式可得

$$E[X(60\text{ 分钟})]=\lambda tE(Y)=\frac{2}{10}\times 60\times 24=288$$

$$D[X(60\text{ 分钟})]=\lambda tE(Y^2)=\frac{2}{10}\times 60\times 584=7\ 008$$

$$D[X(120\text{ 分钟})]=\lambda tE(Y^2)=\frac{2}{10}\times 120\times 584=14\ 016$$

(2)由相关系数定义有

$$\begin{aligned}Y[X(60),X(120)]&=\frac{\operatorname{cov}[X(60),X(120)]}{\sqrt{D[X(60)]}\sqrt{D[X(120)]}}\\&=\frac{\lambda E(Y^2)\min(60,120)}{\sqrt{D[X(60)]}\sqrt{D[X(120)]}}\\&=\frac{\frac{2}{10}\times 584\times 60}{\sqrt{7\ 008}\times\sqrt{14\ 016}}=\frac{7\ 008}{83.71\times 118.39}=0.707\end{aligned}$$

接下来讨论泊松过程的另一个推广——多类型泊松过程。

定义 12.2.4 多类型泊松过程 设$\{X(t),t\geqslant 0\}$是以参数 λ 为平均跳跃强度的泊松过程,又设每次发生的事件有 N 个彼此互相独立的类型,其中每次事件为第 $i(i=1,2,\cdots,N)$ 个类型的概率为 p_i,$\sum_{i=1}^{N}p_i=1$,进一步设$\{X_i(t),t\geqslant 0,i=1,2,\cdots,N\}$表示第 i 个类型的事件在$(0,t]$内发生的次数,则称

$$X(t)=\sum_{i=1}^{N}X_i(t)\tag{12.2.55}$$

为多类型泊松过程,称 $X_i(t)$ 为 $X(t)$ 的子过程。

说明 我们以前所定义的泊松过程(见定义 12.2.1 及定义 12.2.2)实际上是单一类型的泊松过程。

定理 12.2.12 设$\{X(t),t\geqslant 0\}$为参数 λ 的多类型泊松过程$\{X_i(t),i=1,2,\cdots,N,t\geqslant 0\}$为其子过程,则 $X_i(t)$ 是以 λp_i 为参数的且相互独立的泊松过程。

证明 因为$\{X(t),t\geqslant 0\}$是泊松过程,则由泊松过程的独立增量性可知每个事件是独立的,又因为每个事件有 N 个彼此互相独立的类型,于是知事件

$$(X_1(t)=k_1,X_2(t)=k_2,\cdots,X_N(t)=k_N)$$

在 $\sum_{i=1}^{N}X_i(t)=\sum_{i=1}^{N}k_i=X(t)$ 的条件下具有多项分布,即

$$P\left[X_1(t)=k_1,X_2(t)=k_2,\cdots,X_N(t)=k_N \middle| X(t)=\sum_{i=1}^{N}k_i\right]$$

$$=\frac{p_1^{k_1}p_2^{k_2}\cdots p_N^{k_N}\left(\sum_{i=1}^{N}k_i\right)!}{k_1!k_2!\cdots k_N!}\text{（见上册例 7.3.11）} \tag{12.2.56}$$

于是有

$$P[X_1(t)=k_1,X_2(t)=k_2,\cdots,X_N(t)=k_N]$$

$$=P\left[X_1(t)=k_1,X_2(t)=k_2,\cdots,X_N(t)=k_N \middle| X(t)=\sum_{i=1}^{N}k_i\right]\cdot P\left[X(t)=\sum_{i=1}^{N}k_i\right]$$

$$=\frac{p_1^{k_1}p_2^{k_2}\cdots p_N^{k_N}\left(\sum_{i=1}^{N}k_i\right)!}{k_1!k_2!\cdots k_N!}\frac{(\lambda t)^{\sum_{i=1}^{N}k_i}}{\left(\sum_{i=1}^{N}k_i\right)!}e^{-\lambda t}=\prod_{i=1}^{N}\frac{(\lambda tp_i)^{k_i}}{k_i!}e^{-\lambda tp_i}$$

$$=P[X_1(t)=k_1]P[X_2(t)=k_2]\cdots P[X_N(t)=k_N]$$

由此可知，$X_i(t),i=1,2,\cdots,N$ 相互独立且为参数 λp_i 的泊松过程。定理证毕。

例 12.2.3　旅客以每分钟 12 人的平均速率进站乘坐同一次火车前往 A，B，C 三城，其中有一半乘客前往 A 城，有$\frac{1}{3}$的乘客前往 B 城，有$\frac{1}{6}$的乘客前往 C 城，试问，在 A 站的出站口，每分钟有几名旅客出站的概率最大，且概率是多少？

解　这是一个多类型泊松过程，由题意可知 $\lambda=12$ 人/分钟，三个子过程所对应的概率为 $p_A=\frac{1}{2},p_B=\frac{1}{3},p_C=\frac{1}{6}$，由定理 12.2.12 可知，去 A 城的旅客是以 $\lambda_A=\lambda p_A=6$ 人/分钟为平均速率的泊松过程，于是有

$$P[X_A(t)=k]=\frac{(\lambda_A t)^k}{k!}e^{-\lambda_A t}$$

因为在 A 站每分钟平均出站的旅客数为 $\lambda_A t=6$ 人，设每分钟出站的旅客数为 ξ，则有（见上册定义 2.2.7）

$$P(\xi=\lambda_A t-1)=P(\xi=\lambda_A t)=\max_n P(\xi=n)$$

故知当 $\xi=5$ 或 $\xi=6$ 时概率最大，而且 $P(\xi=5)=P(\xi=6)=0.160\ 6$ 为最大。

最后，我们来讨论泊松过程非常重要的一个推广——滤波泊松过程。之所以被认为是泊松过程非常重要的推广，是因为在控制科学及工程、电子工程及噪声理论中，滤波泊松过程提供了非常有价值的数学模型。

定义 12.2.5　滤波泊松过程　称随机过程 $\{X(t),t\geqslant 0\}$ 为滤波泊松过程，如果对任意 $t\geqslant 0$，$X(t)$ 可表示为

$$X(t)=\sum_{m=1}^{N(t)}h(t,\tau_m,Y_m) \tag{12.2.57}$$

且

（1）$\{N(t),t\geqslant 0\}$ 为具有参数 λ 的泊松过程；

（2）$\{Y_m,m\geqslant 1\}$ 为独立同分布随机变量序列且与 $\{N(t),t\geqslant 0\}$ 独立；

（3）$h(t,\tau,y)$ 为三个实变元函数，称之为响应函数。

说明 (1)对(12.2.57)式的解释如下：τ_m 表示第 m 个事件发生的时刻；Y_m 表示与该事件相联系的一个随机变量，称之为振幅；而响应函数 $h(t,\tau_m,Y_m)$ 表示在 τ_m 开始具有振幅 Y_m 的响应函数在 t 时刻的值。

(2)对于不同的学科和应用领域，响应函数是不一样的。例如，在管理科学中，经常出现的响应函数是

$$h(t,\tau,y)=h_0(t-\tau,y)=\begin{cases}1, & \text{当 } 0<t-\tau<y\\ 0, & \text{其他}\end{cases}$$

在控制科学及工程，特别是在电子工程及噪声理论中，响应函数取为

$$h(t,\tau,y)=h_0(t-\tau,y)=\begin{cases}yh_1(t-\tau), & t-\tau\geqslant 0\\ 0, & t-\tau<0\end{cases}$$

其中，y 可为随机变量，也可为某常数。实际上在这一应用领域中，响应函数常取为一个线性系统在单位脉冲作用下的输出函数。

为了深入讨论滤波泊松过程，现引入如下引理。

引理 12.2.3 设随机变量 ξ 的特征函数为 $f_\xi(u)$，并假定 ξ 的 $n(n\geqslant 1)$ 阶矩存在，称

$$\chi_k=\frac{1}{i^k}\left[\frac{\mathrm{d}^k}{\mathrm{d}u^k}\log f_\xi(u)\right]_{u=0} \tag{12.2.58}$$

为 ξ 的 k 阶半不变量，于是有

$$E(\xi)=\chi_1=\frac{1}{i}\left[\frac{\mathrm{d}}{\mathrm{d}u}\log f_\xi(u)\right]_{u=0} \tag{12.2.59}$$

$$D(\xi)=\chi_2=\frac{1}{i^2}\left[\frac{\mathrm{d}^2}{\mathrm{d}u^2}\log f_\xi(u)\right]_{u=0} \tag{12.2.60}$$

$$\operatorname{cov}(\xi_1,\xi_2)=\frac{1}{i^2}\left[\frac{\partial^2}{\partial u_1\partial u_2}\log f_{\xi_1\xi_2}(u_1,u_2)\right]_{u_1=u_2=0} \tag{12.2.61}$$

其中 $f_{\xi_1\xi_2}(u_1,u_2)=E[\mathrm{e}^{\mathrm{i}(\xi_1u_1+\xi_2u_2)}]$ 为 (ξ_1,ξ_2) 二元特征函数。该引理的证明见上册定理 5.2.6 及性质 5.4.5。

定理 12.2.13 设 $\{X(t),t\geqslant 0\}$ 为滤波泊松过程，则

(1)对任意 $t\geqslant 0$，$X(t)$ 的特征函数为

$$f_{X(t)}(u)=\exp\left\{\lambda\int_0^t E[\mathrm{e}^{\mathrm{i}uh(t,\tau,Y)}-1]\mathrm{d}\tau\right\} \tag{12.2.62}$$

(2)对任意 $t_2>t_1\geqslant 0$，二维向量 $[X(t_1),X(t_2)]$ 的特征函数为

$$f_{X(t_1)X(t_2)}(u_1,u_2)=\exp\left\{\lambda\int_0^{t_1}E\{\mathrm{e}^{\mathrm{i}[u_1h(t_1,\tau,Y)+u_2h(t_2,\tau,Y)]}-1\}\mathrm{d}\tau+\lambda\int_{t_1}^{t_2}E[\mathrm{e}^{\mathrm{i}u_2h(t_2,\tau,Y)}-1]\mathrm{d}\tau\right\} \tag{12.2.63}$$

(3)如果 $E[h^2(t,\tau,Y)]<\infty$，则

$$E[X(t)]=\lambda\int_0^t E[h(t,\tau,Y)]\mathrm{d}\tau<\infty \tag{12.2.64}$$

$$D[X(t)]=\lambda\int_0^t E[h^2(t,\tau,Y)]\mathrm{d}\tau<\infty \tag{12.2.65}$$

$$\operatorname{cov}[X(t_1),X(t_2)]=\lambda\int_0^{\min(t_1,t_2)}E[h(t_1,\tau,Y)h(t_2,\tau,Y)]\mathrm{d}\tau \tag{12.2.66}$$

证明 该定理的关键是求出二维向量 $[X(t_1),X(t_2)]$ 的特征函数，由二元特征函数很

容易求出一元特征函数,再由引理 12.2.3 即可得到定理的全部结果。

由多元特征函数定义(见上册(5.4.3)式)可知$[X(t_1),X(t_2)]$的特征函数为

$$f_{X(t_1)X(t_2)}(u_1,u_2)=E\left(\exp\{\mathrm{i}[u_1X(t_1)+u_2X(t_2)]\}\right) \tag{12.2.67}$$

由滤波泊松过程定义又知

$$X(t)=\sum_{m=1}^{N(t)}h(t,\tau_m,Y_m)$$

现定义如下函数:

$$g(\tau,y)\triangleq u_1h(t_1,\tau,y)+u_2h(t_2,\tau,y) \tag{12.2.68}$$

则有

$$\begin{aligned}u_1X(t_1)+u_2X(t_2)&=u_1\sum_{m=1}^{N(t_1)}h(t_1,\tau_m,Y_m)+u_2\sum_{m=1}^{N(t_2)}h(t_2,\tau_m,Y_m)\\&=\sum_{m=1}^{N(t_2)}[u_1h(t_1,\tau_m,Y_m)+u_2h(t_2,\tau_m,Y_m)]\\&=\sum_{m=1}^{N(t_2)}g(\tau_m,Y_m),t_2>t_1\end{aligned} \tag{12.2.69}$$

要注意,$h(t,\tau,y)=0,t<\tau$。

将(12.2.69)式代入(12.2.67)式有

$$f_{X(t_1)X(t_2)}(u_1,u_2)=E\{\exp[\mathrm{i}\sum_{m=1}^{N(t_2)}g(\tau_m,Y_m)]\} \tag{12.2.70}$$

如果再定义

$$\varphi(\tau)\triangleq E\{\exp[\mathrm{i}g(\tau,Y)]-1\}$$

那么我们只需往证

$$f_{X(t_1)X(t_2)}(u_1,u_2)=\exp\left[\lambda\int_0^{t_2}\varphi(\tau)\mathrm{d}\tau\right] \tag{12.2.71}$$

即得到二元特征函数,为此,先求出条件特征函数,然后再求出无条件特征函数。由(12.2.70)式可知条件特征函数为

$$\begin{aligned}&f_{X(t_1)X(t_2)}(u_1,u_2\mid N(t_2)-N(0)=n)\\&=E\{\exp[\mathrm{i}\sum_{m=1}^{N(t_2)}g(\tau_m,Y_m)]\mid N(t_2)-N(0)=n\}\\&=\left(E\{\exp[\mathrm{i}g(\tau,Y)]\}\right)^n\text{(由定理 12.2.9 可知 }\tau_1,\tau_2,\cdots,\tau_{N(t_2)}\text{ 独立同分布,且同为均匀分布)}\\&=\left(\frac{1}{t_2}\int_0^{t_2}E\{\exp[\mathrm{i}g(\tau,Y)]\}\mathrm{d}\tau\right)^n\end{aligned}$$

由此可得$[X(t_1),X(t_2)]$的无条件特征函数为

$$\begin{aligned}&f_{X(t_1)X(t_2)}(u_1,u_2)\\&=\sum_{n=0}^{\infty}f_{X(t_1)X(t_2)}(u_1,u_2\mid N(t_2)-N(0)=n)P[N(t_2)-N(0)=n]\\&=\sum_{n=0}^{\infty}\mathrm{e}^{-\lambda t_2}\frac{(\lambda t_2)^n}{n!}\left(\frac{1}{t_2}\int_0^{t_2}E\{\exp[\mathrm{i}g(\tau,Y)]\}\mathrm{d}\tau\right)^n\\&=\mathrm{e}^{-\lambda t_2}\sum_{n=0}^{\infty}\frac{1}{n!}\left(\lambda\int_0^{t_2}E\{\exp[\mathrm{i}g(\tau,Y)]\}\mathrm{d}\tau\right)^n\end{aligned}$$

$$= e^{-\lambda t_2}\exp\left(\lambda\int_0^{t_2}E\{\exp[ig(\tau,Y)]\}d\tau\right)$$

$$= \exp\left[\lambda\int_0^{t_2}\left(E\{\exp[ig(\tau,Y)]\}-1\right)d\tau\right]$$

$$= \exp\left[\lambda\int_0^{t_2}\varphi(\tau)d\tau\right] \tag{12.2.72}$$

下面由(12.2.72)式往证定理各结论:

(1)设 $t_1=t_2=t$,则 $X(t_1)=X(t_2)=X(t)$,$u_1=u_2=u$,于是由(12.2.72)式有

$$f_{X(t)}(u) = \exp\left\{\lambda\int_0^t E[e^{iuh(t,\tau,Y)}-1]d\tau\right\}$$

即(12.2.62)式得证。

(2)对任意 $t_2>t_1\geqslant 0$,由(12.2.72)式有

$$f_{X(t_1)X(t_2)}(u_1,u_2) = \exp\left(\lambda\int_0^{t_2}E\{e^{i[u_1h(t_1,\tau,Y)+u_2h(t_2,\tau,Y)]}-1\}d\tau\right)$$

$$= \exp\left(\lambda\int_0^{t_1}E\{e^{i[u_1h(t_1,\tau,Y)+u_2h(t_2,\tau,Y)]}-1\}d\tau+\lambda\int_{t_1}^{t_2}E[e^{iu_2h(t_2,\tau,Y)}-1]d\tau\right)$$

注意,上式考虑到 $h(t_1,\tau,Y)=0$,$t_1\leqslant\tau\leqslant t_2$,即(12.2.63)式得证。

(3)再利用引理 12.2.3 中(12.2.59)式、(12.2.60)式及(12.2.61)式立得定理中的(12.2.64)式、(12.2.65)式及(12.2.66)式。定理证毕。

推论 12.2.1　坎贝尔定理　设 $\{X(t),t\geqslant 0\}$ 为滤波泊松过程,如果响应函数 $h(t,\tau,y)$ 为

$$h(t,\tau,y)=h(t-\tau)\triangleq h(s),s\geqslant 0$$

$$=0,s<0 \tag{12.2.73}$$

则 $X(t)$ 可表示为

$$X(t) = \sum_{m=-\infty}^{\infty}h(t-\tau_m)$$

$$= \sum_{m=-\infty}^{\infty}h\{s_m\} \tag{12.2.74}$$

而且 $X(t)$ 的特征函数 $f_{X(t)}(u)$ 为

$$f_{X(t)}(u) = \exp\left\{\lambda\int_{-\infty}^{\infty}[e^{iuh(s)}-1]\,ds\right\} \tag{12.2.75}$$

进一步还有

$$E[X(t)] = \lambda\int_{-\infty}^{\infty}h(s)\,ds \tag{12.2.76}$$

$$D[X(t)] = \lambda\int_{-\infty}^{\infty}h^2(s)\,ds \tag{12.2.77}$$

$$\mathrm{cov}[X(t),X(t+v)] = \lambda\int_{-\infty}^{\infty}h(s)\,h(s+v)ds \tag{12.2.78}$$

且为 v 的偶函数。

证明　由(12.2.73)式可知,响应函数是非随机确定函数又为因果函数,故 $X(t)$ 可表示为(12.2.74)式,再由定理 12.2.13 中(12.2.62)式有(12.2.75)式。进一步,由(12.2.64)式、(12.2.65)式及(12.2.66)式,考虑到(12.2.74)式可得(12.2.76)式、(12.2.77)式及(12.2.78)式。推论证毕。

说明　(1)该推论中的(12.2.76)式、(12.2.77)式及(12.2.78)式通常称为噪声理论中的坎贝尔定理[23]。

(2)该定理的含义是,具有参数为 λ 的单位脉冲列(泊松脉冲列)激励一个响应函数为 $h(s)(s\geqslant 0)$ 的系统后,该系统的输出过程通常称为噪声过程。

(3)可以将坎贝尔定理做如下推广:设滤波泊松过程 $\{X(t),-\infty<t<\infty\}$ 可表示为

$$X(t)=\sum_{-\infty<\tau_n<\infty}Y_n h(t-\tau_n) \tag{12.2.79}$$

其中,$\{\tau_n\}$ 为以 λ 为参数的发生事件 $\{Y_n h(t-\tau_n)\}$ 的泊松时间列;$\{Y_n\}$ 为独立同分布随机变量序列且与 (τ_n) 独立,则有

$$\frac{1}{i^k}\left[\frac{\mathrm{d}^k}{\mathrm{d}u^k}\log f_{X(t)}(u)\right]_{u=0}=\lambda E(Y^k)\int_{-\infty}^{\infty}h^k(s)\mathrm{d}s \tag{12.2.80}$$

例 12.2.4　某线性系统如图 12.2.1 所示。其中,系统传递函数为 $W(s)=\dfrac{1}{s+a}(a>0)$,系统输入 $Z(t)$ 为以 λ 为参数的泊松脉冲列,即

$$Z(t)=\sum_{i=-\infty}^{\infty}\delta(t-t_i)$$

系统输出为 $X(t)$,试求 $E[X(t)]$,$D[X(t)]$,$\mathrm{cov}[X(t),X(t+\tau)]$。

$$Z(t)\rightarrow\boxed{W(s)=\frac{1}{s+a},h(t),t\geqslant 0}\rightarrow X(t)$$

图 12.2.1　某线性系统

解　由题设可求出该系统单位脉冲响应函数 $h(t)$ 为

$$h(t)=L^{-1}\{W(s)\}=\mathrm{e}^{-at},t\geqslant 0$$

于是由熟悉的卷积公式得

$$\begin{aligned}X(t)&=\int_{-\infty}^{\infty}h(t-\tau)\ Z(\tau)\mathrm{d}\tau\\&=\int_{-\infty}^{\infty}h(t-\tau)\ \sum_i\delta(\tau-t_i)\mathrm{d}\tau\\&=\sum_{i=-\infty}^{\infty}\int_{-\infty}^{\infty}h(t-\tau)\ \delta(\tau-t_i)\mathrm{d}\tau\\&=\sum_{i=-\infty}^{\infty}h(t-t_i)\end{aligned}$$

再由推论 12.2.1 可有

$$E[X(t)]=\lambda\int_{-\infty}^{\infty}h(s)\ \mathrm{d}s=\lambda\int_{-\infty}^{\infty}\mathrm{e}^{-as}\ \mathrm{d}s=\frac{\lambda}{a}$$

$$D[X(t)]=\lambda\int_{-\infty}^{\infty}h^2(s)\ \mathrm{d}s=\lambda\int_{-\infty}^{\infty}\mathrm{e}^{-2as}\ \mathrm{d}s=\frac{\lambda}{2a}$$

$$\mathrm{cov}[X(t),X(t+v)]=\lambda\int_{-\infty}^{\infty}h(s)\ h(s+v)\mathrm{d}s=\frac{\lambda}{2a}\mathrm{e}^{-a|v|}$$

例 12.2.5　真空二极管内由电子跃迁引起的散弹噪声[25],经分析该散弹噪声过程 $\{X(t),-\infty<t<\infty\}$ 为滤波泊松过程且可表示为

$$X(t)=\sum_{m=-\infty}^{\infty}h(t-\tau_m)$$

其中

$$h(s)=\frac{2e}{T^2}s,0\leqslant s\leqslant T$$
$$=0,\text{其他}$$

于是由推论 12.2.1 可计算得

$$E[X(t)]=\lambda\int_0^T\frac{2e}{T^2}s\mathrm{d}s=\lambda e$$

$$D[X(t)]=\lambda\int_0^T\left(\frac{2e}{T^2}\right)^2s^2\mathrm{d}s=\frac{4\lambda e^2}{3T}$$

$$\mathrm{cov}[X(t),X(t+v)]=\frac{4\lambda e^2}{3T}\left(1-\frac{3|v|}{2T}+\frac{|v|^3}{2T^3}\right),|v|\leqslant T$$
$$=0,\text{其他}$$

12.3 生灭过程

在这节,我们将详细讨论连续时间马尔可夫链另一个典型例子——生灭过程。

定义 12.3.1 生灭过程 设$\{X(t),t\geqslant0\}$为连续时间齐次马氏链,如果状态转移概率$p_{ij}(t)$满足以下条件:

(1)$p_{ij}(t)=P[X(s+t)=j|X(s)=i]$,$\forall s$成立(齐次性) (12.3.1)

(2)$p_{ii+1}(h)=P[X(s+h)=i+1|X(s)=i]=\lambda_ih+o(h),h\to0,\lambda_i>0,i\geqslant0$ (12.3.2)

这说明,对任意$s\geqslant0$,在$X(s)=i$条件下,$X(s+h)=i+1$的条件概率$p_{ii+1}(h)$与h成正比,而比例系数为λ_i,$o(h)$为$h\to0$时比h更高阶无穷小量,由此可知,λ_i具有“生长率”的概念,称之为“生长”强度。

(3)$p_{ii-1}(h)=P[X(s+h)=i-1|X(s)=i]=\mu_ih+o(h),h\to0,i\geqslant1,\mu_i>0,\mu_0=0$ (12.3.3)

该含义同(2)相似,对任意$s\geqslant0$,在$X(s)=i$条件下,$X(s+h)=i-1$的条件概率$p_{ii-1}(h)$与h也成正比,但比例系数为μ_i,$o(h)$为$h\to0$时比h更高阶无穷小量,μ_i具有“灭亡率”的概念,称之为“灭亡”强度。

(4)$p_{ii}(h)=P[X(s+h)=i|X(s)=i]=1-(\lambda_i+\mu_i)h+o(h),h\to0,i\geqslant0$ (12.3.4)

该条件说明,在$X(s)=i$条件下$X(s+h)$仍为i,也即系统既不生长也不灭亡的概率$p_{ii}(h)$为$1-(\lambda_i+\mu_i)h(h\to0)$,综上所述,转移概率$p_{ij}(h)$可表示为

$$p_{ij}(h)(h\to0)=\begin{cases}\lambda_ih,j=i+1,\lambda_i>0,i\geqslant0\\\mu_ih,j=i-1,\mu_i>0,i\geqslant1,\mu_0=0\\1-(\lambda_i+\mu_i)h,j=i,i\geqslant0\\0,j\neq i,i+1,i-1\end{cases}\tag{12.3.5}$$

(5)当$h=0$时,初始条件为

$$p_{ij}(0)=\delta_{ij}=\begin{cases}1,i=j\\0,i\neq j\end{cases}$$

则称$\{X(t),t\geqslant0\}$为生灭过程。

说明　(1)我们由(12.3.5)式可以给出状态转移概率矩阵和信息流程图,由此可以看出生灭过程各状态的转移情况。当 $h \ll 1$ 时,由(12.3.5)式可以得出状态转移概率矩阵为

$$\boldsymbol{P}(h) = [p_{ij}(h)], h \ll 1$$
$$= \begin{bmatrix} 1-\lambda_0 h & \lambda_0 h & 0 & 0 & \cdots \\ \mu_1 h & 1-(\lambda_1+\mu_1)h & \lambda_1 h & 0 & \cdots \\ 0 & \mu_2 h & 1-(\lambda_2+\mu_2)h & \lambda_2 h & \cdots \\ \vdots & \vdots & \vdots & \vdots & \end{bmatrix} \tag{12.3.6}$$

有时用"生长率"和"灭亡率"来表示生灭过程会更清晰些,为此,将矩阵 $\boldsymbol{P}(h)$ 关于 h 求导可得生灭过程的"生长率"和"灭亡率"矩阵 $\boldsymbol{A}$ 为

$$\boldsymbol{A} = \frac{\mathrm{d}\boldsymbol{P}(h)}{\mathrm{d}h}$$
$$= \begin{bmatrix} -\lambda_0 & \lambda_0 & 0 & 0 & \cdots \\ \mu_1 & -(\mu_1+\lambda_1) & \lambda_1 & 0 & \cdots \\ 0 & \mu_2 & -(\mu_2+\lambda_2) & \lambda_2 & \cdots \\ \vdots & \vdots & \vdots & \vdots & \end{bmatrix} \tag{12.3.7}$$

其中,$\lambda_i = \frac{p_{ii+1}(h)}{h}(h \to 0)$ 为生灭过程在状态 i 时的"生长率"或称为"生长"强度;$\mu_i = \frac{p_{ii-1}(h)}{h}(h \to 0)$ 为生灭过程在状态 i 时的"灭亡率"或称为"灭亡"强度;通常将矩阵 $\boldsymbol{A}$ 称为生灭过程的密度矩阵或状态转移速率矩阵。生灭过程状态转移速率如图 12.3.1 所示。

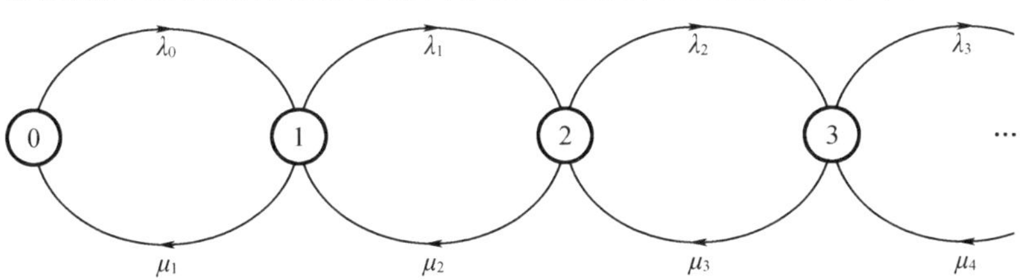

图 12.3.1　生灭过程状态转移速率图

值得注意的是,生灭过程的密度矩阵(或称状态转移速率矩阵)和状态转移速率图在排队服务过程中有重要应用。

(2)由于 $p_{ij}(t)$ 是条件概率,因此有 $p_{ij}(t) \geq 0$,而且还有

$$\sum_{j=0}^{\infty} p_{ij}(t) = 1 \tag{12.3.8}$$

上式的成立是由于

$$\begin{aligned} 1 &= P[X(s+t) \in \Omega \mid X(s)=i] \\ &= P[\bigcup_{j=0}^{\infty} X(s+t)=j \mid X(s)=i] \\ &= \sum_{j=0}^{\infty} P[X(s+t)=j \mid X(s)=i] \\ &= \sum_{j=0}^{\infty} p_{ij}(t) \end{aligned}$$

进一步由过程的马氏性还可推出

$$p_{ij}(s+t) = \sum_{k=0}^{\infty} p_{ik}(t)p_{kj}(s), \forall s \geqslant 0, \forall t \geqslant 0 \tag{12.3.9}$$

上述方程表明,生灭过程的转移概率同样满足查普曼－柯尔莫哥洛夫方程。这是因为

$$\begin{aligned} p_{ij}(s+t) &= P[X(s+t)=j \mid X(0)=i] \\ &= \sum_{k=0}^{\infty} (X(s+t)=j, X(t=k) \mid X(0)=i) \\ &= \sum_{k=0}^{\infty} (X(s+t)=j \mid X(t)=k, X(0)=i)P[X(t)=k \mid X(0)=i] \\ &= \sum_{k=0}^{\infty} P[X(s+t)=j \mid X(t)=k]P[X(t)=k \mid X(0)=i]\text{(由马氏性)} \\ &= \sum_{k=0}^{\infty} p_{kj}(s)p_{ik}(t)\text{(由齐次性)} \end{aligned}$$

(3)我们关心的问题是求出 $X(t)=n$ 的概率,为此有

$$P[X(t)=n] = \sum_{i=0}^{\infty} P[X(t)=n \mid X(0)=i]P[X(0)=i] \tag{12.3.10}$$

其中,$P[X(0)=i]$为初始概率;$P[X(t)=n \mid X(0)=i]=p_{in}(t)$是条件概率。所以为了求出$P[X(t)=n]$的概率,关键是求出条件概率 $p_{in}(t)$,下面我们给出条件概率应满足怎样的方程,为此有如下定理。

定理 12.3.1 设$\{X(t),t\geqslant 0\}$为生灭过程,$p_{ij}(t)$为状态转移概率,则 $p_{ij}(t)$满足柯尔莫哥洛夫向前方程且为

$$p'_{i0}(t)=\mu_1 p_{i1}(t)-\lambda_0 p_{i0}(t) \tag{12.3.11}$$

$$p'_{ij}(t)=\lambda_{j-1}p_{ij-1}(t)+\mu_{j+1}p_{ij+1}(t)-(\lambda_j+\mu_j)p_{ij}(t), j>0 \tag{12.3.12}$$

初始条件为

$$p_{ij}=\delta(i-j)=\begin{cases}1, i=j\\0, i\neq j\end{cases}$$

$p_{ij}(t)$还满足柯尔莫哥洛夫向后方程且为

$$p'_{0j}(t)=\lambda_0 p_{1j}(t)-\lambda_0 p_{0j}(t) \tag{12.3.13}$$

$$p'_{ij}(t)=\lambda_i p_{i+1j}(t)+\mu_i p_{i-1j}(t)-(\lambda_i+\mu_i)p_{ij}(t), i>0 \tag{12.3.14}$$

终止条件为

$$p_{ij}(0)=\delta(i-j)=\begin{cases}1, i=j\\0, i\neq j\end{cases}$$

证明 当我们对比连续时间马尔可夫链定义 12.1.1 和生灭过程定义 12.3.1 时就会发现,生灭过程只是连续时间马尔可夫链的一个特例。因此,针对连续时间马尔可夫链所导出的柯尔莫哥洛夫向前方程和向后方程完全适用于生灭过程,针对齐次的连续时间马尔可夫链,向前方程和向后方程由(12.1.36)式和(12.1.37)式分别为

$$p'_{ij}(t) = -\lambda_j^* p_{ij}(t) + \sum_{k\neq j} \lambda_k^* \pi_{kj}p_{ik}(t) \tag{12.3.15}$$

$$p'_{ij}(t) = -\lambda_i^* p_{ij}(t) + \sum_{k\neq i} \lambda_i^* \pi_{ik}p_{kj}(t) \tag{12.3.16}$$

下面我们针对生灭过程的特点,导出上述两个方程在生灭过程情况下的形式。由生灭过程定义可知有以下两个特点:

①$p_{i\bar{i}}(h)=P[X(s+h)\neq i\,|\,X(s)=i]$

$=P[X(s+h)$发生跳跃$|X(s)=i]$

$=P[X(s+h)=i+1\,|\,X(s)=i]+P[X(s+h)=i-1\,|\,X(s)=i]$

$=(\mu_i+\lambda_i)h+o(h),h\to 0$

因此,方程(12.3.15)式及方程(12.3.16)式中的 $\lambda_j^*,\lambda_i^*,\lambda_k^*$ 应分别为

$$\begin{cases}\lambda_j^*=\lambda_j+\mu_j\\ \lambda_i^*=\lambda_i+\mu_i\\ \lambda_k^*=\lambda_k+\mu_k\end{cases}\tag{12.3.17}$$

②又因为生灭过程的状态转移只能是由 i 变到 $i+1$ 或者由 i 变到 $i-1$,于是有

$$\lambda_k^*\pi_{kj}=(\lambda_k+\mu_k)\pi_{kj}=\begin{cases}\lambda_{j-1},k=j-1\\ \mu_{j+1},k=j+1\\ 0,\text{其他}\end{cases}\tag{12.3.18}$$

$$\lambda_i^*\pi_{kj}=(\lambda_i+\mu_i)\pi_{ik}=\begin{cases}\mu_i,k=i-1\\ \lambda_i,k=i+1\\ 0,\text{其他}\end{cases}\tag{12.3.19}$$

将(12.3.17)式、(12.3.18)式及(12.3.19)式代入(12.3.15)式及(12.3.16)式立得(12.3.11)式、(12.3.12)式、(12.3.13)式、(12.3.14)式。定理证毕。

下面讨论生灭过程的一个特例——纯生过程及其性质。

定义 12.3.2　纯生过程　设$\{X(t),t\geqslant 0\}$是生灭过程,如果对所有的 n 有 $\mu_n=0(n=0,1,2,\cdots)$,则称该生灭过程为纯生过程。

说明　纯生过程的含义很简单,就是只有生长没有灭亡。纯生过程有如下性质。

定理 12.3.2　设$\{X(t),t\geqslant 0\}$为纯生过程,则

(1)纯生过程的向前微分方程为

$$p'_{ij}(t)=\lambda_{j-1}p_{ij-1}(t)-\lambda_j p_{ij}(t)\tag{12.3.20}$$

(2)纯生过程的转移概率 $p_{ij}(t)$ 为

$$p_{ii}(t)=\mathrm{e}^{-\lambda_i t},i\geqslant 0\tag{12.3.21}$$

$$p_{ij}(t)=\lambda_{j-1}\mathrm{e}^{-\lambda_j t}\int_0^t \mathrm{e}^{\lambda_j s}p_{ij-1}(s)\,\mathrm{d}s,j\geqslant i+1\tag{12.3.22}$$

证明　(1)由生灭过程的向前微分方程(12.3.12)式,令 $\mu_j=0(j=1,2,\cdots)$,则立得(12.3.20)式。

(2)当 $j<i$ 时,因为我们所讨论的是纯生过程,所以事件$(X(s+t)=j\,|\,X(s)=i)$是不可能发生的,故有 $p_{ij-1}(t)=0,p_{ij}(t)=0$,因此不考虑这种情况。当 $j=i$ 时,方程(12.3.20)式变成

$$p'_{ii}(t)=-\lambda_i p_{ii}(t)\tag{12.3.23}$$

$$p_{ii}(0)=1(\text{初始条件})$$

将(12.3.23)式两边做拉氏变换有 $p_{ii}(s)=(s+\lambda_i)^{-1}$,再由拉氏反变换可得

$$p_{ii}(t)=\mathrm{e}^{-\lambda_i t},t\geqslant 0$$

即(12.3.21)式得证。当 $j>i$ 时有

$$
\begin{aligned}
& p_{ij}'(t)+\lambda_j p_{ij}(t)=\lambda_{j-1}p_{ij-1}(t)\\
\Rightarrow & \mathrm{e}^{\lambda_j t}[p_{ij}'(t)+\lambda_j p_{ij}(t)]=\mathrm{e}^{\lambda_j t}\lambda_{j-1}p_{ij-1}(t)\\
\Rightarrow & \frac{\mathrm{d}}{\mathrm{d}t}[\mathrm{e}^{\lambda_j t}p_{ij}(t)]=\lambda_{j-1}\mathrm{e}^{\lambda_j t}p_{ij-1}(t)\\
\Rightarrow & \mathrm{e}^{\lambda_j t}p_{ij}(t)=\lambda_{j-1}\int_0^t \mathrm{e}^{\lambda_j s}p_{ij-1}(s)\,\mathrm{d}s
\end{aligned}
$$

于是(12.3.22)式得证。定理证毕。

定理 12.3.3 设$\{X(t),t\geqslant 0\}$为纯生过程,如果对所有的$n\geqslant 0$,有$\lambda_n=\lambda$,则该纯生过程为泊松过程。

证明 只需证明当$\lambda_n=\lambda(n=0,1,2,\cdots)$时,纯生过程满足泊松过程定义 12.2.1 中(3)、(4)即可(因为泊松过程定义 12.2.1 中的(1)、(2)显然成立)。

首先用归纳法证明$\lambda_n=\lambda$时,纯生过程满足泊松过程定义(12.2.1)式,由(12.3.21)式可知

$$p_{ii}(t)=\mathrm{e}^{-\lambda t},i\geqslant 0$$

即

$$
\begin{aligned}
p_{ii}(t)=P[X(t)=i\mid X(0)=i]&=P[X(t)-X(0)=0\mid X(0)=i]\\
&=\mathrm{e}^{\lambda t}(\text{由(12.3.21)式})\\
&=P[X(t)-X(0)=i](\text{与}X(0)=i\text{无关}) \qquad (12.3.24)
\end{aligned}
$$

因此满足$k=0$时的(12.2.1)式。

设$k=n$时的(12.2.1)式成立,即由(12.3.22)式使(12.2.1)式成立,也即

$$
\begin{aligned}
p_{ij}(t)&=p_{ii+n}(t)\\
&=\lambda\mathrm{e}^{-\lambda t}\int_0^t \mathrm{e}^{\lambda s}p_{ii+n-1}(s)\,\mathrm{d}s\\
&=P[X(t)=i+n\mid X(0)=i]\\
&=P[X(t)-X(0)=n\mid X(0)=i]\overset{\text{设}}{=}\frac{(\lambda t)^n}{n!}\mathrm{e}^{-\lambda t}
\end{aligned}
$$

现往证当$k=n+1$时的(12.2.1)式成立,即往证由(12.3.22)式可推出(12.2.1)式,也即

$$p_{ii+n+1}(t)=\frac{(\lambda t)^{n+1}}{(n+1)!}\mathrm{e}^{-\lambda t}$$

事实上,由(12.3.22)式有

$$
\begin{aligned}
p_{ii+n+1}(t)&=P[X(t)=i+n+1\mid X(0)=i]\\
&=P[X(t)-X(0)=n+1\mid X(0)=i]\\
&=\lambda\mathrm{e}^{-\lambda t}\int_0^t \mathrm{e}^{\lambda s}p_{ii+n}(s)\,\mathrm{d}s\\
&=\lambda\mathrm{e}^{-\lambda t}\int_0^t \mathrm{e}^{\lambda s}\frac{(\lambda s)^n}{n!}\mathrm{e}^{-\lambda s}\mathrm{d}s\\
&=\frac{(\lambda t)^{n+1}}{(n+1)!}\mathrm{e}^{-\lambda t}
\end{aligned}
$$

由此证得,当$\lambda_n=\lambda(n=0,1,2,\cdots)$时,纯生过程的条件转移概率为

$$P[X(t)-X(0)=n\mid X(0)=i]=\frac{(\lambda t)^n}{n!}\mathrm{e}^{-\lambda t},\text{对任意 }i\text{ 成立}$$

这说明该条件概率与条件 $X(0)=i$ 无关,因此,增量 $X(t)-X(0)$ 与 $X(0)$ 独立,故有

$$P[X(t)-X(0)=n]=\frac{(\lambda t)^n}{n!}e^{-\lambda t} \tag{12.3.25}$$

再由生灭过程的齐次性,还有

$$P[X(t)-X(s)=n]=\frac{[\lambda(t-s)]^n}{n!}e^{-\lambda(t-s)},n=0,1,2,\cdots$$

由此证得,当 $\lambda_n=\lambda(n=0,1,2,\cdots)$ 时,由纯生过程的条件转移概率(12.3.21)式及(12.3.22)式推出泊松过程定义 12.2.1 中(12.2.1)式成立。

下面再证当 $\lambda_n=\lambda$ 时,纯生过程是独立增量的。由(12.3.24)式及(12.3.25)式,我们已经证得对任意 $t>0$,$X(t)-X(0)$ 与 $X(0)$ 独立;再由齐次性可知,对任意 $t>0,s>0$,$X(t+s)-X(s)$ 与 $X(s)-X(0)$ 也是独立的;下面再证对任意 n 个时刻 $0=t_0<t_1<t_2<\cdots<t_n$,$[X(t_1)-X(t_0)],[X(t_2)-X(t_1)],\cdots,[X(t_n)-X(t_{n-1})]$ 均为相互独立的随机变量。事实上有

$$\begin{aligned}
&P[X(t_1)-X(t_0)=k_1,X(t_2)-X(t_1)=k_2,\cdots,X(t_n)-X(t_{n-1})=k_n]\\
=&P[X(t_1)-X(t_0)=k_1]P[X(t_2)-X(t_1)=k_2|X(t_1)-X(t_0)=k_1]\cdot\cdots\cdot\\
&P[X(t_n)-X(t_{n-1})=k_n|X(t_1)-X(t_0)=k_1,\cdots,X(t_{n-1})-X(t_{n-2})=k_{n-1}]\\
=&P[X(t_1)-X(t_0)=k_1]P[X(t_2)-X(t_1)=k_2|X(t_1)-X(t_0)=k_1]\cdot\cdots\cdot\\
&P[X(t_n)-X(t_{n-1})=k_n|X(t_{n-1})-X(t_{n-2})=k_{n-1}]\text{(由马氏性)}\\
=&P[X(t_1)-X(t_0)=k_1]P[X(t_2)-X(t_1)=k_2]\cdots P[X(t_n)-X(t_{n-1})=k_n]
\end{aligned} \tag{12.3.26}$$

这就证明了当 $\lambda_n=\lambda(n=0,1,\cdots)$ 时,纯生过程是独立增量的,综上所证知该纯生过程为泊松过程。定理证毕。

例 12.3.1　尤尔(Yule)过程的概率计算　尤尔过程最先是由尤尔(Yule,文献[25])于 1924 年从物理学及生物学中提出来的。假设:

(1)该过程 $\{X(t),t\geqslant 0\}$ 是纯生过程;

(2)在 $t=0$ 时刻,群体中有 $X(0)=N$ 个成员;

(3)每个成员在时间间隔 $(t,t+h)$ 内增值一个新成员的概率为 $\lambda h+o(h),h\to 0$;

(4)这 N 个成员互相独立;

(5)过程是齐次的。

我们的目的是计算出条件概率

$$P_{Nk}(t)=P[X(t)=k|X(0)=N] \tag{12.3.27}$$

这一问题分三步解决。第一步,基于以上五点假设由二次式定理可知

$$\begin{aligned}
p_{NN+1}(h)&=P[X(t+h)=N+1|X(t)=N]\\
&=P[X(t+h)-X(t)=1|X(t)=N]\\
&=C_N^1[\lambda h+o(h)][1-\lambda h+o(h)]^{N-1},h\to 0\\
&=N\lambda h+o(h),h\to 0\\
&\triangleq\lambda_N h+o(h),h\to 0
\end{aligned}$$

对照生灭过程定义 12.3.1 可知

$$\lambda_N=N\lambda,N\geqslant 1 \tag{12.3.28}$$

由此可知,尤尔过程就是 $\lambda_N=N\lambda$ 的纯生过程。

第二步,设 $N=1$,由纯生过程的统一解(12.3.21)式及(12.3.22)式,用归纳法往证尤

尔过程在 $N=1$ 时的解为

$$\begin{aligned}P_{1k}(t)&=P[X(t)=k\mid X(0)=1]\\&=e^{-\lambda t}(1-e^{-\lambda t})^{k-1},k\geqslant 1\end{aligned}\tag{12.3.29}$$

当 $k=1$ 时,由(12.3.21)式可知

$$p_{11}(t)=e^{-\lambda_1 t}=e^{-\lambda t}$$

因此,当 $k=1$ 时(12.3.29)式成立,设 $k=m$ 时(12.3.29)式也成立,即

$$\begin{aligned}p_{1m}(t)&=P[X(t)=m\mid X(0)=1]\\&=e^{-\lambda t}(1-e^{-\lambda t})^{m-1}\end{aligned}\tag{12.3.30}$$

现往证 $k=m+1$ 时(12.3.29)式仍成立。由(12.3.22)式有

$$\begin{aligned}P_{1m+1}(t)&=m\lambda e^{-(m+1)\lambda t}\int_0^t e^{(m+1)\lambda s}e^{-\lambda s}(1-e^{-\lambda s})^{m-1}ds\\&=m\lambda e^{-(m+1)\lambda t}\int_0^t e^{m\lambda s}(1-e^{-\lambda s})^{m-1}ds\\&=m\lambda e^{-(m+1)\lambda t}\int_0^t e^{\lambda s}(e^{\lambda s}-1)^{m-1}ds\\&=m\lambda e^{-(m+1)\lambda t}\frac{1}{m\lambda}(e^{\lambda t}-1)^m\\&=e^{-\lambda t}e^{-m\lambda t}(e^{\lambda t}-1)^m\\&=e^{-\lambda t}(1-e^{-\lambda t})^m\end{aligned}$$

由此可知,当 $k=m+1$ 时(12.3.29)式确实成立,因此,(12.3.29)式得证。

第三步,利用母函数求出 $X(0)=N$ 条件下 $X(t)=k$ 的条件概率,首先,由(12.3.29)式求出 $p_{1k}(t)$ 的母函数为

$$\begin{aligned}f_{1k}(s)&=\sum_{k=0}^{\infty}p_{1k}(t)s^k\\&=se^{-\lambda t}\sum_{k=1}^{\infty}[(1-e^{-\lambda t})s]^{k-1}\\&=\frac{se^{-\lambda t}}{1-(1-e^{-\lambda t})s}\end{aligned}\tag{12.3.31}$$

当 $X(0)=N$ 时,由假设(4)可知这 N 个成员互相独立,因此(见上册母函数性质5.6.5)有

$$\begin{aligned}f_{Nk}(s)&=[f_{1k}(s)]^N\\&=\left[\frac{se^{-\lambda t}}{1-(1-e^{-\lambda t})s}\right]^N\\&=(se^{-\lambda t})^N\sum_{k=0}^{\infty}C_{k+N-1}^{k}(1-e^{-\lambda t})^k s^k\\&=\sum_{k=N}^{\infty}C_{k-1}^{k-N}(e^{-\lambda t})^N(1-e^{-\lambda t})^{k-N}s^k\end{aligned}\tag{12.3.32}$$

另一方面由母函数定义可知

$$f_{Nk}(s)=\sum_{k=N}^{\infty}p_{Nk}(t)s^k\tag{12.3.33}$$

比较(12.3.32)式和(12.3.33)式立得

$$\begin{aligned}p_{Nk}(t)&=P[X(t)=k\mid X(0)=N]\\&=C_{k-1}^{k-N}(e^{-\lambda t})^N(1-e^{-\lambda t})^{k-N},k=N,N+1,\cdots\end{aligned}$$

$$=C_{k-1}^{N-1}(e^{-\lambda t})^N(1-e^{-\lambda t})^{k-N},k=N,N+1,\cdots \qquad (12.3.34)$$

由此可知,(12.3.27)式的条件概率由(12.3.34)式表示。利用上面的结果可以证明,在给定 $X(0)=N$ 的条件下有

$$E[X(t)\mid X(0)=N]=Ne^{\lambda t},t\geqslant 0 \qquad (12.3.35)$$

$$D[X(t)\mid X(0)=N]=Ne^{2\lambda t}(1-e^{-\lambda t}),t\geqslant 0 \qquad (12.3.36)$$

下面我们进一步讨论非齐次生灭过程。

定义 12.3.3　非齐次生灭过程　设 $\{X(t),t\geqslant 0\}$ 为取整数值的连续时间马尔可夫链,其转移概率函数 $p_{ij}(s,t)$ 为

$$p_{ij}(s,t)=P[X(t)=j\mid X(s)=i] \qquad (12.3.37)$$

如果存在非负函数 $\lambda_0(t),\lambda_1(t),\cdots$ 及 $\mu_1(t),\mu_2(t),\cdots$ 使得对每一 t,下列极限对 n 一致成立,即

$$\lim_{h\to 0}\frac{p_{nn+1}(t,t+h)}{h}=\lambda_n(t),n\geqslant 0 \qquad (12.3.38)$$

$$\lim_{h\to 0}\frac{p_{nn-1}(t,t+h)}{h}=\mu_n(t),n\geqslant 1 \qquad (12.3.39)$$

$$\lim_{h\to 0}\frac{1-p_{nn}(t,t+h)}{h}=\lambda_n(t)+\mu_n(t),n\geqslant 0 \qquad (12.3.40)$$

其中规定

$$\mu_0(t)=0,t\geqslant 0 \qquad (12.3.41)$$

则称 $\{X(t),t\geqslant 0\}$ 为非齐次生灭过程。

说明　(1)如果 $p_{ij}(s,t)=p_{ij}(t-s),\lambda_n(t)=\lambda_n,\mu_n(t)=\mu_n,\forall n\geqslant 1,\forall s,t\geqslant 0$,这时非齐次生灭过程化为齐次生灭过程,即定义 12.3.3 化为定义 12.3.1。

(2)如果 $p_{ij}(s,t)=p_{ij}(t-s),\lambda_n(t)=\lambda_n,\mu_n(t)=0,\forall n\geqslant 1,\forall t\geqslant 0$,这时非齐次生灭过程化为纯生过程,即定义 12.3.3 化为定义 12.3.2。

求解非齐次生灭过程和齐次生灭过程转移概率函数的一种有效方法就是利用转移概率母函数的方法,为此引入如下定义。

定义 12.3.4　转移概率母函数　设 $p_{ij}(s,t)$ 为非齐次生灭过程 $\{X(t),t\geqslant 0\}$ 的转移概率函数,则称

$$\varphi_{is}(z,t)=\sum_{j=0}^{\infty}z^j p_{ij}(s,t),|z|<1,i\geqslant 1,t>s \qquad (12.3.42)$$

为 $p_{ij}(s,t)$ 的转移概率母函数。

下面我们介绍利用转移概率母函数 $\varphi_{is}(z,t)$ 求解转移概率函数 $p_{ij}(s,t)$ 的方法。该方法看来是一个有效的方法,不仅适用于齐次生灭过程,也适用于非齐次生灭过程。该方法的核心是首先求出 $\varphi_{is}(z,t)$,然后将母函数 $\varphi_{is}(z,t)$ 关于 z 展成幂级数,其中 z^j 项的系数就是概率 $p_{ij}(s,t)$(见上册母函数性质),为此,先介绍如下定理。

定理 12.3.4　肯达尔(kendall)定理[26]　设 $\{X(t),t\geqslant 0\}$ 为非齐次生灭过程,其转移概率函数为 $p_{ij}(s,t)$,其转移概率母函数为 $\varphi_{is}(z,t)$,则

(1)对任意初始状态 i 及时间 $s<t$ 和 $|z|\leqslant 1$,有

$$\frac{\partial}{\partial t}\varphi_{is}(z,t)=\sum_{k=0}^{\infty}z^k p_{ik}(s,t)[(z-1)\lambda_k(t)+(z^{-1}-1)\mu_k(t)] \qquad (12.3.43)$$

边界条件为当 $P[X(s)=i]=1$ 时

$$\varphi_{is}(z,s)=z^{i} \tag{12.3.44}$$

(2)进一步,如果存在 $\lambda(t)$ 和 $\mu(t)$,使得

$$\lambda_n(t)=n\lambda(t),\mu_n(t)=n\mu(t) \tag{12.3.45}$$

这时有

$$\frac{\partial}{\partial t}\varphi_{is}(z,t)=\frac{\partial}{\partial z}\varphi_{is}(z,t)\{(z-1)[z\lambda(t)-\mu(t)]\} \tag{12.3.46}$$

证明 (1)先引入一个定义:

$$\varphi_{is}(z,t+h)\triangleq\sum_{j=0}^{\infty}z^{j}E[z^{X(t+h)-X(t)}\mid X(t)=j]p_{ij}(s,t) \tag{12.3.47}$$

于是有

$$\begin{aligned}\frac{\partial}{\partial t}\varphi_{is}(z,t)&=\lim_{h\to 0}\frac{1}{h}[\varphi_{is}(z,t+h)-\varphi_{is}(z,t)]\\&=\sum_{j=0}^{\infty}z^{j}\lim_{h\to 0}\frac{1}{h}\{E[z^{X(t+h)-X(t)}\mid X(t)=j]-1\}p_{ij}(s,t)\end{aligned} \tag{12.3.48}$$

又知

$$\begin{aligned}&\lim_{h\to 0}\frac{1}{h}\{E[z^{X(t+h)-X(t)}\mid X(t)=j]-1\}\\&=\lim_{h\to 0}\frac{1}{h}[z\lambda_j(t)h+z^{-1}\mu_j(t)h+1-\lambda_j(t)h-\mu_j(t)h+o(h)-1]\\&=z\lambda_j(t)+z^{-1}\mu_j(t)-\lambda_j(t)-\mu_j(t)\end{aligned} \tag{12.3.49}$$

将(12.3.49)式代入(12.3.48)式立得

$$\frac{\partial}{\partial t}\varphi_{is}(z,t)=\sum_{j=0}^{\infty}z^{j}p_{ij}(s,t)[(z-1)\lambda_j(t)+(z^{-1}-1)\mu_j(t)]$$

于是(12.3.43)式得证。又知,当 $P[X(s)=i]=1$ 时有

$$p_{ij}(s,t)=\begin{cases}1, s=t, j=i\\0, 其他\end{cases}$$

因此,$\varphi_{is}(z,t)=\sum_{j=0}^{\infty}z^{j}p_{ij}(s,t)=z^{i}=\varphi_{is}(z,s)$,即边界条件得证。

(2)将(12.3.45)式代入(12.3.43)式,立得

$$\begin{aligned}\frac{\partial}{\partial t}\varphi_{is}(z,t)&=\sum_{k=0}^{\infty}z^{k-1}kp_{ik}(s,t)[z(z-1)\lambda(t)+z(z^{-1}-1)\mu(t)]\\&=\frac{\partial}{\partial z}\varphi_{is}(z,t)\{(z-1)[z\lambda(t)-\mu(t)]\}\end{aligned}$$

即(12.3.46)式得证。定理证毕。

说明 (1)我们将重点研究 $\lambda_n(t)=n\lambda(t)$(线性生长率),$\mu_n(t)=n\mu(t)$(线性灭亡率),其中,$\lambda(t)$ 和 $\mu(t)$ 代表每个个体的生长率和灭亡率。这表明,该生灭过程所描述的群体中,每个个体都是相互独立的且具有相同的生长率和灭亡率。

(2)生灭过程的每个个体在 t 时刻一旦给出 $\lambda(t)$ 和 $\mu(t)$,就可以用(12.3.46)式求解出转移概率母函数 $\varphi_{is}(z,t)$,然后将其展开就可得到转移概率函数 $p_{ij}(s,t)$。注意,(12.3.46)式是一阶线性偏微分方程,下面的定理给出如何求解该偏微分方程。

定理 12.3.5 设 $\varphi_{is}(z,t)$ 为概率母函数,满足如下偏微分方程

$$\frac{\partial}{\partial t}\varphi_{is}(z,t)=a(z,t)\frac{\partial}{\partial z}\varphi_{is}(z,t) \tag{12.3.50}$$

及边界条件(12.3.44)式,又设某函数 $u(\cdot,\cdot)$ 满足

$$u(z,t)=\text{常数} \tag{12.3.51}$$

其中,z 是如下微分方程

$$\frac{\mathrm{d}z}{\mathrm{d}t}+a(z,t)=0 \tag{12.3.52}$$

的解。现定义函数 $g(\cdot)$ 为

$$g(z)=u(z,s) \tag{12.3.53}$$

并求出 $g(\cdot)$ 在如下意义的反函数:如果

$$g(z)=u(z,s)=x$$

则有

$$z=g^{-1}(x)$$

于是偏微分方程(12.3.50)式的解为

$$\varphi_{is}(z,t)=[g^{-1}(u(z,t))]^{i} \tag{12.3.54}$$

该定理的证明见文献[27],下面以例说明如何应用定理 12.3.5 求解一阶线性偏微分方程。

例 12.3.2　设 $\{X(t),t\geqslant 0\}$ 为只具有线性生长率非齐次纯生过程,即

$$\lambda_n(t)=n\lambda(t),\mu_n(t)=0 \tag{12.3.55}$$

试利用定理 12.3.5 求出该过程的转移概率母函数 $\varphi_{is}(z,t)$。

解　由题设可知,方程(12.3.46)式化为

$$\frac{\partial}{\partial t}\varphi_{is}(z,t)=\frac{\partial}{\partial z}\varphi_{is}(z,t)[z(z-1)\lambda(t)] \tag{12.3.56}$$

此时,常微分方程(12.3.52)式化为

$$\frac{\mathrm{d}z}{\mathrm{d}t}+z(z-1)\lambda(t)=0$$

可改写为

$$\frac{\mathrm{d}z}{z(z-1)}+\lambda(t)\mathrm{d}t=0$$

经积分有

$$\log(1-z^{-1})+\int_0^t\lambda(t')\mathrm{d}t'=\text{常数}$$

由此我们得到 $u(\cdot,\cdot)$ 为

$$u(z,t)=\log(1-z^{-1})+\rho(t)=\text{常数}$$

其中

$$\rho(t)=\int_0^t\lambda(t')\mathrm{d}t' \tag{12.3.57}$$

现定义

$$g(z)=u(z,s)=\log(1-z^{-1})+\rho(s)$$

如果设

$$x=g(z)=\log(1-z^{-1})+\rho(s)$$

则有

$$g^{-1}(x)=z=\{1-\exp[x-\rho(s)]\}^{-1}$$

于是由(12.3.54)式可知

$$\begin{aligned}g^{-1}(u(z,t))&=\{1-\exp[\log(1-z^{-1})+\rho(t)-\rho(s)]\}^{-1}\\&=\{1-(1-z^{-1})\exp[\rho(t)-\rho(s)]\}^{-1}\\&=\frac{ze^{-(\rho(t)-\rho(s))}}{1-z\{1-e^{-[\rho(t)-\rho(s)]}\}}\\&=\varphi_{1s}(z,t)\end{aligned}\tag{12.3.58}$$

并且

$$\varphi_{is}(z,t)=[\varphi_{1s}(z,t)]^{i}$$

说明 (1)由(12.3.58)式可以看出,如果令 $p=e^{-[\rho(t)-\rho(s)]}$, $q=(1-p)=1-e^{-[\rho(t)-\rho(s)]}$,则

$$\varphi_{1s}(z,t)=\frac{zp}{1-zq}$$

这正是几何分布随机变量的母函数(见上册表5.6.1),于是由母函数定义可知

$$\begin{aligned}p_{1j}(s,t)&=P(X(t)=j\,|\,X(s)=1)\\&=pq^{j-1}\\&=e^{-[\rho(t)-\rho(s)]}\{1-e^{-[\rho(t)-\rho(s)]}\}^{j-1}\end{aligned}\tag{12.3.59}$$

而且

$$E[X(t)\,|\,X(s)=1]=p^{-1}=e^{[\rho(t)-\rho(s)]},t\geqslant s\tag{12.3.60}$$

$$D[X(t)\,|\,X(s)=1]=\frac{q}{p^2}=e^{2[\rho(t)-\rho(s)]}\{1-e^{-[\rho(t)-\rho(s)]}\},t\geqslant s\tag{12.3.61}$$

进一步有

$$\begin{aligned}p_{ij}(s,t)&=P[X(t)=j\,|\,X(s)=i]\\&=C_{j-1}^{i-1}p^{i}(1-p)^{j-i}\\&=C_{j-1}^{i-1}e^{-i[\rho(t)-\rho(s)]}\{1-e^{-[\rho(t)-\rho(s)]}\}^{j-i}\end{aligned}\tag{12.3.62}$$

而且

$$E[X(t)\,|\,X(s)=i]=ip^{-1}=ie^{[\rho(t)-\rho(s)]},t\geqslant s\tag{12.3.63}$$

$$D[X(t)\,|\,X(s)=i]=ip^{-1}=i\frac{q}{p^2}=ie^{2[\rho(t)-\rho(s)]}\{1-e^{-[\rho(t)-\rho(s)]}\},t\geqslant s\tag{12.3.64}$$

(2)如果该纯生过程是齐次的,即 $\lambda(t)=\lambda$,此时该过程变成尤尔过程,由(12.3.57)式可知

$$\rho(t)=\lambda t,\rho(s)=\lambda s\tag{12.3.65}$$

将该式代入(12.3.59)式,则得齐次纯生过程的转移概率函数为

$$\begin{aligned}p_{1j}(s,t)&=P[X(t)=j\,|\,X(s)=1]\\&=e^{-\lambda(t-s)}[1-e^{-\lambda(t-s)}]^{j-1}\end{aligned}\tag{12.3.66}$$

而且

$$E[X(t)\,|\,X(s)=1]=e^{\lambda(t-s)},t\geqslant s\tag{12.3.67}$$

$$D[X(t)\,|\,X(s)=1]=e^{2\lambda(t-s)}[1-e^{-\lambda(t-s)}],t\geqslant s\tag{12.3.68}$$

进一步还有

$$p_{ij}(s,t)=P[X(t)=j\,|\,X(s)=i]$$

$$=C_{j-1}^{i-1}e^{-i\lambda(t-s)}[1-e^{-\lambda(t-s)}]^{j-i} \tag{12.3.69}$$

而且

$$E[X(t)\mid X(s)=i]=ie^{\lambda(t-s)},t\geqslant s \tag{12.3.70}$$

$$D[X(t)\mid X(s)=i]=ie^{2\lambda(t-s)}[1-e^{-\lambda(t-s)}],t\geqslant s \tag{12.3.71}$$

比较(12.3.69)式至(12.3.71)式和(12.3.34)式至(12.3.36)式可以看出两者是一致的。

例 12.3.3[19]　**一般生灭过程的转移概率母函数**　设$\{X(t),t\geqslant 0\}$为生灭过程,其中参数为

$$\lambda_n(t)=n\lambda(t),\mu_n(t)=n\mu(t) \tag{12.3.72}$$

试利用定理 12.3.5 求该过程的转移概率母函数$\varphi_{is}(z,t)$。

解　由题设及方程(12.3.46)式有

$$\frac{\partial}{\partial t}\varphi_{is}(z,t)=\frac{\partial}{\partial z}\varphi_{is}(z,t)\{(z-1)[z\lambda(t)-\mu(t)]\} \tag{12.3.73}$$

这时常微分方程(12.3.52)式化为

$$\frac{dz}{dt}+(z-1)[z\lambda(t)-\mu(t)]=0 \tag{12.3.74}$$

设新变量 Y 为

$$Y=(z-1)^{-1} \tag{12.3.75}$$

并代入方程(12.3.74)式得

$$\frac{dY}{dt}+Y[\mu(t)-\lambda(t)]=\lambda(t) \tag{12.3.76}$$

为了求解上述一阶线性非齐次微分方程,我们可做如下假设:对任意$0\leqslant t_i\leqslant t\leqslant t_{i+1}(i=1,2,\cdots)$,$\mu(t)$和$\lambda(t)$可近似认为是常数,于是将方程(12.3.76)式两边做拉氏变换得

$$sY(s)-Y(t_i)+Y(s)[\mu(t)-\lambda(t)]=\lambda(s)$$

即有

$$\begin{aligned}Y(s)&=\frac{1}{s+[\mu(t)-\lambda(t)]}\lambda(s)+\frac{Y(t_i)}{s+[\mu(t)-\lambda(t)]}\\&\triangleq\frac{1}{s+v}\lambda(s)+\frac{Y(t_i)}{s+v}\end{aligned} \tag{12.3.77}$$

其中

$$v\triangleq[\mu(t)-\lambda(t)]$$

再将(12.3.77)式做拉氏反变换可得

$$Y(t)=\int_{t_i}^{t}\lambda(\tau)e^{-v(t-\tau)}d\tau+e^{-v(t-t_i)}Y(t_i)$$

即

$$Y(t)e^{+vt}-\int_{t_i}^{t}\lambda(\tau)e^{v\tau}d\tau=Y(t_i)e^{vt_i}=\text{常数} \tag{12.3.78}$$

其中

$$\begin{cases}vt=\int_0^t[\mu(\tau')-\lambda(\tau')]d\tau'\triangleq\rho(t)\\vt=\int_0^\tau[\mu(\tau')-\lambda(\tau')]d\tau'\triangleq\rho(\tau)\end{cases} \tag{12.3.79}$$

再取$t_i=0$,则(12.3.78)式化为

$$Y(t)e^{\rho(t)}-\int_0^t\lambda(\tau)e^{\rho(\tau)}d\tau=\text{常数}\tag{12.3.80}$$

将(12.3.75)式代入(12.3.80)式并定义 $u(z,t)$ 为

$$\begin{aligned}u(z,t)&=Y(t)e^{\rho(t)}-\int_0^t\lambda(\tau)e^{\rho(\tau)}d\tau\\&=\frac{1}{z-1}e^{\rho(t)}-\int_0^t\lambda(\tau)e^{\rho(\tau)}d\tau\end{aligned}$$

令

$$g(z)=u(z,s)=x=\frac{1}{z-1}e^{\rho(s)}-\int_0^s\lambda(\tau)e^{\rho(\tau)}d\tau$$

由此可推出

$$g^{-1}(x)=z=1+\left[xe^{-\rho(s)}+e^{-\rho(s)}\int_0^s\lambda(\tau)e^{\rho(\tau)}d\tau\right]^{-1}\tag{12.3.81}$$

因此得

$$\begin{aligned}\varphi_{1s}(z,t)&=g^{-1}(u(z,t))\\&=1+\left\{\left[\frac{e^{\rho(\tau)}}{z-1}-\int_0^t\lambda(\tau)e^{\rho(\tau)}d\tau\right]e^{-\rho(s)}+e^{-\rho(s)}\int_0^s\lambda(\tau)e^{\rho(\tau)}d\tau\right\}^{-1}\\&=1+\left(\left\{\frac{1}{z-1}e^{[\rho(t)-\rho(s)]}-e^{-\rho(s)}\int_s^t\lambda(\tau)e^{\rho(\tau)}d\tau\right\}\right)^{-1}\end{aligned}\tag{12.3.82}$$

最后得到

$$\varphi_{js}(z,t)=[\varphi_{1s}(z,t)]^j\tag{12.3.83}$$

说明 (1)令 $s=0$,即初始时刻为零,由(12.3.82)式有

$$\begin{aligned}\varphi_{10}(z,t)&=1+\left[\frac{1}{z-1}e^{\rho(t)}-\int_0^t\lambda(\tau)e^{\rho(\tau)}d\tau\right]^{-1}\\&=\sum_{i=0}^{\infty}z^iP(X(t)=i\,|\,X(0)=1)\quad\text{(由母函数定义)}\end{aligned}$$

再令 $z=0$,则当 $X(0)=1$ 时在 t 时刻的灭亡概率为

$$\begin{aligned}\varphi_{10}(0,t)&=P[X(t)=0\,|\,X(0)=1]\\&=1-\left[e^{\rho(t)}+\int_0^t\lambda(\tau)e^{\rho(\tau)}d\tau\right]^{-1}\\&=\frac{e^{\rho(t)}+\int_0^t\lambda(\tau)e^{\rho(\tau)}d\tau-1}{e^{\rho(t)}+\int_0^t\lambda(\tau)e^{\rho(\tau)}d\tau}\end{aligned}\tag{12.3.84}$$

又知

$$\int_0^t[\mu(\tau)-\lambda(\tau)]e^{\rho(\tau)}d\tau=e^{\rho(t)}-1$$

将上式代入(12.3.84)式可得

$$P[X(t)=0\,|\,X(0)=1]=\frac{\int_0^t\mu(\tau)e^{\rho(\tau)}d\tau}{1+\int_0^t\mu(\tau)e^{\rho(\tau)}d\tau}\tag{12.3.85}$$

因此可知,当且仅当

$$\lim_{t\to\infty}\int_0^t \mu(\tau)\mathrm{e}^{\rho(\tau)}\mathrm{d}\tau = \infty \tag{12.3.86}$$

时,有

$$P[X(t)=0\,|\,X(0)=1]=1$$

再由(12.3.83)式可知,当 $X(0)=j$ 时有

$$\begin{aligned}\lim_{t\to\infty}\varphi_{j0}(0,t) &= \lim_{t\to\infty}[\varphi_{10}(0,t)]^j\\ &= \lim_{t\to\infty}\{P[X(t)=0\,|\,X(0)=1]\}^j\\ &= 1^j = 1\end{aligned} \tag{12.3.87}$$

这说明,当且仅当(12.3.86)式成立时,整个群体(j 个个体)灭亡的概率为 1。

(2)考察齐次情况,即 $\mu(t)=\mu,\lambda(t)=\lambda$,这时有

$$\int_0^t \mu(\tau)\mathrm{e}^{\rho(\tau)}\mathrm{d}\tau = \int_0^t \mu\mathrm{e}^{(\mu-\lambda)\tau}\mathrm{d}\tau = \frac{\mu}{\mu-\lambda}[\mathrm{e}^{(\mu-\lambda)t}-1] \tag{12.3.88}$$

将该式代入(12.3.85)式有

$$P[X(t)=0\,|\,X(0)=1]=\frac{\dfrac{\mu}{\mu-\lambda}[\mathrm{e}^{(\mu-\lambda)t}-1]}{1+\dfrac{\mu}{\mu-\lambda}[\mathrm{e}^{(\mu-\lambda)t}-1]} \tag{12.3.89}$$

并且

$$\begin{aligned}P[X(t)=0\,|\,X(0)=j] &= \{P[X(t)=0\,|\,X(0)=1]\}^j\\ &= \left\{\frac{\dfrac{\mu}{\mu-\lambda}[\mathrm{e}^{(\mu-\lambda)t}-1]}{1+\dfrac{\mu}{\mu-\lambda}[\mathrm{e}^{(\mu-\lambda)t}-1]}\right\}^j\end{aligned} \tag{12.3.90}$$

由上式可知,当 $t\to\infty$ 时,群体灭绝的概率为

$$\lim_{t\to\infty}P[X(t)=0\,|\,X(0)=j]=\begin{cases}1,\mu\geqslant\lambda & (12.3.91)\\ \left(\dfrac{\mu}{\lambda}\right)^j,\mu<\lambda & (12.3.92)\end{cases}$$

下面讨论生灭过程的极限概率,为此,先介绍连续时间齐次马尔可夫链的极限概率定理。

定理 12.3.6　设 $\{X(n),n\geqslant 0\}$ 为非周期不可约连续时间齐次马尔可夫链,状态空间为 $I=\{0,1,2,\cdots\}$,对任意 $i,j\in I$,跳跃强度 λ_i'(见(12.1.6)式)和转移强度 $\lambda_i'\pi_{ij}$(见(12.1.8)式)是已知的,则极限概率 π_j 为

$$\pi_j=\lim_{n\to\infty}p_{ij}(n) \tag{12.3.93}$$

满足如下方程

$$\pi_j\lambda_j' = \sum_{k\neq j}\pi_k\lambda_k'\pi_{kj} \tag{12.3.94}$$

且有

$$\sum_{j=0}^{\infty}\pi_j = 1 \tag{12.3.95}$$

证明　由查普曼 – 柯尔莫哥洛夫方程可知

$$p_{ij}(u+v) = \sum_{k=0}^{\infty}p_{ik}(u)p_{kj}(v)$$

于是有

$$\pi_j = \lim_{u\to\infty} p_{ij}(u+v) = \sum_{k=0}^{\infty} \lim_{u\to\infty} p_{ik}(u)p_{kj}(v)$$
$$= \sum_{k=0}^{\infty} \pi_k p_{kj}(v)$$

再令 $v=\Delta t$,则得

$$\frac{\pi_j}{\Delta t} = \sum_{k=0}^{\infty} \pi_k \frac{p_{kj}(\Delta t)}{\Delta t}$$
$$\Rightarrow \frac{\pi_j}{\Delta t} - \frac{\pi_j p_{jj}(\Delta t)}{\Delta t} = \sum_{k\neq j} \pi_k \frac{p_{kj}(\Delta t)}{\Delta t}$$
$$\Rightarrow \pi_j\left[\frac{1-p_{jj}(\Delta t)}{\Delta t}\right] = \sum_{k\neq j} \pi_k \frac{p_{kj}(\Delta t)}{\Delta t}$$

再由(12.1.18)式及(12.1.19)式,令 $\Delta t\to 0$ 取极限立得

$$\pi_j\lambda_j' = \sum_{k\neq j} \pi_k \lambda'_k \pi_{kj}$$

其中,$\lambda_j' = \lim\limits_{\Delta t\to 0}\left[\frac{1-p_{jj}(\Delta t)}{\Delta t}\right]$为系统在状态 j 的跳跃强度(见(12.1.6)式);$\lambda'_k\pi_{kj} = \lim\limits_{\Delta t\to 0}\frac{p_{kj}(\Delta t)}{\Delta t}$ 为系统从状态 k 转移至状态 j 的转移强度(见(12.1.8)式)。又因为状态空间为 $I=\{0,1,2,\cdots\}$,所以有

$$1 = P[X(\infty)\in I] = P[\bigcup_{j=0}^{\infty}(X(\infty)=j)]$$
$$= \sum_{j=0}^{\infty} P[X(\infty)=j] = \sum_{j=0}^{\infty}\pi_j$$

定理证毕。

说明 方程(12.3.94)式具有鲜明的物理意义:$\pi_j\lambda_j'$表明系统在状态 j 的总跳出量,$\sum\limits_{k\neq j}\pi_j\lambda'_k\pi_{kj}$ 表明系统所有的状态(不包含状态 j)向 j 的跳跃转移量,显然,两者应该是相等的。

定理 12.3.7 设$\{X(t),t\geqslant 0\}$为生灭过程(见定义 12.3.1),状态空间为 $I=\{0,1,2,\cdots\}$,则当且仅当

$$\sum_{n=1}^{\infty}\frac{\lambda_0\lambda_1\cdots\lambda_{n-1}}{\mu_1\mu_2\cdots\mu_n} < \infty \tag{12.3.96}$$

时,各状态的极限概率存在且为

$$\pi_0 = \frac{1}{1+\sum\limits_{n=1}^{\infty}\frac{\lambda_0\lambda_1\cdots\lambda_{n-1}}{\mu_1\mu_2\cdots\mu_n}} > 0 \tag{12.3.97}$$

$$\pi_n = \frac{\lambda_0\lambda_2\cdots\lambda_{n-1}}{\mu_1\mu_2\cdots\mu_n\left(1+\sum\limits_{n=1}^{\infty}\frac{\lambda_0\lambda_2\cdots\lambda_{n-1}}{\mu_1\mu_2\cdots\mu_n}\right)} > 0, n\geqslant 1 \tag{12.3.98}$$

证明 由生灭过程的密度矩阵 $\boldsymbol{A}$(见(12.3.7)式)可知,系统在状态 j 的跳跃强度 λ_j'为

$$\lambda_j' = (\mu_j+\lambda_j), j\geqslant 0, \mu_0 = 0 \tag{12.3.99}$$

系统由状态 k 转移到状态 j 的转移强度 $\lambda_k'\pi_{kj}$为

$$\lambda_k'\pi_{kj}=\begin{cases}\lambda_k, k=j-1\\ \mu_k, k=j+1\\ 0,\text{其他}(k\neq j)\end{cases} \tag{12.3.100}$$

将(12.3.99)式和(12.3.100)式代入(12.3.94)式有

$$\begin{aligned}&\pi_0\lambda_0=\mu_1\pi_1\\&\pi_1(\mu_1+\lambda_1)=\lambda_0\pi_0+\mu_2\pi_2\\&\pi_2(\mu_2+\lambda_2)=\lambda_1\pi_1+\mu_3\pi_3\\&\cdots\cdots\cdots\cdots\\&\pi_n(\mu_n+\lambda_n)=\lambda_{n-1}\pi_{n-1}+\mu_{n+1}\pi_{n+1}\end{aligned}$$

把每个方程与其前面的方程相加可得

$$\begin{aligned}&\pi_0\lambda_0=\mu_1\pi_1\\&\pi_1\lambda_1=\mu_2\pi_2\\&\pi_2\lambda_2=\mu_3\pi_3\\&\cdots\cdots\cdots\cdots\\&\pi_n\lambda_n=\mu_{n+1}\pi_{n+1}\end{aligned}$$

于是有

$$\begin{aligned}&\pi_1=\frac{\lambda_0}{\mu_1}\pi_0\\&\pi_2=\frac{\lambda_1}{\mu_2}\pi_1=\frac{\lambda_0\lambda_1}{\mu_1\mu_2}\pi_0\\&\cdots\cdots\cdots\cdots\\&\pi_n=\frac{\lambda_0\lambda_1\cdots\lambda_{n-1}}{\mu_1\mu_2\cdots\mu_n}\pi_0\end{aligned}$$

再由 $\sum\limits_{n=0}^{\infty}\pi_n=1$ 可得

$$1=\pi_0+\pi_0\sum_{n=1}^{\infty}\frac{\lambda_0\lambda_1\cdots\lambda_{n-1}}{\mu_1\mu_2\cdots\mu_n}$$

于是有

$$\pi_0=\frac{1}{1+\sum\limits_{n=1}^{\infty}\frac{\lambda_0\cdots\lambda_{n-1}}{\mu_1\cdots\mu_n}}$$

最后得到

$$\pi_n=\frac{\lambda_0\lambda_1\cdots\lambda_{n-1}}{\mu_1\mu_2\cdots\mu_n\left(1+\sum\limits_{n=1}^{\infty}\frac{\lambda_0\lambda_1\cdots\lambda_{n-1}}{\mu_1\mu_2\cdots\mu_n}\right)}$$

由以上两式可知，当且仅当

$$\sum_{n=1}^{\infty}\frac{\lambda_0\lambda_1\cdots\lambda_{n-1}}{\mu_1\mu_2\cdots\mu_n}<\infty$$

时，有 $\pi_0>0,\pi_n>0,n\geqslant 1$。定理证毕。

说明　如果 $\mu_n=\mu,\lambda_n=\lambda(n=0,1,2,\cdots)$，这时当且仅当

$$\frac{\lambda}{\mu}<1 \tag{12.3.101}$$

时有

$$\sum_{n=1}^{\infty}\frac{\lambda_0\lambda_2\cdots\lambda_{n-1}}{\mu_1\mu_2\cdots\mu_n}=\sum_{n=1}^{\infty}\left(\frac{\lambda}{\mu}\right)^n=\frac{\frac{\lambda}{\mu}}{1-\frac{\lambda}{\mu}}>0$$

并且

$$\pi_0=\frac{1}{1+\sum_{n=1}^{\infty}\left(\frac{\lambda}{\mu}\right)^n}=1-\frac{\lambda}{\mu}>0$$

$$\pi_n=\left(\frac{\lambda}{\mu}\right)^n\left(1-\frac{\lambda}{\mu}\right)>0,n=1,2,\cdots$$

这时,生灭过程是正常返不可约非周期连续时间齐次马尔可夫链,如果初始概率取为极限概率,即

$$P[X(0)=i]=\pi_i,i=0,1,2,\cdots$$

此时生灭过程是平稳的,即有

$$P[X(n)=i]=P[X(0)=i]=\pi_i,i=0,1,2,\cdots;n=1,2,\cdots$$

12.4 更新过程

在本节,我们讨论这样一类马尔可夫过程:一个随时间增长而不断更新的随机系统所呈现的随机过程,通常称为更新过程。

定义 12.4.1　更新过程　设$\{N(t),t\geqslant 0\}$是非负整数值随机过程,它表示在时间区间$[0,t]$内可重复实验的某事件发生的次数且这些事件发生的时间间隔$\{X_1,X_2,\cdots\}$是独立同分布随机变量序列,则称$\{N(t),t\geqslant 0\}$为更新过程,也可称为更新计数过程,称$\{X_1,X_2,\cdots\}$为点间间隔序列。

简单地说,更新过程(或更新计数过程)就是记录随着时间的变化,更新事件发生次数的过程,更新过程有着鲜明的物理背景。例如,灯泡更新,第一个灯光在$t=0$时刻安装使用,在$t=X_1$时烧坏,这时相应计数为1,即$N(X_1)=1$,然后马上更换第二个灯泡开始使用,而第二个灯泡在$t=S_2=X_1+X_2$时烧坏,这时相应计数为2,即$N(S_2)=N(X_1+X_2)=2$,然后马上更换第三个灯泡开始使用,以此类推,这样一直持续下去,就形成了一个计数过程$\{N(t),t\geqslant 0\}$,这个计数过程有以下两个特点:一个是$N(t)$取非负整数值;另一个是,因为所有的灯泡都是互相独立的且具有相同的统计特性,因此,每相邻两个灯泡烧坏事件之间的时间间隔$X_i(i=1,2,\cdots)$是独立同分布的随机变量,这两个特点满足了更新过程的定义,因此,这个计数过程$\{N(t),t\geqslant 0\}$就是更新过程,如果$N(t)=i$,就表明第i个灯泡已经被烧坏,正在使用第$i+1$个灯泡。

通常,记

$$S_n=\sum_{i=1}^{n}X_i,n\geqslant 1,S_0=0 \tag{12.4.1}$$

它表明第 n 个事件出现之前的等待时间，也可以说，S_n 表示第 n 次更新时间。

$$F(x)=P(X_i \leqslant x),\ \forall i \tag{12.4.2}$$

为时间间隔序列 $\{X_1,X_2,\cdots\}$ 共同的分布函数。

图 12.4.1 表示了独立同分布随机变量序列 $\{X_i,i=1,2,\cdots\}$ 与其相应的更新过程 $\{N(t),t\geqslant 0\}$ 之间的关系，该图只表示了一个样本函数。

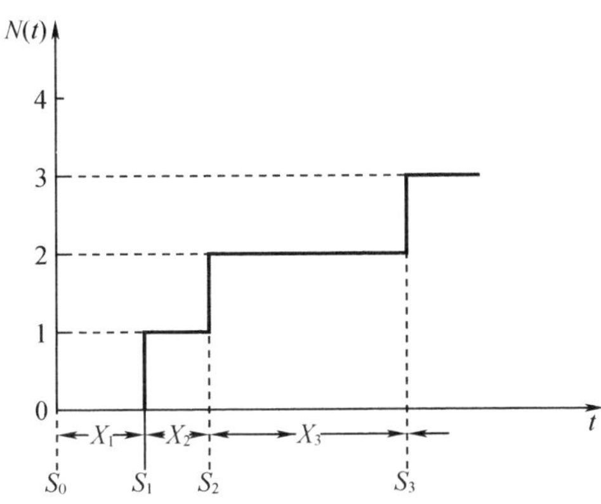

图 12.4.1　独立同分布随机序列 $\{X_i,i=1,2,\cdots\}$ 与其相应的更新过程 $\{N(t),t\geqslant 0\}$ 之间的关系

下面讨论更新过程的概率计算。

引理 12.4.1　设 $\{N(t),t\geqslant 0\}$ 为更新过程，$S_n=\sum\limits_{i=1}^{n}X_i$ 为第 n 次事件出现之前的等待时间，则

$$N(t)\geqslant n \Leftrightarrow S_n \leqslant t \tag{12.4.3}$$

证明　由更新过程 $\{N(t),t\geqslant 0\}$ 定义及(12.4.1)式可知，$N(t)$ 与 S_n 的关系可由图 12.4.2 表示，显见，当 $N(t)\geqslant n$ 时必有 $S_n\leqslant t$；反之，当 $S_n\leqslant t$ 时必有 $n\leqslant N(t)$，因此，(12.4.3)式成立。引理证毕。

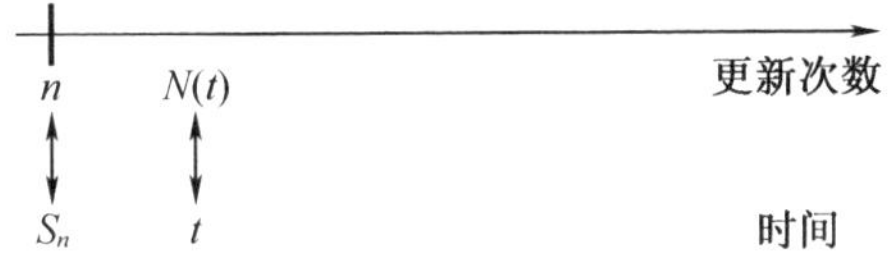

图 12.4.2　$N(t)$ 与 S_n 的关系

定理 12.4.1　设 $\{N(t),t\geqslant 0\}$ 为更新过程，$S_n=\sum\limits_{i=1}^{n}X_i$ 为第 n 次事件出现之前的等待时间，则

(1) $P[N(t)=n]=F_n(t)-F_{n+1}(t)$　　(12.4.4)

其中，$F_n(t)=P(S_n\leqslant t)$。

(2) $m(t)=E[N(t)]=\sum\limits_{n=1}^{\infty}F_n(t)$　　(12.4.5)

证明　(1)由(12.4.3)式可知

$$P[N(t)\geqslant n]=P(S_n\leqslant t)=F_n(t)$$

又知 $(N(t)\geqslant n)=(N(t)\geqslant n+1)\cup(N(t)=n)$，而且事件 $(N(t)\geqslant n+1)$ 与事件 $(N(t)=n)$

互不相容,因此有 $P[N(t)\geqslant n]=P[N(t)\geqslant n+1]+P[N(t)=n]$,由此可得

$$\begin{aligned}P[N(t)=n]&=P[N(t)\geqslant n]-[(N(t)\geqslant n+1]\\&=F_n(t)-F_{n+1}(t)\end{aligned}$$

(2) $m(t)=E[N(t)]=\sum_{n=1}^{\infty}nP[N(t)=n]$

$=\sum_{n=1}^{\infty}P[N(t)\geqslant n]$ (因为 $N(t)$ 是取非负整数的随机变量,见上册推论 4.2.3 的(4.2.72)式)

$=\sum_{n=1}^{\infty}P(S_n\leqslant t)$(由(12.4.3)式)

$=\sum_{n=1}^{\infty}F_n(t)$

定理证毕。

均值函数 $m(t)$ 通常也称为**更新函数**,由定理 12.4.1 可以看出,更新过程 $\{N(t),t\geqslant 0\}$ 的概率分布 $P(N(t)=n)$ 及均值函数 $m(t)=E[N(t)]$ 是和 $S_n=\sum_{i=1}^{n}X_i$ 的分布函数 $F_n(t)=P(S_n\leqslant t)$ 紧密联系在一起的,因此有必要对 S_n 的概率特性加以讨论。

定理 12.4.2 设 $\{N(t),t\geqslant 0\}$ 为更新过程,$\{X_1,X_2,\cdots\}$ 为更新事件发生的时间间隔序列,$S_n=\sum_{i=1}^{n}X_i$ 为第 n 次更新事件发生之前的等待时间,又设对任意 i,X_i 的密度函数 $f(t)$、分布函数 $F(t)$ 及特征函数 $\varphi(u)$ 均已知,则 S_n 的密度函数 $f_n(t)$、分布函数 $F_n(t)$ 及特征函数 $\varphi_n(u)$ 分别为

(1) $$f_n(t)=\underbrace{f(t)*f(t)*\cdots*f(t)}_{n\text{次卷积}} \tag{12.4.6}$$

(2) 如果密度函数的拉氏变换存在,则

$$f_n(s)=L\{f_n(t)\}=(L\{f(t)\})^n=f^n(s) \tag{12.4.7}$$

(3) $$F_n(t)=\underbrace{F(t)*F(t)*\cdots*F(t)}_{n\text{次卷积}} \tag{12.4.8}$$

(4) $$\varphi_n(u)=[\varphi(u)]^n \tag{12.4.9}$$

证明 因为 $S_n=\sum_{i=1}^{n}X_i$ 且 $X_i(i=1,2,\cdots,n)$ 为独立同分布随机变量,所以 S_n 服从无穷可分律,于是由无穷可分律定理(见上册定理 5.3.1)可知,(12.4.6)式、(12.4.7)式、(12.4.8)式及(12.4.9)式成立。定理证毕。

说明 如果 X_i 的密度函数 $f(t)$ 满足以下两个条件:

(1) $f(t)$ 在 $t\geqslant 0$ 有定义;

(2) $f(t)$ 在区间 $[0,\infty]$ 上是连续函数或是具有有限或可列个第一类间断点的连续函数。

则 $f(t)$ 的拉氏变换 $f(s)$ 存在。

定理 12.4.2 告诉我们,如果 X_i 的概率特性已知,那么 S_n 的概率特性也就已知,这样,均值函数 $m(t)$ 的概率特性由定理 12.4.1 也就可以求出,但是除了简单的一些情况之外,这种方法需大量的计算,因此,我们常常用较为简便的方法求出 $m(t)$ 的概率特性,为此先引入如下定义。

定义 12.4.2　更新方程　设 $f(t)$，$g(t)$，$h(t)$ 均为对 $t\geqslant 0$ 有定义的实函数且 $h(t)(t\geqslant 0)$ 和 $f(t)(t\geqslant 0)$ 是已知函数，如果未知函数 $g(t)(t\geqslant 0)$ 满足如下积分方程，即

$$g(t) = h(t) + \int_0^t g(t-s)f(s)\mathrm{d}s, t \geqslant 0 \tag{12.4.10}$$

则称该方程为更新方程。

更新方程是一类积分方程，因为更新过程理论中很多有意义的量都满足这一积分方程，因此，我们称积分方程(12.4.10)式为更新方程。

定理 12.4.3　更新过程的均值函数 $m(t)$ 满足如下更新方程，即

$$m(t) = F(t) + \int_0^t m(t-\tau)f(\tau)\mathrm{d}\tau, t \geqslant 0 \tag{12.4.11}$$

其中，$F(t)$，$f(t)$ 为时间间隔序列 $\{X_1, X_2, \cdots\}$ 共同的分布函数和密度函数。

证明　由全期望公式有

$$m(t) = E[N(t)] = \int_0^{\infty} E[N(t) \mid X_1 = \tau]f_{X_1}(\tau)\mathrm{d}\tau \tag{12.4.12}$$

当 $t<\tau$ 时没有更新事件发生，故 $N(t)=0$，因此有

$$E[N(t) \mid X_1 = \tau] = 0, t<\tau \tag{12.4.13}$$

当 $t\geqslant\tau$ 时有 $(N(t) \mid X_1=\tau) = (1+N(t-\tau))$，即这两个事件是相同的，因此，这两个事件有相同的概率分布，于是有

$$\begin{aligned} E[N(t) \mid X_1 = \tau] &= E[1+N(t-\tau)] \\ &= 1+E[N(t-\tau)], t\geqslant\tau \end{aligned} \tag{12.4.14}$$

将(12.4.13)式和(12.4.14)式代入(12.4.12)式得

$$\begin{aligned} m(t) &= \int_0^{\infty} E[N(t) \mid X_1 = \tau]f_{X_1}(\tau)\mathrm{d}\tau \\ &= \int_0^{\infty} \{1 + E[N(t-\tau)]\}f_{X_1}(\tau)\mathrm{d}\tau, t \geqslant \tau \\ &= \int_0^{\infty} f_{X_1}(\tau)\mathrm{d}\tau + \int_0^{\infty} m(t-\tau)f_{X_1}(\tau)\mathrm{d}\tau, t \geqslant \tau \\ &= F(t) + \int_0^t m(t-\tau)f(\tau)\mathrm{d}\tau, t \geqslant 0 \end{aligned} \tag{12.4.15}$$

又因为 $\{X_1, X_2, \cdots\}$ 为独立同分布随机序列，所以 $F(t)$，$f(t)$ 为 $\{X_1, X_2, \cdots\}$ 共同的分布函数和密度函数。定理证毕。

定理 12.4.4　定义 $m'(t) = \dfrac{\mathrm{d}m(t)}{\mathrm{d}t}$ 为均值函数 $m(t)$ 的变化速率，则 $m'(t)$ 满足如下的更新方程

$$m'(t) = f(t) + \int_0^t m'(t-\tau)f(\tau)\mathrm{d}\tau, t \geqslant 0 \tag{12.4.16}$$

证明　将(12.4.15)式两边对 t 求导立得(12.4.16)式。定理证毕。

例 12.4.1　试分析齐次泊松过程，并证明以下结论：

(1) 齐次泊松过程是更新过程；

(2) 齐次泊松过程均值函数满足更新方程(12.4.11)式；

(3) 齐次泊松过程均值函数变化速率满足更新方程(12.4.16)式。

解　(1) 设 $\{X(t), t\geqslant 0\}$ 为齐次泊松过程，由定义 12.2.1 可知 $X(0)=0$，$X(t)$ 取非负整

数值。又由定理 12.2.2 可知,每两次相邻跳跃之间的时间间隔序列$\{T_i, i=1,2,\cdots\}$是独立同分布随机序列。因此,齐次泊松过程满足更新过程定义 12.4.1,由此得出,齐次泊松过程是更新过程。

(2)由齐次泊松过程定义 12.2.1 可知

$$P[X(t)=k]=\frac{(\lambda t)^k}{k!}e^{-\lambda t}, k=0,1,2,\cdots$$

由此可知,均值函数为 $m(t)=E[X(t)]=\lambda t(t\geqslant 0)$,又由定理 12.2.2 可知 $F(t)=1-e^{-\lambda t}$,$f(t)=\frac{dF(t)}{dt}=\lambda e^{-\lambda t}$,将 $m(t)$,$F(t)$,$f(t)$代入方程(12.4.11)式右侧得

$$\begin{aligned}\text{方程(12.4.11)式右侧} &= 1-e^{-\lambda t}+\int_0^t \lambda^2(t-\tau)e^{-\lambda\tau}d\tau \\ &= \lambda t = m(t)\end{aligned}$$

这说明齐次泊松过程均值函数 $m(t)=\lambda t$ 满足更新方程(12.4.11)式。

(3)均值函数 $m(t)$变化速率为 $m'(t)=\lambda$,将 $m'(t)=\lambda$ 及 $f(t)=\lambda e^{-\lambda t}$代入更新方程(12.4.16)式右侧得

$$\begin{aligned}\text{方程(12.4.16)右侧} &= \lambda e^{-\lambda t}+\int_0^t \lambda^2 e^{-\lambda\tau}d\tau \\ &= \lambda = m'(t)\end{aligned}$$

这说明齐次泊松过程均值函数变化速率 $m'(t)$满足更新方程(12.4.16)式。

更新方程在有些情况下是比较容易求解的,如果密度函数 $f(t)$的拉氏变换存在,可以对方程(12.4.16)式两边做拉氏变换得

$$m'(s)=f(s)+m'(s)f(s)$$

于是有

$$m'(s)=\frac{f(s)}{1-f(s)} \tag{12.4.17}$$

再对 $m'(s)$做拉氏反变换就得到

$$m'(t)=L^{-1}\{m'(s)\} \tag{12.4.18}$$

$$m(t)=\int_0^t m'(t)dt \tag{12.4.19}$$

例 12.4.2 设$\{X_1, X_2, \cdots\}$为齐次泊松过程的跳跃点时间间隔序列,共同的密度函数为 $f(t)=\lambda e^{-\lambda t}$,试求均值函数 $m(t)$。

解 由题设可知 $f(s)=\frac{\lambda}{s+\lambda}$,于是由(12.4.17)式得

$$m'(s)=\frac{f(s)}{1-f(s)}=\frac{\lambda}{s}$$

再由(12.4.18)式和(12.4.19)式可得

$$m'(t)=L^{-1}\left\{\frac{\lambda}{s}\right\}=\lambda 1(t)$$

$$m(t)=\int_0^t m'(t)dt=\lambda t$$

定理 12.4.5 设$\{X_1, X_2, \cdots\}$为更新过程点间间隔序列,其共同的分布函数为 $F(t)$,密度函数为 $f(t)$,更新过程$\{N(t), t\geqslant 0\}$的均值函数为 $m(t)$,均值函数变化速率为 $m'(t)$,则

$F(t), f(t), m(t), m'(t)$是一对一的唯一确定,即有

$$\boxed{\rightarrow F(t)\leftrightarrow f(t)\leftrightarrow m'(t)\leftrightarrow m(t)\leftarrow} \tag{12.4.20}$$

其中,符号“$\leftrightarrow$”表示两者一对一的唯一确定。

证明 (1)因为 $F(t)=\int_0^t f(x)\mathrm{d}x, f(t)=\dfrac{\mathrm{d}F(t)}{\mathrm{d}t}$, 所以有

$$F(t)\leftrightarrow f(t)$$

(2)设 $m'(s)$为 $m'(t)$的拉氏变换,$f(s)$是$f(t)$的拉氏变换,于是由(12.4.17)式有

$$m'(s)=\frac{f(s)}{1-f(s)} \tag{12.4.21}$$

$$f(s)=\frac{m'(s)}{1+m'(s)} \tag{12.4.22}$$

由此得 $m'(s)\leftrightarrow f(s)$,又因为函数与其拉氏变换是一一对应的,所以有 $m'(t)\leftrightarrow f(t)$。

(3)因为 $m'(t)=\dfrac{\mathrm{d}m(t)}{\mathrm{d}t}, m(t)=\int_0^t m'(\tau)\mathrm{d}\tau$,所以 $m'(t)\leftrightarrow m(t)$。

(4)因为 $m'(s)=sm(s), f(s)=sF(s)$,将其代入(12.4.21)式和(12.4.22)式得

$$m(s)=\frac{F(s)}{1-sF(s)} \tag{12.4.23}$$

$$F(s)=\frac{m(s)}{1+sm(s)} \tag{12.4.24}$$

所以有 $m(s)\leftrightarrow F(s)$,也即有 $m(t)\leftrightarrow F(t)$。定理证毕。

说明 关于“一对一的唯一确定”做如下解释:例如,更新过程点间间隔序列的分布函数 $F(x)$由其均值函数 $m(t)$一对一的唯一确定,反之也成立。

下面讨论用拉氏变换方法求解均值函数的更新方程(12.4.11)式,为此先介绍如下引理。

引理 12.4.2 拉氏变换存在的充分条件[28,29] 如果函数$f(t)$满足以下三个条件:

(1)$f(t), f'(t)$为实变量实值或复值函数,在区间$[0,\infty)$上是连续函数或是除掉第一类间断点的分段连续函数(在任一有限区间内至多有有限个第一类间断点);

(2)当 $t<0$ 时,有$f(t)=0$;

(3)存在常数 $\alpha\geqslant 0$ 和 $A\geqslant 0$,有

$$|f(t)|\leqslant A\mathrm{e}^{\alpha t}, t\geqslant 0$$

当$f(t)$是有界函数时可取 $\alpha=0$,则$f(t)$存在拉氏变换$f(s)$,记为$f(s)=L\{f(t)\}$。

说明 上述三个条件是充分条件,并非必要条件。因此,即使大多数函数满足上述三个条件,却也有不满足上述三个条件的函数,但其拉氏变换仍存在,如 $\delta(t)$ 函数[29]。

定理 12.4.6 设更新过程的均值函数 $m(t)$满足如下更新方程,即

$$m(t)=F(t)+\int_0^t m(t-\tau)f(\tau)\mathrm{d}\tau \tag{12.4.25}$$

又设分布函数 $F(t)$和密度函数$f(t)$是已知函数且 $F(t), f(t), m(t)$均满足引理 12.4.2 的三个条件,则方程(12.4.25)式的解为

$$m(t)=F(t)+\int_0^t F(t-\tau)f^*(\tau)\mathrm{d}\tau \tag{12.4.26}$$

其中

$$f^*(t) = \sum_{k=1}^{\infty} f_k(t) \tag{12.4.27}$$

$$f_k(t) = \underbrace{f(t) * f(t) * \cdots * f(t)}_{k\text{次卷积}} \tag{12.4.28}$$

而且该解是唯一的。

证明 将(12.4.25)式两边做拉氏变换,有

$$\begin{aligned} m(s) &= F(s) + m(s)f(s) \\ &= F(s) + \frac{F(s)}{1 - sF(s)} f(s)\ (\text{由}(12.4.23)\text{式}) \\ &= F(s) + F(s)\frac{f(s)}{1 - f(s)} \\ &= F(s) + F(s)\sum_{k=1}^{\infty}[f(s)]^k \\ &= F(s) + F(s)\sum_{k=1}^{\infty} f_k(s)\ (\text{由}(12.4.7)\text{式}) \\ &= F(s) + F(s)f^*(s) \end{aligned}$$

再将上式做拉氏反变换可得

$$m(t) = F(t) + \int_0^t F(t-\tau)f^*(\tau)\mathrm{d}\tau$$

其中

$$f^*(t) = L^{-1}\{f^*(s)\} = L^{-1}\Big\{\sum_{k=1}^{\infty} f_k(s)\Big\} = \sum_{k=1}^{\infty} L^{-1}\{f_k(s)\} = \sum_{k=1}^{\infty} f_k(t)$$

$$f_k(s) = [f(s)]^k \Leftrightarrow f_k(t) = \underbrace{f(t) * f(t) * \cdots * f(t)}_{k\text{次卷积}}$$

于是(12.4.26)式、(12.4.27)式及(12.4.28)式得证。又因为拉氏变换是唯一的,因此由(12.4.26)式表示的 $m(t)$ 是唯一的。定理证毕。

这定理可以推广到一般的更新方程。

定理 12.4.7 设 $h(t)(t\geqslant 0)$ 和 $f(t)(t\geqslant 0)$ 为已知函数,未知函数 $g(t)(t\geqslant 0)$ 满足一般更新方程(见(12.4.10)式)

$$g(t) = h(t) + \int_0^t g(t-s)f(s)\mathrm{d}s \tag{12.4.29}$$

又设 $h(t)$,$f(t)$ 和 $g(t)$ 均满足引理 12.4.2 的三个条件,则方程(12.4.29)式的解为

$$g(t) = h(t) + \int_0^t h(t-\tau)f^*(\tau)\mathrm{d}\tau \tag{12.4.30}$$

其中

$$f^*(t) = \sum_{k=1}^{\infty} f_k(t) \tag{12.4.31}$$

$$f_k(t) = \underbrace{f(t) * f(t) * \cdots * f(t)}_{k\text{次卷积}} \tag{12.4.32}$$

而且该解是唯一的。

该定理的证明和定理 12.4.6 的证明完全一致,故从略。

接下来,我们讨论 $A(t) \triangleq E[S_{N(t)+1}] = E[\sum_{i=1}^{N(t)+1} X_i]$ 满足怎样的方程。

定理 12.4.8 设 $\{N(t), t\geqslant 0\}$ 为更新过程,称

$$S_{N(t)+1}=\sum_{i=1}^{N(t)+1}X_i \tag{12.4.33}$$

为第 $N(t)+1$ 个更新事件的等待时间，则 $A(t)$ 满足如下更新方程，即

$$A(t)=E[S_{N(t)+1}]=E(X_1)+\int_0^t A(t-x)f_{X_1}(x)\mathrm{d}x \tag{12.4.34}$$

其中，$f_{X_1}(x)$ 为 X_1 的密度函数。

证明　由全期望公式有

$$A(t)=E[S_{N(t)+1}]=\int_0^\infty E[S_{N(t)+1}|X_1=x]f_{X_1}(x)\mathrm{d}x \tag{12.4.35}$$

当 $t<x$ 时，$N(t)=0$，于是 $S_{N(t)+1}=S_1=x$，因此有

$$E[S_{N(t)+1}|X_1=x]=x,t<x$$

当 $t\geqslant x$ 时，有

$$\begin{aligned}
&[N(t)|X_1=x]=[1+N(t-x)]\\
\Rightarrow&[N(t)+1|X_1=x]=[1+1+N(t-x)]\\
\Rightarrow&[S_{n(t)+1}|X_1=x]=[S_1+S_{1+N(t-x)}]\\
&\qquad=[x+S_{N(t-x)+1}]\\
\Rightarrow&E[S_{N(t)+1}|X_1=x]=E(x)+E[S_{N(t-x)+1}]\\
&\qquad=x+A(t-x),t\geqslant x
\end{aligned}$$

综合以上 $t<x$ 和 $t\geqslant x$ 两种情况有

$$E[S_{N(t)+1}|X_1=x]=\begin{cases}x,t<x\\x+A(t-x),t\geqslant x\end{cases} \tag{12.4.36}$$

把这一结果代入(12.4.35)式，则有

$$\begin{aligned}
A(t)&=E[S_{N(t)+1}]\\
&=\int_0^\infty E[S_{N(t)+1}|X_1=x]f_{X_1}(x)\mathrm{d}x\\
&=\int_0^t[x+A(t-x)]f_{X_1}(x)\mathrm{d}x+\int_t^\infty xf_{X_1}(x)\mathrm{d}x\\
&=\int_0^\infty xf_{X_1}(x)\mathrm{d}x+\int_0^t A(t-x)f_{X_1}(x)\mathrm{d}x\\
&=E(X_1)+\int_0^t A(t-x)f_{X_1}(x)\mathrm{d}x
\end{aligned}$$

定理证毕。

定理 12.4.9　更新方程(12.4.34)式的解为

$$E[S_{N(t)+1}]=E(X_1)[1+\sum_{k=1}^\infty F_k(t)] \tag{12.4.37}$$

$$=E(X_1)E[1+N(t)] \tag{12.4.38}$$

其中

$$F_k(t)=\underbrace{F(t)*F(t)*\cdots*F(t)}_{k\text{次卷积}} \tag{12.4.39}$$

而 $F(t)$ 为 X_1 的分布函数。

证明　将方程(12.4.34)式与一般更新方程(12.4.29)式对比，并利用一般更新方程(12.4.29)的解，再注意到 $E(X_1)$ 是常数，于是可得方程(12.4.34)式的解为

$$
\begin{aligned}
E[S_{N(t)+1}] &= E(X_1) + \int_0^t E(X_1) f^*(\tau)\,\mathrm{d}\tau \\
&= E(X_1)\left[1 + \int_0^t f^*(\tau)\,\mathrm{d}\tau\right] \\
&= E(X_1)\left[1 + \int_0^t \sum_{k=1}^{\infty} f_k(\tau)\,\mathrm{d}\tau\right] \\
&= E(X_1)\left[1 + \sum_{k=1}^{\infty} \int_0^t f_k(\tau)\,\mathrm{d}\tau\right] \\
&= E(X_1)\left[1 + \sum_{k=1}^{\infty} F_k(t)\right]
\end{aligned}
$$

其中,$F_k(t) = \underbrace{F(t) * F(t) * \cdots * F(t)}_{k\text{次卷积}}$,$F(t)$ 为 X_1 的分布函数,于是(12.4.37)式、(12.4.39)式得证。再由(12.4.5)式可知

$$\sum_{k=1}^{\infty} F_k(t) = E[N(t)]$$

将上式代入(12.4.37)式立得

$$E[S_{N(t)+1}] = E(X_1)E[1 + N(t)]$$

即(12.4.38)式得证。定理证毕。

下面我们讨论剩余寿命,这是更新过程理论中很重要的一个量,也是人们很关心的一个量。例如,灯泡更新过程,当一个新灯泡安装上并使用了一段时间以后,人们自然就关心该灯泡的剩余寿命还有多少?它的概率特性又是怎样?下面我们就来讨论这些问题,为此先引入剩余寿命的定义。

定义 12.4.3　剩余寿命　设 $\{N(t), t \geqslant 0\}$ 为更新过程,$S_{N(t)} = \sum_{i=1}^{N(t)} X_i$ 为 $N(t)$ 个事件出现之前的等待时间,t 为现在时刻,则称

$$r(t) = S_{N(t)+1} - t \tag{12.4.40}$$

为剩余寿命,如图 12.4.3 所示。

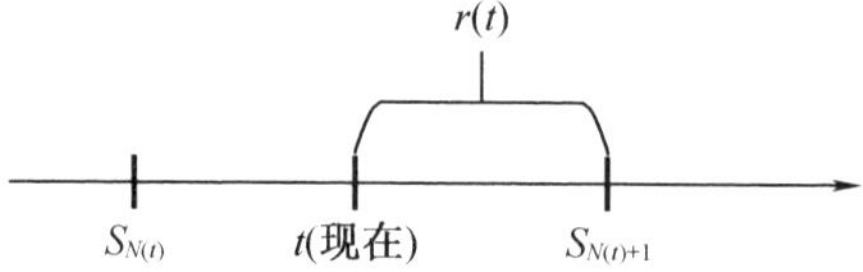

图 12.4.3　剩余寿命 $r(t)$ 与等待时间 $S_{N(t)+1}$ 的关系图

下面讨论剩余寿命的概率特性 $P(r(t) > x)$,为此先讨论它满足怎样的方程。

定理 12.4.10　设 $\{N(t), t \geqslant 0\}$ 为更新过程,$r(t)$ 为剩余寿命,令

$$g(t, x) = P(r(t) > x) \tag{12.4.41}$$

则 $g(t,x)$ 满足如下更新方程,即

$$g(t,x) = 1 - F(t+x) + \int_0^t g(t-\tau, x) f(\tau)\,\mathrm{d}\tau \tag{12.4.42}$$

其中,$f(t)$ 和 $F(t)$ 为点间间隔序列 $\{X_1, X_2, \cdots\}$ 共同的密度函数和分布函数。

证明　由全概率公式有

$$P[r(t) > x] = \int_0^t P[r(t) > x \mid T_1 = \tau] f_{T_1}(\tau)\,\mathrm{d}\tau \tag{12.4.43}$$

分三种情况讨论 t,x,τ 的关系：

当 $t+x<\tau$ 时必有 $r(t)>x$，因此 $P[r(t)>x|T_1=\tau]=1$，如图 12.4.4(a) 所示；当 $t<\tau<t+x$ 时，$r(t)$ 不可能大于 x，因此 $P[r(t)>x|T_1=\tau]=0$，如图 12.4.4(b) 所示；当 $\tau<t$ 时，考虑到点间间隔序列 $\{X_1,X_2,\cdots\}$ 是独立同分布的，所以有 $P[r(t)>x|T_1=\tau]=P[r(t-\tau)>x]=g(t-\tau,x)$，如图 12.4.4(c) 所示。

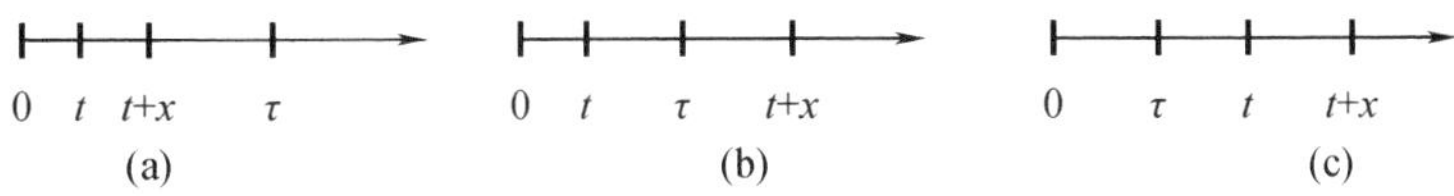

图 12.4.4　t,x,τ 三者之间的关系图

归纳以上三种情况，则有

$$P[r(t)>x|T_1=\tau]=\begin{cases}1,t+x<\tau\\0,t<\tau<t+x\\g(t-\tau,x),\tau<t\end{cases}\tag{12.4.44}$$

将 (12.4.44) 式代入 (12.4.43) 式得

$$\begin{aligned}P[r(t)>x]&=\int_0^t g(t-\tau,x)f_{T_1}(\tau)\mathrm{d}\tau+\int_{t+x}^{\infty}f_{T_1}(\tau)\mathrm{d}\tau\\&=\int_0^t g(t-\tau,x)f_{T_1}(\tau)\mathrm{d}\tau+P(T_1>t+x)\\&=1-F(t+x)+\int_0^t g(t-\tau,x)f(\tau)\mathrm{d}\tau\\&=g(t,x)\end{aligned}$$

定理证毕。

定理 12.4.11　设 $\{N(t),t\geqslant 0\}$ 为更新过程，如果点间间隔序列 $\{X_1,X_2,\cdots\}$ 的分布函数为指数分布（由定理 12.2.2 知泊松过程满足这一条件），即

$$F_{X_1}(t)=1-\mathrm{e}^{-\lambda t}\tag{12.4.45}$$

则更新方程 (12.4.42) 式的解为

$$g(t,x)=P[r(t)>x]=1(t)\mathrm{e}^{-\lambda x}=\mathrm{e}^{-\lambda x},t\geqslant 0,x\geqslant 0\tag{12.4.46}$$

其中，$1(t)$ 为单位阶梯函数；$\lambda>0$ 为某常数。

证明　由 (12.4.45) 式可知

$$1-F(t+x)=1-[1-\mathrm{e}^{-\lambda(t+x)}]=\mathrm{e}^{-\lambda t}\mathrm{e}^{-\lambda x}\triangleq h(t)\tag{12.4.47}$$

于是 $h(t)$ 的拉氏变换为 $h(s)=\dfrac{\mathrm{e}^{-\lambda x}}{s+\lambda}$，又知密度函数为 $f(t)=F'(t)=\lambda\mathrm{e}^{-\lambda t}$，其拉氏变换为 $f(s)=\dfrac{\lambda}{s+\lambda}$，这时更新方程 (12.4.42) 式化为

$$g(t,x)=h(t)+\int_0^t g(t-\tau,x)f(\tau)\mathrm{d}\tau\tag{12.4.48}$$

再利用一般更新方程求解定理 12.4.7 可得 (12.4.48) 式的解为

$$g(t,x)=h(t)+\int_0^t h(t-\tau)f^*(\tau)\mathrm{d}\tau$$

两边做拉氏变换可得

$$
\begin{aligned}
g(s,x) &= h(s) + h(s)f^*(s) \\
&= h(s)\left[1 + \sum_{k=1}^{\infty} f_k(s)\right] \\
&= h(s)\left[1 + \sum_{k=1}^{\infty} f^k(s)\right] \\
&= h(s)\left[1 + \frac{f(s)}{1-f(s)}\right] \\
&= h(s) \\
&= \frac{1}{1-f(s)} \\
&= \frac{e^{-\lambda x}}{s+\lambda}\frac{1}{1-\dfrac{\lambda}{s+\lambda}} \\
&= \frac{1}{s}e^{-\lambda x}
\end{aligned}
$$

最后,将 $g(s,x)$ 做拉氏反变换立得

$$
\begin{aligned}
g(t,x) &= P[r(t) > x] \\
&= L^{-1}\left\{\frac{1}{s}e^{-\lambda x}\right\} \\
&= 1(t)e^{-\lambda x} \\
&= e^{-\lambda x}, t \geqslant 0, x \geqslant 0
\end{aligned}
$$

定理证毕。

说明 由(12.4.46)式可以求出剩余寿命 $r(t)$ 的分布函数

$$
\begin{aligned}
F_{r(t)}(x) &= P[r(t) \leqslant x] \\
&= 1 - P[r(t) > x] \\
&= 1 - g(t,x) \\
&= 1 - e^{-\lambda x}, t \geqslant 0, x \geqslant 0
\end{aligned} \tag{12.4.49}
$$

定理 12.4.12 平均剩余寿命 设 $\{N(t), t \geqslant 0\}$ 为更新过程,$r(t)$ 为剩余寿命,则平均剩余寿命为

$$E[r(t)] = E(X_1)E[1 + N(t)] - t \tag{12.4.50}$$

$$= E(X_1)[1 + m(t)] - t \tag{12.4.51}$$

$$= E(X_1)\left[1 + \sum_{k=1}^{\infty} F_k(t)\right] - t \tag{12.4.52}$$

其中,$F_k(t)$ 为 $F(t)$ 的 k 次卷积;$F(t)$ 为 X_1 的分布函数。

证明 由剩余寿命的定义可知

$$r(t) = S_{N(t)+1} = t$$

再由定理 12.4.9 及定理 12.4.1 中(12.4.5)式立得该定理结论。定理证毕。

定理 12.4.13 设 $\{X(t), t \geqslant 0\}$ 为参数 λ 的齐次泊松过程,则平均剩余寿命为

$$E[r(t)] = \frac{1}{\lambda} \tag{12.4.53}$$

证明 由例 12.4.1 及例 12.4.2 可知,齐次泊松过程是更新过程且均值函数为 $m(t) = \lambda t$,下面用两种方法证明定理结论:

(1)由定理 12.4.11 可知

$$F_{r(t)}(x)=1-\mathrm{e}^{-\lambda x},t\geqslant 0,x\geqslant 0$$

由此可知 $r(t)$ 的密度函数 $f_{r(t)}(x)$ 为

$$f_{r(t)}(x)=F'_{r(t)}(x)=\lambda\mathrm{e}^{-\lambda x}$$

于是

$$E[r(t)]=\int_0^\infty xf_{r(t)}(x)\mathrm{d}x=\int_0^\infty x\lambda\mathrm{e}^{-\lambda x}\mathrm{d}x=\frac{1}{\lambda}$$

(2)由定理 12.4.12 可知

$$\begin{aligned}E[r(t)]&=E(X_1)[1+m(t)]-t\\&=\frac{1}{\lambda}(1+\lambda t)-t\\&=\frac{1}{\lambda}\end{aligned}$$

定理证毕。

下面讨论更新过程的渐近性能。

定理 12.4.14　平均更新时间估计　设 $\{N(t),t\geqslant 0\}$ 为更新过程，$\{X_1,X_2,\cdots\}$ 为点间间隔序列，又设 $E(X_i)=\mu<\infty$ 为平均更新时间，则

(1) $\lim\limits_{t\to\infty}\dfrac{S_{N(t)}}{N(t)}=\mu$，(a. s)　　(12.4.54)

(2) $\lim\limits_{t\to\infty}\dfrac{t}{N(t)}=\mu$，(a. s)　　(12.4.55)

证明　(1)因为 $\{X_1,X_2,\cdots\}$ 为独立同分布序列且 $E(X_i)=\mu<\infty$，所以 $\{X_1,X_2,\cdots\}$ 服从强大数定理(见上册定理 6.3.11)，故有

$$\lim_{t\to\infty}\frac{S_{N(t)}}{N(t)}=\lim_{t\to\infty}\frac{\sum_{i=1}^{N(t)}X_i}{N(t)}=E(X_i)=\mu,\text{(a. s)}$$

即

$$P\left[\lim_{t\to\infty}\frac{S_{N(t)}}{N(t)}=\mu\right]=1$$

(2)由剩余寿命定义可知(图 12.4.3)

$$S_{N(t)}\leqslant t<S_{N(t)+1}$$

于是

$$\frac{S_{N(t)}}{N(t)}\leqslant\frac{t}{N(t)}<\frac{S_{N(t)+1}}{N(t)}$$

注意到，当 $t\to\infty$ 时，$N(t)\to\infty$，所以

$$\begin{aligned}&\lim_{t\to\infty}\frac{S_{N(t)}}{N(t)}\leqslant\lim_{t\to\infty}\frac{t}{N(t)}<\lim_{t\to\infty}\left[\frac{S_{N(t)+1}}{N(t)+1}\frac{N(t)+1}{N(t)}\right]\\&\Rightarrow\lim_{t\to\infty}\frac{S_{N(t)}}{N(t)}\leqslant\lim_{t\to\infty}\frac{t}{N(t)}<\lim_{t\to\infty}\frac{S_{N(t)+1}}{N(t)+1}\lim_{t\to\infty}\left[1+\frac{1}{N(t)}\right]\\&\Rightarrow\mu\leqslant\lim_{t\to\infty}\frac{t}{N(t)}<\mu(1+0^+)\end{aligned}$$

因此有

$$\lim_{t\to\infty}\frac{t}{N(t)}=\mu,(\text{a. s})$$

定理证毕。

定理 12.4.15 初等更新定理[18] 设$\{N(t),t\geqslant 0\}$为更新过程,$\{X_1,X_2,\cdots\}$为点间间隔序列,$\mu=E(X_1)<\infty$,则

$$\lim_{t\to\infty}\frac{m(t)}{t}=\frac{1}{\mu},(\text{a. s}) \tag{12.4.56}$$

其中,$m(t)$为均值函数(更新函数),$m(t)=E[N(t)]$。

证明 由剩余寿命的定义可知$r(t)=S_{N(t)+1}-t>0$,故有$t<S_{N(t)+1}$,再由定理 12.4.9 有

$$\begin{aligned} t<E[S_{N(t)+1}]&=E(X_1)[1+m(t)]\\ &=\mu+\mu m(t)\end{aligned}$$

由此可得

$$\frac{m(t)}{t}>\frac{1}{\mu}-\frac{1}{t}$$

即

$$\lim_{t\to\infty}\frac{m(t)}{t}>\frac{1}{\mu}-0^{+}$$

于是知$\lim\limits_{t\to\infty}\dfrac{m(t)}{t}$的下极限为

$$\lim_{t\to\infty}\inf\frac{m(t)}{t}\geqslant\frac{1}{\mu} \tag{12.4.57}$$

另一方面,为了求得$\lim\limits_{t\to\infty}\dfrac{1}{t}m(t)$的上极限,我们需构造一个截尾更新过程,取任意$c>0$,并定义截尾更新过程为

$$X_i^c=\begin{cases}X_i,X_i\leqslant c\\ c,X_i>c\end{cases} \tag{12.4.58}$$

并设$S^c_{N^c(t)}$和$N^c(t)$为截尾更新过程的等待时间和计数过程,因为对任意i有$X_i^c\leqslant c$,所以有$t+c\geqslant S^c_{N^c(t)+1}$,即

$$t+c\geqslant E[S^c_{N^c(t)+1}]=\mu^c[1+m^c(t)]$$

其中

$$\mu^c=E(X_1^c)=\int_0^c 1-F(x)\mathrm{d}x\quad\text{(见上册(4.2.64)式)}$$

$$m^c(t)=E[N^c(t)]$$

又因为$X_i^c\leqslant X_i$,所以对任意t必有$N^c(t)\geqslant N(t)$,因此$m^c(t)\geqslant m(t)$,故有

$$t+c\geqslant\mu^c[1+m^c(t)]\geqslant\mu^c[1+m(t)]$$

$$\Rightarrow\frac{m(t)}{t}\leqslant\frac{1}{\mu^c}+\frac{1}{t}\left(\frac{c}{\mu^c}-1\right)$$

易知$E(X_1^c)=\mu^c<c$,则必有$\left(\dfrac{c}{\mu^c}-1\right)>0$且为常数,因此有

$$\lim_{t\to\infty}\frac{1}{t}\left(\frac{c}{\mu^c}-1\right)=0$$

由此可得

$$\lim_{t\to\infty}\frac{m(t)}{t}\leqslant\frac{1}{\mu^c}$$

又因为上式对任意 c 均成立，当然 $c\to\infty$ 时上式也成立，因此有

$$\lim_{n\to\infty}\frac{m(t)}{t}\leqslant\lim_{c\to\infty}\frac{1}{\mu^c}$$

然而当 $c\to\infty$ 时有 $X_i^c=X_i$，这时 $\mu^c=\mu$，所以

$$\lim_{t\to\infty}\frac{m(t)}{t}\leqslant\lim_{c\to\infty}\frac{1}{\mu^c}=\frac{1}{\mu}$$

由此可得

$$\lim_{t\to\infty}\sup\frac{m(t)}{t}\leqslant\frac{1}{\mu} \tag{12.4.59}$$

将(12.4.57)式与(12.4.59)式联立得

$$\lim_{t\to\infty}\frac{m(t)}{t}=\frac{1}{\mu}$$

定理证毕。

下面讨论著名的布莱克威尔-费勒更新定理[30-31]。这个定理最先是由布莱克威尔(Blackwell)和费勒(Feller)等人提出并得到完善证明，为此先引入如下定义。

定义 12.4.4　点 α 称为分布函数 $E(x)$ 的增点，如果对任意正数 ε，有

$$F(\alpha+\varepsilon)-F(\alpha-\varepsilon)>0 \tag{12.4.60}$$

这时称分布函数 $F(x)$ 是算术的。

说明　(1)如果分布函数 $F(x)$ 在 $(-\infty,\infty)$ 上是连续的，则该分布函数不是算术的，相对应的随机变量是连续型随机变量。

(2)如果分布函数在 $(-\infty,\infty)$ 上是具有有限或可列多个第一类间断点的连续函数，则该分布函数是算术的，相对应的随机变量是离散型随机变量。

(3)如果存在一个正数 λ，使得 F 的增点仅仅出现在点 $0,\pm\lambda,\pm2\lambda,\cdots$ 之中，则称 λ 为 F 的跨距。例如，具有可能值 $0,1,2,\cdots$ 的离散型随机变量的分布函数是算术的并且跨距为 1。

定义 12.4.5　直接黎曼可积　称函数 $g(t)$ 在 $[0,\infty)$ 上直接黎曼可积，如果 $g(t)$ 满足以下三个条件：

(1) $g(t)$ 是定义在 $[0,\infty)$ 上的函数且对所有的 t 有 $g(t)\geqslant0$；

(2) $\int_0^\infty g(t)\mathrm{d}t<\infty$；

(3) $g(t)$ 是单调不增函数。

说明　(1)每个单调函数 $g(t)$ 如果是绝对可积，即

$$\int_0^\infty|g(t)|\mathrm{d}t<\infty$$

则该 $g(t)$ 必是直接黎曼可积。

(2)有限个单调绝对可积函数的线性组合也是直接黎曼可积。

定理 12.4.16　布莱克威尔-费勒定理(第 1 形式)[30-31]　设 $F(\cdot)$ 是均值为 μ 的正随机变量的分布函数，$a(t)$ 是关于 t 的直接黎曼可积函数，又设 $A(t)$ 满足如下更新方程，即

$$A(t) = a(t) + \int_0^t A(t-x)\mathrm{d}F(x) \tag{12.4.61}$$

于是有

(1)如果 $F(\cdot)$不是算术的,则

$$\lim_{t\to\infty} A(t) = \begin{cases} \dfrac{1}{\mu}\displaystyle\int_0^\infty a(x)\mathrm{d}x, \mu < \infty \\ 0, \mu = \infty \end{cases} \tag{12.4.62}$$

(2)如果 $F(\cdot)$是算术的且跨距为 λ,则对所有的 $0 \leqslant c < \lambda$,有

$$\lim_{n\to\infty} A(c+n\lambda) = \begin{cases} \dfrac{\lambda}{\mu}\displaystyle\sum_{n=0}^\infty a(c+n\lambda), \mu < \infty \\ 0, \mu = \infty \end{cases} \tag{12.4.63}$$

证明 (1)由定理 12.4.7 可知,更新方程(12.4.61)式的解为

$$\begin{aligned} A(t) &= a(t) + \int_0^t a(t-\tau)\sum_{k=1}^\infty f_k(\tau)\mathrm{d}\tau \\ &= a(t) + \int_0^t a(t-\tau)\mathrm{d}\left[\sum_{k=1}^\infty F_k(\tau)\right] \\ &= a(t) + \int_0^t a(t-\tau)\mathrm{d}m(\tau) \end{aligned} \tag{12.4.64}$$

其中,$m(t) = \sum\limits_{k=1}^\infty F_k(t)$ 是关于 $F(t)$ 的更新函数(见定理 12.4.1),$F_k(t)$为 $F(t)$的 k 次卷积。又因为 $a(t)$是直接黎曼可积即 $\int_0^\infty |a(t)|\mathrm{d}t < \infty$,因此必有

$$\lim_{t\to\infty} a(t) = 0 \tag{12.4.65}$$

再由初等更新定理可知

$$\lim_{t\to\infty}\frac{m(t)}{t} = \frac{1}{\mu} \Rightarrow \lim_{t\to\infty}\mathrm{d}m(t) = \frac{1}{\mu}\mathrm{d}t \tag{12.4.66}$$

将(12.4.65)式和(12.4.66)式代入(12.4.64)式立得

$$\begin{aligned} \lim_{t\to\infty} A(t) &= \lim_{t\to\infty} a(t) + \lim_{t\to\infty}\int_0^t a(t-\tau)\mathrm{d}m(\tau) \\ &= \frac{1}{\mu}\lim_{t\to\infty}\int_0^t a(t-\tau)\mathrm{d}\tau \\ &= \frac{1}{\mu}\int_0^\infty a(\tau)\mathrm{d}\tau, \mu < \infty \end{aligned}$$

当 $\mu = \infty$ 时,因为 $a(t)$是直接黎曼可积,故有 $\int_0^\infty a(\tau)\mathrm{d}\tau < \infty$,因此有 $\lim\limits_{t\to\infty} A(t) = 0$,于是(12.4.62)式得证。

(2)用阶梯函数逼近直接黎曼可积再将 $\dfrac{1}{\mu}\displaystyle\int_0^\infty a(x)\mathrm{d}x$ 离散化即可得到(12.4.63)式。定理证毕。

定理 12.4.17 布莱克威尔-费勒定理(第 2 形式)[30-31] 设 $F(\cdot)$是均值为 μ 的正随机变量的分布函数,令 $m(t) = \sum\limits_{t=1}^\infty F_k(t)$ 是关于 $F(\cdot)$的更新函数,$F_k(t)$是 $F(t)$的 k 次卷积,又设 $h > 0$ 是固定的,于是有

(1)如果 $F(\cdot)$不是算术的,则

$$\lim_{t\to\infty}[m(t+h)-m(t)]=\frac{h}{\mu} \tag{12.4.67}$$

(2)如果 $F(\cdot)$是算术的且 h 是跨距 λ 的倍数,则上述极限同样成立。

证明　我们利用一个指定的直接黎曼可积函数 $a(t)$来证明由(12.4.62)式推出(12.4.67)式。

设 $h>0$ 为已知的,指定的 $a(t)$为

$$a(t)=\begin{cases}1,0\leqslant t<h\\0,t\geqslant h\end{cases} \tag{12.4.68}$$

显然 $a(t)$是直接黎曼可积函数,于是由(12.4.64)式有

$$A(t)=a(t)+\int_0^t a(t-\tau)\mathrm{d}m(\tau)$$

当 $t>h$ 时,由上式得

$$\begin{aligned}A(t)&=\int_0^t a(t-\tau)\mathrm{d}m(\tau)\\&=\int_{t-h}^t \mathrm{d}m(\tau)\\&=m(t)-m(t-h)\end{aligned}$$

即

$$\lim_{t\to\infty}A(t)=\lim_{t\to\infty}[m(t)-m(t-h)] \tag{12.4.69}$$

进一步又知

$$\frac{1}{\mu}\int_0^\infty a(x)\mathrm{d}x=\frac{1}{\mu}\int_0^h \mathrm{d}x=\frac{h}{\mu} \tag{12.4.70}$$

将(12.4.69)式、(12.4.70)式代入(12.4.62)式立得

$$\lim_{t\to\infty}[m(t)-m(t-h)]=\frac{h}{\mu}$$

即(12.4.67)式得证。

另一方面,如果 $F(\cdot)$是算术的且 h 是 λ 的整数倍,这时仍取直接黎曼可积函数为(12.4.68)式,再由(12.4.62)式可直接推出上述结论仍正确。定理证毕。

定理 12.4.18　上述的两个布莱克威尔－费勒定理是等价的,即

(12.4.62)式⇔(12.4.67)式

证明　由定理 12.4.17 的推导过程知"⇒"已经证得,只需往证"⇐":由(12.4.67)式可知

$$\lim_{t\to\infty}m'(t)=\frac{1}{\mu} \tag{12.4.71}$$

于是由(12.4.64)式有

$$\lim_{t\to\infty}A(t)=\lim_{t\to\infty}a(t)+\lim_{t\to\infty}\int_0^t a(t-\tau)\mathrm{d}m(\tau)$$

又因为 $a(t)$是直接黎曼可积函数,故有$\lim\limits_{t\to\infty}a(t)=0$,于是上式化为

$$\lim_{t\to\infty}A(t)=\lim_{t\to\infty}\int_0^t a(t-\tau)\mathrm{d}m(\tau)$$

$$= \lim_{t\to\infty}\int_0^t a(t-\tau)\frac{1}{\mu}\mathrm{d}\tau$$

$$= \frac{1}{\mu}\int_0^t a(\tau)\mathrm{d}\tau$$

即"$\Leftarrow$"成立。定理证毕。

更新定理有许多重要应用,下面的定理给出更新定理的一个应用。

定理 12.4.19　剩余寿命的极限分布　设$\{N(t),t\geqslant 0\}$为更新过程,$\{X_1,X_2,\cdots\}$为点间间隔序列,$r(t)=S_{N(t)+1}-t$为剩余寿命,则$r(t)$的极限分布为

$$\lim_{t\to\infty}P[r(t)>x]=\frac{1}{\mu}\int_x^{\infty}[1-F(y)]\mathrm{d}y,x>0 \tag{12.4.72}$$

其中,$\mu=E(X_1)<\infty$;$F(y)$为X_1的分布函数。

证明　令$g(t,x)=P[r(t)>x]$,由定理 12.4.10 可知,$g(t,x)$满足如下更新方程,即

$$g(t,x)=1-F(t+x)+\int_0^t g(t-\tau,x)f(x)\mathrm{d}x$$

再由定理 12.4.7 可知,该更新方程的解为

$$\begin{aligned}g(t,x)&=1-F(t+x)+\int_0^t[1-F(t+x-\tau)]\sum_{k=1}^{\infty}f_k(\tau)\mathrm{d}\tau\\&=1-F(t+x)+\int_0^t[1-F(t+x-\tau)]\mathrm{d}\sum_{k=1}^{\infty}F_k(\tau)\\&=1-F(t+x)+\int_0^t[1-F(t+x-\tau)]\mathrm{d}m(\tau)\ (\text{由(12.4.5)式})\end{aligned}$$

又因为对于固定的x来说,$1-F(t+x)$单调递减且$1-F(t+x)>0$,进一步考虑到$\mu=\int_0^{\infty}[1-F(x)]\mathrm{d}x<\infty$(见上册(4.2.64)式),所以$1-F(t+x)$是直接黎曼可积的,于是利用定理 12.4.16 有

$$\begin{aligned}\lim_{t\to\infty}P[r(t)>x]&=\lim_{t\to\infty}g(t,x)\\&=\frac{1}{\mu}\int_0^{\infty}[1-F(t+x)]\mathrm{d}t\\&=\frac{1}{\mu}\int_x^{\infty}[1-F(y)]\mathrm{d}y,x>0\end{aligned}$$

定理证毕。

定理 12.4.20　更新过程的中心极限定理　设$\{N(t),t\geqslant 0\}$为更新过程,$\{X_1,X_2,\cdots\}$为点间间隔序列,$\mu=E(X_1),\sigma^2=D(X_1)$,则

$$\lim_{t\to\infty}\frac{N(t)-\dfrac{t}{\mu}}{\sqrt{\dfrac{t\sigma^2}{\mu^3}}}\sim N(0,1) \tag{12.4.73}$$

即

$$\lim_{t\to\infty}P\left[\frac{N(t)-\dfrac{t}{\mu}}{\sqrt{\dfrac{t\sigma^2}{\mu^3}}}<x\right]=\frac{1}{\sqrt{2\pi}}\int_{-\infty}^{x}\exp\left\{-\frac{1}{2}u^2\right\}\mathrm{d}u \tag{12.4.74}$$

证明　因为 $S_n = \sum_{i=1}^{n} X_i$，所以有 $E(S_n) = n\mu, D(S_n) = n\sigma^2$，于是由中心极限定理可知

$$\frac{S_n - n\mu}{\sqrt{n\sigma^2}} \sim N(0,1), n \to \infty$$

令

$$\frac{t - n\mu}{\sigma\sqrt{n}} = -x$$

则

$$\begin{aligned}
\lim_{t\to\infty} P(S_n > t) &= P\left(\frac{S_n - n\mu}{\sigma\sqrt{n}} > \frac{t - n\mu}{\sigma\sqrt{n}}\right) \\
&= P\left(\frac{S_n - n\mu}{\sigma\sqrt{n}} > -x\right) \\
&= P\left(\frac{S_n - n\mu}{\sigma\sqrt{n}} < x\right) \quad \text{（由正态分布对称性）} \\
&= \frac{1}{\sqrt{2\pi}}\int_{-\infty}^{x} \exp\left\{-\frac{1}{2}u^2\right\}\mathrm{d}u \\
&\triangleq \Phi(x), t \to \infty \qquad (12.4.75)
\end{aligned}$$

另一方面，当 $\frac{t - n\mu}{\sigma\sqrt{n}} = -x$ 时，有 $x = \frac{n - \frac{t}{\mu}}{\sqrt{\frac{t\sigma^2}{\mu^3}}}$ 事实上，这式要利用初等更新定理 $\lim_{t\to\infty} m(t) = n = \frac{t}{\mu}, t \to \infty$ 而得到。于是有

$$\begin{aligned}
\lim_{t\to\infty} P(S_n > t) &= \lim_{t\to\infty} P[N(t) < n] \quad \text{（由引理 12.4.1）} \\
&= \lim_{t\to\infty} P\left[\frac{N(t) - \frac{t}{\mu}}{\sqrt{\frac{t\sigma^2}{\mu^3}}} < \frac{n - \frac{t}{\mu}}{\sqrt{\frac{t\sigma^2}{\mu^3}}}\right] \\
&= \lim_{t\to\infty} P\left[\frac{N(t) - \frac{t}{\mu}}{\sqrt{\frac{t\sigma^2}{\mu^3}}} < x\right] \\
&= \frac{1}{\sqrt{2\pi}}\int_{-\infty}^{x} \exp\left\{-\frac{1}{2}u^2\right\}\mathrm{d}u \quad \text{（由(12.4.75)式）} \\
&= \Phi(x)
\end{aligned}$$

定理证毕。

12.5 排队服务过程

我们可以简单地描述排队服务过程是这样一类随机过程:顾客随机地到达服务站请求服务,由于服务站服务能力有限,所以先来的顾客得到了服务,而后来的顾客只好排队等待,于是就形成了队列,这就是排队服务过程最基本的含义。例如,患者去医院求医,某设备送到维修站去检修,库房中的货物进出,地面与空中的交通管理等。排队服务过程有着广泛的物理背景。

从系统的观点来说明这类过程可能更为具体些,我们把排队服务过程理解为一个排队服务系统中某些参量随时间变化的过程(图 12.5.1)。

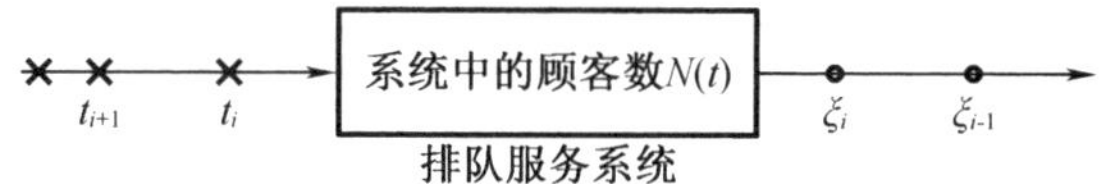

图 12.5.1 排队服务系统示意图

我们规定:

$t_i(i=1,2,\cdots)$为第 i 个顾客到达系统的时刻,$t_{i+1}>t_i$。

$\tau_i=t_i-t_{i-1}(i=1,2,\cdots,t_0=0)$为第 $i-1$ 个顾客与第 i 个顾客到达时间间隔,称$\{\tau_i,i=1,2,\cdots\}$为到达时间间隔序列,并假定为独立同分布的随机序列。

$\xi_i(i=1,2,\cdots)$为第 i 个顾客在系统中接受服务后离开系统的时刻,$\xi_i>\xi_{i-1}$,$S_i=\xi_i-\xi_{i-1}(i=1,2,\cdots)$为第 i 个顾客在系统接受服务的时间,称$\{S_i,i=1,2,\cdots\}$为系统服务时间序列并假定独立同分布。

排队服务过程一个典型的样本函数如图 12.5.2 所示。

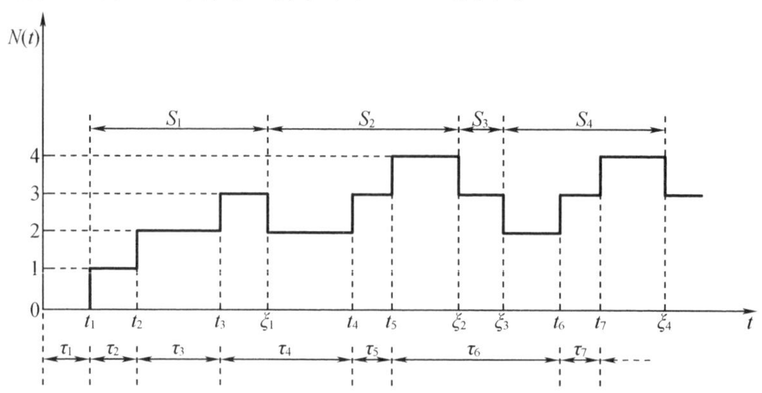

图 12.5.2 排队服务过程一个典型的样本函数

图 12.5.2 中,$\{t_i\}$为到达时刻序列;$\{S_i\}$为服务时间序列;$N(t)$为系统中的顾客数;$\xi_i=t_i+w_i$,其中,w_i 为第 i 个顾客在系统中花费的总时间(排队等候时间和服务时间),且

$$w_i=w_{q_i}+S_i$$

其中,w_{q_i}为第 i 个顾客在队列中等待服务的时间,它是随机变量;S_i 为第 i 个顾客在系统中接受服务的时间(图 12.5.2)。

根据以上描述，我们给出排队服务过程定义。

定义 12.5.1　排队服务过程　设 $\{N(t),t\geqslant 0\}$ 为取非负整数值且二阶矩有界的随机过程，如果满足以下条件：

(1) $N(t)=N_1(t)-N_2(t)$　(12.5.1)

其中，$N_1(t)=\sum_{i=1}^{\infty}\delta(t-t_i)$ 为顾客到达过程，t_i 为第 i 个顾客到达队列时刻，t_i 是随机变量；$N_2(t)=\sum_{i=1}^{\infty}\delta(t-\xi_i)$ 为顾客离开系统过程，ξ_i 为第 i 个顾客离开服务系统时间，ξ_i 也是随机变量，且

$$\delta(u)=\begin{cases}1, u=0\\0, u\neq 0\end{cases}$$

(2) $\{\tau_i=t_i-t_{i-1}, i=1,2,\cdots,t_0=0\}$ 为到达时间间隔序列且为独立同分布随机变量序列，$\{S_i=\xi_i-\xi_{i-1}, i=1,2,\cdots,\xi_0=t_1\}$ 为服务时间序列且为独立同分布随机变量序列。

(3) $\xi_i=t_i+w_i$，其中，w_i 是第 i 个顾客在排队服务系统中花费的总时间（排队等候时间和服务时间）；w_i 也是随机变量。

则称 $\{N(t),t\geqslant 0\}$ 为排队服务过程。

我们要研究的主要问题如下：

(1) 当 $t\to\infty$ 时，$N(t)=n$ 的稳态概率，即

$$p_n=\lim_{t\to\infty}P[N(t)=n] \tag{12.5.2}$$

(2) 系统中的平均顾客数

$$L=E[N(t)] \tag{12.5.3}$$

(3) 系统处于稳态时，顾客在系统中平均花费的时间

$$W=E(W_i) \tag{12.5.4}$$

排队服务系统的统计性能主要由以下三个因素决定：

(1) 输入特性，即顾客到达时间间隔序列 $\{\tau_i,i=1,2,\cdots\}$ 的概率分布。

(2) 服务特性，即服务时间序列 $\{S_i,i=1,2,\cdots\}$ 的概率分布。

(3) 服务能力，即指单一顾客服务还是多顾客同时服务

肯达尔（Kendall,1951）提出，将这三个因素用三个符号表示，简记为

符号 1/符号 2/符号 3

其中，符号 1 表示输入特性；符号 2 表示服务特性；符号 3 表示服务能力。例如，模型 M/M/r 表示该排队服务系统输入特性 $\{\tau_i\}$ 是泊松分布或指数分布，服务特性 $\{S_i\}$ 也是泊松分布或指数分布，服务能力是 r 个顾客同时接受服务。模型 M/G/r 中的 G 表示服务特性 $\{S_i\}$ 是任意分布，而这模型中的 M，r 同模型 M/M/r 一样。值得注意的是，只有模型 M/M/r 相应的过程具有马尔可夫性。

下面介绍排队服务过程的基本定理。

定理 12.5.1　李特尔（Little）定理　设排队服务过程 $\{N(t),t\geqslant 0\}$ 为二阶矩有界的平稳随机过程，且 $\{\tau_i\}$ 与 $\{S_i\}$ 关于均值是均方遍历的，即

$$\mathrm{l\cdot i\cdot m}_{T\to\infty}\frac{n_T}{T}=\lambda \tag{12.5.5}$$

$$\mathrm{l\cdot i\cdot m}_{T\to\infty}\frac{1}{n}\sum_{k=1}^{n}W_k=E(W_i) \tag{12.5.6}$$

其中,n_T 表示在区间$(0,T)$中顾客到达个数,也即 t_i 的个数;$\frac{n_T}{T}$表示在区间$(0,T)$中的顾客到达的样本平均速率;λ 表示顾客到达的总体平均速率(期望值);$\frac{1}{n}\sum_{k=1}^{n}W_k$ 表示 n 名顾客在系统中花费的时间的样本均值;$E(W_i)$表示顾客在系统中花费时间的总体均值(期望值)。则有

$$\underset{T\to\infty}{\mathrm{l\cdot i\cdot m}}\frac{1}{T}\int_0^T N(t)\,\mathrm{d}t = \lambda E(W_i) \tag{12.5.7}$$

$$E[N(t)] = \lambda E(W_i),\text{即 } L = \lambda W \tag{12.5.8}$$

其中,$L=E[N(t)]$表示系统中顾客数的总体均值(期望值)。

证明 当 $t=0$ 时,系统中有 $N(0)$个顾客,这些顾客在系统中所花费的时间为 $\sum_{i=1}^{N(0)}W_i$;当 $t=T$ 时,系统中有 $N(T)$个顾客,这些顾客在系统中花费的时间为 $\sum_{r=1}^{N(T)}W_r$;在区间$(0,T)$内到达系统的顾客数为 n_T,这些顾客在系统中所花费的时间为 $\sum_{n=1}^{n_T}W_n$,于是由图 12.5.3,可以证明:

$$-\sum_{r=1}^{N(T)}W_r \leqslant \int_0^T N(t)\,\mathrm{d}t - \sum_{n=1}^{n_T}W_n \leqslant \sum_{i=1}^{N(0)}W_i \tag{12.5.9}$$

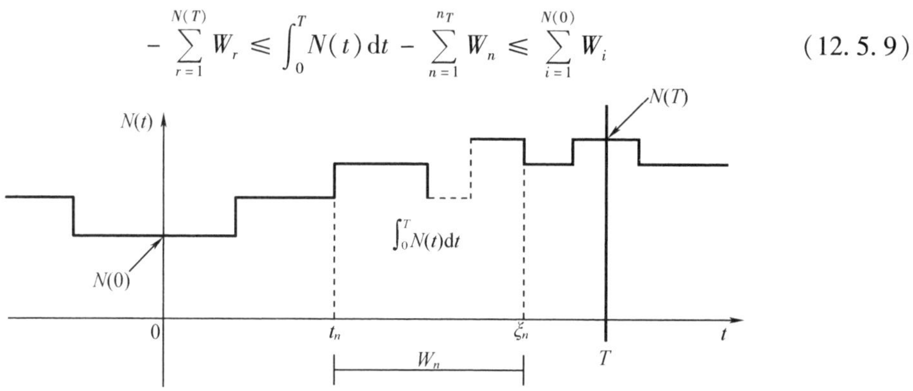

图 12.5.3 平稳的排队服务过程样本函数

再由随机变量序列$\{W_i\}$的随机和公式可知

$$E\{[\sum_{k=1}^{N(T)}W_k]^2\} \leqslant E[N(T)^2]E(W_k^2) < \infty \tag{12.5.10}$$

由(12.5.9)式及(12.5.10)式可得

$$0 = -E\left[\frac{1}{T}\sum_{r=1}^{N(T)}W_k\right]^2 \leqslant E\left[\frac{1}{T}\int_0^T N(t)\,\mathrm{d}t - \frac{1}{T}\sum_{n=1}^{N_T}W_n\right]^2 \leqslant \left[\frac{1}{T}\sum_{i=1}^{N(0)}W_i\right]^2 = 0, T\to\infty$$

于是有

$$\begin{aligned}\underset{T\to\infty}{\mathrm{l\cdot i\cdot m}}\frac{1}{T}\int_0^T N(t)\,\mathrm{d}t &= \underset{T\to\infty}{\mathrm{l\cdot i\cdot m}}\frac{1}{T}\sum_{n=1}^{n_T}W_n \\ &= \underset{T\to\infty}{\mathrm{l\cdot i\cdot m}}\frac{n_T}{T}\frac{1}{n_T}\sum_{n=1}^{n_T}W_n \\ &= \lambda E(W_i) \quad (\text{由(12.5.5)式及(12.5.6)式})\end{aligned}$$

即(12.5.7)式得证。又由(12.5.5)式可知 $N(t)$ 是按均值均方遍历的,故有

$$\begin{aligned}&\lim_{T\to\infty}\frac{1}{T}\int_0^T N(t)\,\mathrm{d}t\text{(样本均值)}\\&=E[N(t)]\text{(总体均值)}\\&=\lambda E(W_i)\end{aligned}$$

即 $L=E[N(t)]=\lambda W$,(12.5.6)式得证。定理证毕。

说明　在证明该定理时,要用到平稳随机过程关于均值均方遍历这一概念,读者在阅读了第 13 章平稳随机过程后即可清楚。

下面举例说明排队服务过程的概率计算。

例 12.5.1　计算 M/M/1 排队服务模型的 P_n,L,W　计算步骤如下:

(1)顾客按泊松过程模型到达,因此平均到达速率为 λ(见定义 12.2.1),而且到达时间间隔序列 $\{\tau_i\}$ 独立同分布且为指数分布,其均值为 $\frac{1}{\lambda}$(见定理 12.2.2)。

(2)顾客在排队服务系统中接受服务的服务时间序列 $\{s_i\}$ 也是独立同分布且服从指数分布,其均值为 $\frac{1}{\mu}$。

(3)该排队服务系统为单一服务方式。

(4)因为我们所处理的排队服务过程是二阶矩有界且平稳的随机过程,这就是说,对于任意 n,如果过程在状态 n 平稳,那就意味着,过程 $N(t)$ 进入状态 n 的平均速度应等于过程 $N(t)$ 离开状态 n 的平均速率。这一概念非常重要,它是我们分析计算排队服务过程的基本原理。设想一下,如果 $N(t)$ 进入状态 n 的速率大于 $N(t)$ 离开状态 n 的速率,就会使得 $N(t)$ 越来越大,即当 $t\to\infty$ 时,有 $N(t)\to\infty$,这不仅导致二阶矩无界而且过程 $N(t)$ 也不平稳,因此该过程不符合定义 12.5.1,即该过程不是排队服务过程。另一方面,如果过程 $N(t)$ 进入状态 n 的速率小于过程 $N(t)$ 离开状态 n 的速率,那就会出现当 $t\to\infty$ 时有 $N(t)=0$,当然这也不是排队服务过程。因此,若使排队服务过程为平稳随机过程,当且仅当过程 $N(t)$ 进入状态 n 的速率等于过程 $N(t)$ 离开状态 n 的速率。由(12.5.2)式可知,当系统稳态时有

$$p_{n-1}=\lim_{t\to\infty}P[N(t)=n-1]$$

再由遍历性可知,在 $(0,T)$ 区间内,$N(t)=n-1$ 的时间为 Tp_{n+1},又因为顾客总到达速率为 λ,所以在区间 $(0,t)$ 内过程 $N(t)$ 处于状态 $n-1$ 的情况下进入系统的顾客数为 $Tp_{n-1}\lambda$,于是过程 $N(t)$ 进入状态 n 的平均速率为

$$\frac{Tp_{n-1}\lambda}{T}=p_{n-1}\lambda \tag{12.5.11}$$

按同样的分析方法,当顾客完成服务离开系统时,过程 $N(t)$ 进入状态 n 就意味着过程 $N(t)$ 从状态 $n+1$ 变成状态 n,这时过程 $N(t)$ 进入状态 n 的速率为 $p_{n+1}\mu$,归纳以上两个方面可知,过程 $N(t)$ 进入状态 n 的平均速率为

$$\lambda p_{n-1}+\mu p_{n+1} \tag{12.5.12}$$

(6)按同样方法可以计算过程 $N(t)$ 离开状态 n 的平均速率,即当 $N(t)=n$ 时又到达一个顾客或者当 $N(t)=n$ 时一个顾客完成服务离开系统,这时总的离开状态 n 的平均速率为 $(\lambda+\mu)p_n$。

(7)由过程 $N(t)$ 进入状态 n 的速率和过程 $N(t)$ 离开状态 n 的速率的速率相等原理(见

(4)所述)可得 M/M/1 模型的转移速率方程为

$$(\lambda+\mu)p_n=\lambda p_{n-1}+\mu p_{n+1}, n\geqslant 1 \tag{12.5.13}$$

当 $n=0$ 时,由于 p_{-1}不存在且也不存在服务,因此有

$$\lambda p_0=\mu p_1 \tag{12.5.14}$$

(8)现在可以利用(12.5.13)式及(12.5.14)式求出 M/M/1 模型的稳态概率。由(12.5.14)式有

$$p_1=\frac{\lambda}{\mu}p_0$$

再由(12.5.13)式有 $p_2=\frac{\lambda^2}{\mu^2}p_0$ 进一步再利用(12.5.13)式可求得 $p_3=\frac{\lambda^3}{\mu^3}p_0,\cdots$,依此不断进行下去可得

$$p_n=\left(\frac{\lambda}{\mu}\right)^n p_0 \tag{12.5.15}$$

再由 $\sum_{i=0}^{\infty}p_n=1$,即 $p_0\sum_{n=0}^{\infty}\left(\frac{\lambda}{\mu}\right)^n=1$ 可求得

$$p_0=1-\frac{\lambda}{\mu} \tag{12.5.16}$$

将(12.5.16)式代入(12.5.15)式可得 M/M/1 模型稳态概率为

$$p_n=\lim_{t\to\infty}P[N(t)=n]=\left(1-\frac{\lambda}{\mu}\right)\left(\frac{\lambda}{\mu}\right)^n \tag{12.5.17}$$

(9)进一步求出 M/M/1 模型的 L 和 W。由(12.5.3)式可知,系统中平均顾客数为

$$\begin{aligned}L&=E[N(t)]=\sum_{n=0}^{\infty}nP[N(t)=n]\\&=\sum_{n=0}^{\infty}n\left(\frac{\lambda}{\mu}\right)^n\left(1-\frac{\lambda}{\mu}\right)=\frac{\lambda}{\mu-\lambda}\end{aligned} \tag{12.5.18}$$

其中要用到代数恒等式

$$\sum_{n=0}^{\infty}nx^n=\frac{x}{(1-x)^2}$$

最后利用李特尔定理 12.5.1 可求出顾客在系统中平均花费的时间 W,由(12.5.8)式得

$$W=\frac{L}{\lambda}=\frac{\lambda}{\mu-\lambda}\frac{1}{\lambda}=\frac{1}{\mu-\lambda} \tag{12.5.19}$$

说明 (1)由 $\sum_{n=0}^{\infty}p_n=p_0\sum_{n=0}^{\infty}\left(\frac{\lambda}{\mu}\right)^n=1$ 可以看出,当且仅当$\frac{\lambda}{\mu}<1$ 时级数才收敛,也即 $\lambda<\mu$或$\frac{1}{\lambda}>\frac{1}{\mu}$时级数才收敛,这意味着,平均到达时间间隔$\frac{1}{\lambda}$大于平均服务时间$\frac{1}{\mu}$时,级数才收敛,才存在稳态概率。从物理角度容易理解这一点,如果 $\lambda>\mu$,也即进入系统的平均速率 λ 若大于顾客离开系统的平均速率 μ 时,那就导致 $N(t)\to\infty, t\to\infty$,这时系统就不存在二阶矩也不可能是平稳的,因此,在这种情况下,该过程就不是排队服务过程,当然也就不存在稳态概率。

(2)利用过程 $N(t)$ 的状态转移速率图(图 12.5.4)来理解 M/M/1 模型的转移速率(12.5.13)式更为形象。

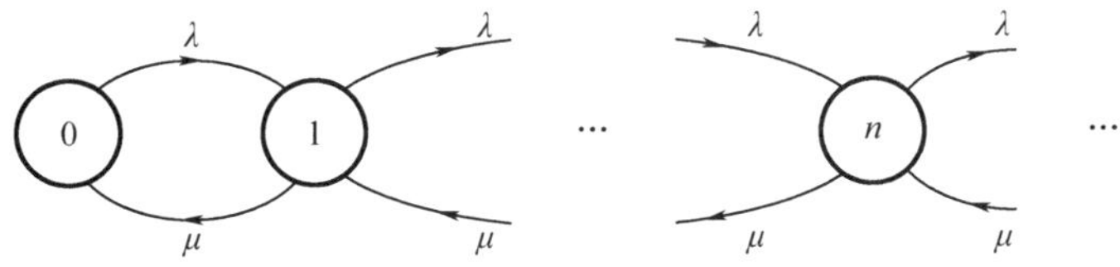

图 12.5.4　M/M/1 模型过程 $N(t)$ 的状态转移速率图

规定过程 $N(t)$ 的转出速率为顾客离开系统速率，转入速率为顾客进入系统的速率，显见对于状态 n 来说，有

$$\text{转出速率} = p_n(\lambda + \mu)$$

$$\text{转入速率} = p_{n-1}\lambda + p_{n+1}\mu$$

因为过程处于平稳状态，所以由速率平衡原理有

$$p_n(\lambda + \mu) = p_{n-1}\lambda + p_{n+1}\mu$$

这就是(12.5.13)式的含义。因此可以看出，M/M/1 模型的排队服务过程实际上是生灭过程的一个例子。

例 12.5.2　计算 M/M/1 排队服务模型的平均等待时间　设系统已经有 n 个顾客，则再来一名顾客请求服务的等待时间为

$$W_{q_n} = s_1' + s_2 + \cdots + s_n = s_1' + \sum_{i=2}^{n} s_i$$

如图 12.5.5 所示，其中 s_1' 为第一个顾客正在接受服务的剩余服务时间。

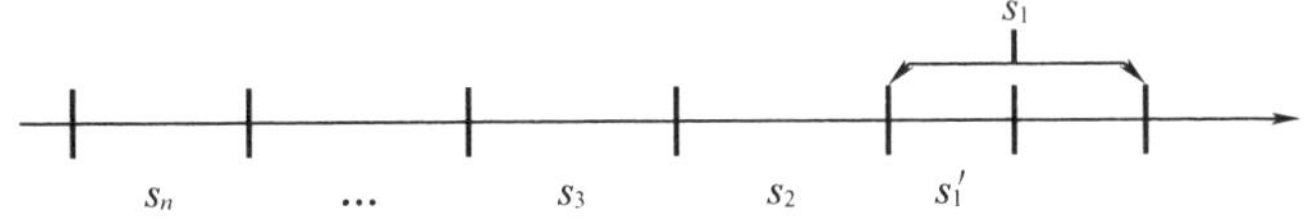

图 12.5.5　M/M/1 排队服务模型服务时间图

因为每个 s_i 的分布均为指数分布且均值为 $\dfrac{1}{\mu}$，因此，对第一个顾客来说，尽管已经服务了 $s_1 - s_1'$ 时间，但由于指数分布的无记忆性，剩余的服务时间 s_1' 仍然是指数分布（见上册(2.3.22)式），这样一来，W_{q_n} 是 n 个互相独立的指数分布随机变量之和，因此，W_{q_n} 服从 Gamma 分布 $G(\mu, n)$（见上册定理 2.3.6），即 W_{q_n} 的密度函数为

$$p_{W_{q_n}}(t \mid n) = \frac{\mu^n t^{n-1}}{(n-1)!} \mathrm{e}^{-\mu t}, t > 0$$

再由全概率公式（见上册定理 2.4.3）可知，M/M/1 模型等待时间 W_q 的密度函数为

$$p_{W_q}(t) = \sum_{n=1}^{\infty} p_n p_{W_{q_n}}(t \mid n) \tag{12.5.20}$$

由例 12.5.1 可知，当系统处于稳态时有

$$p_n = \lim_{t \to \infty} P[N(t) = n] = \left(1 - \frac{\lambda}{\mu}\right)\left(\frac{\lambda}{\mu}\right)^n \tag{12.5.21}$$

将(12.5.21)式代入(12.5.20)式，于是得出 M/M/1 模型等待时间 W_q 的密度函数为

$$\begin{aligned} p_{W_q}(t) &= \sum_{n=1}^{\infty}\left(1-\frac{\lambda}{\mu}\right)\left(\frac{\lambda}{\mu}\right)^n \frac{\mu^n t^{n-1}}{(n-1)!}\mathrm{e}^{-\mu t} \\ &= \mu\left(1-\frac{\lambda}{\mu}\right)\left(\frac{\lambda}{\mu}\right)\mathrm{e}^{-\mu t}\sum_{n=0}^{\infty}\frac{(\lambda t)^n}{n!} \\ &= (\mu-\lambda)\left(\frac{\lambda}{\mu}\right)\mathrm{e}^{-(\mu-\lambda)t}, t>0 \end{aligned} \tag{12.5.22}$$

由此可知,M/M/1 模型的平均等待时间为

$$\begin{aligned} E(W_q) &= \int_0^{\infty} t p_{W_q}(t)\,\mathrm{d}t \\ &= \int_0^{\infty} t(\mu-\lambda)\left(\frac{\lambda}{\mu}\right)\mathrm{e}^{-(\mu-\lambda)t}\mathrm{d}t \\ &= \frac{\lambda}{(\mu-\lambda)\mu} \end{aligned} \tag{12.5.23}$$

M/M/1 模型等待时间 W_q 小于 t 的概率为

$$\begin{aligned} P(W_q \leqslant t) &= 1-P(W_q>t) \\ &= 1-\int_t^{\infty} p_{W_q}(t)\,\mathrm{d}t \\ &= 1-\int_t^{\infty}(\mu-\lambda)\left(\frac{\lambda}{\mu}\right)\mathrm{e}^{-(\mu-\lambda)t}\mathrm{d}t \\ &= 1-\frac{\lambda}{\mu}\mathrm{e}^{-(\mu-\lambda)t}, t\geqslant 0 \end{aligned} \tag{12.5.24}$$

由此可知,当 $t=0$ 时有 $P(W_q=0)=1-\dfrac{\lambda}{\mu}$,这说明对于 M/M/1 模型来说,顾客到达系统不用排队立刻得到服务的概率为 $1-\dfrac{\lambda}{\mu}$。

例 12.5.3 计算队列容量有限的 M/M/1 模型的 P_n, L, W 设队列容量为 N,则这种模型的状态转移速率如图 12.5.6 所示。

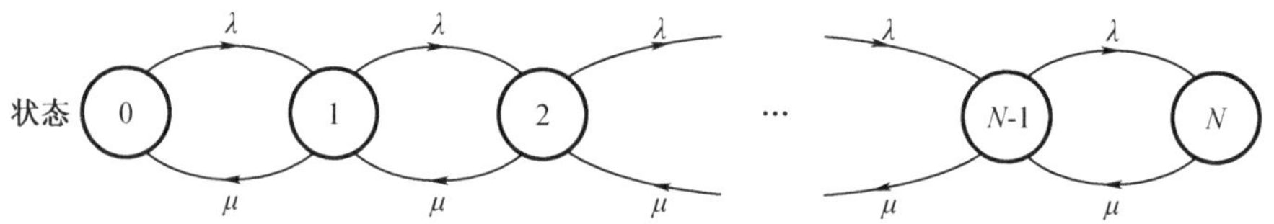

图 12.5.6 队列容量为 N 的 M/M/1 模型状态转移速率图

当系统平稳以后,由速率平衡原理并依据图 12.5.6 可以写出如下方程组:

状态	过程 $N(t)$ 离开状态速率 = 过程 $N(t)$ 进入状态速率
0	$p_0\lambda=p_1\mu$
$1\leqslant n\leqslant N-1$	$p_n(\lambda+\mu)=p_{n-1}\lambda+p_{n+1}\mu$
N	$p_N\mu=p_{N-1}\lambda$

我们可以利用例 12.5.1 同样的方法求出 $p_n(n=1,2,\cdots,N)$,即有

$$p_1 = \frac{\lambda}{\mu} p_0$$

$$\cdots\cdots\cdots\cdots$$

$$p_n = \left(\frac{\lambda}{\mu}\right)^n p_0$$

$$\cdots\cdots\cdots\cdots$$

$$p_N = \left(\frac{\lambda}{\mu}\right)^N p_0 \tag{12.5.25}$$

再利用 $\sum\limits_{n=0}^{N} p_n = 1$ 可得到 p_0，即

$$p_0 \sum_{n=0}^{N} \left(\frac{\lambda}{\mu}\right)^n = 1$$

$$\Rightarrow p_0 = \frac{\left(1 - \frac{\lambda}{\mu}\right)}{1 - \left(\frac{\lambda}{\mu}\right)^{N+1}} \tag{12.5.26}$$

将(12.5.26)式代入(12.5.25)式得

$$p_n = \left(\frac{\lambda}{\mu}\right)^n \frac{\left(1 - \frac{\lambda}{\mu}\right)}{1 - \left(\frac{\lambda}{\mu}\right)^{N+1}}, n = 0, 1, \cdots, N \tag{12.5.27}$$

由(12.5.3)式有

$$\begin{aligned} L &= E[N(t)] \\ &= \sum_{n=0}^{N} nP[N(t) = n] \\ &= \sum_{n=0}^{N} np_n \\ &= \frac{1 - \frac{\lambda}{\mu}}{1 - \left(\frac{\lambda}{\mu}\right)^{N+1}} \sum_{n=0}^{N} n\left(\frac{\lambda}{\mu}\right)^n \end{aligned} \tag{12.5.28}$$

再利用代数公式

$$\sum_{k=0}^{N} k(q)^k = \frac{-Nq^{N+1}}{1-q} + \frac{q(1-q^N)}{(1-q)^2}$$

于是有

$$\sum_{n=0}^{N} n\left(\frac{\lambda}{\mu}\right)^n = \frac{-N\left(\frac{\lambda}{\mu}\right)^{N+1}}{1 - \left(\frac{\lambda}{\mu}\right)} + \frac{\left(\frac{\lambda}{\mu}\right)\left[1 - \left(\frac{\lambda}{\mu}\right)^N\right]}{\left[1 - \left(\frac{\lambda}{\mu}\right)\right]^2} \tag{12.5.29}$$

将(12.5.29)式代入(12.5.28)式可得

$$L = \sum_{n=0}^{N} np_n = \frac{\lambda}{\mu - \lambda} \frac{\left[1 + N\left(\frac{\lambda}{\mu}\right)^{N+1}\right] - \left[(1+N)\left(\frac{\lambda}{\mu}\right)^N\right]}{\left[1 - \left(\frac{\lambda}{\mu}\right)^{N+1}\right]} \tag{12.5.30}$$

最后由李特尔定理12.5.1可得 W 为

$$W=\frac{1}{\lambda}L=\frac{1}{\mu-\lambda}\frac{\left[1+N\left(\frac{\lambda}{\mu}\right)^{N+1}\right]-\left[(1+N)\left(\frac{\lambda}{\mu}\right)^{N}\right]}{\left[1-\left(\frac{\lambda}{\mu}\right)^{N+1}\right]} \tag{12.5.31}$$

说明 例12.5.1及例12.5.2所讨论的是队列无限的M/M/1模型。

例12.5.4 计算无限容量M/M/r模型的 P_n, L, W 这个排队服务系统的顾客到达是参数为 λ 的泊松过程,顾客服务是 r 个并行通道($r>1$),假定这 r 个服务通道是相互独立的且均为参数 μ 的泊松过程,该系统方块图由图12.5.7表示。

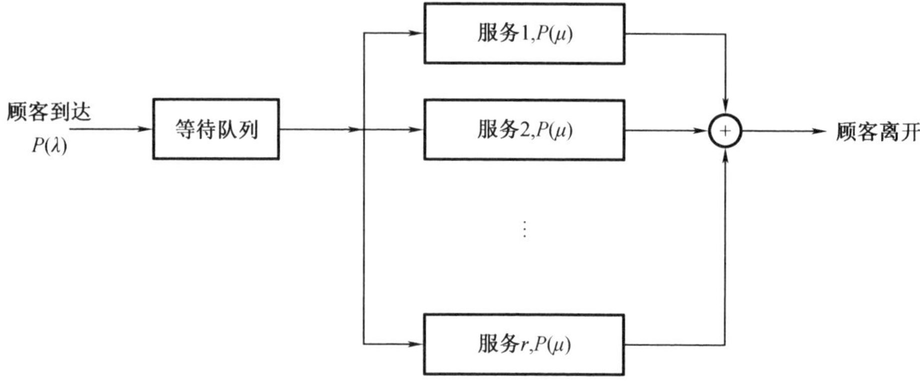

图12.5.7 无限容量的M/M/r模型系统方块图

由于系统是单一输入且为泊松 $P(\lambda)$ 分布,所以输入平均速率为 λ,这可以理解为,当 $\Delta t\to 0$ 时,过程 $N(t)$ 由状态 n 变为 $n+1$ 的概率为

$$\begin{aligned}p_{n(n+1)}&=P[N(t+\Delta t)=n+1\,|\,N(t)=n]\\&=\lambda\Delta t+o(\Delta t),\Delta t\to 0\end{aligned}$$

所以过程平均输入速率(或称过程平均增长速率)为

$$p'_{n(n+1)}=\lambda \tag{12.5.32}$$

关于多通道服务,分析如下:

(1)任一服务通道使过程 $N(t)$ 的状态从 n 变为 $n-1$(即顾客离开通道)的概率为

$$\begin{aligned}{}_1p_{n(n-1)}(\Delta t)&=P[N(t+\Delta t)=n-1\,|\,N(t)=n]\\&=\mu\Delta t+o(\Delta t),\Delta t\to 0\end{aligned}$$

(2)任一通道处于服务状态的概率为

$$\begin{aligned}{}_1p_{nn}(\Delta t)&=P[N(t+\Delta t)=n\,|\,N(t)=n]\\&=1-\mu\Delta t+o(\Delta t),\Delta t\to 0\end{aligned}$$

(3)n 个通道同时处于服务状态的概率为

$$\begin{aligned}p_{nn}(\Delta t)&=[{}_1p_{nn}(\Delta t)]^n=\{P[N(t+\Delta t)=n\,|\,N(t)=n]\}^n\\&=[1-\mu\Delta t+o(\Delta t)]^n,n\leqslant r,\Delta t\to 0\\&=[1-\mu\Delta t+o(\Delta t)]^r,n>r,\Delta t\to 0\end{aligned}$$

(4)n 个通道至少有一个不处于服务(即至少有一个通道顾客离开)的概率为

$$\begin{aligned}p_{nn-1}(\Delta t)&=1-p_{nn}(\Delta t)\\&=1-[1-\mu\Delta t+o(\Delta t)]^n=n\mu\Delta t+o(\Delta t),n\leqslant r,\Delta t\to 0\end{aligned}$$

$$=1-[1-\mu\Delta t+o(\Delta t)]^r=r\mu\Delta t+o(\Delta t),n>r,\Delta t\to 0$$

(5) n 个通道至少有一个顾客离开系统的平均速率为

$$p'_{n(n-1)}=\begin{cases}n\mu,n\leqslant r\\ r\mu,n>r\end{cases}\tag{12.5.33}$$

综上所述,可以归纳有如下状态转移速率,即

$$\begin{cases}p'_{n(n+1)}=\lambda\\ p'_{n(n-1)}=\begin{cases}n\mu,n\leqslant r\\ r\mu,n>r\end{cases}\\ p'_{nn}=-[p'_{nn+1}+p'_{n(n-1)}]=\begin{cases}-(\lambda+n\mu),n\leqslant r\\ -(\lambda+r\mu),n>r\end{cases}\end{cases}\tag{12.5.34}$$

这样处理的结果实际上就是将多通道服务变成等效单通道服务,由(12.5.34)式可以画出 M/M/r 系统等效单通道服务的状态转移速率图(图 12.5.8)。

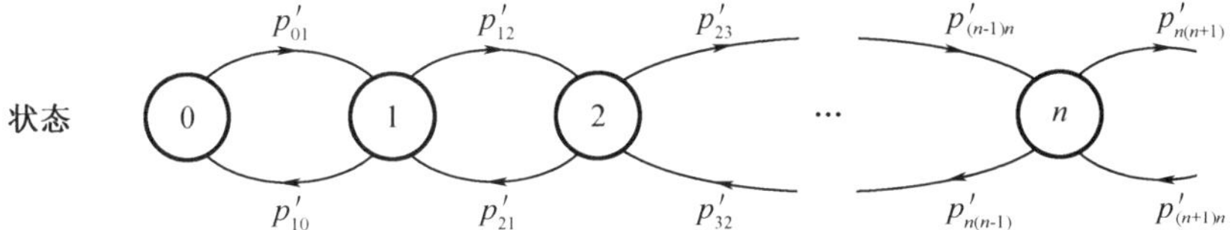

图 12.5.8　M/M/r 系统等效单通道服务的状态转移速率图

显见,这是一个特定的生灭过程,于是由定理 12.3.7 可知,系统稳态概率 p_n 为

$$\begin{aligned}p_n&=\lim_{t\to\infty}P[N(t)=n]\\&=\frac{p'_{01}p'_{12}\cdots p'_{(n-1)n}}{p'_{10}p'_{21}\cdots p'_{n(n-1)}}p_0\\&=\frac{\lambda\lambda\cdots\lambda}{\mu 2\mu\cdots n}\ \frac{p_0}{\mu}=\frac{1}{n!}\left(\frac{\lambda}{\mu}\right)^n p_0,n\leqslant r\\&=\frac{\lambda\lambda\cdots\lambda}{\mu 2\mu\cdots r\mu}\ \frac{p_0}{r\mu\cdots r\mu},n>r\\&=\frac{\lambda^n p_0}{r!\ \mu^r(r\mu)^{n-r}},n>r\\&=\frac{r^r\lambda^n}{r!\ (r\mu)^n}p_0,n>r\end{aligned}$$

再由 $\sum_{n=0}^{\infty}p_n=1$ 可求出 p_0,即

$$\left[1+\sum_{n=1}^{r}\frac{1}{n!}\left(\frac{\lambda}{\mu}\right)^n+\frac{r^r}{r!}\sum_{n=r+1}^{\infty}\left(\frac{\lambda}{\mu r}\right)^n\right]p_0=1$$

$$\Rightarrow\left[\sum_{n=0}^{r}\frac{1}{n!}\left(\frac{\lambda}{\mu}\right)^n+\frac{\left(\frac{\lambda}{\mu}\right)^r}{r!}\ \frac{\left(\frac{\lambda}{\mu r}\right)}{\left(1-\frac{\lambda}{\mu R}\right)}\right]p_0=1\tag{12.5.35}$$

$$\Rightarrow\left[\sum_{n=0}^{r-1}\frac{1}{n!}\left(\frac{\lambda}{\mu}\right)^n+\frac{\left(\frac{\lambda}{\mu}\right)^r}{r!}\ \frac{1}{\left(1-\frac{\lambda}{\mu r}\right)}\right]p_0=1\tag{12.5.36}$$

由上式可知

$$p_0 = \left[\sum_{n=0}^{r} \frac{1}{n!}\left(\frac{\lambda}{\mu}\right)^n + \frac{\left(\frac{\lambda}{\mu}\right)^r}{r!} \frac{\left(\frac{\lambda}{\mu r}\right)}{\left(1 - \frac{\lambda}{\mu r}\right)} \right]^{-1}$$

$$= \left[\sum_{n=0}^{r-1} \frac{1}{n!}\left(\frac{\lambda}{\mu}\right)^n + \frac{\left(\frac{\lambda}{\mu}\right)^r}{r!} \frac{1}{\left(1 - \frac{\lambda}{\mu r}\right)} \right]^{-1} \tag{12.5.37}$$

系统中平均顾客数 L 为

$$L = E[N(t)] = \sum_{n=0}^{\infty} np_n$$

$$= p_0\left[\sum_{n=0}^{r} n\frac{1}{n!}\left(\frac{\lambda}{\mu}\right)^n + \sum_{n=r+1}^{\infty} n\frac{r^r\lambda^n}{r!(\mu r)^n} \right]$$

$$= p_0\left[\frac{\lambda}{\mu}\sum_{n=0}^{r-1} \frac{1}{n!}\left(\frac{\lambda}{\mu}\right)^n + \frac{r^r}{r!}\sum_{n=r+1}^{\infty} n\left(\frac{\lambda}{\mu r}\right)^n - \frac{r^r}{r!}\sum_{n=0}^{r} n\left(\frac{\lambda}{\mu r}\right)^n \right]$$

再利用如下两个代数公式,即

$$\sum_{k=0}^{n} k(q)^k = \frac{-nq^{n+1}}{1-q} + \frac{q(1-q^n)}{(1-q)^2}, |q| < 1$$

$$\sum_{k=0}^{\infty} k(q)^k = \frac{q}{(1-q)^2}, |q| < 1$$

可计算得出 L 为

$$L = \frac{\lambda}{\mu}p_0\sum_{n=0}^{r-1} \frac{1}{n!}\left(\frac{\lambda}{\mu}\right)^n + p_0\frac{r^r}{r!}\left[\frac{\left(\frac{\lambda}{\mu r}\right)^{r+1}}{\left(1-\frac{\lambda}{\mu r}\right)^2} + \frac{r\left(\frac{\lambda}{\mu r}\right)^{r+1}}{\left(1-\frac{\lambda}{\mu r}\right)} \right] \tag{12.5.38}$$

再由(12.5.36)式可知

$$p_0\sum_{n=0}^{r-1} \frac{1}{n!}\left(\frac{\lambda}{\mu}\right)^n = 1 - \frac{\left(\frac{\lambda}{\mu}\right)^r}{r!} \frac{1}{\left(1-\frac{\lambda}{\mu r}\right)}p_0 \tag{12.5.39}$$

将上式代入(12.5.38)式立得

$$L = \frac{\lambda}{\mu} + \frac{\left(\frac{\lambda}{\mu}\right)^{r+1}}{r(r!)\left(1-\frac{\lambda}{\mu r}\right)^2}p_0$$

$$= \frac{\lambda}{\mu} + \frac{\lambda\left(\frac{\lambda}{\mu}\right)^{r}}{\mu[(r-1)!]\left(r-\frac{\lambda}{\mu}\right)^2}p_0 \tag{12.5.40}$$

最后,利用李特尔定理 12.5.1 可知,顾客在系统中平均花费时间 W 为

$$W = \frac{1}{\lambda}L = \frac{1}{\mu} + \frac{\left(\frac{\lambda}{\mu}\right)^{r}}{\mu[(r-1)!]\left(r-\frac{\lambda}{\mu}\right)^2}p_0 \tag{12.5.41}$$

值得注意的是，这一问题有解的充要条件是$\frac{\lambda}{r\mu}<1$，这意味着系统的输入平均速率 λ 要小于系统的输出平均速率 $r\mu$，这时级数才能收敛。

可以证明：

M/M/r 队列中平均等候的顾客数 L_q 为

$$L_q = \sum_{n=r+1}^{\infty}(n-r)p_n = \frac{\left(\frac{\lambda}{\mu}\right)^{r+1}}{(r-1)!\left(r-\frac{\lambda}{\mu}\right)^2}p_0 \tag{12.5.42}$$

顾客在队列中等候的平均花费时间 W_q 为

$$W_q = \frac{1}{\lambda}L_q = \frac{\left(\frac{\lambda}{\mu}\right)^{r}}{\mu[(r-1)!]\left(r-\frac{\lambda}{\mu}\right)^2}p_0 \tag{12.5.43}$$

例 12.5.5　计算有限容量 M/M/r 模型的 P_n, L, W　设队列容量为 N，于是基于例 12.5.4 的分析并参照例 12.5.3，可有该系统的等效单通道服务模型的状态转移速率图（图 12.5.9）。图 12.5.9 中

$$p'_{n(n+1)} = \lambda, n=0,1,\cdots,N-1$$

$$p'_{n(n-1)} = \begin{cases} n\mu, 1\leqslant n\leqslant r \\ r\mu, r<n\leqslant N \end{cases}$$

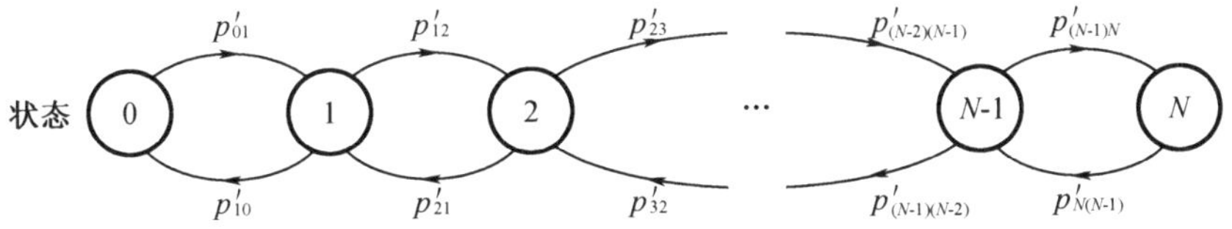

状态　0　1　2　…　N-1　N

p'_{01}　p'_{12}　p'_{23}　$p'_{(N-2)(N-1)}$　$p'_{(N-1)N}$

p'_{10}　p'_{21}　p'_{32}　$p'_{(N-1)(N-2)}$　$p'_{N(N-1)}$

图 12.5.9　有限容量 M/M/r 系统等效单通道服务模型的状态转移速率图

由速率平衡原理可有如下方程组：

状态	过程 $N(t)$ 离开状态速率 = 过程 $N(t)$ 进入状态速率
0	$p_0p'_{01} = p_1p'_{10}$
$1\leqslant n\leqslant N-1$	$p_n[p'_{n(n+1)} + p'_{n(n-1)}] = p_{(n-1)}p'_{(n-1)n} + p_{n+1}p'_{(n+1)n}$
N	$p_Np'_{N(N-1)} = p_{N-1}p'_{(N-1)N}$

解上述方程组可得

$$p_n = \frac{1}{n!}\left(\frac{\lambda}{\mu}\right)^n p_0, 1\leqslant n\leqslant r \tag{12.5.44}$$

$$p_n = \frac{r^r}{r!}\left(\frac{\lambda}{\mu r}\right)^n p_0, r<n\leqslant N \tag{12.5.45}$$

其中，$p_n = \lim\limits_{t\to\infty}P[N(t)=n]\ (n=0,1,2,\cdots,N)$ 为有限容量 M/M/r 模型的稳态概率，由

$$1 = \sum_{n=0}^{N}p_n = p_0\left[\sum_{n=0}^{r}\frac{1}{n!}\left(\frac{\lambda}{\mu}\right)^n + \sum_{n=r+1}^{N}\frac{r^r}{r!}\left(\frac{\lambda}{\mu r}\right)^n\right] \tag{12.5.46}$$

可求出 p_0，进一步还有

$$L = E[N(t)] = \sum_{n=0}^{N} nP[N(t) = n] = \sum_{n=0}^{N} np_n \tag{12.5.47}$$

最后由李特尔定理 12.5.1 可求出

$$W = \frac{1}{\lambda}L \tag{12.5.48}$$

具体计算过程从略。

例 12.5.6 多台机器维修的 M/M/r 模型

这一模型最先是由泊尔姆(Palm)于 1947 年提出的关于多台机器维修的排队服务模型[33],随后塔卡斯(Takacs,1957)对这一模型进行了发展[33]。

该模型基本原理如下:有 M 台机器处于工作状态,这 M 台机器中的每台机器出现故障是随机的且独立同分布,均服从参数为 λ 的泊松分布,也就是说每台机器的平均故障率均为 λ,该系统有 $r(r\leqslant M)$ 个维修工人,这 r 个工人中的每个工人维修时间也是随机的且独立同分布,均服从参数为 μ 的负指数分布,也就是说每个工人的平均服务速率为 μ,机器一旦出现故障就要维修,前 r 个故障机器不需排队,当出现故障的机器数超过 r 时,就要排队等待维修。

设 $N(t)$ 代表在 t 时刻不能工作的机器数(包括排队等待维修和正在维修的机器),显然 $N(t)$ 的状态有 $0,1,2,\cdots,M$ 共 $M+1$ 个状态,我们可以用方块图表示上述工作原理,如图 12.5.10 所示。

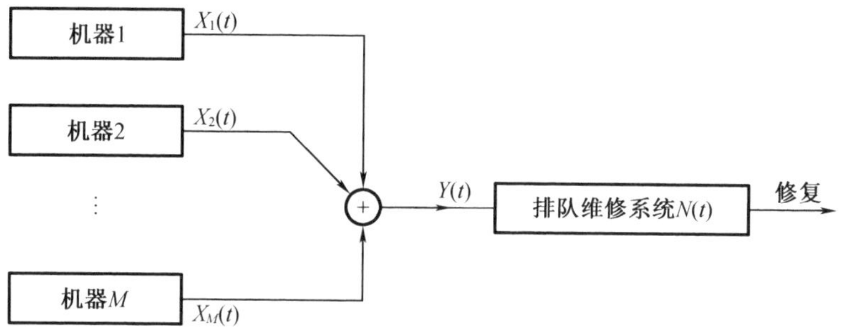

图 12.5.10 多台机器维修的 M/M/r 系统示意图

设 $X_i(t)$ 代表第 i 个机器出现故障的过程,由前面所述知

$$X_1(t) \sim P(\lambda), X_2(t) \sim P(\lambda), \cdots, X_M(t) \sim P(\lambda)$$

其中,$P(\lambda)$ 代表参数为 λ 的泊松分布。由概率论可知(见上册定理 2.2.3),泊松分布服从加法定理,于是有

$$\sum_{i=1}^{M} X_i(t) = Y(t) \sim P(M\lambda) \tag{12.5.49}$$

$N(t)$ 在 Δt 区间内由状态 0 变为 1 的转移概率为

$$\begin{aligned} p_{01} &= P[N(t+\Delta t) = 1 \mid N(t) = 0] \\ &= P[Y(t+\Delta t) = M-1 \mid Y(t) = M] \\ &= M\lambda\Delta t + o(\Delta t), \Delta t \to 0 \end{aligned}$$

于是转移速率为

$$p'_{01} = M\lambda \tag{12.5.50}$$

其中

$$\frac{o(\Delta t)}{\Delta t}=0,\Delta t\to 0$$

$N(t)$在 Δt 区间内由状态 1 变为 2 的转移概率为

$$\begin{aligned}p_{12}&=P[N(t+\Delta t)=2\mid N(t)=1]\\&=P[Y(t+\Delta t)=M-2\mid Y(t)=M-1]\\&=(M-1)\lambda\Delta t+o(\Delta t)\end{aligned}$$

于是转移速率为

$$p'_{12}=(M-1)\lambda \tag{12.5.51}$$

按这样分析一直进行下去,最后有

$$\begin{aligned}P_{(M-1)M}&=P[N(t+\Delta t)=M\mid N(t)=M-1]\\&=P[Y(t)=o\mid Y(t)=1]\\&=\lambda\Delta t\end{aligned}$$

所以

$$p'_{(M-1)M}=\lambda \tag{12.5.52}$$

对于 r 个工人的维修机器的分析同例 12.5.4,由以上分析我们得到多台机器维修的 M/M/r 模型过程 $N(t)$的状态转移速率图(图 12.5.11)。

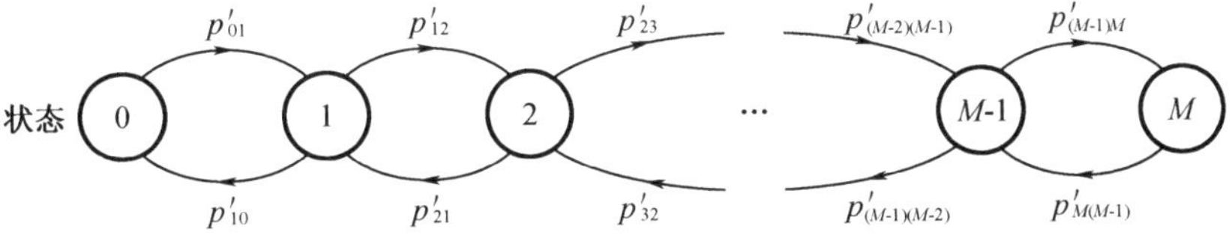

图 12.5.11　多台机器维修的 M/M/r 模型的状态转移速率图

其中

$$p'_{n(n+1)}=(M-n)\lambda,n=0,1,2,\cdots,M-1 \tag{12.5.53}$$

$$p'_{n(n-1)}=\begin{cases}n\mu,n\leqslant r\\r\mu,n>r\end{cases} \tag{12.5.54}$$

显见,这是一个特定的生灭过程,于是由定理 12.3.7 可知系统的稳态概率,即当 $1\leqslant n\leqslant r$ 时

$$\begin{aligned}p_n&=\lim_{t\to\infty}P[N(t)=n]\\&=\frac{p'_{01}p'_{12}\cdots p'_{(n-1)n}}{p'_{10}p'_{21}\cdots p'_{n(n-1)}}p_0\\&=\frac{M(M-1)\cdots(M-n+1)}{1\cdot 2\cdot\cdots\cdot n}\frac{\lambda^n}{\mu^n}p_0\\&=\binom{M}{n}\left(\frac{\lambda}{\mu}\right)^n p_0,1\leqslant n\leqslant r\end{aligned} \tag{12.5.55}$$

当 $r<n\leqslant M$ 时

$$\begin{aligned}p_n&=\frac{p'_{01}p'_{12}\cdots p'_{(n-1)n}}{p'_{10}p'_{21}\cdots p'_{n(n-1)}}p_0\\&=\frac{M(M-1)\cdots(M-r+1)(M-r)\cdots(M-n+1)}{1\cdot 2\cdot\cdots\cdot \underbrace{r\cdot r\cdot r\cdot\cdots\cdot r}_{n-r\text{项}}}\frac{\lambda^n}{\mu^n}p_0\end{aligned}$$

$$=\frac{M!\ r^r}{(M-n)!\ r!}\left(\frac{\lambda}{\mu r}\right)^n p_0, r<n\leqslant M \tag{12.5.56}$$

再由 $\sum_{n=0}^{M} p_n = 1$ 可求得 p_0 为

$$p_0 = \left[1+\sum_{n=1}^{r}\binom{M}{n}\left(\frac{\lambda}{\mu}\right)^n+\sum_{n=r+1}^{M}\frac{M!r^r}{(M-n)!r!}\left(\frac{\lambda}{\mu r}\right)^n\right]^{-1}$$

$$=\left[\sum_{n=0}^{r}\binom{M}{n}\left(\frac{\lambda}{\mu}\right)^n+\frac{M!r^r}{r!}\sum_{n=r+1}^{M}\frac{1}{(M-n)!}\left(\frac{\lambda}{\mu r}\right)^n\right]^{-1} \tag{12.5.57}$$

当系统的参数 M,λ,r,μ 给定以后,也就是说,机器总数 M 及每台机器的平均故障率 λ、维修工人总数 r 及每个工人对故障机器的平均维修时间 $\frac{1}{\mu}$ 给定以后,就可以用(12.5.55)式、(12.5.56)式及(12.5.57)式计算出 $p_0,p_1,p_2,\cdots,p_M$;然后利用下式,即

$$L = E[N(t)] = \sum_{n=0}^{M} np_n \tag{12.5.58}$$

可求出该 M/M/r 系统的平均故障机器数 L;最后利用李特尔定理可求出故障机器在系统中的平均花费时间 W(包括排队时间和维修时间),即

$$W=\frac{1}{\lambda}L \tag{12.5.59}$$

12.6 扩散过程

在这一节,我们讨论扩散过程。这类过程的特点是,不仅时间是连续的而且状态也是连续的马氏过程,这类过程最初来源于物理学中对扩散现象的研究,所以通常称为扩散过程。

定义 12.6.1 扩散过程 设 $\{X(t)0\leqslant t<\infty\}$ 为马氏过程,如果转移概率分布函数

$$F(\tau,x;t,y)\triangleq P[X(t)<y\,|\,X(\tau)=x],t\geqslant\tau \tag{12.6.1}$$

对 x 一致地满足以下三个条件:

(1.1) $\forall\,\Delta t>0,\forall\,\delta>0$,有

$$\lim_{\Delta t\to 0}\frac{1}{\Delta t}\int_{|y-x|\geqslant\delta} \mathrm{d}_y F(t,x;t+\Delta t,y) = 0 \tag{12.6.2}$$

(1.2) $\forall\,\Delta t>0,\forall\,\delta>0$,有

$$\lim_{\Delta t\to 0}\frac{1}{\Delta t}\int_{|y-x|<\delta}(y-x)\,\mathrm{d}_y F(t,x;t+\Delta t,y) = a(t,x) < \infty \tag{12.6.3}$$

(1.3) $\forall\,\Delta t>0,\forall\,\delta>0$,有

$$\lim_{\Delta t\to 0}\frac{1}{\Delta t}\int_{|y-x|<\delta}(y-x)^2\,\mathrm{d}_y F(t,x;t+\Delta t,y) = b(t,x) > 0 \tag{12.6.4}$$

其中 $a(t,x)$ 称为偏移系数,$b(t,x)>0$ 称为扩散系数,则称该马氏过程为扩散过程。

定义 12.6.2 扩散过程 设 $\{X(t),0\leqslant t<\infty\}$ 为马氏过程,如果转移概率分布函数 $F(\tau,x;t,y)$ 对 x 一致地满足以下三个条件:

(2.1) $\forall\,\Delta t>0,\forall\,\delta>0$,有

$$\lim_{\Delta t\to 0}\frac{1}{\Delta t}\int_{|y-x|\geqslant\delta}(y-x)^2\mathrm{d}_yF(t,x;t+\Delta t,y)=0 \tag{12.6.5}$$

(2.2) $\forall\,\Delta t,\forall\,\delta>0$,有

$$\lim_{\Delta t\to 0}\frac{1}{\Delta t}\int_{|y-x|<\delta}(y-x)\mathrm{d}_yF(t,x;t+\Delta t,y)=a(t,x)<\infty \tag{12.6.6}$$

(2.3) $\forall\,\Delta t,\forall\,\delta>0$,有

$$\lim_{\Delta t\to 0}\frac{1}{\Delta t}\int_{|y-x|<\delta}(y-x)^2\mathrm{d}_yF(t,x;t+\Delta t,y)=b(t,x)<\infty \tag{12.6.7}$$

其中 $a(t,x)$ 称为偏移系数,$b(t,x)>0$ 称为扩散系数,则称该马氏过程为扩散过程。

说明　(1)由条件(1.1)可知,$\forall\,\Delta t>0,\forall\,\delta>0$,必有

$$\lim_{\Delta t\to 0}\int_{|y-x|\geqslant\delta}\mathrm{d}_yF(t,x;t+\Delta t,y)=0 \tag{12.6.8}$$

$$\Rightarrow\lim_{\Delta t\to 0}P[\,|X(t+\Delta t)-X(t)|\geqslant\delta\,|\,X(t)=x]=0 \tag{12.6.9}$$

这说明该扩散过程是依概率连续的而且关于 x 是一致的。由条件(2.1)可知,$\forall\,\Delta t>0$,$\forall\,\delta>0$,必有

$$\lim_{\Delta t\to 0}\int_{|y-x|\geqslant\delta}(y-x)^2\mathrm{d}_yF(t,x;t+\Delta t,y)=0 \tag{12.6.10}$$

再由条件(2.3)或条件(1.3)可知,$\forall\,\Delta t>0,\forall\,\delta>0$,必有

$$\lim_{\Delta t\to 0}\int_{|y-x|<\delta}(y-x)^2\mathrm{d}_yF(t,x;t+\Delta t,y)=0 \tag{12.6.11}$$

由(12.6.10)式和(12.6.11)式可知,必有

$$\lim_{\Delta t\to 0}\int_{-\infty}^{+\infty}(y-x)^2\mathrm{d}_yF(t,x;t+\Delta t,y)=0$$

即

$$\lim_{\Delta t\to 0}E\{[X(t+\Delta t)-X(t)]^2\,|\,X(t)=x\}=0 \tag{12.6.12}$$

这说明该扩散过程是均方连续的而且关于 x 是一致的,我们知道均方连续比依概率连续要强些(见 10.3.2 节),因此定义 12.6.2 扩散过程的连续性比定义 12.6.1 扩散过程的连续性要强些,但不论哪个定义,扩散过程都具有随机连续性,只是强弱不同,这同 12.1 节所讨论的连续时间马尔可夫链有本质的不同,可以说,连续时间马尔可夫链是纯不连续的马氏过程。

(2)下面再看条件(1.2)和条件(2.2)的概率意义

因为

$$\begin{aligned}\int_{|y-x|\geqslant\delta}(y-x)^2\mathrm{d}_yF(t,x;t+\Delta t,y)&\geqslant\delta\int_{|y-x|\geqslant\delta}|y-x|\mathrm{d}_yF(t,x;t+\Delta t,y)\\&\geqslant\delta^2\int_{|y-x|\geqslant\delta}\mathrm{d}_yF(t,x;t+\Delta t,y)\end{aligned} \tag{12.6.13}$$

所以由(12.6.10)式可知,必有

$$\lim_{\Delta t\to 0}\int_{|y-x|\geqslant\delta}|y-x|\mathrm{d}_yF(t,x;t+\Delta t,y)=0$$

于是条件(1.2)和条件(2.2)可以改写成

$$\lim_{\Delta t\to 0}\frac{1}{\Delta t}\int_{-\infty}^{+\infty}(y-x)\mathrm{d}_yF(t,x;t+\Delta t,y)=a(t,x)<\infty$$

即

$$\lim_{\Delta t\to 0}E\left[\frac{X(t+\Delta t)-X(t)}{\Delta t}\middle|X(t)=x\right]=a(t,x)<\infty$$

也即

$$\lim_{\Delta t\to 0}\frac{E[X(t+\Delta t)\mid X(t)=x]-E[X(t)\mid X(t)=x]}{\Delta t}=a(t,x)<\infty \tag{12.6.14}$$

(12.6.14)式表明,对任意 t,x,扩散过程存在条件均值变化率 $a(t,x)$。

(3)最后,再看条件(1.3)和条件(2.3)的概率意义

当 Δt 很小时,由(12.6.14)式可将 $X(t+\Delta t)$ 的条件均值近似表示为

$$\begin{aligned}E[X(t+\Delta t)\mid X(t)=x]&=X(t)+a(t,x)\Delta t+o(\Delta t)\\&=x+a(t,x)\Delta t+o(\Delta t)\end{aligned} \tag{12.6.15}$$

同理,由条件(2.1)及条件(1.3)或条件(2.3)还有

$$\lim_{\Delta t\to 0}\frac{1}{\Delta t}\int_{-\infty}^{+\infty}(y-x)^2\mathrm{d}_yF(t,x;t+\Delta t,y)=b(t,x)>0 \tag{12.6.16}$$

为了考察 $b(t,x)$ 的概率意义,我们先求条件方差

$$\begin{aligned}&E\left(\{X(t+\Delta t)-E[X(t+\Delta t)\mid X(t)=x]\}^2\mid X(t)=x\right)\\&=E\{[X(t+\Delta t)-X(t)-a(t,x)\Delta t+o(\Delta t)]^2\mid X(t)=x\}\ (\text{由}(12.4.15)\text{式})\\&=E\{[X(t+\Delta t)-X(t)]^2\mid X(t)=x\}-2E\{[X(t+\Delta t)-X(t)]a(t,x)\Delta t\mid X(t)=x\}+\\&\quad E[a^2(t,x)\Delta t^2\mid X(t)=x]+o(\Delta t)\\&=E\{[X(t+\Delta t)-X(t)]^2\mid X(t)=x\}-2a^2(t,x)\Delta t^2+a^2(t,x)\Delta t^2+o(\Delta t)\ (\text{由}(12.4.14)\text{式})\\&=E\{[E(t+\Delta t)-X(t)]^2\mid X(t)=x\}-a^2(t,x)\Delta t^2+o(\Delta t)\end{aligned}$$

于是由(12.6.16)式有

$$\begin{aligned}b(t,x)&=\lim_{\Delta t\to 0}\frac{1}{\Delta t}\int_{-\infty}^{+\infty}(y-x)^2\mathrm{d}_yF(t,x;t+\Delta t,y)\\&=\lim_{\Delta t\to 0}\frac{1}{\Delta t}E\{[X(t+\Delta t)-X(t)]^2\mid X(t)=x\}\\&=\lim_{\Delta t\to 0}\frac{1}{\Delta t}E\left(\{X(t+\Delta t)-E[X(t+\Delta t)\mid X(t)=x]\}^2\mid X(t)=x\right)+\\&\quad\lim_{\Delta t\to 0}a^2(t,x)\Delta t-\lim_{\Delta t\to 0}\frac{o(\Delta t)}{\Delta t}\\&=\lim_{\Delta t\to 0}\frac{1}{\Delta t}E\left(\{X(t+\Delta t)-E[X(t+\Delta t)\mid X(t)=x]\}^2\mid X(t)=x\right)>0\end{aligned} \tag{12.6.17}$$

由此可知,$b(t,x)$ 表明扩散过程条件方差的变化率,因为 $b(t,x)>0$,表明扩散过程的条件方差随着时间的增长会越来越大。

通过以上说明,我们可以形象地看出扩散过程的特点:首先,它是一个具有随机连续性(依概率连续或均方连续)的马尔可夫过程;其次,该过程的条件均值变化率是存在的,当 Δt 比较小时,条件均值的变化与 Δt 成比例;最后,该过程的条件方差变化率也是存在的且为正值,当 Δt 比较小时,条件方差变化也与 Δt 成比例,当 t 越来越大时,条件方差也会越来越大。

下面我们来推导扩散过程条件转移分布函数 $F(\tau,x;t,y)$ 应满足的向后方程和向前方程。

定理 12.6.1　柯尔莫哥洛夫向后方程　设 $\{X(t),t\geqslant 0\}$ 为扩散过程，$F(\tau,x;t,y)$ 为其条件转移分布函数，如果偏导数

$$\frac{\partial}{\partial x}F(\tau,x;t,y)\text{ 及 }\frac{\partial^2}{\partial x^2}F(\tau,x;t,y)$$

存在，且对任意 $\tau,x,y,t>\tau$ 连续，则 $F(\tau,x;t,y)$ 满足如下向后方程，即

$$\frac{\partial}{\partial \tau}F(\tau,x;t,y)=-a(\tau,x)\frac{\partial}{\partial x}F(\tau,x;t,y)-\frac{1}{2}b(\tau,x)\frac{\partial^2}{\partial x^2}F(\tau,x;t,y) \tag{12.6.18}$$

证明　在证明该定理之前，先证明一个引理。

引理 12.6.1　连续形式的查普曼－柯尔莫哥洛夫方程为

$$F(\tau,x;t,y)=\int_{-\infty}^{+\infty}F(s,z;t,y)\,\mathrm{d}_zF(\tau,x;t,z),\tau<s<t \tag{12.6.19}$$

证明　由离散形式的查普曼－柯尔莫哥洛夫方程有

$$\begin{aligned}F(\tau,x;t,y)&=P[X(t)<y\mid X(\tau)=x]\\&=\sum_{n=-\infty}^{+\infty}P[X(t)<y\mid X(s)=n\Delta z]P[n\Delta z\leqslant X(s)<(n+1)\Delta z\mid X(\tau)=x]\\&=\sum_{n=-\infty}^{+\infty}P[X(t)<y\mid X(s)=Z_n]P[Z_n\leqslant X(s)<Z_n+\mathrm{d}z\mid X(\tau)=x]\\&\quad(\text{令 }\Delta z=\mathrm{d}z,n\Delta z=Z_n)\\&=\int_{-\infty}^{+\infty}F(s,z;t,y)f(\tau,x;s,z)\,\mathrm{d}z\\&=\int_{-\infty}^{+\infty}F(s,z;t,y)\,\mathrm{d}_zF(\tau,x;s,z),\tau<s<t\end{aligned}$$

其中，$f(\tau,x;s,z)$ 为条件密度函数。引理证毕。

下面往证(12.6.18)式：由(12.6.19)式有

$$F(\tau-\Delta\tau,x;t,y)=\int_{-\infty}^{+\infty}F(\tau,z;t,y)\,\mathrm{d}_zF(\tau-\Delta\tau,x;\tau,z) \tag{12.6.20}$$

又因为

$$\int_{-\infty}^{+\infty}\mathrm{d}_zF(\tau-\Delta\tau,x;\tau,z)=1$$

所以

$$F(\tau,x;t,y)=\int_{-\infty}^{+\infty}F(\tau,x;t,y)\,\mathrm{d}_zF(\tau-\Delta\tau,x;\tau,z) \tag{12.6.21}$$

由(12.6.20)式减去(12.6.21)式然后除以 $-\Delta\tau$，可得

$$\begin{aligned}&\frac{F(\tau-\Delta\tau,x;\tau,z)-F(\tau,x;t,y)}{-\Delta\tau}\\&=\frac{1}{-\Delta\tau}\int_{-\infty}^{+\infty}[F(\tau,z;t,y)-F(\tau,x;t,y)]\,\mathrm{d}_zF(\tau-\Delta\tau,x;\tau,z)\\&=\frac{1}{-\Delta\tau}\int_{|z-x|\geqslant\delta}[F(\tau,z;t,y)-F(\tau,x;t,y)]\,\mathrm{d}_zF(\tau-\Delta\tau,x;\tau,z)+\\&\quad\frac{1}{-\Delta\tau}\int_{|z-x|<\delta}[F(\tau,z;t,y)-F(\tau,x;t,y)]\,\mathrm{d}_zF(\tau-\Delta\tau,x;\tau,z)\end{aligned} \tag{12.6.22}$$

由(12.6.2)式可知,(12.6.22)式等号右边第一项当 $\Delta\tau \to 0$ 时必为零,然后再应用泰勒公式将 $F(\tau,z;t,y)$ 在 x 点展开得

$$F(\tau,z;t,y)=F(\tau,x;t,y)+(z-x)\frac{\partial F(\tau,x;t,y)}{\partial x}+\frac{1}{2}(z-x)^2\frac{\partial^2 F(\tau,x;t,y)}{\partial x^2}+$$

$$o[(z-x)^2],z\to x$$

将上式代入(12.6.22)式可得

$$\frac{1}{-\Delta\tau}[F(\tau-\Delta\tau,x;t,y)-F(\tau,x;t,y)]$$

$$=\frac{1}{-\Delta\tau}\int_{|z-x|<\delta}(z-x)\mathrm{d}_zF(\tau-\Delta\tau,x;\tau,z)\cdot\frac{\partial F(\tau,x;t,y)}{\partial x}+$$

$$\frac{-1}{2\Delta\tau}\int_{|z-x|<\delta}(z-x)^2\mathrm{d}_zF(\tau-\Delta\tau,x;\tau,z)\cdot\frac{\partial^2 F(\tau,x;t,y)}{\partial x^2}+o(\delta)$$

由于上式左端与 δ 无关,所以当 $\Delta\tau\to 0,\delta\to 0$ 时,由(12.6.3)式及(12.6.4)式有

$$\frac{\partial F(\tau,x;t,y)}{\partial \tau}=-a(\tau,x)\frac{\partial F(\tau,x;t,y)}{\partial x}-\frac{1}{2}b(\tau,x)\frac{\partial^2 F(\tau,x;t,y)}{\partial x^2}$$

即方程(12.6.18)式得证。定理证毕。

如果转移概率密度函数

$$f(\tau,x;t,y)=\frac{\partial F(\tau,x;t,y)}{\partial y}$$

存在,则由(12.6.18)式可知 $f(\tau,x;t,y)$ 满足如下向后方程,即

$$\frac{\partial}{\partial \tau}f(\tau,x;t,y)=-a(\tau,x)\frac{\partial}{\partial x}f(\tau,x;t,y)-\frac{1}{2}b(\tau,x)\frac{\partial^2 f(\tau,x;t,y)}{\partial x^2} \qquad (12.6.23)$$

定理 12.6.2 柯尔莫哥洛夫向前方程 设 $\{X(t),t\geqslant 0\}$ 为扩散过程,其条件转移分布函数 $F(\tau,x;t,y)$ 存在,进一步假设下列各偏导数都存在且连续,即

$$\frac{\partial f(\tau,x;t,y)}{\partial t},\frac{\partial}{\partial y}[a(t,y)f(\tau,x;t,y)],\frac{\partial^2}{\partial y^2}[b(t,y)f(\tau,x;t,y)]$$

则下面的向前方程成立,即

$$\frac{\partial}{\partial t}f(\tau,x;t,y)=-\frac{\partial}{\partial y}[a(t,y)f(\tau,x;t,y)]+\frac{1}{2}\frac{\partial^2}{\partial y^2}[b(t,y)f(\tau,x;t,y)] \qquad (12.6.24)$$

证明 任取一个有二阶连续导数的非负函数 $R(y)$,且 $R(y)$ 满足对任意常数 a 及 $b(a<b)$ 有

$$R(y)=0,y<a,y>b$$

因此有 $R(a)=R(b)=R'(a)=R'(b)=R''(a)=R''(b)=0$,由假设条件可知

$$\int_a^b\frac{\partial}{\partial t}f(\tau,x;t,y)R(y)\mathrm{d}y=\frac{\partial}{\partial t}\int_a^b f(\tau,x;t,y)R(y)\mathrm{d}y$$

$$=\lim_{\Delta t\to 0}\frac{1}{\Delta t}\int_{-\infty}^{+\infty}[f(\tau,x;t+\Delta t,y)-f(\tau,x;t,y)]R(y)\mathrm{d}y \qquad (12.6.25)$$

再由连续形式的查普曼-柯尔莫哥洛夫方程(12.6.19)式有

$$f(\tau,x;t+\Delta t,y)=\int_{-\infty}^{+\infty}f(\tau,x;t,z)f(t,z;t+\Delta t,y)\mathrm{d}z \qquad (12.6.26)$$

将(12.6.26)式代入(12.6.25)式,则

$$\begin{aligned}&\int_a^b \frac{\partial}{\partial t}f(\tau,x;t,y)R(y)\mathrm{d}y\\&=\lim_{\Delta t\to 0}\frac{1}{\Delta t}\left[\int_{-\infty}^{+\infty}\int_{-\infty}^{+\infty}f(\tau,x;t,z)f(t,z;t+\Delta t,y)\mathrm{d}zR(y)\mathrm{d}y-\int_{-\infty}^{+\infty}f(\tau,x;t,y)R(y)\mathrm{d}y\right]\\&=\lim_{\Delta t\to 0}\frac{1}{\Delta t}\left[\int_{-\infty}^{+\infty}f(\tau,x;t,z)\mathrm{d}y\int_{-\infty}^{+\infty}f(t,y;t+\Delta t,z)R(z)\mathrm{d}z-\int_{-\infty}^{+\infty}f(\tau,x;t,y)R(y)\mathrm{d}y\right]\\&=\lim_{\Delta t\to 0}\frac{1}{\Delta t}\int_{-\infty}^{+\infty}f(\tau,x;t,y)\left[\int_{-\infty}^{+\infty}f(t,y;t+\Delta t,z)R(z)\mathrm{d}z-R(y)\right]\mathrm{d}y\end{aligned}\tag{12.6.27}$$

将 $R(z)$ 在 $z=y$ 处泰勒展开有

$$R(z)=R(y)+(z-y)R'(y)+\frac{(z-y)^2R''(y)}{2}+o[(z-y)^2],z\to y\tag{12.6.28}$$

值得注意的是,由扩散过程满足条件(1.1)的(12.6.1)式易知,当 $\Delta t\to 0$ 时,$f(t,x;t+\Delta t,y)$ 是 δ 函数,即

$$\lim_{\Delta t\to 0}f(t,x;t+\Delta t,y)=\delta(y-x)=\begin{cases}\infty,y=x\\0,y\neq x\end{cases}$$

且

$$\int_{-\infty}^{+\infty}\delta(y-x)\mathrm{d}y=1$$

于是对任意 $\delta>0$ 有

$$\int_{|y-x|\geqslant\delta}f(t,y;t+\Delta t,z)R(y)\mathrm{d}z=R(y)\int_{|y-z|\geqslant\delta}f(t,y;t+\Delta t,z)\mathrm{d}z=0,\Delta t\to 0\tag{12.6.29}$$

$$\int_{|y-z|<\delta}f(t,y;t+\Delta t,z)\mathrm{d}z=1,\Delta t\to 0\tag{12.6.30}$$

将(12.6.28)式、(12.6.29)式、(12.6.30)式代入(12.6.27)式中括号内,有

$$\begin{aligned}&\int_{-\infty}^{+\infty}f(t,y;t+\Delta t,z)R(z)\mathrm{d}z-R(y)\\&=R'(y)\int_{|y-z|<\delta}(z-y)f(t,y;t+\Delta t,z)\mathrm{d}z+\frac{1}{2}R''(y)\int_{|y-z|<\delta}\{(z-y)^2+o[(z-y)^2]\}\cdot\\&\quad f(t,y;t+\Delta t,z)\mathrm{d}z,\Delta t\to 0\end{aligned}\tag{12.6.31}$$

再将(12.6.31)式代入(12.6.27)式得

$$\begin{aligned}&\int_a^b\frac{\partial}{\partial t}f(\tau,x;t,y)R(y)\mathrm{d}y\\&=\lim_{\Delta t\to 0}\frac{1}{\Delta t}\int_{-\infty}^{+\infty}f(\tau,x;t,z)\left\{R'(y)\int_{|y-z|<\delta}(z-y)f(t,y;t+\Delta t,z)\mathrm{d}z+\frac{1}{2}R''(y)\cdot\right.\\&\quad\left.\int_{|y-z|<\delta}\{(z-y)^2+o[(z-y)^2]\}f(t,y;t+\Delta t,z)\mathrm{d}z\right\}\mathrm{d}y\\&=\int_{-\infty}^{+\infty}f(\tau,x;t,y)\left[a(t,y)R'(y)+\frac{1}{2}R''(y)b(t,y)\right]\mathrm{d}y\text{(由(12.6.3)式及(12.6.4)式)}\\&=\int_a^b f(\tau,x;t,y)\left[a(t,y)R'(y)+\frac{1}{2}R''(y)b(t,y)\right]\mathrm{d}y\end{aligned}\tag{12.6.32}$$

利用分部积分法可知

$$\int_a^b f(\tau,x;t,y)a(t,y)R'(y)\mathrm{d}y = -\int_a^b R(y)\frac{\partial}{\partial y}[a(t,y)f(\tau,x;t,y)]\mathrm{d}y$$

$$\int_a^b f(\tau,x;t,y)b(t,y)R''(y)\mathrm{d}y = \int_a^b R(y)\frac{\partial^2}{\partial y^2}[b(t,y)f(\tau,x;t,y)]\mathrm{d}y$$

将以上两式代入(12.6.32)式,立得

$$\int_a^b \frac{\partial}{\partial t}f(\tau,x;t,y)R(y)\mathrm{d}y = \int_a^b\left\{-\frac{\partial}{\partial y}[a(t,y)f(\tau,x;t,y)] + \frac{1}{2}\frac{\partial^2}{\partial y^2}[b(t,y)f(\tau,x;t,y)]\right\}\cdot R(y)\mathrm{d}y$$

由于 $R(y)$ 及常数 a,b 的任意性,所以上式成立等价地有

$$\frac{\partial}{\partial t}f(\tau,x;t,y) = -\frac{\partial}{\partial y}[a(t,y)f(\tau,x;t,y)] + \frac{1}{2}\frac{\partial^2}{\partial y^2}[b(t,y)f(\tau,x;t,y)]$$

定理证毕。

向前方程也称为福克尔 - 普朗克(Fokker - Planck)方程。

在实际应用中,经常遇到下述情况:

(1)如果过程的转移概率密度函数 $f(\tau,x;t,y)$ 对位置坐标是均匀的,即

$$f(\tau,x;t,y) = g(y-x;\tau,t) \tag{12.6.33}$$

这时由(12.6.3)式及(12.6.4)式可知,$a(t,x)$ 与 x 无关,只是 t 的函数,并记为

$$a(t,x) = a(t),\ b(t,x) = b(t)$$

在这种情况下,可把向后方程(12.6.18)式及向前方程(12.6.24)式写成

$$\frac{\partial g}{\partial \tau} = -a(\tau)\frac{\partial g}{\partial x} - \frac{1}{2}b(\tau)\frac{\partial^2 g}{\partial x^2} \tag{12.6.34}$$

及

$$\frac{\partial g}{\partial t} = -a(t)\frac{\partial g}{\partial y} + \frac{1}{2}b(t)\frac{\partial^2 g}{\partial x^2} \tag{12.6.35}$$

再由(12.6.33)式还有

$$\frac{\partial g}{\partial x} = -\frac{\partial g}{\partial y},\ \frac{\partial^2 g}{\partial x^2} = \frac{\partial^2 g}{\partial y^2} \tag{12.6.36}$$

(2)如果过程的转移概率密度函数 $f(\tau,x;t,y)$ 不仅对位置是均匀的,而且对时间又是平稳的,即

$$f(\tau,x;t,y) = u(y-x;t-\tau) \tag{12.6.37}$$

这时 $a(t,x)$ 及 $b(t,x)$ 与 t,x 均无关,记为

$$a(t,x) = a,\ b(t,x) = b$$

在这种情况下,可把向后方程(12.6.18)式及向前方程(12.6.24)式写成

$$\frac{\partial u}{\partial \tau} = -a\frac{\partial u}{\partial x} - \frac{1}{2}b\frac{\partial^2 u}{\partial x^2} \tag{12.6.38}$$

及

$$\frac{\partial u}{\partial t} = -a\frac{\partial u}{\partial y} + \frac{1}{2}b\frac{\partial^2 u}{\partial y^2} \tag{12.6.39}$$

还有

$$\frac{\partial u}{\partial x} = -\frac{\partial u}{\partial y},\ \frac{\partial^2 u}{\partial x^2} = \frac{\partial^2 u}{\partial y^2} \tag{12.6.40}$$

及

$$\frac{\partial u}{\partial y}=-\frac{\partial u}{\partial \tau}$$

若把(12.6.37)式表示为

$$f(\tau,x;t,y)=u(y-x;t-\tau)\triangleq u(z,s)$$

则(12.6.38)式及(12.6.39)式合并统一表示为

$$\frac{\partial u}{\partial s}=-a\frac{\partial u}{\partial z}+\frac{1}{2}b\frac{\partial^2 u}{\partial z^2} \tag{12.6.41}$$

这个方程就是热传导过程概率转移密度函数 $u(z,s)$ 所应满足的方程。

例 12.6.1　维纳过程　设 $\{X(t),t\geqslant 0\}$ 为独立增量过程且 $X(0)=0$，如果均值函数及自相关函数分别为

$$E[X(t)]=0 \tag{12.6.42}$$

$$\Gamma(t_1,t_2)=\begin{cases}bt_2,t_2\leqslant t_1\\ bt_1,t_1\leqslant t_2\end{cases},b>0 \tag{12.6.43}$$

试求该过程的转移概率密度函数 $f(\tau,x;t,y)$。

解　由已知条件可知，对任意 $t>\tau$，有

$$E[X(t)-X(\tau)]=0$$

及

$$E\{[X(t)-X(\tau)]^2\}=bt+b\tau-2b\tau=b(t-\tau),t>\tau$$

于是条件均值与条件方差分别为

$$E[X(t)\mid X(\tau)=x]=x$$

$$E\{[X(t)-X(\tau)]^2\mid X(\tau)=x\}=b(t-\tau),t>\tau$$

再由(12.6.14)式及(12.6.17)式可知

$$a(t,x)=\frac{\mathrm{d}E[X(t)\mid X(\tau)=x]}{\mathrm{d}t}=\frac{\mathrm{d}x}{\mathrm{d}t}=0$$

$$b(t,x)=\frac{\mathrm{d}}{\mathrm{d}t}E\{[X(t)-X(\tau)]^2\mid X(\tau)=x\}=b>0$$

由上面的分析可知，维纳过程对位置是均匀的且对时间又是平稳的，此时令转移概率密度函数为

$$f(\tau,x;t,y)=u(y-x;t-\tau)\triangleq u(z,s)$$

由(12.6.41)式可知，$u(z,s)$ 满足如下方程，即

$$\frac{\partial u}{\partial s}=\frac{1}{2}b\frac{\partial^2 u}{\partial z^2} \tag{12.6.44}$$

且边界条件为

$$u(z,s)=\delta(z),s\to 0$$

可以证明该方程(12.6.44)式的解为

$$u(z,s)=\frac{1}{\sqrt{2\pi bs}}\mathrm{e}^{-\frac{z^2}{2bs}}$$

即转移概率密度函数 $f(\tau,x;t,y)$ 为

$$f(\tau,x;t,y)=\frac{1}{\sqrt{2\pi b(t-\tau)}}\exp\left\{-\frac{(y-x)^2}{2b(t-\tau)}\right\},t>\tau \tag{12.6.45}$$

例 12.6.2 布朗运动 设自由质点的速度 $V(t)$ 满足如下方程

$$\frac{\mathrm{d}V(t)}{\mathrm{d}t}+\beta V(t)=n(t),\beta>0 \tag{12.6.46}$$

其中,$n(t)$ 为白噪声且 $E[n(t)]=0,E[n(t)n(\tau)]=\sigma^2\delta(t-\tau)$,试求 $V(t)$ 的转移概率密度函数 $f(\tau,v_0;t,v)$。

解 由于白噪声过程 $n(t)$ 可表示为独立增量过程 $X(t)$ 的导数过程,即

$$n(t)=X'(t)=\frac{\mathrm{d}}{\mathrm{d}t}X(t)$$

且

$$E\{[\mathrm{d}X(t)]^2\}=\sigma^2\mathrm{d}t,E[X(t)]=0 \tag{12.6.47}$$

于是可把方程(12.6.46)式写成

$$\mathrm{d}V(t)+\beta V(t)\mathrm{d}t=\mathrm{d}X(t)$$

现求增量 $\mathrm{d}V(t)$ 的条件均值,即

$$\begin{aligned}E[\mathrm{d}V(t)\mid V(t)=v]&=E[\mathrm{d}X(t)\mid V(t)=v]-E[\beta V(t)\mathrm{d}t\mid V(t)=v]\\&=-\beta v\mathrm{d}t\end{aligned}$$

所以 $V(t)$ 的条件均值变化率 $a(t,v)$ 为

$$\begin{aligned}a(t,v)&=\frac{\mathrm{d}E[V(t)\mid V(t)=v]}{\mathrm{d}t}\\&=\frac{E[\mathrm{d}V(t)\mid V(t)=v]}{\mathrm{d}t}\\&=-\beta v\end{aligned} \tag{12.6.48}$$

这说明该过程 $\{V(t),t\geqslant0\}$ 对于速度坐标 $V(t)$ 来说并非是均匀的。进一步可求出条件方差的增量为

$$\begin{aligned}&E\Big(\{V(t+\mathrm{d}t)-E[V(t+\mathrm{d}t)\mid V(t)=v]\}^2\mid V(t)=v\Big)\\&=E\{[V(t+\mathrm{d}t)-(v-\beta v\mathrm{d}t)]^2\mid V(t)=v\}\\&=E\{[\mathrm{d}V(t)+\beta v\mathrm{d}t]^2\mid V(t)=v\}\\&=\sigma^2\mathrm{d}t\end{aligned}$$

于是由(12.6.17)式可得

$$b(t,v)=\sigma^2>0 \tag{12.6.49}$$

又因为密度函数 $f(\tau,v_0;t,v)$ 满足

$$\lim_{t\to\tau}f(\tau,v_0;t,v)=\delta(v-v_0)$$

所以 $\forall\delta>0$ 有

$$\int_{|v-v_0|\geqslant\delta}f(\tau,v_0;t,v)\mathrm{d}v=0,t\to\tau$$

因此有

$$\lim_{\Delta t\to0}\frac{1}{\Delta t}\int_{|V-V_0|\geqslant\delta}f(\tau,v_0;t,v)\mathrm{d}v=0 \tag{12.6.50}$$

由(12.6.50)式、(12.6.49)式及(12.6.48)式可知,布朗运动方程(12.6.46)式的 $V(t)$ 满足扩散过程定义 12.6.1。因此,$V(t)$ 是扩散过程,这样一来,概率转移密度函数 $f(\tau,v_0;t,v)$ 必满足如下向前方程,即

$$\frac{\partial}{\partial t}f(\tau,v_0;t,v) = -\frac{\partial}{\partial v}[a(t,v)f(\tau,v_0;t,v)] + \frac{1}{2}\frac{\partial^2}{\partial v^2}[b(t,v)f(\tau,v_0;t,v)]$$

$$=\beta\frac{\partial}{\partial v}[vf(\tau,v_0;t,v)] + \frac{1}{2}\sigma^2\frac{\partial^2}{\partial v^2}f(\tau,v_0;t,v),t>\tau \tag{12.6.51}$$

边界条件为

$$f(\tau,v_0;t,v) = \delta(v-v_0),t\to\tau \tag{12.6.52}$$

可以证明[12]方程(12.6.51)式的解为

$$f(\tau,v_0;t,v) = \frac{1}{\sqrt{\frac{\pi\sigma^2}{\beta}[1-\mathrm{e}^{-2\beta(t-\tau)}]}}\exp\left\{\frac{-1}{\frac{\sigma^2}{\beta}[1-\mathrm{e}^{-2\beta(t-\tau)}]}[v-v_0\mathrm{e}^{-\beta(t-\tau)}]^2\right\} \tag{12.6.53}$$

显见,转移概率密度函数是正态的且 $V(t)$ 的条件均值为

$$E[V(t)\mid V(\tau)=v_0] = v_0\mathrm{e}^{-\beta(t-\tau)} \tag{12.6.54}$$

$V(t)$ 的条件方差为

$$E\{[V(t)-E(V(t)\mid V(\tau)=v_0)]^2\mid V(\tau)=v_0\} = \frac{\sigma^2}{2\beta}[1-\mathrm{e}^{-2\beta(t-\tau)}] \tag{12.6.55}$$

如果系统处于平稳状态,此时有

$$f(\tau,v_0) = f(t,v) = \frac{1}{\sqrt{\frac{\pi\sigma^2}{\beta}}}\exp\left\{\frac{-v^2}{\frac{\sigma^2}{\beta}}\right\} = \frac{1}{\sqrt{\frac{\pi\sigma^2}{\beta}}}\exp\left\{\frac{-v_0^2}{\frac{\sigma^2}{\beta}}\right\}$$

这时,二元$(V(\tau),V(t))$的联合密度函数为

$$f(v,v_0) = f(\tau,v_0;t,v)f(\tau,v_0)$$

$$= \frac{1}{\frac{\pi\sigma^2}{\beta}\sqrt{1-\mathrm{e}^{-2\beta(t-\tau)}}}\exp\left\{\frac{-1}{\left(\frac{\sigma^2}{\beta}\right)[1-\mathrm{e}^{-2\beta(t-\tau)}]}[v-v_0\mathrm{e}^{-\beta(t-\tau)}]^2\right\}\exp\left\{\frac{-v_0^2}{\frac{\sigma^2}{\beta}}\right\}$$

$$= \frac{1}{\frac{\pi\sigma^2}{\beta}\sqrt{1-\mathrm{e}^{-2\beta(t-\tau)}}}\exp\left\{-\frac{[v^2-2\mathrm{e}^{-\beta(t-\tau)}vv_0+v_0^2]}{\left(\frac{\sigma^2}{\beta}\right)[1-\mathrm{e}^{-2\beta(t-\tau)}]}\right\}$$

由此可知,$V(\tau)$与 $V(t)$ 的协方差为

$$\operatorname{cov}[V(\tau),V(t)] = \frac{\sigma^2}{2\beta}\mathrm{e}^{-\beta|t-\tau|},\forall t,\tau \tag{12.6.56}$$

由(12.6.56)式可知,当系统处于平稳状态时,$\{V(t),t\geq 0\}$是平稳正态马尔可夫过程。

由例 12.6.2 还可以得出以下结论。

定理 12.6.3　白噪声过程驱动的一阶线性系统表示为

$$\dot{X}(t)+\beta X(t) = n(t),\beta>0 \tag{12.6.57}$$

其中,初始条件为 $X(0)\neq 0$,$n(t)$为白噪声且 $E[n(t)]=0$,$E[n(t)n(\tau)]=\sigma^2\delta(t-\tau)$,则系统输出过程$\{X(t),t\geq 0\}$的条件密度函数为正态密度函数,即

$$f(0,x(0);t,x(t))=\frac{1}{\sqrt{\frac{\pi\sigma^2}{\beta}(1-\mathrm{e}^{-2\beta t})}}\exp\left\{\frac{-1}{\left(\frac{\sigma^2}{\beta}\right)(1-\mathrm{e}^{-2\beta t})}[x(t)-x(0)\mathrm{e}^{-\beta t}]^2\right\} \tag{12.6.58}$$

其中条件均值为

$$E[X(t)\mid X(0)]=X(0)\mathrm{e}^{-\beta t} \tag{12.6.59}$$

条件方差为

$$D[X(t)\mid X(0)]=\frac{\sigma^2}{2\beta}(1-\mathrm{e}^{-2\beta t}) \tag{12.6.60}$$

当系统处于稳态时,对任意 $t_1>0,t_2>0$,有协方差为

$$\mathrm{cov}[X(t_1),X(t_2)]=\frac{\sigma^2}{2\beta}\mathrm{e}^{-\beta|t_1-t_2|}=B_X(t_1,t_2) \tag{12.6.61}$$

其中,$B_X(t_1,t_2)$为过程 $X(t)$的相关函数。此时,系统输出为平稳正态马尔可夫过程。

证明 因为方程(12.6.57)式是一个布朗运动方程,则由例 12.6.2 可知该定理结论成立。定理证毕。

定理 12.6.4 设$\{X(t),t\geqslant 0\}$为零均值马尔可夫过程,则以下四个结论等价:

(1)该过程为平稳正态马尔可夫过程且相关函数为

$$B(t_0,t)=\frac{\sigma^2}{2\beta}\mathrm{e}^{-\beta|t-t_0|},\beta>0 \tag{12.6.62}$$

(2)该过程的条件概率密度函数 $f(t_0,x_0;t,x)$,$t>t_0$ 满足如下柯尔莫哥洛夫向前方程,即

$$\frac{\partial}{\partial t}f(t_0,x_0;t,x)=\beta\frac{\partial}{\partial x}[xf(t_0,x_0;t,x)]+\frac{1}{2}\sigma^2\frac{\partial^2}{\partial x^2}f(t_0,x_0;t,x),\beta>0 \tag{12.6.63}$$

(3)该过程满足如下随机微分方程,即

$$\dot{X}(t)+\beta X(t)=n(t),\beta>0 \tag{12.6.64}$$

其中,$n(t)$为白噪声且 $E[n(t)]=0,E[n(t)n(\tau)]=\sigma^2\delta(t-\tau)$。

(4)该过程是白噪声过程驱动的一阶线性系统的输出过程,如图 12.6.1 所示。图 12.6.1 中,$S_X(\omega)$和 $S_n(\omega)$分别为 $X(t)$和 $n(t)$的功率谱密度函数。

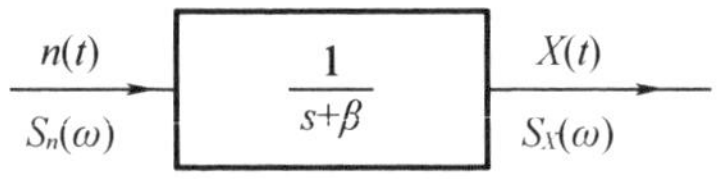

$$n(t),\ S_n(\omega)\longrightarrow\boxed{\frac{1}{s+\beta}}\longrightarrow X(t),\ S_X(\omega)$$

图 12.6.1 白噪声驱动的一阶线性系统模型

证明 第一步往证(1)⇔(2),先证"⇒":设 $X(t)$为零均值正态马尔可夫过程,对任意 $t_0<t$,由正态分布的条件均值及条件方差公式(见上册例 4.3.7、例 4.4.9)可知

$$E[X(t)\mid X(t_0)]=\frac{B(t_0,t)}{B(t_0,t_0)}X(t_0) \tag{12.6.65}$$

$$D[X(t)\mid X(t_0)]=B(t,t)-\frac{B^2(t_0,t)}{B(t_0,t_0)} \tag{12.6.66}$$

又知 $X(t)$过程是平稳的且

$$B(t_0,t)=\frac{\sigma^2}{2\beta}\mathrm{e}^{-\beta|t-t_0|}$$

将该式代入(12.6.65)式和(12.6.66)式得

$$E[X(t)\mid X(t_0)]=X(t_0)\mathrm{e}^{-\beta(t-t_0)},t>t_0$$

$$D[X(t)\mid X(t_0)]=\frac{\sigma^2}{2\beta}-\frac{\sigma^2}{2\beta}\mathrm{e}^{-2\beta(t-t_0)},t>t_0$$

于是有

$$\left.\frac{\mathrm{d}E[X(t)\mid X(t_0)]}{\mathrm{d}t}\right|_{t=t_0}=-\beta X(t)=-\beta x\triangleq a(t,x)<\infty \tag{12.6.67}$$

$$\left.\frac{\mathrm{d}D[X(t)\mid X(t_0)]}{\mathrm{d}t}\right|_{t=t_0}=\sigma^2\triangleq b(t,x)>0 \tag{12.6.68}$$

又因为相关函数 $B(t,t_0)=\frac{\sigma^2}{2\beta}\mathrm{e}^{-\beta|t-t_0|}$ 在平面对角线即 $t=t_0$ 上连续，所以 $X(t)$ 均方连续，这说明 $X(t)$ 具有随机连续性。这样一来，由(12.6.67)式、(12.6.68)式及 $X(t)$ 具有随机连续性可知，该过程满足扩散过程定义 12.6.1 的三个条件，因此，该过程是一个扩散过程。再由定理 12.6.2 可知，该过程的条件概率密度函数 $f(t_0,x_0;t,x)$ 必满足柯尔莫哥洛夫向前方程，即有

$$\begin{aligned}\frac{\partial}{\partial t}f(t_0,x_0;t,x)&=-\frac{\partial}{\partial x}[a(t,x)f(t_0,x_0;t,x)]+\frac{1}{2}\frac{\partial^2}{\partial x^2}[b(t,x)f(t_0,x_0;t,x)]\\&=\beta\frac{\partial}{\partial x}[xf(t_0,x_0;t,x)]+\frac{\sigma^2}{2}\frac{\partial^2}{\partial x^2}f(t_0,x_0;t,x)\end{aligned}$$

即“⇒”得证。

再证“⇐”：对偏微分方程(12.6.63)式求解可得[12]

$$f(t_0,x_0;t,x)=\frac{1}{\sqrt{\frac{\pi\sigma^2}{\beta}[1-\mathrm{e}^{-2\beta(t-t_0)}]}}\exp\left\{\frac{-1}{\frac{\sigma^2}{\beta}[1-\mathrm{e}^{-2\beta(t-t_0)}]}[x-x_0\mathrm{e}^{-\beta(t-t_0)}]^2\right\} \tag{12.6.69}$$

当 $t\to\infty$ 时，过程处于平稳状态，于是有

$$f(t_0,x_0)=f(t,x)=\frac{1}{\sqrt{\frac{\pi\sigma^2}{\beta}}}\exp\left\{\frac{-x^2}{\frac{\sigma^2}{\beta}}\right\}=\frac{1}{\sqrt{\frac{\pi\sigma^2}{\beta}}}\exp\left\{\frac{-x_0^2}{\frac{\sigma^2}{\beta}}\right\} \tag{12.6.70}$$

这时 $X(t_0)$，$X(t)$ 二元分布密度函数为

$$\begin{aligned}&f(X(t_0)=x_0,X(t)=x)\\&=f(t_0,x_0;t,x)f(t_0,x_0)\\&=\frac{1}{\sqrt{\frac{\pi\sigma^2}{\beta}[1-\mathrm{e}^{-2\beta(t-t_0)}]}}\exp\left\{\frac{-1}{\frac{\sigma^2}{\beta}[1-\mathrm{e}^{-2\beta(t-t_0)}]}[x-x_0\mathrm{e}^{-\beta(t-t_0)}]^2\right\}\frac{1}{\sqrt{\frac{\pi\sigma^2}{\beta}}}\exp\left\{\frac{-x_0^2}{\frac{\sigma^2}{\beta}}\right\}\\&=\frac{1}{\frac{\pi\sigma^2}{\beta}\sqrt{[1-\mathrm{e}^{-2\beta(t-t_0)}]}}\exp\left\{-\frac{x_0^2-2\mathrm{e}^{-\beta(t-t_0)}xx_0+x^2}{\frac{\sigma^2}{\beta}[1-\mathrm{e}^{-2\beta(t-t_0)}]}\right\}\end{aligned}$$

$$= \frac{1}{\frac{\pi\sigma^2}{\beta}\sqrt{[1-e^{-2\beta(t-t_0)}]}}\exp\left\{-\frac{x_0^2\frac{\sigma^2}{2\beta}-2\frac{\sigma^2}{2\beta}e^{-\beta(t-t_0)}xx_0+x^2\frac{\sigma^2}{2\beta}}{2\frac{\sigma^2}{2\beta}\cdot\frac{\sigma^2}{2\beta}[1-e^{-2\beta(t-t_0)}]}\right\} \tag{12.6.71}$$

考虑到过程是零均值,于是可得对任意 t,t_0,有

$$\begin{aligned} B(t,t_0) &= \mathrm{cov}[X(t),X(t_0)] \\ &= \frac{\sigma^2}{2\beta}e^{-\beta|t-t_0|},\beta>0 \end{aligned} \tag{12.6.72}$$

由此可知,该过程$\{X(t),t\geqslant 0\}$必是平稳正态马尔可夫过程,即"$\Leftarrow$"得证,也即(1)$\Leftrightarrow$(2)。

第二步,往证(1)$\Leftrightarrow$(4)$\Leftrightarrow$(3):由于过程 $X(t)$ 是平稳的,因此有

$$B_X(t,t_0)=B_X(t-t_0)=B_X(\tau),\tau=t-t_0$$

再由(12.6.62)式得

$$B_X(\tau)=\frac{\sigma^2}{2\beta}e^{-\beta|\tau|} \tag{12.6.73}$$

对(12.6.73)式两边做傅氏变换可得 $X(t)$ 的功率谱密度函数为

$$\begin{aligned} S_X(\omega) &= \int_{-\infty}^{+\infty}B_X(\tau)e^{-j\omega\tau}d\tau \\ &= \frac{\sigma^2}{\omega^2+\beta^2} \end{aligned} \tag{12.6.74}$$

进一步由平稳过程通过线性系统的理论可知,$S_X(\omega)$等价于白噪声 $n(t)$ 通过一阶线性系统的功率谱函数,即等价于下述系统(图 12.6.2)。图 12.6.2 中,$n(t)$为白噪声且功率谱密度函数为 $S_n(\omega)=\sigma^2$;s 为拉氏变换算子,于是(1)$\Leftrightarrow$(4)。

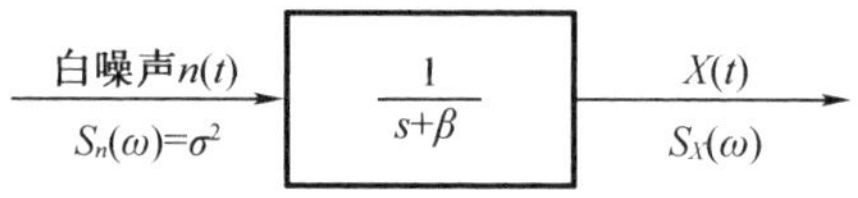

白噪声$n(t)$ → $\frac{1}{s+\beta}$ → $X(t)$

$S_n(\omega)=\sigma^2$ $\quad\quad$ $S_X(\omega)$

图 12.6.2 白噪声通过一阶线性系统

由(4)中的系统图(图 12.6.2)可知,等价地有

$$\dot{X}(t)+\beta X(t)=n(t)$$

而且 $n(t)$ 是白噪声,且 $E[n(t)]=0,B_n(\tau)=\sigma^2\delta(\tau)$,因此功率谱为 $S_n(\omega)=\sigma^2$,于是(4)$\Leftrightarrow$(3)。归纳以上分析可有

$$(1)\Leftrightarrow(2)$$

$$(1)\Leftrightarrow(4)\Leftrightarrow(3)$$

因此定理中的四个结论等价。定理证毕。

说明 定理 12.6.4 使我们对平稳正态马尔可夫过程有了全面深刻的理解。在推导该定理过程中有些细节在这里需加以说明:

①关于定理 12.6.4 中的第一个结论(1),确切地说应该是:$X(t)$为均方连续的平稳正态马尔可夫过程等价于其相关函数为

$$B(t,t_0)=B(0)e^{-\beta|t-t_0|},\beta>0$$

其中,$B(0)=D[X(t)]=\frac{\sigma^2}{2\beta}$为 $X(t)$ 的方差。有关这一结论,我们准备在第 14 章中详细讨

论并给以证明。因此，当我们在证明(2)⇒(1)过程中已经证得(12.6.72)式时，我们就可以断言，该过程 $X(t)$ 是平稳正态马尔可夫过程。

②关于定理 12.6.4 的第三个结论(3)，在方程(12.6.64)式中我们并不要求 $n(t)$ 是正态白噪声，我们只要求 $n(t)$ 为白噪声即可，这是因为，从理论上讲，该方程实际上就是布朗运动方程(12.6.46)式，并已经证得当 $t\to\infty$ 时，该过程是平稳正态马尔可夫过程。从定性来看，由方程(12.6.64)式显然有

$$X(t) = \int_0^t e^{-\beta(t-\tau)} n(\tau) d\tau$$

$$\doteq \sum_{k=0}^{N} e^{-\beta(t-k\Delta\tau)} n(k\Delta\tau)\Delta\tau, \Delta\tau \to 0, \tau = k\Delta\tau$$

当 $n(t)$ 为白噪声时，$n(k\Delta\tau)\Delta\tau$ 具有独立增量，即 $\{n(k\Delta\tau)\Delta\tau, k=1,2,\cdots\}$ 为独立同分布序列，又当 $t\to\infty$ 时有 $e^{-\beta(t-k\Delta\tau)}\to 0$ 及 $N\to\infty$，于是由中心极限定理可知，$X(t)$ 服从正态分布，即 $X(t)$ 为正态过程。

③通常我们称方程(12.6.64)式是平稳正态马尔可夫过程在时间域内的伴随方程，称方程(12.6.63)式是平稳正态马尔可夫过程在概率域内的伴随方程。

④在推导该定理过程中，我们应用了平稳随机过程理论中的许多结论，这些内容将在第 13 章详细讨论。

12.7　习　　题

1. 设 $\{X(t), t\geqslant 0\}$ 为连续时间马尔可夫链，状态空间为 $I=\{0,1,2,\cdots\}$，试证：$P_j(t) \triangleq P[X(t)=j] = \sum_{i=0}^{\infty} P_i(0)P_{ij}(t)$，其中，$P_{ij}(t) \triangleq P[X(t)=j \mid X(0)=i]$。

2. 设 $\{X(t), t\geqslant 0\}$ 为连续时间马尔可夫链，状态空间为 $I=\{0,1,2,\cdots\}$，试证：过程任意两次相邻跳跃 t_1, t_2 之间的等待时间 $t(t_1\leqslant t\leqslant t_2)$ 服从指数分布，即

$$P(t<x) = \begin{cases} 1-e^{-\lambda(t_1)x}, & x\geqslant 0 \\ 0, & x<0 \end{cases}$$

其中，$\lambda(t_1)>0$ 为常数。进一步，如果该过程是齐次的，则 $\lambda(t_1)=\lambda>0$。

3. 设 $\{X(t), t\geqslant 0\}$ 为连续时间齐次马尔可夫链，状态空间为 $I=\{0,1,2,\cdots,s-1\}$，又知当 $t=t_0$ 时，对一切 $i,j\in I$，有 $p_{ij}(t_0)>0$，试证：极限概率 $\pi_j=\lim_{t\to\infty} p_{ij}(t)\,(i,j=0,1,2,\cdots,s-1)$ 必满足如下线性方程，即

$$\pi_j = \sum_{i=0}^{s-1} \pi_i p_{ij}(t_0) \text{ 且 } \pi_j > 0, \sum_{j=0}^{s-1} \pi_j = 1$$

4. 设 $\{X(t), t\geqslant 0\}$ 为非周期不可约连续时间齐次马尔可夫链，状态空间为 $I=\{0,1,2,\cdots,s-1\}$（s 为某正整数），对任意 $i,j\in I$，其跳跃强度 λ_i 和转移强度 $\lambda_i\pi_{ij}$ 是已知的，试证：极限概率 $\pi_j(j=0,1,2,\cdots,s-1)$ 满足如下方程，即

$$\pi_j\lambda_j = \sum_{\substack{k=0 \\ k\neq j}}^{s-1} \pi_k\lambda_k\pi_{kj}, j = 0,1,2,\cdots,s-1$$

5. 设 $\{X(t), t\geqslant 0\}$ 为滤波泊松过程且有

$$X(t) = \sum_{m=-\infty}^{\infty} h(t - \tau_m)$$

其中,$h(s),s\geqslant 0$ 为响应函数;$\{\tau_m\}$ 是参数为 λ 的泊松型事件发生时间列,试证:

(1)如果 $h(s)=\mathrm{e}^{-as},s\geqslant 0,a>0$ 为常数,则

$$\operatorname{cov}[X(t),X(t+v)] = \frac{\lambda}{2a}\mathrm{e}^{-a|v|}$$

(2)如果

$$h(s) = \frac{2\mathrm{e}}{T^2}s, 0\leqslant s\leqslant T$$
$$=0, \text{其他}$$

则

$$\operatorname{cov}[X(t),X(t+v)] = \frac{4\lambda \mathrm{e}^2}{3T}\left(1 - \frac{3|v|}{2T} + \frac{|v|^3}{3T^3}\right), |v|\leqslant T$$
$$=0, \text{其他}$$

6. 试证尤尔过程在 $X(0)=N$ 条件下,有

$$E[X(t)\mid X(0)=N] = N\mathrm{e}^{\lambda t}$$
$$D[X(t)\mid X(0)=N] = N\mathrm{e}^{\lambda t}(\mathrm{e}^{\lambda t}-1), N\geqslant 1$$

其中,λ 是尤尔过程的生长率。

7. 设$\{X(t),t\geqslant 0\}$为非齐次生灭过程,$p_{ij}(s,t)$为状态转移概率,其母函数为 $\varphi_{i,s}(z,t) = \sum_{j=0}^{\infty} z^j p_{ij}(s,t)$, 又设 $\lambda_n(t)=n\lambda(t),\mu_n(t)=n\mu(t)$。试利用柯尔莫哥洛夫向前方程证明:

$$\frac{\partial}{\partial t}\varphi_{i,s}(z,t) = \frac{\partial}{\partial z}\varphi_{i,s}(z,t)\{z^2\lambda(t) - z[\lambda(t)+\mu(t)] + \mu(t)\}$$

8. 设$\{N(t),t\geqslant 0\}$为更新过程,$\{X_1,X_2,\cdots\}$为更新点间间隔序列且 $\mu=E(X_1)$,$\sigma^2 = D(X_1)$,试证:

$$\lim_{t\to\infty} E[N(t)] = \frac{t}{\mu}$$
$$\lim_{t\to\infty} D[N(t)] = \frac{t\sigma^2}{\mu^3}$$

9. 设排队服务过程$\{N(t),t\geqslant 0\}$为二阶矩有界的平稳过程,W_j 表示第 j 个顾客在系统中花费的时间,当 $t=0$ 时系统有 $N(0)$ 个顾客,当 $t=T$ 时系统有 $N(T)$ 个顾客,在区间$(0,T)$内到达系统的顾客为 N_T 个,试证:

$$-\sum_{r=1}^{N(T)} W_r \leqslant \int_0^T N(t)\,\mathrm{d}t - \sum_{n=1}^{N_T} W_n \leqslant \sum_{i=1}^{N(0)} W_i$$

10. 设$\{X_1,X_2,\cdots\}$为随机序列且 $E(X_i)=m,D(X_i)=\sigma^2$,现构造随机和为

$$S = \sum_{i=1}^{N} X_i$$

其中,N 为取正整数的随机变量且与$\{X_i\}$独立,试证:

$$E\left(\sum_{i=1}^{N} X_i\right) \leqslant E(N^2)E(X_i^2)$$

11. 设 M/M/r 模型的排队服务系统中,r 个服务通道是相互独立的且服务时间均服从

参数为 μ 的泊松过程，顾客到达服从参数为 λ 的泊松过程，试证：

(1)队列中平均等候的顾客数 L_q 为

$$L_q = \sum_{n=r+1}^{\infty}(n-r)p_n = \frac{\left(\frac{\lambda}{\mu}\right)^{r+1}}{(r-1)!\left(r-\frac{\lambda}{\mu}\right)^2}p_0$$

(2)顾客在队列中等候的平均时间 W_q 为

$$W_q = \frac{\left(\frac{\lambda}{\mu}\right)^{r}}{\mu[(r-1)!]\left(r-\frac{\lambda}{\mu}\right)^2}p_0$$

其中，$p_n = \lim\limits_{t\to\infty} P[N(t)=n]$，$n=0,1,2,\cdots$。

12. 设有如下一阶微分方程，即

$$\dot{X}(t)+\beta X(t)=n(t)$$

其中，$X(0)=0$，$n(t)$ 为白噪声且 $E[n(t)]=0$，$E[n(t)n(\tau)]=\sigma^2\delta(t-\tau)$，试证：$\{X(t),t\geqslant 0\}$ 为马尔可夫过程。

13. 设 $\{X(t),t\geqslant 0\}$ 为正态马尔可夫过程且 $E[X(t)]=0$，试证：对任意 $t_1<t_2<t_3$ 有

$$\mathrm{cov}[X(t_1),X(t_3)]\mathrm{cov}[X(t_2),X(t_2)]=\mathrm{cov}[X(t_1),X(t_2)]\mathrm{cov}[X(t_2),X(t_3)]$$

14. 设 $\{X(t),t\geqslant 0\}$ 为连续时间马尔可夫链且已知

$$\begin{aligned} p_{ii}(t,t+\Delta t) &= P[X(t+\Delta t)=i\mid X(t)=i] \\ &= 1-q\Delta t+o(\Delta t),\Delta t\to 0,q\to 0 \end{aligned}$$

试证：$p_{ii}(t,t+\tau)=\mathrm{e}^{-q\tau}$，$\tau>0$。

15. 设 $\{\xi_n,n=1,2,\cdots\}$ 为独立同分布序列，又设

$$X_1=\xi_1,X_2=\xi_2,X_n+a_1X_{n-1}+a_2X_{n-2}=\xi_n,n\geqslant 3$$

其中，a_1,a_2 为常数，试证：$\{X_n,n=1,2,\cdots\}$ 为二阶马尔可夫序列。

16. 设 $\{X(t),t\geqslant 0\}$ 为马尔可夫过程，如果 $X(t_1)$ 为已知，试证：对任意 $0<t_0<t_1<t_2$，$X(t_0)$ 与 $X(t_2)$ 相互独立。

17. 设 $\{X_n,n=1,2,\cdots\}$ 是马尔可夫链，试证明：对任意 m 个正整数 $k_1<k_2<\cdots<k_m$，$\{X(k_i),i=1,2,\cdots,m\}$ 也是马尔可夫链。

18. 设 $\{X(t),t\geqslant 0\}$ 为泊松过程，$f_X(u)$ 为 $X(t)$ 的特征函数，试证：对任意 t 及任意正整数 n，$[f_X(u)]^{\frac{1}{n}}$ 也是特征函数。

19. 设 $\{X(t),t\geqslant 0\}$ 为泊松过程，试证：对任意 t 及任意正整数 n，$X(t)$ 必可表示为

$$X(t) = \sum_{i=1}^{n}\xi_i$$

其中，ξ_i 为独立同分布随机分量且 $\xi_i \sim P\left(k,\frac{\lambda}{n}\right)$，即 ξ_i 服从参数为 $\frac{\lambda}{n}$ 的泊松分布。

20. 设 $X(t) = \sum\limits_{i=1}^{N(t)} Y_i$ 为复合泊松过程，其中 $E(Y_1)=a$，$N(t)$ 是参数为 λ 的泊松过程，试证：$P\left[\lim\limits_{t\to\infty}\frac{X(t)}{t}=\lambda a\right]=1$。

21. 设 $X(t) = \sum_{i=1}^{N(t)} Y_i$ 为复合泊松过程,其中 $E(Y_1)=a, E(Y_1^2)=\sigma^2$, $N(t)$ 是参数为 λ 的泊松过程,试证:

$$\frac{X(t)-\lambda at}{\sqrt{\sigma^2\lambda t}} \sim N(0,1), t\to\infty$$

22. 设 $X(t) = \sum_{i=1}^{N(t)} Y_i$ 为复合泊松过程,$F_X(u)$,$F_Y(u)$ 分别为 $X(t)$ 和 Y_1 的分布函数,试证:

(1) $F_X(u) = \sum_{n=0}^{\infty} \frac{1}{n!} e^{-\lambda t}(\lambda t)^n F^{n*}(u)$;

(2)如果密度函数 $p_X(u)$,$p_Y(u)$ 存在,则

$$p_X(u) = \sum_{n=0}^{\infty} \frac{1}{n!} e^{-\lambda t}(\lambda t)^n p^{n*}(u)$$

其中,$F^{n*}(u)$ 为 $F_Y(u)$ 的 n 次卷积;$p^{n*}(u)$ 为 $p_Y(u)$ 的 n 次卷积。

23. 设 $\{X(t), t\geqslant 0\}$ 为具有参数 λ 的泊松过程,又设 $\varphi(t)\geqslant 0$ 为单调增加可微函数,试证:$\{X[\varphi(t)], t\geqslant 0\}$ 为独立增量过程。

24. 如图 12.7.1 所示的电路,图中脉冲电流源 $i(t)$ 为

$$i(t) = \sum_i I_0\delta(t-t_i)$$

其中,$\{t_i, i=\cdots,-2,-1,0,1,2,\cdots\}$ 为具有参数 λ 的泊松脉冲列;I_0 为脉冲面积,试证:系统输出 $V(t)$ 有如下统计性能,即

$$E[V(t)] = I_0\lambda R$$

$$D[V(t)] = I_0^2\lambda\frac{R}{2C}$$

$$\mathrm{cov}[X(t), X(t+s)] = \frac{\lambda I_0^2 R}{2C} e^{-\frac{|s|}{RC}}$$

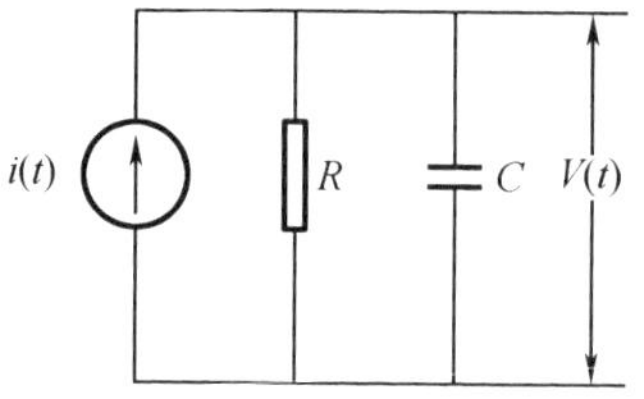

图 12.7.1　脉冲电流源作用于 $R-C$ 电路图

25. 设 $\{X(t), t\geqslant 0\}$ 为纯灭过程,其参数为 $\lambda_n=0, \mu_n=n\mu(n=1,2,\cdots)$,又设群体初始总数为 N,试证:

$$P_n(t) = P[X(t)=n] = \binom{N}{n} e^{-n\mu t}(1-e^{-\mu t})^{N-n}$$

$$E[X(t)] = Ne^{-\mu t}$$

$$D[X(t)] = Ne^{-\mu t}(1-e^{-\mu t})$$

26. 设 $\{X_i(t), t\geqslant 0\}(i=1,2)$ 是具有相同参数 λ 的相互独立的 Yule 过程且 $X_i(0)=n_i$ $(i=1,2)$,试证:当 $X_1(t)+X_2(t)=N(N\geqslant n_1+n_2)$ 时,$X_1(t)$ 的条件分布为

$$P[X_1(t)=k\,|\,X_1(t)+X_2(t)=N]=\frac{C_{k-1}^{n_1-1}C_{N-k-1}^{n_2-1}}{C_{N-1}^{n_1+n_2-1}},k\geqslant n_1$$

27. 题设如 26 题所述，试证有如下极限分布，即

$$\lim_{t\to\infty}P\left[\frac{X_1(t)}{X_1(t)+X_2(t)}\leqslant x\right]=\frac{(n_1+n_2-1)!}{(n_1-1)!(n_2-1)!}\int_0^x y^{n_1-1}(1-y)^{n_2-1}\mathrm{d}y$$

28. 设 $\{X(t),t\geqslant0\}$ 为 Yule 过程，$X(0)=N$，出生率为 λ，试证：

$$P[X(t)\geqslant n\,|\,X(0)=N]=\sum_{k=n-N}^{n-1}\binom{n-1}{k}p^kq^{n-1-k}$$

其中 $q=\mathrm{e}^{-\lambda t}$；$p=1-q=1-\mathrm{e}^{-\lambda t}$。

29. 设 $\{X(t),t\geqslant0\}$ 为线性生灭过程且 $\lambda=\mu$，试证：

$$p(t)\triangleq P[X(t)=0\,|\,X(0)=1]=\frac{\lambda t}{1+\lambda t}$$

30. 设 $\{X(t),t\geqslant0\}$ 为线性生灭过程且 $\lambda=\mu$，试证：$p(t)\triangleq P[X(t)=0\,|\,X(0)=1]$ 满足如下微分方程，即

$$p'(t)+2\lambda p(t)=\lambda+\lambda p^2(t),p(0)=0$$

31. 设 $\{X(t),t\geqslant0\}$ 为生灭过程，其参数为 $\lambda_n=\lambda q^n(0<q<1,\lambda>0)$，$\mu_0=0$，$\mu_n=\mu(\mu>0,n=0,1,2,\cdots)$，试证平稳分布 p_m 为

$$p_m=P[X(n)=m]=\frac{\lambda^m}{\mu^m}q^{\frac{m(m-1)}{2}}p_0,m=0,1,2,\cdots;n=0,1,2,\cdots$$

其中，$p_0=\dfrac{\mu-\lambda q}{\mu-\lambda q+\lambda}$；$\mu>\lambda q$。

32. 设 $\{X(t),t\geqslant0\}$ 为生灭过程，其参数为 $\lambda_n=\dfrac{\lambda}{n+1}$，$\mu_0=0$，$\mu_n=\mu(n=0,1,2,\cdots)$，试证：平稳分布为 $p_m=P[X(n)=m]=\left(\dfrac{\lambda}{\mu}\right)^m\dfrac{1}{m!}p_0(m=0,1,2,\cdots,n=0,1,2,\cdots)$，其中，$p_0=\mathrm{e}^{-\frac{\lambda}{\mu}}$。

33. 设 $\{X_i(t),t\geqslant0\}(i=1,2)$ 是独立泊松过程，其参数分别为 λ_1,λ_2，又设 $X_1(0)=m$，$X_2(0)=n$，取 $N>m$，$N>n$，试证：$X_2(t)$ 先于 $X_1(t)$ 到达 N 的概率为

$$P[X_2(t)=N\text{ 且 }X_1(t)<N]=\sum_{r=0}^{N-m-1}\binom{N-n+r-1}{r}p^rq^{N-n}$$

其中，$p=\dfrac{\lambda_1}{\lambda_1+\lambda_2}$；$q=\dfrac{\lambda_2}{\lambda_1+\lambda_2}$。

34. 设 $\{X(t),t\geqslant0\}$ 为参数 λ 的泊松过程，已知在区间 $(0,t]$ 内发生 n 次跳跃，试证：出现 r 次 $(r<n)$ 跳跃的时间密度函数为

$$p(x)=\begin{cases}\dfrac{n!}{(r-1)!\ (n-r)!}\dfrac{x^{r-1}}{t^r}\left(1-\dfrac{x}{t}\right)^{n-r},0<x<t\\0,\text{其他}\end{cases}$$

35. 考虑两个独立的泊松过程 $X(t)$ 和 $Y(t)$，其中 $E[X(t)]=\lambda t$，$E[Y(t)]=\mu t$，对于 $X(t)$，已知在区间 $[T,T')$ 内不发生跳跃，但在 $t=T'$ 时发生一次跳跃，即 $X(T')-X(T)=1$，定义 $N=Y(T')-Y(T)$ 为 $Y(t)$ 在 $[T,T')$ 内发生跳跃的次数，试证：

$$P(N=m)=\frac{\lambda}{\lambda+\mu}\left(\frac{\mu}{\lambda+\mu}\right)^m, m=0,1,2,\cdots$$

36. 设$\{X(t),t\geqslant 0\}$和$\{Y(t),t\geqslant 0\}$分别是参数为λ_1和λ_2的两个独立的泊松过程，令$Z(t)=X(t)-Y(t)(t\geqslant 0)$，$p_n(t)=P[Z(t)=n](n=\cdots,-2,-1,0,1,2,\cdots)$，试证：

$$\sum_{n=-\infty}^{+\infty} p_n(t)z^n = \exp\{-(\lambda_1+\lambda_2)t\}\exp\left\{\lambda_1 zt+\frac{\lambda_2 t}{z}\right\}, |z|\neq 0$$

$$E[Z(t)]=\lambda_1 t-\lambda_2 t$$

$$E[Z^2(t)]=(\lambda_1+\lambda_2)t+(\lambda_1-\lambda_2)^2t^2$$

37. 设$\{N(t),t\geqslant 0\}$为更新过程，$\{X_1,X_2,\cdots\}$为更新点间间隔序列，$\varphi(t,z)$为$N(t)$的母函数，即$\varphi(t,z)=E[z^{N(t)}]$，令$L(s,z)=\int_0^\infty \mathrm{e}^{-st}\varphi(t,z)\mathrm{d}t$，$\psi(s)=\int_0^\infty \mathrm{e}^{-st}f(t)\mathrm{d}t$，其中，$f(t)$为$X_1$的密度函数，试证：

$$L(s,z)=\frac{\psi(s)-1}{s[1-z\psi(s)]}$$

38. 设$\{N(t),t\geqslant 0\}$为更新过程，$\{X_1,X_2,\cdots\}$为更新点间间隔序列，已知$F_{X_1}(t)=1-\mathrm{e}^{-\lambda t}(t\geqslant 0)$，试求$P[N(t)=n]$，$E[N(t)]$。

提示：$P[N(t)=n]=\dfrac{(\lambda t)^n\mathrm{e}^{-\lambda t}}{n!}(n=0,1,2,\cdots)$，$E[N(t)]=\lambda t$。

39. 设$\{N(t),t\geqslant 0\}$为更新过程，$\{X_1,X_2,\cdots\}$为更新点间间隔序列，已知$X_1\sim\Gamma(\lambda,r)$，其中，r为正整数，即有

$$f_{X_1}(x)=\frac{\lambda^r x^{r-1}}{\Gamma(r)}\mathrm{e}^{-\lambda x}, x\geqslant 0$$
$$=0, x<0$$

试证：$P[N(t)\geqslant n]=\sum\limits_{i=nr}^{\infty}\dfrac{\mathrm{e}^{-\lambda t}(\lambda t)^i}{i!}$

提示：$\sum\limits_{i=1}^{n}X_i\sim\Gamma(\lambda,nr)$。

40. 设$\{N(t),t\geqslant 0\}$为更新过程，$\{X_1,X_2,\cdots\}$为更新点间间隔序列，$f(t)$为X_1的密度函数，定义$L(s)=\int_0^\infty \mathrm{e}^{-st}E[N(t)]\mathrm{d}t$，$f(s)=\int_0^\infty \mathrm{e}^{-st}f(t)\mathrm{d}t$，试证：$L(s)=\dfrac{f(s)}{s[1-f(s)]}$。

41. 设$\{N(t),t\geqslant 0\}$为更新过程，$\{X_1,X_2,\cdots\}$为更新点间间隔序列，如果X_1服从参数为λ的指数分布，即$F_{X_1}(t)=1-\mathrm{e}^{-\lambda t}$，试证：$\{N(t),t\geqslant 0\}$是泊松过程，即

$$P[N(t)=n]=\frac{(\lambda t)^n\mathrm{e}^{-\lambda t}}{n!}, n=0,1,2,\cdots$$

42. 设$\{N(t),t\geqslant 0\}$为更新过程，$\{X_1,X_2,\cdots\}$为更新点间间隔序列，其中X_1的分布函数为$F(t)$，记$m_k(t)=E[N(t)^k]$，试证：$m_k(t)$满足如下更新方程，即

$$m_k(t)=Z_k(t)+\int_0^t m_k(t-\tau)\mathrm{d}F(\tau)$$

其中，$Z_k(t)=\int_0^t\sum\limits_{j=0}^{k-1}\binom{k}{j}m_j(t-\tau)\mathrm{d}F(\tau)$；$m_0(t-\tau)=1$。

43. 设$\{N(t),t\geqslant 0\}$为更新过程，$\{X_1,X_2,\cdots\}$为更新点间间隔序列，试证：

$$m_2(t) = m(t) + 2\int_0^t m(t-\tau)\mathrm{d}m(\tau)$$

其中，$m_2(t)=E[N(t)^2]$；$m(t)=E[N(t)]$。

44. 设$\{N(t),t\geqslant 0\}$为更新过程，$\{X_1,X_2,\cdots\}$为更新点间间隔序列，其中X_1的分布函数为$F(t)$，记$D^*(t)=E[N(t)(N(t)-1]$，$L^*(s)=\int_0^\infty \mathrm{e}^{-st}D^*(t)\mathrm{d}t$，试证：$L^*(s)=\dfrac{2f^2(s)}{s[1-f(s)]^2}$，其中，$f(s)=\int_0^\infty \mathrm{e}^{-st}\mathrm{d}F(t)$。

45. 设$\{N(t),t\geqslant 0\}$为 M/M/1 模型且处于平稳状态的排队服务过程，又设$\{\tau_i=t_i-t_{i-1},i=1,2,\cdots,t_0=0\}$为到达时间间隔序列，$\{\zeta_i=\xi_i-\xi_{i-1},i=1,2,\cdots,\xi_0=t_1\}$为服务时间间隔序列，试证：$\tau_i$与$\zeta_i$的概率分布是相同的。

46. 设$N_1(t)$表示两个相同的 M/M/1 排队服务系统中总顾客数，每个 M/M/1 排队服务系统均以输入速率为λ和服务速率为μ独立运行，设$\rho=\dfrac{\lambda}{\mu}<1$，试证：系统稳态时有

(1)$P(N_1(t)=n)=(n+1)(1-\rho^2)\rho^n,n\geqslant 0$；

(2)系统中平均顾客数为

$$L_1=\frac{2\rho}{1-\rho}$$

47. 设$N_2(t)$表示 M/M/2 排队服务系统中总顾客数，其中输入速率和服务速率与 46 题的 M/M/1 系统相同，分别为λ和μ，设$\rho=\dfrac{\lambda}{2\mu}<1$，试证：系统稳态时有

(1)$P[N_2(t)=n]=\begin{cases}\dfrac{2(1-\rho)\rho^n}{(1+\rho)}, n\geqslant 1\\ \dfrac{(1-\rho)}{(1+\rho)}, n=0\end{cases}$；

(2)系统中平均顾客数为$L_2=\dfrac{2\rho}{1-\rho^2}$。

48. 试证：一个单队列的 M/M/2 系统比分离成两个独立的 M/M/1 系统，在系统参数λ和μ相同的情况下有更高的效率，即$L_2<L_1$。

49. 设$\{X(t),t\geqslant 0\}$为维纳过程，$f(\tau,x;t,y)$为概率转移密度函数且有

$$f(\tau,x;t,y)=u(y-x;t-\tau)\triangleq u(z,s)$$

边界条件为$u(z,s)=\delta(z),s\to 0$，此时，维纳过程的向前方程和向后方程一致，均为

$$\frac{\partial u}{\partial s}=\frac{1}{2}b\frac{\partial^2 u}{\partial z^2},b>0\text{ 为常数}$$

试求解上述方程。

答案：$u(z,s)=\dfrac{1}{\sqrt{2\pi bs}}\exp\left\{-\dfrac{z^2}{2bs}\right\}$。

提示：设$\varPhi(\omega,s)$是$u(z,s)$的特征函数并证明$\varPhi(\omega,s)$满足如下方程，即

$$\begin{cases}\dfrac{\partial\varPhi(\omega,s)}{\partial s}=\dfrac{-b\omega^2}{2}\varPhi(\omega,s)\\ \varPhi(\omega,0)=1\end{cases}$$

求解上述方程可得$\varPhi(\omega,s)=\mathrm{e}^{\frac{-b\omega^2}{2}s}$，最后利用特征函数的反变换可得$u(z,s)$。

50. 设热传导过程的概率转移密度函数 $u(z,s)$满足如下方程,即

$$\frac{\partial u}{\partial s} = -a\frac{\partial u}{\partial z} + \frac{1}{2}b\frac{\partial^2 u}{\partial z^2}, b>0, a<\infty$$

其中边界条件为

$$u(z,0) = \delta(z), u(z,s) = u(y-x;t-\tau) = f(\tau,x;t,y)$$

试证:$u(z,s) = \dfrac{1}{\sqrt{2\pi bs}}\exp\left\{-\dfrac{(z-as)^2}{2bs}\right\}$。

提示:参考 49 题。

第 13 章

平稳随机过程

13.1 定义及例子

13.1.1 平稳过程的定义

我们虽然在 10.6 节对严平稳过程和宽平稳过程分别做了严格的定义，但从实际需要来看，深入地研究宽平稳过程是十分必要的。这不仅仅是因为要计算严平稳过程的有限维分布函数族在数学上十分困难，而且实践也表明，从宽平稳的角度出发也能很满意地解决实用中所遇到的有关问题，因此，如不再申明，以后我们所讨论的平稳过程均指宽平稳过程。

在自然科学和工程技术中，经常遇到两大类随机过程：一类就是马尔可夫过程，笼统地说，就是无后效的随机过程。比如说，维纳过程、泊松过程及独立增量过程等就属于这一类随机过程。另一类就是平稳过程，它是和马尔可夫过程不一样的随机过程，从过程的变化及相互联系来看，不仅它的现在情况而且它的过去情况都对未来有着不可忽视的影响。

一般来说，如果产生随机过程的基本原因保持不变，那么就可以把这个过程看成平稳过程。平稳过程有两个特点：一个是过程的均值函数是常数；另一个是对任意两个时刻 t_1，t_2，只要时间差不变，即 $t_2-t_1=\tau$ 不变，则该两个时刻的随机变量 $X(t_1)$，$X(t_2)$ 的相关情况保持不变。

由平稳过程的上述特点，可以给出平稳过程的另一个定义。

定义 13.1.1 设 $\{X(t),t\in T\}$ 为二阶矩过程，如果对任意 $t,t_1,t_2\in T$，有

$$E[X(t)]=m_X=\text{常数} \tag{13.1.1}$$

$$E[X(t_1)X(t_2)]=\Gamma_X(t_1-t_2)\triangleq\Gamma_X(\tau) \tag{13.1.2}$$

则称 $\{X(t),t\in T\}$ 为平稳随机过程。特别地，若时间集合为 $T=\{\cdots,-2,-1,0,1,2,\cdots\}$ 时，则称 $\{X(t),t\in T\}$ 为平稳随机序列。

通常把(13.1.2)式中的 $\Gamma_X(t_1-t_2)$ 称为**原点自相关函数**。把

$$\begin{aligned}B_X(\tau)&\triangleq B_X(t_1-t_2)\\&=E\{[X(t_1)-m_X][X(t_2)-m_X]\}\\&=\Gamma_X(t_1-t_2)-m_X^2\end{aligned}$$

$$=\Gamma_X(\tau)-m_X^2 \tag{13.1.3}$$

称为**中心自相关函数**。把

$$R_X(\tau)\triangleq\frac{B_X(\tau)}{B_X(0)}=\frac{B_X(\tau)}{\sigma^2} \tag{13.1.4}$$

称为**标准中心自相关函数**,其中,$\sigma^2=B_X(0)$为平稳随机过程的方差。

13.1.2 一些例子

例 13.1.1 白噪声序列 设$\{X(k),k=\cdots,-2,-1,0,1,2,\cdots\}$为相互独立的随机变量序列且$E[X(k)]=0,D[X(k)]=\sigma^2$,试分析该随机变量序列的平稳性。

因为$E[X(k)]=0$及

$$E[X(k)X(l)]=\sigma^2\delta(k-l)\triangleq B(k-l)$$

其中,称$\delta(k-l)$为克罗内克δ函数,它定义为

$$\delta(k-l)=\begin{cases}1,k=l\\0,k\neq l\end{cases} \tag{13.1.5}$$

显见它满足定义 13.1.1,所以这种随机序列具有平稳性。在工程技术中常把这种随机序列叫作白噪声序列。

例 13.1.2 分析白噪声序列通过线性定常离散系统 系统如图 13.1.1 所示,其中$W(z)$为线性定常离散系统的传递函数。

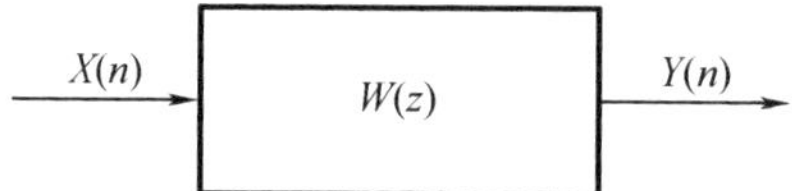

图 13.1.1 白噪声序列通过线性定常离散系统方块图

假设该系统是稳定的,即传递函数$W(z)$的所有极点均在单位圆内。系统输入序列$\{X(n),n=\cdots,-2,-1,0,1,2,\cdots\}$为白噪声序列。在工程控制中,通常称

$$k(i)=Z^{-1}\{W(z)\} \tag{13.1.6}$$

为该系统的脉冲响应函数,其中符号Z^{-1}表示求Z的反变换。由于系统是稳定的,所以必有

$$\sum_{i=-\infty}^{+\infty}k^2(i)<\infty \tag{13.1.7}$$

由控制理论可知,在白噪声序列$\{X(n),n=\cdots,-2,-1,0,1,2,\cdots\}$作用下,系统输出序列$\{Y(n),n=\cdots,-2,-1,0,1,2,\cdots\}$可表示为

$$Y(n)=\sum_{i=-\infty}^{+\infty}k(i)X(n-i) \tag{13.1.8}$$

首先证明$Y(n)$有确定意义,即对每个n,(13.1.8)式均方收敛,记

$$Y^{(N)}(n)=\sum_{i=-N}^{N}k(i)X(n-i)$$

随着N的增加,显然$\{Y^{(N)}(n),N=1,2,\cdots\}$是随机变量序列。当$N>M$时,有

$$\begin{aligned}E\{[Y^{(N)}(n)-Y(n)^{(M)}]^2\}&=E\{[\sum_{i=-N}^{N}k(i)X(n-i)-\sum_{i=-M}^{M}k(i)X(n-i)]^2\}\\&=E[\sum_{M<|i|\leqslant N}k(i)X(n-i)]^2\end{aligned}$$

$$= \sigma^2 \sum_{M<|i|\leq N} k^2(i) \to 0, N, M \to \infty$$

因此,$\{Y^{(N)}(n), N=1,2,\cdots\}$是柯西基本序列(见上册性质 6.1.10),故必存在随机变量 $Y(n)$,使 $Y^N(n)$均方收敛于 $Y(n)$,即

$$Y(n) = \underset{N\to\infty}{\mathrm{l\cdot i\cdot m}}\, Y^{(N)}(n) \triangleq \sum_{i=-\infty}^{+\infty} k(n-i)X(i) \tag{13.1.9}$$

进一步,又知

$$E[Y(n)] = E[\sum_{i=-\infty}^{+\infty} k(n-i)X(i)] = \sum_{i=-\infty}^{+\infty} k(n-i)E[X(i)]$$

又因为$\{X(n), n=\cdots,-2,-1,0,1,2,\cdots\}$为白噪声序列,所以 $E[X(i)]=0$,因此系统输出序列的均值为

$$E[Y(n)] = 0, n=\cdots,-2,-1,0,1,2,\cdots \tag{13.1.10}$$

还可以求出系统输出序列$\{Y(n), n=\cdots,-2,-1,0,1,2,\cdots\}$的相关函数为

$$\begin{aligned} E[Y(l)Y(m)] &= E[\sum_{i=-\infty}^{+\infty} k(i)X(l-i)\sum_{j=-\infty}^{+\infty} k(j)X(m-j)] \\ &= \sum_{i=-\infty}^{+\infty}\sum_{j=-\infty}^{+\infty} k(i)k(j)E[X(l-i)X(m-j)] \\ &= \sum_{i=-\infty}^{+\infty}\sum_{j=-\infty}^{+\infty} k(i)k(j)\sigma^2\delta(l-i-m+j) \end{aligned}$$

由于

$$\delta(l-i-m+j) = \begin{cases} 1, j=m+i-l \\ 0, j\neq m+i-l \end{cases}$$

所以经计算可得输出序列的相关函数为

$$\begin{aligned} E[Y(l)Y(m)] &= \sum_{i=-\infty}^{+\infty} k(i)k(i+m-l)\sigma^2 \\ &= \sigma^2[\sum_{i=-\infty}^{+\infty} k(i)k(i+m-l)] \qquad (13.1.11) \\ &\triangleq B_Y(m-l) \qquad (13.1.12) \end{aligned}$$

又在(13.1.11)式中令 $i+m-l=u$,则把 $i=u+l-m$ 代入(13.1.11)式可得

$$E[Y(l)Y(m)] = \sigma^2[\sum_{u=-\infty}^{+\infty} k(u)k(u+l-m)] = B_Y(l-m) \tag{13.1.13}$$

比较(13.1.12)式及(13.1.13)式可知,输出序列的相关函数具有偶函数特点,即

$$B_Y(m-l) = B_Y(l-m)$$

由(13.1.10)式、(13.1.13)式及定义 13.1.1 可知,系统输出序列$\{Y(n), n=\cdots,-2,-1,0,1,2,\cdots\}$是平稳随机序列。于是可以得出如下结论。

定理 13.1.1　白噪声序列作用于稳定的线性定常离散系统时,其输出序列仍为平稳随机序列,其均值函数与相关函数分别由(13.1.10)式及(13.1.11)式表示。

在工程技术中,为了分析方便起见,常常利用白噪声过程作为系统干扰的一种模型。为了深入研究这种噪声模型,首先应给出它的定义。

定义 13.1.2　设$\{X(t), t\in T\}$为随机过程,如果对任意 $t_1, t_2, \cdots, t_n \in T$,随机变量 $X(t_1), X(t_2), \cdots, X(t_n)$相互独立,且自相关函数 $\Gamma(t_i, t_j)$为

$$\Gamma(t_i,t_j)=E[X(t_i)X(t_j)]=\sigma^2\delta(t_i-t_j)\triangleq\sigma^2\delta(\tau) \tag{13.1.14}$$

其中,σ^2 为常数;$\delta(\tau)$为狄拉克 δ 函数,它定义为

$$\delta(\tau)=\begin{cases}\infty,\tau=0\\0,\tau\neq 0\end{cases}且\int_{-\infty}^{+\infty}\mathrm{d}(\tau)\mathrm{d}\tau=1 \tag{13.1.15}$$

则称该随机过程为白噪声过程。

由定义可知白噪声过程有以下特点:

(1)任意两个不同时刻 t_1,t_2 所对应的随机变量 $X(t_1),X(t_2)$是互相独立的;

(2)白噪声过程满足平稳随机过程定义的(13.1.1)式及(13.1.2)式;

(3)白噪声过程不存在二阶矩,故它不是二阶矩过程。

白噪声过程与独立增量过程有如下关系。

定理 13.1.2 设$\{X(t),-\infty<t<+\infty\}$为零均值独立增量过程且

$$E\{[X(t_2)-X(t_1)]^2\}=\sigma^2(t_2-t_1),t_2>t_1 \tag{13.1.16}$$

则该过程的导数过程$\{X'(t),-\infty<t<+\infty\}$就是白噪声过程,或者说白噪声过程的积分过程就是零均值独立增量过程,且有

$$E\{[X(t_2)-X(t_1)]^2\}=\sigma^2(t_2-t_1),t_2>t_1$$

证明 先考察随机过程$\{X^*(t),-\infty<t<+\infty\}$,其中

$$X^*(t)\triangleq\frac{X(t+h)-X(t)}{h},h>0 \tag{13.1.17}$$

由定理 10.6.5 及(13.1.16)式可知,对任意 t_1,该过程的相关函数 $\Gamma^*(t_1,t_1+\tau)$为

$$\begin{aligned}\Gamma^*(t_1,t_1+\tau)&=[X^*(t_1)X^*(t_1+\tau)]\\&=E\left\{\frac{[X(t_1+h)-X(t_1)]}{h}\frac{[X(t_1+h+\tau)-X(t_1+\tau)]}{h}\right\}\\&=\frac{1}{h^2}[\Gamma(t_1+h)-\Gamma(t_1)-\Gamma(\min(t_1+h,t_1+\tau))+\Gamma(t_1)]\\&=\begin{cases}\dfrac{\sigma^2}{h^2}(h-\tau), & 0\leqslant\tau\leqslant h\\0, & \tau>h\end{cases}\end{aligned} \tag{13.1.18}$$

同理当 $\tau<0$ 时,可计算得

$$\Gamma^*(t_1,t_1+\tau)=\begin{cases}\dfrac{\sigma^2}{h^2}(h+\tau), & -h\leqslant\tau\leqslant 0\\0, & \tau<-h\end{cases} \tag{13.1.19}$$

归纳(13.1.18)式及(13.1.19)式,便有

$$\Gamma^*(t_1,t_1+\tau)=\begin{cases}\sigma^2\dfrac{h-|\tau|}{h^2}, & |\tau|\leqslant h\\0, & |\tau|>h\end{cases} \tag{13.1.20}$$

由(13.1.20)式可以看出,由(13.1.17)式定义的随机过程$\{X^*(t),-\infty<t<+\infty\}$具有平稳性,而且对任意 t_1,当$|\tau|>h$ 时,$X^*(t)$与 $X^*(t_1+\tau)$是互相独立的。

进一步,如果记

$$\delta^*(\tau)=\begin{cases}\dfrac{h-|\tau|}{h^2}, & |\tau|\leqslant h\\0, & |\tau|>h\end{cases} \tag{13.1.21}$$

则

$$\int_{-\infty}^{+\infty} \delta^*(\tau)\mathrm{d}\tau = 1$$

现在考察当 $h\to 0$ 的情况，显然有

$$\underset{h\to 0}{\mathrm{l\cdot i\cdot m}}\, X^*(t) = X'(t)$$

$$\lim_{h\to 0} \delta^*(\tau) = \delta(\tau)$$

其中，$X'(t)$ 为 $X(t)$ 的导数过程；$\delta(\tau)$ 为狄拉克 δ 函数。此时，一方面有

$$\begin{aligned}\lim_{h\to 0}\Gamma^*(t_1,t_1+\tau) &= \lim_{h\to 0}E[X^*(t_1)X^*(t_1+\tau)]\\ &= E[\underset{h\to 0}{\mathrm{l\cdot i\cdot m}}\, X^*(t_1)\underset{h\to 0}{\mathrm{l\cdot i\cdot m}}\, X^*(t_1+\tau)]\\ &= E[X'(t_1)X'(t_1+\tau)]\\ &= \Gamma^{(1)}(t_1,t_1+\tau) \end{aligned} \tag{13.1.22}$$

另一方面，由(13.1.20)式及(13.1.21)式，还有

$$\lim_{h\to 0}\Gamma^*(t_1,t_1+\tau) = \lim_{h\to 0}\sigma^2\delta^*(\tau) = \sigma^2\delta(\tau) \tag{13.1.23}$$

比较(13.1.22)式及(13.1.23)式可得

$$\Gamma^{(1)}(t_1,t_1+\tau) = E[X'(t_1)X'(t_1+\tau)] = \sigma^2\delta(\tau) \tag{13.1.24}$$

于是由定义(13.1.2)式可知，导数过程 $\{X'(t), -\infty < t < \infty\}$ 为白噪声过程。定理证毕。

例 13.1.3　分析白噪声过程作用于稳定的线性定常系统　系统如图 13.1.2 所示，其中，系统输入 $\{X'(t), -\infty < t < +\infty\}$ 为白噪声过程，而 $\{X(t), -\infty < t < +\infty\}$ 为独立增量过程且 $E[X^2(t)] = \sigma^2 t$；$W(s)$ 为线性定常系统传递函数，假定它的所有特征根均在 s 左半平面内。试分析系统输出过程 $\{Y(t), -\infty < t < +\infty\}$ 的平稳性。

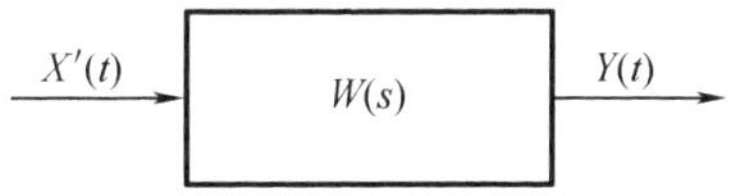

图 13.1.2　白噪声过程作用于稳定的线性定常系统方块图

由控制理论可知，该系统的单位脉冲响应函数 $k(t)$ 为

$$k(t) = L^{-1}\{W(s)\} \tag{13.1.25}$$

其中，L^{-1} 表示对 $W(s)$ 求拉氏反变换。由于系统是稳定的，所以必有

$$\int_{-\infty}^{+\infty} k^2(t)\mathrm{d}t < \infty \tag{13.1.26}$$

当白噪声过程 $\{X'(t), -\infty < t < +\infty\}$ 作用于线性系统时，系统的输出过程 $\{Y(t), -\infty < t < +\infty\}$ 为

$$Y(t) = \int_{-\infty}^{+\infty} k(\tau)X'(t-\tau)\mathrm{d}\tau \tag{13.1.27}$$

为了讨论积分 $Y(t)$ 的收敛性，首先将(13.1.26)式及(13.1.27)式化为和式，为此取 $(-\infty, +\infty)$ 中的任一组分点 $-\infty < t_{-n} < t_{-n+1} < \cdots < t_0 < t_1 < \cdots < t_n < \infty$，记

$$\Delta n = \max_{-n<i\leqslant n} \Delta t_i,\ \Delta t_i = t_i - t_{i-1}$$

由(13.1.26)式可知

$$\int_{-\infty}^{+\infty} k^2(t)\mathrm{d}t = \lim_{\Delta n\to 0}\sum_{i=-n}^{n} k^2(t_i)\Delta t_i < \infty \tag{13.1.28}$$

若在(13.1.28)式中,令 $k(i)$ 代表 $k(t_i)\sqrt{\Delta t_i}$,且注意到当 $\Delta n\to 0$ 时有 $n\to\infty$,于是可把(13.1.28)式写成

$$\sum_{i=-\infty}^{\infty} k^2(i) < \infty \tag{13.1.29}$$

现在把积分(13.1.27)式化为和式,对任意 t_i 取 $(-\infty,+\infty)$ 中的任一组分点 $-\infty < t_i - \tau_{-m} < t_i - \tau_{-m+1} < t_i - \tau_0 < \cdots < t_i - \tau_m < \infty$,记

$$\Delta_m \triangleq \max_{-m<j\leqslant m} [(t_i - \tau_j) - (t_i - \tau_{j-1})] = \max_{-m<j\leqslant m} (\tau_{j-1} - \tau_j)$$

再记 $\Delta\tau_j = \tau_{j-1} - \tau_j$,于是由(13.1.27)式有

$$Y(t_i) = \int_{-\infty}^{+\infty} k(\tau) X'(t-\tau)\,\mathrm{d}\tau = \lim_{\Delta_m\to 0}\sum_{j=-m}^{m} k(\tau_j)[X(t_i - \tau_j) - X(t_i - \tau_{j-1})]$$

若令 $\Delta X_{ij} \triangleq X(t_i - \tau_j) - X(t_i - \tau_{j-1})$,则上式可写成

$$Y(t_i) = \lim_{\Delta_m\to 0}\sum_{j=-m}^{m} k(\tau_j)\Delta X_{ij} = \lim_{\Delta_m\to 0}\sum_{j=-m}^{m} k(\tau_j)\sqrt{\Delta\tau_j}\,\frac{\Delta X_{ij}}{\sqrt{\Delta\tau_j}} = \sum_{j=-\infty}^{+\infty} k(j)\frac{\Delta X_{ij}}{\sqrt{\Delta\tau_j}} \tag{13.1.30}$$

其中,(13.1.30)式中的 $k(j)$ 代替上式中的 $k(\tau_j)\sqrt{\Delta\tau_j}$。由定理 13.1.2 可知

$$\left\{\frac{\Delta X_{ij}}{\sqrt{\Delta\tau_j}} = \frac{X(t_i - \tau_j) - X(t_i - \tau_{j-1})}{\sqrt{\tau_{j-1} - \tau_j}}, j = \cdots, -2, -1, 0, 1, 2, \cdots\right\} \tag{13.1.31}$$

为零均值独立增量序列,且

$$E\left(\frac{\Delta X_{ij}}{\sqrt{\Delta\tau_j}}\right) = 0 \tag{13.1.32}$$

$$E\left[\left(\frac{\Delta X_{ij}}{\sqrt{\Delta\tau_j}}\right)^2\right] = \frac{1}{\Delta\tau_j}E\{[(\Delta X_{ij})]^2\} = \frac{1}{\tau_{j-1} - \tau_j}E\{[X(t_i - \tau_j) - X(t_i - \tau_{j-1})]^2\} = \sigma^2 \tag{13.1.33}$$

由(13.1.32)式及(13.1.33)式显见,由(13.1.31)式所表示的随机序列是白噪声序列。这样一来,把(13.1.29)式及(13.1.30 式同例 13.1.2 中(13.1.7)式及(13.1.8)式相比较,立得 $Y(t_i)$ 是均方收敛的。

利用和例 13.1.2 完全相同的方法可求出对任意 $t_i \in (-\infty, +\infty)$,有

$$E[Y(t_i)] = E\left[\sum_{j=-\infty}^{+\infty} k(j)\frac{\Delta X_{ij}}{\sqrt{\Delta\tau_j}}\right] = 0 \tag{13.1.34}$$

和

$$\begin{aligned}\Gamma_Y(t_1,t_2) &= E[Y(t_1)Y(t_2)] \\ &= E\left[\sum_{j=-\infty}^{+\infty} k(\tau_j)\Delta X_{1j}\sum_{l=-\infty}^{+\infty} k(\tau_l)\Delta X_{2l}\right] \\ &= \sum_{j=-\infty}^{+\infty}\sum_{l=-\infty}^{+\infty} k(\tau_j)k(\tau_l)\min(\Delta\tau_j,\Delta\tau_l)\sigma^2\delta(t_1 - \tau_j - t_2 + \tau_l)\end{aligned}$$

其中,$\delta(t_1 - \tau_j - t_2 + \tau_l)$ 为克罗内克 δ 函数。由于 $\Delta\tau_j$ 和 $\Delta\tau_l$ 是任取的高阶小量,所以不妨设 $\Delta\tau_j > \Delta\tau_l$,于是可计算上式得出

$$\begin{aligned}\Gamma_Y(t_1,t_2) &= \sum_{j=-\infty}^{+\infty}\sum_{l=-\infty}^{+\infty} k(\tau_j)k(\tau_l)\Delta\tau_l\sigma^2\delta(t_1 - \tau_j - t_2 + \tau_l) \\ &= \sum_{l=-\infty}^{+\infty} k(t_1 - t_2 + \tau_l)k(\tau_l)\Delta\tau_l\sigma^2\end{aligned}$$

$$= \sigma^2\int_{-\infty}^{+\infty} k(t_1 - t_2 + \tau)k(\tau)\mathrm{d}\tau, t_1, t_2 \in (-\infty, +\infty) \tag{13.1.35}$$

由(13.1.34)式、(13.1.35)式及定义 13.1.1 可知系统输出过程$\{Y(t), -\infty < t < +\infty\}$为平稳随机过程。于是,可得如下结论。

定理 13.1.3　白噪声过程作用于稳定的线性定常系统时,其输出过程为平稳随机过程,其均值函数及相关函数分别由(13.1.34)式及(13.1.35)式表示。

在第 10 章所讨论的例子中,可以看出,例 10.2.1 所述的随机过程是非平稳过程,而例 10.2.2、例 10.2.3 及例 10.2.4 所述的随机过程均为平稳随机过程。

例 13.1.4　设$\{X(t), -\infty < t < +\infty\}$为零均值正交增量过程且$E\{[X(t_2) - X(t_1)]^2\} = t_2 - t_1 (t_2 > t_1)$,令$Y(t) = X(t) - X(t-1)$,试证明$\{Y(t), -\infty < t < +\infty\}$为平稳过程,并求它的相关函数。

因为$Y(t)$的均值函数为$m_Y(t) = E[Y(t)] = E[X(t)] - E[X(t-1)] = 0$,相关函数$\Gamma_Y(t_1, t_2)$为

$$\begin{aligned}\Gamma_Y(t_1, t_2) &= E[Y(t_1)Y(t_2)] = E\{[X(t_1) - X(t_1 - 1)][X(t_2) - X(t_2 - 1)]\}\\ &= \begin{cases}1 - |t_2 - t_1|, & |t_2 - t_1| < 1\\ 0, & |t_2 - t_1| \geqslant 1\end{cases}\\ &\triangleq \Gamma_Y(t_1 - t_2)\end{aligned}$$

所以$\{Y(t), |t| < \infty\}$是平稳随机过程。

若令$t_1 = t + \tau, t_2 = t$,则$\{Y(t), -\infty < t < +\infty\}$的相关函数$\Gamma_Y(\tau)$为

$$\Gamma_Y(\tau) = \Gamma_Y(t + \tau, t) = \Gamma_Y(t + \tau - t) = \begin{cases}1 - |\tau|, & |\tau| < 1\\ 0, & |\tau| \geqslant 1\end{cases}$$

例 13.1.5　平稳正态过程的极性量化过程　在通信和随机控制技术中,经常遇到把平稳正态噪声进行极性量化来处理。这样做的优点是,可以节省 A/D 变换器,从而使系统更为简单可靠。这一问题的提法如下:

设$\{X(t), -\infty < t < +\infty\}$为平稳正态过程且$E[X(t)] = 0$,相关函数$B(\tau) = E[X(t + \tau)X(t)]$为已知,当该过程通过极性量化器后(图 13.1.3),其输出$Y(t)$为

$$Y(t) = \operatorname{sgn} X(t) = \begin{cases}+1, X(t) \geqslant 0\\ -1, X(t) < 0\end{cases}$$

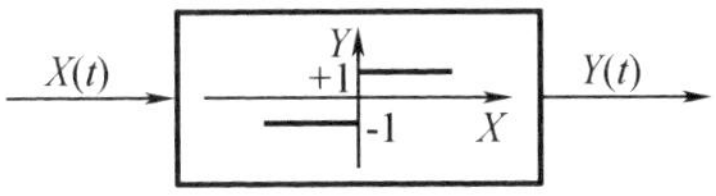

图 13.1.3　极性量化器原理图

现在分析输出过程$\{Y(t), -\infty < t < +\infty\}$的平稳性。首先,均值函数为

$$E[Y(t)] = +1P(X(t) \geqslant 0\} + (-1)P\{X(t) < 0) = 0$$

其次,相关函数为

$$\begin{aligned}E[Y(t+\tau)Y(t)] &= E[\operatorname{sgn} X(t+\tau)\operatorname{sgn} X(t)]\\ &= E[\operatorname{sgn} X(t+\tau)X(t)]\\ &= 1P[X(t+\tau)X(t)\geqslant 0]+(-1)P[X(t+\tau)X(t)<0]\\ &= 2P[X(t+\tau)X(t)\geqslant 0]-1\\ &= 4P[X(t+\tau)\geqslant 0, X(t)\geqslant 0]-1\\ &= 4\int_0^{\infty}\int_0^{\infty}\frac{1}{\sqrt{1-\gamma^2}2\pi\sigma^2}\exp\left\{\frac{-(x_1^2-2\gamma x_1x_2+x_2^2)}{2\sigma^2(1-\gamma^2)}\right\}\mathrm{d}x_1\mathrm{d}x_2-1\end{aligned} \tag{13.1.36}$$

其中,$\sigma^2=B_x(0)$;$\gamma=\dfrac{B_x(\tau)}{B_x(0)}$;通常称 γ 为标准相关函数;$x_1\triangleq X(t+\tau)$;$x_2\triangleq X(t)$。

现做变量置换,设 $x_1=\rho\cos\theta, x_2=\rho\sin\theta\left(0\leqslant\theta\leqslant\dfrac{\pi}{2}\right)$,于是有

$$\mathrm{d}x_1\mathrm{d}x_2=\rho\mathrm{d}\rho\mathrm{d}\theta \tag{13.1.37}$$

将(13.1.37)式代入(13.1.36)式经整理可得

$$\begin{aligned}E[Y(t+\tau)Y(t)] &= \frac{2}{\pi\sigma^2\sqrt{1-\gamma^2}}\int_0^{\frac{\pi}{2}}\mathrm{d}\theta\int_0^{\infty}\exp\left\{\frac{-\rho^2(1-2\gamma\cos\theta\sin\theta)}{2(1-\gamma^2)\sigma^2}\right\}\rho\mathrm{d}\rho-1\\ &= \frac{2}{\pi}\arcsin\gamma=\frac{2}{\pi}\arcsin\frac{B_X(\tau)}{B_X(0)}\end{aligned} \tag{13.1.38}$$

由此可知,$\{Y(t),-\infty<t<+\infty\}$仍为平稳过程。值得注意的是,输出过程 $Y(t)$ 的方差为1即 $\sigma_\gamma^2=1$,它与输入过程方差大小无关。

例 13.1.6　随机开关信号　设$\{X(t),-\infty<t<+\infty\}$为随机开关信号,它的特点是:(1)对任意 $t\in(-\infty,+\infty)$,$X(t)$以等概率取 a 或 $-a$;(2)信号发生变号的时刻也是随机的,但在$(t,t+h)$区间内出现 k 次变号的概率服从泊松分布,即

$$P(k)=\frac{(\mu h)^k}{k!}\mathrm{e}^{-\mu h}, \mu>0, k=0,1,2,\cdots \tag{13.1.39}$$

随机开关信号的一个样本函数如图 13.1.4 所示。

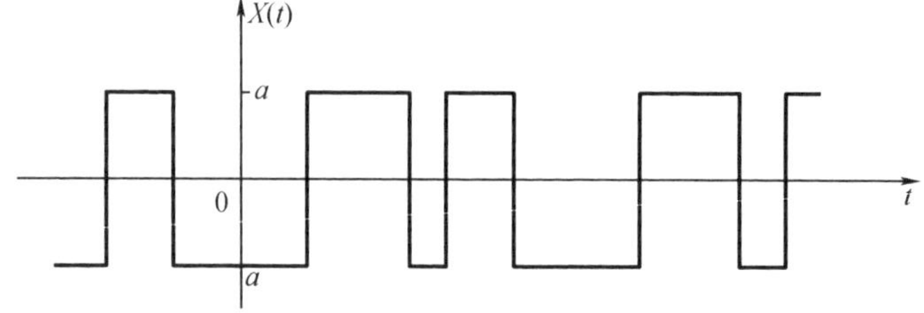

图 13.1.4　随机开关信号的一个样本函数

随机开关信号的均值函数为

$$E[X(t)]=aP[X(t)=a]+(-a)P[X(t)=-a]=0 \tag{13.1.40}$$

设 A 代表在区间$(t,t+h)$内信号发生变号次数为偶数这一事件,则$\bar{A}$代表在区间$(t,t+h)$内信号发生变号次数为奇数这一事件,于是随机开关信号的相关函数为

$$\begin{aligned}\Gamma(t,t+h) &= E[X(t)X(t+h)]\\ &= P(A)E[X(t)X(t+h)\mid A]+P(\bar{A})E[X(t)X(t+h)\mid\bar{A}]\end{aligned} \tag{13.1.41}$$

然而,在事件 A 发生的条件下,$X(t)X(t+h)$ 的取值为 $a\times a$ 或者 $(-a)\times(-a)$,而且取这两个值的可能性是相等的,于是有

$$E[X(t)X(t+h)\mid A]=a^2 \tag{13.1.42}$$

而且

$$P(A)=\sum_{i=0}^{\infty}P(k=2i)=\sum_{i=0}^{\infty}\frac{(\mu h)^{2i}}{(2i)!}\mathrm{e}^{-\mu h} \tag{13.1.43}$$

同样,在事件 $\bar{A}$ 发生的条件下,$X(t)X(t+h)$ 的取值 $(-a)\times a$ 或者 $a\times(-a)$,而且取这两个值的可能性也是相等的,于是

$$E[X(t)X(t+h)\mid \bar{A}]=-a^2 \tag{13.1.44}$$

且

$$P(\bar{A})=\sum_{i=0}^{\infty}P(k=2i+1)=\sum_{i=0}^{\infty}\frac{(\mu h)^{2i+1}}{(2i+1)!}\mathrm{e}^{-\mu h} \tag{13.1.45}$$

把(13.1.42)式至(13.1.45)式代入(13.1.41)式,则得随机开关信号的相关函数为

$$\begin{aligned}\Gamma(t,t+h)&=E[X(t)X(t+h)]\\&=a^2\left[\sum_{i=0}^{\infty}\frac{(\mu h)^{2i}}{(2i)!}\mathrm{e}^{-\mu h}-\sum_{i=0}^{\infty}\frac{(\mu h)^{2i+1}}{(2i+1)!}\mathrm{e}^{-\mu h}\right]=a^2\mathrm{e}^{-2\mu h},h>0\end{aligned} \tag{13.1.46}$$

由(13.1.40)式、(13.1.46)式及定义 13.1.1 可知,随机开关信号$\{X(t),-\infty<t<+\infty\}$为平稳随机过程。

13.2　平稳随机过程的性质

由于平稳随机过程是二阶矩过程的一个子类,因此,关于二阶矩过程所得到的结论对于平稳随机过程仍然适用。不仅如此,平稳随机过程还有更强的性质。

性质 1　设 $\Gamma(\tau)$ 和 $B(\tau)$ 为平稳随机过程$\{X(t),t\in T\}$的原点相关函数和中心相关函数,则

$$\infty>\Gamma(0)\geqslant 0,\infty>B(0)\geqslant 0 \tag{13.2.1}$$

$$\Gamma(\tau)=\Gamma(-\tau),B(\tau)=B(-\tau) \tag{13.2.2}$$

$$|\Gamma(\tau)|\leqslant\Gamma(0),|B(\tau)|\leqslant B(0) \tag{13.2.3}$$

证明　首先 $\Gamma(0)=E[X^2(t)]\geqslant 0$ 并且 $B(0)=E\{[X(t)-m]^2\}\geqslant 0$,而且还有$\Gamma(\tau)=E[X(t+\tau)X(t)]=E[X(t')X(t'-\tau)]=E[X(t'-\tau)X(t')]=\Gamma(-\tau)$,其中,$t'=t+\tau$。同理可证 $B(\tau)=B(-\tau)$。又因为 $E\{[X(t+\tau)\pm X(t)]^2\}\geqslant 0$,所以经展开可得

$$E[X^2(t+\tau)\pm 2X(t+\tau)X(t)+X^2(t)]\geqslant 0$$

即

$$\Gamma(0)\pm 2\Gamma(\tau)+\Gamma(0)\geqslant 0$$

经整理可得 $\Gamma(0)\geqslant|\Gamma(\tau)|$,同理可证 $B(0)\geqslant|B(\tau)|$。性质证毕。

性质 2　设 $\Gamma(\tau)$ 和 $B(\tau)$ 为平稳随机过程$\{X(t),t\in T\}$的原点相关函数及中心相关函数,则对 T 中的任意 n 个时间点 $t_1,t_2,\cdots,t_n$ 及任意实数 $a_1,a_2,\cdots,a_n$(n 为任意整数),有

$$\sum_{i,j=1}^{n}\Gamma(t_i-t_j)a_ia_j\geqslant 0 \tag{13.2.4}$$

$$\sum_{i,j=1}^{n} B(t_i - t_j)a_i a_j \geqslant 0 \tag{13.2.5}$$

证明 因为$E\{[\sum_{i=1}^{n} X(t_i)a_i]^2\} \geqslant 0$,所以经展开有

$$E[\sum_{i=1}^{n}\sum_{j=1}^{n} X(t_i)X(t_j)a_i a_j] = \sum_{i,j=1}^{n}\Gamma(t_i - t_j)a_i a_j \geqslant 0$$

同理可证$\sum_{i,j=1}^{n} B(t_i - t_j)a_i a_j \geqslant 0$。性质证毕。

性质3 平稳随机过程$\{X(t),t\in T\}$为均方连续的充要条件是它的相关函数$\Gamma(\tau)$在$\tau=0$处连续。

证明 由$E\{[X(t+\tau)-X(t)]^2\}=2[\Gamma(0)-\Gamma(\tau)]$可知,若$\lim\limits_{\tau\to 0}[\Gamma(0)-\Gamma(\tau)]=0$则$\lim\limits_{\tau\to 0}E\{[X(t+\tau)-X(t)]^2\}=0$,即若相关函数在$\tau=0$处连续,则平稳随机过程在$t\in T$处均方连续,故充分性得证。另一方面,利用许互兹不等式(上册(4.4.69)式),有

$$\begin{aligned}[\Gamma(t+\tau)-\Gamma(t)]^2 &= \{E[X(t+\tau)X(0)]-E[X(t)X(0)]^2\}\\ &\leqslant E\{[X(t+\tau)-X(t)]^2\}E[X^2(0)]\\ &= B(0)E\{[X(t+\tau)-X(t)]^2\}\to 0,\tau\to 0\end{aligned}$$

这说明对任意$t\in T$,$\Gamma(t)$均连续,当然$t=0$时$\Gamma(0)$也连续,故必要性得证。性质证毕。

性质4 设$\{X(t),t\in T\}$为平稳随机过程,则相关函数$B(\tau)$在$\tau=0$处连续$\Leftrightarrow$相关函数$B(\tau)$在任意τ处连续。

证明 “$\Leftarrow$”是显然的,只需证“$\Rightarrow$”:因为$B(\tau)$在$\tau=0$处连续,则由性质3可知$X(t)$均方连续,即有

$$\underset{h\to 0}{\mathrm{l\cdot i\cdot m}}\, X(t_1+h)=X(t_1),\ \forall t_1\in T$$

$$\underset{h'\to 0}{\mathrm{l\cdot i\cdot m}}\, X(t_2+h')=X(t_2),\ \forall t_2\in T$$

再由均方收敛性质(见上册(6.1.55)式)可知

$$\begin{aligned}\lim_{\substack{h\to 0\\ h'\to 0}}\Gamma(t_1+h,t_2+h') &= \lim_{\substack{h\to 0\\ h'\to 0}}E[X(t_1+h)X(t_2+h')]\\ &= E[\underset{h\to 0}{\mathrm{l\cdot i\cdot m}}\, X(t_1+h)\underset{h'\to 0}{\mathrm{l\cdot i\cdot m}}\, X(t_2+h')]\\ &= E[X(t_1)X(t_2)]\\ &= \Gamma(t_1,t_2)\end{aligned}$$

性质证毕。

性质5 平稳随机过程$\{X(t),t\in T\}$均方可微的充要条件是其相关函数在$\tau=0$处二次可微。

证明 由二阶矩过程均方可微准则并考虑到过程的平稳性可知

$$\underset{h\to 0}{\mathrm{l\cdot i\cdot m}}\, X\frac{(t_1+h)-X(t)}{h}$$

的存在等价于

$$\left.\frac{\partial^2\Gamma(t_1,t_2)}{\partial t_1\partial t_2}\right|_{t_1=t_2=t}=\left.\frac{\partial^2\Gamma(t_1-t_2)}{\partial t_1\partial t_2}\right|_{t_1=t_2=t}=-\left.\frac{\mathrm{d}^2\Gamma(\tau)}{\mathrm{d}\tau^2}\right|_{\tau=0} \tag{13.2.6}$$

的存在。性质证毕。

进一步可知,平稳随机过程$\{X(t),t\in T\}$ p次均方可微的充要条件是相关函数$\Gamma(\tau)$在

$\tau=0$ 处 $2p$ 次可微。

性质 6　如果平稳随机过程 $\{X(t),t\in T\}$ 均方可微,则其导数过程 $\{X'(t),t\in T\}$ 仍为平稳随机过程。

证明　由导数随机过程的一般结论(10.3.20)式及(10.3.21)式,并考虑到过程的平稳性,则有

$$E[X'(t)]=\frac{\mathrm{d}m(t)}{\mathrm{d}t}=0 \tag{13.2.7}$$

以及

$$\Gamma^{(1)}(t_1,t_2)=E[X'(t_1)X'(t_2)]=\frac{\partial^2\Gamma(t_1,t_2)}{\partial t_1\partial t_2}=-\frac{\mathrm{d}^2\Gamma(t_1-t_2)}{\mathrm{d}(t_1-t_2)^2}\triangleq-\Gamma''(t_1-t_2) \tag{13.2.8}$$

因此,由定义 13.1.1 可知 $\{X'(t),t\in T\}$ 为平稳随机过程。性质证毕。

进一步还有,如果平稳随机过程 $\{X(t),t\in T\}$ p 次均方可微,则 p 阶导数过程 $\{X^{(p)}(t),t\in T\}$ 仍为平稳随机过程,且

$$\begin{cases}E[X^{(p)}(t)]=0\\E[X^{(p)}(t_1)X^{(p)}(t_2)]=(-1)^p\Gamma^{2p}(t_1-t_2)\end{cases} \tag{13.2.9}$$

在自动控制理论中,经常还要遇到平稳随机过程 $\{X(t),-\infty<t<+\infty\}$ 的如下积分,即

$$Y(t)=\int_{-\infty}^{+\infty}f(u)X(t-u)\mathrm{d}u \tag{13.2.10}$$

其中,$f(u)$ 为分段连续函数且

$$\int_{-\infty}^{+\infty}|f(u)|\mathrm{d}u<\infty \tag{13.2.11}$$

现在考察由(13.2.10)式表示的积分的收敛性。

性质 7　设 $\{X(t),-\infty<t<+\infty\}$ 为平稳随机过程,$f(u)$ 为普通的分段连续函数且 $\int_{-\infty}^{+\infty}|f(u)|\mathrm{d}u<\infty$,则 $X(t)$ 关于权函数 $f(u)$ 均方可积,即积分 $Y(t)=\int_{-\infty}^{+\infty}f(u)X(t-u)\mathrm{d}u$ 均方收敛。

证明　考察 $(-\infty,+\infty)$ 中的任一组分点

$$-\infty<u_{-n}<u_{-n+1}<\cdots<u_0<u_1<\cdots<u_n<\infty$$

$$\Delta i\triangleq\max_{-n<i\leqslant n}|u_i-u_{i-1}|$$

记

$$Y^{(N)}(t)\triangleq\sum_{i=-N}^{N}f(u_i)X(t-u_i)\Delta u_i$$

随着 N 的增加,$\{Y^{(N)}(t),N=1,2,\cdots\}$ 为随机变量序列,当 $N>M$ 时,由于平稳随机过程的相关函数有界,则

$$\begin{aligned}E\{[Y^{(N)}(t)-Y^{(M)}(t)]^2\}&=E\{[\sum_{M<|i|\leqslant N}f(u_i)X(t-u_i)\Delta u_i]^2\}\\&=\sum_{M<|i,j|\leqslant N}\Gamma(u_i-u_j)f(u_i)f(u_j)\Delta u_i\Delta u_j\\&\leqslant\Gamma(0)\sum_{M<|i,j|\leqslant N}f(u_i)f(u_j)\Delta u_i\Delta u_j\\&\leqslant\Gamma(0)[\sum_{M<|i|\leqslant N}|f(u_i)|\Delta u_i]^2\to0(\Delta_i\to0)\end{aligned}$$

因此,$\{Y^{(N)}(t),N=1,2,\cdots\}$为柯西基本序列,即由(13.2.10)式所表示的积分均方收敛。性质证毕。

性质8 设$\{X(t),-\infty<t<+\infty\}$为平稳随机过程,$f(t)$为满足(13.2.11)式的分段连续函数,则积分(13.2.10)式存在的充要条件是

$$\int_{-\infty}^{+\infty}\int_{-\infty}^{+\infty}f(u)f(v)\Gamma(u-v)\mathrm{d}u\mathrm{d}v<\infty$$

其中,$\Gamma(\tau)$为平稳随机过程$\{X(t),-\infty<t<+\infty\}$的相关函数。

证明 由二阶矩过程的均方可积准则并考虑到过程的平稳性可知

$$Y(t)=\int_{-\infty}^{+\infty}f(u)X(t-u)\mathrm{d}u$$

的存在等价于

$$\int_{-\infty}^{+\infty}\int_{-\infty}^{+\infty}f(u)f(v)\Gamma(t-u,t-v)\mathrm{d}u\mathrm{d}v=\int_{-\infty}^{+\infty}\int_{-\infty}^{+\infty}f(u)f(v)\Gamma(u-v)\mathrm{d}u\mathrm{d}v$$

的存在。性质证毕。

性质9 如果平稳随机过程$\{X(t),-\infty<t<+\infty\}$关于权函数$f(t)$均方可积,$f(t)$为满足(13.2.11)式的分段连续函数,则积分过程

$$Y(t)=\int_{-\infty}^{+\infty}f(u)X(t-u)\mathrm{d}u$$

仍为平稳随机过程。

证明 因为

$$E[Y(t)]=E\left[\int_{-\infty}^{+\infty}f(u)X(t-u)\mathrm{d}u\right]=m\int_{-\infty}^{+\infty}f(u)\mathrm{d}u=M(\text{常数})$$

并且

$$\begin{aligned}E[Y(t_1)Y(t_2)]&=E\left[\int_{-\infty}^{+\infty}f(u)X(t_1-u)\mathrm{d}u\int_{-\infty}^{+\infty}f(v)X(t_2-v)\mathrm{d}v\right]\\&=\int_{-\infty}^{+\infty}\int_{-\infty}^{+\infty}f(u)f(v)\Gamma(t_1-t_2-u+v)\mathrm{d}u\mathrm{d}v\\&\triangleq\Gamma_Y(t_1-t_2)\end{aligned}$$

所以$\{Y(t),-\infty<t<+\infty\}$为平稳随机过程。性质证毕。

性质10 设$\{X(t),-\infty<t<+\infty\}$为均方可微的平稳随机过程,则该过程与其导数过程的相关函数$\Gamma_{XX'}(\tau)$满足

$$\Gamma_{XX'}(\tau)=-\Gamma_X'(\tau)\tag{13.2.12}$$

$$\Gamma_{X'X}(\tau)=\Gamma_X'(\tau)\tag{13.2.13}$$

$$\Gamma_{XX'}(0)=0\tag{13.2.14}$$

证明 由均方可微定义10.3.4可知

$$\begin{aligned}\Gamma_{XX'}(\tau)&=E[X(t+\tau)X'(t)]=E\left[X(t+\tau)\,\underset{\varepsilon\to0}{\mathrm{l\cdot i\cdot m}}\frac{X(t+\varepsilon)-X(t)}{\varepsilon}\right]\\&=\lim_{\varepsilon\to0}\frac{E[X(t+\tau)X(t+\varepsilon)]-E[X(t+\tau)X(t)]}{\varepsilon}\\&=\lim_{\varepsilon\to0}\frac{\Gamma_X(\tau-\varepsilon)-\Gamma_X(\tau)}{\varepsilon}=-\Gamma_X'(\tau)\end{aligned}$$

于是(13.2.12)式得证。再往证(13.2.13)式:

$$\Gamma_{X'X}(\tau)=\lim_{\varepsilon\to0}E\left[\frac{X(t+\tau+\varepsilon)-X(t+\tau)}{\varepsilon}X(t)\right]$$
$$=\lim_{\varepsilon\to0}\frac{\Gamma(\tau+\varepsilon)-\Gamma(\tau)}{\varepsilon}$$
$$=\Gamma'_X(\tau)$$

即(13.2.13)式得证。最后往证(13.2.14)式:

$$\Gamma_{XX'}(\tau)=-\Gamma'_X(\tau)=-\Gamma_{X'X}(\tau)=-\Gamma_{XX'}(-\tau)$$

由此可知,$\Gamma_{XX'}(\tau)$是奇函数,则 $\Gamma_{XX'}(0)=0$。性质证毕。

例 13.2.1　设 $W(s)$为稳定的线性定常系统传递函数,$k(t)$为该系统的单位脉冲响应函数且 $k(t)=L^{-1}\{W(s)\}$,其中符号 L^{-1}表示求拉氏反变换,因为系统是稳定的,所以必有

$$\int_{-\infty}^{+\infty}|k(t)|=\mathrm{d}t<\infty$$

当均方连续的平稳随机过程$\{X(t),-\infty<t<+\infty\}$作用于该线性系统时,其系统输出 $Y(t)$为

$$Y(t)=\int_0^{\infty}k(u)X(t-u)\mathrm{d}u$$

于是由性质 9 可知,系统输出过程$\{Y(t),-\infty<t<+\infty\}$仍为平稳随机过程。

在实际应用中,还会经常遇到两个或两个以上的平稳随机过程,我们除了对每个随机过程做详细的分析以外,还应当研究它们之间的相互关系。

定义 13.2.1　设$\{X(t),-\infty<t<+\infty\}$和$\{Y(t),-\infty<t<+\infty\}$为两个平稳随机过程,如果对任意 $t_1,t_2\in(-\infty,+\infty)$,有

$$E[X(t_1)Y(t_2)]=\Gamma_{XY}(t_1-t_2)\tag{13.2.15}$$

则称这两个随机过程为**平稳相依的随机过程**。或者称这两个随机过程为**平稳相关**。

通常称

$$E[X(t+\tau)Y(t)]=\Gamma_{XY}(\tau)\tag{13.2.16}$$

为平稳随机过程$\{X(t),-\infty<t<+\infty\}$和$\{Y(t),-\infty<t<+\infty\}$的**原点互相关函数**,称

$$E\{[X(t+\tau)-m_X][Y(t)-m_Y]\}=B_{XY}(\tau)\tag{13.2.17}$$

为平稳随机过程$\{X(t),-\infty<t<+\infty\}$和$\{Y(t),-\infty<t<+\infty\}$的**中心互相关函数**。

平稳随机过程的互相关函数有以下性质:

(1)$B_{XY}(\tau)=B_{YX}(-\tau)$　(13.2.18)

(2)$|B_{XY}(\tau)|\leqslant\sqrt{B_X(0)B_Y(0)}$　(13.2.19)

(3)$2|B_{XY}(\tau)|\leqslant B_X(0)+B_Y(0)$　(13.2.20)

把上述三个性质的证明留给读者作为练习。

例 13.2.2　在电子工程中,经常遇到平稳正态过程通过平方律检波器情况。设$\{X(t),-\infty<t<+\infty\}$为平稳正态随机过程,$E[X(t)]=0$,而且相关函数 $B_X(\tau)$为已知,当把它作用于平方律检波器时,其输出过程$\{Y(t),-\infty<t<+\infty\}$可表示为

$$Y(t)=X^2(t)$$

现在分析输出过程的统计性质。

输出过程的均值函数为

$$m_Y(t)=E[Y(t)]=E[X^2(t)]=B_X(0)\tag{13.2.21}$$

而相关函数为

$$
\begin{aligned}
B_Y(t+\tau,t) &= E\{[Y(t+\tau)-m_Y(t+\tau)][Y(t)-m_Y(t)]\}\\
&= E\{[X^2(t+\tau)-B_X(0)][X^2(t)-B_X(0)]\}\\
&= 2B_X^2(\tau)
\end{aligned}
\tag{13.2.22}
$$

由(13.2.21)式及(13.2.22)式可知,输出过程$\{Y(t),-\infty<t<+\infty\}$仍为平稳随机过程。

例 13.2.3 设随机过程$\{X(t),-\infty<t<+\infty\}$可表示为

$$X(t)=\cos(\eta t+\theta) \tag{13.2.23}$$

其中,η 与 θ 为互相独立的随机变量;θ 服从$[0,2\pi]$上的均匀分布;η 的分布密度函数为$\frac{1}{\pi}\frac{1}{1+x^2}(x\in(-\infty,+\infty))$,试证:$\{X(t),-\infty<t<+\infty\}$为平稳随机过程。

解 由(13.2.23)式有

$$X(t)=\cos\eta t\cos\theta-\sin\eta t\sin\theta$$

因此,均值函数 $m_X(t)$ 为

$$m_X(t)=E[X(t)]=E(\cos\eta t)E(\cos\theta)-E(\sin\eta t)E(\sin\theta)$$

然而

$$E(\cos\theta)=\frac{1}{2\pi}\int_0^{2\pi}\cos\theta\mathrm{d}\theta=0 \text{ 及 } E(\sin\theta)=\frac{1}{2\pi}\int_0^{2\pi}\sin\theta\mathrm{d}\theta=0$$

于是把以上两个表达式代入均值函数表达式中可得

$$m_X(t)=E[X(t)]=0 \tag{13.2.24}$$

另一方面,相关函数为

$$
\begin{aligned}
E[X(t+\tau)X(t)] &= E[\cos(\eta t+\eta\tau+\theta)\cos(\eta t+\theta)]\\
&= \frac{1}{2}E[\cos(2\eta t+\eta\tau+2\theta)]+\frac{1}{2}E(\cos\eta\tau)
\end{aligned}
$$

显然 $E[\cos(2\eta t+\eta\tau+2\theta)]=0$,再利用复变函数中的留数定理可求出

$$\frac{1}{2}E(\cos\eta\tau)=\frac{1}{2\pi}\int_{-\infty}^{+\infty}\frac{\cos x\tau}{1+x^2}\mathrm{d}x=\frac{1}{2}\mathrm{e}^{-|\tau|}$$

于是有

$$E[X(t+\tau)X(t)]=\frac{1}{2}\mathrm{e}^{-|\tau|} \tag{13.2.25}$$

所以$\{X(t),-\infty<t<+\infty\}$为平稳随机过程。

例 13.2.4 在随机控制中,经常遇到平稳随机过程的最优预测问题 设$\{X(t),-\infty<t<+\infty\}$为平稳随机过程且$E[X(t)]=0$,相关函数 $B_X(\tau)$为已知,现讨论如何按 $X(nT_0)$的值预测 $X[(n+1)T_0]$,其中 T_0 为取样周期。

(1)一阶预测:令$\hat{X}[(n+1)T_0]$为 $X[(n+1)T_0]$的一阶预测值,我们取

$$\hat{X}[(n+1)T_0]=aX(nT_0) \tag{13.2.26}$$

目标函数为

$$J_1=E\left(\{X[(n+1)T_0]-\hat{X}[(n+1)T_0]\}^2\right)$$

我们的目的是求 a 值以使 $J_1=\min$,为此,只需令 J_1 关于 a 的偏导数为零即可求得,即

$$\frac{\partial J_1}{\partial a}=\frac{\partial}{\partial a}E\{\{X[(n+1)T_0]-aX(nT_0)\}^2\}=-2B_X(T_0)+2aB_X(0)=0$$

于是有

$$a=B_X(T_0)/B_X(0) \tag{13.2.27}$$

此时最小预测均方误差为

$$J_{1\min}=\frac{B_X^2(0)-B_X^2(T_0)}{B_X(0)} \tag{13.2.28}$$

（2）二阶预测：我们取二阶预测为

$$\hat{X}[(n+1)T_0]=aX(nT_0)+bX[(n-1)T_0] \tag{13.2.29}$$

于是目标函数为

$$\begin{aligned}J_2&=E\left(\{X[(n+1)T_0]-\hat{X}[(n+1)T_0]\}^2\right)\\&=E\left(\{X[(n+1)T_0]-aX(nT_0)-bX[(n-1)T_0]\}^2\right)\end{aligned}$$

令

$$\frac{\partial J_2}{\partial a}=2aB_X(0)-2B_X(T_0)+2bB_X(T_0)=0$$

$$\frac{\partial J_2}{\partial b}=2bB_X(0)-2B_X(2T_0)+2aB_X(T_0)=0$$

解上述二元联立方程可求得 a 与 b 的值分别为

$$a=\frac{B_X(T_0)B_X(0)-B_X(T_0)B_X(2T_0)}{B_X^2(0)-B_X^2(T_0)} \tag{13.2.30}$$

$$b=\frac{B_X(2T_0)B_X(0)-B_X^2(T_0)}{B_X^2(0)-B_X^2(T_0)} \tag{13.2.31}$$

13.3　平稳随机过程及其相关函数的谱分解

在控制理论中，为了考察线性系统在确定函数作用下的性能，我们不仅可以在时间域中进行分析，也可以在频率域中进行分析。这是因为在傅里叶分析中已经论证了这样的事实，任一分段连续的时间函数都可以看作无数个简谐振动的叠加，也就是说，它可以做傅里叶分解，通常称之为傅里叶变换或谱分解。然而，对于随机变化着的平稳随机过程来说，是否也有类似的结论呢？本节就来讨论这一问题。

在本节的分析和推导中，要用复随机过程。这在 10.2.2 中已经做了介绍，复随机过程所得结论同样适用于实随机过程。

关于复随机过程的相关函数，有如下定义。

定义 13.3.1　设 $\{X(t),t\in T\}$ 为复随机过程，如果

$$\Gamma(t_1,t_2)=E[X(t_1)\overline{X(t_2)}]$$

存在，其中 $\overline{X(t_2)}$ 表示 $X(t_2)$ 的共轭，则称 $\Gamma(t_1,t_2)$ 为该复随机过程的**原点自相关函数**。

定义 13.3.2　设 $\{X(t),t\in T\}$ 为复随机过程，且 $E[|X(t)|^2]<\infty\ (t\in T)$，如果对任意 $t,t_1,t_2\in T$，有

$$E[X(t)]=m=\text{常数} \tag{13.3.1}$$

及

$$E[X(t_1)\overline{X(t_2)}]=\Gamma(t_1-t_2) \tag{13.3.2}$$

其中$\overline{X(t_2)}$表示$X(t_2)$的共轭,则称$\{X(t),t\in T\}$为复平稳随机过程。

在本节的推导中还会遇到复数矩阵$\boldsymbol{A}=(a_{ij})$,其中a_{ij}为复数。我们规定复数矩阵$\boldsymbol{A}$的转置为$\boldsymbol{A}^{\mathrm{T}}=(\overline{a}_{ij})^{\mathrm{T}}$,其中$\overline{a}_{ij}$为$a_{ij}$的共轭复数。

下面讨论平稳随机过程的谱分解,有如下定理。

定理 13.3.1 设$\{X(t),-\infty<t<+\infty\}$是以$T_1$为周期的均方连续的实平稳随机过程且$E[X(t)]=m=0$(如若不然,可考察$Y(t)=X(t)-m$),则$X(t)$可做如下均方收敛的正交调和分解,即

$$X(t)=a_0+\sum_{m=1}^{\infty}(a_m\cos m\omega_0 t+b_m\sin m\omega_0 t) \tag{13.3.3}$$

其中

$$\begin{cases}\omega_0=\dfrac{2\pi}{T_1}\\ a_0=\dfrac{1}{T_1}\displaystyle\int_{-\frac{T_1}{2}}^{\frac{T_1}{2}}X(t)\mathrm{d}t\\ a_m=\dfrac{2}{T_1}\displaystyle\int_{-\frac{T_1}{2}}^{\frac{T_1}{2}}X(t)\cos m\omega_0 t\mathrm{d}t\\ b_m=\dfrac{2}{T_1}\displaystyle\int_{-\frac{T_1}{2}}^{\frac{T_1}{2}}X(t)\sin m\omega_0 t\mathrm{d}t\end{cases} \tag{13.3.4}$$

而$\{a_m,b_m,m=1,2,\cdots\}$为互不相关的随机变量序列,即

$$\begin{cases}E(a_m a_n)=\dfrac{2}{T_1}A_m\delta(m-n)\\ E(b_m b_n)=\dfrac{2}{T_1}A_m\delta(m-n)\\ E(a_m b_n)=0,m,n=1,2,\cdots\end{cases} \tag{13.3.5}$$

$\delta(m-n)$为克罗内克δ函数,而且$E(a_0)=E(a_m)=E(b_m)=0$。与此同时,该过程$\{X(t),-\infty<t<+\infty\}$的相关函数$B(\tau)$也可做傅里叶级数展开,即

$$B(\tau)=\frac{1}{T_1}A_0+\frac{2}{T_1}\sum_{k=1}^{\infty}(A_k\cos k\omega_0\tau+B_k\sin k\omega_0\tau) \tag{13.3.6}$$

其中

$$\begin{cases}A_0=\displaystyle\int_{-\frac{T_1}{2}}^{\frac{T_1}{2}}B(\tau)\mathrm{d}\tau\\ A_k=\displaystyle\int_{-\frac{T_1}{2}}^{\frac{T_1}{2}}B(\tau)\cos k\omega_0\tau\mathrm{d}\tau,k=1,2,\cdots\\ B_k=\displaystyle\int_{-\frac{T_1}{2}}^{\frac{T_1}{2}}B(\tau)\sin k\omega_0\tau\mathrm{d}\tau=0\end{cases} \tag{13.3.7}$$

证明 因为$\{X(t),-\infty<t<+\infty\}$是以$T_1$为周期的平稳随机过程,所以该过程的相关函数$B(\tau)$也以$T_1$为周期且为偶函数。事实上,有

$$\begin{aligned}B(\tau)&=E[X(t+\tau)X(t)]\\&=E[X(t+\tau+T_1)X(t)]\end{aligned}$$

$$=B(T_1+\tau)$$

因此,由熟知的傅里叶分析理论可以得到(13.3.6)式及(13.3.7)式。我们规定 $a_0,a_m,b_m(m=1,2,\cdots)$取(13.3.4)式,下面只需证明(13.3.5)式成立及(13.3.3)式在均方意义下相等,即(13.3.3)式等号右方均方收敛于 $X(t)$

首先注意$\{\cos m\omega_0 t,\sin m\omega_0 t,m=1,2,\cdots\}$是正交函数组,即

$$\begin{cases}\int_{-\frac{T_1}{2}}^{\frac{T_1}{2}}\cos m\omega_0 t\cos n\omega_0 t\mathrm{d}t=\frac{T_1}{2}\delta(m-n)\\ \int_{-\frac{T_1}{2}}^{\frac{T_1}{2}}\sin m\omega_0 t\sin n\omega_0 t\mathrm{d}t=\frac{T_1}{2}\delta(m-n)\quad m,n=1,2,\cdots\\ \int_{-\frac{T_1}{2}}^{\frac{T_1}{2}}\cos m\omega_0 t\sin n\omega_0 t\mathrm{d}t=0\end{cases}\tag{13.3.8}$$

于是有

$$\begin{aligned}E(a_m a_n)&=E\left[\frac{2}{T_1}\int_{-\frac{T_1}{2}}^{\frac{T_1}{2}}X(t_1)\cos m\omega_0 t_1\mathrm{d}t_1\ \frac{2}{T_1}\int_{-\frac{T_1}{2}}^{\frac{T_1}{2}}X(t_2)\cos n\omega_0 t_2\mathrm{d}t_2\right]\\&=\frac{4}{T_1^2}\int_{-\frac{T_1}{2}}^{\frac{T_1}{2}}\int_{-\frac{T_1}{2}}^{\frac{T_1}{2}}B(t_1-t_2)\cos m\omega_0 t_1\cos n\omega_0 t_2\mathrm{d}t_1\mathrm{d}t_2\end{aligned}$$

令(13.3.6)式中的 $\tau=t_1-t_2$ 并代入上式,则得

$$\begin{aligned}E(a_m a_n)&=\frac{4}{T_1^2}\int_{-\frac{T_1}{2}}^{\frac{T_1}{2}}\int_{-\frac{T_1}{2}}^{\frac{T_1}{2}}\left[\frac{A_0}{T_1}+\frac{2}{T_1}\sum_{k=1}^{\infty}A_k\cos k\omega_0(t_1-t_2)\right]\cos m\omega_0 t_1\cos n\omega_0 t_2\mathrm{d}t_1\mathrm{d}t_2\\&=\frac{4}{T_1^3}A_0\int_{-\frac{T_1}{2}}^{\frac{T_1}{2}}\int_{-\frac{T_1}{2}}^{\frac{T_1}{2}}\cos m\omega_0 t_1\cos n\omega_0 t_2\mathrm{d}t_1\mathrm{d}t_2+\\&\quad\sum_{k=1}^{\infty}\frac{8A_k}{T_1^3}\int_{-\frac{T_1}{2}}^{\frac{T_1}{2}}\int_{-\frac{T_1}{2}}^{\frac{T_1}{2}}\cos k\omega_0(t_1-t_2)\cos m\omega_0 t_1\cos n\omega_0 t_2\mathrm{d}t_1\mathrm{d}t_2\end{aligned}$$

不难计算出等号右边第一个积分为零。故有

$$\begin{aligned}E(a_m a_n)&=\sum_{k=1}^{\infty}\frac{8A_k}{T_1^3}\int_{-\frac{T_1}{2}}^{\frac{T_1}{2}}\int_{-\frac{T_1}{2}}^{\frac{T_1}{2}}\cos m\omega_0 t_1\cos n\omega_0 t_2\cdot\\&\quad(\cos k\omega_0 t_1\cos k\omega_0 t_2+\sin k\omega_0 t_1\sin k\omega_0 t_2)\mathrm{d}t_1\mathrm{d}t_2\\&=\frac{8}{T_1^3}\sum_{k=1}^{\infty}A_k\left(\int_{-\frac{T_1}{2}}^{\frac{T_1}{2}}\cos m\omega_0 t_1\cos k\omega_0 t_1\mathrm{d}t_1\ \int_{-\frac{T_1}{2}}^{\frac{T_1}{2}}\cos n\omega_0 t_2\cos k\omega_0 t_2\mathrm{d}t_2+\right.\\&\quad\left.\int_{-\frac{T_1}{2}}^{\frac{T_1}{2}}\cos m\omega_0 t_1\sin k\omega_0 t_1\mathrm{d}t_1\int_{-\frac{T_1}{2}}^{\frac{T_1}{2}}\cos n\omega_0 t_2\sin k\omega_0 t_2\mathrm{d}t_2\right)\end{aligned}$$

考虑到(13.3.8)式,则上式可简化为

$$E(a_m a_n)=\frac{8}{T_1^3}\sum_{k=1}^{\infty}A_k\left[\frac{T_1}{2}\delta(m-k)\ \frac{T_1}{2}\delta(n-k)\right]=\frac{2}{T_1}A_m\delta(m-n)$$

其中,$\delta(m-n)$为克罗内克 δ 函数。同理还可证明有

$$E(b_m b_n)=\frac{2}{T_1}A_m\delta(m-n)$$

又因为过程是实平稳随机过程,所以有

$$E(a_m b_n)=0,m,n=1,2,\cdots \text{及} B_k=0,k=1,2,\cdots$$

于是(13.3.5)式得证。

最后,证明(13.3.3)式的均方收敛性:因为

$$\begin{aligned}&E\{[X(t)-\sum_{m=1}^{\infty}(a_m\cos m\omega_0 t+b_m\sin m\omega_0 t)-a_0]^2\}\\&=B_X(0)+E(a_0^2)+E\{[\sum_{m=1}^{\infty}(a_m\cos m\omega_0 t+b_m\sin m\omega_0 t)]^2\}+\\&2E[a_0\sum_{m=1}^{\infty}(a_m\cos m\omega_0 t+b_m\sin m\omega_0 t)]-2E[X(t)a_0]-\\&2E[X(t)\sum_{m=1}^{\infty}(a_m\cos m\omega_0 t+b_m\sin m\omega_0 t)]\end{aligned}\tag{13.3.9}$$

现在分别计算(13.3.9)式等号右端各项:利用(13.3.6)式的结果可得

$$E(a_0^2)=\frac{1}{T_1^2}\int_{-\frac{T_1}{2}}^{\frac{T_1}{2}}\int_{-\frac{T_1}{2}}^{\frac{T_1}{2}}E[X(t)X(l)]\mathrm{d}t\mathrm{d}l=\frac{1}{T_1^2}\int_{-\frac{T_1}{2}}^{\frac{T_1}{2}}\int_{-\frac{T_1}{2}}^{\frac{T_1}{2}}B(t-l)\mathrm{d}t\mathrm{d}l=\frac{A_0}{T_1}\tag{13.3.10}$$

利用(13.3.5)式的结果可得

$$E\{[\sum_{m=1}^{\infty}(a_m\cos m\omega_0 t+b_m\sin m\omega_0 t)]^2\}=\sum_{m=1}^{\infty}\frac{2}{T_1}A_m\tag{13.3.11}$$

利用(13.3.4)式及(13.3.6)式可得

$$\begin{aligned}E[X(t)\sum_{m=1}^{\infty}(a_m\cos m\omega_0 t+b_m\sin m\omega_0 t)]=&\sum_{m=1}^{\infty}\left[\frac{2}{T_1}\int_{-\frac{T_1}{2}}^{\frac{T_1}{2}}B(t-l)\cos m\omega_0 l\mathrm{d}l\right]\cos m\omega_0 t+\\&\sum_{m=1}^{\infty}\left[\frac{2}{T_1}\int_{-\frac{T_1}{2}}^{\frac{T_1}{2}}B(t-l)\sin m\omega_0 l\mathrm{d}l\right]\sin m\omega_0 t\end{aligned}\tag{13.3.12}$$

然而,不难计算出

$$\int_{-\frac{T_1}{2}}^{\frac{T_1}{2}}B(t-l)\cos m\omega_0 l\mathrm{d}l=A_m\cos m\omega_0 t$$

及

$$\int_{-\frac{T_1}{2}}^{\frac{T_1}{2}}B(t-l)\sin m\omega_0 l\mathrm{d}l=A_m\sin m\omega_0 t$$

将以上两式代入(13.3.12)式中,有

$$E[X(t)\sum_{m=1}^{\infty}(a_m\cos m\omega_0 t+b_m\sin m\omega_0 t)]=\sum_{m=1}^{\infty}\frac{2}{T_1}A_m\tag{13.3.13}$$

进一步还有

$$E[X(t)a_0]=\frac{1}{T_1}\int_{-\frac{T_1}{2}}^{\frac{T_1}{2}}B(t-l)\mathrm{d}l=\frac{1}{T_1}A_0\tag{13.3.14}$$

及

$$E[a_0\sum_{m=1}^{\infty}(a_m\cos m\omega_0 t+b_m\sin m\omega_0 t)]=0\tag{13.3.15}$$

将(13.3.10)式、(13.3.11)式、(13.3.13)式至(13.3.15)式的结果代入(13.3.9)式,则得

$$E\{[X(t)-\sum_{m=1}^{\infty}(a_m\cos m\omega_0 t+b_m\sin m\omega_0 t)-a_0]^2\}$$
$$=B_X(0)+\frac{A_0}{T_1}+\sum_{m=1}^{\infty}\frac{2}{T_1}A_m-2\left(\sum_{m=1}^{\infty}\frac{2}{T_1}A_m+\frac{A_0}{T_1}\right)$$
$$=B_X(0)+B_X(0)-2[B_X(0)]=0$$

于是(13.3.3)式得证。定理证毕。

现在指出,如果$\{X(t),-\infty<t<+\infty\}$是以 T_1 为周期的复平稳随机过程,定理 13.3.1 的结论仍然成立。所不同的,只是在(13.3.5)式中应有

$$\begin{cases}E(a_m\bar{b}_n)=-\dfrac{2}{T_1}B_m\delta(m-n)\\[2ex]E(b_m\bar{a}_n)=\dfrac{2}{T_1}B_m\delta(m-n)\end{cases}\tag{13.3.16}$$

在(13.3.7)式中应有

$$B_k=\int_{-\frac{T_1}{2}}^{\frac{T_1}{2}}B(\tau)\sin k\omega_0\tau\mathrm{d}\tau\neq 0$$

而且(13.3.3)式在均方意义下仍然成立。于是有如下结论。

定理 13.3.2　设$\{X(t),-\infty<t<+\infty\}$是以 T_1 为周期的均方连续的复平稳随机过程且 $E[X(t)]=0$,则 $X(t)$ 可做如下均方收敛的正交调和分解,即

$$X(t)=a_0+\sum_{m=1}^{\infty}a_m\cos m\omega_0 t+b_m\sin m\omega_0 t\tag{13.3.17}$$

其中

$$\omega_0=\frac{2\pi}{T_1}$$

$$a_m=\frac{2}{T_1}\int_{-\frac{T_1}{2}}^{\frac{T_1}{2}}X(t)\cos m\omega_0 t\mathrm{d}t,m=0,1,2,\cdots\tag{13.3.18}$$

$$b_m=\frac{2}{T_1}\int_{-\frac{T_1}{2}}^{\frac{T_1}{2}}X(t)\sin m\omega_0 t\mathrm{d}t,m=1,2,\cdots\tag{13.3.19}$$

而且

$$\begin{cases}E(a_m\bar{a}_n)=\dfrac{2}{T_1}A_m\delta(m-n)\\[2ex]E(b_m\bar{b}_n)=\dfrac{2}{T_1}A_m\delta(m-n)\\[2ex]E(a_m\bar{b}_n)=\dfrac{-2}{T_1}B_m\delta(m-n)\\[2ex]E(b_m\bar{a}_n)=\dfrac{2}{T_1}B_m\delta(m-n)\end{cases}\tag{13.3.20}$$

与此同时,该复平稳随机过程的相关函数 $B(\tau)$ 也可做如下傅里叶级数展开,即

$$B(\tau)=\frac{1}{T_1}A_0+\frac{2}{T_1}\sum_{k=1}^{\infty}A_k\cos k\omega_0\tau+B_k\sin k\omega_0\tau\tag{13.3.21}$$

其中

$$\begin{cases} A_0 = \int_{-\frac{T_1}{2}}^{\frac{T_1}{2}} B(\tau)\,\mathrm{d}\tau \\ A_k = \int_{-\frac{T_1}{2}}^{\frac{T_1}{2}} B(\tau)\cos k\omega_0\tau\,\mathrm{d}\tau \\ B_k = \int_{-\frac{T_1}{2}}^{\frac{T_1}{2}} B(\tau)\sin k\omega_0\tau\,\mathrm{d}\tau \end{cases} \tag{13.3.22}$$

这个定理的证明同定理 13.3.1 一样,留给读者作为练习。

由上述定理可进一步推出如下结论。

定理 13.3.3 设$\{X(t), -\infty < t < +\infty\}$是以 T_1 为周期的均方连续的复平稳随机过程且 $E[X(t)]=0$,则 $X(t)$ 可做如下均方收敛的正交调和分解,即

$$\begin{cases} X(t) = \sum_{m=-\infty}^{+\infty} C_m \mathrm{e}^{\mathrm{j}m\omega_0 t} \\ C_m = \frac{1}{T_1}\int_{-\frac{T_1}{2}}^{\frac{T_1}{2}} X(t)\mathrm{e}^{-\mathrm{j}m\omega_0 t}\mathrm{d}t \end{cases} \tag{13.3.23}$$

其中,$\{C_m, m=\cdots,-2,-1,0,1,2,\cdots\}$为互不相关的复随机变量序列,即

$$E(C_m\overline{C}_n) = \frac{1}{T_1}S(m\omega_0)\delta(m-n) \tag{13.3.24}$$

其中,$\overline{C}_n$ 表示 C_n 的共轭;$\delta(m-n)$为克罗内克 δ 函数。与此同时,该过程相关函数 $B(\tau)$也可做如下的傅里叶级数分解,即

$$\begin{cases} B(\tau) = \frac{1}{T_1}\sum_{m=-\infty}^{+\infty} S(m\omega_0)\mathrm{e}^{\mathrm{j}m\omega_0\tau} \\ S(m\omega_0) = \int_{-\frac{T_1}{2}}^{\frac{T_1}{2}} B(\tau)\mathrm{e}^{-\mathrm{j}m\omega_0\tau}\mathrm{d}\tau \end{cases} \tag{13.3.25}$$

应指出,(13.3.23)式中第一个等式是指均方意义下相等。

通常称$\{C_m, m=\cdots,-2,-1,0,1,2,\cdots\}$为该随机过程的谱分解,称$\{S(m\omega_0), m=\cdots,-2,-1,0,1,2,\cdots\}$为该随机过程相关函数的谱分解。

证明 因为(13.3.17)式是均方意义下相等,故利用复数的指数表示形式有

$$\begin{aligned} X(t) &= a_0 + \sum_{m=1}^{\infty} a_m\cos m\omega_0 t + b_m\sin m\omega_0 t \\ &= a_0 + \sum_{m=1}^{\infty}\left[\frac{1}{2}(a_m+\mathrm{j}b_m)\mathrm{e}^{-\mathrm{j}m\omega_0 t} + \frac{1}{2}(a_m-\mathrm{j}b_m)\mathrm{e}^{\mathrm{j}m\omega_0 t}\right] \end{aligned} \tag{13.3.26}$$

若令

$$C_m = \frac{1}{2}(a_m-\mathrm{j}b_m), m=1,2,\cdots \tag{13.3.27}$$

则

$$\begin{cases} C_0 = a_0 \\ C_{-m} = \frac{1}{2}(a_m+\mathrm{j}b_m), m=1,2,\cdots \end{cases} \tag{13.3.28}$$

把 C_0, C_m, C_{-m}代入(13.3.26)式,可得

$$X(t)=C_0+\sum_{m=1}^{\infty}(C_{-m}\mathrm{e}^{-\mathrm{j}m\omega_0 t}+C_m\mathrm{e}^{\mathrm{j}m\omega_0 t})=\sum_{m=-\infty}^{\infty}C_m\mathrm{e}^{\mathrm{j}m\omega_0 t}$$

再由(13.3.27)式,有

$$\begin{aligned}C_m&=\frac{1}{2}(a_m-\mathrm{j}b_m)\\&=\frac{1}{2}\frac{2}{T_1}\left[\int_{-\frac{T_1}{2}}^{\frac{T_1}{2}}X(t)\cos m\omega_0 t\mathrm{d}t-\mathrm{j}\int_{-\frac{T_1}{2}}^{\frac{T_1}{2}}X(t)\sin m\omega_0 t\mathrm{d}t\right]\\&=\frac{1}{T_1}\int_{-\frac{T_1}{2}}^{\frac{T_1}{2}}X(t)\mathrm{e}^{-\mathrm{j}m\omega_0 t}\mathrm{d}t\end{aligned}$$

故(13.3.23)式得证。

另一方面,由定理 13.3.2 中的(13.3.21)式及(13.3.22)式,用完全相同的方法可得

$$\begin{aligned}B(\tau)&=\frac{1}{T_1}A_0+\frac{2}{T_1}\sum_{m=1}^{\infty}(A_m\cos m\omega_0\tau+B_m\sin m\omega_0\tau)\\&=\frac{1}{T_1}A_0+\frac{1}{T_1}\sum_{m=1}^{\infty}[(A_m+\mathrm{j}B_m)\mathrm{e}^{-\mathrm{j}m\omega_0\tau}+(A_m-\mathrm{j}B_m)\mathrm{e}^{\mathrm{j}m\omega_0\tau}]\end{aligned}\tag{13.3.29}$$

若令

$$S(m\omega_0)\triangleq A_m-\mathrm{j}B_m\tag{13.3.30}$$

则

$$\begin{cases}A_0=S(0)\\A_m+\mathrm{j}B_m=S(-m\omega_0)\end{cases}\tag{13.3.31}$$

把(13.3.30)式及(13.3.31)式代入(13.3.29)式得到

$$B(\tau)=\frac{1}{T_1}\left\{A_0+\sum_{m=1}^{\infty}[S(-m\omega_0)\mathrm{e}^{-\mathrm{j}m\omega_0\tau}+S(m\omega_0)\mathrm{e}^{\mathrm{j}m\omega_0\tau}]\right\}=\frac{1}{T_1}\sum_{m=-\infty}^{\infty}S(m\omega_0)\mathrm{e}^{\mathrm{j}m\omega_0\tau}$$

而

$$\begin{aligned}S(m\omega_0)&=A_m-\mathrm{j}B_m=\int_{-\frac{T_1}{2}}^{\frac{T_1}{2}}B(\tau)\cos m\omega_0\tau\mathrm{d}\tau-\mathrm{j}\int_{-\frac{T_1}{2}}^{\frac{T_1}{2}}B(\tau)\sin m\omega_0\tau\mathrm{d}\tau\\&=\int_{-\frac{T_1}{2}}^{\frac{T_1}{2}}B(\tau)\mathrm{e}^{\mathrm{j}m\omega_0\tau}\mathrm{d}\tau\end{aligned}$$

于是(13.3.25)式得证。

最后,由(13.3.27)式、(13.3.28)式及(13.3.20)式,还有

$$\begin{aligned}E(C_m\overline{C}_n)&=E\left[\frac{1}{2}(a_m-\mathrm{j}b_m)\frac{1}{2}(\overline{a}_n+\mathrm{j}\,\overline{b}_n)\right]\\&=\frac{1}{4}[E(a_m\overline{a}_n)+E(b_m\overline{b}_n)]+\mathrm{j}\,\frac{1}{4}[E(a_m\overline{b}_n)+E(b_m\overline{a}_n)]\\&=\frac{1}{4}\left[\frac{2}{T_1}A_m\delta(m-n)+\frac{2}{T_1}A_m\delta(m-n)\right]+\mathrm{j}\,\frac{1}{4}\left[\frac{-2}{T_1}B_m\delta(m-n)-\frac{2}{T_1}B_m\delta(m-n)\right]\\&=\frac{1}{T_1}(A_m-\mathrm{j}B_m)\delta(m-n)=\frac{1}{T_1}S(m\omega_0)\delta(m-n)\end{aligned}\tag{13.3.32}$$

故(13.3.24)式得证。定理证毕。

上述定理告诉我们,如果平稳过程$\{X(t),-\infty<t<+\infty\}$是以 T_1 为周期的,则该过程存在正交调和分解,也即有(13.3.32)式及(13.3.24)式。它的含义是,以 T_1 为周期的平稳

过程不仅可分解为正交函数组$\{e^{jm\omega_0\tau},m=\cdots,-2,-1,0,1,2,\cdots\}$的线性组合,而且其相应的系数$\{C_m,m=\cdots,-2,-1,0,1,2,\cdots\}$也是彼此互不相关的随机变量(见(13.3.24)式),通常称这种分解为正交调和分解。

如果平稳过程$\{X(t),-\infty<t<+\infty\}$是非周期的,那么对任意$T_1$,在区间$\left[-\frac{T_1}{2},\frac{T_1}{2}\right]$上仍可做(13.3.23)式的分解,但此时各系数$\{C_m,m=\cdots,-2,-1,0,1,2,\cdots\}$却不是互不相关的,因此在$\left[-\frac{T_1}{2},\frac{T_1}{2}\right]$上不存在正交调和分解。应指出,即使不存在正交调和分解,但对任意$t\in\left[-\frac{T_1}{2},\frac{T_1}{2}\right]$,(13.3.23)式仍在均方意义下成立。

下面我们讨论在什么条件下(13.3.23)式中的系数$\{C_m,m=\cdots,-2,-1,0,1,2,\cdots\}$才能互不相关。为此有:

引理 13.3.1 设$\{X(t),-\infty<t<+\infty\}$为非周期均方连续的实平稳随机过程且$E[X(t)]=0$,则仅当$T_1\to\infty$时,由(13.3.4)式表示的各系数互不相关,即

$$\lim_{T_1\to\infty}(a_m a_n)=\frac{2}{T_1}A_m\delta(m-n) \tag{13.3.33}$$

$$\lim_{T_1\to\infty}(b_m b_n)=\frac{2}{T_1}A_m\delta(m-n) \tag{13.3.34}$$

$$\lim_{T_1\to\infty}(a_m b_n)=0 \tag{13.3.35}$$

此时称系数$\{a_m,b_m,m=1,2,\cdots\}$为渐近互不相关,并且(13.3.3)式为渐近均方相等,即

$$E\left(\left\{X(t)-\lim_{T_1\to\infty}\left[a_0+\sum_{m=1}^{\infty}(a_m\cos m\omega_0 t+b_m\sin m\omega_0 t)\right]\right\}^2\right)=0 \tag{13.3.36}$$

证明 由(13.3.4)式可知,对任意$t\in(-\infty,+\infty)$,有

$$E(a_m a_n)=\frac{4}{T_1^2}\int_{-\frac{T_1}{2}}^{\frac{T_1}{2}}\int_{-\frac{T_1}{2}}^{\frac{T_1}{2}}B(t_1-t_2)\cos m\omega_0 t_1\cos n\omega_0 t_2\,dt_1 dt_2$$

设$t_1-t_2=\tau$,把$t_1=\tau+t_2$代入上式,则有

$$E(a_m a_n)=\frac{4}{T_1^2}\int_{-\frac{T_1}{2}}^{\frac{T_1}{2}}\cos n\omega_0 t_2\,dt_2\int_{-\frac{T_1}{2}-t_2}^{\frac{T_1}{2}-t_2}B(t_1-t_2)\cos m\omega_0(\tau+t_2)\,d\tau$$

再设$v=t_2/T_1$并考虑到$\omega_0=\frac{2\pi}{T_1}$,可得

$$\begin{aligned}E(a_m a_n)&=\frac{4}{T_1^2}\int_{-\frac{1}{2}}^{\frac{1}{2}}\cos 2\pi nv\,dv\,T_1\int_{-T_1(\frac{1}{2}+v)}^{T_1(\frac{1}{2}-v)}B(\tau)\cos 2\pi m\left(v+\frac{\tau}{T_1}\right)d\tau\\&=\frac{4}{T_1}\int_{-\frac{1}{2}}^{\frac{1}{2}}\cos 2\pi nv\,dv\left[\cos 2\pi mv\int_{-T_1(\frac{1}{2}+v)}^{T_1(\frac{1}{2}-v)}B(\tau)\cos 2\pi m\frac{\tau}{T_1}d\tau-\right.\\&\left.\sin 2\pi mv\int_{-T_1(\frac{1}{2}+v)}^{T_1(\frac{1}{2}-v)}B(\tau)\sin 2\pi m\frac{\tau}{T_1}d\tau\right]\end{aligned} \tag{13.3.37}$$

当$T_1\to\infty$时,显然对任意$t_2<\infty$有$v=t_2/T_1\to 0$,于是有

$$\lim_{T_1\to\infty}\int_{-T_1(\frac{1}{2}+v)}^{T_1(\frac{1}{2}-v)}B(\tau)\sin 2\pi m\frac{\tau}{T_1}d\tau=\int_{-\infty}^{+\infty}B(\tau)\sin m\omega_0\tau\,d\tau=0$$

及

$$\lim_{T_1\to\infty}\int_{-T_1\left(\frac{1}{2}+v\right)}^{T_1\left(\frac{1}{2}-v\right)} B(\tau)\cos 2\pi m\frac{\tau}{T_1}\mathrm{d}\tau = \int_{-\infty}^{+\infty} B(\tau)\cos m\omega_0\tau\mathrm{d}\tau = A_m$$

把以上结果代入(13.3.37)式,得

$$\begin{aligned}\lim_{T_1\to\infty}E(a_m a_n) &= \frac{4}{T_1}A_m\int_{-\frac{1}{2}}^{\frac{1}{2}}\cos 2\pi n v\cos 2\pi m v\mathrm{d}v \\ &= \frac{2}{T_1}A_m\delta(m-n)\end{aligned} \tag{13.3.38}$$

同理还可证明有

$$\lim_{T_1\to\infty}E(b_m b_n) = \frac{2}{T_1}A_m\delta(m-n) \tag{13.3.39}$$

$$\lim_{T_1\to\infty}E(a_m b_n) = 0 \tag{13.3.40}$$

利用上面的结果,仿定理 13.3.1 中证明(13.3.3)式均方意义下成立的方法,不难证明(13.3.36)式成立。引理证毕。

把上述引理的结论推广到非周期复平稳随机过程,于是有:

引理 13.3.2　设$\{X(t),-\infty<t<+\infty\}$为非周期均方连续的复平稳随机过程且$E[X(t)]=0$,则仅当$T_1\to\infty$时,(13.3.18)式及(13.3.19)式所表示的各系数$\{a_m,b_m,m=0,1,2,\cdots\}$为渐近互不相关,即

$$\begin{cases}\lim\limits_{T_1\to\infty}E(a_m\overline{a}_n) = \dfrac{2}{T_1}A_m\delta(m-n) \\ \lim\limits_{T_1\to\infty}E(b_m\overline{b}_n) = \dfrac{2}{T_1}A_m\delta(m-n) \\ \lim\limits_{T_1\to\infty}E(a_m\overline{b}_n) = \dfrac{-2}{T_1}B_m\delta(m-n) \\ \lim\limits_{T_1\to\infty}E(b_m\overline{a}_n) = \dfrac{2}{T_1}B_m\delta(m-n)\end{cases} \tag{13.3.41}$$

而且(13.3.17)式对任意$t\in(-\infty,+\infty)$为渐近均方相等。与此同时,定理 13.3.3 中由(13.3.23)式表示的各系数$\{C_m,m=\cdots,-2,-1,0,1,2,\cdots\}$也为渐近互不相关,即

$$\lim_{T_1\to\infty}E(C_m\overline{C}_n) = \frac{1}{T_1}S(m\omega_0)\delta(m-n) \tag{13.3.42}$$

而且(13.3.22)式对任意$t\in(-\infty,+\infty)$为渐近均方相等,即

$$E\left\{\left[X(t) - \lim_{T_1\to\infty}\sum_{m=-\infty}^{+\infty}C_m\mathrm{e}^{\mathrm{j}m\omega_0 t}\right]^2\right\} = 0 \tag{13.3.43}$$

这个引理的证明同引理 13.3.1 基本相同,留给读者作为练习。

利用上述引理可以推得非周期复平稳随机过程的谱分解定理。

定理 13.3.4　设$\{X(t),-\infty<t<+\infty\}$为均方连续的复平稳随机过程且$E[X(t)]=0$,则$X(t)$有如下渐近正交调和分解,即

$$\begin{cases}X(t) = \displaystyle\int_{-\infty}^{+\infty}\mathrm{e}^{\mathrm{j}\omega t}\mathrm{d}\zeta(\mathrm{j}\omega) \\ \mathrm{d}\zeta(\mathrm{j}\omega) \triangleq \underset{T_1\to\infty}{\mathrm{l\cdot i\cdot m}}\dfrac{1}{T_1}\displaystyle\int_{-\frac{T_1}{2}}^{\frac{T_1}{2}}X(t)\mathrm{e}^{-\mathrm{j}\omega t}\mathrm{d}t\end{cases} \tag{13.3.44}$$

其中$\{\zeta(\mathrm{j}\omega),-\infty<\omega<+\infty\}$为正交增量过程且$\mathrm{d}\zeta(\mathrm{j}\omega)$满足如下等式:

(1) $E[\mathrm{d}\zeta(\mathrm{j}\omega)]=E\{\zeta[\mathrm{j}(\omega+\mathrm{d}\omega)]-\zeta(\mathrm{j}\omega)\}=0$ (13.3.45)

(2) 当 $[\omega_1,\omega_1+\mathrm{d}\omega]$ 与 $[\omega_2,\omega_2+\mathrm{d}\omega]$ 不相重叠时,有

$$\begin{aligned}&E[\mathrm{d}\zeta(\mathrm{j}\omega_1)\overline{\mathrm{d}\zeta(\mathrm{j}\omega_2)}]\\=&E\{[\zeta(\mathrm{j}\omega_1+\mathrm{jd}\omega)-\zeta(\mathrm{j}\omega_1)]\overline{[\zeta(\mathrm{j}\omega_2+\mathrm{jd}\omega)-\zeta(\mathrm{j}\omega_2)]}\}\\=&0\end{aligned}$$

当 $\omega_1=\omega_2=\omega$ 时,有 $E[|\mathrm{d}\zeta(\mathrm{j}\omega)|^2]=\frac{1}{2\pi}S(\omega)\mathrm{d}\omega$,因此,对任意 $\omega_1,\omega_2\in(-\infty,+\infty)$ 可归纳为

$$E[\mathrm{d}\zeta(\mathrm{j}\omega_1)\overline{\mathrm{d}\zeta(\mathrm{j}\omega_2)}]=\frac{1}{2\pi}S(\omega_1)\mathrm{d}\omega\delta(\omega_1-\omega_2) \tag{13.3.46}$$

其中,$\delta(\omega_1-\omega_2)$ 为克罗内克 δ 函数。

若该平稳随机过程 $\{X(t),-\infty<t<+\infty\}$ 的相关函数 $B(\tau)$ 满足

$$\int_{-\infty}^{+\infty}|B(\tau)|\mathrm{d}\tau<\infty \tag{13.3.47}$$

则 $B(\tau)$ 有如下傅里叶积分分解,即

$$\begin{cases}B(\tau)=\dfrac{1}{2\pi}\displaystyle\int_{-\infty}^{+\infty}S(\omega)\mathrm{e}^{\mathrm{j}\omega\tau}\mathrm{d}\omega\\S(\omega)=\displaystyle\int_{-\infty}^{+\infty}B(\tau)\mathrm{e}^{-\mathrm{j}\omega\tau}\mathrm{d}\tau\end{cases} \tag{13.3.48}$$

证明 由引理 13.3.2 可知,对于非周期复平稳随机过程 $\{X(t),-\infty<t<+\infty\}$,仅当 $T_1\to\infty$ 时,由(13.3.23)式所表示的各系数 $\{C_m,m=\cdots,-2,-1,0,1,2,\cdots\}$ 为渐近互不相关。因此,可以通过考察定理 13.3.3 当 $T_1\to\infty$ 时的极限形式来证明该定理。为此,首先注意到 $\omega_0=\frac{2\pi}{T_1},\frac{1}{T_1}=\frac{1}{2\pi}\omega_0$,当 $T_1\to\infty$ 时,则

$$\begin{cases}m\omega_0=\omega,\omega_0=\mathrm{d}\omega\\\dfrac{1}{T_1}=\dfrac{1}{2\pi}\mathrm{d}\omega\end{cases} \tag{13.3.49}$$

由定理 13.3.3 及(13.3.49)式,有

$$\underset{T_1\to\infty}{\mathrm{l\cdot i\cdot m}}\,C_m=\underset{T_1\to\infty}{\mathrm{l\cdot i\cdot m}}\,\frac{1}{T_1}\int_{-\frac{T_1}{2}}^{\frac{T_1}{2}}X(t)\mathrm{e}^{-\mathrm{j}m\omega_0t}\mathrm{d}t=\underset{T_1\to\infty}{\mathrm{l\cdot i\cdot m}}\,\frac{1}{T_1}\int_{-\frac{T_1}{2}}^{\frac{T_1}{2}}X(t)\mathrm{e}^{-\mathrm{j}\omega t}\mathrm{d}t\triangleq\mathrm{d}\zeta(\mathrm{j}\omega) \tag{13.3.50}$$

不难证明 $\mathrm{d}\zeta(\mathrm{j}\omega)$ 是均方收敛的随机变量。而且

$$X(t)=\underset{T_1\to\infty}{\mathrm{l\cdot i\cdot m}}\sum_{m=-\infty}^{+\infty}C_m\mathrm{e}^{\mathrm{j}m\omega_0t}=\int_{-\infty}^{+\infty}\mathrm{e}^{\mathrm{j}\omega t}\mathrm{d}\zeta(\mathrm{j}\omega) \tag{13.3.51}$$

再由(13.3.25)式及(13.3.49)式,还有

$$B(\tau)=\lim_{T_1\to\infty}\frac{1}{T_1}\sum_{m=-\infty}^{+\infty}S(m\omega_0)\mathrm{e}^{\mathrm{j}m\omega_0\tau}=\frac{1}{2\pi}\int_{-\infty}^{+\infty}S(\omega)\mathrm{e}^{\mathrm{j}\omega\tau}\mathrm{d}\omega \tag{13.3.52}$$

和

$$S(\omega)=\lim_{T_1\to\infty}\int_{-\frac{T_1}{2}}^{\frac{T_1}{2}}B(\tau)\mathrm{e}^{\mathrm{j}m\omega_0\tau}\mathrm{d}\tau=\int_{-\infty}^{+\infty}B(\tau)\mathrm{e}^{-\mathrm{j}\omega\tau}\mathrm{d}\tau \tag{13.3.53}$$

应当指出,由(13.3.47)式可以证明(13.3.53)式收敛。

另一方面,由(13.3.50)式可知

$$E[\mathrm{d}\zeta(\mathrm{j}\omega)] = E(\underset{T_1\to\infty}{\mathrm{l\cdot i\cdot m}}\, C_m) = \lim_{T_1\to\infty}\frac{1}{T_1}\int_{-\frac{T_1}{2}}^{\frac{T_1}{2}}E[X(t)\mathrm{e}^{-\mathrm{j}\omega t}]\mathrm{d}t = 0 \tag{13.3.54}$$

而且对任意 $\omega_1,\omega_2\in(-\infty,+\infty)$,由(13.3.50)式,若令

$$\underset{T_1\to\infty}{\mathrm{l\cdot i\cdot m}}\, C_m = \mathrm{d}\zeta(\mathrm{j}\omega_1),\ \underset{T_1\to\infty}{\mathrm{l\cdot i\cdot m}}\, C_n = \mathrm{d}\zeta(\mathrm{j}\omega_2)$$

则

$$E[\mathrm{d}\zeta(\mathrm{j}\omega_1)\overline{\mathrm{d}\zeta(\mathrm{j}\omega_2)}] = E(\underset{T_1\to\infty}{\mathrm{l\cdot i\cdot m}}\, C_m\cdot\underset{T_1\to\infty}{\mathrm{l\cdot i\cdot m}}\, \overline{C}_n) = \lim_{T_1\to\infty}E(C_m\overline{C}_n)$$

再把(13.3.24)式代入上式可得

$$\begin{aligned}E[\mathrm{d}\zeta(\mathrm{j}\omega_1)\overline{\mathrm{d}\zeta(\mathrm{j}\omega_2)}] &= \lim_{T_1\to\infty}E(C_m\overline{C}_n)\\ &= \lim_{T_1\to\infty}\frac{1}{T_1}S(m\omega_0)\delta(m-n)\\ &= \frac{1}{2\pi}S(\omega_1)\mathrm{d}\omega\delta(\omega_1-\omega_2)\end{aligned} \tag{13.3.55}$$

因此,$\{\zeta(\mathrm{j}\omega),\omega\in(-\infty,+\infty)\}$为正交增量过程且(13.3.45)式及(13.3.46)式得证,其中,$\delta(\omega_1-\omega_2)$为克罗内克 δ 函数。定理证毕。

对于平稳随机过程,上述定理是一个基本定理,通常称为谱分解定理。有时称(13.3.44)式为平稳随机过程的谱分解,其中称 $\zeta(\mathrm{j}\omega)$为平稳随机过程$\{X(t),-\infty<t<+\infty\}$的随机谱函数;称(13.3.48)式为平稳随机过程相关函数的谱分解,其中称 $S(\omega)$为平稳随机过程的功率谱密度函数,

从本质上说,平稳随机过程$\{X(t),-\infty<t<+\infty\}$的谱分解就是其傅里叶变换,因此可表示为

$$\mathcal{F}\{X(t)\}\triangleq \mathrm{e}^{\mathrm{j}\omega t}\mathrm{d}\zeta_X(\mathrm{j}\omega)$$

符号$\mathcal{F}\{\cdot\}$表示对随机过程$\{X(t)\}$做谱分解或傅里叶变换。读者不难证明随机过程谱分解有如下性质:

(1)$\mathcal{F}\{c_1X(t)+c_2Y(t)\}\triangleq c_1\mathrm{e}^{\mathrm{j}\omega t}\mathrm{d}\zeta_X(\mathrm{j}\omega)+c_2\mathrm{e}^{\mathrm{j}\omega t}\mathrm{d}\zeta_Y(\mathrm{j}\omega)=c_1\mathcal{F}\{X(t)\}+c_2\mathcal{F}\{Y(t)\}$

(2)$\mathcal{F}\left\{\dfrac{\mathrm{d}^nX(t)}{\mathrm{d}t^n}\right\}\triangleq(\mathrm{j}\omega)^n\mathrm{e}^{\mathrm{j}\omega t}\mathrm{d}\zeta_X(\mathrm{j}\omega)=(\mathrm{j}\omega)^n\mathcal{F}\{X(t)\}$。

由(13.3.44)式可以看出,任何一个均方连续的平稳随机过程$\{X(t),-\infty<t<+\infty\}$都可以看作无穷多个随机正弦波的叠加,每个正弦波可表示为

$$\mathrm{d}\zeta_X(\mathrm{j}\omega)\mathrm{e}^{\mathrm{j}\omega t}$$

其角频率为 ω,而振幅 $\mathrm{d}\zeta_X(\mathrm{j}\omega)$是随机的,再由(13.3.45)式及(13.3.46)式可知,随机振幅的均值为零,对于任意两个不相重叠的小区间$[\omega_1,\omega_1+\mathrm{d}\omega)$,$[\omega_2,\omega_2+\mathrm{d}\omega)$,所对应的随机振幅 $\mathrm{d}\zeta(\mathrm{j}\omega_1)$与 $\mathrm{d}\zeta(\mathrm{j}\omega_2)$是互不相关的。这就是说随机谱函数

$$\zeta(\mathrm{j}\omega) = \int\mathrm{d}\zeta(\mathrm{j}\omega) + C$$

是以 ω 为自变量的正交增量过程。

另一方面,由(13.3.46)式又知,当 $\omega_1=\omega_2=\omega$ 时有

$$E[|\mathrm{d}\zeta(j\omega)|^2] = \frac{1}{2\pi}S(\omega)\mathrm{d}\omega \tag{13.3.56}$$

如果把随机振幅 $\mathrm{d}\zeta(\mathrm{j}\omega)$ 量纲理解为电压,则 $E[|\mathrm{d}\zeta(\mathrm{j}\omega)|^2]$ 的量纲就是电压的平方,这相当于随机正弦波 $\mathrm{d}\zeta(\mathrm{j}\omega)\mathrm{e}^{\mathrm{j}\omega t}$ 作用在 1 Ω 电阻上所消耗的平均功率。然而由(13.3.56)式又知,这恰恰等于$\frac{1}{2\pi}S(\omega)\mathrm{d}\omega$,因此,$S(\omega)$ 就表示平稳随机过程在角频率 ω 上所具有的平均功率谱密度。所以经常把 $S(\omega)$ 叫作功率谱密度函数。

平稳随机过程的功率谱密度 $S(\omega)$ 具有如下性质:

(1)$S(\omega)\geqslant 0$。

事实上,由(13.3.56)式可知这是显然的。

(2)$S(\omega)$ 是 ω 的实函数。

因为 $B(-\tau)=\overline{B(\tau)}$,所以由(13.3.48)式容易推知 $S(\omega)$ 是 ω 的实值函数。

(3)若过程 $X(t)$ 是实的,则 $S(\omega)$ 是偶函数,即 $S(-\omega)=S(\omega)$。因为 $X(t)$ 为实的,故 $B(-\tau)$ 也为实的且为偶函数,因此由(13.3.48)式可知 $S(\omega)$ 是 ω 的偶函数。

另外,在(13.3.48)式中令 $\tau=0$,可得

$$B(0)=E[X^2(t)]=\frac{1}{2\pi}\int_{-\infty}^{+\infty}S(\omega)\mathrm{d}\omega \tag{13.3.57}$$

由此可知,平稳随机过程 $\{X(t),-\infty<t<+\infty\}$ 的平均功率是组成它的各个随机正弦波的平均功率$\frac{1}{2\pi}S(\omega)\mathrm{d}\omega$ 的总和。

最后,由积分变换的唯一性定理可知,均方连续的平稳随机过程 $\{X(t),-\infty<t<+\infty\}$ 与其功率谱密度函数 $S(\omega)$ 是一一对应的。因此,这就使得我们能够在频率域中研究 $S(\omega)$ 的性质来了解平稳随机过程 $\{X(t),-\infty<t<+\infty\}$ 在时间域中的特征。

下面举几个例子说明功率谱密度函数的计算及其物理意义。

例 13.3.1　常量过程的功率谱密度　设 $\{X(t),-\infty<t<+\infty\}$ 为常量过程,即 $X(t)=a$(常数),这是一种特殊的随机过程,它表明对任意 $t\in(-\infty,+\infty)$,事件 $\{X(t)=a\}$ 为必然事件,即

$$P[X(t)=a]=1$$

显然,常量过程的相关函数为 $B(\tau)=E[X(t+\tau)X(t)]=a^2$,将该式结果代入(13.3.48)式可得常量过程的功率谱密度函数为

$$S(\omega)=\int_{-\infty}^{+\infty}B(\tau)\mathrm{e}^{-\mathrm{j}\omega\tau}\mathrm{d}\tau=a^2\int_{-\infty}^{+\infty}\mathrm{e}^{-\mathrm{j}\omega\tau}\mathrm{d}\tau=2\pi a^2\delta(\omega)$$

其中,$\delta(\omega)$ 为狄拉克 δ 函数。上式表明,常量过程的能量全部集中在零频率一点上,而在其他频率上没有能量。这同我们的直观理解是一致的。

例 13.3.2　具有随机振幅的正弦波的功率谱密度　设 $\{X(t)=A\sin\omega_0 t+B\cos\omega_0 t,-\infty<t<+\infty,\omega_0$ 为常数$\}$ 为随机过程,A,B 为相互独立的服从正态 $N(0,\sigma^2)$ 分布的随机变量。由例 10.2.2 的分析可知该过程是平稳随机过程且

$$E[X(t)]=0$$

$$B(\tau)=E[X(t+\tau)X(t)]=\sigma^2\cos\omega_0\tau$$

把上式结果代入(13.3.48)式可得该过程的功率谱密度函数为

$$S(\omega)=\int_{-\infty}^{+\infty}B(\tau)\mathrm{e}^{-\mathrm{j}\omega\tau}\mathrm{d}\tau-\sigma^2\int_{-\infty}^{+\infty}\cos\omega_0\tau\mathrm{e}^{-\mathrm{j}\omega\tau}\mathrm{d}\tau=\pi\sigma^2\delta(\omega-\omega_0)+\pi\sigma^2\delta(\omega+\omega_0)$$

其中,$\delta(\cdot)$ 为狄拉克 δ 函数。上面的结果表明,上述过程的能量全部集中在角频率为

$\pm\omega_0$ 这两点上，而在其他角频率上没有能量。这个结果同该过程的物理含义是一致的。

例 13.3.3　白噪声过程的功率谱密度　由定义 13.1.2 可知，白噪声$\{X(t), -\infty<t<+\infty\}$的相关函数 $B(\tau)=E[X(t+\tau)X(t)]=\sigma^2\delta(\tau)$，其中，$\delta(\tau)$为狄拉克 δ 函数。把白噪声过程的相关函数代入(13.3.48)式可得白噪声功率谱密度 $S(\omega)$为

$$S(\omega)=\sigma^2\int_{-\infty}^{+\infty}\delta(\tau)\mathrm{e}^{-\mathrm{j}\omega\tau}\mathrm{d}\tau=\sigma^2$$

这个结果表明，白噪声过程的能量在整个角频率区间$(-\infty,+\infty)$上是均匀分布的。

应当指出，白噪声过程是一种理想化的数学模型。由(13.3.59)式可以看出，产生白噪声的能源必须具有无限大的功率，显然这在实际中是不存在的，因此，在实际中不可能产生出理想化的白噪声过程。但是白噪声的概念却十分有用。当非白噪声过程(有时称为有色噪声)作用于线性系统时，只要在系统的带宽范围以内该过程的功率谱密度近乎恒定，那么就可以近似地认为这个非白噪声过程具有白噪声过程的特性。这种近似的考虑对于系统性能的分析和计算是十分必要的。

例 13.3.4　随机开关信号的功率谱密度　由例 13.1.6 的分析可知随机开关信号的相关函数为

$$B(\tau)=E[X(t+\tau)X(t)]=a^2\mathrm{e}^{-2\mu|\tau|}$$

其中，a 为随机开关信号的振幅；$\mu>0$ 为随机开关信号在单位时间内平均发生变号的次数。把上面结果代入(13.3.48)式可得功率谱密度为

$$S(\omega)=\int_{-\infty}^{+\infty}B(\tau)\mathrm{e}^{-\mathrm{j}\omega\tau}\mathrm{d}\tau=a^2\int_{-\infty}^{+\infty}\mathrm{e}^{-2\mu|\tau|}\mathrm{e}^{-\mathrm{j}\omega\tau}\mathrm{d}\tau=\frac{4\mu a^2}{\omega^2+4\mu^2}$$

例 13.3.5　窄频带实平稳随机过程的功率谱密度　在无线电通信中，经常遇到窄频带实平稳随机过程$\{X(t), -\infty<t<+\infty\}$，其中，$X(t)=\xi(t)\cos\omega_0 t+\eta(t)\sin\omega_0 t$，$\xi(t)$与$\eta(t)$均为零均值且互不相关的平稳过程，其相关函数为

$$B_\xi(\tau)=\mathrm{e}^{-\beta|\tau|}=B_\eta(\tau)$$

功率谱密度 $S_\xi(\omega)$等于 $S_\eta(\omega)$且

$$S_\xi(\omega)=\frac{2\beta}{\omega^2+\beta^2}=S_\eta(\omega)$$

所谓窄频带就是指满足如下条件，即

$$\omega_0\gg\beta$$

可以计算，窄频带实平稳随机过程$\{X(t), -\infty<t<+\infty\}$的相关函数为

$$B_X(\tau)=\mathrm{e}^{-\beta|\tau|}\cos\omega_0\tau$$

功率谱密度函数为

$$\begin{aligned}S_X(\omega)&=\int_{-\infty}^{+\infty}B_X(\tau)\mathrm{e}^{-\mathrm{j}\omega\tau}\mathrm{d}\tau\\&=\int_{-\infty}^{+\infty}\mathrm{e}^{-\beta|\tau|}\cos\omega_0\tau\,\mathrm{e}^{-\mathrm{j}\omega\tau}\mathrm{d}\tau\\&=\frac{\beta}{(\omega-\omega_0)^2+\beta^2}+\frac{\beta}{(\omega+\omega_0)^2+\beta^2}\\&=\frac{1}{2}S_\xi(\omega-\omega_0)+\frac{1}{2}S_\xi(\omega+\omega_0)\end{aligned}$$

由上式可以画出窄频带随机过程$\{X(t), -\infty<t<+\infty\}$的功率谱密度 $S_X(\omega)$及平稳随机

过程$\{\xi(t), -\infty < t < +\infty\}$的功率谱密度图,如图 13.3.1 所示。

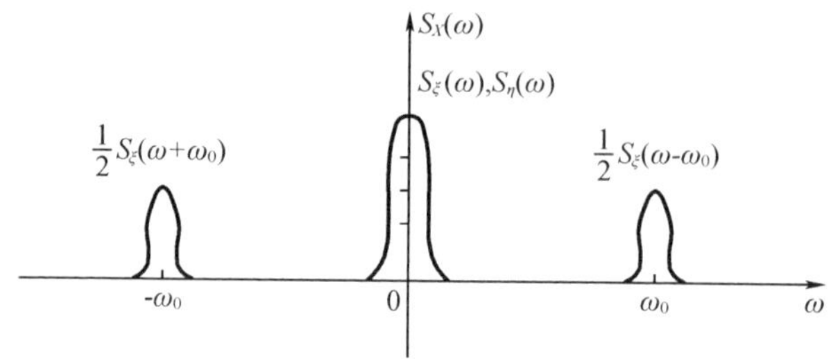

图 13.3.1　窄频带随机过程的功率谱密度及平衡随机过程的功率谱密度图

现在,我们把上述功率谱密度的概念推广到两个平稳相关的随机过程中。在(13.2.17)式中介绍了互相关函数的定义,现在引入与之相联系的**互功率谱密度**的概念。

定义 13.3.3　设$\{X(t), -\infty < t < +\infty\}$和$\{Y(t), -\infty < t < +\infty\}$是平稳相关的实随机过程,如果互相关函数$B_{XY}(\tau)$满足

$$\int_{-\infty}^{+\infty} |B_{XY}(\tau)| \mathrm{d}\tau < \infty \tag{13.3.58}$$

则存在**互功率谱密度函数**$S_{XY}(\mathrm{j}\omega)$,且

$$\begin{cases} S_{XY}(\mathrm{j}\omega) = \int_{-\infty}^{+\infty} B_{XY}(\tau) \mathrm{e}^{-\mathrm{j}\omega\tau} \mathrm{d}\tau \\ B_{XY}(\tau) = \dfrac{1}{2\pi}\int_{-\infty}^{+\infty} S_{XY}(\mathrm{j}\omega) \mathrm{e}^{\mathrm{j}\omega\tau} \mathrm{d}\omega \end{cases} \tag{13.3.59}$$

不难证明互功率谱密度函数$S_{XY}(\mathrm{j}\omega)$有如下性质:

(1)$S_{XY}(\mathrm{j}\omega)$与$\overline{S_{YX}(\mathrm{j}\omega)}$互为共轭,即$S_{YX}(\mathrm{j}\omega) = \overline{S_{XY}(\mathrm{j}\omega)}$;

(2)$|S_{XY}(\mathrm{j}\omega)| \leqslant \sqrt{S_X(\omega)}\sqrt{S_Y(\omega)}$。

13.4　平稳随机序列及其相关函数的谱分解

对于平稳随机序列,仍可做谱分解。

定理 13.4.1　设$\{X(nT_0), n = \cdots, -2, -1, 0, 1, 2, \cdots\}$为复平稳随机序列,$E[X(nT_0)] = 0$,则$X(nT_0)$可做离散形式的渐近正交调和分解

$$\begin{cases} X(nT_0) = \int_{-\frac{\pi}{T_0}}^{\frac{\pi}{T_0}} \mathrm{e}^{\mathrm{j}\omega nT_0} \mathrm{d}\zeta_{T_0}(\mathrm{j}\omega) \\ \mathrm{d}\zeta_{T_0}(\mathrm{j}\omega) = \sum_{n=-\infty}^{+\infty} \mathrm{d}\zeta[\mathrm{j}(\omega - n\omega_0)] \end{cases} \tag{13.4.1}$$

其中,T_0为采样周期;$\left\{\zeta_{T_0}(\mathrm{j}\omega), \omega \in \left[-\frac{\pi}{T_0}, \frac{\pi}{T_0}\right]\right\}$为正交增量过程且$\mathrm{d}\zeta_{T_0}(\mathrm{j}\omega)$满足

(1)$E[\mathrm{d}\zeta_{T_0}(\mathrm{j}\omega)] = 0$　　(13.4.2)

(2)当$[\omega_1, \omega_1 + \mathrm{d}\omega]$与$[\omega_2, \omega_2 + \mathrm{d}\omega]$不相重叠时,有

$$E[\mathrm{d}\zeta_{T_0}(\mathrm{j}\omega_1)\overline{\mathrm{d}\zeta_{T_0}(\mathrm{j}\omega_2)}]$$

$$= E[\zeta_{T_0}(\mathrm{j}\omega_1+\mathrm{j}\mathrm{d}\omega)-\zeta_{T_0}(\mathrm{j}\omega_1)][\overline{\zeta_{T_0}(\mathrm{j}\omega_2+\mathrm{j}\mathrm{d}\omega)}-\overline{\zeta_{T_0}(\mathrm{j}\omega_2)}]=0 \tag{13.4.3}$$

当 $\omega_1=\omega_2=\omega$ 时，有

$$E[\,|\mathrm{d}\zeta_{T_0}(\mathrm{j}\omega)|^2\,]=\frac{1}{2\pi}S_{T_0}(\omega)\mathrm{d}\omega \tag{13.4.4}$$

因此，对任意 $\omega_1,\omega_2\in\left[-\frac{\pi}{T_0},\frac{\pi}{T_0}\right]$ 可归纳为

$$E[\mathrm{d}\zeta_{T_0}(\mathrm{j}\omega_1)\overline{\mathrm{d}\zeta_{T_0}(\mathrm{j}\omega_2)}]=\frac{1}{2\pi}S_{T_0}(\omega_1)\mathrm{d}\omega\delta(\omega_1-\omega_2) \tag{13.4.5}$$

其中

$$S_{T_0}(\omega)=\sum_{k=-\infty}^{+\infty}S(\omega-k\omega_0)$$

且 $E[\,|\mathrm{d}\zeta(\mathrm{j}\omega)|^2\,]=\frac{1}{2\pi}S(\omega)\mathrm{d}\omega$，而 $S(\omega)$ 为某均方连续平稳随机过程 $\{X(t),-\infty<t<+\infty\}$ 的功率谱密度函数；$\delta(\omega_1-\omega_2)$ 为克罗内克 δ 函数。

又如果该平稳随机序列的相关函数 $B(nT_0)$ 满足

$$\sum_{n=-\infty}^{+\infty}|B(nT_0)|<\infty$$

则 $B(nT_0)$ 可表示为

$$\begin{cases}B(nT_0)=\dfrac{1}{2\pi}\displaystyle\int_{-\pi/T_0}^{\pi/T_0}S_{T_0}(\omega)\mathrm{e}^{\mathrm{j}\omega nT_0}\mathrm{d}\omega\\ S_{T_0}(\omega)=T_0\displaystyle\sum_{n=-\infty}^{+\infty}B(nT_0)\mathrm{e}^{-\mathrm{j}\omega nT_0}\end{cases} \tag{13.4.6}$$

证明　首先注意到，对于均方连续的平稳随机过程 $\{X(t),-\infty<t<+\infty\}$ 经采样后所得到的平稳随机序列 $\{X(nT_0),n=\cdots,-2,-1,0,1,2,\cdots\}$ 可表示为 $\{X_{T_0}(t),-\infty<t<+\infty\}$，且

$$X_{T_0}(t)=T_0X(t)\sum_{n=-\infty}^{+\infty}\delta(t-nT_0) \tag{13.4.7}$$

其中，T_0 为采样周期；$\delta(\cdot)$ 为狄拉克 δ 函数。经傅里叶级数变换，有

$$T_0\sum_{n=-\infty}^{+\infty}\delta(t-nT_0)=\sum_{n=-\infty}^{+\infty}\mathrm{e}^{\mathrm{j}n\omega_0t} \tag{13.4.8}$$

把(13.4.8)式代入(13.4.7)式可得

$$X_{T_0}(t)=X(t)\sum_{n=-\infty}^{+\infty}\mathrm{e}^{\mathrm{j}n\omega_0t} \tag{13.4.9}$$

这样一来，若把 $X_{T_0}(t)$ 理解为定理 2.3.4 中的 $X(t)$，就可以利用该定理的结论。由(13.3.44)式有

$$\begin{aligned}\mathrm{d}\zeta_{T_0}(\mathrm{j}\omega)&=\underset{T_1\to\infty}{\mathrm{l\cdot i\cdot m}}\frac{1}{T_1}\int_{-\frac{T_1}{2}}^{\frac{T_1}{2}}X_{T_0}(t)\mathrm{e}^{-\mathrm{j}\omega t}\mathrm{d}t\\&=\underset{T_1\to\infty}{\mathrm{l\cdot i\cdot m}}\frac{1}{T_1}\int_{-\frac{T_1}{2}}^{\frac{T_1}{2}}X(t)\sum_{n=-\infty}^{+\infty}\mathrm{e}^{\mathrm{j}n\omega_0t}\mathrm{e}^{-\mathrm{j}\omega t}\mathrm{d}t\\&=\sum_{n=-\infty}^{+\infty}\underset{T_1\to\infty}{\mathrm{l\cdot i\cdot m}}\frac{1}{T_1}\int_{-\frac{T_1}{2}}^{\frac{T_1}{2}}X(t)\mathrm{e}^{-\mathrm{j}(\omega-n\omega_0)t}\mathrm{d}t\end{aligned}$$

$$= \sum_{n=-\infty}^{+\infty} \mathrm{d}\zeta[\mathrm{j}(\omega - n\omega_0)] \tag{13.4.10}$$

其中

$$\omega_0 = \frac{2\pi}{T_0}$$

对于均方连续的平稳随机过程$\{X(t), -\infty < t < +\infty\}$,当 $t = nT_0$ 时,由(13.3.44)式还有

$$X(nT_0) = \int_{-\infty}^{+\infty} \mathrm{e}^{\mathrm{j}\omega nT_0}\mathrm{d}\zeta(\mathrm{j}\omega) = \sum_{k=-\infty}^{+\infty}\int_{k\omega_0-\frac{1}{2}\omega_0}^{k\omega_0+\frac{1}{2}\omega_0} \mathrm{e}^{\mathrm{j}\omega nT_0}\mathrm{d}\zeta(\mathrm{j}\omega) \tag{13.4.11}$$

在式(3.4.11)中,若令 $\omega = \omega^* + k\omega_0$,则 $\mathrm{e}^{\mathrm{j}\omega nT_0} = \mathrm{e}^{\mathrm{j}(\omega^* + k\omega_0)nT_0} = \mathrm{e}^{\mathrm{j}\omega^* nT_0}$,而且当 $\omega = k\omega_0 \pm \frac{1}{2}\omega_0$ 时,有 $\omega^* = \pm\frac{1}{2}\omega_0$,把以上各式代入(13.4.11)式便得到

$$\begin{aligned}
X(nT_0) &= \sum_{k=-\infty}^{+\infty}\int_{-\frac{1}{2}\omega_0}^{\frac{1}{2}\omega_0} \mathrm{e}^{\mathrm{j}\omega^* nT_0}\mathrm{d}\zeta[\mathrm{j}(\omega^* + k\omega_0)] \\
&= \int_{-\frac{1}{2}\omega_0}^{\frac{1}{2}\omega_0} \mathrm{e}^{\mathrm{j}\omega nT_0}\sum_{k=-\infty}^{+\infty}\mathrm{d}\zeta[\mathrm{j}(\omega + k\omega_0)] \\
&= \int_{-\frac{\pi}{T_0}}^{\frac{\pi}{T_0}} \mathrm{e}^{\mathrm{j}\omega nT_0}\sum_{k=-\infty}^{+\infty}\mathrm{d}\zeta[\mathrm{j}(\omega - k\omega_0)] \\
&= \int_{-\frac{\pi}{T_0}}^{\frac{\pi}{T_0}} \mathrm{e}^{\mathrm{j}\omega nT_0}\mathrm{d}\zeta_{T_0}(\mathrm{j}\omega)
\end{aligned} \tag{13.4.12}$$

由(13.4.10)式及(13.4.12)式可知(13.4.1)式得证。再由定理 13.3.4 可知,对任意 $\omega \in \left[-\frac{\pi}{T_0}, \frac{\pi}{T_0}\right]$,序列$\{\mathrm{d}\zeta(\mathrm{j}\omega - \mathrm{j}n\omega_0), n = \cdots, -2, -1, 0, 1, 2, \cdots\}$为互不相关的随机变量序列,进一步对任意整数 n,随机变量 $\mathrm{d}\zeta(\mathrm{j}\omega - \mathrm{j}n\omega_0)$在 ω 的区间$\left[-\frac{\pi}{T_0}, \frac{\pi}{T_0}\right]$中的任意不相重叠的两个子区间上仍互不相关。所以由(13.4.10)式可知,随机变量 $\mathrm{d}\zeta_{T_0}$ 在 ω 区间$\left[-\frac{\pi}{T_0}, \frac{\pi}{T_0}\right]$中的任意两个不相重叠的子区间上互不相关。且有

$$E[\mathrm{d}\zeta_{T_0}(\mathrm{j}\omega)] = E\left[\sum_{n=-\infty}^{+\infty}\mathrm{d}\zeta(\mathrm{j}\omega - \mathrm{j}n\omega_0)\right] = \sum_{n=-\infty}^{+\infty}E[\mathrm{d}\zeta(\mathrm{j}\omega - \mathrm{j}n\omega_0)] = 0 \tag{13.4.13}$$

以及对任意 $\omega_1, \omega_2 \in \left[-\frac{\pi}{T_0}, \frac{\pi}{T_0}\right]$,还有

$$\begin{aligned}
E[\mathrm{d}\zeta_{T_0}(\mathrm{j}\omega_1)\overline{\mathrm{d}\zeta_{T_0}(\mathrm{j}\omega_2)}] &= E\left[\sum_{k=-\infty}^{+\infty}\sum_{n=-\infty}^{+\infty}\mathrm{d}\zeta(\mathrm{j}\omega_1 - \mathrm{j}n\omega_0)\overline{\mathrm{d}\zeta(\mathrm{j}\omega_2 - \mathrm{j}k\omega_0)}\right] \\
&= \sum_{k=-\infty}^{+\infty}\sum_{n=-\infty}^{+\infty}E[|\mathrm{d}\zeta(\mathrm{j}\omega_1 - \mathrm{j}n\omega_0)|^2\delta(\omega_1 - \omega_2)\delta(n-k)] \\
&= \sum_{n=-\infty}^{+\infty}E|\mathrm{d}\zeta(\mathrm{j}\omega_1 - \mathrm{j}n\omega_0)|^2\delta(\omega_1 - \omega_2) \\
&= \sum_{n=-\infty}^{+\infty}\frac{\mathrm{d}\omega}{2\pi}S(\omega_1 - n\omega_0)\delta(\omega_1 - \omega_2)
\end{aligned}$$

$$= \frac{d\omega}{2\pi}\left[\sum_{n=-\infty}^{+\infty} S(\omega_1 - n\omega_0)\right]\delta(\omega_1 - \omega_2)$$

$$\triangleq \frac{d\omega}{2\pi} S_{T_0}(\omega_1)\delta(\omega_1 - \omega_2) \tag{13.4.14}$$

其中

$$S_{T_0}(\omega) \triangleq \sum_{n=-\infty}^{+\infty} S(\omega - n\omega_0) \tag{13.4.15}$$

而 $\delta(\omega_1 - \omega_2)$ 和 $\delta(n-k)$ 均为克罗内克 δ 函数。至此,(13.4.2)式至(13.4.5)式得证。最后,由相关函数的定义及(13.4.1)式有

$$\begin{aligned}
B(nT_0) &= E[X(m+n)T_0][\overline{X(mT_0)}] \\
&= E\left[\int_{-\frac{\pi}{T_0}}^{\frac{\pi}{T_0}} e^{j(m+n)T_0\omega_1} d\zeta_{T_0}(j\omega_1) \int_{-\frac{\pi}{T_0}}^{\frac{\pi}{T_0}} e^{-jmT_0\omega_2} \overline{d\zeta_{T_0}(j\omega_2)}\right] \\
&= \int_{-\frac{\pi}{T_0}}^{\frac{\pi}{T_0}}\int_{-\frac{\pi}{T_0}}^{\frac{\pi}{T_0}} e^{jn\omega_1 T_0 + jm\omega_1 T_0} e^{-jm\omega_2 T_0} E[d\zeta_{T_0}(j\omega_1)\overline{d\zeta_{T_0}(j\omega_2)}] \\
&= \int_{-\frac{\pi}{T_0}}^{\frac{\pi}{T_0}}\int_{-\frac{\pi}{T_0}}^{\frac{\pi}{T_0}} e^{j(m+n)T_0\omega_1} e^{-jm\omega_2 T_0} \frac{d\omega_1}{2\pi} S_{T_0}(j\omega_1)\delta(\omega_1 - \omega_2) \\
&= \frac{1}{2\pi}\int_{-\frac{\pi}{T_0}}^{\frac{\pi}{T_0}} e^{jnT_0\omega_1} S_{T_0}(\omega_1) d\omega_1, n = \cdots, -2, -1, 0, 1, 2, \cdots
\end{aligned} \tag{13.4.16}$$

以及

$$\begin{aligned}
S_{T_0}(\omega) &= \int_{-\infty}^{+\infty} B_{T_0}(\tau) e^{-j\omega\tau} d\tau \\
&= \int_{-\infty}^{+\infty} T_0 \sum_{n=-\infty}^{+\infty} B(\tau)\delta(\tau - nT_0) e^{-j\omega\tau} d\tau \\
&= T_0 \sum_{n=-\infty}^{+\infty} \int_{-\infty}^{+\infty} B(\tau)\delta(\tau - nT_0) e^{-j\omega\tau} d\tau \\
&= T_0 \sum_{n=-\infty}^{+\infty} B(nT_0) e^{-j\omega nT_0}
\end{aligned} \tag{13.4.17}$$

应当指出,在(13.4.17)式的推导过程中,要用到 $\sum_{n=-\infty}^{+\infty} |B(nT_0)| < \infty$ 这一事实。定理证毕。

在信号理论中,用变换方法进行离散信号处理是十分方便的。为此我们引入一个变换,令

$$z = e^{j\omega T_0} \tag{13.4.18}$$

其中,T_0 为采样周期;$\omega \in \left[-\frac{\pi}{T_0}, \frac{\pi}{T_0}\right]$,显然 z 与 ω 有一一对应关系。

利用上述变换可把定理 13.4.1 简化成如下定理。

定理 13.4.2　设 $\{X(nT_0), n = \cdots, -2, -1, 0, 1, 2, \cdots\}$ 为复平稳随机序列,$E[X(nT_0)] = 0$,则 $X(nT_0)$ 可表示为

$$\begin{cases}
X(nT_0) = \oint_{|z|=1} z^n d\zeta(z) \\
d\zeta(z) = \frac{dz}{2\pi j}\sum_{n=-\infty}^{+\infty} X(nT_0) z^{-(n+1)}
\end{cases} \tag{13.4.19}$$

其中,T_0 为采样周期;$\{\zeta(z),-\pi\leqslant\arg z\leqslant\pi\}$为正交增量过程且 $\mathrm{d}\zeta(z)$满足

(1)$E[\mathrm{d}\zeta(z)]=0$ (13.4.20)

(2)当 z 的辐角 $\arg z$ 满足如下条件,即区间$[\arg z_1,\arg z_1+\mathrm{d}(\arg z)]$与区间$[\arg z_2,\arg z_2+\mathrm{d}(\arg z)]$不相重叠时,有

$$E[\mathrm{d}\zeta(z_1)\overline{\mathrm{d}\zeta(z_2)}]=0 \tag{13.4.21}$$

当 $\arg z_1=\arg z_2=\arg z$ 时,有

$$E[|\mathrm{d}\zeta(z)|^2]=\frac{1}{2\pi \mathrm{j}z}S(z)\mathrm{d}z \tag{13.4.22}$$

因此,对任意 $\arg z_1,\arg z_2\in[-\pi,\pi]$可归纳为

$$E[\mathrm{d}\zeta(z_1)\overline{\mathrm{d}\zeta(z_2)}]=\frac{1}{2\pi \mathrm{j}z_1}S(z_1)\mathrm{d}z\delta(z_1-z_2) \tag{13.4.23}$$

其中,$S(z)\Big|_{z=\mathrm{e}^{\mathrm{j}\omega T_0}}=\frac{1}{T_0}\sum_{k=-\infty}^{+\infty}S(\omega-k\omega_0)$,而 $S(\omega)$为某均方连续平稳随机过程$\{X(t),-\infty<t<+\infty\}$的功率谱密度函数,$S(z)$为该离散平稳随机序列的功率谱密度函数;$\delta(z_1-z_2)$为克罗内克 δ 函数。又如果该平稳随机序列的相关函数 $B(nT_0)$满足

$$\sum_{n=-\infty}^{+\infty}|B(nT_0)|<\infty \tag{13.4.24}$$

则 $B(nT_0)$有如下谱分解,即

$$\begin{cases}B(nT_0)=\dfrac{1}{2\pi \mathrm{j}}\oint_{|z|=1}S(z)z^{n-1}\mathrm{d}z\\ S(z)=\sum\limits_{n=-\infty}^{+\infty}B(nT_0)z^{-n}\end{cases} \tag{13.4.25}$$

证明 由(13.4.10)式有

$$\begin{aligned}\mathrm{d}\zeta_{T_0}(\mathrm{j}\omega)&=\underset{T_1\to\infty}{\mathrm{l\cdot i\cdot m}}\frac{1}{T_1}\int_{-\frac{T_1}{2}}^{\frac{T_1}{2}}X_{T_0}(t)\mathrm{e}^{-\mathrm{j}\omega t}\mathrm{d}t\\&=\underset{T_1\to\infty}{\mathrm{l\cdot i\cdot m}}\frac{1}{T_1}\int_{-\frac{T_1}{2}}^{\frac{T_1}{2}}T_0\sum_{n=-\infty}^{+\infty}X(t)\delta(t-nT_0)\mathrm{e}^{-\mathrm{j}\omega t}\mathrm{d}t\\&=\underset{T_1\to\infty}{\mathrm{l\cdot i\cdot m}}\frac{T_0}{T_1}\sum_{n=-\infty}^{\infty}\int_{-\frac{T_1}{2}}^{\frac{T_1}{2}}X(t)\delta(t-nT_0)\mathrm{e}^{-\mathrm{j}\omega t}\mathrm{d}t\\&=\underset{T_1\to\infty}{\mathrm{l\cdot i\cdot m}}\frac{T_0}{T_1}\sum_{n=-\infty}^{+\infty}X(nT_0)\mathrm{e}^{-\mathrm{j}\omega nT_0}\end{aligned} \tag{13.4.26}$$

利用(13.4.18)式并注意到

$$\lim_{T_1\to\infty}\frac{1}{T_1}=\frac{1}{2\pi}\mathrm{d}\omega=\frac{1}{2\pi \mathrm{j}T_0z}\mathrm{d}z$$

则(13.4.26)式可简化为

$$\mathrm{d}\zeta_{T_0}(\mathrm{j}\omega)=\underset{T_1\to\infty}{\mathrm{l\cdot i\cdot m}}\frac{T_0}{T_1}\sum_{n=-\infty}^{+\infty}X(nT_0)z^{-n}=\frac{\mathrm{d}z}{2\pi \mathrm{j}}\sum_{n=-\infty}^{+\infty}X(nT_0)z^{-(n+1)}\triangleq\mathrm{d}\zeta(z) \tag{13.4.27}$$

另一方面,由定理 13.4.1 中的(13.4.1)式还有

$$\mathrm{d}\zeta(z)\triangleq\mathrm{d}\zeta_{T_0}(\mathrm{j}\omega)=\sum_{n=-\infty}^{+\infty}\mathrm{d}\zeta[\mathrm{j}(\omega-n\omega_0)] \tag{13.4.28}$$

再把(13.4.27)式代入(13.4.1)式,则得

$$X(nT_0) = \int_{-\frac{\pi}{T_0}}^{\frac{\pi}{T_0}} e^{j\omega nT_0} d\zeta_{T_0}(j\omega) = \oint_{|z|=1} z^n d\zeta(z) \tag{13.4.29}$$

由(13.4.27)式、(13.4.28)式及(13.4.29)式显见(13.4.19)式得证。

再由定理 13.4.1 中的(13.4.2)式及(13.4.5)式,还有

$$E[d\zeta(z)] = E[d\zeta_{T_0}(j\omega)] = 0 \tag{13.4.30}$$

以及对任意 $\arg z_1, \arg z_2 \in [-\pi, \pi]$,有

$$\begin{aligned} E[d\zeta(z_1)\overline{d\zeta(z_2)}] &= E[d\zeta_{T_0}(j\omega_1)\overline{d\zeta_{T_0}(j\omega_2)}] \\ &= \frac{d\omega}{2\pi} S_{T_0}(\omega_1)\delta(\omega_1 - \omega_2) \\ &= \frac{1}{2\pi j z_1}\frac{1}{T_0} S_{T_0}(\omega_1) dz \delta(z_1 - z_2) \\ &\triangleq \frac{dz}{2\pi j z_1} S(z_1)\delta(z_1 - z_2) \end{aligned} \tag{13.4.31}$$

其中

$$S(z) = \frac{1}{T_0} S_{T_0}(\omega) = \frac{1}{T_0}\sum_{k=-\infty}^{+\infty} S(\omega - k\omega_0) \tag{13.4.32}$$

$S(\omega)$为某均方连续平稳随机过程$\{X(t), -\infty < t < +\infty\}$的功率谱密度函数;$S(z)$为该离散平稳随机序列的功率谱密度函数。

最后,由(13.4.6)式及(13.4.32)式可得

$$\begin{aligned} B(nT_0) &= \frac{1}{2\pi}\int_{-\frac{\pi}{T_0}}^{\frac{\pi}{T_0}} S_{T_0}(\omega) e^{j\omega nT_0} d\omega = \frac{1}{2\pi}\oint_{|z|=1} z^n T_0 S(z) \frac{1}{jT_0 z} dz \\ &= \frac{1}{2\pi j}\oint_{|z|=1} z^{n-1} S(z) dz \end{aligned} \tag{13.4.33}$$

以及

$$S(z) = \frac{1}{T_0} S_{T_0}(\omega) = \frac{1}{T_0} T_0 \sum_{n=-\infty}^{+\infty} B(nT_0) e^{-j\omega nT_0} = \sum_{n=-\infty}^{+\infty} B(nT_0) z^{-n} \tag{13.4.34}$$

定理证毕。

上述定理告诉我们一个十分重要的事实,在时间域中的随机变量$X(nT_0)$与复频域中的$z^n d\zeta(z)$建立了一一对应关系(见(13.4.19)式),即

$$X(nT_0) \leftrightarrow z^n d\zeta_X(z)$$

$$X(nT_0 - kT_0) \leftrightarrow z^{n-k} d\zeta_X(z)$$

$$C_{n-k} X[(n-k)T_0] \leftrightarrow C_{n-k} z^{n-k} d\zeta_X(z)$$

在随机信号理论中,我们称$\{z^n d\zeta_X(z), n = \cdots, -2, -1, 0, 1, 2, \cdots\}$为随机变量序列$\{X(nT_0), n = \cdots, -2, -1, 0, 1, 2, \cdots\}$的 Z 变换,记作

$$Z\{X(nT_0)\} \triangleq z^n d\zeta_X(z), n = \cdots, -2, -1, 0, 1, 2, \cdots \tag{13.4.35}$$

不难证明,平稳随机序列$\{X(nT_0), n = \cdots, -2, -1, 0, 1, 2, \cdots\}$的 Z 变换,有如下性质:

设$\{X(nT_0), n = \cdots, -2, -1, 0, 1, 2, \cdots\}$,$\{Y(nT_0), n = \cdots, -2, -1, 0, 1, 2, \cdots\}$以及$\{H(nT_0), n = \cdots, -2, -1, 0, 1, 2, \cdots\}$均为平稳随机序列且有

$$H(nT_0) = C_X X(nT_0) + C_Y Y(nT_0) \tag{13.4.36}$$

其中,C_X, C_Y 均为常数,则 $H(nT_0)$ 的 Z 变换为

$$\begin{aligned} Z\{H(nT_0)\} &= C_X Z\{X(nT_0)\} + C_Y Z\{Y(nT_0)\} \\ &= C_X z^n \mathrm{d}\zeta_X(z) + C_Y z^n \mathrm{d}\zeta_Y(z) \end{aligned} \tag{13.4.37}$$

另外,当我们利用实平稳随机序列的相关函数 $B(nT_0)$ 来求其功率谱密度函数 $S(z)$ 时,有比较简便的算法。事实上由(13.4.25)式可推得

$$\begin{aligned} S(z) &= \sum_{n=-\infty}^{+\infty} B(nT_0) z^{-n} = \sum_{n=0}^{\infty} B(nT_0) z^{-n} + \sum_{n=0}^{-\infty} B(nT_0) z^{-n} - B(0) \\ &= S^*(z) + S^*(z^{-1}) - B(0) \end{aligned} \tag{13.4.38}$$

其中

$$S^*(z) = \sum_{n=0}^{\infty} B(nT_0) z^{-n} \tag{13.4.39}$$

下面举例说明实平稳随机序列相关函数及其功率谱密度函数的计算。

例 13.4.1 白噪声序列的功率谱密度函数 由白噪声序列的定义可知其相关函数为 $B(nT_0) = \sigma^2 \delta(n)$,把它代入(13.4.25)式得功率谱密度函数为

$$S(z) = \sum_{n=-\infty}^{+\infty} B(nT_0) z^{-n} = \sigma^2$$

例 13.4.2 指数相关的平稳随机序列的功率谱密度函数 设 $\{X(nT_0), n = \cdots, -2, -1, 0, 1, 2, \cdots\}$ 为指数相关的平稳随机序列,即相关函数具有指数形式:

$$B(nT_0) = \sigma^2 \mathrm{e}^{-a|nT_0|}, n = \cdots, -2, -1, 0, 1, 2, \cdots$$

其中,$a > 0$ 为常数。由(13.4.39)式可得

$$S^*(z) = \sum_{n=0}^{\infty} B(nT_0) z^{-n} = \sum_{n=0}^{\infty} \sigma^2 \mathrm{e}^{-anT_0} z^{-n} = \frac{\sigma^2}{1 - \mathrm{e}^{-aT_0} z^{-1}}$$

把上式代入(13.4.38)式可得功率谱密度函数为

$$S(z) = S^*(z) + S^*(z^{-1}) - B(0) = \frac{\sigma^2}{1 - \mathrm{e}^{-aT_0} z^{-1}} + \frac{\sigma^2}{1 - \mathrm{e}^{-aT_0} z} - \sigma^2 = \frac{\sigma^2 (d - d^{-1}) z}{(z - d)(z - d^{-1})}$$

其中,$d = \mathrm{e}^{-aT_0}$。

例 13.4.3 窄频带随机序列的功率谱密度函数 由例 13.3.5 可知相关函数 $B(nT_0)$ 为

$$B(nT_0) = B(0) \mathrm{e}^{-a|nT_0|} \cos \Omega n T_0$$

由(13.4.39)式并利用熟知的 Z 变换可求出

$$S^*(z) = B(0) \frac{z^2 - z\mathrm{e}^{-aT_0} \cos \Omega T_0}{z^2 - 2z\mathrm{e}^{-aT_0} \cos \Omega T_0 + \mathrm{e}^{-2aT_0}}$$

$$S^*(z^{-1}) = B(0) \frac{1 - z\mathrm{e}^{-aT_0} \cos \Omega T_0}{1 - 2z\mathrm{e}^{-aT_0} \cos \Omega T_0 + \mathrm{e}^{-2aT_0} z^2}$$

将上式代入(13.4.38)式,得

$$S(z) = B(0) \frac{C_1 z^3 + C_0 z^2 + C_1 z}{b_2 z^4 + b_1 z^3 + b_0 z^2 + b_1 z + b_2}$$

其中

$$C_1 = \mathrm{e}^{-aT_0} \cos \Omega T_0 (\mathrm{e}^{-2aT_0} - 1)$$

$$C_0 = 1 - \mathrm{e}^{-4aT_0}$$

$$b_2 = \mathrm{e}^{-2aT_0}$$

$$b_1 = -2e^{-aT_0}\cos \Omega T_0(1+e^{-2aT_0})$$
$$b_0 = 1+4e^{-2aT_0}\cos^2 \Omega T_0 + e^{-4aT_0}$$

13.5　均方遍历性

在以上几节我们介绍了关于平稳随机过程的若干性质，以及它可以进行谱分解。在本节我们将解决这样一个问题：能否根据对平稳随机过程的测量数据来确定该过程的均值和相关函数。换句话说，因为过程是平稳的，即

$$E[X(t)] = m = \text{常数}$$
$$E[X(t+\tau)X(t)] = B(\tau)$$

与时间 t 无关，我们自然想到，是否可以通过对平稳随机过程 $\{X(t), -\infty < t < +\infty\}$ 的一个样本函数的研究来了解它的统计规律（均值及相关函数）。

由概率论中的大数定理可知，对于独立同分布的随机变量序列 $\{X(n), n \geqslant 1\}$，如果均值 $E[X(n)] = m$ 存在，则对任意 $\varepsilon > 0$，有

$$\lim_{N\to\infty} P\left[\left|\frac{1}{N}\sum_{n=1}^{N} X(n) - m\right| \geqslant \varepsilon\right] = 0 \tag{13.5.1}$$

现在我们把 $\{X(n), n\geqslant 1\}$ 理解为随机过程 $\{X(t), -\infty < t < +\infty\}$，把 $\frac{1}{N}\sum\limits_{n=1}^{N} X(n)$ 理解为对随机过程样本的按时间平均 $\frac{1}{2T}\int_{-T}^{T} X(t)\,\mathrm{d}t$，而把 m 理解为随机过程的总体均值 $E[X(t)]$。这样一来，由(13.5.1)式可知，随着样本区间无限增长，随机过程样本按时间平均就以越来越大的概率接近于随机过程的总体均值。这就是说，只要样本区间取得无限长，它就能“遍历”随机过程的所有状态，把这种性质称为随机过程的“遍历性”。

由上面的叙述引出正式的定义。

定义 13.5.1　设 $\{X(t), -\infty < t < +\infty\}$ 为平稳随机过程，其均值和相关函数分别为 m 和 $B(\tau)$，如果

$$\underset{T\to\infty}{\mathrm{l\cdot i\cdot m}}\ \frac{1}{2T}\int_{-T}^{T} X(t)\,\mathrm{d}t = m \tag{13.5.2}$$

和

$$\underset{T\to\infty}{\mathrm{l\cdot i\cdot m}}\ \frac{1}{2T}\int_{-T}^{T} [X(t+\tau)-m][X(t)-m]\,\mathrm{d}t = B(\tau) \tag{13.5.3}$$

则称该平稳随机过程具有**均方遍历性**。

有时称满足定义(13.5.2)式的平稳随机过程为对均值具有均方遍历性的平稳过程，称满足定义(13.5.3)式的平稳过程为对相关函数具有均方遍历性的平稳过程。

关于平稳随机过程的均方遍历性有如下定理。

定理 13.5.1　设 $\{X(t), -\infty < t < +\infty\}$ 为均方连续的平稳随机过程且 $E[X(n)] = m$，则下面的三个式子等价：

(1) $\lim\limits_{T\to\infty} E\left|\frac{1}{2T}\int_{-T}^{T} X(t)\,\mathrm{d}t - m\right|^2 = 0$ (13.5.4)

(2) 对于功率谱密度函数 $S(\omega)$，有

$$S(0)<\infty \tag{13.5.5}$$

(3)对于相关函数 $B(\tau)$,有

$$\lim_{T\to\infty}\frac{1}{2T}\int_{-T}^{T}B(\tau)\,\mathrm{d}\tau=0 \tag{13.5.6}$$

证明 不妨设 $m=0$,否则可考察 $Y(t)=X(t)-m$。由定理13.3.4可知,对于平稳随机过程 $\{X(t),-\infty<t<+\infty\}$ 有

$$X(t)=\int_{-\infty}^{+\infty}\mathrm{e}^{\mathrm{j}\omega t}\mathrm{d}\zeta(\mathrm{j}\omega)$$

于是

$$\frac{1}{2T}\int_{-T}^{T}X(t)\,\mathrm{d}t=\frac{1}{2T}\int_{-T}^{T}\int_{-\infty}^{+\infty}\mathrm{e}^{\mathrm{j}\omega t}\mathrm{d}\zeta(\mathrm{j}\omega)\,\mathrm{d}t=\int_{-\infty}^{+\infty}\varphi_T(\omega)\,\mathrm{d}\zeta(\mathrm{j}\omega) \tag{13.5.7}$$

其中

$$\varphi_T(\omega)=\frac{1}{2T}\int_{-T}^{T}\mathrm{e}^{\mathrm{j}\omega t}\mathrm{d}t=\begin{cases}\dfrac{\sin T\omega}{T\omega}, & \omega\neq 0\\ 1, & \omega=0\end{cases} \tag{13.5.8}$$

而且

$$\begin{aligned}E\left[\left|\frac{1}{2T}\int_{-T}^{T}X(t)\,\mathrm{d}t\right|^2\right]&=E\left[\frac{1}{2T}\int_{-T}^{T}X(t)\,\mathrm{d}t\,\frac{1}{2T}\int_{-T}^{T}\overline{X(t)}\,\mathrm{d}t\right]\\&=\int_{-\infty}^{+\infty}\int_{-\infty}^{+\infty}\varphi_T(\omega)\varphi_T(\omega_1)E[\mathrm{d}\zeta(\mathrm{j}\omega)\,\overline{\mathrm{d}\zeta(\mathrm{j}\omega_1)}]\end{aligned} \tag{13.5.9}$$

再由(13.3.46)式,还有

$$E[\mathrm{d}\zeta(\mathrm{j}\omega)\overline{\mathrm{d}\zeta(\mathrm{j}\omega_1)}]=\frac{1}{2\pi}S(\omega)\,\mathrm{d}\omega\,\delta(\omega-\omega_1)$$

其中,$\delta(\omega-\omega_1)$ 为克罗内克 δ 函数,把上式代入(13.5.9)式得

$$\begin{aligned}E\left[\left|\frac{1}{2T}\int_{-T}^{T}X(t)\,\mathrm{d}t\right|^2\right]&=\frac{1}{2\pi}\int_{-\infty}^{+\infty}\sum_{\omega_1=-\infty}^{+\infty}\varphi_T(\omega)\varphi_T(\omega_1)S(\omega)\delta(\omega-\omega_1)\,\mathrm{d}\omega\\&=\frac{1}{2\pi}\int_{-\infty}^{+\infty}\varphi_T^2(\omega)S(\omega)\,\mathrm{d}\omega\end{aligned} \tag{13.5.10}$$

另外,由(13.5.8)式可知

$$\lim_{T\to\infty}\varphi_T(\omega)=\delta(\omega)$$

即为克罗内克 δ 函数。因此由(13.5.10)式可得

$$\begin{aligned}\lim_{T\to\infty}E\left[\left|\frac{1}{2T}\int_{-T}^{T}X(t)\,\mathrm{d}t\right|^2\right]&=\frac{1}{2\pi}\int_{-\infty}^{+\infty}\lim_{T\to\infty}\varphi_T^2(\omega)S(\omega)\,\mathrm{d}\omega\\&=\frac{1}{2\pi}\int_{-\infty}^{+\infty}\delta(\omega)S(\omega)\,\mathrm{d}\omega\end{aligned} \tag{13.5.11}$$

由此式得出(13.5.4)式与(13.5.5)式等价。

另一方面,由于

$$\begin{aligned}\lim_{T\to\infty}\frac{1}{2T}\int_{-T}^{T}B(\tau)\,\mathrm{d}\tau&=\lim_{T\to\infty}\frac{1}{2T}\int_{-T}^{T}\left[\frac{1}{2\pi}\int_{-\infty}^{+\infty}S(\omega)\mathrm{e}^{\mathrm{j}\omega\tau}\mathrm{d}\omega\right]\mathrm{d}\tau\\&=\frac{1}{2\pi}\int_{-\infty}^{+\infty}S(\omega)\left(\lim_{T\to\infty}\frac{1}{2T}\int_{-T}^{T}\mathrm{c}^{\mathrm{j}\omega\tau}\mathrm{d}\tau\right)\mathrm{d}\omega\\&=\frac{1}{2\pi}\int_{-\infty}^{+\infty}S(\omega)\delta(\omega)\,\mathrm{d}\omega\end{aligned} \tag{13.5.12}$$

所以,(13.5.5)式与(13.5.6)式等价。定理证毕。

上述定理告诉我们,只要(13.5.6)式成立或者等价地(13.5.5)式成立,则有

$$\underset{T\to\infty}{\mathrm{l\cdot i\cdot m}}\frac{1}{2T}\int_{-T}^{T}X(t)\mathrm{d}t = m = E[X(t)] \tag{13.5.13}$$

这样一来,只要区间$(-T,T)$取得足够大,就可以利用样本$\{X(t),|t|<T\}$的按时间平均作为随机过程$\{X(t),-\infty<t<+\infty\}$的总体平均。

定理 13.5.2　设$\{X(t),-\infty<t<+\infty\}$为均方连续的平稳随机过程,$E[X(t)]=0$(如若不然,可考察$Z(t)=X(t)-E[X(t)]$),其相关函数为$B_X(\tau)$,记

$$Y(t)=X(t+\tau)X(t)-B_X(\tau)$$

则下面三个式子等价:

(1) $$\lim_{T\to\infty}E\left[\left|\frac{1}{2T}\int_{-T}^{T}Y(t)\mathrm{d}t\right|^2\right]=0 \tag{13.5.14}$$

(2) $$S_Y(0)<\infty \tag{13.5.15}$$

其中假定$\{Y(t),-\infty<t<+\infty\}$为平稳随机过程且$S_Y(\omega)$为其功率谱密度函数。

(3) $$\lim_{T\to\infty}\frac{1}{2T}\int_{-T}^{T}B_Y(\tau)\mathrm{d}\tau=0 \tag{13.5.16}$$

该定理的证明同定理 13.5.1 的证明类似,因此从略。

上述定理告诉我们,只要(13.5.16)式成立或者等价地(13.5.15)式成立,则

$$\underset{T\to\infty}{\mathrm{l\cdot i\cdot m}}\frac{1}{2T}\int_{-T}^{T}X(t+\tau)X(t)\mathrm{d}t = B_X(\tau) \tag{13.5.17}$$

这就是说,只要把区间$(-T,T)$取得足够大,就可以用样本的相关函数

$$\frac{1}{2T}\int_{-T}^{T}X(t+\tau)X(t)\mathrm{d}t$$

作为总体的相关函数。(13.5.6)式及(13.5.16)式通常是能得到满足的,因此,我们可以利用平稳随机过程$\{X(t),-\infty<t<+\infty\}$的一个样本函数及(13.5.13)式、(13.5.17)式来估计该过程的均值和相关函数。

在实际应用中,经常遇到平稳随机序列的情况。关于平稳随机序列的均方遍历性问题,完全可以把定理 13.5.1 及定理 13.5.2 取离散形式来叙述,但为了更深入地了解这个问题,我们还需做进一步的分析和论述。

定理 13.5.3　设$\{X(n),n=\cdots,-2,-1,0,1,2,\cdots\}$为平稳随机序列,$E[X(n)]=m$,中心相关函数为$B(n)(n=\cdots,-2,-1,0,1,2,\cdots)$,则

$$\lim_{N\to\infty}E\left\{\left[\frac{1}{N}\sum_{k=1}^{N}X(k)-m\right]^2\right\}=0 \tag{13.5.18}$$

成立的充要条件是

$$\lim_{T\to\infty}\frac{1}{N}\sum_{i=0}^{N-1}B(i)=0 \tag{13.5.19}$$

证明　不妨设$m=0$,否则考察$Y(n)=X(n)-m$。

必要性:利用许瓦兹不等式,有

$$\begin{aligned}\left[\frac{1}{N}\sum_{i=0}^{N-1}B(i)\right]^2 &= \left\{\frac{1}{N}\sum_{i=0}^{N-1}E[X(1)X(i+1)]\right\}^2\\ &= E\left\{\left[X(1)\frac{1}{N}\sum_{k=1}^{N}X(k)\right]^2\right\}\end{aligned}$$

$$\leqslant E[X^2(1)]E\left\{\left[\frac{1}{N}\sum_{k=1}^{N}X(k)\right]^2\right\}\to 0, N\to\infty$$

充分性:将(13.5.18)式展开,有

$$E\left\{\left[\frac{1}{N}\sum_{k=1}^{N}X(k)\right]^2\right\}=\frac{1}{N^2}\left\{\sum_{k=1}^{N}E[X^2(k)]+2\sum_{\substack{k<l\\k,l=l}}^{N}E[X(l)X(k)]\right\}$$
$$=\frac{1}{N^2}\left[NB(0)+2\sum_{l=1}^{N}\sum_{k=1}^{l-1}B(l-k)\right]$$
$$=\frac{1}{N^2}\left[2\sum_{l=1}^{N}\sum_{v=0}^{l-1}B(v)-NB(0)\right] \tag{13.5.20}$$

显见,当 $N\to\infty$ 时,有$\frac{1}{N}B(0)\to 0$,因此只需考察上式等号右边第一项。

因为对任意给定的 $M<N$,有

$$\frac{2}{N^2}\sum_{l=1}^{N}\sum_{v=0}^{l-1}B(v)=\frac{2}{N^2}\left[\sum_{l=1}^{M}\sum_{v=0}^{l-1}B(v)+\sum_{i=M+1}^{N}\sum_{v=0}^{l-1}B(v)\right] \tag{13.5.21}$$

故当 $\varepsilon>0$ 为任意给定值时,由(13.5.19)式可知必存在 M,使得

$$\left|\frac{1}{l}\sum_{v=0}^{l-1}B(v)\right|\leqslant\varepsilon, l\geqslant M$$

于是

$$\left|\frac{2}{N^2}\sum_{l=M+1}^{N}l\frac{1}{l}\sum_{v=0}^{l-1}B(v)\right|\leqslant\frac{2}{N^2}\sum_{l=M+1}^{N}l\varepsilon\leqslant 2\varepsilon$$

把该结果代入(13.5.21)式,则得

$$\left|\frac{2}{N^2}\sum_{l=1}^{N}\sum_{v=0}^{l-1}B(v)\right|\leqslant\frac{2}{N^2}\left|\sum_{l=1}^{M}\sum_{v=0}^{l-1}B(v)\right|+2\varepsilon$$

然而 M 又是确定的数,故有

$$\frac{2}{N^2}\left|\sum_{l=1}^{M}\sum_{v=0}^{l-1}B(v)\right|\to 0, N\to\infty$$

又因为 ε 是任意小量,所以

$$\left|\frac{2}{N^2}\sum_{l=1}^{N}\sum_{v=0}^{l-1}B(v)\right|\to 0, N\to\infty$$

把上式代入(13.5.20)式,立得

$$E\left\{\left[\frac{1}{N}\sum_{k=1}^{N}X(k)\right]^2\right\}\to 0, N\to\infty$$

定理毕证。

上述定理告诉我们,(13.5.19)式是平稳序列对均值具有均方遍历性的充要条件。由上面的定理很容易推出以下结论。

定理 13.5.4 设$\{X(n), n=\cdots,-2,-1,0,1,2,\cdots\}$为平稳随机序列,$E[X(n)]=m$,中心相关函数为 $B(k), k=\cdots,-2,-1,0,1,2,\cdots$,如果

$$\lim_{k\to\infty}B(k)=0 \tag{13.5.22}$$

则

$$\lim_{N\to\infty}E\left\{\left[\frac{1}{N}\sum_{k=1}^{N}X(k)-m\right]^2\right\}=0 \tag{13.5.23}$$

把这个定理的证明留给读者作为练习。

下面进一步考察平稳随机序列对相关函数的均方遍历问题。设$\{X(n),n=\cdots,-2,-1,0,1,2,\cdots\}$为平稳随机序列且$E[X(n)]=0$,记

$$\hat{B}_N(v) = \frac{1}{N}\sum_{k=0}^{N-1} X(k+v)X(k) \tag{13.5.24}$$

$$B(v)=E[X(k+v)X(k)] \tag{13.5.25}$$

$$Y(k)=X(k+v)X(k) \tag{13.5.26}$$

于是有

$$\hat{B}_N(v) = \frac{1}{N}\sum_{k=0}^{N-1} Y(k) \tag{13.5.27}$$

$$B(v)=E[Y(k)] \tag{13.5.28}$$

再记

$$\begin{aligned} B_Y(i) &= E\{[Y(n+i)-EY(n+i)][Y(n)-EY(n)]\} \\ &= E\{[Y(n+i)-B(v)][Y(n)-B(v)]\} \end{aligned} \tag{13.5.29}$$

仿证明定理 13.5.3 的过程,可以证明有如下定理。

定理 13.5.5　设$\{X(n),n=\cdots,-2,-1,0,1,2,\cdots\}$为平稳随机序列,$E[X(n)]=0$,中心相关函数为$B(v)$,记

$$Y(k)=X(k+v)X(k) \tag{13.5.30}$$

进一步假设$\{Y(k),k=\cdots,-2,-1,0,1,2,\cdots\}$为平稳随机序列,则

$$\lim_{N\to\infty} E\{[\hat{B}_N(v)-B(v)]^2\}=0 \tag{13.5.31}$$

成立的充要条件是

$$\lim_{N\to\infty}\frac{1}{N}\sum_{i=0}^{N-1} B_Y(i) = 0 \tag{13.5.32}$$

由(13.5.32)式及(13.5.29)式可以看出,为了计算出$B_Y(i)$,需要计算$X(n)$的四阶矩,这对于一般的随机序列来说是比较烦琐的,然而对于正态平稳序列来说却很简单。

定理 13.5.6　设$\{X(n),n=\cdots,-2,-1,0,1,2,\cdots\}$是正态平稳随机序列且$E[X(n)]=0$,相关函数为$B(v)$,如果

$$\lim_{N\to\infty}\frac{1}{N}\sum_{v=0}^{N-1} B^2(v) = 0 \tag{13.5.33}$$

则对任意v,有

$$\lim_{N\to\infty} E\{[\hat{B}_N(v)-B(v)]^2\}=0 \tag{13.5.34}$$

其中

$$\hat{B}_N(v) = \frac{1}{N}\sum_{k=0}^{N-1} X(k+v)X(k) \tag{13.5.35}$$

证明　由定理 13.5.5 可知,只需证明$\lim\limits_{N\to\infty}\frac{1}{N}\sum\limits_{v=0}^{N-1} B^2(v) = 0 \Rightarrow \lim\limits_{N\to\infty}\frac{1}{N}\sum\limits_{i=0}^{N-1} B_Y(i) = 0$即可。事实上,由(13.5.29)式有

$$\begin{aligned} &\lim_{N\to\infty}\frac{1}{N}\sum_{i=0}^{N-1} B_Y(i) \\ =&\lim_{N\to\infty}\frac{1}{N}\sum_{i=0}^{N-1} E\{[Y(n+i)-B(v)][Y(n)-B(v)]\} \end{aligned}$$

$$= \lim_{N\to\infty}\frac{1}{N}\sum_{i=0}^{N-1}E\{[X(n+i+v)X(n+i)-B(v)][X(n+v)X(n)-B(v)]\}$$

$$= \lim_{N\to\infty}\frac{1}{N}\sum_{i=0}^{N-1}[B^2(v)+B^2(i)+B(v-i)B(v+i)-B^2(v)]$$

$$= \lim_{N\to\infty}\frac{1}{N}\sum_{i=0}^{N-1}[B^2(i)+B(v-i)B(v+i)] \tag{13.5.36}$$

我们知道,对任意实数 a,b,有 $|ab|\leqslant a^2+b^2$,于是

$$|B(v-i)B(v+i)|\leqslant B^2(v-i)+B^2(v+i) \tag{13.5.37}$$

将(13.5.37)式代入(13.5.36)式,可得

$$\lim_{N\to\infty}\frac{1}{N}\sum_{i=0}^{N-1}B_Y(i)\leqslant\lim_{N\to\infty}\frac{1}{N}\sum_{i=0}^{N-1}[B^2(i)+B^2(v-i)+B^2(v+i)] \tag{13.5.38}$$

显然,如果 $\lim\limits_{N\to\infty}\frac{1}{N}\sum\limits_{i=0}^{N-1}B^2(i)=0$,则必有 $\lim\limits_{N\to\infty}\frac{1}{N}\sum\limits_{i=0}^{N-1}B_Y(i)=0$。定理证毕。

例 13.5.1 考察例 10.2.4 所述的一阶滑动和过程 $\{X(k),k=\cdots,-2,-1,0,1,2,\cdots\}$。

$$X(k)=\xi(k)+C\xi(k-1)$$

其中,$\{\xi(k),k=\cdots,-2,-1,0,1,2,\cdots\}$ 为相互独立的服从正态 $N(0,1)$ 分布的随机变量,由(10.2.12)式可知该序列的相关函数 $B_X(k)$ 为

$$B_X(k)=\begin{cases}1+c^2, & k=0\\ c, & k=\pm1\\ 0, & |k|>1\end{cases}$$

因为 $B_X(k)=0,|k|>1$,所以由定理 13.5.4 可知,该一阶滑动和序列对均值具有均方遍历性。

进一步,又因为 $X(k)$ 为正态平稳序列,且

$$\lim_{N\to\infty}\frac{1}{N}\sum_{i=0}^{N-1}B_X^2(i)=0$$

则由定理 13.5.6 可知,该一阶滑动和序列对相关函数也具有均方遍历性,即

$$\underset{N\to\infty}{\mathrm{l\cdot i\cdot m}}\frac{1}{N}\sum_{k=0}^{N-1}X(k+v)X(k)=B_X(v)$$

说明 均方遍历性是平稳随机过程很重要的特性,在工程应用中经常依据均方遍历性求平稳随机过程功率谱密度函数,下面的例子给出说明。

例 13.5.2 设 $\{X(t),-\infty<t<+\infty\}$ 为均方连续的实平稳随机过程且 $E[X(t)]=0$,假定该过程是均方遍历的,则该过程的功率谱密度函数 $S_X(\omega)$ 为

$$S_X(\omega)=\underset{T\to\infty}{\mathrm{l\cdot i\cdot m}}\frac{1}{T}X_T(-\mathrm{j}\omega)X_T(\mathrm{j}\omega)$$

$$=\underset{T\to\infty}{\mathrm{l\cdot i\cdot m}}\frac{1}{T}|X_T(\mathrm{j}\omega)|^2 \tag{13.5.39}$$

其中

$$X_T(\mathrm{j}\omega)=F\{X_T(t)\}=\int_{-\infty}^{+\infty}X_T(t)\mathrm{e}^{-\mathrm{j}\omega t}\mathrm{d}t \tag{13.5.40}$$

$$X_T(t)=\begin{cases}X(t), & t\leqslant T/2\\ 0, & t>T/2\end{cases} \tag{13.5.41}$$

证明　由题设及定理 13.5.2 知

$$B_X(\tau) = \underset{T\to\infty}{\text{l}\cdot\text{i}\cdot\text{m}} \frac{1}{T}\int_{-\frac{T}{2}}^{\frac{T}{2}} X(t+\tau)X(t)\,\mathrm{d}t = \underset{T\to\infty}{\text{l}\cdot\text{i}\cdot\text{m}} \frac{1}{T}\int_{-\infty}^{+\infty} X_T(t+\tau)X_T(t)\,\mathrm{d}t$$

于是有

$$\begin{aligned} S_X(\omega) &= \int_{-\infty}^{+\infty} B_X(\tau)\mathrm{e}^{-\mathrm{j}\omega\tau}\mathrm{d}\tau \\ &= \int_{-\infty}^{+\infty} \underset{T\to\infty}{\text{l}\cdot\text{i}\cdot\text{m}} \frac{1}{T}\int_{-\infty}^{+\infty} X_T(t+\tau)X_T(t)\,\mathrm{d}t\mathrm{e}^{-\mathrm{j}\omega\tau}\mathrm{d}\tau \\ &= \underset{T\to\infty}{\text{l}\cdot\text{i}\cdot\text{m}} \frac{1}{T}\int_{-\infty}^{+\infty} X_T(t+\tau)\mathrm{e}^{-\mathrm{j}\omega(t+\tau)}\mathrm{d}\tau\int_{-\infty}^{+\infty} X_T(t)\mathrm{e}^{\mathrm{j}\omega t}\mathrm{d}t \\ &= \underset{T\to\infty}{\text{l}\cdot\text{i}\cdot\text{m}} \frac{1}{T}X_T(\mathrm{j}\omega)X_T(-\mathrm{j}\omega) \\ &= \underset{T\to\infty}{\text{l}\cdot\text{i}\cdot\text{m}} \frac{1}{T}|X_T(\mathrm{j}\omega)|^2 \end{aligned}$$

对于非平稳随机过程来说,我们所关心的功率谱是平均功率谱,下面以例说明非平稳随机过程的平均功率谱的计算方法。

例 13.5.3　设$\{X(t), -\infty < t < +\infty\}$为均方连续的零均值实平稳随机过程,并且已知相关函数 $B_X(\tau)$ 和功率谱密度函数 $S_X(\omega)$,令

$$Y(t) = X(t)\cos\omega_0 t$$

试求 $Y(t)$ 的平均相关函数 $B_Y(\tau)$ 和平均功率谱密度函数 $S_Y(\omega)$。

解　先求 $Y(t)$ 的总体相关函数 $B_Y(t,\tau)$,即

$$\begin{aligned} B_Y(t,\tau) &= E[Y(t+\tau)Y(t)] \\ &= E[X(t+\tau)\cos\omega_0(t+\tau)X(t)\cos\omega_0 t] \\ &= E[X(t+\tau)X(t)]\cos\omega_0(t+\tau)\cos\omega_0 t \\ &= \frac{1}{2}B_X(\tau)[\cos(2\omega_0 t+\omega_0\tau)+\cos(\omega_0\tau)] \end{aligned}$$

再求 $B_Y(t,\tau)$ 的历程均值 $B_Y(\tau)$(平均相关函数),即

$$\begin{aligned} B_Y(\tau) &= \lim_{T\to\infty}\frac{1}{T}\int_{-\frac{T}{2}}^{\frac{T}{2}} B_Y(t,\tau)\,\mathrm{d}t \\ &= \lim_{T\to\infty}\frac{1}{T}\int_{-\frac{T}{2}}^{\frac{T}{2}} \frac{1}{2}B_X(\tau)[\cos(2\omega_0 t+\omega_0\tau)+\cos(\omega_0\tau)]\,\mathrm{d}t \\ &= \frac{1}{2}B_X(\tau)\cos(\omega_0\tau) \end{aligned}$$

最后求出 $Y(t)$ 的平均功率谱密度函数 $S_Y(\omega)$,即

$$\begin{aligned} S_Y(\omega) &= \int_{-\infty}^{+\infty} B_Y(\tau)\mathrm{e}^{-\mathrm{j}\omega\tau}\mathrm{d}\tau \\ &= \int_{-\infty}^{+\infty} \frac{1}{2}B_X(\tau)\cos(\omega_0\tau)\mathrm{e}^{-\mathrm{j}\omega\tau}\mathrm{d}\tau \\ &= \int_{-\infty}^{+\infty} \frac{1}{2}B_X(\tau)\,\frac{\mathrm{e}^{\mathrm{j}\omega_0\tau}+\mathrm{e}^{-\mathrm{j}\omega_0\tau}}{2}\mathrm{e}^{-\mathrm{j}\omega\tau}\mathrm{d}\tau \\ &= \frac{1}{4}\int_{-\infty}^{+\infty} B_X(\tau)[\mathrm{e}^{-\mathrm{j}(\omega-\omega_0)\tau}+\mathrm{e}^{-\mathrm{j}(\omega+\omega_0)\tau}]\mathrm{d}\tau \end{aligned}$$

$$= \frac{1}{4}[S_X(\omega - \omega_0) + S_X(\omega + \omega_0)]$$

例 13.5.4 随机脉冲列的功率谱和相关函数 设$\{X(t), -\infty < t < +\infty\}$为如图 13.5.1 所示的随机脉冲列。其中,每个脉冲的振幅是互不相关的随机变量,即$\{\cdots, A_{-2}, A_{-1}, A_0, A_1, A_2, \cdots\}$为互不相关随机变量序列;脉冲间隔为 T_0;脉冲宽度为 $2\tau_0$ 且 $T_0 \gg 2\tau_0$。显然,这是一个非平稳随机过程,实际上 $X(t)$就是一个平稳随机过程的采样序列,于是我们可以把 $X(t)$表示为

$$X(t) = \sum_k A_k u(t - kT_0) \tag{13.5.42}$$

其中,矩形脉冲 $u(t)$的高度是 1,宽度是 $2\tau_0$。我们所考察的时间区间为$\left(-\frac{T}{2}, \frac{T}{2}\right)$, $T = 2NT_0$,目的是求出 $X(t)$的功率谱密度函数 $S_X(\omega)$和相关函数 $B_X(\tau)$,为此分以下几步计算。

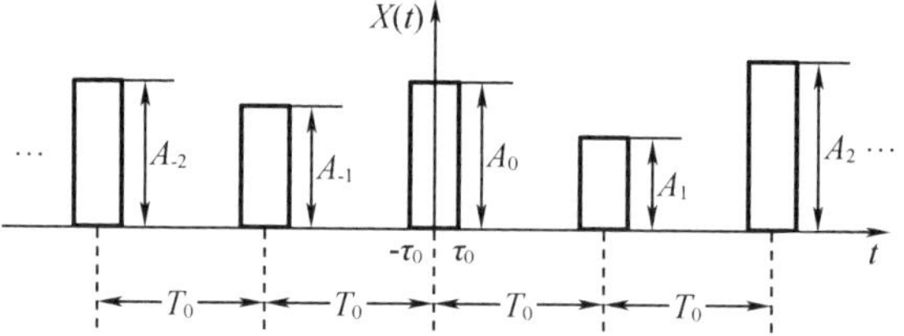

图 13.5.1 随机脉冲列

(1)任取一样本 $X_T(t)$,并求 $X_T(t)$的频率特性 $X_T(\mathrm{j}\omega)$。

$$\begin{aligned} X_T(\mathrm{j}\omega) &= \int_{-\infty}^{+\infty} X_T(t)\mathrm{e}^{-\mathrm{j}\omega t}\mathrm{d}t \\ &= \int_{-\infty}^{+\infty} \sum_{k=-N}^{N} A_k u(t - kT_0)\mathrm{e}^{-\mathrm{j}\omega t}\mathrm{d}t \\ &= \sum_{k=-N}^{N} A_k \int_{-NT_0}^{NT_0} u(t - kT_0)\mathrm{e}^{-\mathrm{j}\omega t}\mathrm{d}t \\ &= \sum_{k=-N}^{N} A_k \mathrm{e}^{-\mathrm{j}\omega kT_0} \int_{-\infty}^{+\infty} u(t)\mathrm{e}^{-\mathrm{j}\omega t}\mathrm{d}t, N \to \infty \\ &= u(\mathrm{j}\omega) \sum_{k=-N}^{N} A_k \mathrm{e}^{-\mathrm{j}\omega kT_0} \end{aligned} \tag{13.5.43}$$

其中

$$u(\mathrm{j}\omega) = \int_{-\infty}^{+\infty} u(t)\mathrm{e}^{-\mathrm{j}\omega t}\mathrm{d}t = \int_{-\tau_0}^{\tau_0} \cos \omega t\mathrm{d}t = \frac{2\sin \omega\tau_0}{\omega} \tag{13.5.44}$$

(2)求样本函数 $X_T(t)$的功率谱密度函数 $S_T(\omega)$。

由(13.5.39)式可得样本函数 $X_T(t)$的功率谱密度函数 $S_T(\omega)$为

$$\begin{aligned} S_T(\omega) &= \lim_{N \to \infty} \frac{1}{(2N+1)T_0} X_T(\mathrm{j}\omega) X_T(-\mathrm{j}\omega) \\ &= \lim_{N \to \infty} \frac{1}{(2N+1)T_0} |u(\mathrm{j}\omega)|^2 \sum_{k=-N}^{N} A_k \mathrm{e}^{-\mathrm{j}\omega kT_0} \sum_{m=-N}^{N} A_m \mathrm{e}^{\mathrm{j}\omega mT_0} \\ &= \frac{|u(\mathrm{j}\omega)|^2}{T_0} \lim_{N \to \infty} \frac{1}{(2N+1)} \sum_{k=-N}^{N} \sum_{m=-N}^{N} A_k A_m \mathrm{e}^{-\mathrm{j}\omega(k-m)T_0} \end{aligned} \tag{13.5.45}$$

(3)求 $X(t)$ 的平均功率谱密度函数 $S_X(\omega)$。

$$S_X(\omega) = E[S_T(\omega)]$$
$$= \frac{|u(\mathrm{j}\omega)|^2}{T_0} \mathop{\mathrm{l \cdot i \cdot m}}_{N\to\infty} \frac{1}{(2N+1)} \sum_{k=-N}^{N} \sum_{m=-N}^{N} E(A_k A_m) \mathrm{e}^{-\mathrm{j}\omega(k-m)T_0} \tag{13.5.46}$$

又知

$$E(A_k A_m) = E[(A_k - a)(A_m - a)] + a^2$$
$$= \sigma^2 \delta(k-m) + a^2 \tag{13.5.47}$$

其中

$$a = E(A_k) = E(A_m)$$

将(13.5.47)式代入(13.5.46)式得

$$S_X(\omega) = \frac{|u(\mathrm{j}\omega)|^2}{T_0}\left[\sigma^2 + a^2 \mathop{\mathrm{l \cdot i \cdot m}}_{N\to\infty} \frac{1}{(2N+1)} \sum_{k=-N}^{N} \sum_{m=-N}^{N} \mathrm{e}^{-\mathrm{j}\omega k T_0} \mathrm{e}^{\mathrm{j}\omega m T_0}\right]$$
$$= \frac{|u(\mathrm{j}\omega)|^2}{T_0}\left[\sigma^2 + a^2 \mathop{\mathrm{l \cdot i \cdot m}}_{N\to\infty} \frac{1}{(2N+1)} \left|\sum_{k=-N}^{N} \mathrm{e}^{-\mathrm{j}\omega k T_0}\right|^2\right] \tag{13.5.48}$$

进一步可以证明

$$\mathop{\mathrm{l \cdot i \cdot m}}_{N\to\infty} \frac{1}{2N+1} \left|\sum_{k=-N}^{N} \mathrm{e}^{-\mathrm{j}\omega k T_0}\right|^2 = \omega_0 \sum_{n=-\infty}^{+\infty} \delta(\omega - n\omega_0), n = \cdots, -2, -1, 0, 1, 2, \cdots \tag{13.5.49}$$

其中，$\omega_0 = \dfrac{2\pi}{T_0}$；$\delta(\omega)$ 为狄拉克 δ 函数。将(13.5.49)式代入(13.5.48)式有

$$S_X(\omega) = \frac{|u(\mathrm{j}\omega)|^2}{T_0}\left[\sigma^2 + a^2\omega_0 \sum_{n=-\infty}^{+\infty} \delta(\omega - n\omega_0)\right] \tag{13.5.50}$$
$$= \frac{4\tau_0^2}{T_0}\left(\frac{\sin \omega\tau_0}{\omega\tau_0}\right)^2 \left[\sigma^2 + a^2\omega_0 \sum_{n=-\infty}^{+\infty} \delta(\omega - n\omega_0)\right] \tag{13.5.51}$$
$$\triangleq S_{X_1}(\omega) + S_{X_2}(\omega) \tag{13.5.52}$$

其中

$$S_{X_1}(\omega) = \frac{4\tau_0^2}{T_0}\left(\frac{\sin \omega\tau_0}{\omega\tau_0}\right)^2 \sigma^2 \tag{13.5.53}$$

$$S_{X_2}(\omega) = \frac{a^2\omega_0 |u(\mathrm{j}\omega)|^2}{T_0} \sum_{n=-\infty}^{+\infty} \delta(\omega - n\omega_0) \tag{13.5.54}$$

(4)求 $X(t)$ 的平均相关函数 $B_X(\tau)$。

$$B_{X_1}(\tau) = \frac{1}{2\pi}\int_{-\infty}^{+\infty} S_{X_1}(\omega) \mathrm{e}^{\mathrm{j}\omega\tau} \mathrm{d}\omega$$
$$= \frac{4\tau_0^2\sigma^2}{2\pi T_0}\int_{-\infty}^{+\infty} \left(\frac{\sin \omega\tau_0}{\omega\tau_0}\right)^2 \mathrm{e}^{\mathrm{j}\omega\tau} \mathrm{d}\omega$$
$$= \frac{4\tau_0^2\sigma^2}{\pi T_0}\int_{0}^{+\infty} \left(\frac{\sin \omega\tau_0}{\omega\tau_0}\right)^2 \cos \omega\tau \mathrm{d}\omega$$
$$= \frac{\sigma^2}{T_0}(2\tau_0 - |\tau|), 0 \leqslant |\tau| \leqslant 2\tau_0 \tag{13.5.55}$$

其中要利用以下公式：

$$\int_0^{+\infty}\left(\frac{\sin x}{x}\right)^2\cos 2px\mathrm{d}x = \begin{cases}\frac{\pi}{2}(1-p), & 0\leqslant p\leqslant 1\\ 0, & p>1\end{cases}$$

$B_{X_1}(\tau)$的图形如图 13.5.2 所示。

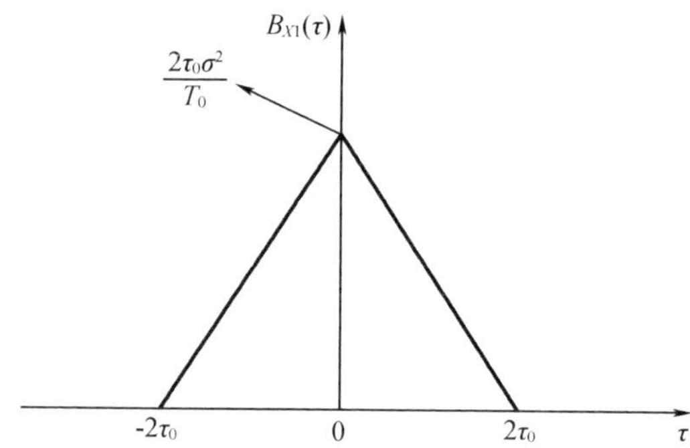

图 13.5.2　$B_{X_1}(\tau)$的图形

$$\begin{aligned}B_{X_2}(\tau) &= \frac{a^2\omega_0|u(\mathrm{j}\omega)|^2}{2\pi T_0}\int_{-\infty}^{+\infty}\sum_{n=-\infty}^{+\infty}\delta(\omega-n\omega_0)\mathrm{e}^{\mathrm{j}\omega\tau}\mathrm{d}\omega\\ &= \frac{a^2\omega_0|u(\mathrm{j}\omega)|^2}{2\pi T_0}\int_{-\infty}^{+\infty}\frac{1}{\omega_0}\sum_{n=-\infty}^{+\infty}\mathrm{e}^{\mathrm{j}\frac{2\pi n}{\omega_0}\omega}\mathrm{e}^{\mathrm{j}\omega\tau}\mathrm{d}\omega \quad (\text{见}(13.4.8)\text{式})\\ &= \frac{a^2}{T_0}\sum_{n=-\infty}^{+\infty}\frac{1}{2\pi}\int_{-\infty}^{+\infty}|u(\mathrm{j}\omega)|^2\mathrm{e}^{\mathrm{j}\omega(\tau+nT_0)}\mathrm{d}\omega\\ &= \frac{a^2}{T_0}\sum_{n=-\infty}^{+\infty}B_u(\tau+nT_0)\end{aligned} \tag{13.5.56}$$

可以证明

$$F^{-1}\{|u(\mathrm{j}\omega)|^2\} = \frac{1}{2\pi}\int_{-\infty}^{+\infty}|u(\mathrm{j}\omega)|^2\mathrm{e}^{\mathrm{j}\omega\tau}\mathrm{d}\omega = B_u(\tau) = (2\tau_0-|\tau|) \tag{13.5.57}$$

将(13.5.57)式代入(13.5.56)式可得

$$\begin{aligned}B_{X_2}(\tau) &= \frac{a^2}{T_0}\sum_{n=-\infty}^{+\infty}B_u(\tau+nT_0)\\ &= \frac{a^2}{T_0}\sum_{n=-\infty}^{+\infty}(2\tau_0-|\tau+nT_0|), 0\leqslant\tau+nT_0\leqslant 2\tau_0\end{aligned} \tag{13.5.58}$$

$B_{X_2}(\tau)$的图形如图 13.5.3 所示。

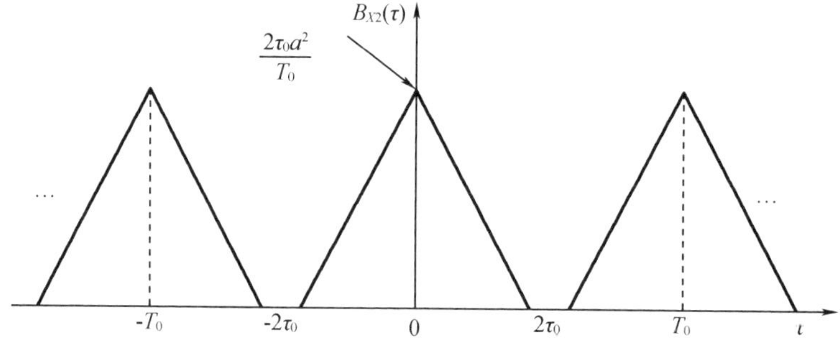

图 13.5.3　$B_{X_2}(\tau)$的图形

综合上面计算,最后得到 $X(t)$ 的平均相关函数 $B_X(\tau)$ 为

$$
\begin{aligned}
B_X(\tau) &= B_{X_1}(\tau) + B_{X_2}(\tau) \\
&= \frac{\sigma^2}{T_0}(2\tau_0 - |\tau|), 0 \leqslant \tau \leqslant 2\tau_0 \\
&\quad + \frac{a^2}{T_0}\sum_{n=-\infty}^{+\infty}(2\tau_0 - |\tau + nT_0|), 0 \leqslant \tau + nT_0 \leqslant 2\tau_0, n = \cdots, -2, -1, 0, 1, 2, \cdots
\end{aligned}
$$

13.6　平稳随机过程的采样分析

在随机控制系统的分析与设计中,经常会遇到用连续平稳随机信号 $\{X(t), -\infty < t < +\infty\}$ 的采样信号 $\{X(kT_0), k = \cdots, -2, -1, 0, 1, 2, \cdots\}$ 进行分析与设计,这不仅仅是因为用计算机进行控制所必需的,而且也为信息多路处理及系统的组合控制提供了实现的可能性。然而,采样周期 T_0 应取多大才是合理的,这是一个值得研究的问题,从直观想,如果采样周期越小,那么采样信号就越能真实反映出连续信号,但是这样做会给计算机加重了计算量;另一方面,如果 T_0 取的越大,当然对计算机的计算量减轻了许多,但是这样做常常会损失了连续信号中的信息。那么 T_0 到底应取多大才合理,下面的定理给出了解答。

定理 13.6.1　设 $\{X(t), -\infty < t < +\infty\}$ 为均方连续的平稳随机过程,其功率谱密度函数 $S(\omega)$ 是限带的,即

$$
\begin{cases} S(\omega) > 0, |\omega| < 2\pi f_0' \\ S(\omega) = 0, |\omega| \geqslant 2\pi f_0' \end{cases} \tag{13.6.1}
$$

典型的功率谱密度函数 $S(\omega)$ 的形状如图 13.6.1 所示。则当采样周期 T_0 满足

$$
T_0 \leqslant \frac{1}{2f_0'} \tag{13.6.2}
$$

且采样信号 $\{X(kT_0), k = \cdots, -2, -1, 0, 1, 2, \cdots\}$ 通过频率特性 $G(\mathrm{j}\omega)$ 如图 13.6.2 所示的理想低通滤波器时,即

$$
G(\mathrm{j}\omega) = \begin{cases} 1, |\omega| \leqslant 2\pi f_0' \\ 0, |\omega| > 2\pi f_0' \end{cases} \tag{13.6.3}
$$

其输出过程 $\{Y(t), -\infty < t < +\infty\}$ 的功率谱 $S_Y(\omega)$ 等于被采样的平稳随机过程 $\{X(t), -\infty < t < +\infty\}$ 的功率 $S_X(\omega)$。

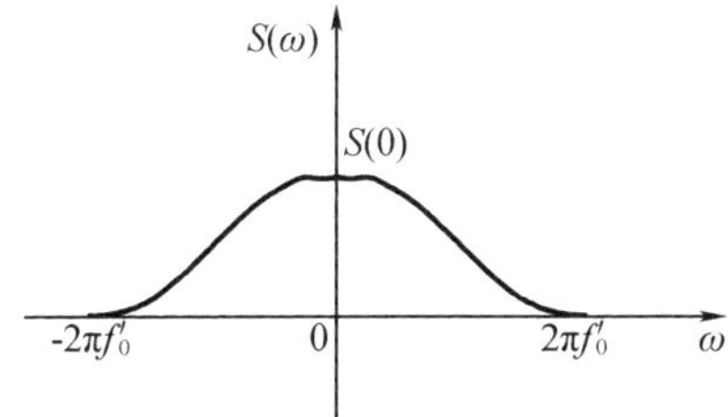

图 13.6.1　典型的功率谱密度函数

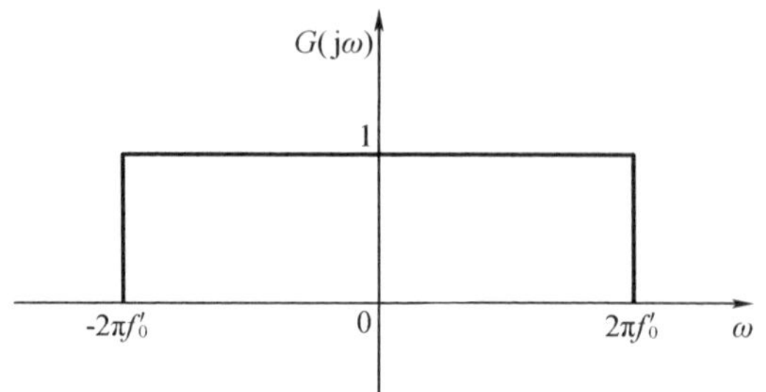

图 13.6.2 理想低通滤波器的频率特性

证明 由定理 13.4.1 可知,均方连续的平稳随机过程 $\{X(t), -\infty < t < +\infty\}$ 的采样序列 $\{X(nT_0), n = \cdots, -2, -1, 0, 1, 2, \cdots\}$ 具有如下功率谱密度函数,即

$$S_{T_0}(\omega) = \sum_{k=-\infty}^{+\infty} S(\omega - k\omega_0) \tag{13.6.4}$$

其中,$S(\omega)$ 为平稳随机过程 $\{X(t), -\infty < t < +\infty\}$ 的功率谱密度函数且 $\omega_0 = \dfrac{2\pi}{T_0}$。又因为 $S(\omega)$ 满足(13.6.1)式,所以仅当

$$\omega_0 \geqslant 4\pi f_0' \tag{13.6.5}$$

时,才有

$$S_{T_0}(\omega) = S(\omega), |\omega| \leqslant 2\pi f_0' \tag{13.6.6}$$

如图 13.6.3 所示。

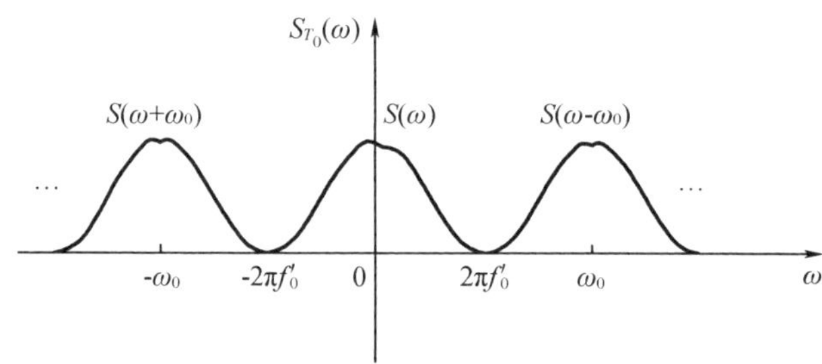

图 13.6.3 当 $\omega_0 \geqslant 4\pi f_0'$ 时的采样信号功率谱密度函数

由(13.6.5)式及 ω_0 的定义可知 $\omega_0 \geqslant 4\pi f_0'$ 等价于

$$T_0 \leqslant \frac{1}{2f_0'} \tag{13.6.7}$$

此时,当采样信号 $\{X(nT_0), n = \cdots, -2, -1, 0, 1, 2, \cdots\}$ 通过频率特性如图 13.6.2 所表示的理想低通滤波器时,其输出过程 $\{Y(t), -\infty < t < +\infty\}$ 的功率谱密度函数 $S_Y(\omega)$ 显然为

$$S_Y(\omega) = S(\omega) \tag{13.6.8}$$

定理证毕。

上述定理告诉我们这样一个事实,对于功率谱受限的平稳随机过程 $\{X(t), -\infty < t < +\infty\}$,如果采样频率 f_0 足够高,即满足

$$f_0 \geqslant 2f_0' \tag{13.6.9}$$

则所得到的采样信号 $\{X(nT_0), n = \cdots, -2, -1, 0, 1, 2, \cdots\}$ 就不丢失信息。换言之,若把这样的采样信号通过理想的低通滤波器时,就可以完全复现出原来的被采样的随机过程

$\{X(t), -\infty < t < +\infty\}$。

下面进一步讨论定理 13.6.1 中理想低通滤波器输出过程 $Y(t)$ 的表达形式。为此有：

定理 13.6.2　设 $\{X(t), -\infty < t < +\infty\}$ 为均方连续的平稳随机过程，在满足定理 13.6.1 条件下，其理想低通滤波器的输出过程 $\{Y(t), -\infty < t < +\infty\}$ 为

$$Y(t) = \sum_{n=-\infty}^{+\infty} X(nT_0) \frac{\sin 2\pi f'_0(t - nT_0)}{2\pi f'_0(t - nT_0)} \tag{13.6.10}$$

而且 $Y(t)$ 均方收敛于 $X(t)$。

证明　首先考察单位脉冲 $\delta(t)$（狄拉克 δ 函数）通过理想低通滤波器的输出 $k_0(t)$ 为

$$k_0(t) = \frac{1}{2\pi}\int_{-\infty}^{+\infty} G(j\omega) e^{j\omega t} d\omega = \frac{1}{2\pi}\int_{-2\pi f'_0}^{2\pi f'_0} e^{j\omega t} d\omega = \frac{\sin 2\pi f'_0 t}{\pi t} \tag{13.6.11}$$

当理想低通滤波器的输入信号为采样信号 $X_{T_0}(t)$ 时，即取

$$X_{T_0}(t) = T_0 X(t) \sum_{n=-\infty}^{+\infty} \delta(t - nT_0) \tag{13.6.12}$$

利用熟知的卷积公式，可得理想低通滤波器输出 $Y(t)$ 为

$$\begin{aligned} Y(t) &= \int_{-\infty}^{+\infty} X_{T_0}(t-\tau) k_0(\tau) d\tau \\ &= \int_{-\infty}^{+\infty} T_0 X(t-\tau) \sum_{n=-\infty}^{+\infty} \delta(t - \tau - nT_0) \frac{\sin 2\pi f'_0 \tau}{\pi\tau} d\tau \\ &= \sum_{n=-\infty}^{+\infty} \int_{-\infty}^{+\infty} T_0 X(t-\tau) \delta(t - \tau - nT_0) \frac{\sin 2\pi f'_0 \tau}{\pi\tau} d\tau \\ &= \sum_{n=-\infty}^{+\infty} X(nT_0) \frac{\sin 2\pi f'_0(t - nT_0)}{2\pi f'_0(t - nT_0)} \end{aligned} \tag{13.6.13}$$

在上式的推导中要利用

$$T_0 = \frac{1}{2f'_0} \tag{13.6.14}$$

为了证明 $Y(t)$ 均方收敛于 $X(t)$，要利用确定性信号的采样定理。

因为 $\{X(t), -\infty < t < +\infty\}$ 的相关函数 $B_X(\tau)$ 为确定性信号，所以由确定性信号的采样定理可知，有

$$B_X(\tau) = \sum_{n=-\infty}^{+\infty} B_X(nT_0) \frac{\sin 2\pi f'_0(\tau - nT_0)}{2\pi f'_0(\tau - nT_0)} \tag{13.6.15}$$

其中，$T_0 = \frac{1}{2f'_0}$。设 τ_0 为任意常数，于是 $B_X(\tau - \tau_0)$ 的傅里叶变换为 $S(\omega)e^{-j\omega\tau_0}$，显然它也是限带功率谱，而且还有 $|S(\omega)| = |S(\omega)e^{-j\omega\tau_0}|$，因此由采样定理可知 $B_X(\tau - \tau_0)$ 仍有

$$B_X(\tau - \tau_0) = \sum_{n=-\infty}^{+\infty} B_X(nT_0 - \tau_0) \frac{\sin 2\pi f'_0(\tau - nT_0)}{2\pi f'_0(\tau - nT_0)} \tag{13.6.16}$$

若用 τ 代替 $\tau - \tau_0$，则式(13.6.16)可写成

$$B_X(\tau) = \sum_{n=-\infty}^{+\infty} B_X(nT_0 - \tau_0) \frac{\sin 2\pi f'_0(\tau + \tau_0 - nT_0)}{2\pi f'_0(\tau + \tau_0 - nT_0)} \tag{13.6.17}$$

现在，我们利用(13.6.15)式及(13.6.17)式证明 $Y(t)$ 均方收敛于 $X(t)$。对任意 k，由(13.6.13)式有

$$E\{[X(t) - Y(t)]X(kT_0)\} = E[X(t)X(kT_0)] - E[Y(t)X(kT_0)]$$

$$= B_X(t-kT_0) - \sum_{n=-\infty}^{+\infty} B_X(nT_0-kT_0)\frac{\sin 2\pi f'_0(t-nT_0)}{2\pi f'_0(t-nT_0)}$$
$$=0$$

上面最后一个等式是由(13.6.16)式并令 $\tau=t,\tau_0=kT_0$ 所得到的。

又由(13.6.13)式可知,$Y(t)$ 是 $\{X(nT_0),n=\cdots,-2,-1,0,1,2,\cdots\}$ 的线性组合,所以还有

$$E\{[X(t)-Y(t)]Y(t)\}=0 \tag{13.6.18}$$

同理,由(13.6.17)式并令 $\tau=0,\tau_0=t$,可得

$$E\{[X(t)-Y(t)]X(t)\} = B_X(0)-E[Y(t)X(t)]$$
$$= B_X(0) - \sum_{n=-\infty}^{+\infty} B_X(nT_0-t)\frac{\sin 2\pi f'_0(t-nT_0)}{2\pi f'_0(t-nT_0)}$$
$$=0 \tag{13.6.19}$$

这样一来,利用(13.6.18)式及(13.6.19)式立得

$$E\{[X(t)-Y(t)]^2\}=E\{[X(t)-Y(t)]X(t)\}-E\{[X(t)-Y(t)]Y(t)\}=0$$

即 $Y(t)$ 均方收敛于 $X(t)$。定理证毕。

应当指出,(13.6.10)式对于数字仿真是十分有用的。通常我们可以得到平稳随机过程的采样信号 $\{X(nT_0),n=\cdots,-2,-1,0,1,2,\cdots\}$,利用(13.6.10)式进行计算就可以得到连续的平稳随机过程。

13.7 随机过程的正交分解

在 13.3 节和 13.4 节中,我们对平稳随机过程及平稳随机序列的谱分解(正交调和分解)做了详细分析。在这一节,我们将讨论随机过程一般的正交分解。先引入如下定义。

定义 13.7.1 正交函数列 设 $\varphi_i(t)(i=1,2,\cdots)$ 为一列连续函数,若在闭区间 $[a,b]$ 上满足

$$\int_a^b \varphi_n(t)\overline{\varphi_m(t)}\,\mathrm{d}t = \delta(n-m) \tag{13.7.1}$$

其中,$\overline{\varphi_m(t)}$ 为 $\varphi_m(t)$ 的共轭函数,$\delta(n-m)$ 为克罗内克 δ 函数,则称 $\varphi_i(t)(i=1,2,\cdots)$ 为区间 $[a,b]$ 上的正交函数列。

例如,$\sin m\omega t,\cos m\omega t(m=1,2,\cdots)$ 就是区间 $\left[-\frac{\pi}{\omega},\frac{\pi}{\omega}\right]$ 上的正交函数列。此外,勒让得多项式、厄尔密特多项式、切比雪夫多项式、雅可比多项式,拉盖尔多项式等在相应的闭区间上都是正交函数列。

定义 13.7.2 随机过程的正交分解 设 $\{X(t),-\infty<t<+\infty\}$ 为均方连续的随机过程且 $E[X(t)]=0$,如果在闭区间 $[a,b]$ 上可把 $X(t)$ 展成如下形式的正交级数,即

$$X(t) = \sum_{k=1}^{+\infty}\mu_k\zeta_k\varphi_k(t) \tag{13.7.2}$$

其中 μ_k 为常数,$\{\zeta_k,k=1,2,\cdots\}$ 为零均值互不相关随机变量序列,且

$$E(\zeta_n\overline{\zeta_m})=\delta(n-m) \tag{13.7.3}$$

$\delta(n-m)$为克罗内克 δ 函数，$\{\varphi_k, k=1,2,\cdots\}$为区间$[a,b]$上的正交函数列，则称(13.7.2)式为随机过程$\{X(t), -\infty<t<+\infty\}$在$[a,b]$上的正交分解。

定义 13.7.3　相关函数的正交分解　设$\Gamma(t_1,t_2)$为相关函数，如果在闭区间$[a,b]$上可把$\Gamma(t_1,t_2)$展成如下形式的级数，即

$$\Gamma(t_1,t_2) = \sum_{k=1}^{\infty} \eta_k \varphi_k(t_1)\overline{\varphi_k(t_2)} \tag{13.7.4}$$

其中$\eta_k \geqslant 0$为常数，$\{\varphi_k(t), k=1,2,\cdots\}$为$[a,b]$上的正交函数列，则称(13.7.4)式为相关函数$\Gamma(t_1,t_2)$在$[a,b]$上的正交分解。

关于随机过程$\{X(t), -\infty<t<+\infty\}$在$[a,b]$上是否存在正交分解，我们有如下结论。

定理 13.7.1　设$\{X(t), -\infty<t<+\infty\}$为均方连续的随机过程且$E[X(t)]=0$，则$X(t)$在区间$[a,b]$上有正交分解(13.7.2)式的充要条件是其相关函数$\Gamma(t_1,t_2)$在$[a,b]$上有正交分解(13.7.4)式。

证明　必要性：设(13.7.2)式成立，则

$$\begin{aligned}\Gamma(t_1,t_2) &= E[X(t_1)\overline{X(t_2)}] = \sum_{k=1}^{\infty}\sum_{l=1}^{\infty}\mu_k\overline{\mu_l}E(\zeta_k\overline{\zeta_l})\varphi_k(t_1)\overline{\varphi_l(t_2)} \\ &= \sum_{k=1}^{\infty}\sum_{l=1}^{\infty}\mu_k\overline{\mu_l}\delta(k-l)\varphi_k(t_1)\overline{\varphi_l(t_2)} \\ &= \sum_{k=1}^{\infty}|\mu_k|^2\varphi_k(t_1)\overline{\varphi_k(t_2)}\end{aligned}$$

若令$\eta_k=|\mu_k|^2$，显然$\eta_k \geqslant 0$，于是(13.7.4)式得证。

充分性：设(13.7.4)式成立，取$\mu_k=\sqrt{\eta_k}$，于是有

$$\begin{aligned}\Gamma(t_1,t_2) &= \sum_{k=1}^{\infty}\sum_{l=1}^{\infty}\mu_k\mu_l\delta(k-l)\varphi_k(t_1)\overline{\varphi_l(t_2)} \\ &= \sum_{k=1}^{\infty}\sum_{l=1}^{\infty}\mu_k\mu_l E(\zeta_k\overline{\zeta_l})\varphi_k(t_1)\overline{\varphi_l(t_2)} \\ &= E\{[\sum_{k=1}^{\infty}\mu_k\zeta_k\varphi_k(t_1)]\overline{[\sum_{l=1}^{\infty}\mu_l\zeta_l\varphi_l(t_2)]}\} \\ &\triangleq E[X(t_1)\overline{X(t_2)}]\end{aligned}$$

其中取$\{\zeta_k, k=1,2,\cdots\}$为零均值互不相关的随机变量，且$E(\zeta_n\zeta_m)=\delta(n-m)$，因此有

$$X(t) = \sum_{k=1}^{\infty}\mu_k\zeta_k\varphi_k(t)$$

定理证毕。

为了深入地讨论正交分解(13.7.2)式中的μ_k，$\varphi_k(t)$与相关函数$\Gamma(t_1,t_2)$之间的关系，现不加证明地引入积分方程中的麦色(Mercer)引理。

引理 13.7.1　(麦色，Mercer)　设$g(t_1,t_2)$是连续二元函数且为非负定，则$g(t_1,t_2)$在区间$[a,b]$上必有(13.7.4)式的正交分解，即

$$g(t_1,t_2) = \sum_{k=1}^{\infty}\eta_k\varphi_k(t_1)\overline{\varphi_k(t_2)} \tag{13.7.5}$$

其中$\eta_k(k=1,2,\cdots)$为如下积分方程

$$\int_a^b g(t_1,t_2)\varphi(t_2)\mathrm{d}t_2 = \eta\varphi(t_1) \tag{13.7.6}$$

的特征值且必大于零,$\varphi_k(t)$为相应于 η_k 的特征函数而且 $\varphi_k(t)(k=1,2,\cdots)$为$[a,b]$上的正交函数列,级数(13.7.5)式对任意 $t_1,t_2\in[a,b]$一致且绝对收敛。

利用上面引理,可证得如下定理。

定理 13.7.2 (卡亨南,karhunen) 设$\{X(t),-\infty<t<+\infty\}$为均方连续随机过程且$E[X(t)]=0$,则 $X(t)$在区间$[a,b]$上有正交分解(13.7.2)式的充要条件是函数 $\varphi_n(t)$对某$\lambda_n(n=1,2,\cdots)$满足如下积分方程

$$\int_a^b \Gamma(t_1,t_2)\varphi_n(t_2)\mathrm{d}t_2=\lambda_n\varphi_n(t_1),t_1\in[a,b] \tag{13.7.7}$$

而且$|\mu_n|^2=\lambda_n>0$,称 λ_n 为积分方程(13.7.7)的特征值,而 $\varphi_n(t)$为相应于 λ_n 的特征函数。

证明 必要性:由(13.7.2)式及(13.7.1)式可知

$$\int_a^b X(t)\,\overline{\varphi_n(t)}\mathrm{d}t=\sum_{k=1}^{+\infty}\mu_k\zeta_k\int_a^b\varphi_k(t)\,\overline{\varphi_n(t)}\mathrm{d}t=\sum_{k=1}^{+\infty}\mu_k\zeta_k\delta(k-n) \tag{13.7.8}$$

于是可得

$$\mu_n\zeta_n=\int_a^b X(t)\,\overline{\varphi_n(t)}\mathrm{d}t,n=1,2,\cdots \tag{13.7.9}$$

再由(13.7.2)式还有

$$\begin{aligned}E[X(t_1)\,\overline{\mu_n}\,\overline{\zeta_n}]&=E[\sum_{k=1}^{+\infty}\mu_k\zeta_k\varphi_k(t_1)\,\overline{\mu_n}\,\overline{\zeta_n}]\\&=\sum_{k=1}^{+\infty}\mu_k\,\overline{\mu_n}E(\zeta_k\,\overline{\zeta_n})\varphi_k(t_1)\\&=\sum_{k=1}^{+\infty}\mu_k\,\overline{\mu_n}\delta(k-n)\varphi_k(t_1)\\&=|\mu_n|^2\varphi_n(t_1),n=1,2,\cdots\end{aligned} \tag{13.7.10}$$

另一方面,由(13.7.9)式可推出

$$\begin{aligned}E[X(t_1)\,\overline{\mu_n}\,\overline{\zeta_n}]&=E\left[X(t_1)\int_a^b\overline{X(t_2)}\varphi_n(t_2)\mathrm{d}t_2\right]\\&=\int_a^b E[X(t_1)\,\overline{X(t_2)}\varphi_n(t_2)]\mathrm{d}t_2\\&=\int_a^b\Gamma(t_1,t_2)\varphi_n(t_2)\mathrm{d}t_2,n=1,2,\cdots\end{aligned} \tag{13.7.11}$$

比较(13.7.10)式及(13.7.11)式,并令$|\mu_n|^2=\lambda_n>0$,则立得

$$\int_a^b\Gamma(t_1,t_2)\varphi_n(t_2)\mathrm{d}t_2=\lambda_n\varphi_n(t_1),n=1,2,\cdots$$

于是(13.7.7)式得证且$|\mu_n|^2=\lambda_n>0$。

充分性:因为随机过程$\{X(t),-\infty<t<+\infty\}$均方连续,故由定理 10.3.1 及定理 10.2.1 可知其相关函数 $\Gamma(t_1,t_2)$是连续函数且非负定,于是由引理 13.7.1 可知 $\Gamma(t_1,t_2)$必有正交分解(13.7.4)式,其中的 $\eta_k\triangleq\lambda_k$ 为积分方程(13.7.7)式的特征值,$\varphi_k(t)$为相应的特征函数。再由定理 13.7.1 可知 $X(t)$在$[a,b]$上必有正交分解(13.7.2)式且$|\mu_k|^2=\lambda_k>0$,故充分性得证。定理证毕。

最后,我们根据上面所得到的结论来介绍如何把随机过程在任意区间上做正交分解。

定理 13.7.3 (卡亨南,Karhunen) 设$\{X(t),-\infty<t<+\infty\}$为均方连续的随机过

程且 $E[X(t)]=0$,则 $X(t)$ 在区间 $[a,b]$ 上可做如下均方一致收敛的正交分解,即

$$X(t)=\sum_{k=1}^{\infty}\mu_k\zeta_k\varphi_k(t) \tag{13.7.12}$$

其中

$$\mu_k\zeta_k=\int_a^b X(t)\overline{\varphi_k(t)}\mathrm{d}t \tag{13.7.13}$$

$\{\zeta_k,k=1,2,\cdots\}$ 为零均值互不相关随机变量序列且

$$E(\zeta_k\zeta_l)=\delta(k-l) \tag{13.7.14}$$

而且 $|\mu_k|^2\triangleq\lambda_k$ 和 $\varphi_k(t)(k=1,2,\cdots)$ 分别为如下积分方程

$$\int_a^b\Gamma(t_1,t_2)\varphi(t_2)\mathrm{d}t_2=\lambda\varphi(t_1),t_1\in[a,b] \tag{13.7.15}$$

的特征值和相应的特征函数,$\Gamma(t_1,t_2)$ 为该过程的相关函数。

证明　由定理 13.7.2 及定理 13.7.1 的内容,我们已证明了(13.7.12)式至(13.7.15)式,现只需证明(13.7.12)式均方一致收敛。

事实上,对任意 $t\in[a,b]$ 有

$$\begin{aligned}
E\left[\left|X(t)-\sum_{k=1}^{\infty}\mu_k\zeta_k\varphi_k(t)\right|^2\right]&=E[X(t)\overline{X(t)}]+\sum_{k=1}^{\infty}\sum_{l=1}^{\infty}\mu_k\overline{\mu_l}E[\zeta_k\overline{\zeta_l}\varphi_k(t)\overline{\varphi_l(t)}]-\\
&\quad\sum_{k=1}^{\infty}E[X(t)\overline{\mu_k}\,\overline{\zeta_k}\,\overline{\varphi_k(t)}]-\sum_{k=1}^{\infty}E[\mu_k\zeta_k\varphi_k(t)\overline{X(t)}]\\
&=\Gamma(t,t)+\sum_{k=1}^{\infty}|\mu_k|^2\varphi_k(t)-\sum_{k=1}^{\infty}E\left[\sum_{l=1}^{\infty}\mu_l\zeta_l\varphi_l(t)\right]\cdot\\
&\quad\overline{\mu_k}\,\overline{\zeta_k}\,\overline{\varphi_k(t)}-\sum_{k=1}^{\infty}E[\mu_k\zeta_k\varphi_k(t)]\sum_{l=1}^{\infty}\overline{\mu_l}\,\overline{\zeta_l}\,\overline{\varphi_l(t)}\\
&=\Gamma(t,t)-\sum_{k=1}^{\infty}|\mu_k|^2\varphi_k(t)\overline{\varphi_k(t)}\\
&=\Gamma(t,t)-\sum_{k=1}^{\infty}\lambda_k\varphi_k(t)\overline{\varphi_k(t)}
\end{aligned} \tag{13.7.16}$$

因为相关函数 $\Gamma(t_1,t_2)$ 为连续函数且非负定,故由引理 13.7.1,并令 $g(t,t)=\Gamma(t,t),\eta_k=\lambda_k$,则(13.7.16)式等于零,所以

$$\underset{N\to\infty}{\mathrm{l\cdot i\cdot m}}\sum_{k=1}^{N}\mu_k\zeta_k\varphi_k(t)=X(t)$$

定理证毕。

由上面的定理可以看出,将随机过程 $\{X(t),-\infty<t<+\infty\}$ 做正交分解的关键在于求解积分方程(13.7.15)式的特征值 λ_k 及特征函数 $\varphi_k(t)$。

例 13.7.1　设随机过程 $\{X(t),-\infty<t<+\infty\}$ 的相关函数 $\Gamma(t_1,t_2)$ 为

$$\Gamma(t_1,t_2)=N_0\delta(t_1-t_2) \tag{13.7.17}$$

其中,$\delta(\cdot)$ 为狄拉克 δ 函数,试求其在区间 $(-\infty,+\infty)$ 上的正交分解。

解　将(13.7.17)式代入(13.7.15)式可得

$$\int_{-\infty}^{+\infty}N_0\delta(t_1-t_2)\varphi(t_2)\mathrm{d}t_2=\lambda\varphi(t_1),t_1\in(-\infty,+\infty) \tag{13.7.18}$$

于是可有 $\lambda = N_0$。再由(13.7.12)式可知

$$E[X(t_1)X(t_2)] = N_0\delta(t_1 - t_2) = \sum_{k=1}^{\infty} N_0\varphi_k(t_1)\varphi_k(t_2)$$

由上式应有

$$\varphi_k(t_1) = \delta(t_1 - k) \tag{13.7.19}$$

因此 $X(t)$ 的正交分解为

$$X(t) = \sum_{k=1}^{\infty} \sqrt{N_0}\zeta_k\varphi_k(t) = \sum_{k=1}^{\infty} \sqrt{N_0}\zeta_k\delta(t-k)$$

其中 $\{\zeta_k, k=1,2,\cdots\}$ 为零均值互不相关随机变量序列且 $E(\zeta_k^2)=1(k=1,2,\cdots)$。

例 13.7.2 已知平稳过程 $\{X(t), -\infty < t < +\infty\}$ 的自相关函数为

$$B(\tau) = \frac{1}{2a}\mathrm{e}^{-a|\tau|} \tag{13.7.20}$$

试求其在区间 $\left[-\frac{T}{2}, \frac{T}{2}\right]$ 上的正交分解。

解 由(13.7.15)式可求出特征值 λ_n 及 λ_n' 分别为

$$\lambda_n = \frac{1}{a^2+\omega_n^2}, \lambda_n' = \frac{1}{a^2+\omega_n'^2} \tag{13.7.21}$$

其中,ω_n 与 ω_n' 分别为如下方程

$$\begin{cases} \tan \omega_n \dfrac{T}{2} = \dfrac{a}{\omega_n} \\ \cot \omega_n' \dfrac{T}{2} = -\dfrac{a}{\omega_n'} \end{cases} \tag{13.7.22}$$

的根,相应的特征函数 $\varphi_n(t)$ 及 $\varphi_n'(t)$ 分别为

$$\varphi_n(t) = \frac{1}{\sqrt{\dfrac{T}{2}+a\lambda_n}}\cos \omega_n t$$

$$\varphi_n'(t) = \frac{1}{\sqrt{\dfrac{T}{2}-a\lambda_n'}}\cos \omega_n' t$$

于是该平稳过程 $\{X(t), -\infty < t < +\infty\}$ 在 $\left[-\frac{T}{2}, \frac{T}{2}\right]$ 上的正交分解就为

$$X(t) = \sum_{n=1}^{\infty} \frac{\zeta_n}{\sqrt{a^2+\omega_n^2}} \frac{1}{\sqrt{\dfrac{T}{2}+a\lambda_n}}\cos \omega_n t + \sum_{n=1}^{\infty} \frac{\zeta_n'}{\sqrt{a^2+\omega_n'^2}} \frac{1}{\sqrt{\dfrac{T}{2}-a\lambda_n'}}\sin \omega_n' t$$

$$|t| \leqslant \frac{T}{2}$$

其中 $\{\zeta_n, \zeta_n', n=1,2,\cdots\}$ 为零均值互不相关随机变量序列且 $E(|\zeta_n|^2)=1$, $E(|\zeta_n'|^2)=1$, $n=1,2,\cdots, E(\zeta_k\zeta_l')=0$。

13.8 平稳随机序列相关函数及功率谱估计

13.8.1 相关函数估计

我们知道,对于平稳随机序列$\{X(n),n=1,2,\cdots\}$,相关函数$B(m)$定义为

$$B(m)=E[X(n+m)X(n)] \tag{13.8.1}$$

但现在所要解决的问题是,如何用有限的平稳序列$\{X(n),n=1,2,\cdots,N\}$对$B(m)$做出估计,为此引入相关函数估计的两个定义。

定义 13.8.1　设$\{X(n),n=1,2,\cdots,N\}$为零均值平稳随机序列,则称

$$\hat{B}^*(m)=\frac{1}{N-|m|}\sum_{n=1}^{N-|m|}X(n+|m|)X(n) \tag{13.8.2}$$

为该平稳序列**相关函数估计**。

定义 13.8.2　设$\{X(n),n=1,2,\cdots,N\}$为零均值平稳随机序列,则称

$$\hat{B}(m)=\frac{1}{N}\sum_{n=1}^{N-|m|}X(n+|m|)X(n) \tag{13.8.3}$$

为该平稳序列**相关函数估计**。

既然引入相关函数估计的两个定义,那么就有必要对$\hat{B}^*(m)$及$\hat{B}(m)$进行比较。为此有:

定理 13.8.1　设$\{X(n),n=1,2,\cdots,N\}$为零均值平稳随机序列,则

(1)$\hat{B}(m)$是$B(m)$的有偏估计,$\hat{B}^*(m)$是$B(m)$的无偏估计;

(2)$\hat{B}(m)$估计方差比$\hat{B}^*(m)$的估计方差小;

(3)又如果$\{X(n),n=1,2,\cdots,N\}$是平稳正态随机序列,且$\lim\limits_{N\to\infty}\sum\limits_{i=1}^{N}B^2(i)<\infty$,则$\hat{B}(m)$与$\hat{B}^*(m)$都是$B(m)$的一致渐近无偏估计。

证明　对(13.8.3)式取均值,显然有

$$E[\hat{B}(m)]=\frac{1}{N}\sum_{n=1}^{N-|m|}E[X(n+|m|)X(n)]=\frac{N-|m|}{N}B(m) \tag{13.8.4}$$

而对(13.8.2)式取均值,有

$$E[\hat{B}^*(m)]=\frac{1}{N-|m|}\sum_{n=1}^{N-|m|}E[X(n+|m|)X(n)]=B(m) \tag{13.8.5}$$

故定理中(1)得证。另一方面,由于

$$\hat{B}(m)=\frac{N-|m|}{N}\hat{B}^*(m) \tag{13.8.6}$$

所以

$$\begin{aligned}D[\hat{B}(m)]&=E\left(\{\hat{B}(m)-E[\hat{B}(m)]\}^2\right)\\&=E\left\{\left[\frac{N-|m|}{N}\hat{B}^*(m)-\frac{N-|m|}{N}B(m)\right]^2\right\}\end{aligned}$$

$$= \left(\frac{N-|m|}{N}\right)^2 D[\hat{B}^*(m)] \tag{13.8.7}$$

因此

$$D[\hat{B}(m)] \leqslant D[\hat{B}^*(m)] \tag{13.8.8}$$

定理中(2)得证。

应注意,当 m 确定 $N\to\infty$ 时,由(13.8.4)式可知

$$\lim_{N\to\infty} E[\hat{B}(m)] = B(m)$$

所以,则$\hat{B}(m)$是 $B(m)$的渐近无偏估计。

最后,我们来计算$\hat{B}^*(m)$的方差。

$$\begin{aligned}
D[\hat{B}^*(m)] &= E\left(\{\hat{B}^*(m) - E[\hat{B}^*(m)]\}^2\right) \\
&= E\{[\hat{B}^*(m)]^2\} - \{E[\hat{B}^*(m)]\}^2 \\
&= E\left[\frac{1}{(N-|m|)^2}\sum_{i=1}^{N-|m|}\sum_{n=1}^{N-|m|} X(n+|m|)X(n)X(i+|m|)X(i)\right] - B^2(m) \\
&= \frac{1}{(N-|m|)^2}\sum_{i=1}^{N-|m|}\sum_{n=1}^{N-|m|}[B^2(i-n) + B(i-n+|m|)B(i-n-|m|)]
\end{aligned} \tag{13.8.9}$$

设 $i-n=k$,然后分三种情况,即 $k>0,k=0,k<0$ 来计算(13.8.9)式,于是可得

$$\begin{aligned}
&D[\hat{B}^*(m)] \\
&= \frac{1}{(N-|m|)^2}\Big\{(N-|m|-k)\sum_{k=-(N-|m|)}^{N-|m|}[B^2(k) + B(k+|m|)B(k-|m|)] + \\
&\quad k[B^2(0) + B^2(m)]\Big\}
\end{aligned} \tag{13.8.10}$$

因为

$$\lim_{N\to\infty}\frac{1}{N}\sum_{i=1}^{N} B^2(i) = 0$$

所以

$$\begin{aligned}
&\lim_{N\to\infty}\sum_{k=-N+|m|}^{N-|m|}[B^2(k) + B(k+|m|)B(k-|m|)] \\
&\leqslant \lim_{N\to\infty}\sum_{k=-N+|m|}^{N-|m|}[B^2(k) + B^2(k+|m|) + B^2(k-|m|)] < \infty
\end{aligned} \tag{13.8.11}$$

这样一来,由(13.8.10)式可知,对任意$|m|<\infty$,必有

$$\lim_{N\to\infty} D[\hat{B}^*(m)] = 0$$

最后由(13.8.8)式还有

$$\lim_{N\to\infty} D[\hat{B}(m)] = 0$$

故一致性得证。定理证毕。

在实际应用中,为了具体比较 $D[\hat{B}(m)]$与 $D[\hat{B}^*(m)]$的大小,我们通常做近似处理。由(13.8.10)式可知,如果 $B^2(k)$满足

$$B^2(k) \ll 1, k \ll N$$

并且当 $m \ll N$ 时，由(13.8.10)式可近似地有

$$D[\hat{B}^*(m)] \cong \frac{1}{N-|m|}\sum_{k=-\infty}^{+\infty}[B^2(k)+B(k+|m|)B(k-|m|)] \tag{13.8.12}$$

再由(13.8.7)式，还有

$$D[\hat{B}(m)] \cong \frac{N-|m|}{N^2}\sum_{k=-\infty}^{+\infty}[B^2(k)+B(k+|m|)B(k-|m|)] \tag{13.8.13}$$

由以上两式可见，$\hat{B}(m)$的方差随 m 的增加有减小的趋势，而$\hat{B}^*(m)$的方差随 m 的增加有增大的趋势，例如，$m=\frac{1}{2}N$ 时较 $m=0$ 的方差增大一倍，所以在实际应用中，尽管$\hat{B}(m)$是 $B(m)$是有偏估计，但我们仍然采用$\hat{B}(m)$作为 $B(m)$的估计。

为了讨论$\hat{B}(k)$的渐近分布，先介绍以下几个引理[12]。

引理 13.8.1　设 N 维随机向量 $\boldsymbol{X} \triangleq [X(1),X(2),\cdots,X(N)]^{\mathrm{T}}$ 服从正态 $N(0,\boldsymbol{B})$分布，即 $E(\boldsymbol{X})=0, E(\boldsymbol{X}\boldsymbol{X}^{\mathrm{T}})=\boldsymbol{B}>0$，又设 $\boldsymbol{A}$ 为 $N\times N$ 对称阵，则 $Y_N \triangleq \boldsymbol{X}^{\mathrm{T}}\boldsymbol{A}\boldsymbol{X}$ 必可表示为

$$Y_N \triangleq \boldsymbol{X}^{\mathrm{T}}\boldsymbol{A}\boldsymbol{X} = \sum_{j=1}^{N}\lambda_j^{(N)}\xi^2(j)$$

$$= [\xi(1),\xi(2),\cdots,\xi(N)]\begin{bmatrix}\lambda_1^{(N)} & & & 0\\ & \lambda_2^{(N)} & & \\ & & \ddots & \\ 0 & & & \lambda_N^{(N)}\end{bmatrix}\begin{bmatrix}\xi(1)\\ \xi(2)\\ \vdots\\ \xi(N)\end{bmatrix} \tag{13.8.14}$$

其中，$\xi(i)\ (i=1,2,\cdots,N)$为彼此互相独立的且服从正态 $N(0,1)$分布的随机变量；$\lambda_1^{(N)}$，$\lambda_2^{(N)},\cdots,\lambda_N^{(N)}$ 为 $\boldsymbol{B}^{\frac{1}{2}}\boldsymbol{A}\boldsymbol{B}^{\frac{1}{2}}$全部特征根(如重根重复计算)。

证明　因为 $\boldsymbol{B}$ 正定，故必有 $\boldsymbol{B}=\boldsymbol{B}^{\frac{1}{2}}\boldsymbol{B}^{\frac{1}{2}}$，且 $\boldsymbol{B}^{\frac{1}{2}}$ 为正定对称阵。若令 $\boldsymbol{X}=\boldsymbol{B}^{\frac{1}{2}}\boldsymbol{\eta}$，于是 $E(\boldsymbol{\eta}\boldsymbol{\eta}^{\mathrm{T}})=\boldsymbol{I}_N$，这说明 $\boldsymbol{\eta} \triangleq [\eta(1),\eta(2),\cdots,\eta(N)]^{\mathrm{T}}$ 为 N 个相互独立的且服从正态 $N(0,1)$的随机变量。另一方面，因为 $\boldsymbol{A}$ 是对称阵，所以 $\boldsymbol{B}^{\frac{1}{2}}\boldsymbol{A}\boldsymbol{B}^{\frac{1}{2}}$也为对称阵，故必存在正交矩阵 $\boldsymbol{U}$，使得

$$\boldsymbol{U}^{\mathrm{T}}\boldsymbol{B}^{\frac{1}{2}}\boldsymbol{A}\boldsymbol{B}^{\frac{1}{2}}\boldsymbol{U}=\begin{bmatrix}\lambda_1^{(N)} & & & 0\\ & \lambda_2^{(N)} & & \\ & & \ddots & \\ 0 & & & \lambda_N^{(N)}\end{bmatrix}$$

其中，$\lambda_i^{(N)}\ (i=1,2,\cdots,N)$为 $\boldsymbol{B}^{\frac{1}{2}}\boldsymbol{A}\boldsymbol{B}^{\frac{1}{2}}$的特征根。现在取$[\xi(1),\xi(2),\cdots,\xi(N)]^{\mathrm{T}}=\boldsymbol{U}^{\mathrm{T}}\boldsymbol{\eta}$，也即$\boldsymbol{\eta}=\boldsymbol{U}\boldsymbol{\xi}$，因为 $\boldsymbol{\eta}$ 服从正态 $N(0,I_N)$分布且 $\boldsymbol{U}$ 为正交矩阵，所以 $\boldsymbol{\xi}$ 也服从正态 $N(0,I_N)$分布，于是有

$$Y_N \triangleq \boldsymbol{X}^{\mathrm{T}}\boldsymbol{A}\boldsymbol{X} = \boldsymbol{\eta}^{\mathrm{T}}\boldsymbol{B}^{\frac{1}{2}}\boldsymbol{A}\boldsymbol{B}^{\frac{1}{2}}\boldsymbol{\eta} = \boldsymbol{\xi}^{\mathrm{T}}\boldsymbol{U}^{\mathrm{T}}\boldsymbol{B}^{\frac{1}{2}}\boldsymbol{A}\boldsymbol{B}^{\frac{1}{2}}\boldsymbol{U}\boldsymbol{\xi} = \sum_{i=1}^{N}\lambda_j^{(N)}\xi^2(i)$$

引理证毕。

引理 13.8.2　设随机向量 $\boldsymbol{X} \triangleq [X(1),X(2),\cdots,X(N)]^{\mathrm{T}}$ 服从正态 $N(0,\boldsymbol{B})$分布，$\boldsymbol{A}$ 为 $N\times N$ 对称阵，取 $Y_N=\boldsymbol{X}^{\mathrm{T}}\boldsymbol{A}\boldsymbol{X}$，而且 $\lambda_j^{(N)}\ (j=1,2,\cdots,N)$为 $\boldsymbol{B}^{\frac{1}{2}}\boldsymbol{A}\boldsymbol{B}^{\frac{1}{2}}$的特征根，如果

$$\lim_{N\to\infty}\max_{1\leqslant j\leqslant N}\frac{|\lambda_j^{(N)}|}{D(Y_N)}=0 \tag{13.8.15}$$

则 Y_N 为渐近正态分布,即

$$\lim_{N\to\infty}P\left[\frac{Y_N-E(Y_N)}{\sqrt{D(Y_N)}}<x\right]=\frac{1}{\sqrt{2\pi}}\int_{-\infty}^{x}e^{-\frac{u^2}{2}}du \tag{13.8.16}$$

证明 由引理 13.8.1 可知

$$\begin{aligned}\xi_N &\triangleq \frac{Y_N-E(Y_N)}{\sqrt{D(Y_N)}}\\ &=\frac{\sum_{i=1}^{N}\lambda_i^{(N)}\xi^2(i)-\sum_{i=1}^{N}\lambda_i^{(N)}}{\sqrt{\sum_{i=1}^{N}2\lambda_i^{(N)2}}}\\ &=\sum_{i=1}^{N}\frac{\lambda_i^{(N)}}{\sqrt{\sum_{i=1}^{N}2\lambda_i^{(N)2}}}[\xi^2(i)-1]\\ &\triangleq\sum_{i=1}^{N}\xi_{Ni}\end{aligned}$$

又因为 $\{\xi_{Ni},i=1,2,\cdots,N\}$ 是零均值且相互独立的随机变量序列,所以只需验证 $\xi_N=\sum_{i=1}^{N}\xi_{Ni}$ 满足林德伯格条件即可,事实上,不难计算出有

$$E(\xi_{Ni})=0$$

$$D(\xi_{Ni})=\frac{(\lambda_i^{(N)})^2}{\sum_{i=1}^{N}(\lambda_i^{(N)})^2}$$

因此, $B_n^2\triangleq\sum_{i=1}^{N}D(\xi_{Ni})=1$, 于是对任意给定的 $\tau>0$,可知

$$\begin{aligned}&\frac{1}{B_n^2}\sum_{i=1}^{N}\int_{|\xi_{Ni}|>\tau B_n}(\xi_{Ni})^2dF_i\\ &=\sum_{i=1}^{N}\int_{|\xi_{Ni}|>\tau}(\xi_{Ni})^2dF_i\\ &=\sum_{i=1}^{N}\frac{(\lambda_i^{(N)})^2}{\sum_{i=1}^{N}2(\lambda_i^{(N)})^2}\int_{\frac{|\lambda_i^{(N)}|}{\sqrt{D(Y_N)}}|\xi^2(i)-1|>\tau}[\xi^2(i)-1]^2dF_i\\ &\leqslant\sum_{i=1}^{N}\frac{(\lambda_i^{(N)})^2}{\sum_{i=1}^{N}2(\lambda_i^{(N)})^2}\int_{|\xi^2(i)-1|>\frac{\sqrt{D(Y_N)}\cdot\tau}{\max_{1\leqslant i\leqslant N}|\lambda_i^{(N)}|}}[\xi^2(i)-1]^2dF_i\\ &=\frac{1}{2}\int_{|\xi^2(i)-1|>\frac{\sqrt{D(Y_N)}\cdot\tau}{\max_{1\leqslant i\leqslant N}|\lambda_i^{(N)}|}}[\xi^2(i)-1]^2dF_i\to0,\lim_{N\to\infty}\frac{\sqrt{D(Y_N)}}{\max_{1\leqslant i\leqslant N}|\lambda_i^{(N)}|}=\infty\end{aligned}$$

即当 $\lim_{N\to\infty}\frac{\max_{1\leqslant i\leqslant N}|\lambda_i^{(N)}|}{\sqrt{D(Y_N)}}=0$ 时,有

$$\lim_{N\to\infty}\frac{1}{B_n^2}\sum_{i=1}^{N}\int_{|\xi_{Ni}|>\tau B_n}(\xi_{Ni})^2\mathrm{d}F_i = 0$$

所以林德伯格条件成立,因此有(13.8.16)式。引理证毕。

引理 13.8.3　设 $\boldsymbol{C}^N$ 为 $N\times N$ 厄密特阵,$\boldsymbol{C}^N\triangleq(C_{kl})$ 并取 C_{kl} 为

$$C_{kl} = \frac{1}{2\pi}\int_{-\frac{\pi}{T_0}}^{\frac{\pi}{T_0}}g(\omega)\mathrm{e}^{\mathrm{j}\omega T_0(k-l)}\mathrm{d}\omega, 1\leqslant k,l\leqslant N \tag{13.8.17}$$

记 $\boldsymbol{\lambda}(\boldsymbol{C}^N)=\max\limits_{1\leqslant i\leqslant N}|\boldsymbol{\lambda}_i(\boldsymbol{C}^N)|$,$\boldsymbol{\lambda}_i(\boldsymbol{C}^N)(i=1,2,\cdots,N)$ 为 $\boldsymbol{C}^N$ 特征根,则当 $g(\omega)$ 有界时,有

$$\boldsymbol{\lambda}(\boldsymbol{C}^N)\leqslant\frac{1}{T_0}\sup_{\omega}|g(\omega)| \tag{13.8.18}$$

进一步,当 $g(\omega)$ 为 p 次可积时,还有

$$\lim_{N\to\infty}N^{-\frac{1}{p}}\boldsymbol{\lambda}(\boldsymbol{C}^N)=0 \tag{13.8.19}$$

证明　由厄密特阵特征根性质(黄琳编著《系统与控制理论中的线性代数》第 93 页)有

$$\begin{aligned}
\boldsymbol{\lambda}(\boldsymbol{C}^N) &= \sup_{\|X\|=1}|\boldsymbol{X}^{\mathrm{T}}\boldsymbol{C}^N\boldsymbol{X}| = \sup_{\|X\|=1}\left|\sum_{k,l=1}^{N}X_kX_lC_{kl}\right| \\
&= \sup_{\|X\|=1}\left|\sum_{k,l=1}^{N}X_kX_l\frac{1}{2\pi}\int_{-\frac{\pi}{T_0}}^{\frac{\pi}{T_0}}g(\omega)\mathrm{e}^{\mathrm{j}\omega T_0(k-l)}\mathrm{d}\omega\right| \\
&= \frac{1}{2\pi}\sup_{\|X\|=1}\left|\int_{-\frac{\pi}{T_0}}^{\frac{\pi}{T_0}}\left|\sum_{k=1}^{N}X_k\mathrm{e}^{\mathrm{j}\omega T_0k}\right|^2g(\omega)\mathrm{d}\omega\right| \\
&\leqslant \frac{1}{2\pi}\sup_{\|X\|=1}\int_{-\frac{\pi}{T_0}}^{\frac{\pi}{T_0}}\left|\sum_{k=1}^{N}X_k\mathrm{e}^{\mathrm{j}\omega T_0k}\right|^2\sup_{\omega}|g(\omega)|\mathrm{d}\omega \\
&= \frac{1}{2\pi}\sup_{\omega}|g(\omega)|\sup_{\|X\|=1}\int_{-\frac{\pi}{T_0}}^{\frac{\pi}{T_0}}\left|\sum_{k=1}^{N}X_k\mathrm{e}^{\mathrm{j}\omega T_0k}\right|^2\mathrm{d}\omega
\end{aligned} \tag{13.8.20}$$

然而还可以证明有

$$\sup_{\|X\|=1}\int_{-\frac{\pi}{T_0}}^{\frac{\pi}{T_0}}\left|\sum_{k=1}^{N}X_k\mathrm{e}^{\mathrm{j}\omega T_0k}\right|^2\mathrm{d}\omega = \frac{2\pi}{T_0}$$

将上式代入(13.8.20)式,则得

$$\boldsymbol{\lambda}(\boldsymbol{C}^N)\leqslant\frac{1}{T_0}\sup_{\omega}|g(\omega)|$$

于是(13.8.18)式得证。

另一方面,利用许互兹不等式,有

$$\left|\sum_{k=1}^{N}X_k\mathrm{e}^{\mathrm{j}k\omega T_0}\right|^2 \leqslant \sum_{k=1}^{N}|X_k|^2\sum_{k=1}^{N}|\mathrm{e}^{\mathrm{j}k\omega T_0}|^2 = N\|X\|^2$$

所以,当 $g(\omega)$ 为 P 次可积时,有

$$\begin{aligned}
\boldsymbol{\lambda}(\boldsymbol{C}^N) &\leqslant \frac{1}{2\pi}\sup_{\|X\|=1}\int_{-\frac{\pi}{T_0}}^{\frac{\pi}{T_0}}\left|\sum_{k=1}^{N}X_k\mathrm{e}^{\mathrm{j}k\omega T_0}\right|^2|g(\omega)|\mathrm{d}\omega \\
&= \frac{1}{2\pi}\sup_{\|X\|=1}\Bigg[\int_{|g(\omega)|>\varepsilon N^{\frac{1}{P}}}\left|\sum_{k=1}^{N}X_k\mathrm{e}^{\mathrm{j}k\omega T_0}\right|^2|g(\omega)|\mathrm{d}\omega + \\
&\qquad \int_{|g(\omega)|\leqslant\varepsilon N^{\frac{1}{P}}}\left|\sum_{k=1}^{N}X_k\mathrm{e}^{\mathrm{j}k\omega T_0}\right|^2|g(\omega)|\mathrm{d}\omega\Bigg]
\end{aligned}$$

$$\leqslant \frac{1}{2\pi}\sup_{\|X\|=1}\int_{|g(\omega)|>\varepsilon N^{\frac{1}{P}}} N\|X\|^2|g(\omega)|\mathrm{d}\omega+\frac{1}{2\pi}\varepsilon N^{\frac{1}{P}}\frac{2\pi}{T_0}$$

$$=\frac{N}{2\pi}\int_{|g(\omega)|>\varepsilon N^{\frac{1}{P}}}|g(\omega)|\mathrm{d}\omega+\frac{1}{T_0}\varepsilon N^{\frac{1}{P}} \tag{13.8.21}$$

但是,当$|g(\omega)|>\varepsilon N^{\frac{1}{P}}$时,可推得

$$\frac{|g(\omega)|^{P-1}}{\varepsilon^{P-1}N^{(1-\frac{1}{P})}}>1$$

于是将这个结果代入(13.8.21)式,就得到

$$\lambda(\boldsymbol{C}^N)\leqslant\frac{N}{2\pi}\frac{1}{\varepsilon^{P-1}N^{(1-\frac{1}{P})}}\int_{|g(\omega)|>\varepsilon N^{\frac{1}{P}}}|g(\omega)|^P\mathrm{d}\omega+\frac{1}{T_0}\varepsilon N^{\frac{1}{P}}$$

$$=N^{\frac{1}{P}}\left[\frac{1}{2\pi\varepsilon^{P-1}}\int_{|g(\omega)|>\varepsilon N^{\frac{1}{P}}}|g(\omega)|^P\mathrm{d}\omega+\frac{\varepsilon}{T_0}\right] \tag{13.8.22}$$

因为$g(\omega)$有界且P次可积,所以

$$\lim_{N\to\infty}\int_{|g(\omega)|>\varepsilon N^{\frac{1}{P}}}|g(\omega)|^P\mathrm{d}\omega=0$$

再考虑ε的任意性,由(13.8.22)式得

$$\lim_{N\to\infty}N^{-\frac{1}{P}}\lambda(\boldsymbol{C}^N)=0$$

引理证毕。

利用上面的引理可以推得关于$\hat{B}(k)$的渐近分布

定理 13.8.2 设$\{X(nT_0),n=\cdots,-2,-1,0,1,2,\cdots\}$为平稳正态随机序列,其相关函数$B(kT_0)$满足

$$\sum_{k=1}^{\infty}B^2(kT_0)<\infty \tag{13.8.23}$$

取子样序列为$\{X(nT_0),n=1,2,\cdots,N\}$,并取$B(k)$的估计为

$$\hat{B}(k)=\frac{1}{N}\sum_{n=1}^{N-|k|}X(n+|k|)X(n)$$

则对任意$k>0$,有

$$\lim_{N\to\infty}\sqrt{N}[\hat{B}(k)-B(k)]\sim N(0,\sigma_{kk}^2) \tag{13.8.24}$$

其中

$$\sigma_{kk}^2=\sum_{i=-\infty}^{\infty}[B^2(i)+B(i+k)B(i-k)] \tag{13.8.25}$$

证明 令

$$Y_N\triangleq\sqrt{N}\,\hat{B}(k)$$

$$=\frac{1}{\sqrt{N}}\sum_{n=1}^{N-k}X(n)X(n+k)=\boldsymbol{X}^{\mathrm{T}}\boldsymbol{A}_N\boldsymbol{X}$$

$$=\sum_{\lambda=1}^{N}\sum_{l=1}^{N}X(\lambda)X(l)a_{\lambda l} \tag{13.8.26}$$

显然有

$$a_{\lambda l}=\begin{cases}\frac{1}{2\sqrt{N}}, & |\lambda-l|=k\\ 0, & |\lambda-l|\neq k\end{cases} \tag{13.8.27}$$

因此 $\boldsymbol{A}_N \triangleq (a_{kl})_{N\times N}$是对称阵,$\boldsymbol{X}=[X(1),X(2),\cdots,X(N)]^{\mathrm{T}}$,再令

$$g(\omega)=\frac{T_0}{\sqrt{N}}\cos kT_0\omega$$

于是有

$$\frac{1}{2\pi}\int_{-\frac{\pi}{T_0}}^{\frac{\pi}{T_0}} g(\omega)\mathrm{e}^{\mathrm{j}\omega T_0(\lambda-l)}\mathrm{d}\omega=\begin{cases}\dfrac{1}{2\sqrt{N}}, & |\lambda-l|=k\\ 0, & |\lambda-l|\neq k\end{cases} \tag{13.8.28}$$

比较(13.8.27)式及(13.8.28)式可得

$$\frac{1}{2\pi}\int_{-\frac{\pi}{T_0}}^{\frac{\pi}{T_0}} g(\omega)\mathrm{e}^{\mathrm{j}\omega T_0(\lambda-l)}\mathrm{d}\omega=a_{\lambda l} \tag{13.8.29}$$

另一方面,设 $S_{T_0}(\omega)$为平稳正态序列$\{X(iT_0),i=\cdots,-2,-1,0,1,2,\cdots\}$的功率谱密度函数,则由帕斯瓦尔(Parseval)公式及定理的条件(13.8.23)式有

$$\sum_{k=-\infty}^{+\infty} B^2(kT_0)=\frac{1}{2\pi T_0}\int_{-\frac{\pi}{T_0}}^{\frac{\pi}{T_0}} S_{T_0}^2(\omega)\mathrm{d}\omega<\infty$$

这说明 $S_{T_0}(\omega)$平方可积且有界。进一步,由(13.4.6)式有

$$B_{kl}\triangleq B[(k-l)T_0]=\frac{1}{2\pi}\int_{-\frac{\pi}{T_0}}^{\frac{\pi}{T_0}} S_{T_0}(\omega)\mathrm{e}^{\mathrm{j}\omega(k-l)T_0}\mathrm{d}\omega \tag{13.8.30}$$

并记 $\boldsymbol{B}_N\triangleq(B_{kl})_{N\times N}$,于是可知 $\boldsymbol{B}_N$ 为正定对称阵,因此 $\boldsymbol{X}=[X(1),X(2),\cdots,X(N)]^{\mathrm{T}}$ 服从正态 $N(0,\boldsymbol{B}_N)$分布。

再由矩阵的特征根性质[34]可知

$$\lambda(\boldsymbol{B}_N^{\frac{1}{2}}\boldsymbol{A}_N\boldsymbol{B}_N^{\frac{1}{2}})\leqslant\lambda(\boldsymbol{A}_N)\lambda(\boldsymbol{B}_N) \tag{13.8.31}$$

其中,$\lambda(\cdot)$代表矩阵特征根模最大者。然而由引理 13.8.3 及(13.8.27)式并考虑到 $g(\omega)=\dfrac{T_0}{\sqrt{N}}\cos kT_0\omega$ 有界,有

$$\lambda(\boldsymbol{A}_N)\leqslant\frac{1}{T_0}\sup_{\omega}|g(\omega)|=\frac{1}{\sqrt{N}} \tag{13.8.32}$$

再由引理 13.8.3 及 $S_{T_0}(\omega)$的平方可积性还有

$$\lim_{N\to\infty} N^{-\frac{1}{2}}\lambda(B_N)=0 \tag{13.8.33}$$

将(13.8.32)式及(13.8.33)式代入(13.8.31)式,于是可得

$$\lim_{N\to\infty}\lambda(\boldsymbol{B}_N^{\frac{1}{2}}\boldsymbol{A}_N\boldsymbol{B}_N^{\frac{1}{2}})=0$$

但是由(13.8.10)式及(13.8.7)式代入(13.8.26)式,有

$$\begin{aligned}\lim_{N\to\infty} D(Y_N) &= \lim_{N\to\infty} ND[\hat{B}(k)]\\ &=\sum_{i=-\infty}^{+\infty}[B^2(i)+B(i+k)B(i-k)]\\ &\triangleq\sigma_{kk}^2\neq 0\end{aligned}$$

所以

$$\lim_{N\to\infty}\frac{\lambda(\boldsymbol{B}_N^{\frac{1}{2}}\boldsymbol{A}_N\boldsymbol{B}_N^{\frac{1}{2}})}{D(Y_N)}=0$$

即(13.8.15)式成立。于是由引理 13.8.2 的结论可知

$$\lim_{N\to\infty} P\left[\frac{Y_N - E(Y_N)}{\sqrt{D(Y_N)}} < x\right] = \lim_{N\to\infty} P\left[\frac{\sqrt{N}\hat{B}(k) - \sqrt{N}B(k)}{\sigma_{kk}} < x\right]$$

$$= \lim_{N\to\infty} P\left\{\frac{\sqrt{N}[\hat{B}(k) - B(k)]}{\sigma_{kk}} < x\right\}$$

$$= \frac{1}{\sqrt{2\pi}}\int_{-\infty}^{x} \mathrm{e}^{-\frac{u^2}{2}}\mathrm{d}u$$

即 $\lim\limits_{N\to\infty}\sqrt{N}[\hat{B}(k) - B(k)]$ 服从正态 $N(0,\sigma_{kk}^2)$ 分布。定理证毕。

现在,我们把上述结果不加证明地推广到互相关函数估计的渐近分布。

设 $\{X(n), n=\cdots,-2,-1,0,1,2,\cdots\}$ 与 $\{Y(n), n=\cdots,-2,-1,0,1,2,\cdots\}$ 为零均值平稳正态随机序列,称

$$B_{XY}(k) = E[X(n+k)Y(n)]$$

为上述两个随机序列的互相关函数,通常取

$$\hat{B}_{XY}(k) = \frac{1}{N}\sum_{n=1}^{N-|k|} X(n+k)Y(n) \tag{13.8.34}$$

作为互相关函数的估计。于是有:

定理 13.8.3 设 $\{X(n), n=\cdots,-2,-1,0,1,2,\cdots\}$ 与 $\{Y(n), n=\cdots,-2,-1,0,1,2,\cdots\}$ 为零均值平稳相关的正态随机序列,其相关函数 $B_X(k)$ 与 $B_Y(k)$ 均满足

$$\sum_{i=0}^{+\infty} B_X^2(k) < \infty, \sum_{k=0}^{+\infty} B_Y^2(k) < \infty \tag{13.8.35}$$

取(13.8.34)式作为互相关函数 $B_{XY}(k)$ 的估计,则对任意 $k>0$,有 $\lim\limits_{N\to\infty}\sqrt{N}[\hat{B}_{XY}(k) - B_{XY}(k)]$ 服从正态 $N(0,\sigma_{kk}^2)$ 分布,并记作

$$\lim_{N\to\infty}\sqrt{N}[\hat{B}_{XY}(k) - B_{XY}(k)] \sim N(0,\sigma_{kk}^2) \tag{13.8.36}$$

其中

$$\sigma_{kk}^2 = \sum_{i=-\infty}^{+\infty}[B_X(i)B_Y(i) + B_{XY}(i+k)B_{YX}(i-k)] \tag{13.8.37}$$

13.8.2 功率谱密度函数估计

现在讨论功率谱密度函数 $S_{T_0}(\omega)$ 的估计。

定义 13.8.3 设 $\{X(n), n=1,2,\cdots,N\}$ 为零均值平稳随机序列,则称 $\hat{B}(m)$ 的傅里叶变换为该序列的功率谱密度函数的估计,简称**功率谱估计**。

$$\hat{S}_{T_0}(\omega) = T_0\sum_{m=-(N-1)}^{N-1}\hat{B}(mT_0)\mathrm{e}^{-\mathrm{j}\omega T_0 m} \tag{13.8.38}$$

定义 13.8.4 设 $\{X(n), n=1,2,\cdots,N\}$ 为零均值平稳随机序列,则称

$$I_N(\omega) \triangleq \frac{1}{N}\left|\sum_{i=1}^{N}\mathrm{e}^{-\mathrm{j}\omega i T_0}X(i)\right|^2 \tag{13.8.39}$$

为该随机序列的**周期图**。

为了讨论功率谱估计 $\hat{S}_{T_0}(\omega)$ 与(13.8.39)式所表示的周期图 $I_N(\omega)$ 的关系,先引入如

下引理。

引理 13.8.4　设 $X(t)(-\infty<t<+\infty)$ 和 $Y(t)(-\infty<t<+\infty)$ 为任意两个信号,并且存在傅里叶变换,我们把采样信号 $X_{T_0}(kT_0)(k=\cdots,-2,-1,0,1,2,\cdots)$ 与 $Y_{T_0}(kT_0)(k=\cdots,-2,-1,0,1,2,\cdots)$ 的卷积 $X_{T_0}(kT_0)*Y_{T_0}(kT_0)$ 定义为

$$X_{T_0}(kT_0)*Y_{T_0}(kT_0) = T_0\sum_{n=-\infty}^{+\infty}X(nT_0)Y(kT_0-nT_0)$$

则其卷积的傅里叶变换为

$$F[X_{T_0}(kT_0)*Y_{T_0}(kT_0)] = Y_{T_0}(\mathrm{j}\omega)X_{T_0}(\mathrm{j}\omega) \tag{13.8.40}$$

其中

$$X_{T_0}(\mathrm{j}\omega) = T_0\sum_{i=-\infty}^{+\infty}X(iT_0)\mathrm{e}^{-\mathrm{j}\omega iT_0} \tag{13.8.41}$$

$$Y_{T_0}(\mathrm{j}\omega) = T_0\sum_{i=-\infty}^{+\infty}Y(iT_0)\mathrm{e}^{-\mathrm{j}\omega iT_0} \tag{13.8.42}$$

把该引理的证明留给读者作为练习。

定理 13.8.4　设 $\{X(n),n=1,2,\cdots,N\}$ 为零均值平稳随机序列,则

$$\hat{S}_{T_0}(\omega) = T_0 I_N(\omega) \tag{13.8.43}$$

其中,T_0 为采样周期;$I_N(\omega)$ 为周期图;$\hat{S}_{T_0}(\omega)$ 为功率谱估计。

证明　令引理 13.8.4 中的 $Y(mT_0)$ 为

$$Y(mT_0) = X(-mT_0)$$

于是有

$$\begin{aligned}\frac{1}{NT_0}[X_{T_0}(mT_0)*Y_{T_0}(mT_0)] &= \frac{1}{N}\sum_{n=-\infty}^{+\infty}X(nT_0)Y(mT_0-nT_0)\\ &= \frac{1}{N}\sum_{n=1}^{N-|m|}X(nT_0)X(nT_0+|m|T_0)\\ &= \hat{B}(mT_0),\ |m|\leqslant N-1\end{aligned} \tag{13.8.44}$$

对上式两边做傅里叶变换可得

$$\text{右边} = T_0\sum_{m=-(N-1)}^{N-1}\hat{B}(mT_0)\mathrm{e}^{-\mathrm{j}\omega mT_0} = \hat{S}_{T_0}(\omega) \tag{13.8.45}$$

由引理 13.8.4 又知

$$\begin{aligned}\text{左边} &= \frac{1}{NT_0}F[X_{T_0}(mT_0)*Y_{T_0}(mT_0)]\\ &= \frac{1}{NT_0}X_{T_0}(\mathrm{j}\omega)Y_{T_0}(\mathrm{j}\omega)\end{aligned} \tag{13.8.46}$$

然而

$$\begin{aligned}Y_{T_0}(\mathrm{j}\omega) &= T_0\sum_{m=-\infty}^{+\infty}Y(mT_0)\mathrm{e}^{-\mathrm{j}\omega mT_0}\\ &= T_0\sum_{m=-\infty}^{+\infty}X(-mT_0)\mathrm{e}^{-\mathrm{j}\omega mT_0}\\ &= \overline{X_{T_0}(\mathrm{j}\omega)}\end{aligned} \tag{13.8.47}$$

将上式代入(13.8.46)式,立得

$$\begin{aligned}
\text{左边} &= \frac{1}{NT_0}\left|X_{T_0}(\mathrm{j}\omega)\right|^2 \\
&= \frac{1}{T_0 N}T_0^2\left|\sum_{m=1}^{N}X(mT_0)\mathrm{e}^{-\mathrm{j}\omega m T_0}\right|^2 \\
&= T_0 I_N(\omega)
\end{aligned} \tag{13.8.48}$$

由(13.8.45)式及(13.8.48)式,立得

$$\hat{S}_{T_0}(\omega) = T_0 I_N(\omega) \tag{13.8.49}$$

定理证毕。

上面定理指出了一个重要的事实,即由(13.8.38)式定义的功率估计$\hat{S}_{T_0}(\omega)$同(13.8.39)式定义的周期图$I_N(\omega)$只差一个比例系数T_0(采样周期),因此可以通过研究周期图来研究功率谱估计。下面再考察功率谱估计$\hat{S}_{T_0}(\omega)$同功率谱$S_{T_0}(\omega)$之间的关系,为此有:

定理 13.8.5 设$\{X(nT_0),n=1,2,\cdots,N\}$为零均值平稳随机序列,$\hat{S}_{T_0}(\omega)$为功率谱估计,$S_{T_0}(\omega)$为其功率谱,则

(1)当$\{X(nT_0),n=1,2,\cdots,N\}$为白色序列时,$\hat{S}_{T_0}(\omega)$为$S_{T_0}(\omega)$的无偏估计,否则,$\hat{S}_{T_0}(\omega)$为$S_{T_0}(\omega)$的有偏估计,但当$N\to\infty$时,有$\lim\limits_{N\to\infty}E[\hat{S}_{T_0}(\omega)]=S_{T_0}(\omega)$;

(2)$\hat{S}_{T_0}(\omega)$不具有一致性,即$\lim\limits_{N\to\infty}D[\hat{S}_{T_0}(\omega)]\neq 0$,其中$D[\hat{S}_{T_0}(\omega)]$表示$\hat{S}_{T_0}(\omega)$的方差。

证明 由(13.8.43)式可知,当$\{X(nT_0),n=1,2,\cdots,N\}$为零均值白色序列时,有

$$\begin{aligned}
E[\hat{S}_{T_0}(\omega)] &= T_0 E[I_N(\omega)] \\
&= \frac{T_0}{N}\sum_{m=1}^{N}\sum_{n=1}^{N}E[X(m)X(n)\mathrm{e}^{-\mathrm{j}\omega m T_0}\mathrm{e}^{\mathrm{j}\omega n T_0}] \\
&= \frac{T_0}{N}\sum_{m=1}^{N}\sum_{n=1}^{N}\sigma^2\delta(m-n)\mathrm{e}^{-\mathrm{j}\omega(m-n)T_0} \\
&= T_0\sigma^2 = S_{T_0}(\omega)
\end{aligned}$$

但当$\{X(nT_0),n=1,2,\cdots,N\}$为有色序列时,由(13.8.4)式可知$\hat{B}(m)$有偏,而且由(13.8.38)式又知$\hat{S}_{T_0}(\omega)$是有限求和,故$\hat{S}_{T_0}(\omega)$是$S_{T_0}(\omega)$的有偏估计,即$E[\hat{S}_{T_0}(\omega)]\neq S_{T_0}(\omega)$,又因为$\lim\limits_{N\to\infty}E[\hat{B}(m)]=B(m)$,所以$\lim\limits_{N\to\infty}E[\hat{S}_{T_0}(\omega)]=S_{T_0}(\omega)$,于是定理中(1)得证。

另一方面,我们只考察白色正态序列情况,由(13.8.43)式可知

$$\hat{S}_{T_0}(\omega) = T_0 I_N(\omega) = \frac{T_0}{N}\sum_{m=1}^{N}\sum_{l=1}^{N}X(mT_0)X(lT_0)\mathrm{e}^{\mathrm{j}\omega m T_0}\mathrm{e}^{-\mathrm{j}\omega l T_0}$$

于是有

$$E\{[\hat{S}_{T_0}(\omega)]^2\} = \frac{T_0^2}{N^2}\sum_{m=1}^{N}\sum_{l=1}^{N}\sum_{k=1}^{N}\sum_{n=1}^{N}E[X(mT_0)X(lT_0)X(kT_0)X(nT_0)]\mathrm{e}^{\mathrm{j}\omega\{m+k-l-n\}T_0} \tag{13.8.50}$$

然而

$$\begin{aligned}
&E[X(mT_0)X(lT_0)X(kT_0)X(nT_0)] \\
&=\sigma^4[\delta(l-k)\delta(m-n)+\delta(m-l)\delta(k-n)+\delta(m-k)\delta(l-n)]
\end{aligned} \tag{13.8.51}$$

将上式代入(13.8.50)式经整理可得

$$E\{[\hat{S}_{T_0}(\omega)]^2\} = \sigma^4 T_0^2\left[2+\left(\frac{\sin \omega N T_0}{N\sin \omega T_0}\right)^2\right]$$

$$= S_{T_0}^2(\omega)\left[2+\left(\frac{\sin \omega N T_0}{N\sin \omega T_0}\right)^2\right]$$

于是功率谱估计的方差为

$$\begin{aligned} D[\hat{S}_{T_0}(\omega)] &\triangleq E\{\{\hat{S}_{T_0}(\omega) - E[\hat{S}_{T_0}(\omega)]\}^2\} \\ &= E\{[\hat{S}_{T_0}(\omega) - S_{T_0}(\omega)]^2\} \\ &= E\{[\hat{S}_{T_0}(\omega)]^2 - [S_{T_0}(\omega)]^2\} \\ &= S_{T_0}^2(\omega)\left[1+\left(\frac{\sin \omega N T_0}{N\sin \omega T_0}\right)^2\right] \end{aligned} \tag{13.8.52}$$

所以$\hat{S}_{T_0}(\omega)$是 $S_{T_0}(\omega)$是非一致估计,如果序列$\{X(nT_0),n=1,2,\cdots,N\}$不是白色的,上述结论仍正确,只需做较烦琐的计算。定理证毕。

13.8.3　平滑功率谱估计

由上面的分析可知,在一般情况下$\hat{S}_{T_0}(\omega)$不仅是 $S_{T_0}(\omega)$的有偏估计,而且也不具有一致性,特别是当 N 增大时,它的特性更不符合要求,这是因为$\hat{S}_{T_0}(\omega)$的方差随着 N 的增大将正比于功率谱的平方。因此,为了提高功率谱估计的精度,我们采用平滑功率谱估计将会得到预期效果。

定义 13.8.5　设$\{X(n),n=1,2,\cdots,N\}$为零均值平稳随机序列,$\hat{B}(m)$为(13.8.3)式所定义的相关函数估计,$\{w(m),m=-(M-1),\cdots,-2,-1,0,1,2,\cdots,M-1\}$为长度 $2M-1$ 的有限时宽窗序列($N\geqslant M$),则称

$$\hat{\hat{S}}_{T_0}(\omega) = T_0\sum_{m=-(M-1)}^{M-1}\hat{B}(m)w(m)\mathrm{e}^{-\mathrm{j}\omega T_0 m} \tag{13.8.53}$$

为该序列$\{X(n),n=1,2,\cdots,N\}$的平滑功率谱密度函数估计,简称**平滑功率谱估计**。其中,T_0 为采样周期,通常称 $w(m)$为时间域上的**谱窗因子**。

为了讨论平滑功率谱估计$\hat{\hat{S}}_{T_0}(\omega)$与功率谱估计$\hat{S}_{T_0}(\omega)$的关系,先介绍复卷积定理。

定理 13.8.6　复卷积定理　设实值序列$\{C(nT_0)=X(nT_0)Y(nT_0),n=\cdots,-2,-1,0,1,2,\cdots\}$满足

$$\sum_{n=-\infty}^{+\infty}|C(nT_0)| < \infty$$

则 $C(nT_0)$的傅里叶变换 $C_{T_0}(\mathrm{j}\lambda)$为

$$C_{T_0}(\mathrm{j}\lambda) = \frac{1}{2\pi}\int_{-\frac{\pi}{T_0}}^{\frac{\pi}{T_0}} X_{T_0}(\mathrm{j}\omega)Y_{T_0}(\mathrm{j}\lambda-\mathrm{j}\omega)\mathrm{d}\omega \tag{13.8.54}$$

其中

$$C_{T_0}(\mathrm{j}\lambda) = T_0\sum_{n=-\infty}^{+\infty}C(nT_0)\mathrm{e}^{-\mathrm{j}\lambda n T_0} \tag{13.8.55}$$

$$X_{T_0}(\mathrm{j}\omega) = T_0\sum_{n=-\infty}^{+\infty}X(nT_0)\mathrm{e}^{-\mathrm{j}\omega nT_0} \tag{13.8.56}$$

$$Y_{T_0}(\mathrm{j}\omega) = T_0\sum_{n=-\infty}^{+\infty}Y(nT_0)\mathrm{e}^{-\mathrm{j}\omega nT_0} \tag{13.8.57}$$

T_0 为采样周期。

证明 由(13.8.55)式有

$$C_{T_0}(\mathrm{j}\lambda) = T_0\sum_{n=-\infty}^{+\infty}C(nT_0)\mathrm{e}^{-\mathrm{j}\lambda nT_0} = T_0\sum_{n=-\infty}^{+\infty}X(nT_0)Y(nT_0)\mathrm{e}^{-\mathrm{j}\lambda nT_0} \tag{13.8.58}$$

再由(13.8.56)式还有

$$X(nT_0) = \frac{1}{2\pi}\int_{-\frac{\pi}{T_0}}^{\frac{\pi}{T_0}}X_{T_0}(\mathrm{j}\omega)\mathrm{e}^{\mathrm{j}\omega nT_0}\mathrm{d}\omega$$

将上式代入(13.8.58)式立得

$$\begin{aligned}
C_{T_0}(\mathrm{j}\lambda) &= T_0\sum_{n=-\infty}^{+\infty}\frac{1}{2\pi}\int_{-\frac{\pi}{T_0}}^{\frac{\pi}{T_0}}X_{T_0}(\mathrm{j}\omega)\mathrm{e}^{\mathrm{j}\omega nT_0}Y(nT_0)\mathrm{e}^{-\mathrm{j}\lambda nT_0}\mathrm{d}\omega \\
&= \frac{1}{2\pi}\int_{-\frac{\pi}{T_0}}^{\frac{\pi}{T_0}}X_{T_0}(\mathrm{j}\omega)T_0\sum_{n=-\infty}^{+\infty}Y(nT_0)\mathrm{e}^{-\mathrm{j}(\lambda-\omega)nT_0}\mathrm{d}\omega \\
&= \frac{1}{2\pi}\int_{-\frac{\pi}{T_0}}^{\frac{\pi}{T_0}}X_{T_0}(\mathrm{j}\omega)Y_{T_0}(\mathrm{j}\lambda-\mathrm{j}\omega)\mathrm{d}\omega
\end{aligned}$$

定理证毕。

定理 13.8.7 设$\hat{\hat{S}}_{T_0}(\omega)$与$\hat{S}_{T_0}(\omega)$分别为零均值平稳随机序列$\{X(nT_0),n=1,2,\cdots,N\}$的平滑功率谱估计和功率谱估计,则

$$\hat{\hat{S}}_{T_0}(\omega) = \frac{1}{2\pi}\int_{-\frac{\pi}{T_0}}^{\frac{\pi}{T_0}}\hat{S}_{T_0}(\lambda)W_{T_0}(\mathrm{j}\omega-\mathrm{j}\lambda)\mathrm{d}\lambda \tag{13.8.59}$$

其中

$$W_{T_0}(\mathrm{j}\omega) = T_0\sum_{n=-(M-1)}^{M-1}w(nT_0)\mathrm{e}^{-\mathrm{j}\omega nT_0} \tag{13.8.60}$$

而 $w(nT_0)$是长度为 $2M-1$ 的谱窗因子,T_0 为采样周期,通常称 $W_{T_0}(\mathrm{j}\omega)$为频率域上的**谱窗函数**。

证明 我们对定理 13.8.6 中的符号做以下置换,即 $C(m_0)\to\hat{B}(mT_0)w(mT_0)$,$X(mT_0)\to\hat{B}(mT_0)$,$Y(mT_0)\to w(mT_0)$,于是由(13.8.55)式及定义 13.8.5 可知

$$C_{T_0}(\mathrm{j}\lambda) = T_0\sum_{n=-(M-1)}^{M-1}\hat{B}(mT_0)w(mT_0)\mathrm{e}^{-\mathrm{j}\lambda mT_0} = \hat{\hat{S}}_{T_0}(\lambda)$$

然而

$$\begin{aligned}
X_{T_0}(\mathrm{j}\omega) &= T_0\sum_{m=-\infty}^{+\infty}X(mT_0)\mathrm{e}^{-\mathrm{j}\omega mT_0} = T_0\sum_{m=-(N-1)}^{N-1}\hat{B}(mT_0)\mathrm{e}^{-\mathrm{j}\omega mT_0} \\
&= \hat{S}_{T_0}(\mathrm{j}\omega)
\end{aligned}$$

$$Y_{T_0}(\mathrm{j}\omega) = T_0\sum_{m=-(M-1)}^{M-1}w(mT_0)\mathrm{e}^{-\mathrm{j}\omega mT_0} = W_{T_0}(\mathrm{j}\omega)$$

再由(13.8.54)式,立得

$$\hat{\hat{S}}_{T_0}(\lambda) = C_{T_0}(\mathrm{j}\lambda) = \frac{1}{2\pi}\int_{-\frac{\pi}{T_0}}^{\frac{\pi}{T_0}} \hat{S}_{T_0}(\mathrm{j}\omega) W_{T_0}(\mathrm{j}\lambda - \mathrm{j}\omega)\mathrm{d}\omega$$

或者表示为

$$\hat{\hat{S}}_{T_0}(\omega) = \frac{1}{2\pi}\int_{-\frac{\pi}{T_0}}^{\frac{\pi}{T_0}} \hat{S}_{T_0}(\lambda) W_{T_0}(\mathrm{j}\omega - \mathrm{j}\lambda)\mathrm{d}\lambda$$

定理证毕。

这个定理的物理意义是十分明显的,事实上,由(13.8.59)式可以看出平滑功率谱估计 $\hat{\hat{S}}_{T_0}(\omega)$ 是相当于功率谱估计 $\hat{S}_{T_0}(\omega)$ 通过一个滤波器后而得到的,而滤波器权函数为 $W_{T_0}(\mathrm{j}\omega)$,它起到了对谱估计误差的平滑作用,因此,平滑功率谱估计的精度会提高。

下面就来讨论一些具体的谱窗因子以及它们所对应的平滑功率谱估计。

例 13.8.1　取谱窗因子为

$$w(nT_0) = \frac{\sin \omega_N nT_0}{\omega_N nT_0} \tag{13.8.61}$$

则由(13.8.60)式可知对应的谱窗函数为

$$\begin{aligned} W_{T_0}(\mathrm{j}\omega) &= T_0 \sum_{n=-\infty}^{+\infty} \frac{\sin \omega_N nT_0}{\omega_N nT_0} \mathrm{e}^{-\mathrm{j}\omega nT_0} \\ &= \begin{cases} \dfrac{\pi}{\omega_N}, |\omega| \leqslant \omega_N < \dfrac{\pi}{T_0} \\ 0, |\omega| > \omega_N \end{cases} \end{aligned} \tag{13.8.62}$$

利用傅里叶变换可以验证上述结果,事实上,若谱窗函数取(13.8.62)式,则谱窗因子 $w(nT_0)$ 为

$$\begin{aligned} w(nT_0) &= \frac{1}{2\pi}\int_{-\infty}^{\infty} W_{T_0}(\mathrm{j}\omega)\mathrm{e}^{\mathrm{j}\omega nT_0}\mathrm{d}\omega \\ &= \frac{1}{2\pi}\int_{-\omega_N}^{\omega_N} \frac{\pi}{\omega_N}\mathrm{e}^{\mathrm{j}\omega nT_0}\mathrm{d}\omega \\ &= \frac{\sin \omega_N nT_0}{\omega_N nT_0} \end{aligned}$$

于是由(13.8.59)式可求出平滑功率谱估计 $\hat{\hat{S}}_{T_0}(\omega)$ 为

$$\begin{aligned} \hat{\hat{S}}_{T_0}(\omega) &= \frac{1}{2\pi}\int_{-\frac{\pi}{T_0}}^{\frac{\pi}{T_0}} \hat{S}_{T_0}(\lambda) W_{T_0}(\mathrm{j}\omega - \mathrm{j}\lambda)\mathrm{d}\lambda \\ &= \frac{1}{2\pi}\int_{-\frac{\pi}{T_0}}^{\frac{\pi}{T_0}} \hat{S}_{T_0}(\omega - \lambda) W_{T_0}(\mathrm{j}\lambda)\mathrm{d}\lambda \\ &= \frac{1}{2\omega_N}\int_{-\omega_N}^{\omega_N} \hat{S}_{T_0}(\omega - \lambda)\mathrm{d}\lambda, \omega_N \leqslant \frac{\pi}{T_0} \end{aligned} \tag{13.8.63}$$

由(13.8.63)式可以看出,当谱窗因子和谱窗函数分别取(13.8.61)式和(13.8.62)式时,平滑功率谱估计实际上就是功率谱估计的平均值,由概率论可知,这对降低谱估计的方差是有益的,因而提高了功率谱估计的精度。

例 13.8.2 谱窗因子为矩形窗,取

$$w(nT_0)=\begin{cases}1,|n|\leqslant M-1\\0,其他\end{cases} \tag{13.8.64}$$

则由(13.8.60)式可计算出相应的谱窗函数 $W_{T_0}(\mathrm{j}\omega)$ 为

$$\begin{aligned}W_{T_0}(\mathrm{j}\omega)&=T_0\sum_{n=-(M-1)}^{M-1}\mathrm{e}^{-\mathrm{j}\omega nT_0}\\&=T_0\frac{\sin\omega\frac{2M-1}{2}T_0}{\sin\omega\frac{T_0}{2}}\end{aligned} \tag{13.8.65}$$

于是由(13.8.59)式可求出平滑功率谱估计 $\hat{\hat{S}}_{T_0}(\omega)$ 为

$$\hat{\hat{S}}_{T_0}(\omega)=\frac{T_0}{2\pi}\int_{-\frac{\pi}{T_0}}^{\frac{\pi}{T_0}}\hat{S}_{T_0}(\omega-\lambda)\frac{\sin\lambda\left(M-\frac{1}{2}\right)T_0}{\sin\lambda\frac{T_0}{2}}\mathrm{d}\lambda \tag{13.8.66}$$

由(13.8.65)式可以画出矩形窗谱窗函数的形状,如图 13.8.1 所示。

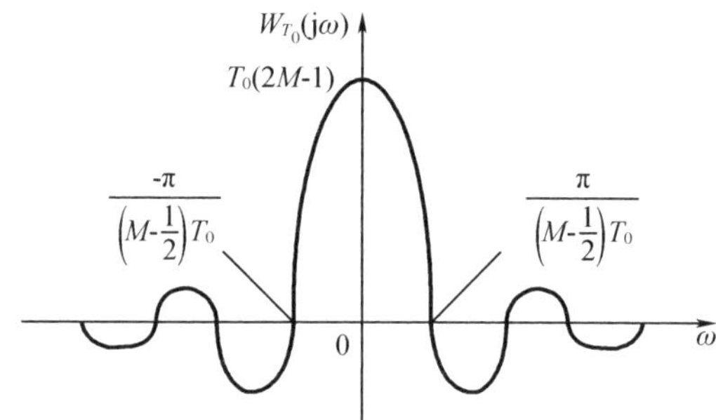

图 13.8.1 矩形窗谱窗函数的形状

根据图 13.8.1,我们称在区间 $|\omega|\leqslant\frac{1}{M-\frac{1}{2}}\frac{\pi}{T_0}$ 内的 $W_{T_0}(\mathrm{j}\omega)$ 为主瓣,并定义主瓣宽度 ω_{B} 为

$$\omega_{\mathrm{B}}=2\frac{1}{M-\frac{1}{2}}\frac{\pi}{T_0}\doteq\frac{2\pi}{MT_0} \tag{13.8.67}$$

矩形窗是比较简单的谱窗,它的主要缺点是在主瓣之外还有不少正负相间的边瓣(图 13.8.1),在按(13.8.59)式计算 $\hat{\hat{S}}_{T_0}(\omega)$ 时,就会对 ω_{B} 附近的数值以较大比例取来平均,甚至有可能使 $\hat{S}_{T_0}(\omega)$ 在某些点出现负值,这当然是不符合实际,因此,在工程应用中,很少采用这种谱窗。

一般来说,主瓣宽度越宽,它对频谱的平滑作用越大,平滑功率谱估计的方差就会越小,这是好的一面;另一方面,由于平滑作用加大,则频谱的分辨力大大降低,这对从非平稳随机序列中识别出周期分量来说是不利的。

下面介绍在工程计算中经常采用的谱窗因子及谱窗函数。

例 13.8.3　三角形谱窗因子(巴特利特窗)为

$$w(nT_0)=\begin{cases}1-\dfrac{|n|}{M},|n|\leqslant M-1\\0,其他\end{cases}\tag{13.8.68}$$

由(13.8.60)式可计算出相应的谱窗函数为

$$W_{T_0}(\mathrm{j}\omega)=\frac{T_0}{N}\left(\frac{\sin\dfrac{\omega T_0M}{2}}{\sin\dfrac{\omega T_0}{2}}\right)^2\tag{13.8.69}$$

于是由(13.8.59)式可计算出平滑功率谱估计$\hat{\hat{S}}_{T_0}(\omega)$为

$$\hat{\hat{S}}_{T_0}(\omega)=\frac{1}{2\pi}\int_{-\frac{\pi}{T_0}}^{\frac{\pi}{T_0}}\hat{S}_{T_0}(\omega-\lambda)\frac{T_0}{N}\left(\frac{\sin\dfrac{\lambda T_0M}{2}}{\sin\dfrac{\lambda T_0}{2}}\right)^2\mathrm{d}\lambda\tag{13.8.70}$$

另外,由(13.8.69)式还可以求出三角形窗的主瓣宽度 ω_{B} 为

$$\omega_{\mathrm{B}}=\frac{4\pi}{MT_0}\tag{13.8.71}$$

比较(13.8.71)式和(13.8.67)式可以看出,由于三角形窗主瓣宽度比矩形窗主瓣宽度大,所以平滑功率谱估计的方差会有所降低,但频谱分辨力要比矩形窗差。

例 13.8.4　升余弦窗为

$$w(nT_0)=\begin{cases}(1-\beta)+\beta\cos\dfrac{n\pi}{M-1}, & |n|\leqslant M-1\\0, & 其他\end{cases}\tag{13.8.72}$$

由(13.8.60)式可计算出相应的谱窗函数为

$$W_{T_0}(\mathrm{j}\omega)=T_0(1-\beta)\frac{\sin\dfrac{2M-1}{2}\omega T_0}{\sin\dfrac{\omega T_0}{2}}+\frac{T_0\beta}{2}\frac{\sin\left[\left(M-\dfrac{1}{2}\right)\left(\omega T_0-\dfrac{\pi}{M-1}\right)\right]}{\sin\left[\dfrac{1}{2}\left(\omega T_0-\dfrac{\pi}{M-1}\right)\right]}+$$

$$\frac{T_0\beta}{2}\frac{\sin\left[\left(M-\dfrac{1}{2}\right)\left(\omega T_0+\dfrac{\pi}{M-1}\right)\right]}{\sin\left[\dfrac{1}{2}\left(\omega T_0+\dfrac{\pi}{M-1}\right)\right]}\tag{13.8.73}$$

当 $M\gg1$ 时,可以计算出升余弦窗的主瓣宽度 ω_{B} 为

$$\omega_{\mathrm{B}}=\frac{3\pi}{MT_0}\tag{13.8.74}$$

将(13.8.73)式代入(13.8.59)式可以计算出平滑功率谱估计$\hat{\hat{S}}_{T_0}(\omega)$。

比较(13.8.73)式与(13.8.65)式可以看出,升余弦窗的傅里叶变换波形 $W_{T_0}(\mathrm{j}\omega)$ 实际上是以$(1-\beta)$为衰减系数的矩形窗的傅里叶变换$(1-\beta)W_{T_0}(\mathrm{j}\omega)$与其左右移动的$\dfrac{\beta}{2}W_{T_0}\left[\mathrm{j}\left(\omega T_0\pm\dfrac{\pi}{M-1}\right)\right]$的线性组合。当 $M\gg1$ 时,左右移动的相角大约为 $\pm\pi$,这对消除矩形窗边瓣的振动有好处,另外,主瓣宽度 ω_{B} 也介于矩形窗和三角形窗的主瓣宽度之间,从计算量

来看,采用(13.8.73)式的 $W_{T_0}(\mathrm{j}\omega)$ 与(13.8.65)式的 $W_{T_0}(\mathrm{j}\omega)$ 来求平滑功率谱估计 $\hat{\hat{S}}_{T_0}(\omega)$ 本质上是一样的。因此,从工程应用角度,这类窗是经常被采用的,特别是下面两种升余弦窗:

$\beta=0.46$ 称为海明窗(Hamming)

$\beta=0.5$ 称为汉窗(Hann)

是最常用的。

为了考察平滑功率谱估计 $\hat{\hat{S}}_{T_0}(\omega)$ 相对于功率谱估计 $\hat{S}_{T_0}(\omega)$ 在精度上改善,我们需要计算 $\hat{\hat{S}}_{T_0}$ 的协方差,即

$$\operatorname{cov}[\hat{\hat{S}}_{T_0}(\omega_1),\hat{\hat{S}}_{T_0}(\omega_2)]=E\left(\{\hat{\hat{S}}_{T_0}(\omega_1)-E[\hat{\hat{S}}_{T_0}(\omega_1)]\}\{\hat{\hat{S}}_{T_0}(\omega_2)-E[\hat{\hat{S}}_{T_0}(\omega_2)]\}\right) \tag{13.8.75}$$

然而由(13.8.59)式可知

$$E[\hat{\hat{S}}_{T_0}(\omega)]=\frac{1}{2\pi}\int_{-\frac{\pi}{T_0}}^{\frac{\pi}{T_0}}E[\hat{S}_{T_0}(\lambda)W_{T_0}(\mathrm{j}\omega-\mathrm{j}\lambda)]\mathrm{d}\lambda$$

于是将上式代入(13.8.75)式可得

$$\begin{aligned}\operatorname{cov}[\hat{\hat{S}}_{T_0}(\omega_1),\hat{\hat{S}}_{T_0}(\omega_2)]&=E\Big[\Big(\frac{1}{2\pi}\int_{-\frac{\pi}{T_0}}^{\frac{\pi}{T_0}}\{\hat{S}_{T_0}(\lambda)-E[\hat{S}_{T_0}(\lambda)]\}W_{T_0}(\mathrm{j}\omega_1-\mathrm{j}\lambda)\mathrm{d}\lambda\Big)\cdot\\&\quad\Big(\frac{1}{2\pi}\int_{-\frac{\pi}{T_0}}^{\frac{\pi}{T_0}}\{\hat{S}_{T_0}(u)-E[\hat{S}_{T_0}(u)]\}W_{T_0}(\mathrm{j}\omega_2-\mathrm{j}u)\mathrm{d}u\Big)\Big]\\&=\frac{1}{4\pi^2}\int_{-\frac{\pi}{T_0}}^{\frac{\pi}{T_0}}\int_{-\frac{\pi}{T_0}}^{\frac{\pi}{T_0}}W_{T_0}(\mathrm{j}\omega_1-\mathrm{j}\lambda)W_{T_0}(\mathrm{j}\omega_2-\mathrm{j}u)\cdot\\&\quad\operatorname{cov}[\hat{S}_{T_0}(\lambda),\hat{S}_{T_0}(u)]\mathrm{d}\lambda\mathrm{d}u\end{aligned} \tag{13.8.76}$$

当我们所考察的随机序列 $\{X(nT_0),n=1,2,\cdots,N\}$ 是零均值的且相关函数 $B(nT_0)$ 满足

$$B(nT_0)=0,|n|>n_0,n_0\ll N$$

时,通过计算可近似地得到

$$\operatorname{cov}[\hat{S}_{T_0}(\lambda),\hat{S}_{T_0}(u)]\doteq S_{T_0}(\lambda)S_{T_0}(u)\left(\left\{\frac{\sin\Big[\frac{(\lambda+u)NT_0}{2}\Big]}{N\sin\Big[\frac{(\lambda+u)T_0}{2}\Big]}\right\}^2+\left\{\frac{\sin\Big[\frac{(\lambda-u)NT_0}{2}\Big]}{N\sin\Big[\frac{(\lambda-u)T_0}{2}\Big]}\right\}^2\right) \tag{13.8.77}$$

在这里,我们给出的结果虽然是近似的,但它足以说明在工程中所遇到的实际问题,因此,我们不去追求处处适用但却十分烦琐并在应用中难以解释的普遍公式。

在通常情况下,可以将 N 取得足够大,使得函数

$$\left\{\frac{\sin\Big[\frac{(\lambda+u)NT_0}{2}\Big]}{N\sin\Big[\frac{(\lambda+u)T_0}{2}\Big]}\right\}^2 \text{ 和 } \left\{\frac{\sin\Big[\frac{(\lambda-u)NT_0}{2}\Big]}{N\sin\Big[\frac{(\lambda-u)T_0}{2}\Big]}\right\}^2$$

的形状比 $S_{T_0}(\lambda)$ 及 $|W_{T_0}(\mathrm{j}\lambda)|$ 的形状窄得多,而且它们分别集中在 $\lambda=-u$ 和 $\lambda=u$ 附近。

这样一来，再考虑到如下积分，即

$$\frac{1}{2\pi}\int_{-\frac{\pi}{T_0}}^{\frac{\pi}{T_0}}\left[\frac{\sin\left(\frac{\lambda T_0 N}{2}\right)}{N\sin\left(\frac{\lambda T_0}{2}\right)}\right]^2 \mathrm{d}\lambda = \frac{1}{NT_0} \tag{13.8.78}$$

于是可将(13.8.77)式代入(13.8.76)式并对 λ 积分可得

$$\begin{aligned}\operatorname{cov}[\hat{\hat{S}}_{T_0}(\omega_1),\hat{\hat{S}}_{T_0}(\omega_2)] &= \frac{1}{2\pi}\int_{-\frac{\pi}{T_0}}^{\frac{\pi}{T_0}} W_{T_0}(\mathrm{j}\omega_2 - \mathrm{j}u) S_{T_0}(u)\cdot \\ &\quad \left[\frac{S_{T_0}(-u)W_{T_0}(\mathrm{j}\omega_1 + \mathrm{j}u)}{NT_0} + \frac{S_{T_0}(u)W_{T_0}(\mathrm{j}\omega_1 - \mathrm{j}u)}{NT_0}\right]\mathrm{d}u \\ &= \frac{1}{2\pi NT_0}\int_{-\frac{\pi}{T_0}}^{\frac{\pi}{T_0}} S_{T_0}^2(u) W_{T_0}(\mathrm{j}\omega_2 - \mathrm{j}u)\cdot \\ &\quad [W_{T_0}(\mathrm{j}\omega_1 + \mathrm{j}u) + W_{T_0}(\mathrm{j}\omega_1 - \mathrm{j}u)]\mathrm{d}u \end{aligned} \tag{13.8.79}$$

在实际应用中，由于谱窗函数 $W_{T_0}(\mathrm{j}\omega)$ 的形状要比 $S_{T_0}(\omega)$ 形状窄得多，所以在做(13.8.79)式积分时，可以忽略 $W_{T_0}(\mathrm{j}\omega_2 - \mathrm{j}u)W_{T_0}(\mathrm{j}\omega_1 + \mathrm{j}u)$ 这一项，于是可得

$$\operatorname{cov}[\hat{\hat{S}}_{T_0}(\omega_1),\hat{\hat{S}}_{T_0}(\omega_2)] \doteq \frac{1}{2\pi NT_0}\int_{-\frac{\pi}{T_0}}^{\frac{\pi}{T_0}} S_{T_0}^2(u) W_{T_0}(\mathrm{j}\omega_2 - \mathrm{j}u) W_{T_0}(\mathrm{j}\omega_1 - \mathrm{j}u)\mathrm{d}u \tag{13.8.80}$$

若令 $\omega_1 = \omega_2 = \omega$，则得平滑功率谱估计 $\hat{\hat{S}}_{T_0}(\omega)$ 的方差为

$$\begin{aligned} D[\hat{\hat{S}}_{T_0}(\omega)] &= \frac{1}{2\pi NT_0}\int_{-\frac{\pi}{T_0}}^{\frac{\pi}{T_0}} S_{T_0}^2(u) W_{T_0}^2(\mathrm{j}\omega - \mathrm{j}u)\mathrm{d}u \\ &= \frac{S_{T_0}^2(\omega)}{2\pi NT_0}\int_{-\frac{\pi}{T_0}}^{\frac{\pi}{T_0}} W_{T_0}^2(\mathrm{j}\omega - \mathrm{j}u)\mathrm{d}u = \frac{S_{T_0}^2(\omega)}{2\pi NT_0}\int_{-\frac{\pi}{T_0}}^{\frac{\pi}{T_0}} W_{T_0}^2(\mathrm{j}\omega)\mathrm{d}\omega \end{aligned} \tag{13.8.81}$$

再利用帕斯瓦尔公式，即

$$\sum_{n=-\infty}^{+\infty} w^2(nT_0) = \frac{1}{2\pi T_0}\int_{-\frac{\pi}{T_0}}^{\frac{\pi}{T_0}} |W_{T_0}(\mathrm{j}\omega)|^2 \mathrm{d}\omega$$

于是可将(13.8.81)式简化成

$$D[\hat{\hat{S}}_{T_0}(\omega)] = S_{T_0}^2(\omega)\frac{1}{N}\sum_{n=-(M-1)}^{M-1} w^2(nT_0) \tag{13.8.82}$$

另一方面，在(13.8.77)式中令 $\lambda = u = \omega$，并当 N 很大时有

$$D[\hat{S}_{T_0}(\omega)] \doteq S_{T_0}^2(\omega) \tag{13.8.83}$$

将上式代入(13.8.82)式立得我们所预期的结果为

$$\begin{aligned} D[\hat{\hat{S}}_{T_0}(\omega)] &= D[\hat{S}_{T_0}(\omega)]\frac{1}{N}\sum_{n=-(M-1)}^{M-1} w^2(nT_0) \\ &\triangleq D[\hat{S}_{T_0}(\omega)]Q \end{aligned} \tag{13.8.84}$$

由此可见，平滑功率谱估计 $\hat{\hat{S}}_{T_0}$ 相对于功率谱估计 $\hat{S}_{T_0}(\omega)$ 有一个改善因子 Q 且

$$Q = \frac{1}{N}\sum_{n=-(M-1)}^{M-1} w^2(nT_0) \tag{13.8.85}$$

当 $M\gg 1$ 且 $N\gg M$ 时，利用上式可分别计算出矩形窗、三角形窗和升余弦窗的改善因

子,见表 13.8.1。

表 13.8.1 常用时域谱窗的 ω_B 值及 Q 值

窗名称	主瓣宽度 ω_B	改善因子 Q
矩形窗	$2\pi/MT_0$	$2M/N$
三角形窗	$4\pi/MT_0$	$2M/3N$
升余弦窗	$3\pi/MT_0$	$M(2\alpha^2+\beta^2)/N$

这里所得到的结论同前面我们曾定性说的是一致的,即主瓣宽度越宽,平滑功率谱估计的精度就越高,但频谱分辨力下降。因此,在实际应用中,升余弦窗是经常被采用的。

13.9 窄频带平稳随机过程

13.9.1 窄频带平稳随机过程的产生方法

在无线电导航、通信系统中,经常遇到窄频带平稳随机过程(简称窄带过程)。本节的内容就是讨论窄带过程的若干性质。首先引入如下定义。

定义 13.9.1 设$\{X(t),-\infty<t<+\infty\}$为平稳过程,如果它的功率谱密度函数 $S(\omega)$ 在频带区间$[\omega_c-\omega_b,\omega_c+\omega_b]$之外为零而且 $\omega_c\gg\omega_b$,则称$\{X(t),-\infty<t<+\infty\}$为**窄带平稳随机过程**。

窄带过程$\{X(t),-\infty<t<+\infty\}$的一个典型功率谱密度 $S(\omega)$ 如图 13.9.1 所示。

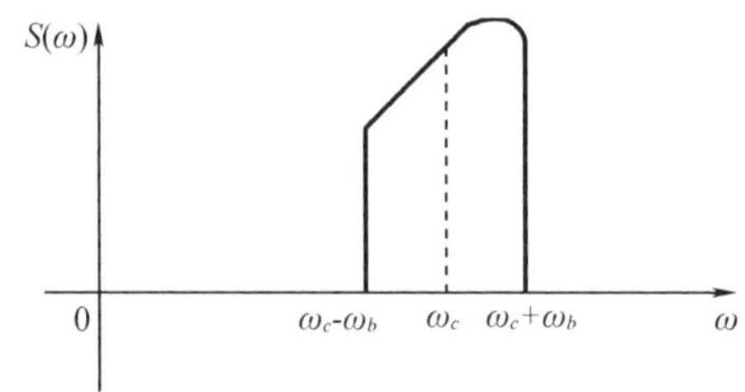

图 13.9.1 窄带过程$\{X(t),-\infty<t<+\infty\}$的一个典型功率谱密度 $S(\omega)$

定义 13.9.2 如果一个线性定常系统的频率特性为

$$G(\mathrm{j}\omega)=\begin{cases}1,\omega_c-\omega_b\leqslant|\omega|\leqslant\omega_c+\omega_b,\omega_c\gg\omega_b\\0,\text{其他}\end{cases}\tag{13.9.1}$$

则称该系统为**理想带通滤波器**。

为了讨论窄带过程的性质,我们引入如下引理。

引理 13.9.1 设$\{X(t),-\infty<t<+\infty\}$为零均值实随机过程且

$$X(t)=\xi(t)\cos\omega_c t+\eta(t)\sin\omega_c t\tag{13.9.2}$$

其中,$\xi(t)$和$\eta(t)$为平稳且平稳相关的实随机过程,则 $X(t)$ 为平稳随机过程的充要条件是

$$E[\xi(t)]=E[\eta(t)]=0\tag{13.9.3}$$

$$B_{\xi}(\tau)=B_{\eta}(\tau) \tag{13.9.4}$$

及

$$B_{\xi\eta}(\tau) = -B_{\eta\xi}(\tau) \tag{13.9.5}$$

此时 $X(t)$ 的相关函数为

$$B_X(\tau)=B_{\xi}(\tau)\cos\omega_c\tau+B_{\eta\xi}(\tau)\sin\omega_c\tau \tag{13.9.6}$$

证明　只证充分性,必要性的证明留给读者作为练习。仅当(13.9.3)式成立时有 $E[X(t)]=0$,又因为

$$\begin{aligned}E[X(t+\tau)X(t)]&=E\{\{\xi(t+\tau)\cos[\omega_c(t+\tau)]+\eta(t+\tau)\sin[\omega_c(t+\tau)]\}\cdot\\&\quad[\xi(t)\cos\omega_c t+\eta(t)\sin\omega_c t]\}\\&=B_{\xi}(\tau)\cos[\omega_c(t+\tau)]\cos\omega_c t+B_{\eta}(\tau)\sin[\omega_c(t+\tau)]\sin\omega_c t+B_{\xi\eta}(\tau)\cdot\\&\quad\cos[\omega_c(t+\tau)]\sin\omega_c t+B_{\eta\xi}(\tau)\sin[\omega_c(t+\tau)]\cos\omega_c t\end{aligned}$$

于是当且仅当(13.9. 4)式及(13.9.5)式成立时有

$$E[X(t+\tau)X(t)]=B_{\xi}(\tau)\cos\omega_c\tau+B_{\eta\xi}(\tau)\sin\omega_c\tau\triangleq B_X(\tau)$$

由定义 13.1.1 可知,该过程$\{X(t),-\infty<t<+\infty\}$为平稳随机过程且相关函数 $B_X(\tau)$ 由(13.9.6)式表示。引理证毕。

对于上述引理所表示的平稳随机过程$\{X(t),-\infty<t<+\infty\}$,如果过程$\{\xi(t),-\infty<t<+\infty\}$与$\{\eta(t),-\infty<t<+\infty\}$互不相关,即 $B_{\xi\eta}(\tau)=0$,则由(13.9.6)式可知其相关函数 $B_X(\tau)$ 为

$$B_X(\tau)=B_{\xi}(\tau)\cos\omega_c\tau \tag{13.9.7}$$

此时,功率谱密度函数 $S_X(\omega)$ 为

$$S_X(\omega)=\int_{-\infty}^{+\infty}B_{\xi}(\tau)\cos\omega_c\tau e^{-j\omega\tau}d\tau=\frac{1}{2}S_{\xi}(\omega-\omega_c)+\frac{1}{2}S_{\xi}(\omega+\omega_c) \tag{13.9.8}$$

由(13.9.8)式表示的典型的功率谱密度函数 $S_X(\omega)$ 如图 13.9.2 所示。

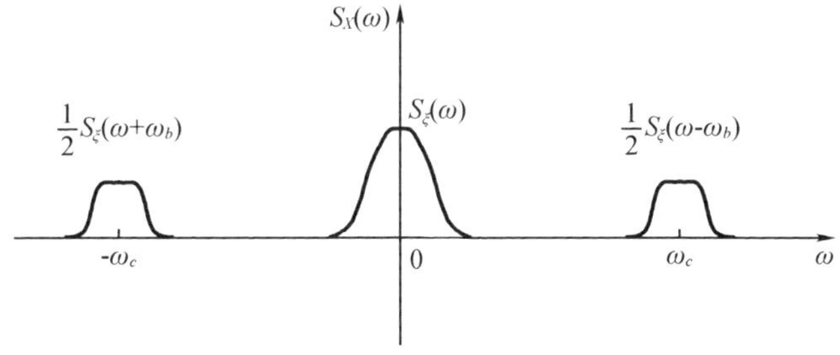

图 13.9.2　由(13.9.8)式表示的典型的功率谱密度函数 $S_X(\omega)$

如果 $\xi(t)$ 与 $\eta(t)$ 相关,即当 $B_{\xi\eta}(\tau)\neq0$ 时,由(13.9.6)式可求出功率谱密度函数 $S_X(\omega)$ 为

$$\begin{aligned}S_X(\omega)&=\int_{-\infty}^{+\infty}[B_{\xi}(\tau)\cos\omega_c\tau+B_{\eta\xi}(\tau)\sin\omega_c\tau]e^{-j\omega\tau}d\tau\\&=\frac{1}{2}S_{\xi}(\omega-\omega_c)+\frac{1}{2}S_{\xi}(\omega+\omega_c)+\frac{1}{2}j[S_{\eta\xi}(\omega+\omega_c)-S_{\eta\xi}(\omega-\omega_c)]\\&\triangleq S_{X1}(\omega)+S_{X2}(\omega)\end{aligned} \tag{13.9.9}$$

其中

$$S_{X1}(\omega)=\frac{1}{2}[S_{\xi}(\omega+\omega_c)+S_{\xi}(\omega-\omega_c)]$$

$$S_{X2}(\omega)=\frac{\mathrm{j}}{2}[S_{\eta\xi}(\omega+\omega_c)-S_{\eta\xi}(\omega-\omega_c)]$$

可以证明 $S_{X1}(\omega)$ 及 $S_{X2}(\omega)$ 均为 ω 的偶函数。

下面介绍一种产生窄带平稳随机过程的方法,为此有:

定理 13.9.1 设 $\{X(t),-\infty<t<+\infty\}$ 为零均值实平稳随机过程,当把它作用于由(13.9.1)式所表示的理想带通滤波器时,其输出过程 $Y(t)$ 仍为平稳随机过程,而且 $Y(t)$ 可表示为

$$Y(t)=\xi(t)\cos\omega_c t+\eta(t)\sin\omega_c t \tag{13.9.10}$$

其中

$$\xi(t)=2\int_{\omega_c-\omega_b}^{\omega_c+\omega_b}\{\mathrm{Re}\,\mathrm{d}\zeta_X(\mathrm{j}\omega)\cos[(\omega-\omega_c)t]+\mathrm{Im}\,\mathrm{d}\zeta_X(\mathrm{j}\omega)\sin[(\omega-\omega_c)t]\} \tag{13.9.11}$$

$$\eta(t)=2\int_{\omega_c-\omega_b}^{\omega_c+\omega_b}\{-\mathrm{Re}\,\mathrm{d}\zeta_X(\mathrm{j}\omega)\sin[(\omega-\omega_c)t]+\mathrm{Im}\,\mathrm{d}\zeta_X(\mathrm{j}\omega)\cos[(\omega-\omega_c)t]\} \tag{13.9.12}$$

$\mathrm{d}\zeta_X(\mathrm{j}\omega)$ 为平稳过程 $X(t)$ 的谱分解,$Y(t)$ 的相关函数为

$$B_Y(\tau)=B_{\xi}(\tau)\cos\omega_c\tau+B_{\eta\xi}(\tau)\sin\omega_c\tau \tag{13.9.13}$$

其中

$$B_{\xi}(\tau)=\frac{1}{\pi}\int_{\omega_c-\omega_b}^{\omega_c+\omega_b}S_X(\omega)\cos[(\omega-\omega_c)\tau]\mathrm{d}\omega \tag{13.9.14}$$

$$B_{\eta\xi}(\tau)=\frac{-1}{\pi}\int_{\omega_c-\omega_b}^{\omega_c+\omega_b}S_X(\omega)\sin[(\omega-\omega_c)\tau]\mathrm{d}\omega \tag{13.9.15}$$

$S_X(\omega)$ 为平稳过程 $X(t)$ 的功率谱密度函数。

输出过程 $Y(t)$ 的功率谱密度函数 $S_Y(\omega)$ 为

$$S_Y(\omega)=\begin{cases}S_X(\omega), & |\omega|\in[\omega_c-\omega_b,\omega_c+\omega_b]\\ 0, & |\omega|\,\overline{\in}\,[\omega_c-\omega_b,\omega_c+\omega_b]\end{cases} \tag{13.9.16}$$

证明 设 $\{X(t),-\infty<t<+\infty\}$ 为零均值实平稳随机过程,由谱分解定理 13.3.4 可知

$$\begin{aligned}X(t)&=\int_{-\infty}^{\infty}\mathrm{e}^{\mathrm{j}\omega t}\mathrm{d}\zeta(\mathrm{j}\omega)\\&=\int_{-\infty}^{\infty}[\cos\omega t+\mathrm{j}\sin\omega t][\mathrm{Re}\,\mathrm{d}\zeta(\mathrm{j}\omega)-\mathrm{jIm}\,\mathrm{d}\zeta(\mathrm{j}\omega)]\\&=\int_{-\infty}^{\infty}[\mathrm{Re}\,\mathrm{d}\zeta(\mathrm{j}\omega)\cos\omega t+\mathrm{Im}\,\mathrm{d}\zeta(\mathrm{j}\omega)\sin\omega t]+\\&\quad\mathrm{j}\int_{-\infty}^{\infty}[\mathrm{Re}\,\mathrm{d}\zeta(\mathrm{j}\omega)\sin\omega t-\mathrm{Im}\,\mathrm{d}\zeta(\mathrm{j}\omega)\cos\omega t]\end{aligned}$$

由定理 13.3.4 不难推出,$\mathrm{Re}\,\mathrm{d}\zeta(\mathrm{j}\omega)$ 是 ω 的偶函数,$\mathrm{Im}\,\mathrm{d}\zeta(\mathrm{j}\omega)$ 是 ω 的奇函数,这样一来,$X(t)$ 可表为

$$X(t)=\int_0^{\infty}[\mathrm{Re}\,\mathrm{d}\zeta(\mathrm{j}\omega)\cos\omega t+\mathrm{Im}\,\mathrm{d}\zeta(\mathrm{j}\omega)\sin\omega t]+$$

$$j\int_0^{\infty}[\operatorname{Re} d\zeta(j\omega)\sin\omega t-\operatorname{Im} d\zeta(j\omega)\cos\omega t]+$$
$$\int_0^{\infty}[\operatorname{Re} d\zeta(-j\omega)\cos(-\omega t)+\operatorname{Im} d\zeta(-j\omega)\cos(-\omega t)]+$$
$$j\int_0^{\infty}[\operatorname{Re} d\zeta(-j\omega)\sin(-\omega t)-\operatorname{Im} d\zeta(-j\omega)\cos(-\omega t)]$$
$$=\int_0^{\infty}[2\operatorname{Re} d\zeta(j\omega)\cos\omega t+2\operatorname{Im} d\zeta(j\omega)\sin\omega t] \tag{13.9.17}$$

当由上式所表示的平稳过程 $X(t)$ 作用于理想带通滤波器后，其输出 $Y(t)$ 显然应为

$$Y(t)=\int_{\omega_c-\omega_b}^{\omega_c+\omega_b}[2\operatorname{Re} d\zeta(j\omega)\cos\omega t+2\operatorname{Im} d\zeta(j\omega)\sin\omega t] \tag{13.9.18}$$

进一步还可把 $Y(t)$ 表示为

$$Y(t)=\int_{\omega_c-\omega_b}^{\omega_c+\omega_b}[2\operatorname{Re} d\zeta(j\omega)\cos(\omega t-\omega_c t+\omega_c t)+2\operatorname{Im} d\zeta(j\omega)\sin(\omega t-\omega_c t+\omega_c t)]$$
$$=\left\{\int_{\omega_c-\omega_b}^{\omega_c+\omega_b}2\operatorname{Re} d\zeta(j\omega)\cos[(\omega-\omega_c)t]+2\operatorname{Im} d\zeta(j\omega)\sin[(\omega-\omega_c)t]\right\}\cos\omega_c t+$$
$$\left\{\int_{\omega_c-\omega_b}^{\omega_c+\omega_b}-2\operatorname{Re} d\zeta(j\omega)\sin[(\omega-\omega_c)t]+2\operatorname{Im} d\zeta(j\omega)\cos[(\omega-\omega_c)t]\right\}\sin\omega_c t$$
$$\triangleq \xi(t)\cos\omega_c t+\eta(t)\sin\omega_c t \tag{13.9.19}$$

其中

$$\xi(t)=2\int_{\omega_c-\omega_b}^{\omega_c+\omega_b}\{\operatorname{Re} d\zeta(j\omega)\cos[(\omega-\omega_c)t]+\operatorname{Im} d\zeta(j\omega)\sin[(\omega-\omega_c)t]\} \tag{13.9.20}$$

$$\eta(t)=2\int_{\omega_c-\omega_b}^{\omega_c+\omega_b}\{-\operatorname{Re} d\zeta(j\omega)\sin[(\omega-\omega_c)t]+\operatorname{Im} d\zeta(j\omega)\cos[(\omega-\omega_c)t]\} \tag{13.9.21}$$

由以上两式可知，$\xi(t)$ 与 $\eta(t)$ 都是由低频随机振荡信号所组成的。

现在我们来证明 $\{Y(t),-\infty<t<+\infty\}$ 为平稳随机过程：首先由定理 13.3.4 可知

$$E[\operatorname{Re} d\zeta(j\omega)]=E[\operatorname{Im} d\zeta(j\omega)]=0$$

于是有

$$E[\xi(t)]=E[\eta(t)]=0 \tag{13.9.22}$$

及

$$E[Y(t)]=0$$

另外由定理 13.3.4 及 $\xi(t)$，$\eta(t)$ 的表达式还可求出

$$E[\xi(t+\tau)\xi(t)]=E\left\{\int_{\omega_c-\omega_b}^{\omega_c+\omega_b}2\operatorname{Re} d\zeta(j\omega)\cos[(\omega-\omega_c)(t+\tau)]+2\operatorname{Im} d\zeta(j\omega)\sin[(\omega-\omega_c)(t+\tau)]\right\}\cdot$$
$$\left\{\int_{\omega_c-\omega_b}^{\omega_c+\omega_b}2\operatorname{Re} d\zeta(j\lambda)\cos[(\lambda-\omega_c)t]+2\operatorname{Im} d\zeta(j\lambda)\sin[(\lambda-\omega_c)t]\right\} \tag{13.9.23}$$

由于我们所考察的随机过程 $\{X(t),-\infty<t<+\infty\}$ 是个实值过程，所以必有

$$\begin{cases} E[\mathrm{Re}\ \mathrm{d}\zeta(\mathrm{j}\omega)\mathrm{Re}\ \mathrm{d}\zeta(\mathrm{j}\lambda)] = \dfrac{1}{4\pi}S_X(\omega)\delta(\omega-\lambda)\mathrm{d}\omega \\ E[\mathrm{Im}\ \mathrm{d}\zeta(\mathrm{j}\omega)\mathrm{Im}\ \mathrm{d}\zeta(\mathrm{j}\lambda)] = \dfrac{1}{4\pi}S_X(\omega)\delta(\omega-\lambda)\mathrm{d}\omega \\ E[\mathrm{Re}\ \mathrm{d}\zeta(\mathrm{j}\omega)\mathrm{Im}\ \mathrm{d}\zeta(\mathrm{j}\lambda)] = 0 \\ E[\mathrm{Re}\ \mathrm{d}\zeta(\mathrm{j}\lambda)\mathrm{Im}\ \mathrm{d}\zeta(\mathrm{j}\omega)] = 0 \end{cases} \tag{13.9.24}$$

其中,$\delta(\omega-\lambda)$为克罗内克 δ 函数;$S_X(\omega)$为 $X(t)$的功率谱密度函数。将以上各式代入(13.9.23)式,则得

$$E[\xi(t+\tau)\xi(t)] = \frac{1}{\pi}\int_{\omega_c-\omega_b}^{\omega_c+\omega_b} S_X(\omega)\cos[(\omega-\omega_c)\tau]\mathrm{d}\omega \triangleq B_\xi(\tau) \tag{13.9.25}$$

同理可推得 $\eta(t)$的自相关函数为

$$E[\eta(t+\tau)\eta(t)] = \frac{1}{\pi}\int_{\omega_c-\omega_b}^{\omega_c+\omega_b} S_X(\omega)\cos[(\omega-\omega_c)\tau]\mathrm{d}\omega \triangleq B_\eta(\tau) \tag{13.9.26}$$

比较(13.9.25)式及(13.9.26)式有

$$B_\xi(\tau) = B_\eta(\tau) \tag{13.9.27}$$

最后,还可计算出 $\xi(t)$与 $\eta(t)$的互相关函数为

$$\begin{aligned} & E[\xi(t+\tau)\eta(t)] \\ &= E\int_{\omega_c-\omega_b}^{\omega_c+\omega_b}\{2\mathrm{Re}\ \mathrm{d}\zeta(\mathrm{j}\omega)\cos[(\omega-\omega_c)(t+\tau)] + 2\mathrm{Im}\ \mathrm{d}\zeta(\mathrm{j}\omega)\sin[(\omega-\omega_c)(t+\tau)]\}\cdot \\ &\quad \int_{\omega_c-\omega_b}^{\omega_c+\omega_b}\{-2\mathrm{Re}\ \mathrm{d}\zeta(\mathrm{j}\lambda)\sin[(\lambda-\omega_c)t] + 2\mathrm{Im}\ \mathrm{d}\zeta(\mathrm{j}\lambda)\cos[(\lambda-\omega_c)t]\} \\ &= \int_{\omega_c-\omega_b}^{\omega_c+\omega_b}\Big(\Big\{-\frac{1}{\pi}S_X(\omega)\cos[(\omega-\omega_c)(t+\tau)]\sin[(\omega-\omega_c)t]\Big\} + \\ &\quad \Big\{\frac{1}{\pi}S_X(\omega)\sin[(\omega-\omega_c)(t+\tau)]\cos[(\omega-\omega_c)t]\Big\}\Big)\mathrm{d}\omega \\ &= \int_{\omega_c-\omega_b}^{\omega_c+\omega_b}\frac{1}{\pi}S_X(\omega)\sin[(\omega-\omega_c)\tau]\mathrm{d}\omega \triangleq B_{\xi\eta}(\tau) \end{aligned} \tag{13.9.28}$$

以及 $\eta(t)$与 $\xi(t)$的互相关函数为

$$\begin{aligned} & E[\eta(t+\tau)\xi(t)] \\ &= E\int_{\omega_c-\omega_b}^{\omega_c+\omega_b}\{-2\mathrm{Re}\ \mathrm{d}\zeta(\mathrm{j}\omega)\sin[(\omega-\omega_c)(t+\tau)] + 2\mathrm{Im}\ \mathrm{d}\zeta(\mathrm{j}\omega)\cos[(\omega-\omega_c)(t+\tau)]\}\cdot \\ &\quad \int_{\omega_c-\omega_b}^{\omega_c+\omega_b}2\mathrm{Re}\ \mathrm{d}\zeta(\mathrm{j}\lambda)\cos[(\lambda-\omega_c)t] + 2\mathrm{Im}\ \mathrm{d}\zeta(\mathrm{j}\lambda)\sin[(\lambda-\omega_c)t] \\ &= \int_{\omega_c-\omega_b}^{\omega_c+\omega_b} -\frac{1}{\pi}S_X(\omega)\mathrm{d}\omega\{\sin[(\omega-\omega_c)(t+\tau)]\cos[(\omega-\omega_c)t] - \cos[(\omega-\omega_c)(t+\tau)]\sin[(\omega \\ &\quad -\omega_c)t]\} \\ &= -\int_{\omega_c-\omega_b}^{\omega_c+\omega_b}\frac{1}{\pi}S_X(\omega)\sin[(\omega-\omega_c)\tau]\mathrm{d}\omega \triangleq B_{\eta\xi}(\tau) \end{aligned} \tag{13.9.29}$$

比较(13.9.28)式及(13.9.29)式可知

$$B_{\xi\eta}(\tau) = -B_{\eta\xi}(\tau) \tag{13.9.30}$$

现将推导所得的(13.9.19)式、(13.9.22)式、(13.9.27)式及(13.9.30)式分别同(13.9.2)式、(13.9.3)式、(13.9.4)式及(13.9.5)式相比较可知$\{Y(t),-\infty<t<+\infty\}$为平稳随机过程。

下面推导输出过程 $Y(t)$ 的相关函数 $B_Y(\tau)$ 及功率谱密度函数 $S_Y(\omega)$。

由(13.9.6)式、(13.9.25)式及(13.9.29)式可知 $B_Y(\tau)$ 为

$$\begin{aligned}B_Y(\tau) &= B_\xi(\tau)\cos\omega_c\tau + B_{\eta\xi}(\tau)\sin\omega_c\tau\\&= \frac{1}{\pi}\int_{\omega_c-\omega_b}^{\omega_c+\omega_b} S_X(\omega)\{\cos[(\omega-\omega_c)\tau]\cos\omega_c\tau - \sin[(\omega-\omega_c)\tau]\sin\omega_c\tau\}\mathrm{d}\omega\\&= \frac{1}{\pi}\int_{\omega_c-\omega_b}^{\omega_c+\omega_b} S_X(\omega)\cos\omega\tau\mathrm{d}\omega\end{aligned}\tag{13.9.31}$$

于是输出过程 $Y(t)$ 的功率谱密度函数 $S_Y(\omega)$ 为

$$\begin{aligned}S_Y(\omega) &= \int_{-\infty}^{+\infty} B_Y(\tau)\mathrm{e}^{-\mathrm{j}\omega\tau}\mathrm{d}\tau\\&= \frac{1}{\pi}\int_{-\infty}^{+\infty}\int_{\omega_c-\omega_b}^{\omega_c+\omega_b} S_X(\lambda)\cos\lambda\tau\mathrm{d}\lambda\mathrm{e}^{-\mathrm{j}\omega\tau}\mathrm{d}\tau\\&= \int_{\omega_c-\omega_b}^{\omega_c+\omega_b} S_X(\lambda)\delta(\lambda-\omega)\mathrm{d}\lambda + \int_{\omega_c-\omega_b}^{\omega_c+\omega_b} S_X(\lambda)\delta(\lambda+\omega)\mathrm{d}\lambda\\&= \begin{cases}S_X(\omega), |\omega| \in [\omega_c-\omega_b, \omega_c+\omega_b]\\0, |\omega| \overline{\in} [\omega_c-\omega_b, \omega_c+\omega_b]\end{cases}\end{aligned}\tag{13.9.32}$$

如果把输入过程 $X(t)$ 的功率谱密度函数 $S_X(\omega)$ 与输出过程 $Y(t)$ 功率谱密度函数 $S_Y(\omega)$ 同时表示在一个图形上，就可以更清楚地看出两者的关系(图 13.9.3)。定理证毕。

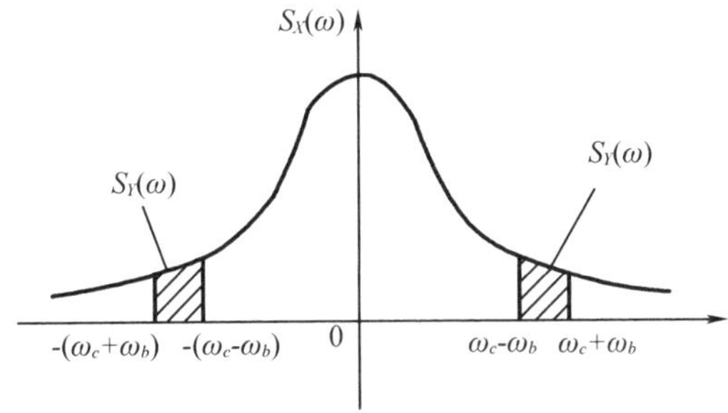

图 13.9.3　理想带通滤波器的输入功率谱 $S_X(\omega)$ 与输出功率谱 $S_Y(\omega)$ 的图形表示

说明　我们推导定理 13.9.1 的理论依据是基于平稳随机过程谱分解定理 13.3.4，我们知道，该定理是针对 $X(t)$ 为复平稳过程的情况，当然对于 $X(t)$ 为实平稳过程仍然正确。因为我们所讨论的 $X(t)$ 是实平稳随机过程，所以我们用定理 13.3.1 来处理更为简便些，为此，我们对定理 13.9.1 中的一些符号做以下替换：

$$2\mathrm{Re}\ \mathrm{d}\zeta(\mathrm{j}\omega) \leftrightarrow a_m$$

$$2\mathrm{Im}\ \mathrm{d}\zeta(\mathrm{j}\omega) \leftrightarrow b_m$$

$$\omega_0 = \frac{2\pi}{T_0}, -\frac{T_0}{2} \leqslant t \leqslant \frac{T_0}{2}, T_0 \to \infty$$

$$\omega \leftrightarrow m\omega_0, \omega_0 \leftrightarrow \mathrm{d}\omega$$

$$\omega_c+\omega_b \leftrightarrow k_2\omega_0, \omega_c-\omega_b \leftrightarrow k_1\omega_0$$

这样一来，(13.9.17)式化为

$$X(t) = \sum_{m=1}^{\infty} a_m\cos m\omega_0 t + b_m\sin m\omega_0 t \tag{13.9.33}$$

这同定理 13.3.1 的表示相同。当 $X(t)$ 作用于理想带通滤波器时输出为 $Y(t)$，则

(13.9.19)式、(13.9.20)式及(13.9.21)式化为

$$Y(t)=\xi(t)\cos\omega_c t+\eta(t)\sin\omega_c t \tag{13.9.34}$$

其中

$$\xi(t)=\sum_{m=k_1}^{k_2}a_m\cos[(m\omega_0-\omega_c)t]+b_m\sin[(m\omega_0-\omega_c)t] \tag{13.9.35}$$

$$\eta(t)=\sum_{m=k_1}^{k_2}-a_m\sin[(m\omega_0-\omega_c)t]+b_m\cos[(m\omega_0-\omega_c)t] \tag{13.9.36}$$

进一步,(13.9.24)式化为

$$\begin{cases}E(a_m a_n)=\dfrac{\omega_0}{\pi}S(m\omega_0)\delta(m-n)\\ E(b_m b_n)=\dfrac{\omega_0}{\pi}S(m\omega_0)\delta(m-n)\\ E(a_m b_n)=0,m,n=1,2,\cdots\end{cases} \tag{13.9.37}$$

由此可将(13.9.25)式化为

$$B_\xi(\tau)=\frac{\omega_0}{\pi}\sum_{m=k_1}^{k_2}S_X(m\omega_0)\cos[(m\omega_0-\omega_c)\tau] \tag{13.9.38}$$

$$B_\eta(\tau)=B_\xi(\tau) \tag{13.9.39}$$

而且(13.9.29)式化为

$$B_{\eta\xi}(\tau)=-\frac{\omega_0}{\pi}\sum_{m=k_1}^{k_2}S_X(m\omega_0)\sin[(m\omega_0-\omega_c)\tau] \tag{13.9.40}$$

再由引理 13.9.1 知

$$\begin{aligned}B_Y(\tau)&=B_\xi(\tau)\cos\omega_c\tau+B_{\eta\xi}(\tau)\sin\omega_c\tau\\&=\frac{\omega_0}{\pi}\sum_{m=k_1}^{k_2}S_X(m\omega_0)\cos m\omega_0\tau\end{aligned} \tag{13.9.41}$$

$$\begin{aligned}S_Y(\omega)&=\int_{-\infty}^{+\infty}B_Y(\tau)e^{-j\omega\tau}d\tau\\&=\begin{cases}S_X(m\omega_0),|m\omega_0|\in[k_1\omega_0,k_2\omega_0]\\0,|m\omega_0|\notin[k_1\omega_0,k_2\omega_0]\end{cases}\end{aligned} \tag{13.9.42}$$

归纳以上说明,我们可得如下定理。

定理 13.9.2 设$\{X(t),-\infty<t<+\infty\}$为零均值实平稳过程并可表示为

$$X(t)=\sum_{m=1}^{\infty}(a_m\cos m\omega_0 t+b_m\sin m\omega_0 t) \tag{13.9.33}$$

当该过程作用于(13.9.1)式所表示的理想带通滤波器时,其输出过程 $Y(t)$仍为平稳过程且

$$Y(t)=\xi(t)\cos\omega_c t+\eta(t)\sin\omega_c t \tag{13.9.34}$$

其中

$$\xi(t)=\sum_{m=k_1}^{k_2}a_m\cos[(m\omega_0-\omega_c)t]+b_m\sin[(m\omega_0-\omega_c)t] \tag{13.9.35}$$

$$\eta(t)=\sum_{m=k_1}^{k_2}-a_m\sin[(m\omega_0-\omega_c)t]+b_m\cos[(m\omega_0-\omega_c)t] \tag{13.9.36}$$

其中

$$\omega_0=\frac{2\pi}{T_0},\ -\frac{T_0}{2}\leqslant t\leqslant\frac{T_0}{2},T_0\to\infty$$

$$\omega_c-\omega_b=k_1\omega_0$$

$$\omega_c+\omega_b=k_2\omega_0$$

$Y(t)$的相关函数为

$$\begin{aligned}B_Y(\tau)&=B_\xi(\tau)\cos\omega_c\tau+B_{\eta\xi}(\tau)\sin\omega_c\tau\\&=\frac{\omega_0}{\pi}\sum_{m=k_1}^{k_2}S_X(m\omega_0)\cos m\omega_0\tau\end{aligned}\tag{13.9.41}$$

其中

$$B_\xi(\tau)=\frac{\omega_0}{\pi}\sum_{m=k_1}^{k_2}S_X(m\omega_0)\cos[(m\omega_0-\omega_c)\tau]\tag{13.9.38}$$

$$B_{\eta\xi}(\tau)=-\frac{\omega_0}{\pi}\sum_{m=k_1}^{k_2}S_X(m\omega_0)\sin[(m\omega_0-\omega_c)\tau]\tag{13.9.40}$$

$Y(t)$的功率谱密度函数为

$$S_Y(\omega)=\begin{cases}S_X(m\omega_0),\ |m\omega_0|\in[k_1\omega_0,k_2\omega_0]\\0,\ |m\omega_0|\notin[k_1\omega_0,k_2\omega_0]\end{cases}\tag{13.9.42}$$

13.9.2　窄带平稳过程的正交过程

为了深入地讨论窄带平稳过程,现介绍希尔伯特变换及若干性质。

定义 13.9.3　希尔伯特变换　设$\{X(t),-\infty<t<+\infty\}$为实值函数,则称

$$\hat{X}(t)=\frac{1}{\pi}\int_{-\infty}^{+\infty}\frac{X(\tau)}{t-\tau}\mathrm{d}\tau\triangleq H[X(t)]\tag{13.9.43}$$

为 $X(t)$的希尔伯特变换,其逆变换为

$$X(t)=\frac{-1}{\pi}\int_{-\infty}^{+\infty}\frac{\hat{X}(\tau)}{t-\tau}\mathrm{d}\tau\triangleq-H[\hat{X}(t)]\tag{13.9.44}$$

若令

$$h(t)=\frac{1}{\pi t}\tag{13.9.45}$$

则由(13.9.43)式及(13.9.44)式显然有

$$\hat{X}(t)=h(t)*X(t)\tag{13.9.46}$$

$$X(t)=-h(t)*\hat{X}(t)\tag{13.9.47}$$

其中,符号“ * ”表示卷积。将(13.9.46)式和(13.9.47)式做傅里叶变换有

$$\hat{X}(\mathrm{j}\omega)=H(\mathrm{j}\omega)X(\mathrm{j}\omega)\tag{13.9.48}$$

$$X(\mathrm{j}\omega)=-H(\mathrm{j}\omega)\hat{X}(\mathrm{j}\omega)\tag{13.9.49}$$

这样一来,可以把希尔伯特变换理解为一个线性系统,系统的输入为 $X(t)$,系统的输出为 $\hat{X}(t)$,系统的脉冲响应函数为$\frac{1}{\pi t}$,于是有

$$\begin{aligned}H(\mathrm{j}\omega)&=F\{h(t)\}\\&=\int_{-\infty}^{+\infty}\frac{1}{\pi t}\mathrm{e}^{-\mathrm{j}\omega t}\mathrm{d}t\end{aligned}$$

$$
\begin{aligned}
&= \frac{1}{\pi}\int_{-\infty}^{+\infty} \frac{1}{t}(\cos \omega t - \mathrm{j}\sin \omega t)\mathrm{d}t \\
&= \frac{-\mathrm{j}}{\pi}\int_{-\infty}^{+\infty} \frac{\sin \omega t}{t}\mathrm{d}t \\
&= \frac{-2\mathrm{j}}{\pi}\int_{0}^{+\infty} \frac{\sin \omega t}{t}\mathrm{d}t \\
&= \begin{cases} -\mathrm{j}, \omega > 0 \\ 0, \omega = 0 \\ \mathrm{j}, \omega < 0 \end{cases} \\
&= -\mathrm{j}\operatorname{sgn}(\omega)
\end{aligned} \tag{13.9.50}
$$

由此可知

$$|H(\mathrm{j}\omega)| = 1 \tag{13.9.51}$$

$$
\begin{aligned}
\angle H(\mathrm{j}\omega) &= \begin{cases} \dfrac{\pi}{2}, \omega < 0 \\ 0, \omega = 0 \\ \dfrac{-\pi}{2}, \omega > 0 \end{cases} \\
&= \frac{-\pi}{2}\operatorname{sgn}(\omega)
\end{aligned} \tag{13.9.52}
$$

将(13.9.50)式代入(13.9.48)式和(13.9.49)式有

$$\hat{X}(\mathrm{j}\omega) = -\mathrm{j}\operatorname{sgn}(\omega)X(\mathrm{j}\omega) \tag{13.9.53}$$

$$X(\mathrm{j}\omega) = \mathrm{j}\operatorname{sgn}(\omega)\hat{X}(\mathrm{j}\omega) \tag{13.9.54}$$

例 13.9.1 设 $X(t) = A\sin \omega_0 t$,求 $\hat{X}(t)$。

解

$$
\begin{aligned}
\hat{X}(t) &= \frac{1}{\pi}\int_{-\infty}^{+\infty} \frac{X(\tau)}{t-\tau}\mathrm{d}\tau = \frac{1}{\pi}\int_{-\infty}^{+\infty} \frac{A\sin \omega_0 \tau}{t-\tau}\mathrm{d}\tau \\
&= \frac{-1}{\pi}\int_{-\infty}^{+\infty} \frac{A\sin[\omega_0(t-\tau) - \omega_0 t]}{t-\tau}\mathrm{d}\tau \\
&= \frac{-1}{\pi}\int_{-\infty}^{+\infty} \frac{A\sin[\omega_0(t-\tau)]\cos \omega_0 t}{t-\tau}\mathrm{d}\tau + \frac{1}{\pi}\int_{-\infty}^{+\infty} \frac{A\cos[\omega_0(t-\tau)]\sin \omega_0 t}{t-\tau}\mathrm{d}\tau \\
&= \frac{-A\cos \omega_0 t}{\pi}\int_{-\infty}^{+\infty} \frac{\sin \omega_0 x}{x}\mathrm{d}x + \frac{A\sin \omega_0 t}{\pi}\int_{-\infty}^{+\infty} \frac{\cos \omega_0 x}{x}\mathrm{d}x \\
&= -A\cos \omega_0 t
\end{aligned}
$$

上式由 $\int_{-\infty}^{+\infty} \frac{\sin \omega_0 x}{x}\mathrm{d}x = \pi, \int_{-\infty}^{+\infty} \frac{\cos \omega_0 x}{x}\mathrm{d}x = 0$ 而得到。

例 13.9.2 设 $X(t) = A\cos \omega_0 t$,求 $\hat{X}(t)$。

解

$$
\begin{aligned}
\hat{X}(t) &= \frac{1}{\pi}\int_{-\infty}^{+\infty} \frac{A\cos \omega_0 \tau}{t-\tau}\mathrm{d}\tau \\
&= \frac{1}{\pi}\int_{-\infty}^{+\infty} \frac{A\cos[\omega_0(t-\tau) - \omega_0 t]}{t-\tau}\mathrm{d}\tau \\
&= \frac{A\cos \omega_0 t}{\pi}\int_{-\infty}^{+\infty} \frac{\cos \omega_0 x}{x}\mathrm{d}x + \frac{A\sin \omega_0 t}{\pi}\int_{-\infty}^{+\infty} \frac{\sin \omega_0 x}{x}\mathrm{d}x
\end{aligned}
$$

$$= A\sin \omega_0 t$$

例 13.9.3　设 $X(t)=\sin \omega_0 t$,试用两种方法求 $\hat{X}(\mathrm{j}\omega)$。

解　第一种方法:

$$\begin{aligned}
X(\mathrm{j}\omega) &= \int_{-\infty}^{+\infty} \sin \omega_0 t \mathrm{e}^{-\mathrm{j}\omega t}\mathrm{d}t \\
&= \int_{-\infty}^{+\infty} \frac{\mathrm{e}^{\mathrm{j}\omega_0 t} - \mathrm{e}^{-\mathrm{j}\omega_0 t}}{2\mathrm{j}} \mathrm{e}^{-\mathrm{j}\omega t}\mathrm{d}t \\
&= \frac{1}{2\mathrm{j}}\int_{-\infty}^{+\infty} \mathrm{e}^{-\mathrm{j}(\omega-\omega_0)t} - \mathrm{e}^{-\mathrm{j}(\omega+\omega_0)t}\mathrm{d}t \\
&= \pi\mathrm{j}[\delta(\omega+\omega_0) - \delta(\omega-\omega_0)]
\end{aligned}$$

于是由(13.9.53)式有

$$\begin{aligned}
\hat{X}(\mathrm{j}\omega) &= -\mathrm{j}\mathrm{sgn}(\omega)X(\mathrm{j}\omega) \\
&= -\mathrm{j}\mathrm{sgn}(\omega)\pi\mathrm{j}[\delta(\omega+\omega_0) - \delta(\omega-\omega_0)] \\
&= \pi[\mathrm{sgn}(\omega)\cdot\delta(\omega+\omega_0) - \mathrm{sgn}(\omega)\cdot\delta(\omega-\omega_0)] \\
&= \pi[-\delta(\omega+\omega_0) - \delta(\omega-\omega_0)] \\
&= -\pi[\delta(\omega+\omega_0) + \delta(\omega-\omega_0)]
\end{aligned} \tag{13.9.55}$$

第二种方法:由例 13.9.1 可知 $\hat{X}(t) = -\cos \omega_0 t$,于是有

$$\begin{aligned}
\hat{X}(\mathrm{j}\omega) &= F\{-\cos \omega_0 t\} \\
&= -\int_{-\infty}^{+\infty} \cos \omega_0 t \mathrm{e}^{-\mathrm{j}\omega t}\mathrm{d}t \\
&= \frac{-1}{2}\int_{-\infty}^{+\infty} [\mathrm{e}^{-j(\omega-\omega_0)t} + \mathrm{e}^{-j(\omega+\omega_0)t}]\mathrm{d}t \\
&= -\pi[\delta(\omega+\omega_0) + \delta(\omega-\omega_0)]
\end{aligned} \tag{13.9.56}$$

比较(13.9.55)式与(13.9.56)式,可以看出两种方法的结果是一致的。

常用的希尔伯特变换见表 13.9.1。

表 13.9.1　希尔伯特变换表

序号	$X(t)$	$\hat{X}(t)$
1	$\cos t$	$\sin t$
2	$\sin t$	$-\cos t$
3	$\frac{\sin t}{t}$	$\frac{1-\cos t}{t}$
4	$\frac{1}{1+t^2}$	$\frac{t}{1+t^2}$
5	$\delta(t)$	$\frac{1}{\pi t}$
6	$X(t)=\begin{cases}1, & \lvert t\rvert<\frac{1}{2}\\ 0, & \lvert t\rvert>\frac{1}{2}\end{cases}$	$\frac{-1}{\pi}\ln\left\lvert\frac{t-\frac{1}{2}}{t+\frac{1}{2}}\right\rvert$

表 13.9.1(续)

序号	$X(t)$	$\hat{X}(t)$
7	$\frac{1}{2}\left[\delta\left(t+\frac{1}{2}\right)+\delta\left(t-\frac{1}{2}\right)\right]$	$\frac{t}{\pi\left(t^2-\frac{1}{4}\right)}$
8	$\frac{1}{2}\left[\delta\left(t+\frac{1}{2}\right)-\delta\left(t-\frac{1}{2}\right)\right]$	$\frac{1}{2\pi\left(\frac{1}{4}-t^2\right)}$

希尔伯特变换有如下性质。

性质 1　线性性:对任意常数 $C_i(i=1,2,\cdots,N)$有

$$H\left[\sum_{i=1}^{N}C_iX_i(t)\right]=\sum_{i=1}^{N}C_iH[X_i(t)] \tag{13.9.57}$$

证明　由定义 13.9.3 易证该性质成立。

性质 2　设 $X(t)$为平稳过程且$\hat{X}(t)=H[X(t)]$,则

$$S_X(\omega)=S_{\hat{X}}(\omega) \tag{13.9.58}$$

$$B_X(\tau)=B_{\hat{X}}(\tau) \tag{13.9.59}$$

其中,$S_X(\omega)$,$S_{\hat{X}}(\omega)$表示功率谱密度函数;$B_X(\tau)$,$B_{\hat{X}}(\tau)$表示自相关函数。

证明　由(13.9.48)式及(13.9.51)式可知

$$S_{\hat{X}}(\omega)=|H(\mathrm{j}\omega)|^2S_X(\omega)=S_X(\omega)$$

再由(13.3.48)式可得 $B_{\hat{X}}(\tau)=B_X(\tau)$。性质证毕。

性质 3　设 $X(t)=A(t)\cos\omega_0t$ 是窄带平稳过程,即 $X(\mathrm{j}\omega)$满足

$$X(\mathrm{j}\omega)=\begin{cases}X(\mathrm{j}\omega),\omega_0-\omega_b<|\omega|<\omega_0+\omega_b,\omega_0\gg\omega_b\\0,其他\end{cases}$$

则

$$\hat{X}(t)=H[A(t)\cos\omega_0t]=A(t)H(\cos\omega_0t)=A(t)\sin\omega_0t \tag{13.9.60}$$

证明　因为

$$X(t)=\frac{1}{2}A(t)(\mathrm{e}^{\mathrm{j}\omega_0t}+\mathrm{e}^{-\mathrm{j}\omega_0t})$$

所以 $X(t)$的傅里叶变换为

$$\begin{aligned}X(\mathrm{j}\omega)&=F\{X(t)\}=\frac{1}{2}F\{A(t)\mathrm{e}^{\mathrm{j}\omega_0t}\}+\frac{1}{2}F\{A(t)\mathrm{e}^{-\mathrm{j}\omega_0t}\}\\&=\frac{1}{2}A(\mathrm{j}\omega-\mathrm{j}\omega_0)+\frac{1}{2}A(\mathrm{j}\omega+\mathrm{j}\omega_0)\end{aligned}$$

再由(13.9.53)式得

$$\begin{aligned}\hat{X}(\mathrm{j}\omega)&=-\mathrm{j}\,\mathrm{sgn}(\omega)X(\mathrm{j}\omega)\\&=\frac{-\mathrm{j}}{2}[\mathrm{sgn}(\omega)A(\mathrm{j}\omega-\mathrm{j}\omega_0)+\mathrm{sgn}(\omega)A(\mathrm{j}\omega+\mathrm{j}\omega_0)]\\&=\frac{1}{2\mathrm{j}}[A(\mathrm{j}\omega-\mathrm{j}\omega_0)-A(\mathrm{j}\omega+\mathrm{j}\omega_0)]\\&=F\{A(t)\sin\omega_0t\}\end{aligned}$$

$$= F\{H[X(t)]\}$$

由此可得 $H[X(t)] = A(t)\sin \omega_0 t = A(t)H(\cos \omega_0 t) = \hat{X}(t)$。性质证毕。

推论 13.9.1　如果 $X(t) = A(t)\sin \omega_0 t$ 为窄带平稳过程,则

$$\hat{X}(t) = H[X(t)] = H[A(t)\sin \omega_0 t] = A(t)H(\sin \omega_0 t) = -A(t)\cos \omega_0 t \tag{13.9.61}$$

该推论的证明类似性质 3 的证明,故从略。

说明　这性质意味着,低频过程 $A(t)$ 的频谱都集中在 $\pm\omega_b$ 以内且 $\omega_b \ll \omega_0$。

性质 4　设 $X(t)$ 为实平稳过程,$\hat{X}(t)$ 为其希尔伯特变换,则

$$B_{\hat{X}X}(\tau) = \hat{B}_X(\tau) \tag{13.9.62}$$

$$B_{X\hat{X}}(\tau) = -\hat{B}_X(\tau) \tag{13.9.63}$$

证明

$$\begin{aligned}
B_{\hat{X}X}(\tau) &= E[\hat{X}(t+\tau)X(t)] \\
&= \frac{1}{\pi}E\left[\int_{-\infty}^{+\infty} \frac{X(\lambda)X(t)}{t+\tau-\lambda}\mathrm{d}\lambda\right] \\
&= \frac{1}{\pi}\int_{-\infty}^{+\infty} \frac{B_X(t-\lambda)}{t-\lambda+\tau}\mathrm{d}\lambda \\
&= \frac{1}{\pi}\int_{-\infty}^{+\infty} \frac{B_X(u)}{u+\tau}\mathrm{d}u = \frac{-1}{\pi}\int_{-\infty}^{+\infty} \frac{B_X(u)}{u-\tau}\mathrm{d}u \\
&= \frac{1}{\pi}\int_{-\infty}^{+\infty} \frac{B_X(u)}{\tau-u}\mathrm{d}u \\
&= \hat{B}_X(\tau)
\end{aligned}$$

即(13.9.62)式得证。

$$\begin{aligned}
B_{X\hat{X}}(\tau) &= E[X(t+\tau)\hat{X}(t)] \\
&= \frac{1}{\pi}E\left[\int_{-\infty}^{+\infty} \frac{X(t+\tau)X(\lambda)}{t-\lambda}\mathrm{d}\lambda\right] \\
&= \frac{1}{\pi}\int_{-\infty}^{+\infty} \frac{B_X(t+\tau-\lambda)}{t-\lambda}\mathrm{d}\lambda \\
&= \frac{1}{\pi}\int_{-\infty}^{+\infty} \frac{B_X(u+\tau)}{u}\mathrm{d}u = \frac{1}{\pi}\int_{-\infty}^{+\infty} \frac{B_X(\lambda)}{\lambda-\tau}\mathrm{d}\lambda \\
&= -\frac{1}{\pi}\int_{-\infty}^{+\infty} \frac{B_X(\lambda)}{\tau-\lambda}\mathrm{d}\lambda \\
&= -\hat{B}_X(\tau)
\end{aligned}$$

即(13.9.63)式得证。性质证毕。

性质 5　设 $X(t)$ 为实平稳过程,且

$$\hat{X}(t) = H[X(t)]$$

则 $B_{\hat{X}X}(\tau)$ 为 τ 的奇函数,即

$$B_{\hat{X}X}(\tau) = -B_{\hat{X}X}(-\tau) \tag{13.9.64}$$

且

$$B_{\hat{X}X}(0) = 0 \tag{13.9.65}$$

证明　由性质 4 立得

$$B_{\hat{X}X}(\tau) = -B_{X\hat{X}}(\tau) = -B_{\hat{X}X}(-\tau)$$

因此 $B_{\hat{X}X}(\tau)$ 为奇函数且有 $B_{\hat{X}X}(0)=0$。性质证毕。

现在,我们可以依据希尔伯特变换的性质来考察由定理 13.9.1 和定理 13.9.2 所表示的窄带平稳过程 $Y(t)$,由(13.9.34)式可知,$Y(t)$ 为

$$Y(t)=\xi(t)\cos\omega_c t+\eta(t)\sin\omega_c t$$

其中

$$\xi(t) = \sum_{m=k_1}^{k_2}[a_m\cos(m\omega_0 t-\omega_c t)+b_m\sin(m\omega_0 t-\omega_c t)]$$

$$\eta(t) = \sum_{m=k_1}^{k_2}[-a_m\sin(m\omega_0 t-\omega_c t)+b_m\cos(m\omega_0 t-\omega_c t)]$$

当 $m=k_1$ 或 $m=k_2$ 时有

$$m\omega_0-\omega_c=k_1\omega_0-\omega_c=-\omega_b$$

$$m\omega_0-\omega_c=k_2\omega_0-\omega_c=\omega_b$$

且 $\omega_c\gg\omega_b$。

这表明 $\xi(t)$ 和 $\eta(t)$ 的频谱全部集中在 $(-\omega_b,\omega_b)$ 上,因此 $\xi(t)$ 和 $\eta(t)$ 为低频过程。

另一方面又知

$$\begin{aligned}H[\eta(t)] &= \sum_{m=k_1}^{k_2}\{-a_mH[\sin(m\omega_0 t-\omega_c t)]+b_mH[\cos(m\omega_0 t-\omega_c t)]\}\\ &= \sum_{m=k_1}^{k_2}[a_m\cos(m\omega_0 t-\omega_c t)+b_m\sin(m\omega_0 t-\omega_c t)]\\ &=\xi(t)\end{aligned}$$

$$-H[\xi(t)]=\eta(t)$$

因此 $\xi(t)$ 和 $\eta(t)$ 是一对希尔伯特变换,于是由性质 2 可知

$$S_\xi(\omega)=S_\eta(\omega),B_\xi(\tau)=B_\eta(\tau)$$

这同(13.9.27)式相一致。再由希尔伯特变换性质 4 可知

$$B_{\eta\xi}(\tau) = -B_{\xi\eta}(\tau)$$

这同(13.9.30)式相一致。

最后,我们依据性质 3 构造窄带平稳过程 $Y(t)$ 的正交过程 $\hat{Y}(t)$,为此,将 $Y(t)$ 做希尔伯特变换得

$$\begin{aligned}\hat{Y}(t)&=H[Y(t)]\\ &=H[\xi(t)\cos\omega_c t+\eta(t)\sin\omega_c t]\\ &=H[\xi(t)\cos\omega_c t]+H[\eta(t)\sin\omega_c t]\\ &=\xi(t)H[\cos\omega_c t]+\eta(t)H[\sin\omega_c t]\quad(\text{由性质}3)\\ &=\xi(t)\sin\omega_c t-\eta(t)\cos\omega_c t\end{aligned}\tag{13.9.66}$$

我们称 $\hat{Y}(t)$ 为 $Y(t)$ 的**正交过程**,由性质 2 可知,必有

$$B_Y(\tau)=B_{\hat{Y}}(\tau)\tag{13.9.67}$$

$$S_Y(\omega)=S_{\hat{Y}}(\omega)\tag{13.9.68}$$

例 13.9.4 设随机过程为

$$X(t)=\cos(\omega_0 t+\varphi)$$

其中,φ 为随机变量,则$\{X(t),-\infty<t<+\infty\}$为平稳随机过程的充要条件是 $\Phi(1)=0$, $\Phi(2)=0$,其中,$\Phi(\lambda)$为 φ 的特征函数。

证明　由 $X(t)=\cos\omega_0 t\cos\varphi-\sin\omega_0 t\sin\varphi$ 可知,当且仅当 $E(\cos\varphi)=E(\sin\varphi)=0$ 时才有 $E[X(t)]=0$(常数),然而 φ 的特征函数为

$$\Phi(\lambda)=E(\mathrm{e}^{\mathrm{i}\lambda\varphi})=E(\cos\lambda\varphi)+\mathrm{i}E(\sin\lambda\varphi)$$

这等价于 $\Phi(1)=0$,进一步,还可以计算出

$$\begin{aligned}E[X(t+\tau)X(t)]&=E\{\cos[\omega_0(t+\tau)+\varphi]\cos(\omega_0 t+\varphi)\}\\&=\frac{1}{2}\{E[\cos(2\omega_0 t+\omega_0\tau+2\varphi)]+\cos\omega_0\tau\}\\&=\frac{1}{2}\cos\omega_0\tau+\frac{1}{2}[\cos(2\omega_0 t+\omega_0\tau)E(\cos 2\varphi)-\sin(2\omega_0 t+\omega_0\tau)E(\sin 2\varphi)]\end{aligned}$$

由此可知,当且仅当 $E(\cos 2\varphi)=E(\sin 2\varphi)=0$ 时,才有

$$E[X(t+\tau)X(t)]=\frac{1}{2}\cos\omega_0\tau$$

由特征函数的定义可知这等价于 $\Phi(2)=0$,此时 $X(t)$的功率谱密度函数 $S_X(\omega)$为

$$S_X(\omega)=\frac{1}{2}\int_{-\infty}^{+\infty}\cos\omega_0\tau\mathrm{e}^{-\mathrm{j}\omega\tau}\mathrm{d}\tau=\frac{\pi}{2}\delta(\omega-\omega_0)+\frac{\pi}{2}\delta(\omega+\omega_0)$$

13.10　窄频带实正态平稳过程包络和相位的概率分析

通过上一节的分析,我们得出(见定理 13.9.2),窄频带实平稳过程可表示为

$$Y(t)=\xi(t)\cos\omega_c t+\eta(t)\sin\omega_c t\tag{13.10.1}$$

其中

$$\xi(t)=\sum_{m=k_1}^{k_2}a_m\cos[(m\omega_0-\omega_c)t]+b_m\sin[(m\omega_0-\omega_c)t]\tag{13.10.2}$$

$$\eta(t)=\sum_{m=k_1}^{k_2}-a_m\sin[(m\omega_0-\omega_c)t]+b_m\cos[(m\omega_0-\omega_c)t]\tag{13.10.3}$$

$$\omega_0=\frac{2\pi}{T_0},-\frac{T_0}{2}\leqslant t\leqslant\frac{T_0}{2},T_0\to\infty,|k_1\omega_0-\omega_c|\ll\omega_c,|k_2\omega_0-\omega_c|\ll\omega_c$$

进一步,$Y(t)$可表示为(图 13.10.1)

$$Y(t)=A(t)\cos[\omega_c t-\Phi(t)]\tag{13.10.4}$$

其中

$$A(t)=\sqrt{\xi^2(t)+\eta^2(t)}\tag{13.10.5}$$

$$\Phi(t)=\arctan\frac{\eta(t)}{\xi(t)}\tag{13.10.6}$$

$$\xi(t)=A(t)\cos\Phi(t)\tag{13.10.7}$$

$$\eta(t)=A(t)\sin\Phi(t)\tag{13.10.8}$$

通常称 $A(t)$为 $Y(t)$的包络;称 $\Phi(t)$为 $Y(t)$的相位;又因为 $H[\eta(t)]=\xi(t)$,$-H[\xi(t)]=\eta(t)$,所以$\xi(t)$与$\eta(t)$是一对希尔伯特变换,通常称$\xi(t)$与$\eta(t)$互为正交。由于应用的需要,在这一节,我们讨论 $A(t)$和 $\Phi(t)$的概率分布。

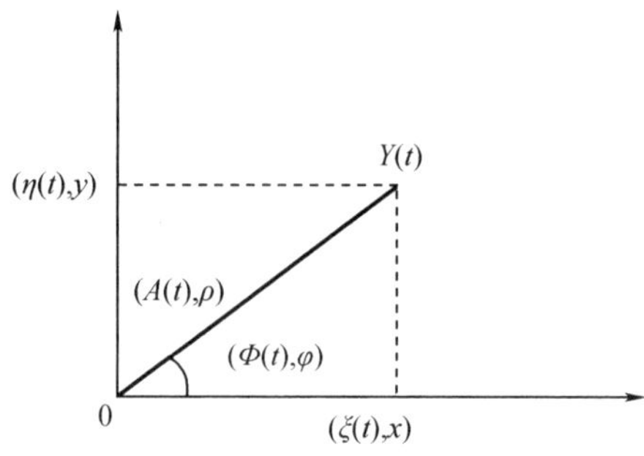

图 13.10.1　$Y(t)$ 的图型表示

进一步,设 $Y(t)$ 为正态过程,由此可知,$\xi(t)$ 与 $\eta(t)$ 为正态过程,又由(13.9.40)式可知 $B_{\xi\eta}(0)=0$,即对任意 t,$\xi(t)$ 与 $\eta(t)$ 互不相关,由正态性又知 $\xi(t)$ 与 $\eta(t)$ 互相独立,于是有如下联合密度函数,即

$$
\begin{aligned}
f_{\xi(t)\eta(t)}(x,y;t) &= f_{\xi(t)}(x)f_{\eta(t)}(y)\\
&= \frac{1}{\sqrt{2\pi\sigma^2}}\mathrm{e}^{-\frac{x^2}{2\sigma^2}}\frac{1}{\sqrt{2\pi\sigma^2}}\mathrm{e}^{-\frac{y^2}{2\sigma^2}}\\
&= \frac{1}{2\pi\sigma^2}\mathrm{e}^{-\frac{x^2+y^2}{2\sigma^2}}
\end{aligned}
\tag{13.10.9}
$$

又知有如下坐标变换

$$
\begin{cases}
A^2(t)=\xi^2(t)+\eta^2(t)\Rightarrow\rho^2=x^2+y^2\\
\Phi(t)=\arctan\dfrac{\eta(t)}{\xi(t)}\Rightarrow\varphi=\arctan\dfrac{y}{x}\\
\xi(t)=A(t)\cos\Phi(t)\Rightarrow x=\rho\cos\varphi\\
\eta(t)=A(t)\sin\Phi(t)\Rightarrow y=\rho\sin\varphi
\end{cases}
\tag{13.10.10}
$$

于是有

$$
\begin{aligned}
f_{A(t)\Phi(t)}(\rho,\varphi;t) &= f_{\xi(t)\eta(t)}(x,y;t)\left|\frac{\partial(x,y)}{\partial(\rho,\varphi)}\right|\\
&= f_{\xi(t)\eta(t)}(\rho\cos\varphi,\rho\sin\varphi;t)\begin{vmatrix}\dfrac{\partial x}{\partial\rho} & \dfrac{\partial x}{\partial\varphi}\\ \dfrac{\partial y}{\partial\rho} & \dfrac{\partial y}{\partial\varphi}\end{vmatrix}\\
&= \frac{1}{2\pi\sigma^2}\exp\left\{\frac{-\rho^2}{2\sigma^2}\right\}\begin{vmatrix}\cos\varphi & -\rho\sin\varphi\\ \sin\varphi & \rho\cos\varphi\end{vmatrix}\\
&= \frac{\rho}{2\pi\sigma^2}\exp\left\{\frac{-\rho^2}{2\sigma^2}\right\},\rho\geqslant 0,0\leqslant\varphi\leqslant 2\pi
\end{aligned}
\tag{13.10.11}
$$

而且

$$
\begin{aligned}
f_{A(t)}(\rho;t) &= \int_0^{2\pi}f_{A(t)\Phi(t)}(\rho,\varphi;t)\mathrm{d}\varphi\\
&= \frac{\rho}{\sigma^2}\mathrm{e}^{\frac{-\rho^2}{2\sigma^2}},\rho\geqslant 0
\end{aligned}
\tag{13.10.12}
$$

由此可知,$A(t)$ 为瑞利分布(见上册定义 2.3.8),还有

$$f_{\Phi(t)}(\varphi;t) = \int_0^{\infty} f_{A(t)\Phi(t)}(\rho,\varphi;t)\mathrm{d}\rho$$
$$= \int_0^{\infty} \frac{\rho}{2\pi\sigma^2}\exp\left\{\frac{-\rho^2}{2\sigma^2}\right\}\mathrm{d}\rho = \frac{1}{2\pi}, 0 \leqslant \varphi \leqslant 2\pi \tag{13.10.13}$$

又因为

$$f_{A(t)\Phi(t)}(\rho,\varphi;t) = f_{A(t)}(\rho;t)f_{\Phi(t)}(\varphi;t) \tag{13.10.14}$$

所以对任意 t,$A(t)$ 与 $\Phi(t)$ 互相独立。

归纳以上分析可得如下定理。

定理 13.10.1　设 $Y(t)$ 为(13.10.1)式及(13.10.4)式所表示的窄频带实正态平稳过程,其中 $A(t)$ 和 $\Phi(t)$ 为 $Y(t)$ 的包络和相位,则对任意 t,$A(t)$ 与 $\Phi(t)$ 是相互独立的随机变量且包络 $A(t)$ 的一维分布密度函数为瑞利分布且如(13.10.12)式所示,相位 $\Phi(t)$ 的一维分布密度函数为均匀分布且如(13.10.13)式所示。

为了推导包络和相位的二维分布,我们为简便起见将符号做以下改变:记向量 $\boldsymbol{X}$ 为

$$[\xi(t_1),\eta(t_1),\xi(t_2),\eta(t_2)] \triangleq [X_1,X_2,X_3,X_4] \triangleq \boldsymbol{X} \tag{13.10.15}$$

第一步,求 $\boldsymbol{X}$ 的密度函数 $f_X(x_1,x_2,x_3,x_4)$:由(13.9.39)式令

$$R_{\xi}(\tau) = R_{\eta}(\tau) = \frac{B_{\xi}(\tau)}{B_Y(0)} = \frac{B_{\eta}(\tau)}{B_Y(0)} \tag{13.10.16}$$

再由(13.9.30)式令

$$R_{\xi\eta}(\tau) = -R_{\eta\xi}(\tau) = \frac{B_{\xi\eta}(\tau)}{B_Y(0)} = -\frac{B_{\eta\xi}(\tau)}{B_Y(0)} \tag{13.10.17}$$

$$B_Y(0) = B_{\xi}(0) = B_{\eta}(0) = \sigma^2$$

因为 $Y(t)$ 为正态过程,所以 $\boldsymbol{X}$ 为四维正态向量,于是由多维正态密度函数(上册定义 3.1.6)可知

$$f_X(x_1,x_2,x_3,x_4;t_1,t_2) = \frac{1}{(2\pi\sigma^2)^{\frac{4}{2}}|\boldsymbol{R}|^{\frac{1}{2}}}\exp\left\{-\frac{1}{2\sigma^2}\boldsymbol{x}\boldsymbol{R}^{-1}\boldsymbol{x}^{\mathrm{T}}\right\}(\text{见定理 14.1.2})$$
$$= \frac{1}{(2\pi\sigma^2)^{\frac{4}{2}}|\boldsymbol{R}|^{\frac{1}{2}}}\exp\left\{-\frac{1}{2\sigma^2|\boldsymbol{R}|}\boldsymbol{x}\boldsymbol{R}^{*}\boldsymbol{x}^{\mathrm{T}}\right\}(\boldsymbol{R}^{*}\text{ 为 }\boldsymbol{R}\text{ 的伴随矩阵})$$
$$= \frac{1}{(2\pi\sigma^2)^{\frac{4}{2}}|\boldsymbol{R}|^{\frac{1}{2}}}\exp\left\{-\frac{1}{2\sigma^2|\boldsymbol{R}|}\sum_{k=1}^{4}\sum_{i=1}^{4}\boldsymbol{R}_{ik}^{*}x_ix_k\right\} \tag{13.10.18}$$

其中,$|\boldsymbol{R}|$ 为 $\boldsymbol{R}$ 的行列式。下面计算 $|\boldsymbol{R}|$:

$$|\boldsymbol{R}| = |[\xi(t_1),\eta(t_1),\xi(t_2),\eta(t_2)]^{\mathrm{T}}[\xi(t_1),\eta(t_1),\xi(t_2),\eta(t_2)]|$$
$$= \begin{vmatrix} R_{\xi}(0) & R_{\xi\eta}(0) & R_{\xi}(\tau) & R_{\xi\eta}(\tau) \\ R_{\eta\xi}(0) & R_{\eta}(0) & R_{\eta\xi}(\tau) & R_{\eta}(\tau) \\ R_{\xi}(-\tau) & R_{\xi\eta}(-\tau) & R_{\xi}(0) & R_{\xi\eta}(0) \\ R_{\eta\xi}(-\tau) & R_{\eta}(-\tau) & R_{\eta\xi}(0) & R_{\eta}(0) \end{vmatrix}$$
$$= \begin{vmatrix} 1 & 0 & R_{\xi}(\tau) & R_{\xi\eta}(\tau) \\ 0 & 1 & -R_{\xi\eta}(\tau) & R_{\eta}(\tau) \\ R_{\xi}(\tau) & R_{\xi\eta}(-\tau) & 1 & 0 \\ R_{\xi\eta}(\tau) & R_{\eta}(\tau) & 0 & 1 \end{vmatrix}$$

$$
= \begin{vmatrix} 1-R_{\xi\eta}^2(\tau) & -R_\eta(\tau)R_{\xi\eta}(\tau) & R_\xi(\tau) \\ -R_{\xi\eta}(\tau)R_\eta(\tau) & 1-R_\eta^2(\tau) & -R_{\xi\eta}(\tau) \\ R_\xi(\tau) & -R_{\xi\eta}(\tau) & 1 \end{vmatrix}
$$

$$
\begin{aligned}
&=[1-R_{\xi\eta}^2(\tau)][1-R_\eta^2(\tau)]+R_{\xi\eta}^2(\tau)R_\eta(\tau)R_\xi(\tau)+R_{\xi\eta}^2(\tau)R_\eta(\tau)R_\xi(\tau)- \\
&\quad R_\xi^2(\tau)[1-R_\eta^2(\tau)]-R_{\xi\eta}^2(\tau)[1-R_{\xi\eta}^2(\tau)]-R_\eta^2(\tau)R_{\xi\eta}^2(\tau) \\
&=[1-R_{\xi\eta}^2(\tau)][1-R_\eta^2(\tau)]+R_\eta^2(\tau)R_{\xi\eta}^2(\tau)-R_\eta^2(\tau)[1-R_\eta^2(\tau)]- \\
&\quad R_{\xi\eta}^2(\tau)[1-R_{\xi\eta}^2(\tau)]\text{(由 } R_\eta(\tau)=R_\xi(\tau)\text{)} \\
&=[1-R_\eta^2(\tau)][1-R_{\xi\eta}^2(\tau)-R_\eta^2(\tau)]-R_{\xi\eta}^2(\tau)[1-R_{\xi\eta}^2(\tau)-R_\eta^2(\tau)] \\
&=\{1-[R_{\xi\eta}^2(\tau)+R_\eta^2(\tau)]\}^2
\end{aligned} \tag{13.10.19}
$$

再由(13.9.13)式可知

$$
\begin{aligned}
B_Y(\tau) &= B_\xi(\tau)\cos\omega_c\tau+B_{\eta\xi}(\tau)\sin\omega_c\tau \\
&= B_\xi(\tau)\cos\omega_c\tau+B_{\xi\eta}(-\tau)\sin\omega_c\tau \\
&= B_\xi(\tau)\cos\omega_c\tau-B_{\xi\eta}(\tau)\sin\omega_c\tau \\
&= \sqrt{B_\xi^2(\tau)+B_{\xi\eta}^2(\tau)}\cos\left[\omega_c\tau+\arctan\frac{B_{\xi\eta}(\tau)}{B_\xi(\tau)}\right]
\end{aligned}
$$

由此可知

$$
\begin{aligned}
R_Y(\tau) &= R_\xi(\tau)\cos\omega_c\tau-R_{\xi\eta}(\tau)\sin\omega_c\tau \\
&= \sqrt{R_\xi^2(\tau)+R_{\xi\eta}^2(\tau)}\cos\left[\omega_c\tau+\arctan\frac{R_{\xi\eta}(\tau)}{R_\xi(\tau)}\right]
\end{aligned} \tag{13.10.20}
$$

记 $R_{Y0}(\tau)=\sqrt{R_\xi^2(\tau)+R_{\xi\eta}^2(\tau)}$ 为标准相关函数 $R_Y(\tau)$ 的包络,于是(13.10.19)式可表示为

$$
|\boldsymbol{R}|=[1-R_{Y0}^2(\tau)]^2 \tag{13.10.21}
$$

由(13.10.18)式进一步计算有

$$
\begin{gathered}
R_{11}^*=R_{22}^*=R_{33}^*=R_{44}^*=1-R_{Y0}^2(\tau) \\
R_{13}^*=R_{31}^*=-R_\xi(\tau)[1-R_{Y0}^2(\tau)] \\
R_{24}^*=R_{42}^*=-R_\xi(\tau)[1-R_{Y0}^2(\tau)] \\
R_{32}^*=R_{23}^*=-R_{14}^*=-R_{41}^*=R_{\xi\eta}(\tau)[1-R_{Y0}^2(\tau)] \\
R_{12}^*=R_{21}^*=R_{34}^*=R_{43}^*=0
\end{gathered}
$$

经以上计算得出 $\boldsymbol{X}$ 的密度函数为

$$
\begin{aligned}
&f_X(x_1,x_2,x_3,x_4;t_1,t_2) \\
&=\frac{1}{(2\pi\sigma^2)^2(1-R_{Y0}^2(\tau))}\exp\left\{\frac{-1}{2\sigma^2[1-R_{Y0}^2(\tau)]^2}\sum_{k=1}^4\sum_{i=1}^4 R_{ik}^*x_ix_k\right\} \\
&=\frac{1}{(2\pi\sigma^2)^2(1-R_{Y0}^2(\tau))}\exp\left\{\frac{-1}{2\sigma^2[1-R_{Y0}^2(\tau)]}[x_1^2+x_2^2+x_3^2+x_4^2-\right. \\
&\quad\left.2R_\xi(\tau)(x_1x_3+x_2x_4)+R_{\xi\eta}(\tau)(x_2x_3+x_3x_2)-R_{\xi\eta}(\tau)(x_1x_4+x_4x_1)]\right\} \\
&=\frac{1}{(2\pi\sigma^2)^2[1-R_{Y0}^2(\tau)]}\exp\left\{\frac{-1}{2\sigma^2[1-R_{Y0}^2(\tau)]}[x_1^2+x_2^2+x_3^2+x_4^2-\right. \\
&\quad\left.2R_\xi(\tau)(x_1x_3+x_2x_4)-2R_{\xi\eta}(\tau)(x_1x_4-x_2x_3)]\right\}
\end{aligned} \tag{13.10.22}
$$

第二步,通过坐标变换求出包络和相位的四维密度函数 $f_4(\rho_1,\rho_2,\varphi_1,\varphi_2;t_1,t_2)$:注意到

$$\xi^2(t_1)+\eta^2(t_1)=\rho_1^2(t_1)\Rightarrow x_1^2+x_2^2=\rho_1^2$$

$$\xi(t_1)=\rho_1(t_1)\cos\Phi_1\Rightarrow x_1=\rho_1\cos\varphi_1$$

$$\eta(t_1)=\rho_1(t_1)\sin\Phi_1\Rightarrow x_2=\rho_1\sin\varphi_1$$

$$\xi^2(t_2)+\eta^2(t_2)=\rho_2^2(t_2)\Rightarrow x_3^2+x_4^2=\rho_2^2$$

$$\xi(t_2)=\rho_2(t_2)\cos\Phi_2\Rightarrow x_3=\rho_2\cos\varphi_2$$

$$\eta(t_2)=\rho_2(t_2)\sin\Phi_2\Rightarrow x_4=\rho_2\sin\varphi_2$$

于是有

$$\begin{aligned}
&f_4(\rho_1,\rho_2,\varphi_1,\varphi_2;t_1,t_2)\\
&=\left|\frac{\partial(x_1,x_2,x_3,x_4)}{\partial(\rho_1,\rho_2,\varphi_1,\varphi_2)}\right|f_X(x_1,x_2,x_3,x_4;t_1,t_2)\\
&=|J|\frac{1}{(2\pi\sigma^2)^2[1-R_{Y0}^2(\tau)]}\exp\left\{\frac{-1}{2\sigma^2[1-R_{Y0}^2(\tau)]}[\rho_1^2+\rho_2^2-2R_\xi(\tau)\cdot\right.\\
&\quad\left.(\rho_1\rho_2\cos\varphi_1\cos\varphi_2+\rho_1\rho_2\sin\varphi_1\sin\varphi_2)-2R_{\xi\eta}(\tau)(\rho_1\rho_2\cos\varphi_1\sin\varphi_2-\rho_1\rho_2\sin\varphi_1\cos\varphi_2)]\right\}\\
&=|J|\frac{1}{(2\pi\sigma^2)^2(1-R_{Y0}^2(\tau))}\exp\left\{\frac{-1}{2\sigma^2[1-R_{Y0}^2(\tau)]}[\rho_1^2+\rho_2^2-2\rho_1\rho_2R_\xi(\tau)\cos(\varphi_2-\varphi_1)-\right.\\
&\quad\left.2\rho_1\rho_2R_{\xi\eta}(\tau)\sin(\varphi_2-\varphi_1)]\right\}
\end{aligned}\tag{13.10.23}$$

其中

$$\begin{aligned}
|J|&=\left\|\begin{matrix}\cos\varphi_1&\sin\varphi_1&0&0\\0&0&\cos\varphi_2&\sin\varphi_2\\-\rho_1\sin\varphi_1&\rho_1\cos\varphi_1&0&0\\0&0&-\rho_2\sin\varphi_2&\rho_2\cos\varphi_2\end{matrix}\right\|\\
&=\left|\cos\varphi_1\begin{vmatrix}0&\cos\varphi_2&\sin\varphi_2\\\rho_1\cos\varphi_1&0&0\\0&-\rho_2\sin\varphi_2&\rho_2\cos\varphi_2\end{vmatrix}-\sin\varphi_1\begin{vmatrix}0&\cos\varphi_2&\sin\varphi_2\\-\rho_1\sin\varphi_1&0&0\\0&-\rho_2\sin\varphi_2&\rho_2\cos\varphi_2\end{vmatrix}\right|\\
&=|\cos\varphi_1(-\rho_1\rho_2\cos\varphi_1\sin^2\varphi_2-\rho_1\rho_2\cos\varphi_1\cos^2\varphi_2)-\\
&\quad\sin\varphi_1(\rho_1\rho_2\sin\varphi_1\sin^2\varphi_2+\rho_1\rho_2\sin\varphi_1\cos^2\varphi_2)|\\
&=|\rho_1\rho_2(-\cos^2\varphi_1\sin^2\varphi_2-\cos^2\varphi_1\cos^2\varphi_2)-\rho_1\rho_2\sin^2\varphi_1(\sin^2\varphi_2+\cos^2\varphi_2)|\\
&=|\rho_1\rho_2(-\cos^2\varphi_1-\sin^2\varphi_1)|\\
&=|-\rho_1\rho_2|=\rho_1\rho_2
\end{aligned}\tag{13.10.24}$$

将(13.10.24)式代入(13.10.23)式,则有

$$\begin{aligned}
f_4(\rho_1,\rho_2,\varphi_1,\varphi_2;t_1,t_2)=&\frac{\rho_1\rho_2}{(2\pi\sigma^2)^2[1-R_{Y0}^2(\tau)]}\exp\left\{\frac{-1}{2\sigma^2[1-R_{Y0}^2(\tau)]}[\rho_1^2+\rho_2^2-2\rho_1\rho_2R_\xi(\tau)\cdot\right.\\
&\left.\cos(\varphi_2-\varphi_1)-2\rho_1\rho_2R_{\xi\eta}(\tau)\sin(\varphi_2-\varphi_1)]\right\}
\end{aligned}\tag{13.10.25}$$

第三步,求出 $f_2(\rho_1,\rho_2;t_1,t_2)$ 和 $f_2(\varphi_1,\varphi_2;t_1,t_2)$:

$$f_2(\rho_1,\rho_2;t_1,t_2)=\int_0^{2\pi}\int_0^{2\pi}f_4(\rho_1,\rho_2,\varphi_1,\varphi_2;t_1,t_2)\mathrm{d}\varphi_1\mathrm{d}\varphi_2$$

$$= \frac{\rho_1\rho_2}{(2\pi\sigma^2)^2[1-R_{Y0}^2(\tau)]}\exp\left\{-\frac{\rho_1^2+\rho_2^2}{2\sigma^2[1-R_{Y0}^2(\tau)]}\right\}\cdot$$
$$\int_0^{2\pi}\int_0^{2\pi}\exp\left\{\frac{2\rho_1\rho_2[R_\xi(\tau)\cos(\varphi_2-\varphi_1)+R_{\xi\eta}(\tau)\sin(\varphi_2-\varphi_1)]}{2\sigma^2[1-R_{Y0}^2(\tau)]}\right\}\mathrm{d}\varphi_1\mathrm{d}\varphi_2 \tag{13.10.26}$$

由

$$R_\xi(\tau)\cos(\varphi_2-\varphi_1)+R_{\xi\eta}(\tau)\sin(\varphi_2-\varphi_1)=R_{Y0}(\tau)\cos(\varphi_2-\varphi_1-\theta)$$

其中

$$R_{Y0}(\tau)=\sqrt{R_\xi^2(\tau)+R_{\xi\eta}^2(\tau)}$$
$$\theta=\arctan\frac{R_{\xi\eta}(\tau)}{R_\xi(\tau)}$$

可将(13.10.26)式化为

$$f_2(\rho_1,\rho_2;t_1,t_2)=\frac{\rho_1\rho_2}{(2\pi\sigma^2)^2[1-R_{Y0}^2(\tau)]}\exp\left\{-\frac{\rho_1^2+\rho_2^2}{2\sigma^2[1-R_{Y0}^2(\tau)]}\right\}\cdot$$
$$\int_0^{2\pi}\int_0^{2\pi}\exp\left\{\frac{2R_{Y0}(\tau)\rho_1\rho_2\cos(\varphi_2-\varphi_1-\theta)}{2\sigma^2[1-R_{Y0}^2(\tau)]}\right\}\mathrm{d}\varphi_1\mathrm{d}\varphi_2 \tag{13.10.27}$$

再令

$$\varphi_2-\varphi_1-\theta=u,\mathrm{d}\varphi_2=\mathrm{d}u,\varphi_2=0\Rightarrow u=-\varphi_1-\theta$$
$$\varphi_2=2\pi\Rightarrow u=2\pi-\varphi_1-\theta$$

则(13.10.27)式又可表示为

$$f_2(\rho_1,\rho_2;t_1,t_2)=\frac{\rho_1\rho_2}{(2\pi\sigma^2)^2[1-R_{Y0}^2(\tau)]}\exp\left\{-\frac{\rho_1^2+\rho_2^2}{2\sigma^2[1-R_{Y0}^2(\tau)]}\right\}\cdot$$
$$\int_0^{2\pi}\mathrm{d}\varphi_1\int_{-\varphi_1-\theta}^{2\pi-\varphi_1-\theta}\exp\left\{\frac{R_{Y0}(\tau)\rho_1\rho_2\cos u}{\sigma^2[1-R_{Y0}^2(\tau)]}\right\}\mathrm{d}u \tag{13.10.28}$$

记

$$\int_{-\varphi_1-\theta}^{2\pi-\varphi_1-\theta}\exp\left\{\frac{R_{Y0}(\tau)\rho_1\rho_2\cos u}{\sigma^2[1-R_{Y0}^2(\tau)]}\right\}\mathrm{d}u\triangleq 2\pi I_0\left\{\frac{R_{Y0}(\tau)\rho_1\rho_2}{\sigma^2[1-R_{Y0}^2(\tau)]}\right\}$$

并称 $I_0(\cdot)$ 为第一类修正贝塞尔函数,将上式代入(13.10.28)式后得到包络二维密度函数 $f_2(\rho_1,\rho_2;t_1,t_2)$ 为

$$f_2(\rho_1,\rho_2;t_1,t_2)=\frac{\rho_1\rho_2}{\sigma^4[1-R_{Y0}^2(\tau)]}\exp\left\{-\frac{\rho_1^2+\rho_2^2}{2\sigma^2[1-R_{Y0}^2(\tau)]}\right\}I_0\left\{\frac{R_{Y0}\rho_1\rho_2}{\sigma^2[1-R_{Y0}^2(\tau)]}\right\} \tag{13.10.29}$$

由(13.10.29)式可知,当 $\tau\to\infty$ 时有 $R_{Y0}(\tau)=0$, $I_0\left\{\frac{R_{Y0}(\tau)\rho_1\rho_2}{\sigma^2[1-R_{Y0}^2(\tau)]}\right\}=1$,于是有

$$\begin{aligned}f_2(\rho_1,\rho_2;t_1,t_2)&=\frac{\rho_1\rho_2}{\sigma^4}\exp\left\{-\frac{\rho_1^2+\rho_2^2}{2\sigma^2}\right\}\\&=\frac{\rho_1}{\sigma^2}\exp\left\{-\frac{\rho_1^2}{2\sigma^2}\right\}\frac{\rho_2}{\sigma^2}\exp\left\{-\frac{\rho_2^2}{2\sigma^2}\right\}\\&=f_1(\rho_1)f_1(\rho_2),\rho_1\geqslant 0,\rho_2\geqslant 0,|t_1-t_2|\to\infty\end{aligned}$$

由(13.10.12)式可知,当 $\tau\to\infty$,即 $|t_1-t_2|\to\infty$ 时,包络的二维分布密度函数退化为两

个一维分布且为瑞利分布之积。

最后求出

$$f_2(\varphi_1,\varphi_2;t_1,t_2)=\frac{\rho_1\rho_2}{(2\pi\sigma^2)^2[1-R_{Y0}^2(\tau)]}\int_0^\infty\int_0^\infty\exp\left\{-\frac{\rho_1^2+\rho_2^2-2\beta\rho_1\rho_2}{2\sigma^2[1-R_{Y0}^2(\tau)]}\right\}\mathrm{d}\rho_1\mathrm{d}\rho_2 \tag{13.10.30}$$

其中，$\beta=R_{Y0}(\tau)\cos(\varphi_2-\varphi_1-\theta)$。

现做如下变量置换：

$$\begin{cases}\rho_1=\sqrt{\sigma^2[1-R_{Y0}^2(\tau)]}z^{\frac{1}{2}}\mathrm{e}^{\frac{\psi}{2}}\\ \rho_2=\sqrt{\sigma^2[1-R_{Y0}^2(\tau)]}z^{\frac{1}{2}}\mathrm{e}^{\frac{-\psi}{2}}\end{cases}\Rightarrow\begin{cases}z=\dfrac{\rho_1\rho_2}{\sigma^2[1-R_{Y0}^2(\tau)]}\\ \psi=\ln\left(\dfrac{\rho_1}{\rho_2}\right)\end{cases} \tag{13.10.31}$$

由此可得雅可比因子为

$$J=\frac{\partial(\rho_1,\rho_2)}{\partial(z,\psi)}=\begin{vmatrix}\dfrac{\partial\rho_1}{\partial z} & \dfrac{\partial\rho_1}{\partial\psi}\\ \dfrac{\partial\rho_2}{\partial z} & \dfrac{\partial\rho_2}{\partial\psi}\end{vmatrix}$$

$$=\begin{vmatrix}\sqrt{\sigma^2[1-R_{Y0}^2(\tau)]}\mathrm{e}^{\frac{\psi}{2}}\dfrac{1}{2}z^{-\frac{1}{2}} & \sqrt{\sigma^2[1-R_{Y0}^2(\tau)]}\mathrm{e}^{\frac{\psi}{2}}\dfrac{1}{2}z^{\frac{1}{2}}\\ \sqrt{\sigma^2[1-R_{Y0}^2(\tau)]}\mathrm{e}^{-\frac{\psi}{2}}\dfrac{1}{2}z^{-\frac{1}{2}} & -\sqrt{\sigma^2[1-R_{Y0}^2(\tau)]}\mathrm{e}^{-\frac{\psi}{2}}\dfrac{1}{2}z^{\frac{1}{2}}\end{vmatrix}$$

$$=\frac{-\sigma^2[1-R_{Y0}^2(\tau)]}{4}-\frac{\sigma^2[1-R_{Y0}^2(\tau)]}{4}$$

$$=-\frac{\sigma^2[1-R_{Y0}^2(\tau)]}{2}$$

于是

$$|J|=\frac{\sigma^2[1-R_{Y0}^2(\tau)]}{2} \tag{13.10.32}$$

这时(13.10.30)式化为

$$\begin{aligned}&f_4(z,\psi,\varphi_1,\varphi_2;t_1,t_2)\\&=|J|f_4(\rho_1,\rho_2,\varphi_1,\varphi_2;t_1,t_2)\\&=\frac{\sigma^2[1-R_{Y0}^2(\tau)]}{2}\frac{\rho_1\rho_2}{(2\pi\sigma^2)^2[1-R_{Y0}^2(\tau)]}\exp\left\{-\frac{\rho_1^2+\rho_2^2}{2\sigma^2[1-R_{Y0}^2(\tau)]}\right\}\exp\left\{\frac{\beta\rho_1\rho_2}{\sigma^2[1-R_{Y0}^2(\tau)]}\right\}\\&=\frac{1-R_{Y0}^2(\tau)}{8\pi^2}\frac{\rho_1\rho_2}{\sigma^2[1-R_{Y0}^2(\tau)]}\exp\left\{-\frac{\rho_1^2+\rho_2^2}{2\sigma^2[1-R_{Y0}^2(\tau)]}\right\}\exp\left\{\frac{\beta\rho_1\rho_2}{\sigma^2[1-R_{Y0}^2(\tau)]}\right\}\\&=\frac{1-R_{Y0}^2(\tau)}{8\pi^2}z\mathrm{e}^{\beta z}\mathrm{e}^{-zch\psi}\end{aligned} \tag{13.10.33}$$

由(13.10.31)式有

$$\frac{\rho_1^2+\rho_2^2}{2\sigma^2[1-R_{Y0}^2(\tau)]}=\frac{\sigma^2[1-R_{Y0}^2(\tau)]z(\mathrm{e}^{\psi}+\mathrm{e}^{-\psi})}{2\sigma^2[1-R_{Y0}^2(\tau)]}$$

$$=\frac{z}{2}(\mathrm{e}^{\psi}+\mathrm{e}^{-\psi})$$

$$=z\text{ch}\,\psi$$

于是有

$$\begin{aligned}f_2(\varphi_1,\varphi_2;t_1,t_2) &= \int_{z=0}^{\infty}\int_{\psi=-\infty}^{\psi=\infty} f_4(z,\psi,\varphi_1,\varphi_2;t_1,t_2)\,\mathrm{d}z\mathrm{d}\psi \\ &= \frac{1-R_{Y0}^2(\tau)}{4\pi^2}\int_0^{\infty} z\mathrm{e}^{\beta z}\mathrm{d}z\int_{-\infty}^{\infty}\frac{1}{2}\mathrm{e}^{-zch\psi}\mathrm{d}\psi \\ &= \frac{1-R_{Y0}^2(\tau)}{4\pi^2}\int_0^{\infty} z\mathrm{e}^{\beta z}K_0(z)\,\mathrm{d}z,\ |\beta|\leqslant 1\end{aligned} \tag{13.10.34}$$

其中

$$K_0(z)\triangleq\int_{-\infty}^{\infty}\frac{1}{2}\mathrm{e}^{-zch\psi}\mathrm{d}\psi \tag{13.10.35}$$

为了求出(13.10.34)式所表示的积分,需利用以下积分公式,即

$$\int_0^{\infty}\mathrm{e}^{-\alpha z}K_0(z)\,\mathrm{d}z=\frac{\arccos\alpha}{(1-\alpha^2)^{\frac{1}{2}}},\alpha>-1$$

于是有

$$\begin{aligned}\int_0^{\infty}\mathrm{e}^{\beta z}K_0(z)\,\mathrm{d}z &= \int_0^{\infty}\mathrm{e}^{-(-\beta)z}K_0(z)\,\mathrm{d}z \\ &= \frac{\arccos(-\beta)}{(1-\beta^2)^{\frac{1}{2}}} \\ &= \frac{\pi-\arccos\beta}{(1-\beta^2)^{\frac{1}{2}}}\end{aligned} \tag{13.10.36}$$

再对(13.10.36)式两边关于β求导得

$$\int_0^{\infty}z\mathrm{e}^{\beta z}K_0(z)\,\mathrm{d}z=\frac{1}{1-\beta^2}+\frac{\beta(\pi-\arccos\beta)}{(1-\beta^2)^{\frac{3}{2}}}$$

将上式代入(13.10.34)可得

$$f_2(\varphi_1,\varphi_2;t_1,t_2)=\frac{1-R_{Y0}^2(\tau)}{4\pi^2}\left[\frac{1}{1-\beta^2}+\frac{\beta(\pi-\arccos\beta)}{(1-\beta^2)^{\frac{3}{2}}}\right] \tag{13.10.37}$$

由(13.10.25)式、(13.10.29)式及(13.10.37)式可知,对任意t_1,t_2有

$$f_4(\rho_1,\rho_2,\varphi_1,\varphi_2;t_1,t_2)\neq f_2(\rho_1,\rho_2;t_1,t_2)f_2(\varphi_1,\varphi_2;t_1,t_2) \tag{13.10.38}$$

因此,包络过程$A(t)$与相位过程$\Phi(t)$不是互相独立的。

归纳以上分析,可得如下定理。

定理 13.10.2 设$Y(t)$为(13.10.1)式及(13.10.4)式所表示的窄频带实正态平稳过程,其中$A(t)$与$\Phi(t)$为$Y(t)$的包络和相位,则对任意t_1,t_2包络$A(t)$与相位$\Phi(t)$的联合四维分布密度函数$f_4(\rho_1,\rho_2,\varphi_1,\varphi_2;t_1,t_2)$由(13.10.25)式表示,包络$A(t)$的二维分布密度函数$f_2(\rho_1,\rho_2;t_1,t_2)$由(13.10.29)式表示,相位$\Phi(t)$的二维分布密度函数$f_2(\varphi_1,\varphi_2;t_1,t_2)$由(13.10.37)式表示,而且包络过程$A(t)$与相位过程$\Phi(t)$不是互相独立的随机过程。

13.11 应用例子——关于固定点波面海浪模型的理论研究[41]

13.11.1 引言

固定点波的海浪模型对研究船舶操纵与控制是十分必要的,皮尔逊(Pierson)在 1952 年最先利用谱来描述并提出固定点波面的一种运动模型,即海浪模型[35-36],认为固定点波面的运动规律是

$$\xi(t)=\sum_{n=1}^{\infty}\sqrt{2\int_{\omega_{n-1}}^{\omega_n}S(\omega)\mathrm{d}\omega}\cos(\omega_n t+\varepsilon_n) \tag{13.11.1}$$

其中,ω_n 为角频率;ε_n 为随机相位且 $\varepsilon_n\in[-\pi,\pi]$;$S(\omega)$为海浪功率谱密度函数(单侧谱)。随后,在 1957 年朗格 - 希金斯(Longuet - Higgins)也提出相似的海浪模型[37],即

$$\xi(t)=\sum_{n=1}^{\infty}\xi_n\cos(\omega_n t+\varepsilon_n) \tag{13.11.2}$$

其中,ξ_n 为随机变量,且 ε_n 为$[-\pi,\pi]$上均匀分布的随机变量。

上述海浪模型虽在近代海浪研究及船舶操纵控制中得到了广泛的引用[38-39],但从理论上深入研究上述模型仍然是有必要的,本节基于平稳随机过程谱分解理论,不仅给出了上述海浪模型的理论证明及指出两种模型的联系,而且还导出了海浪模型的误差公式[41]。

13.11.2 固定点波面海浪模型的谱表达式

在近代海浪研究中,通常都认为固定点波面的波浪运动规律是平稳正态随机过程[38],于是可根据一般的平稳随机过程理论来讨论,首先引入如下引理。

引理 13.11.1　设$\{X(t),-\infty<t<\infty\}$为均方连续的平稳随机过程,且 $E[X(t)]=0$,并假定功率谱密度函数 $S_X(\omega)$存在(双侧谱),则 $X(t)$必可表示为

$$X(t)=\int_{-\infty}^{\infty}\mathrm{e}^{\mathrm{j}\omega t}\mathrm{d}\zeta_x(\mathrm{j}\omega) \tag{13.11.3}$$

其中,$\{\zeta_x(\mathrm{j}\omega),-\infty<\omega<\infty\}$为左连续正交增量过程,且

$$E[\mathrm{d}\zeta_x(\mathrm{j}\omega)]=0 \tag{13.11.4}$$

$$E[\mathrm{d}\zeta_x(\mathrm{j}\omega_1)\overline{\mathrm{d}\zeta_x(\mathrm{j}\omega_2)}]=S_x(\omega_2)\mathrm{d}\omega\delta_{\mathrm{K}}(\omega_2-\omega_1) \tag{13.11.5}$$

而

$$\delta_{\mathrm{K}}(u)=\begin{cases}1, u=0\\0, u\neq 0\end{cases} \tag{13.11.6}$$

通常称 $\delta_{\mathrm{K}}(\cdot)$为克罗内克 δ 函数。

证明　由平稳随机过程谱分解定理 13.3.4 可直接得出该引理结论。要注意,为简便起见,这里省略了系数$\frac{1}{2\pi}$,即定理 13.3.4 中$\frac{1}{2\pi}S(\omega)$的就是该引理的 $S(\omega)$。

利用上述引理可推得如下定理。

定理 13.11.1 设 $S_{\xi}(\omega)$ 为零均值复平稳随机过程 $\{\xi(t), -\infty < t < \infty\}$ 的功率谱密度,则该过程的模拟过程 $\hat{\xi}(t)$ 可取为

$$\hat{\xi}(t) = \sum_{n=-\infty}^{+\infty} C_n e^{j\omega_n t} \tag{13.11.7}$$

其中,$\{C_n, n = \cdots, -2, -1, 0, 1, 2, \cdots\}$ 为零均值互不相关的随机变量序列,且

$$E(C_n) = 0 \tag{13.11.8}$$

$$E(C_n \overline{C}_m) = \int_{\omega_{n-1}}^{\omega_n} S_{\xi}(\omega) d\omega \delta_d(m-n), n, m = \cdots, -2, -1, 0, 1, 2, \cdots \tag{13.11.9}$$

$\hat{\xi}(t)$ 的功率谱密度函数 $S_{\hat{\xi}}(\omega)$ 为

$$S_{\hat{\xi}}(\omega) = \sum_{n=-\infty}^{+\infty} \int_{\omega_{n-1}}^{\omega_n} S_{\xi}(\omega) d\omega \delta_d(\omega - \hat{\omega}_n) \tag{13.11.10}$$

$\delta_d(\cdot)$ 为狄拉克 δ 函数,定义模拟过程的误差为 $e_{\xi}(t) = \xi(t) - \hat{\xi}(t)$,于是有

$$E[e_{\xi}(t)] = 0 \tag{13.11.11}$$

$$\sigma_e^2(t) = E[|\xi(t) - \hat{\xi}(t)|^2] = 2\sum_{n=-\infty}^{+\infty} \int_{\omega_{n-1}}^{\omega_n} S_{\xi}(\omega)[1 - \cos(\omega - \hat{\omega}_n)t] d\omega \tag{13.11.12}$$

其中

$$\hat{\omega}_n \triangleq \frac{1}{2}(\omega_n + \omega_{n-1}), n = \cdots, -2, -1, 0, 1, 2, \cdots$$

证明 由(13.11.3)式有

$$\xi(t) = \sum_{n=-\infty}^{+\infty} \int_{\omega_{n-1}}^{\omega_n} e^{j\omega t} d\zeta_{\xi}(j\omega)$$

于是取模拟过程 $\hat{\xi}(t)$ 为

$$\begin{aligned} \hat{\xi}(t) &= \sum_{n=-\infty}^{+\infty} e^{j\hat{\omega}_n t} \int_{\omega_{n-1}}^{\omega_n} d\zeta_{\xi}(j\omega) \\ &= \sum_{n=-\infty}^{+\infty} C_n e^{j\hat{\omega}_n t} \end{aligned} \tag{13.11.13}$$

其中

$$\hat{\omega}_n \triangleq \frac{1}{2}(\omega_n + \hat{\omega}_{n-1}), n = \cdots, -2, -1, 0, 1, 2, \cdots \tag{13.11.14}$$

$$C_n \triangleq \int_{\omega_{n-1}}^{\omega_n} d\zeta_{\xi}(j\omega) \tag{13.11.15}$$

由(13.11.4)式可知 $E(C_n) = 0$,即(13.11.8)式成立,由(13.11.5)式得

$$\begin{aligned} E(C_n \overline{C}_m) &= E\left[\int_{\omega_{n-1}}^{\omega_n} d\zeta_{\xi}(j\omega) \int_{\omega_{m-1}}^{\omega_m} d\zeta_{\xi}(j\lambda)\right] \\ &= \int_{\omega_{n-1}}^{\omega_n} \int_{\omega_{m-1}}^{\omega_m} S_{\xi}(\lambda) d\lambda \delta_K(\lambda - \omega) \delta_K(m-n) \\ &= \int_{\omega_{n-1}}^{\omega_n} S_{\xi}(\omega) d\omega \delta_K(m-n) \end{aligned} \tag{13.11.16}$$

于是(13.11.9)式得证。进一步,$\hat{\xi}(t)$ 的相关函数为

$$\begin{aligned}B_{\hat{\xi}}(\tau) &= E[\hat{\xi}(t+\tau)\overline{\hat{\xi}(t)}] \\ &= E[\sum_{n=-\infty}^{+\infty} C_n e^{j\hat{\omega}_n(t+\tau)} \sum_{n=-\infty}^{+\infty} \overline{C}_m e^{-j\hat{\omega}_m t}] \\ &= \sum_{n=-\infty}^{+\infty}\sum_{m=-\infty}^{+\infty} e^{j\hat{\omega}_n(t+\tau)} e^{-j\hat{\omega}_m t}\int_{\omega_{n-1}}^{\omega_n} S_{\xi}(\omega)\mathrm{d}\omega\delta_{K}(m-n) \\ &= \sum_{n=-\infty}^{+\infty}\left[\int_{\omega_{n-1}}^{\omega_n} S_{\xi}(\omega)\mathrm{d}\omega\right]e^{j\hat{\omega}_n\tau}\end{aligned} \tag{13.11.17}$$

$\hat{\xi}(t)$的功率谱密度函数为

$$\begin{aligned}S_{\hat{\xi}}(\omega) &= \frac{1}{2\pi}\int_{-\infty}^{+\infty} B_{\hat{\xi}}(\tau)e^{-j\omega\tau}\mathrm{d}\tau \\ &= \sum_{n=-\infty}^{+\infty}\int_{\omega_{n-1}}^{\omega_n} S_{\xi}(\omega)\mathrm{d}\omega\frac{1}{2\pi}\int_{-\infty}^{+\infty} e^{-j(\omega-\hat{\omega}_n)\tau}\mathrm{d}\tau \\ &= \sum_{n=-\infty}^{+\infty}\int_{\omega_{n-1}}^{\omega_n} S_{\xi}(\omega)\mathrm{d}\omega\delta_{K}(\omega-\hat{\omega}_n)\end{aligned} \tag{13.11.18}$$

若记模拟过程$\hat{\xi}(t)$与过程$\xi(t)$的误差$e_{\xi}(t)$为

$$e_{\xi}(t)=\xi(t)-\hat{\xi}(t)$$

则误差的均值和方差为

$$E[e_{\xi}(t)]=0 \tag{13.11.19}$$

$$\sigma_e^2=E[|\xi(t)-\hat{\xi}(t)|^2]=E[|\xi(t)|^2]-E[\xi(t)\overline{\hat{\xi}(t)}]-E[\hat{\xi}(t)\overline{\xi(t)}]+E[|\hat{\xi}(t)|^2] \tag{13.11.20}$$

又因为

$$E[|\xi(t)|^2] = \int_{-\infty}^{+\infty} S_{\xi}(\omega)\mathrm{d}\omega \tag{13.11.21}$$

$$\begin{aligned}E[|\hat{\xi}(t)|^2] &= \int_{-\infty}^{+\infty} S_{\hat{\xi}}(\omega)\mathrm{d}\omega \\ &= \int_{-\infty}^{+\infty}\sum_{n=-\infty}^{+\infty}\int_{\omega_{n-1}}^{\omega_n} S_{\xi}(\omega)\mathrm{d}\omega\delta_{d}(\omega-\hat{\omega}_n)\mathrm{d}\omega \\ &= \int_{-\infty}^{+\infty} S_{\xi}(\omega)\mathrm{d}\omega \\ &= E[|\xi(t)|^2]\end{aligned} \tag{13.11.22}$$

$$\begin{aligned}E[\xi(t)\overline{\hat{\xi}(t)}] &= E[\xi(t)\sum_{n=-\infty}^{+\infty}\overline{C}_n e^{-j\hat{\omega}_n t}] \\ &= \sum_{n=-\infty}^{+\infty} e^{-j\hat{\omega}_n t}E\left[\int_{-\infty}^{+\infty} e^{j\omega t}\mathrm{d}\zeta_{\xi}(j\omega)\int_{\omega_{n-1}}^{\omega_n}\overline{\mathrm{d}\zeta_{\xi}(j\lambda)}\right] \\ &= \sum_{n=-\infty}^{+\infty}\int_{\omega_{n-1}}^{\omega_n} S_{\xi}(\omega)e^{j(\omega-\hat{\omega}_n)t}\mathrm{d}\omega\end{aligned} \tag{13.11.23}$$

以及

$$E[\hat{\xi}(t)\overline{\xi(t)}] = \sum_{n=-\infty}^{+\infty}\int_{\omega_{n-1}}^{\omega_n} S_{\xi}(\omega)e^{-j(\omega-\hat{\omega}_n)t}\mathrm{d}\omega \tag{13.11.24}$$

将(13.11.21)式至(13.11.24)式代入(13.11.20)式得

$$\sigma_e^2 = 2\int_{-\infty}^{+\infty} S_\xi(\omega)\mathrm{d}\omega - \sum_{n=-\infty}^{+\infty}\int_{\omega_{n-1}}^{\omega_n} 2S_\xi(\omega)\cos[(\omega - \hat{\omega}_n)t]\mathrm{d}\omega$$
$$= \sum_{n=-\infty}^{+\infty}\int_{\omega_{n-1}}^{\omega_n} 2S_\xi(\omega)[1 - \cos(\omega - \hat{\omega}_n)t]\mathrm{d}\omega$$

定理证毕。

若按等间隔划分频率,即 $\omega_n - \omega_{n-1} = \Delta\omega =$ 常数时,则有如下简单表示。

推论 13.11.1 设 $S_\xi(\omega)$ 为零均值复平稳随机过程 $\{\xi(t), -\infty < t < +\infty\}$ 的功率谱密度函数,则该过程的模拟过程 $\hat{\xi}(t)$ 可取为

$$\hat{\xi}(t) = \sum_{n=-\infty}^{+\infty} C_n \mathrm{e}^{\mathrm{j}n\Delta\omega t} \tag{13.11.25}$$

其中 $\{C_n, n = \cdots, -2, -1, 0, 1, 2, \cdots\}$ 为零均值互不相关的随机变量序列,且

$$E(C_n) = 0 \tag{13.11.26}$$

$$E(C_n \overline{C_m}) = \int_{(n-\frac{1}{2})\Delta\omega}^{(n+\frac{1}{2})\Delta\omega} S_\xi(\omega)\mathrm{d}\omega\delta_{\mathrm{K}}(m-n) \tag{13.11.27}$$

$\hat{\xi}(t)$ 的功率谱密度函数 $S_{\hat{\xi}}(\omega)$ 为

$$S_{\hat{\xi}}(\omega) = \sum_{n=-\infty}^{+\infty}\int_{(n-\frac{1}{2})\Delta\omega}^{(n+\frac{1}{2})\Delta\omega} S_\xi(\omega)\mathrm{d}\omega\delta_{\mathrm{d}}(\omega - n\Delta\omega) \tag{13.11.28}$$

对于模拟过程 $\hat{\xi}(t)$ 的误差 $e_\xi(t) = \xi(t) - \hat{\xi}(t)$,有

$$E[e_\xi(t)] = 0$$

$$\sigma_e^2 = \sum_{n=-\infty}^{+\infty} 2\int_{(n-\frac{1}{2})\Delta\omega}^{(n+\frac{1}{2})\Delta\omega} S_\xi(\omega)[1 - \cos(\omega - n\Delta\omega)t]\mathrm{d}\omega \tag{13.11.29}$$

通常,固定点波面海浪随机过程是实平稳过程,而且功率谱密度 $S(\omega)$ 也是以单侧谱表示的,即

$$S(\omega) = \begin{cases} 0, \omega < 0 \\ 2S_\xi(\omega), \omega \geqslant 0 \end{cases} \tag{13.11.30}$$

这样一来,由定理 13.11.1 可导出如下结论。

定理 13.11.2 设 $S(\omega)$ 为零均值实平稳过程 $\{\xi(t), -\infty < t < +\infty\}$ 的功率谱密度函数,且 $S(\omega) = 0(\omega < 0)$,则该过程的模拟过程 $\hat{\xi}(t)$ 可取为

$$\hat{\xi}(t) = \sum_{n=1}^{+\infty} 2\xi_n \cos(\hat{\omega}_n t + \varepsilon_n) \tag{13.11.31}$$

其中,$\{\xi_n, n = 1, 2, \cdots\}$ 和 $\{\varepsilon_n, n = 1, 2, \cdots\}$ 均为随机变量序列,且

$$E[(2\xi_n)^2] = 2\int_{\omega_{n-1}}^{\omega_n} S(\omega)\mathrm{d}\omega \tag{13.11.32}$$

而 ε_n 是取值于 $[-\pi, \pi]$ 上的随机变量,对于模拟过程 $\hat{\xi}(t)$ 的误差 $e_\xi(t) = \xi(t) - \hat{\xi}(t)$ 有

$$E[e_\xi(t)] = 0 \tag{13.11.33}$$

$$\sigma_e^2 = \sum_{n=1}^{\infty}\int_{\omega_{n-1}}^{\omega_n} 2S(\omega)[1 - \cos(\omega - \hat{\omega}_n)t]\mathrm{d}\omega \tag{13.11.34}$$

证明 由(13.11.7)式并规定

$$C_n = \mathrm{Re}(C_n) - \mathrm{jIm}(C_n)$$

则有

$$\begin{aligned}\hat{\xi}(t) &= \sum_{n=-\infty}^{+\infty}[\mathrm{Re}(C_n)-\mathrm{jIm}(C_n)][\cos\hat{\omega}_n t+\mathrm{j}\sin\hat{\omega}_n t]\\ &= \sum_{n=1}^{+\infty}2\mathrm{Re}(C_n)\cos\hat{\omega}_n t+2\mathrm{Im}(C_n)\sin\hat{\omega}_n t\\ &= \sum_{n=1}^{+\infty}2\xi_n(\cos\hat{\omega}_n t+\varepsilon_n)\end{aligned}\tag{13.11.35}$$

其中

$$\mathrm{Re}(C_n)=\mathrm{Re}\left[\int_{\omega_{n-1}}^{\omega_n}\mathrm{d}\zeta_\xi(\mathrm{j}\omega)\right]$$

$$\mathrm{Im}(C_n)=\mathrm{Im}\left[\int_{\omega_{n-1}}^{\omega_n}\mathrm{d}\zeta_\xi(\mathrm{j}\omega)\right]$$

$$\xi_n=\sqrt{\mathrm{Re}^2(C_n)+\mathrm{Im}^2(C_n)}$$

$$\varepsilon_n=\arctan\frac{\mathrm{Im}(C_n)}{\mathrm{Re}(C_n)}$$

由定理 13.11.1 中式(13.11.9)并考虑到(13.11.30)式则有

$$\begin{aligned}E[\mathrm{Re}^2(C_n)]+E[\mathrm{Im}^2(C_n)] &= E(|C_n|^2)\\ &= \int_{\omega_{n-1}}^{\omega_n}\frac{1}{2}S(\omega)\mathrm{d}\omega\end{aligned}$$

进一步由实平稳随机过程理论又知

$$\begin{aligned}E[\mathrm{Re}^2(C_n)] &= E[\mathrm{Im}^2(C_n)]\\ &= \frac{1}{4}\int_{\omega_{n-1}}^{\omega_n}S(\omega)\mathrm{d}\omega\end{aligned}$$

于是得出

$$\sqrt{E[(2\xi_n)^2]}=\sqrt{2\int_{\omega_{n-1}}^{\omega_n}S(\omega)\mathrm{d}\omega}\tag{13.11.36}$$

最后由式(13.11.11)及式(13.11.12)可得式(13.11.33)及式(13.11.34)。定理证毕。

由式(13.11.31)及式(13.11.32)可以看出,皮尔逊海浪模型(13.11.1)式实际上只是窄频带能量等效的海浪模型,又因为固定点波面的海浪运动规律通常可以认为是平稳正态随机过程[37],于是由定理 13.11.2 可推得朗格－希金斯海浪模型。

定理 13.11.3　设 $S(\omega)$ 为零均值实平稳正态随机过程 $\{\xi(t),-\infty<t<+\infty\}$ 的功率谱密度函数,且

$$S(\omega)=0,\omega<0$$

则该过程的模拟过程 $\hat{\xi}(t)$ 可取为

$$\hat{\xi}(t)=\sum_{n=1}^{\infty}2\xi_n\cos(\hat{\omega}_n t+\varepsilon_n)\tag{13.11.37}$$

其中 ξ_n 为瑞利分布的随机变量序列且

$$E(|2\xi_n|^2)=2\int_{\omega_{n-1}}^{\omega_n}S(\omega)\mathrm{d}\omega\tag{13.11.38}$$

ε_n 为 $[-\pi,\pi]$ 上均匀分布的随机变量序列,且 ξ_n 与 ε_n 相互独立

对于误差过程 $e_\xi(t)=\xi(t)-\hat{\xi}(t)$,仍有

$$E[e_\xi(t)]=0$$

$$\sigma_e^2 = \sum_{n=1}^{\infty}\int_{\omega_{n-1}}^{\omega_n} 2S(\omega)[1-\cos(\omega-\hat{\omega}_n)t]\mathrm{d}\omega \tag{13.11.39}$$

证明　由定理13.11.2结论并考虑到过程的正态性,由窄带过程理论可知,ξ_n 与 ε_n 相互独立且 ξ_n 服从瑞利分布,其密度函数为

$$f(x) = \frac{x}{\sigma_0^2}\mathrm{e}^{-\frac{x^2}{2\sigma_0^2}}$$

其中

$$\sigma_0^2 = \frac{1}{4}\int_{\omega_{n-1}}^{\omega_n} S(\omega)\mathrm{d}\omega$$

于是可求出

$$\begin{aligned} E(|2\xi_n|^2) &= 4\int_0^{\infty} x^2 f(x)\mathrm{d}x \\ &= 2\int_{\omega_{n-1}}^{\omega_n} S(\omega)\mathrm{d}\omega \end{aligned}$$

且 ε_n 为$[-\pi,\pi]$上均匀分布的随机变量。定理证毕。

若从能量观点,将(13.11.38)式代入(13.11.37)式,即得平稳正态海浪过程的皮尔逊模型。

$$\hat{\xi}(t) = \sum_{n=1}^{\infty}\sqrt{2\int_{\omega_{n-1}}^{\omega_n} S(\omega)\mathrm{d}\omega}\cos(\hat{\omega}_n t+\varepsilon_n) \tag{13.11.40}$$

13.11.3　仿真结果

我们采用了皮尔逊海浪模型(13.11.40)式并依据五级海况下的PM(Pierson - Moscowith)海浪能量谱,对固定点波面的海浪运动进行了仿真。

在数字计算机上,利用50个子波,仿真时间为1 h,五级海况下(有义波高为3.657 6 m)的海浪波面的仿真结果均值相对误差 $\left|\frac{E[\xi(t)]-E[\hat{\xi}(t)]}{E[\xi(t)]}\right|$ 为2%,方差相对误差 $\left|\frac{\sigma_\xi^2-\sigma_{\hat{\xi}}^2}{\sigma_\xi^2}\right|$ 为2%。

通过对$\hat{\xi}(t)$求巴特利特谱估计得到的$\hat{\xi}(t)$的功率谱非常接近PM谱。

13.11.4　结论

(1)根据平稳随机过程谱分解理论,在固定点波面的海浪运动是平稳正态随机过程假设条件下,证明了朗格 - 希金斯模型(13.11.37)式及(13.11.38)式在数学上是严谨的海浪模型。

(2)给出了朗格 - 希金斯模型的误差公式(13.11.39)式。

(3)指出了皮尔逊海浪模型是窄频带能量等效海浪模型,因此是一种近似的海浪模型。

(4)因为朗格 - 希金斯模型中包含两个随机变量,故在工程计算中较烦琐,而皮尔逊海浪模型只包含一个随机变量,而且在计算机上容易产生这个烦琐随机变量,故在工程计算中较方便,仿真计算结果也表明,皮尔逊海浪模型在工程应用中是可取的海浪模型。

13.12　习　　题

1. 判断下列函数能否成为平稳随机过程的自相关函数，若是的话，进一步判断所对应的平稳过程是否均方连续、均方可积、均方可微？

(1) $B_1(\tau)=a, a>0$ 为常数；

(2) $B_2(\tau)=\cos\tau$；

(3) $B_3(\tau)=\begin{cases}1, |\tau|<1\\0, |\tau|\geqslant 1\end{cases}$；

(4) $B_4(\tau)=\begin{cases}1-|\tau|, & |\tau|<1\\0, & |\tau|\geqslant 1\end{cases}$；

(5) $B_5(\tau)=\dfrac{1}{1+2\xi|\tau|+\tau^2}, \xi>0$ 为常数；

(6) $B_6(\tau)=\begin{cases}2, & \tau=0\\e^{-|\tau|}, & \tau\neq 0\end{cases}$。

2. 设 $\{X(t), -\infty<t<+\infty\}$ 为均方连续平稳过程，$E[X(t)]=0$，相关函数 $B_X(\tau)$ 与功率谱密度函数 $S_X(\omega)$ 均为已知，取实常数 $a_k, s_k(k=1,2,\cdots,n)$，定义 $\eta(t)=\sum\limits_{k=1}^{n}a_kX(t+S_k)$，试证：$\eta(t)$ 为均方连续平稳过程，并求 $B_\eta(\tau), S_\eta(\omega)$。

3. 设 $\{X(t), -\infty<t<+\infty\}$ 和 $\{Y(t), -\infty<t<+\infty\}$ 是平稳且平稳相关的随机过程，$B_X(\tau), B_Y(\tau)$ 及 $B_{XY}(\tau)$ 均为已知，试求一阶预报 $\hat{X}(t)=a_1Y(t)$ 中的 a_1 值，以及二阶预报 $\hat{X}(t)=a_2Y(t)+b_2Y(t-T_0)$ 中的 a_2 值及 b_2 值，以使目标函数 $J=E\{[X(t)-\hat{X}(t)]^2\}$ 为最小，其中，$T_0>0$ 为常数。

4. 设 $\{X(t), -\infty<t<+\infty\}$ 为正态过程，且 $E[X(t)]=0$，则它为平稳马尔可夫过程的充要条件是 $R(t+s)=R(t)R(s)$，其中 $R(\tau)$ 是标准中心自相关函数。

5. 设 $\{X(t), -\infty<t<+\infty\}$ 为正态过程，且 $E[X(t)]=0$，则它是均方连续的平稳马尔可夫过程的充要条件是自相关函数 $B(\tau)$ 满足 $B(\tau)=B(0)e^{a\tau}(\tau\geqslant 0, a\leqslant 0)$。

6. 设 $\{X(t), -\infty<t<+\infty\}$ 为零均值 p 次均方可微的平稳过程，试证：对任意 $q<p$，q 阶导数过程仍为平稳过程。

7. 设 $\{X(t), -\infty<t<+\infty\}$ 为实平稳过程，$E[X(t)]=0$，其功率谱密度函数 $S(\omega)$ 为连续函数，试证：对任意正整数 n 及任意 $t_1, t_2, \cdots, t_n$，矩阵 $[B(t_i-t_j)]_{n\times n}$ 是正定的。

8. 设 $\{X(t), -\infty<t<+\infty\}$ 为实平稳过程，其功率谱密度函数 $S_X(\omega)$ 为已知且假定导数过程 $\{X'(t), -\infty<t<+\infty\}$ 存在，试证：

(1) $Y(t)=\int_{-\infty}^{t}1(t-s)e^{-\beta(t-s)}X'(s)ds$；

(2) $Y(t)=\int_{-\infty}^{t}1(t-s)e^{-\alpha(t-s)}\dfrac{\sin\Omega(t-s)}{\Omega}X'(s)ds$。

均为平稳过程，并求功率谱密度函数 $S_Y(\omega)$，其中 $1(\cdot)$ 为单位阶跃函数。

9. 设 $\{X(t), -\infty<t<+\infty\}$ 为零均值白噪声过程，记 $Y(t)=\int_0^t X(\tau)d\tau$。

(1)试求 $Y(t)$ 的渐近正交调和分解。

(2)试证:对任意 $t_1<t_2, t_3<t_4$,有

$$E\{[Y(t_2)-Y(t_1)][Y(t_4-Y(t_3)]\} = \sigma^2\int_{-\infty}^{+\infty} x_{(t_1,t_2)}(t)x_{(t_3,t_4)}(t)\,\mathrm{d}t$$

其中,$x_{(t_i,t_j)}(t)=\begin{cases}1, t\in[t_i,t_j]\\0, t\overline{\in}[t_i,t_j]\end{cases}$;$\sigma^2=S_X(\omega)$ 为白噪声 $X(t)$ 的功率谱密度。

(3)进而证明 $\{Y(t), t>0\}$ 为正交增量过程。

10. 设 $\{X(t), -\infty<t<+\infty\}$ 为平稳随机过程,试证:在任意 t 处可做泰勒展开

$$X(t+\tau) = \sum_{n=0}^{\infty} X^{(n)}(t)\frac{\tau^n}{n!}$$

的充要条件是其自相关函数 $B(\tau)$ 在 $\tau=0$ 处可做泰勒展开:

$$B(\tau) = \sum_{n=0}^{\infty} B^{(n)}(0)\frac{\tau^n}{n!}$$

11. 设平稳过程 $\{X(t), -\infty<t<+\infty\}$ 的功率谱密度函数 $S(\omega)$ 为

$$S(\omega)\neq 0, |\omega|<\omega_c$$

$$S(\omega)\neq 0, |\omega|<\omega_c$$

试证:$\{X(t), -\infty<t<+\infty\}$ 必为解板过程,即对任意 t 有

$$X(t+\tau) = \sum_{n=0}^{\infty} X^{(n)}(t)\frac{\tau^n}{n!}$$

12. 设 $\{X(t), -\infty<t<+\infty\}$ 为随机过程,定义

$$\mathrm{d}\zeta_X(\mathrm{j}\omega) \triangleq \underset{T_1\to\infty}{\mathrm{l\cdot i\cdot m}}\frac{1}{T_1}\int_{-\frac{T_1}{2}}^{\frac{T_1}{2}} X(t)\mathrm{e}^{-\mathrm{j}\omega t}\mathrm{d}t$$

并假定 $\{\zeta_X(\mathrm{j}\omega), -\infty<\omega<+\infty\}$ 为正交增量过程,且

$$E[\mathrm{d}\zeta_X(\mathrm{j}\omega_1)\mathrm{d}\overline{\zeta_X(\mathrm{j}\omega_2)}] = \frac{1}{2\pi}S(\omega_1)\mathrm{d}\omega_1\delta(\omega_1-\omega_2)$$

其中,$\delta(\cdot)$ 为克罗内克 δ 函数。证试:如果

$$E[\zeta_X(\mathrm{j}\omega_2)-\zeta_X(\mathrm{j}\omega_1)] = \begin{cases}a, \omega_0\in[\omega_1,\omega_2]\\0, \omega_0\overline{\in}[\omega_1,\omega_2]\end{cases}$$

则 $\{X(t)-a\mathrm{e}^{\mathrm{j}\omega_0 t}, -\infty<t<+\infty\}$ 为平稳过程。

13. 设 $\{X(t), -\infty<t<+\infty\}$ 和 $\{Y(t), -\infty<t<+\infty\}$ 为平稳且平稳相关的随机过程,$E[X(t)]=E[Y(t)]=0, B_X(\tau)=B_Y(\tau), B_{XY}(\tau)=-B_{XY}(-\tau)$,试证:

$$\{W(t)=X(t)\cos\omega_0 t+Y(t)\sin\omega_0 t, -\infty<t<+\infty\}$$

也是平稳随机过程。进一步若功率谱密度函数 $S_X(\omega), S_Y(\omega), S_{XY}(\omega)$ 为已知,试求 $W(t)$ 的功率谱密度函数 $S_W(\omega)$。

14. 设 $\{X(n)=\cos n\theta, n=1,2,\cdots\}$ 为随机序列,其中 θ 为随机变量且在 $[-\pi,\pi]$ 上均匀分布,试证:该序列为平稳序列但不是严平稳序列。

15. 设 $\{X(n), n=\cdots,-2,-1,0,1,2,\cdots\}$ 为正态序列且 $E[X(n)]=0$,则它为平稳马尔可夫序列的充要条件是自相关函数 $B(n)$ 满足

$$B(n)=a^n B(0), n\geqslant 0, |a|\leqslant 1$$

16. 设 $\{X(t), -\infty<t<+\infty\}$ 为零均值平稳过程,自相关函数为 $B_1(\tau)=\mathrm{e}^{-a^2\tau^2}$($a$ 为实数),$B_2(\tau)=A+B\cos\omega_0\tau$($A,B$ 均为实常数),试求功率谱密度函数 $S_1(\omega), S_2(\omega)$。

17. 设 $B(nT_0)$ 为平稳随机序列 $\{X(nT_0), n=\cdots,-2,-1,0,1,2,\cdots\}$ 的自相关函数，$B(nT_0)=\mathrm{e}^{-a|nT_0|}\cos \Omega nT_0 (a>0)$，试求功率谱密度函数 $S(z)$。

18. 设 $\{X(t), -\infty<t<+\infty\}$ 为零均值平稳过程，试证：该过程 p 次均方可微的充要条件是 $\int_{-\infty}^{+\infty}\omega^{2p}S(\omega)\mathrm{d}\omega<\infty$，其中，$S(\infty)$ 为功率谱密度函数且假定存在。

19. 若平稳随机过程 $\{X(t), -\infty<t<+\infty\}$ 的功率谱密度函数 $S(\omega)$ 对实数 a 满足 $\int_{-\infty}^{+\infty}\omega^{|\omega a|}S(\omega)\mathrm{d}\omega<\infty$，则 $X(t)$ 任意次均方可微。

20. 设 $\{X(t), -\infty<t<+\infty\}$ 为实平稳过程，其功率谱密度函数满足 $S_X(\omega)=0, |\omega|>\omega_c$，试证：自相关函数 $B_X(\tau)$ 必满足

$$B_X(\tau)\geqslant B(0)\cos\omega_c\tau, \ |\tau|\leqslant\frac{\pi}{2\omega_c}$$

21. 设 $\{X(n), n=\cdots,-2,-1,0,1,2,\cdots\}$ 为平稳随机序列且 $E[X(n)]=m$（m 为常数），试证：如果 $\lim\limits_{k\to\infty}B_X(k)=0$，则有 $\underset{N\to\infty}{\mathrm{l\cdot i\cdot m}}\frac{1}{N}\sum\limits_{n=1}^{N}X(n)=m$。

22. 设 $\{X(t), -\infty<t<+\infty\}$ 和 $\{Y(t), -\infty<t<+\infty\}$ 为平稳且平稳相关的随机过程，$B_X(\tau)$，$B_Y(\tau)$ 及 $B_{XY}(\tau)$ 分别为 $X(t)$ 及 $Y(t)$ 的自相关函数和互相关函数，试证：

(1) $B_{XY}^2(\tau)\leqslant B_X(0)B_Y(0)$；

(2) $2|B_{XY}(\tau)|\leqslant B_X(0)+B_Y(0)$。

23. 设 $\{X(t), t\geqslant 0\}$ 表示随机单位脉冲列，在 $[0,t]$ 内出现单位脉冲的个数 k 服从泊松分布：

$$P(k=i)=\frac{(\lambda t)^i\mathrm{e}^{-\lambda t}}{i!}, t>0, \lambda>0$$

假设脉冲的出现是相互独立的，通常把 $X(t)$ 表示为 $X(t)=\sum\limits_i\delta(t-t_i)$，其中，$\delta(\cdot)$ 为狄拉克 δ 函数。令

$$Y(t)=\int_0^t X(t)\mathrm{d}t$$

试求：(1) $E[X(t)]$，$\Gamma_X(t_1,t_2)$；

(2) $E[Y(t)]$，$\Gamma_Y(t_1,t_2)$。

24. 设 $S(\omega)$ 为复平稳过程 $\{X(t), -\infty<t<+\infty\}$ 的功率谱密度函数，试证：$E\left[\left|\int_a^b g(t)X(t)\mathrm{d}t\right|^2\right]\leqslant\sup\limits_{\omega}S(\omega)\int_a^b|g(t)|^2\mathrm{d}t$，其中，$g(t)$ 为任意普通函数。

25. 设 $\{X(t), -\infty<t<+\infty\}$ 为均方连续平稳随机过程且 $E[X(t)]=m$，中心自相关函数为 $B(\tau)$，试证：

$$\underset{T\to\infty}{\mathrm{l\cdot i\cdot m}}\frac{1}{2T}\int_{-T}^{T}X(t)\mathrm{d}t=m$$

成立的充要条件是 $\lim\limits_{t\to\infty}\frac{1}{T}\int_0^{2T}\left(1-\frac{\tau}{2T}\right)[B(\tau)-m^2]\mathrm{d}\tau=0$。

26. 设 $\{X(n), n=\cdots,-2,-1,0,1,2,\cdots\}$ 为平稳序列且 $E[X(n)]=m$（常数），试证：

$$\underset{N\to\infty}{\mathrm{l\cdot i\cdot m}}\frac{1}{N}\sum_{n=1}^{N}X(n)=m$$

成立的充要条件是 $S(z)|_{z=1}<\infty$，其中，$S(z)$ 是该序列的功率谱密度函数。

27. 设平稳过程$\{X(t),-\infty<t<+\infty\}$的自相关函数为$B(\tau)=\frac{1}{2a}\mathrm{e}^{-a|\tau|}$,试利用卡亨南(Karhunen)定理求$X(t)$的正交展开式。

28. 设$\{X(t),-\infty<t<+\infty\}$为零均值正态过程,相关函数为$B(\tau)=\mathrm{e}^{-|\tau|}$,试求随机变量$S=\int_0^1 X(t)\mathrm{d}t$的概率密度函数$f(s)$。

29. 设$\{X(t),-\infty<t<+\infty\}$为复平稳过程,试证:其功率谱密度函数$S(\omega)$必为$\omega$的实值函数,进一步将$S(\omega)$做偶函数和奇函数分解。

30. 试证:

$$\lim_{N\to\infty}\frac{1}{2N+1}\left|\sum_{K=-N}^{N}\mathrm{e}^{-\mathrm{j}\omega KT_0}\right|^2=\omega_0\sum_{n=-\infty}^{+\infty}\delta(\omega-n\omega_0)$$

其中,$\omega_0=\frac{2\pi}{T_0}$;$\delta(\cdot)$为狄拉克$\delta$函数。

31. 试证:

$$\frac{1}{2\pi}\int_{-\infty}^{+\infty}|u(\mathrm{j}\omega)|^2\mathrm{e}^{\mathrm{j}\omega\tau}\mathrm{d}\omega=2\tau_0-|\tau|$$

其中,$|u(\mathrm{j}\omega)|^2=4\tau_0^2\left(\frac{\sin\omega\tau_0}{\omega\tau_0}\right)^2$。

32. 设随机过程$\{X(t),-\infty<t<+\infty\}$为

$$X(t)=a\cos(\omega_0 t+\theta)$$

其中,θ为$[0,2\pi]$上均匀分布的随机变量,试证:$X(t)$的功率谱密度函数为

$$S_X(\omega)=\frac{a^2\pi}{2}[\delta(\omega+\omega_0)+\delta(\omega-\omega_0)]$$

33. 设$X(t)$为随机脉冲列且

$$X(t)=\sum_{k=-\infty}^{+\infty}u(t-kT_0-\varepsilon(kT_0))$$

其中,$u(t)$是具有振幅为A,宽度为$2T_0$的单个脉冲,即

$$u(t)=\begin{cases}A, & -\tau\leqslant t\leqslant\tau_0\\0, & \text{其他}\end{cases}\text{且 }T_0\gg\tau_0$$

$\varepsilon(t)$为正态平稳随机过程且$E[\varepsilon(t)]=0,D[\varepsilon(t)]=\sigma^2$。试证:$X(t)$的功率谱密度函数$S_X(\omega)$为

$$S_X(\omega)=4A^2\frac{\tau_0^2}{T_0^2}\left(\frac{\sin\omega\tau_0}{\omega\tau_0}\right)^2\left[(1-\mathrm{e}^{-a^2\omega^2})+\mathrm{e}^{-a^2\omega^2}\omega_0\sum_{n=-\infty}^{+\infty}\delta(\omega-n\omega_0)\right]$$

其中,$\omega_0=\frac{2\pi}{T_0}$;$\delta(\cdot)$为狄拉克$\delta$函数。

34. 设$\{X(t),-\infty<t<+\infty\}$是以$T$为周期的实平稳过程且$E[X(t)]=0$,试证:$X(t)$的自相关函数$B_X(\tau)$为

$$B_X(\tau)=\sum_{n=-\infty}^{+\infty}E(|C_n|^2\mathrm{e}^{\mathrm{j}n\omega_0\tau})$$

其中,$C_n=\frac{1}{T}\int_0^T X(t)\mathrm{e}^{-\mathrm{j}n\omega_0 t}\mathrm{d}t\left(\omega_0=\frac{2\pi}{T}\right)$,$X(t)=\sum_{n=-\infty}^{+\infty}C_n\mathrm{e}^{\mathrm{j}n\omega_0 t}$。

35. 设$u(t)$为单位阶梯函数,即

$$u(t)=\begin{cases}1, & t>0\\ 0, & t<0\end{cases}$$

试证:$u(t)$的傅里叶变换为 $u(\mathrm{j}\omega)=\pi\delta(\omega)+\frac{1}{\mathrm{j}\omega}$。

36. 设 $X(t)=u(t)\cos\omega_0 t$,其中,$u(t)$为单位阶梯函数,试证:

$$X(j\omega)=\frac{\pi}{2}[\delta(\omega-\omega_0)+\delta(\omega+\omega_0)]+\frac{\mathrm{j}\omega}{\omega_0^2-\omega^2}$$

37. 设 $B(\tau)$,$S(\omega)$为平稳随机过程的相关函数和功率谱密度函数,试证有如下等价:

(1)$S(-\omega)=\overline{S(\omega)}\Leftrightarrow B(\tau)$为实函数;

(2)$S(\omega)$为实函数$\Leftrightarrow B(-\tau)=\overline{B(\tau)}$;

(3)$B(\tau)$为实且偶函数$\Leftrightarrow S(\omega)$为实且偶函数。

38. 设$f(t)$为任意实函数现定义

$$f_e(t)=\frac{1}{2}[f(t)+f(-t)]$$

$$f_0(t)=\frac{1}{2}[f(t)-f(-t)]$$

于是可知$f_e(t)$为偶函数,$f_0(t)$为奇函数,且有

$$f(t)=f_e(t)+f_0(t)$$

又知$f(t)$的傅里叶变换为

$$\begin{aligned}F\{\mathrm{j}\omega\}&=\int_{-\infty}^{+\infty}f(t)\mathrm{e}^{-\mathrm{j}\omega t}\mathrm{d}t=\int_{-\infty}^{+\infty}f(t)\cos\omega t\mathrm{d}t-\mathrm{j}\int_{-\infty}^{+\infty}f(t)\sin\omega t\mathrm{d}t\\&\triangleq R(\omega)+\mathrm{j}X(\omega)\end{aligned}$$

试证:

$$R(\omega)=2\int_0^{+\infty}f_e(t)\cos\omega t\mathrm{d}t$$

$$X(\omega)=-2\int_0^{+\infty}f_0(t)\sin\omega t\mathrm{d}t$$

$$f_e(t)=\frac{1}{\pi}\int_0^{+\infty}R(\omega)\cos\omega t\mathrm{d}\omega$$

$$f_0(t)=\frac{-1}{\pi}\int_0^{+\infty}X(\omega)\sin\omega t\mathrm{d}\omega$$

39. 设$f(t)$为因果函数,即$f(t)=0(t<0)$,试证:

$$\begin{aligned}f(t)&=\frac{2}{\pi}\int_0^{\infty}R(\omega)\cos\omega t\mathrm{d}\omega\\&=\frac{-2}{\pi}\int_0^{+\infty}X(\omega)\sin\omega t\mathrm{d}\omega\end{aligned}$$

其中

$$F\{f(t)\}=F\{\omega\}=R(\omega)+\mathrm{j}X(\omega)$$

40. 设$f(t)$为因果函数,试证:其傅里叶变换的实部$R(\omega)$满足方程

$$R(\omega)=\frac{2}{\pi}\int_0^{\infty}\int_0^{\infty}[R(y)\cos yt+\cos\omega t]\mathrm{d}y\mathrm{d}t$$

第14章

正 态 过 程

正态过程是应用中所遇到的最为广泛的一类随机过程，正态过程在随机过程理论及应用中就像正态分布在概率论中一样起到核心的作用，这是因为，许多随机过程都可以用正态过程来近似，而且对正态过程的数学处理往往比对其他随机过程的数学处理要容易。因此，在本章我们将详细讨论正态过程。

14.1 正态过程的定义及性质

定义 14.1.1 正态过程 设$\{X(t),t\in[0,\infty)\}$为实随机过程，如果对任意正整数 n 及任意时间点集 $\boldsymbol{t}^{\mathrm{T}}=[t_1,t_2,\cdots,t_n]$，该 n 维随机向量 $\boldsymbol{X}^{\mathrm{T}}=[X(t_1),X(t_2),\cdots,X(t_n)]$具有联合正态分布，即 $\boldsymbol{X}$ 的密度函数为

$$p_X(\boldsymbol{x})=\frac{1}{(2\pi)^{\frac{n}{2}}|\boldsymbol{B}|^{\frac{1}{2}}}\exp\left\{-\frac{1}{2}(\boldsymbol{x}-\boldsymbol{a})^{\mathrm{T}}\boldsymbol{B}^{-1}(\boldsymbol{x}-\boldsymbol{a})\right\}\triangleq N(\boldsymbol{a},\boldsymbol{B}) \qquad (14.1.1)$$

其中，$\boldsymbol{x}^{\mathrm{T}}=[x_1,x_2,\cdots,x_n]$为任意 n 维实数向量；$\boldsymbol{a}^{\mathrm{T}}=E(\boldsymbol{X}^{\mathrm{T}})=[E[X(t_1)],E[X(t_2)],\cdots,E[X(t_n)]]$为 n 维均值向量；$\boldsymbol{B}=E[(\boldsymbol{X}-\boldsymbol{a})(\boldsymbol{X}-\boldsymbol{a})^{\mathrm{T}}]$为 $n\times n$ 协方差阵（中心相关函数阵），则称$\{X(t),t\in[0,\infty)\}$为正态随机过程，简称正态过程。

定义 14.1.2 正态过程 设$\{X(t),t\in[0,\infty)\}$为实随机过程，如果对任意正整数 n 及任意时间点集 $\boldsymbol{t}^{\mathrm{T}}=[t_1,t_2,\cdots,t_n]$，该 n 维随机向量 $\boldsymbol{X}^{\mathrm{T}}=[X(t_1),X(t_2),\cdots,X(t_n)]$具有如下联合特征函数，即

$$\begin{aligned}f_X(\boldsymbol{u})&=E(\mathrm{e}^{\mathrm{i}\boldsymbol{u}^{\mathrm{T}}X})\\&=\exp\left\{\mathrm{i}\boldsymbol{a}^{\mathrm{T}}\boldsymbol{u}-\frac{1}{2}\boldsymbol{u}^{\mathrm{T}}\boldsymbol{B}\boldsymbol{u}\right\}\end{aligned} \qquad (14.1.2)$$

其中，$\boldsymbol{u}^{\mathrm{T}}=[u_1,u_2,\cdots,u_n]$为任意 n 维实数向量；$\boldsymbol{a}$ 及 $\boldsymbol{B}$ 和定义 14.1.1 中的 $\boldsymbol{a}$ 及 $\boldsymbol{B}$ 相同。

定理 14.1.1 上述两个正态过程的定义是等价的。

证明 由 n 维正态分布的密度函数 $N(\boldsymbol{a},\boldsymbol{B})$ 可推出其特征函数为(14.1.2)式（见上册定理 5.5.2），又因为密度函数与特征函数是一一对应的，因此，上述两个正态过程的定义是等价的。定理证毕。

说明 由定义 14.1.1 中(14.1.1)式可知，协方差阵 $\boldsymbol{B}$ 必须是正定的，即 $\boldsymbol{B}>0$，但由

(14.1.2)式可知,协方差阵 $\boldsymbol{B}$ 可以是非负定的,即 $\boldsymbol{B}\geqslant 0$,当 $\operatorname{rank}(\boldsymbol{B})=r<n$ 时,随机过程以概率 1 集中在 r 维子空间内(见上册定理 5.5.3),此时称正态过程是奇异的。

定理 14.1.2　设$\{X(t),t\in[0,\infty)\}$为实正态过程,如果该过程又是平稳过程,则对任意正整数 n 及任意时间点集 $\boldsymbol{t}^{\mathrm{T}}=[t_1,t_2,\cdots,t_n]$,该 n 维随机向量 $\boldsymbol{X}^{\mathrm{T}}=[X(t_1),X(t_2),\cdots,X(t_n)]$的概率密度函数为

$$p_X(\boldsymbol{x})=\frac{1}{(2\pi\sigma^2)^{\frac{n}{2}}|\boldsymbol{R}|^{\frac{1}{2}}}\exp\left\{-\frac{1}{2\sigma^2}(\boldsymbol{x}-\boldsymbol{a})^{\mathrm{T}}\boldsymbol{R}^{-1}(\boldsymbol{x}-\boldsymbol{a})\right\} \tag{14.1.3}$$

$$=\frac{1}{(2\pi\sigma^2)^{\frac{n}{2}}|\boldsymbol{R}|^{\frac{1}{2}}}\exp\left\{-\frac{1}{2\sigma^2|\boldsymbol{R}|}(\boldsymbol{x}-\boldsymbol{a})^{\mathrm{T}}\boldsymbol{R}^{*}(\boldsymbol{x}-\boldsymbol{a})\right\} \tag{14.1.4}$$

其中,$\boldsymbol{a}^{\mathrm{T}}=E(\boldsymbol{X}^{\mathrm{T}})=[E[X(t_1)],E[X(t_2)],\cdots,E[X(t_n)]]=[a,a,\cdots,a]$为 $\boldsymbol{X}$ 的均值向量(常向量);$\boldsymbol{R}=\dfrac{\boldsymbol{B}}{\sigma^2}$为 $\boldsymbol{X}$ 的标准中心自相关函数阵,$\boldsymbol{B}=E[(\boldsymbol{X}-\boldsymbol{a})(\boldsymbol{X}-\boldsymbol{a})^{\mathrm{T}}]=(b_{ij})_{n\times n}$为 $\boldsymbol{X}$ 的中心自相关函数阵,$b_{ij}=\operatorname{cov}[X(t_i),X(t_j)]=b_{ij}(t_i-t_j)$为 $X(t_i)$与 $X(t_j)$的中心自相关函数;$\sigma^2=\operatorname{cov}[X(t_i),X(t_i)]=E\{[X(t_i)-a]^2\}$为过程在任意时刻 t_i 的方差;$\boldsymbol{R}^{*}$为 $\boldsymbol{R}$ 的伴随矩阵。

证明　由(14.1.1)式并考虑到过程平稳性有

$$\boldsymbol{B}=\sigma^2\boldsymbol{R}\Rightarrow|\boldsymbol{B}|=(\sigma^2)^n|\boldsymbol{R}|$$

$$\Rightarrow|\boldsymbol{B}|^{\frac{1}{2}}=(\sigma^2)^{\frac{n}{2}}|\boldsymbol{R}|^{\frac{1}{2}} \tag{14.1.5}$$

$$\Rightarrow\boldsymbol{B}^{-1}=\frac{1}{\sigma^2}\boldsymbol{R}^{-1}=\frac{1}{\sigma^2|\boldsymbol{R}|}\boldsymbol{R}^{*} \tag{14.1.6}$$

将(14.1.5)式及(14.1.6)式代入(14.1.1)式立得(14.1.3)式及(14.1.4)式。定理证毕。

定理 14.1.3　正态过程的存在性　任意一个非负定二元实函数 $B(t_1,t_2)$均对应一个零均值实正态随机过程$\{X(t),t\in T\}$,即

$$\forall n,\forall t_1,t_2,\cdots,t_n\in T,\forall\ \text{实函数}\ \theta(t),\sum_{i=1}^{n}\sum_{j=1}^{n}B(t_i,t_j)\theta(t_i)\theta(t_j)\geqslant 0$$

$\Leftrightarrow$存在实正态过程$\{X(t),t\in T\}$且

$$E[X(t)]=0,E[X(t_1)X(t_2)]=B(t_1,t_2),\forall t_1,t_2,\in T \tag{14.1.7}$$

证明　设 $B(t_1,t_2)$为二元实函数且非负定,则由定理 10.6.1 可知必存在唯一的实正态过程$\{X(t),t\in T\}$且有 $E[X(t)]=0,E[X(t_1)X(t_2)]=B(t_1,t_2),\forall t_1,t_2,\in T$,另一方面,设$\{X(t),t\in T\}$为零均值实正态过程,则由正态过程定义 14.1.2 可知,$\forall n,\forall t_1,t_2,\cdots,t_n$,向量$\boldsymbol{X}^{\mathrm{T}}=[X(t_1),X(t_2),\cdots,X(t_n)]$有如下特征函数,即

$$f_X(\boldsymbol{u})=\exp\left\{-\frac{1}{2}\boldsymbol{u}^{\mathrm{T}}\boldsymbol{B}\boldsymbol{u}\right\}$$

其中,$\boldsymbol{B}=E(\boldsymbol{X}\boldsymbol{X}^{\mathrm{T}})$为中心相关函数阵,再由相关函数性质知 $\boldsymbol{B}$ 是非负定的(见定理 10.2.1)。定理证毕。

说明　(1)因为非负定函数 $B(t_1,t_2)$是存在的,例如,$B(t_1,t_2)=\cos(t_1-t_2)$,$B(t_1,t_2)=a(a>0)$等,所以正态随机过程是存在的。

(2)$B(t_1,t_2)$与正态随机过程$\{X(t),t\in T\}$是一一对应的,含义是,若 $B(t_1,t_2)\leftrightarrow\{X(t),t\in T\}$,且 $B(t_1,t_2)\leftrightarrow\{Y(t),t\in T\}$,则 $X(t)$与 $Y(t)$是随机等价过程,即

$$P(\omega:X(t)=Y(t))=1,\forall t\in T(\text{见定义 10.4.3})$$

(3)该定理的结论可以推广到一般情形,即设 $m(t)$ 为一元实函数,$B(t_1,t_2)$ 为二元实函数,则有如下等价:

$B(t_1,t_2)$ 非负定⇔存在唯一实正态过程且有

$$E[X(t)]=m(t)$$

$$B(t_1,t_2)=E\{[X(t_1)-m(t_1)][X(t_2)-m(t_2)]\},\ \forall t_1,t_2,\in T$$

定理 14.1.4 正态随机序列的极限 设 $\{X(n),n=1,2,\cdots\}$ 是正态随机变量序列且均方收敛于 X,则 X 是正态随机变量。

证明 设 $X(n)$ 与 X 的特征函数分别是 $f_{X(n)}(t)$ 和 $f_X(t)$,由已知条件有

$$f_{X(n)}(t)=\exp\left\{\mathrm{i}tE[X(n)]-\frac{1}{2}t^2D[X(n)]\right\} \tag{14.1.8}$$

为证明 X 是正态随机变量,只需证明

$$f_X(t)=\exp\left\{\mathrm{i}tE(X)-\frac{1}{2}t^2D(X)\right\} \tag{14.1.9}$$

即可,为此只要证明

$$\lim_{n\to\infty}f_{X(n)}(t)=f_X(t) \tag{14.1.10}$$

$$\lim_{n\to\infty}E[X(n)]=E(X) \tag{14.1.11}$$

$$\lim_{n\to\infty}D[X(n)]=D(X) \tag{14.1.12}$$

成立,则(14.1.9)式成立,即 X 为正态随机变量。

因为 $\lim\limits_{n\to\infty}E\{[X(n)-X]^2\}=0$,于是有

$$\begin{aligned}|E[X(n)]-E(X)|&=|E[X(n)-X]|\\&\leqslant E|X(n)-X|\\&\leqslant\sqrt{E\{[X(n)-X]^2\}}\to0,n\to\infty\text{(许瓦兹不等式)}\end{aligned}$$

即(14.1.11)式成立。又知

$$\begin{aligned}|f_{X(n)}(t)-f_X(t)|&=|E[\mathrm{e}^{\mathrm{i}tX(n)}-\mathrm{e}^{\mathrm{i}tX}]|\\&\leqslant E[|\mathrm{e}^{\mathrm{i}tX(n)}-\mathrm{e}^{\mathrm{i}tX}|]\\&\leqslant|t|E[|X(n)-X|]\to0,n\to\infty\end{aligned}$$

即(14.1.10)式成立。最后有

$$\begin{aligned}\left|\sqrt{D[X(n)]}-\sqrt{D(X)}\right|^2&=D[X(n)]+D(X)-2\sqrt{D[X(n)]\cdot D(X)}\\&\leqslant D[X(n)]+D(X)-2E\{|X(n)-E[X(n)]||X-E(X)|\}\\&\leqslant D[X(n)]+D(X)-2E\{\{X(n)-E[X(n)]\}[X-E(X)]\}\\&=E\{\{\{X(n)-E[X(n)]\}-[X-E(X)]\}^2\}\\&=D[X(n)-X]\\&=E\{[X(n)-X]^2\}-\{E[X(n)-X]\}^2\to0,n\to\infty\end{aligned}$$

即(14.1.12)式成立。定理证毕。

为了深入讨论正态过程,现引入独立随机过程定义。

定义 14.1.3 独立随机过程 称随机过程 $\{X(t),t\in T\}$ 为独立随机过程,如果 $\forall n$,$\forall t_i\in T$,$\forall x_i\in\mathbf{R}^1(i=1,2,\cdots,n)$,这 n 个随机变量 $\{X(t_1),X(t_2),\cdots,X(t_n)\}$ 满足:

(1)$X(t_i)(i=1,2,\cdots,n)$ 是相互独立的随机变量。

⇔(2)$F_{12\cdots n}(x_1,x_2,\cdots,x_n)=F_1(x_1)F_2(x_2)\cdots F_n(x_n)$,其中,$F_{12\cdots n}(\cdot)$ 和 $F_i(x_i)(i=1,$

$2,\cdots,n$)分别为$\{X(t_1),X(t_2),\cdots,X(t_n)\}$的分布函数和$X(t_i)(i=1,2,\cdots,n)$的分布函数(见上册定义3.2.1)。

$\Leftrightarrow$(3)$p_{12\cdots n}(x_1,x_2,\cdots,x_n)=p_1(x_1)p_2(x_2)\cdots p_n(x_n)$,其中$p_{12\cdots n}(\cdot)$和$p_i(x_i)(i=1,2,\cdots,n)$分别为$\{X(t_1),X(t_2),\cdots,X(t_n)\}$的密度函数和$X(t_i)(i=1,2,\cdots,n)$的密度函数(见上册定理3.2.1)。

白噪声序列和白噪声过程均为独立随机过程。

定理14.1.5 设$\{X(t),t\in T\}$为正态过程,则有如下等价:

(1)过程$\{X(t),t\in T\}$是独立随机过程。

$\Leftrightarrow$(2) $\forall n,\forall t_1,t_2,\cdots,t_n\in T,\{X(t_1),X(t_2),\cdots,X(t_n)\}$为两两不相关的随机向量。

$\Leftrightarrow$(3) $\forall n,\forall t_1,t_2,\cdots,t_n\in T,\{X(t_1),X(t_2),\cdots,X(t_n)\}$的协方差阵为对角阵。

这个定理的证明留给读者作为练习。(见上册性质4.5.4及定义14.1.1)

定理14.1.6 设$\{F_n(x),n=1,2,\cdots\}$为正态分布函数列并且收敛于分布函数$F(x)$,则$F(x)$为正态分布函数。

证明 因为分布函数与特征函数一一对应,所以只需证明如下命题:正态分布函数列$\{F_n(x),n=1,2,\cdots\}$的特征函数列$\{f_n(t),n=1,2,\cdots\}$收敛于某分布函数$F(x)$的特征函数$f(t)$,则该特征函数$f(t)$为正态特征函数。即已知

$$\begin{aligned}f(t)&=\lim_{n\to\infty}f_n(t)=\lim_{n\to\infty}\exp\left\{\mathrm{i}a_nt-\frac{1}{2}\sigma_n^2t^2\right\}\\&=\exp\left\{\mathrm{i}(\lim_{n\to\infty}a_n)t-\frac{1}{2}(\lim_{n\to\infty}\sigma_n^2)t^2\right\}\end{aligned}\tag{14.1.13}$$

只需证明$\lim\limits_{n\to\infty}a_n$和$\lim\limits_{n\to\infty}\sigma_n^2$存在,于是由(14.1.13)式可知$f(t)$为正态特征函数。定理得证。

因为$f(t)$连续且$|f(t)|\leqslant f(0)=1$,所以必存在t_1,使得$f(t_1)\neq0$,于是由(14.1.13)式有

$$-\frac{1}{2}(\lim_{n\to\infty}\sigma_n^2)t_1^2=\log|f(t_1)|$$

这说明$\lim\limits_{n\to\infty}\sigma_n^2$存在且为

$$\lim_{n\to\infty}\sigma_n^2=\frac{-2}{t_1^2}\log|f(t_1)|\triangleq\sigma^2\tag{14.1.14}$$

由此结果可知,对于$t\in[0,1]$一致地有

$$\lim_{n\to\infty}\exp\left\{\frac{1}{2}\sigma_n^2t^2\right\}=\exp\left\{\frac{1}{2}\sigma^2t^2\right\}$$

$$\lim_{n\to\infty}f_n(t)=f(t)$$

因此

$$\lim_{n\to\infty}f_n(t)\exp\left\{\frac{1}{2}\sigma_n^2t^2\right\}=f(t)\exp\left\{\frac{1}{2}\sigma^2t^2\right\}$$

再由(14.1.13)式可得

$$\begin{aligned}\lim_{n\to\infty}\exp\{\mathrm{i}a_nt\}&=\lim_{n\to\infty}f_n(t)\exp\left\{\frac{1}{2}\sigma_n^2t^2\right\}\\&=f(t)\exp\left\{\frac{1}{2}\sigma^2t^2\right\}\end{aligned}\tag{14.1.15}$$

由此可得

$$1=\lim_{n\to\infty}|\exp\{\mathrm{i}a_n t\}|=\left|f(t)\exp\left\{\frac{1}{2}\sigma^2t^2\right\}\right| \tag{14.1.16}$$

现取积分路径为

$$C_n:z_n=\exp\{\mathrm{i}a_n t\},0\leqslant t\leqslant 1$$

$$C:z=f(t)\exp\left\{\frac{1}{2}\sigma^2t^2\right\},0\leqslant t\leqslant 1$$

由(14.1.15)式可知$\lim\limits_{n\to\infty}C_n=C$且在积分路径上$|z|=|z_n|=1$,故有

$$\int_C\frac{1}{z}\mathrm{d}z=\lim_{n\to\infty}\int_{C_n}\frac{1}{z_n}\mathrm{d}z_n=\lim_{n\to\infty}\ln z_n\Big|_{t=0}^{t=1}=\lim_{n\to\infty}\mathrm{i}a_n$$

上式说明$\lim\limits_{n\to\infty}a_n$存在且

$$\lim_{n\to\infty}a_n=\frac{1}{\mathrm{i}}\int_C\frac{1}{z}\mathrm{d}z \tag{14.1.17}$$

定理证毕。

说明 定理14.1.4和定理14.1.6告诉我们如下事实:所有的正态随机变量序列$\{X(n),n=1,2,\cdots\}$、所有的正态分布函数列$\{F_n(x),n=1,2,\cdots\}$、所有的正态密度函数列$\{p_n(x),n=1,2,\cdots\}$和所有的正态特征函数列$\{f_n(x),n=1,2,\cdots\}$构成一个正态空间,如果这些序列的极限存在,则这些极限也是正态的,这说明正态空间是完备的。

定理14.1.7 维纳过程$\{X(t),t\in T\}$是正态过程。

证明 由维纳过程定义10.6.9可知,$\forall n,\forall t_1<t_2<\cdots<t_n$,随机变量$X(t_1),X(t_2)-X(t_1),X(t_n)-X(t_{n-1})$是相互独立的正态随机变量且

$$X(t_1)\sim N(0,\sigma^2t_1)$$

$$X(t_i)-X(t_{i-1})\sim N(0,\sigma^2(t_i-t_{i-1})),i=2,3,\cdots,n$$

进一步设$Y_i(i=1,2,\cdots,n)$为

$$Y_1=X(t_1)$$

$$Y_i=X(t_i)-X(t_{i-1}),i=2,3,\cdots,n$$

于是有

$$\begin{bmatrix}X(t_1)\\X(t_2)\\\vdots\\X(t_n)\end{bmatrix}=\begin{bmatrix}1&0&0&\cdots&0\\1&1&0&\cdots&0\\\vdots&\vdots&\vdots&&\vdots\\1&1&1&\cdots&1\end{bmatrix}\begin{bmatrix}Y_1\\Y_2\\\vdots\\Y_n\end{bmatrix}$$

记作

$$\boldsymbol{X}=\boldsymbol{A}\boldsymbol{Y}$$

因为$[Y_1,Y_2,\cdots,Y_n]$是独立随机向量且每个Y_i均为正态分布,所以$[Y_1,Y_2,\cdots,Y_n]$具有联合正态分布,即$\boldsymbol{Y}\sim N(0,\boldsymbol{B})$,其中

$$\boldsymbol{B}=E(\boldsymbol{Y}\boldsymbol{Y}^{\mathrm{T}})=\begin{bmatrix}E(Y_1^2)&0&\cdots&0\\0&E(Y_2^2)&\cdots&0\\\vdots&\vdots&&\vdots\\0&0&\cdots&E(Y_n^2)\end{bmatrix}=\begin{bmatrix}\sigma^2t_1&&&0\\&\sigma^2(t_2-t_1)&&\\&&\ddots&\\0&&&\sigma^2(t_n-t_{n-1})\end{bmatrix}$$

又因为$\{X(t_1),X(t_2),\cdots,X(t_n)\}$是$(Y_1,Y_2,\cdots,Y_n)$的线性变换,所以$\{X(t_1),X(t_2),\cdots,$

$X(t_n)\}$也具有联合正态分布且 $\boldsymbol{X}\sim N(0,\boldsymbol{ABA}^{\mathrm{T}})$，再由定义 14.1.1 可知$\{X(t),t\in T\}$为正态过程。定理证毕。

例 14.1.1　设$\{X(t),t\geqslant 0\}$是标准维纳过程，即 $E[X(t)]=0,E[X(t)X(s)]=\min(t,s)$，试证：$Y(t)=cX\left(\dfrac{t}{c^2}\right)(c>0)$也是标准维纳过程。

证明　为了证明 $Y(t)$是标准维纳过程，需往证以下四条：

(1) $Y(t)$是正态过程；

(2) $E[Y(t)]=0$；

(3) $Y(t)$具有独立增量性，即 $\forall n,\forall 0\leqslant t_0\leqslant t_1\leqslant t_2\leqslant\cdots\leqslant t_n$，有

$$E\{[Y(t_i)-Y(t_{i-1})][Y(t_{i+1})-Y(t_i)]\}=0 \tag{14.1.18}$$

(4) $\forall t_i<t_j$ 有

$$[Y(t_j)-Y(t_i)]\sim N(0,(t_j-t_i)) \tag{14.1.19}$$

现证如下：

(1)由定理 14.1.7 可知 $X(t)$是正态过程，因此 $X\left(\dfrac{t}{c^2}\right)$是正态过程，而且 $cX\left(\dfrac{t}{c^2}\right)$也是正态过程，由此得出 $Y(t)$是正态过程。

(2)因为对任意 t 有 $E[X(t)]=0$，所以

$$E[Y(t)]=cE\left[X\left(\frac{t}{c^2}\right)\right]=0$$

(3)由于

$$\begin{aligned}E\{[Y(t_i)-Y(t_{i-1})]Y(t_{i+1})\}&=E\left\{\left[cX\left(\frac{t_i}{c^2}\right)-cX\left(\frac{t_{i-1}}{c^2}\right)\right]cX\left(\frac{t_{i+1}}{c^2}\right)\right\}\\&=c^2\left\{E\left[X\left(\frac{t_i}{c^2}\right)X\left(\frac{t_{i+1}}{c^2}\right)\right]-E\left[X\left(\frac{t_{i-1}}{c^2}\right)X\left(\frac{t_{i+1}}{c^2}\right)\right]\right\}\\&=c^2\,\frac{t_i}{c^2}-c^2\,\frac{t_{i-1}}{c^2}\\&=t_i-t_{i-1}\end{aligned} \tag{14.1.20}$$

同理

$$E\{[Y(t_i)-Y(t_{i-1})]Y(t_i)\}=t_i-t_{i-1} \tag{14.1.21}$$

将(14.1.20)式及(14.1.21)式代入(14.1.18)式立得

$$E\{[Y(t_i)-Y(t_{i-1})][Y(t_{i+1})-Y(t_i)]\}=0,i=1,2,\cdots,n-1$$

这说明$[Y(t_i)-Y(t_{i-1})]$与$[Y(t_{i+1})-Y(t_i)]$不相关，又因为 $Y(t)$是正态过程，故两者独立，因此，$Y(t)$具有独立增量性。

(4)由(3)中推导可知

$$E\{[Y(t_i)-Y(t_{i-1})]^2\}=t_i-t_{i-1}$$

而且对任意 $t_i<t_j$ 易得 $E\{[Y(t_j)-Y(t_i)]^2\}=t_j-t_i$，再由(1)、(2)可知$[Y(t_j)-Y(t_i)]\sim N(0,t_j-t_i)$，由以上所证可知$\{Y(t),t\geqslant 0\}$也是标准维纳过程。证毕定理。

例 14.1.2　设$\{X(t),t\geqslant 0\}$是参数为 σ^2 的维纳过程，令

$$Y(t)=(1-t)X\left(\frac{t}{1-t}\right),0\leqslant t<1$$

试求 $Y(t)$ 的均值函数 $E[Y(t)]$ 和中心自相关函数 $B_Y(t,s)$

解
$$E[Y(t)]=E\left[(1-t)X\left(\frac{t}{1-t}\right)\right]=(1-t)E\left[X\left(\frac{t}{1-t}\right)\right]=0$$

$$\begin{aligned}B_Y(t,s)&=E\{\{Y(t)-E[Y(t)]\}\{Y(s)-E[Y(s)]\}\}\\&=E[Y(t)Y(s)]\\&=(1-t)(1-s)E\left[X\left(\frac{t}{1-t}\right)X\left(\frac{s}{1-s}\right)\right]\end{aligned}$$

因为$\frac{t}{1-t}$在$[0,1)$内关于 t 是单调增函数,故有

$$\begin{aligned}B_Y(t,s)&=(1-t)(1-s)\min\left(\frac{t}{1-t},\frac{s}{1-s}\right)\\&=\begin{cases}(1-s)t\sigma^2, t\leqslant s\\(1-t)s\sigma^2, t>s\end{cases}\\&=[\min(t,s)-st]\sigma^2\end{aligned}$$

14.2 正态过程的积分和微分

引理 14.2.1 设$\{X(t),t\geqslant 0\}$为二阶矩过程且均值函数 $m(t)=E[X(t)]$ 和中心自相关函数 $B(t,s)=\mathrm{cov}[X(t),X(s)]$ 关于 t,s 是连续函数,则对任意 $b>a\geqslant 0$,有

(1) $\int_a^b X(t)\mathrm{d}t$ 均方可积 (14.2.1)

(2) $E\left[\int_a^b X(t)\mathrm{d}t\right]=\int_a^b m(t)\mathrm{d}t$ (14.2.2)

(3) $E\left\{\left[\int_a^b X(t)\mathrm{d}t\right]^2\right\}=\int_a^b\int_a^b E[X(t)X(s)]\mathrm{d}t\mathrm{d}s=\int_a^b\int_a^b \Gamma_X(t,s)\mathrm{d}t\mathrm{d}s$ (14.2.3)

(4) $D\left[\int_a^b X(t)\mathrm{d}t\right]=\int_a^b\int_a^b \mathrm{cov}[X(t),X(s)]\mathrm{d}t\mathrm{d}s=\int_a^b\int_a^b B_X(t,s)\mathrm{d}t\mathrm{d}s$ (14.2.4)

(5)记 $Y(t)=\int_a^t X(u)\mathrm{d}u$, 则

$$\Gamma_Y(t_1,t_2)=\int_a^{t_1}\int_a^{t_2}\Gamma_X(u,s)\mathrm{d}u\mathrm{d}s \tag{14.2.5}$$

证明 (1)由相关函数定义可知

$$\Gamma(t,s)=B(t,s)+m(t)m(s)$$

因为 $B(t,s),m(t),m(s)$ 是连续函数,所以 $\int_a^b\int_a^b B(t,s)\mathrm{d}t\mathrm{d}s<\infty$ 且 $\int_a^b m(t)\mathrm{d}t<\infty$, $\int_a^b m(s)\mathrm{d}s<\infty$,于是有 $\int_a^b\int_a^b \Gamma(t,s)\mathrm{d}t\mathrm{d}s=\int_a^b\int_a^b B(t,s)\mathrm{d}t\mathrm{d}s+\int_a^b\int_a^b m(t)m(s)\mathrm{d}t\mathrm{d}s$ 存在,再由定理 10.3.7 可知$\int_a^b X(t)\mathrm{d}t$ 均方可积。

(2)因为 $\int_a^b X(t)\mathrm{d}t$ 均方可积,所以求期望运算和积分运算可以交换次序,于是有

$$E\left[\int_a^b X(t)\mathrm{d}t\right]=\int_a^b\{E[X(t)]\}\mathrm{d}t=\int_a^b m(t)\mathrm{d}t$$

(3)同理,还有

$$E\left\{\left[\int_a^b X(t)\mathrm{d}t\right]^2\right\}=E\left[\int_a^b\int_a^b X(t)X(s)\mathrm{d}t\mathrm{d}s\right]$$
$$=\int_a^b\int_a^b E[X(t)X(s)]\mathrm{d}t\mathrm{d}s$$
$$=\int_a^b\int_a^b \Gamma_X(t,s)\mathrm{d}t\mathrm{d}s$$

(4) $D\left[\int_a^b X(t)\mathrm{d}t\right]=E\left\{\left[\int_a^b X(t)\mathrm{d}t\right]^2\right\}-\left\{E\left[\int_a^b X(t)\mathrm{d}t\right]\right\}^2$

$$=\int_a^b\int_a^b \Gamma_X(t,s)\mathrm{d}t\mathrm{d}s-\int_a^b\int_a^b m(t)m(s)\mathrm{d}t\mathrm{d}s$$
$$=\int_a^b\int_a^b [\Gamma_X(t,s)-m(t)m(s)]\mathrm{d}t\mathrm{d}s$$
$$=\int_a^b\int_a^b B(t,s)\mathrm{d}t\mathrm{d}s$$
$$=\int_a^b\int_a^b \mathrm{cov}[X(t),X(s)]\mathrm{d}t\mathrm{d}s$$

(5) $\Gamma_Y(t_1,t_2)=E[Y(t_1)Y(t_2)]$

$$=E\left[\int_a^{t_1}X(u)\mathrm{d}u\int_a^{t_2}X(s)\mathrm{d}s\right]$$
$$=\int_a^{t_1}\int_a^{t_2}E[X(u)X(s)]\mathrm{d}u\mathrm{d}s$$
$$=\int_a^{t_1}\int_a^{t_2}\Gamma_X(u,s)\mathrm{d}u\mathrm{d}s$$

引理证毕。

关于正态过程的积分过程有如下结论。

定理 14.2.1　设$\{X(t),t\geqslant 0\}$为正态过程且假定均值函数 $m_X(t)=E[X(t)]$和中心自相关函数 $B_X(t,s)=\mathrm{cov}[X(t),X(s)]$关于 t,s 是连续函数,则

(1) $\forall t\in[0,\infty)$,$X(t)$均方可积且 $\int_0^t X(u)\mathrm{d}u$ 是正态随机变量;

(2) $\left\{\int_0^t X(u)\mathrm{d}u,t\geqslant 0\right\}$是正态过程。

证明　(1)因为正态过程是二阶矩过程且由假设可知 $m_X(t)$,$B_X(t,s)$是连续函数,故由引理 14.2.1 中(1)可知 $\int_0^t X(u)\mathrm{d}u$ 均方可积,又由均方可积定义 10.3.5 可知$\int_0^t X(u)\mathrm{d}u$ 是一正态序列的极限,故由定理 14.1.4 可知$\int_0^t X(u)\mathrm{d}u$ 是正态随机变量。

(2) $\forall n$, $\forall t_1,t_2,\cdots,t_n$,记

$$Y(t_i)\triangleq\int_0^{t_i}X(u)\mathrm{d}u,i=1,2,\cdots,n$$

现构造一个向量 $\boldsymbol{Y}^{\mathrm{T}}=[Y(t_1),Y(t_2),\cdots,Y(t_n)]$,由(1)可知 $Y(t_i)$均为正态随机变量,所以 Y 为 n 维正态向量且有

$$E[Y(t_i)]=\int_0^{t_i}E[X(u)]\mathrm{d}u=\int_0^{t_i}m_X(u)\mathrm{d}u<\infty\ (\text{由}(14.2.2)\text{式})$$

$$\Gamma_Y(t_i,t_j) = \int_0^{t_i}\int_0^{t_j}\Gamma_X(u,s)\mathrm{d}u\mathrm{d}s < \infty \ (\text{由(14.2.5)式})$$

$$i,j=1,2,\cdots,n$$

由此可知

$$B_Y(t_i,t_j) = \int_0^{t_i}\int_0^{t_j}B_X(u,s)\mathrm{d}u\mathrm{d}s < \infty$$

这说明 $E[Y(t_i)]$,$B_Y(t_i,t_j)(i,j=1,2,\cdots,n)$ 均存在,故由正态过程定义 14.1.2 可知 $\boldsymbol{Y}^{\mathrm{T}}=[Y(t_1),Y(t_2),\cdots,T(t_n)]$ 存在如下的联合特征函数,即

$$f_Y(\boldsymbol{t})=E(\mathrm{e}^{\mathrm{i}\boldsymbol{t}^{\mathrm{T}}\boldsymbol{Y}})=\exp\left\{\mathrm{i}[E(\boldsymbol{Y})]^{\mathrm{T}}\boldsymbol{t}-\frac{1}{2}\boldsymbol{t}^{\mathrm{T}}\boldsymbol{B}_Y\boldsymbol{t}\right\}$$

其中,$\boldsymbol{B}_Y=[B_Y(t_i,t_j)]_{n\times n}$。

因此,$\left\{Y(t) = \int_0^t X(u)\mathrm{d}u, t\geqslant 0\right\}$ 为正态过程。定理证毕。

进一步,关于正态过程的导数过程,有如下结论。

定理 14.2.2 设$\{X(t),t\geqslant 0\}$为正态过程且假定均值函数 $m_X(t)$ 关于 t 处处可导,而且中心自相关函数 $B_X(t_1,t_2)$ 关于对角线 $t_1=t_2$ 处处存在二阶混合偏导数,则

(1) $\forall t\geqslant 0$,$X(t)$ 均方可微且$\dfrac{\mathrm{d}X(t)}{\mathrm{d}t}$是一正态随机变量;

(2) $\left\{\dfrac{\mathrm{d}X(t)}{\mathrm{d}t},t\geqslant 0\right\}$是正态过程。

证明 因为

$$\Gamma_X(t_1,t_2)=B_X(t_1,t_2)+m_X(t_1)m_X(t_2)$$

所以

$$\begin{aligned}\left.\frac{\partial^2\Gamma_X(t_1,t_2)}{\partial t_1\partial t_2}\right|_{t_1=t_2=t} &= \left.\frac{\partial^2 B_X(t_1,t_2)}{\partial t_1\partial t_2}\right|_{t_1=t_2=t}+\left.\frac{\partial^2[m_X(t_1)m_X(t_2)]}{\partial t_1\partial t_2}\right|_{t_1=t_2=t}\\ &= \left.\frac{\partial^2 B_X(t_1,t_2)}{\partial t_1\partial t_2}\right|_{t_1=t_2=t}+\left[\frac{\mathrm{d}m_X(t)}{\mathrm{d}t}\right]^2\end{aligned}$$

于是由定理给定的假设条件可知$\left.\dfrac{\partial^2\Gamma_X(t_1,t_2)}{\partial t_1\partial t_2}\right|_{t_1=t_2=t}$存在,再由定理 10.3.2 可知,对任意 t,$X(t)$ 均方可微,进一步由均方可微定义 10.3.4 可知,$\dfrac{X(t+h)-X(t)}{h}$是正态随机变量且当 $h\to 0$ 时均方收敛,并记为

$$\underset{h\to 0}{\mathrm{l\cdot i\cdot m}}\frac{X(t+h)-X(t)}{h}\triangleq\frac{\mathrm{d}X(t)}{\mathrm{d}t}$$

最后由定理 14.1.4 可知$\dfrac{\mathrm{d}X(t)}{\mathrm{d}t}$为一正态随机变量。

(2) $\forall n$, $\forall t_1,t_2,\cdots,t_n$,记

$$Z(t_i)\triangleq\frac{\mathrm{d}X(t_i)}{\mathrm{d}t_i},i=1,2,\cdots,n$$

再构造一个向量 $\boldsymbol{Z}^{\mathrm{T}}=[Z(t_1),Z(t_2),\cdots,Z(t_n)]$,由(1)可知 $Z(t_i)$ 均为正态随机变量,所以 $\boldsymbol{Z}$ 为 n 维正态随机向量且有

$$E[Z(t_i)]=E\left[\frac{\mathrm{d}X(t_i)}{\mathrm{d}t_1}\right]=\frac{\mathrm{d}m_X(t_i)}{\mathrm{d}t_i},i=1,2,\cdots,n$$

$$B_Z(t_i,t_j)=E\{\{Z(t_i)-E[Z(t_i)]\}\{Z(t_j)-E[Z(t_j)]\}\}$$
$$=\frac{\partial^2}{\partial t_i\partial t_j}[\Gamma_X(t_i,t_j)-m_X(t_i)m_X(t_j)]$$
$$=\frac{\partial^2}{\partial t_i\partial t_j}B_X(t_i,t_j)$$

由于 $B_X(t_i,t_j)$ 关于对角线上处处二阶可导等价于关于全平面二阶混合可导，这说明 $E[Z(t_i)]$，$B_Z(t_i,t_j)(i,j=1,2,\cdots,n)$ 均存在，故由正态过程定义 14.1.2 可知 $\boldsymbol{Z}^{\mathrm{T}}=[Z(t_1),Z(t_2),\cdots,Z(t_n)]$ 存在如下特征函数，即

$$f_Z(\boldsymbol{t})=E(\mathrm{e}^{\mathrm{i}\boldsymbol{t}^{\mathrm{T}}\boldsymbol{Z}})=\exp\left\{\mathrm{i}[E(\boldsymbol{Z})]^{\mathrm{T}}\boldsymbol{t}-\frac{1}{2}\boldsymbol{t}^{\mathrm{T}}\boldsymbol{B}_Z\boldsymbol{t}\right\}$$

存在，其中，$\boldsymbol{B}_Z=[B_Z(t_i,t_j)]_{n\times n}$。由此可知 $\left\{Z(t)=\frac{\mathrm{d}X(t)}{\mathrm{d}t},t\geqslant0\right\}$ 为正态过程。定理证毕。

如果正态过程 $\{X(t),t\geqslant0\}$ 又是平稳的，我们可有更为简明的结论。

定理 14.2.3　设 $\{X(t),t\geqslant0\}$ 为正态平稳过程且假定中心自相关函数 $B_X(\tau)$ 在 $\tau=0$ 处二次可导，则

(1) $\forall t\geqslant0$，$X(t)$ 均方可微且 $\frac{\mathrm{d}X(t)}{\mathrm{d}t}$ 是正态随机变量；

(2) $\left\{\frac{\mathrm{d}X(t)}{\mathrm{d}t},t\geqslant0\right\}$ 是正态平稳过程。

证明　(1) 因为过程是平稳的，所以均值函数 $m_X(t)$ 为常数，故有 $\frac{\mathrm{d}m_X(t)}{\mathrm{d}t}=0$，又因为 $B_X(\tau)$ 在 $\tau=0$ 处二次可导，于是由平稳随机过程性质 5 可知 $\{X(t),t\geqslant0\}$ 均方可微，再由定理 14.1.4 可知

$$\frac{\mathrm{d}X(t)}{\mathrm{d}t}\triangleq \underset{h\to0}{\mathrm{l\cdot i\cdot m}}\frac{X(t+h)-X(t)}{h}$$

是正态随机变量。

(2) $\forall n$，$\forall t_1,t_2,\cdots,t_n$，记

$$W(t_i)\triangleq\frac{\mathrm{d}X(t_i)}{\mathrm{d}t_i},i=1,2,\cdots,n$$

再构造一个向量 $\boldsymbol{W}^{\mathrm{T}}=[W(t_1),W(t_2),\cdots,W(t_n)]$，由 (1) 可知每一 $W(t_i)$ 均为正态随机变量，所以 $\boldsymbol{W}$ 为 n 维正态随机向量且有

$$E[W(t_i)]=\frac{\mathrm{d}m_X(t_i)}{\mathrm{d}t_i}=0\Rightarrow E(\boldsymbol{W})=0$$

$$B_W(t_i-t_j)=-\frac{\mathrm{d}^2}{\mathrm{d}(t_i-t_j)^2}B_X(t_i-t_j)\triangleq-B''_X(t_i-t_j)=-B''_X(\tau)$$

由于 $B_X(\tau)$ 在 $\tau=0$ 处二次可导等价于在任意 $\tau=t_i-t_j$ 处二次可导，这说明 $B_W(t_i-t_j)=-B''_X(t_i-t_j)$ 对任意 $i,j=1,2,\cdots,n$ 处均存在，故由正态过程定义 14.1.2 可知 $\boldsymbol{W}^{\mathrm{T}}=[W(t_1),W(t_2),\cdots,W(t_n)]$ 存在如下联合特征函数，即

$$f_W(\boldsymbol{t})=\exp\left\{-\frac{1}{2}\boldsymbol{t}^{\mathrm{T}}\boldsymbol{B}_W\boldsymbol{t}\right\}\quad(\text{因 }E(\boldsymbol{W})=0)$$

其中

$$\boldsymbol{B}_W = [B_W(t_i - t_j)]_{n\times n} = [-B''_X(t_i - t_j)]_{n\times n} = [-B''_X(\tau)]_{n\times n}$$

由此可知$\left\{W(t)=\dfrac{\mathrm{d}X(t)}{\mathrm{d}t}, t\geqslant 0\right\}$为正态过程,最后由平稳过程性质6可知$\left\{W(t)=\dfrac{\mathrm{d}X(t)}{\mathrm{d}t}, t\geqslant 0\right\}$还是平稳过程。定理证毕。

说明 由上面叙述的两个定理可以看出,正态过程是否均方可微取决于它的相关函数是否可导,因此,如何判断一个相关函数是否可导就是我们要解决问题的关键,分析理论告诉我们,一个定义在$\boldsymbol{R}^1$上的函数在某一点是可微的,则该函数在该点必定连续,但反之不真[46]。下面的定理给出函数在某点是否可导的判据。

定理 14.2.4[44,45] 对于函数$f(x)$及单点x_0,函数$f(x)$在x_0处可导的充要条件是

$$\left[\frac{\mathrm{d}f(x_0)}{\mathrm{d}x_0}\right]_+ = \left[\frac{\mathrm{d}f(x_0)}{\mathrm{d}x_0}\right]_- \tag{14.2.6}$$

其中

$$\left[\frac{\mathrm{d}f(x_0)}{\mathrm{d}x_0}\right]_+ = \lim_{h\to 0^+}\frac{f(x_0+h)-f(x_0)}{h} \tag{14.2.7}$$

$$\left[\frac{\mathrm{d}f(x_0)}{\mathrm{d}x_0}\right]_- = \lim_{h\to 0^-}\frac{f(x_0+h)-f(x_0)}{h} \tag{14.2.8}$$

分别称为$f(x)$在x_0处的右导数和左导数。

该定理的证明见文献[44]和文献[45]。

例 14.2.1 设$\{X(t), t\geqslant 0\}$为平稳正态过程,其中心自相关函数为$B(\tau)=\mathrm{e}^{-a|\tau|}(a>0)$,试分析该过程是否均方可微。

解 由定理14.2.3可知,我们只需考查$B(\tau)$在$\tau=0$处是否二次可导。由定理14.2.4可知,$B(\tau)$在$\tau=0$处的右导数为

$$[B'(0)]_+ = -a, [B''(0)]_+ = a^2$$

而$B(\tau)$在$\tau=0$处的左导数为

$$[B'(0)]_- = a, [B''(0)]_- = -a^2$$

因为$[B'(0)]_+ \neq [B'(0)]_-$,所以$B(\tau)$在$\tau=0$处一次不可导,又因为$[B''(0)]_+ \neq [B''(0)]_-$,这说明$B(\tau)$在$\tau=0$二次不可导,于是由定理14.2.3可知,该正态平稳过程不均方可微。

例14.2.1告诉我们,即使相关函数$B(\tau)$在$\tau=0$处连续,但它在$\tau=0$处不可导。

例 14.2.2 设$\{X(t), t\geqslant 0\}$是参数为σ^2的维纳过程,定义

$$Y(t) = \frac{1}{t}\int_0^t X(t)\mathrm{d}t$$

试求$Y(t)$的均值函数和中心自相关函数$B_Y(t_1, t_2)$

解
$$E[Y(t)] = \frac{1}{t}\int_0^t E[X(\tau)]\mathrm{d}\tau = 0$$

$$\begin{aligned} B_Y(t_1,t_2) &= E[Y(t_1)Y(t_2)] \\ &= \frac{1}{t_1t_2}\int_0^{t_1}\int_0^{t_2}E[X(t)X(\tau)]\mathrm{d}t\mathrm{d}\tau \\ &= \frac{1}{t_1t_2}\int_0^{t_1}\int_0^{t_2}\sigma^2\min(t,\tau)\mathrm{d}t\mathrm{d}\tau \\ &= \frac{1}{t_1t_2}\int_0^{t_2}\sigma^2\left[\int_0^{\tau}t\mathrm{d}t + \int_{\tau}^{t_1}\tau\mathrm{d}t\right]\mathrm{d}\tau, t_1 > t_2 \end{aligned}$$

$$= \frac{\sigma^2}{t_1 t_2}\int_0^{t_2}\left[\frac{1}{2}\tau^2 + \tau(t_1 - \tau)\right]\mathrm{d}\tau$$

$$= \frac{\sigma^2}{t_1 t_2}\int_0^{t_2}\left(\tau t_1 - \frac{1}{2}\tau^2\right)\mathrm{d}\tau$$

$$= \frac{\sigma^2}{t_1 t_2}\left(\frac{1}{2}t_2^2 t_1 - \frac{1}{6}t_2^3\right)$$

$$= \frac{\sigma^2 t_2}{6t_1}(3t_1 - t_2), t_1 > t_2$$

当 $t_2 > t_1$ 时,同理可求出

$$B_Y(t_1, t_2) = \frac{\sigma^2 t_1}{6t_2}(3t_2 - t_1), t_2 > t_1$$

于是有

$$B_Y(t_1, t_2) = \frac{\sigma^2}{6}\frac{\min(t_1, t_2)}{\max(t_1, t_2)}[3\max(t_1, t_2) - \min(t_1, t_2)]$$

14.3　正态马尔可夫过程的相关函数准则

回顾一下,利用相关函数 $\Gamma_X(t_1, t_2) = E[X(t_1)X(t_2)]$ 可以判断所对应的随机过程 $\{X(t), t \in T\}$ 的许多重要特性,现归纳如下。

(1)相关函数 $\Gamma_X(t_1, t_2)$ 在对角线 $t_1 = t_2 = t_0$ 处是否连续可以判断过程 $X(t)$ 在 $t = t_0$ 处是否均方连续(见定理 10.3.1)。

(2)相关函数 $\Gamma_X(t_1, t_2)$ 在对角线 $t_1 = t_2 = t_0$ 处是否存在二阶混合偏导数可以判断过程 $X(t)$ 在 $t = t_0$ 是否均方可微(见定理 10.3.2)。

(3)相关函数 $\Gamma_X(t_1, t_2)$ 的下列二重积分

$$\int_a^b\int_a^b f(t_1)f(t_2)\Gamma_X(t_1, t_2)\,\mathrm{d}t_1\mathrm{d}t_2$$

是否存在,可以判断过程 $\{f(t)X(t)\}$ 在 $[a, b]$ 上是否均方可积,其中,$f(t)$ 为普通实函数(见定理 10.3.7)。

(4)设 $\{X(t), t \in T\}$ 为可分的实正态过程,则相关函数 $\Gamma_X(t_1, t_2)$ 在对角线 $t_1 = t_2$ 上是否连续,可以判断该过程 $X(t)$ 的样本函数是否以概率 1 连续(见定理 10.5.3)。

(5)设 $\{X(t), t \in T\}$ 为平稳过程,则相关函数的下列积分

$$\lim_{T\to\infty}\frac{1}{T}\int_0^T B_X(\tau)\,\mathrm{d}\tau = 0 \tag{14.3.1}$$

$$\lim_{T\to\infty}\frac{1}{T}\int_0^T B_Y(\tau)\,\mathrm{d}\tau = 0 \tag{14.3.2}$$

是否成立,可以判断 $\{X(t), t \in T\}$ 是否具有均方遍历性,其中

$$Y(t) = X(t + \tau)X(t) - B_X(\tau)\text{(见定理 13.5.1 和定理 13.5.2)}$$

(6)设 $\{X(n), n = \cdots, -2, -1, 0, 1, 2, \cdots\}$ 为正态平稳序列,则

$$\lim_{N\to\infty}\frac{1}{N}\sum_{i=1}^{N}B_X(i) = 0 \tag{14.3.3}$$

$$\lim_{N\to\infty}\frac{1}{N}\sum_{i=1}^{N}B_X^2(i)=0 \tag{14.3.4}$$

是否成立,可以判断$\{X(n),n=\cdots,-2,-1,0,1,2,\cdots\}$是否具有均方遍历性(见定理13.5.3和定理13.5.6)。

这些准则,使得我们能够通过对相关函数的分析来了解所对应的随机过程的若干特生,因为相关函数是确定性函数,所以对相关函数的分析是比较容易的,因此,相关函数在随机过程理论中的重要性就显而易见了。

在这一节,我们讨论如何利用相关函数来判断所对应的随机过程是否为正态马尔可夫过程,显然,这对于应用来说是有意义的,为此,先介绍以下引理。

引理 14.3.1 设$\{X(t),t\in T\}$为正态过程,则对任意 n 及任意 $t_1<t_2<\cdots<t_n<t$ 有

$$\hat{E}[X(t)|X(t_1),X(t_2),\cdots,X(t_n)]=E[X(t)|X(t_1),X(t_2),\cdots,X(t_n)] \tag{14.3.5}$$

$$E\{[X(t)-\hat{E}(X(t)|X(t_1),X(t_2),\cdots,X(t_n))]X(t_i)\}=0,i=1,2,\cdots,n \tag{14.3.6}$$

其中,$E(\cdot|\cdot)$表示条件均值;$\hat{E}(\cdot|\cdot)$表示投影。

证明 记

$$X\triangleq X(t) \tag{14.3.7}$$

$$\boldsymbol{Z}\triangleq[X(t_1),X(t_2),\cdots,X(t_n)] \tag{14.3.8}$$

则由投影公式(见上册定理9.2.4)可知

$$\begin{aligned}\hat{E}(X|\boldsymbol{Z})&=E(X)+\operatorname{cov}(X,\boldsymbol{Z})[\operatorname{var}(\boldsymbol{Z})]^{-1}[\boldsymbol{Z}-E(\boldsymbol{Z})]\\&=E[X(t)]+\operatorname{cov}[X(t),\boldsymbol{Z}][\operatorname{var}(\boldsymbol{Z})]^{-1}[\boldsymbol{Z}-E(\boldsymbol{Z})]\end{aligned} \tag{14.3.9}$$

又因为$\{X(t_1),X(t_2),\cdots,X(t_n),X(t)\}$为正态向量,记

$$\xi_2=X(t) \tag{14.3.10}$$

$$\boldsymbol{\xi}_1=[X(t_1),X(t_2),\cdots,X(t_n)] \tag{14.3.11}$$

则条件均值(见上册定理5.5.10中(5.5.35)式)为

$$\begin{aligned}E(\xi_2|\boldsymbol{\xi}_1)&=E(\xi_2)+\operatorname{cov}(\xi_2,\boldsymbol{\xi}_1)\boldsymbol{R}_{11}^{-1}[\boldsymbol{\xi}_1-E(\boldsymbol{\xi}_1)]\\&=E[X(t)]+\operatorname{cov}[X(t),\boldsymbol{\xi}_1][\operatorname{var}(\boldsymbol{\xi}_1)]^{-1}[\boldsymbol{\xi}_1-E(\boldsymbol{\xi}_1)]\end{aligned} \tag{14.3.12}$$

由(14.3.7)式、(14.3.10)式、(14.3.8)式、(14.3.11)式可知

$$X=\xi_2=X(t)$$

$$\boldsymbol{Z}=\boldsymbol{\xi}_1=[X(t_1),X(t_2),\cdots,X(t_n)]$$

于是由(14.3.9)式及(14.3.12)式立得

$$\begin{aligned}\hat{E}(X|\boldsymbol{Z})&=\hat{E}[X(t)|X(t_1),X(t_2),\cdots,X(t_n)]\\&=E(\xi_2|\boldsymbol{\xi}_1)=E[X(t)|X(t_1),X(t_2),\cdots,X(t_n)]\end{aligned}$$

于是(14.3.5)式得证,再由投影的正交性可知(14.3.6)式成立。引理证毕。

引理 14.3.2 随机过程$\{X(t),t\in T\}$为马氏过程的充要条件是$\forall n$,$\forall t_1<t_2<\cdots<t_n<t\in T$,有

$$E[X(t)|X(t_1),X(t_2),\cdots,X(t_n)]=E[X(t)|X(t_n)] \tag{14.3.13}$$

其中,$E(\cdot|\cdot)$表示条件均值。

证明 设$\{X(t),t\in T\}$为马氏过程,则由马氏过程定义10.6.6可知该过程的概率密度函数满足

$$p[x(t)|x(t_1),x(t_2),\cdots,x(t_n)]=p[x(t)|x(t_n)]$$

于是

$$\begin{aligned}E[X(t)\mid X(t_1),X(t_2),\cdots,X(t_n)] &= \int_{-\infty}^{+\infty} xp[x(t)\mid x(t_1),x(t_2),\cdots,x(t_n)]\mathrm{d}x \\ &= \int_{-\infty}^{+\infty} xp[x(t)\mid x(t_n)]\mathrm{d}x \\ &= E[X(t)\mid X(t_n)]\end{aligned}$$

反之,若

$$E[X(t)\mid X(t_1),X(t_2),\cdots,X(t_n)] = E[X(t)\mid X(t_n)]$$

则有 $p[x(t)\mid x(t_1),x(t_2),\cdots,x(t_n)] = p[x(t)\mid x(t_n)]$,由定义可知该过程为马氏过程。引理证毕。

利用以上两个引理可以推出正态马尔可夫过程一系列的相关函数准则。

定理 14.3.1　设$\{X(t),t\in T\}$是零均值实正态过程,则它是马尔可夫过程的充要条件是$\forall s<t<u$有

$$B(u,s)B(t,t) = B(u,t)B(t,s) \tag{14.3.14}$$

其中,$B(\cdot,\cdot)$为中心自相关函数。

证明　必要性:设$\{X(t),t\in T\}$是马氏过程,则$\forall n$, $\forall t_1<t_2<\cdots<t_n<s<t<u$,有

$$\begin{aligned}&\hat{E}[X(u)\mid X(t_1),X(t_2),\cdots,X(t_n),X(s),X(t)] \\ &= E[X(u)\mid X(t_1),X(t_2),\cdots,X(t_n),X(s),X(t)]\text{(由引理 14.3.1)} \\ &= E[X(u)\mid X(t)]\text{(由引理 14.3.2)}\end{aligned} \tag{14.3.15}$$

于是由(14.3.6)式有

$$\begin{aligned}&E\{\{X(u) - \hat{E}[X(u)\mid X(t_1),X(t_2),\cdots,X(t_n),X(s),X(t)]\}X(s)\} = 0 \\ &\Rightarrow E\{\{X(u) - E[X(u)\mid X(t)]\}X(s)\} = 0\text{(由(14.3.15)式)} \\ &\Rightarrow E[X(u)X(s)] - \operatorname{cov}[X(u),X(t)]\{\operatorname{var}[X(t)]\}^{-1}E[X(t)X(s)] = 0\text{(由(14.3.12)式)} \\ &\Rightarrow B(u,s) - B(u,t)B(t,t)^{-1}B(t,s) = 0 \\ &\Rightarrow B(u,s)B(t,t) - B(u,t)B(t,s) = 0\end{aligned}$$

即(14.3.14)式得证。

充分性:若对任意 $s<t<u$ 有

$$B(u,s)B(t,t) = B(u,t)B(t,s)$$

$$\Rightarrow B(u,s) = B(u,t)[B(t,t)]^{-1}B(t,s)$$

由上面的推导过程知,必有

$$\begin{aligned}&E\{\{X(u) - E[X(u)\mid X(t)]\}X(s)\} = 0,s<t \\ &\Rightarrow E\{\{X(u) - E[X(u)\mid X(t)]\}X(t_i)\} = 0,t_i\in(t_1,t_2,\cdots,t_n,s)\text{且 }t_1<t_2<\cdots<t_n<s<t,\forall n\end{aligned}$$

这说明

$$\begin{aligned}E[X(u)\mid X(t)] &= \hat{E}(X(u)\mid X(t_1),X(t_2),\cdots,X(t_n),X(s),X(t)) \\ &= E[X(u)\mid X(t_1),X(t_2),\cdots,X(t_n),X(s),X(t)]\text{(由引理 14.3.1)}\end{aligned}$$

最后,由引理 14.3.2 可知$\{X(t),t\in T\}$是马尔可夫过程。定理证毕。

定理 14.3.2　设$\{X(t),t\in T\}$是零均值实平稳正态过程,则它是马尔可夫过程的充要条件是$\forall \tau_1>0$, $\forall \tau_2>0$有

$$R(\tau_1+\tau_2) = R(\tau_1)R(\tau_2) \tag{14.3.16}$$

其中,$R(\cdot)$为标准中心自相关函数。

证明 由定理 14.3.1 可知

$$X(t)\text{为零均值实正态马尔可夫过程}$$
$$\Leftrightarrow \forall s<t<u \text{ 有 } B(u,s)B(t,t)=B(u,t)B(t,s)$$

而本定理要往证:

$$X(t)\text{为零均值实正态马尔可夫过程且具有平稳性}$$
$$\Leftrightarrow \forall \tau_1>0, \forall \tau_2>0 \text{ 有 } R(\tau_1+\tau_2)=R(\tau_1)R(\tau_2)$$

这就意味着本定理往证:

$$\forall s<t<u \text{ 有 } B(u,s)B(t,t)=B(u,t)B(t,s)\text{且具有平稳性}$$
$$\Leftrightarrow \forall \tau_1>0, \forall \tau_2>0 \text{ 有 } R(\tau_1+\tau_2)=R(\tau_1)R(\tau_2)$$

先证"⇒":由于过程是平稳的,故有 $B(t,t)=B(0)=\sigma^2$,$B(u,s)=B(u-s)$,$B(u,t)=B(u-t)$,$B(t,s)=B(t-s)$,于是有

$$B(u-s)=\frac{B(u-t)}{\sigma^2}B(t-s)$$
$$\Rightarrow \frac{B(u-s)}{\sigma^2}=\frac{B(u-t)}{\sigma^2}\frac{B(t-s)}{\sigma^2}$$
$$\Rightarrow R(u-s)=R(u-t)R(t-s)$$

由于上式对任意 $s<t<u$ 均成立,故对任意 $\tau_1>0,\tau_2>0$ 可取 $t=s+\tau_1,u=t+\tau_2$,于是有$R(\tau_1+\tau_2)=R(\tau_1)R(\tau_2)$。

再证"⇐":由于 $R(\cdot)$是标准中心自相关函数且为单变量函数,故$\{X(t),t\in T\}$必为平稳随机过程,即对任意 $s\in T$,任意 $\tau_1>0$,任意 $\tau_2>0$,可设 $t=s+\tau_1,u=t+\tau_2$,于是有

$$\forall s<t<u, R(s+\tau_1+\tau_2,s)=R(s+\tau_1,s)R(s+\tau_1+\tau_2,s+\tau_1)$$
$$\Rightarrow B(u,s)=\frac{B(t,s)}{B(t,t)}B(u,t)$$
$$\Rightarrow B(u,s)B(t,t)=B(t,s)B(u,t)$$

于是由定理 14.3.1 可知,$\{X(t),t\in T\}$是零均值实正态马尔可夫过程且为平稳的。定理证毕。

定理 14.3.3 设$\{X(t),t\in T\}$是零均值实平稳正态过程,则它是均方连续的马尔可夫过程的充要条件是其中心自相关函数满足

$$B(\tau)=B(0)\mathrm{e}^{a\tau},\tau\geqslant 0,a\leqslant 0 \tag{14.3.17}$$

且

$$B(\tau)=B(0)\mathrm{e}^{a|\tau|},a\leqslant 0,-\infty<\tau<\infty \tag{14.3.18}$$

证明 由定理 14.3.2 可知,该定理实际上是往证:

(14.3.16)式且具有均方连续性⇔(14.3.17)式

先证"⇒":由(14.3.16)式取 $\tau_1=\tau_2=\Delta$,并反复运用(14.3.16)式可得 $R(n\Delta)=R^n(\Delta)$,对任意 $\tau\geqslant 0$,令 $n\Delta=\tau$,则 $n=\dfrac{\tau}{\Delta}$,于是有

$$R(\tau)=[R(\Delta)]^{\frac{\tau}{\Delta}},\tau\geqslant 0 \tag{14.3.19}$$

令 $\Delta\to 0$ 且$\lim\limits_{\Delta\to 0}n\Delta=\tau$,再取极限,则

$$R(\tau)=\lim_{\Delta\to 0}[R(\Delta)]^{\frac{\tau}{\Delta}}$$

$$=\lim_{\Delta\to 0}[R(0)+[R'(0)]_+\Delta+o(\Delta^2)]^{\frac{\tau}{\Delta}}$$
$$=e^{[R'(0)]_+\tau}$$
$$\triangleq e^{a\tau},\tau\geqslant 0,a\leqslant 0$$

因为 $X(t)$ 均方连续,故由平稳过程性质 3 可知 $R(\tau)$ 连续,又由性质 1 可知 $|R(\tau)|\leqslant 1$,因此右导数满足 $[R'(0)]_+\triangleq a\leqslant 0$,于是有

$$R(\tau)=\frac{B(\tau)}{B(0)}=e^{a\tau},\tau\geqslant 0,a\leqslant 0$$

再由相关函数是偶函数,即 $R(-\tau)=R(\tau)$ 立得 $R(\tau)=\dfrac{B(\tau)}{B(0)}=e^{a|\tau|},a\leqslant 0,-\infty<\tau<\infty$,"⇒"得证。

再证"⇐":由 $\dfrac{B(\tau_1+\tau_2)}{B(0)}=e^{a(\tau_1+\tau_2)}=e^{a\tau_1}e^{a\tau_2}=\dfrac{B(\tau_1)}{B(0)}\dfrac{B(\tau_2)}{B(0)},\forall\tau_1>0,\forall\tau_2>0$ 可得

$$R(\tau_1+\tau_2)=R(\tau_1)R(\tau_2),\forall\tau_1>0,\forall\tau_2>0$$

又因为 $R(\tau)=e^{a|\tau|}$ 在 $\tau=0$ 处连续,因此,$\{X(t),t\in T\}$ 均方连续。定理证毕。

定理 14.3.4　设 $\{X(n),n=\cdots,-2,-1,0,1,2,\cdots\}$ 为零均值实平稳正态序列,则它是马尔可夫序列的充要条件是

$$R(n)=\frac{B(n)}{B(0)}=z^{|n|},|z|\leqslant 1,n=\cdots,-2,-1,0,1,2,\cdots \tag{14.3.20}$$

其中,$B(n)$,$R(n)$ 分别为中心自相关函数和标准中心自相关函数。

证明　由(14.3.16)式,取 τ_1,τ_2 为正整数,即 $\tau_1=n,\tau_2=m$ 时有 $R(m+n)=R(n)R(m)$,由此得 $R(2)=R(1)^2$,进一步还有 $R(n)=R(1)^n$,若记

$$z\triangleq R(1)=\frac{B(1)}{B(0)}\leqslant 1(\text{由}(13.2.3)\text{式}) \tag{14.3.21}$$

则得

$$R(n)=\frac{B(n)}{B(0)}=z^n$$

又因为 $R(n)$ 是 n 的偶函数,故有

$$R(n)=\frac{B(n)}{B(0)}=z^{|n|},n=\cdots,-2,-1,0,1,2,\cdots$$

反之,$\forall n>0,\forall m>0$,若(14.3.20)式成立,则有

$$R(m+n)=z^{n+m}=z^nz^m=R(n)R(m)$$

即(14.3.16)式成立。定理证毕。

定理 14.3.5　设 $\{X(t),t\in T\}$ 为可分的平稳实正态过程,则以下三个事实等价:

(1)过程 $\{X(t),t\in T\}$ 的样本函数以概率 1 连续;

(2)过程 $\{X(t),t\in T\}$ 均方连续;

(3)中心自相关函数 $R_X(\tau)$ 在 $\tau=0$ 处连续。

由推论 10.5.2 及推论 10.5.3 可推出该定理结论,留给读者作为练习。

例 14.3.1　试分析布朗运动过程　由例 12.6.2 知布朗运动方程为

$$\frac{dV(t)}{dt}+\beta V(t)=n(t),\beta>0,t>0$$

其中,$n(t)$ 为白噪声且

$$E[n(t)]=0,E[n(t)n(\tau)]=\sigma^2\delta(t-\tau)$$

经分析(见例 12.6.3),布朗运动当处于平稳状态以后(或者可以认为当 $t\to\infty$ 以后)有

$$\operatorname{cov}[V(\tau),V(t)]=\frac{\sigma^2}{2\beta}e^{-|t-\tau|}\triangleq B_V(t-\tau),\ \forall t,\tau\geqslant 0,\beta>0$$

令 $t-\tau=u$ 则布朗运动过程中心自相关函数为

$$B_V(u)=\frac{\sigma^2}{2\beta}e^{-\beta|u|},\ -\infty<u<+\infty,\beta>0$$

于是由定理 14.3.3 可知,布朗运动过程处于稳定状态时是一个均方连续的平稳正态马尔可夫过程,又因为中心自相关函数 $B_V(u)$ 在 $u=0$ 处左导数与右导数不相等,故由定理 14.2.4 可知布朗运动过程不是均方可微的(见例 14.2.1)。

14.4 离散线性系统中的正态马尔可夫序列

14.4.1 离散线性系统模型的产生方法

在实际应用中,我们经常会遇到随机过程作用于线性系统的分析计算,为了解决这一类型的应用问题,我们在本节讨论正态白序列作用于离散线性系统的若干特性,以便为以后的进一步分析计算打下基础。为此,先介绍离散线性系统模型的产生方法,基本做法是这样:先由物理学中的基本定律建立连续线性系统方程,然后再离散化处理可得离散线性系统模型。

设连续线性系统方程为

$$\frac{d\boldsymbol{X}(t)}{dt}=\boldsymbol{A}(t)\boldsymbol{X}(t)+\boldsymbol{B}(t)\boldsymbol{W}(t) \tag{14.4.1}$$

其中,$\boldsymbol{X}^{T}(t)=[X_1(t),X_2(t),\cdots,X_n(t)]$ 为 n 维系统状态向量;$\boldsymbol{A}(t)=[a_{ij}(t)]_{n\times n}$ 为 $n\times n$ 阶连续系统系数矩阵;$\boldsymbol{W}^{T}(t)=[W_1(t),W_2(t),\cdots,W_r(t)]$ 为 r 维随机干扰(随机过程);$\boldsymbol{B}(t)=[b_{ij}(t)]_{n\times r}$ 为 $n\times r$ 阶干扰系数矩阵。

假设:(1) $\boldsymbol{W}(t)$ 在整个区间($t\geqslant t_0$)内是任意黎曼可积随机干扰;

(2)初始时刻 t_0 是固定的,初始状态 $X(t_0)$ 是已知的。如果

$$\begin{cases}E[\boldsymbol{W}(t)]=0\\ E[\boldsymbol{W}(t)\boldsymbol{W}^{T}(\tau)]=\boldsymbol{Q}(t)\delta(t-\tau)\end{cases} \tag{14.4.2}$$

其中,$\delta(t-\tau)$ 为狄拉克 δ 函数。这时,系统受到的干扰是白色干扰。

又如果

$$\boldsymbol{A}(t)=\boldsymbol{A},\boldsymbol{B}(t)=\boldsymbol{B},\boldsymbol{Q}(t)=\boldsymbol{Q} \tag{14.4.3}$$

则称该系统是线性定常系统。

离散线性系统方程为

$$\boldsymbol{X}(k+1)=\boldsymbol{\Phi}(k+1,k)\boldsymbol{X}(k)+\boldsymbol{\Gamma}(k+1,k)\boldsymbol{W}(k) \tag{14.4.4}$$

其中,$\boldsymbol{X}^{T}(k)=[X_1(k),X_2(k),\cdots,X_n(k)]$ 为系统在 $t=t_k$ 时刻的 n 维状态向量;$\boldsymbol{\Phi}(k+1,k)$ 为 $n\times n$ 阶系统一步状态转移矩阵;$\boldsymbol{W}^{T}(k)=[W_1(k),W_2(k),\cdots,W_r(k)]$ 为系统在 $t=t_k$ 时刻的 r 维干扰状态向量;$\boldsymbol{\Gamma}(k+1,k)$ 为 $n\times r$ 阶一步干扰转移阵。

下面讨论如何由连续线性系统方程(14.4.1)式导出离散线性系统方程(14.4.4)式,为此,应求解如下方程组,即

$$\begin{cases}\dfrac{\mathrm{d}\boldsymbol{X}(t)}{\mathrm{d}t}=\boldsymbol{A}(t)\boldsymbol{X}(t)+\boldsymbol{B}(t)\boldsymbol{W}(t)\\ \boldsymbol{X}(t_0)=\boldsymbol{X}_0\end{cases}\tag{14.4.5}$$

设伴随方程为

$$\frac{\mathrm{d}\boldsymbol{Y}(t)}{\mathrm{d}t}=-\boldsymbol{A}^{\mathrm{T}}(t)\boldsymbol{Y}(t)\tag{14.4.6}$$

因为 $\boldsymbol{A}(t)$ 是 $n\times n$ 阵,故方程(14.4.6)式必有 n 个解,设 $\boldsymbol{Y}_1^{\mathrm{T}}(t)=[y_{11}(t),y_{12}(t),\cdots,y_{1n}(t)]$ 为方程(14.4.6)式的第一个解,于是有

$$\begin{aligned}\frac{\mathrm{d}[\boldsymbol{Y}_1^{\mathrm{T}}(t)\boldsymbol{X}(t)]}{\mathrm{d}t}&=\boldsymbol{Y}_1^{\mathrm{T}}(t)\frac{\mathrm{d}\boldsymbol{X}(t)}{\mathrm{d}t}+\frac{\mathrm{d}\boldsymbol{Y}_1^{\mathrm{T}}(t)}{\mathrm{d}t}\boldsymbol{X}(t)\\&=\boldsymbol{Y}_1^{\mathrm{T}}(t)[\boldsymbol{A}(t)\boldsymbol{X}(t)+\boldsymbol{B}(t)\boldsymbol{W}(t)]+[-\boldsymbol{Y}_1^{\mathrm{T}}(t)\boldsymbol{A}(t)]\boldsymbol{X}(t)\\&=\boldsymbol{Y}_1^{\mathrm{T}}(t)\boldsymbol{B}(t)\boldsymbol{W}(t)\end{aligned}\tag{14.4.7}$$

将(14.4.7)式两边关于 t 求积分可得

$$\boldsymbol{Y}_1^{\mathrm{T}}(t)X(t)=\boldsymbol{Y}_1^{\mathrm{T}}(t_0)\boldsymbol{X}(t_0)+\int_{t_0}^{t}\boldsymbol{Y}_1^{\mathrm{T}}(\tau)\boldsymbol{B}(\tau)\boldsymbol{W}(\tau)\mathrm{d}\tau$$

又设 $\boldsymbol{Y}_i^{\mathrm{T}}(t)=[y_{i1}(t),y_{i2}(t),\cdots,y_{in}(t)]$ 为方程(14.4.6)式的第 i 个解,仿上面的推导有

$$\boldsymbol{Y}_i^{\mathrm{T}}(t)\boldsymbol{X}(t)=\boldsymbol{Y}_i^{\mathrm{T}}(t_0)\boldsymbol{X}(t_0)+\int_{t_0}^{t}\boldsymbol{Y}_i^{\mathrm{T}}(\tau)\boldsymbol{B}(\tau)\boldsymbol{W}(\tau)\mathrm{d}\tau,i=1,2,\cdots,n\tag{14.4.8}$$

令

$$\boldsymbol{\Psi}(t)=\begin{bmatrix}\boldsymbol{Y}_1^{\mathrm{T}}(t)\\ \boldsymbol{Y}_2^{\mathrm{T}}(t)\\ \vdots\\ \boldsymbol{Y}_n^{\mathrm{T}}(t)\end{bmatrix}=\begin{bmatrix}y_{11}(t)&y_{12}(t)&\cdots&y_{1n}(t)\\ y_{21}(t)&y_{22}(t)&\cdots&y_{2n}(t)\\ \vdots&\vdots&&\vdots\\ y_{n1}(t)&y_{n2}(t)&\cdots&y_{nn}(t)\end{bmatrix}\tag{14.4.9}$$

于是由(14.4.8)式可得

$$\boldsymbol{\Psi}(t)\boldsymbol{X}(t)=\Psi(t_0)X(t_0)+\int_{t_0}^{t}\Psi(\tau)B(\tau)W(\tau)\mathrm{d}\tau\tag{14.4.10}$$

由(14.4.10)式可得连续线性系统方程(14.4.1)式的解为

$$\begin{aligned}\boldsymbol{X}(t)&=\boldsymbol{\Psi}^{-1}(t)\boldsymbol{\Psi}(t_0)\boldsymbol{X}(t_0)+\boldsymbol{\Psi}^{-1}(t)\int_{t_0}^{t}\boldsymbol{\Psi}(\tau)\boldsymbol{B}(\tau)\boldsymbol{W}(\tau)\mathrm{d}\tau\\&\triangleq\boldsymbol{\Phi}(t,t_0)\boldsymbol{X}(t_0)+\int_{t_0}^{t}\boldsymbol{\Phi}(t,\tau)\boldsymbol{B}(\tau)\boldsymbol{W}(\tau)\mathrm{d}\tau\end{aligned}\tag{14.4.11}$$

其中

$$\boldsymbol{\Phi}(t,t_0)=\boldsymbol{\Psi}^{-1}(t)\boldsymbol{\Psi}(t_0)\tag{14.4.12}$$

并称之为系统的**状态转移矩阵**。

如令 $t_0=\tau$,则系统状态转移矩阵可表示为

$$\boldsymbol{\Phi}(t,\tau)=\boldsymbol{\Psi}^{-1}(t)\boldsymbol{\Psi}(\tau),t>\tau\tag{14.4.13}$$

状态转移矩阵 $\boldsymbol{\Phi}(t,t_0)$ 有如下性质:

性质 1

$$\boldsymbol{\Phi}(t_0,t_0)=\boldsymbol{I}_{n\times n}\tag{14.4.14}$$

证明　由(14.4.12)式立得 $\boldsymbol{\Phi}(t_0,t_0)=\boldsymbol{\Psi}^{-1}(t_0)\boldsymbol{\Psi}(t_0)=\boldsymbol{I}_{n\times n}$。

性质 2　$\Phi(t,t_0)$满足自身微分方程,即

$$\begin{cases}\dfrac{\mathrm{d}\boldsymbol{\Phi}(t,t_0)}{\mathrm{d}t}=\boldsymbol{A}(t)\boldsymbol{\Phi}(t,t_0)\\ \boldsymbol{\Phi}(t_0,t_0)=\boldsymbol{I}_{n\times n}\end{cases}\tag{14.4.15}$$

证明　由 $\boldsymbol{\Phi}(t,t_0)=\boldsymbol{\Psi}^{-1}(t)\boldsymbol{\Psi}(t_0)$有 $\boldsymbol{\Psi}(t)\boldsymbol{\Phi}(t,t_0)=\boldsymbol{\Psi}(t_0)$,于是

$$\frac{\mathrm{d}}{\mathrm{d}t}[\boldsymbol{\Psi}(t)\boldsymbol{\Phi}(t,t_0)]=\frac{\mathrm{d}\boldsymbol{\Psi}(t)}{\mathrm{d}t}\boldsymbol{\Phi}(t,t_0)+\boldsymbol{\Psi}(t)\frac{\boldsymbol{\Phi}(t,t_0)}{\mathrm{d}t}=0\tag{14.4.16}$$

再由(14.4.6)式还有

$$\frac{\mathrm{d}\boldsymbol{\Psi}^{\mathrm{T}}(t)}{\mathrm{d}t}=-\boldsymbol{A}^{\mathrm{T}}(t)\boldsymbol{\Psi}^{\mathrm{T}}(t)\Rightarrow\frac{\mathrm{d}\boldsymbol{\Psi}(t)}{\mathrm{d}t}=-\boldsymbol{\Psi}(t)\boldsymbol{A}(t)$$

将上式代入(14.4.16)式得

$$-\boldsymbol{\Psi}(t)\boldsymbol{A}(t)\boldsymbol{\Phi}(t,t_0)+\boldsymbol{\Psi}(t)\frac{\mathrm{d}\boldsymbol{\Phi}(t,t_0)}{\mathrm{d}t}=0\Rightarrow\boldsymbol{\Psi}(t)\left[\frac{\mathrm{d}\boldsymbol{\Phi}(t,t_0)}{\mathrm{d}t}-\boldsymbol{A}(t)\boldsymbol{\Phi}(t,t_0)\right]=0$$

即(14.4.15)式成立。性质证毕。

性质 3　$$\boldsymbol{\Phi}(t_2,t_1)\boldsymbol{\Phi}(t_1,t_0)=\boldsymbol{\Phi}(t_2,t_0),t_2>t_1>t_0\tag{14.4.17}$$

证明　$\boldsymbol{\Phi}(t_2,t_1)\boldsymbol{\Phi}(t_1,t_0)=\boldsymbol{\Psi}^{-1}(t_2)\boldsymbol{\Psi}(t_1)\boldsymbol{\Psi}^{-1}(t_1)\boldsymbol{\Psi}(t_0)=\boldsymbol{\Psi}^{-1}(t_2)\boldsymbol{\Psi}(t_0)=\boldsymbol{\Phi}(t_2,t_0)$

性质 4　$$\boldsymbol{\Phi}^{-1}(t_i,t_k)=\boldsymbol{\Phi}(t_k,t_i)\tag{14.4.18}$$

证明

$$\begin{aligned}\boldsymbol{\Phi}^{-1}(t_i,t_k)&=[\boldsymbol{\Psi}^{-1}(t_i)\boldsymbol{\Psi}(t_k)]^{-1}\\&=\boldsymbol{\Psi}^{-1}(t_k)\boldsymbol{\Psi}(t_i)\\&=\boldsymbol{\Phi}(t_k,t_i)\end{aligned}$$

状态转移矩阵 $\boldsymbol{\Phi}(t,t_0)$对于线性系统在随机干扰作用下的滤波和控制是非常重要的系数矩阵,对于时变系统 $\boldsymbol{A}(t)$来说,求解 $\boldsymbol{\Phi}(t,t_0)$较烦琐且没有显式解答。

下面介绍对定常线性系统求解状态转移矩阵 $\boldsymbol{\Phi}(t,t_0)$的方法。

当线性系统为定常系统时,方程(14.4.15)式化为

$$\frac{\mathrm{d}\boldsymbol{\Phi}(t,t_0)}{\mathrm{d}t}-\boldsymbol{A}\boldsymbol{\Phi}(t,t_0)=0\tag{14.4.19}$$

$$\boldsymbol{\Phi}(t_0,t_0)=\boldsymbol{I}_{n\times n}$$

将方程(14.4.19)式做拉氏变换有 $s\boldsymbol{\Phi}(s,t_0)-\boldsymbol{A}\boldsymbol{\Phi}(s,t_0)=\boldsymbol{I}_{n\times n}$,于是方程(14.4.19)式的解为

$$\boldsymbol{\Phi}(t,t_0)=\mathrm{e}^{\boldsymbol{A}(t-t_0)}=\sum_{n=0}^{\infty}\frac{\boldsymbol{A}^n}{n!}(t-t_0)^n\tag{14.4.20}$$

若令 $t=t_{i+1}=(i+1)T_0,t_0=t_i=iT_0$,其中 T_0 为采样周期,则有

$$\boldsymbol{\Phi}(t_{i+1},t_i)=\mathrm{e}^{\boldsymbol{A}T_0}=\sum_{n=0}^{\infty}\frac{\boldsymbol{A}^n}{n!}(T_0)^n,i=0,1,2,\cdots\tag{14.4.21}$$

例 14.4.1　设 $\boldsymbol{A}(t)=\begin{bmatrix}0&\dfrac{1}{(t+1)^2}\\0&0\end{bmatrix}$,试求 $\boldsymbol{\Phi}(t,t_0)$。

解　由方程(14.4.15)式有

$$\begin{bmatrix}\dot{\varphi}_{11}(t,t_0)&\dot{\varphi}_{12}(t,t_0)\\\dot{\varphi}_{21}(t,t_0)&\dot{\varphi}_{22}(t,t_0)\end{bmatrix}=\begin{bmatrix}0&\dfrac{1}{(t+1)^2}\\0&0\end{bmatrix}\begin{bmatrix}\varphi_{11}(t,t_0)&\varphi_{12}(t,t_0)\\\varphi_{21}(t,t_0)&\varphi_{22}(t,t_0)\end{bmatrix}\tag{14.4.22}$$

初值为 $\varphi_{11}(t_0,t_0)=\varphi_{22}(t_0,t_0)=1,\varphi_{12}(t_0,t_0)=\varphi_{21}(t_0,t_0)=0$。

由方程(14.4.22)式可知,应解以下方程组

$$\dot{\varphi}_{11}(t,t_0)=\frac{1}{(t+1)^2}\varphi_{21}(t,t_0) \tag{14.4.23}$$

$$\dot{\varphi}_{12}(t,t_0)=\frac{1}{(t+1)^2}\varphi_{22}(t,t_0) \tag{14.4.24}$$

$$\dot{\varphi}_{21}(t,t_0)=0 \tag{14.4.25}$$

$$\dot{\varphi}_{22}(t,t_0)=0 \tag{14.4.26}$$

利用初值可解方程(14.4.25)式和方程(14.4.26)式得

$$\varphi_{21}(t,t_0)=0 \tag{14.4.27}$$

$$\varphi_{22}(t,t_0)=1 \tag{14.4.28}$$

将(14.4.27)式代入(14.4.23)式并利用初值可解得

$$\varphi_{11}(t,t_0)=1$$

将(14.4.28)式代入(14.4.24)式有

$$\dot{\varphi}_{12}(t,t_0)=\frac{1}{(t+1)^2}$$

解上述方程有 $\varphi_{12}(t,t_0)=\dfrac{-1}{t+1}+\alpha$,再由 $\varphi_{12}(t_0,t_0)=0$ 可得 $\alpha=\dfrac{1}{t_0+1}$,于是有

$$\varphi_{12}(t,t_0)=\frac{-1}{t+1}+\frac{1}{t_0+1}=\frac{t-t_0}{(t_0+1)(t+1)}$$

由以上分析可得

$$\boldsymbol{\Phi}(t,t_0)=\begin{bmatrix}\varphi_{11}(t,t_0) & \varphi_{12}(t,t_0)\\ \varphi_{21}(t,t_0) & \varphi_{22}(t,t_0)\end{bmatrix}=\begin{bmatrix}1 & \dfrac{t-t_0}{(t_0+1)(t+1)}\\ 0 & 1\end{bmatrix}$$

下面讨论如何利用(14.4.11)式将连续线性系统模型(14.4.1)式离散化。

假设:(1)采样点时间为 $t_0<t_1<t_2<\cdots$,这些采样点的时间间隔(采样间隔)可以是不等间隔也可以是等间隔。

(2)在时间间隔 $t\in[t_k,t_{k+1}]$($k=0,1,2,\cdots$)上,系统所受随机干扰不变,即 $\boldsymbol{W}(t)=\boldsymbol{W}(t_k)$($t\in[t_k,t_{k+1}],k=0,1,2,\cdots$),此时,在(14.4.11)式中令 $t=t_{k+1},t_0=t_k$,则有

$$\begin{aligned}\boldsymbol{X}(t_{k+1}) &= \boldsymbol{\Phi}(t_{k+1},t_k)\boldsymbol{X}(t_k)+\int_{t_k}^{t_{k+1}}\boldsymbol{\Phi}(t_{k+1},\tau)\boldsymbol{B}(\tau)\boldsymbol{W}(\tau)\mathrm{d}\tau\\ &= \boldsymbol{\Phi}(t_{k+1},t_k)\boldsymbol{X}(t_k)+\int_{t_k}^{t_{k+1}}\boldsymbol{\Phi}(t_{k+1},\tau)\boldsymbol{B}(\tau)\mathrm{d}\tau\boldsymbol{W}(t_k)\end{aligned} \tag{14.4.29}$$

再令

$$\boldsymbol{X}(t_k)\triangleq\boldsymbol{X}(k)$$

$$\boldsymbol{X}(t_{k+1})\triangleq\boldsymbol{X}(k+1)$$

$$\boldsymbol{\Phi}(t_{k+1},t_k)\triangleq\boldsymbol{\Phi}(k+1,k)$$

$$\int_{t_k}^{t_{k+1}}\boldsymbol{\Phi}(t_{k+1},\tau)B(\tau)\mathrm{d}\tau\triangleq\boldsymbol{\Gamma}(k+1,k)$$

$$\boldsymbol{W}(t_k)\triangleq\boldsymbol{W}(k)$$

于是(14.4.29)式化为

$$X(k+1)=\Phi(k+1,k)X(k)+\Gamma(k+1,k)W(k),k=0,1,2,\cdots \tag{14.4.30}$$

这就完成了由连续线性系统模型(14.4.1)式产生出离散线性系统模型(14.4.4)式,如果连续线性系统是定常的,即 $A(t)=A,B(t)=B$,这时有

$$\begin{aligned}\Gamma(k+1,k) &= \int_{t_k}^{t_{k+1}}\Phi(t_{k+1},\tau)B(\tau)\mathrm{d}\tau \\ &= \int_{t_k}^{t_{k+1}}\mathrm{e}^{A(t_{k+1}-\tau)}\mathrm{d}\tau B \\ &= A^{-1}[\mathrm{e}^{A(t_{k+1}-t_k)}-I]B\end{aligned} \tag{14.4.31}$$

又如果采样点时间间隔是等间隔,即 $t_{k+1}-t_k=T_0(k=0,1,2,\cdots)$,则

$$\Gamma(k+1,k)=A^{-1}(\mathrm{e}^{AT_0}-I)B \tag{14.4.32}$$

14.4.2 离散线性系统状态序列$\{X(k),k=0,1,2,\cdots\}$的随机分析

定理 14.4.1 设离散线性系统模型为

$$X(k+1)=\Phi(k+1,k)X(k)+\Gamma(k+1,k)W(k) \tag{14.4.33}$$

其中,$X(k)(k=0,1,2,\cdots)$为离散线性系统 n 维状态向量。

$X(0)$为 n 维初始向量且已知

$$E[X(0)]=\bar{X}(0)$$

$$E\{[X(0)-\bar{X}(0)][X(0)-\bar{X}(0)]^{\mathrm{T}}\}=P(0)\geqslant 0$$

$\{W(k),k=0,1,2,\cdots\}$为 r 维正态白序列且已知

$$E[W(k)]=\bar{W}(k)$$

$$E\{[W(k)-\bar{W}(k)][W(j)-\bar{W}(j)]^{\mathrm{T}}\}=Q(k)\delta(j-k) \tag{14.4.34}$$

其中,$Q(k)\geqslant 0$ 为 $r\times r$ 阶正态白噪声方差阵;$\delta(j-k)$为克罗内克 δ 函数。假定 $X(0)$为正态且与$\{W(k),k=0,1,2,\cdots\}$互相独立,即

$$E\{[X(0)-\bar{X}(0)][W(k)-\bar{W}(k)]^{\mathrm{T}}\}=0,k=0,1,2,\cdots \tag{14.4.35}$$

$\Phi(k+1,k)$为 $n\times n$ 阶状态转移阵,$\Gamma(k+1,k)$为 $n\times r$ 阶干扰转移阵,$I=\{k,k=0,1,2,\cdots\}$为采样点集合,则

(1)$\{X(k),k\in I\}$是正态马尔可夫序列;

(2)对任意 $t_j>t_{j-1}\in I$ 有

$$\begin{aligned}P(t_j) &= E\{[X(t_j)-\bar{X}(t_j)][X(t_j)-\bar{X}(t_j)]^{\mathrm{T}}\} \\ &= \Phi(t_j,t_{j-1})P(t_{j-1})\Phi^{\mathrm{T}}(t_j,t_{j-1})+\sum_{i=t_{j-1}+1}^{t_j}\Phi(t_j,i)\Gamma(i,i-1)Q(i-1)\cdot \\ &\quad \Gamma^{\mathrm{T}}(i,i-1)\Phi^{\mathrm{T}}(t_j,i)\end{aligned} \tag{14.4.36}$$

特别地有

$$P(k)=\Phi(k,k-1)P(k-1)\Phi^{\mathrm{T}}(k,k-1)+\Gamma(k,k-1)Q(k-1)\Gamma^{\mathrm{T}}(k,k-1) \tag{14.4.37}$$

(3)对任意 $t_j>t_u\in I$ 有

$$P(t_j,t_u)=\Phi(t_j,t_u)P(t_u) \tag{14.4.38}$$

特别地有

$$\boldsymbol{P}(k,k-1)=\boldsymbol{\Phi}(k,k-1)\boldsymbol{P}(k-1) \tag{14.4.39}$$

证明　(1)先证$\{\boldsymbol{X}(k),k=0,1,2,\cdots\}$是马尔可夫序列，$\forall m$，$\forall t_1<t_2<\cdots<t_{m-1}<t_m\in I$，又令 k,j 为正整数且分别对应于 t_m 和 t_{m-1}，其位置如图 14.4.1 所示。

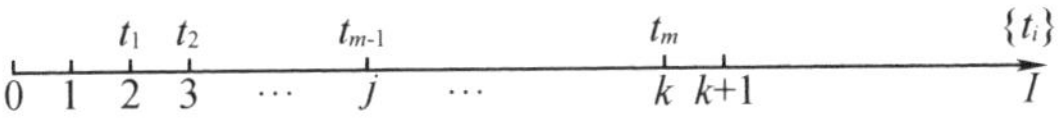

t_1　t_2　t_{m-1}　t_m　$\{t_i\}$
0 1 2 3 … j … k $k+1$ I

图 14.4.1　采样点集 $I=\{k,k=0,1,2,\cdots\}$ 与任意有序时间点集$\{t_i\}$的位置图

注意，在 $t_1,t_2,\cdots,t_m$ 之间及外面都有 I 中的许多点，由方程(14.4.33)式有

$$\boldsymbol{X}(j+1)=\boldsymbol{\Phi}(j+1,j)\boldsymbol{X}(j)+\boldsymbol{\Gamma}(j+1,j)\boldsymbol{W}(j)$$

$$\boldsymbol{X}(j+2)=\boldsymbol{\Phi}(j+2,j+1)\boldsymbol{X}(j+1)+\boldsymbol{\Gamma}(j+2,j+1)\boldsymbol{W}(j+1)$$

把前者代入后者，经整理可得

$$\boldsymbol{X}(j+2)=\boldsymbol{\Phi}(j+2,j)\boldsymbol{X}(j)+\sum_{i=j+1}^{j+2}\boldsymbol{\Phi}(j+2,i)\boldsymbol{\Gamma}(i,i-1)\boldsymbol{W}(i-1)$$

其中要利用 $\boldsymbol{\Phi}(j+2,j)=\boldsymbol{\Phi}(j+2,j+1)\boldsymbol{\Phi}(j+1,j)$（见(14.4.17)式），重复上述做法，可得一般表达式为

$$\boldsymbol{X}(j+n)=\boldsymbol{\Phi}(j+n,j)\boldsymbol{X}(j)+\sum_{i=j+1}^{j+n}\boldsymbol{\Phi}(j+n,i)\boldsymbol{\Gamma}(i,i-1)\boldsymbol{W}(i-1) \tag{14.4.40}$$

当 $j+n=k$ 时，(14.4.40)式变为

$$\boldsymbol{X}(k)=\boldsymbol{\Phi}(k,j)\boldsymbol{X}(j)+\sum_{i=j+1}^{k}\boldsymbol{\Phi}(k,i)\boldsymbol{\Gamma}(i,i-1)\boldsymbol{W}(i-1) \tag{14.4.41}$$

因为 $k\leftrightarrow t_m,j\leftrightarrow t_{m-1}$所以又可以写成

$$\boldsymbol{X}(t_m)=\boldsymbol{\Phi}(t_m,t_{m-1})\boldsymbol{X}(t_{m-1})+\sum_{i=t_{m-1}+1}^{t_m}\boldsymbol{\Phi}(t_m,i)\boldsymbol{\Gamma}(i,i-1)\boldsymbol{W}(i-1) \tag{14.4.42}$$

因为$\{\boldsymbol{W}(i),i=0,1,2,\cdots\}$是白色序列（白序列）且与 $\boldsymbol{X}(0)$ 独立，所以 $\sum\limits_{i=t_{m-1}+1}^{t_m}\boldsymbol{\Phi}(t_m,i)\boldsymbol{\Gamma}(i,i-1)\boldsymbol{W}(i-1)$ 就与$\{\boldsymbol{X}(t_{m-1}),\boldsymbol{X}(t_{m-2}),\cdots,\boldsymbol{X}(t_1)\}$独立，因此当 $\boldsymbol{X}(t_{m-1}),\boldsymbol{X}(t_{m-2}),\cdots,\boldsymbol{X}(t_1)$给定后，由(14.4.42)式可知 $\boldsymbol{X}(t_m)$只与 $\boldsymbol{X}(t_{m-1})$有关，而与 $\boldsymbol{X}(t_{m-2}),\cdots,\boldsymbol{X}(t_1)$无关，且上述结论对任意 m 及任意 $t_1<t_2<\cdots<t_m$ 均成立，因此$\{\boldsymbol{X}(k),k=0,1,2,\cdots\}$是马尔可夫序列。

再证$\{\boldsymbol{X}(k),k=0,1,2,\cdots\}$是正态过程。令(14.4.41)式中的 $j=0$，则有

$$\boldsymbol{X}(k)=\boldsymbol{\Phi}(k,0)\boldsymbol{X}(0)+\sum_{i=1}^{k}\boldsymbol{\Phi}(k,i)\boldsymbol{\Gamma}(i,i-1)\boldsymbol{W}(i-1) \tag{14.4.43}$$

由定理假设可知 $\boldsymbol{X}(0)$ 和$\{\boldsymbol{W}(i),i=0,1,\cdots\}$均为正态分布且 $\boldsymbol{X}(k)$为其线性组合，所以由(14.4.43)式可知 $\boldsymbol{X}(k)$为正态分布，而且对任意 $k\in I$，$\boldsymbol{X}(k)$均为正态分布，于是对任意 m 及 $t_1<t_2<\cdots<t_m$，$\{\boldsymbol{X}(t_1),\boldsymbol{X}(t_2),\cdots,\boldsymbol{X}(t_m)\}$为联合正态分布。

(2)下面往证 $\forall m$，$\forall t_1<t_2<\cdots<t_m\in I$，$\{\boldsymbol{X}(t_1),\boldsymbol{X}(t_2),\cdots,\boldsymbol{X}(t_m)\}$的联合正态分布密度函数是存在的。

记

$$\boldsymbol{X}^{\mathrm{T}}=[\boldsymbol{X}^{\mathrm{T}}(t_1),\boldsymbol{X}^{\mathrm{T}}(t_2),\cdots,\boldsymbol{X}^{\mathrm{T}}(t_m)]$$

$$E[\boldsymbol{X}(k)]=\overline{\boldsymbol{X}}(k)$$

$$E[\boldsymbol{W}(k)] = \overline{\boldsymbol{W}}(k)$$

$$\widetilde{\boldsymbol{X}}(k) = \boldsymbol{X}(k) - \overline{\boldsymbol{X}}(k)$$

$$\widetilde{\boldsymbol{W}}(k) = \boldsymbol{W}(k) - \overline{\boldsymbol{W}}(k)$$

由方程(14.4.33)式有

$$\overline{\boldsymbol{X}}(k+1) = \boldsymbol{\Phi}(k+1,k)\overline{\boldsymbol{X}}(k) + \boldsymbol{\Gamma}(k+1,k)\overline{\boldsymbol{W}}(k) \tag{14.4.44}$$

因为$\overline{\boldsymbol{X}}(0)$和$\{\overline{\boldsymbol{W}}(k), k=0,1,2,\cdots\}$是已知的,所以

$$\overline{\boldsymbol{X}}^{\mathrm{T}} = [\overline{\boldsymbol{X}}^{\mathrm{T}}(t_1), \overline{\boldsymbol{X}}^{\mathrm{T}}(t_2), \cdots, \overline{\boldsymbol{X}}^{\mathrm{T}}(t_m)] \tag{14.4.45}$$

是已知的,利用(14.4.42)式并考虑到(14.4.44)式可求出 $\boldsymbol{X}(t_j)$($t_j \in \{t_1 < t_2 < \cdots < t_m\}$)的方差阵为

$$\begin{aligned} \boldsymbol{P}(t_j) &= E[\widetilde{\boldsymbol{X}}(t_j)\widetilde{\boldsymbol{X}}^{\mathrm{T}}(t_j)] \\ &= E\{[\boldsymbol{\Phi}(t_j,t_{j-1})\widetilde{\boldsymbol{X}}(t_{j-1}) + \sum_{i=t_{j-1}+1}^{t_j}\boldsymbol{\Phi}(t_j,i)\boldsymbol{\Gamma}(i,i-1)\widetilde{\boldsymbol{W}}(i-1)]\cdot \\ &\quad [\boldsymbol{\Phi}(t_j,t_{j-1})\widetilde{\boldsymbol{X}}(t_{j-1}) + \sum_{i=t_{j-1}+1}^{t_j}\boldsymbol{\Phi}(t_j,i)\boldsymbol{\Gamma}(i,i-1)\widetilde{\boldsymbol{W}}(i-1)]^{\mathrm{T}}\} \end{aligned} \tag{14.4.46}$$

由(14.4.43)式可知

$$\widetilde{\boldsymbol{X}}(k) = \boldsymbol{\Phi}(k,0)\widetilde{\boldsymbol{X}}(0) + \sum_{i=1}^{k}\boldsymbol{\Phi}(k,i)\boldsymbol{\Gamma}(i,i-1)\widetilde{\boldsymbol{W}}(i-1)$$

这就是说,$\widetilde{\boldsymbol{X}}(t_{j-1})$是由$\{\widetilde{\boldsymbol{X}}(0), \widetilde{\boldsymbol{W}}(0), \widetilde{\boldsymbol{W}}(1), \cdots, \widetilde{\boldsymbol{W}}(t_{j-1}-1)\}$的线性组合,然而$\sum_{i=t_{j-1}+1}^{t_j}\boldsymbol{\Phi}(t_j,i)\boldsymbol{\Gamma}(i,i-1)\widetilde{\boldsymbol{W}}(i-1)$是$\{\widetilde{\boldsymbol{W}}(t_{j-1}), \widetilde{\boldsymbol{W}}(t_{j-2}), \cdots, \widetilde{\boldsymbol{W}}(t_j-1)\}$的线性组合,显然两者的时间指标不相重叠,又因为$\widetilde{\boldsymbol{X}}(0)$与$\{\widetilde{\boldsymbol{W}}(i), i=0,1,2,\cdots\}$独立,所以$\widetilde{\boldsymbol{X}}(t_{j-1})$与$\sum_{i=t_{j-1}+1}^{t_j}\boldsymbol{\Phi}(t_j,i)\boldsymbol{\Gamma}(i,i-1)\widetilde{\boldsymbol{W}}(i-1)$互相独立,因此有

$$\begin{aligned} &E[\widetilde{\boldsymbol{X}}(t_{j-1})\sum_{i=t_{j-1}+1}^{t_j}\boldsymbol{\Phi}(t_j,i)\boldsymbol{\Gamma}(i,i-1)\widetilde{\boldsymbol{W}}(i-1)] \\ &= E[\widetilde{\boldsymbol{X}}(t_{j-1})]E[\sum_{i=t_{j-1}+1}^{t_j}\boldsymbol{\Phi}(t_j,i)\boldsymbol{\Gamma}(i,i-1)\widetilde{\boldsymbol{W}}(i-1)] = 0 \end{aligned} \tag{14.4.47}$$

将(14.4.47)式代入(14.4.46)式可得

$$\begin{aligned} \boldsymbol{P}(t_j) &= E[\widetilde{\boldsymbol{X}}(t_j)\widetilde{\boldsymbol{X}}^{\mathrm{T}}(t_j)] \\ &= \boldsymbol{\Phi}(t_j,t_{j-1})E[\widetilde{\boldsymbol{X}}(t_{j-1})\widetilde{\boldsymbol{X}}^{\mathrm{T}}(t_{j-1})]\boldsymbol{\Phi}^{\mathrm{T}}(t_j,t_{j-1}) + \sum_{i=t_{j-1}+1}^{t_j}\sum_{l=t_{j-1}+1}^{t_j}\boldsymbol{\Phi}(t_j,i)\boldsymbol{\Gamma}(i,i-1)\cdot \\ &\quad \{E[\widetilde{\boldsymbol{W}}(i-1)\widetilde{\boldsymbol{W}}^{\mathrm{T}}(l-1)]\}\boldsymbol{\Gamma}^{\mathrm{T}}(l,l-1)\boldsymbol{\Phi}^{\mathrm{T}}(t_j,l) \\ &= \boldsymbol{\Phi}(t_j,t_{j-1})\boldsymbol{P}(t_{j-1})\boldsymbol{\Phi}^{\mathrm{T}}(t_j,t_{j-1}) + \sum_{i=t_{j-1}+1}^{t_j}\sum_{l=t_{j-1}+1}^{t_j}\boldsymbol{\Phi}(t_j,i)\boldsymbol{\Gamma}(i,i-1)\boldsymbol{Q}(i-1)\cdot \\ &\quad \boldsymbol{\delta}(i-l)\boldsymbol{\Gamma}^{\mathrm{T}}(l,l-1)\boldsymbol{\Phi}^{\mathrm{T}}(t_j,l) \\ &= \boldsymbol{\Phi}(t_j,t_{j-1})\boldsymbol{P}(t_{j-1})\boldsymbol{\Phi}^{\mathrm{T}}(t_j,t_{j-1}) + \sum_{i=t_{j-1}+1}^{t_j}\boldsymbol{\Phi}(t_j,i)\boldsymbol{\Gamma}(i,i-1)\boldsymbol{Q}(i-1)\cdot \end{aligned}$$

$$\boldsymbol{\Gamma}^{\mathrm{T}}(i,i-1)\boldsymbol{\Phi}^{\mathrm{T}}(t_j,i),j=1,2,\cdots,m,t_0=0 \tag{14.4.48}$$

这就得到了 $\forall m,\forall t_1<t_2<\cdots<t_m,\boldsymbol{X}(t_j)(t_j\in\{t_1,t_2,\cdots,t_m\})$ 的方差阵,这是一个递推方程,因为 $\boldsymbol{P}(0)$ 及 $\boldsymbol{Q}(k)(k=0,1,2,\cdots)$ 是已知的,所以 $\boldsymbol{P}(t_j)(j=1,2,\cdots,m)$ 就是已知的,特别是当 $t_j=k,t_{j-1}=k-1$ 时(14.4.48)式化为

$$\begin{aligned}\boldsymbol{P}(k)&=E[\widetilde{\boldsymbol{X}}(k)\widetilde{\boldsymbol{X}}^{\mathrm{T}}(k)]\\&=\boldsymbol{\Phi}(k,k-1)\boldsymbol{P}(k-1)\boldsymbol{\Phi}^{\mathrm{T}}(k,k-1)+\boldsymbol{\Gamma}(k,k-1)\boldsymbol{Q}(k-1)\boldsymbol{\Gamma}^{\mathrm{T}}(k,k-1),k=1,2,\cdots\end{aligned} \tag{14.4.49}$$

$\boldsymbol{P}(0)=E[\widetilde{\boldsymbol{X}}(0)\widetilde{\boldsymbol{X}}^{\mathrm{T}}(0)]$ 为已知。至此,(14.4.36)式及(14.4.37)式得证。

(3)进一步,还可求出 $\boldsymbol{X}(t_j)$ 与 $\boldsymbol{X}(t_u)(t_j>t_u)$ 的协方差阵为

$$\begin{aligned}\boldsymbol{P}(t_j,t_u)&=E[\widetilde{\boldsymbol{X}}(t_j)\widetilde{\boldsymbol{X}}^{\mathrm{T}}(t_u)]\\&=E\{[\boldsymbol{\Phi}(t_j,t_u)\widetilde{\boldsymbol{X}}(t_u)+\sum_{i=t_u+1}^{t_j}\boldsymbol{\Phi}(t_j,i)\boldsymbol{\Gamma}(i,i-1)\widetilde{\boldsymbol{W}}(i-1)]\widetilde{\boldsymbol{X}}^{\mathrm{T}}(t_u)\}\\&=\boldsymbol{\Phi}(t_j,t_u)E[\widetilde{\boldsymbol{X}}(t_u)\widetilde{\boldsymbol{X}}^{\mathrm{T}}(t_u)]+E\{[\sum_{i=t_u+1}^{t_j}\boldsymbol{\Phi}(t_j,i)\boldsymbol{\Gamma}(i,i-1)\widetilde{\boldsymbol{W}}(i-1)]\widetilde{\boldsymbol{X}}^{\mathrm{T}}(t_u)\}\end{aligned} \tag{14.4.50}$$

又因为 $\widetilde{\boldsymbol{X}}(t_u)=\boldsymbol{\Phi}(t_u,0)\widetilde{\boldsymbol{X}}(0)+\sum_{i=1}^{t_u}\boldsymbol{\Phi}(t_u,i)\boldsymbol{\Gamma}(i,i-1)\widetilde{\boldsymbol{W}}(i-1)$,所以 $\widetilde{\boldsymbol{X}}(t_u)$ 是 $\{\widetilde{\boldsymbol{X}}(0),\widetilde{\boldsymbol{W}}(0),\widetilde{\boldsymbol{W}}(1),\cdots,\widetilde{\boldsymbol{W}}(t_{u-1})\}$ 的线性组合,然而 $\sum_{i=t_u+1}^{t_j}\boldsymbol{\Phi}(t_j,i)\boldsymbol{\Gamma}(i,i-1)\widetilde{\boldsymbol{W}}(i-1)$ 是 $\{\widetilde{\boldsymbol{W}}(t_u),\widetilde{\boldsymbol{W}}(t_u+1),\cdots,\widetilde{\boldsymbol{W}}(t_j-1)\}$ 的线性组合,考虑到 $\{\widetilde{\boldsymbol{W}}(i),i=0,1,2,\cdots\}$ 是白色的且与 $\widetilde{\boldsymbol{X}}(0)$ 独立,所以 $\widetilde{\boldsymbol{X}}(t_u)$ 与 $\sum_{i=t_u+1}^{t_j}\boldsymbol{\Phi}(t_j,i)\boldsymbol{\Gamma}(i,i-1)\widetilde{\boldsymbol{W}}(i-1)$ 相互独立,于是有

$$E\{[\sum_{i=t_u+1}^{t_j}\boldsymbol{\Phi}(t_j,i)\boldsymbol{\Gamma}(i,i-1)\widetilde{\boldsymbol{W}}(i-1)]\widetilde{\boldsymbol{X}}^{\mathrm{T}}(t_u)\}=0 \tag{14.4.51}$$

将(14.4.51)式代入(14.4.50)式立得

$$\boldsymbol{P}(t_j,t_u)=\boldsymbol{\Phi}(t_j,t_u)\boldsymbol{P}(t_u),t_j>t_u \tag{14.4.52}$$

特别是当 $t_j=k,t_u=k-1$ 时有

$$\boldsymbol{P}(k,k-1)=\boldsymbol{\Phi}(k,k-1)\boldsymbol{P}(k-1) \tag{14.4.53}$$

于是(14.4.38)式和(14.4.39)式得证。

由以上的推导可知,$\boldsymbol{X}^{\mathrm{T}}=[\boldsymbol{X}^{\mathrm{T}}(t_1),\boldsymbol{X}^{\mathrm{T}}(t_2),\cdots,\boldsymbol{X}^{\mathrm{T}}(t_m)]$ 的方差阵

$$\boldsymbol{P}_X=\begin{bmatrix}\boldsymbol{P}(t_1)&\boldsymbol{P}^{\mathrm{T}}(t_2,t_1)&\cdots&\boldsymbol{P}^{\mathrm{T}}(t_m,t_1)\\\boldsymbol{P}(t_2,t_1)&\boldsymbol{P}(t_2)&\cdots&\boldsymbol{P}^{\mathrm{T}}(t_m,t_2)\\\vdots&\vdots&&\vdots\\\boldsymbol{P}(t_m,t_1)&\boldsymbol{P}(t_m,t_2)&\cdots&\boldsymbol{P}(t_m)\end{bmatrix} \tag{14.4.54}$$

是可求出的,也就是说是存在的。这样一来,$\forall m,\forall t_1<t_2<\cdots<t_m$,向量 $\boldsymbol{X}^{\mathrm{T}}=[\boldsymbol{X}^{\mathrm{T}}(t_1),\boldsymbol{X}^{\mathrm{T}}(t_2),\cdots,\boldsymbol{X}^{\mathrm{T}}(t_m)]$ 的特征函数

$$f_X(v)=\exp\left\{\mathrm{i}\,\overline{\boldsymbol{X}}^{\mathrm{T}}\boldsymbol{v}-\frac{1}{2}\boldsymbol{v}^{\mathrm{T}}\boldsymbol{P}_X\boldsymbol{v}\right\}$$

是存在的,因此,由定义 14.4.2 可知$\{\boldsymbol{X}(k),k\in I\}$是正态序列,再由(1)中所证可知$\{\boldsymbol{X}(k),k\in I\}$又是马尔可夫序列,所以得出$\{\boldsymbol{X}(k),k\in I\}$正态马尔可夫序列。定理证毕。

14.5 连续线性系统中的正态马尔可夫过程

14.5.1 系统模型

这里讨论的连续线性系统模型同 14.4 中所介绍的连续线性系统模型是一致的((14.4.1)式),即

$$\frac{\mathrm{d}\boldsymbol{X}(t)}{\mathrm{d}t}=\boldsymbol{A}(t)\boldsymbol{X}(t)+\boldsymbol{B}(t)\boldsymbol{W}(t),t\geqslant t_0 \tag{14.5.1}$$

其中,$\boldsymbol{X}(t)$为 n 维状态向量;$\boldsymbol{A}(t)$和$\boldsymbol{B}(t)$分别为连续的 $n\times n$ 和 $n\times r$ 系数阵;$\boldsymbol{W}(t)$为 r 维正态白色干扰向量,即

$$E[\boldsymbol{W}(t)]=\overline{\boldsymbol{W}}(t)$$

$$E\{[\boldsymbol{W}(t)-\overline{\boldsymbol{W}}(t)][\boldsymbol{W}(\tau)-\overline{\boldsymbol{W}}(\tau)]^{\mathrm{T}}\}=\boldsymbol{Q}(t)\delta(t-\tau) \tag{14.5.2}$$

其中,$\delta(t-\tau)$为狄拉克 δ 函数,$\boldsymbol{X}(t_0)$为初始状态,假定为正态分布且与$\{\boldsymbol{W}(t),t\geqslant t_0\}$相互独立。

为了证明连续线性系统在正态白过程作用下的输出过程$\{\boldsymbol{X}(t),t\geqslant t_0\}$是正态马尔可夫过程,我们采用的证明方法是,基于上一节的离散线性系统在正态白序列作用下的输出序列$\{\boldsymbol{X}(k),k=0,1,2,\cdots\}$是正态马尔可夫序列这一结论,把采样间隔 Δt 趋于零取极限的方法来证明。

14.5.2 正态白序列模型与正态白过程模型关系

我们通过一个一维的简单的例子来说明正态白序列模型和正态白过程模型的关系,设$\{w(k),k=0,1,2,\cdots\}$为零均值正态白序列,其协方差为

$$E[w(j)w(k)]=Q(k)\delta_{\mathrm{K}}(k-j) \tag{14.5.3}$$

其中,$\delta_K(k-j)$为克罗内克 δ 函数。每两点之间的采样间隔是相等的,均为 $\Delta t>0$,简称为等间隔采样序列。现基于$\{w(k),k=0,1,2,\cdots\}$构造分段取常值的正态白序列$\{w^{(n)}(t),0\leqslant t\leqslant t_1,t_1=n\Delta t\}$,其中当 t 满足 $k\Delta t\leqslant t<(k+1)\Delta t$ 时有 $w^{(n)}(t)=w(k)$,现令 t_1 不变而增加 n,且保证 $n\Delta t=t_1$,然后考察当 $\Delta t\to 0,n\to\infty$ 时的极限情况。

又设一阶线性系统为

$$\dot{x}(t)=w^{(n)}(t) \tag{14.5.4}$$

$$x(0)=0$$

由上述方程可解得

$$x(t_1)=\int_0^{t_1}w^{(n)}(t)\mathrm{d}t$$

于是 $x(t_1)$的方差为

$$D[x(t_1)]=E\{[x(t_1)]^2\}$$

$$
\begin{aligned}
&= E\left[\int_0^{t_1} w^{(n)}(t)\,\mathrm{d}t\int_0^{t_1} w^{(n)}(u)\,\mathrm{d}u\right] \\
&= E\left[\sum_{i=0}^{n-1} w^{(n)}(i\Delta t)\Delta t\sum_{j=0}^{n-1} w^{(n)}(j\Delta t)\Delta t\right] \\
&= \sum_{i=0}^{n-1}\sum_{j=0}^{n-1} E[w^{(n)}(i\Delta t)w^{(n)}(j\Delta t)]\Delta t^2 \\
&= \sum_{i=0}^{n-1}\sum_{j=0}^{n-1} Q(i\Delta t)\delta_{\mathrm{K}}(i-j)\Delta t^2 \\
&= \sum_{i=0}^{n-1} Q(i\Delta t)\Delta t^2
\end{aligned} \tag{14.5.5}
$$

进一步假设该正态白序列 $Q(i\Delta t)$ 是定常的，即 $Q(i\Delta t)=Q$，于是由(14.5.5)式得

$$D[x(t_1)]=nQ\Delta t^2 \tag{14.5.6}$$

当 $\Delta t\to 0, n\to\infty$ 且 $n\Delta t=t_1$ 取极限时有

$$\lim_{\Delta t\to 0} D[x(t_1)]=\lim_{\Delta t\to 0} n\Delta t Q\Delta t=\lim_{\Delta t\to 0} t_1 Q\Delta t=0 \tag{14.5.7}$$

再由假设可知 $E[w^{(n)}(t)]=0$，于是有

$$E[x(t_1)] = \int_0^{t_1} E[w^{(n)}(t)]\mathrm{d}t = 0 \tag{14.5.8}$$

由(14.5.7)式及(14.5.8)式可知必有

$$x(t_1)=0(\text{以概率 }1)(\text{见上册性质 }4.4.1) \tag{14.5.9}$$

这结果显然不符合实际情况，为了解决这个问题，卡尔曼提出[47-49]，当 $\Delta t\to 0$ 取极限时，应该用 $\dfrac{Q}{\Delta t}$ 代替(14.5.7)式中的 Q，或者更一般地，用 $\dfrac{Q(i\Delta t)}{\Delta t}$ 代替(14.5.5)式中的 $Q(i\Delta t)$，于是有

$$\lim_{\Delta t\to 0} D[x(t_1)]=\lim_{\Delta t\to 0} t_1\frac{Q\Delta t}{\Delta t}=t_1 Q$$

这样就得到合理的结果。

基于上面的分析，我们给出正态白过程定义。

定义 14.5.1 正态白过程 设 $\{w^{(n)}(t), 0\leqslant t\leqslant t_1, t_1=n\Delta t\}$ 为分段取常值且等间隔采样的白色序列(白序列)，满足：

$$
\begin{aligned}
E[w^{(n)}(t)] &= E[w^{(n)}(k\Delta t)]=0, k\Delta t=t \\
E[w^{(n)}(t)w^{(n)}(v)] &= E[w^{(n)}(k\Delta t)w^{(n)}(u\Delta t)], v=u\Delta t, t=k\Delta t \\
&= Q(k\Delta t)\delta_{\mathrm{K}}(k\Delta t-u\Delta t) \\
&= Q(t)\delta_{\mathrm{K}}(k-u)
\end{aligned} \tag{14.5.10}
$$

其中，$\delta_{\mathrm{K}}(k-u)$ 为克罗内克 δ 函数且定义为

$$\delta_{\mathrm{K}}(k-u)=0, k\neq u$$
$$\delta_{\mathrm{K}}(k-u)=1, k=u$$

则正态白过程 $\{w(t), 0\leqslant t\leqslant t_1\}$ 定义为

$$\{w(t), 0\leqslant t\leqslant t_1\} = \lim_{\Delta t\to 0}\{w^{(n)}(t), 0\leqslant t\leqslant t_1, t_1=n\Delta t\} \tag{14.5.11}$$

满足

$$E[w(t)]=E[w(k\Delta t)]=\lim_{\Delta t\to 0} E[w^{(n)}(k\Delta t)]=0, k\Delta t=t \tag{14.5.12}$$

$$E[w(t)w(v)]=E[w(k\Delta t)w(u\Delta t)], v=u\Delta t, t=k\Delta t$$

$$
\begin{aligned}
&= \lim_{\Delta t \to 0} E[w^{(n)}(k\Delta t)w^{(n)}(u\Delta t)] \\
&= \lim_{\Delta t \to 0} \frac{Q(k\Delta t)}{\Delta t}\delta_K(k\Delta t - u\Delta t)\text{(由文献[47]至文献[49])} \\
&= Q(t)\lim_{\Delta t \to 0}\left[\frac{1}{\Delta t}\delta_K(k\Delta t - u\Delta t)\right] \\
&= Q(t)\delta_d(t-v) \qquad (14.5.13)
\end{aligned}
$$

其中,$\delta_d(t-v)$为狄拉克 δ 函数且有

$$
\delta_d(t-v) = \begin{cases} 0, t \neq v \\ \infty, t = v \end{cases}
$$

$$
\int_{-\infty}^{+\infty} \delta_d(t)\mathrm{d}t = 1
$$

显然,这定义同定义 13.1.2 是一致的,只是增加了正态分布。

说明 我们来说明这个定义的合理性:首先正态白序列$\{w^{(n)}(t)\}$是正态的,又因为正态白过程定义为正态白序列的极限,于是由定理 14.1.4 可知,该极限必是正态的,即$\{w(t)\} = \lim\limits_{\Delta t \to 0}\{w^{(n)}(t)\}$必是正态的;其次,正态白序列的极限也必是白色的,这是因为正态白序列的白色特性由克罗内克 δ 函数体现出来,而正态白序列极限的白色特性由(14.5.13)式可知,是由狄拉克 δ 函数体现出来,由此可知,这个定义是合理的。

如果正态白序列$\{w^{(n)}(t)\}$的均值不为零但是已知序列,即

$$
E[w^{(n)}(t)] = \overline{w}^{(n)}(t) \neq 0
$$

这时正态白过程的定义(14.5.11)式仍成立,且有

$$
E[w(t)] = E[w^{(n)}(t)] = \overline{w}^{(n)}(t) \qquad (14.5.14)
$$

$$
E\{\{w(t) - E[w(t)]\}\{w(v) - E[w(v)]\}\} = Q(t)\delta_d(t-v) \qquad (14.5.15)
$$

14.5.3 系统输出$\{X(t), t \geqslant t_0\}$的随机分析

定理 14.5.1 设连续线性系统由(14.5.1)式表示,则

(1)系统输出$\{\boldsymbol{X}(t), t \geqslant t_0\}$是正态马尔可夫过程。

(2)对任意 $t \geqslant t_0$,其协方差阵

$$
\boldsymbol{P}(t) = E\{[\boldsymbol{X}(t) - \overline{\boldsymbol{X}}(t)][\boldsymbol{X}(t) - \overline{\boldsymbol{X}}(t)]^{\mathrm{T}}\}
$$

满足以下微分方程

$$
\frac{\mathrm{d}\boldsymbol{P}(t)}{\mathrm{d}t} = \boldsymbol{A}(t)\boldsymbol{P}(t) + \boldsymbol{P}(t)\boldsymbol{A}^{\mathrm{T}}(t) + \boldsymbol{B}(t)\boldsymbol{Q}(t)\boldsymbol{B}^{\mathrm{T}}(t) \qquad (14.5.16)
$$

其中初始条件 $\boldsymbol{P}(t_0)$为已知,$\boldsymbol{Q}(t)$为 $\boldsymbol{W}(t)$的协方差阵,即

$$
\boldsymbol{Q}(t) = E\{[\boldsymbol{W}(t) - \overline{\boldsymbol{W}}(t)][\boldsymbol{W}(t) - \overline{\boldsymbol{W}}(t)]^{\mathrm{T}}\}
$$

均值方程为

$$
\frac{\mathrm{d}\,\overline{\boldsymbol{X}}(t)}{\mathrm{d}t} = \boldsymbol{A}(t)\overline{\boldsymbol{X}}(t) + \boldsymbol{B}(t)\overline{\boldsymbol{W}}(t) \qquad (14.5.17)
$$

其中,初始条件$\overline{\boldsymbol{X}}(t_0)$为已知。

(3)方程(14.5.16)式的解为

$$P(t)=\boldsymbol{\Phi}(t,t_0)P(t_0)\boldsymbol{\Phi}^{\mathrm{T}}(t,t_0)+\int_{t_0}^{t}\boldsymbol{\Phi}(t,\tau)G(\tau)Q(\tau)G^{\mathrm{T}}(\tau)\boldsymbol{\Phi}^{\mathrm{T}}(t,\tau)\mathrm{d}\tau \tag{14.5.18}$$

证明　由(14.4.29)式可知,方程(14.5.1)在正态白过程作用下的解为

$$X(t_{k+1})=\boldsymbol{\Phi}(t_{k+1},t_k)X(t_k)+\int_{t_k}^{t_{k+1}}\boldsymbol{\Phi}(t_{k+1},\tau)B(\tau)W(\tau)\mathrm{d}\tau,\ t_{k+1}>t_k>t_0 \tag{14.5.19}$$

由式(14.5.19)可知,对任意 $t\geqslant t_0$,$X^n(t)$可定义为

$$\begin{aligned}X^{(n)}(t)&=\boldsymbol{\Phi}(t,t_0)X(t_0)+\int_{t_0}^{t}\boldsymbol{\Phi}(t,\tau)B(\tau)W^{(n)}(\tau)\mathrm{d}\tau\\&=\boldsymbol{\Phi}(t,t_0)X(t_0)+\sum_{i=0}^{n-1}\boldsymbol{\Phi}(t,t_0+i\Delta t)B(t_0+i\Delta t)W^{(n)}(t_0+i\Delta t)\Delta t\end{aligned} \tag{14.5.20}$$

其中,$\{W^{(n)}(\tau),t_0\leqslant\tau\leqslant t\}$为前面已经叙述过的等间隔采样所形成的分段取常值正态白序列且 $n\Delta t=t-t_0$(定义 14.5.1),进一步,由(14.5.18)式还有

$$X(t)=\boldsymbol{\Phi}(t,t_0)X(t_0)+\int_{t_0}^{t}\boldsymbol{\Phi}(t,\tau)B(\tau)W(\tau)\mathrm{d}\tau \tag{14.5.21}$$

因为

$$\begin{aligned}\{W(\tau),t_0\leqslant\tau\leqslant t\}&=\lim_{n\to\infty}\{w^{(n)}(\tau),t_0\leqslant\tau\leqslant t\}\\&=\lim_{n\to\infty}\{w^{(n)}(\tau),t_0\leqslant\tau\leqslant t,t-t_0=n\Delta t\}\end{aligned}$$

所以

$$\{X(t),t\geqslant t_0\}=\lim_{n\to\infty}\{X^{(n)}(t),t\geqslant t_0\} \tag{14.5.22}$$

又因为由定理 14.4.1 可知,$\{X(k\Delta t),k=0,1,2,\cdots\}$是正态马尔可夫序列,因此,对任意 t,任意 n,$\{X^{(n)}(t),t=t_0+n\Delta t,n=0,1,2,\cdots\}$也必是正态马尔可夫序列,但当 $n\to\infty$,$\Delta t\to 0$且 $t=t_0+n\Delta t$ 时,由定理 14.1.4 可知对任意 t,$\lim\limits_{n\to\infty}X^{(n)}(t)$是正态随机变量,因此,得出$\{X(t),t\geqslant t_0\}=\lim\limits_{n\to\infty}\{X^{(n)}(t),t\geqslant t_0\}$是正态马尔可夫过程。

(2)为了导出(14.5.16)式,先做如下准备:由状态转移矩阵性质(14.5.15)式可知

$$\frac{\mathrm{d}\boldsymbol{\Phi}(t,t_0)}{\mathrm{d}t}=A(t)\boldsymbol{\Phi}(t,t_0)$$

令上式中的 t 为 $t+\Delta t$,t_0 为 t 代入上式有

$$\frac{\boldsymbol{\Phi}(t+\Delta t,t)-\boldsymbol{\Phi}(t,t)}{\Delta t}=A(t)\boldsymbol{\Phi}(t+\Delta t,t)=A(t)+o(\Delta t)$$

经整理可得

$$\begin{aligned}\boldsymbol{\Phi}(t+\Delta t,t)&=\boldsymbol{\Phi}(t,t)+A(t)\Delta t+o(\Delta t^2)\\&=I_{n\times n}+A(t)\Delta t+o(\Delta t^2)\end{aligned} \tag{14.5.23}$$

再由(14.4.30)式有

$$\begin{aligned}\boldsymbol{\Gamma}(t+\Delta t,t)&=\int_{t}^{t+\Delta t}\boldsymbol{\Phi}(t+\Delta t,\tau)B(\tau)\mathrm{d}\tau\\&=\boldsymbol{\Phi}(t+\Delta t,t)B(t)\Delta t+o(\Delta t^2)\end{aligned} \tag{14.5.24}$$

进一步,由(14.4.45)式还有

$$P(k+1)=\boldsymbol{\Phi}(k+1,k)P(k)\boldsymbol{\Phi}^{\mathrm{T}}(k+1,k)+\boldsymbol{\Gamma}(k+1,k)Q(k)\boldsymbol{\Gamma}^{\mathrm{T}}(k+1,k)$$

令 k 对应于 t,$k+1$ 对应于 $t+\Delta t$,且当 $\Delta t\to 0$ 时有

$$\boldsymbol{P}(t+\Delta t)=\boldsymbol{\Phi}(t+\Delta t,t)\boldsymbol{P}(t)\boldsymbol{\Phi}^{\mathrm{T}}(t+\Delta t,t)+\boldsymbol{\Gamma}(t+\Delta t,t)\frac{\boldsymbol{Q}(t)}{\Delta t}\boldsymbol{\Gamma}^{\mathrm{T}}(t+\Delta t,t) \tag{14.5.25}$$

应注意,当 $\Delta t\to 0$ 时应该用$\dfrac{\boldsymbol{Q}(t)}{\Delta t}$代替 $\boldsymbol{Q}(k)$(见文献[47]至文献[49]),将(14.5.23)式及(14.5.24)式代入(14.5.25)式得

$$\begin{aligned}\boldsymbol{P}(t+\Delta t)=&[\boldsymbol{I}_{n\times n}+\boldsymbol{A}(t)\Delta t+o(\Delta t^2)]\boldsymbol{P}(t)[\boldsymbol{I}_{n\times n}+\boldsymbol{A}(t)\Delta t+o(\Delta t^2)]^{\mathrm{T}}+\\&[\boldsymbol{\Phi}(t+\Delta t,t)\boldsymbol{B}(t)\Delta t+o(\Delta t^2)]\frac{\boldsymbol{Q}(t)}{\Delta t}[\boldsymbol{\Phi}(t+\Delta t,t)\boldsymbol{B}(t)\Delta t+o(\Delta t^2)]^{\mathrm{T}}\\=&[\boldsymbol{P}(t)+\boldsymbol{A}(t)\boldsymbol{P}(t)\Delta t][\boldsymbol{I}_{n\times n}+\boldsymbol{A}(t)\Delta t]^{\mathrm{T}}+[\boldsymbol{\Phi}(t+\Delta t,t)\boldsymbol{B}(t)\boldsymbol{Q}(t)]\cdot\\&[\boldsymbol{\Phi}(t+\Delta t,t)\boldsymbol{B}(t)\Delta t]\\=&\boldsymbol{P}(t)+\boldsymbol{A}(t)\boldsymbol{P}(t)\Delta t+\boldsymbol{P}(t)\boldsymbol{A}^{\mathrm{T}}(t)\Delta t+\boldsymbol{A}(t)\boldsymbol{P}(t)\boldsymbol{A}^{\mathrm{T}}(t)\Delta t^2+\\&\boldsymbol{\Phi}(t+\Delta t,t)\boldsymbol{B}(t)\boldsymbol{Q}(t)\boldsymbol{B}^{\mathrm{T}}(t)\boldsymbol{\Phi}^{\mathrm{T}}(t+\Delta t,t)\Delta t\end{aligned} \tag{14.5.26}$$

将式(14.5.26)中的 $\boldsymbol{P}(t)$ 移到等号左边,然后等号两边同时除以 Δt 并令 $\Delta t\to 0$ 取极限立得

$$\begin{aligned}\lim_{\Delta t\to 0}\frac{\boldsymbol{P}(t+\Delta t)-\boldsymbol{P}(t)}{\Delta t}&=\frac{\mathrm{d}\boldsymbol{P}(t)}{\mathrm{d}t}\\&=\boldsymbol{A}(t)\boldsymbol{P}(t)+\boldsymbol{P}(t)\boldsymbol{A}^{\mathrm{T}}(t)+\boldsymbol{B}(t)\boldsymbol{Q}(t)\boldsymbol{B}^{\mathrm{T}}(t)\end{aligned}$$

即(14.5.16)式得证。再将方程(14.5.1)式两边取均值立得方程(14.5.17)式。

(3)由离散线性系统随机分析中的(14.4.44)式有

$$\begin{aligned}\boldsymbol{P}(t_j)=&\boldsymbol{\Phi}(t_j,t_{j-1})\boldsymbol{P}(t_{j-1})\boldsymbol{\Phi}(t_j,t_{j-1})+\sum_{i=t_{j-1}+1}^{t_j}\boldsymbol{\Phi}(t_j,i)\boldsymbol{\Gamma}(i,i-1)\boldsymbol{Q}(i-1)\cdot\\&\boldsymbol{\Gamma}^{\mathrm{T}}(i,i-1)\boldsymbol{\Phi}^{\mathrm{T}}(t_j,i)\\=&\boldsymbol{\Phi}(t_j,t_{j-1})\boldsymbol{P}(t_{j-1})\boldsymbol{\Phi}(t_j,t_{j-1})+\sum_{i=t_{j-1}}^{t_j-1}\boldsymbol{\Phi}(t_j,i+1)\boldsymbol{\Gamma}(i+1,i)\boldsymbol{Q}(i)\cdot\\&\boldsymbol{\Gamma}^{\mathrm{T}}(i+1,i)\boldsymbol{\Phi}^{\mathrm{T}}(t_j,i+1)\end{aligned}$$

令 t_j 对应 t,t_{j-1}对应 t_0,i 对应 $i\Delta t$,则上式化为

$$\begin{aligned}\boldsymbol{P}(t)=&\boldsymbol{\Phi}(t,t_0)\boldsymbol{P}(t_0)\boldsymbol{\Phi}^{\mathrm{T}}(t,t_0)+\sum_{i=t_0}^{t-\Delta t}\boldsymbol{\Phi}(t,(i+1)\Delta t)\boldsymbol{\Gamma}((i+1)\Delta t,i\Delta t)\boldsymbol{Q}(i\Delta t)\cdot\\&\boldsymbol{\Gamma}^{\mathrm{T}}((i+1)\Delta t,i\Delta t)\boldsymbol{\Phi}^{\mathrm{T}}(t,(i+1)\Delta t)\end{aligned} \tag{14.5.27}$$

再由(14.5.24)式可知

$$\boldsymbol{\Gamma}((i+1)\Delta t,i\Delta t)=\boldsymbol{\Phi}((i+1)\Delta t,i\Delta t)\boldsymbol{B}(i\Delta t)\Delta t+o(\Delta t^2) \tag{14.5.28}$$

当 $\Delta t\to 0$ 取极限时,考虑到 $\boldsymbol{\Phi}((i+1)\Delta t,i\Delta t)=\boldsymbol{I}$,$i\Delta t=\tau$,$\mathrm{d}\tau=\mathrm{d}t$,并用$\dfrac{\boldsymbol{Q}(\tau)}{\Delta t}$代替 $\boldsymbol{Q}(i\Delta t)$,于是将(14.5.28)式代入(14.5.27)式可得

$$\begin{aligned}\boldsymbol{P}(t)=&\boldsymbol{\Phi}(t,t_0)\boldsymbol{P}(t_0)\boldsymbol{\Phi}^{\mathrm{T}}(t,t_0)+\lim_{\Delta t\to 0}\sum_{i=t_{j-1}}^{t_j-1}\boldsymbol{\Phi}(t,(i+1)\Delta t)\boldsymbol{B}(i\Delta t)\Delta t\frac{\boldsymbol{Q}(i\Delta t)}{\Delta t}\boldsymbol{B}^{\mathrm{T}}(i\Delta t)\Delta t\cdot\\&\boldsymbol{\Phi}^{\mathrm{T}}(t,(i+1)\Delta t)\\=&\boldsymbol{\Phi}(t,t_0)\boldsymbol{P}(t_0)\boldsymbol{\Phi}^{\mathrm{T}}(t,t_0)\\=&\int_{t_0}^{t}\boldsymbol{\Phi}(t,\tau)\boldsymbol{B}(\tau)\boldsymbol{Q}(\tau)\boldsymbol{B}^{\mathrm{T}}(\tau)\boldsymbol{\Phi}^{\mathrm{T}}(t,\tau)\mathrm{d}\tau\end{aligned}$$

即(14.5.18)式得证。定理证毕。

说明　(1)因为方程(14.5.16)式中的 $\boldsymbol{P}(t)$ 是对称的 $n \times n$ 方阵,所以只有其中的 $\frac{n(n+1)}{2}$ 个方程是独立的。

(2)如果利用(14.5.18)式求解 $\boldsymbol{P}(t)$,必须先要计算出状态转移矩阵 $\boldsymbol{\Phi}(t,\tau)$,但一般情况下求出 $\boldsymbol{\Phi}(t,\tau)$ 是比较麻烦的,因此,通常利用方程(14.5.16)式通过数值积分来求出$\boldsymbol{P}(t)$。

14.6　应用例子——原子钟时间过程的统计规律及其应用[50]

14.6.1　原子钟概述

随着科学技术的高速发展,由原子钟提供的时间标准——国际原子时间(IAT),在导航、通信及授时等电子工程中得到了广泛的应用[51],与此同时,关于原子钟的理论研究与实验研究也进一步得到发展。原子钟时间的高精确性和高稳定性,是利用原子能级跃迁所辐射电磁波频率的高精密性而实现的,由量子力学可知,原子能级跃迁所辐射(吸收)磁波的频率 γ_0 与能级 p,q 间的能量差的关系为 $h\gamma_0 = W_q - W_p$,其中 $h = 6.63 \times 10^{-34}$ J/s 为普朗克常数。例如,铯^{133}(CS^{133})自由原子零场超精细跃迁的频率为 9 192.631 771 59 MHz,这样高的频率不便于工程应用,所以,通常采用分频、倍频、混频及锁相等电子技术使低频晶体振荡器的相位严格同步于原子跃迁的相位上,这样一来,原子钟时间的统计规律不仅受到电子接收机内部热噪声的影响,而且更主要的,是由原子能级跃迁的统计规律所支配。

关于原子钟的噪声模型及由此而得的若干计算,目前已有很多报道[51],这些分析都是基于原子钟输出相位功率谱可做幂级数展开并取其中若干项来计算的。与此同时,关于原子钟的实验研究,在国内外也都做了大量工作,并报道了许多实验结果[52,53]。

我们所做的工作是,基于原子能级跃迁以及电子接收机内部热噪声的统计规律,进一步探讨原子钟时间过程的概率模型。

14.6.2　建立原子钟时间过程模型的基本依据

根据量子力学中的微扰跃迁理论可知,原子能级在稳定状态下的跃迁服从齐次马氏链[54,55],因此,建立原子钟时间模型的基本依据可归纳如下。

(1)原子跃迁周期 $T_{\varepsilon i}$ 服从齐氏马氏链,即

$$E(T_{\varepsilon i}) = \overline{T}_\varepsilon, i = 1,2,\cdots \tag{14.6.1}$$

$$E(\Delta T_{\varepsilon i}\Delta T_{\varepsilon j}) = E[(T_{\varepsilon i} - \overline{T}_\varepsilon)(T_{\varepsilon j} - \overline{T}_\varepsilon)] = \sigma_{T_\varepsilon}^2 \delta(i-j), i = 1,2,\cdots \tag{14.6.2}$$

其中,$\overline{T}_\varepsilon$ 为原子跃迁平均周期;$\sigma_{T_\varepsilon}^2$ 为原子跃迁周期的均方误差;$\delta(\cdot)$ 为克罗内克 δ 函数。

(2)原子跃迁频率 $f_\varepsilon(i)$ 服从齐次马氏链,即

$$\bar{f}_\varepsilon(i) \triangleq E[f_\varepsilon(i)] = \frac{1}{\overline{T}_\varepsilon}, i = 1,2,\cdots \tag{14.6.3}$$

$$E[\Delta f_\varepsilon(i)\Delta f_\varepsilon(j)] = E\{[f_\varepsilon(i) - f_\varepsilon(i-1)][f_\varepsilon(j) - f_\varepsilon(j-1)]\}$$

$$=\sigma_{f_\varepsilon}^2\delta(i-j),i=1,2,\cdots \tag{14.6.4}$$

其中,$f_\varepsilon(i)$为原子第 i 次跃迁频率;$\sigma_{f_\varepsilon}^2$为原子跃迁频率的均方方差。

(3)根据电子接收机的热噪声理论可知,原子钟接收机热噪声为正态白噪声,即接收机热噪声$\{\xi(t),-\infty<t<\infty\}$为正态白噪声过程且 $E[\xi(t)]=0,E[\xi^2(t)]=\sigma_\xi^2$,功率谱密度函数为 $S_\xi(\omega)=C_0,\omega\leqslant\frac{2\pi}{T_\varepsilon}$。通常,由于产生噪声的机理不同,故可以认为接收机热噪声与原子能级跃迁的不规则性是互不相关的。

14.6.3 原子钟时间过程模型的基本定义

为了后面的数学推到,现引入如下定义。

定义 14.6.1 原子跃迁的平均频率准确度 $\boldsymbol{\eta_{\bar{f}_\varepsilon}}$

$$\eta_{\bar{f}_\varepsilon}=\frac{\bar{f}_\varepsilon-f_{\varepsilon0}}{f_{\varepsilon0}}=\frac{T_{\varepsilon0}-\bar{T}_\varepsilon}{T_{\varepsilon0}} \tag{14.6.5}$$

其中,$f_{\varepsilon0},T_{\varepsilon0}$为标准原子跃迁的(理想的)频率和周期。

定义 14.6.2 原子跃迁的平均周期准确度 $\boldsymbol{\eta_{\bar{T}_\varepsilon}}$

$$\eta_{\bar{T}_\varepsilon}=\frac{\bar{T}_\varepsilon-T_{\varepsilon0}}{T_{\varepsilon0}} \tag{14.6.6}$$

由(14.6.5)式与(14.6.6)式可得

$$\eta_{\bar{T}_\varepsilon}=-\eta_{\bar{f}_\varepsilon}+o(\eta_{\bar{f}_\varepsilon}) \tag{14.6.7}$$

$$\eta_{\bar{f}_\varepsilon}=-\eta_{\bar{T}_\varepsilon}+o(\eta_{\bar{T}_\varepsilon}) \tag{14.6.8}$$

这说明,原子跃迁的平均频率准确度与平均周期准确度为数值相等且符号相反(只差高阶小量)。

定义 14.6.3 原子钟平均频率准确度 $\boldsymbol{\eta_{\bar{f}}}$

假设关于时间间隔 T_{10}连续测量,则平均频率准确度 $\eta_{\bar{f}}$定义为

$$\eta_{\bar{f}}\triangleq\frac{\bar{f}_1-f_{10}}{f_{10}}=\frac{T_{10}-\bar{T}_1}{\bar{T}_1} \tag{14.6.9}$$

其中,$\bar{f}_1,\bar{T}_1=\frac{1}{\bar{f}_1}$为原子钟输出的平均频率和平均周期。

定义 14.6.4 原子钟平均周期准确度 $\boldsymbol{\eta_{\bar{T}}}$

当测量原子钟某输出周期 T_1 时,则平均周期准确度 $\eta_{\bar{T}}$定义为

$$\eta_{\bar{T}}=\frac{\bar{T}_1-T_{10}}{T_{10}} \tag{14.6.10}$$

由(14.6.9)式与(14.6.10)式可得

$$\eta_{\bar{T}}=-\eta_{\bar{f}}+o(\eta_{\bar{f}}) \tag{14.6.11}$$

$$\eta_{\bar{f}}=-\eta_{\bar{T}}+o(\eta_{\bar{T}})$$

这说明,原子钟平均频率准确度和平均周期准确度绝对值相等且符号相反(只差高阶小量)。

定义 14.6.5 原子钟频率稳定度 $\boldsymbol{\eta_f(T_{10})}$ 假设在 T_{10}时间内连续测量,则关于 T_{10}的频率稳定度 $\eta_f(T_{10})$定义为

$$\eta_f(T_{10}) = \frac{\sigma_{A\nabla f}(T_{10})}{f_{10}} \tag{14.6.12}$$

定义 14.6.6　原子钟时间稳定度 $\eta_\varphi(T_{10})$　在 T_{10}时间内,原子钟输出时间为 T_1,则时间稳定度 $\eta_\varphi(T_{10})$定义为

$$\eta_\varphi(T_{10}) = \frac{\sigma_{A\nabla T_1}(T_{10})}{T_{10}} \tag{14.6.13}$$

定义 14.6.6 中(或定义 14.6.5)$\sigma_{A\nabla T_1}(T_{10})$(或 $\sigma_{A\nabla f}(T_{10})$)表示在 T_{10}时间内,原子钟输出时间(或频率)与标准时间(或标准频率)差的 Allan 标准偏差。若以通常的标准偏差 σ_B 表示时,有如下关系,即

$$\sigma_{A\nabla f}(T_{10}) = \frac{1}{\sqrt{2}}\sigma_{B\nabla f}(T_{10}) \tag{14.6.14}$$

$$\sigma_{A\nabla T_1}(T_{10}) = \frac{1}{\sqrt{2}}\sigma_{B\nabla T_1}(T_{10}) \tag{14.6.15}$$

由(14.6.12)式与(14.6.13)式可推得

$$\eta_f(T_{10}) = \eta_\varphi(T_{10}) + o[\eta_\varphi(T_{10})] \tag{14.6.16}$$

即原子钟频率稳定度与时间稳定度相等(只差高阶小量)。

14.6.4　由原子跃迁周期 $T_{\varepsilon i}$决定的概率模型

1. 时间差的均值函数

假设所考察的时间都是 $T_{\varepsilon 0}$ 整数倍的那些时间点。设 $t = t_0$ 时,标准钟初始时间为 $\varphi_0(t_0)$,原子钟的初始时间为 $\varphi_1(t_0)$,则初始时间差 $\Delta\varphi(t_0)$为

$$\Delta\varphi(t_0) = \varphi_1(t_0) - \varphi_0(t_0) \tag{14.6.17}$$

当 $t = t_0 + t_1$,$t_1 = N_1 T_{\varepsilon 0}$,$N_1$ 为正整数且 $N_1 \gg 1$,时间差 $\Delta\varphi(t_0 + t_1)$为

$$\begin{aligned}\Delta\varphi(t_0 + t_1) &= \varphi_1(t_0 + t_1) - \varphi_0(t_0 + t_1)\\ &= \left(\varphi_1(t_0) + \sum_{i=1}^{N_1} T_{\varepsilon i}\right) - [\varphi_0(t_0) + N_1 T_{\varepsilon 0}]\\ &= \Delta\varphi(t_0) + \sum_{i=1}^{N_1}(T_{\varepsilon i} - T_{\varepsilon 0})\end{aligned}$$

故时间差的变化量$\nabla_T\varphi(t_1)$为

$$\begin{aligned}\nabla_T\varphi(t_1) &= \Delta\varphi(t_0 + t_1) - \Delta\varphi(t_0)\\ &= \sum_{i=1}^{N_1}(T_{\varepsilon i} - T_{\varepsilon 0})\end{aligned} \tag{14.6.18}$$

于是由(14.6.1)式、(14.6.10)式及(14.6.11)式可计算出时间差$\nabla_T\varphi(t_1)$的均值函数为

$$\begin{aligned}\overline{\nabla_T\varphi(t_1)} &= E\left[\sum_{i=1}^{N_1}(T_{\varepsilon i} - T_{\varepsilon 0})\right] = N_1(\overline{T_\varepsilon} - T_{\varepsilon 0}) = N_1 T_{\varepsilon 0}\frac{\overline{T_\varepsilon} - T_{\varepsilon 0}}{T_{\varepsilon 0}}\\ &= t_1\eta_{\overline{T}_\varepsilon} = t_1\eta_{\overline{T}} = -t_1\eta_{\overline{f}}\end{aligned} \tag{14.6.19}$$

这说明时间差的平均变化是时间 t_1 的线性函数,其比例系数是原子钟平均周期准确度。

2. 时间差的相关函数

以 t_0 为初始时间,对任意 $t_1 = N_1 T_{\varepsilon 0}$,$t_2 = N_2 T_{\varepsilon 0}$,则时间差$\nabla_T\varphi(t_1)$,$\nabla_T\varphi(t_2)$的相关函

数为

$$\begin{aligned} B_T(t_1,t_2) &\triangleq E[\nabla_T\varphi(t_1)-\overline{\nabla_T\varphi(t_1)}][\nabla_T\varphi(t_2)-\overline{\nabla_T\varphi(t_2)}] \\ &= E[\sum_{i=1}^{N_1}(T_{\varepsilon i}-\overline{T_\varepsilon})][\sum_{i=1}^{N_2}(T_{\varepsilon i}-\overline{T_\varepsilon})] \\ &= \frac{\sigma_{T_\varepsilon}^2}{T_{\varepsilon 0}}\min(t_1,t_2) \end{aligned} \tag{14.6.20}$$

于是,对任意 $t_1=N_1T_{\varepsilon 0}$,其方差为

$$\sigma_T^2(t_1)=\frac{\sigma_{T_\varepsilon}^2}{T_{\varepsilon 0}}t_1 \tag{14.6.21}$$

3. 时间差的分布函数

在通常情况下,我们所考察的时间 t_1 均能保证有 $N_1\gg 1$,故由中心极限定理可知,其时间差$\{\nabla_T\varphi(t_1),t_1>0\}$是正态马尔科夫过程,更确切地说是漂移维纳过程,即

$$\nabla_T\varphi(t_1)\sim N\left(-t_1\eta_{\bar{f}},\frac{\sigma_{T_\varepsilon}^2}{T_{\varepsilon 0}}t_1\right) \tag{14.6.22}$$

14.6.5 由原子跃迁频率 $f_{\varepsilon i}$ 决定的概率模型

1. 时间差的均值函数

对任意 $t_i=iT_{\varepsilon 0}<t_1=N_1T_{\varepsilon 0}$,由 $\Delta f_\varepsilon(i)=f_\varepsilon(i)-f_\varepsilon(i-1)$ 可得

$$f_\varepsilon(i)=\sum_{k=1}^{i}\Delta f_\varepsilon(k)$$

于是由 $f_\varepsilon(i)$ 引起的时间差为

$$\begin{aligned} \nabla_f\varphi(t_1) &= \sum_{i=1}^{N_1}2\pi f_\varepsilon(i)\,\overline{T}_\varepsilon \\ &= 2\pi\,\overline{T}_\varepsilon\sum_{i=1}^{N_1}\sum_{k=1}^{i}\Delta f_\varepsilon(k) \end{aligned} \tag{14.6.23}$$

利用上式并考虑到(14.6.3)式可计算出时间差的均值函数为

$$\overline{\nabla_f\varphi(t_1)}=2\pi\,\overline{T}_\varepsilon\sum_{i=1}^{N_1}\sum_{k=1}^{i}E[\Delta f_\varepsilon(k)]=0 \tag{14.6.24}$$

2. 时间差的相关函数

对任意 $t_1=N_1T_{\varepsilon 0},t_2=N_2T_{\varepsilon 0}$,利用(14.6.23)式可计算出相关函数为

$$\begin{aligned} B_f(t_1,t_2) &= E[\nabla_f\varphi(t_1)\nabla_f\varphi(t_2)] \\ &= 4\pi^2\,\overline{T}_\varepsilon^2\sum_{i=1}^{N_1}\sum_{l=1}^{N_2}\sum_{k=1}^{i}\sum_{h=1}^{l}E[\Delta f_\varepsilon(k)\Delta f_\varepsilon(h)] \\ &= 4\pi^2\,\overline{T_\varepsilon}^2\sum_{i=1}^{N_1}\sum_{l=1}^{N_2}\sum_{k=1}^{i}\sum_{h=1}^{l}\sigma_{f_\varepsilon}^2\delta(k-h) \\ &= \begin{cases} 4\pi^2\,\overline{T}_\varepsilon^2\sigma_{f_\varepsilon}^2\dfrac{N_2^2}{6}(3N_1-N_2),N_1>N_2 \\ 4\pi^2\,\overline{T}_\varepsilon^2\sigma_{f_\varepsilon}^2\dfrac{N_1^2}{6}(3N_2-N_1),N_2>N_1 \end{cases} \end{aligned}$$

$$
= \begin{cases} 4\pi^2 \left(\dfrac{\overline{T}_\varepsilon}{T_{\varepsilon 0}} \right)^2 \dfrac{\sigma_{f_\varepsilon}^2}{T_{\varepsilon 0}} \dfrac{t_2^2}{6}(3t_1 - t_2), t_1 > t_2 \\ 4\pi^2 \left(\dfrac{\overline{T}_\varepsilon}{T_{\varepsilon 0}} \right)^2 \dfrac{\sigma_{f_\varepsilon}^2}{T_{\varepsilon 0}} \dfrac{t_1^2}{6}(3t_2 - t_1), t_2 > t_1 \end{cases} \tag{14.6.25}
$$

特别地，当 $t_1 = t_2 > 0$ 时，并考虑到

$$
\frac{\overline{T}_\varepsilon}{T_{\varepsilon 0}} = 1 + \eta_{\overline{T}_\varepsilon} = 1\text{（忽略高阶小量）} \tag{14.6.26}
$$

则时间差的方差为

$$
\sigma_f^2(t_1) = 4\pi^2 \frac{\sigma_{f_\varepsilon}^2}{T_{\varepsilon 0}} \frac{t_1^3}{3} \tag{14.6.27}
$$

3. 时间差的分布函数

由中心极限定理可知当 $N_1 \gg 1$ 时，时间差 $\nabla_f \varphi(t_1)$ 服从正态分布，即

$$
\nabla_f \varphi(t_1) \sim N\left(0, \frac{4\pi^2}{3} \frac{\sigma_{f_\varepsilon}^2}{T_{\varepsilon 0}} t_1^3\right)
$$

该过程 $\{\nabla_f \varphi(t_1), t_1 > 0\}$ 是正态马尔可夫过程。

14.6.6　由接收机热噪声 $\xi(t)$ 决定的概率模型

在计算接收机热噪声通过窄带滤波器时，通常基于以下假设：

(1) 只考虑接收机内阻 R 所产生的热噪声，并认为是零均值正态白噪声。

(2) 该热噪声对原子钟时间的干扰是小范围的，因此可做线性化处理。

(3) 接收机可认为是理想窄带滤波器。

基于以上三点假设，接收机热噪声 $\xi(t)$ 对原子钟时间差的影响有如下统计特性。

1. 时间差的均值函数

$$
\overline{\nabla_\xi \varphi(t_1)} = 0 \tag{14.6.28}
$$

2. 时间差的相关函数

$$
B_\xi(t_1, t_2) = \sigma_\xi^2 \frac{\sin\left(\dfrac{B|t_1 - t_2|}{2}\right)}{\dfrac{B|t_1 - t_2|}{2}} \tag{14.6.29}
$$

其中，σ_ξ^2 为由接收机热噪声引起的时间差的方差，经计算有[53,56]

$$
\sigma_\xi^2 = \frac{KTBF}{2\pi^2 f_0^2 P_0} \tag{14.6.30}
$$

其中，T 为腔体温度；F 为接收机噪声系数；B 为接收机有效噪声带宽；P_0 为前置放大器功率；f_0 为原子跃迁频率；K 为玻耳兹曼常数。

3. 时间差的分布函数

由随机过程理论可知，由接收机热噪声 $\xi(t)$ 所引起的原子钟时间差 $\{\nabla_\xi \varphi(t_1), t_1 > 0\}$ 是窄带平稳正态随机过程，并且对任意 $t_1 > 0$，有

$$
\nabla_\xi \varphi(t_1) \sim N(0, \sigma_\xi^2) \tag{14.6.31}
$$

14.6.7 原子钟时间差的总概率模型

由以上分析可知,原子钟时间差$\{\nabla\varphi(t_1),t_1>0\}$依时间$t_1$是随机过程,它是由三个随机过程$\{\nabla_T\varphi(t_1),t_1>0\}$,$\{\nabla_f\varphi(t_1),t_1>0\}$以及$\{\nabla_\xi\varphi(t_1),t_1>0\}$所组成的,我们假设这三个随机过程是互不相关的,这不仅使计算方便,而且由此得到的结论同实验结果相比较,具有很好的相合性。由此可得原子钟时间差$\{\nabla\varphi(t_1),t_1>0\}$总概率模型为

$$\nabla\varphi(t_1)=\nabla_T\varphi(t_1)+\nabla_f\varphi(t_1)+\nabla_\xi\varphi(t_1),t_1>0 \tag{14.6.32}$$

其均值函数为

$$\begin{aligned}\overline{\nabla\varphi(t_1)}&=\overline{\nabla_T\varphi(t_1)}+\overline{\nabla_f\varphi(t_1)}+\overline{\nabla_\xi\varphi(t_1)}\\&=\overline{\nabla_T\varphi(t_1)}=-t_1\eta_{\bar{f}}\end{aligned} \tag{14.6.33}$$

对任意$t_1>0,t_2>0$,其相关函数为

$$B(t_1,t_2)=B_T(t_1,t_2)+B_f(t_1,t_2)+B_\xi(t_1,t_2) \tag{14.6.34}$$

其中,$B_T(t_1,t_2)$,$B_f(t_1,t_2)$及$B_\xi(t_1,t_2)$分别由(14.6.20)式、(14.6.25)式及(14.6.29)式表示。而且,对任意$t_1>0$,其方差函数为

$$\begin{aligned}\sigma_{\nabla\varphi}^2(t_1)&=\sigma_T^2(t_1)+\sigma_f^2(t_1)+\sigma_\xi^2(t_1)\\&=\frac{\sigma_{T_\varepsilon}^2}{T_{\varepsilon0}}t_1+\frac{4\pi^2}{3}\frac{\sigma_{f_\varepsilon}^2}{T_{\varepsilon0}}t_1^3+\frac{KTBF}{2\pi^2f_0^2P_0}\end{aligned} \tag{14.6.35}$$

其中,各符号的含义已在前面的分析中给出。时间差$\nabla\varphi(t_1)$的分布函数为

$$\nabla\varphi(t_1)\sim N(\overline{\nabla\varphi(t_1)},\sigma_{\nabla\varphi}^2(t_1)) \tag{14.6.36}$$

现在,我们可以按照定义(14.6.5)式或定义(14.6.6)式并依据(14.6.35)式来计算以Allan方差表示的原子钟频率稳定度$\eta_f(T_{10})$及原子钟时间稳定度$\eta_\varphi(T_{10})$,这里我们连续观测时间为T_{10}并由(14.6.14)式及(14.6.15)式可得

$$\begin{aligned}\eta_f(T_{10})&=\eta_\varphi(T_{10})\\&=\frac{1}{\sqrt{2}T_{10}}\sigma_{\nabla\varphi}(T_{10})\\&=\left(\frac{KTBF}{4\pi^2f_0^2P_0}\frac{1}{T_{10}^2}+\frac{\sigma_{T_\varepsilon}^2}{2T_{\varepsilon0}}\frac{1}{T_{10}}+\frac{2\pi^2}{3}\frac{\sigma_{f_\varepsilon}^2}{T_{\varepsilon0}}T_{10}\right)^{\frac{1}{2}}\\&\triangleq\left(K_\xi\frac{1}{T_{10}^2}+K_T\frac{1}{T_{10}}+K_fT_{10}\right)^{\frac{1}{2}}\end{aligned} \tag{14.6.37}$$

其中,K_T,K_f由原子跃迁的特征数所决定;K_ξ由接收机的性能所决定。在稳定的工作条件下,各系数K_T,K_f,K_ξ均取常值,但随不同原子钟会有不同的数值。值得指出的是,各系数K_T,K_f,K_ξ通常是根据原子钟比对实验结果来确定。由(14.6.33)式及(14.6.37)式的结果,可以给我们如下提示。

(1)原子钟频率稳定度(或时间稳定度)是由三项组成的(见(14.6.37)式),并且这三项分别与观测时间T_{10}的负二次幂、负一次幂及正一次幂成比例,即第一项为

$$\eta_{f_1}^2(T_{10})=K_\xi\frac{1}{T_{10}^2} \tag{14.6.38}$$

其中,$K_\xi=\dfrac{KTBF}{4\pi^2f_0^2P_0}$,原子钟的瞬时稳定度主要由这一项来决定;第二项为

$$\eta_{f_2}^2(T_{10}) = K_T \frac{1}{T_{10}} \tag{14.6.39}$$

其中，$K_T = \dfrac{\sigma_{T_\varepsilon}^2}{2T_{\varepsilon 0}}$，原子钟的短期稳定度主要由这一项来决定。第三项为

$$\eta_{f_3}^2(T_{10}) = K_f T_{10} \tag{14.6.40}$$

其中，$K_f = \dfrac{2\pi^2 \sigma_{f_\varepsilon}^2}{3 \ T_{\varepsilon 0}}$，原子钟的长期稳定度主要由这一项来决定。进一步，由(14.6.37)式还可以看出，原子钟的稳定度具有最小值，这主要表现在从下降型短期稳定度经最小值过渡到上升型长期稳定度。由(14.6.37)式可近似求得最小值为

$$T_{\min} = \sqrt{\frac{K_T}{K_f}} \tag{14.6.41}$$

及

$$\eta_{\min}^2 = \sqrt{K_T K_f} \tag{14.6.42}$$

(2)原子钟时间与标准钟时间差的平均变化与观测时间 T_{10} 成正比，与该原子钟平均频率准确度 $\eta_{\bar{f}}$ 也成正比((14.6.33)式)。

(3)当原子钟的初始时间对准以后，只要知道该原子钟的平均频率准确度 $\eta_{\bar{f}}$ 及频率稳定度 $\eta_f(T_{10})$，我们就可以做出关于工作时间 T_{10} 的原子钟时间误差的最优预报及置信度为 α 的时间误差区间估计。

14.6.8　对国内外实验结果分析

国内外学者对原子钟的实验研究做了大量工作，并发表了许多有价值的实验结果[52,53]。在这里，我们依据本节中的结论对实验结果做分析探讨。

文献[53]介绍了上海天文台氢原子钟的稳定度性能，如图 14.6.1 所示。

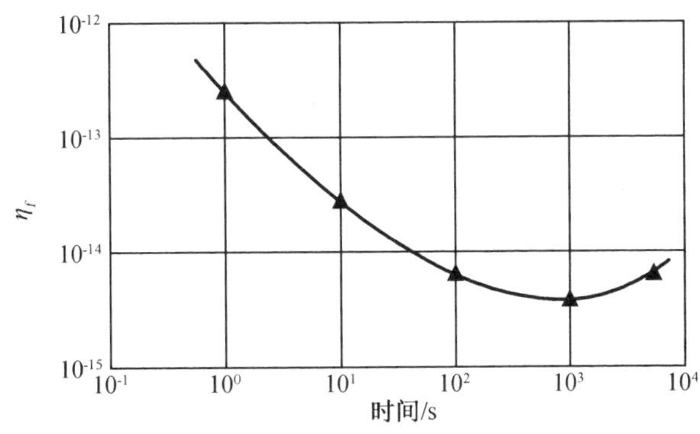

图 14.6.1　上海天文台氢原子钟的稳定度性能

-—实验结果；▲—理论计算结果

首先，由稳定度性能曲线可以看出，原子钟频率稳定度具有最小值，并且由单调下降型的短期稳定度经最小值过渡到单调上升型长期稳定度。进一步，从实验曲线上发现，当

$$T_{10} = T_{\min} = 9 \times 10^2 \text{ s} \tag{14.6.43}$$

时，有

$$\eta_f = \eta_{f\min} = 4 \times 10^{-15} \tag{14.6.44}$$

再从实验曲线上取 $T_{10} = 1$ s 时,有

$$\eta_f = 2.2 \times 10^{-13} \tag{14.6.45}$$

将(14.6.43)式、(14.6.44)式及(14.6.45)式分别代入(14.6.41)式、(14.6.42)式及(14.6.37)式,可解得

$$\begin{aligned} K_f &= 0.89 \times 10^{-32} \\ K_T &= 7.2 \times 10^{-27} \\ K_\xi &= 4.12 \times 10^{-26} \end{aligned} \tag{14.6.46}$$

将以上各系数代入(14.6.37)式可得该原子钟频率稳定度随观测时间 T_{10} 的规律为

$$\eta_f(T_{10}) = \left(4.12 \times 10^{-26} \frac{1}{T_{10}^2} + 7.2 \times 10^{-27} \frac{1}{T_{10}} + 0.89 \times 10^{-32} T_{10}\right)^{\frac{1}{2}} \tag{14.6.47}$$

为了将(14.6.47)式所表示的频率稳定度在其他观测时间的理论计算数值同实验结果相比较,我们分别取 $T_{10} = 10$ s,100 s,5 000 s 并按(14.6.47)式的计算值以及由实验曲线查出的实验值列见表 14.6.1。

表 14.6.1 实验值

观测时间 T_{10}/s	10	100	5 000
理论计算值 η_f	3.36×10^{-14}	8.77×10^{-15}	6.77×10^{-15}
实验观测结果 η_f	3.4×10^{-14}	7.5×10^{-15}	6.5×10^{-15}

由表 14.6.1 可见,理论计算结果同实验结果是比较符合的。

进一步,文献[52]介绍了国外商品铯种稳定度的实验结果,如图 14.6.2 中阴影线 1 所示,由实验结果可以看出,当 $T_{10} > 10^6$ s 时稳定度不再单调下降,而出现略有上升,因此,我们从实验结果中取:

当

$$T_{10} = T_{\min} = 10^7 \text{ s} \tag{14.6.48}$$

时,有

$$\eta_{10} = \eta_{f\min} = 3 \times 10^{-14} \tag{14.6.49}$$

再从实验曲线上取 $T_{10} = 1$ s 时,有

$$\eta_f = 9 \times 10^{-11} \tag{14.6.50}$$

将(14.6.48)式、(14.6.49)式及(14.6.50)式分别代入(14.6.41)式、(14.6.42)式及(14.6.37)式,可解得

$$\begin{aligned} K_f &= 4.5 \times 10^{-35} \\ K_T &= 4.5 \times 10^{-21} \\ K_\xi &= 3.6 \times 10^{-21} \end{aligned} \tag{14.6.51}$$

将以上各系数代入(14.6.37)式可得铯原子钟频率稳定度随观测时间 T_{10} 的规律为

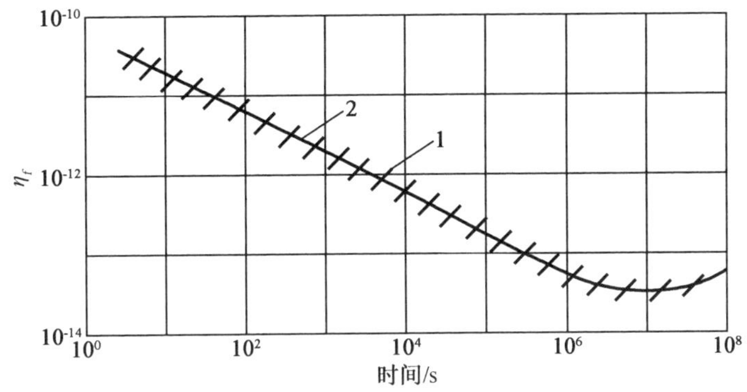

图 14.6.2　国外商品铯种稳定度性能实验结果及理论计算结果

1—实验结果,2—理论计算结果

$$\eta_f(T_{10})=\left(3.6\times10^{-21}\frac{1}{T_{10}^2}+4.5\times10^{-21}\frac{1}{T_{10}}+4.5\times10^{-35}T_{10}\right)^{\frac{1}{2}} \qquad (14.6.52)$$

为了将(14.6.52)式所表示的频率稳定度在其他观测时间的理论计算数值同实验结果相比较,我们分别取 $T_{10}=10^1$ s,10^2 s,10^3 s,10^4 s,10^5 s,10^6 s,10^7 s,10^8 s,并按(14.6.52)式计算有表 14.6.2 理论计算结果。

表 14.6.2　理论计算结果

T_{10}/s	10^1	10^2	10^3
理论值 η_f	2.2×10^{-11}	6.73×10^{-12}	2.1×10^{-12}
T_{10}/s	10^4	10^5	10^6
理论值 η_f	6.73×10^{-13}	2.1×10^{-13}	6.74×10^{-14}
T_{10}/s	10^7	10^8	
理论值 η_f	3×10^{-14}	6.74×10^{-14}	

同时,我们可按(14.6.52)式画出该铯钟稳定度的理论曲线,见图 14.6.2 中的理论计算结果曲线 2。图 14.6.2 中曲线 1 为实验结果。由图 14.6.2 中的曲线可知,理论计算结果同实验结果是比较相符合的。

14.6.9　原子钟时间过程模型结论

由理论推导以及对实验结果的分析比较可得如下结论。

(1)原子钟与标准钟的时间差是一个正态马尔可夫过程,它是由三个随机过程相加所组成并由(14.6.32)式所表示,其均值函数、相关函数及方差函数分别由(14.6.33)式、(14.6.34)式及(14.6.35)式表示。

(2)以 Allan 均方差[57]表示的原子钟频率稳定度由(14.6.37)式表示,它由三项组成,即瞬时稳定度 $\eta_{f_1}(T_{10})$、短期稳定度 $\eta_{f_2}(T_{10})$ 及长期稳定度 $\eta_{f_3}(T_{10})$ 所组成,上述的各稳定度分别由(14.6.38)式、(14.6.39)式及(14.6.40)式表示且有

$$\eta_f^2(T_{10})=\eta_{f_1}^2(T_{10})+\eta_{f_2}^2(T_{10})+\eta_{f_3}^2(T_{10}) \qquad (14.6.53)$$

14.6.10 在导航工程中的应用

在导航工程中经常遇到这样的问题,在 $t=t_0$ 时,原子钟与标准钟对准,即初始时差 $\Delta\varphi(t_0)$ 为已知,现在让我们求当 $t=t_1$ 时,时差 $\Delta\varphi(t_1)$ 的最小方差预报以及时间的区间估计。

设 $\Delta\hat{\varphi}(t_1)$ 为任一预报,则预报方差 $\hat{\sigma}^2$ 为

$$\begin{aligned}\hat{\sigma}^2 &= E\{[\Delta\varphi(t_1)-\Delta\hat{\varphi}(t_1)]^2\}\\ &= E\{\{\Delta\varphi(t_1)-E[\Delta\varphi(t_1)|\Delta\varphi(t_0)]+E[\Delta\varphi(t_1)|\Delta\varphi(t_0)]-\Delta\hat{\varphi}(t_1)\}^2\}\\ &= E\{\{\Delta\varphi(t_1)-E[\Delta\varphi(t_1)|\Delta\varphi(t_0)]\}^2\}+E\{\{E[\Delta\varphi(t_1)|\Delta\varphi(t_0)]-\Delta\hat{\varphi}(t_1)\}^2\}\end{aligned} \tag{14.6.54}$$

显然,当且仅当 $\Delta\varphi(t_1)$ 的最优预报为

$$\begin{aligned}\Delta\hat{\varphi}(t_1)(\text{最优}) &= E[\Delta\varphi(t_1)|\Delta\varphi(t_0)]\\ &= \Delta\varphi(t_0)-(t_1-t_0)\eta_{\bar{f}}\end{aligned} \tag{14.6.55}$$

时,则有最小预报方差为

$$\begin{aligned}\hat{\sigma}^2_{\min} &= E\{\{\Delta\varphi(t_1)-E[\Delta\varphi(t_1)|\Delta\varphi(t_0)]\}^2\}\\ &= 2(t_1-t_0)^2\eta_f^2(t_1-t_0)\end{aligned} \tag{14.6.56}$$

其中,$\eta_{\bar{f}}$ 为原子钟的平均频率准确度;$\eta_f(t_1-t_0)$ 为关于测量间隔 (t_1-t_0) 的频率稳定度。

不仅如此,还可以给出在 $t=t_1$ 时刻原子钟关于标准钟误差的区间估计。例如,1σ 的区间估计是

$$(\Delta\varphi(t_0)-(t_1-t_0)\eta_{\bar{f}}-\hat{\sigma}_{\min},\Delta\varphi(t_0)-(t_1-t_0)\eta_{\bar{f}}+\hat{\sigma}_{\min}) \tag{14.6.57}$$

由此可见,只要知道原子钟的频率准确度 $\eta_{\bar{f}}$ 及频率稳定度 $\eta_f(t_1-t_0)$,就可以利用(14.6.55)式、(14.6.56)式及(14.6.57)式对任意 t_1 进行原子钟的时间预报并给出预报误差 1σ 的区间估计。

14.7 习　　题

1. 设 X,Y 为随机变量,试证:$E(|e^{itX}-e^{itY}|)\leqslant|t|E(|X-Y|)$。

2. 设 $\{X(t),t\in T\}$ 为实随机过程,试证:它为正态随机过程的充要条件是 $\forall n$,$\forall t_1,t_2,\cdots,t_n\in T$,$\forall a_1,a_2,\cdots,a_n\in\mathbf{R}^1$(不全为零),有

$$\sum_{i=1}^{n}a_iX(t_i)\ \text{服从一维正态分布}$$

3. 设 $\{X(t),t\geqslant 0\}$ 为维纳过程且 $D[X(t)]=t$,又知 $\{g_k(t),k=1,2,\cdots\}$ 是 $L^2(0,T)$ 上的完备正交函数列且满足

$$\int_0^T\int_0^T g_k(t)g_j(s)\min(t,s)\,\mathrm{d}s\mathrm{d}t=\delta(k-j)$$

其中,$\delta(k-j)$ 为克罗内克 δ 函数,试证:

(1) $\zeta_k=\int_0^T X(t)g_k(t)\mathrm{d}t\ (k=1,2,\cdots)$ 是零均值方差为 1 的独立正态随机变量。

(2) $\sum_{k=1}^{\infty} \zeta_k g_k(t)$ 均方收敛于 $X(t)$，即 $\mathrm{l\cdot i\cdot m}_{N\to\infty} \sum_{k=1}^{N} \zeta_k g_k(t) = X(t)$。

提示：利用卡亨南定理 13.7.3。

4. 设 $\{X(t), t \geqslant 0\}$ 是标准维纳过程，取 $[0,1]$ 上的任一组分割点为

$$0 = t_{0n} < t_{1n} < t_{2n} < \cdots < t_{nn} = 1$$

且有

$$\max_{1 \leqslant i \leqslant n} (t_{in} - t_{i-1n}) \to 0, n \to \infty$$

令

$$u_n = \sum_{i=0}^{n-1} [X(t_{i+1n}) - X(t_{in})]^2$$

试证：(1) $\forall n$ 有 $E(u_n) = 1$，(2) $\lim_{n\to\infty} E(u_n^2) = 1$。

5. 设 $\{X(t), t \geqslant 0\}$ 是参数为 σ^2 的维纳过程，试证：

$$\mathrm{cov}[X^2(t), X^2(s)] = 2\{\mathrm{cov}[X(t), X(s)]\}^2$$

6. 设 $\{X(t), t \geqslant 0\}$ 是维纳过程，试证：

$$\left\{Y(t) = tX\left(\frac{1}{t}\right), t > 0\right\}$$

也是维纳过程。

7. 设 $\{X(t), t \geqslant 0\}$ 是维纳过程，令

$$Y(t) = X(t) + \xi t$$

其中，ξ 与 $\{X(t), t \geqslant 0\}$ 独立且 $\xi \sim N(0,1)$，试证：

$$E[Y(t)] = 0$$

$$\mathrm{cov}[Y(t), Y(s)] = st + \min(t, s)$$

8. 试证：$B(s,t) = \min(s,t)$ $(s,t > 0)$ 是相关函数。

9. 设 $u(t), v(t)$ 为 $(0,T)$ 上的正函数且

$$B(s,t) = u(s)v(t), s \leqslant t$$

试证：$B(s,t)$ 为相关函数的充要条件是 $\frac{u(t)}{v(t)}$ 为 $(0,T)$ 上的单调增函数。

10. 设 $\{X(t), t \geqslant 0\}$ 是以 σ^2 为参数的维纳过程，试证：

$$P(\lim_{t\to\infty} |X(t)| = \infty) = 1$$

或者等价地有 $\forall M < \infty$，$P(\bigcap_{t \geqslant 0} \{|X(t)| < M\}) = 0$。

11. 设 $\{X(t), -\infty < t < \infty\}$ 是零均值平稳正态过程，其中心自相关函数为 $B_X(\tau)$，试证：$\{X^2(t), -\infty < t < \infty\}$ 也是平稳过程。

12. 设 $\{X(t), -\infty < t < \infty\}$ 是零均值平稳正态过程且相关函数为 $B(\tau)$，假设 $B(\tau)$ 是四次可导，试证：对任意 t，$[X(t), X'(t), X''(t)] \triangleq \boldsymbol{X}^{\mathrm{T}}$ 为联合正态分布且有

$$E(\boldsymbol{X}) = 0$$

$$E(\boldsymbol{X}\boldsymbol{X}^{\mathrm{T}}) = \begin{bmatrix} E[\boldsymbol{X}^2(t)] & E[\boldsymbol{X}(t)\boldsymbol{X}'(t)] & E[\boldsymbol{X}(t)\boldsymbol{X}''(t)] \\ E[\boldsymbol{X}'(t)\boldsymbol{X}(t)] & E[\boldsymbol{X}'(t)^2] & E[\boldsymbol{X}'(t)\boldsymbol{X}''(t)] \\ E[\boldsymbol{X}''(t)\boldsymbol{X}(t)] & E[\boldsymbol{X}''(t)\boldsymbol{X}'(t)] & E[\boldsymbol{X}''(t)^2] \end{bmatrix}$$

$$=\begin{bmatrix} B(0) & 0 & B^{(2)}(0) \\ 0 & -B^{(2)}(0) & 0 \\ B^{(2)}(0) & 0 & B^{(4)}(0) \end{bmatrix}$$

13. 设$\{X(t),t\geqslant 0\}$是零均值正态过程,相关函数为

$$B(s,t)=E[X(s)X(t)]=u(s)v(t),s\leqslant t$$

其中,$u(\cdot)$与$v(\cdot)$是两个正连续函数且

$$\frac{u(t)}{v(t)}=a(t)$$

是单调增函数它有反函数$a^{-}(t)$,试证:

$$\left\{Y(t)=\frac{X(a^{-}(t))}{v(a^{-}(t))},t\geqslant 0\right\}$$

是标准维纳过程。该结论最先由 Doob 完成,见文献[62]。

14. 设$\{X(t),0\leqslant t<1\}$是零均值正态过程,相关函数为

$$B(s,t)=E[X(s)X(t)]=s(1-t),0\leqslant s<t<1$$

试利用 13 题结果,证明:

$$Y(t)=(t+1)X[t/(1+t)],0\leqslant t<1$$

是标准维纳过程。

15. 设$\{X(t),t\geqslant 0\}$是零均值正态过程且相关函数为$B(s,t)$,试证:$\forall t,s\geqslant 0,\forall h\geqslant 0$有

(1)$E[X^2(t)]=B(t,t)$;

(2)$D[X^2(t)]=2B^2(t,t)$;

(3)$\mathrm{cov}[X^2(s),X^2(t)]=2B^2(s,t)$;

(4)$E[X(t)X(t+h)]=B(t,t+h)$;

(5)$D[X(t)X(t+h)]=B(t,t)B(t+h,t+h)+B^2(t,t+h)$;

(6)$\mathrm{cov}[X(s)X(s+h),X(t)X(t+h)]=B(s,t)B(s+h,t+h)+B(s,t+h)B(s+h,t)$。

16. 设$N(t)$是强度为λ的泊松过程,试证:$\forall t<\infty$,有

$$\frac{N(t)-\lambda t}{\sqrt{\lambda t}}\sim N(0,1),\lambda\to\infty$$

17. 设S_n为某随机变量,其特征函数为

$$f_{S_n}(t)=(p\mathrm{e}^{\mathrm{i}t}+q)^n$$

其中,$0<p<1$;$q=1-p$;n为正整数。又设

$$S_n^*=\frac{S_n-np}{\sqrt{npq}}$$

试证:$S_n^*\sim N(0,1),n\to\infty$。

18. 设$\{X(t),t\geqslant 0\}$是具有平稳独立增量的随机过程且$X(0)=0$,又知$\log f_{X(t)}(u)=vt\int_{-\infty}^{+\infty}(\mathrm{e}^{\mathrm{i}ux}-1)p(x)\mathrm{d}x$,其中,$f_{X(t)}(u)$为$X(t)$的特征函数;$p(x)$为概率密度函数;$v>0$为常数。令

$$\beta=\int_{-\infty}^{+\infty}|x|^3p(x)\mathrm{d}x\Big/\left[\int_{-\infty}^{+\infty}x^2p(x)\mathrm{d}x\right]^{3/2}$$

试证下列条件中每一个都是使$\{Y(t),t\geqslant 0\}$为渐近正态的充分条件:

$$①v\to\infty\ ;②\beta\to 0;③\beta^2/v\to 0$$

并求出 $Y(t)$ 的表达式。

19. 设 $\{X_n, n=0,1,2,\cdots\}$ 是独立同分布随机变量序列且 $E(X_n)=0, D(X_n)=1$，定义 $Y_n(t)$ 为

$$Y_n(t) = \frac{1}{\sqrt{n}}\sum_{i=1}^{n} X_i, n-1 < t \leqslant n, n = 1,2,\cdots$$

$$Y_n(0) = 0$$

试证：$\{\lim\limits_{n\to\infty} Y_n(t), t\geqslant 0\}$ 为渐近正态过程。

20. 设 $\{X(t), t\geqslant 0\}$ 是参数为 σ^2 的维纳过程，令 $p(t_1,x_1;t_2,x_2)(t_2>t_1)$ 表示 $X(t_1)=x_1$ 条件下 $X(t_2)$ 的条件密度函数，即

$$p(t_1,x_1;t_2,x_2) = f_{X(t_2)}(x_2 \mid X(t_1)=x_1)\text{（条件密度函数）}$$

试证：$p(t_1,x_1;t_2,x_2)\triangleq p$ 满足如下向前方程和向后方程：

$$\frac{\partial p}{\partial t_2} = \frac{\sigma^2}{2}\frac{\partial^2 p}{\partial x_2^2}$$

$$\frac{\partial p}{\partial t_1} + \frac{\sigma^2}{2}\frac{\partial^2 p}{\partial x_1^2} = 0$$

21. 先引入如下定义：**漂移维纳过程**[63]**（漂移布朗运动）**　设 $\{\widetilde{X}(t), t\geqslant 0\}$）是参数为 σ^2 的维纳过程，则称

$$X(t) = \widetilde{X}(t) + \mu t, t\geqslant 0$$

为漂移维纳过程。其中，μ 是常数，称为漂移系数。

题目：试证漂移维纳过程 $\{X(t), t\geqslant 0\}$ 有如下性质。

(1) $\forall t,s\geqslant 0$ 有

$$E[X(t+s)-X(s)] = \mu t$$

$$D[X(t+s)-X(s)] = \sigma^2 t$$

$$[X(t+s)-X(s)] \sim N(\mu t, \sigma^2 t)$$

(2) $\forall 0\leqslant t_1<t_2\leqslant t_3<t_4$，增量 $[X(t_4)-X(t_3)]$ 与增量 $[X(t_2)-X(t_1)]$ 互相独立。

(3) $X(0)=0$ 且样本函数 $X(t)$ 在 $t=0$ 处连续。

22. 设 $\{X(t), t\geqslant 0\}$ 为具有参数 μ,σ^2 的漂移维纳过程，其中 μ,σ^2 的含义见题 21，对任意 $t_0\geqslant 0$，$X(t)$ 的条件密度函数为

$$p\triangleq p(t_0,x;t,y) = f_{X(t)}(y \mid X(t_0)=x), t>t_0$$

试证：p 满足如下向前方程

$$\frac{\partial p}{\partial t} = -\mu\frac{\partial p}{\partial y} + \frac{1}{2}\sigma^2\frac{\partial^2 p}{\partial y^2}$$

23. 设 $\{X(t), t\geqslant 0\}$ 为具有参数 μ,σ^2 的漂移维纳过程，试证

$$E[\mathrm{e}^{\mathrm{i}uX(t)}] = \exp\left\{\mathrm{i}u\mu t - \frac{1}{2}\sigma^2 t u^2\right\}$$

24. 设 $\{X(t), t\geqslant 0\}$ 满足如下 n 阶常系数随机微分方程：

$$\frac{\mathrm{d}^n X(t)}{\mathrm{d}t^n} + a_1\frac{\mathrm{d}^{n-1}X(t)}{\mathrm{d}t^{n-1}} + \cdots + a_{n-1}\frac{\mathrm{d}X(t)}{\mathrm{d}t} + a_n X(t) = n(t)$$

其中,初始条件为零,即$\frac{\mathrm{d}^{n-1}X(0)}{\mathrm{d}t^{n-1}}=\cdots=\frac{\mathrm{d}X(0)}{\mathrm{d}t}=X(0)=0$,$a_i,i=1,2,\cdots,n$ 为常数,$n(t)$ 为干扰过程,假定所有的特征根均为负实数。

试证:(1)如果 $n(t)$ 为零均值正态白过程(见定义 14.5.1),则$\{X(t),t\geqslant 0\}$是正态 n 阶马尔可夫过程。

(2)如果 $n(t)$ 是零均值白过程(见定义 13.1.2),则$\{X(t),t\geqslant 0\}$是渐进正态 n 阶马尔可夫过程。

25. 设$\{\boldsymbol{X}(k),k=0,1,2,\cdots\}$是 14.4.2 中所述的离散线性系统状态序列,试证:对任意 n,$\{\boldsymbol{X}(1),\boldsymbol{X}(2),\cdots,\boldsymbol{X}(n)\}$的概率密度函数为

$$p(x_1,x_2,\cdots,x_n)=p(0)\prod_{i=1}^{n}p(x_i\,|\,x_{i-1})$$

其中,$p(0)=N(E[\boldsymbol{X}(0)],\boldsymbol{P}(0))$ 为 $\boldsymbol{X}(0)$ 的密度函数;

$p(\boldsymbol{x}_i\,|\,\boldsymbol{x}_{i-1})=\boldsymbol{N}(E[\boldsymbol{X}(i)\,|\,\boldsymbol{X}(i-1)]),\boldsymbol{P}(\boldsymbol{X}(i)\,|\,\boldsymbol{X}(i-1)))$ 为条件密度函数;

$E[\boldsymbol{X}(i)\,|\,\boldsymbol{X}(i-1)]=\boldsymbol{\Phi}(i,i-1)\boldsymbol{X}(i-1)+\boldsymbol{\Gamma}(i,i-1)\overline{\boldsymbol{W}}(i-1)$ 为条件均值;

$\boldsymbol{P}(\boldsymbol{X}(i)\,|\,\boldsymbol{X}(i-1))=\boldsymbol{\Gamma}(i,i-1)\boldsymbol{Q}(i-1)\boldsymbol{\Gamma}^{\mathrm{T}}(i,i-1)$ 为条件方差。

26. 设连续线性系统模型为

$$\frac{\mathrm{d}\boldsymbol{X}(t)}{\mathrm{d}t}=\boldsymbol{A}(t)\boldsymbol{X}(t)+\boldsymbol{B}(t)\boldsymbol{W}(t)$$

其中

$$\boldsymbol{X}^{\mathrm{T}}(t)=[X_1(t),X_2(t)],\boldsymbol{A}(t)=\begin{bmatrix}0&1\\0&0\end{bmatrix},\boldsymbol{B}(t)=\begin{bmatrix}0\\1\end{bmatrix}$$

均匀采样且采样周期为 T_0,$\boldsymbol{W}^{\mathrm{T}}(t)=W(t)$ 是一维干扰过程。试利用 14.4.1 中所述方法将上述模型化为离散线性系统模型

$$\boldsymbol{X}(k+1)=\boldsymbol{\Phi}(k+1,k)\boldsymbol{X}(k)+\boldsymbol{\Gamma}(k+1,k)\boldsymbol{W}(k)$$

并求出 $\boldsymbol{\Phi}(k+1,k)$ 和 $\boldsymbol{\Gamma}(k+1,k)$。

答案:$\boldsymbol{\Phi}(k+1,k)=\begin{bmatrix}1&T_0\\0&1\end{bmatrix},\boldsymbol{\Gamma}(k+1,k)=\begin{bmatrix}\left(\frac{1}{2}\right)T_0^2\\T_0\end{bmatrix}$

第 15 章

时间序列分析、预测及建模

15.1 自回归滑动平均(ARMA)序列模型的定义及产生方法

定义 15.1.1 设$\{X(n), n=\cdots,-2,-1,0,1,2,\cdots\}$为随机序列,如果它满足如下方程,即

$$\sum_{j=0}^{p} a_j X(n-j) = \sum_{j=0}^{q} b_j \xi(n-j) \tag{15.1.1}$$

其中,$a_0=1, b_0=1$,$\{\xi(n), n=\cdots,-2,-1,0,1,2,\cdots\}$为白噪声序列或时间相关的随机序列,则称由(15.1.1)式所表示的模型为**自回归滑动平均**(Autoregression Moving Average)**序列模型**,通常以 ARMA(p,q)表示。可以把随机序列$\{\xi(n), n=\cdots,-2,-1,0,1,2,\cdots\}$理解为模型的输入,把随机序列$\{X(n), n=\cdots,-2,-1,0,1,2,\cdots\}$理解为模型的输出。

对于由(15.1.1)式所表示的模型,当 $p=0$ 时,可写成

$$X(n) = \sum_{j=0}^{q} b_j \xi(n-j), b_0 = 1 \tag{15.1.2}$$

称(15.1.2)式所表示的序列模型为**滑动平均序列模型**,或称MA(q)序列模型;把 q 称为MA(q)序列模型的阶。我们有时称随机序列$\{X(n), n=\cdots,-2,-1,0,1,2,\cdots\}$是随机序列$\{\xi(n), n=\cdots,-2,-1,0,1,2,\cdots\}$的 q 阶滑动平均。

如果方程(15.1.1)式中的 $q=0$,则可写成

$$\sum_{j=0}^{p} a_j X(n-j) = \xi(n), a_0 = 1 \tag{15.1.3}$$

称(15.1.3)式所表示的序列模型为**自回归序列模型**,或称 AR(p)序列模型。把 p 称为自回归序列模型的阶,有时称随机序列$\{X(n), n=\cdots,-2,-1,0,1,2,\cdots\}$是随机序列$\{\xi(n), n=\cdots,-2,-1,0,1,2,\cdots\}$的 p 阶自回归。

现在讨论如何由随机微分方程经采样来产生自回归滑动平均序列模型。如果过程变化比较缓慢,可以用过程的差分代替微分,这里所介绍的方法是比较方便的。首先举两个例子来说明。

例 15.1.1 设随机微分方程为

$$T\frac{\mathrm{d}X(t)}{\mathrm{d}t}+X(t)=\xi(t) \tag{15.1.4}$$

其中,$\{\xi(t),-\infty<t<+\infty\}$为白噪声过程或时间相关随机过程;$T$ 为时间常数。取方程(15.1.4)式的差分形式,有

$$T\frac{X(nT_0)-X[(n-1)T_0]}{T_0}+X(nT_0)=\xi(nT_0),n=\cdots,-2,-1,0,1,2,\cdots \tag{15.1.5}$$

其中,T_0 为采样周期。通常为了简单起见,在方程(15.1.5)式中,用 n 代表时间 nT_0,用$n-1$ 代表时间$(n-1)T_0$,于是经整理和简化可得

$$(T+T_0)X(n)-TX(n-1)=T_0\xi(n),n=\cdots,-2,-1,0,1,2,\cdots$$

或者有

$$X(n)-\frac{T}{T+T_0}X(n-1)=\frac{T_0}{T+T_0}\xi(n),n=\cdots,-2,-1,0,1,2,\cdots \tag{15.1.6}$$

显见,这是一个一阶自回归序列模型。

例 15.1.2 设随机微分方程为

$$X(t)=T\frac{\mathrm{d}\xi(t)}{\mathrm{d}t}+\xi(t) \tag{15.1.7}$$

其中,$\{\xi(t),-\infty<t<+\infty\}$为时间相关随机过程;$T>0$ 为时间常数。取方程(15.1.7)式的差分形式,有

$$X(nT_0)=T\frac{\xi(nT_0)-\xi[(n-1)T_0]}{T_0}+\xi(nT_0),n=\cdots,-2,-1,0,1,2,\cdots$$

用整数 n 代表时间 nT_0,用$(n-1)$代表时间$(n-1)T_0$,然后经整理简化可得

$$X(n)=\left(\frac{T}{T_0}+1\right)\xi(n)-\frac{T}{T_0}\xi(n-1),n=\cdots,-2,-1,0,1,2,\cdots \tag{15.1.8}$$

显然,这是一阶滑动平均模型。

为了求取高阶随机微分方程的差分,我们首先讨论如何求取二阶和高阶导数的差分。因为一阶导数的差分为

$$\frac{\mathrm{d}X(t)}{\mathrm{d}t}=\frac{X(n)-X(n-1)}{T_0} \tag{15.1.9}$$

所以,二阶导数的差分可以取为

$$\begin{aligned}\frac{\mathrm{d}X^2(t)}{\mathrm{d}t^2}&=\frac{\mathrm{d}}{\mathrm{d}t}\left[\frac{X(n)-X(n-1)}{T_0}\right]\\&=\frac{1}{T_0}\left[\frac{X(n)-X(n-1)}{T_0}-\frac{X(n-1)-X(n-2)}{T_0}\right]\\&=\frac{1}{T_0^2}[X(n)-2X(n-1)+X(n-2)]\end{aligned} \tag{15.1.10}$$

同理三阶导数的差分可取为

$$\frac{\mathrm{d}X^3(t)}{\mathrm{d}t^3}=\frac{1}{T_0^3}[X(n)-3X(n-1)+3X(n-2)-X(n-3)] \tag{15.1.11}$$

由此可推得高阶导数的差分为

$$\frac{\mathrm{d}^i X(t)}{\mathrm{d}t^i} = \frac{\sum_{j=0}^{i}(-1)^j \mathrm{C}_i^j X(n-j)}{T_0^i} \tag{15.1.12}$$

其中

$$\mathrm{C}_i^j \triangleq \frac{i!}{j!\ (i-j)!}$$

现在可以利用方程(15.1.12)式对高阶随机微分方程取差分。设随机微分方程为

$$\begin{aligned}&\frac{\mathrm{d}^p X(t)}{\mathrm{d}t^p} + C_1 \frac{\mathrm{d}^{p-1} X(t)}{\mathrm{d}t^{p-1}} + \cdots + C_{p-1}\frac{\mathrm{d}X(t)}{\mathrm{d}t} + C_p X(t)\\ &= d_0 \frac{\mathrm{d}^q \xi(t)}{\mathrm{d}t^q} + d_1 \frac{\mathrm{d}^{q-1}\xi(t)}{\mathrm{d}t^{q-1}} + \cdots + d_{q-1}\frac{\mathrm{d}\xi(t)}{\mathrm{d}t} + d_q \xi(t)\end{aligned} \tag{15.1.13}$$

其中，$\{\xi(t), -\infty < t < +\infty\}$为时间相关的随机过程，把(15.1.12)式代入(15.1.13)式，则

$$\begin{aligned}&\frac{1}{T_0^p}\sum_{j=0}^{p}(-1)^j \mathrm{C}_p^j X(n-j) + \frac{C_1}{T_0^{p-1}}\sum_{j=0}^{p-1}(-1)^j \mathrm{C}_{p-1}^j X(n-j) + \cdots +\\ &\frac{C_{p-1}}{T_0}\sum_{j=0}^{1}(-1)^j \mathrm{C}_1^j X(n-j) + C_p X(n)\\ &= \frac{d_0}{T_0^q}\sum_{j=0}^{q}(-1)^j \mathrm{C}_q^j \xi(n-j) + \frac{d_1}{T_0^{q-1}}\sum_{j=0}^{q-1}(-1)^j \mathrm{C}_{q-1}^j \xi(n-j) + \cdots +\\ &\frac{d_{q-1}}{T_0}\sum_{j=0}^{1}(-1)^j \mathrm{C}_1^j \xi(n-j) + d_q \xi(n)\end{aligned}$$

经整理有

$$\sum_{l=0}^{p}\frac{C_l}{T_0^{p-l}}\sum_{j=0}^{p-l}(-1)^j \mathrm{C}_{p-l}^j X(n-j) = \sum_{m=0}^{q}\frac{d_m}{T_0^{q-m}}\sum_{j=0}^{q-m}(-1)^j \mathrm{C}_{q-m}^j \xi(n-j)$$

$$C_0 = 1$$

进一步还可写成

$$\sum_{j=0}^{p}\left[\sum_{l=0}^{p-j}\frac{C_l}{T_0^{p-l}}(-1)^j \mathrm{C}_{p-l}^j\right]X(n-j) = \sum_{j=0}^{q}\left[\sum_{m=0}^{q-j}\frac{d_m}{T_0^{q-m}}(-1)^j \mathrm{C}_{q-m}^j\right]\xi(n-j)$$

$$C_0 = 1 \tag{15.1.14}$$

若令

$$a_j^* = (-1)^j \sum_{l=0}^{p-j}\frac{C_l}{T_0^{p-l}}\mathrm{C}_{p-l}^j,\quad j = 0,1,2,\cdots,p \tag{15.1.15}$$

$$b_j^* = (-1)^j \sum_{m=0}^{q-j}\frac{d_m}{T_0^{q-m}}\mathrm{C}_{q-m}^j,\quad j = 0,1,2,\cdots,q \tag{15.1.16}$$

其中，T_0 为采样周期；而 $C_0 = 1$，则把(15.1.15)式及(15.1.16)式代入方程(15.1.14)式可得

$$\sum_{j=0}^{p} a_j^* X(n-j) = \sum_{j=0}^{q} b_j^* \xi(n-j) \tag{15.1.17}$$

再把方程(15.1.17)式两边同时除以 a_0^*，并记

$$a_j \triangleq \frac{a_j^*}{a_0^*}, b_j \triangleq \frac{b_j^*}{a_0^*} \tag{15.1.18}$$

最后考虑到$\{\xi(n), n = 1,2,\cdots\}$是随机变量序列，故可首 1 化处理有

$$\sum_{j=0}^{p} a_j X(n-j) = \sum_{j=0}^{q} b_j \xi(n-j), a_0 = 1, b_0 = 1 \tag{15.1.19}$$

这正是我们所要求的自回归滑动平均序列模型。

应当指出,这里所介绍的方法仅适用于过程变化比较缓慢,用差分比可以代替导数的情况。此外,利用状态方程可以实现离散化,也还有利用 Z 变换实现离散化的方法。

15.2 ARMA(p,q)序列分析

在这一节,首先讨论自回归序列,然后讨论滑动平均序列,最后讨论自回归滑动平均序列。

自回归(AR)序列模型有如下性质。

定理 15.2.1 设自回归序列$\{X(n), n=\cdots,-2,-1,0,1,2,\cdots\}$满足

$$\sum_{j=0}^{p} a_j X(n-j) = \xi(n), a_0 = 1 \tag{15.2.1}$$

则当 $\sum_{j=0}^{p} a_j z^{p-j} = 0$ 的根 $z_i(i=1,2,\cdots,p)$的模均小于 1 时,$X(n)$可表示为

$$X(n) = \sum_{l=0}^{\infty} d_l \xi(n-l) \tag{15.2.2}$$

且

$$\sum_{l=0}^{\infty} |d_l| < \infty \tag{15.2.3}$$

当特征根 $z_i(i=1,2,\cdots,p)$无重根时,

$$d_l = \sum_{i=1}^{p} C_i z_i^l \tag{15.2.4}$$

且

$$C_i = \frac{z_i^{p-1}}{(z_i - z_1)\cdots(z_i - z_{i-1})(z_i - z_{i+1})\cdots(z_i - z_p)}, i=1,2,\cdots,p \tag{15.2.5}$$

证明 首先对方程(15.2.1)式两边做谱分解,则

$$\sum_{j=0}^{p} a_j z^{n-j} \mathrm{d}\zeta_x(z) = z^n \mathrm{d}\zeta_\xi(z), a_0 = 1$$

经整理可得

$$\mathrm{d}\zeta_x(z) = \frac{\mathrm{d}\zeta_\xi(z)}{\sum_{j=0}^{p} a_j z^{-j}} = \frac{z^p}{\sum_{j=0}^{p} a_j z^{p-j}} \mathrm{d}\zeta_\xi(z) \tag{15.2.6}$$

称方程

$$\sum_{j=0}^{p} a_j z^{p-j} = 0, a_0 = 1 \tag{15.2.7}$$

为自回归序列模型(15.2.1)式的特征方程。解代数方程(15.2.7)式即可求出其特征根 z_i $(i=1,2,\cdots,p)$,不妨假设所有特征根均互不相同。利用因式分解有

$$\frac{z^p}{\sum_{j=0}^{p} a_j z^{p-j}} = \frac{z^p}{(z-z_1)(z-z_2)\cdots(z-z_p)} = \sum_{i=1}^{p} \frac{C_i z}{z-z_i} \tag{15.2.8}$$

其中利用特定系数法,可求出

$$C_i = \frac{z_i^{p-1}}{(z_i-z_1)\cdots(z_i-z_{i-1})(z_i-z_{i+1})\cdots(z_i-z_p)}, i=1,2,\cdots,p \tag{15.2.9}$$

把(15.2.8)式代入(15.2.6)式,有

$$\mathrm{d}\zeta_X(z) = \sum_{i=1}^{p} \frac{C_i z}{z-z_i}\mathrm{d}\zeta_\xi(z) \tag{15.2.10}$$

由定理 13.4.2,立得

$$X(n) = \oint_{|z|=1} z^n \mathrm{d}\zeta_X(z) = \sum_{i=1}^{p} \oint_{|z|=1} \frac{C_i z^n}{1-z_i z^{-1}}\mathrm{d}\zeta_\xi(z) \tag{15.2.11}$$

现在考察(15.2.11)式中的积分,由于积分路径是在单位圆上且$|z_i|<1$,所以有

$$\frac{1}{1-z^{-1}z_i} = \sum_{l=0}^{\infty} (z^{-1}z_i)^l, i = 1,2,\cdots,p \tag{15.2.12}$$

把(15.2.12)式代入(15.2.11)式中的积分式,可得

$$\begin{aligned}\oint_{|z|=1} \frac{C_i z^n}{1-z^{-1}z_i}\mathrm{d}\zeta_\xi(z) &= \oint_{|z|=1} C_i z^n \sum_{l=0}^{\infty} (z^{-1}z_i)^l \mathrm{d}\zeta_\xi(z) \\ &= \sum_{l=0}^{\infty} C_i z_i^l \oint_{|z|=1} z^{n-l}\mathrm{d}\zeta_\xi(z) \\ &= \sum_{l=0}^{\infty} C_i z_i^l \xi(n-l), i = 1,2,\cdots,p\end{aligned} \tag{15.2.13}$$

最后一个等式是利用定理 13.4.2 而得到的。现在把(15.2.13)式代入(15.2.11)式,于是有

$$\begin{aligned}X(n) &= \sum_{i=1}^{p} \oint_{|z|=1} \frac{C_i z^n}{1-z_i z^{-1}}\mathrm{d}\zeta_\xi(z) \\ &= \sum_{i=1}^{p} \sum_{l=0}^{\infty} C_i z_i^l \xi(n-l) \\ &= \sum_{l=0}^{\infty} \Big(\sum_{i=1}^{p} C_i z_i^l\Big)\xi(n-l) \\ &= \sum_{l=0}^{\infty} d_l \xi(n-l)\end{aligned} \tag{15.2.14}$$

其中

$$d_l = \sum_{i=1}^{p} C_i z_i^l, l = 0,1,2,\cdots \tag{15.2.15}$$

最后,还有

$$\begin{aligned}\sum_{l=0}^{\infty} |d_l| &= \sum_{l=0}^{\infty} \Big|\sum_{i=1}^{p} C_i z_i^l\Big| \\ &\leqslant \sum_{l=0}^{\infty} \sum_{i=1}^{p} |C_i z_i^l|\end{aligned}$$

$$\leqslant \sum_{i=1}^{p} |C_i| \sum_{l=0}^{\infty} |z_i|^l$$

$$= \sum_{i=1}^{p} |C_i| \frac{1}{1 - |z_i|} < \infty \tag{15.2.16}$$

定理证毕。

应当指出,定理 15.2.1 只讨论了特征根均不相同的情况,如果特征方程(15.2.7)式的根有重根时,定理 15.2.1 的内容只是在某些细节稍有变化。把这一问题的叙述及证明留给读者作为练习。

定理 15.2.2 自回归序列$\{X(n), n=\cdots,-2,-1,0,1,2,\cdots\}$满足

$$\sum_{j=0}^{p} a_j X(n-j) = \xi(n), a_0 = 1 \tag{15.2.17}$$

且$\{\xi(n), n=\cdots,-2,-1,0,1,2,\cdots\}$为白色序列的充要条件是

$$\sum_{j=0}^{p} a_j B_X(1-j+l) = 0, l = 0,1,2,\cdots,p-1 \tag{15.2.18}$$

其中假定 $\sum_{j=0}^{p} a_j z^{p-j} = 0$ 的根均在单位圆内,$B_X(n)$为自回归序列$\{X(n), n=\cdots,-2,-1,0,1,2,\cdots\}$的相关函数。

证明 必要性:由定理的条件及定理 15.2.1 的结论可知必有

$$X(n) = \sum_{k=0}^{\infty} d_k \xi(n-k) \tag{15.2.19}$$

且 $\sum_{k=0}^{\infty} |d_k| < \infty$,又因为$\{\xi(n), n=\cdots,-2,-1,0,1,2,\cdots\}$为白色序列,则

$$E[X(n)\xi(n+1)] = E\left[\sum_{k=0}^{\infty} d_k \xi(n-k)\xi(n+1)\right]$$

$$= \sum_{k=0}^{\infty} d_k E[\xi(n-k)\xi(n+1)] = 0$$

由此可得

$$E[X(n-1-l)\xi(n)] = 0, l=0,1,2,\cdots \tag{15.2.20}$$

把(15.2.17)式代入(15.2.20)式,则有

$$E\left[\sum_{j=0}^{p} a_j X(n-j)X(n-1-l)\right] = \sum_{j=0}^{p} a_j E[X(n-j)X(n-1-l)]$$

$$= \sum_{j=0}^{p} a_j B_X(1+l-j) = 0, l = 0,1,2,\cdots \tag{15.2.21}$$

必要性得证。

再证充分性:如果

$$\sum_{j=0}^{p} a_j B_X(1-j+l) = \sum_{j=0}^{p} a_j E[X(n-j)X(n-1-l)]$$

$$= E\left\{\left[\sum_{j=0}^{p} a_j X(n-j)\right] X(n-l-1)\right\} = 0, l = 0,1,2,\cdots \tag{15.2.22}$$

则令

$$\sum_{j=0}^{p} a_j X(n-j) = \xi(n)$$

不难证明$\{\xi(n), n=\cdots,-2,-1,0,1,2,\cdots\}$为白色序列，事实上由(15.2.22)式有

$$E[\xi(n)X(n-l-1)]=0, l=0,1,2,\cdots$$

因此

$$E[\xi(n)\sum_{j=0}^{p} a_j X(n-l-1-j)] = 0, l=0,1,2,\cdots$$

即

$$E[\xi(n)\xi(n-l-1)]=0, l=0,1,2,\cdots$$

由此可知$\{\xi(n), n=\cdots,-2,-1,0,1,2,\cdots\}$为白色序列。定理证毕。

如果自回归序列$\{X(n)\}$的相关函数$B_X(n), n=\cdots,-2,-1,0,1,2,\cdots$为已知时，可利用定理 15.2.2 中(15.2.18)式求出回归模型(15.2.17)式中各系数$a_1, a_2, \cdots, a_p (a_0=1)$及白噪声$\xi(n)$的方差$\sigma_\xi^2 = E[\xi^2(n)]$。为此，取方程(15.2.18)式中$l=0,1,2,\cdots,p-1$，则得如下$p$个方程组，即

$$\begin{cases} B_X(1)+a_1B_X(0)+\cdots+a_pB_X(-p+1)=0 \\ \vdots \\ B_X(p)+a_1B_X(p-1)+\cdots+a_pB_X(0)=0 \end{cases} \tag{15.2.23}$$

再由(15.2.17)式，考虑到$\xi(n)$与$\{X(n-1), X(n-2), \cdots, X(n-p)\}$相互独立且$a_0=1$，故有$E[\sum_{j=0}^{p} a_j X(n-j)\xi(n)] = E[X(n)\xi(n)] = E[\xi^2(n)] = \sigma_\xi^2$，再将(15.2.17)式代入前式得

$$E[X(n)\sum_{j=0}^{p} a_j X(n-j)] = \sum_{j=0}^{p} a_j E[X(n)X(n-j)] = \sum_{j=0}^{p} a_j B_x(j) = \sigma_\xi^2$$

即

$$B_X(0)+a_1B_X(1)+\cdots+a_pB_X(p)=\sigma_\xi^2 \tag{15.2.24}$$

将方程组(15.2.23)式及方程(15.2.24)式联立，可解出自回归模型(15.2.17)式中的参数$a_1, a_2, \cdots, a_p (a_0=1)$及白噪声$\xi(n)$的方差$\sigma_\xi^2$。

推论 15.2.1　设自回归序列$\{X(n), n=1,2,\cdots\}$满足$\sum_{j=0}^{p} a_j X(n-j) = \xi(n)\ (n>p)$；$X(i)=\xi(i)(i=1,2,\cdots,p)$且$\{\xi(n), n=1,2,\cdots\}$为白色序列，则其自相关函数$B_X(n)$满足$\sum_{j=0}^{p} a_j B_X(1-j+l) = 0(l=0,1,2,\cdots,p-1)$。

关于自回归序列的功率谱密度，有如下结论。

定理 15.2.3　自回归序列$\{X(n), n=\cdots,-2,-1,0,1,2,\cdots\}$满足

$$\sum_{j=0}^{p} a_j X(n-j) = \xi(n), a_0 = 1 \tag{15.2.25}$$

且$\{\xi(n), n=\cdots,-2,-1,0,1,2,\cdots\}$为白色序列的充要条件是$\{X(n), n=\cdots,-2,-1,0,1,2,\cdots\}$具有如下功率谱密度，即

$$S_X(z) = \frac{\sigma^2}{\left|\sum_{j=0}^{p} a_j z^{-j}\right|^2} \tag{15.2.26}$$

其中假定特征方程

$$\sum_{j=0}^{p} a_j z^{p-j} = 0$$

的根均在单位圆内,白色序列 $\{\xi(n), n = \cdots, -2, -1, 0, 1, 2, \cdots\}$ 的功率谱密度为 $S_\xi(z) = \sigma^2$。

证明 (1)必要性:对方程(15.2.25)式两边做谱分解,有

$$\sum_{j=0}^{p} a_j z^{n-j} \mathrm{d}\zeta_X(z) = z^n \mathrm{d}\zeta_\xi(z)$$

即

$$\mathrm{d}\zeta_X(z) = \frac{1}{\sum_{j=0}^{p} a_j z^{-j}} \mathrm{d}\zeta_\xi(z)$$

由(13.4.22)式可知

$$E[|\mathrm{d}\zeta_X(z)|^2] = \frac{1}{\left|\sum_{j=0}^{p} a_j z^{-j}\right|^2} E[|\mathrm{d}\zeta_\xi(z)|^2] = \frac{1}{2\pi \mathrm{j} z} S_X(z)\mathrm{d}z$$

所以

$$S_X(z) = \frac{1}{\left|\sum_{j=0}^{p} a_j z^{-j}\right|^2} \frac{2\pi \mathrm{j} z E[|\mathrm{d}\zeta_\xi(z)|^2]}{\mathrm{d}z} \tag{15.2.27}$$

另一方面,由(13.4.22)式还有

$$S_\xi(z) = \frac{2\pi j z E[|\mathrm{d}\zeta_\xi(z)|^2]}{\mathrm{d}z}$$

把上式代入(15.2.27)式得

$$S_X(z) = \frac{1}{\left|\sum_{j=0}^{p} a_j z^{-j}\right|^2} S_\xi(z) \tag{15.2.28}$$

由定理假设可知 $\{\xi(n), n = \cdots, -2, -1, 0, 1, 2, \cdots\}$ 为白色序列,不妨设 $S_\xi(z) = \sigma^2$,并把它代入(15.2.28)式立得(15.2.26)式。

(2)充分性:若(15.2.26)式成立,则有

$$S_X(z) = \frac{1}{\left|\sum_{j=0}^{p} a_j z^{-j}\right|^2} S_\xi(z) \tag{15.2.29}$$

其中,$S_\xi(z) = \sigma^2$ 为白色序列 $\{\xi(n), n = \cdots, -2, -1, 0, 1, 2, \cdots\}$ 的功率谱密度函数。把方程(15.2.29)式两边同乘 $\mathrm{d}z/2\pi \mathrm{j} z$,再一次利用(13.4.22)式,则有

$$E[|\mathrm{d}\zeta_X(z)|^2] = E\left[\left|\frac{\mathrm{d}\zeta_\xi(z)}{\sum_{j=0}^{p} a_j z^{-j}}\right|^2\right]$$

由上式可得

$$\mathrm{d}\zeta_X(z) = \frac{\mathrm{d}\zeta_\xi(z)}{\sum_{j=0}^{p} a_j z^{-j}} = \frac{z^n}{\sum_{j=0}^{p} a_j z^{n-j}} \mathrm{d}\zeta_\xi(z)$$

或者表示成

$$\sum_{j=0}^{p} a_j z^{n-j} \mathrm{d}\zeta_X(z) = z^n \mathrm{d}\zeta_\xi(z)$$

利用定理 13.4.2 且由上式立得

$$\sum_{j=0}^{p} a_j X(n-j) = \xi(n)$$

定理证毕。

下面讨论滑动平均序列。关于滑动平均序列有如下性质。

定理 15.2.4　设$\{X(n), n=\cdots,-2,-1,0,1,2,\cdots\}$为平稳随机序列,则以下三个事实等价:

①$\{X(n), n=\cdots,-2,-1,0,1,2,\cdots\}$可以表示为 q 阶滑动平均,即

$$X(n) = \sum_{k=0}^{q} b_k \xi(n-k) \tag{15.2.30}$$

其中$\{\xi(n), n=\cdots,-2,-1,0,1,2,\cdots\}$为白噪声序列,相关函数为 $B_\xi(i)=\sigma^2\delta(i), i=\cdots,-2,-1,0,1,2,\cdots,\delta(i)$为克罗内克 δ 函数。

②$\{X(n), n=\cdots,-2,-1,0,1,2,\cdots\}$的相关函数为

$$B_X(i) = \begin{cases} 0, & |i| > q \\ \sigma^2 \sum_{k=0}^{q-i} b_k b_{k+i}, & 0 \leqslant i \leqslant q \\ \sigma^2 \sum_{k=0}^{q-|i|} b_k b_{k+|i|}, & -q \leqslant i \leqslant 0 \end{cases} \tag{15.2.31}$$

且

$$B_X(-i) = B_X(i), i=0,1,2,\cdots$$

③$\{X(n), n=\cdots,-2,-1,0,1,2,\cdots\}$的功率谱密度函数为

$$S_X(z) = \sigma^2 \left| \sum_{k=0}^{q} b_k z^{-k} \right|^2 \tag{15.2.32}$$

证明　先证①⇒②:由①中事实可知

$$E[\xi(n+l)X(n)] = 0, l=1,2,\cdots \tag{15.2.33}$$

进一步可推出

$$E\left[\sum_{k=0}^{q} \xi(n+l+q-k)X(n)\right] = 0, l=1,2,\cdots$$

也即

$$E[X(n+l+q)X(n)] = 0, l=1,2,\cdots$$

利用相关函数定义,则

$$B_X(l+q) = 0, l=1,2,\cdots$$

考虑到自相关函数为偶函数,结果得

$$B_X(i) = 0, |i| > q \tag{15.2.34}$$

另一方面,利用(15.2.30)式不难求出序列$\{X(n), n=\cdots,-2,-1,0,1,2,\cdots\}$的自相关函数 $B_X(i)(|i|\leqslant q)$。事实上,当 $i=0$ 时,有

$$\begin{aligned} B_X(0) &= E[X^2(n)] \\ &= E\left[\sum_{k=0}^{q} b_k\xi(n-k)\sum_{l=0}^{q} b_l\xi(n-l)\right] \\ &= \sum_{k=0}^{q}\sum_{l=0}^{q} b_k b_l \sigma^2\delta(l-k) = \sigma^2\sum_{l=0}^{q} b_l^2 \end{aligned}$$

当 $0 < |i| \leqslant q$ 时,有

$$\begin{aligned} B_X(i) &= E[X(n+i)X(n)] \\ &= \sum_{k=0}^{q}\sum_{l=0}^{q} b_k b_l E[\xi(n+i-k)\xi(n-l)] \\ &= \sum_{k=0}^{q}\sum_{l=0}^{q} b_k b_l \sigma^2\delta(i-k+l) \\ &= \begin{cases} \sigma^2\sum\limits_{k=0}^{q-i} b_k b_{k+i}, 0 < i \leqslant q \\ \sigma^2\sum\limits_{k=0}^{q-|i|} b_k b_{k+|i|}, -q \leqslant i < 0 \end{cases} \end{aligned} \tag{15.2.35}$$

由(15.2.35)式显然可以看出 $B_X(i) = B_X(-i)$。

再证②⇒③:由(13.4.25)式可求出序列$\{X(n), n = \cdots, -2, -1, 0, 1, 2, \cdots\}$的功率谱密谋函数为

$$\begin{aligned} S_X(z) &= \sum_{i=-\infty}^{+\infty} B_X(i)z^{-i} = \sum_{i=0}^{q} B_X(i)z^{-i} + \sum_{i=1}^{q} B_X(-i)z^{i} \\ &= \sigma^2\left(\sum_{k=0}^{q} b_k z^{-k}\right)\left(\sum_{k=0}^{q} b_k z^{k}\right) = \left|\sum_{k=0}^{q} b_k z^{-k}\right|^2 S_\xi(z) \end{aligned} \tag{15.2.36}$$

最后证③⇒①:令$\{\xi(n), n = \cdots, -2, -1, 0, 1, 2, \cdots\}$为白噪声序列且功率谱密度函数为$S_\xi(z) = \sigma^2$,把方程(15.2.32)式边同乘 $\mathrm{d}z/2\pi \mathrm{j}z$ 后可得

$$S_X(z)\frac{\mathrm{d}z}{2\pi \mathrm{j}z} = \left|\sum_{k=0}^{q} b_k z^{-k}\right|^2 S_\xi(z)\frac{\mathrm{d}z}{2\pi \mathrm{j}z}$$

于是由(13.4.22)式可推出

$$E[|\mathrm{d}\zeta_X(z)|^2] = \left|\sum_{k=0}^{q} b_k z^{-k}\right|^2 E[|\mathrm{d}\zeta_\xi(z)|^2] = E\left[\left|\sum_{k=0}^{q} b_k z^{-k}\mathrm{d}\zeta_\xi(z)\right|^2\right]$$

也即

$$\mathrm{d}\zeta_X(z) = \sum_{k=0}^{q} b_k z^{-k}\mathrm{d}\zeta_\xi(z)$$

上式两边同乘 z^n 后得

$$z^n\mathrm{d}\zeta_X(z) = \sum_{k=0}^{q} b_k z^{n-k}\mathrm{d}\zeta_\xi(z)$$

再一次利用定理 13.4.2 立得

$$\begin{aligned} X(n) &= \oint_{|z|=1} z^n\mathrm{d}\xi_X(z) = \sum_{k=0}^{q} b_k \oint_{|z|=1} z^{n-k}\mathrm{d}\zeta_\xi(z) \\ &= \sum_{k=0}^{q} b_k\xi(n-k) \end{aligned} \tag{15.2.37}$$

其中,$\{\xi(n), n = \cdots, -2, -1, 0, 1, 2, \cdots\}$为白噪声序列且 $S_\xi(z) = \sigma^2$。定理证毕。

定理 15.2.5　设平稳随机序列$\{X(n),n=\cdots,-2,-1,0,1,2,\cdots\}$满足滑动平均过程

$$X(n) = \sum_{k=0}^{q} b_k \xi(n-k) \tag{15.2.38}$$

如果方程

$$\sum_{k=0}^{q} b_k z^{q-k} = 0$$

的根均在单位圆内,则$\xi(n)$必可表为

$$\xi(n) = \sum_{i=0}^{\infty} C_i X(n-i) \tag{15.2.39}$$

且

$$\sum_{i=0}^{\infty} |C_i| < \infty \tag{15.2.40}$$

这个定理的证明类似于定理 4.2.1 的证明,留给读者作为练习。

最后,我们分析自回归滑动平均序列。关于自回归滑动平均序列有如下性质。

定理 15.2.6　平稳随机序列$\{X(n),n=\cdots,-2,-1,0,1,2,\cdots\}$满足自回归滑动平均模型

$$\sum_{j=0}^{p} a_j X(n-j) = \sum_{k=0}^{q} b_k \xi(n-k) \tag{15.2.41}$$

且$\{\xi(n),n=\cdots,-2,-1,0,1,2,\cdots\}$为白噪声序列,$b_k(k=0,1,2,\cdots,q)$为任意常数的充要条件是

$$\sum_{j=0}^{p} a_j B_X(q+l-j) = 0, l = 1,2,\cdots \tag{15.2.42}$$

其中假定方程

$$\sum_{j=0}^{p} a_j z^{p-j} = 0 \tag{15.2.43}$$

的根均在单位圆内,$B_X(n)$为平稳随机序列$\{X(n),n=\cdots,-2,-1,0,1,2,\cdots\}$的相关函数。

证明　(1)必要性:因为方程(15.2.43)式的根均在单位圆内,所以由定理 15.2.1 可知(15.2.41)式中的$X(n)$必可表示为

$$X(n) = \sum_{k=0}^{\infty} C_k \xi(n-k) \tag{15.2.44}$$

考虑到$\{\xi(n),n=\cdots,-2,-1,0,1,2,\cdots\}$是白噪声序列,于是有

$$E[\xi(n)X(n-l)]=0, l=1,2,\cdots \tag{15.2.45}$$

把上式中的n分别用$n-1,n-2,\cdots,n-k$代替,可得

$$\begin{cases} E[\xi(n-1)X(n-1-l)]=0, l=1,2,\cdots \\ \qquad\vdots \\ E[\xi(n-k)X(n-k-l)]=0, l=1,2,\cdots \end{cases} \tag{15.2.46}$$

归纳方程组(15.2.46)式中各式,就有

$$E[\sum_{k=0}^{q} b_k \xi(n-k) X(n-q-l)] = 0, l = 1,2,\cdots \tag{15.2.47}$$

再把方程(15.2.41)式代入(15.2.47)式,可写成

$$E[\sum_{j=0}^{p} a_j X(n-j) X(n-q-l)] = 0, l = 1,2,\cdots$$

或者等价地有

$$\sum_{j=0}^{p} a_j E[X(n-j)X(n-q-l)] = \sum_{j=0}^{p} a_j B_X(q+l-j) = 0, l = 1,2,\cdots$$

于是必要性得证。

(2)充分性:由(15.2.42)式可以写成

$$\sum_{j=0}^{p} a_j E[X(n-j)X(n-q-l)] = 0, l = 1,2,\cdots$$

即

$$E[\sum_{j=0}^{p} a_j X(n-j)X(n-q-l)] = 0, l = 1,2,\cdots \tag{15.2.48}$$

若令

$$\sum_{j=0}^{p} a_j X(n-j) = \boldsymbol{\eta}(n) \tag{15.2.49}$$

则可把(15.2.48)式写成

$$E[\boldsymbol{\eta}(n)X(n-q-l)] = 0, l = 1,2,\cdots \tag{15.2.50}$$

进一步由(15.2.50)式还有

$$E[\boldsymbol{\eta}(n)X(n-q-l-j)] = 0, l = 1,2,\cdots, j = 0,1,2,\cdots,q$$

于是得到

$$E[\boldsymbol{\eta}(n)\sum_{j=0}^{p} a_j X(n-q-l-j)] = 0, l = 1,2,\cdots \tag{15.2.51}$$

利用(15.2.49)式,可把(15.2.51)式简化成

$$E[\boldsymbol{\eta}(n)\boldsymbol{\eta}(n-q-l)] = 0, l = 1,2,\cdots \tag{15.2.52}$$

由(15.2.49)式还知$\{\boldsymbol{\eta}(n), n = \cdots, -2, -1, 0, 1, 2, \cdots\}$是平稳随机序列,所以(15.2.52)式表示了它的相关函数,即

$$B_\eta(q+l) = 0, l = 1,2,\cdots \tag{15.2.53}$$

再考虑到自相关函数的偶函数性,则

$$B_\eta(n) = 0, |n| > q \tag{15.2.54}$$

由定理 15.2.4 中的结论及上面的结果可知,必有常数$\tilde{b}_k, k = 0,1,2,\cdots,q$ 及白噪声序列$\{\xi(n), n = \cdots, -2, -1, 0, 1, 2, \cdots\}$使得

$$\boldsymbol{\eta}(n) = \sum_{k=0}^{q} \tilde{b}_k \xi(n-k)$$

把(15.2.49)式代入上式,立得

$$\sum_{j=0}^{p} a_j X(n-j) = \sum_{k=0}^{q} \tilde{b}_k \xi(n-k) \tag{15.2.55}$$

考虑到定理中的 $b_k, k = 0,1,2,\cdots,q$ 为任意常数,于是充分性得证。定理证毕。

通常把上述定理称为尤尔 - 瓦尔克(Yule - Walker)定理,它对于 ARMA 模型的参数估计是十分有用的。

定理 15.2.7 平稳随机序列$\{X(n), n = \cdots, -2, -1, 0, 1, 2, \cdots\}$可表示为 ARMA 模型

$$\sum_{j=0}^{p} a_j X(n-j) = \sum_{j=0}^{q} b_j \xi(n-j) \tag{15.2.56}$$

其中,$\{\xi(n), n = \cdots, -2, -1, 0, 1, 2, \cdots\}$为白噪声序列且 $B_\xi(i) = \sigma^2 \delta(i)$ 的充要条件是

$\{X(n),n=\cdots,-2,-1,0,1,2,\cdots\}$具有如下功率谱密度函数,即

$$S_X(z)=\sigma^2\frac{\left|\sum_{j=0}^{q}b_jz^{-j}\right|^2}{\left|\sum_{j=0}^{p}a_jz^{-j}\right|^2} \tag{15.2.57}$$

其中假定方程

$$\sum_{j=0}^{p}a_jz^{p-j}=0$$

的根均在单位圆内。

证明　把方程(15.2.56)式两边同时进行谱分解,则由定理 13.4.2 可知等价地有

$$\sum_{j=0}^{p}a_jz^{n-j}\mathrm{d}\zeta_X(z)=\sum_{j=0}^{q}b_jz^{n-j}\mathrm{d}\zeta_\xi(z)$$

或者可写成

$$\mathrm{d}\zeta_X(z)=\frac{\sum_{j=0}^{q}b_jz^{-j}}{\sum_{j=0}^{p}a_jz^{-j}}\mathrm{d}\zeta_\xi(z)$$

进一步等价地有

$$\begin{aligned}S_X(z)&=\frac{2\pi jz}{\mathrm{d}z}E[\,|\mathrm{d}\zeta_X(z)|^2]=\frac{2\pi jz}{\mathrm{d}z}E\left[\left|\frac{\sum_{j=0}^{q}b_jz^{-j}}{\sum_{j=0}^{p}a_jz^{-j}}\mathrm{d}\zeta_\xi(z)\right|^2\right]\\&=\frac{\left|\sum_{j=0}^{q}b_jz^{-j}\right|^2}{\left|\sum_{j=0}^{p}a_jz^{-j}\right|^2}S_\xi(z)\end{aligned} \tag{15.2.58}$$

又因为随机序列$\{\xi(n),n=\cdots,-2,-1,0,1,2,\cdots\}$为白噪声序列且$B_\xi(i)=\sigma^2\delta(i)$的等价条件是$S_\xi(z)=\sigma^2$,故把它代入(15.2.58)式立得(15.2.57)式。定理证毕。

若在定理 15.2.7 中取$q=0$,则得到下面有用的推论。

推论 15.2.2　平稳随机序列$\{X(n),n=\cdots,-2,-1,0,1,2,\cdots\}$可表示为$p$阶自回归模型

$$\sum_{j=0}^{p}a_jX(n-j)=\xi(n) \tag{15.2.59}$$

其中,$\{\xi(n),n=\cdots,-2,-1,0,1,2,\cdots\}$为白噪声序列且$B_\xi(i)=\sigma^2\delta(i)$的充要条件是$\{X(n),n=\cdots,-2,-1,0,1,2,\cdots\}$具有如下功率谱密度函数,即

$$S_X(z)=\frac{\sigma^2}{\left|\sum_{j=0}^{p}a_jz^{-j}\right|^2} \tag{15.2.60}$$

这个推论正是定理 15.2.3。

通常把具有形为(15.2.57)式和(15.2.60)式的功率谱密度函数叫作有理功率谱密度函数,或简称为有理谱密度。这样一来,上述定理 15.2.6 和定理 15.2.7 告诉我们,对于自回归滑动平均序列模型,它的相关函数满足尤尔－瓦尔克方程和它具有有理谱密度两者是

等价的。

应当指出的是,在定理 15.2.6 和定理 15.2.7 的叙述中都提到假定方程

$$\sum_{j=0}^{p} a_j z^{p-j} = 0 \tag{15.2.61}$$

的根应在单位圆内。不难证明,对于白噪声序列作用下的自回归序列模型,为使它具有平稳性,这个条件不仅充分而且也是必要的。然而对于白噪声序列作用下的自回归滑动平均序列模型,为使得其具有平稳性,这个条件却是充分的。

通常,我们把方程(15.2.61)式的根叫作自回归滑动平均序列模型的极点,而把方程

$$\sum_{j=0}^{q} b_j z^{q-j} = 0$$

的根叫作自回归滑动平均序列模型的零点。

如果自回归滑动平均模型(15.2.41)式的极点和零点均在单位圆内,那么称它是最小相位的自回归滑动平均模型。对于最小相位的自回归滑动平均模型,所有极点在单位圆内对于模型的平稳性来说,不仅充分而且也是必要的。

另一方面,无论是最小相位还是非最小相位的自回归滑动平均模型,都存在零点极点相消的问题。也就是说,当自回归滑动平均模型(15.2.41)式的零点和极点相同时,可以把这些相同的零点和极点全部消去,这时模型降阶,对于降阶的自回归滑动平均模型,定理 15.2.6 和定理 15.2.7 仍然成立。

15.3 ARMA(p,q)序列的预测滤波

15.3.1 问题的提出

在上一节,我们较详细地分析了工程中经常遇到的 ARMA 序列的若干性质。然而,在随机控制与通信理论中经常遇到这样一个问题:如何根据平稳随机序列的测量数据对序列做出较精确的估计和预测。例如,根据气温、风向、降雨量的测量对天气做出预报就是一个典型的例子。本节的内容就是讨论如何对平稳随机序列进行预测和滤波。为使我们所得到的结果更具有一般性,这里所讨论的随机序列是随机向量序列。

设系统状态是 n 维平稳随机向量序列$\{\boldsymbol{X}(n),n=\cdots,-2,-1,0,1,2,\cdots\}$,测量序列$\{\boldsymbol{Z}(k),k=1,2,\cdots\}$是 m 维平稳随机向量序列,通常假定测量是线性的,即

$$\boldsymbol{Z}(k)=\boldsymbol{H}\boldsymbol{X}(k)+\boldsymbol{V}(k) \tag{15.3.1}$$

其中,$\boldsymbol{Z}(k)$为 m 维测量向量;$\boldsymbol{V}(k)$为 m 维零均值测量噪声;$\boldsymbol{H}$ 为 $m\times n$ 常数阵;$\boldsymbol{V}(k)$与$\boldsymbol{X}(l)$互不相关,即 $E[\boldsymbol{V}(k)\boldsymbol{X}^{\mathrm{T}}(l)]=0,k,l=1,2,\cdots$。我们的任务是如何按 $\boldsymbol{Z}(k)$对系统状态$\boldsymbol{X}(i)$做出估计,为此,假设所做的估计是线性的,即

$$\hat{\boldsymbol{X}}(i)=\boldsymbol{a}+\boldsymbol{B}\boldsymbol{Z}(k) \tag{15.3.2}$$

其中,$\boldsymbol{a}$ 为 n 维常向量;$\boldsymbol{B}$ 为 $n\times m$ 阵。

当 $i>k$ 时,称$\hat{\boldsymbol{X}}(i)$为系统状态的预测估计,简称预测;当 $i=k$ 时,称$\hat{\boldsymbol{X}}(i)$为系统状态的滤波估计,简称滤波;当 $i<k$ 时,称$\hat{\boldsymbol{X}}(i)$为系统状态的内插估计,简称内插。

估计误差记为

$$\widetilde{\boldsymbol{X}}(i)=\boldsymbol{X}(i)-\hat{\boldsymbol{X}}(i) \tag{15.3.3}$$

目标函数 J 取为

$$J=E[\widetilde{\boldsymbol{X}}^{\mathrm{T}}(i)\widetilde{\boldsymbol{X}}(i)]=\boldsymbol{E}\{[\boldsymbol{X}(i)-\hat{\boldsymbol{X}}(i)]^{\mathrm{T}}[\boldsymbol{X}(i)-\hat{\boldsymbol{X}}(i)]\} \tag{15.3.4}$$

现在的任务就是如何求出 $\boldsymbol{a},\boldsymbol{B}$ 以使

$$J=\min \tag{15.3.5}$$

此时,称(15.3.2)式所表示的估计为线性最小方差估计,并记作$\hat{\boldsymbol{X}}_{\mathrm{L}}(i)$。

15.3.2　线性最小方差估计$\hat{\boldsymbol{X}}_{\mathrm{L}}(i)$

为方便起见,在推导过程中省略了时间指标。设 $\boldsymbol{a}_{\mathrm{L}}$ 与 $\boldsymbol{B}_{\mathrm{L}}$ 是使(15.3.5)式成立的向量和矩阵,即有

$$J=E\{[\boldsymbol{X}-\boldsymbol{a}_{\mathrm{L}}-\boldsymbol{B}_{\mathrm{L}}\boldsymbol{Z}]^{\mathrm{T}}[\boldsymbol{X}-\boldsymbol{a}_{\mathrm{L}}-\boldsymbol{B}_{\mathrm{L}}\boldsymbol{Z}]\}=\min$$

于是必有

$$\frac{\partial J}{\partial \boldsymbol{a}_{\mathrm{L}}}=0 \tag{15.3.6}$$

和

$$\frac{\partial J}{\partial \boldsymbol{B}_{\mathrm{L}}}=0 \tag{15.3.7}$$

利用标量函数关于向量或矩阵的微分公式,由(15.3.6)式可得

$$\frac{\partial J}{\partial \boldsymbol{a}_{\mathrm{L}}}=-2E(\boldsymbol{X}-\boldsymbol{a}_{L}-\boldsymbol{B}_{\mathrm{L}}\boldsymbol{Z})=0$$

于是得到 $\boldsymbol{a}_{\mathrm{L}}$ 为

$$\boldsymbol{a}_{\mathrm{L}}=E(\boldsymbol{X})-\boldsymbol{B}_{\mathrm{L}}E(\boldsymbol{Z}) \tag{15.3.8}$$

再由(15.3.7)式得到

$$\frac{\partial J}{\partial \boldsymbol{B}_{L}}=-2E\{[\boldsymbol{X}-\boldsymbol{a}_{\mathrm{L}}-\boldsymbol{B}_{\mathrm{L}}\boldsymbol{Z}]\boldsymbol{Z}^{\mathrm{T}}\}=0 \tag{15.3.9}$$

把(15.3.8)式代入(15.3.9)式有

$$E\{\{[\boldsymbol{X}-E(\boldsymbol{X})]-\boldsymbol{B}_{\mathrm{L}}[\boldsymbol{Z}-E(\boldsymbol{Z}))]\}[\boldsymbol{Z}-E(\boldsymbol{Z})]^{\mathrm{T}}\}=0$$

即 $\mathrm{cov}(\boldsymbol{X},\boldsymbol{Z})-\boldsymbol{B}_{\mathrm{L}}\mathrm{var}(\boldsymbol{Z})=0$,于是可得 $\boldsymbol{B}_{\mathrm{L}}$ 为

$$\boldsymbol{B}_{\mathrm{L}}=\mathrm{cov}(\boldsymbol{X},\boldsymbol{Z})[\mathrm{var}(\boldsymbol{Z})]^{-1} \tag{15.3.10}$$

其中,称 $\mathrm{cov}(\boldsymbol{X},\boldsymbol{Z})\triangleq E\{[\boldsymbol{X}-E(\boldsymbol{X})][\boldsymbol{Z}-E(\boldsymbol{Z})]^{\mathrm{T}}\}$ 为系统状态与测量值的协方差阵;称 $\mathrm{var}(\boldsymbol{Z})\triangleq E\{[\boldsymbol{Z}-E(\boldsymbol{Z})][\boldsymbol{Z}-E(\boldsymbol{Z})]^{\mathrm{T}}\}$ 为测量值的方差阵。

进一步还可以证明,(15.3.6)式和(15.3.7)式不仅是使 J 为最小的必要条件而且也是充分条件。

总结上面结果,可得如下定理。

定理 15.3.1　设$\{\boldsymbol{X}(k),k=\cdots,-2,-1,0,1,2,\cdots\}$为 n 维平稳随机向量序列,$\{\boldsymbol{Z}(k),k=1,2,\cdots\}$为 m 维测量向量序列,则线性最小方差估计$\hat{\boldsymbol{X}}(i)$为

$$\hat{\boldsymbol{X}}(i)=E[\boldsymbol{X}(i)]+\mathrm{cov}[\boldsymbol{X}(i),\boldsymbol{Z}(k)]\{\mathrm{var}[\boldsymbol{Z}(k)]\}^{-1}\{\boldsymbol{Z}(k)-E[\boldsymbol{Z}(k)]\} \tag{15.3.11}$$

其中,均值序列 $E[\boldsymbol{X}(i)]$ 与 $E[\boldsymbol{Z}(k)]$ 假设为已知,此时最小均方误差为

$$J_{\min}=\operatorname{tr}\{\operatorname{var}[\boldsymbol{X}(i)]-\operatorname{cov}[\boldsymbol{X}(i),\boldsymbol{Z}(k)]\{\operatorname{var}[\boldsymbol{Z}(k)]\}^{-1}\operatorname{cov}[\boldsymbol{Z}(k),\boldsymbol{X}(i)]\} \tag{15.3.12}$$

其中,tr[·]表示对矩阵[·]求迹。

如果我们所做的测量是线性的,即取(15.3.1)式的形式,这时有如下结果。

定理 15.3.2 设 $\{\boldsymbol{X}(k),k=\cdots,-2,-1,0,1,2,\cdots\}$ 为 n 维平稳随机向量序列,如果 m 维测量向量 $\boldsymbol{Z}(k)$ 取为

$$\boldsymbol{Z}(k)=\boldsymbol{H}\boldsymbol{X}(k)+\boldsymbol{V}(k) \tag{15.3.13}$$

其中,$\boldsymbol{H}$ 为 $m\times n$ 常数阵;$\boldsymbol{V}(k)$ 为测量噪声向量且有 $E[\boldsymbol{V}(k)]=0,E[\boldsymbol{V}(k)\boldsymbol{V}^{\mathrm{T}}(k)]=\boldsymbol{R}(k)$ $(k=1,2,\cdots)$,并假定 $\boldsymbol{V}(l)$ 与 $\boldsymbol{X}(k)$ 互不相关,即 $E[\boldsymbol{X}(k)\boldsymbol{V}^{\mathrm{T}}(l)]=0,k,l=1,2,\cdots$,则线性最小方差估计 $\hat{\boldsymbol{X}}(i)$ 为

$$\begin{aligned}\hat{\boldsymbol{X}}(i)=&E[\boldsymbol{X}(i)]+\operatorname{cov}[\boldsymbol{X}(i),\boldsymbol{X}(k)]\boldsymbol{H}^{\mathrm{T}}\{\boldsymbol{H}\operatorname{var}[\boldsymbol{X}(k)\boldsymbol{H}^{\mathrm{T}}]+\boldsymbol{R}(k)\}^{-1}\cdot\\&\{\boldsymbol{Z}(k)-E[\boldsymbol{Z}(k)]\}\end{aligned} \tag{15.3.14}$$

此时最小均方误差为

$$\begin{aligned}J_{\min}=\operatorname{tr}\{&\operatorname{var}[\boldsymbol{X}(i)]+\operatorname{cov}[\boldsymbol{X}(i),\boldsymbol{X}(k)]\boldsymbol{H}^{\mathrm{T}}\cdot\\&[\boldsymbol{H}\operatorname{var}[\boldsymbol{X}(k)\boldsymbol{H}^{\mathrm{T}}]+\boldsymbol{R}(k)]^{-1}\boldsymbol{H}\operatorname{cov}[\boldsymbol{X}(k),\boldsymbol{X}(i)]\}\end{aligned}$$

证明 由(15.3.11)式及定理中所给定的条件可知

$$\begin{aligned}\operatorname{cov}[\boldsymbol{X}(i),\boldsymbol{Z}(k)]&=E\{\{\boldsymbol{X}(i)-E[\boldsymbol{X}(i)\}\{\boldsymbol{H}\boldsymbol{X}(k)+\boldsymbol{V}(k)-E[\boldsymbol{H}\boldsymbol{X}(k)]-E[\boldsymbol{V}(k)]\}^{\mathrm{T}}\}\\&=E\{\{\boldsymbol{X}(i)-E[\boldsymbol{X}(i)]\}\{\boldsymbol{X}(k)-E[\boldsymbol{X}(k)]\}\}\boldsymbol{H}^{\mathrm{T}}\\&=\operatorname{cov}[\boldsymbol{X}(i),\boldsymbol{X}(k)]\boldsymbol{H}^{\mathrm{T}}\end{aligned} \tag{15.3.15}$$

以及

$$\{\operatorname{var}[\boldsymbol{Z}(k)]\}^{-1}=\{\boldsymbol{H}\operatorname{var}[\boldsymbol{X}(k)\boldsymbol{H}^{\mathrm{T}}]+\boldsymbol{R}(k)\}^{-1} \tag{15.3.16}$$

将(15.3.15)式及(15.3.16)式代入(15.3.11)式可得(15.3.14 式。再把(15.3.15)式及(15.3.16)式代入(15.3.12)式立得最小均方误差 $J_{\min}$。定理证毕。

线性最小方差估计 $\hat{\boldsymbol{X}}(i)$ 有如下性质。

定理 15.3.3 设 $\hat{\boldsymbol{X}}(i)$ 为由定理 15.3.1 所确定的线性最小方差估计,则 $\hat{\boldsymbol{X}}(i)$ 有如下性质:

(1)线性性,即 $\hat{\boldsymbol{X}}(i)$ 是测量 $\boldsymbol{Z}(k)$ 的线性函数。

(2)无偏性,即 $\hat{\boldsymbol{X}}(i)$ 具有无偏性

$$E[\hat{\boldsymbol{X}}(i)]=E[\boldsymbol{X}(i)] \tag{15.3.17}$$

(3)正交性,即估计误差向量 $\widetilde{\boldsymbol{X}}(i)=\boldsymbol{X}(i)-\hat{\boldsymbol{X}}(i)$ 与测量向量 $\boldsymbol{Z}(k)$ 正交

$$E\{\widetilde{\boldsymbol{X}}(i)\{\boldsymbol{Z}(k)-E[\boldsymbol{Z}(k)]\}^{\mathrm{T}}\}=0 \tag{15.3.18}$$

证明 由(15.3.11)式可知(1)是显然的。对(15.3.11)式两边取均值,则得(2)。进一步计算得

$$\begin{aligned}&E\{\widetilde{\boldsymbol{X}}(i)\{\boldsymbol{Z}(k)-E[\boldsymbol{Z}(k)]\}^{\mathrm{T}}\}\\&=E\{\{\boldsymbol{X}(i)-E[\boldsymbol{X}(i)]\}-\operatorname{cov}[\boldsymbol{X}(i),\boldsymbol{Z}(k)]\{\operatorname{var}[\boldsymbol{Z}(k)]\}^{-1}\{\boldsymbol{Z}(k)-E[\boldsymbol{Z}(k)]\}\}\cdot\\&\quad\{\boldsymbol{Z}(k)-E[\boldsymbol{Z}(k)]\}^{\mathrm{T}}\end{aligned}$$

$$= \mathrm{cov}[\boldsymbol{X}(i),\boldsymbol{Z}(k)] - \mathrm{cov}[\boldsymbol{X}(i),\boldsymbol{Z}(k)]\{\mathrm{var}[\boldsymbol{Z}(k)]\}^{-1}\{\mathrm{var}[\boldsymbol{Z}(k)]\} = 0$$

定理证毕。

为了更清楚地说明线性最小方差估计$\hat{\boldsymbol{X}}(i)$的特点,现引入**投影**的概念。

定义 15.3.1　设 $\boldsymbol{X}$ 与$\hat{\boldsymbol{X}}$均为 n 维随机向量,$\boldsymbol{Z}$ 为 m 维随机向量,如果$\hat{\boldsymbol{X}}$满足线性、无偏性及正交性,亦即有

$$(1)\ \hat{\boldsymbol{X}} = \boldsymbol{a} + \boldsymbol{BZ} \tag{15.3.19}$$

$$(2)\ E(\hat{\boldsymbol{X}}) = E(\boldsymbol{X}) \tag{15.3.20}$$

$$(3)\ E\{(\boldsymbol{X}-\hat{\boldsymbol{X}})[\boldsymbol{Z}-E(\boldsymbol{Z})]^{\mathrm{T}}\} = 0 \tag{15.3.21}$$

其中,$\boldsymbol{a}$ 为 n 维常向量;$\boldsymbol{B}$ 为 $n\times m$ 常数阵,则称$\hat{\boldsymbol{X}}$是 $\boldsymbol{X}$ 在 $\boldsymbol{Z}$ 上的**投影**,记作

$$\hat{\boldsymbol{X}} \triangleq \hat{E}(\boldsymbol{X}|\boldsymbol{Z}) \tag{15.3.22}$$

如果由 m 维随机向量 $\boldsymbol{Z}$ 的各分量张成一个 m 维希尔伯特空间 H,则也可称$\hat{\boldsymbol{X}}$为 $\boldsymbol{X}$ 在 m 维希尔伯特空间 H 上的正交投影,如图 15.3.1 所示。

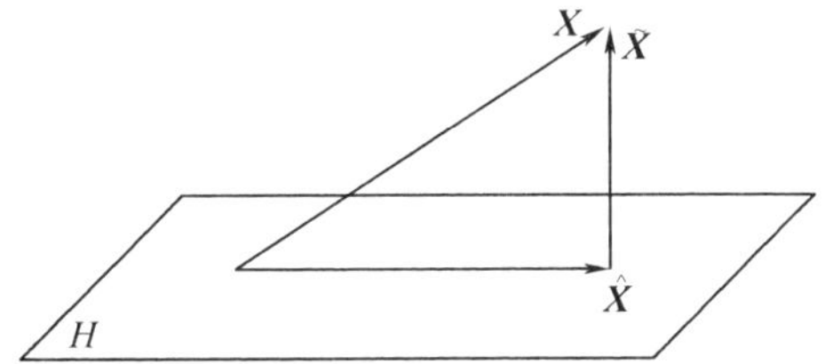

图 15.3.1　正交投影$\hat{X}$的图形表示

由图 15.3.1 可见有$\tilde{\boldsymbol{X}} = \boldsymbol{X} - \hat{\boldsymbol{X}} \perp H$,即$\tilde{\boldsymbol{X}} \perp \boldsymbol{Z}$。

投影有如下性质。

定理 15.3.4　设$\hat{\boldsymbol{X}} \triangleq \hat{E}(\boldsymbol{X}|\boldsymbol{Z})$,$\hat{Y} = \hat{E}(\boldsymbol{Y}|\boldsymbol{Z})$且 $\boldsymbol{A}$,$\boldsymbol{B}$ 均为 $n\times m$ 常数阵,$\boldsymbol{Z}$ 为 m 维随机向量,$\boldsymbol{X}$,$\boldsymbol{Y}$ 为 n 维随机向量,则

$$(1)\ \hat{E}[(\boldsymbol{AX}+\boldsymbol{BY})|\boldsymbol{Z}] = \boldsymbol{A}\hat{E}(\boldsymbol{X}|\boldsymbol{Z}) + \boldsymbol{B}\hat{E}(\boldsymbol{Y}|\boldsymbol{Z}) \tag{15.3.23}$$

$$(2)\ \hat{E}(\boldsymbol{AZ}|\boldsymbol{Z}) = \boldsymbol{AZ} \tag{15.3.24}$$

这个定理的证明,留给读者作为练习。

有了投影的概念之后,我们可进一步讨论线性最小方差估计$\hat{\boldsymbol{X}}(i)$。

定理 15.3.5　设$\{\boldsymbol{X}(k), k = \cdots, -2, -1, 0, 1, 2, \cdots\}$为 n 维平稳随机向量序列,$\{\boldsymbol{Z}(k), k = 1, 2, \cdots\}$为 m 维平稳随机向量测量序列,则$\hat{\boldsymbol{X}}(i)$为 $\boldsymbol{X}(i)$ 在 $\boldsymbol{Z}(k)$ 上正交投影的充要条件是

$$\hat{\boldsymbol{X}}(i) = E[\boldsymbol{X}(i)] + \mathrm{cov}[\boldsymbol{X}(i),\boldsymbol{Z}(k)]\{\mathrm{var}[\boldsymbol{Z}(k)]\}^{-1}\{\boldsymbol{Z}(k) - E[\boldsymbol{Z}(k)]\} \tag{15.3.25}$$

证明　必要性是显然的,只需证明充分性。读者不难由(15.3.19)式、(15.3.20)式及(15.3.21)式推出 $\boldsymbol{X}(i)$ 在 $\boldsymbol{Z}(k)$ 上正交投影$\hat{\boldsymbol{X}}(i)$由(15.3.25)表示。定理证毕。

定理 15.3.5 告诉我们,线性最小方差估计$\hat{\boldsymbol{X}}(i)$就是向量 $\boldsymbol{X}(i)$ 在 $\boldsymbol{Z}(k)$ 上的正交投影,又因投影是唯一的,故线性最小方差估计$\hat{\boldsymbol{X}}(i)$也是唯一的。

15.3.3 计算举例

在下面所列举的各例中,如不再申明,平均随机序列均指一维平稳随机序列。

例 15.3.1 设$\{X(k),k=\cdots,-2,-1,0,1,2,\cdots\}$为零均值平稳随机序列,$\{Z(k),k=1,2,\cdots,m\}$为零均值平稳测量序列,试利用$\{Z(k),k=1,2,\cdots,m\}$来确定$X(i)$的线性最小方差估计$\hat{X}(i)$。

解 因为测量序列中有 m 个测量值,每个测量值中都含有 $X(i)$ 的信息,所以这些测量值对 $X(i)$ 的估计都是有用的,故取

$$\hat{X}(i)=\sum_{j=1}^{m}b_jZ(j)=[b_1,b_2,\cdots,b_m]\begin{bmatrix}Z(1)\\Z(2)\\\vdots\\Z(m)\end{bmatrix}\tag{15.3.26}$$

由(15.3.11)式并考虑到$E(X)=E(Z)=0$且令

$$\boldsymbol{Z}(k)\triangleq[Z(1),Z(2),\cdots,Z(m)]^{\mathrm{T}}$$

于是有

$$\begin{aligned}\boldsymbol{B}&\triangleq[b_1,b_2,\cdots,b_m]=\operatorname{cov}[X(i),Z(k)]\{\operatorname{var}[Z(k)]\}^{-1}\\&=[B_{XZ}(i-1),B_{XZ}(i-2),\cdots,B_{XZ}(i-m)]\cdot\\&\quad\begin{bmatrix}B_Z(0)&B_Z(-1)&\cdots&B_Z(1-m)\\B_Z(1)&B_Z(0)&\cdots&B_Z(2-m)\\\vdots&\vdots&&\vdots\\B_Z(m-1)&B_Z(m-2)&\cdots&B_Z(0)\end{bmatrix}^{-1}\end{aligned}$$

现假设

$$G\triangleq\det[\boldsymbol{B}_Z(u-v)]\neq0,u,v=1,2,\cdots,m$$

并规定$B_Z^*(u-v)$代表$B_Z(u-v)$的代数余子式,则有

$$\begin{aligned}\boldsymbol{B}&=\frac{1}{G}[B_{XZ}(i-1),B_{XZ}(i-2),\cdots,B_{XZ}(i-m)]\cdot\\&\quad\begin{bmatrix}B_Z^*(0)&B_Z^*(1)&\cdots&B_Z^*(m-1)\\B_Z^*(-1)&B_Z^*(0)&\cdots&B_Z^*(m-2)\\\vdots&\vdots&&\vdots\\B_Z^*(1-m)&B_Z^*(2-m)&\cdots&B_Z^*(0)\end{bmatrix}\\&=\frac{1}{G}\Big[\sum_{j=1}^{m}B_{XZ}(i-j)B_Z^*(1-j),\sum_{j=1}^{m}B_{XZ}(i-j)B_Z^*(2-j),\cdots,\\&\quad\sum_{j=1}^{m}B_{XZ}(i-j)B_Z^*(m-j)\Big]\end{aligned}$$

把上式代入(15.3.26)式,则得线性最小方差估计$\hat{X}(i)$为

$$\hat{X}(i)=\frac{1}{G}\sum_{l=1}^{m}\sum_{j=1}^{m}B_{XZ}(i-j)B_Z^*(l-j)Z(l)\tag{15.3.27}$$

其中,$B_{XZ}(i-j)$为$X(i)$与$Z(j)\ (j=1,2,\cdots,m)$的互相关函数;$B_Z(u-v)$为$Z(n)\ (n=1,2,\cdots,m)$的自相关函数且假定均为已知。

例 15.3.2　假设对零均值平稳随机序列$\{X(k),k=\cdots,-2,-1,0,1,2,\cdots\}$的观测无测量噪声,而且观测值序列$\{X(-m+1),X(-m+2),X(-1),X(0)\}$为已知,试求对$X(n_0)(n_0>0)$的线性最小方差预测$\hat{X}(n_0)$。

解　取

$$\hat{X}(n_0)=\sum_{j=0}^{m-1}b_jX(-j)=[b_0,b_1,\cdots,b_{m-1}]\begin{bmatrix}X(0)\\X(-1)\\\vdots\\X(-m+1)\end{bmatrix}$$

若记$\mathbf{Z}(k)\triangleq[X(0),X(-1),\cdots,X(-m+1)]^{\mathrm{T}}$并代入(15.3.11)式,于是有

$$\begin{aligned}\hat{X}(n_0)&=\operatorname{cov}[X(n_0),\mathbf{Z}(k)]\{\operatorname{var}[\mathbf{Z}(k)]\}^{-1}[\mathbf{Z}(k)]\\&=[B_X(n_0),B_X(n_0+1),\cdots,B_X(n_0+m-1)]\cdot\end{aligned}$$

$$\begin{bmatrix}B_X(0)&B_X(1)&\cdots&B_X(m-1)\\B_X(-1)&B_X(0)&\cdots&B_X(m-2)\\\vdots&\vdots&&\vdots\\B_X(-m+1)&B_X(-m+2)&\cdots&B_X(0)\end{bmatrix}^{-1}\begin{bmatrix}X(0)\\X(-1)\\\vdots\\X(-m+1)\end{bmatrix}\quad(15.3.28)$$

由(15.3.28)式可见,只要自相关函数$B_X(i)(i=1,2,\cdots,n_0+m-1)$为已知,那么就可以按(15.3.28)式计算出线性最小方差预测$\hat{X}(n_0)$。

应当指出,对于(15.3.28)式的计算,有较快的递推算法,这里就不再详述了。

如果自相关函数$B_X(i)$未知,可假设平稳随机序列$\{X(k),k=\cdots,-2,-1,0,1,2,\cdots\}$具有均方遍历性,然后取一个样本序列并依此估计出自相关函数$B_X(i)$。

为了讨论自回归序列的最优预测问题,现引入如下定理。

定理 15.3.6　设随机序列$\{X(n),n=\cdots,-2,-1,0,1,2,\cdots\}$满足如下自回归模型,即

$$\sum_{j=0}^{p}a_jX(n-j)=\xi(n),a_0=1\quad(15.3.29)$$

其中,$\{\xi(n),n=\cdots,-2,-1,0,1,2,\cdots\}$为随机序列,则必存在常数$c_l$和$d_j$使得$X(n)$可表示为

$$X(n)=\sum_{l=0}^{m}c_l\xi(n-l)+\sum_{j=1}^{p}d_jX(n-m-j)\quad(15.3.30)$$

其中,$c_0=1$。

证明　由(15.3.29)式可以写出

$$\begin{gathered}c_0\xi(n)=c_0a_0X(n)+c_0a_1X(n-1)+\cdots+c_0a_pX(n-p)\\c_1\xi(n-1)=c_1a_0X(n-1)+c_1a_1X(n-2)+\cdots+c_1a_pX(n-1-p)\\\vdots\\c_m\xi(n-m)=c_ma_0X(n-m)+c_ma_1X(n-m-1)+\cdots+c_ma_pX(n-m-p)\end{gathered}$$

把以上各式相加可得

$$\begin{aligned}\sum_{l=0}^{m}c_l\xi(n-l)=&c_0a_0X(n)+(c_0a_1+c_1a_0)X(n-1)+(c_0a_2+c_1a_1+c_2a_0)\cdot\\&X(n-2)+\cdots+(c_0a_m+c_1a_{m-1}+\cdots+c_ma_0)\cdot\\&X(n-m)+(c_0a_{m+1}+c_1a_m+\cdots+c_{m+1}a_0)\cdot\end{aligned}$$

$$X(n-m-1)+\cdots+(c_0a_{m+p}+c_1a_{m+p-1}+\cdots+c_{m+p}a_0)\cdot X(n-m-p)$$

经整理并考虑到 $c_0=a_0=1$ 重新写成

$$\begin{aligned}X(n)=&\sum_{l=0}^{m}c_l\xi(n-l)-\left(\sum_{i=0}^{1}c_ia_{1-i}\right)X(n-1)-\left(\sum_{i=0}^{2}c_ia_{2-i}\right)X(n-2)-\cdots-\\&\left(\sum_{i=0}^{m}c_ia_{m-i}\right)X(n-m)-\left(\sum_{i=0}^{m+1}c_ia_{m+1-i}\right)X(n-m-1)-\cdots-\\&\left(\sum_{i=0}^{m+p}c_ia_{m+p-i}\right)X(n-m-p)\end{aligned}\tag{15.3.31}$$

令(15.3.31)式等号右端第二项至第 $m+1$ 项的系数为零,于是有

$$\begin{cases}c_1=-c_0a_1=-\sum\limits_{i=0}^{1-1}c_ia_{1-i}\\c_2=-(c_0a_2+c_1a_1)=-\sum\limits_{i=0}^{2-1}c_ia_{2-i}\\\cdots\cdots\cdots\cdots\\c_m=-(c_0a_m+\cdots+c_{m-1}a_1)=-\sum\limits_{i=0}^{m-1}c_ia_{m-i}\end{cases}\tag{15.3.32}$$

再令

$$\begin{cases}d_1=-\sum\limits_{i=0}^{m+1}c_ia_{m+1-i}=-\sum\limits_{i=0}^{m}c_ia_{m+1-i}\\d_2=-\sum\limits_{i=0}^{m+2}c_ia_{m+2-i}=-\sum\limits_{i=0}^{m}c_ia_{m+2-i}\\\cdots\cdots\cdots\cdots\\d_p=-\sum\limits_{i=0}^{m+p}c_ia_{m+p-i}=-\sum\limits_{i=0}^{m}c_ia_{m+p-i}\end{cases}\tag{15.3.33}$$

最后将(15.3.33)式代入(15.3.31)式立得

$$\begin{aligned}X(n)&=\sum_{l=0}^{m}c_l\xi(n-l)+d_1X(n-m-1)+\cdots+d_pX(n-m-p)\\&=\sum_{l=0}^{m}c_l\xi(n-l)+\sum_{j=1}^{p}d_jX(n-m-j)\end{aligned}$$

其中,$c_0=1$,$c_1\sim c_m$ 由(15.3.32)式给出。定理证毕。

有了上述定理以后,我们可以对自回归序列进行预测。

例 15.3.3 自回归序列预测 设零均值平稳随机序列 $\{X(k),k=\cdots,-2,-1,0,1,2,\cdots\}$ 满足如下自回归模型,即

$$\sum_{j=0}^{p}a_jX(n-j)=\xi(n),a_0=1\tag{15.3.34}$$

其中,$\{\xi(n),n=\cdots,-2,-1,0,1,2,\cdots\}$ 为零均值白噪声序列且 $E[\xi^2(n)]=\sigma_\xi^2$,而且特征方程

$$\sum_{j=0}^{p}a_jz^{p-j}=0\tag{15.3.35}$$

的根均在单位圆内,进一步假定对 $\{X(k),k=\cdots,-2,-1,0,1,2,\cdots\}$ 的测量无误差。试求

按$\{X(k),k\leqslant 0\}$对$X(n_0)(n_0>0)$的线性最小方差预测,并计算预测的均方误差。

解　由(15.3.30)式,令$n=n_0,m=n_0-1$,于是有

$$X(n_0)=\sum_{l=0}^{n_0-1}c_l\xi(n_0-l)+\sum_{j=1}^{p}d_jX(1-j) \tag{15.3.36}$$

再由(15.2.20)式,还有

$$E[X(n-k)\xi(n)]=0,k>0 \tag{15.3.37}$$

最后利用(15.3.23)式可得

$$\begin{aligned}\hat{X}(n_0)&=\hat{E}[X(n_0)\mid X(k),k\leqslant 0]\\&=\hat{E}\{[\sum_{l=0}^{n_0-1}c_l\xi(n_0-l)+\sum_{j=1}^{p}d_jX(1-j)]\mid X(k),k\leqslant 0\}\\&=\sum_{l=0}^{n_0-1}c_l\hat{E}[\xi(n_0-l)\mid X(k),k\leqslant 0]+\sum_{j=1}^{p}d_j\hat{E}[X(1-j)\mid X(k),k\leqslant 0]\end{aligned} \tag{15.3.38}$$

由投影公式(15.3.25)式并注意到(15.3.37)式,于是有

$$\hat{E}[\xi(n_0-l)\mid X(k),k\leqslant 0]=0,l=0,1,2,\cdots,n_0-1 \tag{15.3.39}$$

再由(15.3.24)式还有

$$\hat{E}[X(1-j)\mid X(k),k\leqslant 0]=X(1-j),j=1,2,\cdots,p \tag{15.3.40}$$

将(15.3.39)式和(15.3.40)式式代入(15.3.38)式得线性最小方差预测$\hat{X}(n_0)$为

$$\hat{X}(n_0)=\sum_{j=1}^{p}d_jX(1-j) \tag{15.3.41}$$

其中,$d_j(j=1,2,\cdots,p)$由(15.3.33)式确定。

当$n_0=1$时,我们称之为一步预测,此时由(15.3.29)式有

$$X(n)=\xi(n)-\sum_{j=1}^{p}a_jX(n-j)$$

或者写成

$$X(1)=\xi(1)-\sum_{j=1}^{p}a_jX(1-j)$$

由上面的推导方法很容易得出

$$\hat{X}(1)=-\sum_{j=1}^{p}a_jX(1-j) \tag{15.3.42}$$

一般地,我们按$\{X(k),k\leqslant n\}$对$X(n+1)$所做的一步线性最小方差预测$\hat{X}(n+1)$可写成

$$\hat{X}(n+1)=-\sum_{j=1}^{p}a_jX(n+1-j) \tag{15.3.43}$$

下面计算预测的均方误差。由(15.3.41)式可知预测误差$\tilde{X}(n_0)$为

$$\tilde{X}(n_0)=X(n_0)-\hat{X}(n_0)=X(n_0)-\sum_{j=1}^{p}d_jX(1-j) \tag{15.3.44}$$

将(15.3.44)式两边做Z变换,可知预测误差功率谱密度函数$S_{\tilde{X}}(z)$为

$$S_{\tilde{X}}(z)=\left|1-\sum_{j=1}^{p}d_jz^{1-j-n_0}\right|^2S_X(z) \tag{15.3.45}$$

然而由(15.3.34)式可推出

$$S_X(z) = \frac{1}{\left|\sum_{j=1}^{p} d_j z^{-j}\right|^2} S_\xi(z)$$

且有 $S_\xi(z)=\sigma_\xi^2$。将上式代入(15.3.45)式就有

$$S_{\tilde{X}}(z) = \frac{\left|1-\sum_{j=1}^{p} d_j z^{1-j-n_0}\right|^2}{\left|\sum_{j=1}^{p} a_j z^{-j}\right|^2}\sigma_\xi^2$$

最后由(13.4.25)式可计算出预测误差均方差 $\sigma_{\tilde{X}}^2$ 为

$$\sigma_{\tilde{X}}^2 = E\{[\widetilde{X}(n_0)]^2\} = \frac{1}{2\pi j}\oint_{|z|=1} \frac{\left|1-\sum_{j=1}^{p} d_j z^{1-j-n_0}\right|^2 \sigma_\xi^2}{\left|\sum_{j=1}^{p} a_j z^{-j}\right|^2}\frac{\mathrm{d}z}{z} \tag{15.3.46}$$

例 15.3.4　滑动平均序列预测　设零均值平稳随机序列 $\{X(k), k=\cdots,-2,-1,0,1,2,\cdots\}$ 满足如下滑动平均模型,即

$$X(n) = \sum_{j=0}^{q} b_j \xi(n-j) \tag{15.3.47}$$

其中,$\{\xi(n), n=\cdots,-2,-1,0,1,2,\cdots\}$ 为白噪声序列并可无误差的测量出来。试求按 $\{\xi(k), k\leqslant 0\}$ 对 $X(n_0), n_0>0$ 的线性最小方差预测。

解　由投影性质(15.3.33)式及投影公式(15.3.25)式可知

$$\begin{aligned}\hat{X}(n_0) &= \hat{E}(X(n_0)\mid\xi(k), k\leqslant 0) \\ &= \hat{E}\Big[\sum_{j=0}^{q} b_j\xi(n_0-j)\mid\xi(k), k\leqslant 0\Big] \\ &= \sum_{j=0}^{q} b_j\,\hat{E}[\xi(n_0-j)\mid\xi(k), k\leqslant 0] \\ &= \begin{cases} 0, & n_0>q \\ \sum_{j=n_0}^{q} b_j\xi(n_0-j), & 0<n_0\leqslant q \end{cases}\end{aligned} \tag{15.3.48}$$

当 $n_0\leqslant q$ 时,预测误差均方差 $\sigma_{\tilde{X}}^2$ 可计算为

$$\begin{aligned}\sigma_{\tilde{X}}^2 &= E\{[X(n_0)-\hat{X}(n_0)]^2\} = E\Big\{\Big[\sum_{j=0}^{q} b_j\xi(n_0-j) - \sum_{j=n_0}^{q} b_j\xi(n_0-j)\Big]^2\Big\} \\ &= E\Big\{\Big[\sum_{j=0}^{n_0-1} b_j\xi(n_0-j)\Big]^2\Big\} = \sigma_\xi^2\sum_{j=0}^{n_0-1} b_j^2\end{aligned} \tag{15.3.49}$$

如果 $n_0>q$ 时,由(15.3.48)式可知此时的线性最小方差预测为零,这说明该预测没有任何信息。因此,预测误差均方差最大,即

$$\sigma_{\tilde{X}}^2 = E\Big\{\Big[\sum_{j=0}^{q} b_j\xi(n_0-j)\Big]^2\Big\} = \sigma_\xi^2\sum_{j=0}^{q} b_j^2 \tag{15.3.50}$$

其中

$$\sigma_\xi^2 = E\{[\xi(k)]^2\}, k=\cdots,-1,0,1,\cdots$$

现在我们进一步讨论,对滑动平均序列模型(15.3.47)式来说,如果只能无误差地测出

$\{X(k),k=\cdots,-2,-1,0,1,2,\cdots\}$，那么如何由$\{X(k),k\leqslant 0\}$对$X(n_0)(n_0>0)$做出线性最小方差预测。为了解决这个问题，假设方程

$$\sum_{j=0}^{q} b_j z^{q-j} = 0 \tag{15.3.51}$$

的根全部在单位圆内。由定理 15.2.5 可知$\xi(n)$必可表示为

$$\xi(n) = \sum_{l=0}^{\infty} d_l X(n-l) \tag{15.3.52}$$

其中

$$d_l = \frac{1}{b_0}\sum_{i=1}^{q} c_i z_i^l \tag{15.3.53}$$

$z_i(i=1,2,\cdots,q)$为方程(15.3.51)的根并假定彼此不相同，且

$$c_i = \frac{z_i^{q-1}}{\prod\limits_{\substack{1\leqslant j\leqslant q\\ j\neq i}}(z_i-z_j)},i=1,2,\cdots,q \tag{15.3.54}$$

因为$\sum\limits_{l=0}^{\infty}|d_l|<\infty$，所以(15.3.52)式是均方收敛的。

由(15.3.47)式可知，对任意$k\leqslant 0$，$X(k)$必是集合$\{\xi(k),k\leqslant 0\}$中的$q+1$个元素的线性组合，所以有$X(k)\in\{\xi(k),k\leqslant 0\}$，另一方面，由(15.3.52)式又知对任意$\xi(k)(k\leqslant 0)$，还有$\xi(k)\in\{X(k),k\leqslant 0\}$，这样一来，必有

$$\{\xi(k),k\leqslant 0\}=\{X(k),k\leqslant 0\} \tag{15.3.55}$$

(15.3.55)式的含义是说，由这两个序列所张成的希尔伯特空间是一致的。于是可得

$$\begin{aligned}
\hat{X}(n_0) &= \hat{E}[X(n_0)\,|X(k),k\leqslant 0] = \hat{E}[X(n_0)\,|\xi(k),k\leqslant 0] \\
&= \begin{cases} 0, & n_0>q \\ \sum\limits_{j=n_0}^{q} b_j\xi(n_0-j), & 0<n_0\leqslant q \end{cases} \\
&= \begin{cases} 0, & n_0>q \\ \sum\limits_{j=n_0}^{q} b_j\sum\limits_{l=0}^{\infty} d_l X(n_0-j-l), & 0<n_0\leqslant q \end{cases} \\
&= \begin{cases} 0, & n_0>q \\ \sum\limits_{l=0}^{\infty} d_l\sum\limits_{j=n_0}^{q} b_j X(n_0-j-l), & 0<n_0\leqslant q \end{cases}
\end{aligned} \tag{15.3.56}$$

上述结果表示了按$\{X(k),k\leqslant 0\}$对$X(n_0)(n_0>0)$所做的线性最小方差预测。由于$|z_i|<1(i=1,2,\cdots,q)$，所以当l很大时，由(15.3.53)式看出d_l是一个很小的数值，这样一来，当利用(15.3.56)式计算$\hat{X}(n_0)$时，对d_l求和的项数只需到一个适当大的数就可以了。因此，可把$\hat{X}(n_0)$表示成

$$\hat{X}(n_0) = \sum_{l=0}^{M} d_l\sum_{j=n_0}^{q} b_j X(n_0-j-l),0<n_0\leqslant q \tag{15.3.57}$$

其中，正整数M是由工程设计所需要的精度来决定的。

例 15.3.5 自回归滑动平均序列预测 设平稳随机序列$\{X(n),n=\cdots,-1,0,1,\cdots\}$满足如下 ARMA 模型,即

$$\sum_{j=0}^{p} a_j X(n-j) = \sum_{j=0}^{q} b_j \xi(n-j), a_0 = 1 \tag{15.3.58}$$

其中,$\{\xi(n),n=\cdots,-2,-1,0,1,2,\cdots\}$为白噪声序列并假定方程

$$\sum_{j=0}^{p} a_j z^{p-j} = 0 \tag{15.3.59}$$

和

$$\sum_{j=0}^{q} b_j z^{q-j} = 0 \tag{15.3.60}$$

的根全部在单位圆内,而且对$\{X(n),n=\cdots,-2,-1,0,1,2,\cdots\}$及$\{\xi(n),n=\cdots,-2,-1,0,1,2,\cdots\}$的测量均无误差。试求按$\{\xi(n),n\leqslant 0\}$或$\{X(n),n\leqslant 0\}$对$X(n_0),n_0>0$所做的线性最小方差预测$\hat{X}(n_0)$

解 这个问题的解法同例 15.3.4 相类似。首先,由方程(15.3.58)式必可导出

$$X(n) = \sum_{k=0}^{\infty} c_k \xi(n-k) \tag{15.3.61}$$

事实上,将方程(15.3.58)式两边做 Z 变换,由(13.4.35)式可得

$$\sum_{j=0}^{p} a_j z^{n-j} \mathrm{d}\zeta_X(z) = \sum_{j=0}^{q} b_j z^{n-j} \mathrm{d}\zeta_{\xi}(z) \tag{15.3.62}$$

于是

$$\begin{aligned}
\mathrm{d}\zeta_X(z) &= \frac{\left(\sum_{j=0}^{q} b_j z^{-j}\right)}{\sum_{j=0}^{p} a_j z^{p-j}} z^p \mathrm{d}\zeta_{\xi}(z) \\
&= \sum_{j=0}^{q} b_j z^{-j} \frac{z^p}{(z-z_1)\cdots(z-z_p)} \mathrm{d}\zeta_{\xi}(z) \\
&= \sum_{j=0}^{q} b_j z^{-j} \sum_{j=1}^{p} \frac{d_j z}{z-z_j} \mathrm{d}\zeta_{\xi}(z)
\end{aligned} \tag{15.3.63}$$

其中

$$d_j = \frac{z_j^{p-1}}{\prod_{\substack{1\leqslant i\leqslant p\\ i\neq j}} (z_j - z_i)}, j = 1,2,\cdots,p \tag{15.3.64}$$

而 $z_j(j=1,2,\cdots,p)$为方程(15.3.59)式的根并假定彼此互不相同。将(15.3.63)式做级数展开可得

$$\begin{aligned}
\mathrm{d}\zeta_X(z) &= \sum_{j=0}^{q} b_j z^{-j} \sum_{j=1}^{p} d_j \sum_{l=0}^{\infty} z^{-l} z_j^l \mathrm{d}\zeta_{\xi}(z) \\
&= \sum_{l=0}^{\infty} g_l \sum_{j=0}^{q} b_j z^{-j-l} \mathrm{d}\zeta_{\xi}(z)
\end{aligned} \tag{15.3.65}$$

其中

$$g_l = \sum_{j=1}^{p} d_j z_j^l, l = 0,1,2,\cdots \tag{15.3.66}$$

再令 $k=j+l$ 代入(15.3.65)式,于是有

$$\mathrm{d}\zeta_X(z) = \sum_{k=0}^{\infty}\left(\sum_{l=0}^{k} g_l b_{k-l}\right)z^{-k}\mathrm{d}\zeta_\xi(z) = \sum_{k=0}^{\infty} c_k z^{-k}\mathrm{d}\zeta_\xi(z) \tag{15.3.67}$$

其中

$$c_k = \sum_{l=0}^{k} g_l b_{k-l}, k = 0,1,2,\cdots \tag{15.3.68}$$

最后,将方程(15.3.67)式两边同乘 z^n,再由定理 13.4.2 可得

$$X(n) = \oint z^n \mathrm{d}\zeta_X(z) = \sum_{k=0}^{\infty} c_k \oint z^{n-k}\mathrm{d}\zeta_\xi(z) = \sum_{k=0}^{\infty} c_k \xi(n-k) \tag{15.3.69}$$

于是方程(15.3.61)式得证。

利用(15.3.69)式及投影性质(15.3.23)式可求出按$\{\xi(n),n\leqslant 0\}$对 $X(n_0)(n_0>0)$的线性最小方差预测$\hat{X}(n_0)$为

$$\begin{aligned}\hat{X}(n_0) &= \hat{E}[X(n_0)\mid\xi(n),n\leqslant 0] = \hat{E}\left[\sum_{k=0}^{\infty} c_k\xi(n_0-k)\,\Big|\,\xi(n),n\leqslant 0\right] \\ &= \sum_{k=0}^{\infty} c_k\,\hat{E}[\xi(n_0-k)\mid\xi(n),n\leqslant 0] = \sum_{k=n_0}^{\infty} c_k\xi(n_0-k)\end{aligned} \tag{15.3.70}$$

预测误差的均方差 σ_X^2可计算为

$$\sigma_X^2 = E\{[X(n_0)-\hat{X}(n_0)]^2\} = E\left\{\left[\sum_{k=0}^{n_0-1} c_k\xi(n_0-k)\right]^2\right\} = \sigma_\xi^2\sum_{k=0}^{n_0-1} c_k^2 \tag{15.3.71}$$

其中

$$\sigma_\xi^2 = E[\xi^2(n)]$$

用同样类似的方法也可以求出按$\{X(n),n\leqslant 0\}$对$\{X(n_0),n_0>0\}$的线性最小方差预测$\hat{X}(n_0)$,这里就不赘述了。

15.4　广义马尔可夫序列滤波

下面讨论在工程应用中经常遇到的一类随机序列(广义马尔可夫序列)的性质及其滤波问题。

定义 15.4.1　广义马尔可夫序列　设$\{X(n),n=1,2,\cdots\}$为随机变量序列,如果 $X(n)$满足如下方程,即

$$X(n) = a(n)X(n-1)+\xi(n) \tag{15.4.1}$$

其中,初始状态 $X(0)$为随机变量且 $E[X(0)]=0,E[X^2(0)]=\sigma_0^2$ 为已知。$\{\xi(n),n=1,2,\cdots\}$为零均值互不相关随机变量序列且已知

$$E[\xi(i)\xi(k)] = \begin{cases}0, k\neq i\\ \sigma_i^2, k=i, i=1,2,\cdots\end{cases} \tag{15.4.2}$$

并假定 $X(0)$与$\{\xi(n),n=1,2,\cdots\}$不相关,即 $E[X(0)\xi(n)]=0(n=1,2,\cdots)$,$a(n)$为实常数,则称$\{X(n),n=1,2,\cdots\}$为广义马尔可夫序列。

由上面的定义可以看出,当白噪声序列作用于一阶线性时变系统时,如果初始状态与输入序列不相关,输出序列就是广义马尔可夫序列。

关于广义马尔可夫序列的性质,有如下定理。

定理 15.4.1 设$\{X(n),n=1,2,\cdots\}$为随机变量序列,则下面三个事实等价:

(1) $\{X(n),n=1,2,\cdots\}$为广义马尔可夫序列。

(2) $X(n)$基于$X(n-1),X(n-2),\cdots,X(1),X(0)$的线性最小方差预测只与$X(n-1)$有关,即

$$\begin{aligned}&\hat{E}[X(n)\mid X(n-1),X(n-2),\cdots,X(0)]\\&=\hat{E}[X(n)\mid X(n-1)]\\&=a(n)X(n-1)\end{aligned}$$

或表示成

$$E[X(n)-a(n)X(n-1)]X(i)=0,i\leqslant n-1 \tag{15.4.3}$$

(3) 对任意正整数$l\leqslant m\leqslant n$,有

$$\Gamma_X(n,l)\Gamma_X(m,m)=\Gamma_X(m,l)\Gamma_X(n,m) \tag{15.4.4}$$

证明 先证(1)⇒(2):由(15.4.1)式及(15.3.30)式,取$m=n-1$,于是必有

$$X(n)=\sum_{l=0}^{n-1}c_l\xi(n-l)+d_1X(0) \tag{15.4.5}$$

这说明$X(n)$为$\xi(n),\xi(n-1),\cdots,\xi(1)$及$X(0)$的线性组合,进一步$X(n-i)(i\leqslant 1)$为$\xi(n-i),\xi(n-i-1),\cdots,\xi(1),X(0)$的线性组合,又因为$\xi(n)$与$\{\xi(n-1),\xi(n-2),\cdots,\xi(1),X(0)\}$不相关,所以$\xi(n)$与$\{\xi(n-i-1),\xi(n-i-2),\xi(1),X(0)\}(i\leqslant 1)$也是不相关,于是有$\xi(n)=X(n)-a(n)X(n-1)$与$\{X(n-1),X(n-2),\cdots,X(1),X(0)\}$不相关,于是(15.4.3)式得证。再由定理15.3.3可知线性最小方差预测为

$$\begin{aligned}&\hat{E}[X(n)\mid X(n-1),X(n-2),\cdots,X(1),X(0)]\\&=\hat{E}[X(n)\mid X(n-1)]\\&=a(n)X(n-1)\end{aligned}$$

再证(2)⇒(3):由(15.4.3)式可知

$$\Gamma_X(n,i)-a(n)\Gamma_X(n-1,i)=0,i\leqslant n-1$$

于是得

$$a(n)=\frac{\Gamma_X(n,i)}{\Gamma_X(n-1,i)},i\leqslant n-1$$

再取$j\leqslant i$,还有$E\left[X(n)-\dfrac{\Gamma_X(n,i)}{\Gamma_X(n-1,i)}X(n-1)\right]X(j)=0$,即

$$\Gamma_X(n,j)\Gamma_X(n-1,i)=\Gamma_X(n,i)\Gamma_X(n-1,j),j\leqslant i \tag{15.4.6}$$

若取$i=n-1$时,由(15.4.6)式可得

$$\Gamma_X(n,j)\Gamma_X(n-1,n-1)=\Gamma_X(n,n-1)\Gamma_X(n-1,j),j\leqslant n-1 \tag{15.4.7}$$

这说明(15.4.4)式对于$m=n-1,l\leqslant m$成立。

现把(15.4.6)式中的序号n向后推迟一步,则得

$$\Gamma_X(n-1,j)\Gamma_X(n-2,i)=\Gamma_X(n-1,i)\Gamma_X(n-2,j),j\leqslant i \tag{15.4.8}$$

然后在(15.4.8)式中取$i=n-2$,有

$$\Gamma_X(n-1,j)\Gamma_X(n-2,n-2)=\Gamma_X(n-1,n-2)\Gamma_X(n-2,j),j\leqslant n-2 \tag{15.4.9}$$

将(15.4.9)式两边分别同(15.4.7)式两边相乘,则得

$$\Gamma_X(n,j)\Gamma_X(n-1,n-1)\Gamma_X(n-1,j)\Gamma_X(n-2,n-2)$$
$$=\Gamma_X(n,n-1)\Gamma_X(n-1,j)\Gamma_X(n-1,n-2)\Gamma_X(n-2,j),j\leqslant n-2$$

经整理有

$$\Gamma_X(n,j)\Gamma_X(n-2,n-2)=\frac{\Gamma_X(n,n-1)\Gamma_X(n-1,n-2)}{\Gamma_X(n-1,n-1)}\Gamma_X(n-2,j),j\leqslant n-2 \tag{15.4.10}$$

在(15.4.7)式中令 $j=n-2$,然后将 $\Gamma_X(n,n-2)$ 代入(15.4.10)式,则得

$$\Gamma_X(n,j)\Gamma_X(n-2,n-2)=\Gamma_X(n,n-2)\Gamma_X(n-2,j),j\leqslant n-2 \tag{15.4.11}$$

这说明(15.4.4)式对于 $m=n-2,l\leqslant m$ 成立。按上述方法做下去,可得(15.4.4)式对于任意 $l\leqslant m\leqslant n$ 均成立。

最后证(3)⇒(1):由(15.4.4)式,取 $m=n-1$,则有

$$\Gamma_X(n,l)\Gamma_X(n-1,n-1)=\Gamma_X(n-1,l)\Gamma_X(n,n-1),l\leqslant n-1$$

即

$$\Gamma_X(n,l)-\frac{\Gamma_X(n-1,l)}{\Gamma_X(n-1,n-1)}\Gamma_X(n,n-1)=0,l\leqslant n-1$$

或者还可写成

$$E\left[X(n)-\frac{\Gamma_X(n,n-1)}{\Gamma_X(n-1,n-1)}X(n-1)\right]X(l)=0,l\leqslant n-1$$

令 $a(n)\triangleq\dfrac{\Gamma_X(n,n-1)}{\Gamma_X(n-1,n-1)}$,则

$$E[X(n)-a(n)X(n-1)]X(l)=0,l\leqslant n-1 \tag{15.4.12}$$

再令

$$X(n)-a(n)X(n-1)\triangleq\xi(n) \tag{15.4.13}$$
$$X(n-1)-a(n-1)X(n-2)\triangleq\xi(n-1)$$
$$\vdots$$
$$X(1)-a(1)X(0)\triangleq\xi(1)$$

于是由(15.4.12)式又知$\{\xi(n),\xi(n-1),\cdots,\xi(1),X(0)\}$是互不相关的随机变量序列,所以由(15.4.13)式定义的随机序列$\{X(n),n=1,2,\cdots\}$为广义马尔可夫序列。定理证毕。

从马尔可夫序列定义 10.6.6 及广义马尔可夫序列定义 15.4.1 可以看出,两者并没有直接关系,也即一个任意马氏序列并非是广义马尔可夫的,反之亦然。但是,对于正态随机序列,却有如下结论。

定理 15.4.2　设$\{X(n),n=1,2,\cdots\}$是正态随机变量序列,则下面两个事实等价:

(1)它是马尔可夫序列;

(2)它是广义马尔可夫序列。

把这个定理的证明留给读者作为练习。

现在把广义马氏序列的概念推广并定义广义二阶马氏序列。

定义 15.4.2　广义二阶马氏序列　设$\{X(n),n=1,2,\cdots\}$为随机变量序列,如果 $X(n)$ 满足

$$X(n)=a(n)X(n-1)+b(n)X(n-2)+\xi(n) \tag{15.4.14}$$

其中,初始状态 $X(0),X(1)$ 为互不相关的随机变量且 $E[X(0)]=E[X(1)]=0,E[X^2(0)]=$

$\sigma_0^2, E[X^2(1)] = \sigma_1^2$，$\{\xi(n), n\geqslant 2\}$为零均值互不相关的随机变量序列，即

$$E[\xi(i)\xi(k)] = \begin{cases} 0, k\neq i, i, k\geqslant 2 \\ \sigma_i^2, k = i, i, k\geqslant 2 \end{cases}$$

而且

$$E[X(1)\xi(i)] = E[X(0)\xi(i)] = 0, i\geqslant 2$$

则称$\{X(n), n = 1,2,\cdots\}$为广义二阶马氏序列。

定理 15.4.3 序列$\{X(n), n = 1,2,\cdots\}$为广义二阶马氏序列的充要条件是$X(n)$基于$X(n-1), X(n-2), \cdots, X(0)$的线性最小方差预测$\hat{X}(n)$只与$(n-1)$，$X(n-2)$有关，即

$$\begin{aligned}\hat{X}(n) &= \hat{E}[X(n) | X(n-1), X(n-2), \cdots, X(0)] \\ &= \hat{E}[X(n) | X(n-1), X(n-2)] \\ &= a(n)X(n-1) + b(n)X(n-2)\end{aligned} \tag{15.4.15}$$

证明 (1)必要性：由(15.4.14)式及(15.3.30)式，当取$m = n-2$时有

$$X(n) = \sum_{l=0}^{n-2} c_l \xi(n-l) + d_1 X(1) + d_2 X(0)$$

这说明$X(n)$是$\xi(n), \xi(n-1), \cdots, \xi(2), X(1), X(0)$的线性组合，由此可知$X(n-i)$是$\xi(n-i), \xi(n-i-1), \cdots, \xi(2), X(1), X(0)\ (i = 1,2,\cdots)$的线性组合。然而由定义 15.4.3 又知$\xi(n) = X(n) - a(n)X(n-1) - b(n)X(n-2)$与$\xi(n-1), \cdots, \xi(2)$，$X(1), X(0)$互不相关，因此由定理 15.3.3 有

$$\hat{E}[X(n) - a(n)X(n-1) - b(n)X(n-2) | X(n-1), \cdots, X(1), X(0)] = 0$$

或者写成

$$\begin{aligned}\hat{E}[X(n) | X(n-1), X(n-2), \cdots, X(0)] &= \hat{E}[X(n) | X(n-1), X(n-2)] \\ &= a(n)X(n-1) + b(n)X(n-2)\end{aligned}$$

(2)充分性：若(15.4.15)式成立，则可求出$a(n)$和$b(n)$使得$\hat{E}[X(n) | X(n-1), X(n-2), \cdots, X(1), X(0)] = a(n)X(n-1) + b(n)X(n-2)$，事实上，由

$$\begin{cases} E[X(n) - a(n)X(n-1) - b(n)X(n-2)]X(n-1) = 0 \\ E[X(n) - a(n)X(n-1) - b(n)X(n-2)]X(n-2) = 0 \end{cases}$$

可得

$$\begin{cases} \Gamma_X(n, n-1) - a(n)\Gamma_X(n-1, n-1) - b(n)\Gamma_X(n-2, n-1) = 0 \\ \Gamma_X(n, n-2) - a(n)\Gamma_X(n-1, n-2) - b(n)\Gamma_X(n-2, n-2) = 0 \end{cases}$$

解上述两个联立方程即可求出$a(n)$和$b(n)$。由(15.4.15)式可知还有

$$E[X(n) - a(n)X(n-1) - b(n)X(n-2)]X(i) = 0, i\leqslant n-1$$

若定义

$$\xi(n) \triangleq X(n) - a(n)X(n-1) - b(n)X(n-2) \tag{15.4.16}$$

则可知$\xi(n), \xi(n-1), \cdots, \xi(2), X(1), X(0)$为互不相关随机变量序列，于是由定义 15.4.3 可知由(15.4.16)式确定的序列$\{X(n), n = 1,2,\cdots\}$为广义二阶马氏序列。定理证毕。

按着上述方法，我们可以定义广义高阶马氏序列并可证明有类似的性质，这里不赘述了。

下面讨论广义马氏序列递推方式的线性最小方差滤波问题，这一问题首先是由卡尔曼(R. E. Kalman)提出并得以解决。

定理 15.4.4　设$\{X(n),n=1,2,\cdots\}$为零均值广义马氏序列且已知

$$E[X(n)X(m)]=\Gamma_X(n,m) \tag{15.4.17}$$

$\{Z(n),n=1,2,\cdots\}$为测量序列，且

$$Z(n)=X(n)+V(n) \tag{15.4.18}$$

其中，$\{V(n),n=1,2,\cdots\}$为零均值测量误差序列且已知

$$E[V(n)V(m)]=\begin{cases}0, & n\neq m\\ \sigma_v^2(n), & n=m\end{cases} \tag{15.4.19}$$

又假定 $X(n)$与 $V(m)$不相关，即

$$E[X(n)V(m)]=0,n,m=1,2,\cdots$$

则 $X(n)$基于 $Z(n),Z(n-1),\cdots,Z(1)$的递推线性最小方差估计$\hat{X}(n)$为

$$\hat{X}(n)=\alpha(n)\hat{X}(n-1)+\beta(n)Z(n) \tag{15.4.20}$$

其中

$$\alpha(n)=a(n)[1-P(n)/\sigma_v^2(n)] \tag{15.4.21}$$

$$\beta(n)=P(n)/\sigma_v^2(n) \tag{15.4.22}$$

$$a(n)=\frac{\Gamma_X(n,n-1)}{\Gamma_X(n-1,n-1)} \tag{15.4.23}$$

上述滤波估计$\hat{X}(n)$的均方误差 $P(n)$为

$$\begin{aligned}P(n)&=E\{[X(n)-\hat{X}(n)]^2\}\\&=\frac{\Gamma_X(n,n)-a^2(n)\Gamma_X(n-1,n-1)+a^2(n)P(n-1)}{\Gamma_X(n,n)-a^2(n)\Gamma_X(n-1,n-1)+a^2(n)P(n-1)+\sigma_v^2(n)}\sigma_v^2(n)\end{aligned} \tag{15.4.24}$$

初始估计取

$$\hat{X}(0)=E[X(0)]=0 \tag{15.4.25}$$

证明　有很多方法都可证明上述定理[40]。现用归纳法证之，不难证明当 $n=1$ 时结论正确。现设 $n=k-1$ 结论正确，往证 $n=k$ 时定理结论仍正确。

由于序列$\{X(n),n=1,2,\cdots\}$是广义马尔可夫序列，则由(15.4.3)式可知

$$E[X(k)-a(k)X(k-1)]X(k-1)=0$$

即有

$$a(k)=\frac{\Gamma_X(k,k-1)}{\Gamma_X(k-1,k-1)}$$

于是(15.4.23)式对于 $n=k$ 成立。

由投影的线性性，取

$$\hat{X}(k)=\hat{E}[X(k)|Z(k),Z(k-1),\cdots,Z(1)]=\alpha(k)\hat{X}(k-1)+\beta(k)Z(k)$$

于是有

$$\begin{aligned}X(k)-\hat{X}(k)&=X(k)-\alpha(k)\hat{X}(k-1)-\beta(k)Z(k)\\&=X(k)-\alpha(k)X(k-1)-\beta(k)X(k)+\alpha(k)[X(k-1)-\hat{X}(k-1)]+\\&\quad\ \beta(k)V(k)\end{aligned} \tag{15.4.26}$$

因为定理 15.4.4 在 $n=k-1$ 成立，故有 $E[X(k-1)-\hat{X}(k-1)]Z(k-1)=0$，以及 $E[X(k)-\hat{X}(k)]Z(k-1)=0$，再考虑到 $E[V(k)Z(k-1)]=0$，所以

$$
\begin{aligned}
0 &= E[X(k)-\hat{X}(k)]Z(k-1) \\
&= E[X(k)(1-\beta(k))-\alpha(k)X(k-1)]Z(k-1)
\end{aligned}
$$

进一步由定理15.4.4已知条件可知 $V(n)$ 与 $V(m)$ 互不相关,故将上式求解可得

$$
\frac{\Gamma_X(k,k-1)}{\Gamma_X(k-1,k-1)}=\frac{\alpha(k)}{1-\beta(k)}=a(k) \tag{15.4.27}
$$

或写成 $\alpha(k)=a(k)[1-\beta(k)]$,于是(15.4.21)式当 $n=k$ 时成立。

估计误差均方差 $P(k)$ 为

$$
\begin{aligned}
P(k) &= E\{[X(k)-\hat{X}(k)]^2\}=E[X(k)-\hat{X}(k)]X(k) \\
&= E[X(k)-\alpha(k)\hat{X}(k-1)-\beta(k)Z(k)]X(k) \\
&= \Gamma_X(k,k)-\alpha(k)E[\hat{X}(k-1)X(k)]-\beta(k)\Gamma_X(k,k) \\
&= \Gamma_X(k,k)[1-\beta(k)]-\alpha(k)E[\hat{X}(k-1)X(k)]
\end{aligned} \tag{15.4.28}
$$

再一次利用投影的正交性并考虑到(15.4.26)式可得

$$
\begin{aligned}
0 &= E[X(k)-\hat{X}(k)]Z(k) \\
&= \Gamma_X(k,k)-\alpha(k)E[\hat{X}(k-1)X(k)]-\beta(k)[\Gamma_X(k,k)+\sigma_v^2(k)]
\end{aligned}
$$

即有

$$
\alpha(k)E[\hat{X}(k-1)X(k)]=\Gamma_X(k,k)[1-\beta(k)]-\beta(k)\sigma_v^2(k) \tag{15.4.29}
$$

将上式代入(15.4.28)式立得

$$
P(k)=\beta(k)\sigma_v^2(k) \tag{15.4.30}
$$

于是(15.4.22)式当 $n=k$ 时成立。

最后推导如何用 $P(k-1)$ 表示出 $P(k)$。由(15.4.3)式及 $\hat{X}(k-1)$ 是 $Z(k-1)$, $Z(k-2)$,…,$Z(1)$ 的线性组合,所以必有

$$
\begin{aligned}
E\{[X(k)-a(k)X(k-1)]\hat{X}(k-1)\} &= E[X(k)\hat{X}(k-1)]-a(k)E[X(k-1)\hat{X}(k-1)] \\
&= 0
\end{aligned} \tag{15.4.31}
$$

但是又由(15.4.28)式可知

$$
\begin{aligned}
P(k-1) &= E\{[X(k-1)-\hat{X}(k-1)]X(k-1)\} \\
&= \Gamma_X(k-1,k-1)-E[\hat{X}(k-1)X(k-1)]
\end{aligned}
$$

将(15.4.29)式代入(15.4.31)式可得

$$
E[X(k)\hat{X}(k-1)]=a(k)[\Gamma_X(k-1,k-1)-P(k-1)] \tag{15.4.32}
$$

再将(15.4.32)式代入(15.4.28)式又得

$$
P(k)=\Gamma_X(k,k)[1-\beta(k)]-\alpha(k)a(k)[\Gamma_X(k-1,k-1)-P(k-1)] \tag{15.4.33}
$$

最后,将(15.4.33)式、(15.4.27)式及(15.4.30)式联合可解出 $P(k)$ 为

$$
P(k)=\frac{\Gamma_X(k,k)-a^2(k)[\Gamma_X(k-1,k-1)-P(k-1)]}{\Gamma_X(k,k)-a^2(k)[\Gamma_X(k-1,k-1)-P(k-1)]+\sigma_v^2(k)}\cdot\sigma_v^2(k) \tag{15.4.34}
$$

于是(15.4.24)式当 $n=k$ 时成立。定理证毕。

15.5　时间序列的均值估计

15.5.1　时间序列模型

我们已经讨论了平稳随机序列的预测和滤波问题，在前面，我们是假定均值函数和相关函数为已知的前提下来讨论问题的，但在实际应用中，时间序列并非是平稳的，而且均值函数与相关函数也是未知的，那么，如何由测量时间序列来推断出均值函数，就是本节所要讨论的问题。关于相关函数的估计，我们在 13.8 节已经讨论。

假定观测到的时间序列$\{Z(n),n=0,1,2,\cdots,N\}$具有如下形式，即

$$\begin{cases} Z(n)=\overline{Z}(n)+X(n) \\ E[X(n)]=0 \\ E[X(n)X(m)]=B_X(n-m) \\ n=0,1,2,\cdots,N,m=0,1,2,\cdots,N \end{cases} \tag{15.5.1}$$

其中$\{\overline{Z}(n),n=0,1,2,\cdots,N\}$为$\{Z(n),n=0,1,2,\cdots,N\}$的均值序列，它是非随机的时间序列。$\{X(n),n=0,1,2,\cdots,N\}$为零均值平稳随机序列，在通常情况下，它是时间相关的，其相关函数为$B_X(n-m)=E[X(n)X(m)]$。

进一步，还假定均值序列$\{\overline{Z}(n),n=0,1,2,\cdots,N\}$具有如下形式，即

$$\overline{Z}(n)=f(n)+p(n) \tag{15.5.2}$$

其中，称$\{f(n),n=0,1,2,\cdots,N\}$为主值序列项，它表明测量序列$\{Z(n),n=0,1,2,\cdots,N\}$长期变化的趋势；又称$\{p(n),n=0,1,2,\cdots,N\}$为周期序列项，它表明把$Z(n)$除去主值序列项以后，还有按周期变化的趋势项。我们对均值序列$\{\overline{Z}(n),n=0,1,2,\cdots,N\}$这样做分解在大多数实际情况下是成立的。

将(15.5.2)式代入(15.5.1)式，有

$$\begin{aligned} Z(n)&=f(n)+p(n)+X(n) \\ &\triangleq f(n)+Y(n) \end{aligned} \tag{15.5.3}$$

其中，$Y(n)=p(n)+X(n)\,(n=0,1,2,\cdots,N)$，且有$E[Y(n)]=p(n)$，$E[Y(n)Y(m)]=B_Y(n-m)$。由于$p(n)$是周期函数，故$Y(n)$的相关函数$B_Y(n)$也有周期分量，因此$Y(n)$的功率谱密度函数在相应的频率上出现有尖峰，正是利用这一特点，我们才能从$Y(n)$的功率谱密度函数中识别出周期函数$p(n)$，我们把这个问题放在本节的后面来讨论。

综上所述，我们所讨论的时间序列模型由(15.5.3)式来描述，本节的任务就是如何估计出主值函数项$f(n)$和周期函数项$p(n)$。

15.5.2　$f(n)$的估计

在通常情况下，我们取$f(n)$为

$$f(n)=\sum_{j=0}^{k}C(j)(nT_0)^j$$

$$
[1,nT_0,\cdots,(nT_0)^k]\begin{bmatrix}C(0)\\C(1)\\\vdots\\C(k)\end{bmatrix} \tag{15.5.4}
$$

其中,T_0 为采样周期;$C(i)(i=0,1,2,\cdots,k)$为常数,它是待估计的量。如果进行 N 次测量并得测量序列$\{Z(1),(2),\cdots,Z(N)\}$时,由(15.5.4)式及(15.5.3)式可有

$$
\begin{bmatrix}Z(1)\\Z(2)\\\vdots\\Z(N)\end{bmatrix}=\begin{bmatrix}1 & T_0 & T_0^2 & \cdots & T_0^k\\1 & 2T_0 & (2T_0)^2 & \cdots & (2T_0)^k\\\vdots & \vdots & \vdots & & \vdots\\1 & NT_0 & (NT_0)^2 & \cdots & (NT_0)^k\end{bmatrix}\begin{bmatrix}C(0)\\C(1)\\\vdots\\C(k)\end{bmatrix}+\begin{bmatrix}Y(1)\\Y(2)\\\vdots\\Y(N)\end{bmatrix} \tag{15.5.5}
$$

由(15.5.5)式显见,所谓对$f(n)$的估计,实际上就是对系数$C(0),C(1),\cdots,C(k)$的估计,若记

$$
\boldsymbol{Z}^{\mathrm{T}}\triangleq[Z(1),Z(2),\cdots,Z(N)]
$$

$$
\boldsymbol{C}^{\mathrm{T}}\triangleq(C(0),C(1),\cdots,C(k))
$$

$$
\boldsymbol{Y}^{\mathrm{T}}\triangleq[Y(1),Y(2),\cdots,T(N)]
$$

$$
\boldsymbol{\Phi}\triangleq\begin{bmatrix}1 & T_0 & \cdots & T_0^k\\1 & 2T_0 & \cdots & (2T_0)^k\\\vdots & \vdots & & \vdots\\1 & NT_0 & \cdots & (NT_0)^k\end{bmatrix} \tag{15.5.6}
$$

于是可把(15.5.5)式写成

$$
\boldsymbol{Z}=\boldsymbol{\Phi C}+\boldsymbol{Y} \tag{15.5.7}
$$

设$\hat{\boldsymbol{C}}$是 $\boldsymbol{C}$ 的某个估计,则估计的目标函数 J 取为

$$
J=(\boldsymbol{Z}-\boldsymbol{\Phi}\hat{\boldsymbol{C}})^{\mathrm{T}}(\boldsymbol{Z}-\boldsymbol{\Phi}\hat{\boldsymbol{C}}) \tag{15.5.8}
$$

我们的目的就是如何求取估计$\hat{\boldsymbol{C}}=\hat{\boldsymbol{C}}_{\mathrm{LS}}$,使得

$$
J=(\boldsymbol{Z}-\boldsymbol{\Phi}\hat{\boldsymbol{C}}_{\mathrm{LS}})^{\mathrm{T}}(\boldsymbol{Z}-\boldsymbol{\Phi}\hat{\boldsymbol{C}}_{\mathrm{LS}})=\min \tag{15.5.9}
$$

此时称$\hat{\boldsymbol{C}}_{\mathrm{LS}}$为系数向量 $\boldsymbol{C}$ 的最小二乘估计。

$\hat{\boldsymbol{C}}_{\mathrm{LS}}$可通过解方程

$$
\left.\frac{\partial J}{\partial\hat{\boldsymbol{C}}}\right|_{\hat{C}=\hat{C}_{\mathrm{LS}}}=0 \tag{15.5.10}
$$

而得到。由(15.5.10)式及(15.5.9)式有

$$
\frac{\partial J}{\partial\hat{\boldsymbol{C}}}\Big|_{\hat{C}=\hat{C}_{\mathrm{LS}}}=-2\boldsymbol{\Phi}^{\mathrm{T}}(\boldsymbol{Z}-\boldsymbol{\Phi}\hat{\boldsymbol{C}})\Big|_{\hat{C}=\hat{C}_{\mathrm{LS}}}=0
$$

即

$$
\boldsymbol{\Phi}^{\mathrm{T}}\boldsymbol{Z}-\boldsymbol{\Phi}^{\mathrm{T}}\boldsymbol{\Phi}\hat{\boldsymbol{C}}_{\mathrm{LS}}=0
$$

则 $\boldsymbol{C}$ 的最小二乘估计为

$$
\hat{\boldsymbol{C}}_{\mathrm{LS}}=(\boldsymbol{\Phi}^{\mathrm{T}}\boldsymbol{\Phi})^{-1}\boldsymbol{\Phi}^{\mathrm{T}}\boldsymbol{Z} \tag{15.5.11}
$$

又因为 det $\boldsymbol{\Phi}$ 是范得蒙(Vandermonde)行列式,不难证明 det $\boldsymbol{\Phi}\neq0$,所以$(\boldsymbol{\Phi}^{\mathrm{T}}\boldsymbol{\Phi})^{-1}$必存

在,因此由(15.5.11)式所表示的最小二乘估计$\hat{\boldsymbol{C}}_{\mathrm{LS}}$是有意义的。

现定义估计误差$\widetilde{\boldsymbol{C}}_{\mathrm{LS}}$为

$$\widetilde{\boldsymbol{C}}_{\mathrm{LS}}=\boldsymbol{C}-\hat{\boldsymbol{C}}_{\mathrm{LS}} \tag{15.5.12}$$

则估计误差阵为

$$\begin{aligned}\boldsymbol{E}(\widetilde{\boldsymbol{C}}_{\mathrm{LS}}\widetilde{\boldsymbol{C}}_{\mathrm{LS}}^{\mathrm{T}}) &=\boldsymbol{E}[(C-\hat{\boldsymbol{C}}_{\mathrm{LS}})(C-\hat{\boldsymbol{C}}_{\mathrm{LS}})^{\mathrm{T}}]\\ &=\boldsymbol{E}\{[\boldsymbol{C}-(\boldsymbol{\Phi}^{\mathrm{T}}\boldsymbol{\Phi})^{-1}\boldsymbol{\Phi}^{\mathrm{T}}\boldsymbol{Z}][\boldsymbol{C}-(\boldsymbol{\Phi}^{\mathrm{T}}\boldsymbol{\Phi})^{-1}\boldsymbol{\Phi}^{\mathrm{T}}\boldsymbol{Z}]^{\mathrm{T}}\}\\ &=\boldsymbol{E}\{[(\boldsymbol{\Phi}^{\mathrm{T}}\boldsymbol{\Phi})^{-1}\boldsymbol{\Phi}^{\mathrm{T}}\boldsymbol{Y}][(\boldsymbol{\Phi}^{\mathrm{T}}\boldsymbol{\Phi})^{-1}\boldsymbol{\Phi}^{\mathrm{T}}\boldsymbol{Y}]^{\mathrm{T}}\}\\ &=(\boldsymbol{\Phi}^{\mathrm{T}}\boldsymbol{\Phi})^{-1}\boldsymbol{\Phi}^{\mathrm{T}}\boldsymbol{B}_{Y}\boldsymbol{\Phi}(\boldsymbol{\Phi}^{\mathrm{T}}\boldsymbol{\Phi})^{-1}\end{aligned} \tag{15.5.13}$$

现在讨论一下最小二乘估计$\hat{\boldsymbol{C}}_{\mathrm{LS}}$的几何解释。由(15.5.11)式的推导过程可知

$$\boldsymbol{\Phi}^{\mathrm{T}}(\boldsymbol{Z}-\boldsymbol{\Phi}\hat{\boldsymbol{C}}_{\mathrm{LS}})=0 \tag{15.5.14}$$

若定义$\hat{\boldsymbol{Z}}_{\mathrm{LS}}\triangleq\boldsymbol{\Phi}\hat{\boldsymbol{C}}_{\mathrm{LS}}$为测量 $\boldsymbol{Z}$ 的最小二乘估计,$\widetilde{\boldsymbol{Z}}_{\mathrm{LS}}\triangleq\boldsymbol{Z}-\widetilde{\boldsymbol{Z}}_{\mathrm{LS}}$为 $\boldsymbol{Z}$ 的最小二乘估计误差,则由(15.5.14)式显然有

$$\boldsymbol{\Phi}^{\mathrm{T}}\widetilde{\boldsymbol{Z}}_{\mathrm{LS}}=0 \tag{15.5.15}$$

现记

$$\boldsymbol{\Phi}\triangleq[\boldsymbol{\varphi}_{\cdot 1},\boldsymbol{\varphi}_{\cdot 2},\cdots,\boldsymbol{\varphi}_{\cdot k+1}]$$

其中,$\boldsymbol{\varphi}_{\cdot i}(i=1,2,\cdots,k+1)$为矩阵 $\boldsymbol{\Phi}$ 的第 i 列,于是(15.5.15)式表明,向量$\widetilde{\boldsymbol{Z}}_{\mathrm{LS}}$与向量集$\{\boldsymbol{\varphi}_{\cdot 1},\boldsymbol{\varphi}_{\cdot 2},\cdots,\boldsymbol{\varphi}_{\cdot k+1}\}$相垂直,或者说向量$\widetilde{\boldsymbol{Z}}_{\mathrm{LS}}$垂直于由向量 $\boldsymbol{\varphi}_{\cdot 1},\boldsymbol{\varphi}_{\cdot 2},\cdots,\boldsymbol{\varphi}_{\cdot k+1}$所张成的线性空间 $\mathbf{R}^{k+1}$,通常记作$\widetilde{\boldsymbol{Z}}_{\mathrm{LS}}\perp\mathbf{R}^{k+1}$。然而 $\boldsymbol{Z}$ 的最小二乘估计$\hat{\boldsymbol{Z}}_{\mathrm{LS}}$为

$$\hat{\boldsymbol{Z}}_{\mathrm{LS}}=\boldsymbol{\Phi}\hat{\boldsymbol{C}}_{\mathrm{LS}}=[\boldsymbol{\varphi}_{\cdot 1},\boldsymbol{\varphi}_{\cdot 2},\cdots,\boldsymbol{\varphi}_{\cdot k+1}]\begin{bmatrix}\hat{C}_{\mathrm{LS}}(0)\\ \hat{C}_{\mathrm{LS}}(1)\\ \vdots\\ \hat{C}_{\mathrm{LS}}(k)\end{bmatrix}=\sum_{j=0}^{k}\hat{C}_{\mathrm{LS}}(j)\boldsymbol{\varphi}_{\cdot j+1} \tag{15.5.16}$$

可见$\hat{\boldsymbol{Z}}_{LS}$是$\boldsymbol{\varphi}_{\cdot 1},\boldsymbol{\varphi}_{\cdot 2},\cdots,\boldsymbol{\varphi}_{\cdot k+1}$的线性组合,即$\hat{\boldsymbol{Z}}_{\mathrm{LS}}\in\mathbf{R}^{k+1}$,这样一来由$\widetilde{\boldsymbol{Z}}_{\mathrm{LS}}\perp\mathbf{R}^{k+1}$,自然得出

$$\widetilde{\boldsymbol{Z}}_{\mathrm{LS}}\perp\hat{\boldsymbol{Z}}_{\mathrm{LS}} \tag{15.5.17}$$

或者表示成

$$\sum_{i=1}^{N}\hat{\boldsymbol{Z}}_{\mathrm{LS}}(i)\widetilde{\boldsymbol{Z}}_{\mathrm{LS}}(i)=0$$

图 15.5.1 是(15.5.17)式的几何表示。

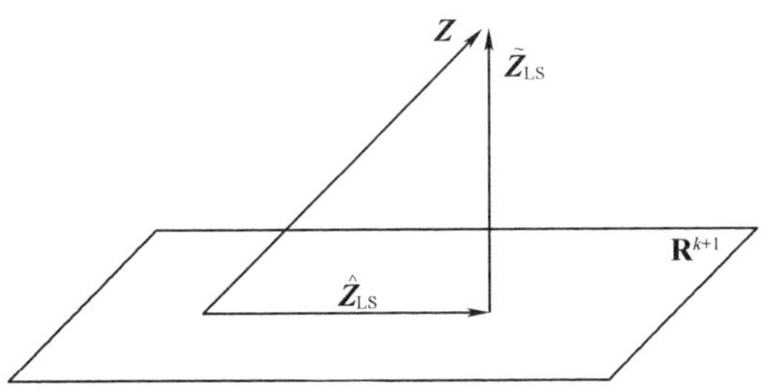

图 15.5.1　式(15.5.17)的几何表示

最小二乘估计$\hat{\boldsymbol{C}}_{\mathrm{LS}}$对于测量集合$\{Z(1),(2),\cdots,Z(N)\}$有以下几点性质。

(1)它是$Z(1),(2),\cdots Z(N)$的线性函数,这由(15.5.11)式可知是显然的。

(2)在一般情况下,因为有

$$\begin{aligned}\boldsymbol{E}(\hat{\boldsymbol{C}}_{\mathrm{LS}})&=(\boldsymbol{\Phi}^{\mathrm{T}}\boldsymbol{\Phi})^{-1}\boldsymbol{\Phi}^{\mathrm{T}}E(\boldsymbol{Z})=(\boldsymbol{\Phi}^{\mathrm{T}}\boldsymbol{\Phi})^{-1}\boldsymbol{\Phi}^{\mathrm{T}}E(\boldsymbol{\Phi C}+\boldsymbol{Y})\\&=\boldsymbol{C}+(\boldsymbol{\Phi}^{\mathrm{T}}\boldsymbol{\Phi})^{-1}\boldsymbol{\Phi}^{\mathrm{T}}\boldsymbol{p}\end{aligned}$$

其中,$\boldsymbol{p}^{\mathrm{T}}=[p(1),p(2),\cdots,p(N)]$,所以最小二乘估计$\hat{\boldsymbol{C}}_{\mathrm{LS}}$是有偏的,但如果测量时间序列$\{Z(1),Z(2),\cdots,Z(N)\}$中不含有周期函数项$\{p(1),p(2),\cdots,p(N)\}$,则最小二乘估计$\hat{\boldsymbol{C}}_{\mathrm{LS}}$是无偏的。

(3)进一步还可以推出$\boldsymbol{E}[\tilde{\boldsymbol{C}}_{\mathrm{LS}}(\boldsymbol{Z}-\boldsymbol{EZ})^{\mathrm{T}}]=-(\boldsymbol{\Phi}^{\mathrm{T}}\boldsymbol{\Phi})^{-1}\boldsymbol{\Phi}^{\mathrm{T}}\boldsymbol{B}_Y\neq 0$,其中,$\boldsymbol{B}_Y=\boldsymbol{E}(\boldsymbol{YY}^{\mathrm{T}})$,所以最小二乘估计$\hat{\boldsymbol{C}}_{\mathrm{LS}}$不具有正交性。因此,它不是线性最小方差估计。

下面讨论如何提高最小二乘估计$\hat{\boldsymbol{C}}_{\mathrm{LS}}$的精度,为此我们引入加权$\boldsymbol{r}$最小二乘估计$\hat{\boldsymbol{C}}_{\mathrm{LS}r}$的概念。

定义 15.5.1 对于系统模型(15.5.5)式,引入目标函数J_r为

$$J_r=(\boldsymbol{Z}-\boldsymbol{\Phi}\hat{\boldsymbol{C}})^{\mathrm{T}}\boldsymbol{r}^{-1}(\boldsymbol{Z}-\boldsymbol{\Phi}\hat{\boldsymbol{C}})\tag{15.5.18}$$

其中,$\boldsymbol{r}$为对称正定加权阵,则称使

$$J_r=\min\tag{15.5.19}$$

的估计$\hat{\boldsymbol{C}}$为**加权 $\boldsymbol{r}$ 最小二乘估计**,并记作$\hat{\boldsymbol{C}}_{\mathrm{LS}r}$。

定理 15.5.1 对于系统模型(15.5.5)式及目标函数(15.5.18)式,加权$\boldsymbol{r}$最小二乘估计$\hat{\boldsymbol{C}}_{\mathrm{LS}r}$为

$$\hat{\boldsymbol{C}}_{\mathrm{LS}r}=(\boldsymbol{\Phi}^{\mathrm{T}}\boldsymbol{r}^{-1}\boldsymbol{\Phi})^{-1}\boldsymbol{\Phi}^{\mathrm{T}}\boldsymbol{r}^{-1}\boldsymbol{Z}\tag{15.5.20}$$

估计误差阵为

$$\boldsymbol{E}(\tilde{\boldsymbol{C}}_{\mathrm{LS}r}\tilde{\boldsymbol{C}}_{\mathrm{LS}r}^{\mathrm{T}})=(\boldsymbol{\Phi}^{\mathrm{T}}\boldsymbol{r}^{-1}\boldsymbol{\Phi})^{-1}\boldsymbol{\Phi}^{\mathrm{T}}\boldsymbol{r}^{-1}\boldsymbol{B}_Y\boldsymbol{r}^{-1}\boldsymbol{\Phi}(\boldsymbol{\Phi}^{\mathrm{T}}\boldsymbol{r}^{-1}\boldsymbol{\Phi})^{-1}\tag{15.5.21}$$

证明 由如下方程

$$\frac{\partial J_r}{\partial\hat{\boldsymbol{C}}}\Big|_{\hat{C}=\hat{C}_{\mathrm{LS}r}}=0$$

可得

$$\frac{\partial J_r}{\partial\hat{\boldsymbol{C}}}\Big|_{\hat{C}=\hat{C}_{\mathrm{LS}r}}=-2\boldsymbol{\Phi}^{\mathrm{T}}\boldsymbol{r}^{-1}(\boldsymbol{Z}-\boldsymbol{\Phi}\hat{\boldsymbol{C}}_{\mathrm{LS}r})=0$$

解上述方程得到加权$\boldsymbol{r}$最小二乘估计$\hat{\boldsymbol{C}}_{\mathrm{LS}r}$为

$$\hat{\boldsymbol{C}}_{\mathrm{LS}r}=(\boldsymbol{\Phi}^{\mathrm{T}}\boldsymbol{r}^{-1}\boldsymbol{\Phi})^{-1}\boldsymbol{\Phi}^{\mathrm{T}}\boldsymbol{r}^{-1}\boldsymbol{Z}\tag{15.5.22}$$

然而由已知条件$\boldsymbol{r}$为正定,故$\boldsymbol{r}^{-1}$也正定,又因为$\boldsymbol{\Phi}$是满秩矩阵,所以$\boldsymbol{\Phi}^{\mathrm{T}}\boldsymbol{r}^{-1}\boldsymbol{\Phi}$是正定矩阵,因此$(\boldsymbol{\Phi}^{\mathrm{T}}\boldsymbol{r}^{-1}\boldsymbol{\Phi})^{-1}$存在,而且还有

$$\frac{\partial^2 J_r}{\partial\hat{\boldsymbol{C}}\partial\hat{\boldsymbol{C}}^{\mathrm{T}}}\Big|_{\hat{C}=\hat{C}_{\mathrm{LS}r}}=2\boldsymbol{\Phi}^{\mathrm{T}}\boldsymbol{r}^{-1}\boldsymbol{\Phi}>0$$

这就说明由(15.5.22)式所表示的$\hat{\boldsymbol{C}}_{\mathrm{LS}r}$确实使$J_r$取最小,于是(15.5.20)式得证。

加权$\boldsymbol{r}$最小二乘估计$\hat{\boldsymbol{C}}_{\mathrm{LS}r}$误差为

$$\begin{aligned}\widetilde{C}_{LSr} &\triangleq C - \hat{C}_{LSr} = C - (\boldsymbol{\Phi}^{T}\boldsymbol{r}^{-1}\boldsymbol{\Phi})^{-1}\boldsymbol{\Phi}^{T}\boldsymbol{r}^{-1}\boldsymbol{Z} \\ &= (\boldsymbol{\Phi}^{T}\boldsymbol{r}^{-1}\boldsymbol{\Phi})^{-1}\boldsymbol{\Phi}^{T}\boldsymbol{r}^{-1}(\boldsymbol{\Phi}\boldsymbol{C} - \boldsymbol{Z}) \\ &= (\boldsymbol{\Phi}^{T}\boldsymbol{r}^{-1}\boldsymbol{\Phi})^{-1}\boldsymbol{\Phi}^{T}\boldsymbol{r}^{-1}\boldsymbol{Y}\end{aligned} \tag{15.5.23}$$

于是加权 $\boldsymbol{r}$ 最小二乘估计误差阵 $\boldsymbol{E}(\widetilde{\boldsymbol{C}}_{LSr}\widetilde{\boldsymbol{C}}_{LSr}^{T})$ 为

$$\begin{aligned}\boldsymbol{E}(\widetilde{\boldsymbol{C}}_{LSr}\widetilde{\boldsymbol{C}}_{LSr}^{T}) &= (\boldsymbol{\Phi}^{T}\boldsymbol{r}^{-1}\boldsymbol{\Phi})^{-1}\boldsymbol{\Phi}^{T}\boldsymbol{r}^{-1}\boldsymbol{E}\boldsymbol{Y}\boldsymbol{Y}^{T}\boldsymbol{r}^{-1}\boldsymbol{\Phi}(\boldsymbol{\Phi}^{T}\boldsymbol{r}^{-1}\boldsymbol{\Phi})^{-1} \\ &= (\boldsymbol{\Phi}^{T}\boldsymbol{r}^{-1}\boldsymbol{\Phi})^{-1}\boldsymbol{\Phi}^{T}\boldsymbol{r}^{-1}\boldsymbol{B}_{Y}\boldsymbol{r}^{-1}\boldsymbol{\Phi}(\boldsymbol{\Phi}^{T}\boldsymbol{r}^{-1}\boldsymbol{\Phi})^{-1}\end{aligned} \tag{15.5.24}$$

定理证毕。

关于加权 $\boldsymbol{r}$ 最小二乘估计 $\hat{\boldsymbol{C}}_{LSr}$ 与最小二乘估计 $\hat{\boldsymbol{C}}_{LS}$ 的关系,有如下结论。

定理 15.5.2　当加权阵 $\boldsymbol{r}$ 取单位阵 $\boldsymbol{I}$ 时,加权 $\boldsymbol{I}$ 最小二乘估计 $\hat{\boldsymbol{C}}_{LSI}$ 就是最小二乘估计 $\hat{\boldsymbol{C}}_{LS}$,即

$$\hat{\boldsymbol{C}}_{LSI} = \hat{\boldsymbol{C}}_{LS} \tag{15.5.25}$$

证明　令 $\boldsymbol{r} = \boldsymbol{I}$ 并代入(15.5.20)式及(15.5.21)式立得(15.5.11)式及(15.5.13)式。定理证毕。

定理 15.5.3　当加权阵 $\boldsymbol{r}$ 取 $\boldsymbol{B}_Y$ 时,加权 $\boldsymbol{B}_Y$ 最小二乘估计 $\hat{\boldsymbol{C}}_{LSB_Y}$ 为

$$\hat{\boldsymbol{C}}_{LSB_Y} = (\boldsymbol{\Phi}^{T}\boldsymbol{B}_{Y}^{-1}\boldsymbol{\Phi})^{-1}\boldsymbol{\Phi}^{T}\boldsymbol{B}_{Y}^{-1}\boldsymbol{Z} \tag{15.5.26}$$

此时的估计误差阵为

$$\boldsymbol{E}(\widetilde{\boldsymbol{C}}_{LSB_Y}\widetilde{\boldsymbol{C}}_{LSB_Y}^{T}) = (\boldsymbol{\Phi}^{T}\boldsymbol{B}_{Y}^{-1}\boldsymbol{\Phi})^{-1} \tag{15.5.27}$$

证明　将 $\boldsymbol{r} = \boldsymbol{B}_Y$ 代入(15.5.20)式及(15.5.21)式立得(15.5.26)式及(15.5.27)式。定理证毕。

由于加权阵 $\boldsymbol{r}$ 可取任意的对称正定阵,那么,加权 $\boldsymbol{r}$ 最小二乘估计 $\hat{\boldsymbol{C}}_{LSr}$ 的估计精度显然是不同的,为了深入讨论取怎样的加权阵 $\boldsymbol{r}$ 才会使估计精度最高,我们先引入关于矩阵大小及矩阵许瓦兹不等式概念。然后再讨论取怎样的加权阵 $\boldsymbol{r}$ 才有

$$\boldsymbol{E}(\widetilde{\boldsymbol{C}}_{LSr}\widetilde{\boldsymbol{C}}_{LSr}^{T}) = \min \tag{15.5.28}$$

定义 15.5.2　设 $\boldsymbol{A}$ 与 $\boldsymbol{B}$ 均为 n 阶对称阵,如果对任意 n 维向量 $\boldsymbol{x}$,恒有

$$\boldsymbol{x}^{T}\boldsymbol{A}\boldsymbol{x} \geqslant \boldsymbol{x}^{T}\boldsymbol{B}\boldsymbol{x} \tag{15.5.29}$$

则称矩阵 $\boldsymbol{A}$ 大于或等于 $\boldsymbol{B}$,记作 $\boldsymbol{A} \geqslant \boldsymbol{B}$。

如果 $\boldsymbol{A} \geqslant \boldsymbol{B} > 0$,则不难证明有 $\boldsymbol{B}^{-1} \geqslant \boldsymbol{A}^{-1} > 0$;反之亦然。

引理 15.5.1　"矩阵型"许瓦兹不等式。

设 $\boldsymbol{A}$,$\boldsymbol{B}$ 分别为 $n \times m$ 和 $m \times l$ 矩阵,且 $(\boldsymbol{A}\boldsymbol{A}^{T})$ 为可逆矩阵,则有

$$\boldsymbol{B}^{T}\boldsymbol{B} \geqslant (\boldsymbol{A}\boldsymbol{B})^{T}(\boldsymbol{A}\boldsymbol{A}^{T})^{-1}(\boldsymbol{A}\boldsymbol{B}) \tag{15.5.30}$$

证明　由于有

$$[\boldsymbol{B} - \boldsymbol{A}^{T}(\boldsymbol{A}\boldsymbol{A}^{T})^{-1}\boldsymbol{A}\boldsymbol{B}]^{T}[\boldsymbol{B} - \boldsymbol{A}^{T}(\boldsymbol{A}\boldsymbol{A}^{T})^{-1}\boldsymbol{A}\boldsymbol{B}] \geqslant 0$$

故将上式不等号左边展开,可得

$$\begin{aligned}&[\boldsymbol{B} - \boldsymbol{A}^{T}(\boldsymbol{A}\boldsymbol{A}^{T})^{-1}\boldsymbol{A}\boldsymbol{B}]^{T}[\boldsymbol{B} - \boldsymbol{A}^{T}(\boldsymbol{A}\boldsymbol{A}^{T})^{-1}\boldsymbol{A}\boldsymbol{B}] \\ &= \boldsymbol{B}^{T}\boldsymbol{B} - (\boldsymbol{A}\boldsymbol{B})^{T}(\boldsymbol{A}\boldsymbol{A}^{T})^{-1}(\boldsymbol{A}\boldsymbol{B}) \geqslant 0\end{aligned}$$

即(15.5.30)式成立。引理证毕。

关于加权 $\boldsymbol{r}$ 最小二乘估计 $\hat{\boldsymbol{C}}_{LSr}$ 的精度,有如下结论。

定理 15.5.4 对于系统模型(15.5.5)式及目标函数(15.5.18)式,有

$$E(\widetilde{\boldsymbol{C}}_{\mathrm{LS}B_Y}\widetilde{\boldsymbol{C}}_{\mathrm{LS}B_Y}^{\mathrm{T}}) \leqslant E(\widetilde{\boldsymbol{C}}_{\mathrm{LS}r}\widetilde{\boldsymbol{C}}_{\mathrm{LS}r}^{\mathrm{T}}) \tag{15.5.31}$$

即加权 $\boldsymbol{B}_Y$ 最小二乘估计的误差阵最小。

证明 由(15.5.24)式及(15.5.27)式可知,只需证明下式

$$(\boldsymbol{\Phi}^{\mathrm{T}}\boldsymbol{B}_Y^{-1}\boldsymbol{\Phi})^{-1} \leqslant (\boldsymbol{\Phi}^{\mathrm{T}}\boldsymbol{r}^{-1}\boldsymbol{\Phi})^{-1}\boldsymbol{\Phi}^{\mathrm{T}}\boldsymbol{r}^{-1}\boldsymbol{B}_Y\boldsymbol{r}^{-1}\boldsymbol{\Phi}(\boldsymbol{\Phi}^{\mathrm{T}}\boldsymbol{r}^{-1}\boldsymbol{\Phi})^{-1}$$

或

$$\boldsymbol{\Phi}^{\mathrm{T}}\boldsymbol{B}_Y^{-1}\boldsymbol{\Phi} \geqslant \boldsymbol{\Phi}^{\mathrm{T}}\boldsymbol{r}^{-1}\boldsymbol{\Phi}(\boldsymbol{\Phi}^{\mathrm{T}}\boldsymbol{r}^{-1}\boldsymbol{B}_Y\boldsymbol{r}^{-1}\boldsymbol{\Phi})^{-1}\boldsymbol{\Phi}^{\mathrm{T}}\boldsymbol{r}^{-1}\boldsymbol{\Phi} \tag{15.5.32}$$

成立即可。事实上,利用矩阵型许瓦兹不等式(15.5.30)式,并令

$$\begin{cases}\boldsymbol{A} = \boldsymbol{\Phi}^{\mathrm{T}}\boldsymbol{r}^{-1}\boldsymbol{B}_Y^{\frac{1}{2}} \\ \boldsymbol{B}^{\mathrm{T}} = \boldsymbol{\Phi}^{\mathrm{T}}\boldsymbol{B}_Y^{-\frac{1}{2}}\end{cases} \tag{15.5.33}$$

$$\boldsymbol{B} = \boldsymbol{B}_Y^{-\frac{1}{2}}\boldsymbol{\Phi}$$

其中,称 $\boldsymbol{B}_Y^{\frac{1}{2}}$ 为 $\boldsymbol{B}_Y$ 的平方根矩阵,其定义为

$$\boldsymbol{B}_Y = \boldsymbol{B}_Y^{\frac{1}{2}}\boldsymbol{B}_Y^{\frac{1}{2}} \tag{15.5.34}$$

因为 $\boldsymbol{B}_Y$ 是正定对称阵,故 $\boldsymbol{B}_Y^{\frac{1}{2}}$ 存在且也为正定对称阵,所以还有

$$\boldsymbol{B}_Y^{-1} = \boldsymbol{B}_Y^{-\frac{1}{2}}\boldsymbol{B}_Y^{-\frac{1}{2}} \tag{15.5.35}$$

将(15.5.33)式代入(15.5.30)式,有

$$\begin{aligned}\boldsymbol{B}^{\mathrm{T}}\boldsymbol{B} &= \boldsymbol{\Phi}^{\mathrm{T}}\boldsymbol{B}_Y^{-\frac{1}{2}}\boldsymbol{B}_Y^{-\frac{1}{2}}\boldsymbol{\Phi} = \boldsymbol{\Phi}^{\mathrm{T}}\boldsymbol{B}_Y^{-1}\boldsymbol{\Phi} \\ &\geqslant (\boldsymbol{AB})^{\mathrm{T}}(\boldsymbol{AA}^{\mathrm{T}})^{-1}(\boldsymbol{AB}) \\ &= (\boldsymbol{\Phi}^{\mathrm{T}}\boldsymbol{r}^{-1}\boldsymbol{B}_Y^{\frac{1}{2}}\boldsymbol{B}_Y^{-\frac{1}{2}}\boldsymbol{\Phi})^{\mathrm{T}}(\boldsymbol{\Phi}^{\mathrm{T}}\boldsymbol{r}^{-1}\boldsymbol{B}_Y^{\frac{1}{2}}\boldsymbol{B}_Y^{\frac{1}{2}}\boldsymbol{r}^{-1}\boldsymbol{\Phi})^{-1}(\boldsymbol{\Phi}^{\mathrm{T}}\boldsymbol{r}^{-1}\boldsymbol{B}_Y^{\frac{1}{2}}\boldsymbol{B}_Y^{\frac{1}{2}}\boldsymbol{\Phi}) \\ &= (\boldsymbol{\Phi}^{\mathrm{T}}\boldsymbol{r}^{-1}\boldsymbol{\Phi})^{\mathrm{T}}(\boldsymbol{\Phi}^{\mathrm{T}}\boldsymbol{r}^{-1}\boldsymbol{B}_Y\boldsymbol{r}^{-1}\boldsymbol{\Phi})^{-1}(\boldsymbol{\Phi}^{\mathrm{T}}\boldsymbol{r}^{-1}\boldsymbol{\Phi})\end{aligned}$$

即(15.5.32)式得证。定理证毕。

在实际应用中,令人感兴趣的是加权 $\boldsymbol{r}$ 最小二乘估计的均方误差而不是误差阵,关于这两者的关系有如下结论。

定理 15.5.5 对于系统模型(15.5.5)式及目标函数(15.5.18)式,如果

$$E(\widetilde{\boldsymbol{C}}_{\mathrm{LS}r1}\widetilde{\boldsymbol{C}}_{\mathrm{LS}r1}^{\mathrm{T}}) \leqslant E(\widetilde{\boldsymbol{C}}_{\mathrm{LS}r2}\widetilde{\boldsymbol{C}}_{\mathrm{LS}r2}^{\mathrm{T}})$$

成立,则有

$$E(\widetilde{\boldsymbol{C}}_{\mathrm{LS}r1}^{\mathrm{T}}\widetilde{\boldsymbol{C}}_{\mathrm{LS}r1}) \leqslant E(\widetilde{\boldsymbol{C}}_{\mathrm{LS}r2}^{\mathrm{T}}\widetilde{\boldsymbol{C}}_{\mathrm{LS}r2}) \tag{15.5.36}$$

进一步还有

$$E(\widetilde{C}_{\mathrm{LS}r1}^{2}(i)) \leqslant E(\widetilde{C}_{\mathrm{LS}r2}^{2}(i), i = 0,1,2,\cdots,k) \tag{15.5.37}$$

但反之不真。

把这个定理的证明留给读者作为练习。

上述定理告诉我们这样一个事实:以 $\boldsymbol{B}_Y$ 为加权阵的最小二乘估计 $\hat{\boldsymbol{C}}_{\mathrm{LS}B_Y}$,其估计误差阵最小。进一步由定理 15.5.5 可知对任意加权阵 $\boldsymbol{r}$ 都有

$$\sum_{i=0}^{k}\sigma_{\hat{C}\mathrm{LS}B_Y}^{2}(i) \leqslant \sum_{i=0}^{k}\sigma_{\hat{C}\mathrm{LS}r}^{2}(i) \tag{15.5.38}$$

且有

$$\sigma^2_{\hat{C}\mathrm{LSB}_Y}(i) \leqslant \sigma^2_{\hat{C}\mathrm{LS}r}(i), i=0,1,2,\cdots,k \tag{15.5.39}$$

若对最小二乘估计$\hat{\boldsymbol{C}}_{\mathrm{LS}}$来说，显然有

$$\sum_{i=0}^{k} \sigma^2_{\hat{C}\mathrm{LSB}_Y}(i) \leqslant \sum_{i=0}^{k} \sigma^2_{\hat{C}\mathrm{LS}}(i) \tag{15.5.40}$$

以及

$$\sigma^2_{\hat{C}\mathrm{LSB}_Y}(i) \leqslant \sigma^2_{\hat{C}\mathrm{LS}}(i), i=0,1,2,\cdots,k \tag{15.5.41}$$

其中

$$\sigma^2_{\hat{C}\mathrm{LSB}_Y}(i) \triangleq E[\widetilde{C}^2_{\mathrm{LSB}_Y}(i)]$$

$$\sigma^2_{\hat{C}\mathrm{LS}}(i) \triangleq E[\widetilde{C}^2_{\mathrm{LS}}(i)], i=0,1,2,\cdots,k$$

既然加权 $\boldsymbol{B}_Y$ 最小二乘估计$\hat{\boldsymbol{C}}_{\mathrm{LSB}_Y}$的精度最高，那么是否可以说最小二乘估计$\hat{\boldsymbol{C}}_{\mathrm{LS}}$在实际应用中就没有意义了呢？回答是否。因为在求取加权 $\boldsymbol{B}_Y$ 最小二乘估计时，需要事先知道加权阵 $\boldsymbol{B}_Y$，然而矩阵 $\boldsymbol{B}_Y$ 在通常情况下是不知道的，这样一来，无法用(15.5.26)式计算出$\hat{\boldsymbol{C}}_{\mathrm{LSB}_Y}$，但用(15.5.11)式求取最小二乘估计$\hat{\boldsymbol{C}}_{\mathrm{LS}}$时，却不需要知道 $\boldsymbol{B}_Y$ 这一矩阵，这正是最小二乘估计的优点。

另一方面，可以证明[12]，当子样$\{Z(1),Z(2),\cdots,Z(N)\}$取得很大时，两者相差甚微。特别当 $N\to\infty$ 时，这两种估计是一样的。这就告诉我们，在实际应用中，只要子样取得大一些，采用最小二乘估计也能取得令人满意的结果。

到目前为止，我们把测量序列$\{Z(1),Z(2),\cdots,Z(N)\}$的趋势项即主值函数项估计出来了，可以写成

$$\hat{f}(n) = \sum_{j=0}^{k} \hat{C}(j)(nT_0)^j \tag{15.5.42}$$

其中，$\hat{C}_j(j=0,1,\cdots,k)$可以是最小二乘估计，也可以是加权最小二乘估计。

在这里，值得说明的是 k 的取值问题，由(15.5.11)式可知，k 取值越大，解出$\hat{\boldsymbol{C}}_{\mathrm{LS}}$就越烦琐，在实际应用中取 k 值为

$$k \leqslant 3 \tag{15.5.43}$$

就足够了，例如当 $k=0$ 时有

$$\hat{C}_{\mathrm{LS}}(0) = \frac{1}{N}\sum_{i=1}^{N} Z(i)$$

当 $k=1$ 时有

$$\hat{C}_{\mathrm{LS}}(0) = \frac{2(2N+1)\sum_{i=1}^{N} Z(i) - 6\sum_{i=1}^{N} iZ(i)}{N(N-1)}$$

$$\hat{C}_{\mathrm{LS}}(1) = \frac{12\sum_{i=1}^{N} iZ(i) - 6(N+1)\sum_{i=1}^{N} Z(i)}{T_0(N-1)N(N-1)}$$

最后，我们再简要地讨论一下由(15.5.11)式所表示的估计参数具有怎样的概率分布，这对实际应用是十分有用的。对(15.5.7)式所表示的系统模型来说，如果测量序列$\{Z(1),Z(2),\cdots,Z(N)\}$有限，随机序列$\{Y(1),Y(2),\cdots,Y(N)\}$是正态序列且 $Y(i)$ 服从

正态 $N(0,\sigma^2)$ 分布，$Y(i)$ 与 $Y(j)$ $(i,j=1,2,\cdots,N,i\neq j)$ 互不相关，则有如下结论。

定理 15.5.6 对于系统模型(15.5.7)式，如果 $\boldsymbol{Y}\sim N(0,\sigma^2\boldsymbol{I}_N)$，则

$$[\hat{C}_{\mathrm{LS}}(i)-C(i)]/\{h_{ii}S(\hat{\boldsymbol{C}}_{\mathrm{LS}})/(N-k-1)\}^{\frac{1}{2}}\sim \boldsymbol{t}(N-k-1),i=0,1,2,\cdots,k \tag{15.5.44}$$

其中，$\hat{C}_{\mathrm{LS}}(i)$，$C(i)$ 分别为 $\hat{\boldsymbol{C}}_{\mathrm{LS}}$ 和 $\boldsymbol{C}$ 的第 i 个分量；h_{ii} 是方阵 $(\boldsymbol{\Phi}^{\mathrm{T}}\boldsymbol{\Phi})^{-1}$ 的对角线上第 i 个元素；

$$S(\hat{\boldsymbol{C}}_{\mathrm{LS}})\triangleq(\boldsymbol{Z}-\boldsymbol{\Phi}\hat{\boldsymbol{C}}_{\mathrm{LS}})^{\mathrm{T}}(\boldsymbol{Z}-\boldsymbol{\Phi}\hat{\boldsymbol{C}}_{\mathrm{LS}})$$

$t(N-k-1)$ 表示自由度为 $N-k-1$ 的 t 分布。

这个定理的证明见本书上册定理 9.1.5，故从略。该定理对于实际应用是非常有用的，利用(15.5.44)式的结论，可以构造置信度为 $(1-a)$ 的置信区间，因为有

$$P\{-t_{a/2}<[\hat{C}_{\mathrm{LS}}(i)-C(i)]/\{h_{ii}S(\hat{\boldsymbol{C}}_{\mathrm{LS}})/(N-k-1)\}^{\frac{1}{2}}<t_{a/2}\}=(1-a)$$

其中，$t_{a/2}$ 为自由度 $N-k-1$ 的 t 分布 $a/2$ 的分位数，它是利用 t 分布表使得有

$$P\{|t|\geqslant t_{a/2}\}=a \tag{15.5.45}$$

而查出来的。这样一来，$C(i)$ 的置信度为 $(1-a)$ 的置信区间就是

$$\hat{C}_{\mathrm{LS}}(i)-t_{a/2}[h_{ii}S(\hat{\boldsymbol{C}}_{\mathrm{LS}})/(N-k-1)]^{\frac{1}{2}}<C(i)<\hat{C}_{\mathrm{LS}}(i)+t_{a/2}[h_{ii}(\hat{\boldsymbol{C}}_{\mathrm{LS}})/(N-k-1)]^{\frac{1}{2}} \tag{15.5.46}$$

在实际应用中，我们可以利用(15.5.46)式求出参数 $C(i)$ 对于置信度 $(1-a)$ 的置信区间。由统计学可知，当 $N\to\infty$ 时，t 分布趋于正态分布，所以在实际应用中，只要当 $N-k-1\geqslant 30$ 时，我们也可以用正态分布进行上述计算。

15.5.3 $p(n)$ 的估计

现在，我们讨论测量序列 $\{Z(1),Z(2),\cdots,Z(N)\}$ 中所含周期预 $p(n)$ 的估计问题。利用前面的结果，可以认为 $Z(n)$ 中的主值函数项 $f(n)$ 已被估计出来了并取作 $\hat{f}(n)$ $(n=1,2,\cdots,N)$，即

$$\hat{f}(n)=\sum_{i=0}^{k}(nT_0)^i\hat{C}_{\mathrm{LS}}(i),n=1,2,\cdots,N \tag{15.5.47}$$

其中，$\hat{C}_{\mathrm{LS}}(i)$ $(i=0,1,2,\cdots,k)$ 可以是(15.5.11)式所表示的最小二乘估计也可以是(15.5.22)式所表示的加权最小二乘估计；T_0 为采样周期。下面讨论如何由

$$Y(n)=Z(n)-\hat{f}(n)=p(n)+X(n),n=1,2,\cdots,N \tag{15.5.48}$$

估计出周期项 $p(n)$，应当指出，这里的 $X(n)$ 是指(15.5.3)式中的 $X(n)$ 与最小二乘估计 $\hat{f}(n)$ 的平稳随机残差项之和，而这里的 $p(n)$ 是指(15.5.3)式中的 $p(n)$ 与最小二乘估计 $\hat{f}(n)$ 的周期残差项之和。

为简单起见，我们假定 $p(n)$ 是由一个谐波函数组成，即

$$p(nT_0)=\alpha e^{j\omega_1 nT_0},n=1,2,\cdots,N \tag{15.5.49}$$

其中，ω_1 是谐波的角频率；T_0 为采样周期；nT_0 为采样时刻 $(n=1,2,\cdots,N)$；α 为复数，其模 $|\alpha|$ 代表谐波的振幅，相角 $\angle\alpha$ 代表谐波的初始相角。于是可将(15.5.48)式写成

$$\begin{bmatrix} Y(1) \\ Y(2) \\ \vdots \\ Y(N) \end{bmatrix} = \begin{bmatrix} e^{j\omega_1 T_0} \\ e^{j\omega_1 2T_0} \\ \vdots \\ e^{j\omega_1 NT_0} \end{bmatrix} \alpha + \begin{bmatrix} X(1) \\ X(2) \\ \vdots \\ X(N) \end{bmatrix} \tag{15.5.50}$$

并简记为

$$\boldsymbol{Y} = \boldsymbol{\Phi}\alpha + \boldsymbol{X} \tag{15.5.51}$$

我们的任务是如何对 α 和 ω_1 做出估计$\hat{\alpha}$和$\hat{\omega}_1$ 以使目标函数 J 为最小，即有

$$J = (\boldsymbol{Y} - \hat{\boldsymbol{\Phi}}\hat{\alpha})^{\mathrm{T}}(\boldsymbol{Y} - \hat{\boldsymbol{\Phi}}\hat{\alpha}) = \min \tag{15.5.52}$$

假设 ω_1 的估计值已知且为$\hat{\omega}_1$，这时$\hat{\boldsymbol{\Phi}}$也就已知，并可写成

$$\hat{\boldsymbol{\Phi}}^{\mathrm{T}} = (e^{j\hat{\omega}_1 T_0}, e^{j\hat{\omega}_1 2T_0}, \cdots, e^{j\hat{\omega}_1 NT_0}) \tag{15.5.53}$$

然后将(15.5.51)式的 $\boldsymbol{\Phi}$ 由$\hat{\boldsymbol{\Phi}}$来代替并利用最小二乘估计计算公式(15.5.11)式可得 α 的最小二乘估计$\hat{\alpha}_1$ 为

$$\hat{\alpha}_1 = (\hat{\boldsymbol{\Phi}}^{\mathrm{T}}\hat{\boldsymbol{\Phi}})^{-1}\hat{\boldsymbol{\Phi}}^{\mathrm{T}}\boldsymbol{Y} \tag{15.5.54}$$

又因为(15.5.52)式所表示的 J 可以写成

$$\begin{aligned} J &= (\boldsymbol{Y} - \hat{\boldsymbol{\Phi}}\hat{\alpha})^{\mathrm{T}}(\boldsymbol{Y} - \hat{\boldsymbol{\Phi}}\hat{\alpha}) \\ &= [(\boldsymbol{Y} - \hat{\boldsymbol{\Phi}}\hat{\alpha}_1) - (\hat{\boldsymbol{\Phi}}\hat{\alpha} - \hat{\boldsymbol{\Phi}}\hat{\alpha}_1)]^{\mathrm{T}}[(\boldsymbol{Y} - \hat{\boldsymbol{\Phi}}\hat{\alpha}_1) - (\hat{\boldsymbol{\Phi}}\hat{\alpha} - \hat{\boldsymbol{\Phi}}\hat{\alpha}_1)] \\ &= (\boldsymbol{Y} - \hat{\boldsymbol{\Phi}}\hat{\alpha}_1)^{\mathrm{T}}(\boldsymbol{Y} - \hat{\boldsymbol{\Phi}}\hat{\alpha}_1) + (\hat{\alpha} - \hat{\alpha}_1)^{\mathrm{T}}\hat{\boldsymbol{\Phi}}^{\mathrm{T}}\hat{\boldsymbol{\Phi}}(\hat{\alpha} - \hat{\alpha}_1) \end{aligned} \tag{15.5.55}$$

其中要考虑到由(15.5.15)式有

$$(\hat{\boldsymbol{\Phi}}\hat{\alpha} - \hat{\boldsymbol{\Phi}}\hat{\alpha}_1)^{\mathrm{T}}(\boldsymbol{Y} - \hat{\boldsymbol{\Phi}}\hat{\alpha}_1) = (\hat{\alpha} - \hat{\alpha}_1)\hat{\boldsymbol{\Phi}}^{\mathrm{T}}\tilde{\boldsymbol{Y}} = 0 \tag{15.5.56}$$

所以，$J = \min$ 就等价地有

$$(\hat{\alpha} - \hat{\alpha}_1)^{\mathrm{T}}\hat{\boldsymbol{\Phi}}^{\mathrm{T}}\hat{\boldsymbol{\Phi}}(\hat{\alpha} - \hat{\alpha}_1) = \min \tag{15.5.57}$$

和

$$(\boldsymbol{Y} - \hat{\boldsymbol{\Phi}}\hat{\alpha}_1)^{\mathrm{T}}(\boldsymbol{Y} - \hat{\boldsymbol{\Phi}}\hat{\alpha}_1) = \min \tag{15.5.58}$$

现在我们来考虑(15.5.58)式成立时$\hat{\boldsymbol{\Phi}}$所具有的特点。为此将(15.5.54)式代入(15.5.58)式有

$$\begin{aligned} \min &= (\boldsymbol{Y} - \hat{\boldsymbol{\Phi}}\hat{\alpha}_1)^{\mathrm{T}}(\boldsymbol{Y} - \hat{\boldsymbol{\Phi}}\hat{\alpha}_1) \\ &= [\boldsymbol{Y} - \hat{\boldsymbol{\Phi}}(\hat{\boldsymbol{\Phi}}^{\mathrm{T}}\hat{\boldsymbol{\Phi}})^{-1}\hat{\boldsymbol{\Phi}}^{\mathrm{T}}\boldsymbol{Y}]^{\mathrm{T}}[\boldsymbol{Y} - \hat{\boldsymbol{\Phi}}(\hat{\boldsymbol{\Phi}}^{\mathrm{T}}\hat{\boldsymbol{\Phi}})^{-1}\hat{\boldsymbol{\Phi}}^{\mathrm{T}}\boldsymbol{Y}] \\ &= \boldsymbol{Y}^{\mathrm{T}}\boldsymbol{Y} - \boldsymbol{Y}^{\mathrm{T}}\hat{\boldsymbol{\Phi}}(\hat{\boldsymbol{\Phi}}^{\mathrm{T}}\hat{\boldsymbol{\Phi}})^{-1}\hat{\boldsymbol{\Phi}}^{\mathrm{T}}\boldsymbol{Y} \end{aligned} \tag{15.5.59}$$

然而由(15.5.50)式可知

$$\hat{\boldsymbol{\Phi}}^{\mathrm{T}}\hat{\boldsymbol{\Phi}} = [e^{-j\hat{\omega}_1 T_0}, e^{-j\hat{\omega}_1 2T_0}, \cdots, e^{-j\hat{\omega}_1 NT_0}] \begin{bmatrix} e^{j\hat{\omega}_1 T_0} \\ e^{j\hat{\omega}_1 2T_0} \\ \vdots \\ e^{j\hat{\omega}_1 NT_0} \end{bmatrix} = N \tag{15.5.60}$$

$$\hat{\boldsymbol{\Phi}}^{\mathrm{T}}\boldsymbol{Y} = \sum_{i=1}^{N} e^{-j\hat{\omega}_1 iT_0} Y(i) \tag{15.5.61}$$

$$\boldsymbol{Y}^{\mathrm{T}}\hat{\boldsymbol{\Phi}} = \sum_{i=1}^{N} \mathrm{e}^{\mathrm{j}\hat{\omega}_1 iT_0} Y(i) = \overline{\left[\sum_{i=1}^{N} \mathrm{e}^{-\mathrm{j}\hat{\omega}_1 iT_0} Y(i) \right]} \tag{15.5.62}$$

将(15.5.60)式、(15.5.61)式及(15.5.62)式代入(15.5.59)式,可得

$$\min = \sum_{i=1}^{N} |Y(i)|^2 - \frac{1}{N}\left| \sum_{i=1}^{N} \mathrm{e}^{-\mathrm{j}\hat{\omega}_1 iT_0} Y(i) \right|^2$$

也即有

$$\max = \frac{1}{N}\left| \sum_{i=1}^{N} \mathrm{e}^{-\mathrm{j}\hat{\omega}_1 iT_0} Y(i) \right|^2 \tag{15.5.63}$$

这就是说,(15.5.58)式的成立等价地有(15.5.63)式成立。通常称

$$I_N(\omega) \triangleq \frac{1}{N}\left| \sum_{i=1}^{N} \mathrm{e}^{-\mathrm{j}\omega iT_0} Y(i) \right|^2 \tag{15.5.64}$$

为随机序列$\{Y(1),Y(2),\cdots,Y(N)\}$的周期图。从(15.5.63)式可知,使周期图$\boldsymbol{I}_N(\omega)$最大的$\omega$的数值就是$\omega$的最小二乘估计$\hat{\omega}$。

综上所述,有如下计算步骤:

(1)按(15.5.64)式计算随机序列$\{Y(i),i=1,2,\cdots,N\}$的周期图$\boldsymbol{I}_N(\omega)$,并求取$\hat{\omega}$使$I_N(\hat{\omega})=\max$;

(2)将$\hat{\omega}$代入(15.5.53)式得到$\hat{\boldsymbol{\Phi}}$;

(3)再按(15.5.54)式求得参数α的最小二乘估计$\hat{\alpha}$。

现在讨论周期图$I_N(\omega)$与离散时间随机信号的傅氏变换之间的关系,进而了解周期图$I_N(\omega)$的物理意义。我们知道,连续随机信号$\{Y(t),-\infty<t<+\infty\}$的傅氏变换形式上可以写成

$$Y(\mathrm{j}\omega) = \int_{-\infty}^{+\infty} \mathrm{e}^{-\mathrm{j}\omega t} Y(t)\,\mathrm{d}t \tag{15.5.65}$$

如果对$Y(t)$采样且为有限序列$\{Y(T_0),Y(2T_0),\cdots,Y(NT_0)\}$时,则把(15.5.65)式离散化就得到有限离散时间随机信号的傅氏变换为

$$Y_{T_0}(\mathrm{j}\omega) = T_0 \sum_{i=1}^{N} \mathrm{e}^{-\mathrm{j}\omega iT_0} Y(iT_0) \tag{16.5.66}$$

于是(15.5.66)式就有确定意义并且还有

$$\frac{1}{T_0^2}|Y_{T_0}(\mathrm{j}\omega)|^2 = \left| \sum_{i=1}^{N} \mathrm{e}^{-\mathrm{j}\omega iT_0} Y(iT_0) \right|^2 \tag{15.5.67}$$

比较(15.5.67)式与(15.5.64)式可得

$$I_N(\omega) = \frac{1}{NT_0^2}|Y_{T_0}(\mathrm{j}\omega)|^2 \tag{15.5.68}$$

由(15.5.68)式可以清楚地看出周期图的物理意义:它与离散随机信号傅氏变换模的平方成正比,因此它具有功率的含义。事实上可以证明

$$\lim_{N\to\infty} E[I_N(\omega)] = \frac{1}{T_0} S_{T_0}(\omega) \tag{15.5.69}$$

其中,T_0为采样周期;$S_{T_0}(\omega)$为采样信号的功率谱密度函数。特别地,当$T_0\to 0,N\to\infty$且$T_0N\to\infty$时,还有

$$\lim_{T_0N\to\infty,\,T_0\to 0} E[I_N(\omega)] = S(\omega) \tag{15.5.70}$$

其中,$S(\omega)$为连续随机过程的功率谱密度函数。这说明周期图与功率谱密度函数有着密切

的关系。

在实际计算中,我们通常是这样来计算周期图 $I_N(\omega)$:令

$$\omega \triangleq \omega_k = \frac{2\pi k}{NT_0}, k = 1, 2, \cdots, N \tag{15.5.71}$$

于是由(15.5.66)式有

$$\begin{aligned} Y_{T_0}(\mathrm{j}\omega_k) &= T_0 \sum_{i=1}^{N} \left[Y(iT_0) \cos \frac{2\pi k}{NT_0} iT_0 - \mathrm{j} Y(iT_0) \sin \frac{2\pi k}{NT_0} iT_0 \right] \\ &= \left[T_0 \sum_{i=1}^{N} Y(i) \cos \frac{2\pi k i}{N} \right] - \mathrm{j} \left[T_0 \sum_{i=1}^{N} Y(i) \sin \frac{2\pi k i}{N} \right], k = 1, 2, \cdots, N \end{aligned}$$

因而

$$|Y_{T_0}(\mathrm{j}\omega_k)|^2 = T_0^2 \left[\sum_{i=1}^{N} Y(i) \cos \frac{2\pi k i}{N} \right]^2 + T_0^2 \left[\sum_{i=1}^{N} Y(i) \sin \frac{2\pi k i}{N} \right]^2, k = 1, 2, \cdots, N \tag{15.5.72}$$

将(15.5.72)式代入(15.5.68)式,可得周期图 $I_N(\omega)$ 的实际计算公式为

$$I_N(\omega_k) = \frac{1}{N} \left\{ \left[\sum_{i=1}^{N} Y(i) \cos \frac{2\pi k i}{N} \right]^2 + \left[\sum_{i=1}^{N} Y(i) \sin \frac{2\pi k i}{N} \right]^2 \right\}, k = 1, 2, \cdots, N \tag{15.5.73}$$

利用(15.5.73)式将 $I_N(\omega_k)$ 计算出来之后,对每个 $\omega_k(k=1,2\cdots,N)$ 都要比较 $I_N(\omega_k)$ 的大小,如果当 $\omega=\omega_{k1}$ 时有

$$I_N(\omega_{k1}) = \max_{1 \leqslant k \leqslant N} \{ I_N(\omega_k) \}$$

则取 ω_{k1} 为随机序列 $\{Y(1), Y(2), \cdots, Y(N)\}$ 中的周期函数项 $p(nT_0)$ 的角频率,并记作 $\hat{\omega}_1 \triangleq \omega_{k1}$。这样一来,由(15.5.49)式可知第一个周期函数项 $p_1(nT_0)$ 可表示为 $p_1(nT_0) = \alpha \mathrm{e}^{\mathrm{j}\hat{\omega}_1 nT_0}$ $(n=1,2,\cdots,N)$,其中,α 由(15.5.54)式确定。

如果随机序列 $\{Y(1), Y(2), \cdots, Y(N)\}$ 中包含有第二个周期函数项 $p_2(nT_0)$,则同样可利用周期图并由

$$I_N(\omega_{k2}) = \max_{\substack{1 \leqslant k \leqslant N \\ k \neq k_1}} \{ I_N(\omega_k) \}$$

可求出 ω_{k2},记得 $\hat{\omega}_2 \triangleq \omega_{k2}$,于是第二个周期函数项 $p_2(nT_0)$ 可表示为 $p_2(nT_0) = \alpha_2 \mathrm{e}^{\mathrm{j}\hat{\omega}_2 nT_0}$。依此类推,可求出随机序列 $\{Y(1), Y(2), \cdots, Y(N)\}$ 中所包含的多个周期函数项。

到此为止,我们可以说把测量序列 $\{Z(n), n=1,2,\cdots,N\}$ 的均值序列 $\{\bar{Z}(n), n=1, 2, \cdots, N\}$ 估计出来了,并取

$$\bar{Z}(n) = \hat{f}(n) + \sum_{i} p_i(n)$$

进一步由(15.5.3)式又知 $X(n) = Z(n) - \bar{Z}(n)$,这样一来,可以认为残差序列 $\{X(n), n=1,2,\cdots,N\}$ 是平稳随机序列。在 13.8 节我们已经研究了平稳随机序列的相关函数及功率谱的估计。因为从(15.5.69)式及(15.5.70)式可知,功率谱与周期图有着密切的联系,所以通常还是用周期图来估计功率谱密度函数。

15.6 AR(p)模型和 ARMA(p,q)模型的参数估计

在这一节,我们讨论当 AR(p)模型的阶次 p 和 ARMA(p,q)模型的阶次 p,q 为已知时的参数估计。

15.6.1 AR(p)模型的参数估计

设$\{X(n),n=1,2,\cdots,N\}$为已知的测量数据,并假定是零均值平稳序列。如若不然,可采用 15.5 节所叙述的方法把均值序列$\{\overline{X}(n),n=1,2,\cdots,N\}$估计出来,然后讨论序列$\{X(n)-\overline{X}(n),n=1,2,\cdots,N\}$。进一步假定该序列满足如下自回归模型,即

$$\sum_{j=0}^{p} a_j X(n-j) = \xi(n), a_0 = 1 \tag{15.6.1}$$

其中,方程

$$\sum_{j=0}^{p} a_j z^{p-j} = 0$$

的根均在单位圆内;$\{\xi(n),n=1,2,\cdots,N\}$为白色序列且 $E[\xi^2(n)]=\sigma^2$。但是,模型(15.6.1)式中的系数 $a_j(j=1,2,\cdots,p)$是未知的,我们的任务是如何由序列$\{X(n),n=1,2,\cdots,N\}$估计出自回归模型(15.6.1)式的系数 $a_j(j=1,2,\cdots,p)$。为此,令(15.6.1)式中 $n=p+1,p+2,\cdots,N(N\geqslant 2p)$,则有

$$\begin{aligned}
X(p+1) &= -a_1X(p)-a_2X(p-1)-\cdots-a_pX(1)+\xi(p+1)\\
X(p+2) &= -a_1X(p+1)-a_2X(p)-\cdots-a_pX(2)+\xi(p+2)\\
&\vdots\\
X(N) &= -a_1X(N-1)-a_2X(N-2)-\cdots-a_pX(N-p)+\xi(N)
\end{aligned} \tag{15.6.2}$$

若定义

$$\boldsymbol{X}^{\mathrm{T}} = [X(p+1),X(p+2),\cdots,X(N)]$$

$$\boldsymbol{\Phi} = \begin{bmatrix} -X(p) & -X(p-1) & \cdots & -X(1)\\ -X(p+1) & -X(p) & \cdots & -X(2)\\ \vdots & \vdots & & \vdots\\ -X(N-1) & -X(N-2) & \cdots & -X(N-p) \end{bmatrix}$$

$$\boldsymbol{a} = [a_1,a_2,\cdots,a_p]^{\mathrm{T}}$$

$$\boldsymbol{\xi} = [\xi(p+1),\xi(p+2),\cdots,\xi(N)]^{\mathrm{T}}$$

于是可将(15.6.2)式写成向量方程,即

$$\boldsymbol{X} = \boldsymbol{\Phi a} + \boldsymbol{\xi} \tag{15.6.3}$$

方程(15.6.3)式是典型的最小二乘结构,利用 15.5 节所讨论的方法可以求出 AR 模型参数 $a_1,a_2,\cdots,a_p$ 的最小二乘估计$\hat{\boldsymbol{a}}_{\mathrm{LS}}$,通常简记成$\hat{\boldsymbol{a}}$,其表达式为

$$\hat{\boldsymbol{a}} = (\boldsymbol{\Phi}^{\mathrm{T}}\boldsymbol{\Phi})^{-1}\boldsymbol{\Phi}^{\mathrm{T}}\boldsymbol{X} \tag{15.6.4}$$

进一步可以证明,当$\{\xi(n),n\geqslant 0\}$为正态白色序列时,则残差序列$\{e(n),n=p+1,p+2,\cdots,N\}$为白噪声序列而且有

$$E[e^2(n)]=\sigma^2, N\to\infty$$

其中定义 $e(n)$ 为

$$e(n)=X(n)+\hat{a}_1X(n-1)+\hat{a}_2X(n-2)+\cdots+\hat{a}_pX(n-p) \tag{15.6.5}$$

由(15.6.4)式可以看出,这个算法有两个缺点:一是离线处理,即不能实时在线处理;二是由于存在矩阵求逆运算,这在计算上较烦琐。因此,通常都是由(15.6.4)式导出递推形式的最小二乘算法。为此,先介绍如下引理。

引理 15.6.1　设 $\boldsymbol{A}$ 为 $n+m$ 阶分块方阵,即

$$\boldsymbol{A}=\begin{bmatrix}\boldsymbol{A}_{11} & \boldsymbol{A}_{12}\\ \boldsymbol{A}_{21} & \boldsymbol{A}_{22}\end{bmatrix} \tag{15.6.6}$$

其中,$\boldsymbol{A}_{11}$ 和 $\boldsymbol{A}_{22}$ 分别为 n 阶和 m 阶可逆方阵;$\boldsymbol{A}_{12}$ 为任意 $n\times m$ 阶阵;$\boldsymbol{A}_{21}$ 为任意 $m\times n$ 阶阵,则 $\boldsymbol{A}$ 的逆矩阵存在且为

$$\boldsymbol{A}^{-1}=\begin{bmatrix}\boldsymbol{A}_{11}^{-1}+\boldsymbol{A}_{11}^{-1}\boldsymbol{A}_{12}(\boldsymbol{A}_{22}-\boldsymbol{A}_{21}\boldsymbol{A}_{11}^{-1}\boldsymbol{A}_{21})^{-1}\boldsymbol{A}_{21}\boldsymbol{A}_{11}^{-1} & -\boldsymbol{A}_{11}^{-1}\boldsymbol{A}_{12}(\boldsymbol{A}_{22}-\boldsymbol{A}_{21}\boldsymbol{A}_{11}^{-1}\boldsymbol{A}_{12})^{-1}\\ -(\boldsymbol{A}_{22}-\boldsymbol{A}_{21}\boldsymbol{A}_{11}^{-1}\boldsymbol{A}_{12})^{-1}\boldsymbol{A}_{21}\boldsymbol{A}_{11}^{-1} & (\boldsymbol{A}_{22}-\boldsymbol{A}_{21}\boldsymbol{A}_{11}^{-1}\boldsymbol{A}_{12})^{-1}\end{bmatrix} \tag{15.6.7}$$

$$=\begin{bmatrix}(\boldsymbol{A}_{11}-\boldsymbol{A}_{12}\boldsymbol{A}_{22}^{-1}\boldsymbol{A}_{21})^{-1} & -(\boldsymbol{A}_{11}-\boldsymbol{A}_{12}\boldsymbol{A}_{22}^{-1}\boldsymbol{A}_{21})^{-1}\boldsymbol{A}_{12}\boldsymbol{A}_{22}^{-1}\\ -\boldsymbol{A}_{22}^{-1}\boldsymbol{A}_{21}(\boldsymbol{A}_{11}-\boldsymbol{A}_{12}\boldsymbol{A}_{22}^{-1}\boldsymbol{A}_{21})^{-1} & \boldsymbol{A}_{22}^{-1}+\boldsymbol{A}_{22}^{-1}\boldsymbol{A}_{21}(\boldsymbol{A}_{11}-\boldsymbol{A}_{12}\boldsymbol{A}_{22}^{-1}\boldsymbol{A}_{21})^{-1}\boldsymbol{A}_{12}\boldsymbol{A}_{22}^{-1}\end{bmatrix} \tag{15.6.8}$$

证明　直接验证可得 $\boldsymbol{A}\boldsymbol{A}^{-1}=\boldsymbol{I}_{n+m}$,引理证毕。

引理 15.6.2　矩阵反演公式。

对于任意 n 阶可逆方阵 $\boldsymbol{A}_{11}$,m 阶可逆方阵 $\boldsymbol{A}_{22}$,$n\times m$ 阶阵 $\boldsymbol{A}_{12}$ 及 $m\times n$ 阶阵 $\boldsymbol{A}_{21}$ 恒有

$$(\boldsymbol{A}_{11}-\boldsymbol{A}_{12}\boldsymbol{A}_{22}^{-1}\boldsymbol{A}_{21})^{-1}=\boldsymbol{A}_{11}^{-1}+\boldsymbol{A}_{11}^{-1}\boldsymbol{A}_{12}(\boldsymbol{A}_{22}-\boldsymbol{A}_{21}\boldsymbol{A}_{11}^{-1}\boldsymbol{A}_{12})^{-1}\boldsymbol{A}_{21}\boldsymbol{A}_{11}^{-1} \tag{15.6.9}$$

$$(\boldsymbol{A}_{11}-\boldsymbol{A}_{12}\boldsymbol{A}_{22}^{-1}\boldsymbol{A}_{21})^{-1}\boldsymbol{A}_{12}\boldsymbol{A}_{22}^{-1}=\boldsymbol{A}_{11}^{-1}\boldsymbol{A}_{12}(\boldsymbol{A}_{22}-\boldsymbol{A}_{21}\boldsymbol{A}_{11}^{-1}\boldsymbol{A}_{12})^{-1} \tag{15.6.10}$$

证明　由引理 15.6.1 及逆矩阵的唯一性可知,(15.6.7)式与(15.6.8)式等号右端矩阵的对应分块矩阵相等,于是可得(15.6.9)式及(15.6.10)式。引理证毕。

下面由(15.6.4)式导出递推最小二乘算法。

设 $\{X(n),n=1,2,\cdots,N,N+1,\cdots\}$ 为已知零均值平稳序列且满足(15.6.1)式的 AR 模型,由前 $N(N\geqslant 2p)$ 个观测数据 $\{X(n),n=1,2,\cdots,N\}$ 可得参数 $a_i(i=1,2,\cdots,p)$ 的最小二乘估计为(15.6.4)式表示并记作

$$\hat{\boldsymbol{a}}(N)=(\boldsymbol{\Phi}_N^{\mathrm{T}}\boldsymbol{\Phi}_N)^{-1}\boldsymbol{\Phi}_N^{\mathrm{T}}\boldsymbol{X}_N \tag{15.6.11}$$

其中

$$\boldsymbol{\Phi}_N\triangleq\begin{bmatrix}-X(p) & -X(p-1) & \cdots & -X(1)\\ -X(p+1) & -X(p) & \cdots & -X(2)\\ \vdots & \vdots & & \vdots\\ -X(N-1) & -X(N-2) & \cdots & -X(N-p)\end{bmatrix}\triangleq\begin{bmatrix}\boldsymbol{\varphi}_{p+1}^{\mathrm{T}}\\ \boldsymbol{\varphi}_{p+2}^{\mathrm{T}}\\ \vdots\\ \boldsymbol{\varphi}_N^{\mathrm{T}}\end{bmatrix}$$

$$\boldsymbol{X}_N^{\mathrm{T}}=[X(p+1),X(p+2),\cdots,X(N)]$$

记

$$\boldsymbol{P}_N\triangleq(\boldsymbol{\Phi}_N^{\mathrm{T}}\boldsymbol{\Phi}_N)^{-1} \tag{15.6.12}$$

若再增加一次测量以后,由(15.6.12)式有

$$\boldsymbol{P}_{N+1}=(\boldsymbol{\Phi}_{N+1}^{\mathrm{T}}\boldsymbol{\Phi}_{N+1})^{-1}=\left[\begin{pmatrix}\boldsymbol{\Phi}_N\\ \boldsymbol{\varphi}_{N+1}^{\mathrm{T}}\end{pmatrix}^{\mathrm{T}}\begin{pmatrix}\boldsymbol{\Phi}_N\\ \boldsymbol{\varphi}_{N+1}^{\mathrm{T}}\end{pmatrix}\right]^{-1}$$

$$=(\boldsymbol{\Phi}_N^{\mathrm{T}}\boldsymbol{\Phi}_N+\boldsymbol{\varphi}_{N+1}\boldsymbol{\varphi}_{N+1}^{\mathrm{T}})^{-1}=(\boldsymbol{P}_N^{-1}+\boldsymbol{\varphi}_{N+1}\boldsymbol{\varphi}_{N+1}^{\mathrm{T}})^{-1} \tag{15.6.13}$$

如果由矩阵反演公式(15.6.9)式并令 $\boldsymbol{A}_{11}\triangleq\boldsymbol{P}_N^{-1},\boldsymbol{A}_{12}\triangleq-\boldsymbol{\varphi}_{N+1},\boldsymbol{A}_{22}^{-1}\triangleq1,\boldsymbol{A}_{21}\triangleq\boldsymbol{\varphi}_{N+1}^{\mathrm{T}}$,则可得到

$$\boldsymbol{P}_{N+1}=(\boldsymbol{P}_N^{-1}+\boldsymbol{\varphi}_{N+1}\boldsymbol{\varphi}_{N+1}^{\mathrm{T}})^{-1}=\boldsymbol{P}_N-\boldsymbol{P}_N\boldsymbol{\varphi}_{N+1}(1+\boldsymbol{\varphi}_{N+1}^{\mathrm{T}}\boldsymbol{P}_N\boldsymbol{\varphi}_{N+1})^{-1}\boldsymbol{\varphi}_{N+1}^{\mathrm{T}}\boldsymbol{P}_N$$

$$=\left(\boldsymbol{I}-\frac{\boldsymbol{P}_N\boldsymbol{\varphi}_{N+1}\boldsymbol{\varphi}_{N+1}^{\mathrm{T}}}{1+\boldsymbol{\varphi}_{N+1}^{\mathrm{T}}\boldsymbol{P}_N\boldsymbol{\varphi}_{N+1}}\right)\boldsymbol{P}_N \tag{15.6.14}$$

利用上面的结果可推出递推最小二乘算法。

定理 15.6.1 设$\{X(n),n=1,2,\cdots,N,N+1,\cdots\}$为满足(15.6.1)式的 AR 模型序列,则参数 $a_i(i=1,2,\cdots,p)$的递推最小二乘估计$\hat{a}_i(N)(i=1,2,\cdots,p)$为

$$\hat{\boldsymbol{a}}(N+1)=\hat{\boldsymbol{a}}(N)+\boldsymbol{K}(N+1)[X(N+1)-\boldsymbol{\varphi}_{N+1}^{\mathrm{T}}\hat{\boldsymbol{a}}(N)],N\geqslant2p \tag{15.6.15}$$

其中,称 $\boldsymbol{K}(N+1)$为时变增益矩阵且

$$\boldsymbol{K}(N+1)=\frac{\boldsymbol{P}_N\boldsymbol{\varphi}_{N+1}}{1+\boldsymbol{\varphi}_{N+1}^{\mathrm{T}}\boldsymbol{P}_N\boldsymbol{\varphi}_{N+1}} \tag{15.6.16}$$

$$\boldsymbol{P}_{N+1}=\left(\boldsymbol{I}-\frac{\boldsymbol{P}_N\boldsymbol{\varphi}_{N+1}\boldsymbol{\varphi}_{N+1}^{\mathrm{T}}}{1+\boldsymbol{\varphi}_{N+1}^{\mathrm{T}}\boldsymbol{P}_N\boldsymbol{\varphi}_{N+1}}\right)\boldsymbol{P}_N \tag{15.6.17}$$

$$\boldsymbol{\varphi}_{N+1}^{\mathrm{T}}=[-X(N),-X(N-1),\cdots,-X(N-p+1)] \tag{15.6.18}$$

$$\hat{\boldsymbol{a}}^{\mathrm{T}}(N)=[\hat{a}_1(N),\hat{a}_2(N),\cdots,\hat{a}_p(N)] \tag{15.6.19}$$

由(15.6.11)式及(15.6.12)式可将上述递推公式的初值取为

$$\boldsymbol{P}_{2p}=(\boldsymbol{\Phi}_{2p}^{\mathrm{T}}\boldsymbol{\Phi}_{2p})^{-1},\hat{\boldsymbol{a}}(2p)=(\boldsymbol{\Phi}_{2p}^{\mathrm{T}}\boldsymbol{\Phi}_{2p})^{-1}\boldsymbol{\Phi}_{2p}^{\mathrm{T}}\boldsymbol{X}_{2p} \tag{15.6.20}$$

该定理的证明可见本书上册定理 9.1.8,故从略。

应当指出,采用递推最小二乘算法对 AR 模型序列进行参数估计时,在时间区间 $1\leqslant N<2p$ 内,算法不工作,此时处于等待数据阶段,只有当 $N\geqslant2p$ 时才可利用上述公式进行递推估计。

在实际应用中,为了使参数估计具有适应性,常采用具有遗忘因子的递推最小二乘估计,具体算法只是将(15.6.16)式和(15.6.17)式改为

$$\boldsymbol{K}(N+1)=\frac{\boldsymbol{P}_N\boldsymbol{\varphi}_{N+1}}{\lambda+\boldsymbol{\varphi}_{N+1}^{\mathrm{T}}\boldsymbol{P}_N\boldsymbol{\varphi}_{N+1}} \tag{15.6.21}$$

$$\boldsymbol{P}_{N+1}=\frac{1}{\lambda}\left(\boldsymbol{I}-\frac{\boldsymbol{P}_N\boldsymbol{\varphi}_{N+1}\boldsymbol{\varphi}_{N+1}^{\mathrm{T}}}{\lambda+\boldsymbol{\varphi}_{N+1}^{\mathrm{T}}\boldsymbol{P}_N\boldsymbol{\varphi}_{N+1}}\right)\boldsymbol{P}_N \tag{15.6.22}$$

而(15.6.15)式、(15.6.18)式、(15.6.19)式、(15.6.20)式保持不变。

通常取遗忘因子 $\lambda=0.95\sim1$,λ 值越小,遗忘得越快,适应性越强。如果被估计参数 a_i $(i=1,2,\cdots,p)$随时间不发生变化,则应取 $\lambda=1$,如果随时间发生变化,则应取 $\lambda<1$。

递推公式初值由(15.6.20)式确定,其优点是能提高参数估计的精度,但在算法上需增加矩阵求逆的运算。在实际应用中,为简便起见,常取

$$\boldsymbol{P}_0=\boldsymbol{I}\times10^4,\hat{\boldsymbol{a}}(0)=0 \tag{15.6.23}$$

代替(15.6.20)式,但参数估计的精度稍差。

下面讨论这样一个问题:既然有了递推最小二乘算法(15.6.15)式,那么是否就一定无

限地递推运算下去？回答是否。事实上，我们不可能有无限的观测序列，这样一来，我们迫切关心的问题就是，N 应该是怎样的数值，参数估计 $\hat{a}_i(N), i=1,2,\cdots,p$ 在一定精度意义下就达到了要求。为此我们讨论递推最小二乘估计 $\hat{a}_i(N), i=1,2,\cdots,p$ 的渐近分布。

引理 15.6.3　设 $\{X(n), n=1,2,\cdots,N,N+1,\cdots\}$ 为零均值平稳随机序列且满足 AR 模型(15.6.1)式，离线方式的参数最小二乘估计 $\hat{a}(N)$ 由(15.6.11)式给出，如果序列 $\{\xi(n), n=1,2,\cdots,N,N+1,\cdots\}$ 是白色正态序列且 $E[\xi^2(n)]=\sigma^2$，则

$$[\hat{a}_i(N)-a_i]/[h_i(N)S(N)/(N-p)]^{\frac{1}{2}} \sim t(N-p), i=1,2,\cdots,p \tag{15.6.24}$$

或者说 $[\hat{a}_i(N)-a_i)/[h_i(N)S(N)/(N-p)]^{\frac{1}{2}}$ 服从自由度为 $(N-p)$ 的 t 分布。其中，$\hat{a}_i(N)$ 为 a_i 的最小二乘估计，$h_i(N)$ 的方阵 $\boldsymbol{P}_N \triangleq [\boldsymbol{\Phi}_N^{\mathrm{T}}\boldsymbol{\Phi}_N]^{-1}$ 对角线上第 i 个元素，$S(N) \triangleq [\boldsymbol{X}_N-\boldsymbol{\Phi}_N\hat{\boldsymbol{a}}(N)]^{\mathrm{T}}[\boldsymbol{X}_N-\boldsymbol{\Phi}_N\hat{\boldsymbol{a}}(N)]$ 并称之为残差平方和，这里的 $\boldsymbol{\Phi}_N$ 为(15.6.11)式中的 $\boldsymbol{\Phi}_N$，$\hat{\boldsymbol{a}}(N)$ 由(15.6.19)式表示。

证明　由定理 15.5.6 可知上述引理成立。

利用上述引理容易证得如下定理。

定理 15.6.2　对于定理 15.6.1 中所述的 AR 模型序列及参数 $a_i(i=1,2,\cdots,p)$ 的递推最小二乘估计算法，如果序列 $\{\xi(n), n=1,2,\cdots,N,N+1,\cdots\}$ 是白色正态序列且 $E[\xi^2(n)]=\sigma^2$，则

$$[\hat{a}_i(N+1)-a_i]/[h_i(N+1)S(N+1)/(N+1-p)]^{\frac{1}{2}} \sim t(N+1-p), i=1,2,\cdots,p, N\geqslant 2p \tag{15.6.25}$$

其中，$\hat{\boldsymbol{a}}^{\mathrm{T}}(N+1)=[\hat{a}_1(N+1),\hat{a}_2(N+1),\cdots,\hat{a}_p(N+1)]$ 由(15.6.15)式计算；$h_i(N+1)$ 为方阵 $\boldsymbol{P}_{N+1}$ 对角线上第 i 个元素且 $\boldsymbol{P}_{N+1}$ 由(15.6.17)式计算；$S(N+1)$ 为

$$S(N+1)=S(N)+\boldsymbol{K}^{\mathrm{T}}(N+1)\boldsymbol{P}_N^{-1}\boldsymbol{K}(N+1)[X(N+1)-\boldsymbol{\varphi}_{N+1}^{\mathrm{T}}\hat{\boldsymbol{a}}(N)]^2+[X(N+1)-\boldsymbol{\varphi}_{N+1}^{\mathrm{T}}\hat{\boldsymbol{a}}(N+1)]^2, N\geqslant 2p \tag{15.6.26}$$

而 $\boldsymbol{K}(N+1)$ 由(15.6.16)式计算，$S(N)$ 的初值为

$$S(2p)=(\boldsymbol{X}_{2p}-\boldsymbol{\Phi}_{2p}\hat{\boldsymbol{a}}(2p))^{\mathrm{T}}(\boldsymbol{X}_{2p}-\boldsymbol{\Phi}_{2p}\hat{\boldsymbol{a}}(2p)) \tag{15.6.27}$$

证明　由引理 15.6.3 并令其中的 N 为 $N+1$ 可得(15.6.25)式，而且引理 15.6.3 及定理 15.6.1 均由离线算式(15.6.11)式推出，故只需证明(15.6.26)式及(15.6.27)式。

因为

$$\begin{aligned}
S(N+1) &= [\boldsymbol{X}_{N+1}-\boldsymbol{\Phi}_{N+1}\hat{\boldsymbol{a}}(N+1)]^{\mathrm{T}}[\boldsymbol{X}_{N+1}-\boldsymbol{\Phi}_{N+1}\hat{\boldsymbol{a}}(N+1)] \\
&= \left[\begin{bmatrix}\boldsymbol{X}_N \\ X(N+1)\end{bmatrix}-\begin{bmatrix}\boldsymbol{\Phi}_N \\ \boldsymbol{\varphi}_{N+1}^{\mathrm{T}}\end{bmatrix}\hat{\boldsymbol{a}}(N+1)\right]^{\mathrm{T}}\left[\begin{bmatrix}\boldsymbol{X}_N \\ X(N+1)\end{bmatrix}-\begin{bmatrix}\boldsymbol{\Phi}_N \\ \boldsymbol{\varphi}_{N+1}^{\mathrm{T}}\end{bmatrix}\hat{\boldsymbol{a}}(N+1)\right] \\
&= [(\boldsymbol{X}_N-\boldsymbol{\Phi}_N\hat{\boldsymbol{a}}(N+1))^{\mathrm{T}}(X(N+1)-\boldsymbol{\varphi}_{N+1}^{\mathrm{T}}\hat{\boldsymbol{a}}(N+1))]\cdot \\
&\quad \begin{bmatrix}\boldsymbol{X}_N-\boldsymbol{\Phi}_N\hat{\boldsymbol{a}}(N+1) \\ X(N+1)-\boldsymbol{\varphi}_{N+1}^{\mathrm{T}}\hat{\boldsymbol{a}}(N+1)\end{bmatrix} \\
&= [\boldsymbol{X}_N-\boldsymbol{\Phi}_N\hat{\boldsymbol{a}}(N+1)]^{\mathrm{T}}[\boldsymbol{X}_N-\boldsymbol{\Phi}_N\hat{\boldsymbol{a}}(N+1)]+[X(N+1)-\boldsymbol{\varphi}_{N+1}^{\mathrm{T}}\hat{\boldsymbol{a}}(N+1)]^2
\end{aligned} \tag{15.6.28}$$

进一步由(15.6.15)式还有

$$\boldsymbol{X}_N-\boldsymbol{\Phi}_N\hat{\boldsymbol{a}}(N+1)=\boldsymbol{X}_N-\boldsymbol{\Phi}_N\{\hat{\boldsymbol{a}}(N)+\boldsymbol{K}(N+1)[X(N+1)-\boldsymbol{\varphi}_{N+1}^{\mathrm{T}}\hat{\boldsymbol{a}}(N)]\}$$

$$=[\boldsymbol{X}_N-\boldsymbol{\Phi}_N\hat{\boldsymbol{a}}(N)]-\{\boldsymbol{\Phi}_N\boldsymbol{K}(N+1)[X(N+1)-\boldsymbol{\varphi}_{N+1}^{\mathrm{T}}\hat{\boldsymbol{a}}(N)]\}$$

所以

$$\begin{aligned}&[\boldsymbol{X}_N-\boldsymbol{\Phi}_N\hat{\boldsymbol{a}}(N+1)]^{\mathrm{T}}[\boldsymbol{X}_N-\boldsymbol{\Phi}_N\hat{\boldsymbol{a}}(N+1)]\\&=[\boldsymbol{X}_N-\boldsymbol{\Phi}_N\hat{\boldsymbol{a}}(N)]^{\mathrm{T}}[\boldsymbol{X}_N-\boldsymbol{\Phi}_N\hat{\boldsymbol{a}}(N)]+[X(N+1)-\boldsymbol{\varphi}_{N+1}^{\mathrm{T}}\hat{\boldsymbol{a}}(N)]^{\mathrm{T}}\cdot\\&\quad\boldsymbol{K}^{\mathrm{T}}(N+1)\boldsymbol{\Phi}_N^{\mathrm{T}}\boldsymbol{\Phi}_N\boldsymbol{K}(N+1)[\boldsymbol{X}(N+1)-\boldsymbol{\varphi}_{N+1}^{\mathrm{T}}\hat{\boldsymbol{a}}(N)]\\&=S(N)+\boldsymbol{K}^{\mathrm{T}}(N+1)\boldsymbol{P}_N^{-1}\boldsymbol{K}(N+1)[X(N+1)-\boldsymbol{\varphi}_{N+1}^{\mathrm{T}}\hat{\boldsymbol{a}}(N)]^2\end{aligned}\tag{15.6.29}$$

其中在推导(15.6.29)式时,应考虑到由(15.5.14)式有

$$[X(N+1)-\boldsymbol{\varphi}_{N+1}^{\mathrm{T}}\hat{\boldsymbol{a}}(N)]\boldsymbol{K}^{\mathrm{T}}(N+1)\boldsymbol{\Phi}_N^{\mathrm{T}}[\boldsymbol{X}_N-\boldsymbol{\Phi}_N\hat{\boldsymbol{a}}(N)]=0\tag{15.6.30}$$

这样一来,将(15.6.29)式代入(15.6.28)式得(15.6.26)式。另一方面由$\hat{\boldsymbol{a}}(2p)$可知$S(N)$初始值为(15.6.27)式表示。定理证毕。

定理 15.6.1 及定理 15.6.2 在实际应用中是非常有用的,一方面可以给出参数估计$\hat{a}_i(N)(i=1,2,\cdots,p,N\geqslant 2p)$,另一方面还能给出参数 a_i 的置信度为$(1-\alpha)$的置信区间$[a_{i\min}(N),a_{i\max}(N)]$,其中

$$a_{i\min}(N)=\hat{a}_i(N)-t_{a/2}(N-p)[h_i(N)S(N)/N-p]^{\frac{1}{2}}\tag{15.6.31}$$

$$a_{i\max}(N)=\hat{a}_i(N)+t_{a/2}(N-p)[h_i(N)S(N)/N-p]^{\frac{1}{2}}\tag{15.6.32}$$

$t_{a/2}(N-p)$为自由度$(N-p)$的 t 分布 $a/2$ 的分位数。由(15.6.31)式及(15.6.32)式可以看出,随着观测次数 N 的增加,参数估计的置信区间越来越小,也就是说,参数估计越来越精确了。特别地,当 $N\to\infty$ 时,会有如下更强的结果。

定理 15.6.3 对于 AR 模型(15.6.1)式,参数估计$\hat{a}_i(N)(i=1,2,\cdots,p)$由(15.6.15)式至(15.6.20)式给出,如果序列$\{\xi(n),n=1,2,\cdots,N,N+1,\cdots\}$为正态白色序列且$E[\xi^2(n)]=\sigma^2$,则当 $N\to\infty$ 时,有

$$\lim_{N\to\infty}\sqrt{N}(\hat{a}_i(N)-a_i)\sim N(0,\sigma^2b_{ii}^{-1}),i=1,2,\cdots,p\tag{15.6.33}$$

也即$\lim\limits_{N\to\infty}\sqrt{N}(\hat{a}_i(N)-a_i)$服从正态 $N(0,\sigma^2b_{ii}^{-1})$分布,其中,b_{ii}^{-1}表示 p 阶方阵

$$(b_{ij}^{-1})_{p\times p}\triangleq\begin{bmatrix}B_X(0)&B_X(1)&\cdots&B_X(p-1)\\B_X(-1)&B_X(0)&\cdots&B_X(p-2)\\\vdots&\vdots&&\vdots\\B_X(-p+1)&B_X(-p+2)&\cdots&B_X(0)\end{bmatrix}$$

对角线上第 i 个元素。

证明 由引理 15.6.3 中的(15.6.24)式可知,当 $N\to\infty$ 时,有

$$\begin{aligned}&\lim_{N\to\infty}\sqrt{N-p}[\hat{a}_i(N)-a_i]/[h_i(N)S(N)]^{1/2}\\&=\lim_{N\to\infty}\sqrt{N-p}[\hat{a}_i(N)-a_i]/[h_i(N)S(N)]^{1/2}\sim\lim_{N\to\infty}t(N-p)=N(0,1)\end{aligned}$$

也即有

$$\lim_{N\to\infty}\sqrt{N}[\hat{a}_i(N)-a_i]\sim N(0,\lim_{N\to\infty}h_i(N)S(N))\tag{15.6.34}$$

由于 AR 序列模型(15.6.1)式的所有特征根均在单位圆内且$\{\xi(n),n=1,2,\cdots\}$为白色序列,于是可知序列$\{X(n),n=1,2,\cdots\}$是均方遍历的,因此必有

$$\lim_{N\to\infty}\left(\frac{1}{N}\boldsymbol{\Phi}_N^{\mathrm{T}}\boldsymbol{\Phi}_N\right)^{-1}=\begin{bmatrix} B_X(0) & B_X(1) & \cdots & B_X(p-1) \\ B_X(-1) & B_X(0) & \cdots & B_X(p-2) \\ \vdots & \vdots & & \vdots \\ B_X(-p+1) & B_X(-p+2) & \cdots & B_X(0) \end{bmatrix} \triangleq (b_{ij}^{-1})_{p\times p} \tag{15.6.35}$$

再由最小二乘法定义可知必有

$$\lim_{N\to\infty}\frac{1}{N}S(N)=\lim_{N\to\infty}\frac{1}{N}[\boldsymbol{X}_N-\boldsymbol{\Phi}_N\hat{\boldsymbol{a}}(N)]^{\mathrm{T}}[\boldsymbol{X}_N-\boldsymbol{\Phi}_N\hat{\boldsymbol{a}}(N)]<\infty \tag{15.6.36}$$

于是由(15.6.34)式可知

$$\lim_{N\to\infty}\frac{h_i(N)S(N)}{N}=0$$

这说明

$$\lim_{N\to\infty}E[(\hat{a}_i(N)-a_i)^2]=0, i=1,2,\cdots,p \tag{15.6.37}$$

也即$\hat{a}_i(N)$均方收敛于 $a_i(i=1,2,\cdots,p)$。进一步计算(15.6.36)式可知

$$\begin{aligned}\lim_{N\to\infty}\frac{1}{N}S(N) &= \lim_{N\to\infty}\frac{1}{N}[\boldsymbol{X}_N-\boldsymbol{\Phi}_N\hat{\boldsymbol{a}}(N)]^{\mathrm{T}}[\boldsymbol{X}_N-\boldsymbol{\Phi}_N\hat{\boldsymbol{a}}(N)] \\ &= \lim_{N\to\infty}\frac{1}{N}(\boldsymbol{X}_N-\boldsymbol{\Phi}_N\boldsymbol{a})^{\mathrm{T}}(\boldsymbol{X}_N-\boldsymbol{\Phi}_N\boldsymbol{a}) \\ &= \lim_{N\to\infty}\frac{1}{N}\sum_{i=1}^{N}\xi^2(i) = \sigma^2\end{aligned} \tag{15.6.38}$$

这样一来,由(15.6.34)式可知

$$\begin{aligned}\lim_{N\to\infty}h_i(N)S(N) &= \lim_{N\to\infty}Nh_i(N)\cdot\lim_{N\to\infty}\frac{1}{N}S(N) \\ &= \lim_{N\to\infty}\left(\frac{1}{N}\boldsymbol{\Phi}_N^{\mathrm{T}}\boldsymbol{\Phi}_N\right)_i^{-1}\sigma^2 \\ &\triangleq b_{ii}^{-1}\sigma^2\end{aligned}$$

其中,$\lim\limits_{N\to\infty}\left(\frac{1}{N}\boldsymbol{\Phi}_N^{\mathrm{T}}\boldsymbol{\Phi}_N\right)_i^{-1}$ 代表 p 阶方阵$\lim\limits_{N\to\infty}\left(\frac{1}{N}\boldsymbol{\Phi}_N^{\mathrm{T}}\boldsymbol{\Phi}_N\right)=(b_{ij}^{-1})_{p\times p}$对角线上第 i 个元素。定理证毕。

至此,我们较详细地讨论了自回归模型参数的估计问题。前面已经提到,也可以利用相关函数估计 $\hat{B}$ 及尤尔－瓦尔克定理对自回归模型参数进行估计,关于这方面的内容在参考文献[12]的第 5 章做了详细的论述。

15.6.2　ARMA(p,q)模型的参数估计

设$\{X(n),n=\cdots,-2,-1,0,1,2,\cdots\}$为 ARMA$(p,q)$序列,满足如下方程

$$\sum_{j=0}^{p}a_jX(n-j) = \sum_{j=0}^{q}b_j\xi(n-j) \tag{15.6.39}$$

其中,$\xi(n)$是均值为零,方差为 σ_ξ^2 的白色序列,且

$$a_0=b_0=1$$

下面分两种情况讨论参数$\{a_j,j=1,2,\cdots,p\}$和$\{b_j,j=1,2,\cdots,q\}$的估计。

第一种情况:如果$\{\xi(n)\}$是可观测的,这时用熟悉的最小二乘法即可求出参数$\{a_j,j=1,2,\cdots,p\}$及$\{b_j,j=1,2,\cdots,q\}$的估计及σ_ξ^2的估计,现将方程(15.6.39)式表示为

$$X(n)=\sum_{j=1}^{P}a_j[-X(n-j)]+\sum_{j=1}^{q}b_j\xi(n-j)+\xi(n),n=1,2,\cdots,N \quad (15.6.40)$$

令

$$\boldsymbol{\varphi}^{\mathrm{T}}(n)=[-X(n-1),-X(n-2),\cdots,-X(n-p),\xi(n-1),\xi(n-2),\cdots,\xi(n-q)]$$

$$\boldsymbol{a}^{\mathrm{T}}=[a_1,a_2,\cdots,a_p,b_1,b_2,\cdots,b_q]$$

$$\boldsymbol{X}^{\mathrm{T}}=[X(1),X(2),\cdots,X(N)],N>p+q$$

则(15.6.40)式化为

$$X(n)=\boldsymbol{\varphi}^{\mathrm{T}}(n)\boldsymbol{a}+\xi(n),n=1,2,\cdots,N \quad (15.6.41)$$

于是由最小二乘法可得

$$\hat{\boldsymbol{a}}_{\mathrm{LS}}=(\boldsymbol{\Phi}^{\mathrm{T}}\boldsymbol{\Phi})^{-1}\boldsymbol{\Phi}^{\mathrm{T}}\boldsymbol{X} \quad (15.6.42)$$

其中

$$\boldsymbol{\Phi}=\begin{bmatrix}\boldsymbol{\varphi}^{\mathrm{T}}(1)\\ \boldsymbol{\varphi}^{\mathrm{T}}(2)\\ \vdots\\ \boldsymbol{\varphi}^{\mathrm{T}}(N)\end{bmatrix}$$

这时 ARMA(p,q)的最小二乘估计模型为

$$\sum_{j=0}^{p}\hat{a}_jX(n-j)=\sum_{j=1}^{q}\hat{b}_j\xi(n-j)+\hat{e}_{\mathrm{LS}}(n) \quad (15.6.43)$$

其中,$\hat{a}_0=1$;$\hat{e}_{\mathrm{LS}}(n)$为估计残差。

记残差向量$\hat{\boldsymbol{e}}_{\mathrm{LS}}$为

$$\hat{\boldsymbol{e}}_{\mathrm{LS}}=[\hat{e}_{\mathrm{LS}}(1),\hat{e}_{\mathrm{LS}}(2),\cdots,\hat{e}_{\mathrm{LS}}(N)] \quad (15.6.44)$$

于是由统计学理论可知有如下结论(见本书上册9.1.2节和9.1.3节)。

(1)$\hat{\boldsymbol{e}}_{\mathrm{LS}}^{\mathrm{T}}\hat{\boldsymbol{e}}_{\mathrm{LS}}=(\boldsymbol{X}-\boldsymbol{\Phi}\hat{\boldsymbol{a}}_{\mathrm{LS}})^{\mathrm{T}}(\boldsymbol{X}-\boldsymbol{\Phi}\hat{\boldsymbol{a}}_{\mathrm{LS}})=\min\limits_{a\in\Theta}(\boldsymbol{X}-\boldsymbol{\Phi a})^{\mathrm{T}}(\boldsymbol{X}-\boldsymbol{\Phi a})$ (15.6.45)

其中,$\Theta=[a_1,a_2,\cdots,a_p,b_1,b_2,\cdots,b_q]$为参数空间。

(2)称$R_{\mathrm{oLS}}^2=\hat{\boldsymbol{e}}_{\mathrm{LS}}^{\mathrm{T}}\hat{\boldsymbol{e}}_{\mathrm{LS}}=(\boldsymbol{X}-\boldsymbol{\Phi}\hat{\boldsymbol{a}}_{\mathrm{LS}})^{\mathrm{T}}(\boldsymbol{X}-\boldsymbol{\Phi}\hat{\boldsymbol{a}}_{\mathrm{LS}})$为残差平方和,则$\hat{\boldsymbol{e}}_{\mathrm{LS}}$与$\hat{\boldsymbol{a}}_{\mathrm{LS}}$互不相关,即

$$\mathrm{cov}(\hat{\boldsymbol{e}}_{\mathrm{LS}},\hat{\boldsymbol{a}}_{\mathrm{LS}})=0 \quad (15.6.46)$$

(3)$E(\hat{\boldsymbol{e}}_{\mathrm{LS}})=0$ (15.6.47)

$$D(\hat{\boldsymbol{e}}_{\mathrm{LS}})=\sigma_\xi^2[\boldsymbol{I}_{N\times N}-\boldsymbol{\Phi}(\boldsymbol{\Phi}^{\mathrm{T}}\boldsymbol{\Phi})^{-1}\boldsymbol{\Phi}^{\mathrm{T}}] \quad (15.6.48)$$

(4)记

$$\hat{\sigma}_{\mathrm{LS}}^2=\frac{1}{N-(p+q)}R_{\mathrm{oLS}}^2=\frac{1}{N-(p+q)}\sum_{n=1}^{N}\hat{e}_{\mathrm{LS}}^2(n)$$

则

$$\sigma_\xi^2=E(\hat{\sigma}_{\mathrm{LS}}^2)=E\left[\frac{R_{\mathrm{oLS}}^2}{N-(p+q)}\right] \quad (15.6.49)$$

(5)设$\{\hat{\boldsymbol{e}}_{\mathrm{LS}}^2(1),\hat{\boldsymbol{e}}_{\mathrm{LS}}^2(2),\cdots,\hat{\boldsymbol{e}}_{\mathrm{LS}}^2(N)\}$为独立同分布,则

$$\sigma_\xi^2=\hat{\sigma}_{\mathrm{LS}}^2,N\to\infty,(\mathrm{as})\text{(由柯尔莫格洛夫强大数定理)} \quad (15.6.50)$$

(6)设$\boldsymbol{X}$服从正态分布,即$X\sim N(\boldsymbol{\Phi a},\sigma_\xi^2\boldsymbol{I}_N)$,则有

①$\hat{\boldsymbol{a}}_{\mathrm{LS}}=[\boldsymbol{\Phi}^{\mathrm{T}}\boldsymbol{\Phi}]^{-1}\boldsymbol{\Phi}^{\mathrm{T}}\boldsymbol{X}$ 是 $\boldsymbol{a}$ 的有效估计(即一致最小方差无偏估计),而

$$\begin{aligned}\hat{\sigma}_{\mathrm{LS}}^2&=\frac{1}{N-(p+q)}R_{\mathrm{oLS}}^2=\frac{1}{N-(p+q)}(\boldsymbol{X}-\boldsymbol{\Phi}\hat{\boldsymbol{a}}_{\mathrm{LS}})^{\mathrm{T}}(\boldsymbol{X}-\boldsymbol{\Phi}\hat{\boldsymbol{a}}_{\mathrm{LS}})\\&=\frac{1}{N-(p+q)}\sum_{n=1}^{N}e_{\mathrm{LS}}^2(n)\end{aligned}\tag{15.6.51}$$

是 σ_ξ^2 的渐近有效估计。

②$\hat{\boldsymbol{a}}_{\mathrm{LS}}\sim N(\boldsymbol{a},(\boldsymbol{\Phi}^{\mathrm{T}}\boldsymbol{\Phi})^{-1}\sigma_\xi^2)$ (15.6.52)

$$\hat{\boldsymbol{e}}_{\mathrm{LS}}=\boldsymbol{X}-\boldsymbol{\Phi}\hat{\boldsymbol{a}}_{\mathrm{LS}}\sim N(0,\sigma_\xi^2(\boldsymbol{I}_N-\boldsymbol{\Phi}(\boldsymbol{\Phi}^{\mathrm{T}}\boldsymbol{\Phi})^{-1}\boldsymbol{\Phi}^{\mathrm{T}}))\tag{15.6.53}$$

③$\hat{\boldsymbol{e}}_{\mathrm{LS}}$与$\hat{\boldsymbol{a}}_{\mathrm{LS}}$相互独立,$R_{\mathrm{oLS}}^2$与$\hat{\boldsymbol{a}}_{\mathrm{LS}}$相互独立

④$\dfrac{R_{\mathrm{oLS}}^2}{\sigma_\xi^2}=\dfrac{\hat{\boldsymbol{e}}_{\mathrm{LS}}^{\mathrm{T}}\hat{\boldsymbol{e}}_{\mathrm{LS}}}{\sigma_\xi^2}\sim\chi^2(N-p-q)$ (15.6.54)

⑤$\dfrac{\hat{a}_{\mathrm{LS}i}-a_i}{\left(\dfrac{c_{ii}R_{\mathrm{o}}^2}{N-p-q}\right)^{\frac{1}{2}}}\sim t(N-p-q),i=1,2,\cdots,p+q$ (15.6.55)

其中,$\hat{a}_{\mathrm{LS}i}$及 a_i 分别为$\hat{\boldsymbol{a}}_{\mathrm{LS}}$与 $\boldsymbol{a}$ 的第 i 个分量($i=1,2,\cdots,p+q$);c_{ii}为$(\boldsymbol{\Phi}^{\mathrm{T}}\boldsymbol{\Phi})^{-1}$对角线上第 i 个元素。

(7)在(6)的假设条件下,可以用极大似然法求出 $\boldsymbol{a}$ 和 σ_ξ^2 的极大似然估计,此时记

$$\boldsymbol{\xi}^{\mathrm{T}}\triangleq[\xi(1),\xi(2),\cdots,\xi(N)]$$

则 $\boldsymbol{\xi}^{\mathrm{T}}$ 的似然函数为

$$\begin{aligned}p(\boldsymbol{\xi}^{\mathrm{T}}|\boldsymbol{a},\sigma_\xi^2)&=(2\pi\sigma_\xi^2)^{-\frac{N}{2}}\exp\left\{\frac{-1}{2\sigma_\xi^2}\boldsymbol{\xi}^{\mathrm{T}}\boldsymbol{\xi}\right\}\\&=(2\pi\sigma_\xi^2)^{-\frac{N}{2}}\exp\left\{\frac{-1}{2\sigma_\xi^2}(\boldsymbol{X}-\boldsymbol{\Phi a})^{\mathrm{T}}(\boldsymbol{X}-\boldsymbol{\Phi a})\right\}\end{aligned}$$

对数似然函数为

$$\log p(\boldsymbol{\xi}^{\mathrm{T}}|\boldsymbol{a},\sigma_\xi^2)=-\frac{N}{2}\log 2\pi-\frac{N}{2}\log\sigma_\xi^2-\frac{1}{2\sigma_\xi^2}(\boldsymbol{X}-\boldsymbol{\Phi a})^{\mathrm{T}}(\boldsymbol{X}-\boldsymbol{\Phi a})\tag{15.6.56}$$

由

$$\left.\frac{\partial\log p(\boldsymbol{\xi}^{\mathrm{T}}|\boldsymbol{a},\sigma_\xi^2)}{\partial\boldsymbol{a}}\right|_{\substack{\boldsymbol{a}=\hat{\boldsymbol{a}}_{\mathrm{ML}}\\\sigma_\xi^2=\sigma_{\mathrm{ML}}^2}}=0$$

可得

$$\hat{\boldsymbol{a}}_{\mathrm{ML}}=[\boldsymbol{\Phi}^{\mathrm{T}}\boldsymbol{\Phi}]^{-1}\boldsymbol{\Phi}^{\mathrm{T}}\boldsymbol{X}\tag{15.6.57}$$

再由

$$\left.\frac{\partial\log p(\boldsymbol{\xi}^{\mathrm{T}}|\boldsymbol{a},\sigma_\xi^2)}{\partial\sigma_\xi^2}\right|_{\substack{\boldsymbol{a}=\hat{\boldsymbol{a}}_{\mathrm{ML}}\\\sigma_\xi^2=\sigma_{\mathrm{ML}}^2}}=0\tag{15.6.58}$$

可得

$$\begin{aligned}\sigma_{\mathrm{ML}}^2&=\frac{1}{N}(\boldsymbol{X}-\boldsymbol{\Phi}\hat{\boldsymbol{a}}_{\mathrm{ML}})^{\mathrm{T}}(\boldsymbol{X}-\boldsymbol{\Phi}\hat{\boldsymbol{a}}_{\mathrm{ML}})\\&=\frac{1}{N}\hat{\boldsymbol{e}}_{\mathrm{ML}}^{\mathrm{T}}\hat{\boldsymbol{e}}_{\mathrm{ML}}\\&=\frac{1}{N}R_{\mathrm{oML}}^2\end{aligned}\tag{15.6.59}$$

比较(15.6.42)式和(15.6.57)式可以看出

$$\hat{\boldsymbol{a}}_{\mathrm{LS}}=\hat{\boldsymbol{a}}_{\mathrm{ML}} \tag{15.6.60}$$

即参数 $\boldsymbol{a}$ 的最小二乘估计与极大似然估计是相同的,因此有

$$\hat{\boldsymbol{e}}_{\mathrm{LS}}^{\mathrm{T}}=\hat{\boldsymbol{e}}_{\mathrm{ML}}^{\mathrm{T}} \tag{15.6.61}$$

由(15.6.49)式和(15.6.59)式可以看出

$$\hat{\sigma}_{\mathrm{LS}}^{2}>\hat{\sigma}_{\mathrm{ML}}^{2} \tag{15.6.62}$$

但 $N\to\infty$ 当时,有 $\hat{\sigma}_{\mathrm{LS}}^{2}=\hat{\sigma}_{\mathrm{ML}}^{2}$此时有

$$\sigma_{\xi}^{2}=E(\hat{\sigma}_{\mathrm{LS}}^{2})=E(\hat{\sigma}_{\mathrm{ML}}^{2}),N\to\infty \tag{15.6.63}$$

第二种情况:如果 $\{\xi(n)\}$ 是不可观测的,通常可采用增广最小二乘法[67]来解决 ARMA(p,q)模型的参数估计,这种方法本质上就是参数估计和干扰估计同时进行,具体做法如下。

记

$$\hat{\boldsymbol{a}}^{\mathrm{T}}\triangleq[a_1,a_2,\cdots,a_p,b_1,b_2,\cdots b_q] \tag{15.6.64}$$

$$\boldsymbol{\varphi}_N^{\mathrm{T}}\triangleq[-X(N-1),-X(N-2),\cdots,-X(N-p),\hat{\xi}(N-1),\hat{\xi}(N-2),\cdots,\hat{\xi}(N-q)] \tag{15.6.65}$$

则在时刻 $N+1(N\geqslant p+q)$的参数向量 $\boldsymbol{a}$ 的递推增广最小二乘估计$\hat{\boldsymbol{a}}(N+1)$为

$$\hat{\boldsymbol{a}}(N+1)=\hat{\boldsymbol{a}}(N)+\boldsymbol{K}(N+1)\hat{\xi}(N+1) \tag{15.6.66}$$

$$\hat{\xi}(N+1)=[X(N+1)-\boldsymbol{\varphi}_{N+1}^{\mathrm{T}}\hat{\boldsymbol{a}}(N)] \tag{15.6.67}$$

$$\boldsymbol{K}(N+1)=\frac{\boldsymbol{P}_N\boldsymbol{\varphi}_{N+1}}{1+\boldsymbol{\varphi}_{N+1}^{\mathrm{T}}\boldsymbol{P}_N\boldsymbol{\varphi}_{N+1}} \tag{15.6.68}$$

$$\boldsymbol{P}_{N+1}=\left(\boldsymbol{I}-\frac{\boldsymbol{P}_N\boldsymbol{\varphi}_{N+1}\boldsymbol{\varphi}_{N+1}^{\mathrm{T}}}{1+\boldsymbol{\varphi}_{N+1}^{\mathrm{T}}\boldsymbol{P}_N\boldsymbol{\varphi}_{N+1}}\right)\boldsymbol{P}_N \tag{15.6.69}$$

通常初值选取为

$$\hat{\boldsymbol{a}}^{\mathrm{T}}(0)=0 \tag{15.6.70}$$

$$\boldsymbol{P}_{\mathrm{o}}=\boldsymbol{I}\times 10^4 \tag{15.6.71}$$

虽然这种算法在实际中得到了广泛应用,并且几乎所有的应用中都具有很好的收敛性,但是,Ljung 却给出了这种算法收敛性的反例,并提出改进方法[68]。进一步的研究表明,即使是在收敛的情况下,初值选取为(15.6.70)式及(15.6.71)式对 AMRA(p,q)模型参数估计性能的影响也是很大的。因此,在使用递推算法(15.6.66)式至(15.6.69)式时,如何选取初值$\hat{\boldsymbol{a}}(0)$及 $\boldsymbol{P}_{\mathrm{o}}$ 就是值得研究的问题。

为此我们介绍一种离线方式近似估计 AMRA(p,q)模型参数的算法,也可以把这种方法用来选取递推算法(15.6.66)式至(15.6.69)式算法的初值。

设 ARMA(p,q)模型为

$$\sum_{j=0}^{P}a_jX(n-j)=\sum_{j=0}^{q}b_j\xi(n-j) \tag{15.6.72}$$

其中,$a_0=b_0=1$,序列$\{\xi(n),n\geqslant1\}$为白色序列且 $E[\xi(n)]=0,D[\xi(n)]=\sigma_{\xi}^{2}$,并假定方程

$$\sum_{j=0}^{q}b_jz^{q-j}=0$$

的根均在单位圆内。我们的任务是依据$\{X(1),X(2),\cdots,X(N_0)\}$估计出 $a_j,b_k(j=1,2,\cdots,$

$p,k=1,2,\cdots,q$)及 σ_ξ^2。具体算法如下。

第一步,由已知序列$\{X(1),X(2),\cdots,X(N_0)\}$利用离线最小二乘法估计如下 AR($p^*$)模型

$$\sum_{j=0}^{p^*} a_j^* X(n-j) = e(n),a_0^* = 1 \tag{15.6.73}$$

的参数 $a_j^*,j=1,2,\cdots,p^*$,其中 p^* 为很大的正整数,在实际应用中取 $p^*>p+q$,序列$\{X(i),i=1,2,\cdots,N_0\}$中所含元素 $X(i)$个数 N_0 应取为 $N_0 \gg p^*$。

第二步,由$\{a_j^*,j=1,2,\cdots,p^*\}$及$\{X(i),i=1,2,\cdots,N_0\}$,利用(15.6.73)式可计算出残差序列$\{e(n),n=1,2,\cdots,N_0\}$。因为 $p^*>p+q$,所以可近似地有

$$e(n) \doteq \xi(n),n=1,2,\cdots,N_0 \tag{15.6.74}$$

及

$$\sigma_\xi^2 \doteq \frac{1}{N_0}\sum_{i=1}^{N_0} e^2(i) \tag{15.6.75}$$

这样一来,可得输入输出序列为

$$\{X(1),X(2),\cdots,X(N_0),\xi(1),\xi(2),\cdots,\xi(N_0)\}$$

第三步,由已知输入输出序列$\{X(1),X(2),\cdots,X(N_0),\xi(1),\xi(2),\cdots,\xi(N_0)\}$,再一次利用离线最小二乘法估计 ARMA($p,q$)模型的参数 $a_j,b_k(j=1,2,\cdots,p,k=1,2,\cdots,q)$。事实上,由

$$X(n) = \sum_{j=1}^{p} a_j[-X(n-j)] + \sum_{j=1}^{q} b_j\xi(n-j) + \xi(n)$$

令

$$\boldsymbol{\varphi}^{\mathrm{T}}(n) \triangleq [-X(n-1),-X(n-2),\cdots,-X(n-p),\xi(n-1),\xi(n-2),\cdots,\xi(n-q)]$$
$$\boldsymbol{a}^{\mathrm{T}} \triangleq [a_1,a_2,\cdots,a_p,b_1,b_2,\cdots,b_q] \tag{15.6.76}$$

则由最小二乘法可得

$$\hat{\boldsymbol{a}} = (\boldsymbol{\Phi}^{\mathrm{T}}\boldsymbol{\Phi})^{-1}\boldsymbol{\Phi}^{\mathrm{T}}\boldsymbol{X} \tag{15.6.77}$$

其中

$$\boldsymbol{\Phi} = \begin{bmatrix} \boldsymbol{\varphi}^{\mathrm{T}}(1) \\ \boldsymbol{\varphi}^{\mathrm{T}}(2) \\ \vdots \\ \boldsymbol{\varphi}^{\mathrm{T}}(N_0) \end{bmatrix}$$

$$\boldsymbol{X}^{\mathrm{T}} = [X(1),X(2),\cdots,X(N_0)]$$

这样一来,ARMA(p,q)模型参数 $a_j,b_k(j=1,2,\cdots,p,k=1,2,\cdots,q)$及 σ_ξ^2 由(15.6.77)式及(15.6.75)式就估计出来了。

前面提到过,当采用递推增广最小二乘法(15.6.66)式至(15.6.69)式对 ARMA(p,q)模型参数进行递推估计时,可利用(15.6.77)式估计参数初值为$\hat{a}(N_0)$,而 P_{N_0} 取为

$$P_{N_0} = (\boldsymbol{\Phi}^{\mathrm{T}}\boldsymbol{\Phi})^{-1}$$
$$= \left[\begin{bmatrix} \boldsymbol{\varphi}^{\mathrm{T}}(1) \\ \boldsymbol{\varphi}^{\mathrm{T}}(2) \\ \vdots \\ \boldsymbol{\varphi}^{\mathrm{T}}(N_0) \end{bmatrix}^{\mathrm{T}} \begin{bmatrix} \boldsymbol{\varphi}^{\mathrm{T}}(1) \\ \boldsymbol{\varphi}^{\mathrm{T}}(2) \\ \vdots \\ \boldsymbol{\varphi}^{\mathrm{T}}(N_0) \end{bmatrix}\right]^{-1}$$

$$= \left[\sum_{i=1}^{N_0} \boldsymbol{\varphi}(i) \boldsymbol{\varphi}^{\mathrm{T}}(i) \right]^{-1} \tag{15.6.78}$$

其中,$\boldsymbol{\varphi}(i)(i=1,2,\cdots,N_0)$由(15.6.76)式表示。这时递推算法(15.6.66)式至(15.6.69)式应从 $N \geqslant N_0$ 递推计算。

应当指出,采用(15.6.77)式及(15.6.78)式作为初值进行递推估计要比采用(15.6.70)式及(15.6.71)式作为初值进行递推估计大大地改善了参数估计性能,提高了估计精度。

如果我们取0.95作为置信度,那么各参数的置信区间近似地为

$$[[a_i]] \triangleq \hat{a}_i(N) \pm 2[h_i(N)S(N)/(N-p-q)]^{\frac{1}{2}} \tag{15.6.79}$$

$$[[b_k]] \triangleq \hat{b}_k(N) \pm 2[h_{p+k}(N)S(N)/(N-p-q)]^{\frac{1}{2}}, i=1,2,\cdots,p, k=1,2,\cdots,q \tag{15.6.80}$$

其中,残差平方和 $S(N)$ 由如下递推公式

$$S(N+1) = S(N) + \boldsymbol{K}^{\mathrm{T}}(N+1)\boldsymbol{P}_N^{-1}\boldsymbol{K}(N+1) \cdot$$
$$[X(N+1) - \boldsymbol{\varphi}_{N+1}^{\mathrm{T}}\hat{\boldsymbol{a}}(N)]^2 + [X(N+1) - \boldsymbol{\varphi}_{N+1}^{\mathrm{T}}\hat{\boldsymbol{a}}(N+1)]^2, N \geqslant N_0 \tag{15.6.81}$$

计算,$h_i(N)$为方阵 $\boldsymbol{P}_N$ 对角线上第 i 个元素。

至此,我们完成了 AR(p)模型和 ARMA(p,q)模型的参数估计。

15.7 时间序列建模的 F 准则和 AIC 准则

15.7.1 AR(p)模型建模的 F 准则

在上一节讨论了 AR(p)模型(15.6.1)式当阶数 p 已知时的参数估计问题。现在来讨论当阶数 p 未知时如何由观测序列$\{X(n), n=1,2,\cdots,N\}$建模出一个自回归模型。通常的做法是这样:阶数 p 从零开始逐步递增,每增加一阶就建模出一个自回归模型 AR(p),并计算出 AR(p)的残差平方和 $S_p(N)$。我们认为,一个合理的自回归模型 AR(p)应当具有较小的残差平方和 $S_p(N)$,而且相邻阶的残差平方和 $S_{p+1}(N)$ 与 $S_p(N)$ 的变化并不显著。为了具体地按上面的要求建模出自回归模型 AR(p),现引入 AR(p)模型建模的 F 准则。

定理 15.7.1 AR(p)模型建模的 F 准则 设$\{X(n), n=1,2,\cdots,N\}$为零均值正态平稳随机序列的一个样本。利用定理15.6.1中的递推最小二乘算法分别拟合出阶数相邻的自回归模型 AR(p)及 AR($p+1$)并计算出相应的残差平方和 $S_p(N)$ 和 $S_{p+1}(N)$(见引理(15.6.3)),记

$$S_\Delta(N) \triangleq S_p(N) - S_{p+1}(N) \tag{15.7.1}$$

则

$$F_P = \frac{S_\Delta(N)(N-p)}{S_{p+1}(N)} \sim F(1, N-p) \tag{15.7.2}$$

即统计量 $S_\Delta(N)(N-p)/S_{P+1}(N)$服从 $F(1,N-p)$分布。

证明 相对于 AR($p+1$)模型来说,AR(p)模型就是一个参数具有一维约束的最小二乘模型,于是利用参数具有线性约束的最小二乘估计定理(见上册定理9.1.7)立得该结论。

定理证毕。

根据这个定理,利用 F 准则建模有如下方法:

(1)首先选定显著水平 a(通常 $a=0.05$ 或 0.01),并查 $F(1,N-p)$ 分布表可得临界值 F_a。

(2)若 $F_p \geqslant F_a$,说明残差平方和变化显著,故模型 AR(p)是不合理的,阶数增加 1 继续建模。若 $F_p < F_a$,说明残差平方和变化不显著,故模型 AR(p)是合理的,拟合过程结束。

例 15.7.1　现有机械振动位移 $X(n)$ 随时间 n 变化的序列 $\{X(n), n=1,2,\cdots,130\}$(数据省略),阶数 p 从零开始逐步递增建模出模型 AR(p)并计算出相应的残差平方和 $S_P(N)$,现将结果列入表 15.7.1。

表 15.7.1　例 15.7.1 的结果列表

参数	自回归模型 AR(p)			
	AR(0)	AR(1)	AR(2)	AR(3)
$\hat{a}_1$		0.9	1.449	1.366
$\hat{a}_2$			-0.606	-0.409
$\hat{a}_3$				-0.134
$S_P(N)$	9 217.40	1 712.32	1 076.99	1 054.87

然后按(15.7.2)式计算出当 $p=0,1,2$ 时的 F_p 值如表 15.7.2 所示。

表 15.7.2　$p=0,1,2$ 时的 F_p 值

p	0	1	2
F_p	565.4	75.5	2.66

选定显著水平 $a=0.05$,并查 $F(1,128)$ 分布表有 $F_a=3.92$。因为 $F_2=2.66<3.92=F_a$,所以该序列关于显著水平 $a=0.05$ 的合理的自回归模型应是 AR(2),或者说合理的阶数应是 $p=2$。

上面介绍的 AR(p)模型阶数的判决方法是一种常用的方法,但是应当看到,这种判决的结果有很大的人为的性质,如果将显著水平 a 人为地变动一下,那么阶数会有很大变化,例如就上面的例子,若取 $a=0.01$,则合理的阶数 p 应是 13 以上,正因为存在这样一个问题,所以在实际应用中经常采用 AIC 准则[64]来判决 AR(p)模型的阶数 p。

15.7.2　ARMA(p,q)模型建模的 AIC 准则[64]

AIC 准则是 A. Kaike 于 1973 年提出的关于时间序列建模的一个准则[64],该准则在时间序列建模中得到广泛的应用。为了深入讨论 AIC 准则,先引入如下定义。

定义 15.7.1　K-L(Kullback-Lelibler)信息量　设 $\boldsymbol{X}=[X_1,X_2,\cdots,X_n]$ 是 n 维随机向量,它的真实联合条件密度函数为 $p(\boldsymbol{x}|\boldsymbol{\beta}_0)$,其中,$\boldsymbol{\beta}_0$ 是真实参数向量,又设所有可能的参数向量 $\boldsymbol{\beta}$ 的集合为参数空间 $\boldsymbol{\Theta}$,即 $\boldsymbol{\Theta}=\{\boldsymbol{\beta}\}$,显然有 $\boldsymbol{\beta}_0\in\boldsymbol{\Theta}$,对任意 $\boldsymbol{\beta}\in\boldsymbol{\Theta}$ 有联合条件密度函数 $p(\boldsymbol{x}|\boldsymbol{\beta})$,则定义

$$I[p(\boldsymbol{x}|\boldsymbol{\beta}_0),p(\boldsymbol{x}|\boldsymbol{\beta})] \triangleq E[\log p(\boldsymbol{x}|\boldsymbol{\beta}_0)]-E[\log p(\boldsymbol{x}|\boldsymbol{\beta})]$$

$$= E\left[\log\left(\frac{p(\boldsymbol{x}\mid\boldsymbol{\beta}_0)}{p(\boldsymbol{x}\mid\boldsymbol{\beta})}\right)\right] \tag{15.7.3}$$

为 **K - L 信息量**。

定理 15.7.2 对于 K - L 信息量有

$$I[p(\boldsymbol{x}\mid\boldsymbol{\beta}_0), p(\boldsymbol{x}\mid\boldsymbol{\beta})] \geqslant 0 \tag{15.7.4}$$

当且仅当 $\boldsymbol{\beta}=\boldsymbol{\beta}_0$ 时有

$$I[p(\boldsymbol{x}\mid\boldsymbol{\beta}_0), p(\boldsymbol{x}\mid\boldsymbol{\beta})] = 0 \tag{15.7.5}$$

证明

$$\begin{aligned} I[p(\boldsymbol{x}\mid\boldsymbol{\beta}_0), p(\boldsymbol{x}\mid\boldsymbol{\beta})] &= -E\left[\log\left(\frac{p(\boldsymbol{x}\mid\boldsymbol{\beta})}{p(\boldsymbol{x}\mid\boldsymbol{\beta}_0)}\right)\right] \\ &\geqslant -\log E\left(\frac{p(\boldsymbol{x}\mid\boldsymbol{\beta})}{p(\boldsymbol{x}\mid\boldsymbol{\beta}_0)}\right)(\text{由詹森不等式}) \\ &= -\log\int\frac{p(\boldsymbol{x}\mid\boldsymbol{\beta})}{p(\boldsymbol{x}\mid\boldsymbol{\beta}_0)}p(\boldsymbol{x}\mid\boldsymbol{\beta}_0)\,\mathrm{d}\boldsymbol{x} = -\log 1 = 0 \end{aligned}$$

当且仅当 $\boldsymbol{\beta}=\boldsymbol{\beta}_0$ 时有

$$I[p(\boldsymbol{x}\mid\boldsymbol{\beta}_0), p(\boldsymbol{x}\mid\boldsymbol{\beta})]\big|_{\beta=\beta_0} = E(\log 1) = 0$$

定理证毕。

说明 该定理告诉我们,使 K - L 信息量最小的参数向量 $\boldsymbol{\beta}$ 就更接近于真实的参数向量 $\boldsymbol{\beta}_0$,基于这个结论产生了 AIC 判别准则。

定理 15.7.3 AIC **准则**[64,65,66] 设 $\boldsymbol{X}\triangleq[X_1,X_2,\cdots,X_n]$ 是取自模型总体的一个样本,$\{p(\boldsymbol{x}\mid\boldsymbol{\beta}),\boldsymbol{\beta}\in\boldsymbol{\Theta}\}$ 是样本的联合条件密度函数,定义样本 $\boldsymbol{X}$ 的极大似然函数为

$$L_X(\hat{\boldsymbol{\beta}}, S_X(\hat{\boldsymbol{\beta}}))$$

其中,$\hat{\boldsymbol{\beta}}\triangleq[\hat{\beta}_1,\hat{\beta}_2,\cdots,\hat{\beta}_k]$ 是参数向量的极大似然估计,k 是参数个数;$S_X(\hat{\boldsymbol{\beta}})$ 是极大似然估计的残差平方和,现定义

$$\mathrm{AIC}(\hat{\boldsymbol{\beta}}) \triangleq -2\log[L_X(\hat{\boldsymbol{\beta}}, S_X(\hat{\boldsymbol{\beta}}))] + 2k \tag{15.7.6}$$

则

$$\lim_{n\to\infty}\mathrm{AIC}(\hat{\boldsymbol{\beta}}) = E\{I[p(\boldsymbol{x}\mid\boldsymbol{\beta}_0), p(\boldsymbol{x}\mid\boldsymbol{\beta})]\} \tag{15.7.7}$$

即 $\mathrm{AIC}(\hat{\boldsymbol{\beta}})$ 是 K - L 信息量 $I[p(\boldsymbol{x}\mid\boldsymbol{\beta}_0), p(\boldsymbol{x}\mid\boldsymbol{\beta})]$ 一致渐近无偏估计。

该定理的证明见文献[64]、文献[65]、文献[66]。

说明 该定理告诉我们,使 $\mathrm{AIC}(\hat{\boldsymbol{\beta}})$ 为最小的 $\hat{\boldsymbol{\beta}}$ 值,从平均的意义上来说,就会使 K - L 信息量为最小,因此,这个参数估计 $\hat{\boldsymbol{\beta}}\triangleq[\hat{\beta}_1,\hat{\beta}_2,\cdots,\hat{\beta}_k]$ 就是最优参数估计。也就是说,$\hat{\boldsymbol{\beta}}$ 最接近于真实参数 $\boldsymbol{\beta}_0$,这其中包括每个参数估计 $\hat{\beta}_1,\hat{\beta}_2,\cdots,\hat{\beta}_k$ 以及参数个数估计 $\hat{k}$。

定理 15.7.4 设 $\boldsymbol{X}\triangleq[X(1),X(2),\cdots,X(N)]$ 是取自参数向量为 $\boldsymbol{\beta}^{\mathrm{T}}=[a_1,a_2,\cdots,a_p,b_1,b_2,\cdots,b_q]$ 和 σ_ξ^2 的零均值正态 ARMA(p,q) 序列的样本(见(15.6.39)式),且 $N\gg p+q$,则有

$$\mathrm{AIC}(\hat{\boldsymbol{\beta}}) = N\log(\hat{\sigma}_\xi^2) + 2(p+q) \tag{15.7.8}$$

其中

$$\hat{\sigma}_\xi^2 = \frac{1}{N}(\boldsymbol{X}-\boldsymbol{\Phi}\hat{\boldsymbol{\beta}})^{\mathrm{T}}(\boldsymbol{X}-\boldsymbol{\Phi}\hat{\boldsymbol{\beta}})(\text{见(15.6.59)式}) \tag{15.7.9}$$

$\hat{\boldsymbol{\beta}}$是基于 $\boldsymbol{X}$ 的关于 $\boldsymbol{\beta}$ 的极大似然估计(最小二乘估计)

$$\boldsymbol{\Phi}=\begin{bmatrix}\boldsymbol{\varphi}^{\mathrm{T}}(1)\\ \boldsymbol{\varphi}^{\mathrm{T}}(2)\\ \vdots\\ \boldsymbol{\varphi}^{\mathrm{T}}(N)\end{bmatrix} \tag{15.7.10}$$

$$\boldsymbol{\varphi}^{\mathrm{T}}(n)=[-\boldsymbol{X}(n-1),-\boldsymbol{X}(n-2),\cdots,-\boldsymbol{X}(n-p),\xi(n-1),\xi(n-2),\cdots,\xi(n-q)],\quad n=1,2,\cdots,N \tag{15.7.11}$$

证明　由 ARMA(p,q)模型有((15.6.39)式)

$$\sum_{j=0}^{P}a_jX(n-j)=\sum_{j=1}^{q}b_j\xi(n-j)+\xi(n)$$

再由定理给出的条件知 $\boldsymbol{\xi}^{\mathrm{T}}=[\xi(1),\xi(2),\cdots,\xi(N)]$服从联合正态分布,其密度函数为

$$p(\boldsymbol{\xi})=(2\pi\sigma_{\xi}^{2})^{-\frac{N}{2}}\exp\left\{-\frac{\boldsymbol{\xi}^{\mathrm{T}}\boldsymbol{\xi}}{2\sigma_{\xi}^{2}}\right\}$$

其中

$$\boldsymbol{\xi}=(\boldsymbol{X}-\boldsymbol{\Phi\beta})$$

$$\boldsymbol{\beta}^{\mathrm{T}}=[a_1,a_2,\cdots,a_p,b_1,b_2,\cdots,b_q]$$

$$\boldsymbol{\varphi}^{\mathrm{T}}(n)=[-X(n-1),-X(n-2),\cdots,-X(n-p),\xi(n-1),\xi(n-2),\cdots,\xi(n-q)],\quad n=1,2,\cdots,N$$

$$\boldsymbol{X}^{\mathrm{T}}=[X(1),X(2),\cdots,X(N)],N\gg p+q$$

$$\boldsymbol{\Phi}=\begin{bmatrix}\boldsymbol{\varphi}^{\mathrm{T}}(1)\\ \boldsymbol{\varphi}^{\mathrm{T}}(2)\\ \vdots\\ \boldsymbol{\varphi}^{\mathrm{T}}(N)\end{bmatrix}$$

于是 $\boldsymbol{\beta}$ 的极大似然估计(最小二乘估计)为

$$\hat{\boldsymbol{\beta}}=(\boldsymbol{\Phi}^{\mathrm{T}}\boldsymbol{\Phi})^{-1}\boldsymbol{\Phi}^{\mathrm{T}}\boldsymbol{X} \tag{15.7.12}$$

$\hat{\sigma}_{\xi}^{2}$ 的极大似然估计为

$$\hat{\sigma}_{\xi}^{2}=\frac{1}{N}(\boldsymbol{X}-\boldsymbol{\Phi}\hat{\boldsymbol{\beta}})^{\mathrm{T}}(\boldsymbol{X}-\boldsymbol{\Phi}\hat{\boldsymbol{\beta}})=\frac{1}{N}\hat{\boldsymbol{\xi}}^{\mathrm{T}}\hat{\boldsymbol{\xi}}\triangleq\frac{1}{N}S_X(\hat{\boldsymbol{\beta}}) \tag{15.7.13}$$

由此可知,极大对数似然函数为

$$\begin{aligned}\log[L_X(\hat{\boldsymbol{\beta}},S_X(\hat{\boldsymbol{\beta}}))]&=\log\left[(2\pi\hat{\sigma}_{\xi}^{2})^{-\frac{N}{2}}\exp\left\{-\frac{1}{2\sigma_{\xi}^{2}}S_X(\hat{\boldsymbol{\beta}})\right\}\right]\\&=-\frac{N}{2}\log(2\pi)-\frac{N}{2}\log(\hat{\sigma}_{\xi}^{2})-\frac{1}{2\hat{\sigma}_{\xi}^{2}}S_X(\hat{\boldsymbol{\beta}})\\&=-\frac{N}{2}\log(2\pi)-\frac{N}{2}\log(\hat{\sigma}_{\xi}^{2})-\frac{N}{2}\end{aligned}$$

于是由定理 15.7.3 中引入的关于 $\hat{\boldsymbol{\beta}}$ 的 AIC$(\hat{\boldsymbol{\beta}})$定义可知

$$\begin{aligned}\mathrm{AIC}(\hat{\boldsymbol{\beta}})&=-2\log[L_X(\hat{\boldsymbol{\beta}},S_X(\hat{\boldsymbol{\beta}}))]+2(p+q+1)\\&=-2\left[-\frac{N}{2}\log(2\pi)-\frac{N}{2}\log(\hat{\sigma}_{\xi}^{2})-\frac{N}{2}\right]+2(p+q+1)\\&=N\log(\hat{\sigma}_{\xi}^{2})+2(p+q)+[N\log(2\pi)+N+2]\end{aligned} \tag{15.7.14}$$

在样本容量 N 固定的情况下,对参数估计 $\hat{\boldsymbol{\beta}}$ 的 $\text{AIC}(\hat{\boldsymbol{\beta}})$ 值进行比较时,可以去掉共同项 $[N\log(2\pi)+N+2]$,于是有

$$\begin{aligned}\text{AIC}(\hat{\boldsymbol{\beta}}) &= N\log(\hat{\sigma}_\xi^2)+2(p+q)\\ &= N\log\left(\frac{1}{N}S_X(\hat{\boldsymbol{\beta}})\right)+2(p+q)\end{aligned}$$

定理证毕

说明 在实际应用中,有时用 $\frac{1}{N}\text{AIC}(\hat{\boldsymbol{\beta}})$ 作为准则,其结果是一样的,于是有

$$\frac{1}{N}\text{AIC}(\hat{\boldsymbol{\beta}}) = \log(\hat{\sigma}_\xi^2)+\frac{2(p+q)}{N} \tag{15.7.15}$$

推论 15.7.1 设 $\boldsymbol{X}\triangleq[X(1),X(2),\cdots,X(N)]$ 是取自参数向量为 $\boldsymbol{\beta}=[a_1,a_2,\cdots,a_p]$ 和 σ_ξ^2 的零均值正态 $\text{AR}(p)$ 序列的样本且 $N\gg p$,则

$$\text{AIC}(\hat{\boldsymbol{\beta}}) = N\log(\hat{\sigma}_\xi^2)+2p \tag{15.7.16}$$

其中

$$\hat{\sigma}_\xi^2 = \frac{1}{N}(\boldsymbol{X}-\boldsymbol{\Phi}\hat{\boldsymbol{\beta}})^{\mathrm{T}}(\boldsymbol{X}-\boldsymbol{\Phi}\hat{\boldsymbol{\beta}}) \tag{15.7.17}$$

$\hat{\boldsymbol{\beta}}$ 是基于 $\boldsymbol{X}$ 关于 $\boldsymbol{\beta}$ 的极大似然估计(最小二乘估计)

$$\boldsymbol{\Phi}=\begin{bmatrix}\boldsymbol{\varphi}^{\mathrm{T}}(1)\\ \boldsymbol{\varphi}^{\mathrm{T}}(2)\\ \vdots\\ \boldsymbol{\varphi}^{\mathrm{T}}(N)\end{bmatrix} \tag{15.7.18}$$

$$\boldsymbol{\varphi}^{\mathrm{T}}(n)=[-X(n-1),-X(n-2),\cdots,-X(n-p)],n=1,2,\cdots,N \tag{15.7.19}$$

这个推论的证明和定理 15.7.4 的证明相同,故略去。

有了 AIC 建模准则及观测样本 $[X(1),X(2),\cdots,X(N)]$ 以后,$\text{ARMA}(p,p)$ 模型(包括 $\text{AR}(p)$ 模型)的建模方法为以下步骤:

(1)从 $p=1$ 开始,依次递增地建模 $\text{ARMA}(p,p)$ 模型并依次计算残差平方和 $S_p(\hat{\boldsymbol{\beta}}_p)$,$(p=1,2,\cdots)$,其中,$\hat{\boldsymbol{\beta}}_p=[\hat{a}_1,\hat{a}_2,\cdots,\hat{a}_p,\hat{b}_1,\hat{b}_2,\cdots,\hat{b}_p]$ 为参数向量估计。

(2)从 $p=1$ 开始,依次计算参数估计 $\hat{\boldsymbol{\beta}}_p$ 的 $\text{AIC}_p(\hat{\boldsymbol{\beta}}_p)$ 值且为

$$\text{AIC}_p(\hat{\boldsymbol{\beta}}_p) = N\log\left(\frac{1}{N}S_p(\hat{\boldsymbol{\beta}}_p)\right)+4p,p=1,2,\cdots \tag{15.7.20}$$

(3)当 $p=\hat{p}$ 时有

$$\text{AIC}_{\hat{p}}(\hat{\boldsymbol{\beta}}_{\hat{p}}) = \min_{p\geqslant 1}\text{AIC}_p(\hat{\boldsymbol{\beta}}_p) \tag{15.7.21}$$

则合理的 $\text{ARMA}(\hat{p},\hat{p})$ 模型为

$$\sum_{j=0}^{\hat{p}}\hat{a}_jX(n-j) = \sum_{j=0}^{\hat{p}}\hat{b}_j\xi(n-j) \tag{15.7.22}$$

$$\hat{a}_0=\hat{b}_0=1$$

且

$$\hat{\sigma}_\xi^2=\frac{1}{N}S_{\hat{p}}(\hat{\boldsymbol{\beta}}_{\hat{p}})$$

(4)按(15.6.79)式及(15.6.80)式计算参数 $a_i,b_i(i=1,2,\cdots,\hat{p})$ 的置信区间,如果置信区间 $[[\hat{a}_i]],[[\hat{b}_i]](i=1,2,\cdots,\hat{p})$ 中包含有零,则可取 $\hat{a}_i=0$ 或 $\hat{b}_i=0$ 代入(15.7.22)式,否则各参数估计 $\hat{a}_i,\hat{b}_i$ 不变。

例 15.7.2　我们仍考察例 15.7.1 的计算实例来说明利用 AIC 准则建模的方法。取机械振动位移观测序列 $\{X(n),n=1,2,\cdots,130\}$,依次递增阶数来建模自回归模型 AR($p$)($p=1,2,\cdots,13$),并计算出相应的残差平方和 $S_p(N)$,列入表 15.7.3。

表 15.7.3　例 15.7.2 计算结果

参数	自回归模型 AR(p)										
	AR(0)	AR(1)	AR(2)	AR(3)	AR(4)	AR(5)	AR(6)	AR(7)	AR(8)	AR(9)	AR(10)
$\hat{a}_1$		0.900	1.449	1.366	1.373	1.365	0.330	1.312	1.302	1.307	1.314
$\hat{a}_2$			-0.606	-0.409	-0.391	-0.354	-0.313	-0.321	-0.312	-0.304	-0.321
$\hat{a}_3$				-0.135	-0.197	-0.126	-0.103	-0.079	-0.089	-0.097	-0.097
$\hat{a}_4$					0.045	-0.209	-0.154	-0.137	-0.127	-0.118	-0.109
$\hat{a}_5$						0.186	-0.043	0.037	0.037	0.023	0.008
$\hat{a}_6$							0.169	-0.078	-0.025	-0.017	-0.001
$\hat{a}_7$								0.168	0.042	-0.028	-0.031
$\hat{a}_8$									0.081	0.241	0.308
$\hat{a}_9$										-0.105	-0.265
$\hat{a}_{10}$											0.103
$S_p(N)$	9217	1712	1076	1054	1051	1001	984	957	950	944	937
$I(p)$	4.261	2.593	2.144	2.139	2.152	2.118	2.116	2.104	2.112	2.121	2.129

由上面的计算可知,当 $p=7$ 时有 $I(7)=\min$,所以按 AIC 准则判决合理的回归模型应是 AR(7)。在本节后面的例子中,我们将会看到,利用 AIC 准则所得到的判决结果的确是合适的。

应指出,在本例计算中取 $\frac{1}{N}\text{AIC}_p(\hat{\boldsymbol{\beta}}_p)$ 作为建模准则(下同)(见(15.7.5)式),即

$$I(p)\triangleq\frac{1}{N}\text{AIC}_p(\hat{\boldsymbol{\beta}}_p)$$

$$S_p(N)\triangleq S_p(\hat{\boldsymbol{\beta}}_p)$$

例 15.7.3　有如下系统模型

$$\sum_{j=0}^{p}a_jX(n-j)=\sum_{j=1}^{p}c_ju(n-j)+\sum_{j=0}^{p}b_j\xi(n-j)$$

$\{u(k),k=1,2,\cdots\}$ 为控制序列,通常称之为受控的自回归滑动平均模型,并记 CARMA(p,p,p),其中,$\{u(k),k=1,2,\cdots,300\}$ 为二位(±1)伪随机信号且为已知,$\{\xi(k),k=1,2,\cdots,300\}$ 为白色且服从正态 $N(0,1)$ 分布的随机序列,$\{X(k),k=1,2,\cdots,300\}$ 为测量到的已知序列,我们的任务是由已知的测量序列 $\{X(k),k=1,2,\cdots,300\}$ 及输入序列 $\{u(k),k=1,2,\cdots,$

300}按增广最小二乘法建模出 CARMA(p,p,p)模型,为此取未知向量为

$$\boldsymbol{\beta}^{\mathrm{T}} \triangleq [a_1, a_2, \cdots, a_p, c_1, c_2, \cdots, c_p, b_1, b_2, \cdots, b_p]$$

并记

$$\boldsymbol{\varphi}^{\mathrm{T}}(n) \triangleq [-X(n-1), -X(n-2), \cdots, -X(n-p), u(n-1), u(n-2), \cdots, u(n-p), \xi(n-1), \xi(n-2), \cdots, \xi(n-p)]$$

然后按(15.6.66)式至(15.6.69)式从 $p=1$ 开始依次递增地建模 CARMA 序列模型。结果列入表 15.7.4。

表 15.7.4 例 15.7.3 计算结果

阶数 p	$a_i(i=1,2,\cdots,p)$	$b_i(i=1,2,\cdots,p)$	$c_i(i=1,2,\cdots,p)$	$S_p(N)$	F_p	$I(p)$
1	-0.995	1.00	62.10	487.2	40.15	0.5049
2	-1.979 0.985	1.66 0.97	4.90 4.39	345.6	23.33	0.1815
3	-2.851 2.717 -0.865	0.72 0.20 0.03	1.06 0.81 1.05	278.6	0.90	-0.0140
4	-2.278 1.080 0.697 -0.498	1.31 0.65 0.21 0.09	1.08 1.49 1.51 0.47	276.0		-0.0034

在此例的计算中应当指出,统计量 F_p 及 AIC 数值 $I(p)$ 的计算公式为

$$F_p = \frac{[S_p(N) - S_{p+1}(N)][N-3p]}{S_{p+1}(N)} \tag{15.7.23}$$

由定理 15.7.1 可知,F_p 服从 $F(1,N-3p)$ 分布,以及

$$I(p) = \log(S_p(\hat{\beta}_p)/N) + \frac{6p}{N} \text{(见(15.7.15)式)} \tag{15.7.24}$$

如果选定显著水平 $a=0.05$,则由 $F(1.300-3p)$ 分布可查临界值 $F_a=3.87$。因为 $F_2=23.33>3.87$,而 $F_3=0.90<F_a=3.87$,则由 F 检验法判决结果是合理的阶数 $\hat{p}=3$。另一方面,因为 $I(3)=\min$,所以由 AIC 准则判决结果也是 $\hat{p}=3$。这说明在此例中,两种判决阶数 p 的方法所得到的结果是一致的。这样一来,合理的 CARMA$(\hat{p},\hat{p},\hat{p})$模型是

$$\begin{aligned} &X(n) - 2.851X(n-1) + 2.717X(n-2) - 0.865X(n-3) \\ &= 1.06u(n-1) + 0.81u(n-2) + 1.05u(n-3) + \xi(n) + \\ &\quad 0.72\xi(n-1) + 0.2\xi(n-2) + 0.03\xi(n-3) \end{aligned}$$

15.8　应用例子 1——关于海浪功率谱的有理谱建模及其仿真[74]

15.8.1　引言

关于海浪理论的研究不仅对于海洋工程有重要意义[38]。而且对于船舶在航行中的耐波控制，特别是实现最优控制策略也是有重要作用[39,69,70]。关于海浪的仿真有很多方法[41,73,74,75]，这里所讨论的方法是基于有理谱理论，利用最小二乘法对海浪谱进行有理谱建模，进而构造出成形滤波器，这种方法对于实现船舶在海浪干扰下的最优控制是必要而且有效的。

关于海浪谱的有理谱建模，国外已有报道[72]。Mikio 和 Hino 等人曾用有理谱逼近海浪谱从而实现有理谱建模[72]，但是，他们所得到的结果是高阶成形滤波器，这在工程上难于应用，这里首先推导关于有理谱的若干性质，然后利用最小二乘法实现海浪谱的有理谱建模，依此所构造的成形滤波器是四阶的，仿真结果表明，该方法对于工程应用是可取的。

15.8.2　关于有理谱的若干性质

首先给出有理谱定义。

定义 15.8.1　设 $S_X(\omega)$ 是实平稳随机过程 $\{X(t),t\in T\}$ 的功率谱密度函数，如果 $S_X(\omega)$ 可以表为

$$S_X(\omega)=\frac{P(\omega)}{Q(\omega)} \tag{15.8.1}$$

其中，$P(\omega)$ 与 $Q(\omega)$ 均为 ω 的实系数多项式

$$P(\omega)=b_0\omega^m+b_1\omega^{m+1}+\cdots+b_{m-1}\omega+b_m \tag{15.8.2}$$

$$Q(\omega)=\omega^n+a_1\omega^{n-1}+\cdots+a_{n-1}\omega+a_n \tag{15.8.3}$$

并且 $n>m$，则称 $S_X(\omega)$ 是平稳过程 $\{X(t),t\in T\}$ 的**有理功率谱密度函数**，简称**有理谱**。

平稳过程 $\{X(t),t\in T\}$ 有理谱 $S_X(\omega)$ 有如下性质。

定理 15.8.1　设 $S_X(\omega)$ 为实平稳过程 $\{X(t),t\in T\}$ 的有理谱，则 $S_X(\omega)$ 在 ω 的实轴上无极点且

$$n\geqslant m+2 \tag{15.8.4}$$

说明　由平稳过程二阶矩有界可推得上述结论。

定理 15.8.2　设 $S_X(\omega)$ 为实平稳过程 $\{X(t),t\in T\}$ 的有理谱，则 $S_X(\omega)$ 必可表示为

$$S_X(\omega)=b_0\frac{\prod_i(\omega-\lambda_i)(\omega+\lambda_i)(\omega-\bar{\lambda}_i)(\omega+\bar{\lambda}_i)\prod_i(\omega-\alpha_i)(\omega+\alpha_i)}{\prod_i(\omega-\eta_i)(\omega+\eta_i)(\omega-\bar{\eta}_i)(\omega+\bar{\eta}_i)\prod_i(\omega-\beta_i)(\omega+\beta_i)} \tag{15.8.5}$$

其中，λ_i 为 $P(\omega)$ 的复数零点；$\bar{\lambda}_i$ 为 λ_i 的共轭复数；α_i 为 $P(\omega)$ 的纯虚数零点；η_i 为 $Q(\omega)$ 复数零点；$\bar{\eta}_i$ 为 η_i 的共轭复数；β_i 为 $Q(\omega)$ 的纯虚数零点。

说明 由 $S_X(\omega)$ 的偶函数性及非负性可推得该定理。

定理 15.8.3 设 $S_X(\omega)$ 为实平稳过程 $\{X(t),t\in T\}$ 的有理谱,则 $S_X(\omega)$ 必可表示为

$$S_X(\omega)=\boldsymbol{\Psi}(\mathrm{j}\omega)\boldsymbol{\Psi}(-\mathrm{j}\omega)=|\boldsymbol{\Psi}(\mathrm{j}\omega)|^2 \tag{15.8.6}$$

并且

$$\overline{\boldsymbol{\Psi}}(\mathrm{j}\omega)=\boldsymbol{\Psi}(-\mathrm{j}\omega) \tag{15.8.7}$$

其中,$\boldsymbol{\Psi}(\mathrm{j}\omega)$ 的零点均在 ω 上半平面或实轴上,极点均在 ω 上半平面内;$\overline{\boldsymbol{\Psi}}(\mathrm{j}\omega)$ 为 $\boldsymbol{\Psi}(\mathrm{j}\omega)$ 的共轭。

说明 由定理 15.8.2 可直接推得。

定理 15.8.4 设 $S_X(\omega)$ 为实平稳过程 $\{X(t),t\in T\}$ 的有理谱,则它可表为零均值白噪声 $\xi(t)$ 作用于稳定的成形滤波器后,其输出的功率谱,其中白噪声 $\xi(t)$ 的功率谱 $S_\xi(\omega)=1$,成形滤波器的传递函数为定理 15.8.3 中(15.8.6)式表示的 $\boldsymbol{\Psi}(\mathrm{j}\omega)$。

说明 由定理 15.8.3 可直接推得。

15.8.3 海浪功率谱的有理谱建模方法

在海浪理论及船舶耐波控制理论中,通常把海浪看成是平稳随机过程[38,39],经国际船模试验会议推荐的海浪功率谱为[38,39]

$$S(\omega)=\frac{A}{\omega^5}\exp\left\{-\frac{B}{\omega^4}\right\}\quad \mathrm{m^2\cdot s} \tag{15.8.8}$$

其中,$A=0.78\ \mathrm{m\cdot s^{-4}}$;$B=3.11/h^2$,$h$ 称为海浪的有义波高(m),上述的海浪功率谱有时称之为 PM 谱。

由海浪功率谱(15.8.8)式可以看出,它不是有理谱,因此,不能由(15.8.8)式分解出成形滤波器,下面我们以 5 级海况为例($h=3.5$ m)来说明海浪谱的有理谱建模方法。

由定理 15.8.2 中(15.8.5)式可取海浪的有理逼近谱 $S_\xi(\omega)$ 为

$$S_\xi(\omega)=\frac{b_0\omega^{2m}+b_1\omega^{2(m-1)}+b_1\omega^{2(m-2)}+\cdots+b_{m-1}\omega^2+b_m}{\omega^{2n}+a_1\omega^{2(n-1)}+a_2\omega^{2(n-2)}+\cdots+a_{n-1}\omega^2+a_n}\triangleq\frac{P_\xi(\omega)}{Q_\xi(\omega)} \tag{15.8.9}$$

利用最小二乘法可估计出参数 $b_0,b_1,\cdots,b_m,a_1,a_2,\cdots,a_n$ 及 n,m,为此,令

$$Q_\xi(\omega)S(\omega)=P_\xi(\omega)+e(n,m) \tag{15.8.10}$$

则得

$$\begin{aligned}S(\omega)\omega^{2n}={}&-S(\omega)\omega^{2n-2}a_1-S(\omega)\omega^{2n-4}a_2-\cdots-S(\omega)a_n+b_0\omega^{2m}+b_1\omega^{2m-2}+\\&b_2\omega^{2m-4}+\cdots+b_m+e(n,m)\end{aligned} \tag{15.8.11}$$

其中,$S(\omega)$ 为(15.8.8)式所表示的海浪谱,按 95% 的能谱区间 $[0,\omega_b]$ 上取 N 个角频率 ω_i,$i=1,2,\cdots,N$ 并且满足 $N>n+m+1$,于是由(15.8.11)式可得如下矩阵方程,即

$$\boldsymbol{Y}=\boldsymbol{\Phi\theta}+\boldsymbol{E} \tag{15.8.12}$$

其中

$$\boldsymbol{Y}^{\mathrm{T}}=[S(\omega_1)\omega_1^{2n},S(\omega_2)\omega_2^{2n},\cdots,S(\omega_N)\omega_N^{2n}]$$

$$\boldsymbol{E}^{\mathrm{T}}=[e_1(n,m),e_2(n,m),\cdots,e_N(n,m)]$$

$$\boldsymbol{\theta}^{\mathrm{T}}=[a_1,a_2,\cdots,a_n,b_0,b_1,\cdots,b_m]$$

$$\boldsymbol{\Phi}=\begin{bmatrix} -S(\omega_1)\omega_1^{2n-2} & -S(\omega_1)\omega_1^{2n-4} & \cdots & -S(\omega_1),\omega_1^{2m} & \omega_1^{2m-2} & \cdots & \omega_1^2 & 1 \\ -S(\omega_2)\omega_2^{2n-2} & -S(\omega_2)\omega_2^{2n-4} & \cdots & -S(\omega_2),\omega_2^{2m} & \omega_2^{2m-2} & \cdots & \omega_2^2 & 1 \\ \vdots & \vdots & & \vdots & \vdots & & \vdots & \vdots \\ -S(\omega_N)\omega_N^{2n-2} & -S(\omega_N)\omega_N^{2n-4} & \cdots & -S(\omega_N),\omega_N^{2m} & \omega_N^{2m-2} & \cdots & \omega_N^2 & 1 \end{bmatrix}$$

取性能指标为

$$J(n,m) = \sum_{i=1}^{N} e_i^2(n,m) \tag{15.8.13}$$

由(15.8.12)式并利用最小二乘法可求出参数的最优估计为

$$\hat{\theta}(n,m) = (\boldsymbol{\Phi}^{\mathrm{T}}\boldsymbol{\Phi})^{-1}\boldsymbol{\Phi}^{\mathrm{T}}\boldsymbol{Y} \tag{15.8.14}$$

在具体计算时,我们将 n 依次递增地取 $1,2,\cdots$,将 m 依次递增地取 $0,1,2,\cdots,n-1$,按 95% 的能量区间取 $\omega_b=1.4$,在 $[0,\omega_b]$ 上取相等间隔的 29 个点,$N=29,\omega_1=0,\omega_2=0.05,\cdots,\omega_{29}=1.4$,这样一来,可依次计算出参数估计 $\hat{\theta}(n,m)$ 及性能指标为

$$\hat{\theta}(1,0),J(1,0)$$

$$\hat{\theta}(2,0),J(2,0),\hat{\theta}(2,1),J(2,1)$$

$$\hat{\theta}(3,0),J(3,0),\hat{\theta}(3,1),J(3,1),\hat{\theta}(3,2),J(3,2)$$

$$\vdots$$

并比较各性能指标,发现当 $n=4,\ m=2$ 时,有

$$J(4,2)=0.000\ 059=\min \tag{15.8.15}$$

且 $J(n,m)>J(4,2),m\neq2,n\neq4$,于是得到在 5 级海况下海浪功率谱(15.8.8)式的有理逼近谱 $\hat{S}_\xi(\omega)$ 为

$$\hat{S}_\xi(\omega)=\frac{\hat{b}_0\omega^4+\hat{b}_1\omega^2+\hat{b}_2}{\omega^8+\hat{a}_1\omega^6+\hat{a}_2\omega^4+\hat{a}_3\omega^2+\hat{a}_4} \tag{15.8.16}$$

利用 $\hat{S}_\xi(\omega)$ 在相同的 ω_i 点上 $(i=1,2,\cdots,N)$,经检验计算仍有

$$J^*(4,2) = \sum_{i=1}^{N}[S(\omega_i)-\hat{S}_\xi(\omega_i)]^2 = 0.020\ 5 = \min \tag{15.8.17}$$

且 $J^*(n,m)>J^*(4,2),m\neq2,n\neq4$,其中各参数见表 15.8.1。

表 15.8.1　$\hat{S}_\xi(\omega)$ 中各参数估计值

参数	估计值
$\hat{a}_1$	-1.379 9
$\hat{a}_2$	1.205 3
$\hat{a}_3$	-0.474 9
$\hat{a}_4$	0.077 9
$\hat{b}_0$	0.319 8
$\hat{b}_1$	-0.064 3
$\hat{b}_2$	0.003 2

为了进一步比较海浪有理谱建模 $\hat{S}_\xi(\omega)$ 和海浪真实谱 $S(\omega)$ 的数值,我们按(15.8.16)

式和(15.8.8)式计算并将结果列于表15.8.2。

表15.8.2 海浪真实谱 $S(\omega)$ 与有理谱建模 $\hat{S}_{\xi}(\omega)$ 的计算结果

ω	$S(\omega)$	$\hat{S}_{\xi}(\omega)$
0.00	0.000 0	0.041 5
0.05	0.000 0	0.040 0
0.10	0.000 0	0.035 8
0.15	0.000 0	0.028 7
0.20	0.000 0	0.019 3
0.25	0.000 0	0.008 8
0.30	0.000 0	0.000 7
0.35	0.000 0	0.004 2
0.40	0.003 8	0.040 5
0.45	0.086 5	0.155 3
0.50	0.429 7	0.423 9
0.55	0.966 9	0.887 2
0.60	1.414 4	1.385 0
0.65	1.621 3	1.642 2
0.70	1.612 1	1.623 4
0.75	1.473 4	1.463 3
0.80	1.280 7	1.263 1
0.85	1.080 9	1.066 3
0.90	0.897 1	0.888 5
0.95	0.738 1	0.734 3
1.00	0.605 1	0.603 9
1.05	0.495 9	0.495 7
1.10	0.407 2	0.407 1
1.15	0.335 4	0.335 0
1.20	0.277 3	0.276 8
1.25	0.230 3	0.229 7
1.30	0.192 2	0.191 7
1.35	0.161 1	0.160 9
1.40	0.135 7	0.135 7

由表15.8.2的计算结果可以看出,海浪真实谱 $S(\omega)$ 与有理谱建模 $\hat{S}_{\xi}(\omega)$ 是比较接近的,图15.8.1给出了曲线表示。

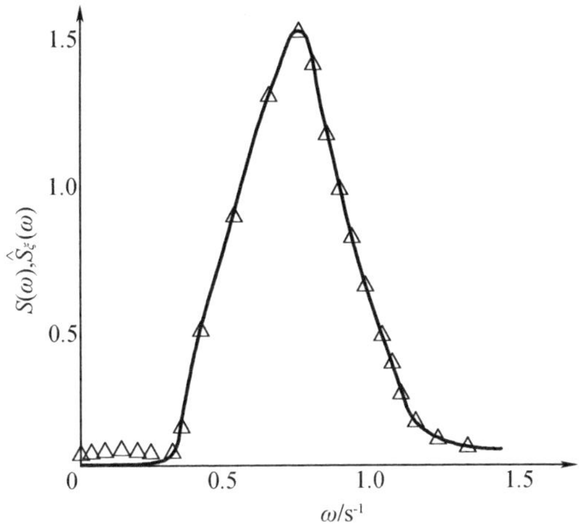

图 15.8.1　5 级海况下海浪谱 $S(\omega)$ 与有理谱建模 $\hat{S}_\xi(\omega)$ 的曲线表示

线—$S(\omega)$；Δ—$\hat{S}_\xi(\omega)$

15.8.4　海浪成形滤波器的理论设计

由(15.8.16)式所表示的海浪有理谱建模 $\hat{S}_\xi(\omega)$ 很容易求出海浪成形滤波器，为此，应首先求出方程

$$\hat{b}_0\omega^4 + \hat{b}_1\omega^2 + \hat{b}_2 = 0 \tag{15.8.18}$$

$$\omega^8 + \hat{a}_1\omega^6 + \hat{a}_2\omega^4 + \hat{a}_3\omega^2 + \hat{a}_4 = 0 \tag{15.8.19}$$

的零点，经计算可得方程(15.8.18)式的零点为

$$\begin{cases} \omega_{11} = 0.317\,2\mathrm{e}^{\mathrm{j}0.32°} \\ \omega_{21} = 0.317\,2\mathrm{e}^{\mathrm{j}180.32°} \\ \omega_{31} = 0.317\,2\mathrm{e}^{-\mathrm{j}0.32°} \\ \omega_{41} = 0.317\,2\mathrm{e}^{\mathrm{j}179.68°} \end{cases} \tag{15.8.20}$$

方程(15.8.19)式的零点为

$$\begin{cases} \omega_{12} = 0.599\,1\mathrm{e}^{\mathrm{j}14.76°} \\ \omega_{22} = 0.599\,1\mathrm{e}^{\mathrm{j}194.76°} \\ \omega_{32} = 0.599\,1\mathrm{e}^{-\mathrm{j}14.76°} \\ \omega_{42} = 0.599\,1\mathrm{e}^{\mathrm{j}165.24°} \\ \omega_{52} = 0.881\,8\mathrm{e}^{\mathrm{j}30.48°} \\ \omega_{62} = 0.881\,8\mathrm{e}^{\mathrm{j}210.48°} \\ \omega_{72} = 0.881\,8\mathrm{e}^{-\mathrm{j}30.48°} \\ \omega_{82} = 0.881\,8\mathrm{e}^{\mathrm{j}149.52°} \end{cases} \tag{15.8.21}$$

于是由定理 15.8.2 及定理 15.8.3 可求出海浪成形滤波器的频率特性为

$$\Psi(\mathrm{j}\omega) = \sqrt{\hat{b}_0}\frac{(\mathrm{j})^2(\omega-\omega_{11})(\omega-\omega_{41})}{(\mathrm{j})^4(\omega-\omega_{12})(\omega-\omega_{42})(\omega-\omega_{52})(\omega-\omega_{82})}$$

$$=\frac{0.5655[(j\omega)^2+0.0035(j\omega)+0.1006]}{(j\omega)^4+1.1999(j\omega)^3+1.4096(j\omega)^2+0.5585(j\omega)+0.2791} \quad (15.8.22)$$

若用拉氏算子 $s=j\omega$ 表示时,可得传递函数,$\boldsymbol{\Psi}(s)$ 为

$$\boldsymbol{\Psi}(s)=\frac{0.5655s^2+0.0020s+0.0569}{s^4+1.1999s^3+1.4096s^2+0.5585s+0.2791} \quad (15.8.23)$$

由(15.8.20)式及(15.8.21)式可知,上述传递函数的所有零点和极点均在 s 的左半平面内,因此是稳定的且物理可实现。

由定理15.8.4可知,若将零均值白噪声 $\xi(t)$ 作用于(15.8.23)式表示的海浪成形滤波器,即

$$\hat{X}(s)=\boldsymbol{\Psi}(s)\xi(s) \quad (15.8.24)$$

则其输出 $\hat{X}(t)$ 就是海浪模拟过程。

在船舶现代控制中,通常需用状态方程来表示方程(15.8.24)式,经变换可得海浪成形滤波器状态方程表示为

$$\begin{bmatrix}\dot{X}_1(t)\\ \dot{X}_2(t)\\ \dot{X}_3(t)\\ \dot{X}_4(t)\end{bmatrix}=\begin{bmatrix}0&1&0&0\\0&0&1&0\\0&0&0&1\\-2.791&-0.5585&-1.4096&-1.1999\end{bmatrix}\begin{bmatrix}X_1(t)\\X_2(t)\\X_3(t)\\X_4(t)\end{bmatrix}+\begin{bmatrix}0\\0\\0\\1\end{bmatrix}\xi(t)$$

(15.8.25)

$$\hat{X}(t)=[0.0569,0.0020,0.5655,0][X_1(t),X_2(t),X_3(t),X_4(t)]^{\mathrm{T}} \quad (15.8.26)$$

15.8.5 仿真结果

我们利用海浪成形滤波器(15.8.25)式和(15.8.26)式,在数字计算机上对5级海况进行了数字仿真。为了检验海浪模拟过程 $\hat{X}(t)$ 与真实海浪过程有多大畸变,我们进行了均值检验、方差检验和功率谱检验,其结果如下:

$$E[X(t)]=0,\sigma_X^2=9.113$$

$$E[\hat{X}(t)]=0.0018,\sigma_{\hat{X}}^2=9.024$$

为了检验功率谱,可取样本过程 $\hat{X}(t)$ (30 min),通过计算周期图并经适当平滑可得海浪模拟过程 $\hat{X}(t)$ 的功率谱 $S_{\hat{X}}(\omega)$,发现该功率谱 $S_{\hat{X}}(\omega)$ 非常接近5级海况下的海浪真实谱 $S(\omega)$。

15.9　应用例子 2——电力系统负荷的分解建模及预报[81]

15.9.1　引言

电力系统负荷预报是实现电力系统科学管理、经济调度及合理规划所必需的重要内容。近年来,由于电力工业的迅速发展,特别是采用以电子计算机为核心的自动化监测系统,使得数据采集、安全分析及经济调度成为现代电力工业重要部分。电力系统负荷的变化是相当复杂的,而调度部门总希望能给出一个较精确的负荷预报,以便更合理地分配用电,这不仅对于节能,而且对于高效率生产都是至关重要的。

电力系统负荷预报在国内外受到普遍重视,并做了许多工作[76-79],但在具体应用方面的报道不多。这里是依据随机过程理论及数理统计方法,提出对电力系统负荷采用分解建模预报法,该方法已成功地应用于电力系统负荷预报,并取得了令人满意的精度。

电力系统负荷变化不仅随国民经济发展呈现增长趋势,而且随季节及昼夜呈现周期变化以及随大量用户使用方式不同呈现出随机性变化。因此,电力系统负荷随时间的变化是非平稳随机过程。

设$\{Z(n),n=1,2,\cdots,N\}$是电力系统负荷序列,由前面的讨论,可以认为$Z(n)$由三项组成,即由趋势项$f(n)$、周期项$p(n)$及平稳随机项$X(n)$所组成

$$Z(n)=f(n)+p(n)+X(n),n=1,2,\cdots,N \tag{15.9.1}$$

15.9.2　分解建模方法

首先,由负荷观测数据$\{Z(n),n=1,2,\cdots,N\}$对趋势项$f(n)$建模。电力负荷的长期变化趋势,通常是在某常数基础上直线增长,有时在一段时间内呈平方增长,故可取

$$f(n)=\sum_{i=0}^{m_f} d_{i+1}n^i,n=1,2,\cdots,N \tag{15.9.2}$$

其中,m_f为阶次,于是有

$$Z(n)=\sum_{i=0}^{m_f} d_{i+1}n^i+e(n),n=1,2,\cdots,N \tag{15.9.3}$$

将上式写成向量形式得

$$\boldsymbol{Z}=\boldsymbol{\Phi B}+\boldsymbol{E} \tag{15.9.4}$$

其中

$$\boldsymbol{Z}^{\mathrm{T}}=[Z(1),Z(2),\cdots,Z(N)]$$
$$\boldsymbol{E}^{\mathrm{T}}=[e(1),e(2),\cdots,e(N)]$$
$$\boldsymbol{B}^{\mathrm{T}}=[d_1,d_2,\cdots,d_{m_f+1}]$$

$$\boldsymbol{\Phi}=\begin{bmatrix}1 & 1 & \cdots & 1\\ 1 & 2 & \cdots & 2^{m_f}\\ \vdots & \vdots & & \vdots\\ 1 & N & \cdots & N^{m_f}\end{bmatrix},N>m_f+1 \tag{15.9.5}$$

利用最小二乘法可求出 B 的最小二乘估计为

$$\hat{\boldsymbol{B}} = (\boldsymbol{\Phi}^{\mathrm{T}}\boldsymbol{\Phi})^{-1}\boldsymbol{\Phi}^{\mathrm{T}}\boldsymbol{Z} \tag{15.9.6}$$

由残差平方和

$$R(m_f) \triangleq \sum_{n=1}^{N}\left(Z(n) - \sum_{i=0}^{m_f} d_{i+1}n^i\right)^2 \tag{15.9.7}$$

可构造如下统计量:

$$F = \frac{[R(m_f - 1) - R(m_f)][N - m_f]}{R(m_f)} \tag{15.9.8}$$

则 F 服从 $F(1, N - m_f)$ 分布,于是可利用 F 检验法判阶 m_f。

其次,由序列 $\{p(n) \triangleq Z(n) - f(n), n = 1, 2, \cdots, N\}$ 对周期项 $p(n)$ 建模。由电力负荷序列 $\{Z(n)\}$ 去掉长期变化的趋势项序列 $\{f(n)\}$ 以后,可以看出,剩余序列 $\{p(n)\}$ 中含有周期变化的序列项 $p(n)$,例如,每年中的负荷随季节有周期变化趋势,每日的负荷随昼夜有周期变化趋势。因此,可取周期项 $p(n)$ 为

$$p(n) = \sum_{k=1}^{m_p}\left[a_{j_k}\cos\left(\frac{2\pi j_k}{N}n\right) + b_{j_k}\sin\left(\frac{2\pi j_k}{N}n\right)\right], n = 1, 2, \cdots, N \tag{15.9.9}$$

其中,j_k 及 k 均为正整数($k = 1, 2, \cdots, m_p$),称 m_p 为周期项的项数,且

$$\begin{cases} a_{j_k} = \dfrac{2}{N}\sum\limits_{n=1}^{N}\left[p(n)\cos\left(\dfrac{2\pi j_k}{N}n\right)\right] \\ b_{j_k} = \dfrac{2}{N}\sum\limits_{n=1}^{N}\left[p(n)\sin\left(\dfrac{2\pi j_k}{N}n\right)\right] \end{cases} \tag{15.9.10}$$

利用周期图可识别隐含周期 $T_k \triangleq N/j_k$ 及 m_p。周期图定义为

$$I(f_j) = \frac{N}{2}(a_j^2 + b_j^2), j = 1, 2, \cdots, l, l = \left[\frac{N}{2}\right] \tag{15.9.11}$$

其中

$$f_j = j/N$$

$$\begin{cases} a_j = \dfrac{2}{N}\sum\limits_{n=1}^{N}\left[p(n)\cos\left(\dfrac{2\pi j}{N}n\right)\right] \\ b_j = \dfrac{2}{N}\sum\limits_{n=1}^{N}\left[p(n)\sin\left(\dfrac{2\pi j}{N}n\right)\right] \end{cases} \tag{15.9.12}$$

记 I_{j_k} 为 $I(f_1), I(f_2), \cdots, I(f_l)$ 中第 k 个最大值,则统计量

$$g_k \triangleq \frac{I_{j_k}}{\sum\limits_{j=1}^{l} I(f_j)}, k = 1, 2, \cdots, l \tag{15.9.13}$$

服从 Fisher 分布[80],于是利用 Fisher 分布及显著性检验方法可确定周期项系数 a_{j_k}, b_{j_k} 及项数 m_p。

最后,讨论平稳随机项 $\{X(n), n = 1, 2, \cdots, N\}$ 的建模。由电力负荷序列 $\{Z(n)\}$ 去掉趋势项序列 $\{f(n)\}$ 及周期项序列 $\{p(n)\}$ 以后,可以认为剩余序列 $\{X(n) = Z(n) - f(n) - p(n), n = 1, 2, \cdots, N\}$ 是平稳随机序列,但是,选取 ARMA 模型还是选取 AR 模型进行建模,还是值得讨论的问题。

定理 15.9.1 设平稳的 ARMA(p,p) 序列模型为

$$\sum_{j=0}^{p} a_j X(n-j) = \sum_{j=0}^{p} b_j \xi(n-j) \tag{15.9.14}$$

其中，$a_0=b_0=1$；$\{\xi(n)\}$为白色序列且$E[\xi(n)]=0, D[\xi(n)]=\sigma_\xi^2$。如果方程

$$\sum_{j=0}^{p} b_j z^{p-j} = 0 \tag{15.9.15}$$

的根均在单位圆内，则可用如下 AR(M)模型

$$\sum_{l=0}^{M} g_l X(n-l) = \xi^*(n) \tag{15.9.16}$$

表示 ARMA(p,p)模型(15.9.14)式，其中$\{\xi^*(n)\}$与$\{\xi(n)\}$是任意ε等价的白色序列，即对任意$\varepsilon>0$，存在M，使得

$$E[|\xi(n)-\xi^*(n)|^2]<\varepsilon, n=1,2,\cdots \tag{15.9.17}$$

$$|B_\xi(n,k)-B_\xi^*(n,k)|<\varepsilon, n,k=1,2,\cdots \tag{15.9.18}$$

其中，$B(\cdot)$为相关函数。

证明　因为方程(15.9.15)的根均在单位圆内，故 ARMA(p,p)模型(15.9.14)式必可表示为

$$\xi(n) = \sum_{l=0}^{\infty} g_l X(n-l) \tag{15.9.19}$$

且有

$$\sum_{l=0}^{\infty} |g_l| < \infty \tag{15.9.20}$$

若取

$$\xi^*(n) = \sum_{l=0}^{M} g_l X(n-l) \tag{15.9.21}$$

可知对任意$\varepsilon>0$，由(15.9.20)式必存在M，使得

$$\begin{aligned} E[|\xi(n)-\xi^*(n)|^2] &= E\Big[\Big|\sum_{l=M+1}^{\infty} g_l X(n-l)\Big|^2\Big] \\ &= \sum_{l,j=M+1}^{\infty} g_l \bar{g}_j E[X(n-l)X(n-j)] \\ &\leqslant \sigma_x^2\Big[\sum_{l=M+1}^{\infty}|g_l|\Big]^2 < \varepsilon \end{aligned} \tag{15.9.22}$$

于是(15.9.17)式得证。进一步对于自相关函数$B(\cdot)$，由(15.9.19)式可知仍有

$$\begin{aligned} |B_\xi^*(n,k)-B_\xi(n,k)| &= |E[\xi^*(n)\overline{\xi^*(k)}]-E[\xi(n)\overline{\xi(k)}]| \\ &= \Big|-\sum_{l=M+1}^{\infty} g_l E[X(n-l)\overline{\xi(k)}]-\sum_{j=M+1}^{\infty}\bar{g}_j E[\xi(n)\overline{X(n-j)}]+ \\ &\quad \sum_{l,j=M+1}^{\infty} g_l\bar{g}_j E[X(n-l)\overline{X(n-j)}]\Big| \\ &\leqslant 2\sigma_x\sigma_\xi\sum_{l=M+1}^{\infty}|g_l|+\sigma_x^2\Big(\sum_{l=M+1}^{\infty}|g_l|\Big)^2 < \varepsilon \end{aligned}$$

定理证毕。

由上面的定理 15.9.1，可选取平稳序列$\{X(n)=Z(n)-f(n)-p(n), n=1,2,\cdots,N\}$的模型为 AR($m_x$)模型，即

$$\sum_{j=0}^{m_x} c_j X(n-j) = \xi(n) \tag{15.9.23}$$

$$c_0 = 1$$

其中,$\{\xi(n)\}$为零均值白噪声且$D[\xi(n)] = \sigma_\xi^2$,利用熟悉的最小二乘法及 AIC 准则,可以估计出参数$c_j(j=1,2,\cdots,m_x)$,σ_ξ^2及阶次m_x。

至此,对电力负荷序列$\{Y(n), n=1,2,\cdots,N\}$进行分解建模为

$$Z(n) = \sum_{i=0}^{m_f} d_{i+1} n^i + \sum_{k=1}^{m_p} \left[a_{j_k} \cos\left(\frac{2\pi j_k}{N} n\right) + b_{j_k} \sin\left(\frac{2\pi j_k}{N} n\right) \right] + X(n) \tag{15.9.24}$$

$$\sum_{j=0}^{m_x} c_j X(n-j) = \xi(n), c_0 = 1 \tag{15.9.25}$$

15.9.3 分解预报方法

为了对(15.9.24)式及(15.9.25)式所表示的电力系统负荷实现预报,应分别对趋势项$f(n)$、周期项$P(n)$及平稳随机项$X(n)$进行预报,然后将上述三项预报值相加即得电力系统负荷预报。因为趋势项$f(n)$及周期项$p(n)$是确定性函数,这两项的预报是简单的函数外推,所以主要讨论平稳随机项$X(n)$的预报。

定理 15.9.2 对于 AR 模型(15.9.23),必存在c_l和d_j,使得$X(n)$可表示为

$$X(n) = \sum_{l=0}^{m} c_l \xi(n-l) + \sum_{j=1}^{m_x} d_j X(n-m-j) \tag{15.9.26}$$

其中,$c_0=1$;m为任意正整数。

证明 由(15.9.23)式可写出

$$\begin{aligned}
&c_0 \xi(n) = c_0 a_0 X(n) + \cdots + c_0 a_{m_x} X(n-m_x) \\
&c_1 \xi(n-1) = c_1 a_0 X(n-1) + \cdots + c_1 a_{m_x} X(n-1-m_x) \\
&\cdots\cdots\cdots\cdots \\
&c_m \xi(n-m) = c_m a_0 X(n-m) + \cdots + c_m a_{m_x} X(n-m-m_x)
\end{aligned}$$

将以上各式相加整理并注意到$c_0 = a_0 = 1$,则有

$$\begin{aligned}
X(n) = &\sum_{l=0}^{m} c_l \xi(n-l) - \left(\sum_{i=0}^{1} c_i a_{1-i}\right) X(n-1) - \cdots - \\
&\left(\sum_{i=0}^{m} c_i a_{m-i}\right) X(n-m) - \left(\sum_{i=0}^{m+1} c_i a_{m+1-i}\right) X(n-m-1) - \cdots - \\
&\left(\sum_{i=0}^{m+m_x} c_i a_{m+m_x-i}\right) X(n-m-m_x)
\end{aligned} \tag{15.9.27}$$

令(15.9.27)式等号右端第二项至第$m+1$项的系数为零,于是有

$$\begin{cases}
c_1 = -c_0 a_1 \\
c_2 = -(c_0 a_2 + c_1 a_1) \\
\cdots\cdots\cdots\cdots \\
c_m = -(c_0 a_m + c_1 a_{m-1} + \cdots + c_{m-1} a_1) \\
c_{m+1} = c_{m+2} = \cdots = c_{m+m_x} = 0
\end{cases} \tag{15.9.28}$$

再令

$$\begin{cases} d_1 = -\sum_{i=0}^{m+1} c_i a_{m+1-i} \\ d_2 = -\sum_{i=0}^{m+2} c_i a_{m+2-i} \\ \cdots\cdots\cdots\cdots \\ d_{m_x} = -\sum_{i=0}^{m+m_x} c_i a_{m+m_x-i} \end{cases} \tag{15.9.29}$$

将(15.9.28)式及(15.9.29)式代入(15.9.27)式即得(15.9.26)式。定理证毕。

利用上面的定理,可推出 AR 模型(15.9.23)的最小方差预报公式,其结果用下面定理叙述。

定理 15.9.3　对于 AR 模型(15.9.23),对任意 $n_0>0$,由$\{X(k),k\leqslant 0\}$对 $X(n_0)$的线性最小方差预报$\hat{X}(n_0)$为

$$\hat{X}(n_0) = \sum_{j=1}^{m_x} d_j X(1-j) \tag{15.9.30}$$

其中,各系数 d_j 由(15.9.29)式计算。

证明　由定理 15.9.2 中(15.9.26)式,令 $n=n_0,m=n_0-1$,于是有

$$X(n_0) = \sum_{l=0}^{n_0-1} c_l \xi(n_0-l) + \sum_{j=1}^{m_x} d_j X(1-j)$$

利用投影公式及投影的线性性质,可得

$$\begin{aligned} \hat{X}(n_0) &\triangleq \hat{E}[X(n_0)\,|X(k),k\leqslant 0] \\ &= \sum_{l=0}^{n_0-1} c_l \hat{E}[\xi(n_0-l)\,|X(k),k\leqslant 0] + \sum_{j=1}^{m_x} d_j \hat{E}[X(1-j)\,|X(k),k\leqslant 0] \end{aligned} \tag{15.9.31}$$

又因为$\{\xi(n)\}$为白色序列,所以有

$$\hat{E}[\xi(n_0-l)\,|X(k),k\leqslant 0]=0,l=0,1,2,\cdots,n_0-1 \tag{15.9.32}$$

并且还有

$$\hat{E}[X(1-j)\,|X(k),k\leqslant 0]=X(1-j),j=1,2,\cdots,m_x \tag{15.9.33}$$

将(15.9.32)式及(15.9.33)式代入(15.9.31)式即得定理中(15.9.30)式。定理证毕。

15.9.4　实际应用情况

上面所述的分解建模及预报方法成功地应用于电力系统负荷预报。现将应用情况介绍如下:

(1)小时负荷预报。依据过去的小时负荷数据对未来 24 h 的小时负荷进行预报,这对电力调度有重要用途。现将 1990 年 1 月至 5 月预报的后验精度列入表 15.9.1。

表 15.9.1 小时负荷预报的后验精度

时间/h	1	2	3	4	5	6	7	8	9	10	11	12
后验精度/%	3.1	3.5	5.1	3.6	4.9	4.5	4.9	4.2	4.3	4.0	2.7	2.4
时间/h	13	14	15	16	17	18	19	20	21	22	23	24
后验精度/%	3.2	3.9	3.5	4.0	5.2	3.9	4.7	5.3	5.2	4.9	4.7	3.7

(2)日负荷、旬负荷及月负荷预报。依据过去的日负荷数据、旬平均负荷数据及月平均负荷数据对未来三天的日负荷、未来一月(三个旬)内旬平均负荷及未来三个月的月平均负荷进行预报,后验精度列于表 15.9.2。

表 15.9.2 日负荷、旬及月负荷预报的后验精度

时间	1天	2天	3天	1旬	2旬	3旬	1月	2月	3月
后验精度/%	2.3	2.6	3.0	2.4	3.6	4.4	2.0	2.2	2.7

15.9.5 讨论

上面所述的建模及预报方法是分三步进行的,首先是趋势项建模及预报,其次是周期项建模及预报,最后是平稳随机项建模及预报。这在软件设计上是较为复杂的,计算量也是较大的,但应用于电力系统负荷预报取得相当满意的精度。

如果仅仅采用大家所熟悉的 AR 序列建模及预报方法,虽然程序简单且计算量较小,但精度差。例如,用相同的数据但只用 AR 建模及预报方法,对旬平均负荷及月平均负荷预报,后验精度列于表 15.9.3。

表 15.9.3 AR 建模法对旬及月平均负荷预报的后验精度

时间	1旬	2旬	3旬	1月	2月	3月
后验精度/%	2.8	3.9	4.6	2.5	2.8	3.7

比较表 15.9.2 与表 15.9.3 可以看出,这里所述的分解建模及预报方法用于电力系统负荷预报是可取的,其精度优于通常的 AR 建模预报方法。

15.10 应用例子3——电力系统负荷预报误差的概率密度函数建模[82]

15.10.1 引言

电力系统负荷预报是现代电力科学中的重要研究课题,而预报误差的统计分析又是为预报的可靠性提供了直接的理论依据及数据结果,因此,预报误差统计分析是电力系统负

荷预报中的一项重要内容。

由于电力系统负荷变化是一非平稳过程，所以，通常采用分解建模及预报方法[76,81,83]，设$\{Z(n), n=1,2,\cdots,N\}$是电力系统负荷序列，可以认为$Z(n)$由三项组成，即

$$Z(n)=f(n)+p(n)+X(n), \quad n=1,2,\cdots,N \tag{15.10.1}$$

其中，$f(n)$为趋势项；$p(n)$为周期项；$X(n)$为平稳随机项；利用分解建模及预报方法[81]，可以得到$Z(n)$的预报$\hat{Z}(n)$。为了给出预报误差，通常是利用简单的统计方法来计算后验预报误差的均方差σ_Z。

$$\sigma_Z = \sqrt{\frac{1}{N}\sum_{n=1}^{N}\left[Z(n)-\hat{Z}(n)\right]^2} \tag{15.10.2}$$

这里，值得研究的问题是，用(15.10.2)式计算所得的σ_Z的概率含义是什么？能否表征预报精度，我们认为，只有将负荷预报误差$\widetilde{Z}(n)=Z(n)-\hat{Z}(n)$的概率密度函数建模求出，才能圆满地回答上述问题，从而可给出在一定概率意义下的预报置信区间。

关于概率密度函数的建模及其应用，国外已有许多报道[84,85,86]，但在国内尚属少见。

这里所要解决的问题是，依据预报后验误差序列$\{\widetilde{Z}(n)=Z(n)-\hat{Z}(n), n=1,2,\cdots,N\}$，对误差$\widetilde{Z}(n)$的概率密度函数$p_N(z)$进行建模，给出建模公式并讨论其渐近无偏性及均方收敛性。

15.10.2　概率密度函数建模的理论依据

为了讨论密度函数的建模方法，首先引进核函数定义。

定义 15.10.1　核函数　设函数$K(x)$是实数域$\mathbf{R}^1$上的概率密度函数且满足

(1) $\sup\limits_{x} K(x) \leqslant M$，$M$为常数，$x\in\mathbf{R}^1$ (15.10.3)

并且

$$|x|K(x)\to 0,\ |x|\to\infty \tag{15.10.4}$$

(2) $K(-x)=K(x), \int_{-\infty}^{+\infty} x^2K(x)\,\mathrm{d}x<\infty, x\in\mathbf{R}^1$ (15.10.5)

(3) $K(x)$的特征函数$\hat{K}(u)$是绝对可积的，则称$K(x)$是核函数。

可以验证，下述函数：

$$K_1(x)=\begin{cases}\frac{1}{2}, & |x|\leqslant 1\\ 0, & |x|>1\end{cases} \tag{15.10.6}$$

$$K_2(x)=\begin{cases}1-|x|, & |x|\leqslant 1\\ 0, & |x|>1\end{cases} \tag{15.10.7}$$

$$K_3(x)=(2\pi)^{-\frac{1}{2}}\exp\left\{-\frac{x^2}{2}\right\} \tag{15.10.8}$$

均是核函数。

引理 15.10.1　设$K(x)$是实数域$\mathbf{R}^1$上的函数，且

$$|K(z)|\leqslant M, z\in\mathbf{R}^1, M \text{ 为常数} \tag{15.10.9}$$

$$\int_{-\infty}^{+\infty}|K(z)|\mathrm{d}z<\infty \tag{15.10.10}$$

$$|z||K(z)|\to 0,\ |(z)|\to\infty \tag{15.10.11}$$

$g(x)$是定义在$\mathbf{R}^1$上的函数,且

$$\int_{-\infty}^{+\infty}|g(z)|\mathrm{d}z<\infty \tag{15.10.12}$$

现定义

$$g_n(x)=\frac{1}{h_n}\int_{-\infty}^{+\infty}K\left(\frac{z}{h_n}\right)g(x-z)\mathrm{d}z \tag{15.10.13}$$

则当$n\to\infty$,$0<h_n\to 0$时,如果$g(x)$连续,必有

$$\lim_{n\to\infty}g_n(x)=g(x)\int_{-\infty}^{+\infty}K(z)\mathrm{d}z \tag{15.10.14}$$

并且若$g(x)$一致连续,则(15.10.14)式的收敛也是一致的。

证明 对任意$\delta>0$,易知

$$\begin{aligned}
&\left|g_n(x)-g(x)\int_{-\infty}^{+\infty}K(z)\mathrm{d}z\right| \qquad (15.10.15)\\
=&\left|\frac{1}{h_n}\int_{-\infty}^{+\infty}K\left(\frac{z}{h_n}\right)g(x-z)\mathrm{d}z-g(x)\int_{-\infty}^{+\infty}K(z)\mathrm{d}z\right|\\
\leqslant&\left|\int_{|z|\leqslant\delta}\frac{1}{h_n}K\left(\frac{z}{h_n}\right)g(x-z)\mathrm{d}z-\int_{|z|\leqslant\delta/h_n}g(x)K(z)\mathrm{d}z\right|+\\
&\left|\int_{|z|>\delta}\frac{1}{h_n}K\left(\frac{z}{h_n}\right)g(x-z)\mathrm{d}z\right|+\left|\int_{|z|>\delta/h_n}g(x)K(z)\mathrm{d}z\right| \qquad (15.10.16)
\end{aligned}$$

因$g(x)$连续并考虑(15.10.10)式,于是不等号右边第一项为

$$\begin{aligned}
&\left|\int_{|z|\leqslant\delta}\frac{1}{h_n}K\left(\frac{z}{h_n}\right)g(x-z)\mathrm{d}z-\int_{|z|\leqslant\delta/h_n}g(x)K(z)\mathrm{d}z\right|\\
=&\left|\int_{|z|\leqslant\delta/h_n}K(z)g(x-h_nz)\mathrm{d}z-\int_{|z|\leqslant\delta/h_n}g(x)K(z)\mathrm{d}z\right|\\
\leqslant&\int_{|z|\leqslant\delta/h_n}|g(x-h_nz)-g(x)||K(z)|\mathrm{d}z\\
\leqslant&\sup_{|z|\leqslant\delta}\left|g(x-z)-g(x)\right|\int_{-\infty}^{+\infty}|K(z)|\mathrm{d}z<\varepsilon,\ \forall\delta>0 \qquad (15.10.17)
\end{aligned}$$

又因$\delta/h_n\to\infty$,$n\to\infty$,并考虑(15.10.11)式、(15.10.12)式,则(15.10.16)式不等号右边第二项为

$$\begin{aligned}
\left|\int_{|z|>\delta}\frac{1}{h_n}K\left(\frac{z}{h_n}\right)g(x-z)\mathrm{d}z\right|&\leqslant\left|\int_{|z|>\delta}\frac{1}{\delta}\left|\frac{z}{h_n}K\left(\frac{z}{h_n}\right)\right|\left|g(x-z)\right|\mathrm{d}z\right|\\
&\leqslant\frac{1}{\delta}\sup_{|z|\geqslant\delta/h_n}|z||K(z)|\int_{-\infty}^{+\infty}|g(z)|\mathrm{d}z\to 0,n\to\infty
\end{aligned} \tag{15.10.18}$$

最后,由$g(x)$连续并考虑到(15.10.10)式,则(15.10.16)式不等号右边第三项为

$$\left|\int_{|z|>\delta/h_n}g(z)K(z)\mathrm{d}z\right|\leqslant|g(x)|\int_{|z|>\delta/h_n}|K(z)|\mathrm{d}z\to 0,n\to\infty \tag{15.10.19}$$

将以上(15.10.17)式、(15.10.18)式、(15.10.19)式代入(15.10.16)式立得(15.10.14)式。进一步,若$g(x)$一致连续,则由(15.10.17)式可知,(15.10.14)式的收敛是一致的。引理证毕。

定义 15.10.2 设$K(\cdot)$是$\mathbf{R}^1$中的核函数,$(x_1,x_2,\cdots,x_n)$是母体X的简单子样,则称

$$\hat{p}_n(x) = \frac{1}{nh_n}\sum_{i=1}^{n} K\left(\frac{x - x_i}{h_n}\right) \tag{15.10.20}$$

是母体 X 的概率密度函数 $p(x)$ 的估计。

密度函数估计 $\hat{p}_n(x)$ 有如下性质。

定理 15.10.1　如果母体 X 的密度函数 $p(x)$ 连续，则当 $n\to\infty$，$0<h_n\to 0$ 时，有

$$E[\hat{p}_n(x)] = p(x), n\to\infty \tag{15.10.21}$$

即 $\hat{p}_n(x)$ 是 $p(x)$ 的渐近无偏估计。进一步，若 $p(x)$ 一直连续，则 $\hat{p}_n(x)$ 是 $p(x)$ 的一致渐近无偏估计。

证明　由于 $(x_1, x_2, \cdots, x_n)$ 是母体 X 的简单子样，故由引理 15.10.1 可得

$$\begin{aligned} E[\hat{p}_n(x)] &= E\left[\frac{1}{nh_n}\sum_{i=1}^{n} K\left(\frac{x - x_i}{h_n}\right)\right] = \frac{1}{nh_n}\sum_{i=1}^{n}\int_{-\infty}^{+\infty} K\left(\frac{x - x_i}{h_n}\right)p(x_i)\,\mathrm{d}x_i \\ &= \int_{-\infty}^{+\infty}\frac{1}{h_n}K\left(\frac{x - z}{h_n}\right)p(z)\,\mathrm{d}z = p(x)\int_{-\infty}^{+\infty}K(z)\,\mathrm{d}z, n\to\infty \\ &= p(x), n\to\infty \end{aligned}$$

定理证毕。

定理 15.10.2　如果母体 X 的密度函数 $p(x)$ 连续，则当 $n\to\infty$，$0<h_n\to 0$，$nh_n\to\infty$ 时，有

$$E\{[\hat{p}_n(x) - p(x)]^2\} = 0, n\to\infty \tag{15.10.22}$$

即 $\hat{p}_n(x)$ 均方收敛于 $p(x)$。进一步，若 $p(x)$ 一致连续，则 $\hat{p}_n(x)$ 一致均方收敛于 $p(x)$。

证明　由 $(x_1, x_2, \cdots, x_n)$ 是 X 的简单子样及引理 15.10.1 可推得

$$\begin{aligned} E\{[\hat{p}_n(x) - p(x)]^2\} &\triangleq D[\hat{p}_n(x)] \\ &= \frac{1}{n^2}\sum_{i=1}^{n} D\left[\frac{1}{h_n}K\left(\frac{x - x_i}{h_n}\right)\right] = \frac{1}{n}D\left[\frac{1}{h_n}K\left(\frac{x - x_i}{h_n}\right)\right] \\ &\leqslant \frac{1}{n}E\left[\frac{1}{h_n}K\left(\frac{x - x_i}{h_n}\right)\right]^2 = \frac{1}{nh_n}\int_{-\infty}^{+\infty}\frac{1}{h_n}K^2\left(\frac{x - x_i}{h_n}\right)p(z)\,\mathrm{d}z \\ &= \frac{1}{nh_n}p(x)\int_{-\infty}^{+\infty}K^2(z)\,\mathrm{d}z \to 0, n\to\infty, nh_n\to\infty \end{aligned}$$

定理证毕。

15.10.3　小时负荷预报误差的密度函数建模

利用上面介绍的方法，我们对电力系统小时负荷预报误差的概率密度函数进行了建模，其中，小时负荷预报是采用分解建模预报法，后验误差数据取自 1990 年 4 月 14 日至 5 月 24 日，共计 40 天的数据。

具体建模步骤如下：

(1) 密度函数估计。取 40 天的第 j $(j=1,2,\cdots,24)$ 点钟的误差数据，利用定义 15.10.2 中 (15.10.20) 式。可计算出第 j 点钟的预报误差密度函数 $\hat{p}_{nj}(x)$ 并画出曲线。

$$\hat{p}_{nj}(x) = \frac{1}{nh_n}\sum_{i=1}^{n} K\left(\frac{x - x_i}{h_n}\right) \tag{15.10.23}$$

其中，$n=40$；$h_n=1.8\sim 2$；$K(\cdot)$ 取正态核函数。

例如,1990 年 4 月 14 日至 5 月 24 日三点钟的预报误差密度函数估计 $\hat{p}_{n3}(x)$ 及正态拟合 $p_{n3}(x)$ 如图 15.10.1 所示。

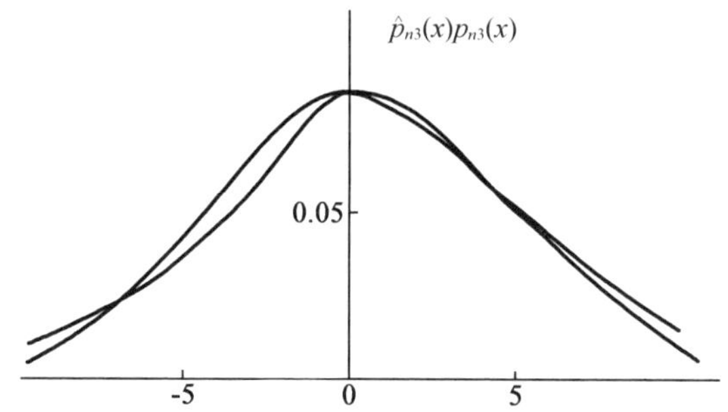

图 15.10.1 三点钟的密度函数估计 $\hat{p}_{n3}(x)$ 及正态拟合 $p_{n3}(x)$

(2)密度函数的正态拟合。利用(15.10.23)式对 24 h 的预报误差密度函数分别进行估计并画出曲线后,可以看出,这些曲线的形状基本接近于正态分布曲线,这说明利用分解建模预报法所得的预报误差基本服从正态分布,于是可用正态曲线来拟合 $\hat{p}_{nj}(x)$ $(j=1,2,\cdots,24)$。由函数 $\hat{p}_{nj}(x)$ 知,当 $x=\bar{x}_j$ 时函数出现最大并记作 $\hat{p}_{nj\max} \triangleq \hat{p}_{nj}(\bar{x}_j)$,这样,若取正态拟合密度函数为

$$p_{nj}(x)=\frac{1}{\sqrt{2\pi}\sigma_j}\exp\left\{-\frac{(x-a_j)^2}{2\sigma_j^2}\right\} \triangleq N(a_j,\sigma_j^2) \tag{15.10.24}$$

则由

$$a_j=\bar{x}_j \tag{15.10.25}$$

$$\frac{1}{\sqrt{2\pi}\sigma_j}=\hat{p}_{nj\max} \tag{15.10.26}$$

可近似估计出 a_j 和 σ_j。

例如,从 1990 年 4 月 14 日至 5 月 24 日三点钟的预报误差密度函数估计 $\hat{p}_{n3}(x)$ 及正态拟合 $p_{n3}(x)$ 如图 15.10.1 所示,可以看出两者是比较接近的。

(3)统计检验。通过以上计算所得到的正态拟合函数 $p_{nj}(x)$ $(j=1,2,\cdots,24)$ 是否可以接受,应采用皮尔逊定理进行 x^2 检验。

例如,三点钟的正态拟合函数是 $p_{n3}(x)=N(0.42,4.5^2)$。现假设 $H_0:p_{n3}(x)=N(0.42,4.5^2)$ 并取水平 $\alpha=0.05$。为检验 H_0 是否可以接受,取 150 天的三点钟预报误差数据并将数轴划分为 8 个子区间。运用皮尔逊 x^2 检验的计算结果见表 15.10.1。

表 15.10.1 对三点钟 H_0 检验计算结果

子区间/%	$(-\infty,-8.58]$	$(-8.58,-5.58]$	$(-5.58,-2.58]$	$(-2.58,0.42]$
n_i	4	11	20	40
nP_i	4.5	9.75	23.25	37.5
$(n_i-nP_i)^2/nP_i$	0.06	0.16	0.45	0.17

表 15.10.1(续)

子区间/%	(0.42,3.42]	(3.42,6.42]	(6.42,9.42]	(9.42,+∞]
n_i	37	24	8	6
nP_i	37.5	23.25	9.75	4.5
$(n_i-nP_i)^2/nP_i$	0.01	0.02	0.31	0.5

因为 $\sum_{i=1}^{8}(n_i-nP_i)^2/nP_i=1.68<x^2(7,0.05)=14.07$，所以可以接受 H_0，或者说 $p_{n3}(x)=N(0.42,4.5^2)$ 与三点钟预报误差的实际分布密度函数无显著差异。

按照以上三步做法，对 24 小时的小时负荷预报误差的概率密度函数进行了估计、拟合和检验，现将结果列于表 15.10.2。

表 15.10.2　小时负荷预报误差的密度函数建模结果

小时	按(15.10.2)式计算 σ_j%	按(15.10.23)式建模 σ_j%	按(15.10.23)式建模 a_j%	密度函数
1	3.1	2.91	0.41	$N(0.41,2.91^2)$
2	3.5	3.34	0.08	$N(0.08,3.34^2)$
3	5.1	4.50	0.42	$N(0.42,4.5^2)$
4	3.6	3.41	-0.19	$N(-0.19,3.41^2)$
5	4.9	4.44	0.14	$N(0.14,4.44^2)$
6	4.5	4.12	0.21	$N(0.21,4.12^2)$
7	4.9	4.56	-0.36	$N(-0.36,4.56^2)$
8	4.2	4.03	-0.42	$N(-0.42,4.03^2)$
9	4.3	3.98	-0.34	$N(-0.34,3.98^2)$
10	4.0	3.82	0.16	$N(0.16,3.82^2)$
11	2.7	2.86	0.10	$N(0.1,2.86^2)$
12	2.4	2.38	0.07	$N(0.07,2.38^2)$
13	3.2	3.11	-0.21	$N(-0.21,3.11^2)$
14	3.9	3.64	-0.18	$N(-0.18,3.64^2)$
15	3.5	3.27	-0.10	$N(-0.1,3.27^2)$
16	4.0	3.74	0.14	$N(0.14,3.74^2)$
17	5.2	4.64	0.28	$N(0.28,4.64^2)$
18	3.9	3.71	-0.15	$N(-0.15,3.71^2)$
19	4.7	4.58	-0.39	$N(-0.39,4.58^2)$
20	5.3	4.83	-0.18	$N(-0.18,4.83^2)$
21	5.2	4.79	-0.06	$N(-0.06,4.79^2)$
22	4.9	4.62	-0.10	$N(-0.10,4.62^2)$

表 15.10.2(续)

小时	按(15.10.2)式计算 $\sigma_j\%$	按(15.10.23)式建模 $\sigma_j\%$	按(15.10.23)式建模 $a_j\%$	密度函数
23	4.7	4.21	0.29	$N(0.29,4.21^2)$
24	3.7	3.52	0.32	$N(0.32,3.52^2)$

由以上分析计算可得如下结论：

(1)按(15.10.20)式对电力系统负荷预报误差的概率密度函数进行估计，然后正态拟合，最后进行统计检验，从而得到预报误差的概率密度函数建模，这种方法是可行的。

(2)电力系统小时负荷预报误差服从正态分布，这一结论从统计意义上讲是可以接受的。

(3)按上述方法建模所得的预报均方误差 $\sigma_j\%$ $(j=1,2,\cdots,24)$ 是有明确概率意义的。

(4)通常按(15.10.2)式计算所得的预报均方误差，虽略偏大，但与建模均方误差比较接近，因此仍有实用参考意义。

15.10.4 讨论

在此方法中，值得讨论的是，是否存在最优核函数以及如何选取核函数，所谓最优核函数是指密度估计 $\hat{p}_n(x)$ 的均方差 $E\{[\hat{p}_n(x)-p(x)]^2\}$ 达到最小，事实上由

$$\begin{aligned} E\{[\hat{p}_n(x)-p(x)]^2\} &= \frac{1}{n}E\left\{\left[\frac{1}{h_n}K\left(\frac{x-x_i}{h_n}\right)\right]^2\right\}-\frac{1}{n}\left\{E\left[\frac{1}{h_n}K\left(\frac{x-x_i}{h_n}\right)\right]\right\}^2 \\ &= \frac{1}{nh_n}p(x)\int_{-\infty}^{+\infty}K^2(z)\,\mathrm{d}z-\frac{1}{n}p^2(x) \end{aligned} \tag{15.10.27}$$

可知，只需使 $L=\int_{-\infty}^{+\infty}K^2(z)\,\mathrm{d}z$ 达到最小即可，于是，在定义 15.10.1 所述的条件下，利用变分法可求出最优核函数 $K_0(x)$ 为[84]

$$K_0(x)=\begin{cases}\dfrac{3}{4\sqrt{5}}\left(1-\dfrac{x^2}{5}\right), x\leqslant\sqrt{5} \\ 0, x>\sqrt{5}\end{cases} \tag{15.10.28}$$

在实际应用中，并不采用最优核函数 $K_0(x)$，而是采用正态核函数，这是因为利用计算机进行计算方便，其性能也接近最优核函数，伊凡乃钦尼可夫(V. A. Epanechnikov)给出了如下计算结果[87]：

$$R\triangleq\frac{\int_{-\infty}^{+\infty}K^2(z)\,\mathrm{d}z}{\int_{-\infty}^{+\infty}K_0^2(z)\,\mathrm{d}z}=1.05 \tag{15.10.29}$$

对于满足定义 15.10.1 的其他核函数，其 R 值仍在 1.01 ~ 1.10[87]。这样一来，利用核函数对密度函数估计时，可不必取最优核函数 $K_0(x)$，只需选取某一较方便的核函数即可。

15.11　习　　题

1. 设$\{X(n),n=\cdots,-1,0,1,\cdots\}$为平稳序列，令$\sum_{j=0}^{p}a_jX(n-j)=\xi(n)$，假定$E[\xi(n)X(n-j)]=0(1\leqslant j\leqslant p)$，试证明：$\xi(n)$与$\{X(k),k\leqslant n-1\}$不相关的充要条件是$\{\xi(n),n=\cdots,-1,0,1,\cdots\}$为白色序列。

2. 设$\{\xi(n),n=\cdots,-1,0,1,\cdots\}$为白色序列，令$X(n)=\xi(n)+\xi(n-1)$，以$Hn(X)$表示由$\{X(i),i\leqslant n\}$所张成的线性空间，以$Hn(\xi)$表示由$\{\xi(i),i\leqslant n\}$所张成的线性空间。

①试证：$Hn(X)=Hn(\xi)$；

②试求由$\{X(n),i-N\leqslant n<i\}$对$X(i)$的最优线性预测。

3. 设$\{X(n),n=\cdots,-1,0,1,\cdots\}$为滑动平均序列，即$X(n)=\sum_{j=0}^{q}b_j\xi(n-j)$，其中，$\{\xi(n),n=\cdots,-1,0,1,\cdots\}$为相互独立且服从正态$N(0,1)$分布的随机序列，试证明：对任意$q<\infty$，$\{X(n),n=\cdots,-1,0,1,\cdots\}$为均方遍历。进一步，若$X(n)=\sum_{j=0}^{\infty}b_j\xi(n-j)$，试问均方遍历是否成立？

4. 设$\{X(n),n=1,2,\cdots\}$为零均值正态随机变量序列，试证：下面两个事实等价

①它是广义马尔可夫序列。

②它是马尔可夫序列。

5. 先引入如下定义：

定义 1：设$\{X(n),n=0,1,2,\cdots\}$为随机序列，如果

①$E[|X(n)|]<\infty,n=0,1,2,\cdots$；

②$E[X(n+1)|X(0),X(1),X(2),\cdots,X(n)]=X(n),n=0,1,2,\cdots$，则称该随机序列为鞅。

定义 2：设$\{X(n),n=0,1,2,\cdots\}$和$\{Y(n),n=0,1,2,\cdots\}$为两个随机序列，如果

①$E[|X(n)|]<\infty,n=0,1,2,\cdots$；

②$E[X(n+1)|Y(0),Y(1),Y(2),\cdots,Y(n)]=X(n),n=0,1,2,\cdots$，则称$\{X(n),n=0,1,2,\cdots\}$是关于$\{Y(n),n=0,1,2,\cdots\}$的鞅。

按上述定义，做如下习题：

设$\{Y(k),k=0,1,2,\cdots\}$为随机变量序列，$g_k(\cdot)$为任意函数并规定

$$Z_i=g_i(Y(0),Y(1),Y(2),\cdots,Y(i)),i=1,2,\cdots$$

进一步设$f(\cdot)$是一个普通函数，且$E[|f(Z_k)|]<\infty,k=1,2,\cdots$，再假定$a_k(\cdot)$为$k$个实变量的有界函数，现定义：

$$X(n)=\sum_{k=0}^{n}\{f(Z_k)-E[f(Z_k)|Y(0),\cdots,Y(k-1)]\}a_k(Y(0),Y(2),\cdots,Y(k-1))$$

试证明：$\{X(n),n=1,2,\cdots\}$是关于$\{Y(n),n=1,2,\cdots\}$的鞅。（注意当$k=0$时，$E[f(Z_0)|Y(-1)]=E[f(Z_0)]<\infty$）

6. 设$\{Y(n),n=1,2,\cdots\}$为独立同分布随机变量序列（$Y(0)=0$），定义$\Phi(\lambda)=$

$E[\exp\{\lambda Y(k)\}]$,$\lambda \neq 0$ 为任意实数,假定 $X(0)=1$,试证:$X(n)=\Phi(\lambda)^{-n}\exp\{\lambda[Y(1)+Y(2)+\cdots+Y(n)]\}$ 是关于 $\{Y(n),n=1,2,\cdots\}$ 的鞅。

7. 设 $\{Y_0,Y_1,Y_2,\cdots\}$ 是随机变量序列且具有有限的绝对均值,即 $E(|Y_n|)<\infty$,假设对任意 $n,n=0,1,2,\cdots$,有 $E(Y_{n+1}|Y_0,Y_1,Y_2,\cdots,Y_n)=a_n+b_nY_n,b_n\neq 0$,令 $l_{n+1}(z)$ 是 z 的线性函数,即 $l_{n+1}(z)=a_n+b_nz$,其反函数为 $l_{n+1}^{-1}(z)=(z-a_n)/b_n$,并令 $L_n(z)=l_1^{-1}(l_2^{-1}(\cdots(l_n^{-1}(z))\cdots))$,试证:$X_n=kl_n(Y_n)$ 是关于 $\{Y_0,Y_1,Y_2,\cdots\}$ 的鞅,其中 $k\neq 0$ 为任意常数。

8. 设 $\{Y_0,Y_1,Y_2,\cdots\}$ 是独立同分布随机变量序列,$f_0(\cdot)$ 与 $f_1(\cdot)$ 是两个密度函数,定义:

$$X_n=\frac{f_1(Y_0)f_1(Y_1)f_1(Y_2)\cdots f_1(Y_n)}{f_0(Y_0)f_0(Y_1)f_0(Y_2)\cdots f_0(Y_n)},n=0,1,2,\cdots$$

如果随机变量 $f_1(Y_{n+1})/f_0(Y_{n+1})$ 的密度函数是 $f_0(\cdot)$,试证明:$\{X_n,n=0,1,2,\cdots\}$ 是关于 $\{Y_n,n=0,1,2,\cdots\}$ 的鞅。

9. 设 $\{X(n),n=1,2,\cdots\}$ 为随机序列,$X(n)=X(n-1)+\xi(n)$,其中 $X(0)$ 为初始状态且 $E[X(0)]=0$,$E[X^2(0)]=10$,而 $\{\xi(n),n=1,2,\cdots\}$ 为白序列且 $E[\xi(n)]=0$,$E[\xi^2(n)]=1$,又知 $\{Z(n),n=1,2,\cdots\}$ 为测量序列且

$$Z(n)=X(n)+V(n)$$

其中,$\{V(n),n=1,2,\cdots\}$ 为白序列且 $E[V(n)]=0$,$E[V^2(n)]=2$,假设 $\{\xi(n),n=1,2,\cdots\}$,$\{V(n),n=1,2,\cdots\}$ 及 $X(0)$ 三者互不相关,试求:依据 $Z(n),Z(n-1),\cdots,Z(1)$ 对 $Z(n+1)$ 的最小方差线性预报 $\hat{Z}(n+1/n)$。

10. 设 $\{S_i,i=1,2,\cdots,n\}$ 为已知信号序列,$\{V_i,i=1,2,\cdots,n\}$ 为零均值随机变量误差序列,定义 $\boldsymbol{P}\triangleq(P_{ij})_{n\times n}$,$P_{ij}=E(V_iV_j)(i,j=1,2,\cdots,n)$ 并假定均为已知,试求 $C_1,C_2,\cdots,C_n$ 使得信噪比

$$S/N\triangleq\frac{(C_1S_1+\cdots+C_nS_n)^2}{E[(C_1V_1+\cdots+C_nV_n)^2]}=\max$$

11. 设 $\{X_0,X_1,\cdots,X_n\}$ 为随机变量序列,根据 $\{X_1,X_2,\cdots,X_n\}$ 对 X_0 的线性最小方差估计为 $\hat{X}_0=b_1X_1+b_2X_2+\cdots+b_nX_n$,同时还要求各系数 $b_i(i=1,2,\cdots,n)$ 满足如下约束:

$$f(b_1,b_2,\cdots,b_n)=0$$

$$g(b_1,b_2,\cdots,b_n)=0$$

已知 $E(X_iX_j)=\Gamma_X(i,j)(i,j=0,1,2,\cdots,n)$,试求:各系数 $b_i(i=1,2,\cdots,n)$。

12. 设 $\{X(n),n=1,2,\cdots\}$ 为平稳随机序列且 $E[X(n)]=0$,令 $\hat{X}(n)$ 为线性最小方差预测,即 $\hat{X}(n)=\sum\limits_{j=1}^{n-1}a_jX(n-j),n=1,2,\cdots$,试证:残差序列 $\{e(n)=X(n)-\hat{X}(n),n=1,2,\cdots\}$ 为白色序列。

13. 设 $\{X(n),n=\cdots,-2,-1,0,1,2,\cdots\}$ 为平稳序列,又知 $\hat{X}(n)=a_1X(n-1)+a_2X(n-2)$ 为 $X(n)$ 基于 $\{X(n-i),i=1,2,\cdots\}$ 最小方差线性预测,假设预测误差序列为白色序列,方差为 σ_0^2,其中 a_1,a_2 为已知常数,试求:$X(n)$ 的功率谱密度函数。

14. 设 $\{X(n),n=1,2,\cdots\}$ 为随机序列,$\hat{X}(n)=a_1X_{n-1}+\cdots+a_pX_{n-p}$ 是 $X(n)$ 的一个预报,试证:$\hat{X}(n)$ 为最优线性预报的充要条件是

$$\oint_{|z|=1} z^k\left[1-\sum_{l=1}^{p} a_l z^{-l}\right]X(z)\,\mathrm{d}z=0,\forall k$$

15. 设$\{X(t),-\infty<t<+\infty\}$为均方可微的随机过程,若用$aX(t)+bX'(t)$估计$X(t+\lambda)$,试求:使均方误差为极小的$a,b$值及相应的均方误差值。

16. 设$\{\xi_n,n=\cdots,-2,-1,0,1,2,\cdots\}$为零均值平稳序列,相关函数为

$$E(\xi_n\xi_m)=\begin{cases}1, & n=m\\ \rho, & n\neq m\end{cases}$$

其中$0<\rho<1$,试证:$\{\xi_n,n=\cdots,-2,-1,0,1,2,\cdots\}$有如下分解

$$\xi_n=U+\eta_n$$

其中$U,\eta_1,\eta_2,\cdots$是零均值互不相关随机变量序列且满足$E(U^2)=\rho,E(\eta_k^2)=1-\rho,k=\cdots,-2,-1,0,1,2,\cdots$。

17. 设$\{X_n,n=\cdots,-2,-1,0,1,2,\cdots\}$是滑动平均序列,满足

$$X_n=\varepsilon_n+\beta(\varepsilon_{n-1}+r\varepsilon_{n-2}+r^2\varepsilon_{n-3}+\cdots)$$

其中$\{\varepsilon_n,n=\cdots,-2,-1,0,1,2,\cdots\}$是零均值互不相关随机变量序列$E(\varepsilon_n^2)=1,n=\cdots,-2,-1,0,1,2,\cdots,\beta$和$r$均为常数,$|r|<1,|r-\beta|<1$,试求:当$X_n,X_{n-1},\cdots$为已知时,$X_{n+1}$的最小方差线性预报。

18. 设$\{X_n,n=0,1,2,\cdots\}$为随机序列,$0<X_n<1$且

$$X_{n+1}=\begin{cases}\alpha+\beta X_n, & \text{以概率 } X_n\\ \beta X_n, & \text{以概率 } 1-X_n\end{cases}$$

其中,$\alpha>0,\beta>0,\alpha+\beta=1$,试证:(1)$E[|X_n|]<\infty$;(2)$E(X_{n+1}|X_0,X_1,X_2,\cdots,X_n)=X_n$。

19. 设$\{X_n,n=0,1,2,\cdots\}$为随机序列,$E(|X_n|)<\infty$且$E(X_{n+1}|X_0,X_1,X_2,\cdots,X_n)=\alpha X_n+\beta_{n-1}X_{n-1},n>0$,其中$\alpha>0,\beta>0,\alpha+\beta=1$,试求$\alpha$,使得$Y_n=\alpha X_n+X_{n-1},n\geqslant1,Y_0=X_0$,且满足$E(Y_{n+1}|X_0,X_1,X_2,\cdots,X_n)=Y_n$。

20. 设$\{\xi_i,i=0,1,2,\cdots\}$为随机序列,定义$X_n=\sum_{i=0}^{n}\xi_i,n=0,1,2,\cdots$,假设$X_n$满足$E(|X_n|)<\infty,E(X_{n+1}|X_0,X_1,X_2,\cdots,X_n)$,试证明:$E(\xi_i\xi_j)=0,i\neq j$。

21. 设$\{X_n,n=0,1,2,\cdots\}$为随机序列,满足:

①$E(|X_n|)<\infty$;

②关于$\{Y_n,n=0,1,2,\cdots\}$有$E(X_{n+1}|Y_0,Y_1,Y_2,\cdots,Y_n)=X_n$。

试证:对任意$k\leqslant l<m$,有$E[(X_m-X_l)X_k]=0$。

22. **按谱熵最大建模**。先引入如下定义:

定义:设$\{X_n,n=\cdots,-2,-1,0,1,2,\cdots\}$为零均值平稳序列,$S_X(z)$为其功率谱密度函数,称

$$H(S_X)\triangleq\frac{1}{2\pi\mathrm{j}}\oint_{|z|=1}\ln S_X(z)\frac{\mathrm{d}z}{z}$$

为平稳序列$\{X(n),n=\cdots,-2,-1,0,1,2,\cdots\}$的谱熵。

按上述定义可做如下习题:

已知平稳序列$\{X(n),n=\cdots,-2,-1,0,1,2,\cdots\}$的相关函数为$\{B(i),0\leqslant i\leqslant m\}$,试证明:按谱熵最大准则的建模必为自回归序列模型,即$\sum_{j=0}^{m}a_jX(n-j)=\xi(n)$,其中$a_0=1$,

$\{\xi(n), n=\cdots,-2,-1,0,1,2,\cdots\}$ 为白噪声序列且 $E[\xi(n)]=\sigma^2$ 可唯一确定。

23. 设线性系统模型为

$$\boldsymbol{Z}=\boldsymbol{\Phi C}+\boldsymbol{\varepsilon}$$

其中,$\boldsymbol{Z}\in\mathbf{R}^n$;$\boldsymbol{\Phi}\in\mathbf{R}^{n\times m}$ 均为已知;$\boldsymbol{C}\in\mathbf{R}^m$ 为未知参数向量;$\boldsymbol{\varepsilon}\in\mathbf{R}^n$ 为白噪声且 $E(\boldsymbol{\varepsilon})=0$,$E(\boldsymbol{\varepsilon\varepsilon}^{\mathrm{T}})=\sigma^2\boldsymbol{I}_n$。假定 $n>m$ 且 $\boldsymbol{\Phi}$ 为列满秩,如果 $\boldsymbol{\Phi C}$ 用分块方式表示成

$$\boldsymbol{\Phi C}=[\boldsymbol{\Phi}_1,\boldsymbol{\Phi}_2]\begin{bmatrix}\boldsymbol{C}_1\\ \boldsymbol{C}_2\end{bmatrix}$$

试证明:$\boldsymbol{C}_2$ 的最小二乘估计 $\hat{\boldsymbol{C}}_{2\mathrm{LS}}$ 为

$$\hat{\boldsymbol{C}}_{2\mathrm{LS}}=[\boldsymbol{\Phi}_2^{\mathrm{T}}\boldsymbol{\Phi}_2-\boldsymbol{\Phi}_2^{\mathrm{T}}\boldsymbol{\Phi}_1(\boldsymbol{\Phi}_1^{\mathrm{T}}\boldsymbol{\Phi}_1)^{-1}\boldsymbol{\Phi}_1^{\mathrm{T}}\boldsymbol{\Phi}_2]^{-1}[\boldsymbol{\Phi}_2^{\mathrm{T}}\boldsymbol{Z}-\boldsymbol{\Phi}_2^{\mathrm{T}}\boldsymbol{\Phi}_1(\boldsymbol{\Phi}_1^{\mathrm{T}}\boldsymbol{\Phi}_1)^{-1}\boldsymbol{\Phi}_1^{\mathrm{T}}\boldsymbol{Z}]$$

并求取 $\hat{\boldsymbol{C}}_{2\mathrm{LS}}$的协方差阵。

24. 设$f(t)$为连续函数并假定其傅氏变换存在,试证明:

$$T_0\sum_{n=-\infty}^{+\infty}f^2(nT_0)=\frac{1}{2\pi}\int_{-\frac{\pi}{T_0}}^{\frac{\pi}{T_0}}|F_{T_0}(\mathrm{j}\omega)|^2\mathrm{d}\omega$$

其中,$f(nT_0)$为$f(t)$在 $t=nT_0$ 时刻采样值;T_0 为采样周期;$F_{T_0}(\mathrm{j}\omega)$为$f_{T_0}(t)$的傅里叶变换。

25. 设$\{X(1),X(2),\cdots,X(N)\}$为零均值实平稳序列,试证明:

$$\sup_{\|X\|=1}\int_{-\frac{\pi}{T_0}}^{\frac{\pi}{T_0}}\left|\sum_{k=1}^{N}X(k)\mathrm{e}^{\mathrm{j}\omega T_0k}\right|^2\mathrm{d}\omega=\frac{2\pi}{T_0}$$

其中,$\boldsymbol{X}^{\mathrm{T}}\triangleq[X(1),X(2),\cdots,X(N)]$。

26. 设$\{X(1),X(2),\cdots,X(N)\}$为零均值平稳序列,取 $\hat{B}(m)=\frac{1}{N}\sum_{n=1}^{N-|m|}X(n+|m|)X(n)$, 试证:如果 $X(n),n=1,2,\cdots,N$ 不全为零时,则矩阵

$$\hat{\boldsymbol{B}}=\begin{bmatrix}\hat{B}(0) & \hat{B}(-1) & \cdots & \hat{B}(1-p)\\ \hat{B}(1) & \hat{B}(0) & \cdots & \hat{B}(2-p)\\ \vdots & \vdots & & \vdots\\ \hat{B}(p-1) & \hat{B}(p-2) & \cdots & \hat{B}(0)\end{bmatrix},p<N$$

必为正定。

27. 已知线性时不变系统的单位脉冲响应 $k(t)$为

$$k(t)=\sum_{i=1}^{n}a_i\mathrm{e}^{-p_it},t\geqslant 0$$

其中 $p_i(i=1,2,\cdots,n)$为已知数且 $\mathrm{Re}(p_i)>0(i=1,2,\cdots,n)$,系统输入为 $X(t)$且相关函数 $B_X(\tau)$为已知,若取输出量 $Y(t)$作为 $X(t+\lambda)$的估计,试求:常数 $a_i(i=1,2,\cdots,n)$,使得

$$J=E\{[X(t+\lambda)-Y(t)]^2\}=\min$$

28. 设 X,Y 为随机变量,试证:Y 关于 X 的最小方差预报为 $\hat{Y}=E(Y|X)$,其中 $E(Y|X)$ 为 Y 关于 X 的条件均值。

29. 设线性系统模型为

$$\boldsymbol{Z}=\boldsymbol{\Phi C}+\boldsymbol{\varepsilon}$$

其中,$\boldsymbol{Z}\in\mathbf{R}^n$ 为测量向量;$\boldsymbol{\Phi}\in\mathbf{R}^{n\times m}$为已知常数阵;$\boldsymbol{C}\in\mathbf{R}^m$ 为未知参数;$\boldsymbol{\varepsilon}\in\mathbf{R}^n$ 为白噪声且 $E(\boldsymbol{\varepsilon})=0$,$E(\boldsymbol{\varepsilon\varepsilon}^{\mathrm{T}})=\sigma^2\boldsymbol{I}_n$。设 $n>m$,$\mathrm{rank}(\boldsymbol{\Phi})=m$,又知 $\boldsymbol{C}$ 满足线性约束 $\boldsymbol{HC}=\boldsymbol{r}_0$,其中,$\boldsymbol{H}\in$

$\mathbf{R}^{s\times m}$为已知常数阵且 $s<m$,rank$(\boldsymbol{H})=s$,$\boldsymbol{r}_0\in\mathbf{R}^s$ 是一给定的 s 维向量。试求满足上述线性约束的未知参数 C 的最小二乘估计 $\hat{\boldsymbol{C}}_{\mathrm{LS}}$。

30. 设$\{X(n),n=\cdots,-2,-1,0,1,2,\cdots\}$为零均值平稳序列,令 $\hat{X}(n)$为依$\{X(k),k<n\}$所做的关于$X(n)$的最小方差线性预测,定义 $\sigma^2\triangleq E\{[X(n)-\hat{X}(n)]^2\}>0$,试证明:预测方差 σ^2 为

$$\sigma^2 = 2\pi\mathrm{j}\left[\oint_{|z|=1}\frac{1}{S_X(z)}\frac{\mathrm{d}z}{z}\right]^{-1}$$

其中,$S_X(z)$为平稳序列$\{X(n),n=\cdots,-2,-1,0,1,2,\cdots\}$的功率谱密度函数。

31. 设 $Z(1),Z(2),\cdots,Z(N)$为非平稳随机序列,取$f(n)=C_0+C_1nT_0(n=1,2,\cdots,N)$,试求 C_0,C_1,使 $\sum\limits_{i=1}^{N}[Z(i)-f(i)]^2=\min$。

32. 设线性系统模型如题 23 所述,现将 $\boldsymbol{\Phi}$ 分成块:$\boldsymbol{\Phi}=[\boldsymbol{\Phi}_0,\boldsymbol{\Phi}_1,\cdots,\boldsymbol{\Phi}_k]$,将 $\boldsymbol{C}$ 对应地分成为 $\boldsymbol{C}^{\mathrm{T}}=[\boldsymbol{C}_0^{\mathrm{T}},\boldsymbol{C}_1^{\mathrm{T}},\cdots,\boldsymbol{C}_k^{\mathrm{T}}]$,如果 $\boldsymbol{\Phi}_i^{\mathrm{T}}\boldsymbol{\Phi}_j=0(i\neq j,i,j=0,1,2,\cdots,k)$,试证明:

$$①\hat{\boldsymbol{C}}_{\mathrm{LS}}\triangleq\begin{bmatrix}\hat{\boldsymbol{C}}_{0\mathrm{LS}}\\ \hat{\boldsymbol{C}}_{1\mathrm{LS}}\\ \hat{\boldsymbol{C}}_{2\mathrm{LS}}\\ \vdots\\ \hat{\boldsymbol{C}}_{k\mathrm{LS}}\end{bmatrix}=\begin{bmatrix}(\boldsymbol{\Phi}_0^{\mathrm{T}}\boldsymbol{\Phi}_0)^{-1}\boldsymbol{\Phi}_0^{\mathrm{T}}\boldsymbol{Z}\\ (\boldsymbol{\Phi}_1^{\mathrm{T}}\boldsymbol{\Phi}_1)^{-1}\boldsymbol{\Phi}_1^{\mathrm{T}}\boldsymbol{Z}\\ (\boldsymbol{\Phi}_2^{\mathrm{T}}\boldsymbol{\Phi}_2)^{-1}\boldsymbol{\Phi}_2^{\mathrm{T}}\boldsymbol{Z}\\ \vdots\\ (\boldsymbol{\Phi}_k^{\mathrm{T}}\boldsymbol{\Phi}_k)^{-1}\boldsymbol{\Phi}_k^{\mathrm{T}}\boldsymbol{Z}\end{bmatrix};$$

$$② R_0^2\triangleq(\boldsymbol{Z}-\boldsymbol{\Phi}\hat{\boldsymbol{C}}_{\mathrm{LS}})^{\mathrm{T}}(\boldsymbol{Z}-\boldsymbol{\Phi}\hat{\boldsymbol{C}}_{\mathrm{LS}})=\boldsymbol{Z}^{\mathrm{T}}\boldsymbol{Z}-\sum_{i=0}^{k}\hat{\boldsymbol{C}}_{i\mathrm{LS}}^{\mathrm{T}}\boldsymbol{\Phi}_i^{\mathrm{T}}\boldsymbol{Z}$$

33. 设系统模型如题 23 所述。取目标函数为

$$J_r(\hat{C})\triangleq(\hat{Z}-\boldsymbol{\Phi}\hat{\boldsymbol{C}})^{\mathrm{T}}\boldsymbol{r}^{-1}(\boldsymbol{Z}-\boldsymbol{\Phi}\hat{\boldsymbol{C}})$$

其中,$\boldsymbol{r}$ 为加权阵,试求加权最小二乘估计$\hat{\boldsymbol{C}}_{r\mathrm{LS}}$。

34. 系统模型为题 23 所述。但是 $E(\boldsymbol{\varepsilon})=0$,且 $E(\boldsymbol{\varepsilon}\boldsymbol{\varepsilon}^{\mathrm{T}})=\boldsymbol{R}$ 为已知,试证明:取加权阵 $\boldsymbol{r}$ 为 $\boldsymbol{R}$ 时,加权最小二乘估计误差阵为最小。

35. 试证明:

$$\lim_{N\to\infty}\frac{T_0}{2\pi}\frac{\left[\sin\left(\dfrac{T_0N\omega}{2}\right)\right]^2}{N\left[\sin\left(\dfrac{T_0\omega}{2}\right)\right]^2}=\delta(\omega),\ -\frac{\pi}{T_0}<\omega<\frac{\pi}{T_0}$$

其中,N 为正整数;T_0 为采样周期;δ 为狄拉克 δ 函数。

36. 设$\{X(T_0,X(2T_0),\cdots,X(NT_0)\}$为随机序列,试证明:

$$\lim_{N\to\infty}E[I_N(\omega)]=\frac{1}{T_0}S_{T_0}(\omega)$$

其中,$I_N(\boldsymbol{\omega})$为该序列的周期图;$S_{T_0}(\boldsymbol{\omega})$为采样信号 $X_{T_0}(t)$的功率密度函数;T_0 为采样周期。

37. 设 $C(nT_0)=X(nT_0)Y(nT_0)$,$n=\cdots,-2,-1,0,1,2,\cdots$为实值序列,且满足

$$\sum_{n=-\infty}^{+\infty}|C(nT_0)|<\infty$$

试证明:

$$C_{T_0}(\mathrm{j}\lambda)=\frac{1}{2\pi}\int_{-\frac{\pi}{T_0}}^{\frac{\pi}{T_0}}X_{T_0}(\mathrm{j}\omega)Y_{T_0}[\mathrm{j}(\lambda-\omega)]\mathrm{d}\omega$$

$$=\frac{1}{2\pi}\int_{-\frac{\pi}{T_0}}^{\frac{\pi}{T_0}}Y_{T_0}(\mathrm{j}\omega)X_{T_0}[\mathrm{j}(\lambda-\omega)]\mathrm{d}\omega$$

其中,$C_{T_0}(\mathrm{j}\omega)$,$X_{T_0}(\mathrm{j}\omega)$,$Y_{T_0}(\mathrm{j}\omega)$分别为 $C(nT_0)$,$X(nT_0)$,$Y(nT_0)$的傅里叶变换。

38. 采样信号 $X(kT_0)$,$Y(kT_0)$,$k=\cdots,-2,-1,0,1,2,\cdots$的卷积定义为

$$X_{T_0}(kT_0)*Y_{T_0}(kT_0)\triangleq T_0\sum_{n=-\infty}^{+\infty}X(nT_0)Y(kT_0-nT_0)$$

试证明:

$$F[X_{T_0}(kT_0)*Y_{T_0}(kT_0)]=X_{T_0}(\mathrm{j}\omega)Y_{T_0}(\mathrm{j}\omega)$$

其中

$$Y_{T_0}(\mathrm{j}\omega)\triangleq\sum_{i=-\infty}^{+\infty}Y(iT_0)\mathrm{e}^{-\mathrm{j}\omega iT_0},X_{T_0}(\mathrm{j}\omega)\triangleq\sum_{i=-\infty}^{+\infty}X(iT_0)\mathrm{e}^{-\mathrm{j}\omega iT_0}$$

39. 设 $\hat{B}(mT_0)$和 $\hat{S}_{T_0}(\omega)$为零均值平稳序列$\{X(nT_0),n=1,2,\cdots,N\}$的相关函数估计和功率谱估计,即

$$\hat{B}(mT_0)=\frac{1}{N}\sum_{n=1}^{N-|m|}X[(n+m)T_0]X(nT_0)$$

$$\hat{S}_{T_0}(\omega)=T_0\sum_{m=-(N-1)}^{N-1}\hat{B}(mT_0)\mathrm{e}^{-\mathrm{j}\omega mT_0}$$

试证明:

$$E[\hat{S}_{T_0}(\omega)]=\frac{T_0}{2\pi N}\int_{-\frac{\pi}{T_0}}^{\frac{\pi}{T_0}}S_{T_0}(\lambda)\left[\frac{\sin(\omega-\lambda)T_0\dfrac{N}{2}}{\sin(\omega-\lambda)\dfrac{T_0}{2}}\right]\mathrm{d}\lambda$$

其中,$S_{T_0}(\lambda)$为 $B(mT_0)$的傅里叶变换。

第4编　应用部分

第16章

维纳滤波理论

16.1 问题的提出

在随机控制及信息处理中,经常遇到这样一个问题:输入线性定常系统 $\Phi(s)$ 的信号 $Z(t)$ 中不仅包含有用信号 $X(t)$,而且还包含我们所不希望的随机干扰信号 $n(t)$,从最优设计的观点,通常是这样来设计系统传递函数 $\Phi(s)$:使得系统的输出信号 $\hat{X}(t)$ 尽可能精确地反映出有用信号 $X(t)$,而受干扰信号 $n(t)$ 的影响尽可能小。换句话说,我们所设计的系统 $\Phi(s)$ 一方面尽可能精确地复现有用信号 $X(t)$,另一方面又能把干扰信号 $n(t)$ 尽可能多地过滤掉。在信息与控制理论中,我们把上述问题称为**最优滤波问题**。

如果我们这样来设计系统的传递函数 $\Phi(s)$,使得在 t 时刻的系统输出信号 $\hat{X}(t)$ 尽可能精确地复现 $t+T$ 时刻的有用信号 $X(t+T)$,同时又尽可能多地把干扰信号 $n(t)$ 滤掉,那么我们就称上述问题为**最优预测滤波**问题。

进一步,如果我们所设计的系统传递函数 $\Phi(s)$,使得输出信号 $\hat{X}(t)$ 尽可能精确地复现输入信号导数 $X'(t)$,同时又尽可能多地把干扰信号 $n(t)$ 滤掉,那么就称上述问题为**微分平滑**问题。

值得注意的是,这里所说的“尽可能精确”或者“尽可能多”虽然是定性的说法,但这里面却包含某种最优的含义。下面我们就定量地讨论上述问题。

设信号作用于线性定常系统的情况如图 16.1.1 所示。其中,$X(t)$ 为有用随机信号,并假设 $\{X(t), -\infty<t<+\infty\}$ 为零均值平稳随机过程,其自相关函数 $B_X(\tau)$ 或功率谱密度函数 $S_X(\omega)$ 均为已知。$n(t)$ 为随机干扰信号,假设 $\{n(t), -\infty<t<+\infty\}$ 为零均值平稳随机过程,它可以是白噪声也可以是时间相关的平稳随机过程,其自相关函数 $B_n(\tau)$ 或功率谱密度函数 $S_n(\omega)$ 均为已知。而且上述两个信号的互相关函数 $B_{Xn}(\tau)$ 和互功率谱密度函数 $S_{Xn}(\omega)$ 也是已知的。

应当指出,如果 $X(t)$ 和 $n(t)$ 的均值不为零,可以用 $X(t)-E[X(t)]$ 代替 $X(t)$,用 $n(t)-E[n(t)]$ 代替 $n(t)$ 来进行研究,不过 $E[X(t)]$ 和 $E[n(t)]$ 应当为已知。

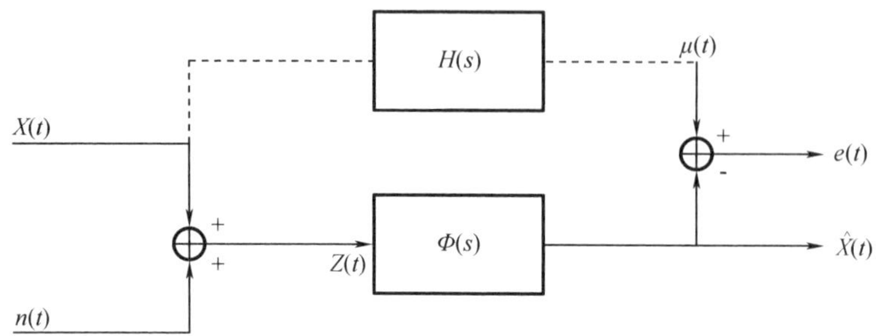

图 16.1.1　有用信号 $X(t)$ 和干扰信号 $n(t)$ 同时作用于线性定常系统的情况

有用信号 $X(t)$ 和干扰信号 $n(t)$ 通过实际系统 $\Phi(s)$ 得到真实输出信号 $\hat{X}(t)$，有用信号通过预期的传递函数 $H(s)$ 得到预期的输出 $\mu(t)$。如果 $H(s)=1$，就称之为滤波问题。如果 $H(s)=\mathrm{e}^{ST}$，就称之为预测问题。如果 $H(s)=S$，就称之为微分平滑问题。预期输出信号 $\mu(t)$ 和真实输出信号 $\hat{X}(t)$ 之差 $e(t)$ 就称之为误差。

由前面的随机分析可知，真实输出信号 $\{\hat{X}(t),-\infty<t<+\infty\}$ 和预期输出信号 $\{\mu(t),-\infty<t<+\infty\}$ 都是平稳随机过程，所以误差信号 $\{e(t),-\infty<t<+\infty\}$ 也是平稳随机过程。这样一来，系统精度的高低或者说误差 $e(t)$ 的大小只能用统计量来度量。

为了使上述问题能够在平稳随机过程的相关理论中得到解决，我们采用误差 $e(t)$ 的平方均值或称之为均方误差（简称方差）

$$\sigma^2=E\{[\mu(t)-\hat{X}(t)]^2\} \tag{16.1.1}$$

作为衡量系统工作精度的指标。

如何设计一个物理可实现的传递函数 $\Phi(s)$，使得均方误差 σ^2 为最小，即

$$\sigma^2=E[\mu(t)-\hat{X}(t)]^2=\min \tag{16.1.2}$$

当 $H(s)=1$ 时，称满足方程(16.1.2)式的 $\Phi(s)$ 为连续最优滤波器的传递函数。当 $H(s)=\mathrm{e}^{ST}$ 时，称满足方程(16.1.2)式的 $\Phi(s)$ 为连续最优预测滤波器的传递函数，其中，$T>0$ 为预测时间。

16.2　连续维纳－霍甫积分方程[88]

设线性定常系统的传递函数为 $\Phi(s)$，相应的单位脉冲响应函数为 $k(t)$，两者的关系为

$$k(t)=L^{-1}\{\Phi(s)\} \tag{16.2.1}$$

其中，$L^{-1}\{\cdot\}$ 代表求拉氏反变换。这里应当指出，我们所要求的系统应当是物理可实现的，即要求 $k(t)$ 满足

$$k(t)=0,t<0 \tag{16.2.2}$$

这等价地要求系统是稳定的，也即 $\Phi(s)$ 的全部极点均在 s 的左半平面内。

系统在 $Z(t)$ 的作用下，其输出函数 $\hat{X}(t)$ 可表示为

$$\hat{X}(t)=\int_0^{\infty}k(\tau)Z(t-\tau)\mathrm{d}\tau$$

此时,由(16.1.1)式可知,线性定常系统输出的均方误差为

$$\begin{aligned}\sigma^2 &= E\{[\mu(t) - \hat{X}(t)]^2\} \\ &= E\{[\mu(t) - \int_0^\infty k(\tau)Z(t-\tau)\mathrm{d}\tau]^2\} \\ &= E[\mu^2(t)] - 2\int_0^\infty k(\tau)E[\mu(t)Z(t-\tau)]\mathrm{d}\tau + \\ &\quad \int_0^\infty\int_0^\infty k(\tau)k(l)E[Z(t-\tau)Z(t-l)]\mathrm{d}\tau\mathrm{d}l \\ &= B_{\mu\mu}(0) - 2\int_0^\infty k(\tau)B_{\mu Z}(\tau)\mathrm{d}\tau + \int_0^\infty\int_0^\infty k(\tau)k(l)B_{ZZ}(l-\tau)\mathrm{d}\tau\mathrm{d}l \quad (16.2.3)\end{aligned}$$

其中

$$\begin{aligned}B_{ZZ}(\tau) &= E[Z(t+\tau)Z(t)] \\ &= E\{[X(t+\tau)+n(t+\tau)][X(t)+n(t)]\} \\ &= B_{XX}(\tau)+B_{nX}(\tau)+B_{Xn}(\tau)+B_{nn}(\tau) \quad (16.2.4)\end{aligned}$$

$$\begin{aligned}B_{\mu Z}(\tau) &= E[\mu(t+\tau)Z(t)] \\ &= E[\mu(t+\tau)X(t)]+E[\mu(t+\tau)n(t)] \\ &= B_{\mu X}(\tau)+B_{\mu n}(\tau) \quad (16.2.5)\end{aligned}$$

并假定 $B_{XX}(\tau)$,$B_{nn}(\tau)$,$B_{Xn}(\tau)$,$B_{\mu X}(\tau)$,$B_{\mu n}(\tau)$均为已知。

下面我们求使均方误差 σ^2 取极小的充要条件。

定理 16.2.1 使均方误差(16.1.1)式取极小的充要条件是系统的单位脉冲响应函数 $k(t)$应满足如下维纳-霍甫积分方程,即

$$B_{\mu z}(\tau) - \int_0^\infty k(l)B_{ZZ}(\tau-l)\mathrm{d}l = 0,\tau > 0 \quad (16.2.6)$$

此时最小均方误差 $\sigma^2_{\min}$ 为

$$\sigma^2_{\min} = B_{\mu\mu}(0) - \int_0^\infty\int_0^\infty k(\tau)k(l)B_{ZZ}(l-\tau)\mathrm{d}\tau\mathrm{d}l \quad (16.2.7)$$

证明 设线性定常系统的单位脉冲响应函数 $k(t)$已使均方误差(16.2.3)式取极小。现在我们对(16.2.3)式中的 $k(\tau)$加上一个变分 $\delta k(\tau)=\gamma\eta(\tau)$,根据物理可实现性的要求,当然它应和 $k(\tau)$一样,有

$$\delta k(\tau)=\gamma\eta(\tau)=0,t<0 \quad (16.2.8)$$

其中,γ 为与 τ 无关的参量,而且 $\eta(\tau)$为 τ 的任意函数。

当我们用 $k(\tau)+\gamma\eta(\tau)$代替(16.2.3)式中的 $k(\tau)$时,性能指标 σ^2 也出现一个变分,即

$$\sigma^2(k+\gamma\eta)=\sigma^2_{\min}+\delta\sigma^2_{\min} \quad (16.2.9)$$

先证必要性:显然,$k(\tau)$使(16.2.3)式取极值的必要条件应是对任意 $\eta(\tau)$,有

$$\left.\frac{\partial\sigma^2(k+\gamma\eta)}{\partial\gamma}\right|_{\gamma=0}=0 \quad (16.2.10)$$

现在按方程(16.2.10)式求 $k(\tau)$所应满足的方程。为此首先把(16.2.3)式中的 $k(\tau)$用 $k(\tau)+\gamma\eta(\tau)$代替,则

$$\sigma^2(k+\gamma\eta) = B_{\mu\mu}(0) - 2\int_0^\infty[k(\tau)+\gamma\eta(\tau)]B_{\mu z}(\tau)\mathrm{d}\tau +$$

$$\int_0^\infty\int_0^\infty [k(\tau)+\gamma\eta(\tau)][k(l)+\gamma\eta(l)]B_{ZZ}(l-\tau)\,\mathrm{d}\tau\mathrm{d}l$$

$$= B_{\mu\mu}(0) - 2\int_0^\infty k(\tau)B_{\mu Z}(\tau)\,\mathrm{d}\tau + \int_0^\infty\int_0^\infty k(\tau)k(l)B_{ZZ}(l-\tau)\,\mathrm{d}\tau\mathrm{d}l -$$

$$2\gamma\int_0^\infty \eta(\tau)B_{\mu Z}(\tau)\,\mathrm{d}\tau + \gamma\int_0^\infty\int_0^\infty \eta(\tau)k(l)B_{ZZ}(l-\tau)\,\mathrm{d}\tau\mathrm{d}l +$$

$$\gamma\int_0^\infty\int_0^\infty k(\tau)\eta(l)B_{ZZ}(l-\tau)\,\mathrm{d}\tau\mathrm{d}l + \gamma^2\int_0^\infty\int_0^\infty \eta(\tau)\eta(l)B_{ZZ}(l-\tau)\,\mathrm{d}\tau\mathrm{d}l \tag{16.2.11}$$

又因为自相关函数 $B_{ZZ}(\tau)$ 具有偶函数性,即

$$B_{ZZ}(l-\tau) = B_{ZZ}(\tau-l)$$

所以有

$$\int_0^\infty\int_0^\infty \eta(\tau)k(l)B_{ZZ}(l-\tau)\,\mathrm{d}\tau\mathrm{d}l = \int_0^\infty\int_0^\infty \eta(\tau)k(l)B_{ZZ}(\tau-l)\,\mathrm{d}\tau\mathrm{d}l$$

再注意到(16.2.3)式中的 $k(\tau)$ 是使性能指标 σ^2 取极值 σ_0^2,则(16.2.11)式可简化为

$$\sigma^2(k+\gamma\eta) = \sigma_0^2 - 2\gamma\left[\int_0^\infty \eta(\tau)B_{\mu Z}(\tau)\,\mathrm{d}\tau - \int_0^\infty\int_0^\infty \eta(\tau)k(l)B_{ZZ}(\tau-l)\,\mathrm{d}\tau\mathrm{d}l\right] +$$

$$\gamma^2\int_0^\infty\int_0^\infty \eta(\tau)\eta(l)B_{ZZ}(\tau-l)\,\mathrm{d}\tau\mathrm{d}l \tag{16.2.12}$$

把(16.2.12)式代入(16.2.10)式中,则使(16.2.3)式取极值的 $K(\tau)$ 必满足

$$\left.\frac{\partial\sigma^2(k+\gamma\eta)}{\partial\gamma}\right|_{\gamma=0} = \int_0^\infty \eta(\tau)B_{\mu Z}(\tau)\,\mathrm{d}\tau - \int_0^\infty\int_0^\infty \eta(\tau)k(l)B_{ZZ}(\tau-l)\,\mathrm{d}\tau\mathrm{d}l$$

$$= \int_0^\infty \eta(\tau)\left[B_{\mu Z}(\tau) - \int_0^\infty k(l)B_{ZZ}(\tau-l)\,\mathrm{d}l\right]\mathrm{d}\tau = 0 \tag{16.2.13}$$

考虑到 $\eta(\tau)$ 是 τ 的任意函数,则(16.2.13)式成立的等价条件是

$$B_{\mu Z}(\tau) - \int_0^\infty k(l)B_{ZZ}(\tau-l)\,\mathrm{d}l = 0, \tau > 0 \tag{16.2.14}$$

再证充分性:因为

$$\frac{\partial^2}{\partial\gamma^2}\sigma^2(k+\gamma\eta) = 2\int_0^\infty\int_0^\infty \eta(\tau)\eta(l)B_{ZZ}(l-\tau)\,\mathrm{d}\tau\mathrm{d}l$$

$$= 2\int_0^\infty\int_0^\infty \eta(\tau)\eta(l)E[Z(l)Z(\tau)]\,\mathrm{d}\tau\mathrm{d}l$$

$$= 2E\left[\int_0^\infty \eta(\tau)Z(\tau)\,\mathrm{d}\tau\int_0^\infty \eta(l)Z(l)\,\mathrm{d}l\right]$$

$$= 2E\left\{\left[\int_0^\infty \eta(\tau)Z(\tau)\,\mathrm{d}\tau\right]^2\right\} \geqslant 0 \tag{16.2.15}$$

所以,由方程(16.2.14)式解出的 $k(\tau)$ 确实使性能指标 σ^2 取极小。

当(16.2.14)式成立时,最小均方误差为

$$\sigma_{\min}^2 = B_{\mu\mu}(0) - 2\int_0^\infty\int_0^\infty k(\tau)k(l)B_{ZZ}(l-\tau)\,\mathrm{d}\tau\mathrm{d}l + \int_0^\infty\int_0^\infty k(\tau)k(l)B_{ZZ}(l-\tau)\,\mathrm{d}\tau\mathrm{d}l$$

$$= B_{\mu\mu}(0) - \int_0^\infty\int_0^\infty k(\tau)k(l)B_{ZZ}(l-\tau)\,\mathrm{d}\tau\mathrm{d}l \tag{16.2.16}$$

定理证毕。

上述定理是由维纳于 1949 年发表的[88]。与此同时,柯尔莫哥洛夫也独立地证明了上

述结论[90]。

16.3　离散时间的维纳－霍甫方程

随着电子计算机技术的飞速发展，以计算机作为控制工具的离散控制系统也越来越得到人们的重视。本节的内容就是讨论平稳随机序列作用于离散线性定常系统的最优滤波和预测问题。

假设在平稳随机序列作用下离散线性定常系统的工作情况如图 16.3.1 所示。

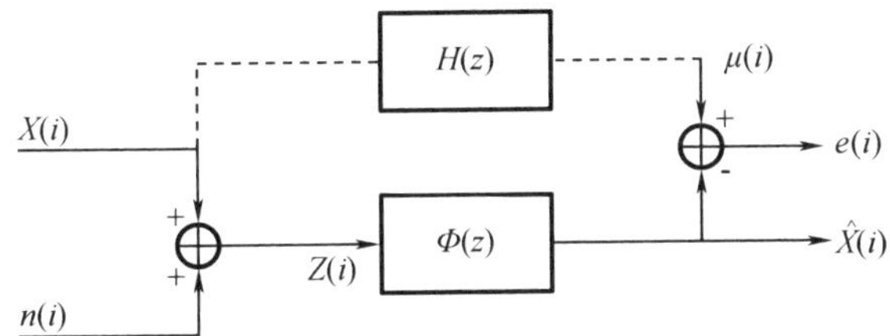

图 16.3.1　有用信号序列 $X(i)$ 和随机干扰序列 $n(i)$ 同时作用于离散线性定常系统的工作情况

图 16.3.1 中 $\{X(i), i=\cdots,-2,-1,0,1,2,\cdots\}$ 为有用随机信号序列，假设它是零均值平稳随机序列，其自相关函数 $B_X(i)$ 和功率谱密度函数 $S_X(z)$ 均为已知，由定理 13.4.2 可知两者的关系为

$$S_X(z)=\sum_{i=-\infty}^{+\infty}B_X(i)z^{-i} \tag{16.3.1}$$

$$B_X(i)=\frac{1}{2\pi j}\oint_{|z|=1}S_X(z)z^{i-1}\mathrm{d}z$$

$\{n(i), i=\cdots,-2,-1,0,1,2,\cdots\}$ 为随机干扰序列，假设它是零均值平稳随机序列，其自相关函数 $B_n(i)$ 和功率谱密度函数 $S_n(z)$ 均为已知。而且上述两个序列的互相关函数 $B_{nX}(i)$ 和互功率谱密度函数 $S_{nX}(z)$ 也是已知的。$H(z)$ 为预期的离散传递函数，如果取 $H(z)=1$，则称为滤波问题。如果取 $H(z)=z^l, l=1,2,\cdots$，则称为 l 步预测滤波问题。$\{\mu(i), i=\cdots,-2,-1,0,1,2,\cdots\}$ 为预期信号序列，$\{e(i), i=\cdots,-2,-1,0,1,2,\cdots\}$ 为误差序列。

我们的问题就是如何设计一个物理可实现的离散传递函数 $\Phi(z)$，即所有极点均在单位圆内的离散传递函数 $\Phi(z)$，使得均方误差

$$\sigma^2=E[e^2(i)]=E\{[\mu(i)-\hat{X}(i)]^2\} \tag{16.3.2}$$

取极小。

为此，假设该离散系统的单位脉冲响应函数为 $k(i)$，由控制理论可知 $\Phi(z)$ 与 $k(i)$ 的关系为

$$\Phi(z)=\sum_{i=0}^{\infty}k(i)z^{-i}\triangleq Z\{k(i)\}$$

$$k(i)=\frac{1}{2\pi j}\oint_{|z|=1}\Phi(z)z^{i-1}\mathrm{d}z\triangleq Z^{-1}\{\Phi(z)\} \tag{16.3.3}$$

其中，符号 $Z\{\cdot\}$ 和 $Z^{-1}\{\cdot\}$ 分别表示 Z 变换和 Z 逆变换。我们要求 $\Phi(z)$ 的物理可实现性就等价于要求

$$k(i)=0,i<0 \tag{16.3.4}$$

利用熟知的卷积公式,可知系统输出$\hat{X}(i)$为

$$\hat{X}(i)=\sum_{l=0}^{\infty}k(l)Z(i-l) \tag{16.3.5}$$

把方程(16.3.5)式代入方程(16.3.2)式,于是可得

$$\begin{aligned}\sigma^2 &= E\{[\mu(i)-\hat{X}(i)]^2\}\\ &= E\{[\mu(i)-\sum_{i=0}^{\infty}k(l)Z(i-l)]^2\}\\ &= B_{\mu\mu}(0)-2\sum_{l=0}^{\infty}k(l)B_{\mu Z}(l)+\sum_{q=0}^{\infty}\sum_{l=0}^{\infty}k(l)k(q)B_{ZZ}(l-q)\end{aligned} \tag{16.3.6}$$

其中

$$B_{ZZ}(i)=E[Z(k+i)Z(k)]=B_{XX}(i)+B_{nX}(i)+B_{Xn}(i)+B_{nn}(i) \tag{16.3.7}$$

$$B_{\mu Z}(i)=E[\mu(k+i)Z(k)]=B_{\mu X}(i)+B_{\mu n}(i) \tag{16.3.8}$$

这里假设$B_{XX}(i)$,$B_{nX}(i)$,$B_{nn}(i)$,$B_{\mu X}(i)$,$B_{\mu n}(i)$均为已知。

下面我们仿证明定理16.2.1的过程来推导离散最优脉冲响应函数所应满足的方程。设方程(16.3.6)式中的$k(l)$已使均方误差为最小,即

$$\sigma^2(k)=\sigma_0^2=\min$$

然后用$k(l)+\nu\eta(l)$代替方程(16.3.6)式中的$k(l)$,其中,ν为与l无关的参量,$\eta(l)$为l的任意函数,但由物理可实现性的要求,$\eta(l)$应满足

$$\eta(l)=0,l<0$$

其中,l为正整数,这时均方误差为$\sigma^2(k+\nu\eta)$。显然,$k(l)$使(16.3.6)式取极值的必要条件应是对任意$\eta(l)$,有

$$\left.\frac{\partial}{\partial\nu}\sigma^2(k+\nu\eta)\right|_{\nu=0}=0 \tag{16.3.9}$$

现在按(16.3.9)式来求$k(l)$所应满足的方程,为此,首先在(16.3.6)式中用$k(l)+\nu\eta(l)$代替$k(l)$,则

$$\begin{aligned}\sigma^2(k+\nu\eta) &= B_{\mu\mu}(0)-2\sum_{l=0}^{\infty}[k(l)+\nu\eta(l)]B_{\mu Z}(l)+\\ &\quad \sum_{l=0}^{\infty}\sum_{q=0}^{\infty}[k(l)+\nu\eta(l)][k(q)+\nu\eta(q)]B_{ZZ}(l-q)\\ &= \sigma^2(k)-2\nu[\sum_{l=0}^{\infty}\eta(l)B_{\mu Z}(l)-\sum_{l=0}^{\infty}\sum_{q=0}^{\infty}\eta(l)k(q)B_{ZZ}(l-q)]+\\ &\quad \nu^2\sum_{l=0}^{\infty}\sum_{q=0}^{\infty}\eta(l)\eta(q)B_{ZZ}(l-q)\end{aligned} \tag{16.3.10}$$

把(16.3.10)式代入(16.3.9)式,可得

$$\left.\frac{\partial}{\partial\nu}\sigma^2(k+\nu\eta)\right|_{\nu=0}=-2\sum_{l=0}^{\infty}\eta(l)[B_{\mu Z}(l)-\sum_{q=0}^{\infty}k(q)B_{ZZ}(l-q)]=0 \tag{16.3.11}$$

又因为$\eta(l)$是l的任意函数,所以(16.3.11)式成立的等价条件是

$$B_{\mu Z}(l)-\sum_{q=0}^{\infty}k(q)B_{ZZ}(l-q)=0,l\geqslant 0 \tag{16.3.12}$$

(16.3.12)式说明,如果离散系统脉冲响应函数$k(q)$满足方程(16.3.12)式,则均方误差σ^2

出现极值，但又因为

$$\frac{\partial^2}{\partial \nu^2}\sigma^2(k+\nu\eta) = 2\sum_{l=0}^{\infty}\sum_{q=0}^{\infty}\eta(l)\eta(q)B_{ZZ}(l-q)$$
$$= 2E\{[\sum_{l=0}^{\infty}\eta(l)Z(l)]^2\} \geqslant 0 \qquad (16.3.13)$$

所以均方误差 σ^2 为极小。

如果把(16.3.12)式代入(16.3.6)式，则得到最小均方误差为

$$\sigma^2_{\min}(k) = B_{\mu\mu}(0) - 2\sum_{l=0}^{\infty}k(l)\sum_{q=0}^{\infty}k(q)B_{ZZ}(l-q) + \sum_{l=0}^{\infty}\sum_{q=0}^{\infty}k(l)k(q)B_{ZZ}(l-q)$$
$$= B_{\mu\mu}(0) - \sum_{l=0}^{\infty}\sum_{q=0}^{\infty}k(l)k(q)B_{ZZ}(l-q) \qquad (16.3.14)$$

总结上面的结果，可得如下定理。

定理 16.3.1　对于由图 16.3.1 所表示的离散定常系统，使均方误差(16.3.2)式取极小的充要条件是离散系统脉冲响应函数 $k(l)(l=0,1,2,\cdots)$ 应满足如下离散时间维纳－霍甫方程

$$B_{\mu Z}(l) - \sum_{q=0}^{\infty}k(q)B_{ZZ}(l-q) = 0, l \geqslant 0 \qquad (16.3.15)$$

此时最小均方误差 $\sigma^2_{\min}$ 为

$$\sigma^2_{\min} = B_{\mu\mu}(0) - \sum_{l=0}^{\infty}\sum_{q=0}^{\infty}k(l)k(q)B_{ZZ}(l-q) \qquad (16.3.16)$$

16.4　有理功率谱密度

对于一般的平稳过程来说，按维纳－霍甫方程(16.2.6)式和(16.3.15)式求出线性系统传递函数在数学上是比较困难的，但对于具有有理功率谱密度函数的平稳随机过程来说，上述问题却比较简单。另一方面，如果我们要处理的平稳随机过程具有非有理功率谱密度时，从工程应用观点，可以用有理功率谱密度函数逼近非有理功率谱密度函数。因此，我们在本章将对具有有理谱密度函数的平稳随机过程来解维纳－霍甫积分方程。在本节我们讨论有理功率谱密度函数的若干性质。

定义 16.4.1　设 $S_X(\omega)$ 为连续平稳随机过程的功率谱密度函数，如果 $S_X(\omega)$ 可以表示为

$$S_X(\omega) = A\frac{P(\omega)}{Q(\omega)}$$
$$= A\frac{\omega^m + b_1\omega^{m-1} + \cdots + b_{m-1}\omega + b_m}{\omega^n + a_1\omega^{n-1} + \cdots + a_{n-1}\omega + a_n} \qquad (16.4.1)$$
$$= A\frac{\prod_i(\omega-\lambda_i)}{\prod_i(\omega-\eta_i)}, \quad -\infty < \omega < +\infty \qquad (16.4.2)$$

其中，A 为实常数，$P(\omega) = \omega^m + b_1\omega^{m-1} + \cdots + b_{m-1}\omega + b_m$ 和 $Q(\omega) = \omega^n + a_1\omega^{n-1} + \cdots + a_{n-1}\omega + a_n$ 均为 ω 的实系数多项式，且 $n>m$，$\lambda_i(i=1,2,\cdots,m)$ 为 $P(\omega)$ 的零点，$\eta_i(i=1,$

$2,\cdots,n)$ 为 $Q(\omega)$ 的零点,则称 $S_X(\omega)$ 为**有理功率谱密度函数**,简称**有理谱密度**。

定理 16.4.1 设 $S_X(\omega)$ 为平稳随机过程 $\{X(t),-\infty<t<+\infty\}$ 的有理谱密度,则 $S_X(\omega)$ 在 ω 的实轴上无极点且分母多项式最高次数 n 与分子多项式最高次数 m 满足

$$n\geqslant m+2 \tag{16.4.3}$$

证明 因为平稳随机过程的二阶矩有界,所以

$$\frac{1}{2\pi}\int_{-\infty}^{+\infty}S_X(\omega)\mathrm{d}\omega=B_X(0)=E[X^2(t)]<\infty \tag{16.4.4}$$

由此可知 $S_X(\omega)$ 在 ω 的实轴上处处解析,即 $Q(\omega)$ 无实零点。为了证明(16.4.3)式,我们应当讨论(16.4.4)式等号左边的积分项的收敛性,为此首先将积分化为和式,取 $(-\infty,+\infty)$ 中任一组分点:

$$-\infty<\omega_{-n}<\omega_{-n+1}<\cdots<\omega_0<\omega_1<\cdots\omega_n<+\infty$$

$$\Delta n=\max_{-n+1\leqslant i\leqslant n}|\Delta\omega_i|,\Delta\omega_i=\omega_i-\omega_{i-1}$$

由(16.4.4)式可知有

$$\frac{1}{2\pi}\int_{-\infty}^{+\infty}S_X(\omega)\mathrm{d}\omega=\lim_{\Delta n\to0}\sum_{i=-n}^{n}\frac{1}{2\pi}S_X(\omega_i)\Delta\omega_i$$

记

$$B_X^N(0)\triangleq\sum_{i=-N}^{N}\frac{1}{2\pi}S_X(\omega_i)\Delta\omega_i \tag{16.4.5}$$

显然 $\{B_X^N(0),N=1,2,\cdots\}$ 为一实数列,当 $M>N\gg1$ 且把(16.4.1)式代入(16.4.5)式时,有

$$\begin{aligned}|B_X^M(0)-B_X^N(0)|&=\left|\sum_{N<|i|\leqslant M}\frac{1}{2\pi}S_X(\omega_i)\Delta\omega_i\right|<\frac{1}{2\pi}\frac{A}{\omega_N^{n-m}}\sum_{N<|i|\leqslant M}\Delta\omega_i\\&=\frac{A[(\omega_M-\omega_N)+(\omega_{-N}-\omega_{-M})]}{2\pi\omega_N^{n-m}}\end{aligned} \tag{16.4.6}$$

又因 n,m 均为正整数,所以当且仅当 $n-m\geqslant2$ 时才有

$$|B_X^M(0)-B_X^N(0)|\to0(\omega_N,\omega_M\to\infty)$$

然而由定理的假设条件可知(16.4.4)式等号左边积分项是收敛的,故得 $n-m\geqslant2$。定理证毕。

定理 16.4.2 设 $S_X(\omega)$ 为平稳随机过程 $\{X(t),-\infty<t<+\infty\}$ 的有理谱密度,则 $S_X(\omega)$ 必可分解为

$$S_X(\omega)=\frac{AP(\omega)}{Q(\omega)}=A\frac{\prod_i(\omega-\lambda_i)(\omega+\lambda_i)(\omega-\overline{\lambda}_i)(\omega+\overline{\lambda}_i)}{\prod_i(\omega-\eta_i)(\omega+\eta_i)(\omega-\overline{\eta}_i)(\omega+\overline{\eta}_i)}\cdot\frac{\prod_i(\omega-\alpha_i)(\omega+\alpha_i)}{\prod_i(\omega-\beta_i)(\omega+\beta_i)} \tag{16.4.7}$$

其中,λ_i 为实系数多项式

$$P(\omega)=\omega^m+b_1\omega^{m-1}+\cdots+b_{m-1}\omega+b_m \tag{16.4.8}$$

的复数零点;$\overline{\lambda}_i$ 为 λ_i 的共轭复数;α_i 为 $P(\omega)$ 的纯虚数零点;η_i 为实系数多项式

$$Q(\omega)=\omega^n+a_1\omega^{n-1}+\cdots+a_{n-1}\omega+a_n \tag{16.4.9}$$

的复数零点;$\overline{\eta}_i$ 为 η_i 的共轭复数;β_i 为 $Q(\omega)$ 的纯虚数零点。

证明　因为实平稳随机过程的功率谱密度函数 $S_X(\omega)$ 是 ω 的偶函数，且 $S_X(\omega)$ 具有(16.4.1)式所表示的有理谱形式，所以 $S_X(\omega)$ 必可表示为

$$S_X(\omega)=A\frac{(\omega^2)^l+b_1^*(\omega^2)^{l-1}+\cdots+b_{l-1}^*\omega^2+b_l^*}{(\omega^2)^p+a_1^*(\omega^2)^{p-1}+\cdots+a_{p-1}^*\omega^2+a_p^*}$$

$$\triangleq A\frac{P^*(\omega^2)}{Q^*(\omega^2)} \tag{16.4.10}$$

比较(16.4.10)式和(16.4.1)式可知 $2l=m,2p=n$ 且 $P^*(\omega^2)$ 和 $Q^*(\omega^2)$ 均为 ω^2 的实系数多项式。

由代数理论可知，若实系数多项式 $P^*(\omega^2)$ 和 $Q^*(\omega^2)$ 有复数零点，则必共轭出现。因此(16.4.10)式又可表示为

$$S_X(\omega)=A\frac{\prod_i(\omega^2-\bar{\lambda}_i)(\omega^2-\bar{\bar{\lambda}}_i)\prod_i(\omega^2-\bar{\alpha}_i)}{\prod_i(\omega^2-\bar{\eta}_i)(\omega^2-\bar{\bar{\eta}}_i)\prod_i(\omega-\bar{\beta}_i)} \tag{16.4.11}$$

其中，$\bar{\lambda}_i$ 为 $P^*(\omega^2)$ 的复数零点；$\bar{\bar{\lambda}}_i$ 为 $\bar{\lambda}_i$ 的共轭复数；$\bar{\eta}_i$ 为 $Q^*(\omega^2)$ 有复数零点；$\bar{\bar{\eta}}_i$ 为 $\bar{\eta}_i$ 的共轭复数；$\bar{\alpha}_i$ 为 $P^*(\omega^2)$ 的实数零点；$\bar{\beta}_i$ 为 $Q^*(\omega^2)$ 的实数零点。由定理 16.4.1 可知必有

$$\bar{\beta}_i<0 \tag{16.4.12}$$

再由 $S_X(\omega)$ 的非负性即 $S_X(\omega)\geqslant 0$ 可知必有

$$\bar{\alpha}_i\leqslant 0 \tag{16.4.13}$$

设 $\sqrt{\bar{\lambda}_i}=\lambda_i,\sqrt{\bar{\alpha}_i}=\alpha_i,\sqrt{\bar{\eta}_i}=\eta_i,\sqrt{\bar{\beta}_i}=\beta_i$，并代入(16.4.11)式，则得

$$S_X(\omega)=A\frac{\prod_i(\omega-\lambda_i)(\omega+\lambda_i)(\omega-\bar{\lambda}_i)(\omega+\bar{\lambda}_i)}{\prod_i(\omega-\eta_i)(\omega+\eta_i)(\omega-\bar{\eta}_i)(\omega+\bar{\eta}_i)}\frac{\prod_i(\omega-\alpha_i)(\omega+\alpha_i)}{\prod_i(\omega-\beta_i)(\omega+\beta_i)} \tag{16.4.14}$$

定理证毕。

由定理 16.4.1 和定理 16.4.2 的结论还可推出如下定理。

定理 16.4.3　设 $S_X(\omega)$ 为平稳随机过程 $\{X(t),-\infty<t<+\infty\}$ 的有理谱密度，则 $S_X(\omega)$ 可表示为

$$S_X(\omega)=\Psi(\mathrm{j}\omega)\Psi(-\mathrm{j}\omega)=|\Psi(\mathrm{j}\omega)|^2 \tag{16.4.15}$$

$$\Psi(-\mathrm{j}\omega)=\overline{\Psi(\mathrm{j}\omega)} \tag{16.4.16}$$

其中，$\Psi(\mathrm{j}\omega)$ 的零点均在 ω 的上半平面或实轴上，极点均在 ω 的上半平面内；$\overline{\Psi(\mathrm{j}\omega)}$ 为 $\Psi(\mathrm{j}\omega)$ 的共轭。

证明　在(16.4.7)式中，不妨设 λ_i 在上半平面内，则 $-\lambda_i$ 和 $\bar{\lambda}_i$ 必在下半平面内，而 $-\bar{\lambda}_i$ 必在上半平面内。上述结论对于 α_i,η_i,β_i 也均成立，于是(16.4.7)式必可表示为

$$S_X(\omega)=\sqrt{A}\frac{\prod_i(\omega-\lambda_i)(\omega+\bar{\lambda}_i)\prod_i(\omega-\alpha_i)}{\prod_i(\omega-\eta_i)(\omega+\bar{\eta}_i)\prod_i(\omega-\beta_i)}\cdot\sqrt{A}\frac{\prod_i(\omega+\lambda_i)(\omega-\bar{\lambda}_i)\prod_i(\omega+\alpha_i)}{\prod_i(\omega+\eta_i)(\omega-\bar{\eta}_i)\prod_i(\omega+\beta_i)} \tag{16.4.17}$$

若令

$$\Psi(\mathrm{j}\omega) \triangleq \frac{\sqrt{A}\prod_i(\mathrm{j}\omega-\mathrm{j}\lambda_i)(\mathrm{j}\omega+\mathrm{j}\bar{\lambda}_i)\prod_i(\mathrm{j}\omega-\mathrm{j}\alpha_i)}{\prod_i(\mathrm{j}\omega-\mathrm{j}\eta_i)(\mathrm{j}\omega+\mathrm{j}\bar{\eta}_i)\prod_i(\mathrm{j}\omega-\mathrm{j}\beta_i)} \tag{16.4.18}$$

$$\Psi(-\mathrm{j}\omega) \triangleq \frac{\sqrt{A}\prod_i(-\mathrm{j}\omega-\mathrm{j}\lambda_i)(-\mathrm{j}\omega+\mathrm{j}\bar{\lambda}_i)\prod_i(-\mathrm{j}\omega-\mathrm{j}\alpha_i)}{\prod_i(-\mathrm{j}\omega-\mathrm{j}\eta_i)(-\mathrm{j}\omega+\mathrm{j}\bar{\eta}_i)\prod_i(-\mathrm{j}\omega-\mathrm{j}\beta_i)}$$

于是有

$$S_X(\omega)=\Psi(\mathrm{j}\omega)\Psi(-\mathrm{j}\omega)=|\Psi(\mathrm{j}\omega)|^2$$

$$\Psi(-\mathrm{j}\omega)=\overline{\Psi(\mathrm{j}\omega)} \tag{16.4.19}$$

其中,$\overline{\Psi(\mathrm{j}\omega)}$为 $\Psi(\mathrm{j}\omega)$的共轭。

若记 $\Psi(\mathrm{j}\omega)$的傅里叶变换为 $\Psi_1(t)$,$\Psi(-\mathrm{j}\omega)$的傅里叶变换为 $\Psi_2(t)$,即

$$\Psi_1(t)=\frac{1}{2\pi}\int_{-\infty}^{+\infty}\Psi(\mathrm{j}\omega)\mathrm{e}^{\mathrm{j}\omega t}\mathrm{d}\omega$$

$$\Psi_2(t)=\frac{1}{2\pi}\int_{-\infty}^{+\infty}\Psi(-\mathrm{j}\omega)\mathrm{e}^{\mathrm{j}\omega t}\mathrm{d}\omega \tag{16.4.20}$$

利用复变函数的理论可证明有

$$\Psi_1(t)=0,t<0 \tag{16.4.21}$$

$$\Psi_2(t)=0,t>0 \tag{16.4.22}$$

定理证毕。

定理 16.4.4 设 $S_X(\omega)$为平稳随机过程$\{X(t),-\infty<t<+\infty\}$的有理谱密度,则它必是零均值白噪声过程$\{\xi(t),-\infty<t<+\infty\}$作用于某稳定的线性定常系统的输出功谱密度函数。其中,白噪声过程$\{\xi(t),-\infty<t<+\infty\}$的功谱密度函数 $S_\xi(\omega)$为

$$S_\xi(\omega)=1$$

而稳定的线性定常系统的传递函数 $G(\mathrm{j}\omega)$为

$$G(\mathrm{j}\omega)=\Psi(\mathrm{j}\omega)$$

且

$$S_X(\omega)=G(\mathrm{j}\omega)G(-\mathrm{j}\omega)=|G(\mathrm{j}\omega)|^2$$

其中,$\Psi(\mathrm{j}\omega)$由(16.4.18)式表示。

这个定理的证明比较简单,留给读者自行练习。

通常称 $G(\mathrm{j}\omega)$为平稳随机过程$\{X(t),-\infty<t<+\infty\}$的成形滤波器的传递函数。

例 16.4.1 设平稳随机过程$\{X(t),-\infty<t<+\infty\}$的有理谱密度 $S_X(\omega)$为

$$S_X(\omega)=\frac{\omega^2+1}{\omega^4+8\omega^2+4}$$

试做因式分解并求成形滤波器传递函数 $G(\mathrm{j}\omega)$。

解 因为 $P(\omega)=\omega^2+1$,则可分解为 $P(\omega)=(\omega+\mathrm{j})(\omega-\mathrm{j})$,其中 $\mathrm{j}=\sqrt{-1}$,又知

$$Q(\omega)=\omega^4+8\omega^2+4$$

所以经分解可得

$$Q(\omega)=(\omega-\mathrm{j}\sqrt{4+\sqrt{12}})(\omega+\mathrm{j}\sqrt{4+\sqrt{12}})(\omega-\mathrm{j}\sqrt{4-\sqrt{12}})(\omega+\mathrm{j}\sqrt{4-\sqrt{12}})$$

由定理 16.4.3 知 $S_X(\omega)$ 可表示为

$$S_X(\omega)=\frac{(\omega-\mathrm{j})}{(\omega-\mathrm{j}\sqrt{4+\sqrt{12}})(\omega-\mathrm{j}\sqrt{4-\sqrt{12}})}\cdot\frac{(\omega+\mathrm{j})}{(\omega+\mathrm{j}\sqrt{4+\sqrt{12}})(\omega+\mathrm{j}\sqrt{4-\sqrt{12}})}$$

$$=\frac{\mathrm{j}(\omega-\mathrm{j})}{\mathrm{j}(\omega-\mathrm{j}\sqrt{4+\sqrt{12}})\mathrm{j}(\omega-\mathrm{j}\sqrt{4-\sqrt{12}})}\cdot\frac{-\mathrm{j}(\omega+\mathrm{j})}{[-\mathrm{j}(\omega+\mathrm{j}\sqrt{4+\sqrt{12}})][-\mathrm{j}(\omega+\mathrm{j}\sqrt{4-\sqrt{12}})]}$$

$$=\frac{(\mathrm{j}\omega+1)}{(\mathrm{j}\omega+\sqrt{4+\sqrt{12}})(\mathrm{j}\omega+\sqrt{4-\sqrt{12}})}\cdot\frac{(-\mathrm{j}\omega+1)}{(-\mathrm{j}\omega+\sqrt{4+\sqrt{12}})(-\mathrm{j}\omega+\sqrt{4-\sqrt{12}})}$$

$$\triangleq\Psi(\mathrm{j}\omega)\Psi(-\mathrm{j}\omega)$$

故成形滤波器传递函数 $G(\mathrm{j}\omega)$ 为

$$G(\mathrm{j}\omega)=\frac{(\mathrm{j}\omega+1)}{(\mathrm{j}\omega+\sqrt{4+\sqrt{12}})(\mathrm{j}\omega+\sqrt{4-\sqrt{12}})}\triangleq\Psi(\mathrm{j}\omega)$$

应当指出,如果 $\{X(t),-\infty<t<+\infty\}$ 和 $\{Y(t),-\infty<t<+\infty\}$ 为平稳且平稳相关随机过程,并且具有有理互谱密度

$$S_{XY}(\omega)=\frac{C(\omega)}{D(\omega)}=C\frac{\omega^M+C_1\omega^{M-1}+\cdots+C_{M-1}\omega+C_M}{\omega^N+D_1\omega^{N-1}+\cdots+D_{N-1}\omega+D_N}$$

则仍可做因式分解。因为 $S_{XY}(\omega)$ 在 $-\infty<\omega<+\infty$ 上可积,所以 $D(\omega)$ 在 ω 的实轴上没有零点,且 $M\leqslant N-2$,于是 $D(\omega)$ 必可分解为

$$D(\omega)=\prod_{i=1}^{L_1}(\omega-\alpha_i)\prod_{i=1}^{L_2}(\omega-\beta_i)$$

其中,$\mathrm{Im}\,\alpha_i>0,\mathrm{Im}\,\beta_j<0$ 且 $L_1+L_2=N$。

对于平稳随机序列 $\{X(n),n=\cdots,-2,-1,0,1,2,\cdots\}$,仍有类似的结论。

定义 16.4.2　设 $S_X(z)$ 为平稳随机序列 $\{X(n),n=\cdots,-2,-1,0,1,2,\cdots\}$ 的功率谱密度函数,如果 $S_X(z)$ 取为

$$S_X(z)=A\frac{P(z)}{Q(z)}$$

$$=A\frac{z^m+b_1z^{m-1}+\cdots+b_{m-1}z+b_m}{z^n+a_1z^{n-1}+\cdots+a_{n-1}z+a_n}\tag{16.4.23}$$

$$=A\frac{(z-z_1)(z-z_2)\cdots(z-z_m)}{(z-p_1)(z-p_2)\cdots(z-p_n)}\tag{16.4.24}$$

其中,$z=\mathrm{e}^{\mathrm{j}\omega T_0}$;$T_0$ 为采样周期;$P(z)=z^m+b_1z^{m-1}+\cdots+b_{m-1}z+b_m$ 和 $Q(z)=z^n+a_1z^{n-1}+\cdots+a_{n-1}z+a_n$ 均为 z 实系数多项式;$z_i(i=1,2,\cdots,m)$ 为 $P(z)$ 的零点;$p_i(i=1,2,\cdots,n)$ 为 $Q(z)$ 的零点;A 为常数,则称 $S_X(z)$ 为**有理功率谱密度函数**,简称**有理谱密度**。

平稳随机序列的有理谱密度 $S_X(z)$ 具有如下性质。

定理 16.4.5 设 $S_X(z)$ 为平稳随机序列 $\{X(n), n=\cdots,-2,-1,0,1,2,\cdots\}$ 的有理谱密度,则 $S_X(z)$ 必可分解为

$$S_X(z)=C\frac{\prod_i (z-\lambda_i)(z-\overline{\lambda}_i)(z^{-1}-\lambda_i)(z^{-1}-\overline{\lambda}_i)}{\prod_i (z-\eta_i)(z-\overline{\eta}_i)(z^{-1}-\eta_i)(z^{-1}-\overline{\eta}_i)}\frac{\prod_i (z-\alpha_i)(z^{-1}-\alpha_i)}{\prod_i (z-\beta_i)(z^{-1}-\beta_i)} \tag{16.4.25}$$

其中,$\lambda_i,\overline{\lambda}_i,(\lambda_i)^{-1},(\overline{\lambda}_i)^{-1}$ 为 $P(z)$ 的复数零点;α_i 和 $(\alpha_i)^{-1}$ 为 $P(z)$ 的实数零点;$\eta_i,\overline{\eta}_i,(\eta_i)^{-1},(\overline{\eta}_i)^{-1}$ 为 $Q(z)$ 的复数零点;β_i 和 $(\beta_i)^{-1}$ 为 $Q(z)$ 的实数零点,而且 $|\eta_i|\neq 1$, $|\beta_i|\neq 1$;$C>0$ 为 常数。

证明 因为 $P(z)$ 与 $Q(z)$ 均为实系数多项式,所以若有复数零点时必共轭出现,即

$$S_X(z)=A\frac{\prod_i (z-\lambda_i)(z-\overline{\lambda}_i)}{\prod_i (z-\eta_i)(z-\overline{\eta}_i)}\frac{\prod_i (z-\alpha_i)}{\prod_i (z-\beta_i)} \tag{16.4.26}$$

其中,λ_i 与 $\overline{\lambda}_i$ 为 $P(z)$ 的共轭复数零点;α_i 为 $P(z)$ 的实数零点;η_i 与 $\overline{\eta}_i$ 为 $Q(z)$ 共轭复数零点;β_i 为 $Q(z)$ 的实数零点,再由 $B_X(0)=\frac{1}{2\pi j}\oint_{|z|=1}S_X(z)z^{-1}dz<\infty$ 可知 $Q(z)$ 的零点的模必不为 1,即 $|\eta_i|\neq 1$, $|\beta_i|\neq 1$。若注意到 $z=e^{j\omega T_0}$,并把它代入(16.4.26)式,则有

$$S_X(e^{j\omega T_0})=A\frac{\prod_i (e^{j\omega T_0}-\lambda_i)(e^{j\omega T_0}-\overline{\lambda}_i)}{\prod_i (e^{j\omega T_0}-\eta_i)(e^{j\omega T_0}-\overline{\eta}_i)}\cdot\frac{\prod_i (e^{j\omega T_0}-\alpha_i)}{\prod_i (e^{j\omega T_0}-\beta_i)} \tag{16.4.27}$$

因为 $B_X(nT_0)$ 是偶函数,所以由定理 13.4.1 知 $S_X(e^{j\omega T_0})$ 也是 ω 的偶函数,即有

$$S_X(e^{j\omega T_0})=S_X(e^{-j\omega T_0})$$

于是 $S_X(e^{j\omega T_0})$ 必可表示为

$$\begin{aligned}S_X(e^{j\omega T_0})&=C\frac{\prod_i (e^{j\omega T_0}-\lambda_i)(e^{-j\omega T_0}-\lambda_i)(e^{j\omega T_0}-\overline{\lambda}_i)(e^{-j\omega T_0}-\overline{\lambda}_i)}{\prod_i (e^{j\omega T_0}-\eta_i)(e^{-j\omega T_0}-\eta_i)(e^{j\omega T_0}-\overline{\eta}_i)(e^{-j\omega T_0}-\overline{\eta}_i)}\cdot\\&\quad\frac{\prod_i (e^{j\omega T_0}-\alpha_i)(e^{-j\omega T_0}-\alpha_i)}{\prod_i (e^{j\omega T_0}-\beta_i)(e^{-j\omega T_0}-\beta_i)}\\&=C\frac{\prod_i (z-\lambda_i)(z^{-1}-\lambda_i)(z-\overline{\lambda}_i)(z^{-1}-\overline{\lambda}_i)}{\prod_i (z-\eta_i)(z^{-1}-\eta_i)(z-\overline{\eta}_i)(z^{-1}-\overline{\eta}_i)}\frac{\prod_i (z-\alpha_i)(z^{-1}-\alpha_i)}{\prod_i (z-\beta_i)(z^{-1}-\beta_i)}\\&\triangleq S_X(z)\end{aligned} \tag{16.4.28}$$

由谱密度物理意义可知 $C>0$ 为常数,定理证毕。

由上述定理进一步还可推出如下结论。

定理 16.4.6 设 $S_X(z)$ 平稳随机序列 $\{X(n), n=\cdots,-1,0,1,\cdots\}$ 的有理谱密度,则 $S_X(z)$ 必可表示为

$$S_X(z)=\Psi(z)\Psi(z^{-1})=|\Psi(z)|^2 \tag{16.4.29}$$

其中，$\Psi(z)$为z的有理分式，其全部极点均在单位圆内，而零点在单位圆内或单位圆上。

证明　由定理 16.4.5 中的(16.4.25)式可知，若$|\lambda_i|\leqslant 1$，则$|(\lambda_i)^{-1}|\geqslant 1$且$|\bar{\lambda}_i|\leqslant 1$，$|(\bar{\lambda}_i)^{-1}|\geqslant 1$。这一结论对于$S_X(z)$的实数零点$\alpha_i$，复数极点$\eta_i$及实数极点$\beta_i$同样成立，不过应注意$|\eta_i|\neq 1$，$|\beta_i|\neq 1$。

现规定$|\lambda_i|\leqslant 1$，$|\alpha_i|\leqslant 1$，$|\eta_i|<1$，$|\beta_i|<1$，于是可把(16.4.25)式表示成

$$S_X(z) = \sqrt{C}\frac{\prod_i (z-\lambda_i)(z-\bar{\lambda}_i)\prod_i (z-\alpha_i)}{\prod_i (z-\eta_i)(z-\bar{\eta}_i)\prod_i (z-\beta_i)}\cdot$$

$$\sqrt{C}\frac{\prod_i (z^{-1}-\lambda_i)(z^{-1}-\bar{\lambda}_i)\prod_i (z^{-1}-\alpha_i)}{\prod_i (z^{-1}-\eta_i)(z^{-1}-\bar{\eta}_i)\prod_i (z^{-1}-\beta_i)}$$

$$\triangleq \Psi(z)\Psi(z^{-1}) = |\Psi(z)|^2$$

其中取

$$\Psi(z) = \sqrt{C}\frac{\prod_i (z-\lambda_i)(z-\bar{\lambda}_i)\prod_i (z-\alpha_i)}{\prod_i (z-\eta_i)(z-\bar{\eta}_i)\prod_i (z-\beta_i)} \tag{16.4.30}$$

定理证毕。

例 16.4.2　某平稳随机序列有理谱密度$S_X(z)$为

$$S_X(z)=\frac{10.4+0.4\cos\omega T_0}{1.25+\cos\omega T_0}$$

其中，T_0为采样周期，$z=\mathrm{e}^{\mathrm{j}\omega T_0}$，试求因式分解。

解　注意到$z=\mathrm{e}^{\mathrm{j}\omega T_0}$，则可把$S_X(z)$改写成

$$S_X(z)=\frac{10.4+0.4\dfrac{z+z^{-1}}{2}}{1.25+\dfrac{z+z^{-1}}{2}}$$

$$=0.4\frac{z^2+5.2z+1}{z^2+2.5z+1}$$

$$=0.4\frac{(z+0.2)(z+5)}{(z+0.5)(z+2)}$$

$$=\frac{(z+0.2)(z^{-1}+0.2)}{(z+0.5)(z^{-1}+0.5)}$$

于是

$$\Psi(z)=\frac{z+0.2}{z+0.5}$$

如果记$\Psi_1(n)$为$\Psi(z)$的z逆变换，$\Psi_2(n)$为$\Psi(z^{-1})$的z逆变换，即

$$\Psi_1(n) = \frac{1}{2\pi\mathrm{j}}\oint_{|z|=1}\Psi(z)z^{n-1}\mathrm{d}z$$

$$\Psi_2(n) = \frac{1}{2\pi\mathrm{j}}\oint_{|z|=1}\Psi(z^{-1})z^{n-1}\mathrm{d}z$$

则利用复变函数理论不难证明

$$\Psi_1(n)=0, n<0 \tag{16.4.31}$$

$$\Psi_2(n)=0, n>0 \tag{16.4.32}$$

定理 16.4.7 设 $S_X(z)$ 为平稳随机序列 $\{X(n), n=\cdots,-2,-1,0,1,2,\cdots\}$ 的有理谱密度,则它必是零均值白噪声序列 $\{\xi(n), n=\cdots,-2,-1,0,1,2,\cdots\}$ 作用于某稳定的离散线性定常系统的输出谱密度。其中,白噪声序列功率谱密度 $S_\xi(z)$ 为

$$S_\xi(z)=1 \tag{16.4.33}$$

该稳定的离散线性定常系统的传递函数 $G(z)$ 为

$$G(z)=\Psi(z)\text{ 且 }S_X(z)=G(z)G(z^{-1})=|G(z)|^2 \tag{16.4.34}$$

该定理的证明留给读者自行练习。通常称 $G(z)$ 为有理谱密度 $S_X(z)$ 的成形滤波器。

16.5 维纳-霍甫方程的解

现在让我们来解具有有理谱密度的维纳-霍甫方程(16.2.6)式,即

$$B_{\mu Z}(\tau)-\int_0^\infty k(l)B_{ZZ}(\tau-l)\mathrm{d}l=0, \tau>0 \tag{16.5.1}$$

为此,我们做三个函数 $\Psi_1(t)$,$\Psi_2(t)$ 和 $\beta(t)$,使它们满足

$$\Psi_1(t)=0, t<0 \tag{16.5.2}$$

$$\Psi_2(t)=0, t>0 \tag{16.5.3}$$

$$\beta(t)\neq 0, -\infty<t<+\infty \tag{16.5.4}$$

并且

$$B_{ZZ}(\tau)=\int_{-\infty}^{+\infty}\Psi_2(t)\Psi_1(\tau-t)\mathrm{d}t=\int_{-\infty}^{0}\Psi_2(t)\Psi_1(\tau-t)\mathrm{d}t \tag{16.5.5}$$

$$B_{\mu Z}(\tau)=\int_{-\infty}^{+\infty}\Psi_2(t)\beta(\tau-t)\mathrm{d}t=\int_{-\infty}^{0}\Psi_2(t)\beta(\tau-t)\mathrm{d}t \tag{16.5.6}$$

由 16.4 节中关于有理谱密度的性质,上述三个函数 $\Psi_1(t)$,$\Psi_2(t)$ 和 $\beta(t)$ 是不难求出的。事实上,若 $B_{ZZ}(\tau)$ 的傅里叶变换 $S_{ZZ}(\omega)$ 具有有理谱密度时,则由定理 16.4.3 可知,必存在 $\Psi_1(\mathrm{j}\omega)$ 和 $\Psi_2(\mathrm{j}\omega)$,使得

$$S_{ZZ}(\omega)=\Psi_1(\mathrm{j}\omega)\Psi_2(\mathrm{j}\omega)=|\Psi_1(\mathrm{j}\omega)|^2 \tag{16.5.7}$$

且

$$\Psi_2(\mathrm{j}\omega)=\Psi_1(-\mathrm{j}\omega)=\overline{\Psi}_1(\mathrm{j}\omega)$$

其中,$\Psi_1(\mathrm{j}\omega)$ 的所有零点均在 ω 的上半平面或实轴上,而所有极点均在 ω 的上半平面内;$\Psi_2(\mathrm{j}\omega)$ 的所有零点均在 ω 的下半平面或实轴上,而所有极点均在 ω 的下半平面内。由(16.4.19)式、(16.4.20)式、(16.4.21)式及(16.4.22)式可知

$$\Psi_1(t)=0, t<0 \tag{16.5.8}$$

$$\Psi_2(t)=0, t>0 \tag{16.5.9}$$

其中

$$\Psi_1(t)=\frac{1}{2\pi}\int_{-\infty}^{+\infty}\Psi_1(\mathrm{j}\omega)\mathrm{e}^{\mathrm{j}\omega t}\mathrm{d}\omega$$

$$\Psi_2(t) = \frac{1}{2\pi}\int_{-\infty}^{+\infty}\Psi_2(\mathrm{j}\omega)\mathrm{e}^{\mathrm{j}\omega t}\mathrm{d}\omega$$

再由熟悉的傅里叶卷积公式及(16.5.7)式可知必有

$$B_{ZZ}(\tau) = \int_{-\infty}^{+\infty}\Psi_2(t)\Psi_1(\tau - t)\mathrm{d}t = \int_{-\infty}^{0}\Psi_2(t)\Psi_1(\tau - t)\mathrm{d}t \tag{16.5.10}$$

另一方面,若 $S_{\mu Z}(\omega)$ 为有理谱密度且为已知时,可令

$$S_{\mu Z}(\omega) = \Psi_2(\mathrm{j}\omega)B(\omega) \tag{16.5.11}$$

于是必有

$$B_{\mu Z}(\tau) = \int_{-\infty}^{+\infty}\Psi_2(t)\beta(\tau - t)\mathrm{d}t = \int_{-\infty}^{0}\Psi_2(t)\beta(\tau - t)\mathrm{d}t \tag{16.5.12}$$

以及

$$\beta(t) = \frac{1}{2\pi}\int_{-\infty}^{+\infty}\frac{S_{\mu Z}(\omega)}{\Psi_2(\mathrm{j}\omega)}\mathrm{e}^{\mathrm{j}\omega t}\mathrm{d}\omega \tag{16.5.13}$$

这样一来,(16.5.2)式至(16.5.6)式可用(16.5.7)式至(16.5.13)式求解出来。

现在把(16.5.5)式和(16.5.6)式代入(16.5.1)式,有

$$\int_{-\infty}^{0}\Psi_2(t)\beta(\tau - t)\mathrm{d}t - \int_{0}^{\infty}k(l)\int_{-\infty}^{0}\Psi_2(t)\Psi_1(\tau - l - t)\mathrm{d}t\mathrm{d}l = 0, t < 0, \tau > 0$$

或者写成

$$\int_{-\infty}^{0}\Psi_2(t)\left[\beta(\tau - t) - \int_{0}^{\infty}k(l)\Psi_1(\tau - l - t)\mathrm{d}l\right]\mathrm{d}t = 0, t < 0, \tau > 0 \tag{16.5.14}$$

这等价地有

$$\beta(\tau - t) - \int_{0}^{\infty}k(l)\Psi_1(\tau - l - t)\mathrm{d}l = 0, \tau > 0, t < 0 \tag{16.5.15}$$

现在用 t 代替方程(16.5.15)式中的 $\tau - t$,则得

$$\beta(t) - \int_{0}^{\infty}k(l)\Psi_1(t - l)\mathrm{d}l = 0, t > 0 \tag{16.5.16}$$

这个结果表明,在有理谱密度情况下,维纳－霍甫积分方程(16.5.1)式就取(16.5.16)式的形式,不过要注意,因为 $\Psi_1(t) = 0, t < 0$,所以由方程(16.5.16)式所得到的解才是物理可实现的解。

对方程(16.5.16)做单边傅里叶变换,可得

$$\int_{0}^{\infty}\beta(t)\mathrm{e}^{-\mathrm{j}\omega t}\mathrm{d}t - \int_{0}^{\infty}\mathrm{e}^{-\mathrm{j}\omega t}\mathrm{d}t\int_{0}^{\infty}k(l)\Psi_1(t - l)\mathrm{d}l = 0$$

由上式不难推出

$$\int_{0}^{\infty}\beta(t)\mathrm{e}^{-\mathrm{j}\omega t}\mathrm{d}t - \Phi(\mathrm{j}\omega)\Psi_1(\mathrm{j}\omega) = 0$$

其中

$$\Phi(\mathrm{j}\omega) = \int_{0}^{\infty}k(l)\mathrm{e}^{-\mathrm{j}\omega l}\mathrm{d}l$$

$$\Psi_1(\mathrm{j}\omega) = \int_{0}^{\infty}\Psi_1(t)\mathrm{e}^{-\mathrm{j}\omega t}\mathrm{d}t$$

于是物理可实现的最优传递函数 $\Phi(\mathrm{j}\omega)$ 为

$$\Phi(\mathrm{j}\omega) = \frac{1}{\Psi_1(\mathrm{j}\omega)}\int_{0}^{\infty}\beta(t)\mathrm{e}^{-\mathrm{j}\omega t}\mathrm{d}t$$

$$= \frac{1}{\Psi_1(\mathrm{j}\omega)}\int_0^{\infty} \mathrm{e}^{-\mathrm{j}\omega t}\mathrm{d}t\, \frac{1}{2\pi}\int_{-\infty}^{+\infty} \frac{S_{\mu Z}(v)}{\Psi_2(jv)}\mathrm{e}^{\mathrm{j}vt}\mathrm{d}v \qquad (16.5.17)$$

其中$\beta(t)$由(16.5.13)式给出。

总结以上结果,可得如下定理。

定理 16.5.1 当输入信号具有有理谱密度时,满足连续维纳-霍甫积分方程(16.2.6)式的物理可实现的最优传递函数 $\Phi(\mathrm{j}\omega)$为

$$\Phi(\mathrm{j}\omega) = \frac{1}{\Psi_1(\mathrm{j}\omega)}\int_0^{\infty} \mathrm{e}^{-\mathrm{j}\omega t}\mathrm{d}t\, \frac{1}{2\pi}\int_{-\infty}^{+\infty} \frac{S_{\mu Z}(v)}{\Psi_2(jv)}\mathrm{e}^{\mathrm{j}vt}\mathrm{d}v \qquad (16.5.18)$$

其中

$$S_{ZZ}(\omega) = \Psi_1(\mathrm{j}\omega)\Psi_2(\mathrm{j}\omega) = |\Psi_1(\mathrm{j}\omega)|^2 \qquad (16.5.19)$$

$\Psi_1(\mathrm{j}\omega)$的所有零点均在 ω 的上半平面或实轴上,而所有极点均在 ω 的上半平面内;$\Psi_2(\mathrm{j}\omega)$的所有零点均在 ω 的下半平面或实轴上,而所有极点均在 ω 的下半平面内。

对于离散时间维纳-霍甫积分方程,仍有类似的结果。

定理 16.5.2 当输入信号序列具有有理谱密度时,满足离散维纳-霍甫积分方程(16.3.15)式的物理可实现的最优传递函数 $\Phi(z)$为

$$\Phi(z) = \frac{1}{\Psi_1(z)}\sum_{k=0}^{\infty} z^{-k}\, \frac{1}{2\pi \mathrm{j}}\oint_{|z|=1} \frac{S_{\mu Z}(u)}{\Psi_2(u)}u^{k-1}\mathrm{d}u \qquad (16.5.20)$$

其中,$S_{ZZ}(z) = \Psi_1(z)\Psi_2(z) = |\Psi_1(z)|^2$,$\Psi_1(z)$的所有零点均在 z 平面的单位圆内或单位圆上,所有极点均在 z 平面的单位圆内,$\Psi_2(z)$的所有零点均在 z 平面的单位圆外或单位圆上,所有极点均在 z 平面的单位圆外。

这个定理的证明十分类似定理 16.5.1 的证明过程,故留给读者自行练习。

16.6 维纳最优滤波器

在 16.1 节和 16.3 节我们已经叙述过,对于平稳随机过程来说,如果 $H(s)=1$,则称满足维纳-霍甫积分方程的最优传递函数(16.5.18)式为连续最优滤波器。而对于平稳随机序列来说,如果选 $H(z)=1$ 时,则称满足离散维纳-霍甫积分方程的最优传递函数(16.5.20)式为离散最优滤波器。通常,把上述两个问题称为最优滤波问题。

对于最优滤波问题,(16.5.18)式和(16.5.20)式会简化成更为简单的形式。为此先引入如下引理。

引理 16.6.1 设 $F(\omega)$为 ω 的有理真分式,除在 ω 的上半平面内具有有限个极点外处处解析,则 $F(\omega)$的傅里叶反变换$f(t)$满足

$$f(t) = \frac{1}{2\pi}\int_{-\infty}^{+\infty} F(\omega)\mathrm{e}^{\mathrm{j}\omega t}\mathrm{d}\omega = 0, t<0 \qquad (16.6.1)$$

如果 $F(\omega)$在 ω 的下半平面内,除具有有限个极点外处处解析,则 $F(\omega)$的傅里叶反变换$f(t)$满足

$$f(t) = \frac{1}{2\pi}\int_{-\infty}^{+\infty} F(\omega)\mathrm{e}^{\mathrm{j}\omega t}\mathrm{d}\omega = 0, t>0 \qquad (16.6.2)$$

读者可利用复变函数理论中的围道积分及留数定理来证明上述引理,这里从略。

现在利用上述引理来解(16.5.18)式中的积分。由(16.5.13)式可求出 $\beta(t)$ 的傅里叶变换 $\beta(\mathrm{j}\omega)$ 为

$$\beta(\mathrm{j}\omega) = \int_0^{\infty}\beta(t)\mathrm{e}^{-\mathrm{j}\omega t}\mathrm{d}t = \int_0^{\infty}\left[\frac{1}{2\pi}\int_{-\infty}^{+\infty}\frac{S_{\mu Z}(\upsilon)}{\Psi_2(j\upsilon)}\mathrm{e}^{\mathrm{j}\upsilon t}\mathrm{d}\upsilon\right]\mathrm{e}^{-\mathrm{j}\omega t}\mathrm{d}t \tag{16.6.3}$$

为完成上述积分，可把$\dfrac{S_{\mu Z}(\omega)}{\Psi_2(\mathrm{j}\omega)}$做如下分解，即

$$\frac{S_{\mu Z}(\omega)}{\Psi_2(\mathrm{j}\omega)} = \left[\frac{S_{\mu Z}(\omega)}{\Psi_2(\mathrm{j}\omega)}\right]_S + \left[\frac{S_{\mu Z}(\omega)}{\Psi_2(\mathrm{j}\omega)}\right]_X \tag{16.6.4}$$

其中，$\left[\dfrac{S_{\mu Z}(\omega)}{\Psi_2(\mathrm{j}\omega)}\right]_S$ 的极点均在 ω 的上半平面内；$\left[\dfrac{S_{\mu Z}(\omega)}{\Psi_2(\mathrm{j}\omega)}\right]_X$ 的极点均在 ω 的下半平面内。

把(16.6.4)式代入(16.6.3)式，则有

$$\begin{aligned}\beta(\mathrm{j}\omega) &= \int_0^{\infty}\left[\frac{1}{2\pi}\int_{-\infty}^{+\infty}\left[\frac{S_{\mu Z}(\upsilon)}{\Psi_2(j\upsilon)}\right]_S\mathrm{e}^{\mathrm{j}\upsilon t}\mathrm{d}\upsilon\right]\mathrm{e}^{-\mathrm{j}\omega t}\mathrm{d}t + \int_0^{\infty}\left[\frac{1}{2\pi}\int_{-\infty}^{+\infty}\left[\frac{S_{\mu Z}(\upsilon)}{\Psi_2(j\upsilon)}\right]_X\mathrm{e}^{\mathrm{j}\upsilon t}\mathrm{d}\upsilon\right]\mathrm{e}^{-\mathrm{j}\omega t}\mathrm{d}t \\ &\triangleq \int_0^{\infty}\beta_S(t)\mathrm{e}^{-\mathrm{j}\omega t}\mathrm{d}t + \int_0^{\infty}\beta_X(t)\mathrm{e}^{-\mathrm{j}\omega t}\mathrm{d}t\end{aligned} \tag{16.6.5}$$

其中

$$\beta_S(t) = \frac{1}{2\pi}\int_{-\infty}^{+\infty}\left[\frac{S_{\mu Z}(\omega)}{\Psi_2(\mathrm{j}\omega)}\right]_S\mathrm{e}^{\mathrm{j}\omega t}\mathrm{d}\omega$$

$$\beta_X(t) = \frac{1}{2\pi}\int_{-\infty}^{+\infty}\left[\frac{S_{\mu Z}(\omega)}{\Psi_2(\mathrm{j}\omega)}\right]_X\mathrm{e}^{\mathrm{j}\omega t}\mathrm{d}\omega$$

由引理 16.6.1 可知有

$$\begin{aligned}&\beta_S(t) = 0, t < 0 \\ &\beta_X(t) = 0, t > 0\end{aligned} \tag{16.6.6}$$

当把(16.6.6)式代入(16.6.5)式并注意到积分限是从 0 至∞时，可知(16.6.5)式等号右边第二个积分为零，于是

$$\begin{aligned}\beta(\mathrm{j}\omega) &= \int_0^{\infty}\beta(t)\mathrm{e}^{-\mathrm{j}\omega t}\mathrm{d}t \\ &= \int_0^{\infty}\frac{1}{2\pi}\int_{-\infty}^{+\infty}\left[\frac{S_{\mu Z}(\upsilon)}{\Psi_2(\mathrm{j}\upsilon)}\right]_S\mathrm{e}^{\mathrm{j}\upsilon t}\mathrm{d}\upsilon\mathrm{e}^{-\mathrm{j}\omega t}\mathrm{d}t \\ &= \left[\frac{S_{\mu Z}(\omega)}{\Psi_2(\mathrm{j}\omega)}\right]_S\end{aligned} \tag{16.6.7}$$

把(16.6.7)式代入(16.5.18)式，立得我们所要求的最优滤波器的传递函数为

$$\begin{aligned}\Phi(\mathrm{j}\omega) &= \frac{1}{\Psi_1(\mathrm{j}\omega)}\int_0^{\infty}\beta(t)\mathrm{e}^{-\mathrm{j}\omega t}\mathrm{d}t \\ &= \frac{1}{\Psi_1(\mathrm{j}\omega)}\beta(\mathrm{j}\omega) \\ &= \frac{1}{\Psi_1(\mathrm{j}\omega)}\left[\frac{S_{\mu Z}(\omega)}{\Psi_2(\mathrm{j}\omega)}\right]_S\end{aligned} \tag{16.6.8}$$

把上述结果归纳为如下定理。

定理 16.6.1　对于图 16.1.1 所表示的系统，当输入信号具有有理谱密度时，物理可实现的连续最优滤波器传递函数 $\Phi(\mathrm{j}\omega)$ 为

$$\Phi(\mathrm{j}\omega)=\frac{1}{\Psi_1(\mathrm{j}\omega)}\left[\frac{S_{\mu Z}(\omega)}{\Psi_2(\mathrm{j}\omega)}\right]_S \tag{16.6.9}$$

其中

$$S_{ZZ}(\omega)=\Psi_1(\mathrm{j}\omega)\Psi_2(\mathrm{j}\omega)=|\Psi_1(\mathrm{j}\omega)|^2 \tag{16.6.10}$$

$\Psi_1(\mathrm{j}\omega)$的所有零点均在 ω 的上半平面内或实轴上,所有极点均在 ω 的上半平面内,$\Psi_2(\mathrm{j}\omega)$的所有零点均在 ω 的下半平面内或实轴上,所有极点均在 ω 的下半平面内。且有

$$\Psi_2(\mathrm{j}\omega)=\Psi_1(-\mathrm{j}\omega)$$

而

$$\frac{S_{\mu Z}(\omega)}{\Psi_2(\mathrm{j}\omega)}\triangleq\left[\frac{S_{\mu Z}(\omega)}{\Psi_2(\mathrm{j}\omega)}\right]_S+\left[\frac{S_{\mu Z}(\omega)}{\Psi_2(\mathrm{j}\omega)}\right]_X \tag{16.6.11}$$

其中,$\left[\frac{S_{\mu Z}(\omega)}{\Psi_2(\mathrm{j}\omega)}\right]_S$ 的所有极点均在 ω 的上半平面内;$\left[\frac{S_{\mu Z}(\omega)}{\Psi_2(\mathrm{j}\omega)}\right]_X$ 的所有极点均在 ω 的下半平面内。

此时最优滤波器输出的均方误差 $\sigma_{\min}^2$ 为

$$\sigma_{\min}^2=\frac{1}{2\pi}\int_{-\infty}^{+\infty}[S_{XX}(\omega)-S_{ZZ}(\omega)|\Phi(\mathrm{j}\omega)|^2]\mathrm{d}\omega \tag{16.6.12}$$

定理 16.6.1 最先是由维纳提出的[88,89],所以人们常把这个最优滤波器称为维纳最优滤波器。对于离散形式的最优滤波器,可按类似的方法对方程(16.5.20)式进行简化,结果如下。

定理 16.6.2 对于图 16.3.1 所表示的离散系统,当输入信号序列具有有理谱密度时,物理可实现的离散最优滤波器传递函数 $\Phi(z)$ 为

$$\Phi(z)=\frac{1}{\Psi_1(z)}\left[\frac{S_{\mu Z}(z)}{\Psi_2(z)}\right]_S \tag{16.6.13}$$

其中

$$S_{ZZ}(z)=\Psi_1(z)\Psi_2(z)=|\Psi_1(z)|^2 \tag{16.6.14}$$

$\Psi_1(z)$的所有零点均在 z 平面的单位圆内或单位圆上,所有极点均在 z 平面的单位圆内,$\Psi_2(z)$的所有零点均在 z 平面的单位圆外或单位圆上,所有极点均在 z 平面的单位圆外。

$$\frac{S_{\mu Z}(z)}{\Psi_2(z)}\triangleq\left[\frac{S_{\mu Z}(z)}{\Psi_2(z)}\right]_S+\left[\frac{S_{\mu Z}(z)}{\Psi_2(z)}\right]_X \tag{16.6.15}$$

其中,$\left[\frac{S_{\mu Z}(z)}{\Psi_2(z)}\right]_S$ 的所有极点均在 z 平面的单位圆内;$\left[\frac{S_{\mu Z}(z)}{\Psi_2(z)}\right]_X$ 的所有极点均在 z 平面的单位圆外。

此时最优滤波器输出的均方误差 $\sigma_{\min}^2$ 为

$$\sigma_{\min}^2=\frac{1}{2\pi\mathrm{j}}\oint_{|z|=1}[S_{XX}(z)-|\Phi(z)|^2S_{ZZ}(z)]\frac{\mathrm{d}z}{z} \tag{16.6.16}$$

这个定理的证明留给读者自行练习,下面举例说明最优滤波器的计算。

例 16.6.1 已知平稳随机信号$\{X(t),-\infty<t<+\infty\}$的功率谱密度为

$$S_X(\omega)=\frac{A_0^2\beta^2}{\omega^2+\beta^2}$$

其中,$\beta>0$,$A_0>0$ 均为常数,干扰信号 $n(t)$ 为白噪声,其功率谱密度 $S_n(\omega)=\sigma^2$,并假设 $X(t)$ 与 $n(t)$ 互不相关,试求最优滤波器的传递函数。

解　由题意可知 $S_{ZZ}(\omega)=S_{XX}(\omega)+S_{nX}(\omega)+S_{Xn}(\omega)+S_{nn}(\omega)$，又因为 $X(t)$ 与 $n(t)$ 互不相关，所以有 $S_{nX}(\omega)=S_{Xn}(\omega)=0$，于是

$$S_{ZZ}(\omega)=S_{XX}(\omega)+S_{nn}(\omega)=\frac{\beta^2A_0^2}{\omega^2+\beta^2}+\sigma^2$$

$$=\frac{\sigma^2\left(\omega+\mathrm{j}\sqrt{\dfrac{\beta^2A_0^2+\beta^2\sigma^2}{\sigma^2}}\right)\left(\omega-\mathrm{j}\sqrt{\dfrac{\beta^2A_0^2+\beta^2\sigma^2}{\sigma^2}}\right)}{(\omega+\mathrm{j}\beta)(\omega-\mathrm{j}\beta)}$$

$$\triangleq\Psi_1(\mathrm{j}\omega)\Psi_2(\mathrm{j}\omega)\tag{16.6.17}$$

其中

$$\Psi_1(\mathrm{j}\omega)=\sigma\frac{\mathrm{j}\omega+\sqrt{\dfrac{\beta^2A_0^2+\beta^2\sigma^2}{\sigma^2}}}{\mathrm{j}\omega+\beta}$$

$$\Psi_2(\mathrm{j}\omega)=\sigma\frac{-\mathrm{j}\omega+\sqrt{\dfrac{\beta^2A_0^2+\beta^2\sigma^2}{\sigma^2}}}{-\mathrm{j}\omega+\beta}$$

由于本题考察最优滤波的情况，故取 $H(s)=1$，$\mu(t)=X(t)$，则

$$B_{\mu Z}(\tau)=B_{\mu X}(\tau)+B_{\mu n}(\tau)=B_{XX}(\tau)+B_{Xn}(\tau)=B_{XX}(\tau)$$

$$S_{\mu Z}(\omega)=S_{XX}(\omega)=\frac{\beta^2A_0^2}{(\mathrm{j}\omega+\beta)(-\mathrm{j}\omega+\beta)}$$

由(16.6.4)式有

$$\frac{S_{\mu Z}(\omega)}{\Psi_2(\mathrm{j}\omega)}=\frac{\beta^2A_0^2}{\sigma}\frac{1}{(\mathrm{j}\omega+\beta)\left(-\mathrm{j}\omega+\sqrt{\dfrac{\beta^2A_0^2+\beta^2\sigma^2}{\sigma^2}}\right)}$$

$$=\frac{\beta^2A_0^2}{\sigma}\left[\frac{k_1}{(\mathrm{j}\omega+\beta)}+\frac{k_2}{\left(-\mathrm{j}\omega+\sqrt{\dfrac{\beta^2A_0^2+\beta^2\sigma^2}{\sigma^2}}\right)}\right]$$

$$\triangleq\left[\frac{S_{\mu Z}(\omega)}{\Psi_2(\mathrm{j}\omega)}\right]_S+\left[\frac{S_{\mu Z}(\omega)}{\Psi_2(\mathrm{j}\omega)}\right]_X$$

利用待定系数法，不难求出

$$k_1=\frac{1}{\left(\beta+\sqrt{\dfrac{\beta^2A_0^2+\beta^2\sigma^2}{\sigma^2}}\right)}$$

$$k_2=\frac{1}{\left(\beta+\sqrt{\dfrac{\beta^2A_0^2+\beta^2\sigma^2}{\sigma^2}}\right)}$$

所以

$$\left[\frac{S_{\mu Z}(\omega)}{\Psi_2(\mathrm{j}\omega)}\right]_S=\frac{\dfrac{k_1\beta^2A_0^2}{\sigma}}{\mathrm{j}\omega+\beta}\tag{16.6.18}$$

现在把(16.6.17)式和(16.6.18)式代入(16.6.9)式，立得最优滤波器的传递函数

$\Phi(\mathrm{j}\omega)$为

$$\Phi(\mathrm{j}\omega)=\frac{1}{\Psi_1(\mathrm{j}\omega)}\left[\frac{S_{\mu Z}(\omega)}{\Psi_2(\mathrm{j}\omega)}\right]_S$$

$$=\frac{\beta^2A_0^2}{\sigma^2\left(\beta+\sqrt{\dfrac{\beta^2A_0^2+\beta^2\sigma^2}{\sigma^2}}\right)}\frac{1}{\left(\mathrm{j}\omega+\sqrt{\dfrac{\beta^2A_0^2+\beta^2\sigma^2}{\sigma^2}}\right)} \tag{16.6.19}$$

也即

$$\Phi(s)=\frac{K}{Ts+1}$$

其中

$$T=\sqrt{\frac{\sigma^2}{\beta^2A_0^2+\beta^2\sigma^2}}=\frac{1}{\beta}\sqrt{\frac{\sigma^2}{A_0^2+\sigma^2}}$$

$$K=\frac{A_0^2}{\sigma^2\left(1+\sqrt{\dfrac{A_0^2+\sigma^2}{\sigma^2}}\right)\sqrt{\dfrac{A_0^2+\sigma^2}{\sigma^2}}}$$

若定义

$$\frac{A_0}{\sigma}\triangleq\left(\frac{S}{N}\right) \tag{16.6.20}$$

为滤波器输入信号噪声比或简称信噪比,则

$$T=\frac{\dfrac{1}{\beta}}{\sqrt{1+\left(\dfrac{S}{N}\right)^2}} \tag{16.6.21}$$

$$K=\frac{\left(\dfrac{S}{N}\right)^2}{\left[1+\sqrt{1+\left(\dfrac{S}{N}\right)^2}\right]\left[\sqrt{1+\left(\dfrac{S}{N}\right)^2}\right]} \tag{16.6.22}$$

由(16.6.21)式及(16.6.22)式可以计算出各种输入信噪比时的最优滤波器时常数 T 及增益 K,并列入表16.6.1中。

表16.6.1　例16.6.1中 T 值和 K 值

$\frac{S}{N}$	∞	10	2	1	0.5	0.1	0
$T\beta$	0	0.1	0.45	0.71	0.89	0.995	1
K	1	0.9	0.55	0.29	0.11	0.005	0

由表16.6.1可以看出,随着最优滤波器输入信噪比的减小,滤波器的时常数越来越大,也即滤波器带宽越来越窄,与此同时,滤波器增益越来越小,这个结果同直观概念是一致的。

另一方面,由(16.6.12)式不难计算出最优滤波器输出的均方误差 $\sigma^2_{\min}$ 为

$$\sigma_{\min}^2 = \frac{1}{2\pi}\int_{-\infty}^{+\infty}[S_{XX}(\omega) - S_{ZZ}(\omega)|\Phi(j\omega)|^2]d\omega$$

$$= \frac{A_0^2\beta^2}{2}\left\{1 - \frac{\left(\frac{S}{N}\right)^2}{\left[1+\sqrt{1+\left(\frac{S}{N}\right)^2}\right]^2}\right\} \tag{16.6.23}$$

如果注意到随机信号的方差 σ_X^2 为

$$\sigma_X^2 = \frac{1}{2\pi}\int_{-\infty}^{+\infty}S_{XX}(\omega)d\omega$$

$$= \frac{1}{2\pi}\int_{-\infty}^{+\infty}\frac{A_0^2\beta^2}{\omega^2+\beta^2}d\omega$$

$$= \frac{A_0^2\beta^2}{2} \tag{16.6.24}$$

把(16.6.24)式代入(16.6.23)式,可得

$$\frac{\sigma_{\min}^2}{\sigma_X^2} = 1 - \frac{\left[\frac{S}{N}\right)^2}{\left[1+\sqrt{1+\left(\frac{S}{N}\right)^2}\right]^2} \tag{16.6.25}$$

利用(16.6.25)式可以计算出在各种输入信噪比时的最优滤波器输出的方差相对于信号方差的百分比(表 16.6.2)。

表 16.6.2

$\frac{s}{N}$	∞	10	2	1	0.5	0.1	0
$\frac{\sigma_{\min}^2}{\sigma_X^2}$	0	0.18	0.62	0.83	0.94	0.998	1

例 16.6.2　已知平稳随机序列 $\{X(k), k=\cdots,-2,-1,0,1,2,\cdots\}$ 的功率谱密度函数为

$$S_X(z) = \frac{b_0^2}{(z-d)(z^{-1}-d)}, 0<d<1$$

干扰序列 $\{n(k), k=\cdots,-2,-1,0,1,2,\cdots\}$ 为白色序列,其功率谱密度函数为 $S_n(z)=\sigma^2$,假定上述两个随机序列互不相关,试求最优滤波器的传递函数及递推滤波方程。

解　由题意可知

$$S_{ZZ}(z) = S_{XX}(z) + S_{nn}(z)$$

$$= \frac{b_0^2}{(z-d)(z^{-1}-d)} + \sigma^2$$

$$= \frac{\sigma^2(z-z_1)(z-z_2)}{(z-d)\left(z-\frac{1}{d}\right)} \tag{16.6.26}$$

其中

$$z_1=\frac{b_0^2+\sigma^2+\sigma^2d^2}{2\sigma^2d}-\sqrt{\left(\frac{b_0^2+\sigma^2+\sigma^2d^2}{2\sigma^2d}\right)^2-1}<1$$

$$z_2=\frac{b_0^2+\sigma^2+\sigma^2d^2}{2\sigma^2d}+\sqrt{\left(\frac{b_0^2+\sigma^2+\sigma^2d^2}{2\sigma^2d}\right)^2-1}>1$$

若令

$$S_{ZZ}(z)=\Psi_1(z)\Psi_2(z)$$

则

$$\Psi_1(z)=\frac{\sigma(z-z_1)}{(z-d)},\Psi_2(z)=\frac{\sigma(z-z_2)}{\left(z-\frac{1}{d}\right)} \tag{16.6.27}$$

又因为

$$S_{\mu Z}(z)=S_{XX}(z)$$

所以由(16.6.15)式可得

$$\begin{aligned}\frac{S_{\mu Z}(z)}{\Psi_2(z)}&=\frac{b_0^2\left(z-\frac{1}{d}\right)}{(z-d)(z^{-1}-d)\sigma(z-z_2)}\\&=\frac{k_1z}{z-d}+\frac{k_2z}{z-z_2}\\&\triangleq\left[\frac{S_{\mu Z}(z)}{\Psi_2(z)}\right]_S+\left[\frac{S_{\mu Z}(z)}{\Psi_2(z)}\right]_X\end{aligned}$$

利用待定系数法可求出

$$k_1=\frac{b_0^2}{\sigma d(z_2-d)}$$

于是有

$$\left[\frac{S_{\mu Z}(z)}{\Psi_2(z)}\right]_S=\frac{b_0^2}{\sigma d(z_2-d)}\frac{z}{z-d} \tag{16.6.28}$$

把(16.6.27)式及(16.6.28)式代入(16.6.13)式,可得离散最优滤波器的传递函数$\Phi(z)$为

$$\Phi(z)=\frac{1}{\Psi_1(z)}\left[\frac{S_{\mu Z}(z)}{\Psi_2(z)}\right]_S=\frac{b_0^2}{d\sigma^2(z_2-d)}\frac{z}{z-z_1}$$

由上式还可写出最优滤波器的递推方程为

$$\hat{X}(k+1)-z_1\hat{X}(k)=\frac{b_0^2}{d\sigma^2(z_2-d)}Z(k+1) \tag{16.6.29}$$

其中,z_1,z_2 由(16.6.26)式给出;b_0^2,d 和 σ^2 均由输入信号的谱密度给出。

最后,由(16.6.16)式可计算出最优滤波器输出的均方误差 $\sigma_{\min}^2$ 为

$$\begin{aligned}\sigma_{\min}^2&=\frac{1}{2\pi \mathrm{j}}\oint_{|z|=1}[S_{XX}(z)-|\Phi(z)|^2S_{ZZ}(z)]\frac{\mathrm{d}z}{z}\\&=\frac{d\sigma^2b_0^2(1-\mathrm{d}z_1)(z_2-d)-b_0^4}{d\sigma^2(d^2-1)(\mathrm{d}z_1-1)(z_2-d)}\end{aligned}$$

16.7　维纳最优预测滤波器

对于连续平稳随机信号来说,如果预期输出信号 $\mu(t)$ 取为 $X(t+T)$,即选 $H(s)$ 为 e^{ST},其中 $T>0$ 表示预测时间,则称满足维纳-霍甫积分方程的物理可实现的最优传递函数(16.5.18)式为连续最优预测滤波器传递函数。

对于离散平稳随机信号来说,如果选 $H(z)$ 为 z^l,即预期输出信号为 $\mu(n)=X(n+l)$,其中 $l>0$ 为正整数,则称满足离散维纳-霍甫方程的物理可实现的最优传递函数(16.5.20)式为离散最优预测滤波器传递函数。有时称上述问题为 l 步预报。

就连续平稳随机信号来说,这个问题与最优滤波问题的差别仅在于互谱密度 $S_{\mu Z}(z)$ 发生了变化,因此,我们只要把这一问题研究清楚就可以利用 16.6 节的结果了。

由互相关函数的概念可知

$$\begin{aligned}B_{\mu Z}(\tau)&=E[\mu(t+\tau)Z(t)]\\&=E\{X(t+T+\tau)[X(t)+n(t)]\}\\&=B_{XX}(\tau+T)+B_{Xn}(T+\tau)\end{aligned}\tag{16.7.1}$$

于是互谱密度为

$$\begin{aligned}S_{\mu Z}(\omega)&=\int_{-\infty}^{+\infty}B_{\mu Z}(\tau)e^{-j\omega\tau}d\tau\\&=\int_{-\infty}^{+\infty}[B_{XX}(\tau+T)+B_{Xn}(T+\tau)]e^{-j\omega(T+\tau)}e^{j\omega T}d\tau\\&=e^{j\omega T}[S_{XX}(\omega)+S_{Xn}(\omega)]\\&\triangleq e^{j\omega T}\,{}^{*}S_{\mu Z}(\omega)\end{aligned}\tag{16.7.2}$$

其中

$${}^{*}S_{\mu Z}(\omega)=S_{XX}(\omega)+S_{Xn}(\omega)\tag{16.7.3}$$

此时,由定理 16.5.1 可知,物理可实现的最优传递函数 $\Phi(j\omega)$ 为

$$\begin{aligned}\Phi(j\omega)&=\frac{1}{\Psi_1(j\omega)}\int_0^{\infty}e^{-j\omega t}dt\,\frac{1}{2\pi}\int_{-\infty}^{+\infty}\frac{S_{\mu Z}(\upsilon)}{\Psi_2(j\upsilon)}e^{j\upsilon t}d\upsilon\\&=\frac{1}{\Psi_1(j\omega)}\int_0^{\infty}e^{-j\omega t}dt\,\frac{1}{2\pi}\int_{-\infty}^{+\infty}\frac{{}^{*}S_{\mu Z}(\upsilon)}{\Psi_2(j\upsilon)}e^{j\upsilon(t+T)}d\upsilon\end{aligned}\tag{16.7.4}$$

其中

$$S_{ZZ}(\omega)\triangleq\Psi_1(j\omega)\Psi_2(j\omega)=|\Psi_1(j\omega)|^2\tag{16.7.5}$$

$\Psi_1(j\omega)$ 的所有零点均在 ω 的上半平面内或实轴上,所有极点均在 ω 的上半平面内,$\Psi_2(j\omega)$ 的所有零点均在 ω 的下半平面内或实轴上,所有极点均在 ω 的下半平面内。

现在把 $\dfrac{{}^{*}S_{\mu Z}(\omega)}{\Psi_2(j\omega)}$ 做如下分解,即

$$\frac{{}^{*}S_{\mu Z}(\omega)}{\Psi_2(j\omega)}\triangleq\left[\frac{{}^{*}S_{\mu Z}(\omega)}{\Psi_2(j\omega)}\right]_S+\left[\frac{{}^{*}S_{\mu Z}(\omega)}{\Psi_2(j\omega)}\right]_X\tag{16.7.6}$$

其中,$\left[\dfrac{{}^{*}S_{\mu Z}(\omega)}{\Psi_2(j\omega)}\right]_S$ 的所有极点均在 ω 的上半平面内;$\left[\dfrac{{}^{*}S_{\mu Z}(\omega)}{\Psi_2(j\omega)}\right]_X$ 的所有极点均在 ω 的下半平面内,于是方程(16.7.4)式等号右边第二个积分为

$$\frac{1}{2\pi}\int_{-\infty}^{+\infty}\frac{{}^{*}S_{\mu Z}(v)}{\Psi_2(\mathrm{j}v)}\mathrm{e}^{\mathrm{j}v(t+T)}\mathrm{d}v = \frac{1}{2\pi}\int_{-\infty}^{+\infty}\left[\frac{{}^{*}S_{\mu Z}(v)}{\Psi_2(\mathrm{j}v)}\right]_S\mathrm{e}^{\mathrm{j}v(t+T)}\mathrm{d}v + \frac{1}{2\pi}\int_{-\infty}^{+\infty}\left[\frac{{}^{*}S_{\mu Z}(v)}{\Psi_2(\mathrm{j}v)}\right]_X\mathrm{e}^{\mathrm{j}v(t+T)}\mathrm{d}v$$
$$= \beta_S(t+T)+\beta_X(t+T) \tag{16.7.7}$$

由(16.6.6)式可知有

$$\beta_S(t)=0, t<0$$
$$\beta_X(t)=0, t>0 \tag{16.7.8}$$

再把(16.7.7)式代入(16.7.4)式,则显然有

$$\Phi(\mathrm{j}\omega) = \frac{1}{\Psi_1(\mathrm{j}\omega)}\int_0^{\infty}\mathrm{e}^{-\mathrm{j}\omega t}[\beta_S(t+T)+\beta_X(t+T)]\mathrm{d}t$$
$$= \frac{1}{\Psi_1(\mathrm{j}\omega)}\int_0^{\infty}\beta_S(t+T)\mathrm{e}^{-\mathrm{j}\omega t}\mathrm{d}t \tag{16.7.9}$$

下面求预测滤波器输出的均方误差,由定理16.2.1可知在预测滤波情况下,仍有

$$\sigma_{\min}^2 = B_{\mu\mu}(0) - \int_0^{\infty}\int_0^{\infty}k(\tau)k(l)B_{ZZ}(l-\tau)\mathrm{d}\tau\mathrm{d}l$$
$$= B_{\mu\mu}(0) - \frac{1}{2\pi}\int_{-\infty}^{+\infty}\int_0^{\infty}k(l)\mathrm{e}^{\mathrm{j}l\omega}\mathrm{d}l\int_0^{\infty}k(\tau)\mathrm{e}^{-\mathrm{j}\omega\tau}\mathrm{d}\tau S_Z(\omega)\mathrm{d}\omega$$
$$= B_{\mu\mu}(0) - \frac{1}{2\pi}\int_{-\infty}^{+\infty}S_{ZZ}(\omega)|\Phi(\mathrm{j}\omega)|^2\mathrm{d}\omega \tag{16.7.10}$$

又因为

$$B_{\mu\mu}(\tau)=E[\mu(t+\tau)\mu(t)]=E[X(t+T+\tau)X(t+T)]=B_{XX}(\tau)$$

所以有

$$B_{\mu\mu}(0)=B_{XX}(0) \tag{16.7.11}$$

进一步由(16.7.9)式可知

$$|\Phi(\mathrm{j}\omega)|^2 = \frac{1}{|\Psi_1(\mathrm{j}\omega)|^2}\left|\int_0^{\infty}\beta_S(t+T)\mathrm{e}^{-\mathrm{j}\omega t}\mathrm{d}t\right|^2$$
$$= \frac{1}{S_{ZZ}(\omega)}\left|\int_0^{\infty}\beta_S(t+T)\mathrm{e}^{-\mathrm{j}\omega t}\mathrm{d}t\right|^2 \tag{16.7.12}$$

把(16.7.11)式及(16.7.12)式代入(16.7.10)式可得

$$\sigma_{\min}^2 = B_{XX}(0) - \frac{1}{2\pi}\int_{-\infty}^{+\infty}\left|\int_0^{\infty}\beta_S(t+T)\mathrm{e}^{-\mathrm{j}\omega t}\mathrm{d}t\right|^2\mathrm{d}\omega \tag{16.7.13}$$

不妨记

$$B(\mathrm{j}\omega) \triangleq \int_0^{\infty}\beta_S(t+T)\mathrm{e}^{-\mathrm{j}\omega t}\mathrm{d}t$$

则利用帕斯瓦尔公式,即

$$\frac{1}{2\pi}\int_{-\infty}^{+\infty}|B(\mathrm{j}\omega)|^2\mathrm{d}\omega = \int_0^{\infty}\beta_S^2(t+T)\mathrm{d}t \tag{16.7.14}$$

就可以把(16.7.13)式简化为

$$\sigma_{\min}^2 = B_{XX}(0) - \int_0^{\infty}\beta_S^2(t+T)\mathrm{d}t$$
$$= B_{XX}(0) - \int_0^{\infty}\beta_S^2(t)\mathrm{d}t + \int_0^{\mathrm{T}}\beta_S^2(t)\mathrm{d}t \tag{16.7.15}$$

其中

$$\beta_S(t) = \frac{1}{2\pi}\int_{-\infty}^{+\infty}\left[\frac{{}^*S_{\mu Z}(\omega)}{\Psi_2(\mathrm{j}\omega)}\right]_S \mathrm{e}^{\mathrm{j}\omega t}\mathrm{d}\omega \tag{16.7.16}$$

总结上面结果可得如下定理。

定理 16.7.1　对于图 16.1.1 所表示的系统，当输入信号具有有理谱密度时，物理可实现的连续最优预测滤波器传递函数为

$$\Phi(\mathrm{j}\omega) = \frac{1}{\Psi_1(\mathrm{j}\omega)}\int_0^{\infty}\beta_S(t+T)\mathrm{e}^{-\mathrm{j}\omega t}\mathrm{d}t \tag{16.7.17}$$

其中，$T>0$ 为预测时间；有

$$S_{ZZ}(\omega) = \Psi_1(\mathrm{j}\omega)\Psi_2(\mathrm{j}\omega) = |\Psi_1(\mathrm{j}\omega)|^2 \tag{16.7.18}$$

$\Psi_1(\mathrm{j}\omega)$的所有零点均在 ω 的上半平面内或实轴上，所有极点均在 ω 的上半平面内，$\Psi_2(\mathrm{j}\omega)$所有零点均在 ω 的下半平面内或实轴上，所有极点均在 ω 的下半平面内。

$$\beta_S(t) = \frac{1}{2\pi}\int_{-\infty}^{+\infty}\left[\frac{{}^*S_{\mu Z}(\omega)}{\Psi_2(\mathrm{j}\omega)}\right]_S \mathrm{e}^{\mathrm{j}\omega t}\mathrm{d}\omega \tag{16.7.19}$$

其中

$${}^*S_{\mu Z}(\omega) = S_{XX}(\omega) + S_{Xn}(\omega) \tag{16.7.20}$$

$$\left[\frac{{}^*S_{\mu Z}(\omega)}{\Psi_2(\mathrm{j}\omega)}\right] = \left[\frac{{}^*S_{\mu Z}(\omega)}{\Psi_2(\mathrm{j}\omega)}\right]_S + \left[\frac{{}^*S_{\mu Z}(\omega)}{\Psi_2(\mathrm{j}\omega)}\right]_X \tag{16.7.21}$$

其中，$\left[\frac{{}^*S_{\mu Z}(\omega)}{\Psi_2(\mathrm{j}\omega)}\right]_S$ 的所有极点均在 ω 的上半平面内；$\left[\frac{{}^*S_{\mu Z}(\omega)}{\Psi_2(\mathrm{j}\omega)}\right]_X$ 的所有极点均在 ω 的下半平面内。

此时，最优预测滤波器输出的均方误差 $\sigma_{\min}^2$ 为

$$\sigma_{\min}^2 = B_{XX}(0) - \int_0^{\infty}\beta_S^2(t)\mathrm{d}t + \int_0^{T}\beta_S^2(t)\mathrm{d}t \tag{16.7.22}$$

当输入信号为平稳随机序列时，仍有类似的结果。

定理 16.7.2　对于图 16.3.1 所表示的离散系统，当输入信号序列具有有理谱密度时，物理可实现的离散最优预测滤波器传递函数 $\Phi(z)$ 为

$$\Phi(z) = \frac{1}{\Psi_1(z)}\sum_{i=0}^{\infty}\beta_S(i+l)z^{-i} \tag{16.7.23}$$

其中，正整数 l 为预测步数

$$S_{ZZ}(z) = \Psi_1(z)\Psi_2(z) = |\Psi_1(z)|^2 \tag{16.7.24}$$

$\Psi_1(z)$的所有零点均在 z 平面的单位圆内或单位圆上，所有极点均在 z 平面的单位圆内，$\Psi_2(z)$的所有零点均在 z 平面的单位圆外或单位圆上，所有极点均在 z 平面的单位圆外。

$$\beta_S(i) = \frac{1}{2\pi\mathrm{j}}\oint_{|z|=1}\left[\frac{{}^*S_{\mu Z}(z)}{\Psi_2(z)}\right]_S z^{i-1}\mathrm{d}z \tag{16.7.25}$$

其中

$${}^*S_{\mu Z}(z) = S_{XX}(z) + S_{Xn}(z) \tag{16.7.26}$$

$$\left[\frac{{}^*S_{\mu Z}(z)}{\Psi_2(z)}\right] = \left[\frac{{}^*S_{\mu Z}(z)}{\Psi_2(z)}\right]_S + \left[\frac{{}^*S_{\mu Z}(z)}{\Psi_2(z)}\right]_X \tag{16.7.27}$$

其中，$\left[\frac{{}^*S_{\mu Z}(z)}{\Psi_2(z)}\right]_S$ 的所有极点均在 z 平面的单位圆内；$\left[\frac{{}^*S_{\mu Z}(z)}{\Psi_2(z)}\right]_X$ 的所有极点均在 z 平面的单位圆外。

此时,离散最优预测滤波器输出的均方误差 $\sigma_{\min}^2$ 为

$$\sigma_{\min}^2 = B_{XX}(0) - \sum_{i=0}^{\infty}\beta_S^2(i) + \sum_{i=0}^{l}\beta_S^2(i) \tag{16.7.28}$$

上述定理的证明留给读者作为练习。

例 16.7.1 已知平稳随机信号 $X(t)$ 的功率谱密度函数为

$$S_{XX}(\omega) = \frac{A_0^2\beta^2}{\omega^2+\beta^2}$$

其中,$\beta>0, A_0>0$ 且为常数,干扰信号 $n(t)$ 为白噪声,其功率谱密度函数为 $S_n(\omega)=\sigma^2$,假定 $X(t)$ 与 $n(t)$ 彼此互不相关,现在希望得到 $X(t)$ 的预测信号 $X(t+T)$,试求最优预测滤波器传递函数 $\Phi(\mathrm{j}\omega)$。

解 由题意可知

$$\begin{aligned}S_{ZZ}(\omega) &= S_{XX}(\omega)+S_{nn}(\omega)\\ &= \frac{\beta^2A_0^2}{\omega^2+\beta^2}+\sigma^2\\ &\triangleq \Psi_1(\mathrm{j}\omega)\Psi_2(\mathrm{j}\omega)\end{aligned}$$

其中

$$\Psi_1(\mathrm{j}\omega) = \sigma\frac{\mathrm{j}\omega+\sqrt{\dfrac{\beta^2(A_0^2+\sigma^2)}{\sigma^2}}}{\mathrm{j}\omega+\beta} \tag{16.7.29}$$

$$\Psi_2(\mathrm{j}\omega) = \sigma\frac{-\mathrm{j}\omega+\sqrt{\dfrac{\beta^2(A_0^2+\sigma^2)}{\sigma^2}}}{-\mathrm{j}\omega+\beta} \tag{16.7.30}$$

而 ${}^*S_{\mu Z}(\omega)=S_{XX}(\omega)=\dfrac{\beta^2A_0^2}{\omega^2+\beta^2}$,于是有

$$\begin{aligned}\frac{{}^*S_{\mu Z}(\omega)}{\Psi_2(\mathrm{j}\omega)} &= \frac{\beta^2A_0^2}{\sigma}\frac{1}{(\mathrm{j}\omega+\beta)\left[-\mathrm{j}\omega+\sqrt{\dfrac{\beta^2(A_0^2+\sigma^2)}{\sigma^2}}\right]}\\ &\triangleq \left[\frac{{}^*S_{\mu Z}(\omega)}{\Psi_2(\mathrm{j}\omega)}\right]_S+\left[\frac{{}^*S_{\mu Z}(\omega)}{\Psi_2(\mathrm{j}\omega)}\right]_X\end{aligned}$$

不难求出

$$\left[\frac{{}^*S_{\mu Z}(\omega)}{\Psi_2(\mathrm{j}\omega)}\right]_S = \frac{\beta^2A_0^2}{\sigma\left[\beta+\sqrt{\dfrac{\beta^2(A_0^2+\sigma^2)}{\sigma^2}}\right]}\frac{1}{(\mathrm{j}\omega+\beta)} \tag{16.7.31}$$

$$\left[\frac{{}^*S_{\mu Z}(\omega)}{\Psi_2(\mathrm{j}\omega)}\right]_X = \frac{\beta^2A_0^2}{\sigma\left[\beta+\sqrt{\dfrac{\beta^2(A_0^2+\sigma^2)}{\sigma^2}}\right]}\frac{1}{\left[-\mathrm{j}\omega+\sqrt{\dfrac{\beta^2(A_0^2+\sigma^2)}{\sigma^2}}\right]} \tag{16.7.32}$$

把(16.7.31)式代入(16.7.19)式可得

$$\beta_S(t) = \frac{1}{2\pi}\int_{-\infty}^{+\infty}\left[\frac{{}^*S_{\mu Z}(\omega)}{\Psi_2(\mathrm{j}\omega)}\right]_S \mathrm{e}^{\mathrm{j}\omega t}\mathrm{d}\omega$$

$$= \frac{\beta^2 A_0^2}{\sigma\left[\beta + \beta\sqrt{\dfrac{(A_0^2 + \sigma^2)}{\sigma^2}}\right]} e^{-\beta t}$$

$$= \frac{\beta A_0^2}{\sigma + \sqrt{A_0^2 + \sigma^2}} e^{-\beta t} \tag{16.7.33}$$

最后,把(16.7.29)式和(16.7.33)式代入(16.7.17)式,则得最优预测滤波器传递函数为

$$\Phi(j\omega) = \frac{1}{\Psi_1(j\omega)}\int_0^\infty \beta_S(t+T)e^{-j\omega t}dt$$

$$= \frac{(j\omega+\beta)}{\sigma\left[j\omega + \sqrt{\dfrac{\beta^2(A_0^2+\sigma^2)}{\sigma^2}}\right]}\int_0^\infty \frac{\beta A_0^2 e^{-\beta(t+T)}}{\sigma + \sqrt{A_0^2+\sigma^2}} e^{-j\omega t}dt$$

$$= \frac{\beta\left(\dfrac{A_0^2}{\sigma^2}\right)e^{-\beta T}}{1 + \sqrt{\left(\dfrac{A_0^2}{\sigma^2}\right)+1}} \frac{1}{j\omega + \beta\sqrt{\left(\dfrac{A_0^2}{\sigma^2}\right)+1}} \tag{16.7.34}$$

例 16.7.2　已知平稳随机序列$\{X(k), k = \cdots, -2, -1, 0, 1, 2, \cdots\}$的功率谱密度函数为

$$S_X(z) = \frac{b_0^2}{(z-d)(z^{-1}-d)}, 0 < d < 1$$

干扰序列$\{n(k), k = \cdots, -2, -1, 0, 1, 2, \cdots\}$为白色序列,其功率谱密度函数为$S_n(z) = \sigma^2$,假定上述两个随机序列互不相关,试求 l 步的最优预测滤波器。

解　由题意可知

$$S_{ZZ}(z) = S_{XX}(z) + S_{nn}(z)$$

$$= \frac{b_0^2}{(z-d)(z^{-1}-d)} + \sigma^2$$

$$\triangleq \Psi_1(z)\Psi_2(z) = |\Psi_1(z)|^2 \tag{16.7.35}$$

其中

$$\Psi_1(z) = \frac{\sigma(z-z_1)}{(z-d)} \tag{16.7.36}$$

$$\Psi_2(z) = \frac{\sigma(z-z_2)}{\left(z-\dfrac{1}{d}\right)}$$

$$z_1 = \frac{b_0^2+\sigma^2+\sigma^2 d^2}{2\sigma^2 d} - \sqrt{\left(\frac{b_0^2+\sigma^2+\sigma^2 d^2}{2\sigma^2 d}\right)^2 - 1} < 1$$

$$z_2 = \frac{b_0^2+\sigma^2+\sigma^2 d^2}{2\sigma^2 d} + \sqrt{\left(\frac{b_0^2+\sigma^2+\sigma^2 d^2}{2\sigma^2 d}\right)^2 - 1} > 1$$

因为 $X(k)$ 与 $n(k)$ 互不相关,所以

$$^*S_{\mu Z}(z) = S_{XX}(z)$$

则有

$$\left[\frac{{}^{*}S_{\mu Z}(z)}{\Psi_2(z)}\right]=\frac{-\dfrac{b_0^2}{d\sigma}z}{(z-d)(z-z_2)}\triangleq\left[\frac{{}^{*}S_{\mu Z}(z)}{\Psi_2(z)}\right]_S+\left[\frac{{}^{*}S_{\mu Z}(z)}{\Psi_2(z)}\right]_X$$

经过计算可知

$$\left[\frac{{}^{*}S_{\mu Z}(z)}{\Psi_2(jz)}\right]_S=\frac{b_0^2}{d\sigma(z_2-d)}\frac{z}{z-d}\tag{16.7.37}$$

把(16.7.37)式代入(16.7.25)式,可得

$$\begin{aligned}\beta_S(i)&=\frac{1}{2\pi\mathrm{j}}\oint_{|z|=1}\left[\frac{{}^{*}S_{\mu Z}(z)}{\Psi_2(z)}\right]_S z^{i-1}\mathrm{d}z\\&=\frac{1}{2\pi\mathrm{j}}\oint_{|z|=1}\frac{b_0^2}{d\sigma(z_2-d)}\frac{z}{z-d}z^{i-1}\mathrm{d}z\\&=\frac{b_0^2}{d\sigma(z_2-d)}(d)^i\end{aligned}\tag{16.7.38}$$

用 $i+l$ 代替(16.7.38)式中的 i,则有

$$\beta_S(i+l)=\frac{b_0^2}{d\sigma(z_2-d)}(d)^{i+l}$$

于是,最优预测滤波器传递函数 $\Phi(z)$ 为

$$\begin{aligned}\Phi(z)&=\frac{1}{\Psi_1(z)}\sum_{i=0}^{\infty}\beta_S(i+l)z^{-i}\\&=\frac{1}{\Psi_1(z)}\sum_{i=0}^{\infty}\frac{b_0^2}{d\sigma(z_2-d)}d^l d^i z^{-i}\\&=\frac{b_0^2d^l}{d\sigma^2(z_2-d)}\frac{z}{z-z_1}\end{aligned}$$

最优预测-滤波器递推方程为

$$\hat{X}(k+1)-z_1\hat{X}(k)=\frac{b_0^2d^l}{d\sigma^2(z_2-d)}Z(k+1)$$

16.8 习　　题

1. 系统如图16.8.1所示,其中 $Z(t)=X(t)+N(t)$,$X(t)$ 为平稳随机信号,功率谱密度 $S_X(\omega)$ 及相关函数 $B_X(\tau)$ 均为已知,$N(t)$ 为平稳干扰过程,其功率谱密度 $S_N(\omega)$ 及相关函数 $B_N(\tau)$ 也均为已知,假定 $X(t)$ 与 $N(t)$ 互不相关。

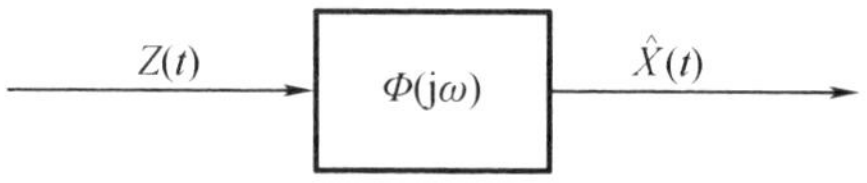

图16.8.1　系统图1

如果 $\Phi(\mathrm{j}\omega)$ 是物理可实现的维纳最优滤波器传递函数,试证明:最优滤波器输出的均方误差为

$$\begin{aligned}\sigma^2&=E\{[X(t)-\hat{X}(t)]^2\}\\&=B_X(0)-\int_0^{\infty}\beta_s^2(t)\mathrm{d}t\end{aligned}$$

其中

$$\beta_s(t) = \frac{1(t)}{2\pi}\int_{-\infty}^{+\infty} \frac{S_X(\omega)}{\Psi_1(j\omega)} e^{j\omega t} d\omega$$

$$S_Z(\omega) = S_X(\omega) + S_N(\omega) \triangleq \Psi_1(j\omega)\Psi_1(-j\omega)$$

$1(t)$为单位阶跃函数。

2. 系统如题 1 所述,如果 $\Phi(j\omega)$是非因果型维纳最优滤波器传递函数,试证明:

$$\begin{aligned}\sigma_{\min}^2 &= E\{[X(t) - \hat{X}(t)]^2\} \\ &= \frac{1}{2\pi}\int_{-\infty}^{+\infty} \frac{S_X(\omega)S_N(\omega)}{S_X(\omega) + S_N(\omega)} d\omega \\ &= B_X(0) - \frac{1}{2\pi}\int_{-\infty}^{+\infty} \frac{S_X^2(\omega)}{S_X(\omega) + S_N(\omega)} d\omega\end{aligned}$$

3. 系统如题 1 所述,试证明:

$$\frac{1}{2\pi}\int_{-\infty}^{+\infty} \frac{S_X^2(\omega)}{S_Z(\omega)} d\omega \geqslant \int_0^{+\infty} \beta_S^2(t)\,dt$$

因此有

$$\sigma_{\min}^2 \triangleq B_X(0) - \frac{1}{2\pi}\int_{-\infty}^{+\infty} \frac{S_X^2(\omega)}{S_Z(\omega)} d\omega \leqslant B_X(0) - \int_0^{\infty} \beta_S^2(t)\,dt \triangleq \sigma^2$$

上述结果说明,非因果维纳最优滤波器均方误差是物理可实现维纳最优滤波器均方误差的下限,进一步证明,当 $t\to\infty$ 时,两者渐近相等。

4. 系统如题 1 所述,其中,$S_X(\omega) = \dfrac{A_0^2\beta^2}{\omega^2 + \beta^2}$,$A_0 > 0$,$\beta > 0$ 均为常数,$N(t)$为白噪声且 $S_N(\omega) = \sigma^2$,试计算物理可实现的维纳最优滤波器均方误差。

5. 设$\{X(t), -\infty < t < +\infty\}$为平稳过程且功率谱密度函数为 $S_X(\omega)$,令

$$Y(t) = \frac{1}{2T}\int_{t-T}^{t+T} X(\xi)\,d\xi$$

试证明:$Y(t)$的功率谱密度函数为

$$S_Y(\omega) = S_X(\omega)\left(\frac{\sin \omega T}{\omega T}\right)^2$$

6. 设 $F_1(j\omega)$,$F_2(j\omega)$分别为信号 $f_1(t)$,$f_2(t)$的傅里叶变换,试证明:频域中的许瓦兹不等式:

$$\left|\int_{-\infty}^{+\infty} F_1(j\omega)F_2(j\omega)\,d\omega\right|^2 \leqslant \int_{-\infty}^{+\infty} |F_1(j\omega)|^2 d\omega \int_{-\infty}^{+\infty} |F_2(j\omega)|^2 d\omega$$

当且仅当 $F_1(j\omega) = C\overline{F}_2(j\omega)$时等号成立,其中,$C$ 为常数。

7. **维纳纯预测**。设系统如题 1 所述,如果测量无误差,即 $Z(t) = X(t)$,其功率谱密度函数为 $S_X(\omega) = \Psi_1(j\omega)\overline{\Psi}_1(j\omega)$,而 $\Psi_1(j\omega)$的全部极点 $S_1, S_2, \cdots, S_n$ 均为负实部且彼此互不相同,试证明:维纳预测滤波器的传递函数必可表示为

$$\Phi(j\omega) = \frac{\displaystyle\sum_{i=1}^{n} \frac{A_i e^{S_i T}}{(j\omega - S_i)}}{\displaystyle\sum_{i=1}^{n} \frac{A_i}{(j\omega - S_i)}}$$

其中,$T > 0$ 为预测时间;$A_i(i = 1, 2, \cdots, n)$为某实常数。

8. 系统如图 16.8.2 所示。其中 $Z(t) = X(t) + N(t)$,$X(t)$为信号且假定 $X(t) =$

$A\sin(\omega_0 t)$,$N(t)$为白噪声且$E[N^2(t)]=N_0$,而且$A>0,\omega_0>0,T>0,N_0>0$均为实常数,试求滤波器时常数T为何值时,输出信号噪声功率比为最大。

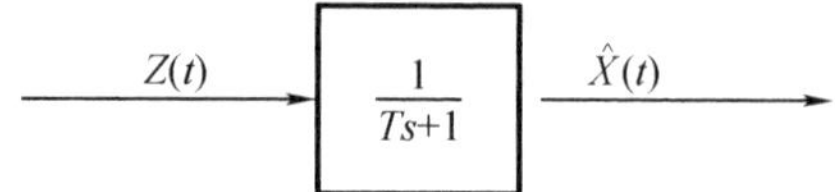

图 16.8.2　系统图 2

9. 设$\{X(t),-\infty<t<+\infty\}$为零均值平稳随机过程且自相关函数$B_X(\tau)$为

$$B_X(\tau)=\frac{3}{2}e^{-|\tau|}+\frac{11}{3}e^{-3|\tau|}$$

假定测量无误差,即$Z(t)=X(t)$,试利用题 7 结果求出维纳最优预测滤波器传递函数$\Phi(j\omega)$,要求预测时间为T。

10. 设信号$X(t)$为确定性信号,噪声$N(t)$为平稳随机干扰,$X(t)$与$N(t)$同时进入线性定常系统,如图 16.8.3 所示。其中,$X(t)$的傅里叶变换为$X(j\omega)$;$N(t)$的功率谱为$S_N(\omega)$;系统传递函数为$H(j\omega)$;$X_0(t)$为$X(t)$通过系统的输出;$N_0(t)$为$N(t)$通过系统的输出。定义输出信号噪声比为

$$\left(\frac{S}{N}\right)(t)=\frac{X_0^2(t)}{E[N_0^2(t)]}$$

试求该系统输出信号噪声比。

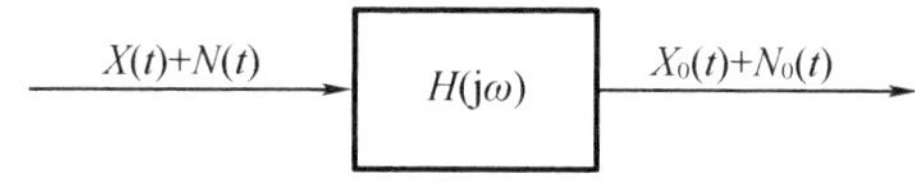

图 16.8.3　系统图 3

11. 系统如题 10 所述,按输出信号噪声比最大准则设计滤波器。试证明:当$H(j\omega)=C\frac{\overline{X}(j\omega)}{S_N(\omega)}e^{-j\omega t_1}$时,有$\left(\frac{S}{N}\right)(t_1)=\max$,其中,$C$为任意常数;$\overline{X}(j\omega)$为$X(j\omega)$的共轭函数。

12. 匹配滤波器系统如题 10 所述,确定性信号$X(t)$与白噪声$N(t)$同时进入滤波器$H(j\omega)$,假定白噪声功率谱为$S_N(\omega)=\sigma^2$,试求$H(j\omega)$使得$t=t_m$时,输出信噪比为最大,即

$$\frac{|X_0(t_m)|^2}{E[N_0^2(t_m)]}=\max$$

其中,$X_0(t)$为匹配滤波器输出信号;$N_0(t)$为匹配滤波器输出噪声。

13. 系统如题 10 所述,其中$N(t)$为白噪声且$S_N(\omega)=\sigma^2$,$X(t)$为

$$X(t)=\begin{cases}1, & 0\leqslant t\leqslant\tau_0\\ 0, & 其他\end{cases}$$

试求匹配滤波器$H(j\omega)$。

14. 试证明:在有色噪声中匹配滤波器的脉冲响应函数$h(t)$满足

$$\int_{-\infty}^{+\infty}h(\lambda)B_N(t-\lambda)d\lambda=\overline{X}(t_m-t)$$

其中,$\overline{X}(t)$为输入信号$X(t)$的共轭;$\overline{X}(j\omega)$为$\overline{X}(t)$的傅里叶变换;$B_N(\tau)$为有色噪声相关函数;t_m为输出信噪比最大时刻。

第 17 章

维纳滤波应用[91-93,104-107]

维纳(N. Wiener,1894—1964)教授是控制论的奠基人,这在学术界早已得到公认。他在代表性论文《平稳过程的外推、内插和平滑及其工程应用》(88)中,首次从统计学和概率论的观点,阐述并解决了控制论中的核心问题,从而使控制论进入了一个崭新时代。维纳理论的核心是,如何从受到随机干扰的信息中滤除干扰,尽可能精确地复现有用信息。为了解决这个问题,维纳首次提出并建立了维纳积分方程,并在平稳随机过程范畴内给出了完美的解答,这些内容在本书第 16 章中已做了较详细的介绍。

维纳的贡献绝不仅仅是在控制论中提出的统计学方法,更重要的是,给其后的学者和控制论及信息论专家提出了一个崭新的思路和信息处理方法,使得控制理论以及信息理论不断完善、发展。

在本章,我们将详细介绍维纳理论在处理一类非平稳随机过程的应用,特别是在无线电电子工程及锁相环技术中的应用。

17.1 非平稳过程的广义维纳方程[91,107]

17.1.1 问题的提法

第 16 章已经讨论了当有用信号和干扰信号为平稳随机过程时的最优滤波和预测问题,但在实际应用中经常发现,上述假设并非总能得到满足,特别是,有用信号通常是非平稳随机过程,在这种情况下,如何对非平稳的随机过程进行滤波和预测,以最优的精度复出有用信号,就是值得研究的问题。

这里所要考察的系统模型如图 17.1.1 所示。其中,$X(t)$为确定性有用信号,并假设$X(t)$的拉氏变换$X(s)$存在;$n(t)$为随机干扰信号,并假设$\{n(t), -\infty < t < +\infty\}$为零均值平稳随机过程,它可以是白噪声也可以是时间相关的平稳随机过程,其自相关函数$B_n(\tau)$或功率谱密度函数$S_n(\omega)$均为已知,通常$X(t)$与$n(t)$是互不相关的。

有用信号$X(t)$和随机干扰信号$n(t)$通过实际的滤波器$\Phi(s)$可由图 17.1.1(a)表示,有用信号$X(t)$通过预期的滤波器$H(s)$可由图 17.1.1(b)表示。$H(s)$为预期滤波器传递函数,$\mu(t)$为预期的输出信号,对于滤波来说,有$H(s)=1$,$\mu(t)=X(t)$,对于预测滤波来说有

$H(s)=e^{sT}$,$\mu(t)=X(t+T)$,其中 $T>0$ 为预测时间,$\Phi(s)$ 就是我们所要求的物理可实现的最优滤波器传递函数。

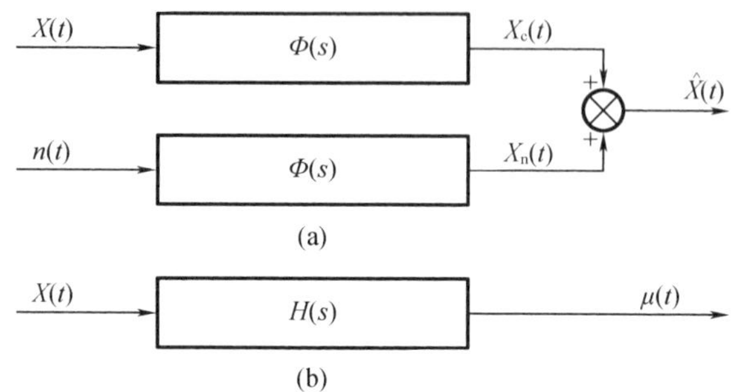

图 17.1.1　有用信号 $X(t)$ 与随机干扰信号 $n(t)$ 通过滤波器 $\Phi(s)$ 的方块图

由图 17.1.1 可以看出,滤波器输出信号 $\hat{X}(t)$ 与预期输出信号 $\mu(t)$ 的误差由两部分组成,即信号误差 $e_s(t)=X_c(t)-\mu(t)$ 和滤波器输出的随机干扰 $X_n(t)$。我们所要考察的滤波期间是 $[0,+\infty]$,则从 $t=0$ 开始的在滤波期间内信号误差的总能量 P 为

$$P=\int_0^{\infty}[X_c(t)-\mu(t)]^2\mathrm{d}t \tag{17.1.1}$$

滤波器输出干扰 $X_n(t)$ 的均方误差 σ_n^2 为

$$\sigma_n^2=E[X_n^2(t)] \tag{17.1.2}$$

误差总能量 ε^2 定义为

$$\varepsilon^2\triangleq P+\sigma_n^2 \tag{17.1.3}$$

现在,可以把问题的提法归结为如何构造一个物理可实现的滤波器传递函数 $\Phi(s)$ 使得

$$\varepsilon^2=P+\sigma_n^2=\min \tag{17.1.4}$$

17.1.2　广义连续维纳积分方程

现在,我们利用维纳方法推导最优滤波器传递函数 $\Phi(s)$ 所应满足的积分方程,首先,利用帕斯瓦尔(Parseval)公式,可以把(17.1.1)式写成

$$\begin{aligned}P&=\int_{-\infty}^{+\infty}[X_c(t)-\mu(t)]^2\mathrm{d}t\\&=\frac{1}{2\pi}\int_{-\infty}^{+\infty}[X_c(\mathrm{j}\omega)-\mu(\mathrm{j}\omega)][X_c(-\mathrm{j}\omega)-\mu(-\mathrm{j}\omega)]\mathrm{d}\omega\\&=\frac{1}{2\pi}\int_{-\infty}^{+\infty}X(\mathrm{j}\omega)[\Phi(\mathrm{j}\omega)-H(\mathrm{j}\omega)]X(-\mathrm{j}\omega)[\Phi(-\mathrm{j}\omega)-H(-\mathrm{j}\omega)]\mathrm{d}\omega\\&=\frac{1}{2\pi}\int_{-\infty}^{+\infty}|X(\mathrm{j}\omega)^2|[\Phi(\mathrm{j}\omega)-H(\mathrm{j}\omega)][\Phi(-\mathrm{j}\omega)-H(-\mathrm{j}\omega)]\mathrm{d}\omega\end{aligned} \tag{17.1.5}$$

其中,$X(\mathrm{j}\omega)$ 为有用信号 $X(t)$ 的傅里叶变换并假设为已知。由(17.1.2)式,还可把滤波器输出干扰 $X_n(t)$ 的均方误差 σ_n^2 表示为

$$\sigma_n^2=E[X_n^2(t)]=B_{X_n}(0)=\frac{1}{2\pi}\int_{-\infty}^{+\infty}S_n(\omega)|\Phi(\mathrm{j}\omega)|^2\mathrm{d}\omega \tag{17.1.6}$$

其中,$S_n(\omega)$ 为随机干扰信号 $n(t)$ 的功率谱密谋函数且假定为已知。

把方程(17.1.5)式和方程(17.1.6)式代入(17.1.3)式,则

$$
\begin{aligned}
\varepsilon^2 &= P + \sigma_n^2 \\
&= \frac{1}{2\pi}\int_{-\infty}^{+\infty} |X(j\omega)|^2 [\Phi(j\omega) - H(j\omega)][\Phi(-j\omega) - H(-j\omega)]d\omega + \\
&\quad \frac{1}{2\pi}\int_{-\infty}^{+\infty} S_n(\omega)|\Phi(j\omega)|^2 d\omega
\end{aligned} \tag{17.1.7}
$$

如果方程(17.1.7)式中的 $\Phi(j\omega)$ 是使方程(17.1.4)式成立的最优滤波器的传递函数,现在用 $\Phi(j\omega)+r\eta(j\omega)$ 代替方程(17.1.7)式中的 $\Phi(j\omega)$,其中,r 为与 $j\omega$,$\Phi(j\omega)$ 和 $\eta(j\omega)$ 均无关的参数,$\eta(j\omega)$ 为 $j\omega$ 的任意函数且 $\eta(j\omega)\neq 0$,这时方程(17.1.3)式中的总误差能量 ε^2 必出现变分 $\delta\varepsilon^2$,于是可把方程(17.1.7)式写成

$$
\begin{aligned}
\varepsilon^2 + \delta\varepsilon^2 &= \frac{1}{2\pi}\int_{-\infty}^{+\infty} |X(j\omega)|^2[\Phi(j\omega) + r\eta(j\omega) - H(j\omega)]\cdot \\
&\quad [\Phi(-j\omega) + r\eta(-j\omega) - H(-j\omega)]d\omega + \\
&\quad \frac{1}{2\pi}\int_{-\infty}^{+\infty} S_n(\omega)[\Phi(j\omega) + r\eta(j\omega)][\Phi(-j\omega) + r\eta(-j\omega)]d\omega \\
&= \frac{1}{2\pi}\int_{-\infty}^{+\infty} |X(j\omega)|^2[\Phi(j\omega) - H(j\omega)][\Phi(-j\omega) - H(-j\omega)]d\omega + \\
&\quad \frac{1}{2\pi}\int_{-\infty}^{+\infty} S_n(\omega)\Phi(j\omega)\Phi(-j\omega)d\omega + r\frac{1}{2\pi}\Big\{\int_{-\infty}^{+\infty} |X(j\omega)|^2[\Phi(j\omega) - H(j\omega)]\cdot \\
&\quad \eta(-j\omega)d\omega + \int_{-\infty}^{+\infty} |X(j\omega)|^2[\Phi(-j\omega) - H(-j\omega)]\eta(j\omega)d\omega + \\
&\quad \int_{-\infty}^{+\infty} S_n(\omega)\Phi(j\omega)\eta(-j\omega)d\omega + \int_{-\infty}^{+\infty} S_n(\omega)\eta(j\omega)\Phi(-j\omega)d\omega\Big\} + \\
&\quad \frac{r^2}{2\pi}\Big[\int_{-\infty}^{+\infty} |X(j\omega)|^2\eta(j\omega)\eta(-j\omega)d\omega + \int_{-\infty}^{+\infty} S_n(\omega)\eta(j\omega)\eta(-j\omega)\Big]d\omega \\
&= \varepsilon^2 + \frac{r}{2\pi}\int_{-\infty}^{+\infty}\{|X(j\omega)|^2[\Phi(j\omega) - H(j\omega)] + S_n(\omega)\Phi(j\omega)\}\eta(-j\omega)d\omega + \\
&\quad \frac{r}{2\pi}\int_{-\infty}^{+\infty}\{|X(j\omega)|^2[\Phi(-j\omega) - H(-j\omega)] + S_n(\omega)\Phi(-j\omega)\}\eta(j\omega)d\omega + \\
&\quad \frac{r^2}{2\pi}\int_{-\infty}^{+\infty}[|X(j\omega)|^2|\eta(j\omega)|^2 + S_n(\omega)|\eta(j\omega)|^2]d\omega
\end{aligned} \tag{17.1.8}
$$

因为 $\Phi(j\omega)$ 是使(17.1.4)式成立的最优滤波器传递函数,所以必有

$$
\frac{\partial}{\partial r}(\varepsilon^2 + \delta\varepsilon^2)\Big|_{r=0} = 0 \tag{17.1.9}
$$

把方程(17.1.8)式代入方程(17.1.9)式可得

$$
\begin{aligned}
&\frac{1}{2\pi}\int_{-\infty}^{+\infty}\{|X(j\omega)|^2[\Phi(j\omega) - H(j\omega)] + S_n(\omega)\Phi(j\omega)\}\eta(-j\omega)d\omega + \\
&\frac{1}{2\pi}\int_{-\infty}^{+\infty}\{|X(j\omega)|^2[\Phi(-j\omega) - H(-j\omega)] + S_n(\omega)\Phi(-j\omega)\}\eta(j\omega)d\omega = 0
\end{aligned} \tag{17.1.10}
$$

又因为(17.1.10)式等号左边两项相同,同时考虑到 $\eta(j\omega)$ 是 ω 的任意函数且 $\eta(j\omega)\neq 0$,所以方程(17.1.10)式成立等价于

$$
\int_{-\infty}^{+\infty}\{|X(j\omega)|^2[\Phi(j\omega) - H(j\omega)] + S_n(\omega)\Phi(j\omega)\}\eta(-j\omega)d\omega = 0 \tag{17.1.11}
$$

成立,即

$$\int_{-\infty}^{+\infty}\{\Phi(\mathrm{j}\omega)[|X(\mathrm{j}\omega)|^2+S_{\mathrm{n}}(\omega)]-|X(\mathrm{j}\omega)|^2H(\mathrm{j}\omega)\}\eta(-\mathrm{j}\omega)\mathrm{d}\omega=0 \tag{17.1.12}$$

由方程(17.1.8)式进一步还有

$$\frac{\partial^2}{\partial r^2}(\varepsilon^2+\delta\varepsilon^2)=\frac{1}{\pi}\int_{-\infty}^{+\infty}[|X(\mathrm{j}\omega)|^2+S_{\mathrm{n}}(\omega)]|\eta(\mathrm{j}\omega)|^2\mathrm{d}\omega\geqslant 0 \tag{17.1.13}$$

因此,满足方程(17.1.12)的 $\Phi(\mathrm{j}\omega)$ 确实是使方程(17.1.4)式成立的最优滤波器传递函数。

应当指出,我们现在是把维纳方法推广到非平稳随机过程的最优预测和滤波,因此可以称方程(17.1.12)式是广义维纳积分方程的谱形式。

当(17.1.12)式成立时,可以求出非因果最优滤波器输出的误差能量 $\varepsilon_{\min}^2$,为此,由方程(17.1.12)式可得非因果最优滤波器传递函数为

$$\Phi(\mathrm{j}\omega)=\frac{|X(\mathrm{j}\omega)|^2H(\mathrm{j}\omega)}{|X(\mathrm{j}\omega)|^2+S_{\mathrm{n}}(\omega)} \tag{17.1.14}$$

再把(17.1.14)式代入方程(17.1.7)式,有

$$\begin{aligned}\varepsilon_{\min}^2&=\frac{1}{2\pi}\int_{-\infty}^{+\infty}|X(\mathrm{j}\omega)^2|\left[\frac{|X(\mathrm{j}\omega)|^2H(\mathrm{j}\omega)}{|X(\mathrm{j}\omega)|^2+S_{\mathrm{n}}(\omega)}-H(\mathrm{j}\omega)\right]\cdot\\&\quad\left[\frac{|X(\mathrm{j}\omega)|^2H(-\mathrm{j}\omega)}{|X(\mathrm{j}\omega)|^2+S_{\mathrm{n}}(\omega)}-H(-\mathrm{j}\omega)\right]\mathrm{d}\omega+\frac{1}{2\pi}\int_{-\infty}^{+\infty}S_{\mathrm{n}}(\omega)\frac{|X(\mathrm{j}\omega)|^2H(\mathrm{j}\omega)}{|X(\mathrm{j}\omega)|^2+S_{\mathrm{n}}(\omega)}\cdot\\&\quad\frac{|X(\mathrm{j}\omega)|^2H(-\mathrm{j}\omega)}{|X(\mathrm{j}\omega)|^2+S_{\mathrm{n}}(\omega)}\mathrm{d}\omega\\&=\frac{1}{2\pi}\int_{-\infty}^{+\infty}\frac{|X(\mathrm{j}\omega)|^2|H(\mathrm{j}\omega)|^2S_{\mathrm{n}}(\omega)}{|X(\mathrm{j}\omega)|^2+S_{\mathrm{n}}(\omega)}\mathrm{d}\omega\end{aligned} \tag{17.1.15}$$

总结上面的结果可得如下定理。

定理 17.1.1 对于如图 17.1.1 所示的系统模型,使滤波器输出总误差(17.1.3)式取极小的充要条件是滤波器传递函数 $\Phi(\mathrm{j}\omega)$ 应满足广义维纳积分方程(17.1.12)式,即

$$\int_{-\infty}^{+\infty}\{\Phi(\mathrm{j}\omega)[|X(\mathrm{j}\omega)|^2+S_{\mathrm{n}}(\omega)]-|X(\mathrm{j}\omega)|^2H(\mathrm{j}\omega)\}\eta(-\mathrm{j}\omega)\mathrm{d}\omega=0 \tag{17.1.16}$$

其中,$\eta(\mathrm{j}\omega)$ 为 ω 的任意函数且 $\eta(\mathrm{j}\omega)\neq 0$,此时,非因果最优滤波器输出误差总能量 ε^2 取极小且有

$$\varepsilon_{\min}^2=\frac{1}{2\pi}\int_{-\infty}^{+\infty}\frac{|X(\mathrm{j}\omega)|^2|H(\mathrm{j}\omega)|^2S_{\mathrm{n}}(\omega)}{|X(\mathrm{j}\omega)|^2+S_{\mathrm{n}}(\omega)}\mathrm{d}\omega \tag{17.1.17}$$

其中,$X(\mathrm{j}\omega)$ 为有用信号 $X(t)$ 的傅氏变换且为已知;$H(\mathrm{j}\omega)$ 为预期传递函数且为已知;$S_{\mathrm{n}}(\omega)$ 为随机干扰信号 $n(t)$ 的功率谱密度函数且为已知。

17.2 非平稳序列的广义维纳方程[93]

在这一节,我们讨论非平稳随机序列的最优滤波和预测。假设有用信号序列$\{X(i), i=0,1,2,\cdots\}$和随机干扰序列$\{n(i), i=\cdots,-2,-1,0,1,2,\cdots\}$通过实际的数字滤波器$\Phi(z)$可由图17.2.1(a)所示,有用信号序列$\{X(i), i=0,1,2,\cdots\}$通过预期的数字滤波器$H(z)$可由图17.2.1(b)表示。其中,$H(z)$为预期数字滤波器的传递函数,$\mu(i)$为预期的输出信号,对于滤波$H(z)=1$,$\mu(i)=X(i)$,对于预测滤波,有$H(z)=z^l$,$\mu(i)=X(i+l)$, $i=1,2,\cdots$,$l=1,2,\cdots$,$\Phi(z)$就是我们所求的物理可实现的最优滤波器传递函数。

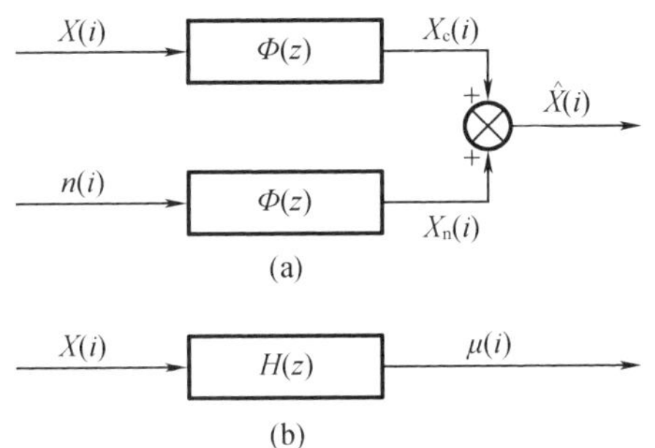

图 17.2.1　有用信号序列 $X(i)$和随机干扰序列 $n(i)$通过数字滤波器 $\Phi(z)$的方块图

由图 17.2.1 可见,滤波器输出序列$\hat{X}(i)$与预期输出序列$\mu(i)$的误差由两部分组成,即由信号误差序列$e_s(i)=X_c(i)-\mu(i)$和滤波器输出的随机干扰序列$X_n(i)$所组成。我们所考察的滤波期间是$[0,+\infty]$,那么,从$t=0$开始的在滤波期间内信号误差序列总能量P为

$$P=\sum_{i=0}^{\infty}[X_c(i)-\mu(i)]^2 \tag{17.2.1}$$

滤波器输出干扰序列$X_n(i)$的均方误差σ_n^2为

$$\sigma_n^2=E[X_n^2(i)] \tag{17.2.2}$$

我们所考察的滤波总误差ε^2为

$$\varepsilon^2=P+\sigma_n^2 \tag{17.2.3}$$

我们的任务就是如何构造一个物理可实现的数字滤波器$\Phi(z)$使得ε^2取极小,即

$$\varepsilon^2=min \tag{17.2.4}$$

为此,利用帕斯瓦尔公式,可把(17.2.1)式写成

$$\begin{aligned}P&=\sum_{i=0}^{\infty}[X_c(i)-\mu(i)]^2\\&=\frac{1}{2\pi j}\oint_{|z|=1}[X_c(z)-\mu(z)]^2\frac{dz}{z}\\&=\frac{1}{2\pi j}\oint_{|z|=1}X(z)[\Phi(z)-H(z)]X(z^{-1})[\Phi(z^{-1})-H(z^{-1})]\frac{dz}{z}\\&=\frac{1}{2\pi j}\oint_{|z|=1}|X(z)|^2[\Phi(z)-H(z)][\Phi(z^{-1})-H(z^{-1})]\frac{dz}{z}\end{aligned} \tag{17.2.5}$$

其中,$X(z)$为有用信号序列$\{X(i), i=0,1,2,\cdots\}$的Z变换且为已知。由(17.2.2)式还可

把滤波器输出干扰序列 $X_n(i)$ 的均方误差 σ_n^2 表示为

$$\sigma_n^2 = E[X_n^2(i)] = B_{X_n}(0) = \frac{1}{2\pi j}\oint_{|z|=1} S_n(z)\,|\Phi(z)|^2 \frac{dz}{z} \tag{17.2.6}$$

其中,$S_n(z)$ 为随机干扰序列 $n(i)$ 的功率谱密度函数且假设为已知。把方程(17.2.5)式和方程(17.2.6)式代入方程(17.2.3)式,则有

$$\begin{aligned}\varepsilon^2 &= P + \sigma_n^2\\ &= \frac{1}{2\pi j}\oint_{|z|=1} |X(z)|^2[\Phi(z) - H(z)][\Phi(z^{-1}) - H(z^{-1})]\frac{dz}{z} + \frac{1}{2\pi j}\oint_{|z|=1} S_n(z)\,|\Phi(z)|^2\frac{dz}{z}\end{aligned} \tag{17.2.7}$$

如果方程(17.2.7)式中的 $\Phi(z)$ 是使方程(17.2.4)式成立的最优数字滤波器传递函数,现在用 $\Phi(z) + r\eta(z)$ 代替方程(17.2.7)式中的 $\Phi(z)$,其中 r 为与 z,$\Phi(z)$ 和 $\eta(z)$ 均无关的参量,$\eta(z)$ 为 z 的任意函数且 $\eta(z)\neq 0$,这时,方程(17.2.7)式中的总误差 ε^2 必出现变分 $\delta\varepsilon^2$,于是可把方程(17.2.7)式写成

$$\begin{aligned}\varepsilon^2 + \delta\varepsilon^2 &= \frac{1}{2\pi j}\oint_{|z|=1} |X(z)|^2[\Phi(z) + r\eta(z) - H(z)][\Phi(z^{-1}) + r\eta(z^{-1}) - H(z^{-1})]\cdot\\ &\quad \frac{dz}{z} + \frac{1}{2\pi j}\oint_{|z|=1} S_n(z)[\Phi(z) + r\eta(z)][\Phi(z^{-1}) + r\eta(z^{-1})]\frac{dz}{z}\\ &= \varepsilon^2 + \frac{r}{2\pi j}\oint_{|z|=1}\eta(z^{-1})\{|X(z)|^2[\Phi(z) - H(z)] + S_n(z)\Phi(z)\}\frac{dz}{z} +\\ &\quad \frac{r}{2\pi j}\oint_{|z|=1}\eta(z)\{|X(z)|^2[\Phi(z^{-1}) - H(z^{-1})] + S_n(z)\Phi(z^{-1})\}\frac{dz}{z} +\\ &\quad \frac{r^2}{2\pi j}\oint_{|z|=1}[|X(z)|^2|\eta(z)|^2 + S_n(z)|\eta(z)|^2]\frac{dz}{z}\end{aligned} \tag{17.2.8}$$

因为 $X(z)$ 是使方程(17.2.4)式成立的最优滤波器传递函数,所以必有

$$\frac{\partial}{\partial r}(\varepsilon^2 + \delta\varepsilon^2)\bigg|_{r=0} = 0 \tag{17.2.9}$$

把方程(17.2.8)式代入方程(17.2.9)式可得

$$\begin{aligned}&\frac{1}{2\pi j}\oint_{|z|=1}\eta(z^{-1})\{|X(z)|^2[\Phi(z) - H(z)] + S_n(z)\Phi(z)\}\frac{dz}{z} + \frac{1}{2\pi j}\oint_{|z|=1}\eta(z)\cdot\\ &\{|X(z)|^2[\Phi(z^{-1}) - H(z^{-1})] + S_n(z)\Phi(z^{-1})\}\frac{dz}{z} = 0\end{aligned} \tag{17.2.10}$$

又因为(17.2.10)式等号左边两项相等,同时考虑到 $\eta(z)$ 为 z 的任意函数,所以可把方程(17.2.10)式等价地写成

$$\oint_{|z|=1}\eta(z^{-1})\{|X(z)|^2[\Phi(z) - H(z)] + S_n(z)\Phi(z)\}\frac{dz}{z} = 0 \tag{17.2.11}$$

也即有

$$\oint_{|z|=1}\eta(z^{-1})\{\Phi(z)[|X(z)|^2 + S_n(z)] - |X(z)|^2 H(z)\}\frac{dz}{z} = 0 \tag{17.2.12}$$

进一步由于

$$\frac{\partial^2}{\partial r^2}(\varepsilon^2 + \delta\varepsilon^2) = \frac{1}{2\pi j}\oint_{|z|=1}[|X(z)|^2|\eta(z)|^2 + S_n(z)|\eta(z)|^2]\frac{dz}{z} \geqslant 0 \tag{17.2.13}$$

所以，满足方程(17.2.12)式中的 $\Phi(z)$ 确实是使方程(17.2.4)式成立的最优数字滤波器传递函数。通常，称方程方程(17.2.12)式是离散形式的广义维纳方程谱形式。

现在求最优数字滤波器输出的总误差。为此由方程(17.2.12)式可推得非因果最优滤波器传递函数为

$$\Phi(z)=\frac{|X(z)|^2H(z)}{|X(z)|^2+S_n(z)} \tag{17.2.14}$$

把(17.2.14)式代入(17.2.7)式可求得非因果最优滤波器的最小输出总误差 $\varepsilon_{\min}^2$ 为

$$\begin{aligned}\varepsilon_{\min}^2&=\frac{1}{2\pi j}\oint_{|z|=1}\left\{|X(z)|^2\left[\frac{|X(z)|^2H(z)}{|X(z)|^2+S_n(z)}-H(z)\right]\cdot\left[\frac{|X(z)|^2H(z^{-1})}{|X(z)|^2+S_n(z)}-\right.\right.\\&\quad\left.\left.H(z^{-1})\right]\right\}\frac{dz}{z}+\frac{1}{2\pi j}\oint_{|z|=1}\left\{S_n(z)\frac{|X(z)|^4|H(z)|^2}{[|X(z)|^2+S_n(z)]^2}\right\}\frac{dz}{z}\\&=\frac{1}{2\pi j}\oint_{|z|=1}\frac{S_n(z)|X(z)|^2|H(z)|^2}{|X(z)|^2+S_n(z)}\frac{dz}{z}\end{aligned} \tag{17.2.15}$$

总结上述结果可得如下定理。

定理 17.2.1　对于如图 17.2.1 表示的离散系统模型，使数字滤波器输出总误差(17.2.3)式取极小的充要条件是数字滤波器的传递函数 $\Phi(z)$ 应满足离散形式的广义维纳方程(17.2.12)式，即

$$\oint_{|z|=1}\eta(z^{-1})\{\Phi(z)[|X(z)|^2+S_n(z)]-|X(z)|^2H(z)\}\frac{dz}{z}=0 \tag{17.2.16}$$

其中，$\eta(z)$ 为 z 的任意函数且 $\eta(z)\neq0$，此时非因果滤波器输出的最小总误差 $\varepsilon_{\min}^2$ 为

$$\varepsilon_{\min}^2=\frac{1}{2\pi j}\oint_{|z|=1}\frac{|X(z)|^2|H(z)|^2S_n(z)}{|X(z)|^2+S_n(z)}\frac{dz}{z} \tag{17.2.17}$$

17.3　广义维纳方程物理可实现的解[107,93]

在本节，我们求连续形式的广义维纳方程(17.1.16)式当输入信号具有有理谱密度情况下的解。如果不考虑物理可实现性的话，很容易由方程(17.1.16)式得到非因果最优滤波器的传递函数 $\Phi(j\omega)$，事实上，由于 $\eta(j\omega)\neq0$，于是有

$$\Phi(j\omega)=\frac{|X(j\omega)|^2H(j\omega)}{|X(j\omega)|^2+S_n(\omega)} \tag{17.3.1}$$

但是，这个解实际上是物理不可实现的，因为从有理谱的性质可知 $|X(j\omega)|^2+S_n(\omega)$ 的极点和零点必共轭存在。这样一来，$\Phi(j\omega)$ 在 ω 的上半平面和下半平面均具有极点，但是从物理可实现性的要求来看应使 $\Phi(j\omega)$ 的全部极点均在 ω 的上半平面。所以上面的解(17.3.1)式虽有理论意义但物理上不可实现。

现在求积分方程(17.1.16)式，即

$$\int_{-\infty}^{+\infty}\eta(-j\omega)\{\Phi(j\omega)[|X(j\omega)|^2+S_n(\omega)]-|X(j\omega)|^2H(j\omega)\}d\omega=0$$

的物理可实现的解 $\Phi(j\omega)$，通常称之为因果最优滤波器。

首先考察滤波情况，此时 $H(j\omega)=1$。因为我们要求 $\Phi(j\omega)$ 的所有极点均在 ω 的上半

平面内,所以 $\eta(\mathrm{j}\omega)$ 的所有极点也应当在 ω 的上半平面内。这样一来,$\eta(-\mathrm{j}\omega)$ 的所有极点均在 ω 的下半平面内。若记

$$S(\omega) \triangleq |X(\mathrm{j}\omega)|^2 + S_{\mathrm{n}}(\omega) \tag{17.3.2}$$

则由有理谱密度的性质,必可对 $S(\omega)$ 做如下分解,即

$$S(\omega) = \Psi_1(\mathrm{j}\omega)\Psi_2(\mathrm{j}\omega) = |\Psi_1(\mathrm{j}\omega)|^2$$

$$\Psi_2(\mathrm{j}\omega) = \Psi_1(-\mathrm{j}\omega) = \overline{\Psi_1(\mathrm{j}\omega)} \tag{17.3.3}$$

其中,$\Psi_1(\mathrm{j}\omega)$ 的所有零点、极点均在 ω 的上半平面;$\Psi_2(\mathrm{j}\omega)$ 的所有零点、极点均在 ω 的下半平面。于是把方程(17.1.16)式可写成

$$\int_{-\infty}^{+\infty}\eta(-\mathrm{j}\omega)\Psi_2(\mathrm{j}\omega)\left[\Phi(\mathrm{j}\omega)\Psi_1(\mathrm{j}\omega) - \frac{|X(\mathrm{j}\omega)|^2}{\Psi_2(\mathrm{j}\omega)}\right]\mathrm{d}\omega = 0 \tag{17.3.4}$$

又因为 $|X(\mathrm{j}\omega)|^2/\Psi_2(\mathrm{j}\omega)$ 具有有理谱形式,所以必可分解为

$$\frac{|X(\mathrm{j}\omega)|^2}{\Psi_2(\mathrm{j}\omega)} = \left[\frac{|X(\mathrm{j}\omega)|^2}{\Psi_2(\mathrm{j}\omega)}\right]_S + \left[\frac{|X(\mathrm{j}\omega)|^2}{\Psi_2(\mathrm{j}\omega)}\right]_X \tag{17.3.5}$$

其中,$[|X(\mathrm{j}\omega)|^2/\Psi_2(\mathrm{j}\omega)]_S$ 的所有极点均在 ω 的上半平面;$[|X(\mathrm{j}\omega)|^2/\Psi_2(\mathrm{j}\omega)]_X$ 的所有极点均在 ω 的下半平面。这样一来,把方程(17.3.5)式代入方程(17.3.4)式可得

$$\begin{aligned}
&\int_{-\infty}^{+\infty}\eta(-\mathrm{j}\omega)\Psi_2(\mathrm{j}\omega)\left\{\Phi(\mathrm{j}\omega)\Psi_1(\mathrm{j}\omega) - \left[\frac{|X(\mathrm{j}\omega)|^2}{\Psi_2(\mathrm{j}\omega)}\right]_S - \left[\frac{|X(\mathrm{j}\omega)|^2}{\Psi_2(\mathrm{j}\omega)}\right]_X\right\}\mathrm{d}\omega \\
&= \int_{-\infty}^{+\infty}\eta(-\mathrm{j}\omega)\Psi_2(\mathrm{j}\omega)\left\{\Phi(\mathrm{j}\omega)\Psi_1(\mathrm{j}\omega) - \left[\frac{|X(\mathrm{j}\omega)|^2}{\Psi_2(\mathrm{j}\omega)}\right]_S\right\}\mathrm{d}\omega - \\
&\quad \int_{-\infty}^{+\infty}\eta(-\mathrm{j}\omega)\Psi_2(\mathrm{j}\omega)\left[\frac{|X(\mathrm{j}\omega)|^2}{\Psi_2(\mathrm{j}\omega)}\right]_X\mathrm{d}\omega \\
&= 0
\end{aligned} \tag{17.3.6}$$

又因为我们所考察的是 $t>0$ 的情况,所以由傅里叶变换理论可知,我们应在 ω 的上半平面做围道来求解方程(17.3.6)的积分,然而由前面的分析知 $\eta(-\mathrm{j}\omega)\Psi_2(\mathrm{j}\omega)[|X(\mathrm{j}\omega)|^2/\Psi_2(\mathrm{j}\omega)]_X$ 在 ω 上半平面无极点,所以有

$$\int_{-\infty}^{+\infty}\eta(-\mathrm{j}\omega)\Psi_2(\mathrm{j}\omega)\left[\frac{|X(\mathrm{j}\omega)|^2}{\Psi_2(\mathrm{j}\omega)}\right]_X\mathrm{d}\omega = 0 \tag{17.3.7}$$

把(17.3.7)式代入(17.3.6)式可得

$$\int_{-\infty}^{+\infty}\eta(-\mathrm{j}\omega)\Psi_2(\mathrm{j}\omega)\left\{\Phi(\mathrm{j}\omega)\Psi_1(\mathrm{j}\omega) - \left[\frac{|X(\mathrm{j}\omega)|^2}{\Psi_2(\mathrm{j}\omega)}\right]_S\right\}\mathrm{d}\omega = 0 \tag{17.3.8}$$

又因为 $\eta(-\mathrm{j}\omega)\neq 0$ 是 ω 的任意函数,所以由(17.3.8)式可等价也有

$$\Phi(\mathrm{j}\omega)\Psi_1(\mathrm{j}\omega) - \left[\frac{|X(\mathrm{j}\omega)|^2}{\Psi_2(\mathrm{j}\omega)}\right]_S = 0$$

于是,物理可实现的最优滤波器传递函数 $\Phi(\mathrm{j}\omega)$ 为

$$\Phi(\mathrm{j}\omega) = \frac{1}{\Psi_1(\mathrm{j}\omega)}\left[\frac{|X(\mathrm{j}\omega)|^2}{\Psi_2(\mathrm{j}\omega)}\right]_S$$

总结上面的结果可得如下定理。

定理 17.3.1 对于如图 17.1.1 所示的系统模型,当输入信号具有有理谱密度时,物理可实现的最优滤波器传递函数 $\Phi(\mathrm{j}\omega)$ 为

$$\Phi(\mathrm{j}\omega) = \frac{1}{\Psi_1(\mathrm{j}\omega)}\left[\frac{|X(\mathrm{j}\omega)|^2}{\Psi_2(\mathrm{j}\omega)}\right]_S \tag{17.3.9}$$

其中

$$|X(\mathrm{j}\omega)|^2+S_{\mathrm{n}}(\omega)\triangleq\Psi_1(\mathrm{j}\omega)\Psi_2(\mathrm{j}\omega)=|\Psi_1(\mathrm{j}\omega)|^2 \tag{17.3.10}$$

$$\Psi_2(\mathrm{j}\omega)=\Psi_1(-\mathrm{j}\omega)=\overline{\Psi_1(\mathrm{j}\omega)}$$

$\Psi_1(\mathrm{j}\omega)$的所有零点、极点均在 ω 的上半平面;$\Psi_2(\mathrm{j}\omega)$的所有零点、极点均在 ω 的下半平面。而

$$\frac{|X(\mathrm{j}\omega)|^2}{\Psi_2(\mathrm{j}\omega)}=\left[\frac{|X(\mathrm{j}\omega)|^2}{\Psi_2(\mathrm{j}\omega)}\right]_S+\left[\frac{|X(\mathrm{j}\omega)|^2}{\Psi_2(\mathrm{j}\omega)}\right]_X$$

其中,$[|X(\mathrm{j}\omega)|^2/\Psi_2(\mathrm{j}\omega)]_S$ 的所有极点均在 ω 的上半平面;$[|X(\mathrm{j}\omega)|^2/\Psi_2(\mathrm{j}\omega)]_X$ 的所有极点均在 ω 的下半平面。

利用完全类似的方法,可求得在非平稳随机序列情况下最优数字滤波器传递函数$\Phi(z)$。

定理 17.3.2　对于如图 17.2.1 所示的系统模型,当输入信号序列具有有理谱密度时,物理可实现的最优数字滤波器传递函数 $\Phi(z)$为

$$\Phi(z)=\frac{1}{\Psi_1(z)}\left[\frac{|X(z)|^2}{\Psi_2(z)}\right]_S \tag{17.3.11}$$

其中

$$|X(z)|^2+S_{\mathrm{n}}(z)\triangleq\Psi_1(z)\Psi_2(z) \tag{17.3.12}$$

$$\Psi_2(z)=\Psi_1(z^{-1})=\overline{\Psi_1(z)}$$

$\Psi_1(z)$的所有零点、极点均在 z 平面的单位圆内;$\Psi_2(z)$的所有零点、极点均在 z 平面的单位圆外。而

$$\frac{|X(z)|^2}{\Psi_2(z)}\triangleq\left[\frac{|X(z)|^2}{\Psi_2(z)}\right]_S+\left[\frac{|X(z)|^2}{\Psi_2(z)}\right]_X \tag{17.3.13}$$

其中,$[|X(z)|^2/\Psi_2(z)]_S$ 的所有极点均在 z 平面的单位圆内;$[|X(z)|^2/\Psi_2(z)]_X$ 的所有极点均在 z 平面的单位圆外。

上述定理的证明同定理 17.3.1 的证明过程相类似,故略去。

下面考察积分方程(17.1.16)式在预测滤波情况下物理可实现的解 $\Phi(\mathrm{j}\omega)$。假设输入信号具有有理谱密度。在预测滤波情况下有

$$H(\mathrm{j}\omega)=\mathrm{e}^{\mathrm{j}\omega T} \tag{17.3.14}$$

其中,$T>0$ 为预测时间。这时仍可利用上面的方法,令

$$|X(\mathrm{j}\omega)|^2+S_{\mathrm{n}}(\omega)=\Psi_1(\mathrm{j}\omega)\Psi_2(\mathrm{j}\omega) \tag{17.3.15}$$

其中,$\Psi_1(\mathrm{j}\omega)$的所有零点、极点均在 ω 的上半平面;$\Psi_2(\mathrm{j}\omega)$的所有零点、极点均在 ω 的下半平面。这样一来,方程(17.1.16)式可写成

$$\int_{-\infty}^{+\infty}\eta(-\mathrm{j}\omega)\Psi_2(\mathrm{j}\omega)\left[\Phi(\mathrm{j}\omega)\Psi_1(\mathrm{j}\omega)-\frac{|X(\mathrm{j}\omega)|^2\mathrm{e}^{\mathrm{j}\omega T}}{\Psi_2(\mathrm{j}\omega)}\right]\mathrm{d}\omega=0 \tag{17.3.16}$$

进一步,令

$$\frac{|X(\mathrm{j}\omega)|^2}{\Psi_2(\mathrm{j}\omega)}=\left[\frac{|X(\mathrm{j}\omega)|^2}{\Psi_2(\mathrm{j}\omega)}\right]_S+\left[\frac{|X(\mathrm{j}\omega)|^2}{\Psi_2(\mathrm{j}\omega)}\right]_X \tag{17.3.17}$$

其中,$[|X(\mathrm{j}\omega)|^2/\Psi_2(\mathrm{j}\omega)]_S$ 的所有极点均在 ω 的上半平面;$[|X(\mathrm{j}\omega)|^2/\Psi_2(\mathrm{j}\omega)]_X$ 的所有极点均在 ω 的下半平面。

若记

$$\beta_{\gamma S}(t) = \frac{1}{2\pi}\int_{-\infty}^{+\infty}\left[\frac{|X(\mathrm{j}\omega)|^2}{\Psi_2(\mathrm{j}\omega)}\right]_S \mathrm{e}^{\mathrm{j}\omega t}\mathrm{d}\omega \tag{17.3.18}$$

$$\beta_{\gamma X}(t) = \frac{1}{2\pi}\int_{-\infty}^{+\infty}\left[\frac{|X(\mathrm{j}\omega)|^2}{\Psi_2(\mathrm{j}\omega)}\right]_X \mathrm{e}^{\mathrm{j}\omega t}\mathrm{d}\omega \tag{17.3.19}$$

则由复变函数理论可知

$$\beta_{\gamma S}(t) = 0, t<0 \tag{17.3.20}$$

$$\beta_{\gamma X}(t) = 0, t>0 \tag{17.3.21}$$

考虑到(17.3.18)式及(17.3.19)式并由物理可实现性的要求,则可把(17.3.16)式写成

$$\int_{-\infty}^{+\infty}\eta(-\mathrm{j}\omega)\Psi_2(\mathrm{j}\omega)\left[\Phi(\mathrm{j}\omega)\Psi_1(\mathrm{j}\omega) - \int_0^{\infty}\beta_{\gamma S}(t+T)\mathrm{e}^{-\mathrm{j}\omega t}\mathrm{d}t - \int_0^{\infty}\beta_{\gamma X}(t+T)\mathrm{e}^{-\mathrm{j}\omega t}\mathrm{d}t\right]\mathrm{d}\omega = 0 \tag{17.3.22}$$

由(17.3.21)式显然有

$$\int_0^{\infty}\beta_{\gamma X}(t+T)\mathrm{e}^{-\mathrm{j}\omega T}\mathrm{d}t = 0 \tag{17.3.23}$$

再把上式代入(17.3.22)式可得

$$\int_{-\infty}^{+\infty}\eta(-\mathrm{j}\omega)\Psi_2(\mathrm{j}\omega)\left[\Phi(\mathrm{j}\omega)\Psi_1(\mathrm{j}\omega) - \int_0^{\infty}\beta_{\gamma S}(t+T)\mathrm{e}^{-\mathrm{j}\omega t}\mathrm{d}t\right]\mathrm{d}\omega = 0 \tag{17.3.24}$$

由于上式对于任意 $\eta(-\mathrm{j}\omega)$ 均成立,所以有

$$\Phi(\mathrm{j}\omega)\Psi_1(\mathrm{j}\omega) - \int_0^{\infty}\beta_{\gamma S}(t+T)\mathrm{e}^{-\mathrm{j}\omega t}\mathrm{d}t = 0 \tag{17.3.25}$$

于是物理可实现的最优预测滤波器传递函数 $\Phi(\mathrm{j}\omega)$ 为

$$\Phi(\mathrm{j}\omega) = \frac{1}{\Psi_1(\mathrm{j}\omega)}\int_0^{\infty}\beta_{\gamma S}(t+T)\mathrm{e}^{-\mathrm{j}\omega t}\mathrm{d}t$$

归纳上面结果可得如下定理。

定理 17.3.3 对于如图 17.1.1 所示的系统模型,当输入信号具有有理谱密度时,物理可实现的最优预测滤波器传递函数 $\Phi(\mathrm{j}\omega)$ 为

$$\Phi(\mathrm{j}\omega) = \frac{1}{\Psi_1(\mathrm{j}\omega)}\int_0^{\infty}\beta_{\gamma S}(t+T)\mathrm{e}^{-\mathrm{j}\omega t}\mathrm{d}t \tag{17.3.26}$$

其中,$T>0$ 为预测时间

$$|X(\mathrm{j}\omega)|^2 + S_{\mathrm{n}}(\omega) = \Psi_1(\mathrm{j}\omega)\Psi_2(\mathrm{j}\omega)$$

$$\Psi_2(\mathrm{j}\omega) = \Psi_1(-\mathrm{j}\omega) = \overline{\Psi_1(\mathrm{j}\omega)} \tag{17.3.27}$$

$\Psi_1(\mathrm{j}\omega)$ 的所有零点、极点均在 ω 的上半平面;$\Psi_2(\mathrm{j}\omega)$ 的所有零点、极点均在 ω 的下半平面。而 $\beta_{\gamma S}(t)$ 为

$$\beta_{\gamma S}(t) = \frac{1}{2\pi}\int_{-\infty}^{+\infty}\left[\frac{|X(\mathrm{j}\omega)|^2}{\Psi_2(\mathrm{j}\omega)}\right]_S \mathrm{e}^{\mathrm{j}\omega t}\mathrm{d}\omega \tag{17.3.28}$$

其中

$$\frac{|X(\mathrm{j}\omega)|^2}{\Psi_2(\mathrm{j}\omega)} = \left[\frac{|X(\mathrm{j}\omega)|^2}{\Psi_2(\mathrm{j}\omega)}\right]_S + \left[\frac{|X(\mathrm{j}\omega)|^2}{\Psi_2(\mathrm{j}\omega)}\right]_X \tag{17.3.29}$$

$[|X(\mathrm{j}\omega)|^2/\Psi_2(\mathrm{j}\omega)]_S$ 的所有极点均在 ω 的上半平面,$[|X(\mathrm{j}\omega)|^2/\Psi_2(\mathrm{j}\omega)]_X$ 的所有极点均在 ω 的下半平面。对于离散模型,有类似的结论。

定理 17.3.4　对于如图 17.2.1 所示的系统模型，当输入信号序列具有有理谱密度时，物理可实现的最优预测滤波器传递函数 $\Phi(z)$ 为

$$\Phi(z) = \frac{1}{\Psi_1(z)} \sum_{i=0}^{\infty} \beta_{\gamma S}(i+l) z^{-i} \tag{17.3.30}$$

其中正整数 l 为预测步数；

$$|X(z)|^2 + S_n(z) = \Psi_1(z)\Psi_2(z) = |\Psi_1(z)|^2 \tag{17.3.31}$$

$\Psi_1(z)$ 的所有零点、极点均在 z 平面的单位圆内，$\Psi_2(z)$ 的所有零点、极点均在 z 的平面的单位圆外。且

$$\Psi_2(z) = \Psi_1(z^{-1}) = \overline{\Psi_1(z)}$$

而 $\beta_{\gamma S}(i)$ 为

$$\beta_{\gamma S}(i) = \frac{1}{2\pi \mathrm{j}} \oint_{|z|=1} \left[\frac{|X(z)|^2}{\Psi_2(z)} \right]_S z^{i-1} \mathrm{d}z \tag{17.3.32}$$

其中

$$\frac{|X(z)|^2}{\Psi_2(z)} = \left[\frac{|X(z)|^2}{\Psi_2(z)} \right]_S + \left[\frac{|X(z)|^2}{\Psi_2(z)} \right]_X \tag{17.3.33}$$

$[|X(z)|^2/\Psi_2(z)]_S$ 的所有极点均在 z 平面的单位圆内，$[|X(z)|^2/\Psi_2(z)]_X$ 的所有极点均在 z 平面的单位圆外。

17.4　最优滤波及预测计算举例

现在，举例说明如何计算非平稳随机过程的最优滤波器和最优预测滤波器的传递函数。

例 17.4.1　有用信号 $X(t)$ 为阶跃函数时的最优滤波　设有用信号为 $X(t) = A \cdot 1(t)$，其中，$1(t)$ 代表单位阶跃函数，$A>0$ 为常数，随机干扰信号 $n(t)$ 为白噪声，功谱密度函数为 $S_n(\omega) = \sigma^2$，试求最优滤波器传递函数 $\Phi(s)$。

解　对于滤波情况，可取 $H(s)=1$。因为 $X(\mathrm{j}\omega) = A/\mathrm{j}\omega$，所以由(17.3.10)式可知

$$|X(\mathrm{j}\omega)|^2 + S_n(\omega) = \frac{A^2}{\omega^2} + \sigma^2 \triangleq \Psi_1(\mathrm{j}\omega)\Psi_2(\mathrm{j}\omega)$$

其中

$$\Psi_1(\mathrm{j}\omega) = \frac{\sigma\left(\mathrm{j}\omega + \frac{A}{\sigma}\right)}{\mathrm{j}\omega} \tag{17.4.1}$$

$$\Psi_2(\mathrm{j}\omega) = \frac{\sigma\left(-\mathrm{j}\omega + \frac{A}{\sigma}\right)}{-\mathrm{j}\omega} \tag{17.4.2}$$

另一方面，由(17.3.5)式还有

$$\frac{|X(\mathrm{j}\omega)|^2}{\Psi_2(\mathrm{j}\omega)} = \frac{A^2}{\sigma \mathrm{j}\omega\left(-\mathrm{j}\omega + \frac{A}{\sigma}\right)} = \frac{A}{\mathrm{j}\omega} + \frac{A}{\left(-\mathrm{j}\omega + \frac{A}{\sigma}\right)}$$

$$\triangleq\left[\frac{|X(j\omega)|^2}{\Psi_2(j\omega)}\right]_S+\left[\frac{|X(j\omega)|^2}{\Psi_2(j\omega)}\right]_X \tag{17.4.3}$$

其中

$$\left[\frac{|X(j\omega)|^2}{\Psi_2(j\omega)}\right]_S=\frac{A}{j\omega} \tag{17.4.4}$$

将(17.4.1)式及(17.4.4)式代入方程(17.3.9),则得最优滤波器传递函数 $\Phi(j\omega)$ 为

$$\Phi(j\omega)=\frac{1}{\Psi_1(j\omega)}\left[\frac{|X(j\omega)|^2}{\Psi_2(j\omega)}\right]_S=\frac{\dfrac{A}{\sigma}}{\left(j\omega+\dfrac{A}{\sigma}\right)} \tag{17.4.5}$$

或者可表示为

$$\Phi(s)=\frac{1}{Ts+1} \tag{17.4.6}$$

其中,s 为拉氏变换算子;$T=\dfrac{\sigma}{A}$为滤波器的常数。

下面分析这个滤波器具有哪些特点。由(17.4.6)式可以看出,该滤波器具有如图17.4.1 所示方块图。其中,$Z(t)=X(t)+n(t)$,$X(t)$为有用信号,对于这个例子来说它是阶跃形式的信号,$n(t)$为白噪声干扰。显见,这是一阶无差系统。不难看出滤波器输出稳态误差的均值为零,事实上有

$$\begin{aligned}\lim_{t\to\infty}E[e(t)]&=\lim_{t\to\infty}E[X(t)-\hat{X}]\\&=\lim_{s\to 0}[X(s)-E[Z(s)]\Phi(s)]s\\&=\lim_{s\to 0}X(s)[1-\Phi(s)]s\\&=\lim_{s\to 0}\frac{ATs}{Ts+1}=0\end{aligned} \tag{17.4.7}$$

这说明滤波误差 $e(t)=X(t)-\hat{X}(t)$的均值随着滤波时间的增长将收敛于零。

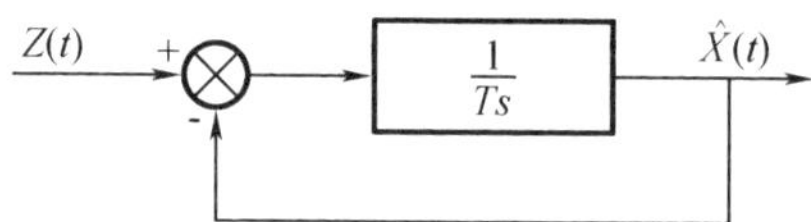

图 17.4.1　例 17.4.1 的最优滤波器方块图

另一方面还可以看出,当滤波器传递函数中的参数出现误差时,从滤波来看失去了最优的效果,但从误差的均值来看仍保持收敛于零的性能。事实上,用 $T+\Delta T$ 代替(17.4.7)式中的 T 时,则滤波误差的均值 $E[e(t)]$仍满足

$$\lim_{t\to\infty}E[e(t)]=\lim_{s\to 0}\frac{A(T+\Delta T)s}{(T+\Delta t)s+1}=0 \tag{17.4.8}$$

最后应当指出,对于阶跃形式的有用信号而言,当经过三倍的时间常数以后,即当时间 t 满足

$$t\geqslant 3T=3\ \frac{\sigma}{A}$$

时,可以认为滤波器处于稳定状态,此时滤波器输出的均方误差为

$$\sigma_{n}^{2}=\frac{1}{2\pi}\int_{-\infty}^{+\infty}S_{n}(\omega)\,|\Phi(j\omega)|^{2}d\omega=\frac{1}{2\pi}\int_{-\infty}^{+\infty}\frac{\sigma^{2}\left(\frac{1}{T}\right)^{2}}{\left(\omega-\frac{1}{Tj}\right)\left(\omega+\frac{1}{Tj}\right)}d\omega=\frac{\sigma^{2}}{2T}\tag{17.4.9}$$

例 17.4.2　有用信号序列 $X(i)$ 为阶跃函数的最优滤波　假设有用信号序列 $X(i)=A\cdot 1(i)$，$i=0,1,2,\cdots$，其中，$1(i)$ 为单位阶跃函数，$A>0$ 为常数，随机干扰序列 $n(i)$ 为白噪声序列，其功率谱密度函数 $S_n(z)=\sigma^2$，试求最优滤波器传递函数 $\Phi(z)$ 及滤波递推方程。

解　对于滤波情况，可取 $H(z)=1$。利用 Z 变换方法可知

$$X(z)=\frac{Az}{z-1}$$

于是有

$$|X(z)|^{2}=\frac{A^{2}}{(z-1)(z^{-1}-1)}\tag{17.4.10}$$

$$\begin{aligned}|X(z)|^{2}+S_{n}(z)&=\frac{A^{2}}{(z-1)(z^{-1}-1)}+\sigma^{2}\\&\triangleq\Psi_{1}(z)\Psi_{2}(z)\\&=|\Psi_{1}(z)|^{2}\end{aligned}\tag{17.4.11}$$

其中，$\Psi_1(z)$ 的所有零点、极点均在 z 平面的单位圆内；$\Psi_2(z)$ 的所有零点、极点均在 z 平面的单位圆外。由(17.4.11)式不难解出

$$\Psi_{1}(z)=\frac{\sigma}{\sqrt{z_{1}}}\frac{z-z_{1}}{z-1}\tag{17.4.12}$$

$$\Psi_{2}(z)=\frac{\sigma}{\sqrt{z_{1}}}\frac{z^{-1}-z_{1}}{z^{-1}-1}=\Psi_{1}(z^{-1})\tag{17.4.13}$$

其中

$$z_{1}=\left(1+\frac{A^{2}}{2\sigma^{2}}\right)-\sqrt{\left(1+\frac{A^{2}}{2\sigma^{2}}\right)^{2}-1}<1\tag{17.4.14}$$

另一方面，由(17.3.13)式还有

$$\begin{aligned}\frac{|X(z)|^{2}}{\Psi_{2}(z)}&=\frac{-A^{2}\sqrt{z_{1}}\cdot z}{z_{1}\sigma(z-1)(z-z_{1}^{-1})}\\&=\frac{A^{2}\sqrt{z_{1}}}{\sigma(1-z_{1})}\frac{z}{z-1}+\frac{-A^{2}\sqrt{z_{1}}}{\sigma(1-z_{1})}\frac{z}{z-z_{1}^{-1}}\\&\triangleq\left[\frac{|X(z)|^{2}}{\Psi_{2}(z)}\right]_{S}+\left[\frac{|X(z)|^{2}}{\Psi_{2}(z)}\right]_{X}\end{aligned}\tag{17.4.15}$$

其中

$$\left[\frac{|X(z)|^{2}}{\Psi_{2}(z)}\right]_{S}=\frac{A^{2}\sqrt{z_{1}}}{\sigma(1-z_{1})}\frac{z}{z-1}$$

最后，由(17.3.11)式可求出最优滤波器传递函数 $\Phi(z)$ 为

$$\Phi(z)=\frac{1}{\Psi_{1}(z)}\left[\frac{|X(z)|^{2}}{\Psi_{2}(z)}\right]_{S}=\frac{A^{2}z_{1}}{\sigma^{2}(1-z_{1})}\frac{z}{z-z_{1}}\tag{17.4.16}$$

由(17.4.16)式可知最优滤波递推方程为

$$\hat{X}(k)-z_1\hat{X}(k-1)=\frac{A^2 z_1}{\sigma^2(1-z_1)}Z(k) \tag{17.4.17}$$

其中,$Z(k)=X(k)+n(k)$为数字滤波器输入序列。

例 17.4.3　有用信号 $X(t)$ 为速度信号时的最优滤波　假设有用信号为 $X(t)=A^2 t$,$t\geqslant 0$,其中 $A>0$ 为常数,随机干扰信号 $n(t)$ 为白噪声,功谱密度函数为 $S_n(\omega)=\sigma^4$,试求最优滤波器传递函数 $\Phi(s)$。

解　对于滤波情况,取 $H(s)=1$。由(17.3.10)式可知有

$$|X(j\omega)|^2+S_n(\omega)=\frac{A^4}{\omega^4}+\sigma^4\triangleq\Psi_1(j\omega)\Psi_2(j\omega)=|\Psi_1(j\omega)|^2 \tag{17.4.18}$$

其中

$$\Psi_1(j\omega)=\frac{\left(A^2+\sigma^2(j\omega)^2+\sqrt{2}A\sigma j\omega\right)}{(j\omega)^2} \tag{17.4.19}$$

$$\Psi_2(j\omega)=\frac{\left(A^2+\sigma^2(-j\omega)^2-\sqrt{2}A\sigma j\omega\right)}{(-j\omega)^2} \tag{17.4.20}$$

显见,$\Psi_1(j\omega)$的所有零点、极点均在 ω 的上半平面;$\Psi_2(j\omega)$的所有零点、极点均在 ω 的下半平面。再由(17.3.5)式有

$$\begin{aligned}\frac{|X(j\omega)|^2}{\Psi_2(j\omega)}&=\frac{A^4}{(j\omega)^2\left[A^2-\sqrt{2}A\sigma j\omega+\sigma^2(j\omega)^2\right]}\\&=A^4\left[\frac{a}{j\omega}+\frac{b}{(j\omega)^2}+\frac{c}{A^2-\sqrt{2}A\sigma j\omega+\sigma^2(j\omega)^2}\right]\end{aligned} \tag{17.4.21}$$

利用待定系数法可解出

$$\begin{cases}a=\dfrac{\sqrt{2}\sigma}{A^3}\\ b=\dfrac{1}{A^2}\\ c=\dfrac{\sigma^3}{A^3}(A-j\sqrt{2}\sigma\omega)\end{cases} \tag{17.4.22}$$

把(17.4.22)式代入(17.4.21)式可得

$$\begin{aligned}\frac{|X(j\omega)|^2}{\Psi_2(j\omega)}&=A^4\left[\frac{\sqrt{2}A\sigma j\omega}{A^4(j\omega)^2}+\frac{A^2}{A^4(j\omega)^2}+\frac{\sigma^2(A-\sqrt{2}j\omega\sigma)}{A^3(A^2-\sqrt{2}A\sigma j\omega+\sigma^2(j\omega)^2)}\right]\\&=\frac{\sqrt{2}A\sigma j\omega+A^2}{(j\omega)^2}+\frac{\sigma^2 A\left(A-\sqrt{2}j\omega\sigma\right)}{A^2-\sqrt{2}A\sigma j\omega+\sigma^2(j\omega)^2}\\&\triangleq\left[\frac{|X(j\omega)|^2}{\Psi_2(j\omega)}\right]_S+\left[\frac{|X(j\omega)|^2}{\Psi_2(j\omega)}\right]_X\end{aligned} \tag{17.4.23}$$

其中

$$\left[\frac{|X(j\omega)|^2}{\Psi_2(j\omega)}\right]_S=\frac{\sqrt{2}A\sigma j\omega+A^2}{(j\omega)^2} \tag{17.4.24}$$

将(17.4.19)式和(17.4.24)式代入(17.3.9)式立得最优滤波器传递函数为

$$\Phi(j\omega)=\frac{1}{\Psi_1(j\omega)}\left[\frac{|X(j\omega)|^2}{\Psi_2(j\omega)}\right]_S=\frac{\sqrt{2}A\sigma j\omega+A^2}{A^2+\sigma^2(j\omega)^2+\sqrt{2}A\sigma(j\omega)} \tag{17.4.25}$$

或者表示为

$$\Phi(s)=\frac{\sqrt{2}A\sigma s+A^2}{\sigma^2 s^2+\sqrt{2}A\sigma s+A^2}=\frac{(\sqrt{2}A\sigma s+A^2)/(\sigma^2 s^2)}{1+[(\sqrt{2}A\sigma s+A^2)/(\sigma^2 s^2)]} \tag{17.4.26}$$

由(17.4.26)式可画出最优滤波器的方块图(图 17.4.2)。其中 $l=A/\sigma$,$Z(t)=X(t)+n(t)$。

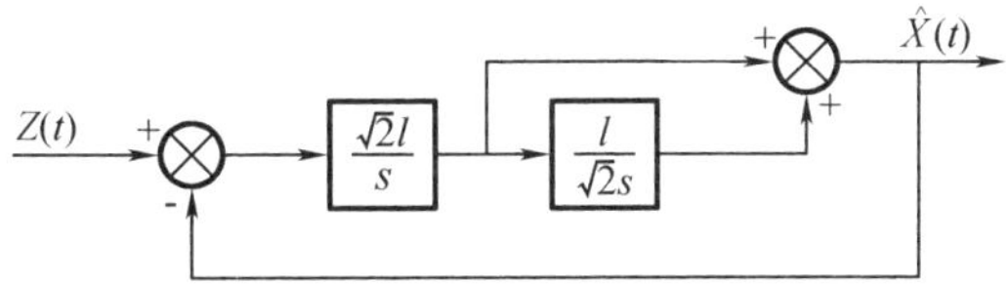

图 17.4.2　例 17.4.3 的最优滤波器方块图表示

若定义滤波器的输入信号噪声比$\left(\frac{S}{N}\right)$为

$$\left(\frac{S}{N}\right)\triangleq A^2/\sigma^2 \tag{17.4.27}$$

则最优滤波器的开环传递函数 $G(s)$ 可简化为

$$G(s)=\frac{\sqrt{2}A\sigma s+A^2}{\sigma^2 s^2}=\frac{A^2}{\sigma^2}\left(\frac{\sqrt{2}\frac{\sigma}{A}s+1}{s^2}\right)=\left(\frac{S}{N}\right)\frac{\left[\sqrt{2}\left(\frac{S}{N}\right)^{-\frac{1}{2}}s+1\right]}{s^2}\triangleq K\frac{Ts+1}{s^2} \tag{17.4.28}$$

其中,开环放大系数 $K=\left(\frac{S}{N}\right)=A^2/\sigma^2$;时间常数 $T=\sqrt{2}\left(\frac{S}{N}\right)^{-\frac{1}{2}}=\sqrt{2}\sigma/A$。

归纳以上的分析计算可知,该最优滤波器有以下特点:它是二阶无差系统,当有用信号为速度信号时,滤波误差的均值将收敛于零,即使滤波器中的参数 K,T 出现误差时,仍保持滤波误差均值收敛于零的性能。另外,由(17.4.27)式及(17.4.28)式可知,若滤波器输入信号噪声比越大,则开环放大系 K 就越大,而时常数 T 就越小,这同直观上的分析是一致的。

例 17.4.4　有用信号 $X(t)$ 为阶跃函数时的最优预测滤波　设有用信号 $X(t)=A\cdot 1(t)$,其中,$1(t)$ 为单位阶跃函数,$A>0$ 为有用信号幅值,随机干扰信号 $n(t)$ 为白噪声,功谱密度函数为 $S_n(\omega)=\sigma^2$,要求预测时间 $T>0$,试计算此时的最优预测滤波器的传递函数。

解　由(17.4.1)式及(17.4.2)式可知

$$|X(j\omega)|^2+S_n(\omega)\triangleq\Psi_1(j\omega)\Psi_2(j\omega)$$

其中

$$\Psi_1(j\omega)=\frac{\sigma\left(j\omega+\frac{A}{\sigma}\right)}{j\omega} \tag{17.4.29}$$

$$\Psi_2(j\omega)=\frac{\sigma\left(-j\omega+\frac{A}{\sigma}\right)}{-j\omega} \tag{17.4.30}$$

另外由(17.4.4)式还有

$$\left[\frac{|X(j\omega)|^2}{\Psi_2(j\omega)}\right]_S=\frac{A}{j\omega} \tag{17.4.31}$$

把(17.4.31)式代入(17.3.28)式即可求出$\beta_{\gamma s}(t)$为

$$\beta_{\gamma s}(t)=\frac{1}{2\pi}\int_{-\infty}^{+\infty}\frac{A}{\mathrm{j}\omega}\mathrm{e}^{\mathrm{j}\omega t}\mathrm{d}\omega=A\cdot 1(t) \tag{17.4.32}$$

最后,把(17.4.32)式及(17.4.29)式代入(17.3.26)式可得最优预测滤波器传递函数为$\Phi(\mathrm{j}\omega)$为

$$\Phi(\mathrm{j}\omega)=\frac{1}{\Psi_1(\mathrm{j}\omega)}\int_0^{\infty}\beta_{\gamma S}(t+T)\mathrm{e}^{-\mathrm{j}\omega t}\mathrm{d}t=\frac{\mathrm{j}\omega}{\sigma\left(\mathrm{j}\omega+\frac{A}{\sigma}\right)}\frac{A}{\mathrm{j}\omega}=\frac{\frac{A}{\sigma}}{\left(\mathrm{j}\omega+\frac{A}{\sigma}\right)} \tag{17.4.33}$$

比较(17.4.5)式及(17.4.33)式发现,最优滤波器同最优预测滤波器是完全一样的。

例 17.4.5 有用信号 $X(t)$ 为速度信号时的最优预测滤波 设有用信号为$X(t)=A^2t$, $t>0$,其中$A>0$为常数,随机干扰信号$n(t)$为白噪声,其功谱密度函数为$S_n(\omega)=\sigma^4$,预测时间为$T>0$,试求最优预测滤波器的传递函数。

解 由(17.4.19)式及(17.4.20)式可知

$$\Psi_1(\mathrm{j}\omega)=\frac{[\sigma^2(\mathrm{j}\omega)^2+\sqrt{2}A\sigma\mathrm{j}\omega+A^2]}{(\mathrm{j}\omega)^2} \tag{17.4.34}$$

$$\Psi_2(\mathrm{j}\omega)=\frac{[\sigma^2(-\mathrm{j}\omega)^2-\sqrt{2}A\sigma\mathrm{j}\omega+A^2]}{(-\mathrm{j}\omega)^2} \tag{17.4.35}$$

又由(17.4.24)式可知

$$\left[\frac{|X(\mathrm{j}\omega)|^2}{\Psi_2(\mathrm{j}\omega)}\right]_S=\frac{\sqrt{2}A\sigma\mathrm{j}\omega+A^2}{(\mathrm{j}\omega)^2} \tag{17.4.36}$$

将(17.4.36)式代入(17.3.28)式可得

$$\beta_{\gamma S}(t)=\frac{1}{2\pi}\int_{-\infty}^{+\infty}\frac{\sqrt{2}A\sigma\mathrm{j}\omega+A^2}{(\mathrm{j}\omega)^2}\mathrm{e}^{\mathrm{j}\omega t}\mathrm{d}\omega=\sqrt{2}A\sigma 1(t)+A^2t \tag{17.4.37}$$

最后,把(17.4.37)式及(17.4.34)式代入(17.3.26)式可得最优预测滤波器传递函数$\Phi(\mathrm{j}\omega)$为

$$\begin{aligned}\Phi(\mathrm{j}\omega)&=\frac{1}{\Psi_1(\mathrm{j}\omega)}\int_0^{\infty}\beta_{\gamma S}(t+T)\mathrm{e}^{-\mathrm{j}\omega t}\mathrm{d}t\\&=\frac{1}{\Psi_1(\mathrm{j}\omega)}\int_0^{\infty}[\sqrt{2}A\sigma 1(t+T)+A^2(t+T)]\mathrm{e}^{-\mathrm{j}\omega t}\mathrm{d}t\\&=\frac{(\mathrm{j}\omega)^2}{\sigma^2(\mathrm{j}\omega)^2+\sqrt{2}A\sigma\mathrm{j}\omega+A^2}\frac{\sqrt{2}A\sigma\mathrm{j}\omega+A^2T\mathrm{j}\omega+A^2}{(\mathrm{j}\omega)^2}\\&=\frac{A^2+\sqrt{2}A\sigma\mathrm{j}\omega+A^2T\mathrm{j}\omega}{\sigma^2(\mathrm{j}\omega)^2+\sqrt{2}A\sigma\mathrm{j}\omega+A^2}\end{aligned} \tag{17.4.38}$$

用通常的拉氏算子s来表示时,有

$$\Phi(s)=\frac{A^2+\sqrt{2}A\sigma s+A^2Ts}{\sigma^2s^2+\sqrt{2}A\sigma s+A^2} \tag{17.4.39}$$

上述最优预测滤波器的方块图如图 17.4.3 所示,其中$l=\dfrac{A}{\sigma}$。

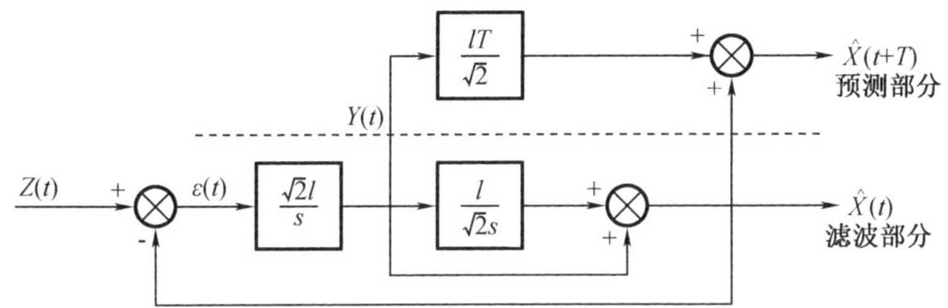

图 17.4.3　例 17.4.5 的最优预测滤波器方块图

下面分析该最优预测滤波器物理结构的含义。由图 17.4.3 显然可以看出最优预测滤波器是由两部分组成的，即由滤波器（虚线以下）和预测器（虚线以上）所组成，如果把预测部分（虚线以上）去掉，那么滤波器的传递函数同例 17.4.3 最优滤波器传递函数是一样的。进一步观察图 17.4.3 的结构发现，滤波器正向通道内包含两个积分环节，第一个积分环节的放大系数是$\sqrt{2}l$，其输出量是 $Y(t)$；第二个积分环节的放大系数是 $l/\sqrt{2}$，其输出量是$\hat{X}(t)$。为了考察滤波作用和预测作用是怎样实现的，让我们来分析一个最理想情况，也即输入信号 $Z(t)$ 中无噪声的情况，此时 $Z(t)=X(t)=A^2t$，由图 17.4.3 可知

$$\hat{X}(t)=\frac{\dfrac{\sqrt{2}A\sigma s+A^2}{\sigma^2 s^2}}{1+\dfrac{\sqrt{2}A\sigma s+A^2}{\sigma^2 s^2}}Z(s)=\frac{\sqrt{2}A\sigma s+A^2}{\sigma^2 s^2+\sqrt{2}A\sigma s+A^2}Z(s)$$

偏差 $\varepsilon(t)$ 的拉氏变换为

$$\varepsilon(s)=Z(s)-\hat{X}(t)=\frac{\sigma^2 s^2}{\sigma^2 s^2+\sqrt{2}A\sigma s+A^2}Z(s)$$

当 $Z(s)=X(t)=A^2t$ 时，有

$$\lim_{t\to\infty}\varepsilon(t)=\lim_{s\to 0}s\varepsilon(s)=\lim_{s\to 0}\frac{\sigma^2 s^2}{\sigma^2 s^2+\sqrt{2}A\sigma s+A^2}\frac{A^2}{s^2}\cdot s=0$$

即有

$$\lim_{t\to\infty}\hat{X}(t)=X(t)$$

这说明滤波器输出的稳态值同有用信号瞬时值是一致的。另一方面，由图 17.4.3 可知

$$Y(s)=\frac{\sigma^2 s^2\dfrac{\sqrt{2}A}{\sigma s}}{\sigma^2 s^2+A^2+\sqrt{2}\sigma As}Z(s)$$

当 $Z(t)=X(t)=A^2t$ 时，有

$$\lim_{t\to\infty}\hat{X}(t+T)=\lim_{t\to\infty}\left[Y(t)\cdot lT/\sqrt{2}+\hat{X}(t)\right]=TA^2+X(t)=A^2(t+T)$$

由此可见，预测滤波器的输出既有滤波的作用又有预测的作用。这正是我们所希望的。

例 17.4.6　有用信号 $X(t)$ 为加速度信号时的最优滤波　设有用信号为 $X(t)=\left(\frac{1}{2}\right)A^3t^2$，$t\geqslant 0$，其中 $A>0$ 为常数，随机干扰信号 $n(t)$ 为白噪声，功率谱密度函数为$S_n(\omega)=\sigma^6$，试求最优滤波器传递函数 $\Phi(s)$。

解 对于滤波情况,取 $H(s)=1$,由(17.3.10)式可知

$$|X(j\omega)|^2+S_n(\omega)=\frac{A^6}{\omega^6}+\sigma^6\triangleq\Psi_1(j\omega)\Psi_2(j\omega)=|\Psi_1(j\omega)|^2 \tag{17.4.40}$$

其中

$$\Psi_1(j\omega)=\frac{(j\omega\sigma+A)[(j\omega)^2\sigma^2+j\omega\sigma A+A^2]}{(j\omega)^3} \tag{17.4.41}$$

$$\Psi_2(j\omega)=\frac{(-j\omega\sigma+A)[(-j\omega)^2\sigma^2-j\omega\sigma A+A^2]}{(-j\omega)^3} \tag{17.4.42}$$

由(17.4.41)式、(17.4.42)式可知,$\Psi_1(j\omega)$ 的所有零点、极点均在 ω 的上半平面;$\Psi_2(j\omega)$ 的所有零点、极点均在 ω 的下半平面。由(17.3.5)式有

$$\begin{aligned}\frac{|X(j\omega)|^2}{\Psi_2(j\omega)}&=\frac{-A^6/(j\omega)^6}{(-j\omega\sigma+A)[(-j\omega)^2\sigma^2-j\omega\sigma A+A^2]/(-j\omega)^3}\\&=\frac{-A^6}{(j\omega)^3(j\omega\sigma-A)[(j\omega)^2\sigma^2-j\omega\sigma A+A^2]}\\&\triangleq\frac{a(j\omega)^2+b(j\omega)+c}{(j\omega)^3}+\frac{d(j\omega)^2+e(j\omega)+f}{(j\omega\sigma-A)[(j\omega)^2\sigma^2-j\omega\sigma A+A^2]}\end{aligned} \tag{17.4.43}$$

经计算可得

$$a=2A\sigma^2,b=2A^2\sigma,c=A^3 \tag{17.4.44}$$

于是有

$$\left[\frac{|X(j\omega)|^2}{\Psi_2(j\omega)}\right]_S=\frac{a(j\omega)^2+b(j\omega)+c}{(j\omega)^3} \tag{17.4.45}$$

将(17.4.45)式和(17.4.41)式代入(17.3.9)式可得最优滤波器传递函数 $\Phi(j\omega)$ 为

$$\Phi(j\omega)=\frac{1}{\Psi_1(j\omega)}\left[\frac{|X(j\omega)|^2}{\Psi_2(j\omega)}\right]_S=\frac{a(j\omega)^2+b(j\omega)+c}{(j\omega\sigma+A)[(j\omega)^2\sigma^2+j\omega\sigma A+A^2]} \tag{17.4.46}$$

用 s 代替上式中的 $j\omega$ 可得

$$\Phi(s)=\frac{(2A\sigma^2s^2+2A^2\sigma s+A^3)}{(A+\sigma s)(\sigma^2s^2+\sigma As+A^2)}=\frac{(2A\sigma^2s^2+2A^2\sigma s+A^3)/(\sigma^3s^3)}{1+[(2A\sigma^2s^2+2A^2\sigma s+A^3)/(\sigma^3s^3)]} \tag{17.4.47}$$

图 17.4.4 为最优滤波器方框图,其中,$l=\dfrac{A}{\sigma}$。

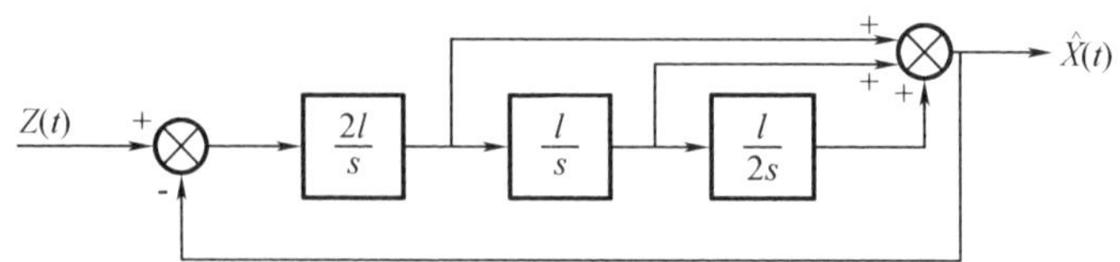

图 17.4.4 例 17.4.6 的最优滤波器方块图

不难证明,该最优滤波器是稳定的。

例 17.4.1 和例 17.4.2 以及例 17.4.4 适用于具有位置阶跃信号输入时的最优滤波以及最优预测滤波,例 17.4.3 以及例 17.4.5 适用于具有速度阶跃信号输入时的最优滤波以及最优预测滤波,例 17.4.6 适用于具有加速度阶跃信号输入时的最优滤波。

17.5　广义维纳滤波在锁相环技术中的应用[104,106]

17.5.1　锁相环技术发展概述

锁相环技术最早是在 1932 年无线电信号同步接收中得到了成功的应用[94]，随后，在频率合成与自动同步系统[95]、无线电通信系统[96]、无线电导航系统[97,98]中都得到了应用，与此同时锁相环技术的理论进一步发展。锁相环技术突出的优点是系统通频带窄，不仅对于信号具有良好的跟踪性能，而且对噪声还具有极强的滤波效果。

在 20 世纪 70 年代以前，锁相环技术主要通过模拟锁相环来实现，随着微机以及微电子技术的发展，数字锁相环得到飞跃发展并逐渐取代了模拟锁相环，本节先简单地介绍模拟锁相环，然后重点介绍数字锁相环，着重说明广义维纳滤波理论在锁相技术中的应用。

17.5.2　模拟锁相环原理

模拟锁相环是由一个鉴相器，一个环路低通滤波器和一个电压控制晶体振荡器所组成的闭合环路，其物理结构方块图如图 17.5.1 所示。

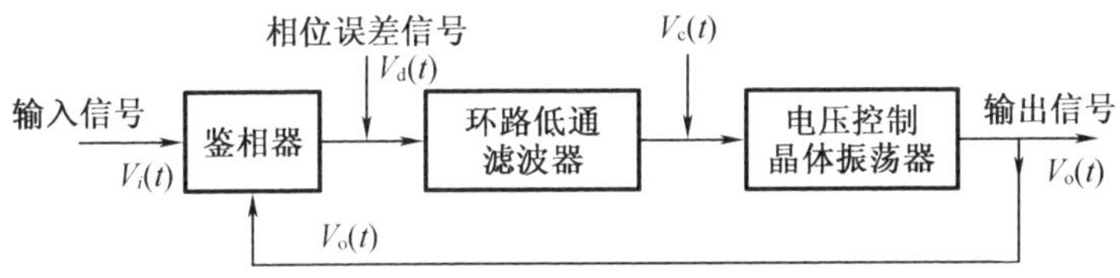

图 17.5.1　模拟锁相环物理结构方块图

模拟锁相环基本原理：锁相环的输入信号与输出信号均为正弦波或余弦波信号，通过鉴相器可以比较输入信号与输出信号的相位，鉴相器的输出信号反映两个信号的相位差，称之为相位误差信号，该信号作用于环路低通滤波器后，可以滤除相位误差信号中的噪声干扰，进而得到低通滤波器输出信号，并作用到电压控制晶体振荡器上，其效果是朝着减小相位误差信号的方向来改变晶振的频率。环路锁定后，输出信号的频率应等于输入信号的频率，而相位误差信号的稳态值或是零或是一个很小的数值。

设输入信号 $V_i(t)$ 为

$$V_i(t)=V_i\sin[\omega_0 t+\theta_i(t)] \tag{17.5.1}$$

其中，V_i，ω_0，$\theta_i(t)$ 为输入信号 $V_i(t)$ 的振幅、角频率和相位；$\theta_i(t)$ 体现了由输入信号 $V_i(t)$ 所携带的信息。

压控振荡器输出信号 $V_o(t)$ 为

$$V_o(t)=V_o\cos[\omega_0 t+\theta_o(t)] \tag{17.5.2}$$

其中，V_o，ω_0，$\theta_o(t)$ 分别为输出信号 $V_o(t)$ 的振福、角频率和相位。所谓鉴相器就是一个理想的乘法器，乘法器的输出包含两项，即低频项和高频项，考虑到环路低通滤波器完全滤除了高频项，因此，对锁相环实际起作用的只是低频项，于是相位误差信号 $V_d(t)$ 应为

$$V_d(t)=V_i(t)V_o(t)K_D(\text{取低频项})$$

$$= K_D V_i V_o \sin[\omega_0 t + \theta_i(t)]\cos[\omega_0 t + \theta_o(t)] \text{(取低频项)}$$
$$= K_1 \sin[\theta_i(t) - \theta_o(t)] \tag{17.5.3}$$

其中,K_D 为乘法器的比例系数,$K_1 = \frac{1}{2}K_D V_i V_o$,通常 $\theta_i(t) - \theta_o(t) \ll 1$,于是可将(17.5.3)式线性化得

$$V_d(t) = K_1[\theta_i(t) - \theta_o(t)] \triangleq K_1\theta_e(t) \tag{17.5.4}$$

将方程两边做拉氏变换,还可表示为

$$V_d(s) = K_1[\theta_i(s) - \theta_o(s)] \triangleq K_1\theta_e(s) \tag{17.5.5}$$

值得说明的是,如果输入信号的角频率不等于电压控制振荡器输出信号的角频率,这相当于$\theta_i(t)$中包含一个线性增长项 $\Delta\omega t$,此时 $\theta_i(t)$可表示为

$$\theta_i(t) = \Delta\omega t + \theta_{i0}(t) \tag{17.5.6}$$

其中,$\Delta\omega$ 是输入信号角频率与输出信号角频率之差;$\theta_{i0}(t)$为相位误差。

环路低通滤波器实际上是一个具有传递函数 $G(s)$ 的定常线性系统,相位误差信号 $V_d(t)$作用于环路低通滤波器之后,产生控制信号 $V_c(t)$,即有

$$V_c(s) = G(s)V_d(s) \tag{17.5.7}$$

其中,$V_c(s)$,$V_d(s)$分别为 $V_c(t)$,$V_d(t)$的拉氏变换。

电压控制振荡器在 $V_c(t)$作用下,按比例改变其角频率,经积分环节作用后改变电压控制振荡器的相位 $\theta_o(t)$,因此可将上述过程写成

$$\theta_o(s) = \frac{K_2}{s}V_c(s) \tag{17.5.8}$$

其中,K_2 为电压控制振荡器比例系数,将以上分析结果表示为如如图 17.5.2 所示的数学方块图。

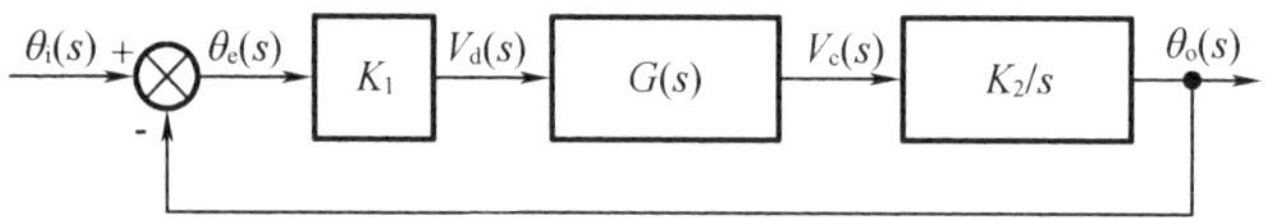

图 17.5.2　模拟锁相环数学方块图

低通滤波器的优化设计按以下情况考虑:

(1)输入信号的相位 $\theta_i(t)$中,所包含的有用信息只是相位阶跃值,即 $\theta_{is}(t) = A \cdot 1(t)$,所包含的干扰 $n(t)$ 为白噪声,表现为 $\theta_i(t)$ 的抖动,其功率谱为 $S_n(\omega) = \sigma^2$,且 $\theta_i(t) = \theta_{is}(t) + n(t)$,这种情况下的数学描述及 $G(s)$的优化设计如例 17.4.1 所述相同,应当指出,$G(s)$此时应为一个宽频带低通滤波器,理想描述为

$$G(j\omega) = \begin{cases} K_3, & 0 \leqslant \omega \leqslant 2\omega_0 \\ 0, & \omega > 2\omega_0 \end{cases}$$

由例 17.4.1 可知,有

$$K_1K_2K_3 = \frac{A}{\sigma} \tag{15.5.9}$$

由(15.5.9)式可求得宽频带低通滤波器的增益 K_3 为

$$K_3 = \frac{1}{K_1K_2}\frac{A}{\sigma}$$

(2)输入信号的相位 $\theta_i(t)$ 中,所包含的有用信息只是相位直线性变化,即 $\theta_{is}(t)=A^2t$,$t\geqslant 0$,相位 $\theta_i(t)$ 中的扰动为白噪声 $n(t)$,其功率谱密度函数为 $S_n(t)=\sigma^4$,且 $\theta_i(t)=\theta_{is}(t)+n(t)$,这种情况如例 17.4.3 所述,此时环路低通滤波器的优化设计应为

$$K_1G(s)K_2=\frac{(\sqrt{2}A\sigma s+A^2)}{\sigma^2 s}$$

则

$$G(s)=\frac{(\sqrt{2}A\sigma s+A^2)}{K_1K_2\sigma^2 s} \tag{17.5.10}$$

(3)输入信号的相位 $\theta_i(t)$ 中,所包含的有用信息只是相位加速度变化,即 $\theta_{is}(t)=A^2t^2$,$t\geqslant 0$,相位干扰为白噪声 $n(t)$,其功率谱为 $S_n(\omega)=\sigma^6$,且 $\theta_i(t)=\theta_{is}(t)+n(t)$,这种情况如例 17.4.6 所述,此时环路低通滤波器的优化设计应为

$$K_1G(s)K_2=\frac{(2A\sigma^2s^2+2A^2\sigma s+A^3)}{\sigma^3s^2}$$

于是

$$G(s)=\frac{(2A\sigma^2s^2+2A^2\sigma s+A^3)}{K_1K_2\sigma^3s^2} \tag{17.5.11}$$

通常,可以采用无源网络或有源网络实现 $G(s)$。

17.5.3　数字锁相环的一个工程应用背景——无线电技术测量距离原理

用无线电技术测量距离的方法有多种,现在用得最多的是通过测量两点间的电波传播时间来确定距离。图 17.5.3 为无线电技术测量距离系统的简单示意图。

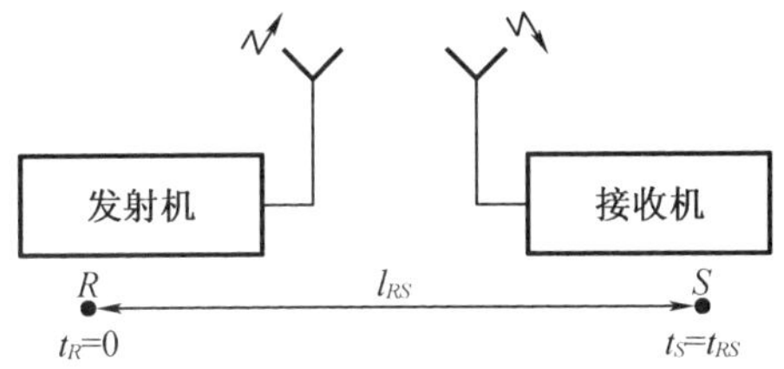

图 17.5.3　无线电技术测量距离系统的简单示意图

为了说明如何测量 R 点与 S 点间的距离,假设在 R 点设一无线电信号发射台,在 S 点设一无线电信号接收台,电波沿直线以光速 C 从 R 点传到 S 点。电波从 R 点传到 S 点的时间 t_{RS} 正比于两点间的距离,即有

$$l_{RS}=Ct_{RS}$$

由此可见,若能测出传播时间 t_{RS},也就可以确定出两点间的距离 l_{RS}。如果测量时间有误差 Δt_{RS},则由此必产生测量距离的误差 Δl_{RS},而且有

$$\Delta l_{RS}=C\Delta t_{RS} \tag{17.5.12}$$

例如,若 $\Delta t_{RS}=1\ \mu s$,设电波传播速度 C 为 3×10^8 m/s,则测量距离的误差为 $\Delta l_{RS}=C\times\Delta t_{RS}=1\times10^{-6}\times3\times10^8=300$ m。因此,测量时间的精度将直接决定了测量距离的精度。

现在,我们再详细说明上述系统工作原理。假设发射台发射的无线电信号是等幅正弦波信号,如图 17.5.4 所示,取该正弦波 180°的相位点 t_{10} 作为测量距离的基准时刻点。接收

机内部有两个基准脉冲,一个是不动的基准脉冲 δ_{20},它在系统工作之前用其他方法在时间上已严格同步于发射信号的基准时刻点 t_{10},也就是说,δ_{20}出现的时刻 t_{20}同发射信号的 t_{10}时刻完全一致,在以后的工作期间内,δ_{20}的出现时刻 t_{20}始终保持与发射信号的 t_{10}时刻同步,这一点通过高稳定度的振荡源是可以实现的。而接收机内的另一个基准脉冲 δ_2 的出现时刻 t_2 是可以变化的,它始终跟踪接收机接收到的发射信号 180°相位点 t_1,也即可变基准脉冲 δ_2 的出现时刻 t_2 同接收到的信号的 t_1 时刻相一致。

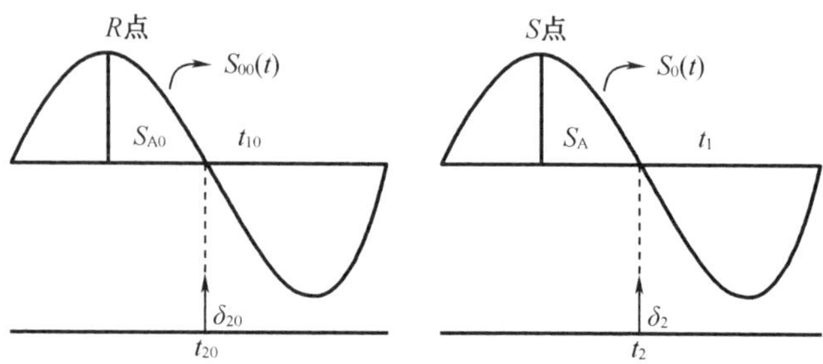

图 17.5.4　无线电测距系统信号关系图

既然 R,S 两点的距离可由发射信号 π 相位点传播时间(t_1-t_{10})决定,那么也就可以由接收机内部两个基准脉冲的时间差(t_2-t_{20})来决定。

假设整个系统处于理想情况,即接收机接收到的信号 $S_0(t)$不存在干扰而且接收机内部也没有噪声干扰,那么用可变基准脉冲 δ_2 对接收信号 $S_0(t)$采样,通过判断采样信号 $S_1(t_1-t_2)$的正负极性及数值大小就可以知道采样基准脉冲δ_2 的出现时刻t_2 是否与 t_1 时刻同步。若 $S_1(t_1-t_2)>0$,表明 t_2 时刻领先 t_1 时刻,应当使采样脉冲向后移动;若 $S_1(t_1-t_2)<0$,表明 t_2 时刻落后于 t_1 时刻,应当使采样脉冲 δ_2 向前移动,至 $S_1(t_1-t_2)=0$ 为止,如图 17.5.5 所示,这时,采样脉冲 δ_2 的出现时刻 t_2 就代表了接收信号 $S_0(t)$的 t_1 时刻(即 π 相位点)。

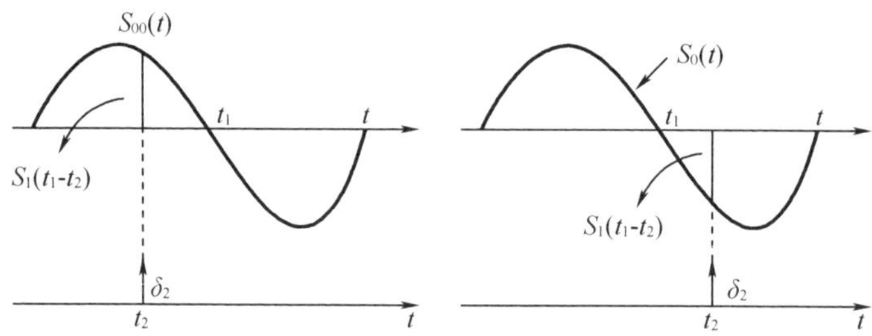

图 17.5.5　采样脉冲处于不同位置时的采样信号

但在实际应用中,不可能没有干扰,接收机不仅接收到发射的无线电信号而且也接收了大气无线电噪声,另外,接收机内部也存在电子热噪声干扰。这就是说,接收信号 $S_0(t)$中不仅包含有用信号而且还有随机干扰,即

$$S_0(t)=S_A\sin\omega_0 t+\xi(t) \tag{17.5.13}$$

其中,S_A 为有用信号振幅;$\xi(t)$为随机干扰。另一方面,由于接收机是放在载体上(舰船或飞机)并随载体运动而与发射台的位置发生变化,因此,接收信号 $S_0(t)$的 π 相位点 t_1 是随时变化的量 $t_1(t)$。在通常情况下载体做匀速直线运动,那么 $t_1(t)$也就是直线性函数。基

于上述两个方面的原因，我们不能再由 $S_1(t_1-t_2)$ 是否为零来判断时刻 t_1 与时刻 t_2 的同步。

归纳起来，我们可以把上面的问题这样描述：等幅正弦波信号的 π 相位时刻 t_1 所携带的信息随时间线性变化，即

$$t_1(t)=at,t\geqslant 0 \tag{17.5.14}$$

其中，a 为常数，而接收到的信号 $S_0(t)$ 不仅包含有用信号 $S_A\sin\omega_0 t$，而且还有随机干扰 $\xi(t)$（见(17.5.13)式）。我们的任务就是如何设计一个滤波器，使滤波器输出信号（采样脉冲 δ_2 的出现时刻）$t_2(t)$ 尽可能精确地反映出 $t_1(t)$ 的变化规律。显然，上述问题是一个最优滤波问题，可以利用前面所介绍的广义维纳滤波理论来解决这一问题。

17.5.4　最优数字滤波器传递函数

为了推导最优数字滤波器的传递函数及递推方程，现做以下假设：

(1)我们对采样信号 $S_1(t_1-t_2)$ 进行数据处理，在通常情况下有 $\omega_0(t_1-t_2)\ll 1$（在系统正常工作情况下能够得到满足），因此，可把采样信号做线性化处理，有

$$S_1(t_1-t_2)=S_A\sin\omega_0(t_1-t_2)+\xi(t_2)=S_A[t_1^*(t)-t_2^*(t)+\xi^*(t_2^*)] \tag{17.5.15}$$

其中，S_A 为等幅正弦波振幅；$t_i^*=\omega_0 t_i,i=1,2$（量纲为弧度）。

(2)假设采样信号中所包含的干扰 $\xi(t_2^*)$ 是平稳随机过程且具有有理谱密度，这里假定为白噪声。

(3)我们用计算机对采样信号进行数据处理，假定采样是等间隔进行的且采样周期为 T_0。

(4)假设信息 $t_1^*(t)$ 是直线性函数。

这样一来，可以把上述问题描述如下：信息 $t_1^*(kT_0)$ 随时间线性变化，即

$$t_1^*(kT_0)=t_1^*[(k-1)T_0]+A,t_1^*(0)=0 \tag{17.5.16}$$

$k=0,1,2,\cdots,A>0$ 为常数。信息所受到的干扰为白噪声序列 $\{\xi^*(kT_0)=\xi(kT_0)/S_A,k=\cdots,-2,-1,0,1,2,\cdots\}$，其中 S_A 为有用信号振幅，$\xi(t)$ 为采样信号中所包含的总干扰且假定为白噪声并设 $\xi^*(kT_0)$ 的谱密度为 $S_n(z)=\sigma^2$。我们的问题是如何构造一个物理可实现的最优数字滤波器，使信息从干扰中有效地分离出来，这个问题可用图 17.5.6 来表示。其中，$t_2^*(k)$ 为滤波器输出；$E[t_2^*(k)]$ 为 $t_2^*(k)$ 的均值；$\tilde{t}_2^*(k)=t_2^*(k)-E[t_2^*(k)]$ 为滤波器输出的随机误差；$H(z)$ 为预期的传递函数；$\mu(k)$ 为预期输出。

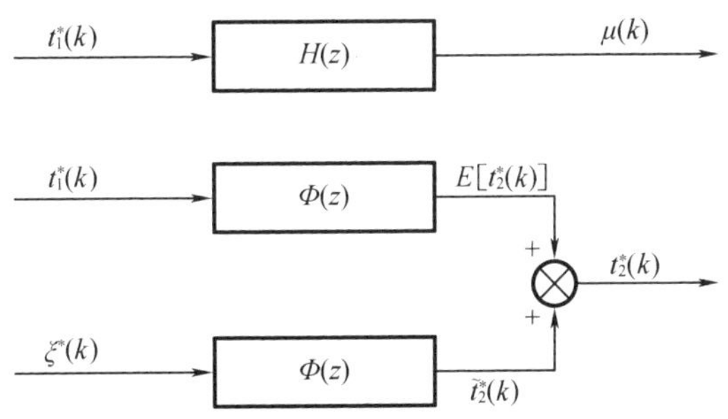

图 17.5.6　信息和噪声通过滤波器的方块图

性能指标取为

$$\varepsilon^2 = \sum_{k=0}^{\infty} [E[t_2^*(k)] - \mu(k)]^2 + E[\tilde{t}_2^*(k)^2]$$

显然上述问题同 17.2 节所讨论的问题一致,故可用定理 17.3.2 来解决。

首先由(17.5.16)式可得信息的 Z 变换表达式为

$$t_1^*(z) = \frac{AT_0 z}{(z-1)^2} \tag{17.5.17}$$

由假设条件可知白噪声序列 $\{\xi^*(kT_0), k=\cdots,-2,-1,0,1,2,\cdots\}$ 的功率谱密度为

$$S_n(z) = \sigma^2 \tag{17.5.18}$$

其中 $\xi^*(k) = \xi(k)/S_A$。因为我们讨论的是滤波问题,故取 $H(z)=1$,于是由(17.3.12)式可得

$$\begin{aligned} |t_1^*(z)|^2 + S_n(z) &= \frac{A^2T_0^2}{(z-1)^2(z^{-1}-1)^2} + \sigma^2 \\ &= \frac{\sigma^2 z^{-2}[z^4 - 4z^3 + (6 + A^2T_0^2/\sigma^2)z^2 - 4z + 1]}{(z-1)^2(z^{-1}-1)^2} \end{aligned} \tag{17.5.19}$$

由有理谱的性质可知(17.5.19)式的分子有如下因式分解,即

$$\begin{aligned} &z^4 - 4z^3 + (6 + A^2T_0^2/\sigma^2)z^2 - 4z + 1 \\ &\triangleq (z - A^*\mathrm{e}^{\mathrm{j}\varphi})(z - A^*\mathrm{e}^{-\mathrm{j}\varphi})\left(z - \frac{1}{A^*}\mathrm{e}^{\mathrm{j}\varphi}\right)\left(z - \frac{1}{A^*}\mathrm{e}^{-\mathrm{j}\varphi}\right) \end{aligned} \tag{17.5.20}$$

显然,A^*,φ 应满足如下方程,即

$$\begin{cases} A^*\cos\varphi + \dfrac{1}{A^*}\cos\varphi = 2 \\ \dfrac{1}{A^{*2}} + A^{*2} + 4\cos^2\varphi = 6 + (A^2T_0^2/\sigma^2) \end{cases} \tag{17.5.21}$$

解方程组(17.5.21)可得

$$\begin{cases} \varphi = \arccos[\sqrt{(AT_0/4\sigma)^2+1} - (AT_0/4\sigma)] \\ A^* = B - \sqrt{B^2-1} < 1 \end{cases} \tag{17.5.22}$$

其中

$$B = \sqrt{(AT_0/4\sigma)^2+1} + (AT_0/4\sigma) > 1$$

把(17.5.20)式代入(17.5.19)式经整理有

$$\begin{aligned} |t_1^*(z)|^2 + S_n(z) &= \frac{\sigma^2 z^{-2}(z^2 - 2A^*\cos\varphi z + A^{*2})\left(z^2 - \dfrac{2}{A^*}\cos\varphi z + \dfrac{1}{A^{*2}}\right)}{(z-1)^2(z^{-1}-1)^2} \\ &= \frac{\sigma^2(z^2 - 2A^*\cos\varphi z + A^{*2})(z^{-2} - 2A^*\cos\varphi z^{-1} + A^{*2})}{A^{*2}(z-1)^2(z^{-1}-1)^2} \\ &\triangleq \Psi_1(z)\Psi_2(z) \end{aligned} \tag{17.5.23}$$

其中,$\Psi_1(z)$ 的所有零点、极点均在 z 平面的单位圆内;而 $\Psi_2(z)$ 的所有零点、极点均在 z 平面的单位圆外。由(17.5.23)式可知

$$\Psi_1(z) = \frac{\sigma(z^2 - 2A^*\cos\varphi z + A^{*2})}{A^*(z-1)^2} \tag{17.5.24}$$

$$\Psi_2(z) = \frac{\sigma(z^{-2} - 2A^*\cos\varphi z^{-1} + A^{*2})}{A^*(z^{-1}-1)^2} \tag{17.5.25}$$

再由(17.5.23)式还有

$$\frac{|t_1^*(z)|^2}{\Psi_2(z)}=\frac{A^2T^2}{(z-1)^2(z^{-1}-1)^2}\ \frac{A^*(z^{-1}-1)^2}{\sigma(z^{-2}-2A^*\cos\varphi z^{-1}+A^{*2})}$$

$$\triangleq\frac{A^2T^2A^*}{\sigma}\left[\frac{k_1^*}{z-1}+\frac{k_2^*z}{(z-1)^2}+\frac{k_3^*z^{-1}}{(z^{-1}-z_1)}+\frac{k_4^*z^{-1}}{(z^{-1}-\bar{z}_1)}\right]\tag{17.5.26}$$

其中 $z_1=A^*e^{j\varphi},\bar{z}_1=A^*e^{-j\varphi}$。利用待定系数法可解得

$$k_1^*=\frac{1-A^{*2}}{(1-2A^*\cos\varphi+A^{*2})^2}\tag{17.5.27}$$

$$k_2^*=\frac{1}{1-2A^*\cos\varphi+A^{*2}}\tag{17.5.28}$$

$$k_3^*=\frac{z_1}{(1-z_1)^2(z_1-\bar{z}_1)}$$

$$k_4^*=(\overline{k_3^*})$$

$\overline{k_3^*}$ 表示 k_3^* 的共轭，由(17.5.26)式及(17.5.23)式立得

$$\left[\frac{|t_1^*(z)|^2}{\Psi_2(z)}\right]_S=\frac{A^2T^2A^*}{\sigma}\left[\frac{k_1^*z}{z-1}+\frac{k_2^*z}{(z-1)^2}\right]\tag{17.5.29}$$

其中，k_1^* 和 k_2^* 分别由(17.5.27)式及(17.5.28)式表示。最后，由(17.3.11)式可得最优滤波器传递函数 $\Phi(z)$ 为

$$\begin{aligned}\Phi(z)&=\frac{1}{\Psi_1(z)}\left[\frac{|t_1^*(z)|^2}{\Psi_2(z)}\right]_S\\&=\frac{A^*(z-1)^2}{\sigma(z^2-2A^*\cos\varphi z+A^{*2})}\ \frac{A^2T^2A^*}{\sigma}\left[\frac{k_1^*z}{z-1}+\frac{k_2^*z}{(z-1)^2}\right]\\&=\frac{A^2T^2A^{*2}}{\sigma^2(1-2A^*\cos\varphi+A^{*2})^2}\ \frac{(1-A^{*2})z^2+(2A^{*2}-2A^*\cos\varphi)z}{z^2-2A^*\cos\varphi z+A^{*2}}\end{aligned}\tag{17.5.30}$$

可以证明有

$$\frac{A^2T^2A^{*2}}{\sigma^2(1-2A^*\cos\varphi+A^{*2})^2}=1\tag{17.5.31}$$

于是(17.5.30)式可以简化为

$$\Phi(z)=\frac{(1-A^{*2})z^2+(2A^{*2}-2A^*\cos\varphi)z}{z^2-2A^*\cos\varphi z+A^{*2}}\tag{17.5.32}$$

如果用大家熟悉的方块图来表示时，由最优滤波器传递函数 $\Phi(z)$ 可得如图 15.5.7 所示方块图。其中

$$k_1=\frac{2\cos\varphi-2A^*}{T_0A^*},k_2=\frac{1-2A^*\cos\varphi+A^{*2}}{T_0(2A^*\cos\varphi-2A^{*2})}\tag{17.5.33}$$

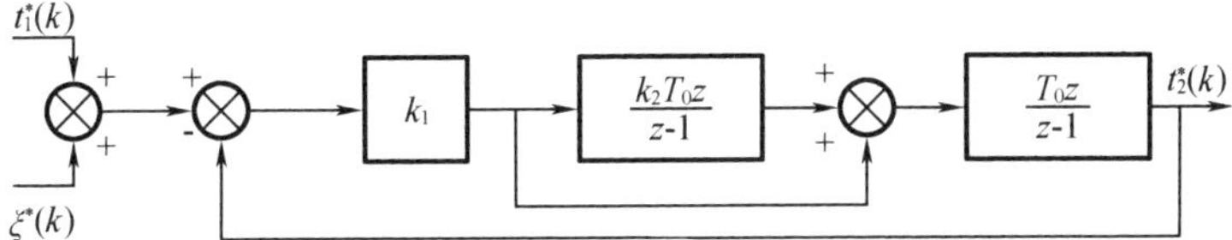

图 17.5.7　最优滤波器(17.5.32)式的方块图

由图 15.5.7 可以看出最优数字滤波器传递函数有以下特点:

(1)在数字控制系统中,积分环节的表达式是 $z(z-1)^{-1}$,因此可知该数字滤波器的开环传递函数中含两个积分环节,故它是二阶无静差系统,这意味着当信息 $t_1^*(k)$ 为直线性函数时,滤波误差的均值将收敛于零。事实上,由

$$\begin{aligned}\lim_{k\to\infty}\{t_1^*(k)-E[t_2^*(k)]\} &= \lim_{z\to1}[t_1^*(z)-\Phi(z)t_1^*(z)]\frac{z-1}{z} \\ &= \lim_{z\to1}[1-\Phi(z)]t_1^*(z)\frac{z-1}{z} \\ &= \lim_{z\to1}A^{*2}k_2^*AT_0(z-1) \\ &= 0\end{aligned} \tag{17.5.34}$$

可知,这一性质成立。

(2)对于该最优数字滤波器,允许参数有误差,也即滤波器中所用到的参数 A,σ 与真实的信息参数 A 及噪声方差参数 σ 出现误差时,系统仍具有收敛性,即有

$$\lim_{k\to\infty}\{t_1^*(k)-E[\overline{t_2^*}(k)]\}=0 \tag{17.5.35}$$

其中,$E[\overline{t_2^*}(k)]$ 为滤波器参数有误差时,滤波器输出的均值。

最后由(17.5.32)式不难写出最优滤波递推方程,为此令滤波器输入 $z(k)$ 为

$$z(k)=t_1^*(k)+\xi^*(k) \tag{17.5.36}$$

则最优递推方程为

$$\begin{aligned}&t_2^*(k)-2A^*\cos\varphi t_2^*(k-1)+A^{*2}t_2^*(k-2) \\ &=(1-A^{*2})z(k)+(2A^{*2}-2A^*\cos\varphi)z(k-1)\end{aligned} \tag{17.5.37}$$

当 $k\to\infty$ 时,滤波器处于稳态,此时滤波器输出 $t_2^*(k)$ 的方差为 $\sigma_{t_2^*}^2$ 为

$$\begin{aligned}\sigma_{t_2^*}^2 &= \frac{1}{2\pi j}\oint_{|z|=1}S_{t_2^*}^2(z)\frac{dz}{z} \\ &= \frac{1}{2\pi j}\oint_{|z|=1}S_n(z)\Phi(z)\Phi(z^{-1})\frac{dz}{z} \\ &= \frac{1}{2\pi j}\oint_{|z|=1}\sigma^2\left[\frac{(1-A^{*2})z^2+(2A^{*2}-2A^*\cos\varphi)z}{z^2-2A^*\cos\varphi z+A^{*2}}\right]\cdot \\ &\quad \left[\frac{(1-A^{*2})z^{-2}+(2A^{*2}-2A^*\cos\varphi)z^{-1}}{z^{*2}-2A^*\cos\varphi z^{-1}+A^{*2}}\right]\frac{dz}{z} \\ &= \sigma^2\frac{1+2\cos\varphi A^*-2A^{*2}-6A^{*3}\cos\varphi+5A^{*4}}{(1-A^{*2})(1+2A^*\cos\varphi+A^{*2})}\end{aligned} \tag{17.5.38}$$

其中,σ^2 为滤波器输入端白噪声干扰序列 $\{\xi^*(k),k=0,\pm1,\cdots\}$ 的方差。上述最优滤波器传递函数(17.5.32)式可以通过二阶数字锁相环实现。

17.5.5 二阶数字锁相环物理实现

二阶数字锁相环的功能是,使采样基准以最优精度跟踪接收信号的预期相位零点上。系统的物理结构如图 17.5.8 所示。

接收信号为

$$S_0(t)=S_A\sin\omega_0t+\xi(t) \tag{17.5.39}$$

其中，S_A 为射频有用信号的峰值，$\xi(t)$ 为噪声。信号与采样基准时间关系如图 17.5.9 所示。

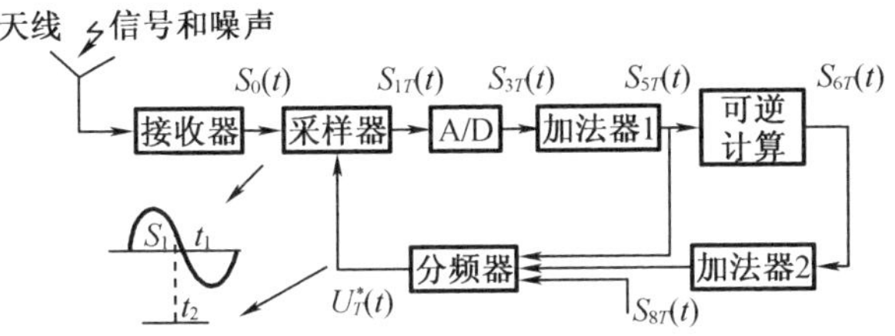

图 17.5.8　二阶数字锁相环物理结构图

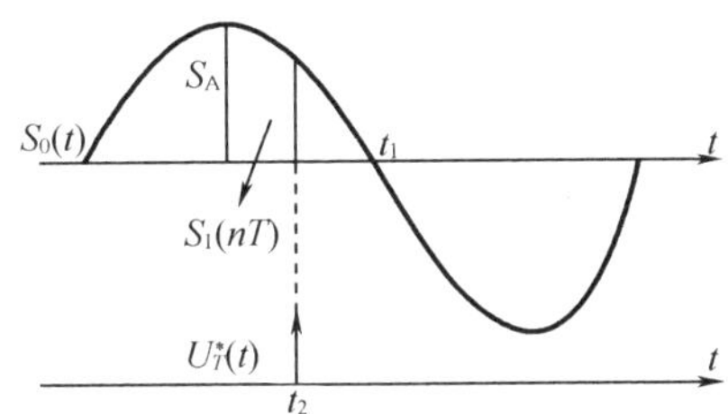

图 17.5.9　信号与采样基准时间关系图

当 $t=nT$ 时，采样器输出 $S_1(nT)$ 为

$$S_1(nT)=S_A\sin\omega_0[t_1(nT)-t_2(nT)]+\xi(nT),n=1,2,\cdots \tag{17.5.40}$$

其中，$t_1(nT)$ 为射频相位的预期锁定点；$t_2(nT)$ 为采样基准出现时刻；T 为采样周期。

A/D 变换输出 $S_3(nT)$ 为

$$S_3(nT)=\frac{1}{b}S_1(nT),n=1,2,\cdots \tag{17.5.41}$$

其中 b 为量化单位，量纲为（伏/个数）。

设 $S_4(nT)$ 为加法器 1 内的数，则有

$$S_4(nT)=S_4[(n-1)T]+S_3(nT)-pS_5(nT)$$

$$S_5(nT)=\begin{cases}1, & S_4(nT)\geqslant p\\ 0, & -p<S_4(nT)<p,n=1,2,\cdots\\ -1, & S_4(nT)\leqslant -p\end{cases} \tag{17.5.42}$$

其中，p 为某正整数，且 $p\gg 1$。

计数器输出 $S_6(nT)$ 为

$$S_6(nT)=S_6[(n-1)T]+S_5(nT),n=1,2,\cdots \tag{17.5.43}$$

设 $S_7(nT)$ 为加法器 2 内的数，则有

$$S_7(nT)=S_7[(n-1)T]+S_6(nT)-qS_8(nT)$$

$$S_8(nT)=\begin{cases}1, & S_7(nT)\geqslant q\\ 0, & -q<S_7(nT)<q,n=1,2,\cdots\\ -1, & S_7(nT)\leqslant -q\end{cases} \tag{17.5.44}$$

其中，q 为某正整数，且 $q\gg 1$。

采样基准 $U_T^*(t)$ 的出现时刻 $t_2(nT)$ 由分频器产生，则

$$t_2(nT)=t_2[(n-1)T]+aS_5(nT)+aS_8(nT),n=1,2,\cdots \tag{17.5.45}$$

其中,a 为基准跳动步距,量纲为(弧度/个数)。

17.5.6　二阶数字锁相环的数学抽象

由上所述,该系统显然是计算机参与运算的数字滤波系统。为分析上述系统,首先定义连续时间函数$f(t)$经采样的表达式$f_T(t)$为

$$f_T(t)=Tf(t)u_T(t) \tag{17.5.46}$$

其中,称 $u_T(t)=\sum\limits_{-\infty}^{+\infty}\delta(t-iT)$ 为开关函数,$\delta(t)$为单位脉冲函数。由(17.5.40)式及(17.5.46)式有

$$\begin{aligned}S_{1T}(t)&=T\{S_A\sin\omega_0[t_1(t)-t_2(t)]+\xi(t)\}u_T(t)\\&=TS_A\sin[t_1^*(t)-t_2^*(t)]u_T(t)+T\xi(t)u_T(t)\\&=TS_A[\sin\Delta^*(t)]u_T(t)+T\xi(t)u_T(t)\end{aligned} \tag{17.5.47}$$

其中,$t_1^*=\omega_0t_1(t)$;$t_2^*(t)=\omega_0t_2(t)$;$\Delta^*(t)=t_1^*(t)-t_2^*(t)$。(17.5.47)式的图形表示如图17.5.10所示。由(17.5.41)式及(17.5.46)式,则A/D变换器的输出$S_{3T}(t)$为

$$S_{3T}(t)=\frac{1}{b}S_{1T}(t) \tag{17.5.48}$$

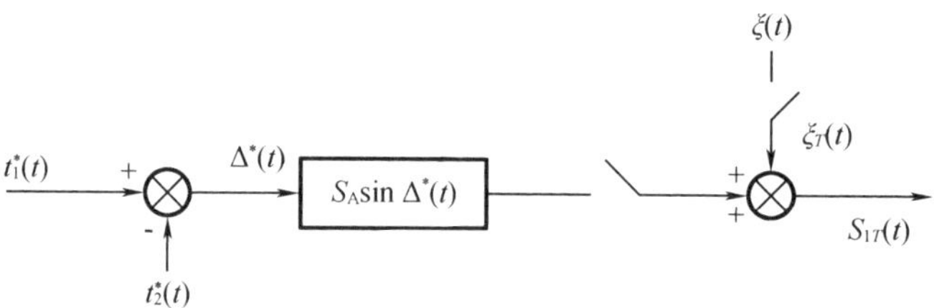

图 17.5.10　(17.5.47)式的采样表示

由(17.5.42)式,我们对加法器1的工作过程做这样的理解:对加法器1每输入 p 个单位脉冲,加法器1只输出一个单位脉冲。这样一来,从脉冲冲量的等效效果来看,对加法器1每输入一个单位脉冲就输出 $1/p$ 单位脉冲,因此有

$$S_{5T}(t)=\frac{1}{p}S_{3T}(t) \tag{17.5.49}$$

由(17.5.43)式及(17.5.46)式计数器工作过程表示为

$$\begin{cases}S_6(t)=\dfrac{1}{T}\displaystyle\int_0^t S_{5T}(t)\,\mathrm{d}t\\S_{6T}(t)=TS_6(t)u_T(t)\end{cases} \tag{17.5.50}$$

或用图形表示如图17.5.11所示。

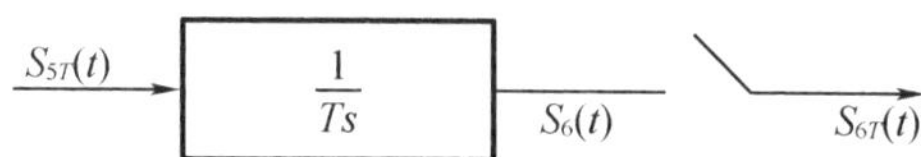

图 17.5.11　计数器工作原理图

因为加法器2的工作原理与加法器1的工作原理完全相同,所以按分析加法器1的方

法可以得到

$$S_{8T}(t)=\frac{1}{q}S_{6T}(t) \tag{17.5.51}$$

由(17.5.45)式及(17.5.46)式,分频器的工作过程可表示为

$$t_2^*(t)=\frac{a}{T}\int_0^t[S_{5T}(t)+S_{8T}(t)]\mathrm{d}t \tag{17.5.52}$$

通常选择步距 a 和量化单位 b 满足

$$b=S_{\mathrm{A}}a,a\ll 1 \tag{17.5.53}$$

综合考虑(17.5.47)式、(17.5.48)式、(17.5.49)式、(17.5.50)式、(17.5.51)式及(17.5.52)式,可画出二阶数字锁相环的数学方块图,如图 17.5.12 所示。

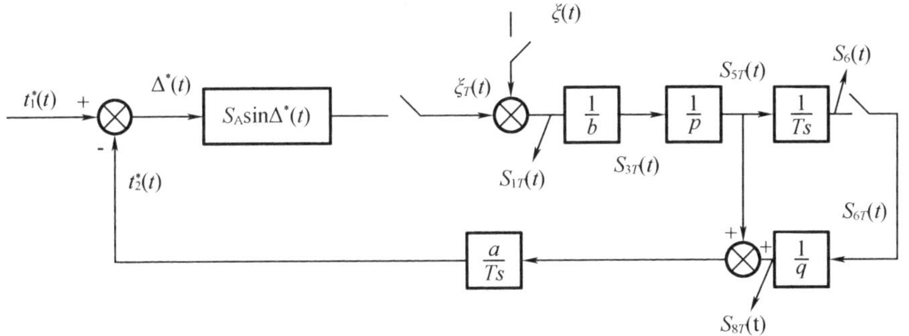

图 17.5.12　二阶数字锁相环数学方块图

17.5.7　二阶数字锁相环 Z 变换分析[106]

考虑到小范围跟踪时,有 $\Delta^*(t)\ll 1$。于是上述系统经线性化并经简化可表示为图17.5.13。

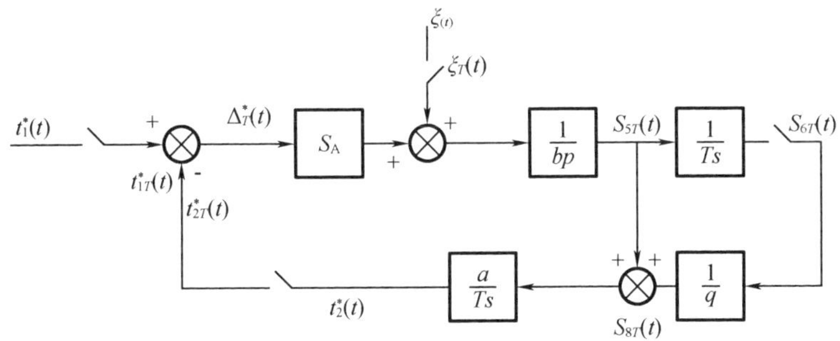

图 17.5.13　二阶数字锁相环的简化数学方块图

经 Z 变换,可得二阶数字锁相环的 Z 变换方块图,如图 17.5.14 所示。由图 17.5.14 不难求出误差 $\Delta_T^*(t)$ 的 Z 变换 $\Delta_T^*(z)$ 为

$$\Delta_T^*(z)=W_1(z)t_{1T}^*(z)+W_\xi(z)\xi_T(z) \tag{17.5.54}$$

其中

$$W_1(z)=\frac{pq(z-1)^2}{z^2(pq+q+1)-z(2pq+q)+pq} \tag{17.5.55}$$

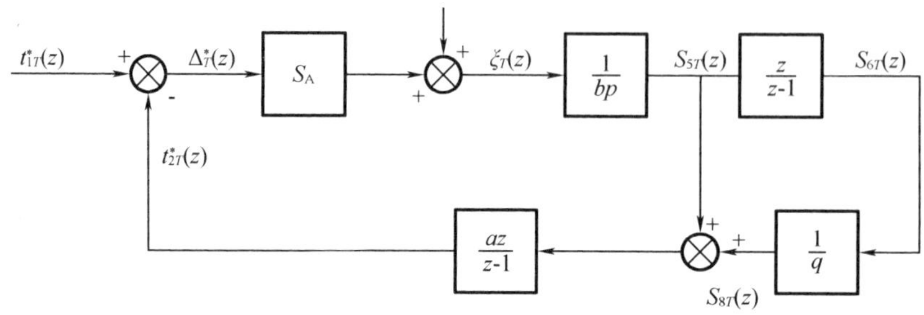

图 17.5.14　二阶数字锁相环 Z 变换方块图

$$W_{\xi}(z)=\frac{-S_{\mathrm{A}}^{-1}[z^{2}(q+1)-zq]}{z^{2}(pq+q+1)-z(2pq+q)+pq} \tag{17.5.56}$$

进一步,由经典公式可计算出误差系数为

$$C_0=C_1=0,C_2=T^2pq \tag{17.5.57}$$

由此可见,上述系统是二阶无静差系统,事实上,这一点由系统方块图(图 17.5.14)也容易看出。

下面计算在平稳随机作用下的均方误差。假设未经采样的噪声是指数相关的马尔可夫过程,即相关函数 $R_{\xi}(\tau)$ 为

$$R_{\xi}(\tau)=R(0)\mathrm{e}^{-\frac{|\tau|}{T_{\xi}}} \tag{17.5.58}$$

其中,$R(0)=\sigma_{\xi}^{2}$;T_{ξ} 为相关时间且

$$\Delta f_{\xi}=\frac{1}{2T_{\xi}} \tag{17.5.59}$$

为接收机有效噪声带宽。可以计算采样噪声 $\xi_T(t)$ 的功谱密度函数 $S_{\xi_T}(z)$ 为

$$S_{\xi_T}(z)=\frac{R(0)d^{-1}(d^2-1)z}{(z-d)(z-d^{-1})} \tag{17.5.60}$$

其中,$d=\mathrm{e}^{-T/T_{\xi}}$,考虑到(17.5.54)式,误差功谱密度函数为

$$S_{\Delta_{\xi}^{*}}(z)=W_{\xi}(z)W_{\xi}(z^{-1})S_{\xi_T}(z) \tag{17.5.61}$$

利用如下公式

$$\sigma_{\Delta_{\xi}^{*}}^{2}=\frac{1}{2\pi\mathrm{j}}\oint_{|z|=1}S_{\Delta_{\xi}^{*}}(z)z^{-1}\mathrm{d}z \tag{17.5.62}$$

可以求出 $\Delta_{\xi}^{*}(t)$ 的方差为

$$\sigma_{\Delta_{\xi}^{*}}^{2}=R_0(R_{c1}+R_{c2}+R_{c3}) \tag{17.5.63}$$

其中

$$R_0=\frac{R(0)(1-d^2)q(q+1)}{S_A^2dz_1z_2(pq+q+1)^2} \tag{17.5.64}$$

$$R_{c1}=\frac{z_1(z_1-z_0)(z_1-z_0^{-1})}{(z_1-z_2)(z_1-d)(z_1-z_1^{-1})(z_1-z_2^{-1})(z_1-d^{-1})} \tag{17.5.65}$$

$$R_{c2}=\frac{z_2(z_2-z_0)(z_2-z_0^{-1})}{(z_2-z_1)(z_2-d)(z_2-z_1^{-1})(z_2-z_2^{-1})(z_2-d^{-1})} \tag{17.5.66}$$

$$R_{c3}=\frac{d(d-z_0)(d-z_0^{-1})}{(d-z_1)(d-z_2)(d-z_1^{-1})(d-z_2^{-1})(d-d^{-1})} \tag{17.5.67}$$

$z_0=\dfrac{q}{q+1}$，z_1，z_2 为(17.5.56)式的特征值，即

$$z_1=\frac{(2pq+q)+\sqrt{q^2-4pq}}{2(pq+q+1)} \tag{17.5.68}$$

$$z_2=\frac{(2pq+q)-\sqrt{q^2-4pq}}{2(pq+q+1)} \tag{17.5.69}$$

将图 17.5.14 稍作变换，并考虑到在工程设计上通常有 $b=S_A a$，于是可得到图 17.5.15 所示的 Z 变换方块图。

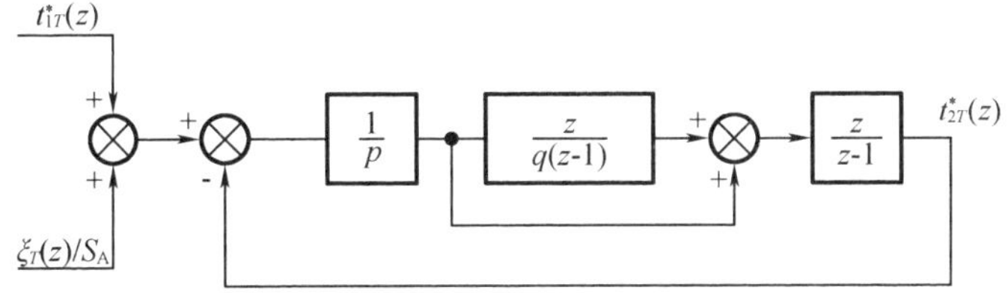

图 17.5.15　二阶数字锁相环 Z 变换方块图

比较图 17.5.7 与图 17.5.15 可以看出，这里所构造的二阶数字锁相环在结构上同(17.5.32)式所表示的最优数字滤波器是完全一致的，适当选择参数 p，q，使得

$$\frac{1}{q}=k_2T \tag{17.5.70}$$

及

$$\frac{1}{p}=k_1T \tag{17.5.71}$$

其中，k_1，k_2 由(17.5.33)式表示；T 为采样周期。于是二阶数字锁相环的滤波性能可达到最优。

17.5.8　二阶数字锁相环等效 L 变换分析[106]

由图 17.5.8 所示的数字锁相环本来是一个计算机参与控制的离散系统。但在一定条件下可用拉氏变换(L 变换)法进行分析。例如，在 Loran－C 导航系统中满足：

$$\begin{cases}\Delta f_{t^*}\ll f_T\\ \Delta f_\xi\ll f_s\\ f_T\ll\Delta f_\xi\end{cases} \tag{17.5.72}$$

其中，Δf_{t^*} 为信号 $t_1^*(t)$ 的通频带，通常为 0～10 Hz；f_T 为采样脉冲频率(80 Hz)；Δf_ξ 为接收机有效噪声带宽(20 kHz)；f_s 为 Loran－C 信号载频(100 kHz)。这样一来，根据申南(C. E. Shannon)采样定理，由图 17.5.12 所表示的采样系统就可以等效为如图 17.5.16 所示的连续系统。

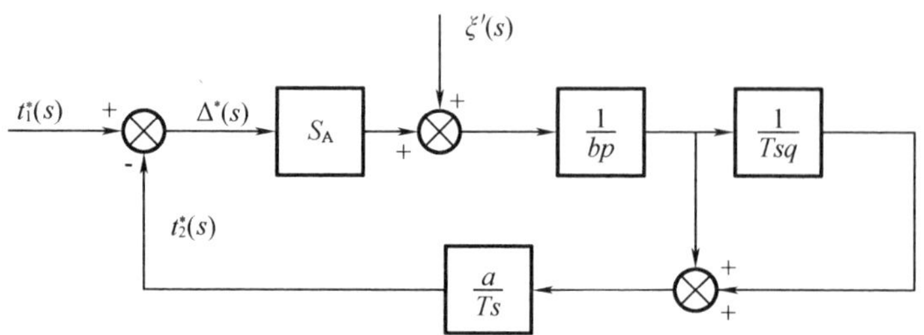

图 17.5.16　Loran－C 二阶数字锁相环拉氏变换方块图

在这种情况下,等效噪声 $\xi'(t)$ 的功谱密度是

$$S_{\xi'}(\omega)=S_{\xi}(0)\frac{\Delta f_{\xi}}{f_T},\Delta f_{\xi}\gg f_T,|\omega|\ll\omega_T/2 \tag{17.5.73}$$

不难求出,误差 $\Delta^*(t)$ 的拉氏变换为

$$\begin{aligned}\Delta^*(s)&=\frac{pqs^2}{pqs^2+f_Tqs+f_T^2}t_1^*(s)+\frac{f_Tqs+f_T^2}{pqs^2+f_Tqs+f_T^2}\frac{\xi'(s)}{S_A}\\&\triangleq W_t(s)t_1^*(s)+W_{\xi}(s)\frac{\xi'(s)}{S_A}\end{aligned} \tag{17.5.74}$$

由图 17.5.16 显见,它是二阶无静差系统,即误差系数为 $C_0=C_1=0,C_2=T^2pq$。

上述系统在平稳随机作用下,误差 $\Delta_{\xi}^*(t)$ 的方差为

$$\sigma_{\Delta_{\xi}^*}^2=\frac{1}{2\pi S_A^2}\int_{-\infty}^{+\infty}|W_{\xi}(j\omega)|^2S_{\xi'}(\omega)d\omega=\frac{1}{4\left(\frac{S}{N}\right)^2}\left(\frac{1}{p}+\frac{1}{q}\right),\Delta f_{\xi}\gg f_T \tag{17.5.75}$$

其中,f_T 为采样频率;Δf_{ξ} 为接收机有效噪声带宽;$\left(\frac{S}{N}\right)$为锁相环输入信噪比;p,q 为系统参数。

我们对上述二阶数字锁相环进行计算机仿真实验,其目的是考察上述系统在平稳噪声作用下的锁相精度。仿真实验是在 $p=64,q=256,f_T=80$ Hz,$\Delta f_{\xi}=20$ kHz 情况下进行的。实验过程中,数字锁相环按(17.5.39)式至(17.5.45)式执行操作,实验结果是在过渡过程结束后 2 000 次的统计值,即

$$\sigma_{实验}=\sqrt{\frac{1}{2\,000}\sum_{k=1}^{2\,000}[t_1^*(k)-t_2^*(k)]^2} \tag{17.5.76}$$

同时,按(17.5.63)式及(17.5.75)式进行理论计算,现将理论结果与实验结果列于表 17.5.1。

表 17.5.1　二阶数字锁相环计算精度和实验精度表

输入信噪比$\left(\frac{S}{N}\right)$	1/1.2	1/3.6	1/5
拉氏变换法 σ 精度	0.084	0.251	0.350
Z 变换法 σ 精度	0.083	0.248	0.345
$\sigma_{实验}$	0.081	0.230	0.330

由以上仿真实验表明，理论分析与实验结果相一致的。

通过以上分析，可得如下结论：

(1) 由图 17.5.8 所构造的二阶数字锁相环，及由(17.5.39)式至(17.5.45)式的算法实现了由广义维纳滤波方程所确定的最优数字滤波器，该最优数字滤波器由图 17.5.7 表示。

(2) 二阶数字锁相环是二阶无静差系统，当载体做匀速直线运动或信号中心频率与接收机中心频率出现固定偏差时，锁相误差的均值仍收敛到零。

(3) 二阶数字锁相环可以按 Z 变换法分析，其方块图由图 17.5.14 表示，传递函数由(17.5.54)式表示，在平稳随机作用下的锁相均方误差由(17.5.62)式及(17.5.63)式计算。

(4) 二阶数字锁相环在一定条件下也可以按拉氏变换法分析，其方块图由图 17.5.16 表示。在平稳随机作用下的锁相均方误差由(17.5.75)式计算。

第 18 章

卡尔曼滤波理论

我们在第 16 章曾经介绍了维纳最优滤波理论，虽然这个理论在通信与自动控制中得到了广泛应用，但是，由于它只能用于平稳随机函数且具有有理谱密度的情况，因此，维纳理论的应用还是受到一定的限制。

本章介绍维纳滤波的进一步发展——卡尔曼滤波，通常称之为离散线性系统的最优估计方法，我们把这种方法的含义用图 18.1 表示。其中时间指标 k 是离散的，$k=1,2,\cdots$，系统状态 $\boldsymbol{X}(k)$ 是 n 维随机向量，它是在 p 维干扰向量 $\boldsymbol{W}(k)$ 作用下产生的，为了对系统状态 $\boldsymbol{X}(k)$ 做出估计，必须要有测量系统，其输出为 m 维测量向量 $\boldsymbol{Z}(k)$，通常，在测量过程中不可避免地引入测量误差 $\boldsymbol{V}(k)$（有时称测量噪声）。

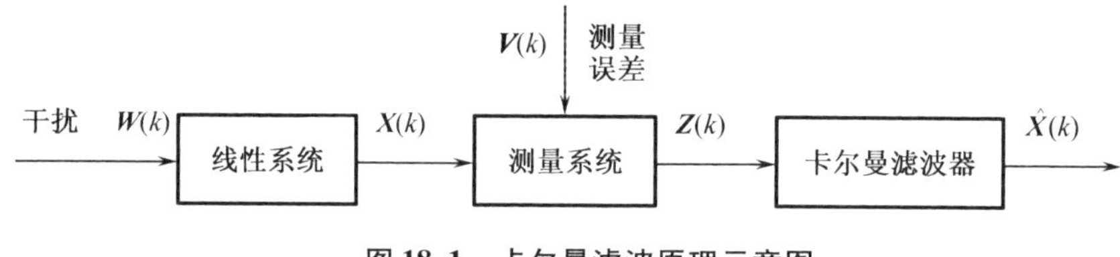

图 18.1　卡尔曼滤波原理示意图

卡尔曼滤波器的作用就是如何根据测量序列 $\{\boldsymbol{Z}(k),k=1,2,\cdots\}$ 对系统状态 $\boldsymbol{X}(k)$ 做出最优估计 $\hat{\boldsymbol{X}}(k)$。

18.1　离散时间线性系统模型

我们所讨论的离散时间线性系统模型由两部分组成，即由系统模型及测量模型所组成。

18.1.1　系统模型

假设我们所考察的系统模型由下式表示，即

$$\boldsymbol{X}(k+1)=\boldsymbol{\Phi}(k+1,k)\boldsymbol{X}(k)+\boldsymbol{\Gamma}(k+1,k)\boldsymbol{W}(k) \tag{18.1.1}$$

其中，$\{\boldsymbol{X}(k),k=0,1,2,\cdots\}$ 为 n 维随机向量序列，通常称 $\boldsymbol{X}(k)$ 为系统状态向量，特别称 $\boldsymbol{X}(0)$ 为系统初始状态，并假设它是正态分布且均值为零，协方差阵为

$$E[\boldsymbol{X}(0)\boldsymbol{X}^{\mathrm{T}}(0)]=\boldsymbol{P}(0)\geqslant 0 \tag{18.1.2}$$

称$\{\boldsymbol{W}(k),k=0,1,2,\cdots\}$为系统干扰序列,假设它是 p 维零均值正态白噪声序列并已知其协方差阵为

$$E[\boldsymbol{W}(k)\boldsymbol{W}^{\mathrm{T}}(l)]=\boldsymbol{Q}(k)\delta(k-l) \tag{18.1.3}$$

$\delta(k-l)$为克罗内克 δ 函数,$\boldsymbol{Q}(k)\geqslant 0$ 且为已知,又假设$\{\boldsymbol{W}(k),k=0,1,2,\cdots\}$与初始状态 $\boldsymbol{X}(0)$相互独立,也即有

$$E[\boldsymbol{X}(0)\boldsymbol{W}^{\mathrm{T}}(k)]=0,k=0,1,2,\cdots \tag{18.1.4}$$

称 $n\times n$ 矩阵 $\boldsymbol{\Phi}(k+1,k)$为系统状态转移矩阵,称 $n\times p$ 矩阵 $\boldsymbol{\Gamma}(k+1,k)$为系统干扰转移矩阵。

这模型同定理 14.4.1 所述模型一致,针对该模型有如下结论。

定理 18.1.1　对于离散系统模型(18.1.1)式并假定(18.1.3)式和(18.1.4)式成立,则系统状态序列$\{\boldsymbol{X}(0),\boldsymbol{X}(1),\boldsymbol{X}(2),\cdots,\boldsymbol{X}(m)\}$是正态马尔可夫序列。

该定理同定理 14.4.1 一致,故证明从略。

定理 18.1.2　对于系统模型(18.1.1)式并假定(18.1.3)式和(18.1.4)式成立,则对任意正整数 m,随机向量集$\{\boldsymbol{X}(0),\boldsymbol{X}(1),\cdots,\boldsymbol{X}(m)\}$的联合密度函数

$$p(0,1,2,\cdots,m;\boldsymbol{x}_0,\boldsymbol{x}_1,\boldsymbol{x}_2,\cdots,\boldsymbol{x}_m)$$

只由初始向量 $\boldsymbol{X}(0)$的概率密度函数 $p(0;\boldsymbol{x}_0)$及条件概率密度函数

$$p(i;\boldsymbol{x}_i\mid i-1;\boldsymbol{x}_{i-1}),i=1,2,\cdots,m$$

所决定。且条件均值为

$$E[\boldsymbol{X}(k+1)\mid\boldsymbol{X}(k)]=\boldsymbol{\Phi}(k+1,k)\boldsymbol{X}(k) \tag{18.1.5}$$

条件方差阵为

$$\begin{aligned}&E\{\boldsymbol{X}(k+1)-E[\boldsymbol{X}(k+1)\mid\boldsymbol{X}(k)]\}\{\boldsymbol{X}(k+1)-E[\boldsymbol{X}(k+1)\mid\boldsymbol{X}(k)]\}^{\mathrm{T}}\\&=\boldsymbol{\Gamma}(k+1,k)\boldsymbol{Q}(k)\boldsymbol{\Gamma}^{\mathrm{T}}(k+1,k)\end{aligned} \tag{18.1.6}$$

该定理的结论实际上就是第 14 章习题 25 的结论,故证明从略。

定理 18.1.3　对于系统模型(18.1.1)式并假定(18.1.3)式和(18.1.4)式成立,则对任意 k,$\boldsymbol{X}(k)$服从正态 $N(0,\boldsymbol{P}(k))$分布,进一步对于任意 $k_1<k_2<\cdots<k_l$,向量集$[\boldsymbol{X}(k_1),\boldsymbol{X}(k_2),\cdots,\boldsymbol{X}(k_l)]$服从正态 $N(0,\boldsymbol{\Sigma})$分布,其中 $\boldsymbol{\Sigma}$ 只由 $\boldsymbol{P}(k_1),\boldsymbol{P}(k_2),\cdots,\boldsymbol{P}(k_l)$决定,即有

$$\begin{aligned}\boldsymbol{\Sigma}&=E\begin{bmatrix}\boldsymbol{X}(k_1)\\\boldsymbol{X}(k_2)\\\vdots\\\boldsymbol{X}(k_l)\end{bmatrix}[\boldsymbol{X}^{\mathrm{T}}(k_1),\boldsymbol{X}^{\mathrm{T}}(k_2),\cdots,\boldsymbol{X}^{\mathrm{T}}(k_l)]\\&=\begin{bmatrix}\boldsymbol{P}(k_1)&\boldsymbol{P}(k_1)\boldsymbol{\Phi}^{\mathrm{T}}(k_2,k_1)&\cdots&\boldsymbol{P}(k_1)\boldsymbol{\Phi}^{\mathrm{T}}(k_l,k_1)\\\boldsymbol{\Phi}(k_2,k_1)\boldsymbol{P}(k_1)&\boldsymbol{P}(k_2)&\cdots&\boldsymbol{P}(k_2)\boldsymbol{\Phi}^{\mathrm{T}}(k_l,k_2)\\\vdots&\vdots&&\vdots\\\boldsymbol{\Phi}(k_l,k_1)\boldsymbol{P}(k_1)&\boldsymbol{\Phi}(k_l,k_2)\boldsymbol{P}(k_2)&\cdots&\boldsymbol{P}(k_l)\end{bmatrix}\end{aligned} \tag{18.1.7}$$

其中

$$\boldsymbol{P}(k+1)=\boldsymbol{\Phi}(k+1,k)\boldsymbol{P}(k)\boldsymbol{\Phi}^{\mathrm{T}}(k+1,k)+\boldsymbol{\Gamma}(k+1,k)\boldsymbol{Q}(k)\boldsymbol{\Gamma}^{\mathrm{T}}(k+1,k) \tag{18.1.8}$$

或者有

$$\boldsymbol{P}(k+1)=\boldsymbol{\Phi}(k+1,0)\boldsymbol{P}(0)\boldsymbol{\Phi}^{\mathrm{T}}(k+1,0)+\sum_{i=1}^{k+1}\boldsymbol{\Phi}(k+1,i)\boldsymbol{\Gamma}(i,i-1)\boldsymbol{Q}(i-1)\cdot$$

$$\boldsymbol{\Gamma}^{\mathrm{T}}(i,i-1)\boldsymbol{\Phi}^{\mathrm{T}}(k+1,i) \tag{18.1.9}$$

进一步有

$$\boldsymbol{P}(k,j)=\boldsymbol{P}(k)\boldsymbol{\Phi}^{\mathrm{T}}(j,k),k<j \tag{18.1.10}$$

这定理中(18.1.7)式实际上是定理14.4.1中(14.4.54)式,而(18.1.8)式、(18.1.9)式及(18.1.10)式实际上是定理14.4.1中(14.4.49)式、(14.4.48)式及(14.4.52)式,故证明从略。

18.1.2 测量模型

测量模型为

$$\boldsymbol{Z}(k)=\boldsymbol{H}(k)\boldsymbol{X}(k)+\boldsymbol{V}(k) \tag{18.1.11}$$

其中,$\{\boldsymbol{Z}(k),k=1,2,\cdots\}$为$m$维测量向量序列;$\{\boldsymbol{V}(k),k=1,2,\cdots\}$为$m$维测量误差向量序列并假设它是零均值正态白噪声序列且

$$E[\boldsymbol{V}(k)\boldsymbol{V}^{\mathrm{T}}(j)]=\boldsymbol{R}(k)\delta(k-j) \tag{18.1.12}$$

$\boldsymbol{R}(k)>0$为已知$m\times m$测量误差阵。进一步假设测量误差序列$\{\boldsymbol{V}(k),k=1,2,\cdots\}$,系统干扰序列$\{\boldsymbol{W}(k),k=0,1,2,\cdots\}$及系统初始向量$\boldsymbol{X}(0)$三者相互独立,即有(18.1.4)式及

$$E[\boldsymbol{W}(k)\boldsymbol{V}^{\mathrm{T}}(l)]=0,k=0,1,2,\cdots,l=1,2,\cdots \tag{18.1.13}$$

$$E[\boldsymbol{X}(0)\boldsymbol{V}^{\mathrm{T}}(l)]=0,l=1,2,\cdots \tag{18.1.14}$$

$\boldsymbol{H}(k)$为$m\times n$测量系统矩阵,它反映出测量向量与状态向量之间的联系。

值得申明的是,为了简单和说明问题起见,我们在系统模型(18.1.1)式及测量模型(18.1.11)式中假设了$\boldsymbol{X}(0),\boldsymbol{W}(k),\boldsymbol{V}(k)(k\geqslant 0)$的均值为零,实际上如果以上各量均值不为零并已知

$$\begin{cases}E[\boldsymbol{X}(0)]=\overline{\boldsymbol{X}}(0)\\E[\boldsymbol{W}(k)]=\overline{\boldsymbol{W}}(k)\\E[\boldsymbol{V}(k)]=\overline{\boldsymbol{V}}(k)\end{cases} \tag{18.1.15}$$

时,由(18.1.1)式及(18.1.11)式可分别求出系统状态向量的均值序列$\{\overline{\boldsymbol{X}}(k),k=0,1,2,\cdots\}$及测量向量的均值序列$\{\overline{\boldsymbol{Z}}(k),k=1,2,\cdots\}$。事实上,对任意$k$,有

$$\overline{\boldsymbol{X}}(k+1)=E[\boldsymbol{X}(k+1)]=\boldsymbol{\Phi}(k+1,k)\overline{\boldsymbol{X}}(k)+\boldsymbol{\Gamma}(k+1,k)\overline{\boldsymbol{W}}(k) \tag{18.1.16}$$

$$\overline{\boldsymbol{Z}}(k)=\boldsymbol{H}(k)\overline{\boldsymbol{X}}(k)+\overline{\boldsymbol{V}}(k) \tag{18.1.17}$$

将(18.1.1)式和(18.1.11)式两边分别减去(18.1.16)式和(18.1.17)式的两边,并令

$$\boldsymbol{X}_*(k+1)\triangleq\boldsymbol{X}(k+1)-\overline{\boldsymbol{X}}(k+1)$$

$$\boldsymbol{W}_*(k)\triangleq\boldsymbol{W}(k)-\overline{\boldsymbol{W}}(k)$$

$$\boldsymbol{Z}_*(k)\triangleq\boldsymbol{Z}(k)-\overline{\boldsymbol{Z}}(k)$$

$$\boldsymbol{V}_*(k)=\boldsymbol{V}(k)-\overline{\boldsymbol{V}}(k)$$

于是得到具有零均值的系统模型为

$$\boldsymbol{X}_*(k+1)=\boldsymbol{\Phi}(k+1,k)\boldsymbol{X}_*(k)+\boldsymbol{\Gamma}(k+1,k)\boldsymbol{W}_*(k) \tag{18.1.18}$$

和具有零均值的测量模型为

$$\boldsymbol{Z}_*(k)=\boldsymbol{H}(k)\boldsymbol{X}_*(k)+\boldsymbol{V}_*(k) \tag{18.1.19}$$

这样一来,又归结到系统模型(18.1.1)式和测量模型(18.1.11)式,因此,我们在以后各节均针对系统模型(18.1.1)式和测量模型(18.1.11)式来讨论。

18.2　离散时间线性系统的卡尔曼滤波

在推导卡尔曼滤波也即离散线性系统递推形式的最优估计算法之前,先介绍投影引理。

引理 18.2.1　投影引理　设 $\boldsymbol{X},\boldsymbol{Z}_1,\boldsymbol{Z}$ 为三个随机向量(它们的维数可以互不相同),记

$$\boldsymbol{Y}\triangleq\begin{bmatrix}\boldsymbol{Z}_1\\ \boldsymbol{Z}\end{bmatrix}\tag{18.2.1}$$

则 $\boldsymbol{X}$ 在 $\boldsymbol{Y}$ 上的正交投影为

$$\hat{E}(\boldsymbol{X}|\boldsymbol{Y})=\hat{E}(\boldsymbol{X}|\boldsymbol{Z}_1)+[E(\widetilde{\boldsymbol{X}}\widetilde{\boldsymbol{Z}}^{\mathrm{T}})][E(\widetilde{\boldsymbol{Z}}\widetilde{\boldsymbol{Z}}^{\mathrm{T}})]^{-1}\widetilde{\boldsymbol{Z}}\tag{18.2.2}$$

其中

$$\widetilde{\boldsymbol{X}}=\boldsymbol{X}-\hat{E}(\boldsymbol{X}|\boldsymbol{Z}_1)\tag{18.2.3}$$

$$\widetilde{\boldsymbol{Z}}=\boldsymbol{Z}-\hat{E}(\boldsymbol{Z}|\boldsymbol{Z}_1)\tag{18.2.4}$$

$\hat{E}(\boldsymbol{X}|\boldsymbol{Z}_1)$ 与 $\hat{E}(\boldsymbol{Z}|\boldsymbol{Z}_1)$ 分别表示 $\boldsymbol{X}$ 与 $\boldsymbol{Z}$ 在 $\boldsymbol{Z}_1$ 上的正交投影。

证明　只需证明(18.2.2)式满足投影定义 15.3.1 即可。

(1)线性性:因为 $\hat{E}(\boldsymbol{X}|\boldsymbol{Z}_1)$ 是 $\boldsymbol{Z}_1$ 的线性函数,$\widetilde{\boldsymbol{Z}}$ 也是 $\boldsymbol{Z}_1$ 的线性函数,而由(18.2.1)式可知两者都是 $\boldsymbol{Y}$ 的线性函数,所以 $\hat{E}(\boldsymbol{X}|\boldsymbol{Y})$ 是 $\boldsymbol{Y}$ 的线性函数。

(2)无偏性:因为

$$\begin{aligned}E[\hat{E}(\boldsymbol{X}|\boldsymbol{Y})]&=E\{\hat{E}(\boldsymbol{X}|\boldsymbol{Z}_1)+[E(\widetilde{\boldsymbol{X}}\widetilde{\boldsymbol{Z}}^{\mathrm{T}})]^{-1}[\boldsymbol{Z}-\hat{E}(\boldsymbol{Z}|\boldsymbol{Z}_1)]\}\\&=E(\boldsymbol{X})+E(\widetilde{\boldsymbol{X}}\widetilde{\boldsymbol{Z}}^{\mathrm{T}})[E(\widetilde{\boldsymbol{Z}}\widetilde{\boldsymbol{Z}}^{\mathrm{T}})]^{-1}\{E(\boldsymbol{Z})-E[\hat{E}(\boldsymbol{Z}|\boldsymbol{Z}_1)]\}=E(\boldsymbol{X})\end{aligned}$$

故无偏性成立。

(3)正交性:因为 $\hat{E}(\boldsymbol{Z}|\boldsymbol{Z}_1)$ 是 $\boldsymbol{Z}_1$ 的线性函数,故由投影的正交性(15.3.18)式可知有

$$E[\widetilde{\boldsymbol{X}}\hat{E}(\boldsymbol{Z}|\boldsymbol{Z}_1)]=E[\widetilde{\boldsymbol{Z}}\hat{E}(\boldsymbol{Z}|\boldsymbol{Z}_1)]=0\tag{18.2.5}$$

由此可推导出

$$E[\widetilde{\boldsymbol{X}}(\boldsymbol{Z}-E\boldsymbol{Z})^{\mathrm{T}}]=E(\widetilde{\boldsymbol{X}}\boldsymbol{Z}^{\mathrm{T}})=E\{\widetilde{\boldsymbol{X}}[\boldsymbol{Z}-\hat{E}(\boldsymbol{Z}|\boldsymbol{Z}_1)+\hat{E}(\boldsymbol{Z}|\boldsymbol{Z}_1)]^{\mathrm{T}}\}=E(\widetilde{\boldsymbol{X}}\widetilde{\boldsymbol{Z}}^{\mathrm{T}})\tag{18.2.6}$$

以及

$$E[\widetilde{\boldsymbol{Z}}(\boldsymbol{Z}-E\boldsymbol{Z})^{\mathrm{T}}]=E(\widetilde{\boldsymbol{Z}}\widetilde{\boldsymbol{Z}}^{\mathrm{T}})\tag{18.2.7}$$

这样一来,由(18.2.2)式并考虑到以上两式,有

$$\begin{aligned}&E\{[\boldsymbol{X}-\hat{E}(\boldsymbol{X}|\boldsymbol{Y})][\boldsymbol{Y}-E(\boldsymbol{Y})]^{\mathrm{T}}\}\\&=E\{\{\boldsymbol{X}-\hat{E}(\boldsymbol{X}|\boldsymbol{Z}_1)-[E(\widetilde{\boldsymbol{X}}\widetilde{\boldsymbol{Z}}^{\mathrm{T}})][E(\widetilde{\boldsymbol{Z}}\widetilde{\boldsymbol{Z}}^{\mathrm{T}})]^{-1}\widetilde{\boldsymbol{Z}}\}\{[\boldsymbol{Z}_1-E(\boldsymbol{Z}_1)]^{\mathrm{T}}[\boldsymbol{Z}-E(\boldsymbol{Z})]^{\mathrm{T}}\}\}\\&=E\{\{\widetilde{\boldsymbol{X}}-[E(\widetilde{\boldsymbol{X}}\widetilde{\boldsymbol{Z}}^{\mathrm{T}})][E(\widetilde{\boldsymbol{Z}}\widetilde{\boldsymbol{Z}}^{\mathrm{T}})]^{-1}\widetilde{\boldsymbol{Z}}\}[\boldsymbol{Z}_1-E(\boldsymbol{Z}_1)]^{\mathrm{T}},[\boldsymbol{Z}-E(\boldsymbol{Z})]^{\mathrm{T}}]\}\end{aligned}$$

$$=[E\{\widetilde{X}[Z_1-E(Z_1)]^{\mathrm{T}}\},E\{\widetilde{X}[Z-E(Z)]^{\mathrm{T}}\}\}-E(\widetilde{X}\widetilde{Z}^{\mathrm{T}})[E(\widetilde{Z}\widetilde{Z}^{\mathrm{T}})]^{-1}\cdot$$

$$[E\{\widetilde{Z}[Z_1-E(Z_1)]^{\mathrm{T}}\},E\{\widetilde{Z}[Z-E(Z)]^{\mathrm{T}}\}]$$

$$=[0,E(\widetilde{X}\widetilde{Z}^{\mathrm{T}})]-[E(\widetilde{X}\widetilde{Z}^{\mathrm{T}})(E\,\widetilde{Z}\widetilde{Z}^{\mathrm{T}})^{-1}][0,E(\widetilde{Z}\widetilde{Z}^{\mathrm{T}})]$$

$$=[0,E(\widetilde{X}\widetilde{Z}^{\mathrm{T}})]-[0,E(\widetilde{X}\widetilde{Z}^{\mathrm{T}})]=0$$

于是正交性成立。故 $\boldsymbol{X}$ 在 $\boldsymbol{Y}$ 上的正交投影为(18.2.2)式。引理证毕。

现在我们首先推导最优预测估计,有时称之为线性最小方差预测估计。

在第15.3节已经介绍了最优预测估计和最优滤波估计的概念。我们称基于测量集合 $\{\boldsymbol{Z}(1),\boldsymbol{Z}(2),\cdots,\boldsymbol{Z}(j)\}$ 对系统状态 $\boldsymbol{X}(k)\ (k>j)$ 所做的线性最小方差估计为最优预测估计 $\hat{\boldsymbol{X}}(k|j)\ (k>j)$,即

$$\hat{\boldsymbol{X}}(k|j)=\hat{E}[\boldsymbol{X}(k)\,|\,\boldsymbol{Z}(1),\boldsymbol{Z}(2),\cdots,\boldsymbol{Z}(j)],k>j \tag{18.2.8}$$

最优预测误差 $\widetilde{\boldsymbol{X}}(k|j)$ 为

$$\widetilde{\boldsymbol{X}}(k|j)=\boldsymbol{X}(k)-\hat{\boldsymbol{X}}(k|j),k>j \tag{18.2.9}$$

最优预测误差阵 $\boldsymbol{P}(k|j)$ 为

$$\boldsymbol{P}(k|j)=E[\widetilde{\boldsymbol{X}}(k|j)\widetilde{\boldsymbol{X}}(k|j)^{\mathrm{T}}] \tag{18.2.10}$$

特别当 $k=j$ 时,称 $\hat{E}[\boldsymbol{X}(j)\,|\,\boldsymbol{Z}(1),\boldsymbol{Z}(2),\cdots,\boldsymbol{Z}(j)]$ 为最优滤波估计,并记

$$\hat{\boldsymbol{X}}(j|j)=\hat{E}[\boldsymbol{X}(j)\,|\,\boldsymbol{Z}(1),\cdots,\boldsymbol{Z}(j)] \tag{18.2.11}$$

最优滤波估计误差及误差阵分别记为

$$\widetilde{\boldsymbol{X}}(j|j)=\boldsymbol{X}(j)-\hat{\boldsymbol{X}}(j|j)$$

及

$$\boldsymbol{P}(j|j)=E[\widetilde{\boldsymbol{X}}(j|j)\widetilde{\boldsymbol{X}}(j|j)^{\mathrm{T}}]$$

有了上面的若干表示后,现推导如下结论。

定理 18.2.1 设系统模型由(18.1.1)式表示并假定(18.1.3)式及(18.1.4)式成立,测量模型由(18.1.11)式并假定(18.1.13)式及(18.1.14)式成立,如果最优滤波估计 $\hat{\boldsymbol{X}}(j|j)$ 及最优滤波估计误差阵 $\boldsymbol{P}(j|j)\ (j=0,1,2,\cdots)$ 为已知,则对任意 $k>j$:

(1)最优预测估计 $\hat{\boldsymbol{X}}(k|j)\ (k>j)$ 为

$$\hat{\boldsymbol{X}}(k|j)=\boldsymbol{\Phi}(k,j)\hat{\boldsymbol{X}}(j|j) \tag{18.2.12}$$

(2)最优预测估计误差序列 $\{\widetilde{\boldsymbol{X}}(k|j),k=j+1,j+2,\cdots\}$ 是零均值正态马尔可夫序列,且最优预测误差阵 $\boldsymbol{P}(k|j)$ 为

$$\boldsymbol{P}(k|j)=\boldsymbol{\Phi}(k,j)\boldsymbol{P}(j|j)\boldsymbol{\Phi}^{\mathrm{T}}(k,j)+\sum_{i=j+1}^{k}\boldsymbol{\Phi}(k,i)\boldsymbol{\Gamma}(i,i-1)\boldsymbol{Q}(i-1)\boldsymbol{\Gamma}^{\mathrm{T}}(i,i-1)\boldsymbol{\Phi}^{\mathrm{T}}(k,i) \tag{18.2.13}$$

证明 (1)将通项公式(14.4.41)式代入(18.2.8)式,并由定理15.3.4的(15.3.23)式及(15.3.24)式可得

$$
\begin{aligned}
\hat{\boldsymbol{X}}(k \mid j) &= \hat{E}[\boldsymbol{X}(k) \mid \boldsymbol{Z}(1),\boldsymbol{Z}(2),\cdots,\boldsymbol{Z}(j)] \\
&= \hat{E}[\boldsymbol{\Phi}(k,j)\boldsymbol{X}(j) + \sum_{i=j+1}^{k}\boldsymbol{\Phi}(k,i)\boldsymbol{\Gamma}(i,i-1)\boldsymbol{W}(i-1) \mid \boldsymbol{Z}(1),\boldsymbol{Z}(2),\cdots,\boldsymbol{Z}(j)] \\
&= \boldsymbol{\Phi}(k,j)\hat{E}[\boldsymbol{X}(j) \mid \boldsymbol{Z}(1),\boldsymbol{Z}(2),\cdots,\boldsymbol{Z}(j)] + \sum_{i=j+1}^{k}\boldsymbol{\Phi}(k,i)\boldsymbol{\Gamma}(i,i-1)\cdot \\
&\quad \hat{E}[\boldsymbol{W}(i-1) \mid \boldsymbol{Z}(1),\boldsymbol{Z}(2),\cdots,\boldsymbol{Z}(j)] \\
&= \boldsymbol{\Phi}(k,j)\hat{\boldsymbol{X}}(j \mid j) + \sum_{i=j+1}^{k}\boldsymbol{\Phi}(k,i)\boldsymbol{\Gamma}(i,i-1)\hat{E}[\boldsymbol{W}(i-1) \mid \boldsymbol{Z}(1),\boldsymbol{Z}(2),\cdots,\boldsymbol{Z}(j)]
\end{aligned}
\tag{18.2.14}
$$

因为系统干扰序列$\{\boldsymbol{W}(k),k=0,1,2,\cdots\}$是零均值正态白色序列,故对任意$i\geqslant j+1$,$\boldsymbol{W}(i-1)$与$\{\boldsymbol{Z}(1),\boldsymbol{Z}(2),\cdots,\boldsymbol{Z}(j)\}$不相关,于是由投影公式(15.3.25)可知有

$$
\hat{E}[\boldsymbol{W}(i-1) \mid \boldsymbol{Z}(1),\cdots,\boldsymbol{Z}(j)] = 0, i\geqslant j+1 \tag{18.2.15}
$$

将(18.2.15)式代入(18.2.14)式可得最优预测估计$\hat{\boldsymbol{X}}(k|j)$为

$$
\hat{\boldsymbol{X}}(k|j) = \boldsymbol{\Phi}(k,j)\hat{\boldsymbol{X}}(j|j)
$$

(2)正态是显然的,只需证马尔可夫性。对给定的j及任意$k>j$,由(18.2.12)式及(14.4.1)式可推得最优预测误差$\widetilde{\boldsymbol{X}}(k|j)$为

$$
\begin{aligned}
\widetilde{\boldsymbol{X}}(k \mid j) &= \boldsymbol{X}(k) - \hat{\boldsymbol{X}}(k|j) \\
&= \boldsymbol{X}(k) - \boldsymbol{\Phi}(k,j)\hat{\boldsymbol{X}}(j|j) \\
&= \boldsymbol{\Phi}(k,j)\boldsymbol{X}(j) + \sum_{i=j+1}^{k}\boldsymbol{\Phi}(k,i)\boldsymbol{\Gamma}(i,i-1)\boldsymbol{W}(i-1) - \boldsymbol{\Phi}(k,j)\hat{\boldsymbol{X}}(j|j) \\
&= \boldsymbol{\Phi}(k,j)\widetilde{\boldsymbol{X}}(j|j) + \sum_{i=j+1}^{k}\boldsymbol{\Phi}(k,i)\boldsymbol{\Gamma}(i,i-1)\boldsymbol{W}(i-1)
\end{aligned}
\tag{18.2.16}
$$

考虑到$\{\boldsymbol{W}(k),k=0,1,2,\cdots\}$为零均值白色序列,又由投影的无偏性有$E[\widetilde{\boldsymbol{X}}(j|j)]=0$,所以预测误差序列$\{\widetilde{\boldsymbol{X}}(k|j),k=j+1,j+2,\cdots\}$为零均值序列。

因为$\boldsymbol{X}(j)$和$\hat{\boldsymbol{X}}(j|j)$均与$\{\boldsymbol{W}(j),\boldsymbol{W}(j+1),\boldsymbol{W}(k)\}$不相关,于是有

$$
E[\widetilde{\boldsymbol{X}}(j|j)\boldsymbol{W}^{\mathrm{T}}(i-1)] = 0, i=j+1,j+2,\cdots,k \tag{18.2.17}
$$

由上式可推得最优预测误差阵$\boldsymbol{P}(k|j)$为

$$
\begin{aligned}
\boldsymbol{P}(k|j) &= E[\widetilde{\boldsymbol{X}}(k|j)\widetilde{\boldsymbol{X}}(k|j)^{\mathrm{T}}] \\
&= \boldsymbol{\Phi}(k,j)\boldsymbol{P}(j|j)\boldsymbol{\Phi}^{\mathrm{T}}(k,j) + \sum_{i=j+1}^{k}\boldsymbol{\Phi}(k,i)\boldsymbol{\Gamma}(i,i-1)\boldsymbol{Q}(i-1)\boldsymbol{\Gamma}^{\mathrm{T}}(i,i-1)\boldsymbol{\Phi}^{\mathrm{T}}(k,i)
\end{aligned}
$$

故(18.2.13)式得证。最后证明序列$\{\widetilde{\boldsymbol{X}}(k|j),k=j+1,j+2,\cdots\}$是正态马尔可夫序列,因为对任意正整数$k\geqslant j+1$,由(18.2.16)式有

$$
\begin{aligned}
\widetilde{\boldsymbol{X}}(k|j) &= \boldsymbol{\Phi}(k,j)\widetilde{\boldsymbol{X}}(j|j) + \sum_{i=j+1}^{k}\boldsymbol{\Phi}(k,i)\boldsymbol{\Gamma}(i,i-1)\boldsymbol{W}(i-1) \\
&= \boldsymbol{\Phi}(k,k-1)\boldsymbol{\Phi}(k-1,j)\widetilde{\boldsymbol{X}}(j|j) + \boldsymbol{\Phi}(k,k)\boldsymbol{\Gamma}(k,k-1)\cdot \\
&\quad \boldsymbol{W}(k-1) + \sum_{i=j+1}^{k-1}\boldsymbol{\Phi}(k,i)\boldsymbol{\Gamma}(i,i-1)\boldsymbol{W}(i-1)
\end{aligned}
$$

$$= \boldsymbol{\Phi}(k,k-1)\left[\boldsymbol{\Phi}(k-1,j)\widetilde{\boldsymbol{X}}(j|j) + \sum_{i=j+1}^{k-1}\boldsymbol{\Phi}(k-1,i)\boldsymbol{\Gamma}(i,i-1)\boldsymbol{W}(i-1)\right] + \boldsymbol{\Gamma}(k,k-1)\boldsymbol{W}(k-1)$$

$$= \boldsymbol{\Phi}(k,k-1)\widetilde{\boldsymbol{X}}(k-1|j) + \boldsymbol{\Gamma}(k,k-1)\boldsymbol{W}(k-1) \tag{18.2.18}$$

又因为干扰序列$\{\boldsymbol{W}(k),k>j\}$是零均值白色序列且与初始误差$\widetilde{\boldsymbol{X}}(j|j)$独立,所以最优预测误差模型(18.2.18)式与模型(18.1.1)式是相同的,故由定理18.1.1可知$\{\widetilde{\boldsymbol{X}}(k|j),k=j+1,j+2,\cdots\}$是马尔可夫序列。定理证毕。

由上述定理,显然可得如下结论。

推论 18.2.1 设系统模型由(18.1.1)式表示并假定(18.1.3)式及(18.1.4)式成立,测量模型由(18.1.11)式表示并假定(18.1.13)式及(18.1.14)式成立。如果最优估计$\hat{\boldsymbol{X}}(k|k)$及最优滤波误差阵$\boldsymbol{P}(k|k),k=0,1,2,\cdots$为已知,则

(1)一步最优预测估计$\hat{\boldsymbol{X}}(k+1|k)$为

$$\hat{\boldsymbol{X}}(k+1|k) = \boldsymbol{\Phi}(k+1,k)\hat{\boldsymbol{X}}(k|k) \tag{18.2.19}$$

(2)一步最优预测误差序列$\{\widetilde{\boldsymbol{X}}(k+1|k),k=0,1,2,\cdots\}$是零均值正态马尔可夫序列且误差阵为

$$\boldsymbol{P}(k+1|k) = \boldsymbol{\Phi}(k+1,k)\boldsymbol{P}(k|k)\boldsymbol{\Phi}^{\mathrm{T}}(k+1,k) + \boldsymbol{\Gamma}(k+1,k)\boldsymbol{Q}(k)\boldsymbol{\Gamma}^{\mathrm{T}}(k+1,k) \tag{18.2.20}$$

完成了上述准备工作以后,现在可以推导最优滤波估计$\hat{\boldsymbol{X}}(k|k)$。

定理 18.2.2 设系统模型由(18.1.1)式表示并假定(18.1.3)式及(18.1.4)式成立,测量模型由(18.1.11)式表示并假定(18.1.13)式及(18.1.14)式成立,则最优滤波估计$\hat{\boldsymbol{X}}(k+1|k+1)$由如下递推关系式给出:

(1)
$$\hat{\boldsymbol{X}}(k+1|k+1) = \boldsymbol{\Phi}(k+1,k)\hat{\boldsymbol{X}}(k|k) + \boldsymbol{K}(k+1)\left[\boldsymbol{Z}(k+1) - \boldsymbol{H}(k+1)\cdot \boldsymbol{\Phi}(k+1,k)\hat{\boldsymbol{X}}(k|k)\right],\ k=0,1,2,\cdots \tag{18.2.21}$$

其中,滤波增益矩阵$\boldsymbol{K}(k+1)$为

$$\boldsymbol{K}(k+1) = \boldsymbol{P}(k+1|k)\boldsymbol{H}^{\mathrm{T}}(k+1)\left[\boldsymbol{H}(k+1)\boldsymbol{P}(k+1|k)\boldsymbol{H}^{\mathrm{T}}(k+1) + \boldsymbol{R}(k+1)\right]^{-1} \tag{18.2.22}$$

$$\boldsymbol{P}(k+1|k) = \boldsymbol{\Phi}(k+1,k)\boldsymbol{P}(k|k)\boldsymbol{\Phi}^{\mathrm{T}}(k+1,k) + \boldsymbol{\Gamma}(k+1,k)\boldsymbol{Q}(k)\boldsymbol{\Gamma}^{\mathrm{T}}(k+1,k) \tag{18.2.23}$$

$$\boldsymbol{P}(k+1|k+1) = \left[\boldsymbol{I} - \boldsymbol{K}(k+1)\boldsymbol{H}(k+1)\right]\boldsymbol{P}(k+1|k)\left[\boldsymbol{I} - \boldsymbol{K}(k+1)\boldsymbol{H}(k+1)\right]^{\mathrm{T}} + \boldsymbol{K}(k+1)\boldsymbol{R}(k+1)\boldsymbol{K}^{\mathrm{T}}(k+1) \tag{18.2.24}$$

初始估计为$\hat{\boldsymbol{X}}(0|0) = E[\hat{\boldsymbol{X}}(0)] = 0$,初始估计误差阵为$\boldsymbol{P}(0|0) = \boldsymbol{P}(0) = E[\boldsymbol{X}(0)\boldsymbol{X}^{\mathrm{T}}(0)]$并假定为已知。

(2)由滤波误差

$$\widetilde{\boldsymbol{X}}(k+1|k+1) = \boldsymbol{X}(k+1) - \hat{\boldsymbol{X}}(k+1|k+1) \tag{18.2.25}$$

所定义的序列$\{\widetilde{\boldsymbol{X}}(k+1|k+1),k=0,1,2,\cdots\}$是零均值正态马尔可夫序列。

证明 取

$$\boldsymbol{Z}_1^{k+1} \triangleq \begin{bmatrix} \boldsymbol{Z}(1) \\ \boldsymbol{Z}(2) \\ \vdots \\ \boldsymbol{Z}(k+1) \end{bmatrix} = \begin{bmatrix} \boldsymbol{Z}_1^k \\ \boldsymbol{Z}(k+1) \end{bmatrix} \tag{18.2.26}$$

于是利用投影引理可得

$$\begin{aligned} \hat{\boldsymbol{X}}(k+1,k+1) &= \hat{E}[\boldsymbol{X}(k+1) \mid \boldsymbol{Z}_1^{k+1}] \\ &= \hat{E}[\boldsymbol{X}(k+1) \mid \boldsymbol{Z}_1^k] + \{E[\widetilde{\boldsymbol{X}}^{\mathrm{T}}(k+1 \mid k)\widetilde{\boldsymbol{Z}}^{\mathrm{T}}(k+1 \mid k)]\} \cdot \\ &\quad \{E\,\widetilde{\boldsymbol{Z}}(k+1 \mid k)\widetilde{\boldsymbol{Z}}^{\mathrm{T}}(k+1 \mid k)\}^{-1}\{\boldsymbol{Z}(k+1) + \hat{E}[\boldsymbol{Z}(k+1) \mid \boldsymbol{Z}_1^k]\} \end{aligned} \tag{18.2.27}$$

其中,$\hat{E}[\boldsymbol{X}(k+1) \mid \boldsymbol{Z}_1^k]$为一步预测估计,由推论 18.2.1 可知

$$\hat{E}[\boldsymbol{X}(k+1) \mid \boldsymbol{Z}_1^k] = \hat{\boldsymbol{X}}(k+1 \mid k) = \boldsymbol{\Phi}(k+1,k)\hat{\boldsymbol{X}}(k \mid k) \tag{18.2.28}$$

$\widetilde{\boldsymbol{X}}(k+1 \mid k) = \boldsymbol{X}(k+1) - \hat{\boldsymbol{X}}(k+1 \mid k)$为一步预测估计误差,由(18.2.18)式可推出

$$\widetilde{\boldsymbol{X}}(k+1 \mid k) = \boldsymbol{\Phi}(k+1,k)\hat{\boldsymbol{X}}(k \mid k) + \boldsymbol{\Gamma}(k+1,k)\boldsymbol{W}(k) \tag{18.2.29}$$

$\widetilde{\boldsymbol{Z}}(k+1 \mid k) = \boldsymbol{Z}(k+1) - \hat{E}[\boldsymbol{Z}(k+1) \mid \boldsymbol{Z}_1^k]$为一步预测误差,由投影性质可推出

$$\begin{aligned} \widetilde{\boldsymbol{Z}}(k+1 \mid k) &= \boldsymbol{H}(k+1)\boldsymbol{X}(k+1) + \boldsymbol{V}(k+1) - \hat{E}[\boldsymbol{H}(k+1)\boldsymbol{X}(k+1) + \boldsymbol{V}(k+1) \mid \boldsymbol{Z}_1^k] \\ &= \boldsymbol{H}(k+1)\boldsymbol{X}(k+1) + \boldsymbol{V}(k+1) - \boldsymbol{H}(k+1)\hat{E}[\boldsymbol{X}(k-1) \mid \boldsymbol{Z}_1^k) - \hat{E}(\boldsymbol{V}(k+1) \mid \boldsymbol{Z}_1^k] \\ &= \boldsymbol{H}(k+1)\widetilde{\boldsymbol{X}}(k+1 \mid k) + \boldsymbol{V}(k+1) - \hat{E}(\boldsymbol{V}(k+1) \mid \boldsymbol{Z}_1^k) \end{aligned} \tag{18.2.30}$$

因为 $\boldsymbol{V}(k+1)(k \geqslant 0)$是零均值白色序列,故它与 $\boldsymbol{Z}(1),\boldsymbol{Z}(2),\cdots,\boldsymbol{Z}(k)$互不相关,于是有

$$\hat{E}[\boldsymbol{V}(k+1) \mid \boldsymbol{Z}_1^k] = 0 \tag{18.2.31}$$

将(18.2.31)式代入(18.2.30)式可得

$$\widetilde{\boldsymbol{Z}}(k+1 \mid k) = \boldsymbol{H}(k+1)\widetilde{\boldsymbol{X}}(k+1 \mid k) + \boldsymbol{V}(k+1) \tag{18.2.32}$$

由(18.1.20)式还可推得

$$\begin{aligned} &E[\widetilde{\boldsymbol{X}}(k+1 \mid k)\widetilde{\boldsymbol{Z}}^{\mathrm{T}}(k+1 \mid k)] \\ &= E[\widetilde{\boldsymbol{X}}(k+1 \mid k)\widetilde{\boldsymbol{X}}^{\mathrm{T}}(k+1 \mid k)]\boldsymbol{H}^{\mathrm{T}}(k+1) + E[\widetilde{\boldsymbol{X}}(k+1 \mid k)\boldsymbol{V}^{\mathrm{T}}(k+1)] \\ &= \boldsymbol{P}(k+1 \mid k)\boldsymbol{H}^{\mathrm{T}}(k+1) \end{aligned} \tag{18.2.33}$$

进一步由(18.2.32)式及(18.1.20)式,有

$$E[\widetilde{\boldsymbol{Z}}(k+1 \mid k)\widetilde{\boldsymbol{Z}}^{\mathrm{T}}(k+1 \mid k)] = \boldsymbol{H}(k+1)\boldsymbol{P}(k+1 \mid k)\boldsymbol{H}^{\mathrm{T}}(k+1) + \boldsymbol{R}(k+1)$$

考虑(18.3.32)式和(18.3.33)式,立得

$$\begin{aligned} \boldsymbol{K}(k+1) &\triangleq E[\widetilde{\boldsymbol{X}}(k+1 \mid k)\widetilde{\boldsymbol{Z}}^{\mathrm{T}}(k+1 \mid k)]\{E[\widetilde{\boldsymbol{Z}}(k+1 \mid k)\widetilde{\boldsymbol{Z}}^{\mathrm{T}}(k+1 \mid k)]\}^{-1} \\ &= \boldsymbol{P}(k+1 \mid k)\boldsymbol{H}^{\mathrm{T}}(k+1)[\boldsymbol{H}(k+1)\boldsymbol{P}(k+1 \mid k)\boldsymbol{H}^{\mathrm{T}}(k+1) + \boldsymbol{R}(k+1)]^{-1} \end{aligned} \tag{18.2.34}$$

即(18.2.22)式得证。又因为

$$\hat{E}[\boldsymbol{Z}(k+1) \mid \boldsymbol{Z}_1^k] = \hat{E}[\boldsymbol{H}(k+1)\boldsymbol{X}(k+1) + \boldsymbol{V}(k+1) \mid \boldsymbol{Z}_1^k]$$

$$=\boldsymbol{H}(k+1)\hat{E}[\boldsymbol{X}(k+1)|\boldsymbol{Z}_1^k]$$

$$=\boldsymbol{H}(k+1)\boldsymbol{\Phi}(k+1,k)\hat{\boldsymbol{X}}(k|k) \tag{18.2.35}$$

将(18.2.28)式、(18.2.34)式及(18.2.35)式代入(18.2.27)式立得

$$\hat{\boldsymbol{X}}(k+1|k+1)=\boldsymbol{\Phi}(k+1,k)\hat{\boldsymbol{X}}(k|k)+\boldsymbol{K}(k+1)[\boldsymbol{Z}(k+1)-\boldsymbol{H}(k+1)\boldsymbol{\Phi}(k+1,k)\cdot \hat{\boldsymbol{X}}(k|k)] \tag{18.2.36}$$

于是定理中的(18.2.21)式得证,由推论18.2.1可知(18.2.23)式成立。

现在,考察滤波估计误差 $\hat{\boldsymbol{X}}(k+1|k+1)$,由(18.2.21)式及(18.2.28)式有

$$\begin{aligned}\widetilde{\boldsymbol{X}}(k+1|k+1)&=\boldsymbol{X}(k+1)-\hat{\boldsymbol{X}}(k+1|k+1)\\&=\boldsymbol{X}(k+1)\hat{\boldsymbol{X}}(k+1|k)-\boldsymbol{K}(k+1)[\boldsymbol{Z}(k+1)-\boldsymbol{H}(k+1)\hat{\boldsymbol{X}}(k+1|k)]\\&=\widetilde{\boldsymbol{X}}(k+1|k)-\boldsymbol{K}(k+1)[\boldsymbol{H}(k+1)\boldsymbol{X}(k+1)-\boldsymbol{H}(k+1)\hat{\boldsymbol{X}}(k+1|k)+\\&\quad\boldsymbol{V}(k+1)]\\&=\widetilde{\boldsymbol{X}}(k+1|k)-\boldsymbol{K}(k+1)\boldsymbol{H}(k+1)\widetilde{\boldsymbol{X}}(k+1|k)-\boldsymbol{K}(k+1)\boldsymbol{V}(k+1)\\&=[\boldsymbol{I}-\boldsymbol{K}(k+1)\boldsymbol{H}(k+1)]\widetilde{\boldsymbol{X}}(k+1|k)-\boldsymbol{K}(k+1)\boldsymbol{V}(k+1)\end{aligned} \tag{18.2.37}$$

因为测量误差序列$\{\boldsymbol{V}(k+1),k\geqslant 0\}$是零均值白色序列且与系统干扰序列$\{\boldsymbol{W}(k),k\geqslant 0\}$独立,于是可推出

$$E[\widetilde{\boldsymbol{X}}(k+1|k)\boldsymbol{V}^{\mathrm{T}}(k+1)]=0 \tag{18.2.38}$$

这样一来,由(18.2.37)式及(18.2.38)式可推出最优滤波估计误差阵$\boldsymbol{P}(k+1|k+1)$为

$$\begin{aligned}\boldsymbol{P}(k+1|k+1)&=E[\widetilde{\boldsymbol{X}}(k+1|k+1)\widetilde{\boldsymbol{X}}^{\mathrm{T}}(k+1|k+1)]\\&=[\boldsymbol{I}-\boldsymbol{K}(k+1)\boldsymbol{H}(k+1)]E[\widetilde{\boldsymbol{X}}(k+1|k)\widetilde{\boldsymbol{X}}^{\mathrm{T}}(k+1|k)]\cdot\\&\quad[\boldsymbol{I}-\boldsymbol{K}(k+1)\boldsymbol{H}(k+1)]^{\mathrm{T}}+\boldsymbol{K}(k+1)\{E[\boldsymbol{V}(k+1)\boldsymbol{V}^{\mathrm{T}}(k+1)]\}\boldsymbol{K}^{\mathrm{T}}(k+1)\\&=[\boldsymbol{I}-\boldsymbol{K}(k+1)\boldsymbol{H}(k+1)]\boldsymbol{P}(k+1|k)[\boldsymbol{I}-\boldsymbol{K}(k+1)\boldsymbol{H}(k+1)]^{\mathrm{T}}+\\&\quad\boldsymbol{K}(k+1)\boldsymbol{R}(k+1)\boldsymbol{K}^{\mathrm{T}}(k+1)\end{aligned} \tag{18.2.39}$$

于是(18.2.24)式得证。

(2)利用(18.2.18)式可推出一步最优预测误差表达式$\widetilde{\boldsymbol{X}}(k+1|k)$为

$$\widetilde{\boldsymbol{X}}(k+1|k)=\boldsymbol{\Phi}(k+1,k)\widetilde{\boldsymbol{X}}(k|k)+\boldsymbol{\Gamma}(k+1,k)\boldsymbol{W}(k) \tag{18.2.40}$$

并将(18.2.40)式代入(18.2.37)式,有

$$\begin{aligned}\widetilde{\boldsymbol{X}}(k+1|k+1)&=[\boldsymbol{I}-\boldsymbol{K}(k+1)\boldsymbol{H}(k+1)]\boldsymbol{\Phi}(k+1,k)\hat{\boldsymbol{X}}(k|k)+\\&\quad[\boldsymbol{I}-\boldsymbol{K}(k+1)\boldsymbol{H}(k+1)]\boldsymbol{\Gamma}(k+1,k)\boldsymbol{W}(k)-\boldsymbol{K}(k+1)\boldsymbol{V}(k+1)\end{aligned} \tag{18.2.41}$$

若令

$$\boldsymbol{\Phi}^*(k+1,k)\triangleq[\boldsymbol{I}-\boldsymbol{K}(k+1)\boldsymbol{H}(k+1)]\boldsymbol{\Phi}(k+1,k)$$

$$\boldsymbol{\Gamma}^*(k+1,k)\triangleq[\boldsymbol{I}-\boldsymbol{K}(k+1)\boldsymbol{H}(k+1)\boldsymbol{\Gamma}(k+1,k)-\boldsymbol{K}(k+1)]$$

$$\boldsymbol{W}^*(k)=\begin{bmatrix}\boldsymbol{W}(k)\\\boldsymbol{V}(k+1)\end{bmatrix} \tag{18.2.42}$$

其中,$\boldsymbol{\Phi}^*$为$n\times n$阵,$\boldsymbol{\Gamma}^*$为$n\times(p+m)$阵且两者均为已知,$\boldsymbol{W}^*$为$p+m$维随机向量,可将

(18.2.41)式写成

$$\widetilde{\boldsymbol{X}}(k+1|k+1)=\boldsymbol{\Phi}^{*}(k+1,k)\hat{\boldsymbol{X}}(k|k)+\boldsymbol{\Gamma}^{*}(k+1,k)\boldsymbol{W}^{*}(k) \tag{18.2.43}$$

比较(18.2.43)式与(18.1.1)式可以看出,这两个模型具有同样的形式,又由(18.2.42)式可知

$$E[\boldsymbol{W}^{*}(k)\boldsymbol{W}^{*}(l)^{\mathrm{T}}]=\begin{bmatrix}\boldsymbol{Q}(k) & 0\\ 0 & \boldsymbol{R}(k+1)\end{bmatrix}\delta(k-l) \tag{18.2.44}$$

这说明模型(18.2.43)中的干扰序列$\{\boldsymbol{W}^{*}(k),k\geqslant 0\}$是零均值正态白噪声。又因为

$$\widetilde{\boldsymbol{X}}(0|0)=\boldsymbol{X}(0)-\hat{\boldsymbol{X}}(0|0)=\boldsymbol{X}(0)-E[\boldsymbol{X}(0)]=\boldsymbol{X}(0)$$

但由系统模型(18.1.1)式及测量模型(18.1.11)式中的假设条件可知初始状态$\boldsymbol{X}(0)$与干扰序列$\{\boldsymbol{W}(k),k=0,1,2,\cdots\}$及测量序列$\{\boldsymbol{V}(k),k\geqslant 1\}$独立,于是得出模型(18.2.43)式中的初始状态$\widetilde{\boldsymbol{X}}(0|0)$与$\{\boldsymbol{W}^{*}(k),k\geqslant 0\}$独立,即有

$$E[\widetilde{\boldsymbol{X}}(0|0)\boldsymbol{W}^{*}(k)^{\mathrm{T}}]=0,k=0,1,2,\cdots \tag{18.2.45}$$

(18.2.44)式及(18.2.45)式说明模型(18.2.43)式服从与模型(18.1.1)式同样的假设条件。这样一来,由定理 18.1.1 可知最优滤波误差序列$\{\widetilde{\boldsymbol{X}}(k|k),k\geqslant 0\}$是零均值正态马尔可夫序列。定理证毕。

这个定理最先是卡尔曼(R. E. kalman)于 1960 年证明[47,48],所以通常把(18.2.21)式至(18.2.24)式所描述的递推滤波算法叫作卡尔曼滤波器。

卡尔曼滤波器的典型计算周期是如下:

(1)由$\boldsymbol{P}(k|k)$,$\boldsymbol{Q}(k)$,$\boldsymbol{\Phi}(k+1,k)$及$\boldsymbol{\Gamma}(k+1,k)$,利用(18.2.33)式计算出$\boldsymbol{P}(k+1|k)$。

(2)把$\boldsymbol{P}(k+1|k)$,$\boldsymbol{H}(k+1)$及$\boldsymbol{R}(k+1)$代入(18.2.22)式可得$\boldsymbol{K}(k+1)$。

(3)把$\boldsymbol{P}(k+1|k)$,$\boldsymbol{K}(k+1)$,$\boldsymbol{H}(k+1)$及$\boldsymbol{R}(k+1)$代入(18.2.24)式可计算出$\boldsymbol{P}(k+1|k+1)$,并把$\boldsymbol{P}(k+1|k+1)$代替$\boldsymbol{P}(k|k)$存储到下一次测量值出现以便重复下一个计算周期。

(4)若需要对状态$\boldsymbol{X}(k+1)$做出估计时,把$\boldsymbol{K}(k+1)$,$\hat{\boldsymbol{X}}(k|k)$,$\boldsymbol{\Phi}(k+1,k)$,$\boldsymbol{H}(k+1)$及$\boldsymbol{Z}(k+1)$代入(18.2.21)式,则可以求出$\hat{\boldsymbol{X}}(k+1|k+1)$。具体计算顺序框图如图 18.2.1 所示。由图 18.2.1 可以看出,如果仅仅是考察滤波器性能而不需要对状态估计时,可以不必启动滤波器,实际上,利用(18.2.23)式、(18.2.22)式及(18.2.24)式即可求出$\boldsymbol{P}(k|k)$,$k=1,2,\cdots$。特别$n\times n$方阵$\boldsymbol{P}(k|k)$对角线上的元素就表示了系统状态相应分量滤波误差的方差。

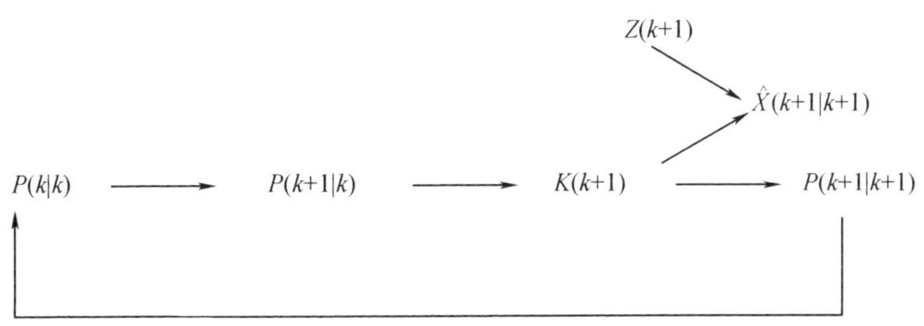

图 18.2.1　卡尔曼滤波计算顺序框图

由(18.2.21)式至(18.2.24)式所表示的卡尔曼滤波器是在工程计算中经常被采用的算法。除此以外,利用矩阵和向量的各种运算,还可推出 $\boldsymbol{K}(k+1)$ 及 $\boldsymbol{P}(k+1|k+1)$ 的另一种表达式:

$$\boldsymbol{P}(k+1|k+1)=[\boldsymbol{I}-\boldsymbol{K}(k+1)\boldsymbol{H}(k+1)]\boldsymbol{P}(k+1|k) \tag{18.2.46}$$

$$\boldsymbol{K}(k+1)=\boldsymbol{P}(k+1|k+1)\boldsymbol{H}^{\mathrm{T}}(k+1)\boldsymbol{R}^{-1}(k+1) \tag{18.2.47}$$

$$\boldsymbol{P}^{-1}(k+1|k+1)=\boldsymbol{P}^{-1}(k+1|k)+\boldsymbol{H}^{\mathrm{T}}(k+1)\boldsymbol{R}^{-1}(k+1)\boldsymbol{H}(k+1) \tag{18.2.48}$$

事实上,由(18.2.22)式有

$$\boldsymbol{K}(k+1)[\boldsymbol{H}(k+1)\boldsymbol{P}(k+1|k)\boldsymbol{H}^{\mathrm{T}}(k+1)+\boldsymbol{R}(k+1)]=\boldsymbol{P}(k+1|k)\boldsymbol{H}^{\mathrm{T}}(k+1)$$

由上式可得

$$\begin{aligned}\boldsymbol{K}(k+1)\boldsymbol{R}(k+1)&=\boldsymbol{P}(k+1|k)\boldsymbol{H}^{\mathrm{T}}(k+1)-\boldsymbol{K}(k+1)\boldsymbol{H}(k+1)\boldsymbol{P}(k+1|k)\boldsymbol{H}^{\mathrm{T}}(k+1)\\&=[\boldsymbol{I}-\boldsymbol{K}(k+1)\boldsymbol{H}(k+1)]\boldsymbol{P}(k+1|k)\boldsymbol{H}^{\mathrm{T}}(k+1)\end{aligned} \tag{18.2.49}$$

将(18.2.49)式代入(18.2.24)式立得(18.2.46)式,即

$$\begin{aligned}\boldsymbol{P}(k+1|k+1)&=[\boldsymbol{I}-\boldsymbol{K}(k+1)\boldsymbol{H}(k+1)]\boldsymbol{P}(k+1|k)[\boldsymbol{I}-\boldsymbol{K}(k+1)\boldsymbol{H}(k+1)]^{\mathrm{T}}+\\&\quad[\boldsymbol{I}-\boldsymbol{K}(k+1)\boldsymbol{H}(k+1)]\boldsymbol{P}(k+1|k)\boldsymbol{H}^{\mathrm{T}}(k+1)\boldsymbol{K}^{\mathrm{T}}(k+1)\\&=[\boldsymbol{I}-\boldsymbol{K}(k+1)\boldsymbol{H}(k+1)]\boldsymbol{P}(k+1|k)\end{aligned}$$

再将(18.2.46)式代入(18.2.49)式,有

$$\boldsymbol{K}(k+1)\boldsymbol{R}(k+1)=\boldsymbol{P}(k+1|k+1)\boldsymbol{H}^{\mathrm{T}}(k+1) \tag{18.2.50}$$

因为 $\boldsymbol{R}(k+1)>0$,故 $\boldsymbol{R}^{-1}(k+1)$ 存在,于是由(18.2.50)式可得(18.2.47)式,将(18.2.46)式展开并考虑到(18.2.22)式有

$$\begin{aligned}\boldsymbol{P}(k+1|k+1)&=\boldsymbol{P}(k+1|k)-\boldsymbol{K}(k+1)\boldsymbol{H}(k+1)\boldsymbol{P}(k+1|k)\\&=\boldsymbol{P}(k+1|k)-\boldsymbol{P}(k+1|k)\boldsymbol{H}^{\mathrm{T}}(k+1)\cdot\\&\quad[\boldsymbol{H}(k+1)\boldsymbol{P}(k+1|k)\boldsymbol{H}^{\mathrm{T}}(k+1)+\boldsymbol{R}(k+1)]^{-1}\boldsymbol{H}(k+1)\boldsymbol{P}(k+1|k)\end{aligned}$$

利用矩阵反演公式(15.6.9)式可得

$$\boldsymbol{P}(k+1|k+1)=[\boldsymbol{P}^{-1}(k+1|k)+\boldsymbol{H}^{\mathrm{T}}(k+1)\boldsymbol{R}^{-1}(k+1)\boldsymbol{H}(k+1)]^{-1} \tag{18.2.51}$$

也即(18.2.48)式成立。

至此,我们所讨论的内容仅仅是线性离散系统在正态白噪声序列干扰作用下随机状态的最优估计,然而在实际应用中常常会发现,系统不仅受到干扰作用,还受到控制输入的作用,而且系统干扰$\{\boldsymbol{W}(k),k\geqslant 0\}$与测量误差$\{\boldsymbol{V}(k),k\geqslant 1\}$也常常是相关的,在这种情况下,对系统状态如何做出最优估计,就是值得研究的问题,下面我们来叙述并证明这一问题的结论。

定理 18.2.3 设系统模型与测量模型分别为

$$\boldsymbol{X}(k+1)=\boldsymbol{\Phi}(k+1,k)\boldsymbol{X}(k)+\boldsymbol{B}(k+1,k)\boldsymbol{U}(k)+\boldsymbol{\Gamma}(k+1,k)\boldsymbol{W}(k) \tag{18.2.52}$$

$$\boldsymbol{Z}(k+1)=\boldsymbol{H}(k+1)\boldsymbol{X}(k+1)+\boldsymbol{V}(k+1) \tag{18.2.53}$$

其中,$\{\boldsymbol{U}(k),k=0,1,2,\cdots\}$为已知的 r 维控制序列,$\boldsymbol{B}(k+1,k)$为已知的 $n\times r$ 矩阵,通常称之为系统控制阵,其余各项含义均同定理 18.2.2 中所述,但假定 $\boldsymbol{W}(k)$ 与 $\boldsymbol{V}(k)$ 相关且有

$$E[\boldsymbol{W}(k)\boldsymbol{V}^{\mathrm{T}}(l)]=\boldsymbol{\Psi}(k)\delta(k-l) \tag{18.2.54}$$

则

(1)系统状态 $\boldsymbol{X}(k+1)$ 的最优估计 $\hat{\boldsymbol{X}}(k+1|k+1)$ 为

$$\hat{\boldsymbol{X}}(k+1|k+1)=\hat{\boldsymbol{X}}(k+1|k)+\boldsymbol{K}(k+1)[\boldsymbol{Z}(k+1)-\boldsymbol{H}(k+1)\hat{\boldsymbol{X}}(k+1|k)] \tag{18.2.55}$$

其中,一步预测估计 $\hat{\boldsymbol{X}}(k+1|k)$ 为

$$\hat{\boldsymbol{X}}(k+1|k)=\boldsymbol{\Phi}(k+1,k)\hat{\boldsymbol{X}}(k|k)+\boldsymbol{B}(k+1,k)\boldsymbol{U}(k)+\boldsymbol{K}_p(k)[\boldsymbol{Z}(k)-\boldsymbol{H}(k)\hat{\boldsymbol{X}}(k|k)] \tag{18.2.56}$$

$$\boldsymbol{K}_p(k)=\boldsymbol{\Gamma}(k+1,k)\boldsymbol{\Psi}(k)\boldsymbol{R}^{-1}(k) \tag{18.2.57}$$

$$\boldsymbol{K}(k+1)=\boldsymbol{P}(k+1|k)\boldsymbol{H}^{\mathrm{T}}(k+1)[\boldsymbol{H}(k+1)\boldsymbol{P}(k+1|k)\boldsymbol{H}^{\mathrm{T}}(k+1)+\boldsymbol{R}(k+1)]^{-1} \tag{18.2.58}$$

$$\begin{aligned}\boldsymbol{P}(k+1|k)=&[\boldsymbol{\Phi}(k+1,k)-\boldsymbol{K}_p(k)\boldsymbol{H}(k)]\boldsymbol{P}(k|k)[\boldsymbol{\Phi}(k+1,k)-\boldsymbol{K}_p(k)\boldsymbol{H}(k)]^{\mathrm{T}}+\\&\boldsymbol{\Gamma}(k+1,k)\boldsymbol{Q}(k)\boldsymbol{\Gamma}^{\mathrm{T}}(k+1,k)-\boldsymbol{K}_p(k)\boldsymbol{R}(k)\boldsymbol{K}_p^{\mathrm{T}}(k)\end{aligned} \tag{18.2.59}$$

$$\boldsymbol{P}(k|k)=[\boldsymbol{I}-\boldsymbol{K}(k+1)\boldsymbol{H}(k+1)]\boldsymbol{P}(k+1|k) \tag{18.2.60}$$

初始估计及初始方差阵分别为

$$\hat{\boldsymbol{X}}(0|0)=E[\boldsymbol{X}(0)]=0 \tag{18.2.61}$$

$$\boldsymbol{P}(0|0)=E[\boldsymbol{X}(0)\boldsymbol{X}^{\mathrm{T}}(0)] \tag{18.2.62}$$

并假定为已知。

(2)由估计误差 $\widetilde{\boldsymbol{X}}(k|k)$ 所定义的随机序列 $\{\widetilde{\boldsymbol{X}}(k|k),k\geqslant 0\}$ 是零均值正态马尔可夫序列。

证明　首先设法构造一个状态相同的新的系统模型,使新的系统模型中的干扰与测量噪声不相关,然后利用投影引理及定理 18.2.2 的结果导出最优估计。

将测量值 $\boldsymbol{Z}(k)=\boldsymbol{H}(k)\boldsymbol{X}(k)+\boldsymbol{V}(k)$ 代入(18.2.52)式得

$$\begin{aligned}\boldsymbol{X}(k+1)=&\boldsymbol{\Phi}(k+1,k)\boldsymbol{X}(k)+\boldsymbol{B}(k+1,k)\boldsymbol{U}(k)+\boldsymbol{\Gamma}(k+1,k)\boldsymbol{W}(k)+\\&\boldsymbol{K}_p(k)[\boldsymbol{Z}(k)-\boldsymbol{H}(k)\boldsymbol{X}(k)-\boldsymbol{V}(k)]\\=&[\boldsymbol{\Phi}(k+1,k)-\boldsymbol{K}_p(k)\boldsymbol{H}(k)]\boldsymbol{X}(k)+\boldsymbol{B}(k+1,k)\boldsymbol{U}(k)+\\&\boldsymbol{K}_p(k)\boldsymbol{Z}(k)+\boldsymbol{\Gamma}(k+1,k)\boldsymbol{W}(k)-\boldsymbol{K}_p(k)\boldsymbol{V}(k)\end{aligned} \tag{18.2.63}$$

若令

$$\boldsymbol{\Phi}^*(k+1,k)=\boldsymbol{\Phi}(k+1,k)-\boldsymbol{K}_p(k)\boldsymbol{H}(k) \tag{18.2.64}$$

$$\boldsymbol{U}^*(k)=\boldsymbol{B}(k+1,k)\boldsymbol{U}(k)+\boldsymbol{K}_p(k)\boldsymbol{Z}(k) \tag{18.2.65}$$

$$\boldsymbol{W}^*(k)=\boldsymbol{\Gamma}(k+1,k)\boldsymbol{W}(k)-\boldsymbol{K}_p(k)\boldsymbol{V}(k) \tag{18.2.66}$$

于是由(18.2.63)式可得状态相同的新的系统模型为

$$\boldsymbol{X}(k+1)=\boldsymbol{\Phi}^*(k+1,k)\boldsymbol{X}(k)+\boldsymbol{U}^*(k)+\boldsymbol{W}^*(k) \tag{18.2.67}$$

这时,新系统模型的干扰 $\{\boldsymbol{W}^*(k),k\geqslant 0\}$ 与测量误差 $\{\boldsymbol{V}^*(k),k\geqslant 0\}$ 的协方差阵为

$$\begin{aligned}\mathrm{cov}[\boldsymbol{W}^*(k),\boldsymbol{V}(l)]&=E[\boldsymbol{\Gamma}(k+1,k)\boldsymbol{W}(k)-\boldsymbol{K}_p(k)\boldsymbol{V}(k)]\boldsymbol{V}^{\mathrm{T}}(l)\\&=[\boldsymbol{\Gamma}(k+1,k)\Psi(k)-\boldsymbol{K}_p(k)\boldsymbol{R}(k)]\delta(k-l)\end{aligned} \tag{18.2.68}$$

因此,只要令

$$\boldsymbol{\Gamma}(k+1,k)\boldsymbol{\Psi}(k)-\boldsymbol{K}_p(k)\boldsymbol{R}(k)=0$$

也即

$$\boldsymbol{K}_p(k)=\boldsymbol{\Gamma}(k+1,k)\boldsymbol{\Psi}(k)\boldsymbol{R}^{-1}(k) \tag{18.2.69}$$

就会使 $\{\boldsymbol{W}^*(k),k\geqslant 0\}$ 与 $\{\boldsymbol{V}(k),k\geqslant 1\}$ 互不相关,于是(18.2.57)式得证。

现由系统模型(18.2.67)式及测量模型(18.2.53)式并利用投影引理来推导 $\hat{\boldsymbol{X}}(k+1|k+1)$。首先由(18.2.8)式可推出一步预测为 $\hat{\boldsymbol{X}}(k+1|k)$

$$
\begin{aligned}
\hat{\boldsymbol{X}}(k+1|k) &= \hat{E}(\boldsymbol{X}(k+1)|\boldsymbol{Z}_1^k) \\
&= \hat{E}(\boldsymbol{\Phi}^*(k+1,k)\boldsymbol{X}(k)+\boldsymbol{U}^*(k)+\boldsymbol{W}^*(k)|\boldsymbol{Z}_1^k) \\
&= \boldsymbol{\Phi}^*(k+1,k)\hat{\boldsymbol{X}}(k|k)+\boldsymbol{U}^*(k) \\
&= [\boldsymbol{\Phi}(k+1,k)-\boldsymbol{K}_p(k)\boldsymbol{H}(k)]\hat{\boldsymbol{X}}(k|k)+\boldsymbol{B}(k+1,k)\boldsymbol{U}(k)+\boldsymbol{K}_p(k)\boldsymbol{Z}(k) \\
&= \boldsymbol{\Phi}(k+1,k)\hat{\boldsymbol{X}}(k|k)+\boldsymbol{B}(k+1,k)\boldsymbol{U}(k)+\boldsymbol{K}_p(k)[\boldsymbol{Z}(k)-\boldsymbol{H}(k)\hat{\boldsymbol{X}}(k|k)]
\end{aligned}
$$

这样(18.2.5)式得证。利用投影引理有

$$
\begin{aligned}
\hat{\boldsymbol{X}}(k+1|k+1) &= \hat{E}[\boldsymbol{X}(k+1)|\boldsymbol{Z}_1^{k+1}] \\
&= \hat{E}[\boldsymbol{X}(k+1)|\boldsymbol{Z}_1^k]+E[\widetilde{\boldsymbol{X}}(k+1|k)\widetilde{\boldsymbol{Z}}^{\mathrm{T}}(k+1|k)]\cdot \\
&\quad \{E[\widetilde{\boldsymbol{Z}}(k+1|k)\widetilde{\boldsymbol{Z}}^{\mathrm{T}}(k+1|k)]\}^{-1}\widetilde{\boldsymbol{Z}}(k+1|k)
\end{aligned} \tag{18.2.70}
$$

然而由(18.2.31)式及投影性质有

$$
\hat{\boldsymbol{Z}}(k+1|k)=\hat{E}[\boldsymbol{Z}(k+1)|\boldsymbol{Z}_1^k]=\boldsymbol{H}(k+1)\hat{\boldsymbol{X}}(k+1,k)
$$

于是可得

$$
\widetilde{\boldsymbol{Z}}(k+1|k)=\boldsymbol{Z}(k+1)-\hat{\boldsymbol{Z}}(k+1|k)=\boldsymbol{H}(k+1)\widetilde{\boldsymbol{X}}(k+1|k)+\boldsymbol{V}(k+1) \tag{18.2.71}
$$

及

$$
E[\widetilde{\boldsymbol{Z}}(k+1|k)\widetilde{\boldsymbol{Z}}^{\mathrm{T}}(k+1|k)]=\boldsymbol{H}(k+1)\boldsymbol{P}(k+1|k)\boldsymbol{H}^{\mathrm{T}}(k+1)+\boldsymbol{R}(k+1) \tag{18.2.72}
$$

$$
E[\widetilde{\boldsymbol{X}}(k+1|k)\widetilde{\boldsymbol{Z}}^{\mathrm{T}}(k+1|k)]=\boldsymbol{P}(k+1|k)\boldsymbol{H}^{\mathrm{T}}(k+1) \tag{18.2.73}
$$

最后,将(18.2.71)式、(18.2.72)式、(18.2.73)式代入(18.2.70)式得 $\hat{\boldsymbol{X}}(k+1|k+1)$ 为

$$
\begin{aligned}
\hat{\boldsymbol{X}}(k+1|k+1) &= \hat{\boldsymbol{X}}(k+1|k)+\boldsymbol{P}(k+1|k)\boldsymbol{H}^{\mathrm{T}}(k+1)[\boldsymbol{H}(k+1)\boldsymbol{P}(k+1|k)\cdot \\
&\quad \boldsymbol{H}^{\mathrm{T}}(k+1)+\boldsymbol{R}(k+1)]^{-1}[\boldsymbol{Z}(k+1)-\boldsymbol{H}(k+1)\hat{\boldsymbol{X}}(k+1|k)] \\
&= \hat{\boldsymbol{X}}(k+1|k)+\boldsymbol{K}(k+1)[\boldsymbol{Z}(k+1)-\boldsymbol{H}(k+1)\hat{\boldsymbol{X}}(k+1|k)]
\end{aligned} \tag{18.2.74}
$$

其中

$$
\boldsymbol{K}(k+1)=\boldsymbol{P}(k+1|k)\boldsymbol{H}^{\mathrm{T}}(k+1)[\boldsymbol{H}(k+1)\boldsymbol{P}(k+1|k)\boldsymbol{H}^{\mathrm{T}}(k+1)+\boldsymbol{R}(k+1)]^{-1} \tag{18.2.75}
$$

于是(18.2.55)式及(18.2.58)式得证。进一步由(18.2.52)式减(18.2.56)式得一步预测误差 $\widetilde{\boldsymbol{X}}(k+1|k)$ 为

$$
\begin{aligned}
\widetilde{\boldsymbol{X}}(k+1|k) &= \boldsymbol{X}(k+1)-\hat{\boldsymbol{X}}(k+1|k) \\
&= \boldsymbol{\Phi}(k+1,k)\boldsymbol{X}(k)+\boldsymbol{\Gamma}(k+1,k)\boldsymbol{W}(k)-\boldsymbol{\Phi}(k+1,k)\hat{\boldsymbol{X}}(k|k)-\boldsymbol{K}_p(k)\cdot \\
&\quad [\boldsymbol{Z}(k)-\boldsymbol{H}(k)\hat{\boldsymbol{X}}(k|k)] \\
&= \boldsymbol{\Phi}(k+1,k)\widetilde{\boldsymbol{X}}(k|k)+\boldsymbol{\Gamma}(k+1,k)\boldsymbol{W}(k)-\boldsymbol{K}_p(k)\cdot \\
&\quad [\boldsymbol{H}(k)\boldsymbol{X}(k)+\boldsymbol{V}(k)-\boldsymbol{H}(k)\hat{\boldsymbol{X}}(k|k)] \\
&= [\boldsymbol{\Phi}(k+1,k)-\boldsymbol{K}_p(k)\boldsymbol{H}(k)]\widetilde{\boldsymbol{X}}(k|k)+\boldsymbol{\Gamma}(k+1,k)\boldsymbol{W}(k)-\boldsymbol{K}_p(k)\boldsymbol{V}(k)
\end{aligned} \tag{18.2.76}
$$

于是可推出一步预测误差阵 $\boldsymbol{P}(k+1|k)$ 为

$$\begin{aligned}\boldsymbol{P}(k+1|k)&=E[\widetilde{\boldsymbol{X}}(k+1|k)\widetilde{\boldsymbol{X}}^{\mathrm{T}}(k+1|k)]\\&=[\boldsymbol{\Phi}(k+1,k)-\boldsymbol{K}_p(k)\boldsymbol{H}(k)]\boldsymbol{P}(k|k)[\boldsymbol{\Phi}(k+1|k)-\boldsymbol{K}_p(k)\boldsymbol{H}(k)]^{\mathrm{T}}+\\&\quad\boldsymbol{\Gamma}(k+1,k)\boldsymbol{Q}(k)\boldsymbol{\Gamma}^{\mathrm{T}}(k+1,k)+\boldsymbol{K}_p(k)\boldsymbol{R}(k)\boldsymbol{K}_p^{\mathrm{T}}(k)-\boldsymbol{\Gamma}(k+1,k)\cdot\\&\quad\boldsymbol{\Psi}(k)\boldsymbol{K}_p^{\mathrm{T}}(k)-\boldsymbol{K}_p(k)\boldsymbol{\Psi}^{\mathrm{T}}(k)\boldsymbol{\Gamma}^{\mathrm{T}}(k+1,k)\end{aligned}\tag{18.2.77}$$

然而由(18.2.57)式有

$$\begin{aligned}\boldsymbol{\Gamma}(k+1,k)\boldsymbol{\Psi}(k)\boldsymbol{K}_p^{\mathrm{T}}(k)&=\boldsymbol{\Gamma}(k+1,k)\boldsymbol{\Psi}(k)\boldsymbol{R}^{-1}(k)\boldsymbol{R}(k)\boldsymbol{K}_p^{\mathrm{T}}(k)\\&=\boldsymbol{K}_p(k)\boldsymbol{R}(k)\boldsymbol{K}_p^{\mathrm{T}}(k)\end{aligned}\tag{18.2.78}$$

以及

$$\begin{aligned}\boldsymbol{K}_p(k)\boldsymbol{\Psi}^{\mathrm{T}}(k)\boldsymbol{\Gamma}^{\mathrm{T}}(k+1,k)&=\boldsymbol{K}_p(k)\boldsymbol{R}(k)[\boldsymbol{\Gamma}(k+1,k)\boldsymbol{\Psi}(k)\boldsymbol{R}^{-1}(k)]^{\mathrm{T}}\\&=\boldsymbol{K}_p(k)\boldsymbol{R}(k)\boldsymbol{K}_p^{\mathrm{T}}(k)\end{aligned}\tag{18.2.79}$$

将(18.2.78)式、(18.2.79)式代入(18.2.77)式立得

$$\begin{aligned}\boldsymbol{P}(k+1|k)=&[\boldsymbol{\Phi}(k+1,k)-\boldsymbol{K}_p(k)\boldsymbol{H}(k)]\boldsymbol{P}(k|k)[\boldsymbol{\Phi}(k+1,k)-\boldsymbol{K}_p(k)\boldsymbol{H}(k)]^{\mathrm{T}}+\\&\boldsymbol{\Gamma}(k+1,k)\boldsymbol{Q}(k)\boldsymbol{\Gamma}^{\mathrm{T}}(k+1,k)-\boldsymbol{K}_p(k)\boldsymbol{R}(k)\boldsymbol{K}_p^{\mathrm{T}}(k)\end{aligned}$$

于是(18.2.59)式得证。由(18.2.46)式可得(18.2.60)式。再运用定理 18.2.2 中类似的方法可证明最优估计误差序列$\{\widetilde{\boldsymbol{X}}(k/k),k\geqslant 0\}$为零均值正态马尔可夫序列。定理证毕。

18.3　具有相关干扰和相关测量误差的卡尔曼滤波

在这一节，讨论系统干扰$\{\boldsymbol{W}(k),k\geqslant 0\}$和测量误差$\{\boldsymbol{V}(k),k\geqslant 0\}$为相关随机序列时的最优估计问题。

18.3.1　广义马氏序列成形滤波器

现引进广义马氏序列及其成形滤波器的定义。

定义 18.3.1　设$\{\boldsymbol{X}(k),k=0,1,2,\cdots\}$为零均值 n 维随机向量序列，如果 $\boldsymbol{X}(k)$ 满足

$$\boldsymbol{X}(k)=\boldsymbol{A}(k,k-1)\boldsymbol{X}(k-1)+\boldsymbol{\xi}(k-1)\tag{18.3.1}$$

其中初始状态 $\boldsymbol{X}(0)$ 为 n 维随机向量且 $E[\boldsymbol{X}(0)]=0$，$E[\boldsymbol{X}(0)\boldsymbol{X}^{\mathrm{T}}(0)]=\boldsymbol{P}(0)$ 为已知，$\{\boldsymbol{\xi}(k),k=0,1,2,\cdots\}$为不相关零均值 n 维随机向量序列，即

$$E[\boldsymbol{\xi}(k)\boldsymbol{\xi}^{\mathrm{T}}(i)]=\boldsymbol{Q}_{\xi}(k)\delta(k-i)\tag{18.3.2}$$

$\boldsymbol{Q}(k)>0(k=0,1,2,\cdots)$为已知，$\delta(k-i)$为克罗内克 δ 函数，进一步假定 $\boldsymbol{X}(0)$ 与$\{\boldsymbol{\xi}(k),k=0,1,2,\cdots\}$不相关，即

$$E[\boldsymbol{X}(0)\boldsymbol{\xi}^{\mathrm{T}}(k)]=0,k=0,1,2,\cdots\tag{18.3.3}$$

$\boldsymbol{A}(k,k-1)$为 $n\times n$ 状态转移阵，则称$\{\boldsymbol{X}(k),k=0,1,2,\cdots\}$广义 n 维马氏序列，并称由(18.3.1)式所表示的线性系统为广义马氏序列成形滤波器。

把广义马氏序列同 18.1 节所讨论过的系统状态序列相比较，可以看出，对于离散系统模型(18.1.1)式，当(18.1.3)式及(18.1.4)式成立的条件下，系统状态序列不仅是马氏序列而且也是广义马氏序列。但是不能说任一马氏序列都是广义马氏序列，这可由一反例说明。如果序列$\{\boldsymbol{X}(k),k=0,1,2,\cdots\}$是正态的，则它是马氏序列与广义马氏序列两者等价。

关于广义马氏序列有如下性质。

定理 18.3.1 设$\{\boldsymbol{X}(n),n=0,1,2,\cdots\}$为零均值 n 维随机向量序列,则下面三个事实等价。

(1)$\{\boldsymbol{X}(n),n=0,1,2,\cdots\}$为广义马氏序列;

(2)$\boldsymbol{X}(n)$基于$\boldsymbol{X}(n-1),\cdots,\boldsymbol{X}(1),\boldsymbol{X}(0)$线性最小方差预测只与$\boldsymbol{X}(n-1)$有关,即

$$\begin{aligned}\hat{E}[\boldsymbol{X}(n)\mid\boldsymbol{X}(n-1),\boldsymbol{X}(n-2),\cdots,\boldsymbol{X}(0)]&=\hat{E}[\boldsymbol{X}(n)\mid\boldsymbol{X}(n-1)]\\&=\boldsymbol{A}(n,n-1)\boldsymbol{X}(n-1)\end{aligned}\tag{18.3.4}$$

或写成

$$E\{[\boldsymbol{X}(n)-\boldsymbol{A}(n,n-1)\boldsymbol{X}(n-1)]\boldsymbol{X}^{\mathrm{T}}(i)\}=0,i\leqslant n-1\tag{18.3.5}$$

(3)对任意正整数 $l\leqslant m\leqslant n$ 有

$$E[\boldsymbol{X}(n)\boldsymbol{X}^{\mathrm{T}}(l)]\triangleq\boldsymbol{D}_{nl}=\boldsymbol{D}_{nm}\boldsymbol{D}_{mm}^{-1}\boldsymbol{D}_{ml}\tag{18.3.6}$$

该定理的证明类似于定理 15.4.1 的证明,留给读者作为练习。

在实际应用中,我们经常遇到的情况是,系统干扰序列$\{\boldsymbol{W}(k),k\geqslant0\}$和测量误差序列$\{\boldsymbol{V}(k),k\geqslant1\}$均为零均值时间相关的随机向量序列,而且

$$E[\boldsymbol{W}(k)\boldsymbol{W}^{\mathrm{T}}(l)]=\boldsymbol{Q}_W(k,l)\tag{18.3.7}$$

和

$$E[\boldsymbol{V}(k)\boldsymbol{V}^{\mathrm{T}}(l)]=\boldsymbol{Q}_V(k,l)$$

为已知。这给我们提出一个问题,能否由(18.3.7)式构造出一个相关干扰成形滤波器,使其输出序列为$\{\boldsymbol{W}(k),k=0,1,2,\cdots\}$(或$\{\boldsymbol{V}(k),k=0,1,2,\cdots\}$)而输入为白噪声序列。下面的定理给出了回答。

定理 18.3.2 设$\{\boldsymbol{W}(k),k=0,1,2,\cdots\}$为时间相关零均值 n 维随机向量序列,且已知其协方差阵为

$$E[\boldsymbol{W}(k)\boldsymbol{W}^{\mathrm{T}}(l)]=\boldsymbol{Q}_W(k,l)$$

如果对任意正整数 $l\leqslant m\leqslant n$ 有

$$\boldsymbol{Q}_W(n,m)\boldsymbol{Q}_W^{-1}(m,m)\boldsymbol{Q}_W(m,l)=\boldsymbol{Q}_W(n,l)\tag{18.3.8}$$

则其相应的马氏序列成形滤波器可为

$$\boldsymbol{W}(k)=\boldsymbol{\Phi}_W(k,k-1)\boldsymbol{W}(k-1)+\boldsymbol{\xi}(k-1)\tag{18.3.9}$$

其中

$$\boldsymbol{\Phi}_W(k,k-1)=\boldsymbol{Q}_W(k,k-1)\boldsymbol{Q}_W^{-1}(k-1,k-1)\tag{18.3.10}$$

而$\{\boldsymbol{\xi}(k),k=0,1,2,\cdots\}$为零均值 n 维白噪声序列且

$$E[\boldsymbol{\xi}(k)\boldsymbol{\xi}^{\mathrm{T}}(l)]=\boldsymbol{Q}_\xi(k)\delta(k-l)\tag{18.3.11}$$

$$\boldsymbol{Q}_\xi(k)=\boldsymbol{Q}_W(k+1,k+1)-\boldsymbol{Q}_W(k+1,k)\boldsymbol{Q}_W^{-1}(k,k)\boldsymbol{Q}_W(k,k+1)\tag{18.3.12}$$

初始状态 $\boldsymbol{W}(0)$满足 $E[\boldsymbol{W}(0)]=0$ 及

$$E[\boldsymbol{\xi}(k)\boldsymbol{W}^{\mathrm{T}}(0)]=0,k=0,1,2,\cdots\tag{18.3.13}$$

证明 由已知条件(18.3.8)式及定理 18.3.1 可知$\{\boldsymbol{W}(k),k=0,1,2,\cdots\}$是广义马氏序列,则必存在形成滤波器。现取成形滤波器为(18.3.9)式,其中$\{\boldsymbol{\xi}(k),k=0,1,2,\cdots\}$为白噪声序列且满足(18.3.11)式。由

$$\begin{aligned}\boldsymbol{Q}_W(k,k-1)&=E[\boldsymbol{W}(k)\boldsymbol{W}^{\mathrm{T}}(k-1)]\\&=E\{[\boldsymbol{\Phi}_W(k,k-1)\boldsymbol{W}(k-1)+\xi(k-1)]\boldsymbol{W}^{\mathrm{T}}(k-1)\}\end{aligned}$$

$$= \boldsymbol{\Phi}_W(k,k-1)\boldsymbol{Q}_W(k-1,k-1)$$

可得出

$$\boldsymbol{\Phi}_W(k,k-1) = \boldsymbol{Q}_W(k,k-1)\boldsymbol{Q}_W^{-1}(k-1,k-1)$$

故(18.3.10)式得证。进一步还有

$$\begin{aligned}
\boldsymbol{Q}_\xi(k,k) &= E[\boldsymbol{\xi}(k)\boldsymbol{\xi}^{\mathrm{T}}(k)] \\
&= E\{[\boldsymbol{W}(k+1) - \boldsymbol{\Phi}_W(k+1,k)\boldsymbol{W}(k)][\boldsymbol{W}(k+1) - \boldsymbol{\Phi}_W(k+1,k)\boldsymbol{W}(k)]^{\mathrm{T}}\} \\
&= \boldsymbol{Q}_W(k+1,k+1) - \boldsymbol{\Phi}_W(k+1,k)\boldsymbol{Q}_W(k,k+1) - \boldsymbol{Q}_W(k+1,k)\boldsymbol{\Phi}_W^{\mathrm{T}}(k+1,k) + \\
&\quad \boldsymbol{\Phi}_W(k+1,k)\boldsymbol{Q}_W(k)\boldsymbol{\Phi}_W^{\mathrm{T}}(k+1,k) \\
&= \boldsymbol{Q}_W(k+1,k+1) - \boldsymbol{Q}_W(k+1,k)\boldsymbol{Q}_W^{-1}(k,k)\boldsymbol{Q}_W(k,k+1) - \boldsymbol{Q}_W(k+1,k)\cdot \\
&\quad \boldsymbol{Q}_W^{-1}(k,k)\boldsymbol{Q}_W(k,k+1) + \boldsymbol{Q}_W(k+1,k)\boldsymbol{Q}_W^{-1}(k,k)\boldsymbol{Q}_W(k,k)\boldsymbol{Q}_W^{-1}(k,k)\boldsymbol{Q}_W(k,k+1) \\
&= \boldsymbol{Q}_W(k+1,k+1) - \boldsymbol{Q}_W(k+1,k)\boldsymbol{Q}_W^{-1}(k,k)\boldsymbol{Q}_W(k,k+1)
\end{aligned}$$

于是(18.3.12)式得证。定理证毕。

18.3.2　具有相关干扰及相关测量误差的离散线性系统模型

现在,我们把具有时间相关的系统干扰序列$\{\boldsymbol{W}(k), k=0,1,2,\cdots\}$和时间相关的测量误差序列$\{\boldsymbol{V}(k), k=0,1,2,\cdots\}$的离散线性系统模型归纳为如下模型。

系统模型为

$$\boldsymbol{X}(k+1) = \boldsymbol{\Phi}(k+1,k)\boldsymbol{X}(k) + \boldsymbol{\Gamma}(k+1,k)\boldsymbol{W}(k) \tag{18.3.14}$$

其中,系统干扰序列$\{\boldsymbol{W}(k), k=0,1,2,\cdots\}$为时间相关的零均值 p 维随机向量序列,已知协方差阵为

$$E[\boldsymbol{W}(k)\boldsymbol{W}^{\mathrm{T}}(l)] = \boldsymbol{Q}_W(k,l) \tag{18.3.15}$$

进一步假定对任意正整数 $l \leqslant m \leqslant n$,$\boldsymbol{Q}_W(k,l)$满足

$$\boldsymbol{Q}_W(n,l) = \boldsymbol{Q}_W(n,m)\boldsymbol{Q}_W^{-1}(m,m)\boldsymbol{Q}_W(m,l) \tag{18.3.16}$$

其余各项含义均和 18.1 节系统模型相应项的含义相同。

测量模型为

$$\boldsymbol{Z}(k+1) = \boldsymbol{H}(k+1)\boldsymbol{X}(k+1) + \boldsymbol{V}(k+1) \tag{18.3.17}$$

其中,测量误差序列$\{\boldsymbol{V}(k), k=1,2,\cdots\}$为时间相关的零均值 m 维随机向量序列,已知协方差阵为

$$E[\boldsymbol{V}(k)\boldsymbol{V}^{\mathrm{T}}(l)] = \boldsymbol{Q}_V(k,l) \tag{18.3.18}$$

进一步假定对任意正整数 $l \leqslant m \leqslant n$,$\boldsymbol{Q}_V(m,l)$满足

$$\boldsymbol{Q}_V(n,l) = \boldsymbol{Q}_V(n,m)\boldsymbol{Q}_V^{-1}(m,m)\boldsymbol{Q}_V(m,l) \tag{18.3.19}$$

其余各项含义均和 18.1 节测量模型相应项的含义相同。

对于上述系统模型我们介绍一种最优估计方法。

18.3.3　状态扩充法

由(18.3.15)式、(18.3.16)式及定理 18.3.2 必可构造 p 维广义马氏序列成形滤波器为

$$\boldsymbol{W}(k) = \boldsymbol{\Phi}_W(k,k-1)\boldsymbol{W}(k-1) + \boldsymbol{\xi}(k-1) \tag{18.3.20}$$

其中

$$\boldsymbol{\Phi}_W(k,k-1)=\boldsymbol{Q}_W(k,k-1)\boldsymbol{Q}_W^{-1}(k-1,k-1) \tag{18.3.21}$$

$\{\boldsymbol{\xi}(k),k=0,1,2,\cdots\}$为零均值 p 维白噪声序列且

$$\begin{aligned}\boldsymbol{Q}_\xi(k,k)&=E[\boldsymbol{\xi}(k)\boldsymbol{\xi}^{\mathrm{T}}(k)]\\&=\boldsymbol{Q}_W(k+1,k+1)-\boldsymbol{Q}_W(k+1,k)\boldsymbol{Q}_W^{-1}(k,k)\boldsymbol{Q}_W(k,k+1)\end{aligned} \tag{18.3.22}$$

初始值 $\boldsymbol{W}(0)$满足

$$E[\boldsymbol{W}(0)\boldsymbol{\xi}^{\mathrm{T}}(k)]=0,k=0,1,2,\cdots \tag{18.3.23}$$

同理由(18.3.18)式、(18.3.19)式及定理18.3.2也可构造 m 维广义马氏序列成形滤波器为

$$\boldsymbol{V}(k)=\boldsymbol{\Phi}_V(k,k-1)\boldsymbol{V}(k-1)+\boldsymbol{\eta}(k-1) \tag{18.3.24}$$

其中

$$\boldsymbol{\Phi}_V(k,k-1)=\boldsymbol{Q}_V(k,k-1)\boldsymbol{Q}_V^{-1}(k-1,k-1) \tag{18.3.25}$$

$\{\boldsymbol{\eta}(k),k=0,1,2,\cdots\}$为零均值 m 维白噪声序列且

$$\begin{aligned}\boldsymbol{Q}_\eta(k,k)&=E[\boldsymbol{\eta}(k)\boldsymbol{\eta}^{\mathrm{T}}(k)]\\&=\boldsymbol{Q}_V(k+1,k+1)-\boldsymbol{Q}_V(k+1,k)\boldsymbol{Q}_V^{-1}(k,k)\boldsymbol{Q}_V(k,k+1)\end{aligned} \tag{18.3.26}$$

初始值 $\boldsymbol{V}(1)$满足

$$E[\boldsymbol{V}(1)\boldsymbol{\eta}^{\mathrm{T}}(k)]=0,k=0,1,2,\cdots \tag{18.3.27}$$

进一步假设$\{\boldsymbol{\eta}(k),k\geqslant 0\}$与$\{\boldsymbol{\xi}(k),k\geqslant 0\}$独立,即有

$$E[\boldsymbol{\eta}(k)\boldsymbol{\xi}^{\mathrm{T}}(l)]=0,k,l=0,1,2,\cdots \tag{18.3.28}$$

这样一来,若取 $n+m+p$ 维新状态向量 $\boldsymbol{X}_1(k)$为

$$\boldsymbol{X}_1(k)=\begin{bmatrix}\boldsymbol{X}(k)\\\boldsymbol{W}(k)\\\boldsymbol{V}(k)\end{bmatrix}$$

则由方程(18.3.14)式、方程(18.3.20)式及方程(18.3.24)式可得新状态方程为

$$\boldsymbol{X}_1(k+1)=\begin{bmatrix}\boldsymbol{\Phi}(k+1,k) & \boldsymbol{\Gamma}(k+1,k) & 0\\0 & \boldsymbol{\Phi}_W(k+1,k) & 0\\0 & 0 & \boldsymbol{\Phi}_V(k+1,k)\end{bmatrix}\boldsymbol{X}_1(k)+\begin{bmatrix}0\\\boldsymbol{\xi}(k)\\\boldsymbol{\eta}(k)\end{bmatrix} \tag{18.3.29}$$

令

$$\boldsymbol{\Phi}_1(k+1,k)=\begin{bmatrix}\boldsymbol{\Phi}(k+1,k) & \boldsymbol{\Gamma}(k+1,k) & 0\\0 & \boldsymbol{\Phi}_W(k+1,k) & 0\\0 & 0 & \boldsymbol{\Phi}_V(k+1,k)\end{bmatrix}$$

$$\boldsymbol{W}_1(k)=\begin{bmatrix}0\\\boldsymbol{\xi}(k)\\\boldsymbol{\eta}(k)\end{bmatrix}$$

则由(18.3.29)式可写出新的系统模型为

$$\boldsymbol{X}_1(k+1)=\boldsymbol{\Phi}_1(k+1,k)\boldsymbol{X}_1(k)+\boldsymbol{W}_1(k) \tag{18.3.30}$$

其中,$\{\boldsymbol{W}_1(k),k=0,1,2,\cdots\}$为 $n+m+p$ 维白色向量序列且

$$E[\boldsymbol{W}_1(k)\boldsymbol{W}_1^{\mathrm{T}}(l)]=\begin{bmatrix}0 & 0 & 0\\0 & \boldsymbol{Q}_\xi(k,k) & 0\\0 & 0 & \boldsymbol{Q}_\eta(k,k)\end{bmatrix}\delta(k-l)$$

$$\triangleq \boldsymbol{Q}_1(k)\delta(k-l) \tag{18.3.31}$$

另外

$$E[\boldsymbol{X}_1(0)\boldsymbol{W}_1^{\mathrm{T}}(k)] = 0, k = 0,1,2,\cdots \tag{18.3.32}$$

利用新的状态向量 $\boldsymbol{X}_1(k)$ 也可把测量方程(18.3.17)式写成

$$\boldsymbol{Z}(k) = [\boldsymbol{H}(k), 0, \boldsymbol{I}]\begin{bmatrix}\boldsymbol{X}(k)\\ \boldsymbol{W}(k)\\ \boldsymbol{V}(k)\end{bmatrix}$$

$$\triangleq \boldsymbol{H}_1(k)\boldsymbol{X}_1(k) \tag{18.3.33}$$

其中，$\boldsymbol{H}_1(k)$ 为 $m\times(n+p+m)$ 阵且

$$\boldsymbol{H}_1(k) = [\boldsymbol{H}(k), 0, \boldsymbol{I}] \tag{18.3.34}$$

把新的系统模型(18.3.30)式及(18.3.33)式同 18.1 节所介绍的系统模型相比较，可以看出，除维数不同外，两者的统计特性是一样的。于是可以利用 18.2 节的卡尔曼滤波对新的状态向量 $\boldsymbol{X}_1(k)$ 做出最优估计，即有

$$\hat{\boldsymbol{X}}_1(k+1|k+1) = \boldsymbol{\Phi}_1(k+1,k)\hat{\boldsymbol{X}}_1(k|k) + \boldsymbol{K}(k+1)\cdot$$

$$[\boldsymbol{Z}(k+1) - \boldsymbol{H}_1(k+1)\boldsymbol{\Phi}_1(k+1,k)\hat{\boldsymbol{X}}_1(k|k)] \tag{18.3.35}$$

$$\boldsymbol{K}(k+1) = \boldsymbol{P}(k+1|k)\boldsymbol{H}_1^{\mathrm{T}}(k+1)[\boldsymbol{H}_1(k+1)\boldsymbol{P}(k+1|k)\boldsymbol{H}_1^{\mathrm{T}}(k+1)]^{-1} \tag{18.3.36}$$

$$\boldsymbol{P}(k+1|k) = \boldsymbol{\Phi}_1(k+1,k)\boldsymbol{P}(k|k)\boldsymbol{\Phi}_1^{\mathrm{T}}(k+1,k) + \boldsymbol{Q}_1(k) \tag{18.3.37}$$

$$\boldsymbol{P}(k+1|k+1) = [\boldsymbol{I} - \boldsymbol{K}(k+1)\boldsymbol{H}_1(k+1)]\boldsymbol{P}(k+1|k) \tag{18.3.38}$$

初始估计为 $\hat{\boldsymbol{X}}_1(0|0) = 0$，初始方差阵 $\boldsymbol{P}(0|0) = E[\boldsymbol{X}(0)\boldsymbol{X}^{\mathrm{T}}(0)]$ 为已知。

这种方法使用起来比较方便，但有两个缺点：第一，它所需要的计算机内存量比较大，如方阵 $\boldsymbol{P}(k|k)$ 就需要 $(n+p+m)\times(n+p+m)$ 个单元；第二，在递推估计过程中，矩阵 $[\boldsymbol{H}_1(k+1)\boldsymbol{P}(k+1|k)\boldsymbol{H}_1^{\mathrm{T}}(k+1)]$ 的逆有可能不存在，这样一来就无法递推下去，在这种情况下，我们可以利用测量差分方法进行状态最优估计[108]。

18.4　卡尔曼滤波的渐近性

为了深入地讨论卡尔曼滤波的渐近性，我们首先介绍线性系统的随机能控性和随机能观性等概念，这两个概念最先是由卡尔曼提出的[113]。

设 n 维随机动态系统和 m 维随机测量系统分别为

$$\boldsymbol{X}(k) = \boldsymbol{\Phi}(k,k-1)\boldsymbol{X}(k-1) + \boldsymbol{\Gamma}(k,k-1)\boldsymbol{W}(k-1) \tag{18.4.1}$$

$$\boldsymbol{Z}(k) = \boldsymbol{H}(k)\boldsymbol{X}(k) + \boldsymbol{V}(k) \tag{18.4.2}$$

其中，$\boldsymbol{X}(k)\in\mathbf{R}^n$，$\boldsymbol{W}(k)\in\mathbf{R}^p$，且 $E[\boldsymbol{W}(k)] = 0$，$E[\boldsymbol{W}(k)\boldsymbol{W}^{\mathrm{T}}(l)] = \boldsymbol{Q}(k)\delta(k-l)$，$\boldsymbol{Q}(k) > 0$，$\boldsymbol{\Phi}(k,k-1)\in\mathbf{R}^{n\times n}$，$\boldsymbol{\Gamma}(k,k-1)\in\mathbf{R}^{n\times p}$，$\boldsymbol{H}(k)\in\mathbf{R}^{m\times n}$，$\boldsymbol{V}(k)\in\mathbf{R}^m$ 且有 $E[\boldsymbol{V}(k)] = 0$，$E[\boldsymbol{V}(k)\boldsymbol{V}^{\mathrm{T}}(l)] = \boldsymbol{R}(k)\delta(k-l)$，$\boldsymbol{R}(k) > 0$，$\boldsymbol{X}(0)$，$\boldsymbol{W}(k)$，$\boldsymbol{V}(k)$ 两两互不相关。

定义 18.4.1　随机能控性和随机能观性[113]　称随机系统(18.4.1)及(18.4.2)在 k 时刻完全随机能控，如果存在正整数 N，使得

$$\boldsymbol{C}(k-N+1,k) \triangleq \sum_{i=k-N+1}^{k}\boldsymbol{\Phi}(k,i)\boldsymbol{\Gamma}(i,i-1)\boldsymbol{Q}(i-1)\boldsymbol{\Gamma}^{\mathrm{T}}(i,i-1)\boldsymbol{\Phi}^{\mathrm{T}}(k,i) > 0 \tag{18.4.3}$$

进一步,称随机系统(18.4.1)式及(18.4.2)式为一致完全随机能控,如果存在正整数 N 和 $\alpha>0,\beta>0$,使得对所有的 $k\geqslant N$ 有

$$\alpha\boldsymbol{I}\leqslant\boldsymbol{C}(k-N+1,k)\leqslant\beta\boldsymbol{I} \tag{18.4.4}$$

称随机系统(18.4.1)式和(18.4.2)式在 k 时刻完全随机能观,如果存在正整数 N,使得

$$\boldsymbol{O}(k-N+1,k)\triangleq\sum_{j=k-N+1}^{k}\boldsymbol{\Phi}^{\mathrm{T}}(j,k)\boldsymbol{H}^{\mathrm{T}}(j)\boldsymbol{R}^{-1}(j)\boldsymbol{H}(j)\boldsymbol{\Phi}(j,k)>0 \tag{18.4.5}$$

进一步,称随机系统(18.4.1)式及(18.4.2)式为一致完全随机能观,如果存在正整数 N 和 $\alpha>0,\beta>0$,使得对所有的 $k\geqslant N$ 有

$$\alpha\boldsymbol{I}\leqslant\boldsymbol{O}(k-N+1,k)\leqslant\beta\boldsymbol{I} \tag{18.4.6}$$

说明 (1)随机系统完全能控有明显的物理含义,由系统(18.4.1)式的通项公式(14.4.41)式有

$$\begin{aligned}&E\{[\boldsymbol{X}(k)-\boldsymbol{\Phi}(k,k-N)\boldsymbol{X}(k-N)][\boldsymbol{X}(k)-\boldsymbol{\Phi}(k,k-N)\boldsymbol{X}(k-N)]^{\mathrm{T}}\}\\&=E\Big\{\Big[\sum_{i=k-N+1}^{k}\boldsymbol{\Phi}(k,i)\boldsymbol{\Gamma}(i,i-1)\boldsymbol{W}(i-1)\Big]\Big[\sum_{i=k-N+1}^{k}\boldsymbol{\Phi}(k,i)\boldsymbol{\Gamma}(i,i-1)\boldsymbol{W}(i-1)\Big]^{\mathrm{T}}\Big\}\\&=\sum_{i=k-N+1}^{k}\boldsymbol{\Phi}(k,i)\boldsymbol{\Gamma}(i,i-1)\boldsymbol{Q}(i-1)\boldsymbol{\Gamma}^{\mathrm{T}}(i,i-1)\boldsymbol{\Phi}^{\mathrm{T}}(k,i)\\&=\boldsymbol{C}(k-N+1,k)>0\end{aligned}$$

这就是说,如果随机系统在 k 时刻完全随机能控,那么,用有限次(N 次)的有限能量($\boldsymbol{\Phi}(k,i)\boldsymbol{\Gamma}(i,i-1)\boldsymbol{Q}(i-1)\boldsymbol{\Gamma}^{\mathrm{T}}(i,i-1)\boldsymbol{\Phi}^{\mathrm{T}}(k,i)$),可以把终了状态 $\boldsymbol{X}(k)$ 与初始状态 $\boldsymbol{X}(k-N)$ 差值的能量(即均方值)达到任意大,所谓一致完全能控就是对任意时刻 k,上述结论均成立。

换一个说法来理解完全随机能控的概念:如果状态 $\boldsymbol{X}(k)$ 是离散的,那由定理14.4.1可知 $\{X(k),k=1,2,\cdots\}$ 就是马尔可夫链,所谓完全随机能控就是说,从任意初始状态 $\boldsymbol{X}(k-N)$ 出发,通过有限次的转移必以正概率可达任意终止状态 $X(k)$。

(2)关于在 k 时刻完全随机能观的物理意义是,如果 $\boldsymbol{O}(k-N+1,k)>0$,则基于有限次($N$ 次)观测 $\{\boldsymbol{Z}(k-N+1),\boldsymbol{Z}(k-N+2),\cdots,\boldsymbol{Z}(k)\}$ 可以构造出 $\boldsymbol{X}(k)$ 的无偏估计 $\boldsymbol{X}^{*}(k)$,即

$$\boldsymbol{X}^{*}(k)=\boldsymbol{O}^{-1}(k-N+1,k)\sum_{j=k-N+1}^{k}\boldsymbol{\Phi}^{\mathrm{T}}(j,k)\boldsymbol{H}^{\mathrm{T}}(j)\boldsymbol{R}^{-1}(j)\boldsymbol{Z}(j) \tag{18.4.7}$$

且有

$$E[\boldsymbol{X}(k)]=E[\boldsymbol{X}^{*}(k)] \tag{18.4.8}$$

这是因为由(14.4.41)式有 $\boldsymbol{X}(j)=\boldsymbol{\Phi}(j,k)\boldsymbol{X}(k)-\sum_{i=j+1}^{k}\boldsymbol{\Phi}(j,i)\boldsymbol{\Gamma}(i,i-1)\boldsymbol{W}(i-1)$,于是

$$\begin{aligned}\boldsymbol{Z}(j)&=\boldsymbol{H}(j)\boldsymbol{X}(j)+\boldsymbol{V}(j)\\&=\boldsymbol{H}(j)\Big[\boldsymbol{\Phi}(j,k)\boldsymbol{X}(k)-\sum_{i=j+1}^{k}\boldsymbol{\Phi}(j,i)\boldsymbol{\Gamma}(i,i-1)\boldsymbol{W}(i-1)\Big]+\boldsymbol{V}(j)\end{aligned}$$

进而有

$$\begin{aligned}E[\boldsymbol{X}^{*}(k)]=\;&\boldsymbol{O}^{-1}(k-N+1,k)\sum_{j=k-N+1}^{k}\boldsymbol{\Phi}^{\mathrm{T}}(j,k)\boldsymbol{H}^{\mathrm{T}}(j)\boldsymbol{R}^{-1}(j)\cdot\\&E\Big[\boldsymbol{H}(j)\boldsymbol{\Phi}(j,k)\boldsymbol{X}(k)-\sum_{i=j+1}^{k}\boldsymbol{\Phi}(j,i)\boldsymbol{\Gamma}(i,i-1)\boldsymbol{W}(i-1)+\boldsymbol{V}(j)\Big]\end{aligned}$$

$$= \boldsymbol{O}^{-1}(k-N+1,k)\sum_{j=k-N+1}^{k}\boldsymbol{\Phi}^{\mathrm{T}}(j,k)\boldsymbol{H}^{\mathrm{T}}(j)\boldsymbol{R}^{-1}(j)\boldsymbol{H}(j)\boldsymbol{\Phi}(j,k)E[\boldsymbol{X}(k)]$$

$$= \boldsymbol{O}^{-1}(k-N+1,k)\boldsymbol{O}(k-N+1,k)E[\boldsymbol{X}(k)]$$

$$= E[\boldsymbol{X}(k)]$$

所谓一致完全随机能观就是对任意时刻 k,上述结论均成立。

基于线性系统的一致完全随机能控和一致完全随机能观这两个概念,我们可以讨论卡尔曼滤波的渐近性能。

定理 18.4.1[108]　设系统(18.4.1)式和(18.4.2)式为一致完全随机能控和一致完全随机能观,即(18.4.4)式和(18.4.6)式成立,则对所有的 $k\geqslant N$ 有

$$\boldsymbol{P}(k)\leqslant\frac{1+(n\beta)^2}{\alpha}\boldsymbol{I}_{n\times n} \tag{18.4.9}$$

其中,n 为系统状态维数。

证明　对于 $k\geqslant N$,考虑基于测量集 $\{\boldsymbol{Z}_{k-N+1},\boldsymbol{Z}_{k-N+2},\cdots,\boldsymbol{Z}_k\}$ 关于 $\boldsymbol{X}(k)$ 的如下线性无偏估计(注意不是最优的),即

$$\boldsymbol{X}^*(k) = \boldsymbol{O}^{-1}(k-N+1,k)\sum_{j=k-N+1}^{k}\boldsymbol{\Phi}^{\mathrm{T}}(j,k)\boldsymbol{H}^{\mathrm{T}}(j)\boldsymbol{R}^{-1}(j)\boldsymbol{Z}(j)\ (\text{见(18.4.7)式})$$

记 $\boldsymbol{O}^{-1}\triangleq\boldsymbol{O}^{-1}(k-N+1,k)$,于是由上式有

$$\begin{aligned}
\boldsymbol{X}(k)-\boldsymbol{X}^*(k) &= \boldsymbol{X}(k)-\boldsymbol{O}^{-1}\sum_{j=k-N+1}^{k}\boldsymbol{\Phi}^{\mathrm{T}}(j,k)\boldsymbol{H}^{\mathrm{T}}(j)\boldsymbol{R}^{-1}(j)\boldsymbol{Z}(j)\\
&= \boldsymbol{O}^{-1}\Big[O\boldsymbol{X}(k)-\sum_{j=k-N+1}^{k}\boldsymbol{\Phi}^{\mathrm{T}}(j,k)\boldsymbol{H}^{\mathrm{T}}(j)\boldsymbol{R}^{-1}(j)\boldsymbol{Z}(j)\Big]\\
&= \boldsymbol{O}^{-1}\Big[\sum_{j=k-N+1}^{k}\boldsymbol{\Phi}^{\mathrm{T}}(j,k)\boldsymbol{H}^{\mathrm{T}}(j)\boldsymbol{R}^{-1}(j)\boldsymbol{H}(j)\boldsymbol{\Phi}(j,k)\boldsymbol{X}(k)-\\
&\qquad\sum_{j=k-N+1}^{k}\boldsymbol{\Phi}^{\mathrm{T}}(j,k)\boldsymbol{H}^{\mathrm{T}}(j)\boldsymbol{R}^{-1}(j)\boldsymbol{Z}(j)\Big]\\
&= \boldsymbol{O}^{-1}\Big\{\sum_{j=k-N+1}^{k}\boldsymbol{\Phi}^{\mathrm{T}}(j,k)\boldsymbol{H}^{\mathrm{T}}(j)\boldsymbol{R}^{-1}(j)\boldsymbol{H}(j)\boldsymbol{\Phi}(j,k)\cdot\\
&\qquad\Big[\boldsymbol{\Phi}(k,j)\boldsymbol{X}(j)+\sum_{i=j+1}^{k}\boldsymbol{\Phi}(k,i)\boldsymbol{\Gamma}(i,i-1)\boldsymbol{W}(i-1)\Big]-\\
&\qquad\sum_{j=k-N+1}^{k}\boldsymbol{\Phi}^{\mathrm{T}}(j,k)\boldsymbol{H}^{\mathrm{T}}(j)\boldsymbol{R}^{-1}(j)[\boldsymbol{H}(j)\boldsymbol{X}(j)+\boldsymbol{V}(j)]\Big\}\\
&= \boldsymbol{O}^{-1}\Big\{\sum_{j=k-N+1}^{k-1}\boldsymbol{\Phi}^{\mathrm{T}}(j,k)\boldsymbol{H}^{\mathrm{T}}(j)\boldsymbol{R}^{-1}(j)\boldsymbol{H}(j)\boldsymbol{\Phi}(j,k)\cdot\\
&\qquad\Big[\boldsymbol{\Phi}(k,j)\boldsymbol{X}(j)+\sum_{i=j+1}^{k}\boldsymbol{\Phi}(k,i)\boldsymbol{\Gamma}(i,i-1)\boldsymbol{W}(i-1)\Big]-\\
&\qquad\sum_{j=k-N+1}^{k-1}\boldsymbol{\Phi}^{\mathrm{T}}(j,k)\boldsymbol{H}^{\mathrm{T}}(j)\boldsymbol{R}^{-1}(j)\boldsymbol{H}(j)\boldsymbol{\Phi}(j,k)\boldsymbol{\Phi}(k,j)\boldsymbol{X}(j)-\\
&\qquad\sum_{j=k-N+1}^{k}\boldsymbol{\Phi}^{\mathrm{T}}(j,k)\boldsymbol{H}^{\mathrm{T}}(j)\boldsymbol{R}^{-1}(j)\boldsymbol{V}(j)\Big\}\\
&= \boldsymbol{O}^{-1}\Big[\sum_{j=k-N+1}^{k-1}\boldsymbol{\Phi}^{\mathrm{T}}(j,k)\boldsymbol{H}^{\mathrm{T}}(j)\boldsymbol{R}^{-1}(j)\boldsymbol{H}(j)\boldsymbol{\Phi}(j,k)\sum_{i=j+1}^{k}\boldsymbol{\Phi}(k,i)\cdot
\end{aligned}$$

$$\boldsymbol{\Gamma}(i,i-1)\boldsymbol{W}(i-1)-\sum_{j=k-N+1}^{k}\boldsymbol{\Phi}^{\mathrm{T}}(j,k)\boldsymbol{H}^{\mathrm{T}}(j)\boldsymbol{R}^{-1}(j)\boldsymbol{V}(j)]$$

$$=\boldsymbol{O}^{-1}\{\sum_{i=k-N+2}^{k}[\sum_{j=k-N+1}^{i-1}\boldsymbol{\Phi}^{\mathrm{T}}(j,k)\boldsymbol{H}^{\mathrm{T}}(j)\boldsymbol{R}^{-1}(j)\boldsymbol{H}(j)\boldsymbol{\Phi}(j,k)]\cdot$$

$$\boldsymbol{\Phi}(k,i)\boldsymbol{\Gamma}(i,i-1)\boldsymbol{W}(i-1)-\sum_{j=k-N+1}^{k}\boldsymbol{\Phi}^{\mathrm{T}}(j,k)\boldsymbol{H}^{\mathrm{T}}(j)\boldsymbol{R}^{-1}(j)\boldsymbol{V}(j)\}\tag{18.4.10}$$

令

$$\boldsymbol{O}_i\triangleq\sum_{j=k-N+1}^{i-1}\boldsymbol{\Phi}^{\mathrm{T}}(j,k)\boldsymbol{H}^{\mathrm{T}}(j)\boldsymbol{R}^{-1}(j)\boldsymbol{H}(j)\boldsymbol{\Phi}(j,k),k-N+2\leqslant i\leqslant k\tag{18.4.11}$$

将(18.4.11)式与(18.4.5)式比较,显然有

$$0\boldsymbol{I}\leqslant\boldsymbol{O}_i\leqslant\boldsymbol{O}(k-N+1,k)\leqslant\beta\boldsymbol{I}\tag{18.4.12}$$

因为$\boldsymbol{O}_i\geqslant0$,则必有$\boldsymbol{O}_i=\boldsymbol{A}_i^{\mathrm{T}}\boldsymbol{A}_i$($\boldsymbol{A}_i$不一定满秩),再由矩阵理论知,若$\boldsymbol{A}\geqslant0$则$\mathrm{tr}(\boldsymbol{A})\geqslant0$且$\mathrm{tr}(\boldsymbol{A})\boldsymbol{I}\geqslant\boldsymbol{A}$,于是有

$$\begin{aligned}\boldsymbol{O}_i^2&=\boldsymbol{A}_i^{\mathrm{T}}\boldsymbol{A}_i\boldsymbol{A}_i^{\mathrm{T}}\boldsymbol{A}_i\\&\leqslant\boldsymbol{A}_i^{\mathrm{T}}[\mathrm{tr}(\boldsymbol{A}_i\boldsymbol{A}_i^{\mathrm{T}})]\boldsymbol{A}_i\\&=\mathrm{tr}(\boldsymbol{A}_i\boldsymbol{A}_i^{\mathrm{T}})\boldsymbol{A}_i^{\mathrm{T}}\boldsymbol{A}_i\\&=\mathrm{tr}(\boldsymbol{O}_i)\boldsymbol{O}_i,\mathrm{tr}(\boldsymbol{O}_i)=\mathrm{tr}(\boldsymbol{O}_i^{\mathrm{T}})\\&\leqslant\mathrm{tr}(\beta\boldsymbol{I})\boldsymbol{O}_i,\boldsymbol{O}_i\leqslant\beta\boldsymbol{I}\\&=n\beta\boldsymbol{O}_i\\&\leqslant n\beta\boldsymbol{O}(k-N+1,k),\boldsymbol{O}_i\leqslant\boldsymbol{O}(k-N+1,k)\end{aligned}\tag{18.4.13}$$

这样一来,由(18.4.10)式有

$$E\{[\boldsymbol{X}(k)-\boldsymbol{X}^*(k)][\boldsymbol{X}(k)-\boldsymbol{X}^*(k)]^{\mathrm{T}}\}$$

$$=E\{\boldsymbol{O}^{-1}[\sum_{i=k-N+2}^{k}\boldsymbol{O}_i\boldsymbol{\Phi}(k,i)\boldsymbol{\Gamma}(i,i-1)\boldsymbol{W}(i-1)-\sum_{j=k-N+1}^{k}\boldsymbol{\Phi}^{\mathrm{T}}(j,k)\boldsymbol{H}^{\mathrm{T}}(j)\boldsymbol{R}^{-1}(j)\boldsymbol{V}(j)]\cdot$$

$$[\sum_{i=k-N+2}^{k}\boldsymbol{O}_i\boldsymbol{\Phi}(k,i)\boldsymbol{\Gamma}(i,i-1)\boldsymbol{W}(i-1)-\sum_{j=k-N+1}^{k}\boldsymbol{\Phi}^{\mathrm{T}}(j,k)\boldsymbol{H}^{\mathrm{T}}(j)\boldsymbol{R}^{-1}(j)\boldsymbol{V}(j)]^{\mathrm{T}}(\boldsymbol{O}^{-1})^{\mathrm{T}}\}$$

$$=\boldsymbol{O}^{-1}[\sum_{i=k-N+2}^{k}\boldsymbol{O}_i\boldsymbol{\Phi}(k,i)\boldsymbol{\Gamma}(i,i-1)\boldsymbol{Q}(i-1)\boldsymbol{\Gamma}^{\mathrm{T}}(i,i-1)\boldsymbol{\Phi}^{\mathrm{T}}(k,i)\boldsymbol{O}_i^{\mathrm{T}}+$$

$$\sum_{j=k-N+1}^{k}\boldsymbol{\Phi}^{\mathrm{T}}(j,k)\boldsymbol{H}^{\mathrm{T}}(j)\boldsymbol{R}^{-1}(j)\boldsymbol{R}(j)\boldsymbol{R}^{-1}(j)\boldsymbol{H}(j)\boldsymbol{\Phi}(j,k)]\boldsymbol{O}^{-1}$$

$$=\boldsymbol{O}^{-1}[\sum_{i=k-N+2}^{k}\boldsymbol{O}_i\boldsymbol{\Phi}(k,i)\boldsymbol{\Gamma}(i,i-1)\boldsymbol{Q}(i-1)\boldsymbol{\Gamma}^{\mathrm{T}}(i,i-1)\boldsymbol{\Phi}^{\mathrm{T}}(k,i)\boldsymbol{O}_i^{\mathrm{T}}+\boldsymbol{O}]\boldsymbol{O}^{-1}$$

$$\leqslant\boldsymbol{O}^{-1}[\sum_{i=k-N+2}^{k}\boldsymbol{O}_i\mathrm{tr}(\boldsymbol{\Phi}(k,i)\boldsymbol{\Gamma}(i,i-1)\boldsymbol{Q}(i-1)\boldsymbol{\Gamma}^{\mathrm{T}}(i,i-1)\boldsymbol{\Phi}^{\mathrm{T}}(k,i))\boldsymbol{O}_i]\boldsymbol{O}^{-1}+\boldsymbol{O}^{-1}$$

$$=\boldsymbol{O}^{-1}[\sum_{i=k-N+2}^{k}\mathrm{tr}(\boldsymbol{\Phi}(k,i)\boldsymbol{\Gamma}(i,i-1)\boldsymbol{Q}(i-1)\boldsymbol{\Gamma}^{\mathrm{T}}(i,i-1)\boldsymbol{\Phi}^{\mathrm{T}}(k,i))\boldsymbol{O}_i^2]\boldsymbol{O}^{-1}+\boldsymbol{O}^{-1}$$

$$\leqslant\boldsymbol{O}^{-1}[\sum_{i=k-N+2}^{k}\mathrm{tr}(\boldsymbol{\Phi}(k,i)\boldsymbol{\Gamma}(i,i-1)\boldsymbol{Q}(i-1)\boldsymbol{\Gamma}^{\mathrm{T}}(i,i-1)\boldsymbol{\Phi}^{\mathrm{T}}(k,i))\boldsymbol{n\beta O}]\boldsymbol{O}^{-1}+\boldsymbol{O}^{-1}$$

$$=\boldsymbol{O}^{-1}[\boldsymbol{I}+n\beta\mathrm{tr}(\sum_{i=k-N+2}^{k}\boldsymbol{\Phi}(k,i)\boldsymbol{\Gamma}(i,i-1)\boldsymbol{Q}(i-1)\boldsymbol{\Gamma}^{\mathrm{T}}(i,i-1)\boldsymbol{\Phi}^{\mathrm{T}}(k,i))\boldsymbol{I}]$$

$$\leqslant \boldsymbol{O}^{-1}[1 + n\beta \mathrm{tr}(C(k-N+1,k))]I$$
$$\leqslant \boldsymbol{O}^{-1}(1 + n^2\beta^2)\boldsymbol{I}$$
$$\leqslant \left(\frac{1+n^2\beta^2}{\alpha}\right)\boldsymbol{I}, \alpha\boldsymbol{I} \leqslant \boldsymbol{O} \leqslant \beta\boldsymbol{I} \tag{18.4.14}$$

再注意到$\hat{\boldsymbol{X}}(k)$是最优线性无偏估计,因此有

$$\begin{aligned}\boldsymbol{P}(k) &= E\{[\boldsymbol{X}(k) - \hat{\boldsymbol{X}}(k)][\boldsymbol{X}(k) - \hat{\boldsymbol{X}}(k)]^{\mathrm{T}}\}\\ &\leqslant E\{[\boldsymbol{X}(k) - \boldsymbol{X}^*(k)][\boldsymbol{X}(k) - \boldsymbol{X}^*(k)]^{\mathrm{T}}\}\end{aligned}$$

于是由(18.4.14)式立得

$$\boldsymbol{P}(k) \leqslant \left(\frac{1+n^2\beta^2}{\alpha}\right)\boldsymbol{I}_{n\times n}$$

定理证毕。

定理 18.4.2[108]　设系统(18.4.1)式和(18.4.2)式为一致完全随机能控和一致完全随机能观,即(18.4.4)式和(18.4.6)式成立,则对所有的$k \geqslant N$有

$$\boldsymbol{P}(k) > 0 \tag{18.4.15}$$

证明　我们先证$\boldsymbol{P}(N) > 0$,由标准卡尔曼滤波公式(18.2.23)式和(18.2.24)式可知

$$\boldsymbol{P}(k|k-1) = \boldsymbol{\Phi}(k,k-1)\boldsymbol{P}(k-1)\boldsymbol{\Phi}^{\mathrm{T}}(k,k-1) + \boldsymbol{\Gamma}(k,k-1)\boldsymbol{Q}(k-1)\boldsymbol{\Gamma}^{\mathrm{T}}(k,k-1)$$
$$\boldsymbol{P}(k) = [\boldsymbol{I} - \boldsymbol{K}(k)\boldsymbol{H}(k)]\boldsymbol{P}(k|k-1)[\boldsymbol{I} - \boldsymbol{K}(k)\boldsymbol{H}(k)]^{\mathrm{T}} + \boldsymbol{K}(k)\boldsymbol{R}(k)\boldsymbol{K}^{\mathrm{T}}(k)$$

由此可知

$$\boldsymbol{P}(k) \geqslant [\boldsymbol{I} - \boldsymbol{K}(k)\boldsymbol{H}(k)]\boldsymbol{P}(k|k-1)[\boldsymbol{I} - \boldsymbol{K}(k)\boldsymbol{H}(k)]^{\mathrm{T}}$$

当$k = N$时有

$$\begin{aligned}\boldsymbol{P}(N) &\geqslant [\boldsymbol{I} - \boldsymbol{K}(N)\boldsymbol{H}(N)]P(N|N-1)[I - K(N)H(N)]^{\mathrm{T}}\\ &= [\boldsymbol{I} - \boldsymbol{K}(N)\boldsymbol{H}(N)][\boldsymbol{\Phi}(N,N-1)\boldsymbol{P}(N-1)\boldsymbol{\Phi}^{\mathrm{T}}(N,N-1) + \boldsymbol{\Gamma}(N,N-1)\cdot\\ &\quad \boldsymbol{Q}(N-1)\boldsymbol{\Gamma}^{\mathrm{T}}(N,N-1)][\boldsymbol{I} - \boldsymbol{K}(N)\boldsymbol{H}(N)]^{\mathrm{T}}\end{aligned} \tag{18.4.16}$$

令

$$\boldsymbol{\Psi}(k,k-1) = [\boldsymbol{I} - \boldsymbol{K}(k)\boldsymbol{H}(k)]\boldsymbol{\Phi}(k,k-1)$$

且定义

$$\boldsymbol{\Psi}(k,k-2) \triangleq \boldsymbol{\Psi}(k,k-1)\boldsymbol{\Psi}(k-1,k-2)$$

于是由(18.4.16)式有

$$\begin{aligned}\boldsymbol{P}(N) &\geqslant \boldsymbol{\Psi}(N,N-1)\boldsymbol{P}(N-1)\boldsymbol{\Psi}^{\mathrm{T}}(N,N-1) + \boldsymbol{\Psi}(N,N-1)\boldsymbol{\Phi}(N-1,N)\cdot\\ &\quad \boldsymbol{\Gamma}(N,N-1)\boldsymbol{Q}(N-1)\boldsymbol{\Gamma}^{\mathrm{T}}(N,N-1)\boldsymbol{\Phi}^{\mathrm{T}}(N-1,N)\boldsymbol{\Psi}^{\mathrm{T}}(N,N-1)\\ &\geqslant \boldsymbol{\Psi}(N,N-1)[\boldsymbol{\Psi}(N-1,N-2)\boldsymbol{P}(N-2)\boldsymbol{\Psi}^{\mathrm{T}}(N-1,N-2) +\\ &\quad \boldsymbol{\Psi}(N-1,N-2)\boldsymbol{\Phi}(N-2,N-1)\boldsymbol{\Gamma}(N-1,N-2)\boldsymbol{Q}(N-2)\cdot\\ &\quad \boldsymbol{\Gamma}^{\mathrm{T}}(N-1,N-2)\boldsymbol{\Phi}^{\mathrm{T}}(N-2,N-1)\boldsymbol{\Psi}^{\mathrm{T}}(N-1,N-2)]\boldsymbol{\Psi}^{\mathrm{T}}(N,N-1) +\\ &\quad \boldsymbol{\Psi}(N,N-1)\boldsymbol{\Phi}(N-1,N)\boldsymbol{\Gamma}(N,N-1)\boldsymbol{Q}(N-1)\boldsymbol{\Gamma}^{\mathrm{T}}(N,N-1)\cdot\\ &\quad \boldsymbol{\Phi}^{\mathrm{T}}(N-1,N)\boldsymbol{\Psi}^{\mathrm{T}}(N,N-1)\\ &= \boldsymbol{\Psi}(N,N-2)\boldsymbol{P}(N-2)\boldsymbol{\Psi}^{\mathrm{T}}(N,N-2) + \boldsymbol{\Psi}(N,N-2)\boldsymbol{\Phi}(N-2,N-1)\cdot\\ &\quad \boldsymbol{\Gamma}(N-1,N-2)\boldsymbol{Q}(N-2)\boldsymbol{\Gamma}^{\mathrm{T}}(N-1,N-2)\boldsymbol{\Phi}^{\mathrm{T}}(N-2,N-1)\cdot\\ &\quad \boldsymbol{\Psi}^{\mathrm{T}}(N,N-2) + \boldsymbol{\Psi}(N,N-1)\boldsymbol{\Phi}(N-1,N)\boldsymbol{\Gamma}(N,N-1)\boldsymbol{Q}(N-1)\cdot\\ &\quad \boldsymbol{\Gamma}^{\mathrm{T}}(N,N-1)\boldsymbol{\Phi}^{\mathrm{T}}(N-1,N)\boldsymbol{\Psi}^{\mathrm{T}}(N,N-1)\\ &\quad \cdots\cdots\cdots\cdots\end{aligned}$$

$$\geqslant \boldsymbol{\Psi}(N,j)\boldsymbol{P}(j)\boldsymbol{\Psi}^{\mathrm{T}}(N,j)+\sum_{i=j+1}^{N}\boldsymbol{\Psi}(N,i-1)\boldsymbol{\Phi}(i-1,i)\boldsymbol{\Gamma}(i,i-1)\boldsymbol{Q}(i-1)\cdot$$
$$\boldsymbol{\Gamma}^{\mathrm{T}}(i,i-1)\boldsymbol{\Phi}^{\mathrm{T}}(i-1,i)\boldsymbol{\Psi}^{\mathrm{T}}(N,i-1),0\leqslant j\leqslant N-1 \tag{18.4.17}$$

由(18.4.17)式显见,$\boldsymbol{P}(N)\geqslant 0$,为了证明 $\boldsymbol{P}(N)>0$,只需证明如下事实:

设 $\boldsymbol{Y}\in\mathbf{R}^n$,如果 $\boldsymbol{Y}^{\mathrm{T}}\boldsymbol{P}(N)\boldsymbol{Y}=0$ 必有

$$\boldsymbol{Y}=0\Leftrightarrow \boldsymbol{Y}(N)>0$$

由(18.4.17)式设 $\boldsymbol{Y}^{\mathrm{T}}\boldsymbol{P}(N)\boldsymbol{Y}=0$,则必有

$$\boldsymbol{Y}^{\mathrm{T}}\boldsymbol{\Psi}(N,j)\boldsymbol{P}(j)\boldsymbol{\Psi}^{\mathrm{T}}(N,j)\boldsymbol{Y}=0,0\leqslant j\leqslant N \tag{18.4.18}$$

和

$$\boldsymbol{Y}^{\mathrm{T}}\boldsymbol{\Psi}(N,i-1)\boldsymbol{\Phi}(i-1,i)\boldsymbol{\Gamma}(i,i-1)\boldsymbol{Q}(i-1)\boldsymbol{\Gamma}^{\mathrm{T}}(i,i-1)\boldsymbol{\Phi}^{\mathrm{T}}(i-1,i)\boldsymbol{\Psi}^{\mathrm{T}}(N,i-1)\boldsymbol{Y}=0 \tag{18.4.19}$$

设 $\boldsymbol{P}(j)\geqslant 0$,则有 $\boldsymbol{P}(j)=\boldsymbol{S}^{\mathrm{T}}(j)\boldsymbol{S}(j)$,于是(18.4.18)式可写成

$$\begin{aligned}0&=\boldsymbol{Y}^{\mathrm{T}}\boldsymbol{\Psi}(N,j)\boldsymbol{S}^{\mathrm{T}}(j)\boldsymbol{S}(j)\boldsymbol{\Psi}^{\mathrm{T}}(N,j)Y\\&=[\boldsymbol{S}(j)\boldsymbol{\Psi}^{\mathrm{T}}(N,j)\boldsymbol{Y}]^{\mathrm{T}}[\boldsymbol{S}(j)\boldsymbol{\Psi}^{\mathrm{T}}(N,j)\boldsymbol{Y}]\\&=\|\boldsymbol{S}(j)\boldsymbol{\Psi}^{\mathrm{T}}(N,j)\boldsymbol{Y}\|\end{aligned}$$

从而 $\boldsymbol{S}(j)\boldsymbol{\Psi}^{\mathrm{T}}(N,j)\boldsymbol{Y}=0,0\leqslant j\leqslant N$,即

$$\begin{aligned}&\boldsymbol{Y}^{\mathrm{T}}\boldsymbol{\Psi}(N,j)\boldsymbol{S}^{\mathrm{T}}(j)=0\\&\Rightarrow\boldsymbol{Y}^{\mathrm{T}}\boldsymbol{\Psi}(N,j)\boldsymbol{S}^{\mathrm{T}}(j)\boldsymbol{S}(j)=0\\&\Rightarrow\boldsymbol{Y}^{\mathrm{T}}\boldsymbol{\Psi}(N,j)P(j)=0,0\leqslant j\leqslant N\end{aligned} \tag{18.4.20}$$

由(18.4.20)式并利用 $\boldsymbol{K}(k)=\boldsymbol{P}(k)\boldsymbol{H}^{\mathrm{T}}(k)\boldsymbol{R}^{-1}(k)$(见(18.2.47)式)有

$$\begin{aligned}\boldsymbol{Y}^{\mathrm{T}}\boldsymbol{\Psi}(N,i-1)&=\boldsymbol{Y}^{\mathrm{T}}\boldsymbol{\Psi}(N,i)\boldsymbol{\Psi}(i,i-1)\\&=\boldsymbol{Y}^{\mathrm{T}}\boldsymbol{\Psi}(N,i)[\boldsymbol{I}-\boldsymbol{K}(i)\boldsymbol{H}(i)]\boldsymbol{\Phi}(i,i-1)\\&=\boldsymbol{Y}^{\mathrm{T}}\boldsymbol{\Psi}(N,i)\boldsymbol{\Phi}(i,i-1)-\boldsymbol{Y}^{\mathrm{T}}\boldsymbol{\Psi}(N,i)\boldsymbol{P}(i)\boldsymbol{H}^{\mathrm{T}}(i)\boldsymbol{R}^{-1}(i)\boldsymbol{H}(i)\boldsymbol{\Phi}(i,i-1)\\&=\boldsymbol{Y}^{\mathrm{T}}\boldsymbol{\Psi}(N,i)\boldsymbol{\Phi}(i,i-1),(\text{由 }\boldsymbol{Y}^{\mathrm{T}}\boldsymbol{\Psi}(N,i)\boldsymbol{P}(i)=0)\\&=\boldsymbol{Y}^{\mathrm{T}}\boldsymbol{\Psi}(N,i+1)\boldsymbol{\Phi}(i+1,i)\boldsymbol{\Phi}(i,i-1)\\&\;\;\vdots\\&=\boldsymbol{Y}^{\mathrm{T}}\boldsymbol{\Phi}(N,N-1)\boldsymbol{\Phi}(N-1,N-2)\cdots\boldsymbol{\Phi}(i,i-1)\\&=\boldsymbol{Y}^{\mathrm{T}}\boldsymbol{\Phi}(N,i-1)\end{aligned} \tag{18.4.21}$$

将(18.4.21)式代入(18.4.19)式得

$$\begin{aligned}0&=\boldsymbol{Y}^{\mathrm{T}}\boldsymbol{\Phi}(N,i-1)\boldsymbol{\Phi}(i-1,i)\boldsymbol{\Gamma}(i,i-1)\boldsymbol{Q}(i-1)\boldsymbol{\Gamma}^{\mathrm{T}}(i,i-1)\boldsymbol{\Phi}^{\mathrm{T}}(i-1,i)\boldsymbol{\Phi}^{\mathrm{T}}(N,i-1)\boldsymbol{Y}\\&=\boldsymbol{Y}^{\mathrm{T}}\boldsymbol{\Phi}(N,i)\boldsymbol{\Gamma}(i,i-1)\boldsymbol{Q}(i-1)\boldsymbol{\Gamma}^{\mathrm{T}}(i,i-1)\boldsymbol{\Phi}^{\mathrm{T}}(N,i)\boldsymbol{Y},1\leqslant i\leqslant N\end{aligned}$$

将上式对 i 求和仍有

$$\boldsymbol{Y}^{\mathrm{T}}C(1,N)\boldsymbol{Y}=\sum_{i=1}^{N}\boldsymbol{Y}^{\mathrm{T}}[\boldsymbol{\Phi}(N,i)\boldsymbol{\Gamma}(i,i-1)\boldsymbol{Q}(i-1)\boldsymbol{\Gamma}^{\mathrm{T}}(i,i-1)\boldsymbol{\Phi}^{\mathrm{T}}(N,i)]\boldsymbol{Y}=0$$

由于系统一致完全随机能控,故有

$$0=\boldsymbol{Y}^{\mathrm{T}}C(1,N)\boldsymbol{Y}\geqslant\boldsymbol{Y}^{\mathrm{T}}\alpha\boldsymbol{I}\boldsymbol{Y}=\alpha\|\boldsymbol{Y}\|^2,\alpha>0$$

由此得 $\|\boldsymbol{Y}\|=0$,即 $\boldsymbol{Y}=0$,这说明 $\boldsymbol{P}(N)>0$,再由标准卡尔曼滤波公式(18.2.23)式可知 $\boldsymbol{P}(N+1|N)>0$,进一步由(18.2.46)式又知 $\boldsymbol{P}(N+1)>0,\cdots$,由此得出 $\boldsymbol{P}(k)>0,k\geqslant N$,定理证毕。

说明 该定理的结论不要求 $\boldsymbol{P}(0)>0$。

定理 18.4.3　设系统(18.4.1)式和(18.4.2)式为一致完全随机能控和一致完全随机能观,即存在 $\alpha>0,\beta>0$ 有

$$\alpha \boldsymbol{I}\leqslant \boldsymbol{C}(k-N+1,k)\leqslant\beta \boldsymbol{I}$$

$$\alpha \boldsymbol{I}\leqslant \boldsymbol{O}(k-N+1,k)\leqslant\beta \boldsymbol{I}$$

(18.4.22)

则必存在 $\beta^*\geqslant\beta$,使得对任意 $\boldsymbol{P}(0)\geqslant 0$,当 $k\geqslant N$ 时一致有

$$\frac{\alpha}{1+n^2\beta^{*2}}\boldsymbol{I}\leqslant\boldsymbol{P}(k)\leqslant\frac{1+n^2\beta^{*2}}{\alpha}\boldsymbol{I},k\geqslant N \tag{18.4.23}$$

且有

$$\begin{cases}\alpha \boldsymbol{I}\leqslant \boldsymbol{C}(k-N+1,k)\leqslant\beta \boldsymbol{I}\leqslant\beta^*\boldsymbol{I}\\ \alpha \boldsymbol{I}\leqslant \boldsymbol{O}(k-N+1,k)\leqslant\beta \boldsymbol{I}\leqslant\beta^*\boldsymbol{I}\end{cases} \tag{18.4.24}$$

证明　由定理 18.4.1 及定理 18.4.2 知

$$0<\boldsymbol{P}(k)\leqslant\frac{1+n^2\beta^2}{\alpha}\boldsymbol{I},k\geqslant N$$

则必存在 $r(0<r<\alpha)$,使得

$$r\boldsymbol{I}\leqslant\boldsymbol{P}(k)\leqslant\frac{1+n^2\beta^2}{\alpha}\boldsymbol{I},k\geqslant N \tag{18.4.25}$$

令

$$\frac{\alpha}{1+n^2\beta^{*2}}\leqslant r$$

可解得

$$\beta^*\geqslant\sqrt{\left(\frac{\alpha}{r}-1\right)\frac{1}{n^2}}$$

令

$$\beta_0=\sqrt{\left(\frac{\alpha}{r}-1\right)\frac{1}{n^2}} \tag{18.4.26}$$

如果 $\beta_0\geqslant\beta$,则取

$$\beta^*=\beta_0$$

如果 $\beta_0<\beta$,则取

$$\beta^*=\beta$$

于是当 $\beta^*=\beta_0\geqslant\beta$ 时有

$$\frac{\alpha}{1+n^2\beta^{*2}}\boldsymbol{I}=\frac{\alpha}{1+n^2\beta_0^2}\boldsymbol{I}=r\boldsymbol{I}\leqslant\boldsymbol{P}(k)\leqslant\frac{1+n^2\beta^2}{\alpha}\boldsymbol{I}\leqslant\frac{1+n^2\beta^{*2}}{\alpha}\boldsymbol{I} \tag{18.4.27}$$

当 $\beta^*=\beta>\beta_0$ 时有

$$\frac{\alpha}{1+n^2\beta^{*2}}\boldsymbol{I}\leqslant\frac{\alpha}{1+n^2\beta_0^2}\boldsymbol{I}=r\boldsymbol{I}\leqslant\boldsymbol{P}(k)\leqslant\frac{1+n^2\beta^2}{\alpha}\boldsymbol{I}=\frac{1+n^2\beta^{*2}}{\alpha}\boldsymbol{I} \tag{18.4.28}$$

由(18.4.27)式和(18.4.28)式立得

$$\frac{\alpha}{1+n^2\beta^{*2}}\boldsymbol{I}\leqslant\boldsymbol{P}(k)\leqslant\frac{1+n^2\beta^{*2}}{\alpha}\boldsymbol{I},k\geqslant \boldsymbol{N} \tag{18.4.29}$$

由于 $\beta^*\geqslant\beta$,所以还有

$$\alpha \boldsymbol{I}\leqslant \boldsymbol{C}(k-N+1,k)\leqslant\beta \boldsymbol{I}\leqslant\beta^*\boldsymbol{I}$$

$$\alpha \boldsymbol{I} \leqslant \boldsymbol{O}(k-N+1,k) \leqslant \beta \boldsymbol{I} \leqslant \beta^{*} \boldsymbol{I}$$

定理证毕。

说明 这定理的结论不要求 $\boldsymbol{P}(0)>0$,只要 $\boldsymbol{P}(0)\geqslant 0$ 该结论就成立。

18.5 卡尔曼滤波的稳定性

在这一节,我们讨论卡尔曼滤波的稳定性,由标准卡尔曼滤波公式(18.2.21)式至(18.2.24)式可知

$$\begin{aligned}
\hat{\boldsymbol{X}}(k) &= \boldsymbol{\Phi}(k,k-1)\hat{\boldsymbol{X}}(k-1)+\boldsymbol{K}(k)[\boldsymbol{Z}(k)-\boldsymbol{H}(k)\boldsymbol{\Phi}(k,k-1)\hat{\boldsymbol{X}}(k-1)] \\
&= [\boldsymbol{I}-\boldsymbol{K}(k)\boldsymbol{H}(k)]\boldsymbol{\Phi}(k,k-1)\hat{\boldsymbol{X}}(k-1)+\boldsymbol{K}(k)\boldsymbol{Z}(k) \\
&= \boldsymbol{\Psi}(k,k-1)\hat{\boldsymbol{X}}(k-1)+\boldsymbol{K}(k)\boldsymbol{Z}(k) \qquad (18.5.1)
\end{aligned}$$

其中

$$\boldsymbol{\Psi}(k,k-1) \triangleq [\boldsymbol{I}-\boldsymbol{K}(k)\boldsymbol{H}(k)]\boldsymbol{\Phi}(k,k-1) \qquad (18.5.2)$$

$$\begin{aligned}
\boldsymbol{K}(k) &= \boldsymbol{P}(k|k-1)\boldsymbol{H}^{\mathrm{T}}(k)[\boldsymbol{H}(k)\boldsymbol{P}(k|k-1)\boldsymbol{H}^{\mathrm{T}}(k)+\boldsymbol{R}(k)]^{-1} \\
&= \boldsymbol{P}(k)\boldsymbol{H}^{\mathrm{T}}(k)\boldsymbol{R}^{-1}(k)\text{(由(18.2.47)式)} \qquad (18.5.3)
\end{aligned}$$

由(18.5.1)式可知卡尔曼滤波是一个时变的线性系统,其输入量是 $\boldsymbol{K}(k)\boldsymbol{Z}(k)$,输出量是 $\hat{\boldsymbol{X}}(k)$,值得注意的是,该时变线性系统的状态转移矩阵 $\boldsymbol{\Psi}(k,k-1)$ 是可逆的,这是因为

$$\begin{aligned}
\boldsymbol{\Psi}^{-1}(k,k-1) &= \{[\boldsymbol{I}-\boldsymbol{K}(k)\boldsymbol{H}(k)]\boldsymbol{\Phi}(k,k-1)\}^{-1} \\
&= \boldsymbol{\Phi}^{-1}(k,k-1)[\boldsymbol{I}-\boldsymbol{K}(k)\boldsymbol{H}(k)]^{-1} \\
&= \boldsymbol{\Phi}(k-1,k)\boldsymbol{P}(k|k-1)\{\boldsymbol{P}(k|k-1)-\boldsymbol{H}^{\mathrm{T}}(k)\cdot \\
&\quad [\boldsymbol{H}(k)\boldsymbol{P}(k|k-1)\boldsymbol{H}^{\mathrm{T}}(k)+\boldsymbol{R}(k)]^{-1}\boldsymbol{H}(k)\boldsymbol{P}(k|k-1)\}^{-1} \\
&= \boldsymbol{\Phi}(k-1,k)\boldsymbol{P}(k|k-1)[\boldsymbol{P}^{-1}(k|k-1)+\boldsymbol{H}^{\mathrm{T}}(k)\boldsymbol{R}^{-1}(k)\boldsymbol{H}(k)] \\
&= \boldsymbol{\Phi}(k-1,k)[\boldsymbol{I}+\boldsymbol{P}(k|k-1)\boldsymbol{H}^{\mathrm{T}}(k)\boldsymbol{R}^{-1}(k)\boldsymbol{H}(k)] \qquad (18.5.4)
\end{aligned}$$

下面引入卡尔曼滤波**一致渐近稳定**的定义。

定义 18.5.1 称卡尔曼滤波系统(18.5.1)式为**一致渐近稳定**,如果存在常数 $C_1>0$,$C_2>0$,使得对所有的 $k\geqslant l\geqslant 0$ 有

$$\|\boldsymbol{\Psi}(k,l)\| \leqslant C_2 \mathrm{e}^{-C_1(k-l)} \qquad (18.5.5)$$

说明 (1)卡尔曼滤波系统的稳定性只由内部结构 $\boldsymbol{\Psi}(k,k-1)$ 所决定,而与系统输入 $\boldsymbol{K}(k)\boldsymbol{Z}(k)$ 无关。

(2)在任意初始状态 $\boldsymbol{X}(0)=\hat{\boldsymbol{X}}(0)$ 作用下,由于

$$\|\boldsymbol{\Psi}(k,0)\| \leqslant C_2\mathrm{e}^{-C_1 k} \to 0,k\to\infty$$

所以有 $\|\hat{\boldsymbol{X}}(k)\| \leqslant \|\boldsymbol{\Psi}(k,0)\|\|\boldsymbol{X}(0)\| \leqslant C_2\mathrm{e}^{-C_1 k}\|\boldsymbol{X}(0)\| \to 0,k\to\infty$。如果把任意时刻 l 作为初始状态,则在 $\hat{\boldsymbol{X}}(l)$ 作用下有

$$\hat{\boldsymbol{X}}(k) = \boldsymbol{\Psi}(k,l)\hat{\boldsymbol{X}}(l)$$

于是

$$\|\hat{\boldsymbol{X}}(k)\| \leqslant \|\boldsymbol{\Psi}(k,l)\|\|\hat{\boldsymbol{X}}(l)\| \leqslant C_2\mathrm{e}^{-C_1(k-l)}\|\hat{\boldsymbol{X}}(l)\| \to 0,k\to\infty$$

这说明,如果卡尔曼滤波系统一致渐近稳定,则对于任意时刻 l(作为初始时刻),都是渐近

稳定的。

(3)卡尔曼滤波系统一致渐近稳定的物理含义是，原点“0”是卡尔曼滤波系统的稳定点，所谓一致渐近稳定就是说，对任意时刻 l，如果系统状态 $\hat{\boldsymbol{X}}(l)$ 出现有界的偏移且没有外界作用($\boldsymbol{K}(k)\boldsymbol{Z}(k)$)时，随着时间的推移，都能自动地返回系统的稳定点“0”。

下面给出著名的卡尔曼定理。

定理 18.5.1　卡尔曼定理[110,111,112,108]　设线性系统(18.4.1)式和(18.4.2)式为一致完全随机能控和一致完全随机能观，即(18.4.24)式成立，则它的标准卡尔曼滤波系统(18.5.1)式一致渐近稳定，即存在 $C_1>0, C_2>0$，使对所有的 $k\geqslant l\geqslant 0$ 有

$$\|\boldsymbol{\Psi}(k,l)\|\leqslant C_2 \mathrm{e}^{-C_1(k-l)} \tag{18.5.6}$$

该定理最先是由卡尔曼提出并给以严格证明[110]，随后，由 Deyst 和 Jazwinski 给出了离散时间系统的证明[111,112]，中国科学院数学所概率组在上述工作的基础上给出了较为一般情况下的证明[108]。

定理 18.5.2　设线性系统(18.4.1)式和(18.4.2)式为一致完全随机能控和一致完全随机能观，即(18.4.24)式成立，如果 $\boldsymbol{P}^{(1)}(0)$ 和 $\boldsymbol{P}^{(2)}(0)$ 是两个不同的初始方差阵，则存在常数 $C_3>0, C_4>0$，使得对所有的 $k\geqslant l\geqslant 0$ 有

$$\|\boldsymbol{P}^{(2)}(k)-\boldsymbol{P}^{(1)}(k)\|\leqslant C_4 \mathrm{e}^{-C_3(k-l)}\|\boldsymbol{P}^{(2)}(l)-\boldsymbol{P}^{(1)}(l)\| \tag{18.5.7}$$

其中，$\boldsymbol{P}^{(2)}(k)$，$\boldsymbol{P}^{(2)}(l)$ 为以 $\boldsymbol{P}^{(2)}(0)$ 出发在 k,l 时刻卡尔曼滤波方差阵；$\boldsymbol{P}^{(1)}(k)$，$\boldsymbol{P}^{(1)}(l)$ 为以 $\boldsymbol{P}^{(1)}(0)$ 出发在 k,l 时刻卡尔曼滤波方差阵。

证明　由于

$$\begin{aligned}
&[\boldsymbol{I}-\boldsymbol{K}^{(1)}(k)\boldsymbol{H}(k)]^{-1}[\boldsymbol{P}^{(2)}(k)-\boldsymbol{P}^{(1)}(k)][\boldsymbol{I}-\boldsymbol{K}^{(2)}(k)\boldsymbol{H}(k)]^{-\mathrm{T}}\\
=&[\boldsymbol{I}-\boldsymbol{K}^{(1)}(k)\boldsymbol{H}(k)]^{-1}\boldsymbol{P}^{(2)}(k)[\boldsymbol{I}-\boldsymbol{K}^{(2)}(k)\boldsymbol{H}(k)]^{-\mathrm{T}}-[\boldsymbol{I}-\boldsymbol{K}^{(1)}(k)\boldsymbol{H}(k)]^{-1}\cdot\\
&\boldsymbol{P}^{(1)}(k)[\boldsymbol{I}-\boldsymbol{K}^{(2)}(k)\boldsymbol{H}(k)]^{-\mathrm{T}}\\
=&[\boldsymbol{I}-\boldsymbol{K}^{(1)}(k)\boldsymbol{H}(k)]^{-1}[(\boldsymbol{I}-\boldsymbol{K}^{(2)}(k)\boldsymbol{H}(k))^{-1}\boldsymbol{P}^{(2)}(k)]^{\mathrm{T}}-\boldsymbol{P}^{(1)}(k|k-1)\cdot\\
&[\boldsymbol{I}-\boldsymbol{K}^{(2)}(k)\boldsymbol{H}(k)]^{-\mathrm{T}}(\text{由(18.2.46)式})\\
=&[\boldsymbol{I}-\boldsymbol{K}^{(1)}(k)\boldsymbol{H}(k)]\boldsymbol{P}^{(2)}(k|k-1)-\boldsymbol{P}^{(1)}(k|k-1)[\boldsymbol{I}-\boldsymbol{K}^{(2)}(k)\boldsymbol{H}(k)]^{-\mathrm{T}}\\
=&\boldsymbol{P}^{(2)}(k|k-1)-\boldsymbol{P}^{(1)}(k|k-1)\boldsymbol{H}^{\mathrm{T}}(k)\boldsymbol{R}^{-1}(k)\boldsymbol{H}(k)\boldsymbol{P}^{(2)}(k|k-1)-\boldsymbol{P}^{(1)}(k|k-1)+\\
&\boldsymbol{P}^{(1)}(k|k-1)\boldsymbol{H}^{\mathrm{T}}(k)\boldsymbol{R}^{-1}(k)\boldsymbol{H}(k)\boldsymbol{P}^{(2)}(k|k-1)\\
=&\boldsymbol{P}^{(2)}(k|k-1)-\boldsymbol{P}^{(1)}(k|k-1)\\
=&\boldsymbol{\Phi}(k,k-1)\boldsymbol{P}^{(2)}(k-1)\boldsymbol{\Phi}^{\mathrm{T}}(k,k-1)+\boldsymbol{\Gamma}(k,k-1)\boldsymbol{Q}(k-1)\boldsymbol{\Gamma}^{\mathrm{T}}(k,k-1)-\boldsymbol{\Phi}(k,k-1)\cdot\\
&\boldsymbol{P}^{(1)}(k-1)\boldsymbol{\Phi}^{\mathrm{T}}(k,k-1)-\boldsymbol{\Gamma}(k,k-1)\boldsymbol{Q}(k-1)\boldsymbol{\Gamma}^{\mathrm{T}}(k,k-1)(\text{由(18.2.20)式})\\
=&\boldsymbol{\Phi}(k,k-1)[\boldsymbol{P}^{(2)}(k-1)-\boldsymbol{P}^{(1)}(k-1)]\boldsymbol{\Phi}^{\mathrm{T}}(k,k-1)
\end{aligned}$$

于是由上式可得

$$\begin{aligned}
\boldsymbol{P}^{(2)}(k)-\boldsymbol{P}^{(1)}(k)=&[\boldsymbol{I}-\boldsymbol{K}^{(1)}(k)\boldsymbol{H}(k)]\boldsymbol{\Phi}(k,k-1)[\boldsymbol{P}^{(2)}(k-1)-\boldsymbol{P}^{(1)}(k-1)]\cdot\\
&\boldsymbol{\Phi}^{\mathrm{T}}(k,k-1)[\boldsymbol{I}-\boldsymbol{K}^{(2)}(k)\boldsymbol{H}(k)]^{\mathrm{T}}\\
=&\boldsymbol{\Psi}^{(1)}(k,k-1)[\boldsymbol{P}^{(2)}(k-1)-\boldsymbol{P}^{(1)}(k-1)][\boldsymbol{\Psi}^{(2)}(k,k-1)]^{\mathrm{T}}
\end{aligned}$$

则

$$\boldsymbol{P}^{(2)}(k)-\boldsymbol{P}^{(1)}(k)=\boldsymbol{\Psi}^{(1)}(k,l)[\boldsymbol{P}^{(2)}(l)-\boldsymbol{P}^{(1)}(l)]\boldsymbol{\Psi}^{(2)}(k,l), k\geqslant l\geqslant 0$$

再由定理 18.5.1 立得

$$\begin{aligned}\|\boldsymbol{P}^{(2)}(k)-\boldsymbol{P}^{(1)}(k)\| &\leqslant \|\boldsymbol{\Psi}^{(1)}(k,l)\|\|\boldsymbol{P}^{(2)}(l)-\boldsymbol{P}^{(1)}(l)\|\|\boldsymbol{\Psi}^{(2)}(k,l)^{\mathrm{T}}\| \\ &\leqslant C_2^{(1)}\mathrm{e}^{-C_1^{(1)}(k-l)}C_2^{(2)}\mathrm{e}^{-C_1^{(2)}(k-l)}\|\boldsymbol{P}^{(2)}(l)-\boldsymbol{P}^{(1)}(l)\| \\ &= C_2^{(1)}C_2^{(2)}\mathrm{e}^{-(C_1^{(1)}+C_1^{(2)})(k-l)}\|\boldsymbol{P}^{(2)}(l)-\boldsymbol{P}^{(1)}(l)\| \\ &= C_4\mathrm{e}^{-C_3(k-l)}\|\boldsymbol{P}^{(2)}(l)-\boldsymbol{P}^{(1)}(l)\|\end{aligned}$$

其中

$$C_4=C_2^{(1)}C_2^{(2)},C_3=C_1^{(1)}+C_1^{(2)}$$

定理证毕。

说明 如果 $l=0$,则有

$$\|\boldsymbol{P}^{(2)}(k)-\boldsymbol{P}^{(1)}(k)\|\leqslant C_4\mathrm{e}^{-C_3k}\|\boldsymbol{P}^{(2)}(0)-\boldsymbol{P}^{(1)}(0)\|\to 0,k\to\infty \tag{18.5.8}$$

这说明,如果系统(18.4.1)式和(18.4.2)式一致完全随机能控和一致完全随机能观,则卡尔曼滤波误差阵当 $k\to\infty$ 时与初始误差阵 $\boldsymbol{P}(0)$ 无关。

下面讨论定常线性系统,对于线性系统(18.4.1)式和(18.4.2)式,如果

$$\begin{cases}\boldsymbol{\Phi}(k,k-1)=\boldsymbol{\Phi} \\ \boldsymbol{\Gamma}(k,k-1)=\boldsymbol{\Gamma} \\ \boldsymbol{H}(k)=\boldsymbol{H} \\ \boldsymbol{Q}(k)=\boldsymbol{Q}>0 \\ \boldsymbol{R}(k)=\boldsymbol{R}>0\end{cases} \tag{18.5.9}$$

则线性系统(18.4.1)式和(18.4.2)式化为

$$\boldsymbol{X}(k)=\boldsymbol{\Phi X}(k-1)+\boldsymbol{\Gamma W}(k-1) \tag{18.5.10}$$

$$\boldsymbol{Z}(k)=\boldsymbol{HX}(k)+\boldsymbol{V}(k) \tag{18.5.11}$$

此时称系统(18.5.10)式和(18.5.11)式为定常线性系统。

定理 18.5.3[114] 定常线性系统(18.5.10)式和(18.5.11)式为完全随机能控和完全随机能观的充要条件是存在正整数 $N>0$,使得

$$\sum_{l=0}^{N-1}\boldsymbol{\Phi}^l\boldsymbol{\Gamma}\boldsymbol{\Gamma}^{\mathrm{T}}(\boldsymbol{\Phi}^l)^{\mathrm{T}}>0 \tag{18.5.12}$$

和

$$\sum_{l=0}^{N-1}(\boldsymbol{\Phi}^l)^{\mathrm{T}}\boldsymbol{H}^{\mathrm{T}}\boldsymbol{H}\boldsymbol{\Phi}^l>0 \tag{18.5.13}$$

该定理的证明见文献[114],进一步有如下结论。

定理 18.5.4 设线性系统(18.4.1)式和(18.4.2)式为定常线性系统,即(18.5.9)式成立,则有如下等价:

$$\begin{aligned}\boldsymbol{C}(k-N+1,k) &\triangleq \sum_{i=k-N+1}^{k}\boldsymbol{\Phi}(k,i)\boldsymbol{\Gamma}(i,i-1)\boldsymbol{Q}(i-1)\boldsymbol{\Gamma}^{\mathrm{T}}(i,i-1)\boldsymbol{\Phi}^{\mathrm{T}}(k,i)>0 \\ &\Leftrightarrow\sum_{l=0}^{n-1}\boldsymbol{\Phi}^l\boldsymbol{\Gamma}\boldsymbol{\Gamma}^{\mathrm{T}}(\boldsymbol{\Phi}^l)^{\mathrm{T}}>0\end{aligned} \tag{18.5.14}$$

$$\begin{aligned}\boldsymbol{O}(k-N+1,k) &\triangleq \sum_{j=k-N+1}^{k}\boldsymbol{\Phi}^{\mathrm{T}}(j,k)\boldsymbol{H}^{\mathrm{T}}(j)\boldsymbol{R}^{-1}(j)\boldsymbol{H}(j)\boldsymbol{\Phi}(j,k)>0 \\ &\Leftrightarrow\sum_{l=0}^{n-1}(\boldsymbol{\Phi}^l)^{\mathrm{T}}\boldsymbol{H}^{\mathrm{T}}\boldsymbol{H}\boldsymbol{\Phi}^l>0\end{aligned} \tag{18.5.15}$$

其中,n 是系统状态的维数。即对线性系统(18.5.10)式和(18.5.11)式来说,有

一致完全随机能控⇔完全随机能控

一致完全随机能观⇔完全随机能观

证明　对于定常线性系统(18.5.10)式和(18.5.11)式来说,有

$$\begin{aligned}
\boldsymbol{C}(k-N+1,k) &\triangleq \sum_{i=k-N+1}^{k}\boldsymbol{\Phi}(k,i)\boldsymbol{\Gamma}(i,i-1)\boldsymbol{Q}(i-1)\boldsymbol{\Gamma}^{\mathrm{T}}(i,i-1)\boldsymbol{\Phi}^{\mathrm{T}}(k,i)\\
&= \sum_{i=k-N+1}^{k}\boldsymbol{\Phi}^{k-i}\boldsymbol{\Gamma}\boldsymbol{Q}\boldsymbol{\Gamma}^{\mathrm{T}}[\boldsymbol{\Phi}^{(k-i)}]^{\mathrm{T}}\\
&= \boldsymbol{\Phi}^{N-1}\boldsymbol{\Gamma}\boldsymbol{Q}\boldsymbol{\Gamma}^{\mathrm{T}}(\boldsymbol{\Phi}^{(N-1)})^{\mathrm{T}}+\cdots+\boldsymbol{\Phi}^{0}\boldsymbol{\Gamma}\boldsymbol{Q}\boldsymbol{\Gamma}^{\mathrm{T}}(\boldsymbol{\Phi}^{0})^{\mathrm{T}}\\
&= \sum_{l=0}^{N-1}\boldsymbol{\Phi}^{l}\boldsymbol{\Gamma}\boldsymbol{Q}\boldsymbol{\Gamma}^{\mathrm{T}}(\boldsymbol{\Phi}^{l})^{\mathrm{T}}
\end{aligned}$$

$$\begin{aligned}
\boldsymbol{O}(k-N+1,k) &\triangleq \sum_{j=k-N+1}^{k}\boldsymbol{\Phi}^{\mathrm{T}}(j,k)\boldsymbol{H}^{\mathrm{T}}(j)\boldsymbol{R}^{-1}(j)\boldsymbol{H}(j)\boldsymbol{\Phi}(j,k)\\
&= \sum_{j=k-N+1}^{k}(\boldsymbol{\Phi}^{j-k})^{\mathrm{T}}\boldsymbol{H}^{\mathrm{T}}\boldsymbol{R}^{-1}\boldsymbol{H}\boldsymbol{\Phi}^{j-k}\\
&= (\boldsymbol{\Phi}^{-N+1})^{\mathrm{T}}\left[\sum_{l=0}^{N-1}(\boldsymbol{\Phi}^{l})^{\mathrm{T}}\boldsymbol{H}^{\mathrm{T}}\boldsymbol{R}^{-1}\boldsymbol{H}\boldsymbol{\Phi}^{l}\right]\boldsymbol{\Phi}^{-N+1}
\end{aligned}$$

我们只证(18.5.14)等价式,先证“⇐”:由 $\sum_{l=0}^{n-1}\boldsymbol{\Phi}^{l}\boldsymbol{\Gamma}\boldsymbol{\Gamma}^{\mathrm{T}}(\boldsymbol{\Phi}^{l})^{\mathrm{T}}>0$ 知

$$[\boldsymbol{\Phi}^{0}\boldsymbol{\Gamma},\boldsymbol{\Phi}\boldsymbol{\Gamma},\cdots,\boldsymbol{\Phi}^{n-1}\boldsymbol{\Gamma}][\boldsymbol{\Phi}^{0}\boldsymbol{\Gamma},\boldsymbol{\Phi}\boldsymbol{\Gamma},\cdots,\boldsymbol{\Phi}^{n-1}\boldsymbol{\Gamma}]^{\mathrm{T}}>0$$

这说明$[\boldsymbol{\Phi}^{0}\boldsymbol{\Gamma},\boldsymbol{\Phi}\boldsymbol{\Gamma},\cdots,\boldsymbol{\Phi}^{n-1}\boldsymbol{\Gamma}]$为行满秩,又因 $\boldsymbol{Q}>0$,故有 $\boldsymbol{Q}=\boldsymbol{Q}_1\boldsymbol{Q}_1^{\mathrm{T}}$ 且 $\boldsymbol{Q}_1>0$,于是$[\boldsymbol{\Phi}^{0}\boldsymbol{\Gamma},\boldsymbol{\Phi}\boldsymbol{\Gamma},\cdots,\boldsymbol{\Phi}^{n-1}\boldsymbol{\Gamma}]\boldsymbol{Q}_1$ 仍为行满秩,故有

$$\begin{aligned}
&[\boldsymbol{\Phi}^{0}\boldsymbol{\Gamma},\boldsymbol{\Phi}\boldsymbol{\Gamma},\cdots,\boldsymbol{\Phi}^{n-1}\boldsymbol{\Gamma}]\boldsymbol{Q}_1\boldsymbol{Q}_1^{\mathrm{T}}[\boldsymbol{\Phi}^{0}\boldsymbol{\Gamma},\boldsymbol{\Phi}\boldsymbol{\Gamma},\cdots,\boldsymbol{\Phi}^{n-1}\boldsymbol{\Gamma}]^{\mathrm{T}}\\
&=\sum_{l=0}^{n-1}\boldsymbol{\Phi}^{l}\boldsymbol{\Gamma}\boldsymbol{Q}\boldsymbol{\Gamma}^{\mathrm{T}}(\boldsymbol{\Phi}^{l})^{\mathrm{T}}>0
\end{aligned}$$

且有 $N=n$,于是“⇐”得证。

再证“⇒”:若 $\sum_{l=0}^{N-1}\boldsymbol{\Phi}^{l}\boldsymbol{\Gamma}\boldsymbol{Q}\boldsymbol{\Gamma}^{\mathrm{T}}(\boldsymbol{\Phi}^{l})^{\mathrm{T}}>0$, 由于 $\boldsymbol{Q}>0$ 故 $\boldsymbol{Q}$ 不影响$(\boldsymbol{\Phi}^{0}\boldsymbol{\Gamma},\boldsymbol{\Phi}\boldsymbol{\Gamma},\cdots,\boldsymbol{\Phi}^{N-1}\boldsymbol{\Gamma})$的行秩,因此有 $\sum_{l=0}^{N-1}\boldsymbol{\Phi}^{l}\boldsymbol{\Gamma}\boldsymbol{\Gamma}^{\mathrm{T}}(\boldsymbol{\Phi}^{l})^{\mathrm{T}}>0$, 但当 $N\geqslant n$ 时,由卡来哈米顿定理可知 $\boldsymbol{\Phi}^{N}$ 可由 $\boldsymbol{\Phi}^{0}$, $\boldsymbol{\Phi},\cdots,\boldsymbol{\Phi}^{n-1}$线性表出,所以

$$\operatorname{rank}(\boldsymbol{\Phi}^{0}\boldsymbol{\Gamma},\boldsymbol{\Phi}\boldsymbol{\Gamma},\cdots,\boldsymbol{\Phi}^{N-1}\boldsymbol{\Gamma})=\operatorname{rank}(\boldsymbol{\Phi}^{0}\boldsymbol{\Gamma},\boldsymbol{\Phi}\boldsymbol{\Gamma},\cdots,\boldsymbol{\Phi}^{n-1}\boldsymbol{\Gamma})=n$$

由此可知

$$\sum_{l=0}^{N-1}\boldsymbol{\Phi}^{l}\boldsymbol{\Gamma}\boldsymbol{Q}\boldsymbol{\Gamma}^{\mathrm{T}}(\boldsymbol{\Phi}^{l})^{\mathrm{T}}>0\Rightarrow\sum_{l=0}^{n-1}\boldsymbol{\Phi}^{l}\boldsymbol{\Gamma}\boldsymbol{\Gamma}^{\mathrm{T}}(\boldsymbol{\Phi}^{l})^{\mathrm{T}}>0$$

其中,n 是状态维数,即“⇒”得证。综上可知,(18.5.14)等价式得证。按同样方法可证(18.5.15)等价式成立。定理证毕。

对于定常线性系统(18.5.10)式和(18.5.11)式的卡尔曼滤波有更强的结果。

定理 18.5.5　设定常线性系统由(18.5.10)式和(18.5.11)式表示,其中各系数矩阵由(18.5.9)表示,并假定系统完全随机能控和完全随机能观,则卡尔曼滤波方差阵 $\boldsymbol{P}(k)$ 当 $k\to\infty$ 时一致收敛于唯一矩阵 $\boldsymbol{P}$ 且 $\boldsymbol{P}>0$。

证明　参照定理 18.5.2 的推导方法,有

$$
\begin{aligned}
&[\boldsymbol{I}-\boldsymbol{K}(k)\boldsymbol{H}]^{-1}[\boldsymbol{P}(k+1)-\boldsymbol{P}(k)][\boldsymbol{I}-\boldsymbol{K}(k+1)\boldsymbol{H}]^{-\mathrm{T}}\\
&=[\boldsymbol{I}-\boldsymbol{K}(k)\boldsymbol{H}]^{-1}\boldsymbol{P}(k+1)[\boldsymbol{I}-\boldsymbol{K}(k+1)\boldsymbol{H}]^{-\mathrm{T}}-[\boldsymbol{I}-\boldsymbol{K}(k)\boldsymbol{H}]^{-1}\boldsymbol{P}(k)[\boldsymbol{I}-\boldsymbol{K}(k+1)\boldsymbol{H}]^{-\mathrm{T}}\\
&=[\boldsymbol{I}-\boldsymbol{K}(k)\boldsymbol{H}]^{-1}\boldsymbol{P}(k+1\mid k)-\boldsymbol{P}(k\mid k-1)[\boldsymbol{I}-\boldsymbol{K}(k+1)\boldsymbol{H}]^{-\mathrm{T}}\\
&=[\boldsymbol{I}-\boldsymbol{P}(k\mid k-1)\boldsymbol{H}^{\mathrm{T}}\boldsymbol{R}^{-1}\boldsymbol{H}]\boldsymbol{P}(k+1\mid k)-\boldsymbol{P}(k\mid k-1)[\boldsymbol{I}-\boldsymbol{P}(k+1\mid k)\boldsymbol{H}^{\mathrm{T}}\boldsymbol{R}^{-1}\boldsymbol{H}]^{\mathrm{T}}\\
&=\boldsymbol{P}(k+1\mid k)-\boldsymbol{P}(k\mid k-1)\\
&=\boldsymbol{\Phi}\boldsymbol{P}(k)\boldsymbol{\Phi}^{\mathrm{T}}+\boldsymbol{\Gamma}\boldsymbol{Q}\boldsymbol{\Gamma}^{\mathrm{T}}-\boldsymbol{\Phi}\boldsymbol{P}(k-1)\boldsymbol{\Phi}^{\mathrm{T}}-\boldsymbol{\Gamma}\boldsymbol{Q}\boldsymbol{\Gamma}^{\mathrm{T}}\\
&=\boldsymbol{\Phi}[\boldsymbol{P}(k)-\boldsymbol{P}(k-1)]\boldsymbol{\Phi}^{\mathrm{T}}
\end{aligned}
$$

由上式可得

$$
\begin{aligned}
\boldsymbol{P}(k+1)-\boldsymbol{P}(k)&=[\boldsymbol{I}-\boldsymbol{K}(k)\boldsymbol{H}]\boldsymbol{\Phi}[\boldsymbol{P}(k)-\boldsymbol{P}(k-1)]\boldsymbol{\Phi}^{\mathrm{T}}[\boldsymbol{I}-\boldsymbol{K}(k+1)\boldsymbol{H}]^{\mathrm{T}}\\
&=\boldsymbol{\Psi}(k,k-1)[\boldsymbol{P}(k)-\boldsymbol{P}(k-1)]\boldsymbol{\Psi}^{\mathrm{T}}(k+1,k)
\end{aligned}
$$

则

$$
\boldsymbol{P}(k+1)-\boldsymbol{P}(k)=\boldsymbol{\Psi}(k,0)[\boldsymbol{P}(1)-\boldsymbol{P}(0)]\boldsymbol{\Psi}^{\mathrm{T}}(k+1,1)
$$

再由定理 18.5.2 可得

$$
\begin{aligned}
\|\boldsymbol{P}(k+1)-\boldsymbol{P}(k)\|&\leqslant\|\boldsymbol{\Psi}(k,0)\|\|\boldsymbol{P}(1)-\boldsymbol{P}(0)\|\|\boldsymbol{\Psi}^{\mathrm{T}}(k+1,1)\|\\
&\leqslant\|\boldsymbol{P}(1)-\boldsymbol{P}(0)\|C_2\mathrm{e}^{-C_1(k-0)}C_2\mathrm{e}^{-C_1(k+1-1)}\\
&=\|\boldsymbol{P}(1)-\boldsymbol{P}(0)\|C_2^2\mathrm{e}^{-2C_1k}
\end{aligned}
$$

于是对所有的 $k\geqslant l\geqslant 0$ 有

$$
\begin{aligned}
\|\boldsymbol{P}(k)-\boldsymbol{P}(l)\|&=\|\boldsymbol{P}(k)-\boldsymbol{P}(k-1)+\boldsymbol{P}(k-1)-\boldsymbol{P}(k-2)+\cdots+\boldsymbol{P}(l+1)-\boldsymbol{P}(l)\|\\
&\leqslant\|\boldsymbol{P}(k)-\boldsymbol{P}(k-1)\|+\|\boldsymbol{P}(k-1)-\boldsymbol{P}(k-2)\|+\cdots+\|\boldsymbol{P}(l+1)-\boldsymbol{P}(l)\|\\
&=\sum_{j=l}^{k-1}\|\boldsymbol{P}(j+1)-\boldsymbol{P}(j)\|\\
&\leqslant C_2^2\|\boldsymbol{P}(1)-\boldsymbol{P}(0)\|\sum_{j=l}^{k-1}\mathrm{e}^{-2C_1j}\\
&=C_2^2\|\boldsymbol{P}(1)-\boldsymbol{P}(0)\|\frac{\mathrm{e}^{-2C_1l}-\mathrm{e}^{-2C_1k}}{1-\mathrm{e}^{-2C_1}}
\end{aligned}
$$

因为 $0<\mathrm{e}^{-2C_1}<1$,所以当 $k\to\infty$,$l\to\infty$ 时必有 $\|\boldsymbol{P}(k)-\boldsymbol{P}(l)\|\to 0$,因此,$\{\boldsymbol{P}(k),k=0,1,2,\cdots\}$ 是柯西序列,于是必存在唯一的矩阵 $\boldsymbol{P}$ 有 $\boldsymbol{P}(k)=\boldsymbol{P},k\to\infty$,再由(18.4.15)式可知 $\boldsymbol{P}>0$。定理证毕。

说明 (1)由定理 18.5.2 知,对任一初始方差阵 $\boldsymbol{P}(0)$,该定理结论均成立,因此,对任意 $\boldsymbol{P}(0)$,当 $k\to\infty$ 时,一致地有 $\boldsymbol{P}(k)\to\boldsymbol{P}$。

(2)由(18.2.47)式可知,当 $k\to\infty$ 时,有 $\boldsymbol{K}(k)\to\boldsymbol{K}=\boldsymbol{P}\boldsymbol{H}^{\mathrm{T}}\boldsymbol{R}^{-1}$。

18.6　卡尔曼滤波的鲁棒性[115] (Robustness)

18.6.1　问题的引出

卡尔曼滤波在信息处理及随机控制中已得到广泛的应用,但在应用中我们发现,由于对系统模型或参数了解的不够准确或者由于运算需要而进行一些数学简化,都难免会使系统模型出现误差,这时,卡尔曼滤波经常出现发散现象,从而失去滤波的意义。

现举一例说明,设真实的一维系统模型为

$$X(k+1)=X(k)+A \tag{18.6.1}$$

其中,$k=1,2,\cdots,X(0)=0,A>0$ 且为常数,在滤波时,所取的系统模型参数 A 有误差,即

$$\overline{X}(k+1)=\overline{X}(k)+A-\delta,\delta\ll A \tag{18.6.2}$$

测量模型为

$$Z(k)=\overline{X}(k)+V(k) \tag{18.6.3}$$

其中,$V(k)$为零均值白噪声且 $E[V^2(k)]=\sigma^2$,如果用卡尔曼滤波对上述系统进行滤波时,可以计算估计误差为

$$\widetilde{X}(k)=X(k)-\hat{\overline{X}}(k\mid k)=\frac{k-1}{2}\delta-\frac{1}{k}\sum_{j=1}^{k}V(k) \tag{18.6.4}$$

其中,$X(k)$为系统的真实状态,$\hat{\overline{X}}(k|k)$为按我们所取的系统模型(18.6.2)式所得到的最优估计,而滤波的均方误差为

$$P(k|k)=E\{[\widetilde{X}(k)]^2\}=\frac{1}{4}(k-1)^2\delta^2-\frac{1}{k}\sigma^2 \tag{18.6.5}$$

显然,当 $k\to\infty$ 时有 $E[\widetilde{X}(k)]\to\infty$,$E\{[\widetilde{X}(k)]^2\}\to\infty$,即滤波出现发散现象。

在本节,我们着重讨论的问题是,如何判别模型参数具有误差时卡尔曼滤波仍然不发散,即卡尔曼滤波具有鲁棒性,这无疑对于卡尔曼滤波的应用具有意义。

18.6.2　具有误差的数学模型定义

设系统模型为

$$\boldsymbol{X}(k+1)=\boldsymbol{\Phi}(k+1,k)\boldsymbol{X}(k)+\boldsymbol{\Gamma}(k+1,k)\boldsymbol{W}(k)+\boldsymbol{\Psi}(k+1,k)\boldsymbol{U}(k) \tag{18.6.6}$$

$$\boldsymbol{Z}(k+1)=\boldsymbol{H}(k+1)\boldsymbol{X}(k+1)+\boldsymbol{V}(k+1) \tag{18.6.7}$$

其中,各项含义同模型(18.4.1)式及(18.4.2)式一致,此外,称 $\boldsymbol{U}(k)\in\mathbf{R}^r$ 为系统控制项,$\boldsymbol{\Psi}(k+1,k)\in\mathbf{R}^{n\times r}$为系统控制转移矩阵。记真实系统参数集 $B(k)$为

$$B(k)\triangleq\{\boldsymbol{\Phi}(k+1,k),\boldsymbol{\Gamma}(k+1,k),\boldsymbol{Q}(k),\boldsymbol{\Psi}(k+1,k),\boldsymbol{U}(k),\boldsymbol{H}(k),\boldsymbol{R}(k),E[\boldsymbol{X}(0)],\mathrm{var}[\boldsymbol{X}(0)]\} \tag{18.6.8}$$

在卡尔曼滤波系统中所使用的具有摄动误差参数集$\overline{B}(k)$为

$$\overline{B}(k)\triangleq\{\overline{\boldsymbol{\Phi}}(k+1,k),\overline{\boldsymbol{\Gamma}}(k+1,k),\overline{\boldsymbol{Q}}(k),\overline{\boldsymbol{\Psi}}(k+1,k),\overline{\boldsymbol{U}}(k),\overline{\boldsymbol{H}}(k),\overline{\boldsymbol{R}}(k),E[\overline{\boldsymbol{X}}(0)],\mathrm{var}[\overline{\boldsymbol{X}}(0)]\} \tag{18.6.9}$$

设$\hat{\boldsymbol{X}}(k|k)$为卡尔曼滤波关于真实参数集$B(k)$对状态$\boldsymbol{X}(k)$的估计,$\hat{\bar{\boldsymbol{X}}}(k|k)$为卡尔曼滤波关于摄动误差参数集$\bar{B}(k)$对状态$\boldsymbol{X}(k)$的估计。

定义 18.6.1 设系统(18.6.6)式及(18.6.7)式对参数集$B(k)$和$\bar{B}(k)$均为一致完全随机能控且一致完全随机能现。如果对任意$\bar{B}(k)\neq B(k)$,存在常数$C>0$,有

$$\|\boldsymbol{X}(k)-\hat{\bar{\boldsymbol{X}}}(k)\|<C,k\to\infty$$

则称该卡尔曼滤波具有**鲁棒性**。

18.6.3 卡尔曼滤波具有鲁棒性的条件

为了导出卡尔曼滤波具有鲁棒性的条件,首先写出具有摄动误差参数的系统模型为

$$\bar{\boldsymbol{X}}(k+1)=\bar{\boldsymbol{\Phi}}(k+1,k)\bar{\boldsymbol{X}}(k)+\bar{\Gamma}(k+1,k)\bar{\boldsymbol{W}}(k)+\bar{\boldsymbol{\Psi}}(k+1,k)\bar{\boldsymbol{U}}(k)\quad(18.6.10)$$

$$\boldsymbol{Z}(k+1)=\bar{\boldsymbol{H}}(k+1)\bar{\boldsymbol{X}}(k+1)+\bar{V}(k+1)=\boldsymbol{H}(k+1)\boldsymbol{X}(k+1)+\boldsymbol{V}(k+1)\quad(18.6.11)$$

其中,各项参数的含义同模型(18.6.6)式及(18.6.7)式一致。于是有如下结果。

定理 18.6.1 设真实系统模型(18.6.6)式和(18.6.7)式及具有误差的系统模型(18.6.10)式、(18.6.11)式均为一致完全随机能控且一致完全随机能现,如果存在常数$C_1>0,C_2>0$使得对任意$k\geqslant l\geqslant 0$有

$$\|\boldsymbol{\Phi}(k,l)\|\leqslant C_2\mathrm{e}^{-C_1(k-l)}\quad(18.6.12)$$

及

$$\|\bar{\boldsymbol{\Phi}}(k,l)\|\leqslant C_2\mathrm{e}^{-C_1(k-l)}\quad(18.6.13)$$

则必存在常数$C>0$,有

$$\|\boldsymbol{X}(k)-\hat{\bar{\boldsymbol{X}}}(k|k)\|\triangleq\sqrt{E\{[\boldsymbol{X}(k)-\hat{\bar{\boldsymbol{X}}}(k|k)]^{\mathrm{T}}[\boldsymbol{X}(k)-\hat{\bar{\boldsymbol{X}}}(k|k)]\}}\leqslant C,k\to\infty\quad(18.6.14)$$

也即卡尔曼滤波具有鲁棒性。

证明 因为系统模型为一致完全随机能控且一致完全随机能观,则由定理 18.4.1 可知必存在$\alpha>0,\beta>0$,使得

$$\|\bar{\boldsymbol{X}}(k)-\hat{\bar{\boldsymbol{X}}}(k|k)\|\leqslant\sqrt{\frac{n[1+(n\beta)^2]}{\alpha}},k\to\infty\quad(18.6.15)$$

再由

$$\|\boldsymbol{X}(k)-\hat{\bar{\boldsymbol{X}}}(k|k)\|\leqslant\|\boldsymbol{X}(k)-\bar{\boldsymbol{X}}(k)\|+\|\bar{\boldsymbol{X}}(k)-\hat{\bar{\boldsymbol{X}}}(k|k)\|\quad(18.6.16)$$

可知,只需证得

$$\|\boldsymbol{X}(k)-\bar{\boldsymbol{X}}(k)\|<\infty,k\to\infty\quad(18.6.17)$$

即可,事实上,由范数不等式可知

$$\begin{aligned}\|\boldsymbol{X}(k)-\bar{\boldsymbol{X}}(k)\|&\leqslant\|\boldsymbol{X}(k)-E[\boldsymbol{X}(k)]\|+\|E[\boldsymbol{X}(k)]-E[\bar{\boldsymbol{X}}(k)]\|+\|\bar{\boldsymbol{X}}(k)-E[\bar{\boldsymbol{X}}(k)]\|\\&=\sqrt{\mathrm{tr}\{\mathrm{var}[\boldsymbol{X}(k)]\}}+\|\boldsymbol{E}[\boldsymbol{X}(k)]-\boldsymbol{E}[\bar{\boldsymbol{X}}(k)]\|+\sqrt{\mathrm{tr}\{\mathrm{var}[\bar{\boldsymbol{X}}(k)]\}}\end{aligned}\quad(18.6.18)$$

进一步,由真实系统模型(18.6.6)式及(18.6.12)式有

$$\begin{aligned}\operatorname{tr}\{\operatorname{var}[\boldsymbol{X}(k)]\} &= \operatorname{tr}\{\boldsymbol{\Phi}(k,0)\operatorname{var}[\boldsymbol{X}(0)]\boldsymbol{\Phi}^{\mathrm{T}}(k,0)\} + \\ &\quad \sum_{i=1}^{k}\operatorname{tr}[\boldsymbol{\Phi}(k,i)\boldsymbol{\Gamma}(i,i-1)\boldsymbol{Q}(i-1)\boldsymbol{\Gamma}^{\mathrm{T}}(i,i-1)\boldsymbol{\Phi}^{\mathrm{T}}(k,i)] \\ &\leqslant \|\boldsymbol{\Phi}(k,0)\|^2\operatorname{tr}\{\operatorname{var}[\boldsymbol{X}(0)]\} + \sum_{i=1}^{k}\|\boldsymbol{\Phi}(k,0)\|^2 \cdot \\ &\quad \operatorname{tr}[\boldsymbol{\Gamma}(i,i-1)\boldsymbol{Q}(i-1)\boldsymbol{\Gamma}^{\mathrm{T}}(i,i-1)] \\ &\leqslant \frac{Q^* c_2^2}{1-\mathrm{e}^{-2c_1}}, k\to\infty \end{aligned} \tag{18.6.19}$$

其中,$Q^* \triangleq \sup_i \operatorname{tr}[\boldsymbol{\Gamma}(i,i-1)\boldsymbol{Q}(i-1)\boldsymbol{\Gamma}^{\mathrm{T}}(i,i-1)] < \infty$。同理由误差系统模型(18.6.10)式及(18.6.13)式,有

$$\operatorname{tr}\{\operatorname{var}[\overline{\boldsymbol{X}}(k)]\} \leqslant \frac{\overline{Q}^* c_2^2}{1-\mathrm{e}^{-2c_1}}, k\to\infty \tag{18.6.20}$$

其中,$\overline{Q}^* \triangleq \sup_i \operatorname{tr}[\overline{\boldsymbol{\Gamma}}(i,i-1)\overline{\boldsymbol{Q}}(i-1)\overline{\boldsymbol{\Gamma}}^{\mathrm{T}}(i,i-1)] < \infty$。另外,还知

$$\begin{aligned}\|E[\boldsymbol{X}(k)]\| &\leqslant \|\boldsymbol{\Phi}(k,0)\|\|E[\boldsymbol{X}(0)]\| + \sum_{i=1}^{k}\|\boldsymbol{\Phi}(k,i)\|\|\boldsymbol{\Psi}(i,i-1)\boldsymbol{U}(i-1)\| \\ &\leqslant \sum_{i=1}^{k} c_2\mathrm{e}^{-c_1(k-i)}\|\boldsymbol{\Psi}(i,i-1)\boldsymbol{U}(i-1)\| \\ &\leqslant \frac{c_2 u^*}{1-\mathrm{e}^{-c_1}}, k\to\infty \end{aligned} \tag{18.6.21}$$

其中,$u^* \triangleq \sup_i \|\boldsymbol{\Psi}(i,i-1)\boldsymbol{u}(i-1)\| < \infty$,$E[\boldsymbol{X}(0)]=0$。同理还有

$$\|E(\overline{\boldsymbol{X}})\| \leqslant \frac{c_2\overline{u}^*}{1-\mathrm{e}^{-c_1}}, k\to\infty \tag{18.6.22}$$

其中,$\overline{u}^* \triangleq \sup_i \|\overline{\boldsymbol{\Psi}}(i,i-1)\overline{\boldsymbol{u}}(i-1)\| < \infty$,$E[\overline{\boldsymbol{X}}(0)]=0$。由(18.6.21)式及(18.6.22)式,可得

$$\|\boldsymbol{E}[\boldsymbol{X}(k)] - E[\overline{\boldsymbol{X}}(k)]\| \leqslant \|E[\boldsymbol{X}(k)]\| + \|E[\overline{\boldsymbol{X}}(k)]\| \leqslant \frac{c_2(u^* + \overline{u}^*)}{1-\mathrm{e}^{-c_1}}, k\to\infty \tag{18.6.23}$$

将(18.6.19)式、(18.6.20)式及(18.6.23)式代入(18.6.18)式,再考虑到(18.6.15)式,则有

$$\begin{aligned}\|\boldsymbol{X}(k) - \hat{\overline{\boldsymbol{X}}}(k|k)\| &\leqslant \|\boldsymbol{X}(k) - \overline{\boldsymbol{X}}(k)\| + \|\overline{\boldsymbol{X}}(k) - \hat{\overline{\boldsymbol{X}}}(k|k)\| \\ &\leqslant \frac{c_2(\sqrt{Q^*} + \sqrt{\overline{Q}^*})}{\sqrt{1-\mathrm{e}^{-2c_1}}} + \frac{c_2(u^* + \overline{u}^*)}{1-\mathrm{e}^{-c_1}} + \sqrt{\frac{n[1+(n\beta)^2]}{\alpha}}, k\to\infty \end{aligned}$$

定理证毕。

对于定常系统卡尔曼滤波的鲁棒性,有如下结果。

定理 18.6.2　设真实系统模型(18.6.6)式、(18.6.7)式及具有误差的系统模型(18.6.10)式、(18.6.11)式为定常系统,并假设均为完全能控且完全能观,如果

$$\|\boldsymbol{\Phi}\| < 1 \tag{18.6.24}$$

及

$$\|\overline{\boldsymbol{\Phi}}\| < 1 \tag{18.6.25}$$

则必存在常数 $C>0$,有

$$\|\boldsymbol{X}(k) - \hat{\overline{\boldsymbol{X}}}(k|k)\| \leqslant C, k\to\infty$$

其中,$\hat{\overline{\boldsymbol{X}}}(k|k)$为按误差模型所做的卡尔曼滤波估计,此时,称该系统对卡尔曼滤波具有鲁棒性。

证明 对于定常系统,由(18.6.24)式及(18.6.25)式可知有

$$\|\boldsymbol{\Phi}(k,i)\| = \|\boldsymbol{\Phi}^{k-i}\| \leqslant \|\boldsymbol{\Phi}\|^{k-i} \to 0, k-i\to\infty$$

及

$$\|\overline{\boldsymbol{\Phi}}(k,i)\| = \|\overline{\boldsymbol{\Phi}}^{k-i}\| \leqslant \|\overline{\boldsymbol{\Phi}}\|^{k-i} \to 0, k-i\to\infty$$

故利用定理18.6.1类似的方法可推出

$$\|\boldsymbol{X}(k) - \hat{\overline{\boldsymbol{X}}}(k|k)\| \leqslant \frac{\sqrt{\operatorname{tr}(\boldsymbol{\Gamma Q \Gamma}^{\mathrm{T}})}}{\sqrt{1-\|\boldsymbol{\Phi}\|^2}} + \frac{\sqrt{\operatorname{tr}\overline{\boldsymbol{\Gamma Q \Gamma}^{\mathrm{T}}}}}{\sqrt{1-\|\overline{\boldsymbol{\Phi}}\|^2}} + \frac{\|\boldsymbol{\Psi}\| u^*}{1-\|\boldsymbol{\Phi}\|} + \frac{\|\overline{\boldsymbol{\Psi}}\|\overline{u}^*}{1-\|\overline{\boldsymbol{\Phi}}\|} + \sqrt{\frac{n[1+(n\beta)^2]}{\alpha}}, k\to\infty \tag{18.6.26}$$

其中,u^*及$\overline{u}^*$分别为$\|\boldsymbol{u}(i)\|$及$\|\overline{\boldsymbol{u}}(i)\|$的上确界。 定理证毕

推论 18.6.1 设真实系统模型(18.6.6)式、(18.6.7)式及具有误差的系统模型(18.6.10)式、(18.6.11)式均为一致完全随机能控且一致完全随机能观,如果存在常数 $C_1>0, C_2>0$,使得对任意 $k\geqslant l\geqslant 0$ 有

$$\|\boldsymbol{\Phi}(k,l)\| \leqslant C_2 \mathrm{e}^{-C_1(k-l)}$$

及

$$\|\overline{\boldsymbol{\Phi}}(k,l)\| \leqslant C_2 \mathrm{e}^{-C_1(k-l)}$$

则对任意有界的 $\boldsymbol{E}[\overline{\boldsymbol{X}}(0)] \neq \boldsymbol{E}[\boldsymbol{X}(0)]$ 及 $\operatorname{var}[\overline{\boldsymbol{X}}(0)] \neq \operatorname{var}[\boldsymbol{X}(0)]$,卡尔曼滤波具有鲁棒性,即卡尔曼滤波的鲁棒性与系统初始状态无关。

推论 18.6.2 设系统模型(18.6.6)式、(18.6.7)式和(18.6.10)式、(18.6.11)式均为定常模型且为完全能控、完全能观,如果

$$\|\boldsymbol{\Phi}\| < 1 \text{ 及 } \|\overline{\boldsymbol{\Phi}}\| < 1$$

则对任意有界的 $\boldsymbol{E}[\overline{\boldsymbol{X}}(0)] \neq \boldsymbol{E}[\boldsymbol{X}(0)]$ 及 $\operatorname{var}[\overline{\boldsymbol{X}}(0)] \neq \operatorname{var}[\boldsymbol{X}(0)]$,卡尔曼滤波具有鲁棒性。

18.6.4 卡尔曼滤波鲁棒性与系统稳定性关系

为了讨论卡尔曼滤波鲁棒性与系统稳定性的关系,首先对系统的稳定性给出定义。这里我们只对线性定常离散系统进行讨论。

定义 18.6.2 对于定常系统模型

$$\boldsymbol{X}(k+1) = \boldsymbol{\Phi X}(k) + \boldsymbol{\Gamma W}(k) + \boldsymbol{\Psi U}(k) \tag{18.6.27}$$

及有误差的定常系统模型

$$\overline{X}(k+1)=\overline{\boldsymbol{\Phi}}\,\overline{X}(k)+\overline{\boldsymbol{\Gamma W}}(k)+\overline{\boldsymbol{\Psi U}}(k) \tag{18.6.28}$$

如果 $\boldsymbol{\Phi}$ 及 $\overline{\boldsymbol{\Phi}}$ 的特征值 λ_i 及 $\overline{\lambda}_i$ 满足

$$|\lambda_i|<1 \tag{18.6.29}$$

$$|\overline{\lambda}_i|<1 \tag{18.6.30}$$

$$i=1,2,\cdots,n$$

则称系统模型(18.6.27)式及有误差的系统模型(18.6.28)式是**渐近稳定**系统。

下面定理给出卡尔曼滤波鲁棒性及系统稳定性的关系。

定理 18.6.3　设真实系统模型(18.6.6)式、(18.6.7)式及有误差的系统模型(18.6.10)式、(18.6.11)式为定常系统,并假定均为完全能控且完全能观,如果系统模型(18.6.6)式及(18.6.10)式渐近稳定,则卡尔曼滤波具有鲁棒性。

证明　设 λ_i 及 $\overline{\lambda}_i$ 分别为 $\boldsymbol{\Phi}$ 及 $\overline{\boldsymbol{\Phi}}$ 特征值并假定无重根,因为系统渐近稳定,则

$$|\lambda_i|<1,i=1,2,\cdots,n \tag{18.6.31}$$

$$|\overline{\lambda}_i|<1,i=1,2,\cdots,n \tag{18.6.32}$$

再由系统的定常性可知

$$\|\boldsymbol{\Phi}(k,l)\|=\|\boldsymbol{\Phi}^{k-l}\| \tag{18.6.33}$$

利用矩阵理论中的相似变换,必有满秩矩阵 $\boldsymbol{P}$ 使得

$$\boldsymbol{\Phi}=\boldsymbol{P}^{-1}\boldsymbol{\Phi}(\lambda)\boldsymbol{P}$$

其中

$$\boldsymbol{\Phi}(\lambda)=\mathrm{diag}[\lambda_1,\lambda_2,\cdots,\lambda_n] \tag{18.6.34}$$

将(18.6.34)式代入(18.6.33)式有

$$\|\boldsymbol{\Phi}(k,l)\|=\|\boldsymbol{P}^{-1}\boldsymbol{\Phi}^{k-l}(\lambda)\boldsymbol{P}\|\leqslant\|\boldsymbol{P}^{-1}\|\|\boldsymbol{P}\|\|\boldsymbol{\Phi}^{k-l}(\lambda)\|=\|\boldsymbol{P}^{-1}\|\|\boldsymbol{P}\||\lambda|_{\max}^{k-l} \tag{18.6.35}$$

其中记

$$|\lambda|_{\max}\triangleq\max_i\{|\lambda|_i\}$$

若令

$$c_2=\|\boldsymbol{P}^{-1}\|\|\boldsymbol{P}\|$$

及

$$c_1=-Ln|\lambda|_{\max}>0$$

则(18.6.35)式可写成

$$\|\boldsymbol{\Phi}(k,l)\|\leqslant\|\boldsymbol{P}^{-1}\|\|\boldsymbol{P}\||\lambda|_{\max}^{k-l}=c_2\mathrm{e}^{-c_1(k-l)} \tag{18.6.36}$$

同理可证

$$\|\overline{\boldsymbol{\Phi}}(k,l)\|\leqslant\overline{c}_2\mathrm{e}^{-\overline{c}_1(k-l)} \tag{18.6.37}$$

于是,由定理 18.6.1 可知该卡尔曼滤波具有鲁棒性。定理证毕。

18.7 习　　题

1. 有如下标量系统

$$X(k+1)=\Phi X(k)+W(k)$$

$$Z(k+1)=X(k+1)+V(k+1)$$

其中$\{W(k),k=0,1,2,\cdots\}$为零均值正态白噪声序列且方差为Q,$\{V(k),k=0,1,2,\cdots\}$也为零均值正态白噪声序列且方差为R,$X(0)$为初始状态且为零均值正态分布,方差为$P(0)$,Φ为常数,假设$W(k)$,$V(k)$,$X(0)$三者相互独立。试证:对于标准卡尔曼滤波方程有

(1)$P(k+1|k)=\Phi^2P(k|k)+Q$。

(2)$K(k+1)=\dfrac{\Phi^2P(k|k)+Q}{\Phi^2P(k|k)+Q+R}$。

(3)$P(k+1|k+1)=\dfrac{R[\Phi^2P(k|k)+Q]}{\Phi^2P(k|k)+Q+R}$。

(4)当$Q=0$时的稳态性能为

$$P(k|k)\triangleq\overline{P}=\frac{R\Phi^2\overline{P}}{\Phi^2\overline{P}+R},k\to\infty$$

(5)当$Q=0$且系统模型是渐近稳定的,即$\Phi<1$时有$\overline{P}=0$。

(6)当$Q=0$且系统模型不是渐近稳定的,即$\Phi\geqslant1$时,有

$$\overline{P}=(\Phi^2-1)R/\Phi^2$$

(7)当$Q=0$,$\Phi<1$,且卡尔曼滤波系统中的模型存在误差,即

$$\overline{X}(k+1)=\Phi\overline{X}(k)+\delta$$

试证:

$$E[X(k+1)-\hat{\overline{X}}(k+1)]^2=\frac{\delta^2}{1-\Phi^2}<\infty,k\to\infty$$

这说明$\Phi<1$时该卡尔曼滤波具有鲁棒性。

(8)当$Q=0$,$\Phi\geqslant1$,且卡尔曼滤波系统中的模型有误差为

$$\overline{X}(k+1)=\Phi\overline{X}(k)+\delta$$

则当$k\to\infty$时,试证:

$$E[X(k+1)-\hat{\overline{X}}(k+1)]^2=\delta^2\frac{(\Phi^k-1)^2}{(\Phi-1)^2}+\frac{(\Phi^2-1)R}{\Phi}\to\infty,k\to\infty$$

这说明当$\Phi\geqslant1$时该卡尔曼滤波不具有鲁棒性。

2. **一步最优平滑滤波**　设系统模型由(18.4.1)式和(18.4.2)式表示,试证一步最优平滑$\hat{\boldsymbol{X}}(k|k+1)$为

$$\hat{\boldsymbol{X}}(k|k+1)=\hat{\boldsymbol{X}}(k|k)+\boldsymbol{M}(k|k+1)[\boldsymbol{Z}(k+1)-\boldsymbol{H}(k+1)\boldsymbol{\Phi}(k+1,k)\hat{\boldsymbol{X}}(k|k)]$$

其中

$$\boldsymbol{M}(k|k+1)=\boldsymbol{P}(k|k)\boldsymbol{\Phi}^{\mathrm{T}}(k+1,k)\boldsymbol{H}^{\mathrm{T}}(k+1)[\boldsymbol{H}(k+1)\boldsymbol{P}(k+1|k)\boldsymbol{H}^{\mathrm{T}}(k+1)+\boldsymbol{R}(k+1)]^{-1}$$

$$\hat{\boldsymbol{X}}(0|0)=0, k=0,1,2,\cdots$$

3. **最优固定点平滑滤波**[114]　设系统模型由(18.4.1)式和(18.4.2)式表示,试证最优固定点平滑估计$\hat{\boldsymbol{X}}(k|j)$为

$$\hat{\boldsymbol{X}}(k|j)=\hat{\boldsymbol{X}}(k|j-1)+\boldsymbol{B}(j)[\hat{\boldsymbol{X}}(j|j)-\hat{\boldsymbol{X}}(j|j-1)]$$

其中,k 为某固定点,$j=k+1,k+2,\cdots$,初始条件为$\hat{\boldsymbol{X}}(k|k)$,$\boldsymbol{B}(j)$为 $n\times n$ 平滑滤波增益矩阵且

$$\boldsymbol{B}(j)=\prod_{i=k}^{j-1}[\boldsymbol{P}(i|i)\boldsymbol{\Phi}^{\mathrm{T}}(i+1,i)\boldsymbol{P}^{-1}(i+1|i)], j=k+1,k+2,\cdots$$

进一步,最优固定点平滑误差过程$\{\widetilde{\boldsymbol{X}}(k|j), j=k,k+1,\cdots\}$是零均值正态二阶马尔可夫过程,其协方差阵由如下方程给出:

$$\begin{aligned}\boldsymbol{P}(k|j)&=\boldsymbol{P}(k|j-1)+\boldsymbol{B}(j)[\boldsymbol{P}(j|j)-\boldsymbol{P}(j|j-1)]\boldsymbol{B}^{\mathrm{T}}(j)\\&=\boldsymbol{P}(k|j-1)-\boldsymbol{B}(j)\boldsymbol{K}(j)\boldsymbol{H}(j)\boldsymbol{P}(j|j-1)\boldsymbol{B}^{\mathrm{T}}(j)\quad j=k+1,k+2,\cdots\end{aligned}$$

4. **连续线性系统卡尔曼滤波**[114]　设系统模型为

$$\dot{\boldsymbol{X}}(t)=\boldsymbol{F}(t)\boldsymbol{X}(t)+\boldsymbol{G}(t)\boldsymbol{W}(t)$$

$$\boldsymbol{Z}(t)=\boldsymbol{H}(t)\boldsymbol{X}(t)+\boldsymbol{V}(t)$$

其中,$\boldsymbol{F}(t)\in\mathbf{R}^{n\times n}$;$\boldsymbol{G}(t)\in\mathbf{R}^{n\times p}$;$\boldsymbol{H}(t)\in\mathbf{R}^{m\times n}$为系数矩阵;$\boldsymbol{W}(t)$为系统干扰且 $E[\boldsymbol{W}(t)\boldsymbol{W}^{\mathrm{T}}(\tau)]=\boldsymbol{Q}(t)\delta(t-\tau)$,$\boldsymbol{Q}(t)\geqslant 0$;$\boldsymbol{V}(t)$为测量误差且 $E[\boldsymbol{V}(t)\boldsymbol{V}^{\mathrm{T}}(\tau)]=\boldsymbol{R}(t)\delta(t-\tau)$,$\boldsymbol{R}(t)>0$,$\delta(\cdot)$表示狄拉克 δ 函数,则连续系统 $X(t)$的最优估计满足如下方程

$$\dot{\hat{\boldsymbol{X}}}(t)=\boldsymbol{F}(t)\hat{\boldsymbol{X}}(t)+\boldsymbol{K}(t)[\boldsymbol{Z}(t)-\boldsymbol{H}(t)\hat{\boldsymbol{X}}(t)], t\geqslant t_0$$

其中,$\hat{\boldsymbol{X}}(t)=\hat{\boldsymbol{X}}(t|t)$,$\hat{\boldsymbol{X}}(t_0|t_0)=0$,$t_0$ 为初始时刻;$\boldsymbol{K}(t)$为 $n\times m$ 滤波增益矩阵且为

$$\boldsymbol{K}(t)=\boldsymbol{P}(t|t)\boldsymbol{H}^{\mathrm{T}}(t)\boldsymbol{R}^{-1}(t), t\geqslant 0$$

$\boldsymbol{P}(t|t)$为滤波误差$\widetilde{\boldsymbol{X}}(t|t)=\boldsymbol{X}(t)-\hat{\boldsymbol{X}}(t|t)$的 $n\times n$ 协方差阵,进一步,误差过程$\{\widetilde{\boldsymbol{X}}(t|t), t\geqslant t_0\}$是零均值正态马尔可夫过程且 $\boldsymbol{P}(t|t)$是如下微分方程的解:

$$\dot{\boldsymbol{P}}=\boldsymbol{F}(t)\boldsymbol{P}+\boldsymbol{P}\boldsymbol{F}^{\mathrm{T}}(t)-\boldsymbol{P}\boldsymbol{H}^{\mathrm{T}}(t)\boldsymbol{R}^{-1}(t)\boldsymbol{H}(t)\boldsymbol{P}+\boldsymbol{G}(t)\boldsymbol{Q}(t)\boldsymbol{G}^{\mathrm{T}}(t), t\geqslant 0$$

其中,$\boldsymbol{P}\triangleq\boldsymbol{P}(t|t)$;$\boldsymbol{P}(t_0|t_0)\triangleq\boldsymbol{P}(t_0)=E[\boldsymbol{X}(t_0)\boldsymbol{X}^{\mathrm{T}}(t_0)]$。

第19章

卡尔曼滤波应用

19.1 应用例子1——大型船舶航迹最优估计[138]

在本节,我们介绍如何运用卡尔曼滤波对大型舰船航行轨迹进行最优估计,并计算系统参数出现误差时对估计的影响。

19.1.1 系统模型的建立

对于水平面内运动的大型船舶,当它在预定航线上做小偏差运动时,纵向与横向耦合作用不大,可以认为船舶的纵向运动与横向运动彼此独立,因此,只研究船舶的横向运动。

1. 坐标系的选择

所选用的坐标系如图19.1.1所示,静坐标系 $E\xi\eta$:坐标平面 $E\xi\eta$ 位于地球水平面内,静坐标系的坐标原点取为船舶重心 G 在初始时刻所处的位置,$E\xi$ 轴为船的预定航线,方向指向终点,$E\eta$ 轴是水平面内与 $E\xi$ 轴垂直的直线且与指向海底的 $E\varepsilon$ 轴(图中未画出)构成右螺旋空间坐标系。船体坐标系 Oxy:原点 O 取在船舶重心位置上,纵轴 Ox 指向船首,横轴 Oy 垂直于 Ox 轴并指向右舷。

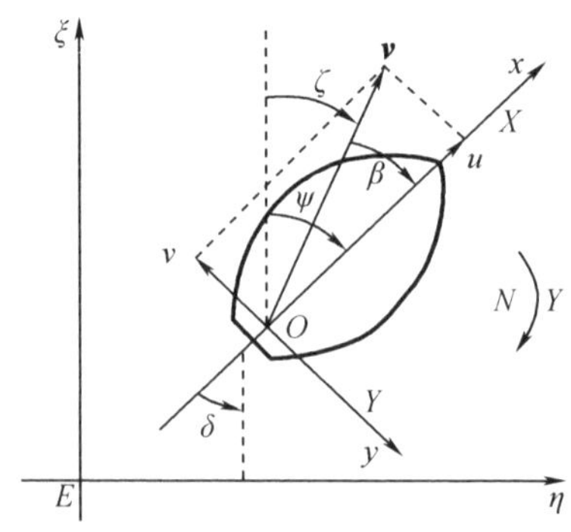

图19.1.1 船舶在水平面内坐标系

$\boldsymbol{v}$——船舶运动速度矢量;

u,v——$\boldsymbol{v}$ 在动坐标中 Ox,Oy 轴上的投影；

Ψ——航向角；

δ——舵角；

ζ——航迹角；

β——漂角；

X,Y,N——船所受的纵向力、横向力及绕 OZ 轴（图中未画出）的力矩。

2. 船舶运动模型

考虑到对船舶航迹起重要作用的是横荡力及转艏力矩，故为了简化问题，在图 19.1.1 所示的平面内，采用 Davidson 模型[116,117]，便可得到船舶横荡和摇艏的运动方程：

$$\begin{cases} m(\dot{v}+u\gamma)=Y_v v+Y_{\dot{v}}\dot{v}+Y_\gamma\gamma+Y_{\dot{\gamma}}\dot{\gamma}+Y_\delta\delta+Y_d \\ I_z\dot{\gamma}=N_v v+N_{\dot{v}}\dot{v}+N_\gamma\gamma+N_{\dot{\gamma}}\dot{\gamma}+N_\delta\delta+N_d \end{cases} \tag{19.1.1}$$

其中，Y_d 和 N_d 分别是海浪和海风对船舶的干扰力和干扰力矩，用 $\frac{1}{2}\rho V^2Ld$ 及 $\frac{1}{2}\rho V^2L^2d$ 分别除(19.1.1)式中的两方程，经整理后可得到无因次化方程为

$$\begin{cases} (m'-Y'_{\dot{v}})\dfrac{\mathrm{d}v'}{\mathrm{d}t}=Y'_v v'+(Y'_\gamma-m'u')\gamma'+Y'_{\dot{\gamma}}\dot{\gamma}'+Y'_\delta\delta'+Y'_d \\ (I'_z-N'_{\dot{\gamma}})\dfrac{\mathrm{d}\gamma'}{\mathrm{d}t}=N'_v v'+N'_{\dot{v}}\dot{v}'+N'_\gamma\gamma'+N'_\delta\delta'+N'_d \end{cases} \tag{19.1.2}$$

其中，带“′”的量分别是不带“′”量的无因次化。由图 19.1.1 可知，横向漂移应满足如下方程：

$$\dot{\eta}=V\sin(\Psi-\beta)$$

在小偏差的条件下，有下列表达式：

$$\dot{\eta}\approx V(\Psi-\beta)$$

而漂移角 β 与航向速度 v 在横漂角较小的情况下，有近似关系：$v\approx -V\beta$，代入上式并进行无因次化可得

$$\dot{\eta}'=\Psi'+v' \tag{19.1.3}$$

若用一个具有时间常数 T_r 的一阶惯性系统表示舵角控制系统时，则有如下无因次方程：

$$\frac{\mathrm{d}\delta'}{\mathrm{d}t'}=\frac{1}{T'_r}(\delta'_c-\delta') \tag{19.1.4}$$

其中，δ_c 为指令舵角。航向角 Ψ 与转艏角速度 γ 存在下面的关系：

$$\dot{\Psi}'=\gamma' \tag{19.1.5}$$

将(19.1.2)式适当变形，可以得到下面的一阶微分方程的标准形式：

$$\begin{cases} \dfrac{\mathrm{d}\gamma'}{\mathrm{d}t'}=f_{22}\gamma'+f_{24}v'+f_{25}\delta'+Y_{21}N'+Y_{22}Y' \\ \dfrac{\mathrm{d}v'}{\mathrm{d}t'}=f_{42}\gamma'+f_{44}v'+f_{45}\delta'+Y_{41}N'+Y_{42}Y' \end{cases} \tag{19.1.6}$$

其中

$$\begin{cases}\Delta=(m'-Y'_{\dot v})(I'_z-N'_{\dot\gamma})-Y'_{\dot\gamma}N'_{\dot v}\\ f_{22}=\dfrac{1}{\Delta}[(m'-Y'_{\dot v})N'_{\dot\gamma}+N'_{\dot v}(Y'_\gamma-m')]\\ f_{24}=\dfrac{1}{\Delta}[(m'-Y'_{\dot v})N'_v+N'_{\dot v}Y'_v]\\ f_{25}=\dfrac{1}{\Delta}[(m'-Y'_{\dot v})N'_\delta+N'_{\dot v}Y'_\delta]\\ Y_{21}=\dfrac{(m'-Y'_{\dot v})}{\Delta}\\ Y_{22}=\dfrac{N'_{\dot v}}{\Delta}\\ f_{42}=\dfrac{1}{\Delta}[(I'_z-N'_{\dot\gamma})(Y'_\gamma-m')+Y'_{\dot\gamma}N'_\gamma]\\ f_{44}=\dfrac{1}{\Delta}[(I'_z-N'_{\dot\gamma})Y'_{\dot v}+Y'_{\dot\gamma}N'_v]\\ f_{45}=\dfrac{1}{\Delta}[(I'_z-N'_{\dot\gamma})Y'_\delta+Y'_{\dot\gamma}N'_\delta]\\ Y_{41}=\dfrac{Y'_{\dot\gamma}}{\Delta}\\ Y_{42}=\dfrac{(I'_z-N'_{\dot\gamma})}{\Delta}\end{cases}\tag{19.1.7}$$

综合考虑(19.1.3)式、(19.1.4)式、(19.1.5)式、(19.1.6)式,则可以得到船舶在水面内运动的状态方程:

$$\frac{\mathrm{d}}{\mathrm{d}t'}\begin{bmatrix}\Psi'\\ \gamma'\\ \eta'\\ v'\\ \delta'\end{bmatrix}=\begin{bmatrix}0&1&0&0&0\\ 0&f_{22}&0&f_{24}&f_{25}\\ 1&0&0&1&0\\ 0&f_{42}&0&f_{44}&f_{45}\\ 0&0&0&0&-\dfrac{1}{T'_\mathrm{r}}\end{bmatrix}\begin{bmatrix}\Psi'\\ \gamma'\\ \eta'\\ v'\\ \delta'\end{bmatrix}+\begin{bmatrix}0\\0\\0\\0\\ \dfrac{1}{T'_\mathrm{r}}\end{bmatrix}\delta_\mathrm{c}+\begin{bmatrix}0&0\\ Y_{21}&Y_{22}\\ 0&0\\ Y_{41}&Y_{42}\\ 0&0\end{bmatrix}\begin{bmatrix}N'\\ Y'\end{bmatrix}\tag{19.1.8}$$

简记为

$$\dot{\boldsymbol{X}}=\boldsymbol{AX}+\boldsymbol{BU}+\boldsymbol{CW}$$

操舵时间常数 T_r 的值可以根据对舵机功率选择的基本要求(一次偏转时间不小于30 s,而大型船舶的最大舵角一般为 $\pm35^\circ$)确定,对于具体的 Mariner 号船舶,选择 $T_\mathrm{r}=9$ s,则有 $T'_\mathrm{r}=T_\mathrm{r}\dfrac{V}{L}=9\dfrac{V}{L}$(Mariner 号船舶的总长 $L=171.90$ m,设计航速 $V=10.29$ m/s)。我们所研究的 Mariner 号船舶的水动力参数见表 19.1.1。

表 19.1.1　Mariner 号船舶的水动力系数[120]

$m' - Y'_{\dot{v}}$	0.327	$I'_z - N'_{\dot{\gamma}}$	0.017 5
$Y'_\gamma - m'$	−0.105	$N'_{\dot{v}}$	0.004 78
$Y'_{\dot{\gamma}}$	0.001 8	N'_v	−0.055 5
Y'_v	−0.224	N'_γ	−0.034 9
Y'_δ	−0.058 6	N'_δ	0.029 3
力无因次基值：$\frac{1}{2}\rho V^2 Ld$		力距无因次基值：$\frac{1}{2}\rho V^2 L^2 d$	

将此组水动力参数代入(19.1.7)式，可得到船舶运动状态方程中的系数矩阵为

$$\boldsymbol{A} = \begin{bmatrix} 0 & 1 & 0 & 0 & 0 \\ 0 & f_{22} & 0 & f_{24} & f_{25} \\ 1 & 0 & 0 & 1 & 0 \\ 0 & f_{42} & 0 & f_{44} & f_{45} \\ 0 & 0 & 0 & 0 & -\frac{1}{T'_r} \end{bmatrix} = \begin{bmatrix} 0 & 1 & 0 & 0 & 0 \\ 0 & -2.085 & 0 & -3.38 & 1.628 \\ 1 & 0 & 0 & 1 & 0 \\ 0 & -0.333 & 0 & -0.765 & -0.170 \\ 0 & 0 & 0 & 0 & -1.854 \end{bmatrix}$$

$$\boldsymbol{B}^{\mathrm{T}} = \left[0,0,0,0,\frac{1}{T'_r}\right] = [0,0,0,0,1.854]$$

$$\boldsymbol{C}^{\mathrm{T}} = \begin{bmatrix} 0 & Y_{21} & 0 & Y_{41} & 0 \\ 0 & Y_{22} & 0 & Y_{42} & 0 \end{bmatrix} = \begin{bmatrix} 0 & 57.23 & 0 & 0.315 & 0 \\ 0 & 0.837 & 0 & 3.063 & 0 \end{bmatrix}$$

3. **干扰模型**

应用卡尔曼滤波对系统状态最优估计时，建立干扰的数学模型是非常复杂也是非常重要的一步。为了实现船舶航迹最优估计，应当分析船舶在航行中所受到的干扰，就通常的实际情况来看，船舶所受到的干扰主要有海浪、海风和海流等，尽管这三种干扰往往同时出现，但我们认为，海浪的干扰将主要引起船舶的摇摆（横摇和纵摇），海风的干扰将主要引起船舶航迹的变化，海流的干扰将主要影响水下舰船的航迹。因此，为了实现水面航行的大型船舶航迹的最优估计，我们只研究海风干扰的数学模型。

(1)风扰分析

在许多船舶操纵性的论著中[118,119]，都给出了船舶受风压力及力矩的解析表达式，这里引用 Hughes（赫斯）实验公式（图 19.1.2），即

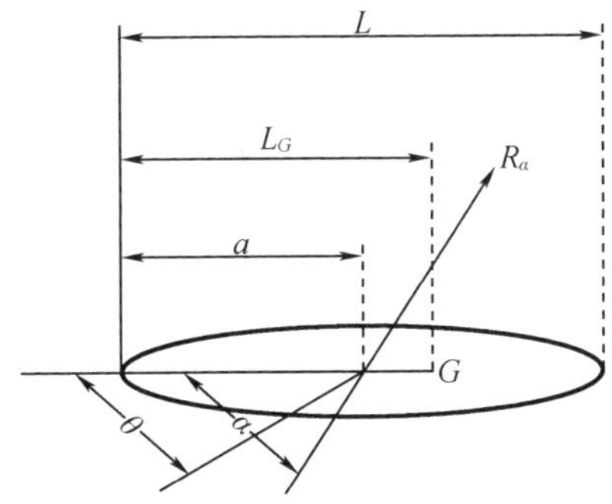

图 19.1.2　船舶受风作用力示意图

风压合力为

$$R_\alpha = \frac{1}{2}\rho_\alpha C_\alpha V_\alpha^2 (A\cos^2\theta + B\sin^2\theta) \tag{19.1.9}$$

该合力在 Oy 轴分量 Y 及风力矩 N 为

$$Y = R_\alpha \sin\alpha \tag{19.1.10}$$

$$N = R_\alpha \sin\alpha (L_G - a) \tag{19.1.11}$$

其中,R_α 为风压合力,kg;N 为风压力矩,kg·m;ρ_α 为空气密度 kg·s²/m⁴,其标准值为 0.124;C_α 为风压力系数;V_α 为相对风速,m/s;θ 为相对风向,(°);α 为压力合力的作用方向,(°);a 为船首至风压力中心的距离,m;L 为船长度,m;A 为水线上船体正投影面积,m²;B 为水线上船体侧投影面积,m²;L_G 为船重心 G 距船首的距离,m。

通常情况下,C_α,α 及 a 的数值可以通过实验得到,也可以采用经验公式计算得到[119],即

$$C_\alpha = 1.20 - 0.083\cos 2\theta - 0.25\cos 4\theta - 0.117\cos 6\theta \tag{19.1.12}$$

$$a = (0.291 + 0.0023\theta)L \tag{19.1.13}$$

$$\alpha = \left[1 - 0.15\left(1 - \frac{\theta}{90^\circ}\right) - 0.80\left(1 - \frac{\theta}{90^\circ}\right)^3\right] \times 90^\circ \tag{19.1.14}$$

船舶受风面积也可以按经验公式计算

$$A = C_1 b^2 \tag{19.1.15}$$

$$B = C_2 L^2 \tag{19.1.16}$$

其中,b 为船宽(m);C_1,C_2 可由船舶有关数据表[119]查出。

由(19.1.10)式及(19.1.11)式可知,海风对船产生的压力 Y 及力矩 N 是相对风速 V_α 和相对风向 θ 的函数,由于 V_α 和 θ 具有明显的随机性且随时间变化,因此从严格意义上讲,压力 Y 和力矩 N 都是随机过程。这里为简单起见,认为相对风向 θ 不变,而相对风速随时间变化且有

$$V_\alpha^2 = (\overline{V})^2 + \widetilde{V} \tag{19.1.17}$$

其中,$(\overline{V})^2$ 表示 V_α^2 的平均值,$\widetilde{V}$是 V_α^2 关于均值的波动项,假设$\widetilde{V}$在$(0,2(\overline{V})^2)$内波动且服从正态分布,于是按 99% 的概率有

$$\mathrm{var}(\widetilde{V}) = \left[\frac{1}{3}(\overline{V})^2\right]^2 = \frac{1}{9}(\overline{V})^4 \tag{19.1.18}$$

令

$$y(\theta) = \frac{\frac{1}{2}\rho_\alpha C_\alpha \sin\alpha (A\cos^2\theta + B\sin^2\theta)}{\frac{1}{2}\rho V^2 L d} \tag{19.1.19}$$

$$n(\theta) = \frac{\frac{1}{2}\rho_\alpha C_\alpha (L_G - a)\sin\alpha (A\cos^2\theta + B\sin^2\theta)}{\frac{1}{2}\rho V^2 L^2 d} \tag{19.1.20}$$

其中,ρ 为海水密度,在 15℃时为 104.61 kg·s²/m⁴;V 为船舶航行速度 10.3 m/s;d 为船吃水深度 7.5 m。

则风压力 Y 和力矩 N 的无量纲表达式为

$$Y' = y(\theta)(\bar{V})^2 + y(\theta)\tilde{V} \triangleq \bar{Y}' + \tilde{Y}' \tag{19.1.21}$$

$$N' = n(\theta)(\bar{V})^2 + n(\theta)\tilde{V} \triangleq \bar{N}' + \tilde{N}' \tag{19.1.22}$$

且有

$$\begin{cases} E(Y') = \bar{Y}' = y(\theta)(\bar{V})^2 \\ \mathrm{var}(Y') = y^2(\theta)\mathrm{var}(\tilde{V}) = y^2(\theta)\dfrac{1}{9}(\bar{V})^4 \end{cases} \tag{19.1.23}$$

$$\begin{cases} E(N') = \bar{N}' = n(\theta)(\bar{V})^2 \\ \mathrm{var}(N') = n^2(\theta)\mathrm{var}(\tilde{V}) = n^2(\theta)\dfrac{1}{9}(\bar{V})^4 \end{cases} \tag{19.1.24}$$

通过以上分析，可以认为风压力 Y' 是由恒定风压力 $\bar{Y}'$ 和随机风压力 $\tilde{Y}'$ 两项组成，同样风压力矩 N' 是由恒定风压力矩 $\bar{N}'$ 和随机风压力矩 $\tilde{N}'$ 组成。

(2)风扰模型

可以用一阶成形滤波器来模拟海风随机干扰。一阶成形滤波器模型为 $\dot{x} = -\dfrac{1}{\tau_0}x + \xi$，其中，$\xi$ 为白噪声且 $E(\xi) = 0$，功率谱为 $S_\xi(\omega) = Q$，因为

$$S_x(\omega) = |G(\omega)|^2 Q = \frac{1}{(\omega)^2 + \left(\dfrac{1}{\tau_0}\right)^2} Q$$

所以

$$R_x(\tau) = \frac{1}{2\pi}\int_{-\infty}^{+\infty} S_x(\omega)\mathrm{e}^{\mathrm{j}\omega\tau}\mathrm{d}\omega = \frac{Q\tau_0}{2}\mathrm{e}^{-\frac{|\tau|}{\tau_0}} = K\mathrm{e}^{-\frac{|\tau|}{\tau_0}} \tag{19.1.25}$$

其中，$K = \dfrac{\tau_0}{2}Q = R_x(0)$ 为随机风力或风力矩方差。由成形滤波器理论可计算出白噪声 ξ 的方差为

$$E(\xi^2) = R_x(0)(1 - \mathrm{e}^{-2\frac{T_0}{\tau_0}}) \tag{19.1.26}$$

其中，T_0 为采样周期（取 10 s）；τ_0 为随机海风的相关时间（取 9 s）。对于风力 Y' 有 $R_x(0) = y^2(\theta)\dfrac{(\bar{V})^4}{9}$，对于风力矩 N' 有 $R_x(0) = n^2(\theta)\dfrac{(\bar{V})^4}{9}$

由此可知一阶成形滤波器描述了一个具有指数相关函数的随机过程，它可以近似地模拟一般的随机过程，我们用此来模拟船舶受到的低频干扰，设低频干扰力矩和力的一阶成形滤波器方程为

$$\begin{cases} \dot{N}' = -\dfrac{1}{T_1'}N' + \xi_1' \\ \dot{Y}' = -\dfrac{1}{T_1'}Y' + \xi_2' \end{cases} \tag{19.1.27}$$

其中，假设 ξ_1'，ξ_2' 为相互独立的白噪声且服从 $N(0, \sigma_{\xi_i'}^2, i = 1, 2)$ 分布，将(19.1.27)式所表示的低频干扰代入船舶运动状态方程(19.1.8)式中，在控制舵角 δ_c 为已知条件下（设 δ_c 为零），可得到增广状态方程为

$$\frac{\mathrm{d}}{\mathrm{d}t}\boldsymbol{X} = \boldsymbol{AX} + \boldsymbol{CW} \tag{19.1.28}$$

其中,$\boldsymbol{X}^{\mathrm{T}}=[\psi',\gamma',\eta',\nu',\delta',N',Y']$;$\boldsymbol{W}^{\mathrm{T}}=[\xi_1',\xi_2']$;

$$\boldsymbol{A}=\begin{bmatrix}0 & 1 & 0 & 0 & 0 & 0 & 0\\ 0 & -2.085 & 0 & -3.38 & 1.628 & 57.23 & 0.8366\\ 1 & 0 & 0 & 1 & 0 & 0 & 0\\ 0 & -0.333 & 0 & -0.765 & -0.170 & 0.315 & 3.063\\ 0 & 0 & 0 & 0 & -1.854 & 0 & 0\\ 0 & 0 & 0 & 0 & 0 & -1.854 & 0\\ 0 & 0 & 0 & 0 & 0 & 0 & -1.854\end{bmatrix}$$

$$\boldsymbol{C}^{\mathrm{T}}=\begin{bmatrix}0 & 0 & 0 & 0 & 0 & 1 & 0\\ 0 & 0 & 0 & 0 & 0 & 0 & 1\end{bmatrix}$$

4. 测量模型

为了估计出 k 时刻的系统状态,必须观测某些物理量,由大型船舶上现有的设备,我们选择横漂距离 η,航向角 ψ 及转艏速度 γ 作为观测量。

横漂距离 η 可由 GPS 测出,航向角 ψ 可由罗径测出,航向角速度 γ 可由速度陀螺测出。一般情况下,观测量中含有随机噪声,根据大数定律,认为噪声服从正态分布,为了研究方便,假定这些观测噪声为白噪声。于是可以得出下面的观测方程,即

$$\begin{cases}z_1=\psi'+v_1'\\ z_2=\gamma'+v_2'\\ z_1=\eta'+v_3'\end{cases}$$

写成向量形式为

$$\boldsymbol{Z}=\begin{bmatrix}1 & 0 & 0 & 0 & 0 & 0 & 0\\ 0 & 1 & 0 & 0 & 0 & 0 & 0\\ 0 & 0 & 1 & 0 & 0 & 0 & 0\end{bmatrix}\boldsymbol{X}+\begin{bmatrix}v_1'\\ v_2'\\ v_3'\end{bmatrix}\triangleq \boldsymbol{HX}+\boldsymbol{V} \tag{19.1.29}$$

其中,$\boldsymbol{X}^{\mathrm{T}}=[\psi',\gamma',\eta',\nu',\delta',N',Y']$,测量误差向量 $\boldsymbol{V}^{\mathrm{T}}=[v_1',v_2',v_3']$,根据测量仪表精度并经无因次化得测量噪声方差阵为

$$\boldsymbol{R}=\begin{bmatrix}1.22\times10^{-5} & 0 & 0\\ 0 & 8.47\times10^{-6} & 0\\ 0 & 0 & 7.62\times10^{-3}\end{bmatrix}$$

方程(19.1.28)式和方程(19.1.29)式表示船舶运动连续状态方程和连续测量方程。

19.1.2 船舶航迹最优估计

为了运用 Kalman 滤波对航迹进行最优估计,必须做以下工作。

1. 模型的离散化

利用离散化方法并取采样周期为 10 s,我们可将系统模型(19.1.28)式和测量模型(19.1.29)式进行离散化,得到离散化系统方程为

$$\begin{cases}\boldsymbol{X}(k+1)=\boldsymbol{\Phi}(k+1,k)\boldsymbol{X}(k)+\boldsymbol{\Gamma}(k+1,k)\boldsymbol{W}(k)\\ \boldsymbol{Z}(k+1)=\boldsymbol{H}(k+1)\boldsymbol{X}(k+1)+\boldsymbol{V}(k+1)\end{cases} \tag{19.1.30}$$

$$\boldsymbol{\Phi}(k+1,k)=\begin{bmatrix}1.00 & 1.36 & 0.00 & -5.68 & 1.69 & 219.78 & -44.10\\ 0.00 & 0.04 & 0.00 & -0.21 & 0.06 & 14.36 & -3.90\\ 10.00 & 9.12 & 1.00 & -31.51 & 10.04 & 1\,069.26 & -167.72\\ 0.00 & -0.02 & 0.00 & 0.12 & -0.03 & -7.27 & 2.29\\ 0 & 0 & 0 & 0 & 0 & 0 & 0\\ 0 & 0 & 0 & 0 & 0 & 0.06 & 0\\ 0 & 0 & 0 & 0 & 0 & 0 & 0.06\end{bmatrix}$$

$$\boldsymbol{\Gamma}^{\mathrm{T}}(k+1,k)=\begin{bmatrix}1\,152.61 & 219.78 & 3\,419.06 & -83.36 & 0 & 3.35 & 0\\ -196.98 & -44.10 & -430.47 & 29.26 & 0 & 0 & 3.35\end{bmatrix}$$

我们考察最简单的情况,即船舶顺风航行情况,此时经计算有

$$E[\boldsymbol{W}(k)\boldsymbol{W}^{\mathrm{T}}(k)]=\boldsymbol{Q}(k)=\begin{bmatrix}2.67\times10^{-10} & 0\\ 0 & 1.66\times10^{-8}\end{bmatrix}$$

参数 $\boldsymbol{H}(k)$ 和 $\boldsymbol{V}(k)$ 同(19.1.29)式相同。

2. 系统能控性、能观性及稳定性分析

由于该系统是定常系统,故利用(18.5.12)式及(18.5.13)式可以判定该系统(19.1.30)式不完全能控且不完全能观,系统状态维数是 7,而能控维数和能观维数均为 6。进一步,由上述模型可求出系统(19.1.30)式的特征值,发现该系统处于临界稳定,由定理 18.6.3 可知,该系统不满足鲁棒性条件,因此,在这种情况下,不仅要考察卡尔曼滤波是否稳定,而且还要考察卡尔曼滤波在参数出现误差时的影响。

3. 卡尔曼滤波计算

对于受随机干扰的系统,为了从有噪声的观测量中估计出系统的状态,可以采用卡尔曼滤波,卡尔曼滤波可以无偏且最小方差地估计出状态 $\boldsymbol{X}(k)$。对于系统方程(19.1.30)式,其最优滤波估计$\hat{\boldsymbol{X}}(k+1|k+1)$由以下递推公式给出,即

$$\boldsymbol{P}(k+1|k)=\boldsymbol{\Phi}(k+1,k)\boldsymbol{P}(k|k)\boldsymbol{\Phi}^{\mathrm{T}}(k+1,k)+\boldsymbol{\Gamma}(k+1,k)\boldsymbol{Q}(k)\boldsymbol{\Gamma}^{\mathrm{T}}(k+1,k) \tag{19.1.31}$$

$$\boldsymbol{K}(k+1)=\boldsymbol{P}(k+1|k)\boldsymbol{H}^{\mathrm{T}}(k+1)[\boldsymbol{H}(k+1)\boldsymbol{P}(k+1|k)\boldsymbol{H}^{\mathrm{T}}(k+1)+\boldsymbol{R}(k+1)]^{-1} \tag{19.1.32}$$

$$\begin{aligned}\boldsymbol{P}(k+1|k+1)=&[\boldsymbol{I}-\boldsymbol{K}(k+1)\boldsymbol{H}(k+1)]\boldsymbol{P}(k+1|k)[\boldsymbol{I}-\boldsymbol{K}(k+1)\boldsymbol{H}(k+1)]^{\mathrm{T}}+\\&\boldsymbol{K}(k+1)\boldsymbol{R}(k+1)\boldsymbol{K}^{\mathrm{T}}(k+1)\end{aligned} \tag{19.1.33}$$

$$\begin{aligned}\hat{\boldsymbol{X}}(k+1|k+1)=&\boldsymbol{\Phi}(k+1,k)\hat{\boldsymbol{X}}(k|k)+\boldsymbol{K}(k+1)[\boldsymbol{Z}(k+1)-H(k+1)\boldsymbol{\Phi}(k+1,k)\cdot\\&\hat{\boldsymbol{X}}(k)(k|k)]\end{aligned} \tag{19.1.34}$$

$k=0,1,2,\cdots$,初始估计为$\hat{\boldsymbol{X}}(0|0)=0$,初始估计误差为 $\boldsymbol{P}(0|0)=10^4\boldsymbol{I}$。

由以上递推公式便可估计出各状态值,因为系统是临界稳定,所以在卡尔曼滤波投入实际使用时,必须对可能引起的模型误差对滤波器性能的影响有充分认识。下面分别讨论系统参数无误差和有误差时的卡尔曼滤波估计,并给出仿真计算结果进行比较。

(1)模型参数无误差情况

图 19.1.3 给出模型参数无误差时的航向角 ψ 和横漂距离 η 的真值与估计值曲线,图 19.1.4 给出相应的估计误差曲线,估计误差由 $\sigma'=\left\{\frac{1}{100}\sum_{i=1}^{100}[\hat{x}'(i)-x'(i)]^2\right\}^{\frac{1}{2}}$ 计算,其

中,$\hat{x}'(i)$为估计值;$x'(i)$为真值。将σ'有因次化,可得实际估计误差为$\sigma_{\psi}=0.16°$,$\sigma_{\eta}=9.42$ m。

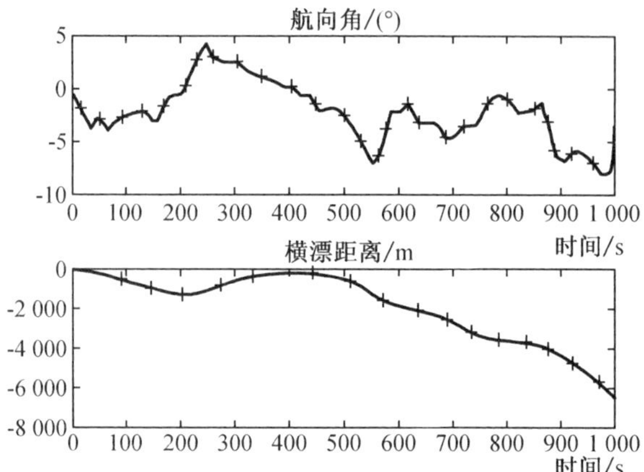

图 19.1.3 航向角与横漂距离的真值和估计值曲线

其中"—"表真值,"+"表估计值

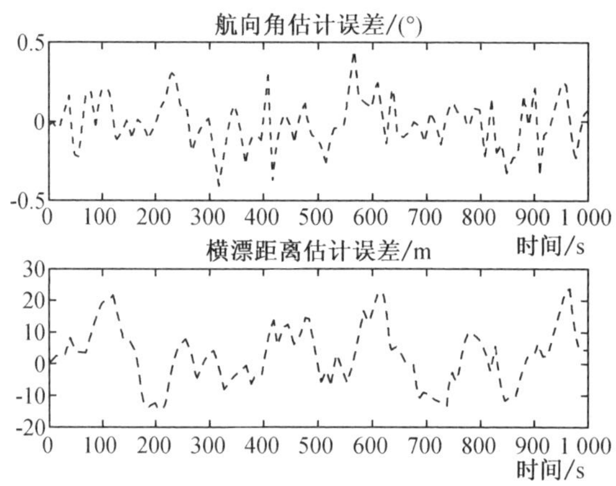

图 19.1.4 航向角估计误差 $\psi-\hat{\psi}$ 和横漂距离估计误差 $\eta-\hat{\eta}$ 曲线

(2)水动力系数具有误差的情况

水动力系数有误差引起矩阵 $\boldsymbol{A}$ 变化,也就是 f_{ij} 发生变化,设 $f'_{ij}=a_1\times f_{ij}$,在无误差时 $a_1=1$,在此讨论 a_1 的不同变化引起的估计误差。将计算结果列入表 19.1.2。

表 19.1.2 水动力系数 f_{ij} 出现误差时状态估计方差(无因次)

a_1 \ 方差	$\sigma^2_{\psi'}$	$\sigma^2_{\gamma'}$	$\sigma^2_{\eta'}$	$\sigma^2_{V'}$	$\sigma^2_{\delta'}$	$\sigma^2_{N'}$	$\sigma^2_{Y'}$
0.7	$7.59\cdot10^{-6}$	$5.39\cdot10^{-7}$	$2.98\cdot10^{-3}$	$2.28\cdot10^{-7}$	0	$6.54\cdot10^{-11}$	$3.46\cdot10^{-9}$
0.9	$7.67\cdot10^{-6}$	$5.43\cdot10^{-7}$	$3.00\cdot10^{-3}$	$2.29\cdot10^{-7}$	0	$6.42\cdot10^{-11}$	$3.28\cdot10^{-9}$
1.0	$7.77\cdot10^{-6}$	$5.51\cdot10^{-7}$	$3.01\cdot10^{-3}$	$2.31\cdot10^{-7}$	0	$6.38\cdot10^{-11}$	$3.24\cdot10^{-9}$
1.1	$7.90\cdot10^{-6}$	$5.62\cdot10^{-7}$	$3.02\cdot10^{-3}$	$2.34\cdot10^{-7}$	0	$6.36\cdot10^{-11}$	$3.23\cdot10^{-9}$

表 19.1.2(续)

方差 / a_1	$\sigma_{\psi'}^2$	$\sigma_{\gamma'}^2$	$\sigma_{\eta'}^2$	$\sigma_{V'}^2$	$\sigma_{\delta'}^2$	$\sigma_{N'}^2$	$\sigma_{Y'}^2$
1.3	$8.31 \cdot 10^{-6}$	$5.93 \cdot 10^{-7}$	$3.04 \cdot 10^{-3}$	$2.44 \cdot 10^{-7}$	0	$6.37 \cdot 10^{-11}$	$3.28 \cdot 10^{-9}$
理论值	$10.51 \cdot 10^{-6}$	$6.11 \cdot 10^{-7}$	$2.40 \cdot 10^{-3}$	$2.37 \cdot 10^{-7}$	0	$6.35 \cdot 10^{-11}$	$2.93 \cdot 10^{-9}$

注:$a_1 = 1.0$ 表示f_{ij}无误差时的状态估计方差,表中理论值是参数无误差时由(19.1.31)式、(19.1.32)式及(19.1.33)式计算得到,由表可以看出,f_{ij}即使出现±30%误差时,状态各分量估计精度(均方误差)只出现3.7%以内的误差,显然,卡尔曼滤波有意义。

(3)风力和力矩系数具有误差的情况

风力和力矩系数具有误差也就是引起了 Y_{ij}的变化,设 $Y'_{ij} = a_2 \times Y_{ij}$,将计算结果列入表19.1.3。

表 19.1.3　风力和力矩系数 Y_{ij}出现误差时状态估计方差(无因次)

方差 / a_2	$\sigma_{\psi'}^2$	$\sigma_{\gamma'}^2$	$\sigma_{\eta'}^2$	$\sigma_{V'}^2$	$\sigma_{\delta'}^2$	$\sigma_{N'}^2$	$\sigma_{Y'}^2$
0.7	$8.97 \cdot 10^{-6}$	$6.91 \cdot 10^{-7}$	$3.08 \cdot 10^{-3}$	$2.76 \cdot 10^{-7}$	0	$6.35 \cdot 10^{-11}$	$3.29 \cdot 10^{-9}$
0.9	$7.95 \cdot 10^{-6}$	$5.77 \cdot 10^{-7}$	$3.02 \cdot 10^{-3}$	$2.39 \cdot 10^{-7}$	0	$6.35 \cdot 10^{-11}$	$3.23 \cdot 10^{-9}$
1.0	$7.77 \cdot 10^{-6}$	$5.51 \cdot 10^{-7}$	$3.01 \cdot 10^{-3}$	$2.31 \cdot 10^{-7}$	0	$6.38 \cdot 10^{-11}$	$3.24 \cdot 10^{-9}$
1.1	$7.69 \cdot 10^{-6}$	$5.41 \cdot 10^{-7}$	$2.99 \cdot 10^{-3}$	$2.28 \cdot 10^{-7}$	0	$6.42 \cdot 10^{-11}$	$3.27 \cdot 10^{-9}$
1.3	$7.67 \cdot 10^{-6}$	$5.52 \cdot 10^{-7}$	$2.98 \cdot 10^{-3}$	$2.33 \cdot 10^{-7}$	0	$6.52 \cdot 10^{-11}$	$3.34 \cdot 10^{-9}$
理论值	$10.51 \cdot 10^{-6}$	$6.11 \cdot 10^{-7}$	$2.40 \cdot 10^{-3}$	$2.37 \cdot 10^{-7}$	0	$6.35 \cdot 10^{-11}$	$2.93 \cdot 10^{-9}$

由表 19.1.3 可以看出,如果 Y_{ij}出现±30%误差时,状态各分量估计精度(均方误差)只出现2.3%以内的误差,显然,卡尔曼滤波仍有意义。

(4)测量仪表精度有误差的情况

测量仪表精度有误差也就是 $\boldsymbol{R}$ 阵有误差,我们设 $\boldsymbol{R}' = a_3 \times \boldsymbol{R}$,将计算结果列入表 19.1.4。

表 19.1.4　测量仪表精度变化时状态估计方差(无因次)

方差 / a_2	$\sigma_{\psi'}^2$	$\sigma_{\gamma'}^2$	$\sigma_{\eta'}^2$	$\sigma_{V'}^2$	$\sigma_{\delta'}^2$	$\sigma_{N'}^2$	$\sigma_{Y'}^2$
0.5	$3.96 \cdot 10^{-6}$	$3.75 \cdot 10^{-7}$	$1.51 \cdot 10^{-3}$	$1.71 \cdot 10^{-7}$	0	$6.18 \cdot 10^{-11}$	$2.81 \cdot 10^{-9}$
1.0	$7.77 \cdot 10^{-6}$	$5.51 \cdot 10^{-7}$	$3.01 \cdot 10^{-3}$	$2.31 \cdot 10^{-7}$	0	$6.38 \cdot 10^{-11}$	$3.24 \cdot 10^{-9}$
1.5	$11.49 \cdot 10^{-6}$	$6.77 \cdot 10^{-7}$	$4.49 \cdot 10^{-3}$	$2.73 \cdot 10^{-7}$	0	$6.55 \cdot 10^{-11}$	$3.52 \cdot 10^{-9}$

由表 19.1.4 可以看出,测量仪表精度对状态估计精度影响较大,而且仪表精度的提高(或降低)将引起状态估计精度的提高(或降低)。

19.1.3 结论

由以上分析和仿真结果可以得出如下结论:

(1)本节论述的大型船舶水平面受扰运动的数学模型可以作为航迹多变量最优估计的系统模型。

(2)采用卡尔曼滤波对船舶航迹的最优估计是可行的,以 Mariner 号船舶为例,在参数无误差的情况下,航向角的估计误差为0.16°,横漂距离的估计误差为9.42 m。由测量模型的 $\boldsymbol{R}$ 阵可知,我们采用罗经测量航向角,测量误差为0.2°,用 GPS 测量横漂距离,测量误差取15 m,由此可见,采用卡尔曼滤波大大提高了航向角和横漂距离的估计精度,不仅如此,卡尔曼滤波还能估计出航向速度、海风力和海风力矩,这些量对于船舶航迹控制是非常必要的。

(3)本系统状态的维数是7维,而能观测和能控制的维数是6维,这说明该系统不完全能观和不完全能控,因此该系统模型不满足定理18.5.1的条件,但是卡尔曼滤波仍然渐近稳定,当滤波稳态时,滤波误差阵将收敛于某常值阵。这说明,一致完全随机能观和一致完全随机能控,对定常系统来说,完全能观和完全能控是卡尔曼滤波稳定的充分条件,并非必要。

(4)由系统的特征值可知,该系统模型是临界稳定的但不是渐近稳定的,因此不满足定理18.6.3的卡尔曼滤波具有鲁棒性的条件,此时应考察系统参数有误差时卡尔曼滤波的性能,结果发现,当水动力参数、风压力和力矩系数以及测量仪表精度分别出现±30%误差时,由表19.1.2、表19.1.3及表19.1.4可以看出,卡尔曼滤波并不发散而且还具有较好的估计性能。这为使该模型用于工程实际提供了可靠的依据,另一方面也说明书中给出的卡尔曼滤波具有鲁棒性的条件是充分条件,并非必要条件。

19.2 应用例子2——船舶纵向运动受扰力和力矩估计[121]

19.2.1 前言

为了实现船舶姿态最优控制,必须要观测出系统的各个状态量。通常,我们可以用传感器进行测量,但高精度的传感器的价格是极其昂贵的,且有些状态量是无法测量的或不易直接测量得到的。这时我们可以利用各个状态变量之间的相关性和已知的易于测量的状态,通过卡尔曼滤波对其他未知的状态进行估计。如果系统的扰动是白噪声,那么从统计意义上说,状态估计的结果是最优的;如果系统的扰动是有色噪声,那么估计的结果可以认为是次优的。

窄带随机海浪对船舶的扰动力和力矩是一种平稳随机过程,因此可以视作一种有色噪声。如果能够对其做出有效的估计,对于船舶减摇控制意义是十分重大的。一方面,在这种随机的扰动作用下,可以直接通过卡尔曼滤波对船舶的姿态做出次优估计,另一方面,也可以通过有理形式的成形滤波器,来拟合海浪扰动的谱,然后引入白噪声作为新的系统输入,对系统进行扩展,最后再进行卡尔曼滤波,对系统状态做出最优估计。下面将针对船舶纵向运动,详细介绍如何利用扩展卡尔曼滤波对船舶在海浪作用下的受扰力和力矩进行最优估计。

19.2.2 有色卡尔曼滤波及受扰估计

首先,我们直接给出基于切片理论并经海浪谱加权平均的船舶纵向运动方程组[120],即

$$(m+a_{33})\ddot{z}+b_{33}\dot{z}+c_{33}z+a_{35}\ddot{\theta}+b_{35}\dot{\theta}+c_{35}\theta=F_3 \tag{19.2.1}$$

$$(I_{55}+a_{55})\ddot{\theta}+b_{55}\dot{\theta}+c_{55}\theta+a_{53}\ddot{z}+b_{53}\dot{z}+c_{53}z=F_5 \tag{19.2.2}$$

其中,m 为船体质量;I_{55}为船体纵摇惯矩;$a_{ij}(i,j=3,5)$为附加质量或附加惯矩;$b_{ij}(i,j=3,5)$为附加阻尼系数;$c_{ij}(i,j=3,5)$为恢复力矩系数;F_3 为随机海浪的升沉扰动力;F_5 为随机海浪的纵摇扰动力矩。(19.2.1)式和(19.2.2)式是以微分方程的形式给出的船舶运动,而现代控制理论和计算机控制多是基于状态空间,因此,首先要将船舶纵向运动微分方程组化为向量形式的状态方程。令 $\boldsymbol{X}^{\mathrm{T}}=[x_1,x_2,x_3,x_4]=[z,\dot{z},\theta,\dot{\theta}]$,$\boldsymbol{W}_f^{\mathrm{T}}=[F_3,F_5]$,于是,上述方程(19.2.1)式和(19.2.2)式等价于以下矩阵方程,即

$$\boldsymbol{E}\dot{\boldsymbol{X}}=\boldsymbol{M}\boldsymbol{X}+\boldsymbol{N}\boldsymbol{W}_f \tag{19.2.3}$$

其中

$$\boldsymbol{E}=\begin{bmatrix}1 & 0 & 0 & 0\\ b_{33} & m+a_{33} & b_{35} & a_{35}\\ 0 & 0 & 1 & 0\\ b_{53} & a_{53} & b_{55} & I_{55}+a_{55}\end{bmatrix}$$

$$\boldsymbol{N}=\begin{bmatrix}0 & 0\\ 1 & 0\\ 0 & 0\\ 0 & 1\end{bmatrix}$$

$$\boldsymbol{M}=\begin{bmatrix}0 & 1 & 0 & 0\\ -c_{33} & 0 & -c_{35} & 0\\ 0 & 0 & 0 & 1\\ -c_{53} & 0 & -c_{55} & 0\end{bmatrix}$$

由方程(19.2.3)式可得连续状态方程为

$$\dot{\boldsymbol{X}}=\boldsymbol{E}^{-1}\boldsymbol{M}\boldsymbol{X}+\boldsymbol{E}^{-1}\boldsymbol{N}\boldsymbol{W}_f=\boldsymbol{A}\boldsymbol{X}+\boldsymbol{C}\boldsymbol{W}_f \tag{19.2.4}$$

若选择测量状态 z 和 θ,则测量方程为

$$\boldsymbol{Y}=\boldsymbol{H}\boldsymbol{X}+\boldsymbol{V} \tag{19.2.5}$$

其中,$\boldsymbol{H}=\begin{bmatrix}1 & 0 & 0 & 0\\ 0 & 0 & 1 & 0\end{bmatrix}$;$\boldsymbol{V}$ 是 2 维的测量噪声,通常情况下可以认为是白噪声,它的方差阵按一级精度的传感器可以取为

$$\boldsymbol{Q}_{vv}=\mathrm{diag}[20.3\times10^{-4},2.26\times10^{-6}]$$

现以某舰艇为例,在五级海情下,航速 18 kn 顶浪航行时,依据切片理论得到的水动力系数和 $\boldsymbol{W}_f$ 的样本过程(其样本方差阵为 $\boldsymbol{Q}_{ff}=\mathrm{diag}[5.13\times10^{12},3.99\times10^{14}]$)按(19.2.4)式计算得到

$$A=E^{-1}M=\begin{bmatrix}0&1&0&0\\-3.1945&-0.9156&6.1997&-6.1117\\0&0&0&1\\0.1038&0.0265&-2.2929&-0.5936\end{bmatrix}$$

$$C=E^{-1}N=\begin{bmatrix}0&0\\1.059&-0.0205\\0&0\\-0.0415&0.0039\end{bmatrix}\times10^{-6}$$

由 $\boldsymbol{A}$ 阵的特征值可以算得开环系统的振荡频率 $\omega_0=1.96$ rad/s,按照采样定理,采样周期可以取 $T_s\leqslant\frac{2\pi}{(20\omega_0)}$,故选择 $T_s=0.1$ s,设(19.2.4)式和(19.2.5)式对应的离散状态方程为

$$\begin{aligned}X(k+1)&=\Phi X(k)+\Gamma W_f(k)\\Y(k)&=HX(k)+V(k)\end{aligned}\tag{19.2.6}$$

则依据连续系统离散化方法有,$\boldsymbol{\Phi}=\mathrm{e}^{AT_s}$,$\boldsymbol{\Gamma}=\int_0^{T_s}\mathrm{e}^{A(T_s-t)}C\mathrm{d}t$,由此可得

$$\Phi=\begin{bmatrix}0.9844&0.0951&0.0322&-0.0279\\-0.3066&0.8976&0.6535&-0.5323\\0.0005&0.0001&0.9888&0.0967\\0.0096&0.0029&-0.2208&0.9305\end{bmatrix}$$

$$\Gamma=\begin{bmatrix}0.0516&-0.0010\\1.0184&-0.0206\\-0.0020&0.0002\\-0.0386&0.0037\end{bmatrix}\times10^{-7}$$

首先,我们研究在有色噪声 $\boldsymbol{W}_f$ 的作用下,进行次优卡尔曼滤波并考察估计的结果。对(19.2.6)式的离散系统,稳态卡尔曼滤波阵 $\boldsymbol{K}_{Mb}$ 由以下递推方程给出,即

$$P_0=(I-K_{Mb}H)P_1\tag{19.2.7}$$

$$P_1=\Phi P_0\Phi^{\mathrm{T}}+\Gamma Q_{ff}\Gamma^{\mathrm{T}}\tag{19.2.8}$$

$$K_{Mb}=P_1H^{\mathrm{T}}(HP_1H^{\mathrm{T}}+Q_{vv})^{-1}\tag{19.2.9}$$

其中,$\boldsymbol{P}_0$ 为稳态估计误差阵;$\boldsymbol{P}_1$ 为稳态一步预报估计误差阵。稳态 K_{Mb} 计算流程如图 19.2.1 所示。

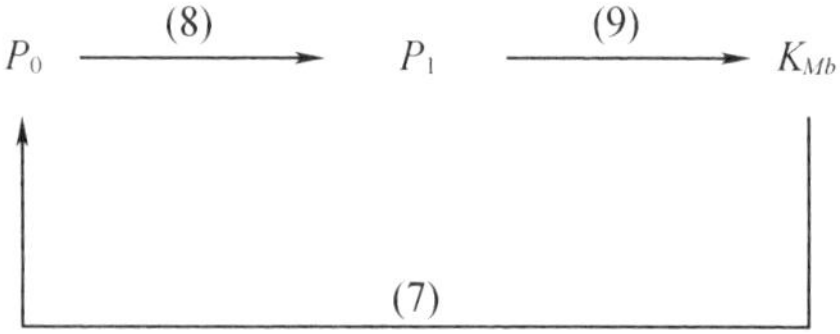

图 19.2.1 稳态 K_{Mb} 计算流程图

系统状态和海浪扰动的有色估计由以下两式给出,即

$$\hat{X}(i+1)=(\Phi-K_{Mb}H\Phi)\hat{X}(i)+K_{Mb}Y(i+1)\tag{19.2.10}$$

$$\hat{\boldsymbol{W}}_f(i) = (\boldsymbol{\Gamma}^{\mathrm{T}}\boldsymbol{\Gamma})^{-1}\boldsymbol{\Gamma}^{\mathrm{T}}[\hat{\boldsymbol{X}}(i+1) - \boldsymbol{\Phi}\hat{\boldsymbol{X}}(i)] \tag{19.2.11}$$

利用(19.2.6)式至(19.2.11)式有仿真结果如图 19.2.2 ~ 图 19.2.4 所示。

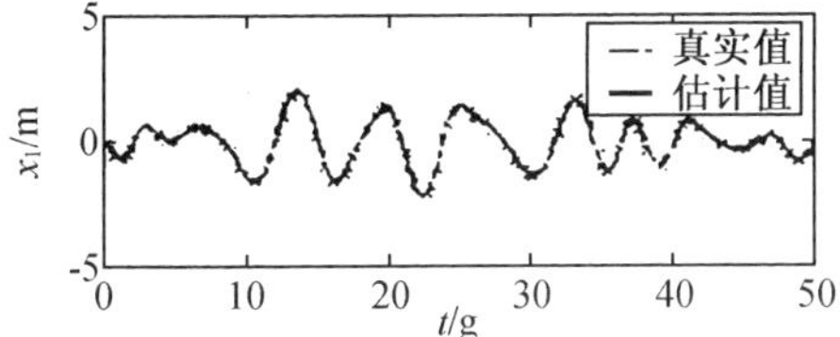

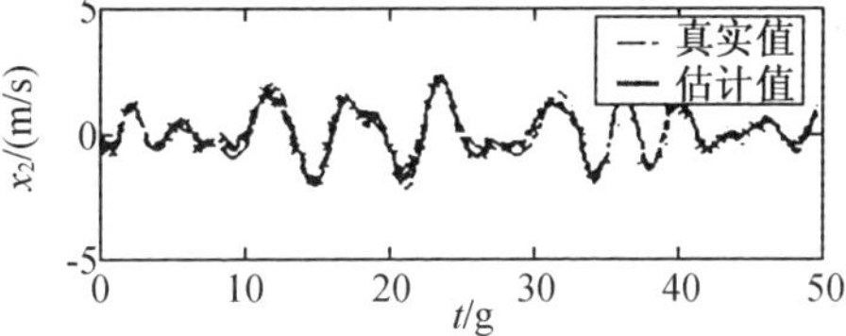

图 19.2.2　系统状态 X_1 和 X_2 的有色估计

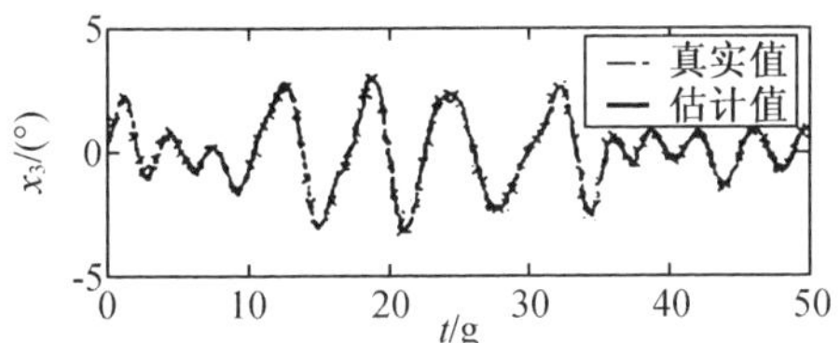

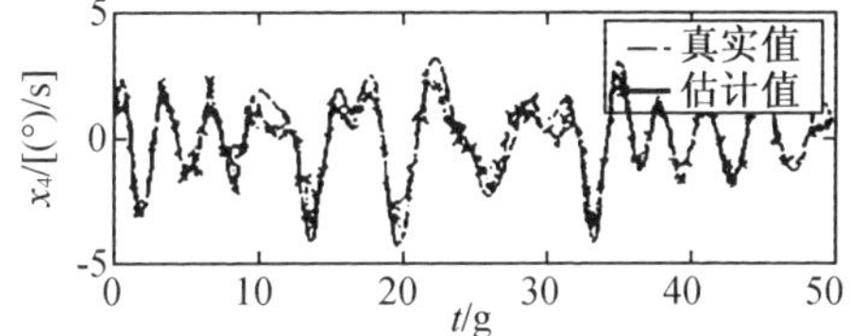

图 19.2.3　系统状态 X_3 和 X_4 的有色估计

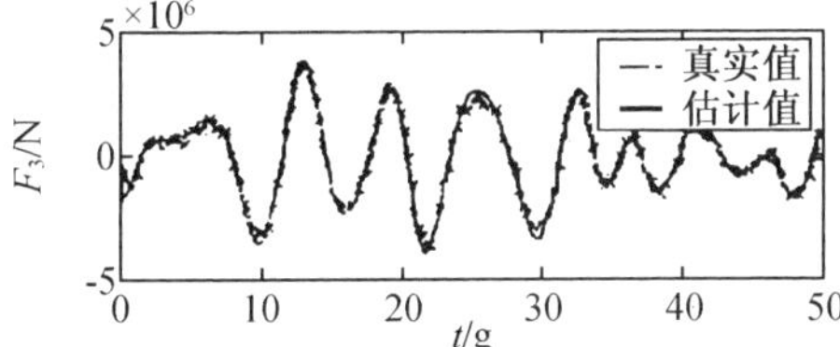

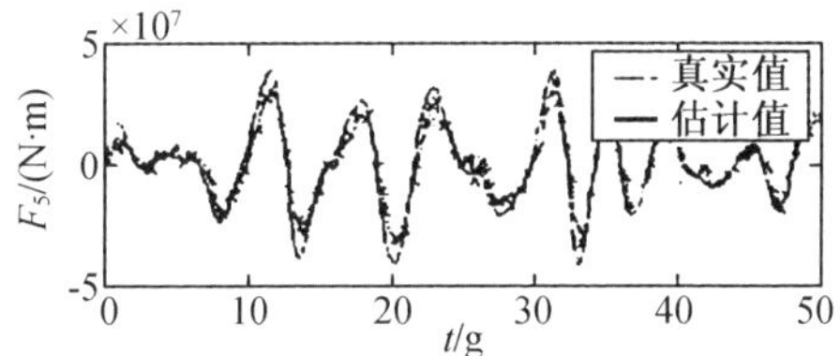

图 19.2.4　海浪干扰力 F_3 和力矩 F_5 的有色估计

19.2.3　成形滤波器的实现

对于随机海浪作用下的扰动力和力矩的成形滤波器，可选取如下传递函数形式[123]，即

$$G(s) = \frac{b_1 s}{s^2 + a_1 s + a_2} \tag{19.2.12}$$

因为海浪可以认为是平稳的随机过程，且具有均方遍历性[124]，故对于海浪的扰动力和力矩，我们可以取一个样本的谱估计作为总体的谱。设实际的海浪力或力矩的样本谱估计为 $S_0(\omega_i)$，对应的角频率记为 ω_i，依据平稳随机过程理论，在白噪声作用下，稳定的线性定常系统(19.2.12)式的输出信号的功率谱可以表示为

$$S(\omega) = |G(\mathrm{j}\omega)|^2 \cdot \sigma^2 \tag{19.2.13}$$

其中，σ^2 表示白噪声的功率谱。因此，只要适当的选择方程(19.2.12)式中分子和分母的系数，就可以用 $S(\omega)$ 去逼近真实的 $S_0(\omega_i)$。选取 $\sigma^2 = 1$，则问题转化为选择合适的系数使曲线 $|G(\mathrm{j}\omega_i)|^2$ 和 $S_0(\omega_i)$ 尽可能地重合。取性能指标为

$$J_{\min} = \sum_{i=1}^{60} [\,|G(\mathrm{j}\omega_i)|^2 - S_0(\omega_i)\,] \tag{19.2.14}$$

这里拟合的点数取 60，实际应用时可酌情增大或减小。因为(19.2.14)式与待估参数呈非线性关系，不便于求得极值。所以下面将采用改进的带遗忘因子的递推最小二乘法实现参数寻优。

在(19.2.12)式中令 $s=\mathrm{j}\omega_i$,则有

$$|G(\mathrm{j}\omega_i)|^2=\frac{b_1^2\omega_i^2}{\omega_i^4+(a_1^2-2a_2)\omega_i^2+a_2^2}$$

令 $b_1=\sqrt{k_1}, a_2=\sqrt{k_3}, a_1=\sqrt{k_2+2\sqrt{k_3}}$,将上式右边的分母乘到等式的左边即得

$$|G(\mathrm{j}\omega_i)|^2=\frac{1}{\omega_i^2}k_1-\frac{|G(\mathrm{j}\omega_i)|^2}{\omega_i^2}k_2-\frac{|G(\mathrm{j}\omega_i)|^2}{\omega_i^4}k_3$$

若再用 $S_0(\omega_i)$ 替代方程中的 $|G(\mathrm{j}\omega_i)|^2$,则有

$$S_0(\omega_i)=\frac{1}{\omega_i^2}k_1-\frac{S_0(\omega_i)}{\omega_i^2}k_2-\frac{S_0(\omega_i)}{\omega_i^4}k_3+\varepsilon_i \tag{19.2.15}$$

设 $\boldsymbol{H}_i=\left[\frac{1}{\omega_i^2},\frac{-S_0(\omega_i)}{\omega_i^2},\frac{-S_0(\omega_i)}{\omega_i^4}\right]$,待估参数记为 $\theta^{\mathrm{T}}=[k_1,k_2,k_3]$,则(19.2.15)式可写成

$$S_0(\omega_i)=H_i\theta+\varepsilon_i, i=1,2,\cdots,60 \tag{19.2.16}$$

初始误差阵取为 $\boldsymbol{P}_0=10^4I_3$,遗忘因子 $\lambda=0.98$(对于顺浪时遭遇频率较小,遗忘因子可取为1.0,这样可加快收敛速度)。递推最小二乘法方程如下:

$$\varepsilon_i=S_0(\omega_i)-\boldsymbol{H}_i\theta_i, \boldsymbol{L}_i=\frac{\boldsymbol{P}_i\boldsymbol{H}_i^{\mathrm{T}}}{(\lambda+\boldsymbol{H}_i\boldsymbol{P}_i\boldsymbol{H}_i^{\mathrm{T}})}$$

$$\boldsymbol{P}_{i+1}=\frac{(\boldsymbol{P}_i-\boldsymbol{L}_i\boldsymbol{H}_i\boldsymbol{P}_i)}{\lambda}, i=1,2,\cdots,60, \theta_{i+1}=\theta_i+\boldsymbol{L}_i\varepsilon_i \tag{19.2.17}$$

基于上式我们拟合了航速 18 kn,航向角 180°时某艇在五级海情下所受海浪扰动力谱和力矩谱曲线如图 19.2.5 所示。

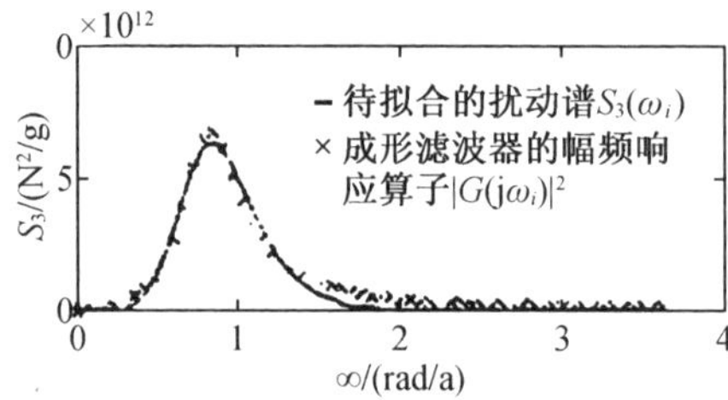

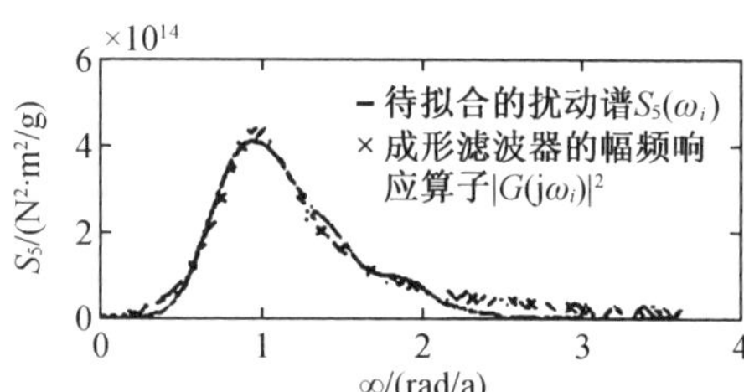

图 19.2.5　海浪扰动力谱 S_3 和力矩谱 S_5

从图 19.2.5 可以看出,采用(19.2.12)式形式的成形滤波器可以很好地拟合随机海浪扰动力谱和力矩谱。

19.2.4　扩展卡尔曼滤波

由上面的计算可以求得海浪扰动力和力矩的成型滤波器分别为

$$G_3(s)=\frac{1.16\times10^6 s}{s^2+0.44s+0.71} \tag{19.2.18}$$

$$G_5(s)=\frac{1.35\times10^7 s}{s^2+0.65s+1.02} \tag{19.2.19}$$

把以上两个传递函数分别化为状态空间为

$$\dot{m}_3=A_3m_3+B_3w_3 \tag{19.2.20}$$

$$y_3 = H_3 m_3$$
$$\dot{m}_5 = A_5 m_5 + B_5 w_5 \tag{19.2.21}$$
$$y_5 = H_5 m_5$$

合并以上两个状态空间为

$$\dot{\boldsymbol{M}} = \boldsymbol{A}_f \boldsymbol{M} + \boldsymbol{B}_f \boldsymbol{W}$$
$$\boldsymbol{Y}_f = \boldsymbol{H}_f \boldsymbol{M} + \boldsymbol{V} \tag{19.2.22}$$

其中，$\boldsymbol{M}^{\mathrm{T}} = [m_3, m_5]$；$\boldsymbol{W}^{\mathrm{T}} = [w_3, w_5]$；$\boldsymbol{Y}_f^{\mathrm{T}} = [y_3, y_5]$；$A_f = \mathrm{diag}[A_3, A_5]$；$\boldsymbol{B}_f = \mathrm{diag}[B_3, B_5]$；$\boldsymbol{H}_f = \mathrm{diag}[H_3, H_5]$。

将白噪声 $\boldsymbol{W}$ 看作系统的输入，而海浪力和力矩看作中间变量，并将成形滤波器作为新系统的一部分，则状态扩展之后的新系统为

$$\dot{\overline{\boldsymbol{X}}} = \overline{\boldsymbol{A}\boldsymbol{X}} + \overline{\boldsymbol{B}}\boldsymbol{W}$$
$$\boldsymbol{Y} = \overline{\boldsymbol{H}\boldsymbol{X}} + \boldsymbol{V} \tag{19.2.23}$$

其中，$\overline{\boldsymbol{A}} = \begin{bmatrix} \boldsymbol{A} & \boldsymbol{B}\boldsymbol{H}_f \\ 0 & \boldsymbol{A}_f \end{bmatrix}$；$\overline{\boldsymbol{B}} = \begin{bmatrix} 0 \\ \boldsymbol{B}_f \end{bmatrix}$；$\overline{\boldsymbol{H}} = [\boldsymbol{H}, 0]$。把(19.2.23)式离散化后为

$$\overline{\boldsymbol{X}}(k+1) = \overline{\boldsymbol{\Phi}\boldsymbol{X}}(k) + \overline{\boldsymbol{\Gamma}}\boldsymbol{W}(k)$$
$$\boldsymbol{Y}(k) = \overline{\boldsymbol{H}\boldsymbol{X}}(k) + \boldsymbol{V}(k) \tag{19.2.24}$$

利用(19.2.7)式、(19.2.8)式和(19.2.9)式，可得扩展系统的稳态卡尔曼滤波增益阵为

$$\overline{\boldsymbol{K}}_{Mb} = \overline{\boldsymbol{P}}_1 \overline{\boldsymbol{H}}^{\mathrm{T}} [\overline{\boldsymbol{H}\boldsymbol{P}}_1 \overline{\boldsymbol{H}}^{\mathrm{T}} + \boldsymbol{Q}_{vv}]^{-1} \tag{19.2.25}$$

其中，$\boldsymbol{Q}_{ff} = \boldsymbol{Q}_{vv} = \mathrm{diag}[1,1]$（即取方差为 1 的白噪声）。扩展系统状态和海浪扰动估计如下，即

$$\hat{\overline{\boldsymbol{X}}}(i+1) = [\overline{\boldsymbol{\Phi}} - \overline{\boldsymbol{K}}_{Mb}\overline{\boldsymbol{H}\boldsymbol{\Phi}}]\hat{\overline{\boldsymbol{X}}}(i) + \overline{\boldsymbol{K}}_{Mb}\boldsymbol{Y}(i+1) \tag{19.2.26}$$

$$\hat{\overline{\boldsymbol{W}}}_f(i) = [0, H_f]\hat{\overline{\boldsymbol{X}}} \tag{19.2.27}$$

由(19.2.25)式、(19.2.26)式、(19.2.27)式可求得如图 19.2.6 至图 19.2.8 所示的仿真结果。

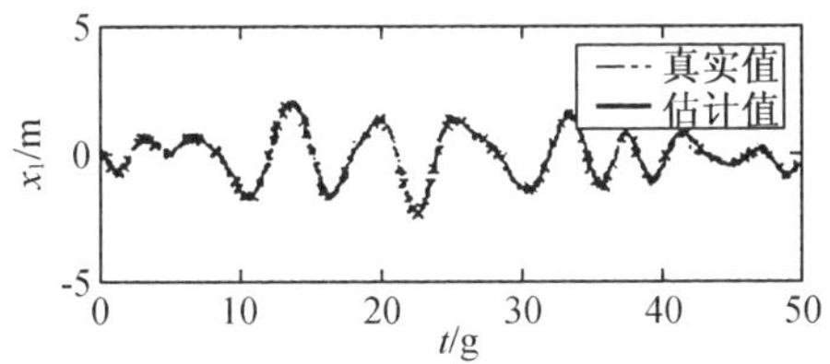

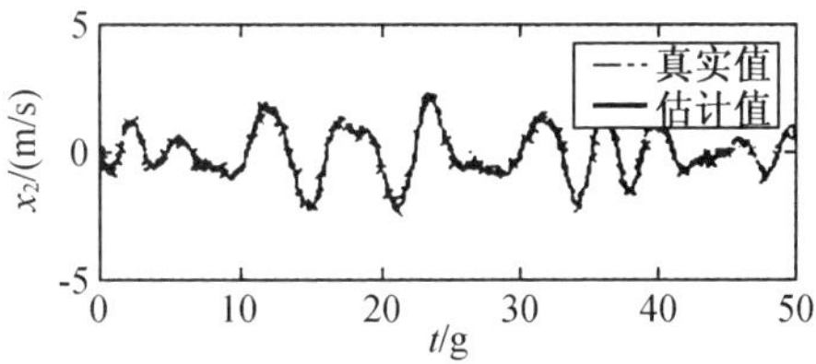

图 19.2.6　系统状态 x_1 和 x_2 的最优估计

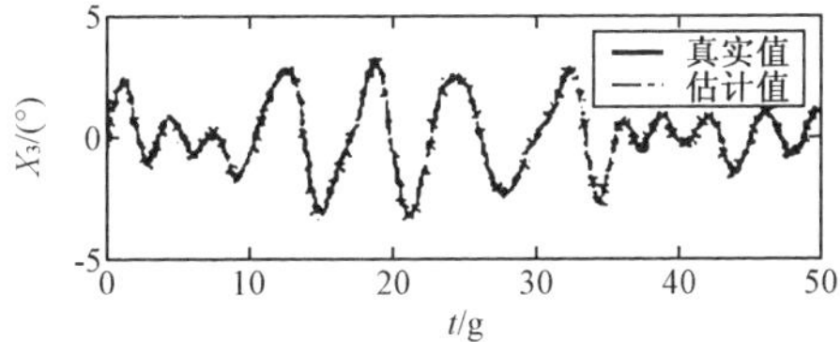

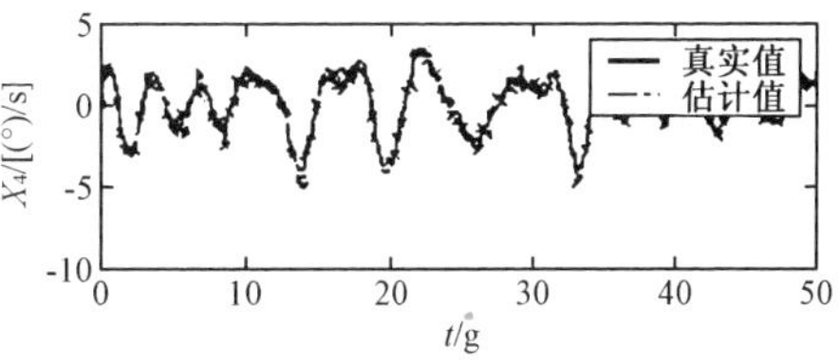

图 19.2.7　系统状态 x_3 和 x_4 的最优估计

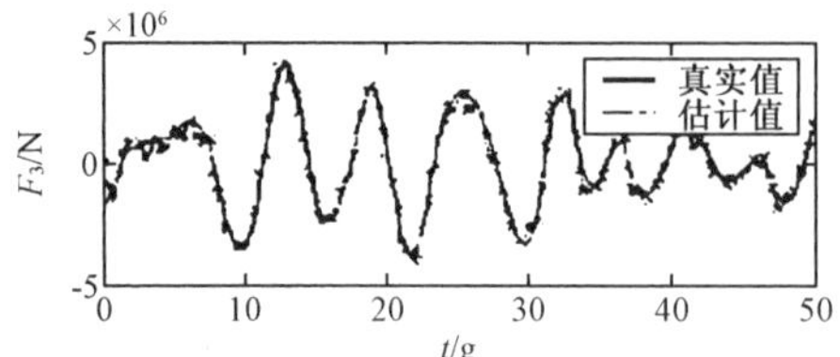

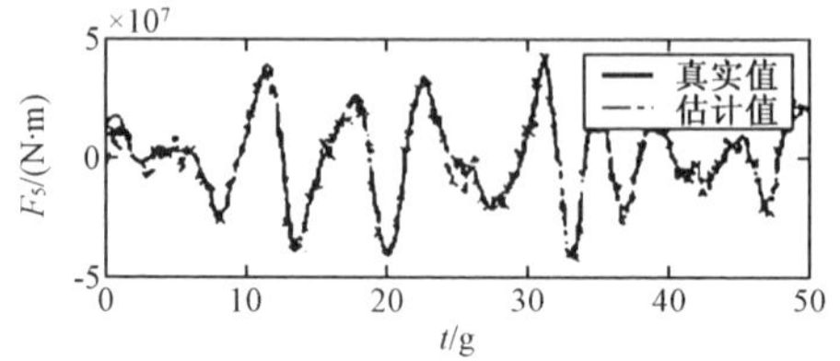

图 19.2.8 海浪干扰力 F_3 和力矩 F_5 的最优估计

19.2.5 系统状态和海浪扰动力和力矩估计结果

经计算得到系统状态和海浪扰动力及力矩的有色估计与扩展估计的相对误差的结果列于表 12.9.1。

表 19.2.1 系统状态和海浪扰动力及力矩的有色估计与扩展估计的相对误差

	x_1	x_2	x_3	x_4	F_3	F_5
$\sigma_{有色}/\%$	1.6	11.6	1.9	16.3	6.3	13.6
$\sigma_{扩展}/\%$	1.2	5.7	1.6	8.4	5.6	8.8

表 19.2.1 中估计误差计算公式为

$$\sigma_{有色}(x_j)=\frac{\sigma(x_j-\hat{x}_j)}{\max(|x_j|)},j=1,2,3,4 \tag{19.2.28}$$

$$\sigma_{扩展}(x_j)=\frac{\sigma(x_j-\hat{\bar{x}}_j)}{\max(|x_j|)},j=1,2,3,4 \tag{19.2.29}$$

$$\sigma_{有色}(F_j)=\frac{\sigma(F_j-\hat{F}_j)}{\max(|F_j|)},j=3,5 \tag{19.2.30}$$

$$\sigma_{扩展}(F_j)=\frac{\sigma(F_j-\hat{\bar{F}}_j)}{\max(|F_j|)},j=3,5 \tag{19.2.31}$$

(19.2.28)式中,估计误差的均方差为 $\sigma(x_j-\hat{x}_j)=\sqrt{\frac{1}{400}\sum_{i=101}^{500}[x_j(i)-\hat{x}_j(i)]^2}$,$j=1,2,3,4$,(19.2.29)式中误差的均方差同理。

19.2.6 结论

经以上分析及仿真结果可得以下结论:

(1)基于船舶纵向运动所受海浪扰动力和力矩的样本函数,利用本节提出的拟合成形滤波器的方法可以构造出船舶纵向运动受扰力和力矩的成形滤波器。

(2)基于船舶纵向运动受扰力和力矩的成形滤波器,可以构造扩展卡尔曼滤波,从而对船舶运动状态($z,\dot{z},\theta,\dot{\theta}$)及受扰力和力矩实现较准确的估计。其中,估计相对误差为 $\sigma_z=1.2\%$,$\sigma_\theta=1.6\%$,$\sigma_{F_3}=5.6\%$,$\sigma_{F_5}=8.8\%$。

(3)利用有色卡尔曼滤波及本节给出的受扰估计公式(19.2.10)式和(19.2.11)式仍可实现船舶状态及受扰力和力矩的估计,其中,估计相对误差为 $\sigma_z = 1.6\%$,$\sigma_\theta = 1.9\%$,$\sigma_{F_3} = 6.3\%$,$\sigma_{F_5} = 13.6\%$。

(4)通过比较不难看出,基于成形滤波器的扩展卡尔曼滤波估计的精度明显优于有色卡尔曼滤波估计的精度,但从工程应用的观点,有色卡尔曼滤波对状态及扰动的估计仍具有实用价值。

19.3　应用例子3——卡尔曼滤波在船用惯性导航系统中应用[125]

在本节,介绍卡尔曼滤波用于船用惯导系统。其中包括给出简化状态方程的条件、提出测定陀螺常值漂移的统计公式及卡尔曼滤波用于惯导系统的一种工程方案。

19.3.1　连续系统方程的线性分解

由力学原理建立的惯导系统连续方程(简称 $\boldsymbol{\Psi}$ 方程)为[126]

$$\dot{\boldsymbol{X}} = \boldsymbol{A}\boldsymbol{X} + \boldsymbol{B}\boldsymbol{W} \tag{19.3.1}$$

$$\boldsymbol{X} = \begin{bmatrix} \boldsymbol{\Psi} \\ \boldsymbol{\varepsilon}_{\mathrm{r}} \\ \boldsymbol{\varepsilon}_{\mathrm{c}} \end{bmatrix}, \boldsymbol{A} = \begin{bmatrix} \boldsymbol{V} & \boldsymbol{I} & \boldsymbol{I} \\ 0 & \boldsymbol{\beta} & 0 \\ 0 & 0 & 0 \end{bmatrix}, \boldsymbol{B} = \begin{bmatrix} 0 \\ \boldsymbol{I} \\ 0 \end{bmatrix}$$

$\boldsymbol{\Psi}$ 为平台坐标系对于计算机坐标系角向量,对地理坐标系有 $\boldsymbol{\Psi}^{\mathrm{T}} = [\Psi_x, \Psi_y, \Psi_z]$,$\boldsymbol{\varepsilon}_{\mathrm{r}}$ 为陀螺随机漂移率向量且 $\boldsymbol{\varepsilon}_{\mathrm{r}}^{\mathrm{T}} = [\varepsilon_{\mathrm{r}x}, \varepsilon_{\mathrm{r}y}, \varepsilon_{\mathrm{r}z}]$,$\boldsymbol{\varepsilon}_{\mathrm{c}}$ 为陀螺常值漂移率向量且 $\boldsymbol{\varepsilon}_{\mathrm{c}}^{\mathrm{T}} = [\varepsilon_{\mathrm{c}x}, \varepsilon_{\mathrm{c}y}, \varepsilon_{\mathrm{c}z}]$,$\boldsymbol{V}$ 为 $\boldsymbol{\Psi}$ 方程系数矩阵,且

$$\boldsymbol{V} = \begin{bmatrix} 0 & \omega_z & -\omega_y \\ -\omega_z & 0 & \omega_x \\ \omega_y & -\omega_x & 0 \end{bmatrix}$$

$\boldsymbol{\omega}$ 为地理坐标系相对于惯性空间的旋转角速度且 $\boldsymbol{\omega}^{\mathrm{T}} = [\omega_x, \omega_y, \omega_z]$,矩阵 $\boldsymbol{\beta}$ 为

$$\boldsymbol{\beta} = \begin{bmatrix} -\beta_x & 0 & 0 \\ 0 & -\beta_y & 0 \\ 0 & 0 & -\beta_z \end{bmatrix}$$

$\beta_i (i = x, y, z)$ 为陀螺随机漂移率分量反相关时间,$\boldsymbol{W}^{\mathrm{T}} = [w_x, w_y, w_z]$ 为零均值白噪声,$\boldsymbol{I}$ 为 3×3 单位阵,分解方程(19.3.1)式有

$$\begin{bmatrix} \dot{\boldsymbol{\Psi}}_1 \\ \dot{\boldsymbol{\varepsilon}}_{\mathrm{r}} \end{bmatrix} = \begin{bmatrix} \boldsymbol{V} & \boldsymbol{I} \\ 0 & \boldsymbol{\beta} \end{bmatrix} \begin{bmatrix} \boldsymbol{\Psi}_1 \\ \boldsymbol{\varepsilon}_{\mathrm{r}} \end{bmatrix} + \begin{bmatrix} 0 \\ \boldsymbol{W} \end{bmatrix} \tag{19.3.2}$$

$$\begin{bmatrix} \dot{\boldsymbol{\Psi}}_2 \\ \dot{\boldsymbol{\varepsilon}}_{\mathrm{c}} \end{bmatrix} = \begin{bmatrix} \boldsymbol{V} & \boldsymbol{I} \\ 0 & 0 \end{bmatrix} \begin{bmatrix} \boldsymbol{\Psi}_2 \\ \boldsymbol{\varepsilon}_{\mathrm{c}} \end{bmatrix} \tag{19.3.3}$$

$$\boldsymbol{\Psi} = \boldsymbol{\Psi}_1 + \boldsymbol{\Psi}_2 \tag{19.3.4}$$

其中,$\boldsymbol{\Psi}_1$ 为 $\boldsymbol{\Psi}$ 中仅由随机漂移率 $\boldsymbol{\varepsilon}_r$ 引起的分量;$\boldsymbol{\Psi}_2$ 为 $\boldsymbol{\Psi}$ 中仅由常值漂移率 $\boldsymbol{\varepsilon}_c$ 引起的分量。

19.3.2 离散时间状态方程的建立及简化

在通常情况下,舰船速度 $v \leqslant 10$ m/s,于是 $\boldsymbol{\Psi}$ 方程的系数矩阵 $\boldsymbol{V}$ 可近似为

$$\boldsymbol{V}=\begin{bmatrix} 0 & \Omega\sin\varphi & -\Omega\cos\varphi \\ -\Omega\sin\varphi & 0 & 0 \\ \Omega\cos\varphi & 0 & 0 \end{bmatrix} \tag{19.3.5}$$

其中,Ω 为地球自转角速度;φ 为舰船所在的纬度。

为了利用离散时间的卡尔曼滤波公式,首先应求出(19.3.2)式的状态转移矩阵,为此记

$$\boldsymbol{X}^{\mathrm{T}} \triangleq [\boldsymbol{\Psi}_1^{\mathrm{T}}, \boldsymbol{\varepsilon}_r^{\mathrm{T}}] = [\Psi_{1x}, \Psi_{1y}, \Psi_{1z}, \varepsilon_{rx}, \varepsilon_{ry}, \varepsilon_{rz}]$$

$$\boldsymbol{A} \triangleq \begin{bmatrix} V & I \\ 0 & \beta \end{bmatrix}$$

$$\boldsymbol{W}^{*\mathrm{T}} \triangleq [0,0,0,w_x,w_y,w_z]$$

其中,w_x, w_y, w_z 为互不相关的具有零均值的正态白噪声。于是方程(19.3.2)式可写成

$$\dot{\boldsymbol{X}} = \boldsymbol{A}\boldsymbol{X} + \boldsymbol{W}^* \tag{19.3.6}$$

由于舰船在航行过程中可以近似认为在分段区间内纬度不变,故可用拉氏变换法求出(19.3.6)式的状态转移矩阵 $\boldsymbol{\Phi}(t,0)$,其中

$$\varphi_{11}(t,0) = \cos\Omega t \tag{19.3.7}$$

$$\varphi_{12}(t,0) = \sin\varphi\sin\Omega t \tag{19.3.8}$$

$$\varphi_{13}(t,0) = -\cos\varphi\sin\Omega t \tag{19.3.9}$$

$$\varphi_{14}(t,0) = \frac{\beta_x}{\beta_x^2+\Omega^2}\left(\cos\Omega t - \mathrm{e}^{-\beta_x t} + \frac{\beta_x}{\Omega}\sin\Omega t\right) \tag{19.3.10}$$

$$\varphi_{15}(t,0) = \frac{\Omega\sin\varphi}{\Omega^2+\beta_y^2}\left(\mathrm{e}^{-\beta_y t} - \cos\Omega t + \frac{\beta_y}{\Omega}\sin\Omega t\right) \tag{19.3.11}$$

$$\varphi_{16}(t,0) = \frac{-\Omega\cos\varphi}{\Omega^2+\beta_z^2}\left(\mathrm{e}^{-\beta_z t} - \cos\Omega t + \frac{\beta_z}{\Omega}\sin\Omega t\right) \tag{19.3.12}$$

$$\varphi_{21}(t,0) = -\sin\varphi\sin\Omega t \tag{19.3.13}$$

$$\varphi_{22}(t,0) = \cos^2\varphi + \sin^2\varphi\cos\Omega t \tag{19.3.14}$$

$$\varphi_{23}(t,0) = \sin\varphi\cos\varphi(1-\cos\Omega t) \tag{19.3.15}$$

$$\varphi_{24}(t,0) = \frac{-\Omega\sin\varphi}{\Omega^2+\beta_x^2}\left(\mathrm{e}^{-\beta_x t} - \cos\Omega t + \frac{\beta_x}{\Omega}\sin\Omega t\right) \tag{19.3.16}$$

$$\varphi_{25}(t,0) = \frac{\cos^2\varphi}{\beta_y} + \frac{\sin^2\varphi}{\Omega^2+\beta_y^2}(\Omega\sin\Omega t + \beta_y\cos\Omega t) - \left[\frac{(\Omega^2\cos^2\varphi+\beta_y^2)}{\beta_y(\Omega^2+\beta_y^2)}\right]\mathrm{e}^{-\beta_y t} \tag{19.3.17}$$

$$\varphi_{26}(t,0) = \left(\frac{\sin\varphi\cos\varphi}{\beta_z} - \frac{(\sin\varphi\cos\varphi)}{(\Omega^2+\beta_z^2)}\right)\left(\frac{\Omega}{\beta_z}\mathrm{e}^{-\beta_z t} + \Omega\sin\Omega t + \beta_z\cos\Omega t\right) \tag{19.3.18}$$

$$\varphi_{31}(t,0) = \cos\varphi\sin\Omega t \tag{19.3.19}$$

$$\varphi_{32}(t,0) = \sin\varphi\cos\varphi(1-\cos\Omega t) \tag{19.3.20}$$

$$\varphi_{33}(t,0)=\sin^2\varphi+\cos^2\varphi\cos\Omega t \tag{19.3.21}$$

$$\varphi_{34}(t,0)=\frac{\Omega\cos\varphi}{\Omega^2+\beta_x^2}\left(\mathrm{e}^{-\beta_x t}-\cos\Omega t+\frac{\beta_x}{\Omega}\sin\Omega t\right) \tag{19.3.22}$$

$$\varphi_{35}(t,0)=\frac{\sin\varphi\cos\varphi}{\beta_y}-\frac{\sin\varphi\cos\varphi}{\Omega^2+\beta_y^2}\left(\frac{\Omega^2}{\beta_y}\mathrm{e}^{-\beta_y t}+\Omega\sin\Omega t+\beta_y\cos\Omega t\right) \tag{19.3.23}$$

$$\varphi_{36}(t,0)=\frac{\sin^2\varphi}{\beta_z}+\frac{\cos^2\varphi}{\Omega^2+\beta_z^2}(\Omega\sin\Omega t+\beta_z\cos\Omega t)-\frac{\Omega^2\sin^2\varphi+\beta_z^2}{\beta_z(\Omega^2+\beta_z^2)}\mathrm{e}^{-\beta_z t} \tag{19.3.24}$$

$\varphi_{44}(t,0)=\mathrm{e}^{-\beta_x t}$，$\varphi_{55}(t,0)=\mathrm{e}^{-\beta_y t}$，$\varphi_{66}(t,0)=\mathrm{e}^{-\beta_z t}$，其他各项均为零，再利用公式

$$\boldsymbol{X}(t)=\boldsymbol{\Phi}(t,0)\boldsymbol{X}(0)+\int_0^t\boldsymbol{\Phi}(t-\tau,0)\boldsymbol{W}^*(\tau)\mathrm{d}\tau \tag{19.3.25}$$

可求得方程(19.3.6)式的离散时间状态方程为

$$\boldsymbol{X}(k)=\boldsymbol{\Phi}\boldsymbol{X}(k-1)+\boldsymbol{\Gamma}\boldsymbol{W}^*(k-1) \tag{19.3.26}$$

令 T_1 为采样周期并令(19.3.7)式至(19.3.24)式中的 $t=T_1$，则得 $\boldsymbol{\Phi}$，而 $\boldsymbol{\Gamma}$ 中的各项为

$$\boldsymbol{\Gamma}_{11}=\left(\frac{1}{\Omega}\right)\sin\Omega T_1 \tag{19.3.27}$$

$$\boldsymbol{\Gamma}_{12}=\left(\frac{1}{\Omega}\right)\sin\varphi(1-\cos\Omega T_1) \tag{19.3.28}$$

$$\boldsymbol{\Gamma}_{13}=\left(\frac{1}{\Omega}\right)\cos\varphi(\cos\Omega T_1-1) \tag{19.3.29}$$

$$\boldsymbol{\Gamma}_{14}=\frac{\beta_x}{\beta_x^2+\Omega^2}\left[\frac{\sin\Omega T_1}{\Omega}+\frac{1}{\beta_x}(\mathrm{e}^{-\beta_x T_1}-1)-\frac{1}{\beta_x}(\cos\Omega T_1-1)\right] \tag{19.3.30}$$

$$\boldsymbol{\Gamma}_{15}=\frac{\Omega\sin\varphi}{\Omega^2+\beta_y^2}\left[\frac{1}{\beta_y}(1-\mathrm{e}^{-\beta_y T_1})-\frac{1}{\Omega}\sin\Omega T_1-\frac{\beta_y}{\Omega^2}(\cos\Omega T_1-1)\right] \tag{19.3.31}$$

$$\boldsymbol{\Gamma}_{16}=\frac{-\Omega\cos\varphi}{\Omega^2+\beta_z^2}\left[\frac{1}{\beta_z}(1-\mathrm{e}^{-\beta_z T_1})-\frac{1}{\Omega}\sin\Omega T_1-\frac{\beta_z}{\Omega^2}(\cos\Omega T_1-1)\right] \tag{19.3.32}$$

$$\boldsymbol{\Gamma}_{21}=\frac{\sin\varphi}{\Omega}(\cos\Omega T_1-1) \tag{19.3.33}$$

$$\boldsymbol{\Gamma}_{22}=T_1\cos^2\varphi+\frac{1}{\Omega}\sin^2\varphi\sin\Omega T_1 \tag{19.3.34}$$

$$\boldsymbol{\Gamma}_{23}=\sin\varphi\cos\varphi T_1-\frac{1}{\Omega}\sin\Omega T_1 \tag{19.3.35}$$

$$\boldsymbol{\Gamma}_{24}=\frac{-\Omega\sin\varphi}{\Omega^2+\beta_x^2}\left[\frac{1}{\beta_x}(1-\mathrm{e}^{-\beta_x T_1})-\frac{1}{\Omega}\sin\Omega T_1-\frac{\beta_x}{\Omega^2}(\cos\Omega T_1-1)\right] \tag{19.3.36}$$

$$\boldsymbol{\Gamma}_{25}=\frac{T_1}{\beta_y}\cos^2\varphi+\frac{\sin^2\varphi}{\Omega^2+\beta_y^2}\left[1-\cos\Omega T_1+\left(\frac{\beta_y}{\Omega}\right)\sin\Omega T_1\right]+\frac{\Omega^2\cos^2\varphi+\beta_y^2}{\beta_y^2(\Omega^2+\beta_y^2)}\cdot(\mathrm{e}^{-\beta_y T_1}-1) \tag{19.3.37}$$

$$\boldsymbol{\Gamma}_{26}=\frac{T_1\sin\varphi\cos\varphi}{\beta_z}-\frac{\sin\varphi\cos\varphi}{\Omega^2+\beta_z^2}\cdot\left[\frac{\Omega^2}{\beta_z^2}(1-\mathrm{e}^{-\beta_z T_1})+1-\cos\Omega T_1+\frac{\beta_z}{\Omega}\sin\Omega T_1\right] \tag{19.3.38}$$

$$\boldsymbol{\Gamma}_{31}=\frac{\cos\varphi}{\Omega}(1-\cos\Omega T_1) \tag{19.3.39}$$

$$\boldsymbol{\Gamma}_{32}=\sin\varphi\cos\varphi\left(T_1-\frac{\sin\Omega T_1}{\Omega}\right) \tag{19.3.40}$$

$$\boldsymbol{\Gamma}_{33}=T_1\sin^2\varphi+\left(\frac{\cos^2\varphi\sin\Omega T_1}{\Omega}\right) \tag{19.3.41}$$

$$\boldsymbol{\Gamma}_{34}=\frac{\Omega\sin\varphi}{\beta_x^2+\Omega^2}\left[\frac{1}{\beta_x}(1-\mathrm{e}^{-\beta_xT_1})-\frac{\sin\Omega T_1}{\Omega}+\frac{\beta_x}{\Omega^2}(1-\cos\Omega T_1)\right] \tag{19.3.42}$$

$$\boldsymbol{\Gamma}_{35}=\frac{T_1\sin\varphi\cos\varphi}{\beta_y}-\frac{\sin\varphi\cos\varphi}{\Omega^2+\beta_y^2}\left[\frac{\Omega^2}{\beta_y^2}(1-\mathrm{e}^{-\beta_yT_1})+1-\cos\Omega T_1+\frac{\beta_y}{\Omega}\sin\Omega T_1\right] \tag{19.3.43}$$

$$\boldsymbol{\Gamma}_{36}=\frac{T_1\sin^2\varphi}{\beta_z}+\frac{\cos^2\varphi}{\Omega^2+\beta_z^2}\left(1-\cos\Omega T_1+\frac{\beta_z}{\Omega}\sin\Omega T_1\right)+\frac{(\Omega^2\sin^2\varphi+\beta_z^2)}{\beta_z^2\Omega^2+\beta_z^2}[\mathrm{e}^{-\beta_zT_1}-1] \tag{19.3.44}$$

$$\boldsymbol{\Gamma}_{44}=\frac{1}{\beta_x}(1-\mathrm{e}^{-\beta_xT_1}) \tag{19.3.45}$$

$$\boldsymbol{\Gamma}_{55}=\frac{1}{\beta_y}(1-\mathrm{e}^{-\beta_yT_1}) \tag{19.3.46}$$

$$\boldsymbol{\Gamma}_{66}=\frac{1}{\beta_z}(1-\mathrm{e}^{-\beta_zT_1}) \tag{19.3.47}$$

其他各项均为零,下面讨论对状态方程(19.3.26)式进行简化,为此有:

定理 13.9.1 如果采样周期 T_1 满足

$$T_1\beta_x\gg1,T_1\beta_y\gg1,T_1\beta_z\gg1 \tag{19.3.48}$$

则系统状态方程(19.3.26)式式可简化为

$$\boldsymbol{X}_1(k)=\boldsymbol{\Phi}_{3\times3}\boldsymbol{X}_1(k-1)+\boldsymbol{\Gamma}_{3\times3}\boldsymbol{\varepsilon}_{\mathrm{r}}(k-1) \tag{19.3.49}$$

其中

$$\boldsymbol{\Phi}_{3\times3}=\begin{bmatrix}\varphi_{11}&\varphi_{12}&\varphi_{13}\\\varphi_{21}&\varphi_{22}&\varphi_{23}\\\varphi_{31}&\varphi_{32}&\varphi_{33}\end{bmatrix},\boldsymbol{\Gamma}_{3\times3}=\begin{bmatrix}\boldsymbol{\Gamma}_{11}&\boldsymbol{\Gamma}_{12}&\boldsymbol{\Gamma}_{13}\\\boldsymbol{\Gamma}_{21}&\boldsymbol{\Gamma}_{22}&\boldsymbol{\Gamma}_{23}\\\boldsymbol{\Gamma}_{31}&\boldsymbol{\Gamma}_{32}&\boldsymbol{\Gamma}_{33}\end{bmatrix}$$

$$\boldsymbol{X}_1^{\mathrm{T}}(k)=[\boldsymbol{\Psi}_{1x}(k),\boldsymbol{\Psi}_{1y}(k),\boldsymbol{\Psi}_{1z}(k)]$$

$$\boldsymbol{\varepsilon}_{\mathrm{r}}^{\mathrm{T}}(k-1)=[\varepsilon_{\mathrm{r}x}(k-1),\varepsilon_{\mathrm{r}y}(k-1),\varepsilon_{\mathrm{r}z}(k-1)]$$

证明 当条件(19.3.48)式成立时,由(19.3.26)式可有

$$\begin{aligned}\varepsilon_{\mathrm{r}x}(k)&=\varphi_{44}\varepsilon_{\mathrm{r}x}(k-1)+\boldsymbol{\Gamma}_{44}w_x(k-1)\\&=\mathrm{e}^{-\beta_xT_1}\varepsilon_{\mathrm{r}x}(k-1)+\frac{1}{\beta_x}(1-\mathrm{e}^{-\beta_xT_1})w_x(k-1)\\&\approx\frac{1}{\beta_x}w_x(k-1)\end{aligned}$$

且有 $\varepsilon_{\mathrm{r}x}(k)\approx\varepsilon_{\mathrm{r}x}(k-1+0)$,又由陀螺随机漂移率 $\varepsilon_{\mathrm{r}x}(k)$ 的物理特性可知,$\varepsilon_{\mathrm{r}x}(k-1+0)\approx\varepsilon_{\mathrm{r}x}(k-1)$,则

$$\varepsilon_{\mathrm{r}x}(k-1)\approx\left(\frac{1}{\beta_x}\right)w_x(k-1) \tag{19.3.50}$$

同理

$$\varepsilon_{\mathrm{r}y}(k-1)\approx\left(\frac{1}{\beta_y}\right)w_y(k-1) \tag{19.3.51}$$

$$\varepsilon_{\mathrm{r}z}(k-1)\approx\left(\frac{1}{\beta_z}\right)w_z(k-1) \tag{19.3.52}$$

再由(19.3.10)式、(19.3.30)式及(19.3.50)式可导出

$$\varphi_{14}\varepsilon_{rx}(k-1)+\boldsymbol{\Gamma}_{14}w_x(k-1)=\boldsymbol{\Gamma}_{11}\varepsilon_{rx}(k-1) \tag{19.3.53}$$

同理

$$\varphi_{15}\varepsilon_{ry}(k-1)+\boldsymbol{\Gamma}_{15}w_y(k-1)=\boldsymbol{\Gamma}_{12}\varepsilon_{ry}(k-1) \tag{19.3.54}$$

$$\varphi_{16}\varepsilon_{rz}(k-1)+\boldsymbol{\Gamma}_{16}w_z(k-1)=\boldsymbol{\Gamma}_{13}\varepsilon_{rz}(k-1) \tag{19.3.55}$$

$$\varphi_{24}\varepsilon_{rx}(k-1)+\boldsymbol{\Gamma}_{24}w_x(k-1)=\boldsymbol{\Gamma}_{21}\varepsilon_{rx}(k-1) \tag{19.3.56}$$

$$\varphi_{25}\varepsilon_{ry}(k-1)+\boldsymbol{\Gamma}_{25}w_y(k-1)=\boldsymbol{\Gamma}_{22}\varepsilon_{ry}(k-1) \tag{19.3.57}$$

$$\varphi_{26}\varepsilon_{rz}(k-1)+\boldsymbol{\Gamma}_{26}w_z(k-1)=\boldsymbol{\Gamma}_{23}\varepsilon_{rz}(k-1) \tag{19.3.58}$$

$$\varphi_{34}\varepsilon_{rx}(k-1)+\boldsymbol{\Gamma}_{34}w_x(k-1)=\boldsymbol{\Gamma}_{31}\varepsilon_{rx}(k-1) \tag{19.3.59}$$

$$\varphi_{35}\varepsilon_{ry}(k-1)+\boldsymbol{\Gamma}_{35}w_y(k-1)=\boldsymbol{\Gamma}_{32}\varepsilon_{ry}(k-1) \tag{19.3.60}$$

$$\varphi_{36}\varepsilon_{rz}(k-1)+\boldsymbol{\Gamma}_{36}w_z(k-1)=\boldsymbol{\Gamma}_{33}\varepsilon_{rz}(k-1) \tag{19.3.61}$$

把(19.3.53)式至(19.3.61)式代入(19.3.26)式得(19.3.49)式,定理证毕。

由定理 13.9.1 可知,只要适当选择采样间隔 T_1,就能把(19.3.26)式所描述的六阶系统简化为三阶系统(19.3.49)式。

现在讨论方程(19.3.3)式,为此把(19.3.3)式展开有 $\dot{\boldsymbol{\Psi}}_2=\boldsymbol{V}\boldsymbol{\Psi}_2+\boldsymbol{\varepsilon}_c,\dot{\boldsymbol{\varepsilon}}_c=0$。如果记 $\boldsymbol{X}_2=\boldsymbol{\Psi}_2$,则可写成

$$\dot{\boldsymbol{X}}_2=\boldsymbol{V}\boldsymbol{X}_2+\boldsymbol{\varepsilon}_c \tag{19.3.62}$$

按同样方法可求出方程(19.3.62)式的离散时间状态方程为

$$\boldsymbol{X}_2(k)=\boldsymbol{\Phi}_{3\times3}\boldsymbol{X}_2(k-1)+\boldsymbol{B}_{3\times3}\boldsymbol{\varepsilon}_c \tag{19.3.63}$$

其中,$\boldsymbol{\Phi}_{3\times3}$和 $\boldsymbol{B}_{3\times3}$分别与(19.3.49)式中的 $\boldsymbol{\Phi}_{3\times3}$和 $\boldsymbol{\Gamma}_{3\times3}$相同。

由(19.3.4)式、(19.3.49)式及(19.3.63)式可得一般情况下离散状态方程为

$$\begin{aligned}\boldsymbol{X}(k)&\triangleq\boldsymbol{\Psi}(k)=\boldsymbol{\Psi}_1(k)+\boldsymbol{\Psi}_2(k)=\boldsymbol{X}_1(k)+\boldsymbol{X}_2(k)\\&=\boldsymbol{\Phi}_{3\times3}\boldsymbol{X}_1(k-1)+\boldsymbol{\Gamma}_{3\times3}\boldsymbol{\varepsilon}_r(k-1)+\boldsymbol{\Phi}_{3\times3}\boldsymbol{X}_2(k-1)+\boldsymbol{B}_{3\times3}\boldsymbol{\varepsilon}_c \qquad (19.3.64)\\&\triangleq\boldsymbol{\Phi}\boldsymbol{X}(k-1)+\boldsymbol{\Gamma}\boldsymbol{\varepsilon}_r(k-1)+\boldsymbol{B}\boldsymbol{\varepsilon}_c \qquad (19.3.65)\end{aligned}$$

且 $E[\boldsymbol{\varepsilon}_r(k)]=0,E[\boldsymbol{\varepsilon}_r(k)\boldsymbol{\varepsilon}_r^{\mathrm{T}}(j)]=\boldsymbol{Q}(k)\delta(k-j),k,j=0,1,2,\cdots$

至此,由九阶微分方程(19.3.1)式所描述的系统在一定条件下可简化为三阶离散时间状态方程(19.3.65)式。

19.3.3　测量方程及滤波方程

惯导系统在水平阻尼工作状态下的测量方程为

$$\boldsymbol{Z}(k)=\boldsymbol{H}(k)\boldsymbol{X}(k)+\boldsymbol{V}(k) \tag{19.3.66}$$

二维测量时有 $\boldsymbol{Z}^{\mathrm{T}}(k)=[\delta_\varphi(k),\delta_\lambda(k)]$为纬度、经度测量值与计算值之差,$\boldsymbol{H}(k)=\begin{bmatrix}1 & 0 & 0\\0 & -\sec\varphi(k) & 0\end{bmatrix}$为系数矩阵,$\boldsymbol{V}^{\mathrm{T}}=[v_\varphi(k),v_\lambda(k)]$为纬度与经度的测量误差。三维测量时有 $\boldsymbol{Z}^{\mathrm{T}}(k)=[\delta_\varphi(k),\delta_\lambda(k),\delta_F(k)]$,$\delta_F(k)$为方位测量值与计算值之差,而且

$$\boldsymbol{H}(k)=\begin{bmatrix}1 & 0 & 0\\0 & -\sec\varphi(k) & 0\\0 & -\tan\varphi(k) & 1\end{bmatrix},\boldsymbol{V}^{\mathrm{T}}(k)=[v_\varphi(k),v_\lambda(k),v_F(k)]$$

其中,$v_F(k)$为方位测量误差。假设 $E[\boldsymbol{V}(k)]=0,E[\boldsymbol{V}(k)\boldsymbol{V}^{\mathrm{T}}(j)]=\boldsymbol{R}(k)\delta(k-j)$,$E[\boldsymbol{\varepsilon}_r(k)\boldsymbol{V}^{\mathrm{T}}(j)]=0(k,j=0,1,2,\cdots)$,不难证明,如果 $\varphi(k)\neq90°,0<T_1<12$(小时)(这个

条件通常能得到满足),则上述系统完全能观。

利用以上结果可写出最优滤波方程:

状态方程为

$$\boldsymbol{X}(k)=\boldsymbol{\Phi X}(k-1)+\boldsymbol{B\varepsilon}_{\mathrm{c}}+\boldsymbol{\Gamma\varepsilon}_{\mathrm{r}}(k-1)$$

测量方程为

$$\boldsymbol{Z}(k)=\boldsymbol{HX}(k)+\boldsymbol{V}(k)$$

滤波方程为

$$\hat{\boldsymbol{X}}(k|k)=\hat{\boldsymbol{X}}(k|k-1)+\boldsymbol{K}(k)[\boldsymbol{Z}(k)-\boldsymbol{H}\hat{X}(k|k-1)] \tag{19.3.67}$$

$$\hat{\boldsymbol{X}}(k|k-1)=\boldsymbol{\Phi}\hat{\boldsymbol{X}}(k-1|k-1)+\boldsymbol{B}\hat{\boldsymbol{\varepsilon}}_{\mathrm{c}} \tag{19.3.68}$$

$$\boldsymbol{K}(k)=\boldsymbol{P}(k|k-1)\boldsymbol{H}^{\mathrm{T}}[\boldsymbol{HP}(k|k-1)\boldsymbol{H}^{\mathrm{T}}+\boldsymbol{R}(k)]^{-1} \tag{19.3.69}$$

$$\boldsymbol{P}(k|k-1)=\boldsymbol{\Phi P}(k-1|k-1)\boldsymbol{\Phi}^{\mathrm{T}}+\boldsymbol{\Gamma Q}(k-1)\boldsymbol{\Gamma}^{T} \tag{19.3.70}$$

$$\boldsymbol{P}(k|k)=[\boldsymbol{I}-\boldsymbol{K}(k)\boldsymbol{H}]\boldsymbol{P}(k|k-1)[\boldsymbol{I}-\boldsymbol{K}(k)\boldsymbol{H}]^{\mathrm{T}}+\boldsymbol{K}(k)\boldsymbol{R}(k)\boldsymbol{K}^{\mathrm{T}}(k) \tag{19.3.71}$$

其中

$$\hat{\boldsymbol{X}}(0)=E[\boldsymbol{X}(0)],\boldsymbol{P}(0)=E\{(\boldsymbol{X}(0)-\hat{\boldsymbol{X}}(0))[\boldsymbol{X}(0)-\hat{\boldsymbol{X}}(0)]^{\mathrm{T}}\}$$

$$\boldsymbol{Q}(k)=E[\boldsymbol{\varepsilon}_r(k)\boldsymbol{\varepsilon}_r^{\mathrm{T}}(k)]$$

$$\boldsymbol{R}(k)=E[\boldsymbol{V}(k)\boldsymbol{V}^{\mathrm{T}}(k)]$$

容易证明,如果 $\boldsymbol{R}(k)=0$,则

$$\hat{\boldsymbol{X}}(k)=\boldsymbol{X}(k),\boldsymbol{P}(k)=0 \tag{19.3.72}$$

19.3.4 统计测漂法

利用方程(19.3.67)式至(19.3.71)式对系统状态进行最优估计时,首先应求出 $\boldsymbol{\varepsilon}_c$ 的估计值$\hat{\boldsymbol{\varepsilon}}_{\mathrm{c}}$,为此提出一个统计测漂方法。

定理 19.3.2 如果系统处于定常且 $\boldsymbol{V}(k)=0$,则

$$\hat{\boldsymbol{\varepsilon}}_{\mathrm{c}}=\boldsymbol{B}^{-1}\{E[\hat{\boldsymbol{X}}(k|k)]-\boldsymbol{\Phi}E[\hat{\boldsymbol{X}}(k-1|k-1)]\} \tag{19.3.73}$$

证明 对状态方程两边取均值有 $E[\boldsymbol{X}(k)]=\boldsymbol{\Phi}E[\boldsymbol{X}(k-1)]+\boldsymbol{B}[\hat{\boldsymbol{\varepsilon}}_{\mathrm{c}}]+\boldsymbol{\Gamma}E[\boldsymbol{\varepsilon}_r(k-1)]$,由$E[\boldsymbol{\varepsilon}_{\mathrm{r}}(k-1)]=0$ 及卡尔曼滤波无偏性可得(19.3.73)式。定理证毕。

上述公式适合于船舶在码头测漂。

定理 19.3.3 如果系统处于定常,则

$$\hat{\boldsymbol{\varepsilon}}_{\mathrm{c}}=(\boldsymbol{B}-\boldsymbol{K}_{\mathrm{c}}\boldsymbol{HB})^{-1}(\boldsymbol{I}-\boldsymbol{K}_{\mathrm{c}}\boldsymbol{H})E[\hat{\boldsymbol{X}}(k|k)]-(\boldsymbol{B}-\boldsymbol{K}_{\mathrm{c}}\boldsymbol{HB})^{-1}(\boldsymbol{\Phi}-\boldsymbol{K}_{\mathrm{c}}\boldsymbol{H\Phi})E[\hat{\boldsymbol{X}}(k-1|k-1)] \tag{19.3.74}$$

证明 卡尔曼滤波过渡过程结束后,令 $\boldsymbol{K}_{\mathrm{c}}=\boldsymbol{K}(k)=$常阵,于是有

$$\hat{\boldsymbol{X}}(k)=\hat{\boldsymbol{X}}(k|k-1)+\boldsymbol{K}_{\mathrm{c}}[\boldsymbol{Z}(k)-\boldsymbol{H}\hat{\boldsymbol{X}}(k|k-1)] \tag{19.3.75}$$

将(19.3.66)式及(19.3.68)式代入(19.3.75)式,然后对(19.3.75)式两边求取均值,考虑到卡尔曼滤波的无偏性可得(19.3.74)式。定理证毕。

(19.3.74)式适合于舰船在等纬度航行时测漂,但这时应是三维测量。如果船舶处于任意航行时进行测漂,可采用近似计算方法。由于系统可近似看成是分段定常的,故在每个区段内按(19.3.74)式计算$\hat{\boldsymbol{\varepsilon}}_{\mathrm{c}i}(i=1,2,\cdots,n)$,则

$$\hat{\boldsymbol{\varepsilon}}_{c} = \frac{1}{m}\sum_{i=1}^{m} \hat{\varepsilon}_{ci}, m = 1,2,\cdots,n$$

随着测定时间的增长，$\hat{\boldsymbol{\varepsilon}}_{c}$ 的精度越来越高。综上所述，卡尔曼滤波用于船用惯导系统的原理如图 19.3.1 所示。

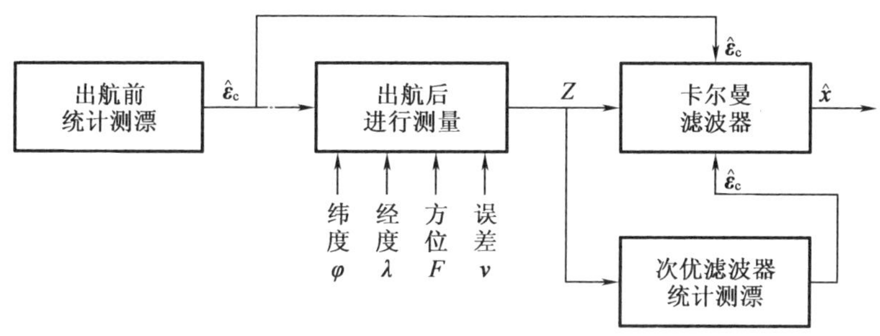

图 19.3.1　卡尔曼滤波用于船用惯导系统的原理图

19.3.5　仿真计算及结果

为了进行系统的仿真实验，需要用数学方法根据一定的统计要求模拟以下三个量：陀螺常值漂移率向量$\hat{\boldsymbol{\varepsilon}}_{c}$，假定每个分量均小于 0.01°/h；陀螺随机漂移率向量 $\boldsymbol{\varepsilon}_{r}$，假定每个分量都是指数相关的正态马尔可夫序列；测量误差向量 $\boldsymbol{V}(k)$，假定每个分量都是白色正态序列。在通常情况下，还假定上述三个向量的各个分量之间彼此互不相关。根据某些二自由度液浮陀螺的实验结果[127]，选采样间隔 $T_1 = 1$ h。

为简单起见，把三维测量方程，六维状态方程的卡尔曼滤波简称为六维滤波；把三维测量方程、三维状态方程的卡尔曼滤波简称为三维滤波；把二维测量方程、三维状态方程的卡尔曼滤波简称为二维滤波。把随机漂移率 $\boldsymbol{\varepsilon}_{r}$ 各分量的相关时间记为 T_x, T_y, T_z。把 $\boldsymbol{\varepsilon}_{r}$ 各分量的方差记为 P_x, P_y, P_z。测量误差向量 $\boldsymbol{V}(k)$ 中的三个分量是纬度误差 v_{φ}，经度误差 v_{λ}，方位误差 v_F，其相应的均方误差为 $\sigma_{v\varphi}^2, \sigma_{v\lambda}^2, \sigma_{vF}^2$，常值漂移率 $\boldsymbol{\varepsilon}_{c}$ 各分量记为 $\varepsilon_{cx}, \varepsilon_{cy}, \varepsilon_{cz}$，在仿真实验中可假定为任意常值。测漂输出为$\hat{\boldsymbol{\varepsilon}}_{c}$，状态最优估计值 $\hat{\boldsymbol{x}}(k)$ 各分量的理论推算方差为 $P_{\Psi x}, P_{\Psi y}, P_{\Psi z}$，其滤波过程的统计方差记为 $\sigma_{\Psi x}^2, \sigma_{\Psi y}^2, \sigma_{\Psi z}^2$，仿真实验是在计算机上进行。

1. 测漂仿真实验及结果

设 $T_x = T_y = T_z = 0.1$ h，$P_x = P_y = P_z = (36'')^2/\text{h}$，$v_{\varphi} = v_{\lambda} = v_F = 0$，$\varphi = 30°$，$T_1 = 1$ h，$\boldsymbol{\varepsilon}_{c}$ 的装定量是 $\varepsilon_{cx} = 36''/\text{h}$，$\varepsilon_{cy} = 12''/\text{h}$，$\varepsilon_{cz} = -36''/\text{h}$，采用三维滤波的测漂结果见表 19.3.1。结果表明，利用(19.3.73)式可以实现测漂。进一步假设 $T_x = T_y = T_z = 4$ h，$P_x = P_y = P_z = (36'')^2/\text{h}$，$\sigma_{v\varphi} = \sigma_{v\lambda} = 40''$，$\sigma_{vF} = 320''$，$\varepsilon_{cx} = 36''/\text{h}$，$\varepsilon_{cy} = 12''/\text{h}$，$\varepsilon_{cz} = -36''/\text{h}$，$T_1 = 1$ h，$\varphi = 30°$，用同样滤波器测漂的结果见表 19.3.2。实验结果表明，利用(19.3.74)式可以实现测漂。

表 19.3.1 测量误差为零时测漂结果

次数 n	100	150	200	250	300	350	400
$\hat{\varepsilon}_{cx}$/[(″)/h]	32.50	32.13	32.27	33.67	34.93	35.50	36.08
$\hat{\varepsilon}_{cy}$/[(″)/h]	19.90	16.50	15.36	13.46	14.87	14.03	12.99
$\hat{\varepsilon}_{cz}$/[(″)/h]	−33.20	−34.40	−34.17	−35.30	−35.27	−35.13	−35.77

表 19.3.2 测量误差不为零时测漂结果

次数 n	100	150	200	250	300	350	400
$\hat{\varepsilon}_{cx}$/[(″)/h]	31	32	33	38	40	40	38
$\hat{\varepsilon}_{cy}$/[(″)/h]	32	22	19	15.4	14.7	14	11.8
$\hat{\varepsilon}_{cz}$/[(″)/h]	−21	−28	−29	−31.3	−29	−32	−33

2. 相关漂移时的滤波实验

为了考察定理 19.3.1,现以六维滤波器的理论推算值作为标准,并把六维、三维和二维滤波器经 1 000 次实验进行统计。实验条件是 $P_x = P_y = P_z = (36'')^2/h$, $T_1 = 1h$, $\sigma_{v\varphi} = \sigma_{v\lambda} = 40''$, $\sigma_{vF} = 320''$, $\varepsilon_{cx} = \varepsilon_{cy} = \varepsilon_{cz} = 0$。滤波效果见表 19.3.3。实验结果表明,当 $T_1 \geqslant T_{\varepsilon_r}$ 时,从工程简化观点可以不必考虑 $\boldsymbol{\varepsilon}_r$ 的相关性,而用三维或二维滤波器同样可以达到最佳的滤波效果。于是结论 19.3.1 得到验证。

表 19.3.3 相关漂移时滤波效果

$T_x = T_y = T_z = T_{\varepsilon_r}$	0.1	1	4	16
六维 $P_{\varphi y}$	732	746	745	655
六维 $P_{\varphi x}$	980	1 003	996	883
六维 $P_{\varphi z}$	5 559	8 616	13 370	12 700
六维 $\sigma^2_{\varphi y}$	851	872	869	780
六维 $\sigma^2_{\varphi x}$	969	989	963	835
六维 $\sigma^2_{\varphi z}$	5 451	8 493	13 065	11 884
三维 $\sigma^2_{\varphi y}$	869	961	1074	1072
三维 $\sigma^2_{\varphi x}$	996	1 067	1 107	1 106
三维 $\sigma^2_{\varphi z}$	5 584	9 003	17 505	24 057
二维 $\sigma^2_{\varphi y}$	867	959	1070	1067
二维 $\sigma^2_{\varphi x}$	1 013	1 099	1 164	1 175
二维 $\sigma^2_{\varphi z}$	6 012	10 635	22 641	32 363

3. 滤波效果实验

假定 $T_x = T_y = T_z = T_{\varepsilon r} = 0.1$ h, $P_x = P_y = P_z = (36'')^2$/h, $T_1 = 1$ h, $\varphi = 30°$, $\sigma_{v\lambda} = \sigma_{v\lambda} = 40''$, $\sigma_{vF} = 320''$, $\varepsilon_c = 0$,经滤波器以后,提高了精度,见表 19.3.4。

表 19.3.4　典型滤波效果

	纬度精度 σ_φ	经度精度 σ_λ	方位精度 σ_F
不用滤波器	40.00″	40.00″	320.00″
六维滤波器	31.30″	31.13″	75.55″
三维滤波器	31.72″	31.65″	76.43″
二维滤波吕	32.03″	31.69″	

19.3.6　结论

把卡尔曼滤波用于船用惯导系统,可提高定位精度。当采样周期 T_1 不小于陀螺随机漂移率相关时间时,可以简化状态方程。利用(19.3.73)式及(19.3.74)式可以测定陀螺常值漂移率。仿真表明,图 19.3.1 表示的是一种可行的工程方案。

19.4　应用例子 4——独立分散导航系统的最优组合[128]

船舶在海上航行时,通常是依靠多种导航仪器来实现导航定位的,如,有惯性导航系统(MINS)、卫星导航系统(GPS)、罗兰 - C(Loran - C)导航系统、欧米加(Omega)导航系统、罗兰 - A(Loran - A)导航系统、赛里第斯(Syledis)导航系统,此外还有罗经系统和记程仪等。这些系统的工作彼此都是相互独立的,并以不同的精度给出船舶航行的位置以及其他有关的航行信息,于是就出现了一个重要问题:如何将这些独立工作的导航系统的信息最优地组合起来,进而给出更精确的导航信息,从而形成最优组合导航系统,如图 19.4.1 所示。

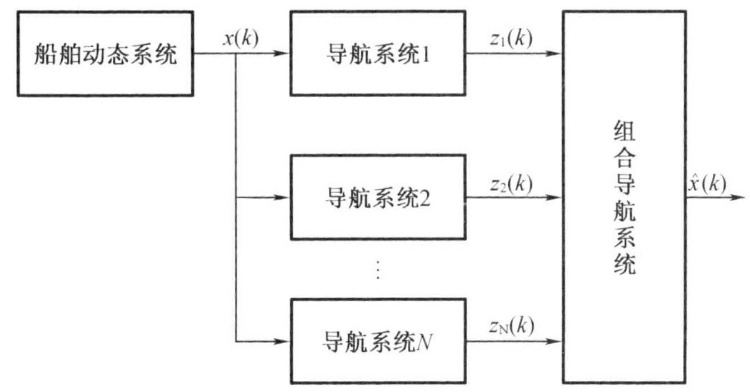

图 19.4.1　组合导航系统方块图

关于组合导航系统,自 20 世纪 60 年代起国外已关注研究这一先进技术[129,130]。例如,美国于 1967 年完成并鉴定通过了由天文导航系统、惯性导航系统及多普勒导航系统组成的组合导航系统(SIDS),次年又生产使用了由惯性、罗兰、塔康和雷达所组成的组合导航系统(C - 5A)[131]。近些年来,我国不少单位也开始研究组合导航系统[132]。

自从卡尔曼(Kalman)滤波理论发表以来,为组合导航系统数据处理的最优化提供了坚实的理论基础并有许多报道[133,134]。

本节是在上述工作的基础上,从理论上进一步深入地探讨组合导航系统数据处理的优化方法。

19.4.1 若干引理

为推导最优组合导航系统数据处理的计算公式,现证明以下几个引理。

引理 19.4.1 设$\hat{\boldsymbol{X}}_1$ 和$\hat{\boldsymbol{X}}_2$ 是未知 n 维随机向量 $\boldsymbol{X}$ 的两个独立无偏估计,相应的误差方差阵为 $\boldsymbol{P}_1$ 和 $\boldsymbol{P}_2$,则 $\boldsymbol{X}$ 的最优线性组合无偏估计$\hat{\boldsymbol{X}}$满足如下方程,即

$$(\boldsymbol{P}_1^{-1}+\boldsymbol{P}_2^{-1})\hat{\boldsymbol{X}}=\boldsymbol{P}_1^{-1}\hat{\boldsymbol{X}}_1+\boldsymbol{P}_2^{-1}\hat{\boldsymbol{X}}_2 \tag{19.4.1}$$

并且最优估计$\hat{\boldsymbol{X}}$的误差阵 $\boldsymbol{P}$ 满足

$$\boldsymbol{P}^{-1}=\boldsymbol{P}_1^{-1}+\boldsymbol{P}_2^{-1} \tag{19.4.2}$$

证明 由线性组合性可设

$$\hat{\boldsymbol{X}}=\boldsymbol{A}_1\hat{\boldsymbol{X}}_1+\boldsymbol{A}_2\hat{\boldsymbol{X}}_2 \tag{19.4.3}$$

再由无偏性可知

$$\boldsymbol{A}_1+\boldsymbol{A}_2=\boldsymbol{I} \tag{19.4.4}$$

其中 $\boldsymbol{I}$ 为 $n\times n$ 单位阵。若记估计误差为$\widetilde{\boldsymbol{X}}_1=\boldsymbol{X}-\hat{\boldsymbol{X}}_1$,$\widetilde{\boldsymbol{X}}_2=\boldsymbol{X}-\hat{\boldsymbol{X}}_2$,$\widetilde{\boldsymbol{X}}=\boldsymbol{X}-\hat{\boldsymbol{X}}$,则由(19.4.3)式及(19.4.4)式可推出

$$\widetilde{\boldsymbol{X}}=\boldsymbol{A}_1\widetilde{\boldsymbol{X}}_1+\boldsymbol{A}_2\widetilde{\boldsymbol{X}}_2=\boldsymbol{A}_1\widetilde{\boldsymbol{X}}_1+(\boldsymbol{I}-\boldsymbol{A}_1)\widetilde{\boldsymbol{X}}_2 \tag{19.4.5}$$

此时,考虑到$\hat{\boldsymbol{X}}_1$ 与$\hat{\boldsymbol{X}}_2$ 的相互独立性,则组合估计$\hat{\boldsymbol{X}}$的误差阵 $\boldsymbol{P}$ 可表示为

$$\begin{aligned}\boldsymbol{P}&=E(\widetilde{\boldsymbol{X}}\widetilde{\boldsymbol{X}}^{\mathrm{T}})\\&=E\{[\boldsymbol{A}_1\widetilde{\boldsymbol{X}}_1+(\boldsymbol{I}-\boldsymbol{A}_1)\widetilde{\boldsymbol{X}}_2][\boldsymbol{A}_1\widetilde{\boldsymbol{X}}_1+(\boldsymbol{I}-\boldsymbol{A}_1)\widetilde{\boldsymbol{X}}_2]^{\mathrm{T}}\}\\&=\boldsymbol{A}_1\boldsymbol{P}_1\boldsymbol{A}_1^{\mathrm{T}}+(\boldsymbol{I}-\boldsymbol{A}_1)\boldsymbol{P}_2(\boldsymbol{I}-\boldsymbol{A}_1)^{\mathrm{T}}\\&=\boldsymbol{A}_1\boldsymbol{P}_1\boldsymbol{A}_1^{\mathrm{T}}+\boldsymbol{P}_2-\boldsymbol{P}_2\boldsymbol{A}_1^{\mathrm{T}}-\boldsymbol{A}_1\boldsymbol{P}_2+\boldsymbol{A}_1\boldsymbol{P}_2\boldsymbol{A}_1^{\mathrm{T}}\end{aligned} \tag{19.4.6}$$

利用熟悉的迹关于矩阵偏导公式,由最优性有

$$\frac{\partial\mathrm{tr}(\boldsymbol{P})}{\partial\boldsymbol{A}_1}=\boldsymbol{A}_1^{\mathrm{T}}\boldsymbol{P}_1^{\mathrm{T}}+\boldsymbol{A}_1\boldsymbol{P}_1-\boldsymbol{P}_2^{\mathrm{T}}-\boldsymbol{P}_2+\boldsymbol{A}_1^{\mathrm{T}}\boldsymbol{P}_2^{\mathrm{T}}+\boldsymbol{A}_1\boldsymbol{P}_2=0$$

上述方程成立的充要条件是 $\boldsymbol{A}_1$ 为对称阵且满足

$$\boldsymbol{A}_1(\boldsymbol{P}_1+\boldsymbol{P}_2)-\boldsymbol{P}_2=0$$

于是有

$$\boldsymbol{A}_1=\boldsymbol{P}_2(\boldsymbol{P}_1+\boldsymbol{P}_2)^{-1} \tag{19.4.7}$$

同理又可得

$$\boldsymbol{A}_2=\boldsymbol{P}_1(\boldsymbol{P}_1+\boldsymbol{P}_2)^{-1} \tag{19.4.8}$$

将(19.4.7)式和(19.4.8)式代入(19.4.6)式得最优线性组合无偏估计$\hat{\boldsymbol{X}}$的误差阵为

$$\boldsymbol{P}=\boldsymbol{P}_2-\boldsymbol{P}_2(\boldsymbol{P}_1+\boldsymbol{P}_2)^{-1}\boldsymbol{P}_2 \tag{19.4.9}$$

再利用矩阵反演公式,得

$$\boldsymbol{P}^{-1}=\boldsymbol{P}_1^{-1}+\boldsymbol{P}_2^{-1} \tag{19.4.10}$$

于是(19.4.2)式得证。最后将(19.4.7)式及(19.4.8)式代入(19.4.3)式并利用

(19.4.10)式可得

$$\begin{aligned}\boldsymbol{P}^{-1}\hat{\boldsymbol{X}} &= (\boldsymbol{P}_1^{-1}+\boldsymbol{P}_2^{-1})\boldsymbol{P}_2(\boldsymbol{P}_1+\boldsymbol{P}_2)^{-1}\hat{\boldsymbol{X}}_1+(\boldsymbol{P}_1^{-1}+\boldsymbol{P}_2^{-1})\boldsymbol{P}_1(\boldsymbol{P}_1+\boldsymbol{P}_2)^{-1}\hat{\boldsymbol{X}}_2\\ &= (\boldsymbol{I}+\boldsymbol{P}_1^{-1}\boldsymbol{P}_2)(\boldsymbol{P}_1+\boldsymbol{P}_2)^{-1}\hat{\boldsymbol{X}}_1+(\boldsymbol{I}+\boldsymbol{P}_2^{-1}\boldsymbol{P}_1)(\boldsymbol{P}_1+\boldsymbol{P}_2)^{-1}\hat{\boldsymbol{X}}_2\\ &= \boldsymbol{P}_1^{-1}\hat{\boldsymbol{X}}_1+\boldsymbol{P}_2^{-1}\hat{\boldsymbol{X}}_2\end{aligned}\tag{19.4.11}$$

引理证毕

引理 19.4.2　设$\hat{\boldsymbol{X}}_1,\hat{\boldsymbol{X}}_2,\cdots,\hat{\boldsymbol{X}}_N$是未知 n 维随机向量 $\boldsymbol{X}$ 的互相独立无偏估计，相应的误差方差阵为 $\boldsymbol{P}_1,\boldsymbol{P}_2,\cdots,\boldsymbol{P}_N$，则 $\boldsymbol{X}$ 的最优线性组合无偏估计$\hat{\boldsymbol{X}}$为

$$(\boldsymbol{P}_1^{-1}+\boldsymbol{P}_2^{-1}+\cdots+\boldsymbol{P}_N^{-1})\hat{\boldsymbol{X}}=\boldsymbol{P}_1^{-1}\hat{\boldsymbol{X}}_1+\boldsymbol{P}_2^{-1}\hat{\boldsymbol{X}}_2+\cdots+\boldsymbol{P}_N^{-1}\hat{\boldsymbol{X}}_N\tag{19.4.12}$$

其中最优估计$\hat{\boldsymbol{X}}$的误差阵 $\boldsymbol{P}$ 满足

$$\boldsymbol{P}^{-1}=\boldsymbol{P}_1^{-1}+\boldsymbol{P}_2^{-1}+\cdots+\boldsymbol{P}_N^{-1}\tag{19.4.13}$$

证明　利用归纳法证之。当 $N=2$ 时，由引理 19.4.1 可知(19.4.12)式及(19.4.13)式显然成立。设 $N=k-1$ 时，(19.4.12)式及(19.4.13)式成立，即有

$$(\boldsymbol{P}_1^{-1}+\boldsymbol{P}_2^{-1}+\cdots+\boldsymbol{P}_{k-1}^{-1})\hat{\hat{\boldsymbol{X}}}=\boldsymbol{P}_1^{-1}\hat{\boldsymbol{X}}_1+\boldsymbol{P}_2^{-1}\hat{\boldsymbol{X}}_2+\cdots+\boldsymbol{P}_{k-1}^{-1}\hat{\boldsymbol{X}}_{k-1}\tag{19.4.14}$$

和

$$\boldsymbol{P}_{\hat{\hat{X}}}^{-1}=\boldsymbol{P}_1^{-1}+\boldsymbol{P}_2^{-1}+\cdots+\boldsymbol{P}_{k-1}^{-1}\tag{19.4.15}$$

而当 $N=k$ 时，利用引理 19.4.1 可得

$$(\boldsymbol{P}_{\hat{\hat{X}}}^{-1}+\boldsymbol{P}_k^{-1})\hat{\boldsymbol{X}}=\boldsymbol{P}_{\hat{\hat{X}}}^{-1}\hat{\hat{\boldsymbol{X}}}+\boldsymbol{P}_k^{-1}\hat{\boldsymbol{X}}_k\tag{19.4.16}$$

及

$$\boldsymbol{P}^{-1}=\boldsymbol{P}_{\hat{\hat{X}}}^{-1}+\boldsymbol{P}_k^{-1}\tag{19.4.17}$$

将(19.4.14)式及(19.4.15)式代入(19.4.16)式及(19.4.17)式，立得

$$\begin{aligned}(\boldsymbol{P}_1^{-1}+\boldsymbol{P}_2^{-1}+\cdots+\boldsymbol{P}_{k-1}^{-1}+\boldsymbol{P}_k^{-1})\hat{\boldsymbol{X}} &= (\boldsymbol{P}_1^{-1}+\boldsymbol{P}_2^{-1}+\cdots+\boldsymbol{P}_{k-1}^{-1})(\boldsymbol{P}_1^{-1}+\boldsymbol{P}_2^{-1}+\cdots+\boldsymbol{P}_{k-1}^{-1})^{-1}\cdot\\ &\quad(\boldsymbol{P}_1^{-1}\hat{\boldsymbol{X}}_1+\cdots+\boldsymbol{P}_{k-1}^{-1}\hat{\boldsymbol{X}}_{k-1})+\boldsymbol{P}_k^{-1}\hat{\boldsymbol{X}}_k\\ &= \boldsymbol{P}_1^{-1}\hat{\boldsymbol{X}}_1+\boldsymbol{P}_2^{-1}\hat{\boldsymbol{X}}_2+\cdots+\boldsymbol{P}_k^{-1}\hat{\boldsymbol{X}}_k\end{aligned}$$

以及

$$\boldsymbol{P}^{-1}=\boldsymbol{P}_1^{-1}+\boldsymbol{P}_2^{-1}+\cdots+\boldsymbol{P}_{k+1}^{-1}+\boldsymbol{P}_k^{-1}$$

于是可知，对任意 $k\geqslant 2$，(19.4.12)式及(19.4.13)式均成立，引理证毕。

引理 19.4.3　设未知 n 维随机向量 $\boldsymbol{X}$ 的均值及方差阵为$\overline{\boldsymbol{X}}\triangleq E(\boldsymbol{X})$及 $\boldsymbol{P}_X\triangleq E[(\boldsymbol{X}-\overline{\boldsymbol{X}})(\boldsymbol{X}-\overline{\boldsymbol{X}})^{\mathrm{T}}]$，$m$ 维线性测量 $\boldsymbol{Z}$ 为

$$\boldsymbol{Z}=\boldsymbol{H}\boldsymbol{X}+\boldsymbol{V}\tag{19.4.18}$$

并且测量误差向量 $\boldsymbol{V}$ 与 $\boldsymbol{X}$ 不相关，满足

$$E(\boldsymbol{V})=0,E(\boldsymbol{V}\boldsymbol{V}^{\mathrm{T}})=\boldsymbol{R}\tag{19.4.19}$$

则 $\boldsymbol{X}$ 的线性最小均方误差估计$\hat{\boldsymbol{X}}$为

$$\boldsymbol{P}^{-1}\hat{\boldsymbol{X}}=\boldsymbol{P}_X^{-1}\overline{\boldsymbol{X}}+\boldsymbol{H}^{\mathrm{T}}\boldsymbol{R}^{-1}\boldsymbol{Z}\tag{19.4.20}$$

其中估计误差阵 $\boldsymbol{P}$ 满足

$$\boldsymbol{P}^{-1}=\boldsymbol{P}_X^{-1}+\boldsymbol{H}^{\mathrm{T}}\boldsymbol{R}^{-1}\boldsymbol{H}\tag{19.4.21}$$

证明　由投影公式可知

$$\hat{\boldsymbol{X}}=\overline{\boldsymbol{X}}+\operatorname{cov}(\boldsymbol{X},\boldsymbol{Z})[\operatorname{var}(\boldsymbol{Z})]^{-1}(\boldsymbol{Z}-\overline{\boldsymbol{Z}}) \tag{19.4.22}$$

经计算可得

$$\operatorname{cov}(\boldsymbol{X},\boldsymbol{Z})\triangleq E[(\boldsymbol{X}-\overline{\boldsymbol{X}})(\boldsymbol{Z}-\overline{\boldsymbol{Z}})^{\mathrm{T}}]=\boldsymbol{P}_X\boldsymbol{H}^{\mathrm{T}} \tag{19.4.23}$$

$$\operatorname{var}(\boldsymbol{Z})\triangleq E[(\boldsymbol{Z}-\overline{\boldsymbol{Z}})(\boldsymbol{Z}-\overline{\boldsymbol{Z}})^{\mathrm{T}}]=\boldsymbol{H}\boldsymbol{P}_X\boldsymbol{H}^{\mathrm{T}}+\boldsymbol{R} \tag{19.4.24}$$

将(19.4.23)式及(19.4.24)式代入(19.4.22)式并利用矩阵反演公式(见上册第7章附录)得

$$\hat{\boldsymbol{X}}=(\boldsymbol{P}_X^{-1}+\boldsymbol{H}^{\mathrm{T}}\boldsymbol{R}^{-1}\boldsymbol{H})^{-1}\boldsymbol{P}_X^{-1}\overline{\boldsymbol{X}}+(\boldsymbol{P}_X^{-1}+\boldsymbol{H}^{\mathrm{T}}\boldsymbol{R}^{-1}\boldsymbol{H})^{-1}\boldsymbol{H}^{\mathrm{T}}\boldsymbol{R}^{-1}\boldsymbol{Z} \tag{19.4.25}$$

即有

$$(\boldsymbol{P}_X^{-1}+\boldsymbol{H}^{\mathrm{T}}\boldsymbol{R}^{-1}\boldsymbol{H})\hat{\boldsymbol{X}}=\boldsymbol{P}_X^{-1}\overline{\boldsymbol{X}}+\boldsymbol{H}^{\mathrm{T}}\boldsymbol{R}^{-1}\boldsymbol{Z} \tag{19.4.26}$$

于是(19.4.20)式得证。

下面证(19.4.21)式,事实上由(19.4.25)式可知

$$\boldsymbol{X}-\hat{\boldsymbol{X}}=(\boldsymbol{P}_X^{-1}+\boldsymbol{H}^{\mathrm{T}}\boldsymbol{R}^{-1}\boldsymbol{H})^{-1}[\boldsymbol{P}_X^{-1}(\boldsymbol{X}-\overline{\boldsymbol{X}})-\boldsymbol{H}^{\mathrm{T}}\boldsymbol{R}^{-1}\boldsymbol{V}]$$

因此有

$$\boldsymbol{P}\triangleq E[(\boldsymbol{X}-\hat{\boldsymbol{X}})(\boldsymbol{X}-\hat{\boldsymbol{X}})^{\mathrm{T}}]=(\boldsymbol{P}_X^{-1}+\boldsymbol{H}^{\mathrm{T}}\boldsymbol{R}^{-1}\boldsymbol{H})^{-1}$$

引理证毕。

19.4.2 组合导航系统并行最优算法

具有独立分散导航系统的组合导航系统方块图如图19.4.1所示。假设第 i 个导航系统($i=1,2,\cdots,N$)的观测输出为

$$\boldsymbol{Z}_i(k)=\boldsymbol{H}_i\boldsymbol{X}(k)+\boldsymbol{V}_i(k),i=1,2,\cdots,N \tag{19.4.27}$$

其中,导航系统测量矩阵 $\boldsymbol{H}_i(i=1,2,\cdots,N)$ 为已知;$\boldsymbol{V}_i(k)(i=1,2,\cdots,N,k\geqslant1)$ 为相互独立的白噪声,且有

$$\begin{cases}E[\boldsymbol{V}_i(k)]=0,i=1,2,\cdots,N,k\geqslant1\\E[\boldsymbol{V}_i(k)\boldsymbol{V}_i^{\mathrm{T}}(j)]=\boldsymbol{R}_i\delta(k-j)\\E[\boldsymbol{V}_i(k)\boldsymbol{V}_l^{\mathrm{T}}(j)]=0,i,l=1,2,\cdots,N,i\neq l\end{cases} \tag{19.4.28}$$

矩阵 $\boldsymbol{R}_i(1,2,\cdots,N)$ 为已知,δ(·)为克罗内克δ函数。进一步还假定基于时刻 $k-1$ 的估计 $\hat{\boldsymbol{X}}(k-1)$ 所做的关于时刻 k 的状态的最优预报 $\hat{\boldsymbol{X}}(k|k-1)$ 为已知,而且预报误差阵 $\boldsymbol{P}(k|k-1)$ 也为已知,这由动态系统的数学模型是不难求出的。在以上条件下,组合导航系统的并行最优算法可用如下方法建立。

对于第1个导航系统,用(19.4.20)式有

$$\boldsymbol{P}_1^{-1}(k)\hat{\boldsymbol{X}}_1(k)=\boldsymbol{P}^{-1}(k|k-1)\hat{\boldsymbol{X}}(k|k-1)+\boldsymbol{H}_1^{\mathrm{T}}(k)\boldsymbol{R}_1^{-1}(k)\boldsymbol{Z}_1(k) \tag{19.4.29}$$

由(19.4.21)式可知

$$\boldsymbol{P}_1^{-1}(k)=\boldsymbol{P}^{-1}(k|k-1)+\boldsymbol{H}_1^{\mathrm{T}}(k)\boldsymbol{R}_1^{-1}(k)\boldsymbol{Z}_1(k) \tag{19.4.30}$$

对于第 i 个导航系统($i\geqslant2$),可利用极大似然估计方法有

$$\boldsymbol{P}_i^{-1}(k)\hat{\boldsymbol{X}}_i(k)=\boldsymbol{H}_i^{\mathrm{T}}(k)\boldsymbol{R}_i^{-1}(k)\boldsymbol{Z}_i(k) \tag{19.4.31}$$

其中

$$\boldsymbol{P}_i^{-1}(k)=\boldsymbol{H}_i^{\mathrm{T}}(k)\boldsymbol{R}_i^{-1}(k)\boldsymbol{H}_i(k) \tag{19.4.32}$$

因为$\hat{\boldsymbol{X}}_1(k),\hat{\boldsymbol{X}}_2(k),\cdots\hat{\boldsymbol{X}}_N(k)$相互独立,故由(19.4.12)式可得组合导航系统最优估计$\hat{\boldsymbol{X}}(k)$为

$$\boldsymbol{P}^{-1}(k)\hat{\boldsymbol{X}}(k)=\boldsymbol{P}_1^{-1}(k)\hat{\boldsymbol{X}}_1(k)+\boldsymbol{P}_2^{-1}(k)\hat{\boldsymbol{X}}_2(k)+\cdots+\boldsymbol{P}_N^{-1}(k)\hat{\boldsymbol{X}}_N(k) \quad (19.4.33)$$

其中,估计$\hat{\boldsymbol{X}}(k)$的误差阵$\boldsymbol{P}(k)$满足如下方程,即

$$\begin{aligned}\boldsymbol{P}^{-1}(k) &= \boldsymbol{P}_1^{-1}(k)+\boldsymbol{P}_2^{-1}(k)+\cdots+\boldsymbol{P}_N^{-1}(k)\\ &= \boldsymbol{P}^{-1}(k\mid k-1)+\sum_{i=1}^{N}\boldsymbol{H}_i^{\mathrm{T}}(k)\boldsymbol{R}_i^{-1}(k)\boldsymbol{H}_i(k)\end{aligned} \quad (19.4.34)$$

值得申明的是,如果船舶运动的动态模型为已知,即

$$\boldsymbol{X}(k+1)=\boldsymbol{\Phi}(k+1,k)\boldsymbol{X}(k)+\boldsymbol{B}(k+1,k)\boldsymbol{u}(k)+\boldsymbol{\Gamma}(k+1,k)\boldsymbol{W}(k) \quad (19.4.35)$$

其中,$E[\boldsymbol{X}(0)]=\bar{\boldsymbol{X}}(0)$,$\mathrm{var}[\boldsymbol{X}(0)]=\boldsymbol{P}(0)$,$E[\boldsymbol{W}(k)]=0$,$\mathrm{var}[\boldsymbol{W}(k)]=\boldsymbol{Q}(k)$,$\{\boldsymbol{W}(k),k\geqslant 1\}$为系统白色干扰且假定$\boldsymbol{X}(0)$,$\boldsymbol{W}(k)(k\geqslant 1)$与$\boldsymbol{V}_i(k)(k\geqslant 1)$三者互不相关,则有

$$\hat{\boldsymbol{X}}(k|k-1)=\boldsymbol{\Phi}(k,k-1)\hat{\boldsymbol{X}}(k-1)+\boldsymbol{B}(k,k-1)\boldsymbol{u}(k-1) \quad (19.4.36)$$

$$\boldsymbol{P}(k|k-1)=\boldsymbol{\Phi}(k,k-1)\boldsymbol{P}(k-1)\boldsymbol{\Phi}^{\mathrm{T}}(k,k-1)+\boldsymbol{\Gamma}(k,k-1)\boldsymbol{Q}(k-1)\boldsymbol{\Gamma}^{\mathrm{T}}(k,k-1) \quad (19.4.37)$$

总结以上分析计算,可得如下结论。

定理 19.4.1　并行最优组合算法　设动态系统的状态方程为(19.4.35)式表示,各导航系统的观测方程由(19.4.27)式及(19.4.28)式表示,则组合导航系统并行最优估计$\hat{\boldsymbol{X}}(k)$满足

$$\boldsymbol{P}^{-1}(k)\hat{\boldsymbol{X}}(k)=\boldsymbol{P}_1^{-1}(k)\hat{\boldsymbol{X}}_1(k)+\boldsymbol{P}_2^{-1}(k)\hat{\boldsymbol{X}}_2(k)+\cdots+\boldsymbol{P}_N^{-1}(k)\hat{\boldsymbol{X}}_N(k)$$

其中,估计$\hat{\boldsymbol{X}}(k)$的误差阵$\boldsymbol{P}(k)$满足如下方程,即

$$\begin{aligned}\boldsymbol{P}^{-1}(k) &= \boldsymbol{P}_1^{-1}(k)+\boldsymbol{P}_2^{-1}(k)+\cdots+\boldsymbol{P}_N^{-1}(k)\\ &= \boldsymbol{P}^{-1}(k\mid k-1)+\sum_{i=1}^{N}\boldsymbol{H}_i^{\mathrm{T}}(k)\boldsymbol{R}_i^{-1}(k)\boldsymbol{H}_i(k)\end{aligned}$$

$\hat{\boldsymbol{X}}_1(k)$可由(19.4.29)式、(19.4.30)式及(19.4.37)式计算,$\hat{\boldsymbol{X}}_i(k)(i\geqslant 2)$可由(19.4.31)式及(19.4.32)式确定,$\boldsymbol{P}(k|k-1)$可由(19.4.37)式确定。

定理 19.4.1 的特殊情况如下。

推论 19.4.1　如果动态系统的状态方程是未知的,但各导航系统的观测方程为已知且由(19.4.27)式及(19.4.28)式表示,则并行最优组合导航系统的状态估计$\hat{\boldsymbol{X}}(k)$满足如下方程,即

$$\boldsymbol{P}^{-1}(k)\hat{\boldsymbol{X}}(k)=\boldsymbol{P}_1^{-1}(k)\hat{\boldsymbol{X}}_1(k)+\boldsymbol{P}_2^{-1}(k)\hat{\boldsymbol{X}}_2(k)+\cdots+\boldsymbol{P}_N^{-1}(k)\hat{\boldsymbol{X}}_N(k)$$

其中,各导航系统的状态估计$\hat{\boldsymbol{X}}_i(k)$,$i\geqslant 1$ 由(19.4.31)式及(19.4.32)式确定,组合导航系统并行最优估计$\hat{\boldsymbol{X}}(k)$的误差阵$\boldsymbol{P}(k,)$满足下式:

$$\boldsymbol{P}^{-1}(k)=\sum_{i=1}^{N}\boldsymbol{P}_i^{-1}(k) \quad (19.4.38)$$

并且

$$\boldsymbol{P}_i^{-1}(k)=\boldsymbol{H}_i^{\mathrm{T}}(k)\boldsymbol{R}_i^{-1}(k)\boldsymbol{H}_i(k),i=1,2,\cdots,N \quad (19.4.39)$$

19.4.3 组合导航系统串行最优算法

串行组合方法是:首先依据 $\boldsymbol{Z}_1(k)$ 和$\hat{\boldsymbol{X}}(k|k-1)$对 $\boldsymbol{X}(k)$做出最优估计$\hat{\boldsymbol{X}}_1(k)$,其次依据 $\boldsymbol{Z}_2(k)$和$\hat{\boldsymbol{X}}_1(k|k-1)$对 $\boldsymbol{X}(k)$做出最优估计$\hat{\boldsymbol{X}}_2(k)$,…,最后依据 $\boldsymbol{Z}_N(k)$和$\hat{\boldsymbol{X}}_{N-1}(k|k-1)$对 $\boldsymbol{X}(k)$做出最优估计$\hat{\boldsymbol{X}}_N(k)$。

设 $k-1$ 时刻的系统状态的最优估计$\hat{\boldsymbol{X}}(k-1)$及方差阵 $\boldsymbol{P}(k-1)$为已知,于是由系统状态方程(19.4.36)式及(19.4.37)式可求出预报$\hat{\boldsymbol{X}}(k|k-1)$及预报方差阵 $\boldsymbol{P}(k|k-1)$。

先对$\hat{\boldsymbol{X}}_1(k)$做如下处理:由熟知的最优公式

$$\boldsymbol{P}^{-1}(k)=\boldsymbol{P}^{-1}(k|k-1)+\boldsymbol{H}^{\mathrm{T}}(k)\boldsymbol{R}^{-1}(k)\boldsymbol{H}(k) \tag{19.4.40}$$

及

$$\boldsymbol{K}(k)=\boldsymbol{P}(k)\boldsymbol{H}^{\mathrm{T}}(k)\boldsymbol{R}^{-1}(k) \tag{19.4.41}$$

可得

$$\boldsymbol{P}_1^{-1}(k)=\boldsymbol{P}^{-1}(k|k-1)+\boldsymbol{H}_1^{\mathrm{T}}(k)\boldsymbol{R}_1^{-1}(k)\boldsymbol{H}_1(k) \tag{19.4.42}$$

$$\boldsymbol{K}_1(k)=\boldsymbol{P}_1(k)\boldsymbol{H}_1^{\mathrm{T}}(k)\boldsymbol{R}_1^{-1}(k) \tag{19.4.43}$$

于是依据 $\boldsymbol{Z}_1(k)$对 $\boldsymbol{X}(k)$所做的最优估计$\hat{\boldsymbol{X}}_1(k)$为

$$\hat{\boldsymbol{X}}_1(k)=\hat{\boldsymbol{X}}(k|k-1)+\boldsymbol{K}_1(k)[\boldsymbol{Z}_1(k)-\boldsymbol{H}_1(k)\hat{\boldsymbol{X}}(k|k-1)] \tag{19.4.44}$$

仿照上述方法可对 $\boldsymbol{Z}_2(k)$做如下处理有

$$\hat{\boldsymbol{X}}_2(k)=\hat{\boldsymbol{X}}_1(k)+\boldsymbol{K}_2(k)[\boldsymbol{Z}_2(k)-\boldsymbol{H}_2(k)\hat{\boldsymbol{X}}_1(k)] \tag{19.4.45}$$

由(19.4.40)式及(19.4.41)式可知

$$\boldsymbol{K}_2(k)=\boldsymbol{P}_2(k)\boldsymbol{H}_2^{\mathrm{T}}(k)\boldsymbol{R}_2^{-1}(k) \tag{19.4.46}$$

$$\begin{aligned}\boldsymbol{P}_2^{-1}(k)&=\boldsymbol{P}_1^{-1}(k)+\boldsymbol{H}_2^{\mathrm{T}}(k)\boldsymbol{R}_2^{-1}(k)\boldsymbol{H}_2(k)\\&=\boldsymbol{P}^{-1}(k|k-1)+\boldsymbol{H}_1^{\mathrm{T}}(k)\boldsymbol{R}_1^{-1}(k)\boldsymbol{H}_1(k)+\boldsymbol{H}_2^{\mathrm{T}}(k)\boldsymbol{R}_2^{-1}(k)\boldsymbol{H}_2(k)\\&=\boldsymbol{P}^{-1}(k|k-1)+\sum_{i=1}^{2}\boldsymbol{H}_i^{\mathrm{T}}(k)\boldsymbol{R}_i^{-1}(k)\boldsymbol{H}_i(k)\end{aligned} \tag{19.4.47}$$

以此类推,最后对 $\boldsymbol{Z}_N(k)$处理可得

$$\hat{\boldsymbol{X}}(k)\triangleq\hat{\boldsymbol{X}}_N(k)=\hat{\boldsymbol{X}}_{N-1}(k)+\boldsymbol{K}_N(k)[\boldsymbol{Z}_N(k)-\boldsymbol{H}_N(k)\hat{\boldsymbol{X}}_{N-1}(k)] \tag{19.4.48}$$

$$\boldsymbol{K}_N(k)=\boldsymbol{P}_N(k)\boldsymbol{H}_N^{\mathrm{T}}(k)\boldsymbol{R}_N^{-1}(k) \tag{19.4.49}$$

$$\boldsymbol{P}^{-1}(k)\triangleq\boldsymbol{P}_N^{-1}(k)=\boldsymbol{P}^{-1}(k|k-1)+\sum_{i=1}^{N}\boldsymbol{H}_i^{\mathrm{T}}(k)\boldsymbol{R}_i^{-1}(k)\boldsymbol{H}_i(k) \tag{19.4.50}$$

比较(19.4.34)式及(19.4.50)式可知,两种处理方法其结果是一致的。

我们发现,上述算法中求逆次数较多以至影响计算速度,通过矩阵演算可做如下改进:

$$\boldsymbol{K}_i(k)=\boldsymbol{P}_{i-1}(k)\boldsymbol{H}_i^{\mathrm{T}}(k)[\boldsymbol{H}_i(k)\boldsymbol{P}_{i-1}(k)\boldsymbol{H}_i^{\mathrm{T}}(k)+\boldsymbol{R}_i(k)]^{-1} \tag{19.4.51}$$

$$\boldsymbol{P}_i(k)=[\boldsymbol{I}-\boldsymbol{K}_i(k)\boldsymbol{H}_i(k)]\boldsymbol{P}_{i-1}(k) \tag{19.4.52}$$

$$\hat{\boldsymbol{X}}_i(k)=\hat{\boldsymbol{X}}_{i-1}(k)+\boldsymbol{K}_i(k)[\boldsymbol{Z}_i(k)-\boldsymbol{H}_i(k)\hat{\boldsymbol{X}}_{i-1}(k)]$$

$$i=1,2,\cdots,N$$

归纳以上分析,可得如下结果。

定理 19.4.2　串行最优组合算法　设动态系统的状态方程由(19.4.35)式表示,各导航系统的观测方程由(19.4.27)式及(19.4.28)式表示,则串行最优组合导航系统的估计 $\hat{\boldsymbol{X}}(k)$ 为

$$\hat{\boldsymbol{X}}_i(k)=\hat{\boldsymbol{X}}_{i-1}(k)+\boldsymbol{K}_i(k)[\boldsymbol{Z}_i(k)-\boldsymbol{H}_i(k)\hat{\boldsymbol{X}}_{i-1}(k)] \tag{19.4.53}$$

当 $i=N$ 时,记

$$\hat{\boldsymbol{X}}_N(k)\triangleq\hat{\boldsymbol{X}}(k)$$
$$\boldsymbol{P}_N(k)\triangleq\boldsymbol{P}(k)$$

而且

$$\boldsymbol{K}_i(k)=\boldsymbol{P}_{i-1}(k)\boldsymbol{H}_i^{\mathrm{T}}(k)[\boldsymbol{H}_i(k)\boldsymbol{P}_{i-1}(k)\boldsymbol{H}_i^{\mathrm{T}}(k)+\boldsymbol{R}_i(k)]^{-1}$$
$$\boldsymbol{P}_i(k)=[\boldsymbol{I}-\boldsymbol{K}_i(k)\boldsymbol{H}_i(k)]\boldsymbol{P}_{i-1}(k)$$
$$i=1,2,\cdots,N$$

当 $i=1$ 时,记

$$\hat{\boldsymbol{X}}_0(k)\triangleq\hat{\boldsymbol{X}}(k|k-1) \tag{19.4.54}$$

$$\boldsymbol{P}_0(k)\triangleq\boldsymbol{P}(k|k-1) \tag{19.4.55}$$

并由(19.4.36)式及(19.4.37)式计算得出。进一步还有

$$\boldsymbol{P}^{-1}(k)=\boldsymbol{P}^{-1}(k|k-1)+\sum_{i=1}^{N}\boldsymbol{H}_i^{\mathrm{T}}(k)\boldsymbol{R}_i^{-1}(k)\boldsymbol{H}_i(k)$$

通过比较(19.4.34)式及(19.4.50)式还有如下结论。

定理 19.4.3　并行最优组合估计 $\hat{\boldsymbol{X}}(k)$ 与串行最优组合估计 $\hat{\boldsymbol{X}}(k)$ 具有相同的方差阵,因此两种方法估计精度是一致的。

两种组合算法的比较:

(1)并行组合算法须做 $N+2$ 次求逆运算,串行组合算法须做 N 次求逆运算,但串行组合算法中的加,乘运算次数多于并行算法中的加,乘运算次数,因此,两种算法的运算速度基本一致。

(2)两种组合算法具有完全相同的精度。

(3)工程应用中,两种算法均可取。

19.4.4　讨论

上面所述的两种组合算法是依据引理 19.4.1、引理 19.4.2 和引理 19.4.3 推导出来的,其实,如果利用联立形式的卡尔曼滤波算法并进行适当的变化,仍可得到相同的结论。

现将 N 个独立的导航系统输出 $\boldsymbol{Z}_1(k),\boldsymbol{Z}_2(k),\cdots,\boldsymbol{Z}_N(k)$ 联立起来,可得

$$\boldsymbol{Z}(k)\triangleq\begin{bmatrix}\boldsymbol{Z}_1(k)\\\boldsymbol{Z}_2(k)\\\vdots\\\boldsymbol{Z}_N(k)\end{bmatrix}=\begin{bmatrix}\boldsymbol{H}_1(k)\\\boldsymbol{H}_2(k)\\\vdots\\\boldsymbol{H}_N(k)\end{bmatrix}\boldsymbol{X}(k)+\begin{bmatrix}\boldsymbol{V}_1(k)\\\boldsymbol{V}_2(k)\\\vdots\\\boldsymbol{V}_N(k)\end{bmatrix}\triangleq\boldsymbol{H}(k)\boldsymbol{X}(k)+\boldsymbol{V}(k) \tag{19.4.56}$$

由于各导航系统是统计独立的,所以有

$$\boldsymbol{R}(k)=\begin{bmatrix}\boldsymbol{R}_1(k) & & & 0\\ & \boldsymbol{R}_2(k) & & \\ & & \ddots & \\ 0 & & & \boldsymbol{R}_N(k)\end{bmatrix}$$

如果船舶运动系统的状态方程为已知且由(19.4.35)式表示,于是一步预报估计 $\hat{\boldsymbol{X}}(k|k-1)$ 及一步预报估计误差阵 $\boldsymbol{P}(k|k-1)$ 可由(19.4.36)式及(19.4.37)式表示,这样一来,利用熟知的卡尔曼滤波公式有

$$\begin{aligned}\boldsymbol{K}(k)&=\boldsymbol{P}(k)\boldsymbol{H}^{\mathrm{T}}(k)\boldsymbol{R}^{-1}(k)\\&=\boldsymbol{P}(k)[\boldsymbol{H}_1^{\mathrm{T}}(k),\boldsymbol{H}_2^{\mathrm{T}}(k),\cdots,\boldsymbol{H}_N^{\mathrm{T}}(k)]\begin{bmatrix}\boldsymbol{R}_1^{-1}(k) & & & 0\\ & \boldsymbol{R}_2^{-1}(k) & & \\ & & \ddots & \\ 0 & & & \boldsymbol{R}_N^{-1}(k)\end{bmatrix}\\&=[\boldsymbol{P}(k)\boldsymbol{H}_1^{\mathrm{T}}(k)\boldsymbol{R}_1^{-1}(k),\boldsymbol{P}(k)\boldsymbol{H}_2^{\mathrm{T}}(k)\boldsymbol{R}_2^{-1}(k),\cdots,\boldsymbol{P}(k)\boldsymbol{H}_N^{\mathrm{T}}(k)\boldsymbol{R}_N^{-1}(k)]\end{aligned}\tag{19.4.57}$$

以及

$$\begin{aligned}\hat{\boldsymbol{X}}(k)&=\hat{\boldsymbol{X}}(k|k-1)+\boldsymbol{K}(k)[\boldsymbol{Z}(k)-\boldsymbol{H}(k)\hat{\boldsymbol{X}}(k|k-1)]\\&=\hat{\boldsymbol{X}}(k|k-1)+[\boldsymbol{P}(k)\boldsymbol{H}_1^{\mathrm{T}}(k)\boldsymbol{R}_1^{-1}(k),\boldsymbol{P}(k)\boldsymbol{H}_2^{\mathrm{T}}(k)\boldsymbol{R}_2^{-1}(k),\cdots,\boldsymbol{P}(k)\boldsymbol{H}_N^{\mathrm{T}}(k)\boldsymbol{R}_N^{-1}(k)]\cdot\\&\quad\begin{bmatrix}Z_1(k)-\boldsymbol{H}_1(k)\hat{\boldsymbol{X}}(k|k-1)\\Z_2(k)-\boldsymbol{H}_2(k)\hat{\boldsymbol{X}}(k|k-1)\\\vdots\\Z_N(k)-\boldsymbol{H}_N(k)\hat{\boldsymbol{X}}(k|k-1)\end{bmatrix}\\&=\hat{\boldsymbol{X}}(k|k-1)+\sum_{i=1}^{N}\boldsymbol{P}(k)\boldsymbol{H}_i^{\mathrm{T}}(k)\boldsymbol{R}_i^{-1}(k)[\boldsymbol{Z}_i(k)-\boldsymbol{H}_i(k)\hat{\boldsymbol{X}}(k|k-1)]\end{aligned}\tag{19.4.58}$$

进一步,还可计算出上述联立算法的估计误差阵 $\boldsymbol{P}(k)$:

$$\begin{aligned}\boldsymbol{P}^{-1}(k)&=\boldsymbol{P}^{-1}(k|k-1)+\boldsymbol{H}^{\mathrm{T}}(k)\boldsymbol{R}^{-1}(k)\boldsymbol{H}(k)\\&=\boldsymbol{P}^{-1}(k|k-1)+[\boldsymbol{H}_1^{\mathrm{T}}(k),\boldsymbol{H}_2^{\mathrm{T}}(k),\cdots,\boldsymbol{H}_N^{\mathrm{T}}(k)]\begin{bmatrix}\boldsymbol{R}_1^{-1}(k) & & & 0\\ & \boldsymbol{R}_2^{-1}(k) & & \\ & & \ddots & \\ 0 & & & \boldsymbol{R}_N^{-1}(k)\end{bmatrix}\begin{bmatrix}\boldsymbol{H}_1(k)\\\boldsymbol{H}_2(k)\\\vdots\\\boldsymbol{H}_N(k)\end{bmatrix}\\&=\boldsymbol{P}^{-1}(k|k-1)+\sum_{i=1}^{N}\boldsymbol{H}_i^{\mathrm{T}}(k)\boldsymbol{R}_i^{-1}(k)\boldsymbol{H}_i(k)\end{aligned}\tag{19.4.59}$$

上述算法(19.4.58)式及(19.4.59)式通常称之为联立最优组合算法。将(19.4.59)式同(19.4.34)式及(19.4.50)式相比较,可知前面所述的并行与串行两种算法同联立形式卡尔曼滤波算法是一致的。

19.5　应用例子 5——关于 CARMA 序列的卡尔曼滤波及其鲁棒分析[135]

具有受控的自回归滑动平均序列(CARMA 序列)在船舶导航数据处理或船舶航行控制系统中经常遇到,因此,讨论这种序列的滤波方法以及鲁棒滤波问题,对于工程应用是有意义的。

19.5.1　CARMA 序列的状态空间表示

设 CARMA 序列模型为

$$A(z)y(k)=B(z)u(k)+C(z)w(k),k\geqslant 1 \tag{19.5.1}$$

其中,$y(k)$为中间变量;$\{u(k),k\geqslant 1\}$为非随机且有界的控制量;$\{w(k),k\geqslant 1\}$为零均值白色干扰序列且 $E[w^2(k)]=q$;z 为单位前移算子,即 $zy(k)=y(k+1)$;

$$A(z)=z^n+a_1z^{n-1}+a_2z^{n-2}+\cdots+a_{n-1}z+a_n$$

$$B(z)=b_1z^{n-1}+b_2z^{n-2}+\cdots+b_{n-1}z+b_n$$

$$C(z)=z^{n-1}+c_2z^{n-2}+c_3z^{n-3}+\cdots+c_{n-1}z+c_n$$

如果 $c_2=c_3=\cdots=c_n=0$,则称(19.5.1)式所表示的模型为 CAR 模型;如果 $c_i\neq 0,2\leqslant i\leqslant n$,则称(19.5.1)式所表示的模型为 CARMA 模型。

测量模型为

$$Z(k)=y(k)+v(k) \tag{19.5.2}$$

其中,$Z(k)$为系统输出,$\{v(k),k\geqslant 1\}$为零均值白色观测噪声且 $E[v^2(k)]=R$,在通常情况下可以假设$\{v(k),k\geqslant 1\}$和$\{w(k),k\geqslant 1\}$以及初始状态互相独立。

为了对系统模型(19.5.1)式和(19.5.2)式进行卡尔曼滤波,需要将(19.5.1)式和(19.5.2)式化成状态空间表示。我们分两种情况来讨论,即特征方程 $A(z)=0$ 的根为无重根的情况和有重根情况。

首先分析特征根 $z_i(i=1,2,\cdots,n)$中无重根的情况。由(19.5.1)式有

$$y(k)=\frac{B(z)}{A(z)}u(k)+\frac{C(z)}{A(z)}w(k)=\sum_{i=1}^{n}\frac{1}{z-z_i}[k_iu(k)+d_iw(k)] \tag{19.5.3}$$

其中 $z_i(i=1,2,\cdots,n)$为方程 $A(z)=0$ 的根且

$$k_i=\lim_{z\to z_i}\frac{B(z)}{A(z)}(z-z_i)$$

$$d_i=\lim_{z\to z_i}\frac{C(z)}{A(z)}(z-z_i)$$

现设

$$x_i(k)=\frac{1}{z-z_i}[k_iu(k)+d_iw(k)],i=1,2,\cdots,n$$

于是有

$$x_i(k+1)=z_ix_i(k)+k_iu(k)+d_iw(k),i=1,2,\cdots,n \tag{19.5.4}$$

若用向量与矩阵表示时,有

$$\begin{bmatrix} x_1(k+1) \\ x_2(k+1) \\ \vdots \\ x_n(k+1) \end{bmatrix} = \begin{bmatrix} z_1 & & 0 \\ & z_2 & \\ & \ddots & \\ 0 & & z_n \end{bmatrix} \begin{bmatrix} x_1(k) \\ x_2(k) \\ \vdots \\ x_n(k) \end{bmatrix} + \begin{bmatrix} k_1 \\ k_2 \\ \vdots \\ k_n \end{bmatrix} u(k) + \begin{bmatrix} d_1 \\ d_2 \\ \vdots \\ d_n \end{bmatrix} w(k) \qquad (19.5.5)$$

令状态向量 $\boldsymbol{X}^{\mathrm{T}}(k)=[x_1(k),x_2(k),\cdots,x_n(k)]$,状态转移矩阵 $\boldsymbol{\Phi}$ 为

$$\boldsymbol{\Phi} = \begin{bmatrix} z_1 & & & 0 \\ & z_2 & & \\ & & \ddots & \\ 0 & & & z_n \end{bmatrix}$$

控制转移矩阵为 $\boldsymbol{\Psi}^{\mathrm{T}}=[k_1,k_2,\cdots,k_n]$,干扰转移矩阵为 $\boldsymbol{\Gamma}^{\mathrm{T}}=[d_1,d_2,\cdots,d_n]$,于是由(19.5.5)式可写出 CARMA 序列模型的状态空间表示

$$\boldsymbol{X}(k+1)=\boldsymbol{\Phi X}(k)+\boldsymbol{\Gamma}w(k)+\boldsymbol{\Psi}u(k) \qquad (19.5.6)$$

再由(19.5.2)式、(19.5.3)式及(19.5.4)式可写出测量系统模型为

$$\boldsymbol{Z}(k)=y(k)+\boldsymbol{v}(k)=[1,1,\cdots,1]\begin{bmatrix} x_1(k) \\ x_2(k) \\ \vdots \\ x_n(k) \end{bmatrix}+\boldsymbol{v}(k)\triangleq \boldsymbol{HX}(k)+\boldsymbol{v}(k) \qquad (19.5.7)$$

现在讨论特征根 $z_i(i=1,2,\cdots,n)$ 中有重根情况。设 $z_i(i=1,2,\cdots,r)$ 是 l_i 重根,则

$$\begin{aligned} y(k) &= \frac{B(z)}{A(z)}u(k)+\frac{C(z)}{A(z)}w(k) \\ &= \frac{B(z)u(k)}{(z-z_1)^{l_1}\cdots(z-z_r)^{l_r}(z-z_{r+1})\cdots(z-z_p)}+ \\ &\quad \frac{C(z)w(k)}{(z-z_1)^{l_1}\cdots(z-z_r)^{l_r}(z-z_{r+1})\cdots(z-z_p)} \\ &= \Big[\frac{k_{11}}{(z-z_1)^{l_1}}+\frac{k_{12}}{(z-z_1)^{l_1-1}}+\cdots+\frac{k_{1l_1}}{(z-z_1)}+\cdots+\frac{k_{r1}}{(z-z_r)^{l_r}}+\cdots+ \\ &\quad \frac{k_{rl_r}}{(z-z_r)}+\frac{k_{r+1}}{(z-z_{r+1})}+\cdots+\frac{k_p}{(z-z_p)}\Big]u(k)+\Big[\frac{d_{11}}{(z-z_1)^{l_1}}+\cdots+\frac{d_{1l_1}}{(z-z_1)}+\cdots+ \\ &\quad \frac{d_{r1}}{(z-z_r)^{l_r}}+\cdots+\frac{d_{rl_r}}{(z-z_r)}+\frac{d_{r+1}}{(z-z_{r+1})}+\cdots+\frac{d_p}{(z-z_p)}\Big]w(k) \\ &= \Big[\sum_{i=1}^{r}\sum_{j=1}^{l_i}\frac{k_{ij}}{(z-z_i)^{l_i-j+1}}+\sum_{u=1}^{p-r}\frac{k_{r+u}}{z-z_{r+u}}\Big]u(k)+\Big[\sum_{i=1}^{r}\sum_{j=1}^{l_i}\frac{d_{ij}}{(z-z_i)^{l_i-j+1}}+\sum_{u=1}^{p-r}\frac{d_{r+u}}{z-z_{r+u}}\Big]w(k) \end{aligned} \qquad (19.5.8)$$

其中

$$k_{ij}=\lim_{z\to z_i}\frac{1}{(j-1)!}\frac{\mathrm{d}^{j-1}}{\mathrm{d}z^{j-1}}\Big[\frac{B(z)}{A(z)}(z-z_i)^{l_i}\Big]$$

$$d_{ij}=\lim_{z\to z_i}\frac{1}{(j-1)!}\frac{\mathrm{d}^{j-1}}{\mathrm{d}z^{j-1}}\Big[\frac{C(z)}{A(z)}(z-z_i)^{l_i}\Big]$$

$$j=1,2,\cdots,l_i,\ i=1,2,\cdots,r$$

$$k_{r+u}=\lim_{z\to z_{r+u}}\frac{B(z)}{A(z)}(z-z_{r+u})$$

$$d_{r+u}=\lim_{z\to z_{r+u}}\frac{C(z)}{A(z)}(z-z_{r+u}),u=1,2,\cdots,p-r,p=n+r-\sum_{i=1}^{r}l_i$$

对于 l_i 重根 $z_i,i=1,2,\cdots,r$,先引入如下符号:

$$\boldsymbol{X}_i^{\mathrm{T}}(k)\triangleq[x_{i1}(k),x_{i2}(k),\cdots,x_{il_i}(k)],i=1,2,\cdots,r$$

具有 l_i 个元素组成的向量 $\boldsymbol{\delta}_{li}$ 为

$$\boldsymbol{\delta}_{li}^{\mathrm{T}}\triangleq[1,0,\cdots,0],i=1,2,\cdots,r$$

$$\boldsymbol{X}_i^{*\mathrm{T}}(k)\triangleq[x_{i1}^*(k),x_{i2}^*(k),\cdots,x_{il_i}^*(k)],i=1,2,\cdots,r$$

$$\boldsymbol{K}_i^{\mathrm{T}}\triangleq[k_{il_i},k_{il_i-1},\cdots,k_{i1}],i=1,2,\cdots,r$$

$$\boldsymbol{D}_i^{\mathrm{T}}\triangleq[d_{il_i},d_{il_i-1},\cdots,d_{i1}],i=1,2,\cdots,r$$

$$\boldsymbol{J}_i\triangleq\begin{bmatrix}z_i & & & & 0\\ 1 & z_i & & & \\ & 1 & z_i & & \\ & & \ddots & \ddots & \\ 0 & & & 1 & z_i\end{bmatrix}_{l_i\times l_i}\quad i=1,2,\cdots,r$$

于是,可将(19.5.8)式写成如下状态空间表示形式,即

$$\begin{bmatrix}\boldsymbol{X}_1(k+1)\\ \boldsymbol{X}_1^*(k+1)\\ \vdots\\ \boldsymbol{X}_r(k+1)\\ \boldsymbol{X}_r^*(k+1)\\ x_{r+1}(k+1)\\ \vdots\\ x_p(k+1)\end{bmatrix}=\begin{bmatrix}\boldsymbol{J}_1 & & & & & & & \\ & \boldsymbol{J}_1 & & & 0 & & & \\ & & \ddots & & & & & \\ & & & \boldsymbol{J}_r & & & & \\ & & & & \boldsymbol{J}_r & & & \\ & 0 & & & & z_{r+1} & & \\ & & & & & & \ddots & \\ & & & & & & & z_p\end{bmatrix}\begin{bmatrix}\boldsymbol{X}_1(k)\\ \boldsymbol{X}_1^*(k)\\ \vdots\\ \boldsymbol{X}_r(k)\\ \boldsymbol{X}_r^*(k)\\ x_{r+1}(k)\\ \vdots\\ x_p(k)\end{bmatrix}+\begin{bmatrix}\boldsymbol{\delta}_{l_1}\\ 0\\ \vdots\\ \boldsymbol{\delta}_{l_r}\\ 0\\ k_{r+1}\\ \vdots\\ k_p\end{bmatrix}u(k)+\begin{bmatrix}0\\ \boldsymbol{\delta}_{l_1}\\ \vdots\\ 0\\ \boldsymbol{\delta}_{l_r}\\ d_{r+1}\\ \vdots\\ d_p\end{bmatrix}w(k)\tag{19.5.9}$$

也可将(19.5.9)式简写成(19.5.6)式的形式,即

$$\boldsymbol{X}(k+1)=\boldsymbol{\Phi X}(k)+\boldsymbol{\Psi}u(k)+\boldsymbol{\Gamma}w(k)$$

而且还有

$$y(k)=[\boldsymbol{K}_1^{\mathrm{T}},\boldsymbol{D}_1^{\mathrm{T}}\cdots,\boldsymbol{K}_r^{\mathrm{T}},\boldsymbol{D}_r^{\mathrm{T}},1,1,\cdots,1]\boldsymbol{X}(k)\triangleq\boldsymbol{HX}(k)\tag{19.5.10}$$

测量系统方程可写成如下状态空间形式,即

$$\boldsymbol{Z}(k)=\boldsymbol{HX}(k)+\boldsymbol{v}(k)\tag{19.5.11}$$

至此,完成了 CARMA 序列模型的状态空间表示,于是可利用标准的卡尔曼滤波公式对状态空间模型(19.5.6)式和(19.5.7)式或(19.5.9)式和(19.5.11)式进行最优滤波。

19.5.2　CARMA 序列卡尔曼滤波鲁棒分析

关于 CARMA 序列卡尔曼滤波的鲁棒性,有如下结果。

定理 19.5.1　设真实的 CARMA 序列模型为(19.5.1)式及(19.5.2)式,具有误差的

CARMA 序列模型为

$$\bar{A}(z)\bar{y}(k)=\bar{B}(z)\bar{u}(k)+\bar{C}(z)\bar{w}(k) \tag{19.5.12}$$

$$Z(k)=\bar{y}(k)+\bar{v}(k)=y(k)+v(k) \tag{19.5.13}$$

又设 $z_i(i=1,2,\cdots,n)$ 为真实模型(19.5.1)式特征方程

$$A(z)=0 \tag{19.5.14}$$

的特征根,$\bar{z}_i(i=1,2,\cdots,n)$ 为误差模型(19.5.12)式特征方程

$$\bar{A}(z)=0 \tag{19.5.15}$$

的特征根,于是有以下结论。

(1) 如果特征根 $z_i,\bar{z}_i(i=1,2,\cdots,n)$ 中无重根且 $|z_i|<1,|\bar{z}_i|<1$,则卡尔曼滤波具有鲁棒性。

(2) 如果特征根中有 l_i 重根 z_i 和 $\bar{z}_i$ 且满足 $\|\boldsymbol{J}_i\|_2<1\ \|\bar{\boldsymbol{J}}_i\|_2<1,i=1,2,\cdots,r$,其余为单根且满足 $|z_j|<1,|\bar{z}_j|<1,j=r+1,r+2,\cdots,p,\sum\limits_{i=1}^{r}l_i+p-r=n$,则卡尔曼滤波具有鲁棒性。

(3) 如果特征根 $z_i(i=1,2,\cdots,n)$(可以是重根)无误差但 $\max\limits_i|z_i|>1$,或 $\max\limits_i z_i\geqslant1$,则当控制量 $u(k)$ 出现恒定偏差时卡尔曼滤波发散。

证明 (1) 因为 $|z_i|<1,|\bar{z}_i|<1,i=1,2,\cdots,n$,则由(19.5.5)的状态转移矩阵可知,必有

$$\|\boldsymbol{\Phi}\|^2=\max_i\{\lambda_i(\boldsymbol{\Phi}^{\mathrm{H}}\boldsymbol{\Phi})\}<1,\|\bar{\boldsymbol{\Phi}}\|^2=\max_i\{\lambda_i(\bar{\boldsymbol{\Phi}}^{\mathrm{H}}\bar{\boldsymbol{\Phi}})\}<1$$

其中 $\boldsymbol{\Phi}$ 为 CARMA 模型的状态转移矩阵,$\boldsymbol{\Phi}^{\mathrm{H}}$ 为 $\boldsymbol{\Phi}$ 的共轭转置矩阵,于是由定理 18.6.2 可知该卡尔滤波具有鲁棒性。

(2) 因为对重根有 $\|\boldsymbol{J}_i\|<1,\|\bar{\boldsymbol{J}}_i\|<1,i=1,2,\cdots,r$,而对于单根有 $|z_i|<1,|\bar{z}_i|<1,j=r+1,r+2,\cdots,p$,所以由方程(19.5.9)式的状态转移矩阵可知,必有

$$\|\boldsymbol{\Phi}\|^2=\max\{\|\boldsymbol{J}_1\|^2,\|\boldsymbol{J}_2\|^2,\cdots,\|\boldsymbol{J}_r\|^2,|z_{r+1}|^2,|z_{r+2}|^2,\cdots,|z_p|^2\}<1$$

及

$$\|\bar{\boldsymbol{\Phi}}\|^2=\max\{\|\bar{\boldsymbol{J}}_1\|^2,\|\bar{\boldsymbol{J}}_2\|^2,\cdots,\|\bar{\boldsymbol{J}}_r\|^2,|\bar{z}_{r+1}|^2,|\bar{z}_{r+2}|^2,\cdots,|\bar{z}_p|^2\}<1$$

于是由定理 18.6.2 可知,该卡尔曼滤波具有鲁棒性。

(3) 利用卡尔曼滤波的无偏性,且不妨设 $E[\boldsymbol{X}(0)]=E[\bar{\boldsymbol{X}}(0)]=0$,于是有

$$E[\boldsymbol{X}(k)-\hat{\bar{\boldsymbol{X}}}(k)]=\sum_{i=1}^{k}\boldsymbol{\Phi}^{k-i}\boldsymbol{\Psi}[u(k)-\bar{u}(k)]$$

又因为当 $\max\limits_i|z_i|>1$ 或 $\max\limits_i z_i\geqslant1$ 时,有

$$\sum_{i=1}^{k}\boldsymbol{\Phi}^{k-i}\to\infty,k\to\infty$$

于是当 $[u(k)-\bar{u}(k)]\triangleq\Delta u(k)$ 为常量时,必有 $E[\boldsymbol{X}(k)-\hat{\bar{\boldsymbol{X}}}(k)]\to\infty,k\to\infty$,此时卡尔曼滤波发散。定理证毕。

现在,再一次讨论系统模型(18.6.1)式,我们发现 $\boldsymbol{\Phi}=\bar{\boldsymbol{\Phi}}=1$,而且控制量中出现了恒定误差,于是由定理 19.5.1 中(3)可知,该卡尔曼滤波器发散。这同文献[108]的分析结果相一致。

第20章

线性系统在随机过程作用下的分析计算

在自动控制系统的分析与设计中，经常遇到随机信号作为输入的情形。例如，在无线电通信信息的接收与处理中，会遇到大气无线电噪声的影响，船舶在航行过程中会受到海浪、湍流等随机干扰的影响，各种电子系统会受到电源波动及电子热噪声的影响。这些干扰都是我们所不希望的，但是，我们迫切想知道，这些干扰对系统的输出会产生多大影响以及如何克服这些干扰对系统的影响。

在古典的控制理论中，通常是用在单位阶跃函数作用下的系统输出的超调量和过渡过程时间来评价系统的性能。然而在随机信号作用于线性系统时，因为任何一个确定函数从本质上都不同于随机函数，所以用上述方法来评价系统在随机作用下的性能就失去了意义，为此引入新的方法。

20.1 指标的提出

假设在平稳随机输入作用下定常线性系统的结构如图20.1.1所示。其中$R(t),t\geqslant 0$为系统的输入信号，通常是已知的或者是预期的。$\{X(t),-\infty<t<+\infty\}$为系统的干扰，假定是平稳随机过程。通常这种干扰是我们所不希望的，例如，无线电接收设备所受到的天电干扰、电子线路中的热电干扰、船舶在海洋航行中所受到的湍流及海浪干扰都可以理解为系统干扰。

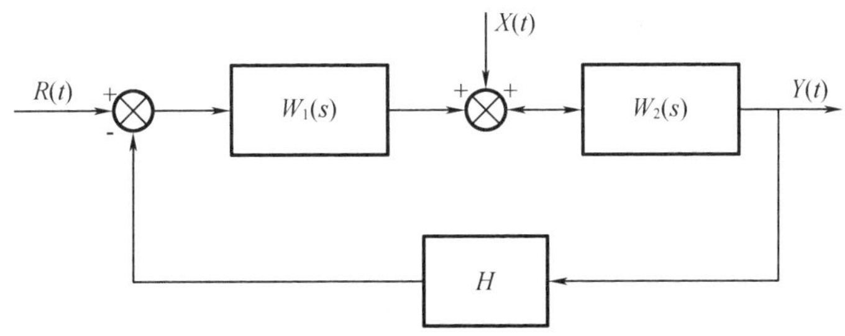

图20.1.1 在平稳随机输入作用下定常线性系统的结构

图20.1.1中$\{Y(t),-\infty<t<+\infty\}$为系统的输出量，$H>0$为系统的反馈系数，假设系

统的传递函数 $W_1(s)$ 和 $W_2(s)$ 是仅考虑输入信号 $R(t)$ 对输出的影响所设计出来的。现在的问题是,需要我们来分析在平稳随机干扰 $\{X(t), -\infty < t < +\infty\}$ 的作用下系统输出的性能。

如果形式上用 $X(s)$ 表示 $X(t)$ 的拉氏变换,则在系统干扰 $X(t)$ 作用下,系统输出 $Y(t)$ 的拉氏变换 $Y(s)$ 为

$$\begin{aligned} Y(s) &= \frac{W_2(s)}{1+HW_1(s)W_2(s)}X(s) \\ &= \frac{b_m s^m + b_{m-1}s^{m-1} + \cdots b_1 s + b_0}{s^n + a_{n-1}s^{n-1} + \cdots a_1 s + a_0}X(s) \\ &= \frac{b_m(s-z_1)\cdots(s-z_m)}{(s-s_1)\cdots(s-s_n)}X(s) \\ &\triangleq G(s)X(s) \end{aligned} \tag{20.1.1}$$

其中 $n \geqslant m$,称 $s_i(i=1,2,\cdots n)$ 为系统的特征根或称为系统的闭环极点,这里假定系统是稳定的,即

$$\mathrm{Re}\{s_i\} < 0, i=1,2,\cdots,n \tag{20.1.2}$$

称 $z_i(i=1,2,\cdots,m)$ 为系统的零点。

若用随机微分方程来描述系统的动态性能时,可以把(20.1.1)式写成

$$\frac{\mathrm{d}^n Y(t)}{\mathrm{d}t^n} + a_{n-1}\frac{\mathrm{d}^{n-1}Y(t)}{\mathrm{d}t^{n-1}} + \cdots + a_1\frac{\mathrm{d}Y(t)}{\mathrm{d}t} + a_0 Y(t) = b_m\frac{\mathrm{d}^m X(t)}{\mathrm{d}t^m} + \cdots + b_1\frac{\mathrm{d}X(t)}{\mathrm{d}t} + b_0 X(t) \tag{20.1.3}$$

设 $k(t)$ 为该系统的脉冲响应函数,则

$$k(t) = L^{-1}\{G(s)\} \tag{20.1.4}$$

其中,符号 L^{-1} 表示求拉氏反变换。

由(20.1.2)式可知必有

$$\int_{-\infty}^{+\infty} |k(t)| \mathrm{d}t < \infty \tag{20.1.5}$$

利用熟知的卷积公式,还有

$$Y(t) = \int_{-\infty}^{+\infty} k(\tau)X(t-\tau)\mathrm{d}\tau \tag{20.1.6}$$

在通常情况下,因为 $\{X(t), -\infty < t < +\infty\}$ 是均方连续的平稳随机过程且系统为稳定,所以由 13.2 节中的性质 6 及性质 9 可知系统输出 $\{Y(t), -\infty < t < +\infty\}$ 仍为平稳随机过程。这样一来,我们就可以用输出过程 $\{Y(t), -\infty < t < +\infty\}$ 的一、二阶矩来表征它。在通常情况下,有 $E[X(t)]=0$,故由(20.1.6)式可知 $E[Y(t)]=0$。因此,我们只能用

$$E[Y^2(t)] = B_Y(0) = \sigma_Y^2 \tag{20.1.7}$$

及其相关函数

$$E[Y(t+\tau)Y(t)] = B_Y(\tau) \tag{20.1.8}$$

来表征平稳随机过程 $Y(t)$。

我们称(20.1.7)式是稳定的定常线性系统在平稳随机输入作用下输出过程的方差,这个方差 σ_Y^2 的大小就表征了系统抗干扰性能的优劣。在以后的两节中,我们均以(20.1.7)式作为性能指标来分析在平稳随机输入作用下系统输出的性能。

20.2　连续时间线性系统在平稳随机过程作用下的分析计算

设定常线性系统如图 20.2.1 所示。其中，$G(s)$ 为系统的传递函数；$k(t)\,(t\geqslant 0)$ 为系统的脉冲响应函数；系统输入 $\{X(t),-\infty<t<+\infty\}$ 为均方连续的平稳随机过程且 $E[X(t)]=0$，假定系统是渐近稳定的，即所有特征根均具有负实部。

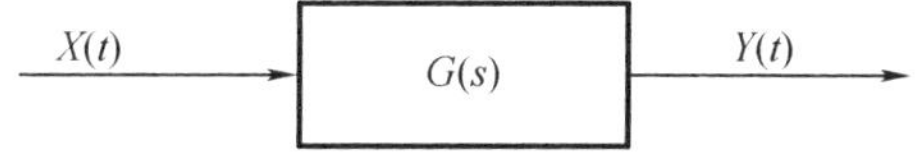

图 20.2.1　定常线性系统

现在以(20.1.7)式为性能指标来分析系统输出的性能。为此，先计算输出过程 $\{Y(t),-\infty<t<+\infty\}$ 的相关函数 $B_Y(\tau)$ 为

$$\begin{aligned}B_Y(\tau) &= E[Y(t+\tau)Y(t)]\\ &= E\left[\int_{-\infty}^{+\infty}X(t+\tau-\eta)k(\eta)\mathrm{d}\eta\int_{-\infty}^{+\infty}X(t-\lambda)k(\lambda)\mathrm{d}\lambda\right]\\ &= \int_{-\infty}^{+\infty}\int_{-\infty}^{+\infty}k(\lambda)k(\eta)B_X(\tau+\lambda-\eta)\mathrm{d}\lambda\mathrm{d}\eta \qquad (20.2.1)\end{aligned}$$

由定理 13.3.4 可知，该系统输出过程 $\{Y(t),-\infty<t<+\infty\}$ 的功率谱密度函数 $S_Y(\omega)$ 为

$$\begin{aligned}S_Y(\omega) &= \int_{-\infty}^{+\infty}B_Y(\tau)\mathrm{e}^{-\mathrm{j}\omega\tau}\mathrm{d}\tau\\ &= \int_{-\infty}^{+\infty}\int_{-\infty}^{+\infty}\int_{-\infty}^{+\infty}k(\lambda)k(\eta)B_X(\lambda+\tau-\eta)\mathrm{e}^{-\mathrm{j}\omega\tau}\mathrm{d}\lambda\mathrm{d}\eta\mathrm{d}\tau\\ &= \int_{-\infty}^{+\infty}k(\lambda)\mathrm{e}^{\mathrm{j}\omega\lambda}\mathrm{d}\lambda\int_{-\infty}^{+\infty}k(\eta)\mathrm{e}^{-\mathrm{j}\omega\eta}\mathrm{d}\eta\int_{-\infty}^{+\infty}B_X(\lambda+\tau-\eta)\mathrm{e}^{-\mathrm{j}\omega(\tau+\lambda-\eta)}\mathrm{d}\tau \qquad (20.2.2)\end{aligned}$$

令 $\lambda+\tau-\eta=\tau^*$，则(20.2.2)式右边第三个积分为

$$\int_{-\infty}^{+\infty}B_X(\tau^*)\mathrm{e}^{-\mathrm{j}\omega\tau^*}\mathrm{d}\tau^* = S_X(\omega) \qquad (20.2.3)$$

而第一、二两个积分分别为

$$\int_{-\infty}^{+\infty}k(\lambda)\mathrm{e}^{\mathrm{j}\omega\lambda}\mathrm{d}\lambda = G(-\mathrm{j}\omega) \qquad (20.2.4)$$

$$\int_{-\infty}^{+\infty}k(\eta)\mathrm{e}^{-\mathrm{j}\omega\eta}\mathrm{d}\eta = G(\mathrm{j}\omega) \qquad (20.2.5)$$

把(20.2.3)式至(20.2.5)式代入(20.2.2)式，则得

$$S_Y(\omega)=G(-\mathrm{j}\omega)G(\mathrm{j}\omega)S_X(\omega)=|G(\mathrm{j}\omega)|^2S_X(\omega) \qquad (20.2.6)$$

再利用定理 13.3.4 中的(13.3.48)式，即可求出输出过程 $\{Y(t),-\infty<t<+\infty\}$ 的方差为

$$\sigma_Y^2 = E[Y^2(t)] = B_Y(0) = \frac{1}{2\pi}\int_{-\infty}^{+\infty}S_Y(\omega)\mathrm{d}\omega = \frac{1}{2\pi}\int_{-\infty}^{+\infty}|G(\mathrm{j}\omega)|^2S_X(\omega)\mathrm{d}\omega \qquad (20.2.7)$$

我们还可以利用平稳随机过程谱分解定理来推出(20.2.6)式。为简单起见，只考察 E

$[X(t)]=0$ 的情况(否则我们考察 $X(t)-E[X(t)]$)。设系统的输入随机过程$\{X(t), -\infty<t<+\infty\}$和输出随机过程$\{Y(t), -\infty<t<+\infty\}$满足如下 n 阶常系数随机微分方程,即

$$\sum_{i=0}^{n} a_i \frac{\mathrm{d}^i Y(t)}{\mathrm{d}t^i} = \sum_{i=0}^{m} b_i \frac{\mathrm{d}^i X(t)}{\mathrm{d}t^i} \tag{20.2.8}$$

其中,$a_n=1$。因为$\{X(t), -\infty<t<+\infty\}$和$\{Y(t), -\infty<t<+\infty\}$为均方连续的平稳随机过程,所以由定理 13.3.4 可知 $X(t)$和 $Y(t)$的谱分解分别为

$$X(t) = \int_{-\infty}^{+\infty} \mathrm{e}^{\mathrm{j}\omega t}\mathrm{d}\zeta_X(\mathrm{j}\omega)$$

$$Y(t) = \int_{-\infty}^{+\infty} \mathrm{e}^{\mathrm{j}\omega t}\mathrm{d}\zeta_Y(\mathrm{j}\omega)$$

由谱分解的性质可知$\frac{\mathrm{d}^i Y(t)}{\mathrm{d}t^i}$和$\frac{\mathrm{d}^i X(t)}{\mathrm{d}t^i}$的谱分解为

$$\frac{\mathrm{d}^i Y(t)}{\mathrm{d}t^i} = \int_{-\infty}^{+\infty} (\mathrm{j}\omega)^i \mathrm{e}^{\mathrm{j}\omega t}\mathrm{d}\zeta_Y(\mathrm{j}\omega) \tag{20.2.9}$$

$$\frac{\mathrm{d}^i X(t)}{\mathrm{d}t^i} = \int_{-\infty}^{+\infty} (\mathrm{j}\omega)^i \mathrm{e}^{\mathrm{j}\omega t}\mathrm{d}\zeta_X(\mathrm{j}\omega) \tag{20.2.10}$$

把以上两式代入(20.2.8)式,则得

$$\int_{-\infty}^{+\infty} \left[\sum_{i=0}^{n} a_i(\mathrm{j}\omega)^i\right]\mathrm{e}^{\mathrm{j}\omega t}\mathrm{d}\zeta_Y(\mathrm{j}\omega) = \int_{-\infty}^{+\infty} \left[\sum_{i=0}^{m} b_i(\mathrm{j}\omega)^i\right]\mathrm{e}^{\mathrm{j}\omega t}\mathrm{d}\zeta_X(\mathrm{j}\omega)$$

由上式可有

$$\sum_{i=0}^{n} a_i(\mathrm{j}\omega)^i\mathrm{d}\zeta_Y(\mathrm{j}\omega) = \sum_{i=0}^{m} b_i(\mathrm{j}\omega)^i\mathrm{d}\zeta_X(\mathrm{j}\omega)$$

也即

$$\mathrm{d}\zeta_Y(\mathrm{j}\omega) = \frac{\sum_{i=0}^{m} b_i(\mathrm{j}\omega)^i}{\sum_{i=0}^{n} a_i(\mathrm{j}\omega)^i}\mathrm{d}\zeta_X(\mathrm{j}\omega) \triangleq G(\mathrm{j}\omega)\mathrm{d}\zeta_X(\mathrm{j}\omega) \tag{20.2.11}$$

其中称

$$G(\mathrm{j}\omega) \triangleq \frac{\sum_{i=0}^{m} b_i(\mathrm{j}\omega)^i}{\sum_{i=0}^{n} a_i(\mathrm{j}\omega)^i} \tag{20.2.12}$$

为该定常线性系统的频率特性,而且还有

$$G(\mathrm{j}\omega) = G(s)\big|_{s=\mathrm{j}\omega} \tag{20.2.13}$$

其中,$G(s)$为定常线性系统的传递函数。

最后,利用谱分解定理 13.3.4 中的(13.3.46)式知

$$E[|\mathrm{d}\zeta_Y(\mathrm{j}\omega)|^2] = \frac{1}{2\pi}S_Y(\omega)\mathrm{d}\omega \tag{20.2.14}$$

然而由(20.2.11)式还有

$$E[|\mathrm{d}\zeta_Y(\mathrm{j}\omega)|^2] = G(\mathrm{j}\omega)G(-\mathrm{j}\omega)E[|\mathrm{d}\zeta_X(\mathrm{j}\omega)|^2] = |G(\mathrm{j}\omega)|^2\frac{1}{2\pi}S_X(\omega)\mathrm{d}\omega \tag{20.2.15}$$

比较(20.2.14)式与(20.2.15)式,立得(20.2.6)式,即

$$S_Y(\omega) = |G(\mathrm{j}\omega)|^2 S_X(\omega)$$

(20.2.6)式和公式(20.2.7)式对于在平稳随机输入作用下定常线性系统的分析是十分有用的。

在通常情况下,$S_Y(\omega)$和$S_X(\omega)$都呈现有理谱密度的形式,这样一来,可以利用奥斯特姆计算方法计算(20.2.7)式的积分[136]。

下面我们介绍奥斯特姆计算方法,为此引入一些符号并加以说明,假设我们所要做的积分(20.2.7)式可以归结为如下形式,即

$$I_n = \frac{1}{2\pi \mathrm{j}}\int_{-\mathrm{j}\infty}^{\mathrm{j}\infty} \frac{B_n(s)B_n(-s)}{A_n(s)A_n(-s)}\mathrm{d}s \tag{20.2.16}$$

其中

$$A_n(s) = a_0^n s^n + a_1^n s^{n-1} + a_2^n s^{n-2} + \cdots + a_{n-1}^n s + a_n^n$$

$$B_n(s) = b_1^n s^{n-1} + b_2^n s^{n-2} + \cdots + b_{n-1}^n s + b_n^n$$

$a_i^n(i=0,1,2,\cdots,n)$和$b_i^n(i=1,2,\cdots,n)$均为实数且$A_n(s)$所有零点均在s左半平面内,多项式$B_n(s)$必须至少比多项式$A_n(s)$低一次。(这在实际应用中总能保证)

我们再引入次数低于n的多项式$A_k(s)$和$B_k(s)$

$$A_k(s) = a_0^k s^k + a_1^k s^{k-1} + a_2^k s^{k-2} + \cdots + a_{k-1}^k s + a_k^k$$

$$B_k(s) = b_1^k s^{k-1} + b_2^k s^{k-2} + \cdots + b_{k-1}^k s + b_k^k$$

$$k \leqslant n$$

$A_k(s)$和$B_k(s)$的系数可利用奥斯特姆表来计算,见表 20.2.1。

表 20.2.1　奥斯特姆表 1

a_0^n	a_1^n	a_2^n	a_3^n	a_4^n	$\cdots$	$\alpha_n = \frac{a_0^n}{a_1^n}$	b_1^n	b_2^n	b_3^n	b_4^n	b_5^n	$\cdots$	$\beta_n = \frac{b_1^n}{a_1^n}$
a_1^n	0	a_3^n	0	a_5^n	$\cdots$		a_1^n	0	a_3^n	0	a_5^n	$\cdots$	
	a_0^{n-1}	a_1^{n-1}	a_2^{n-1}	a_3^{n-1}	$\cdots$	$\alpha_{n-1} = \frac{a_0^{n-1}}{a_1^{n-1}}$		b_1^{n-1}	b_2^{n-1}	b_3^{n-1}	b_4^{n-1}	$\cdots$	$\beta_{n-1} = \frac{b_1^{n-1}}{a_1^{n-1}}$
	a_1^{n-1}	0	a_3^{n-1}	0	$\cdots$			a_1^{n-1}	0	a_3^{n-1}	0	$\cdots$	
		$\vdots$				$\vdots$			$\vdots$				$\vdots$
			a_0^2	a_1^2	a_2^2	$\vdots$			$\vdots$				$\vdots$
			a_1^2	0		$\alpha_2 = \frac{a_0^2}{a_1^2}$					b_1^2	b_2^2	$\beta_2 = \frac{b_1^2}{a_1^2}$
				a_0^1	a_1^1						a_1^2	0	
				a_1^1	0	$\alpha_1 = \frac{a_0^1}{a_1^1}$						b_1^1	$\beta_1 = \frac{b_1^1}{a_1^1}$
												a_1^1	

在制作奥斯特姆表时,a_i^k 系数表的每一偶数行是将上一行往左移一步且在每隔一个位置放一个零而形成,b_i^k 系数表的每一偶数行同 a_i^k 系数表的相应的偶数行相同。这两个表的奇数行各元素用其前面两行的两个同列元素通过如下公式计算,即

$$a_i^{k-1} = \begin{cases} a_{i+1}^k, & \text{当 } i \text{ 为偶数时} \\ a_{i+1}^k - \alpha_k a_{i+2}^k, & \text{当 } i \text{ 为奇数时} \end{cases}, i=0,1,2,\cdots,k-1 \tag{20.2.17}$$

其中

$$\alpha_k = \frac{a_0^k}{a_1^k} \tag{20.2.18}$$

$$b_i^{k-1} = \begin{cases} b_{i+1}^k, & \text{当 } i \text{ 为奇数时} \\ b_{i+1}^k - \beta_k a_{i+1}^k, & \text{当 } i \text{ 为偶数时} \end{cases}, i = 1, 2, \cdots, k-1 \tag{20.2.19}$$

其中

$$\beta_k = \frac{b_1^k}{a_1^k} \tag{20.2.20}$$

可以证明,多项式 $A_n(s)$ 的所有零点均在左半平面内的充要条件是全部系数 $a_1^k(k=1, 2, \cdots, n)$ 为正,即奥斯特姆表所有偶数行的第一个元素为正。而且(20.2.16)式的积分值为

$$I_n = \frac{1}{2}\sum_{k=1}^{n} \beta_k^2 / \alpha_k \tag{20.2.21}$$

例 20.2.1 试计算如下积分

$$I_3 = \frac{1}{2\pi \mathrm{j}}\int_{-\mathrm{j}\infty}^{\mathrm{j}\infty} \frac{B_3(s)B_3(-s)}{A_3(s)A_3(-s)}\mathrm{d}s \tag{20.2.22}$$

其中

$$A_3(s) = a_0 s^3 + a_1 s^2 + a_2 s + a_3$$
$$B_3(s) = b_1 s^2 + b_2 s + b_3$$

利用 $A_3(s)$ 和 $B_3(s)$ 的各系数可做如表 20.2.2 所示的奥斯特姆表。

表 20.2.2 奥斯特姆表 2

				α_k				β_k
a_0	a_1	a_2	a_3		b_1	b_2	b_3	
a_1	0	a_3	0	$\frac{a_0}{a_1}$	a_1	0	a_3	$\frac{b_1}{a_1}$
	a_1	$a_2 - \frac{a_3 a_0}{a_1}$	a_3			b_2	$b_3 - a_3\frac{b_1}{a_1}$	
	$a_2 - \frac{a_3 a_0}{a_1}$	0		$\frac{a_1}{a_2 - \frac{a_3 a_0}{a_1}}$		$a_2 - a_3\frac{a_0}{a_1}$	0	$\frac{b_2}{a_2 - \frac{a_3 a_0}{a_1}}$
		$a_2 - \frac{a_3 a_0}{a_1}$	a_3				$b_3 - a_3\frac{b_1}{a_1}$	
		a_3	0	$\frac{a_2 - a_3\frac{a_0}{a_1}}{a_3}$			a_3	$\frac{b_3 - a_3\frac{b_1}{a_1}}{a_3}$

把表 20.2.2 中的 a_k 和 $\beta_k(k=3,2,1)$ 代入(20.2.21)式立得

$$I_3=\frac{1}{2}\left[\frac{b_1^2}{a_0a_1}+\frac{b_2^2}{a_1\left(a_2-a_3\dfrac{a_0}{a_1}\right)}+\frac{\left(b_3-a_3\dfrac{b_1}{a_1}\right)^2}{a_3\left(a_2-a_3\dfrac{a_0}{a_1}\right)}\right]$$

$$=\frac{b_1^2a_3a_2+(b_2^2-2b_1b_3)a_0a_3+a_0a_1b_3^2}{2a_0a_3(a_1a_2-a_0a_3)}$$

例 20.2.2　试计算积分

$$I_6=\frac{1}{2\pi\mathrm{j}}\int_{-\mathrm{j}\infty}^{\mathrm{j}\infty}\frac{B_6(s)B_6(-s)}{A_6(s)A_6(-s)}\mathrm{d}s$$

其中

$$A_6(s)=s^6+3s^5+5s^4+12s^3+6s^2+9s+1$$

$$B_6(s)=3s^5+s^4+12s^3+3s^2+9s+1$$

利用多项式的各系数可做如表 20.2.3 所示的奥斯特姆表。

表 20.2.3　奥斯特姆表 3

							α_k							β_k
1	3	5	12	6	9	1		3	1	12	3	9	1	
3	0	12	0	9	0		1/3	3	0	12	0	9	0	1
	3	1	12	3	9	1			1	0	3	0	1	
	1	0	3	0	1		3		1	0	3	0	1	1
		1	3	3	6	1				0	0	0	0	
		3	0	6	0		1/3			3	0	6	0	0
			3	1	6	1					0	0	0	
			1	0	1		3				1	0	1	0
				1	3	1						0	0	
				3	0		1/3					3	0	0
					3	1							0	
					1		3						1	0

把表 20.2.3 中的 α_k 和 $\beta_k(k=1,2,3,4,5,6)$ 代入(20.2.21)式得积分值为

$$I_6=\frac{1}{2}\sum_{k=1}^{6}\beta_k^2/\alpha_k=\frac{1}{2}\left(\frac{1}{\frac{1}{3}}+\frac{1}{3}\right)=\frac{1}{2}\times 3.333=1.667$$

例 20.2.3　考虑如图 20.2.2 所示的反馈系统,其中输入信号$\{X(t),t\geqslant 0\}$为独立增量过程且

$$E\{[X(t)]^2\}=t,X(0)=0$$

试确定作为开环放大系数 k 的函数的跟踪误差 $e(t)$ 的方差 σ_0^2 并求使 σ_0^2 为最小的 k 值。

解　为了求得跟踪误差 $e(t)$ 的方差,首先应求出 $e(t)$ 的功率谱密度函数 $S_e(\omega)$。

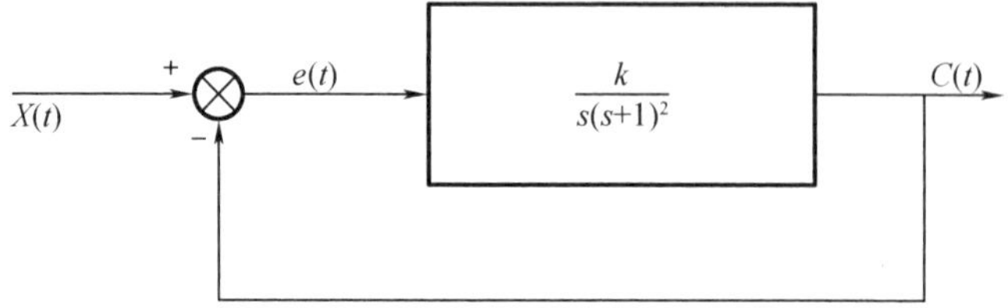

图 20.2.2　例 20.2.3 系统方块图

由图 20.2.2 可求出传递函数

$$e(s)=\frac{s(s+1)^2}{s^3+2s^2+s+k}X(s)$$

由题给的已知条件及定理 13.1.2,可以把系统的输入过程$\{X(t),t\geqslant 0\}$理解为是白噪声过程$\{\xi(t),t\geqslant 0\}$经积分所得到的过程,而且该白噪声过程的相关函数为$B_\xi(\tau)=\delta(\tau)$,即功率谱密度函数为$S_\xi(\omega)=1$。图 20.2.3 表示由白噪声过程产生系统输入过程的方块图。

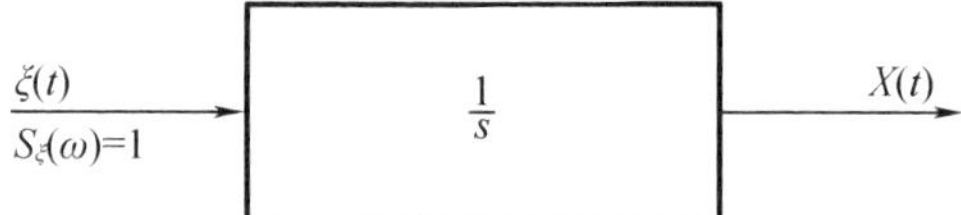

图 20.2.3　系统输入过程的形成方块图

由图 20.2.3 及(20.2.6)式可知

$$S_X(\omega)=\frac{1}{\mathrm{j}\omega}\frac{1}{-\mathrm{j}\omega}S_\xi(\omega)=\frac{1}{\omega^2} \tag{20.2.23}$$

再由(20.2.22)式及(20.2.6)式,还有

$$\begin{aligned}S_e(\omega)&=\left|\frac{\mathrm{j}\omega(\mathrm{j}\omega+1)^2}{(\mathrm{j}\omega)^3+2(\mathrm{j}\omega)^2+\mathrm{j}\omega+k}\right|^2 S_X(\omega)\\&=\frac{(\mathrm{j}\omega+1)^2}{[(\mathrm{j}\omega)^3+2(\mathrm{j}\omega)^2+\mathrm{j}\omega+k]}\frac{(-\mathrm{j}\omega+1)^2}{[(-\mathrm{j}\omega)^3+2(-\mathrm{j}\omega)^2+(-\mathrm{j}\omega)+k]}\end{aligned}$$

利用(20.2.7)式可求出跟踪误差方差σ_e^2为

$$\begin{aligned}\sigma_e^2&=\frac{1}{2\pi}\int_{-\infty}^{+\infty}S_e(\omega)\mathrm{d}\omega\\&=\frac{1}{2\pi\mathrm{j}}\int_{-\mathrm{j}\infty}^{+\mathrm{j}\infty}\frac{(s+1)^2}{(s^3+2s^2+s+k)}\frac{(-s+1)^2}{[(-s)^3+2(-s)^2+(-s)+k]}\mathrm{d}s\end{aligned} \tag{20.2.24}$$

为了对(20.2.24)式积分,应做如表 20.2.4 所示的奥斯特姆表。

表 20.2.4　奥斯特姆表 4

				α_k				β_k
1	2	1	k		1	2	1	
2	0	k		$\frac{1}{2}$	2	0	k	$\frac{1}{2}$

表 20.2.4(续)

	α_k		β_k
$2 \quad 1-\frac{k}{2} \quad k$		$2 \quad 1-\frac{k}{2}$	
$1-\frac{k}{2} \quad 0$	$\frac{4}{2-k}$	$1-\frac{k}{2} \quad 0$	$\frac{4}{2-k}$
$1-\frac{k}{2} \quad k$		$1-\frac{k}{2}$	
k	$\frac{2-k}{2k}$	k	$\frac{2-k}{2k}$

可见,为使系统稳定,应有 $k>0$ 和 $1-\frac{k}{2}>0$。解上述两个不等式,可得开环放大系数 k 应满足

$$0<k<2 \tag{20.2.25}$$

由表 20.2.4 及(20.2.21)式还可计算出跟踪误差方差 σ_e^2 为

$$\sigma_e^2 = \frac{1}{2}\sum_{k=1}^{3}\frac{\beta_k^2}{\alpha_k} = \frac{3k+2}{2k(2-k)}$$

为求使 σ_e^2 为最小的 k 值,应解方程

$$\frac{\mathrm{d}\sigma_e^2}{\mathrm{d}k}=0$$

即 k 值应满足如下方程

$$\frac{(3k-2)(k+2)}{2k^2(2-k)^2}=0$$

显见,当 $k=2/3=0.667$ 时,σ_e^2 为最小。

如果两个平稳随机过程$\{X(t),-\infty<t<+\infty\}$和$\{Y(t),-\infty<t<+\infty\}$同时作用于定常线性系统,其方块图如图 20.2.4 所示。其中,$\{Z(t),-\infty<t<+\infty\}$为系统输出过程;$G_X(s)$和 $G_Y(s)$为该系统的传递函数且假定它们都是稳定的。

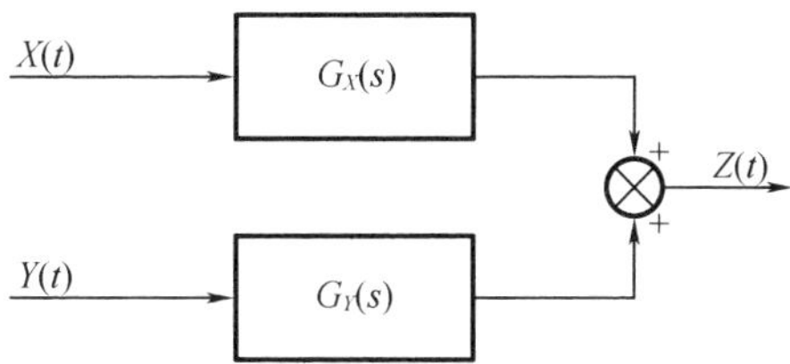

图 20.2.4　具有两个输入的定常线性系统方块图

经过不甚复杂的计算,可得输出过程的功率谱密度函数 $S_Z(\omega)$为

$$S_Z(\omega) = |G_X(\mathrm{j}\omega)|^2 S_X(\omega) + |G_Y(\mathrm{j}\omega)|^2 S_Y(\omega) + G_X(-\mathrm{j}\omega)G_Y(\mathrm{j}\omega)S_{XY}(\omega) + G_Y(-\mathrm{j}\omega)G_X(\mathrm{j}\omega)S_{YX}(\omega) \tag{20.2.26}$$

其中,$S_{XY}(\omega)$为平稳随机过程$\{X(t),-\infty<t<+\infty\}$和$\{Y(t),-\infty<t<+\infty\}$的互功率谱密度函数。

如果$\{X(t), -\infty<t<+\infty\}$和$\{Y(t), -\infty<t<+\infty\}$互不相关,即互相关函数$B_{XY}(\tau)$和$B_{YX}(\tau)$满足

$$B_{XY}(\tau)=B_{YX}(\tau)=0$$

则系统输出过程的功率谱密度函数为

$$S_Z(\omega)=|G_X(\mathrm{j}\omega)|^2S_X(\omega)+|G_Y(\mathrm{j}\omega)|^2S_Y(\omega) \tag{20.2.27}$$

现在,我们进一步分析随机多输入,多输出线性系统。为简单起见,只分析双输入、双输出系统的情况,系统如图 20.2.5 所示。

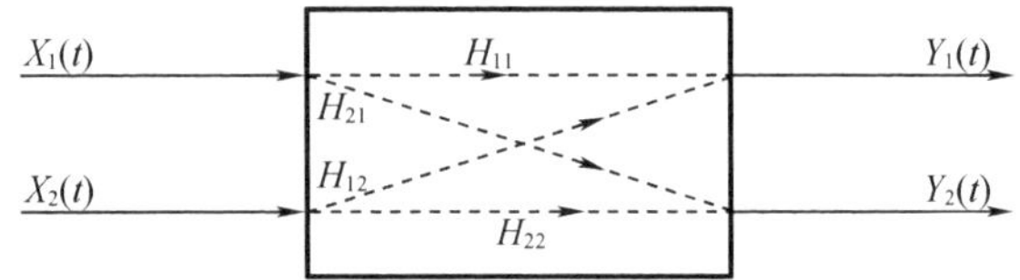

图 20.2.5　随机双输入、双输出线性系统

设$\{X_i(t), -\infty<t<+\infty, i=1,2\}$为平稳随机过程且为系统的输入,$\{Y_i(t), -\infty<t<+\infty, i=1,2\}$为系统的输出,形式上记

$$Y_1(\omega)=H_{11}(\mathrm{j}\omega)X_1(\mathrm{j}\omega)+H_{12}(\mathrm{j}\omega)X_2(\mathrm{j}\omega)$$
$$Y_2(\omega)=H_{21}(\mathrm{j}\omega)X_1(\mathrm{j}\omega)+H_{22}(\mathrm{j}\omega)X_2(\mathrm{j}\omega)$$

再记

$$k_{ij}(t)=L^{-1}\{H_{ij}(s)\}, i,j=1,2$$

通常称$k_{ij}(t), i,j=1,2$为系统脉冲响应函数,这样一来,可用卷积的形式表示系统的输出有

$$Y_1(t)=\int_{-\infty}^{+\infty}X_1(t-\tau)k_{11}(\tau)\mathrm{d}\tau+\int_{-\infty}^{+\infty}X_2(t-\tau)k_{12}(\tau)\mathrm{d}\tau$$
$$Y_2(t)=\int_{-\infty}^{+\infty}X_1(t-\tau)k_{21}(\tau)\mathrm{d}\tau+\int_{-\infty}^{+\infty}X_2(t-\tau)k_{22}(\tau)\mathrm{d}\tau$$

也可把上式用矩阵形式写成

$$\begin{bmatrix}Y_1(t)\\Y_2(t)\end{bmatrix}=\int_{-\infty}^{+\infty}\begin{bmatrix}k_{11}(\tau) & k_{12}(\tau)\\k_{21}(\tau) & k_{22}(\tau)\end{bmatrix}\begin{bmatrix}X_1(t-\tau)\\X_2(t-\tau)\end{bmatrix}\mathrm{d}\tau \tag{20.2.28}$$

于是输出的相关函数阵为

$$E\left\{\begin{bmatrix}Y_1(t)\\Y_2(t)\end{bmatrix}\begin{bmatrix}Y_1(t-\tau)\\Y_2(t-\tau)\end{bmatrix}^{\mathrm{T}}\right\}=\int_{-\infty}^{+\infty}\int_{-\infty}^{+\infty}\begin{bmatrix}k_{11}(u) & k_{12}(u)\\k_{21}(u) & k_{22}(u)\end{bmatrix}\cdot$$
$$\begin{bmatrix}B_{X1}(\tau+\lambda-u) & B_{X1X2}(\tau+\lambda-u)\\B_{X2X1}(\tau+\lambda-u) & B_{X2}(\tau+\lambda-u)\end{bmatrix}\begin{bmatrix}k_{11}(\lambda) & k_{12}(\lambda)\\k_{21}(\lambda) & k_{22}(\lambda)\end{bmatrix}^{\mathrm{T}}\mathrm{d}u\mathrm{d}\lambda$$

将上式经傅里叶变换后可得输出功率谱密度函数阵为

$$\begin{bmatrix}S_{Y1}(\omega) & S_{Y1Y2}(\omega)\\S_{Y2Y1}(\omega) & S_{Y2}(\omega)\end{bmatrix}=\begin{bmatrix}H_{11}(\mathrm{j}\omega) & H_{12}(\mathrm{j}\omega)\\H_{21}(\mathrm{j}\omega) & H_{22}(\mathrm{j}\omega)\end{bmatrix}\begin{bmatrix}S_{X1}(\omega)S_{X1X2}(\omega)\\S_{X2X1}(\omega)S_{X2}(\omega)\end{bmatrix}\begin{bmatrix}\overline{H_{11}(\mathrm{j}\omega)} & \overline{H_{21}(\mathrm{j}\omega)}\\\overline{H_{12}(\mathrm{j}\omega)} & \overline{H_{22}(\mathrm{j}\omega)}\end{bmatrix} \tag{20.2.29}$$

在一般情况下,可以利用上式来计算系统输出各分量的功率谱密度函数及互功率谱密度函数。

如果输入信号各分量彼此互不相关,这时有 $B_{X1X2}(\tau)=B_{X2X1}(\tau)=0$,于是 $S_{X1X2}(\omega)=S_{X2X1}(\omega)=0$。在这种情况下,(20.2.29)式化为

$$\begin{bmatrix} S_{Y1}(\omega) & S_{Y1Y2}(\omega) \\ S_{Y2Y1}(\omega) & S_{Y2}(\omega) \end{bmatrix}=\begin{bmatrix} H_{11}(\mathrm{j}\omega)S_{X1}(\omega) & H_{12}(\mathrm{j}\omega)S_{X2}(\omega) \\ H_{21}(\mathrm{j}\omega)S_{X1}(\omega) & H_{22}(\mathrm{j}\omega)S_{X2}(\omega) \end{bmatrix}\begin{bmatrix} \overline{H_{11}(\mathrm{j}\omega)} & \overline{H_{21}(\mathrm{j}\omega)} \\ \overline{H_{12}(\mathrm{j}\omega)} & \overline{H_{22}(\mathrm{j}\omega)} \end{bmatrix}$$

如果系统内部无交叉耦合作用,即 $H_{12}(\mathrm{j}\omega)=H_{21}(\mathrm{j}\omega)=0$,这时(20.2.29)式可简化为

$$\begin{bmatrix} S_{Y1}(\omega) & S_{Y1Y2}(\omega) \\ S_{Y2Y1}(\omega) & S_{Y2}(\omega) \end{bmatrix}=\begin{bmatrix} H_{11}(\mathrm{j}\omega)S_{X1}(\omega) & H_{11}(\mathrm{j}\omega)S_{X1X2}(\omega) \\ H_{22}(\mathrm{j}\omega)S_{X2X1}(\omega) & H_{22}(\mathrm{j}\omega)S_{X2}(\omega) \end{bmatrix}\begin{bmatrix} \overline{H_{11}(\mathrm{j}\omega)} & 0 \\ 0 & \overline{H_{22}(\mathrm{j}\omega)} \end{bmatrix}$$

例如有 $S_{Y1Y2}(\omega)=H_{11}(\mathrm{j}\omega)\overline{H_{22}(\mathrm{j}\omega)}S_{X1X2}(\omega)$,如果进一步假设 $X_1(t)=X_2(t)=X(t)$ 则有

$$S_{Y1Y2}(\omega)=H_{11}(\mathrm{j}\omega)\overline{H_{22}(\mathrm{j}\omega)}S_X(\omega) \tag{20.2.30}$$

这相当于如图 20.2.6 所示系统的情况。显见,当且仅当 $H_{11}(\mathrm{j}\omega)$ 与 $H_{22}(\mathrm{j}\omega)$ 不相重叠时,$Y_1(t)$ 与 $Y_2(t)$ 互不相关。

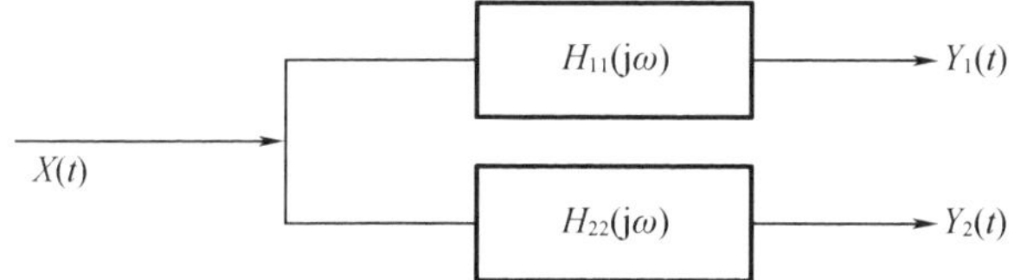

图 20.2.6　由公式(20.2.30)式所表示的系统

20.3　离散时间线性系统在平稳随机序列作用下的分析计算

定常离散时间线性系统在平稳随机序列作用下的数学模型可表示为

$$\begin{aligned} &X(n)+a_1X(n-1)+a_2X(n-2)+\cdots+a_pX(n-p) \\ &=b_0\xi(n)+b_1\xi(n-1)+b_2\xi(n-2)+\cdots+b_q\xi(n-q) \end{aligned} \tag{20.3.1}$$

其中,$p>q$,$\{X(n),n=\cdots,-2,-1,0,1,2,\cdots\}$ 为系统输出序列,$\{\xi(n),n=\cdots,-2,-1,0,1,2,\cdots\}$ 为系统输入序列,假设它是白噪声序列或平稳相关随机序列,其功率谱密度函数 $S_\xi(z)$ 为已知。$a_1,a_2,\cdots,a_p,b_0,b_1,b_2,\cdots,b_q$ 为系统参数且为已知的实常数。这种数学模型可以通过对微分方程(20.1.3)式取差分而得到。有时,把(20.3.1)式所表示的模型叫作自回归滑动平均模型,在第 15 章我们已对这一模型做了详细分析。

现在我们来计算模型(20.3.1)输出序列 $\{X(n),n=\cdots,-2,-1,0,1,2,\cdots\}$ 的方差。为此将方程(20.3.1)式两边做谱分解,由定理 13.4.2 可知有

$$\sum_{i=0}^{p}\oint_{|z|=1}a_iz^{n-i}\mathrm{d}\zeta_X(z)=\sum_{j=0}^{q}\oint_{|z|=1}b_jz^{n-j}\mathrm{d}\zeta_\xi(z) \tag{20.3.2}$$

其中

$$a_0=1$$

于是可得

$$\left(\sum_{i=0}^{p} a_i z^{n-i}\right)\mathrm{d}\zeta_X(z) = \left(\sum_{j=0}^{q} b_j z^{n-j}\right)\mathrm{d}\zeta_\xi(z)$$

也即

$$\mathrm{d}\zeta_X(z) = \frac{\sum_{j=0}^{q} b_j z^{n-j}}{\sum_{i=0}^{p} a_i z^{n-i}}\mathrm{d}\zeta_\xi(z) \triangleq G(z)\mathrm{d}\zeta_\xi(z) \tag{20.3.3}$$

其中称

$$G(z) = \frac{\sum_{j=0}^{q} b_j z^{n-j}}{\sum_{i=0}^{p} a_i z^{n-i}} \tag{20.3.4}$$

为定常离散线性系统的传递函数,由(13.4.22)式有

$$E[\,|\mathrm{d}\zeta_X(z)|^2] = \frac{1}{2\pi jz}S_X(z)\mathrm{d}z \tag{20.3.5}$$

再由(20.3.3)式还有

$$\begin{aligned} E[\,|\mathrm{d}\zeta_X(z)|^2] &= E\{[G(z)\mathrm{d}\zeta_\xi(z)]\overline{[G(z)\mathrm{d}\zeta_\xi(z)]}\} \\ &= G(z)G(z^{-1})\frac{1}{2\pi \mathrm{j}z}S_\xi(z) \end{aligned} \tag{20.3.6}$$

比较(20.3.5)式和(20.3.6)式得

$$S_X(z) = G(z)G(z^{-1})S_\xi(z) \tag{20.3.7}$$

进一步,利用定理13.4.2中的(13.4.25)式可求出输出序列$\{X(nT_0), n=\cdots,-2,-1,0,1,2,\cdots\}$的相关函数$B_X(nT_0)$为

$$B_X(nT_0) = \frac{1}{2\pi \mathrm{j}}\oint_{|z|=1} G(z)G(z^{-1})S_\xi(z)z^{n-1}\mathrm{d}z \tag{20.3.8}$$

于是可得输出序列的方差σ_X^2为

$$\begin{aligned} \sigma_X^2 = B_X(0) &= \frac{1}{2\pi \mathrm{j}}\oint_{|z|=1} S_X(z)\frac{\mathrm{d}z}{z} \\ &= \frac{1}{2\pi \mathrm{j}}\oint_{|z|=1} G(z)G(z^{-1})S_\xi(z)\frac{\mathrm{d}z}{z} \end{aligned} \tag{20.3.9}$$

也可以利用类似于20.2节得到(20.2.7)式的相关分析法去分析上述问题,所得到的结论同(20.3.9)式是一致的。把这个问题留给读者作为练习。

(20.3.7)式和(20.3.9)式对于在平稳随机序列作用下定常离散线性系统的分析是十分有用的,当然,我们可以通过计算留数把(20.3.9)式计算出来,但是,当$G(z)$为高阶系统传递函数时,因为计算特征根在一般情况下是比较困难的,所以上述方法的应用受到限制。现在我们介绍一种简便的计算方法,通常称之为奥斯特姆计算方法。

先引入一些符号并加以说明。假设我们所要进行的积分(20.3.9)式可以归结为如下形式,即

$$I_n = \frac{1}{2\pi \mathrm{j}}\oint_{|z|=1} \frac{B_n(z)B_n(z^{-1})\mathrm{d}z}{A_n(z)A_n(z^{-1})z} \tag{20.3.10}$$

其中

$$A_n(z)=a_0^n z^n+a_1^n z^{n-1}+a_2^n z^{n-2}+\cdots+a_{n-1}^n z+a_n^n \tag{20.3.11}$$

$$B_n(z)=b_0^n z^n+b_1^n z^{n-1}+b_2^n z^{n-2}+\cdots+b_{n-1}^n z+b_n^n \tag{20.3.12}$$

$a_i^n(i=0,1,2,\cdots,n)$和 $b_i^n(i=0,1,2,\cdots,n)$均为实常数且 $A_n(z)$的所有零点均在单位圆内，这意味着该离散系统是稳定的。

我们再引进次数低于 n 的多项式 $A_k(z)$和 $B_k(z)$

$$A_k(z)=a_0^k z^k+a_1^k z^{k-1}+a_2^k z^{k-2}+\cdots+a_{k-1}^k z+a_k^k$$

$$B_k(z)=b_0^k z^k+b_1^k z^{k-1}+b_2^k z^{k-2}+\cdots+b_{k-1}^k z+b_k^k$$

$A_k(z)$和 $B_k(z)$的系数可通过表 20.3.1 所示的奥斯特姆表来计算。

表 20.3.1　奥斯特姆表 5

A 表					α_k	B 表					β_k
a_0^n	a_1^n	$\cdots$	a_{n-1}^n	a_n^n		b_0^n	b_1^n	$\cdots$	b_{n-1}^n	b_n^n	
a_n^n	a_{n-1}^n	$\cdots$	a_1^n	a_0^n	$\frac{a_n^n}{a_0^n}$	a_n^n	a_{n-1}^n	$\cdots$	a_1^n	a_0^n	$\frac{b_n^n}{a_0^n}$
a_0^{n-1}	a_1^{n-1}	$\cdots$	a_{n-1}^{n-1}			b_0^{n-1}	b_1^{n-1}	$\cdots$	b_{n-1}^{n-1}		
a_{n-1}^{n-1}	a_{n-2}^{n-1}	$\cdots$	a_0^{n-1}		$\frac{a_{n-1}^{n-1}}{a_0^{n-1}}$	a_{n-1}^{n-1}	a_{n-2}^{n-1}	$\cdots$	a_0^{n-1}		$\frac{b_{n-1}^{n-1}}{a_0^{n-1}}$
$\vdots$						$\vdots$					$\vdots$
a_0^1	a_1^1					b_0^1	b_1^1				
a_1^1	a_0^1				$\frac{a_1^1}{a_0^1}$	a_1^1	a_0^1				$\frac{b_1^1}{a_0^1}$
a_0^0						b_0^0					

表 20.3.1 中 A 表的各偶数行是由其前一行的系数颠倒一下它的顺序而得到。A 表和 B 表的偶数行是相同的。两个表中的奇数行的各元素由下面公式计算，即

$$a_i^{k-1}=a_i^k-\alpha_k a_{k-i}^k,\alpha_k=a_k^k\mid a_0^k,k=n,n-1,\cdots,1;i=0,1,2,\cdots,k-1 \tag{20.3.13}$$

$$b_i^{k-1}=b_i^k-\beta_k a_{k-i}^k,\beta_k=b_k^k\mid a_0^k,k=n,n-1,\cdots,1;i=0,1,2,\cdots,k-1 \tag{20.3.14}$$

可以证明，多项式 $A_n(z)$的所有零点均在单位圆内的充要条件是全部系数 $a_0^k,k=0,1,2,\cdots,n$ 为正，即 A 表所有奇数行第一个元素为正。而且(20.3.10)式的积分值为

$$I_n=\frac{1}{a_0^n}\sum_{k=0}^{n}\frac{(b_k^k)^2}{a_0^k} \tag{20.3.15}$$

例 20.3.1　计算如下积分

$$I_3=\frac{1}{2\pi\mathrm{j}}\oint_{|z|=1}\frac{B_3(z)B_3(z^{-1})\mathrm{d}z}{A_3(z)A_3(z^{-1})z}$$

其中

$$A_3(z)=z^3+0.7z^2+0.5z-0.3$$

$$B_3(z)=z^3+0.3z^2+0.2z+0.1$$

为计算上述积分,首先做如表 20.3.2 所示奥斯特姆表。

表 20.3.2 奥斯特姆表 6

A 表				α_k	B 表				β_k
1	0.7	0.5	−0.3		1	0.3	0.2	0.1	
−0.3	0.5	0.7	1	−0.3	−0.3	0.5	0.7	1	0.1
0.91	0.85	0.71			1.03	0.25	0.13		
0.71	0.85	0.91		0.78	0.71	0.85	0.91		0.143
0.356	0.187				0.929	0.129			
0.187	0.356			0.525	0.187	0.356			0.361
0.258					0.861				

因为 $a_0^3=1>0, a_0^2=0.91>0, a_0^1=0.356>0, a_0^0=0.258>0$,所以多项式 $A_3(z)$ 的所有零点均在单位圆内,而且利用(20.3.15)式可计算积分值为

$$\begin{aligned} I_3 &= \frac{1}{a_0^3}\sum_{k=0}^{3}\frac{(b_k^k)^2}{a_0^k} \\ &= \left[\frac{(0.1)^2}{1}+\frac{(0.13)^2}{0.91}+\frac{(0.129)^2}{0.356}+\frac{(0.861)^2}{0.258}\right] \\ &= 2.9487 \end{aligned}$$

如果两个平稳随机序列$\{X(n), n=\cdots,-2,-1,0,1,2,\cdots\}$和$\{Y(n), n=\cdots,-2,-1,0,1,2,\cdots\}$同时作用于定常离散线性系统,则可表示为如图 20.3.1 所示的形式。其中$\{Z(n), n=\cdots,-2,-1,0,1,2,\cdots\}$为系统输出序列;$G_X(z)$ 和 $G_Y(z)$ 为离散系统传递函数且假定它们都是稳定的。

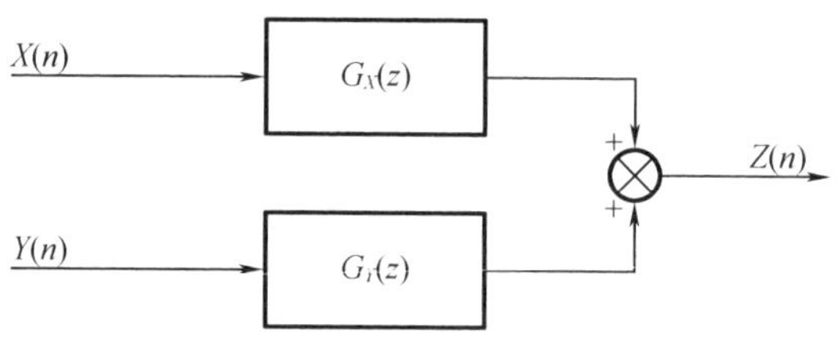

图 20.3.1 两个平稳随机序列作用于线性系统的方块图

同连续情况下的(20.2.26)式相类似,可计算出输出序列的功率谱密度函数 $S_z(z)$ 为

$$S_z(z)=|G_X(z)|^2S_X(z)+|G_Y(z)|^2S_Y(z)+G_X(-z)G_Y(z)S_{XY}(z)+G_Y(-z)G_X(z)S_{YX}(z) \tag{20.3.16}$$

其中,$S_{XY}(z)$ 为平稳随机序列$\{X(n), n=\cdots,-2,-1,0,1,2,\cdots\}$和$\{Y(n), n=\cdots,-2,-1,0,1,2,\cdots\}$的互功率谱密度函数。如果$\{X(n), n=\cdots,-2,-1,0,1,2,\cdots\}$和$\{Y(n), n=\cdots,-2,-1,0,1,2,\cdots\}$互不相关,即互相关函数 $B_{XY}(n)$ 和 $B_{YX}(n)$ 满足

$$B_{XY}(n)=B_{YX}(n)=0, n=\cdots,-2,-1,0,1,2,\cdots$$

则输出序列的功率谱密度函数为

$$S_z(z)=|G_X(z)|^2S_X(z)+|G_Y(z)|^2S_Y(z)$$
$$=G_X(z)G_X(z^{-1})S_X(z)+G_Y(z)G_Y(z^{-1})S_Y(z) \tag{20.3.17}$$

例 20.3.2　试分析常用的二阶数字滤波器。其系统结构图如图 20.3.2 所示。

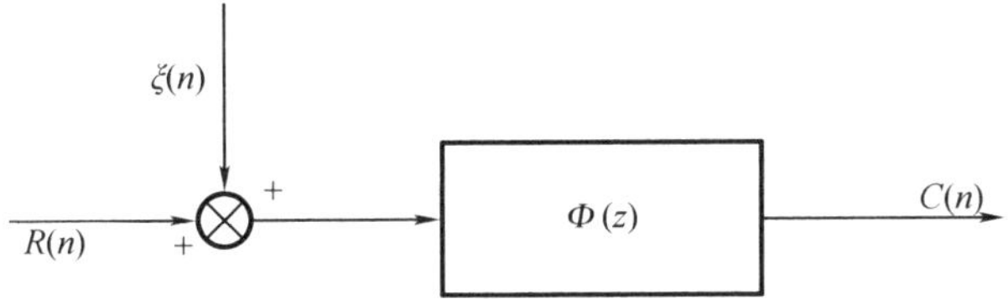

图 20.3.2　例 20.3.2 的系统结构图

输入序列$\{R(n),n=\cdots,-2,-1,0,1,2,\cdots\}$为指数相关的正态 - 马尔可夫序列，相关函数为

$$R_R(n)=\sigma_R^2 e^{-\left|\frac{nT_0}{T}\right|},n=\cdots,-2,-1,0,1,2,\cdots \tag{20.3.18}$$

其中，T_0 为采样周期，T 为相关时间，干扰序列$\{\xi(n),n=\cdots,-2,-1,0,1,2,\cdots\}$为白噪声序列，相关函数为 $R_\xi(n)=\sigma_\xi^2\delta(n)$，其中 $\delta(n)$ 为克罗内克 δ 函数。滤波器传递函数$\Phi(z)$为

$$\Phi(z)=\frac{b_1z+b_2}{z^2+a_1z+a_2} \tag{20.3.19}$$

系数 a_1,a_2,b_1,b_2 均为滤波器参数且为实常数。

这里，我们假定$\{R(n),n=\cdots,-2,-1,0,1,2,\cdots\}$为信号序列并与干扰序列互不相关，要求滤波器输出 $C(n)$ 尽可能精确地复现 $R(n)$，而不受 $\xi(n)$ 的干扰。试计算滤波误差 $e(nT_0)=R(nT_0)-C(nT_0)$ 的方差。

解　由滤波误差的定义可知有

$$e(z)=R(z)-C(z)=[1-\Phi(z)]R(z)+[-\Phi(z)]\xi(z) \tag{20.3.20}$$

由(20.3.20)式可画出图 20.3.3。

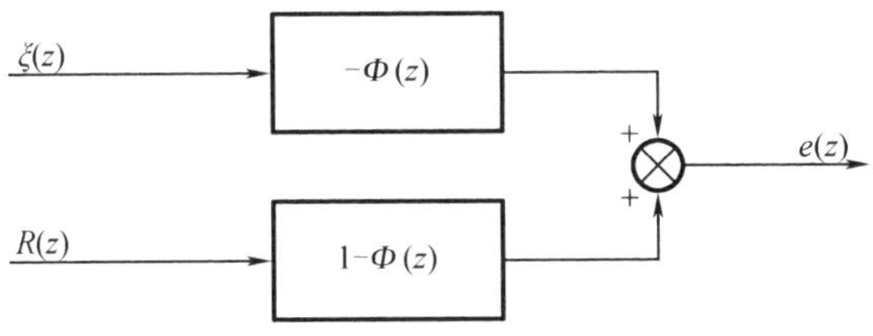

图 20.3.3　解题图

考虑到$\{R(n),n=\cdots,-2,-1,0,1,2,\cdots\}$与$\{\xi(n),n=\cdots,-2,-1,0,1,2,\cdots\}$互不相关。于是由(20.3.17)式可知滤波误差 $e(z)$ 的功率谱密度函数 $S_e(z)$ 为

$$S_e(z)=[1-\Phi(z)][1-\Phi(z^{-1})]S_R(z)+\Phi(z)\Phi(z^{-1})S_\xi(z) \tag{20.3.21}$$

由(20.3.19)式有

$$1-\Phi(z)=\frac{z^2+(a_1-b_1)z+(a_2-b_2)}{z^2+a_1z+a_2} \tag{20.3.22}$$

再由(20.3.18)式并参考例 13.4.2 的结果，可得

$$S_R(z)=\frac{\sigma_R^2(1-d^2)}{(z-d)(z^{-1}-d)} \tag{20.3.23}$$

其中,$d=e^{-\frac{T_0}{T}}<1$。又因为$\{\xi(n),n=\cdots,-1,0,1,\cdots\}$为白噪声,所以功率谱密谋函数$S_\xi(z)$为

$$S_\xi(z)=\sigma_\xi^2 \tag{20.3.24}$$

将(20.3.22)式、(20.3.23)式及(20.3.24)式代入(20.3.21)式可得

$$S_e(z)=\frac{B_3(z)B_3(z^{-1})\sigma_R^2(1-d^2)}{A_3(z)A_3(z^{-1})}+\frac{B_2(z)B_2(z^{-1})}{A_2(z)A_2(z^{-1})}\sigma_\xi^2 \tag{20.3.25}$$

其中

$$A_3(z)=z^3+(a_1-d)z^2+(a_2-a_1d)z-a_2d$$

$$B_3(z)=z^2+(a_1-b_1)z+(a_2-b_2)$$

$$A_2(z)=z^2+a_1z+a_2$$

$$B_2(z)=b_1z+b_2$$

把(20.3.25)式代入(20.3.10)式可得

$$\sigma_e^2=\sigma_R^2(1-d^2)\frac{1}{2\pi j}\oint_{|z|=1}\frac{B_3(z)B_3(z^{-1})\mathrm{d}z}{A_3(z)A_3(z^{-1})z}+\sigma_\xi^2\frac{1}{2\pi j}\oint_{|z|=1}\frac{B_2(z)B_2(z^{-1})\mathrm{d}z}{A_2(z)A_2(z^{-1})z} \tag{20.3.26}$$

利用奥斯特姆表可做上式积分,例如当各系数为

$$d=0.368,\sigma_R^2=\sigma_\xi^2=1,a_1=0.7,a_2=0.1,b_1=2.7,b_2=-0.9$$

时,有

$$A_3(z)=z^3+0.333\ 2z^2+(-0.158)z-0.037$$

$$B_3(z)=z^2-2z+1$$

$$A_2(z)=z^2+0.7z+0.1$$

$$B_2(z)=2.7z-0.9$$

首先做(20.3.26)式的第一个积分,为此有如表20.3.3所示奥斯特姆表。

表20.3.3　奥斯特姆表7

A表				α_k	B表				β_k
1	0.332	-0.158	-0.037		0	1	-2	1	
-0.037	-0.158	0.332	1	-0.037	-0.037	-0.158	0.332	1	1
0.998 6	0.326	-0.146			0.037	1.158	-2.332		
-0.146	0.326	0.998 6		-0.146	-0.146	0.326	0.998 6		-2.335
0.977	0.374				-0.304	1.919			
0.374	0.977			0.383	0.374	0.977			1.964
0.834					-1.039				

由表20.3.3可得(20.3.26)式的第一个积分值为

$$\sigma_R^2(1-d^2)\frac{1}{2\pi \mathrm{j}}\oint_{|z|=1}\frac{B_3(z)B_3(z^{-1})\mathrm{d}z}{A_3(z)A_3(z^{-1})z}$$
$$=[1-(0.368)^2]\left[1+\frac{(2.332)^2}{0.998\,6}+\frac{(1.919)^2}{0.977}+\frac{(1.039)^2}{0.834}\right]$$
$$=9.956$$

再求(20.3.26)式的第二个积分,为此可做如表 20.3.4 所示奥斯特姆表。

表 20.3.4　奥斯特姆表 8

A 表			α_k	B 表			β_k
1	0.7	0.1		0	2.7	-0.9	
0.1	0.7	1	0.1	0.1	0.7	1	-0.9
0.99	0.63			0.09	3.33		
0.63	0.99		0.636	0.63	0.99		3.364
0.589				-2.03			

由表 20.3.4 可求出(20.3.26)式的第二个积分值为

$$\sigma_\xi^2\frac{1}{2\pi \mathrm{j}}\oint_{|z|=1}\frac{B_2(z)B_2(z^{-1})\mathrm{d}z}{A_2(z)A_2(z^{-1})z}=0.81+11.2+6.99=19$$

把以上两个积分值代入(20.3.26)式,可得滤波器输出误差的方差 σ_e^2 为

$$\sigma_e^2=9.956+19=28.956$$

上述结果本身并没有给出误差性能的优劣,它只是表明在某种特定条件下误差方差的数值。但是,它从另一方面却给了我们一些启发,这个结果表明,滤波器跟踪随机信号的方差为 9.956,而滤波器滤掉干扰的方差为 19,这表明外界干扰较为严重,应当设法消除它。另外,我们也可以重新设计系统参数使得滤波器输出误差方差为最小,这个问题称之为最优滤波问题,我们已经在第 16 章和第 18 章中做了详细讨论。

20.4　线性系统在非平稳过程输入作用下的稳态分析

在前面几节,已经讨论了线性系统在平稳随机过程作用下的稳态性能。在本节,我们讨论线性系统在非平稳随机过程输入作用下的稳态性能。

设$\{X(t),t\in T\}$为非平稳的二阶矩过程,由定义 10.2.3 可知 $\boldsymbol{\Gamma}_X(t_1,t_2)=E[X(t_1)X(t_2)]$ 为该过程的自相关函数,并且 $\boldsymbol{\Gamma}_X(t_1,t_2)$ 具有定理 10.2.1 中的四条性质。因为 $\boldsymbol{\Gamma}_X(t_1,t_2)$ 是二元函数,所以为把变换的方法用于非平稳过程的分析,需要引进二重傅里叶变换的一些结果。

定义 20.4.1　二重傅里叶变换　设 $\boldsymbol{\Gamma}_X(t_1,t_2)$ 为非平稳过程$\{X(t),t\in T\}$的自相关函数,如果

$$\int_{-\infty}^{+\infty}\int_{-\infty}^{+\infty}|\boldsymbol{\Gamma}_X(t_1,t_2)|\mathrm{d}t_1\mathrm{d}t_2<\infty \tag{20.4.1}$$

则 $\boldsymbol{\Gamma}_X(t_1,t_2)$ 存在二重傅里叶变换,即有

$$S_X(\omega_1,\omega_2) = \int_{-\infty}^{+\infty}\int_{-\infty}^{+\infty}\boldsymbol{\Gamma}_X(t_1,t_2)\mathrm{e}^{-\mathrm{j}(\omega_1 t_1-\omega_2 t_2)}\mathrm{d}t_1\mathrm{d}t_2 \tag{20.4.2}$$

及

$$\boldsymbol{\Gamma}_X(t_1,t_2) = \left(\frac{1}{2\pi}\right)^2\int_{-\infty}^{+\infty}\int_{-\infty}^{+\infty}S_X(\omega_1,\omega_2)\mathrm{e}^{\mathrm{j}(\omega_1 t_1-\omega_2 t_2)}\mathrm{d}\omega_1\mathrm{d}\omega_2 \tag{20.4.3}$$

将(20.4.2)式和(20.4.3)式用符号表示时,记作

$$S_X(\omega_1,\omega_2)=\mathcal{F}\{\boldsymbol{\Gamma}_X(t_1,t_2)\},\boldsymbol{\Gamma}_X(t_1,t_2)=\mathcal{F}^{-1}\{S_X(\omega_1,\omega_2)\}$$

和大家熟悉的一重傅里叶变换一样,二重傅里叶变换也有类似的性质。

定理 20.41 二重傅里叶变换有如下性质:

(1)**线性性质**,即设 $\mathcal{F}\{\boldsymbol{\Gamma}_X(t_1,t_2)\}=S_X(\omega_1,\omega_2)$,则

$$\mathcal{F}\{a\boldsymbol{\Gamma}_X(t_1,t_2)+b\boldsymbol{\Gamma}_Y(t_1,t_2)\}=aS_X(\omega_1,\omega_2)+bS_Y(\omega_1,\omega_2) \tag{20.4.4}$$

其中,a,b 为任意实常数。

(2)**相似性质**,即

$$\mathcal{F}\{\boldsymbol{\Gamma}(at_1,bt_2)\}=\frac{1}{ab}S\left(\frac{\omega_1}{a},\frac{\omega_2}{b}\right),a>0,b>0 \tag{20.4.5}$$

(3)**实位移性质**,即

$$\mathcal{F}\{\boldsymbol{\Gamma}(t_1+a,t_2+b)\}=\mathrm{e}^{\mathrm{j}(\omega_1 a-\omega_2 b)}S(\omega_1,\omega_2) \tag{20.4.6}$$

其中,a,b 为任意实常数。

(4)**微分性质**,即

$$\mathcal{F}\left\{\frac{\partial^2\boldsymbol{\Gamma}(t_1,t_2)}{\partial t_1\partial t_2}\right\}=(\mathrm{j}\omega_1)(-\mathrm{j}\omega_2)S(\omega_1,\omega_2) \tag{20.4.7}$$

(5)**复位移性质**,即

$$\mathcal{F}\{\mathrm{e}^{\mathrm{j}(at_1-bt_2)}\boldsymbol{\Gamma}(t_1,t_2)\}=S(\omega_1-a,\omega_2+b) \tag{20.4.8}$$

其中,a,b 为任意实常数。

(6)**卷积的二重变换**,设 $\mathcal{F}\{h_1(t)\}=H_1(\mathrm{j}\omega)$,$\mathcal{F}\{h_2(t)\}=H_2(\mathrm{j}\omega)$ 则

$$\mathcal{F}\{\boldsymbol{\Gamma}(t_1,t_2)*h_1(t)*h_2(t)\}=S(\omega_1,\omega_2)H_1(\mathrm{j}\omega_1)H_2(-\mathrm{j}\omega_2) \tag{20.4.9}$$

证明 前五个性质的证明可仿照一重傅里叶变换的性质来证明。现证性质(6)。

$$\begin{aligned}
&\mathcal{F}\{\boldsymbol{\Gamma}(t_1,t_2)*h_1(t)*h_2(t)\}\\
&=\mathcal{F}\left\{\int_{-\infty}^{+\infty}\int_{-\infty}^{+\infty}\boldsymbol{\Gamma}(t_1-\tau,t_2-\lambda)h_1(\tau)h_2(\lambda)\mathrm{d}\tau\mathrm{d}\lambda\right\}\\
&=\int_{-\infty}^{+\infty}\int_{-\infty}^{+\infty}\int_{-\infty}^{+\infty}\int_{-\infty}^{+\infty}\boldsymbol{\Gamma}(t_1-\tau,t_2-\lambda)h_1(\tau)h_2(\lambda)\mathrm{e}^{-\mathrm{j}(\omega_1 t_1-\omega_2 t_2)}\mathrm{d}\tau\mathrm{d}\lambda\mathrm{d}t_1\mathrm{d}t_2\\
&=\int_{-\infty}^{+\infty}\int_{-\infty}^{+\infty}\boldsymbol{\Gamma}(t_1-\tau,t_2-\lambda)\mathrm{e}^{-\mathrm{j}(\omega_1(t_1-\tau)-\omega_2(t_2-\lambda))}\mathrm{d}t_1\mathrm{d}t_2\cdot\int_{-\infty}^{+\infty}h_1(\tau)\mathrm{e}^{-\mathrm{j}\omega_1\tau}\mathrm{d}\tau\cdot\int_{-\infty}^{+\infty}h_2(\lambda)\mathrm{e}^{\mathrm{j}\omega_2\lambda}\mathrm{d}\lambda\\
&=S(\omega_1,\omega_2)H_1(\mathrm{j}\omega_1)H_2(-\mathrm{j}\omega_2)
\end{aligned}$$

定理证毕。

非平稳过程的相关函数 $\boldsymbol{\Gamma}(t_1,t_2)$ 的物理意义与平稳过程相关函数一样,所不同的只是它是二元函数,即为平面 (t_1,t_2) 上的点的函数。因此,$\boldsymbol{\Gamma}(t_1,t_2)$ 的二重傅里叶变换 $S(\omega_1,\omega_2)$ 仍具有功率谱的含义,所不同的也只是二元函数,即为平面 (ω_1,ω_2) 上点的函数。有时称 $S(\omega_1,\omega_2)$ 为**面功率谱密度函数**。

功率谱密度函数 $S(\omega_1,\omega_2)$ 具有如下性质:

(1) $S(\omega_1,\omega_2)$ 关于 $\omega_1=\omega_2$ 共轭对称,即

$$S(\omega_1,\omega_2)=\overline{S(\omega_2,\omega_1)} \tag{20.4.10}$$

事实上,由(20.4.2)式可知

$$\begin{aligned}\overline{S(\omega_1,\omega_2)} &= \overline{\left[\int_{-\infty}^{+\infty}\int_{-\infty}^{+\infty}\boldsymbol{\Gamma}(t_1,t_2)\mathrm{e}^{-\mathrm{j}(\omega_1t_1-\omega_2t_1)}\mathrm{d}t_1\mathrm{d}t_2\right]}\\ &= \int_{-\infty}^{+\infty}\int_{-\infty}^{+\infty}\boldsymbol{\Gamma}(t_1,t_2)\mathrm{e}^{-\mathrm{j}(\omega_2t_2-\omega_1t_1)}\mathrm{d}t_1\mathrm{d}t_2\\ &= S(\omega_2,\omega_1)\end{aligned}$$

上式两边再取共轭立得(20.4.10)式。

(2)因为 $\boldsymbol{\Gamma}(0,0)=E[\,|X(0)|^2\,]\geqslant 0$,所以有

$$\boldsymbol{\Gamma}(0,0)=\left(\frac{1}{2\pi}\right)^2\int_{-\infty}^{+\infty}\int_{-\infty}^{+\infty}S(\omega_1,\omega_2)\mathrm{d}\omega_1\mathrm{d}\omega_2\geqslant 0 \tag{20.4.11}$$

由功率谱密度函数的物理含义可知对任意 $a<b$,有

$$\int_a^b\int_a^b S(\omega_1,\omega_2)\mathrm{d}\omega_1\mathrm{d}\omega_2\geqslant 0 \tag{20.4.12}$$

(3)如果 $\{X(t),-\infty<t<+\infty\}$ 是平稳过程,则

$$S(\omega_1,\omega_2)=2\pi S(\omega_1)\delta(\omega_1-\omega_2) \tag{20.4.13}$$

其中,$\delta(\omega_1-\omega_2)$ 为狄拉克 δ 函数,这说明平稳过程的功率谱密度集中在 $\omega_1=\omega_2$ 这条直线上。事实上,由平稳过程的相关函数定义可知

$$\begin{aligned}S(\omega_1,\omega_2) &= \int_{-\infty}^{+\infty}\int_{-\infty}^{+\infty}\boldsymbol{\Gamma}(t_1,t_2)\mathrm{e}^{-\mathrm{j}(\omega_1t_1-\omega_2t_2)}\mathrm{d}t_2\mathrm{d}t_2\\ &= \int_{-\infty}^{+\infty}\boldsymbol{\Gamma}(t_1-t_2)\mathrm{e}^{-\mathrm{j}[\omega_1(t_1-t_2)]}\mathrm{d}(t_1-t_2)\int_{-\infty}^{+\infty}\mathrm{e}^{-\mathrm{j}(\omega_1-\omega_2)t_2}\mathrm{d}t_2\\ &= S(\omega_1)2\pi\delta(\omega_1-\omega_2)\end{aligned}$$

(4)如果 $\{X(t),-\infty<t<+\infty\}$ 是以 T 为周期的非平稳过程,也即 $X(t)=X(t+T)$,此时有

$$\boldsymbol{\Gamma}(t_1,t_2)=\boldsymbol{\Gamma}(t_1+T,t_2+T) \tag{20.4.14}$$

则该过程的功率谱密度函数 $S_T(\omega_1,\omega_2)$ 为

$$S_T(\omega_1,\omega_2)=S(\omega_1,\omega_2)\delta\left(\omega_1-\omega_2+\frac{2k\pi}{T}\right) \tag{20.4.15}$$

$$k=\cdots,-2,-1,0,1,2,\cdots$$

其中,$\delta(\cdot)$ 为克罗内克 δ 函数,而 $S(\omega_1,\omega_2)=\mathcal{F}\{\boldsymbol{\Gamma}(t_1,t_2)\}$。事实上,由(20.4.14)式可得

$$\mathcal{F}\{\boldsymbol{\Gamma}(t_1,t_2)\}=\mathcal{F}\{\boldsymbol{\Gamma}(t_1+T,t_2+T)\}$$

则

$$\begin{aligned}S(\omega_1,\omega_2) &= \int_{-\infty}^{+\infty}\int_{-\infty}^{+\infty}\boldsymbol{\Gamma}(t_1,t_2)\mathrm{d}t_1\mathrm{d}t_2\\ &= \int_{-\infty}^{+\infty}\int_{-\infty}^{+\infty}\boldsymbol{\Gamma}(t_1+T,t_2+T)\mathrm{e}^{-\mathrm{j}[\omega_1(t_1+T)-\omega_2(t_2+T)]}\mathrm{e}^{\mathrm{j}(\omega_1-\omega_2)T}\mathrm{d}t_1\mathrm{d}t_2\\ &= \int_{-\infty}^{+\infty}\int_{-\infty}^{+\infty}\boldsymbol{\Gamma}(t_1,t_2)\mathrm{e}^{-\mathrm{j}(\omega_1t_1-\omega_2t_2)}\mathrm{d}t_1\mathrm{d}t_2\mathrm{e}^{\mathrm{j}(\omega_1-\omega_2)T}\\ &= S(\omega_1,\omega_2)\mathrm{e}^{\mathrm{j}(\omega_1-\omega_2)T}\end{aligned}$$

这说明当 $(\omega_1-\omega_2)T=2k\pi\,(k=\cdots,-2,-1,0,1,2,\cdots)$ 时有 $S(\omega_1,\omega_2)\neq 0$,而当 $T(\omega_1-$

$\omega_2)\neq 2k\pi, k=\cdots,-2,-1,0,1,2,\cdots$时有$S(\omega_1,\omega_2)=0$,因此,若用$S_T(\omega_1,\omega_2)$表示该具有周期$T$的非平稳过程的功率谱密度函数,则有

$$S_T(\omega_1,\omega_2)=S(\omega_1,\omega_2)\delta\left(\omega_1-\omega_2+\frac{2k\pi}{T}\right)$$

其中,$k=\cdots,-2,-1,0,1,2,\cdots$且$S(\omega_1,\omega_2)=\mathcal{F}\{\boldsymbol{\Gamma}(t_1,t_2)\}$。

现在讨论线性系统在非平稳随机过程输入作用下的稳态性能(图 20.4.1)。

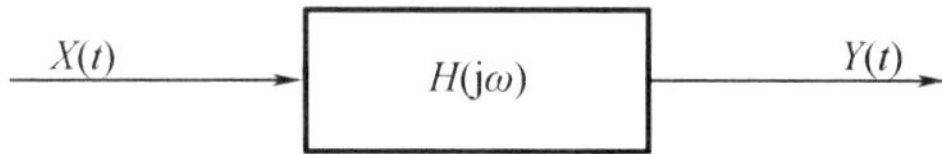

图 20.4.1　非平稳过程作用于线性系统

假设系统的输入为复值非平稳过程$\{X(t),-\infty<t<+\infty\}$且相关函数$\boldsymbol{\Gamma}_X(t_1,t_2)$及功率谱密度函数$S_X(\omega_1,\omega_2)$均为已知的。线性系统的脉冲响应函数$k(t)$及其频率特性$H(\mathrm{j}\omega)$也是已知的。于是系统输出$Y(t)$可表示为

$$Y(t)=\int_{-\infty}^{+\infty}X(t-\tau)k(\tau)\mathrm{d}\tau$$

输出的自相关函数为

$$\boldsymbol{\Gamma}_Y(t_1,t_2)=E[Y(t_1)\overline{Y(t_2)}]=\int_{-\infty}^{+\infty}\int_{-\infty}^{+\infty}\boldsymbol{\Gamma}_X(t_1-\tau,t_2-\lambda)k(\tau)\overline{k(\lambda)}\mathrm{d}\tau\mathrm{d}\lambda \tag{20.4.16}$$

再把$\boldsymbol{\Gamma}_Y(t_1,t_2)$做二重傅里叶变换可得输出过程$Y(t)$的功率谱密度函数$S_Y(\omega_1,\omega_2)$为

$$\begin{aligned}S_Y(\omega_1,\omega_2)&=\int_{-\infty}^{+\infty}\int_{-\infty}^{+\infty}\boldsymbol{\Gamma}_Y(t_1,t_2)\mathrm{e}^{-\mathrm{j}(\omega_1t_1-\omega_2t_2)}\mathrm{d}t_1\mathrm{d}t_2\\&=\int_{-\infty}^{+\infty}\int_{-\infty}^{+\infty}\int_{-\infty}^{+\infty}\int_{-\infty}^{+\infty}\boldsymbol{\Gamma}_X(t_1-\tau,t_2-\lambda)k(\tau)\overline{k(\lambda)}\mathrm{e}^{-\mathrm{j}(\omega_1t_1-\omega_2t_2)}\mathrm{d}t_1\mathrm{d}t_2\mathrm{d}\tau\mathrm{d}\lambda\\&=\int_{-\infty}^{+\infty}\int_{-\infty}^{+\infty}\boldsymbol{\Gamma}_X(t_1-\tau,t_2-\lambda)\mathrm{e}^{-\mathrm{j}[\omega_1(t_1-\tau)-\omega_2(t_2-\lambda)]}\mathrm{d}t_1\mathrm{d}t_2\cdot\int_{-\infty}^{+\infty}k(\tau)\mathrm{e}^{-\mathrm{j}\omega_1\tau}\int_{-\infty}^{+\infty}\overline{k(\lambda)}\mathrm{e}^{\mathrm{j}\omega_2\lambda}\mathrm{d}\lambda\\&=S_X(\omega_1,\omega_2)H(\mathrm{j}\omega_1)\overline{H(\mathrm{j}\omega_2)}\end{aligned} \tag{20.4.17}$$

利用二重傅里叶变换还有

$$\boldsymbol{\Gamma}_Y(t_1,t_2)=\frac{1}{(2\pi)^2}\int_{-\infty}^{+\infty}\int_{-\infty}^{+\infty}S_Y(\omega_1,\omega_2)\mathrm{e}^{\mathrm{j}(\omega_1t_1-\omega_2t_2)}\mathrm{d}\omega_1\mathrm{d}\omega_2 \tag{20.4.18}$$

例 20.4.1　非平稳过程通过理想低通滤波器的稳态分析(图 20.4.2)。其中,$\{X(t),-\infty<t<+\infty\}$为非平稳过程且相关函数$\boldsymbol{\Gamma}_X(t_1,t_2)$及功率谱密度函数$S_X(\omega_1,\omega_2)$均为已知;理想低通滤波器的频率特性$H(\mathrm{j}\omega)$为

$$H(\mathrm{j}\omega)=\begin{cases}1,0\leqslant\omega\leqslant\omega_b\\0,其他\end{cases}$$

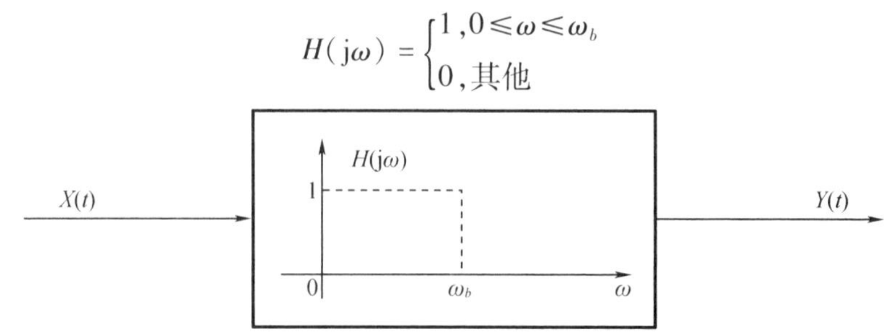

图 20.4.2　非平稳过程作用于理想低通滤波器

由(20.4.17)式可知输出过程 $Y(t)$ 的功率谱密度函数 $S_Y(\omega_1,\omega_2)$ 为

$$S_Y(\omega_1,\omega_2)=\begin{cases}S_X(\omega_1,\omega_2), & 0\leqslant\omega_1,\omega_2\leqslant\omega_b\\ 0, & \text{其他}\end{cases}$$

由(20.4.18)式可知输出过程 $Y(t)$ 的自相关函数 $\boldsymbol{\Gamma}_Y(t_1,t_2)$ 为

$$\boldsymbol{\Gamma}_Y(t_1,t_2)=\frac{1}{(2\pi)^2}\int_0^{\omega_b}\int_0^{\omega_b}S_X(\omega_1,\omega_2)\mathrm{e}^{\mathrm{j}(\omega_1t_1-\omega_2t_2)}\mathrm{d}\omega_1\mathrm{d}\omega_2$$

例 20.4.2　作为一个特殊情况,讨论平稳随机过程作用于线性系统的稳态性能。系统仍如图 20.4.1 所示。此时,由(20.4.13)式可知有 $S_X(\omega_1,\omega_2)=2\pi S_X(\omega_1)\delta(\omega_2-\omega_1)$,于是由(20.4.17)式可得

$$\begin{aligned}S_Y(\omega_1,\omega_2)&=S_X(\omega_1,\omega_2)H(\mathrm{j}\omega_1)\overline{H(\mathrm{j}\omega_2)}\\&=2\pi S_X(\omega_1)\delta(\omega_1-\omega_2)H(\mathrm{j}\omega_1)\overline{H(\mathrm{j}\omega_2)}\end{aligned}$$

将上式代入(20.4.18)式,有

$$\begin{aligned}\boldsymbol{\Gamma}_Y(t_1,t_2)&=\frac{1}{2\pi}\int_{-\infty}^{+\infty}\int_{-\infty}^{+\infty}S_X(\omega_1)\delta(\omega_1-\omega_2)H(\mathrm{j}\omega_1)\cdot\overline{H(\mathrm{j}\omega_2)}\mathrm{e}^{\mathrm{j}(\omega_1t_1-\omega_2t_2)}\mathrm{d}\omega_1\mathrm{d}\omega_2\\&=\frac{1}{2\pi}\int_{-\infty}^{+\infty}S_X(\omega_1)H(\mathrm{j}\omega_1)\overline{H(\mathrm{j}\omega_1)}\mathrm{e}^{\omega_1(t_1-t_2)}\mathrm{d}\omega_1\\&\triangleq\boldsymbol{\Gamma}_Y(t_1-t_2)\end{aligned}$$

由上式进一步可知

$$S_Y(\omega_1)=S_X(\omega_1)\left|H(\mathrm{j}\omega_1)\right|^2$$

这个结果同以前我们对平稳过程作用线性系统所得的结果是一致的。

在工程应用中,为计算方便起见,经常研究非平稳过程的平均自相关函数和平均功率谱密度函数。为此引入如下定义。

定义 20.4.2　平均自相关函数　设 $\boldsymbol{\Gamma}(t+\tau,t)$ 为非平稳随机过程 $\{X(t),-\infty<t<+\infty\}$ 的自相关函数,如果 $\boldsymbol{\Gamma}(t+\tau,t)$ 非奇异即

$$\int_{-\infty}^{+\infty}\int_{-\infty}^{+\infty}\left|\boldsymbol{\Gamma}(t+\tau,t)\right|\mathrm{d}\tau\mathrm{d}t<\infty \tag{20.4.19}$$

则称

$$\overline{\overline{\boldsymbol{\Gamma}}}(\tau)\triangleq\int_{-\infty}^{+\infty}\boldsymbol{\Gamma}(t+\tau,t)\mathrm{d}t \tag{20.4.20}$$

为该非平稳过程的平均自相关函数。又如果 $\boldsymbol{\Gamma}(t+\tau,t)$ 奇异即(20.4.19)式不成立,则称

$$\overline{\overline{\boldsymbol{\Gamma}}}(\tau)\triangleq\lim_{T\to\infty}\frac{1}{2T}\int_{-T}^{T}\boldsymbol{\Gamma}(t+\tau,t)\mathrm{d}t \tag{20.4.21}$$

为该非平稳的过程的平均自相关函数。

关于平均功率谱密度函数 $\overline{\overline{S}}(\omega)$ 仍有类似的定义。

定义 20.4.3　平均功率谱密度函数　设 $\overline{\overline{\boldsymbol{\Gamma}}}(\tau)$ 为非平稳过程 $\{X(t),-\infty<t<+\infty\}$ 的平均自相关函数,则称其傅氏变换

$$\overline{\overline{S}}(\omega)\triangleq\int_{-\infty}^{+\infty}\overline{\overline{\boldsymbol{\Gamma}}}(\tau)\mathrm{e}^{-\mathrm{j}\omega\tau}\mathrm{d}\tau \tag{20.4.22}$$

为该非平稳过程的平均功率谱密度函数。且有

$$\overline{\overline{\boldsymbol{\Gamma}}}(\tau)=\frac{1}{2\pi}\int_{-\infty}^{+\infty}\overline{\overline{S}}(\omega)\mathrm{e}^{\mathrm{j}\omega\tau}\mathrm{d}\omega \tag{20.4.23}$$

关于平均功率谱密度函数 $\overline{\overline{S}}(\omega)$ 与功率谱密度函数 $S(\omega_1,\omega_2)$ 的关系,有如下结论。

定理 20.4.2 设 $\{X(t),-\infty<t<+\infty\}$ 为非平稳过程,$S(\omega_1,\omega_2)$ 为其功率谱密度函数,$\overline{\overline{S}}(\omega)$ 为其平均功率谱密度函数,则

$$\overline{\overline{S}}(\omega)=\begin{cases}S(\omega_1,\omega_1), & \boldsymbol{\Gamma}(t+\tau,t)\text{ 非奇异} \quad (20.4.24)\\ \dfrac{1}{2\pi}\displaystyle\int_{-\infty}^{+\infty}S(\omega_1,\omega_2)\delta(\omega_1-\omega_2)\mathrm{d}\omega_2, & \boldsymbol{\Gamma}(t+\tau,t)\text{ 奇异} \quad (20.4.25)\end{cases}$$

其中,$\delta(\omega_1-\omega_2)$ 为克罗内克 δ 函数。

证明 先证相关函数 $\boldsymbol{\Gamma}(t+\tau,t)$ 为非奇异的情况。因为

$$\boldsymbol{\Gamma}(t+\tau,t)=\left(\frac{1}{2\pi}\right)^2\int_{-\infty}^{+\infty}\int_{-\infty}^{+\infty}S(\omega_1,\omega_2)\mathrm{e}^{\mathrm{j}[\omega_1(t+\tau)-\omega_2 t]}\mathrm{d}\omega_1\mathrm{d}\omega_2 \tag{20.4.26}$$

所以有

$$\overline{\overline{\boldsymbol{\Gamma}}}(\tau)=\int_{-\infty}^{+\infty}\boldsymbol{\Gamma}(t+\tau,t)\mathrm{d}t=\left(\frac{1}{2\pi}\right)^2\int_{-\infty}^{+\infty}\int_{-\infty}^{+\infty}S(\omega_1,\omega_2)\mathrm{e}^{\mathrm{j}\omega_1\tau}\int_{-\infty}^{+\infty}\mathrm{e}^{\mathrm{j}(\omega_1-\omega_2)t}\mathrm{d}t\mathrm{d}\omega_1\mathrm{d}\omega_2 \tag{20.4.27}$$

然而又知

$$\int_{-\infty}^{+\infty}\mathrm{e}^{\mathrm{j}(\omega_1-\omega_2)t}\mathrm{d}t=2\pi\delta(\omega_1-\omega_2)$$

其中,δ(·)为狄拉克 δ 函数。将上式代入(20.4.27)式于是可得

$$\overline{\overline{\boldsymbol{\Gamma}}}(\tau)=\frac{1}{2\pi}\int_{-\infty}^{+\infty}S(\omega_1,\omega_1)\mathrm{e}^{\mathrm{j}\omega_1\tau}\mathrm{d}\omega_1$$

即(20.4.24)式得证。下面再证 $\boldsymbol{\Gamma}(t+\tau,t)$ 为奇异情况。由(20.4.26)式可知,当 $\boldsymbol{\Gamma}(t+\tau,t)$ 为奇异时有

$$\begin{aligned}\overline{\overline{\boldsymbol{\Gamma}}}(\tau)&=\lim_{T\to\infty}\frac{1}{2T}\int_{-T}^{+T}\boldsymbol{\Gamma}(t+\tau,t)\mathrm{d}t\\&=\left(\frac{1}{2\pi}\right)^2\int_{-\infty}^{+\infty}\int_{-\infty}^{+\infty}S(\omega_1,\omega_2)\mathrm{e}^{\mathrm{j}\omega_1\tau}\left[\lim_{T\to\infty}\frac{1}{2T}\int_{-T}^{+T}\mathrm{e}^{\mathrm{j}(\omega_1-\omega_2)t}\mathrm{d}t\right]\mathrm{d}\omega_1\mathrm{d}\omega_2\end{aligned} \tag{20.4.28}$$

但是我们又知道

$$\begin{aligned}\lim_{T\to\infty}\frac{1}{2T}\int_{-T}^{+T}\mathrm{e}^{\mathrm{j}(\omega_1-\omega_2)t}\mathrm{d}t&=\lim_{T\to\infty}\frac{\sin[(\omega_1-\omega_2)T]}{(\omega_1-\omega_2)T}\\&=\delta(\omega_1-\omega_2)\end{aligned}$$

其中,δ(·)为克罗内克 δ 函数。将上式代入(20.4.28)式可得

$$\overline{\overline{\boldsymbol{\Gamma}}}(\tau)=\frac{1}{2\pi}\int_{-\infty}^{+\infty}\left[\frac{1}{2\pi}\int_{-\infty}^{+\infty}S(\omega_1,\omega_2)\delta(\omega_1-\omega_2)\mathrm{d}\omega_2\right]\mathrm{e}^{\mathrm{j}\omega_1\tau}\mathrm{d}\omega_1$$

因此,平均功率谱密度函数 $\overline{\overline{S}}(\omega)$ 为

$$\overline{\overline{S}}(\omega)=\frac{1}{2\pi}\int_{-\infty}^{+\infty}S(\omega_1,\omega_2)\delta(\omega_1-\omega_2)\mathrm{d}\omega_2$$

即(20.4.25)式得证。定理证毕。

在通常情况下,非平稳过程的功率谱密度函数 $S(\omega_1,\omega_2)$ 是由非奇异和奇异两部分组成的,即有

$$S(\omega_1,\omega_2)=S_r(\omega_1,\omega_2)+2\pi S_g(\omega_1)\delta(\omega_1-\omega_2) \tag{20.4.29}$$

其中,δ(·)为狄拉克 δ 函数。$S_r(\omega_1,\omega_2)$ 代表非奇异部分,$2\pi S_g(\omega_1)\delta(\omega_1-\omega_2)$ 代表奇异

部分,它表明功率谱密度集中在 $\omega_1=\omega_2$ 的直线上。在这种情况下,将(20.4.29)式代入(20.4.25)式就可得到平均功率谱密度函数$\overline{\overline{S}}(\omega)$为

$$\overline{\overline{S}}(\omega)=S_g(\omega_1) \tag{20.4.30}$$

如果非平稳过程$\{X(t),-\infty<t<+\infty\}$作用于具有频率特性为 $H(\mathrm{j}\omega)$ 的线性系统时,其输出平均功率谱密度$\overline{\overline{S}}_Y(\omega)$与输入平均功率谱密度$\overline{\overline{S}}_X(\omega)$有如下关系:

$$\overline{\overline{S}}_Y(\omega)=\overline{\overline{S}}_X(\omega)\,|H(\mathrm{j}\omega)|^2 \tag{20.4.31}$$

不失一般性,我们只考虑 $\boldsymbol{\Gamma}_X(t+\tau,t)$ 为非奇异情况来证明(20.4.31)式。由(20.4.16)式有

$$\boldsymbol{\Gamma}_Y(t+u,t)=\int_{-\infty}^{+\infty}\int_{-\infty}^{+\infty}\boldsymbol{\Gamma}_X(t+u-\tau,t-\lambda)k(\tau)\,\overline{k(\lambda)}\,\mathrm{d}\tau\mathrm{d}\lambda$$

再由(20.4.20)式可知输出过程的平均自相关函数为

$$\overline{\overline{\boldsymbol{\Gamma}}}_Y(u)=\int_{-\infty}^{+\infty}\int_{-\infty}^{+\infty}\overline{\overline{\boldsymbol{\Gamma}}}_X(u-\tau+\lambda)k(\tau)\,\overline{k(\lambda)}\,\mathrm{d}\tau\mathrm{d}\lambda$$

对上式两边做傅里叶变换,就得到

$$\begin{aligned}\overline{\overline{S}}_Y(\omega)&=\int_{-\infty}^{+\infty}\overline{\overline{\boldsymbol{\Gamma}}}_Y(u)\mathrm{e}^{-\mathrm{j}\omega u}\mathrm{d}u\\&=\overline{\overline{S}}_X(\omega)\,|H(\mathrm{j}\omega)|^2\end{aligned}$$

例 20.4.3　设$\{X(t),-\infty<t<+\infty\}$为平稳过程,其相关函数为 $B_X(\tau)$,功率谱密度函数为 $S_X(\omega)$。现定义随机过程$\{W(t),-\infty<t<+\infty\}$为

$$W(t)=X(t)\cos\omega_0 t$$

其中 $\omega_0>0$ 为常数。显然$\{W(t),-\infty<t<+\infty\}$为非平稳过程,其相关函数为

$$\begin{aligned}\boldsymbol{\Gamma}_W(t+\tau,t)&=E[W(t+\tau)W(t)]\\&=E[X(t+\tau)X(t)]\cos\omega_0(t+\tau)\cos\omega_0 t\\&=B_X(\tau)\frac{1}{2}[\cos(2\omega_0 t+\omega_0 t)+\cos\omega_0\tau]\end{aligned}$$

由此可知,$W(t)$的平均相关函数为

$$\begin{aligned}\overline{\overline{\boldsymbol{\Gamma}}}_W(\tau)&=\lim_{T\to\infty}\frac{1}{2T}\int_{-T}^{T}\boldsymbol{\Gamma}_W(t+\tau,t)\mathrm{d}t\\&=\frac{1}{2}B_X(\tau)\cos\omega_0\tau\end{aligned}$$

平均功率谱密度函数为

$$\overline{\overline{S}}_W(\omega)=\int_{-\infty}^{+\infty}\frac{1}{2}B_X(\tau)\cos\omega_0\tau\mathrm{e}^{-\mathrm{j}\omega\tau}\mathrm{d}\tau=\frac{1}{4}[S_X(\omega-\omega_0)+S_X(\omega+\omega_0)]$$

20.5　线性系统在随机过程作用下的瞬态分析

在本章的最后一节,我们讨论在 $t=0$ 时把随机过程作用到线性系统后,该系统输出的瞬态性能,讨论这一问题对于工程应用来说是有意义的。

如图 20.5.1 所示,假设系统的输入信号为复值随机过程$\{X(t),t\geqslant 0\}$,值得注意的是,此时的时间区间是 $t\geqslant 0$,随机过程可为平稳也可为非平稳的,系统是线性定常的,其脉冲响

应函数为 $k(t)$,频率特性为 $H(j\omega)$,并假定系统是因果性的,即 $k(t)=0,t<0$。上面所说的这种情况在实际工程中是经常遇到的。

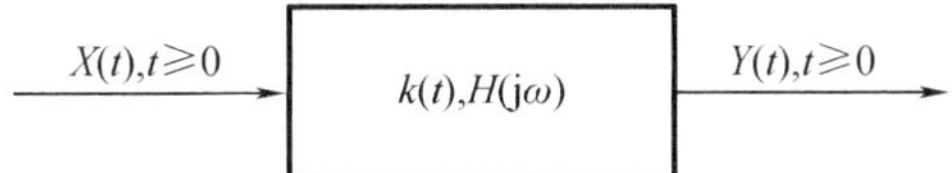

图 20.5.1 随机过程作用于线性系统

输入过程的相关函数为

$$\boldsymbol{\Gamma}_X(t_1,t_2)=E[X(t_1)\overline{X(t_2)}],t_1\geqslant 0,t_2\geqslant 0 \tag{20.5.1}$$

输出过程 $Y(t)$ 可表示为

$$Y(t)=\int_{-\infty}^{+\infty}X(t-\tau)k(\tau)\mathrm{d}=\int_0^t X(t-\tau)k(\tau)\mathrm{d}\tau \tag{20.5.2}$$

于是输出过程的相关函数 $\boldsymbol{\Gamma}_Y(t_1,t_2)$ 为

$$\begin{aligned}\boldsymbol{\Gamma}_Y(t_1,t_2)&=E[Y(t_1)\overline{Y(t_2)}]\\&=E\Big[\int_{-\infty}^{+\infty}X(t_1-\tau)k(\tau)\mathrm{d}\tau\int_{-\infty}^{+\infty}\overline{X(t_2-\lambda)k(\lambda)}\mathrm{d}\lambda\Big]\\&=\int_{-\infty}^{+\infty}\int_{-\infty}^{+\infty}\boldsymbol{\Gamma}_X(t_1-\tau,t_2-\lambda)k(\tau)\overline{k(\lambda)}\mathrm{d}\lambda\mathrm{d}\tau,t_1,t_2\geqslant 0\end{aligned} \tag{20.5.3}$$

有时把上面公式简单表示成

$$\boldsymbol{\Gamma}_Y(t_1,t_2)=\boldsymbol{\Gamma}_X(t_1,t_2)*k(t_1)*\overline{k(t_2)} \tag{20.5.4}$$

为了更清楚地看出上式的物理含义,我们先求出输入输出的互相关函数为

$$\begin{aligned}\boldsymbol{\Gamma}_{XY}(t_1,t_2)&=E[X(t_1)\overline{Y(t_2)}]\\&=\int_0^{t_2}\boldsymbol{\Gamma}_X(t_1,t_2-\tau)\overline{k(\tau)}\mathrm{d}\tau\\&\triangleq\boldsymbol{\Gamma}_X(t_1,t_2)*\overline{k(t_2)}\end{aligned} \tag{20.5.5}$$

再把互相关函数 $\boldsymbol{\Gamma}_{XY}(t_1,t_2)$ 中的 t_2 理解为常数,而把 t_1 理解为变数,然后将其作用到线性系统,则输出为

$$\begin{aligned}\int_{-\infty}^{+\infty}\boldsymbol{\Gamma}_{XY}(t_1-\tau,t_2)\mathrm{d}\tau&=\int_0^{t_1}\boldsymbol{\Gamma}_{XY}(t_1-\tau,t_2)k(\tau)\mathrm{d}\tau\\&=\boldsymbol{\Gamma}_{XY}(t_1,t_2)*k(t_1)=\boldsymbol{\Gamma}_X(t_1,t_2)*\overline{k(t_2)}*k(t_1)\\&=\boldsymbol{\Gamma}_Y(t_1,t_2)\end{aligned} \tag{20.5.6}$$

上面等式中的最后一个等式是由(20.5.4)式而得到的。于是可将上面的结果写成

$$\begin{aligned}\boldsymbol{\Gamma}_Y(t_1,t_2)&=\boldsymbol{\Gamma}_{XY}(t_1,t_2)*k(t_1)\\\boldsymbol{\Gamma}_{XY}(t_1,t_2)&=\boldsymbol{\Gamma}_X(t_1,t_2)*\overline{k(t_2)}\end{aligned} \tag{20.5.7}$$

完全类似地还有

$$\begin{aligned}\boldsymbol{\Gamma}_Y(t_1,t_2)&=\boldsymbol{\Gamma}_{YX}(t_1,t_2)*\overline{k(t_2)}\\\boldsymbol{\Gamma}_{YX}(t_1,t_2)&=\boldsymbol{\Gamma}_X(t_1,t_2)*\overline{k(t_1)}\end{aligned} \tag{20.5.8}$$

若将(20.5.7)式及(20.5.8)式用方块图表示时,就得到如图 20.5.2 表示的图形。

由此可见,输入过程的自相关函数经一次卷积得到互相关函数,把互相关函数再经一次卷积最后得到输出过程的自相关函数。一般地讲,即使输入过程是平稳的,但在瞬态期间,输出过程也是非平稳的。通过下面的例子可以说明这一点。

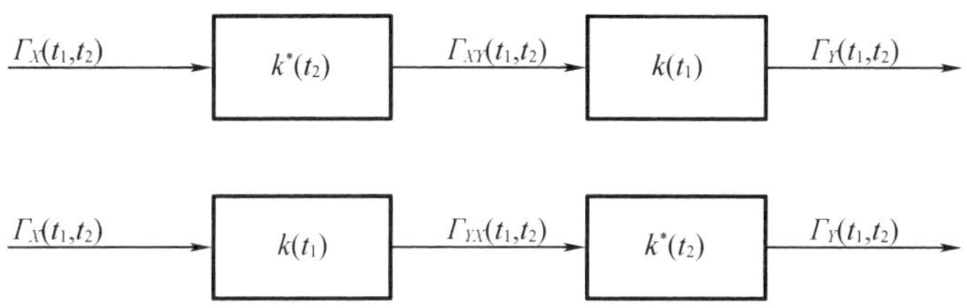

图 20.5.2　(20.5.7)式及(20.5.8)式的图形表示

例 20.5.1　系统如图 20.5.1 所示,输入过程是平稳白噪声过程,其自相关函数为 $\boldsymbol{\Gamma}_X(t_1,t_2)=\sigma^2\delta(t_1-t_2)$,$t_1\geqslant 0$,$t_2\geqslant 0$,系统脉冲响应函数为 $k(t)=k\mathrm{e}^{-at}$,$t\geqslant 0$,$a>0$,试求输出 $Y(t)$,$t\geqslant 0$ 的自相关函数。

解　由(20.5.5)式有

$$\begin{aligned}\boldsymbol{\Gamma}_{XY}(t_1,t_2)&=\int_0^{t_2}\boldsymbol{\Gamma}_X(t_1,t_2-\tau)\overline{k(\tau)}\mathrm{d}\tau\\&=\int_0^{t_2}\sigma^2\delta(t_1-t_2+\tau)k\mathrm{e}^{-a\tau}\mathrm{d}\tau\\&=k\sigma^2\mathrm{e}^{-a(t_2-t_1)},t_2-t_1>0,t_1>0,t_2>0\end{aligned}$$

再由(20.5.6)式可求出输出过程 $Y(t)$ 自相关函数为

$$\begin{aligned}\boldsymbol{\Gamma}_Y(t_1,t_2)&=\boldsymbol{\Gamma}_{XY}(t_1,t_2)*k(t_1)\\&=\int_0^{t_1}k\sigma^2\mathrm{e}^{-a(t_2-t_1+\tau)}ke^{-a\tau}\mathrm{d}\tau\\&=\frac{k^2\sigma^2}{2a}\mathrm{e}^{-a(t_2-t_1)}(1-\mathrm{e}^{-2at_1}),t_2>0,t_1>0,t_2>t_1\end{aligned}$$

又如果当 $t_1>t_2$,$t_1>0$,$t_2>0$,类似地可求出输出过程自相关函数为

$$\boldsymbol{\Gamma}_Y(t_1,t_2)=\frac{k^2\sigma^2}{2a}\mathrm{e}^{-a(t_1-t_2)}(1-\mathrm{e}^{-2at_2}),t_1>t_2,t_1>0,t_2>0$$

显见,当系统过渡过程结束以后,即当 $t\to\infty$ 时,有

$$\boldsymbol{\Gamma}_Y(t_1,t_2)=\frac{k^2\sigma^2}{2a}\mathrm{e}^{-a|t_1-t_2|},t_1\to\infty,t_2\to\infty$$

这同前面我们所做的稳态分析是一致的。

20.6 应用例子——长波、超长波无线电导航信号锁相接收精度的统一计算[137]

20.6.1 信号格式及信息传递模式

为说明问题起见,这里只以罗兰－C、欧米加、599 K 校频接收机为例进行分析。

罗兰－C 导航信号是由 8 个彼此相隔 1 000 μs 的具有载频调制的倒钟形脉冲信号所组成的,其信号重复周期是 0.1 s。欧米加导航信号是由移幅键控等幅正弦波组成,即在区间 $0 \leqslant t \leqslant T_1$ 内有等幅正弦波,在区间 $T_1 \leqslant t \leqslant T_2$ 内无信号,信号重复周期是 T_2。599 K 校频信号是连续的正弦波。

具有采样方式的锁相接收机方块图如图 20.6.1 所示。在通常情况下,接收放大器及锁相滤波器均工作在线性状态,因此可将图 20.6.1 的物理方块图表示成图 20.6.2 所示的信息流程图。其中,$\varphi_1(t)$为导航信息,带宽为 F_0;Δf_ξ 为放大器等效噪声带宽;V_0 为采样点处的信号峰值;K_W 为传递系数;$W_b(\mathrm{j}\omega)$为锁相滤波器频率特性;$\varphi_2(t)$为输出导航信息;$\xi(t)$为放大器输出端噪声,因为采样脉冲不是均匀分布的,所以不能用 Z 变换方法分析。

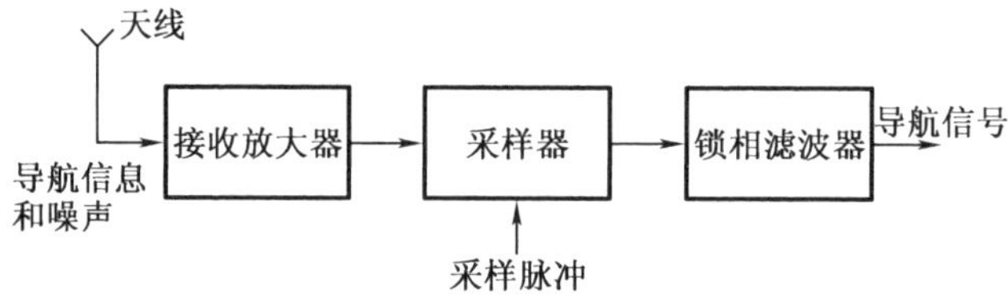

图 20.6.1 采样方式的锁相接收机方块图

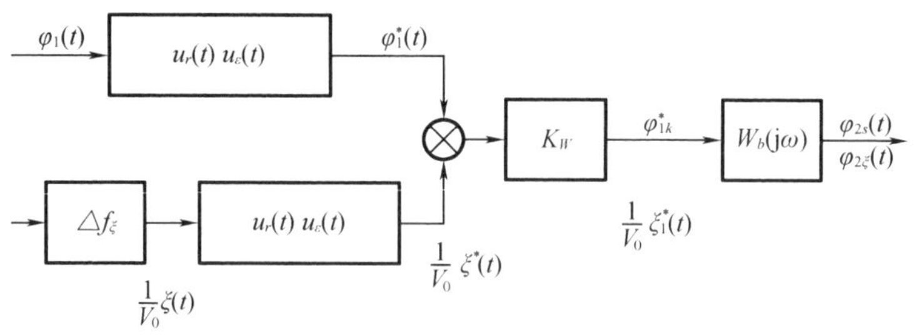

图 20.6.2 采样方式的锁相接收机的信息流程图

这里提出,把采样脉冲序列用 $u_\gamma(t)\cdot u_\varepsilon(t)$来表示是符合实际工作情况的,其中 $u_\gamma(t)$和 $u_\varepsilon(t)$的图形如图 20.6.3 所示。根据罗兰－C、欧米加及 599K 校频系统的工作情况,参数 $\Delta f_\xi, T_1, T_2, \varepsilon, T_\varepsilon$ 的数值由表 20.6.1 给出。

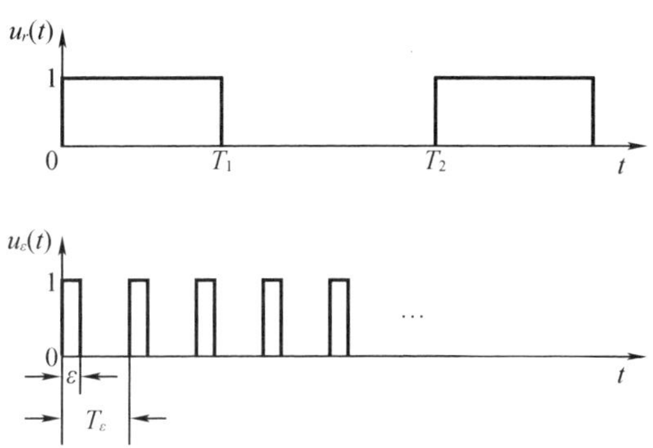

图 20.6.3　函数 $u_\gamma(t)$ 和 $u_\varepsilon(t)$ 的图形表示

表 20.6.1　三种导航系统(罗兰 - C、欧米加、599K)参数表

导航系统	Δf	$u_r(t)$		$u_\varepsilon(t)$	
		T_1	T_2	ε	T_ε
罗兰 - C	20 kHz	8 000 μs	0.1 s	0.5 μs	1 000 μs
欧米加	50 Hz	1s	10 s	1 μs	0.01 s
599K	50 Hz	$T_1=T_2$	$T_2=T_1$	1 μs	0.01 s

由图 20.6.2 可知

$$\varphi_1^*(t)=\varphi_1(t)u_\gamma(t)u_\varepsilon(t)$$
$$\xi^*(t)=\xi(t)u_\gamma(t)u_\varepsilon(t) \tag{20.6.1}$$

20.6.2　统一精度公式的推导

假设信息 $\varphi_1(t)$ 及噪声 $\xi(t)$ 均为窄带平稳过程,且功谱函数 $S_{\varphi_1}(\omega)$ 及 $S_\xi(\omega)$ 分别为

$$S_{\varphi_1}(\omega)=\begin{cases}S_{\varphi_1}, & 0\leqslant\omega\leqslant 2\pi F_0\\ 0, & \text{其他}\end{cases} \tag{20.6.2}$$

$$S_\xi(\omega)=\begin{cases}S_\xi, & 0\leqslant\omega\leqslant 2\pi\Delta f_\xi\\ 0, & \text{其他}\end{cases} \tag{20.6.3}$$

其中,S_{φ_1} 及 S_ξ 均为常数。锁相滤波器的信号带宽为 F'_0(按 -3 db 定义),其等效噪声带宽为 F。

首先将 $u_\gamma(t)$ 和 $u_\varepsilon(t)$ 展成 Fourier 级数,有

$$u_\gamma(t)=\frac{T_1}{T_2}\sum_{n=-\infty}^{+\infty}\left(\frac{\sin n\pi\frac{T_1}{T_2}}{n\pi\frac{T_1}{T_2}}\right)e^{jn\omega_2 t} \tag{20.6.4}$$

$$u_\varepsilon(t)=\frac{\varepsilon}{T_3}\sum_{n=-\infty}^{+\infty}\left(\frac{\sin k\pi\frac{\varepsilon}{T_3}}{k\pi\frac{\varepsilon}{T_3}}\right)e^{jk\omega_3 t} \tag{20.6.5}$$

将(20.6.4)式、(20.6.5)式代入(20.6.1)式,并取 $k_W=\dfrac{T_2T_3}{T_1\varepsilon}$,再由谱分析理论可得 $\varphi_{1k}^*(t)$ 及 $\dfrac{1}{V_0}\xi_k^*(t)$ 的功谱函数为

$$S_{\varphi_{1k}^*}(\omega)=\sum_{n,k}\left(\frac{\sin n\pi\dfrac{T_1}{T_2}}{n\pi\dfrac{T_1}{T_2}}\right)^2\left(\frac{\sin k\pi\dfrac{\varepsilon}{T_3}}{k\pi\dfrac{\varepsilon}{T_3}}\right)^2 S_{\varphi_1}(\omega-n\omega_2-k\omega_3) \tag{20.6.6}$$

及

$$S_{\xi_k^*/V_0}(\omega)=\frac{1}{V_0^2}\sum_{n,k}\left(\frac{\sin n\pi\dfrac{T_1}{T_2}}{n\pi\dfrac{T_1}{T_2}}\right)^2\left(\frac{\sin k\pi\dfrac{\varepsilon}{T_3}}{k\pi\dfrac{\varepsilon}{T_3}}\right)^2 S_{\xi}(\omega-n\omega_2-k\omega_3)=\frac{1}{V_0^2}S_{\xi_k^*}(\omega) \tag{20.6.7}$$

在通常工作情况下,参数 F_0,$f_2=\dfrac{1}{T_2}$ 及 F_0' 满足 $F_0\ll\dfrac{f_2}{2}$ 和 $F_0<F_0'<\dfrac{f_2}{2}$。于是由(20.6.6)式、(20.6.7)式可知输出信息 $\varphi_{2s}(t)$ 的功谱函数为 $S_{\varphi_{2s}}(\omega)=S_{\varphi_1}(\omega)$,即有

$$\varphi_{2s}(t)=\varphi_1(t) \tag{20.6.8}$$

我们这样选定锁相滤波器带宽 F_0' 是为了保证信息 $\varphi_1(t)$ 能全部复现出来(并非最优)。在长波及超长波导航的实际应用中,F_0 在 $10^{-3}\sim10^{-1}$ Hz,而 F 在 $2\times10^{-3}\sim2\times10^{-1}$ Hz,因此,在这样窄的频带内,可把噪声视为白色的,即

$$S_{\xi_k^*/V_0}(\omega)=\frac{1}{V_0^2}S_{\xi_k^*}(0),\ |\omega|\leqslant 2\pi F \tag{20.6.9}$$

这样一来,锁相滤波器输出噪声 $\varphi_{2\xi}(t)$ 的方差为

$$\sigma_{\varphi_{2\xi}}^2=\frac{1}{V_0^2}S_{\xi_k^*}(0)2F \tag{20.6.10}$$

由此得锁相接收精度 $\sigma_{\varphi_{2\xi}}$(弧)为

$$\sigma_{\varphi_{2\xi}}=\frac{1}{V_0}\sqrt{S_{\xi_k^*}(0)2F} \tag{20.6.11}$$

其中

$$S_{\xi_k^*}(0)=S_{\xi_k^*}(\omega)\big|_{\omega=0}=\sum_{n,k}\left(\frac{\sin n\pi\dfrac{T_1}{T_2}}{n\pi\dfrac{T_1}{T_2}}\right)^2\left(\frac{\sin k\pi\dfrac{\varepsilon}{T_3}}{k\pi\dfrac{\varepsilon}{T_3}}\right)^2 S_{\xi}(\omega-n\omega_2-k\omega_3)\big|_{\omega=0} \tag{20.6.12}$$

式(20.6.11)就是长波、超长波无线电导航信息锁相接收精度的统一计算公式。

20.6.3 典型导航接收机的精度计算

1. 599 K 校频接收机精度计算

由表 20.6.1 将该系统工作参数代入(20.6.12)式,有

$$S_{\xi_k^*}(\omega) = \sum_k \left(\frac{\sin k\pi \dfrac{\varepsilon}{T_3}}{k\pi \dfrac{\varepsilon}{T_3}} \right)^2 S_\xi(\omega - k\omega_3)$$

又因为 $f_3 > \Delta f_\xi$，所以 $S_{\xi_k^*}(0) = S_\xi(\omega) = S_\xi, |\omega| \leqslant F$，将该结果代入(20.6.11)式，则得 599 K 接收机精度为

$$\sigma_{\varphi_{2\xi}}(\text{弧}) = \frac{\sqrt{S_\xi \Delta f_\xi}}{\left(\dfrac{V_0}{\sqrt{2}}\right)} \sqrt{\frac{F}{\Delta f_\xi}} = \frac{1}{\left(\dfrac{S}{N}\right)_{RF}} \sqrt{\frac{F}{\Delta f_\xi}} \tag{20.6.13}$$

其中，$\left(\dfrac{S}{N}\right)_{RF} \triangleq \dfrac{(V_0/\sqrt{2})}{\sqrt{S_\xi \Delta f_\xi}}$ 为接收放大器输出端信号噪声比(简称信噪比)。

2. 欧米加导航接收机精度计算

考虑表 20.6.1 中欧米加导航信号参数，首先计算 $S_{\xi_k^*}(\omega, k=0)$ 得

$$S_{\xi_k^*}(\omega, k = 0) = S_\xi \sum_n \left(\frac{\sin n\pi \dfrac{T_1}{T_2}}{n\pi \dfrac{T_1}{T_2}} \right)^2$$

$$|\omega| < \Delta f_\xi$$

若按 5% 精度计算，近似有 $S_{\xi_k^*}(\omega, k=0) = 9S_\xi, |\omega| < \Delta f_\xi$，又因为 $f_s > \Delta f_\xi$，故有 $S_{\xi_k^*}(\omega) = 9S_\xi, |\omega| < 2\pi F$，将该结果代入(20.6.11)式，得欧米加导航接收机精度为

$$\sigma_{\varphi_{2\xi}}(\text{弧}) = 3 \frac{1}{\left(\dfrac{S}{N}\right)_{RF}} \sqrt{\frac{F}{\Delta f_\xi}} \tag{20.6.14}$$

其中，$\left(\dfrac{S}{N}\right)_{RF}$ 为欧米加接收放大器输出端信噪比。

3. 罗兰 – C 接收机精度计算

由表 20.6.1 罗兰 – C 导航参数，按 5% 精度计算得

$$S_{\xi_k^*}(\omega) = 11.3 \sum_{k=-10}^{10} S_\xi(\omega - k\omega_3) = 226 S_\xi, |\omega| \leqslant F \tag{20.6.15}$$

将该结果代入式(20.6.11)，得罗兰 – C 接收机精度

$$\sigma_{\varphi_{2\xi}}(\text{弧}) = 15 \frac{1}{\left(\dfrac{S}{N}\right)_{RF}} \sqrt{\frac{F}{\Delta f_\xi}} \tag{20.6.16}$$

其中，$\left(\dfrac{S}{N}\right)_{RF}$ 为罗兰 – C 导航接收机放大器输出端信噪比。

20.7 奥斯特姆计算公式[136]

定理 20.7.1 离散时间线性系统的奥斯特姆递推公式

离散时间线性系统在随机信号作用下的分析计算中,经常用到如下积分,即

$$I_k = \frac{1}{2\pi \mathrm{j}}\oint_{|z|=1}\frac{B_k(z)B_k(z^{-1})}{A_k(z)A_k(z^{-1})}\frac{1}{z}\mathrm{d}z \tag{20.7.1}$$

其中

$$A_k(z)=a_0^kz^k+a_1^kz^{k-1}+a_2^kz^{k-2}+\cdots+a_{k-1}^kz+a_k^k \tag{20.7.2}$$

$$B_k(z)=b_0^kz^k+b_1^kz^{k-1}+b_2^kz^{k-2}+\cdots+b_{k-1}^kz+b_k^k \tag{20.7.3}$$

假定 $A_k(z)$ 的所有零点均在单位圆内,现构成如下递推多项式,即

$$A_{k-1}(z)=z^{-1}[A_k(z)-\alpha_kA_k^*(z)] \tag{20.7.4}$$

$$B_{k-1}(z)=z^{-1}[B_k(z)-\beta_kA_k^*(z)] \tag{20.7.5}$$

$A_k^*(z)$ 为 $A_k(z)$ 的逆多项式,即

$$A_k^*(z)=z^kA_k(z^{-1})=a_0^k+a_1^kz+a_2^kz^2+\cdots+a_{k-1}^kz^{k-1}+a_k^kz^k \tag{20.7.6}$$

规定 $\alpha_k=\dfrac{a_k^k}{a_0^k}$,$\beta_k=\dfrac{b_k^k}{a_0^k}$,显然 $A_{k-1}(z)$ 与 $B_{k-1}(z)$ 均为 z 的 $k-1$ 次多项式,且各系数为

$$a_i^{k-1}=a_i^k-\alpha_ka_{k-i}^k, i=0,1,2,\cdots,k-1 \tag{20.7.7}$$

$$b_i^{k-1}=b_i^k-\beta_ka_{k-i}^k, i=0,1,2,\cdots,k-1 \tag{20.7.8}$$

试证明有如下递推关系,即

$$(1-\alpha_k^2)I_{k-1}=I_k-\beta_k^2, I_0=\beta_0^2 \tag{20.7.9}$$

证明 我们从计算 I_{k-1} 入手

$$I_{k-1} = \frac{1}{2\pi j}\oint_{|z|=1}\frac{B_{k-1}(z)B_{k-1}(z^{-1})}{A_{k-1}(z)A_{k-1}(z^{-1})}\frac{1}{z}\mathrm{d}z \tag{20.7.10}$$

设被积函数在单位圆内的极点是 $z=0$ 及 $A_{k-1}(z)$ 的各零点 $z_i, i=1,2,\cdots,k-1$,并假定彼此不相同,由(20.7.4)式及(20.7.6)式知对任意 $z_i, i=1,2,\cdots,k-1$,有

$$0=A_{k-1}(z_i)=z_i^{-1}[A_k(z_i)-\alpha_kA_k^*(z_i)]$$

即

$$A_k(z_i)=\alpha_kA_k^*(z_i)=\alpha_kz_i^kA_k(z_i^{-1}) \tag{20.7.11}$$

将上式代入(20.7.4)式得

$$\begin{aligned}A_{k-1}(z_i^{-1})&=z_i[A_k(z_i^{-1})-\alpha_kA_k^*(z_i^{-1})]\\&=z_i[A_k(z_i^{-1})-\alpha_kz_i^{-k}A_k(z_i)]\\&=z_i[A_k(z_i^{-1})-\alpha_kz_i^{-k}\alpha_kz_i^kA_k(z_i^{-1})]\\&=z_i(1-\alpha_k^2)A_k(z_i^{-1})\end{aligned} \tag{20.7.12}$$

由(20.7.2)式及(20.7.6)式还有

$$\begin{aligned}A_k^*(z)-\alpha_kA_k(z)&=a_0^k+a_1^kz+a_2^kz^2+\cdots+a_k^kz^k-\alpha_k[a_k^k+a_{k-1}^kz+\cdots+a_0^kz^k]\\&=\sum_{i=0}^{k-1}(a_i^k-\alpha_ka_{k-i}^k)z^i\end{aligned}$$

$$= \sum_{i=0}^{k-1} a_i^{k-1} z^k$$

$$\triangleq A_{k-1}^*(z) \tag{20.7.13}$$

在(20.7.13)式中,取 $z=0$ 可得

$$\begin{aligned} A_{k-1}^*(0) &= A_k^*(0) - \alpha_k A_k(0) \\ &= a_0^k - \alpha_k a_k^k \\ &= a_0^k(1-\alpha_k^2) \end{aligned} \tag{20.7.14}$$

由(20.7.2)式及(20.7.13)式还有

$$\begin{aligned} A_{k-1}(z^{-1})B_{k-1}^*(z) &= \sum_{i=0}^{k-1} a_i^{k-1} z^{-(k-1-i)} \sum_{j=0}^{k-1} b_j^{k-1} z^j \\ &= \sum_{i=0}^{k-1}\sum_{j=0}^{k-1} a_i^{k-1} z^{-(k-1-i)} b_j^{k-1} z^j \\ &= \sum_{j=0}^{k-1} a_j^{k-1} z^j \sum_{i=0}^{k-1} b_i^{k-1} z^{-(k-1-i)} \\ &= A_{k-1}^*(z) B_{k-1}(z^{-1}) \end{aligned}$$

于是有

$$\frac{B_{k-1}(z^{-1})}{A_{k-1}(z^{-1})} = \frac{B_{k-1}^*(z)}{A_{k-1}^*(z)} \tag{20.7.15}$$

又因为 $A_k^*(z) = z^k A_k(z^{-1})$ 及 $B_k^*(z) = z^k B_k(z^{-1})$,所以还有

$$\frac{B_{k-1}^*(z)}{A_k^*(z)} = \frac{B_{k-1}(z^{-1})}{zA_k(z^{-1})} = \frac{z^{k-1}B_{k-1}(z^{-1})}{z^k A_k(z^{-1})} \tag{20.7.16}$$

考虑到(20.7.12)式、(20.7.15)式及(20.7.16)式,则当 z 在 $z_i(i=1,2,\cdots,k-1)$ 的邻域内时,有

$$\frac{B_{k-1}(z)B_{k-1}(z^{-1})}{A_{k-1}(z)A_{k-1}(z^{-1})}\frac{1}{z} \tag{20.7.17}$$

$$= \frac{B_{k-1}(z)B_{k-1}(z^{-1})}{A_{k-1}(z)zA_k(z^{-1})(1-\alpha_k^2)}\frac{1}{z} \quad (\text{由(20.7.12)式}) \tag{20.7.18}$$

$$= \frac{B_{k-1}(z)B_{k-1}^*(z)}{A_{k-1}(z)A_k^*(z)(1-\alpha_k^2)}\frac{1}{z} \quad (\text{由(20.7.16)式}) \tag{20.7.19}$$

这说明被积函数(20.7.17)式同被积函数(20.7.19)式在单位圆内有相同极点,并在这些极点上有相同的留数,故由(20.7.18)式可得

$$\begin{aligned} I_{k-1} &= \frac{1}{(1-\alpha_k^2)}\frac{1}{2\pi \mathrm{j}}\oint_{|z|=1}\frac{B_{k-1}(z)B_{k-1}(z^{-1})}{A_{k-1}(z)A_k(z^{-1})}\frac{1}{z^2}\mathrm{d}z \\ &= \frac{1}{(1-\alpha_k^2)}\frac{1}{2\pi \mathrm{j}}\oint_{|z|=1}\frac{B_{k-1}(z)B_{k-1}(z^{-1})}{A_k(z)A_{k-1}(z^{-1})}\mathrm{d}z \end{aligned} \tag{20.7.20}$$

其中,第二个等号是令 $z=z^{-1}$ 而得到的,另一方面,由(20.7.4)式对任意 z 有

$$A_{k-1}(z^{-1}) = z[A_k(z^{-1}) - \alpha_k A_k^*(z^{-1})] = z[A_k(z^{-1}) - \alpha_k z^{-k}A_k(z)]$$

所以当 $A_k(z_i)=0$ 时(注意此时 z_i 为 $A_k(z)$ 的零点)有

$$A_{k-1}(z_i^{-1}) = z_i A_k(z_i^{-1}) \tag{20.7.21}$$

这说明被积函数

$$\frac{B_{k-1}(z)B_{k-1}(z^{-1})}{A_k(z)A_{k-1}(z^{-1})}$$

和被积函数

$$\frac{B_{k-1}(z)B_{k-1}(z^{-1})}{A_k(z)A_k(z^{-1})z}$$

在单位圆内有相同的极点并在这些极点上有相同的留数,故由(20.7.20)式得

$$\begin{aligned}
I_{k-1} &= \frac{1}{1-\alpha_k^2}\frac{1}{2\pi j}\oint_{|z|=1}\frac{B_{k-1}(z)B_{k-1}(z^{-1})}{A_k(z)A_k(z^{-1})}\frac{\mathrm{d}z}{z} \\
&= \frac{1}{1-\alpha_k^2}\frac{1}{2\pi j}\oint_{|z|=1}\frac{[B_k(z)-\beta_k A_k^*(z)][B_k(z^{-1})-\beta_k A_k^*(z^{-1})]}{A_k(z)A_k(z^{-1})}\frac{1}{z}\mathrm{d}z \\
&= \frac{1}{1-\alpha_k^2}\frac{1}{2\pi j}\Big[\oint_{|z|=1}\frac{B_k(z)B_k(z^{-1})}{A_k(z)A_k(z^{-1})}\frac{1}{z}\mathrm{d}z-\beta_k\oint_{|z|=1}\frac{A_k^*(z)B_k(z^{-1})}{A_k(z)A_k(z^{-1})}\frac{1}{z}\mathrm{d}z- \\
&\quad \beta_k\oint_{|z|=1}\frac{B_k(z)A_k^*(z^{-1})}{A_k(z)A_k(z^{-1})}\frac{1}{z}\mathrm{d}z+\beta_k^2\oint_{|z|=1}\frac{A_k^*(z)A_k^*(z^{-1})}{A_k(z)A_k(z^{-1})}\frac{1}{z}\mathrm{d}z\Big]
\end{aligned} \tag{20.7.22}$$

为了求出上述积分,还要用到以下关系,即

$$A_k^*(z)A_k^*(z^{-1})=z^kA_k(z^{-1})z^{-k}A_k(z)=A_k(z)A_k(z^{-1}) \tag{20.7.23}$$

于是(20.7.22)式右边方括号内第一项积分为 I_k,第三项积分为

$$\begin{aligned}
\frac{\beta_k}{2\pi \mathrm{j}}\oint_{|z|=1}\frac{B_k(z)A_k^*(z^{-1})}{A_k(z)A_k(z^{-1})}\frac{1}{z}\mathrm{d}z &= \frac{\beta_k}{2\pi \mathrm{j}}\oint_{|z|=1}\frac{B_k(z)A_k(z)}{A_k(z)A_k^*(z)}\frac{1}{z}\mathrm{d}z \\
&= \frac{\beta_k}{2\pi \mathrm{j}}\oint_{|z|=1}\frac{B_k(z)}{A_k^*(z)}\frac{1}{z}\mathrm{d}z \\
&= \beta_k\frac{b_k^k}{a_0^k} \\
&= \beta_k^2
\end{aligned}$$

第二项积分可通过变量置换 $z^{-1}\to z$ 积得与第三项积分相同,第四项积分为 β_k^2,将以上结果代入(20.7.22)式,于是得

$$(1-\alpha_k^2)I_{k-1}=I_k-\beta_k^2$$

当 $k=0$ 时,还有

$$I_0=\frac{1}{2\pi j}\oint_{|z|=1}\left(\frac{b_0^0}{a_0^0}\right)^2\frac{1}{z}\mathrm{d}z=\left(\frac{b_0^0}{a_0^0}\right)^2=\beta_0^2$$

定理证毕。

定理 20.7.2 连续时间线性系统的奥斯特姆递推公式

对于连续系统在平稳随机过程作用下的分析计算中经常用到如下积分,即

$$I_k=\frac{1}{2\pi j}\int_{-j\infty}^{j\infty}\frac{B_k(s)B_k(-s)}{A_k(s)A_k(-s)}\mathrm{d}s \tag{20.7.24}$$

其中

$$A_k(s)=\sum_{i=0}^{k}a_i^ks^{k-i} \tag{20.7.25}$$

$$B_k(s)=\sum_{i=1}^{k}b_i^ks^{k-i} \tag{20.7.26}$$

如令

$$A_k(s)=\overline{A}_k(s)+\widetilde{A}_k(s) \tag{20.7.27}$$

则

$$\overline{A}_k(s)\triangleq a_0^k s^k+a_2^k s^{k-2}+\cdots=\frac{1}{2}[A_k(s)+(-1)^k A_k(-s)] \tag{20.7.28}$$

$$\widetilde{A}_k(s)\triangleq a_1^k s^{k-1}+a_3^k s^{k-3}+\cdots=\frac{1}{2}[A_k(s)-(-1)^k A_k(-s)] \tag{20.7.29}$$

构造如下递推多项式,即

$$A_{k-1}(s)\triangleq A_k(s)-\alpha_k s\widetilde{A}_k(s) \tag{20.7.30}$$

$$B_{k-1}(s)\triangleq B_k(s)-\beta_k s\widetilde{A}_k(s) \tag{20.7.31}$$

其中

$$\alpha_k\triangleq\frac{a_0^k}{a_1^k},\beta_k\triangleq\frac{b_1^k}{a_1^k}$$

假设 $A_k(s)$ 的全部零点均在 s 的左半平面内,则

$$I_k=\sum_{l=1}^{k}\frac{\beta_l^2}{2\alpha_l} \tag{20.7.32}$$

证明　首先注意到由(20.7.28)式及(20.7.29)式有

$$\widetilde{A}_k(-s)=(-1)^{k-1}\widetilde{A}_k(s) \tag{20.7.33}$$

$$\overline{A}(-s)=(-1)^k\overline{A}_k(s)$$

于是由(20.7.27)式有

$$\begin{aligned}A_k(-s)&=(-1)^k[\overline{A}_k(s)-\widetilde{A}_k(s)]\\&=(-1)^k[A_k(s)-2\widetilde{A}_k(s)]\\&=(-1)^kA_k(s)-(-1)^k(-1)^{k-1}2\widetilde{A}_k(-s)\\&=(-1)^kA_k(s)+2\widetilde{A}_k(-s)\end{aligned} \tag{20.7.34}$$

设 $s_i(i=1,2,\cdots,k-1)$ 是 $A_{k-1}(s)$ 的零点,即 $A_{k-1}(s_i)=0$,则由(20.7.30)式有

$$A_k(s_i)=\alpha_k s_i\widetilde{A}_k(s_i) \tag{20.7.35}$$

于是利用(20.7.33)式和(20.7.29)式可推出

$$\begin{aligned}A_{k-1}(-s_i)&=A_k(-s_i)+\alpha_k s_i\widetilde{A}_k(-s_i)\\&=A_k(-s_i)+\alpha_k s_i(-1)^{k-1}\widetilde{A}_k(s_i)\\&=A_k(-s_i)+(-1)^{k-1}A_k(s_i)\\&=2\widetilde{A}_k(-s_i)\end{aligned} \tag{20.7.36}$$

因为由(20.7.33)式有 $|\widetilde{A}_k(-s)|=|\widetilde{A}_k(s)|$,所以由复变函数理论可推知 $\widetilde{A}(s)$ 的零点必在虚轴上,这样一来,对于使 $\widetilde{A}(-s_i)=0$ 成立的 s_i,由(20.7.30)式知必有($\widetilde{A}(-s_i)=0\Leftrightarrow\widetilde{A}(s_i)=0$)

$$A_{k-1}(s_i)=A_k(s_i) \tag{20.7.37}$$

进一步,对于使 $A_k(s_i)=0$ 成立的 s_i,由(20.7.34)式有

$$A_k(-s_i)=2\widetilde{A}_k(-s_i) \tag{20.7.38}$$

于是由(20.7.36)式知函数

$$\frac{B_{k-1}(s)B_{k-1}(-s)}{A_{k-1}(s)A_{k-1}(-s)}\text{与}\frac{B_{k-1}(s)B_{k-1}(-s)}{A_{k-1}(s)2\widetilde{A}_k(-s)}$$

在左半平面内有相同的极点并在这些极点上有相同的留数,所以

$$I_{k-1}=\frac{1}{2\pi j}\int_{-j\infty}^{j\infty}\frac{B_{k-1}(s)B_{k-1}(-s)}{A_{k-1}(s)2\widetilde{A}_k(-s)} \tag{20.7.39}$$

再由(20.7.37)式知函数

$$\frac{B_{k-1}(s)B_{k-1}(-s)}{A_{k-1}(s)2\widetilde{A}_k(-s)}\text{与}\frac{B_{k-1}(s)B_{k-1}(-s)}{A_k(s)2\widetilde{A}_k(-s)}$$

在左半平面内(包括虚轴)有相同的极点并在这些极点上有相同的留数,故有

$$I_{k-1}=\frac{1}{2\pi j}\int_{-j\infty}^{j\infty}\frac{B_{k-1}(s)B_{k-1}(-s)}{A_k(s)2\widetilde{A}_k(-s)} \tag{20.7.40}$$

最后,由(20.7.38)式可知,函数

$$\frac{B_{k-1}(s)B_{k-1}(-s)}{A_{k-1}(s)2\widetilde{A}_k(-s)}\text{与}\frac{B_{k-1}(s)B_{k-1}(-s)}{A_k(s)A_k(-s)}$$

在左半平面内有相同的极点并在这些极点上有相同的留数,故得

$$\begin{aligned}
I_{k-1}&=\frac{1}{2\pi j}\int_{-j\infty}^{j\infty}\frac{B_{k-1}(s)B_{k-1}(-s)}{A_k(s)A_k(-s)}ds\\
&=\frac{1}{2\pi j}\int_{-j\infty}^{j\infty}\frac{[B_k(s)-\beta_k\widetilde{A}_k(s)][B_k(-s)-\beta_k\widetilde{A}_k(-s)]}{A_k(s)A_k(-s)}ds\\
&=\frac{1}{2\pi j}\int_{-j\infty}^{j\infty}\frac{B_k(s)B_k(-s)}{A_k(s)A_k(-s)}ds-\frac{\beta_k}{2\pi j}\int_{-j\infty}^{j\infty}\frac{\widetilde{A}_k(s)B_k(-s)}{A_k(s)A_k(-s)}ds-\frac{\beta_k}{2\pi j}\int_{-j\infty}^{j\infty}\frac{B_k(s)\widetilde{A}_k(-s)}{A_k(s)A_k(-s)}ds+\\
&\quad\frac{\beta_k^2}{2\pi j}\int_{-j\infty}^{j\infty}\frac{\widetilde{A}_k(s)\widetilde{A}_k(-s)}{A_k(s)A_k(-s)}ds
\end{aligned} \tag{20.7.41}$$

利用(20.7.38)式可计算上式第三项积分为

$$\begin{aligned}
\frac{\beta_k}{2\pi j}\int_{-j\infty}^{j\infty}\frac{1}{2}\frac{B_k(s)2\widetilde{A}_k(-s)}{A_k(s)A_k(-s)}ds&=\frac{\beta_k}{4\pi j}\int_{-j\infty}^{j\infty}\frac{B_k(s)}{A_k(s)}ds\\
&=\frac{\beta_k}{2}\frac{b_1^k}{a_0^k}\\
&=\frac{\beta_k^2}{2\alpha_k}\quad\text{(对无穷远点求留数)}
\end{aligned}$$

关于第二项积分,只需令置换 $s\to -s$ 可得

$$\frac{\beta_k}{2\pi j}\int_{-j\infty}^{j\infty}\frac{\widetilde{A}_k(s)B_k(-s)}{A_k(s)A_k(-s)}ds=\frac{\beta_k^2}{2\alpha_k}$$

第四项积分为

$$\frac{\beta_k^2}{2\pi \mathrm{j}}\int_{-\mathrm{j}\infty}^{\mathrm{j}\infty}\frac{\widetilde{A}_k(s)}{2A_k(s)}\mathrm{d}s = \frac{\beta_k^2}{2}\frac{a_1^k}{a_0^k} = \frac{\beta_k^2}{2\alpha_k}$$

将以上结果代入(20.7.41)式得

$$I_{k-1} = I_k - \frac{\beta_k^2}{2\alpha_k} \tag{20.7.42}$$

考虑到 $I_0 = 0$,所以利用上式可推出(20.7.32)式。定理证毕。

20.8　习　　题

1. 设单输入、单输出线性系统的传递函数为 $\Phi(s)$,单位脉冲响应函数为 $k(t)$,$t \geqslant 0$,即 $k(t) = L^{-1}\{\Phi(s)\}$,系统输入量为零均值实平稳过程$\{X(t), -\infty < t < +\infty\}$,且自相关函数 $B_X(\tau)$为已知,试证明:

(1) $B_{XY}(\tau) = \int_{-\infty}^{+\infty} B_X(\tau + \theta)k(\theta)\mathrm{d}\theta$;

(2) $B_{YX}(\tau) = \int_{-\infty}^{+\infty} B_X(\tau - \theta)k(\theta)\mathrm{d}\theta$;

(3) $S_{YX}(\mathrm{j}\omega) = S_{XY}(-\mathrm{j}\omega)$;

(4) $S_{YX}(\mathrm{j}\omega) = S_X(\omega)\Phi(\mathrm{j}\omega)$。

2. 系统如图 20.8.1 所示。其中,$\{X(t), -\infty < t < +\infty\}$为零均值正交增量过程,且 $E\{[X(t_2) - X(t_1)]^2\} = (t_2 - t_1)(t_2 > t_1)$,$k(t)(t \geqslant 0)$为系统单位脉冲响应函数,试证:

$$B_{ZY}(\tau) = k(\tau), \tau \geqslant 0$$

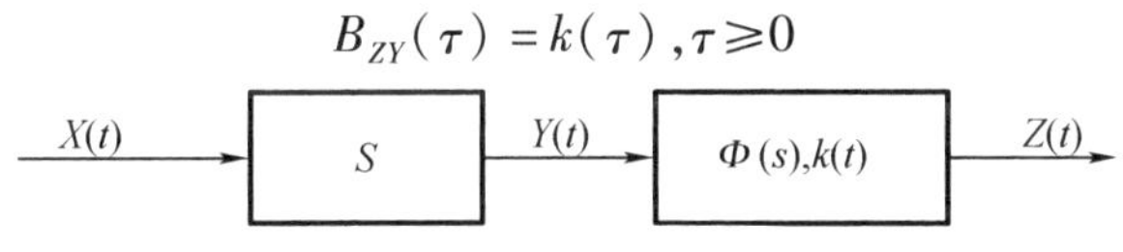

图 20.8.1　习题 2 图

3. 系统如图 20.8.2 所示。其中,$\Phi_1(s) = \mathrm{e}^{-ST}$,$\Phi_2(s) = \dfrac{1}{S}$,设系统输入$\{X(t), -\infty < t < +\infty\}$是零均值白噪声,且 $S_X(\omega) = \sigma^2$,试求系统输出$\{Z(t), -\infty < t < +\infty\}$的均方误差 σ_Z^2。

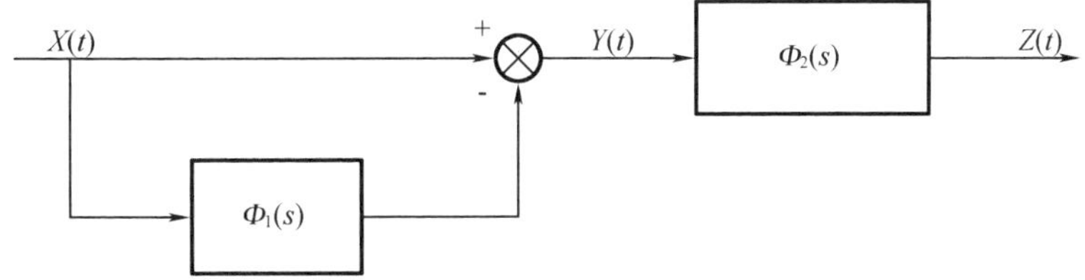

图 20.8.2　习题 3 图

4. 设$\{X(t), -\infty < t < +\infty\}$为零均值平稳过程,其功率谱密度函数为 $S_X(\omega)$,$\hat{X}(t)$为其希尔伯特变换,令 $W(t)$为

$$W(t) = X(t)\cos\omega_0 t - \hat{X}(t)\sin\omega_0 t$$

试求平稳过程$\{W(t), -\infty < t < +\infty\}$的自相关函数 $B_W(\tau)$及功率谱函数密度 $S_W(\omega)$。

5. 设$\{X(t), -\infty < t < +\infty\}$为实随机过程,其自相关函数为 $\boldsymbol{\Gamma}(t_1, t_2)$,功率谱密度函

数为 $S(\omega_1,\omega_2)$,试证明对任意 $a<b,c<d$,有

$$\left[\int_a^b\int_c^d S(\omega_1,\omega_2)\mathrm{d}\omega_1\mathrm{d}\omega_2\right]^2 \leqslant \int_a^b\int_a^b S(\omega_1,\omega_2)\mathrm{d}\omega_1\mathrm{d}\omega_2\int_c^d\int_c^d S(\omega_1,\omega_2)\mathrm{d}\omega_1\mathrm{d}\omega_2$$

6. 设稳定的定常离散系统传递函数为 $\varphi(z)=\dfrac{B(z)}{A(z)}$,其中 $A(z)=\sum\limits_{i=0}^{n}a_i z^{n-i}$,$B(z)=\sum\limits_{i=0}^{n}b_i z^{n-i}$,试证明由 $I=\dfrac{1}{2\pi \mathrm{j}}\oint_{|z|=1}\varphi(z)\varphi(z^{-1})\dfrac{\mathrm{d}z}{z}$ 定义的积分为 $I=\dfrac{x_0}{a_0}$,其中,x_0 为下述矩阵方程:

$$\begin{bmatrix} 2a_0 & 2a_1 & 2a_2 & \cdots & 2a_{n-1} & 2a_n \\ a_1 & a_0+a_2 & a_1+a_3 & \cdots & a_{n-2}+a_n & a_{n-1} \\ a_2 & a_3 & a_0+a_4 & \cdots & a_{n-3} & a_{n-2} \\ \vdots & \vdots & \vdots & & \vdots & \vdots \\ a_{n-1} & a_n & 0 & \cdots & a_0 & a_1 \\ a_n & 0 & 0 & \cdots & 0 & a_0 \end{bmatrix}\begin{bmatrix} x_0 \\ x_1 \\ x_2 \\ \vdots \\ x_{n-1} \\ x_n \end{bmatrix}=\begin{bmatrix} 2\sum\limits_{i=0}^{n} b_i^2 \\ 2\sum\limits_{i=0}^{n-1} b_i b_{i+1} \\ 2\sum\limits_{i=0}^{n-2} b_i b_{i+2} \\ \vdots \\ 2\sum\limits_{i=0}^{1} b_i b_{i+n-1} \\ 2b_0 b_n \end{bmatrix}$$

解的第一个分量。

7. 系统图 20.8.3 所示。设$\{X(t),-\infty<t<+\infty\}$和$\{Y(t),-\infty<t<+\infty\}$为平稳且平稳相关的随机过程,试证明:

$$S_Z(\omega)=|G_X(\mathrm{j}\omega)|^2 S_X(\omega)+|G_Y(\mathrm{j}\omega)|^2 S_Y(\omega)+2\mathrm{Re}\{G_X(-\mathrm{j}\omega)G_Y(\mathrm{j}\omega)S_{YX}(\mathrm{j}\omega)\}$$

其中,$S(\omega)$表示功率谱函数密度;$G_X(s)$ 与 $G_Y(s)$ 为线性定常系统传递函数。如果 $X(t)$ 和 $Y(t)$ 为平稳随机序列时,试写出相应结果。

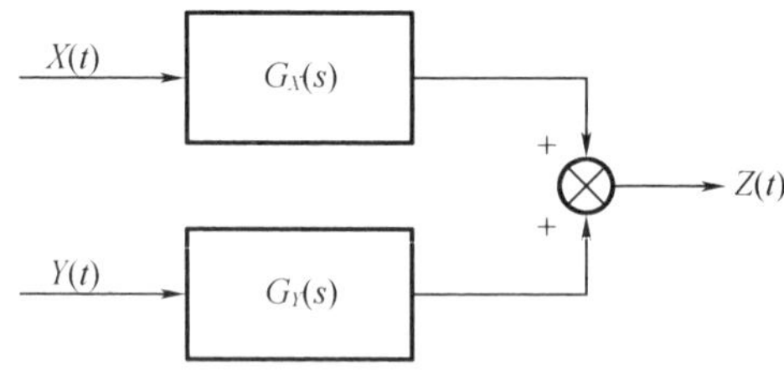

图 20.8.3 习题 7 图

8. 设平稳随机序列的功率谱密度函数 $S_X(z)$ 为

$$S_X(z)=C_1+\frac{C_2}{|z-a|^2}$$

其中,$C_1>0,C_2>0,|a|<1$ 均为实常数。试证明必存在实常数 $C>0,0<b<1$ 使 $S_X(z)$ 可表示为

$$S_Y(z)=\frac{C|z-b|^2}{|z-a|^2}$$

进一步,依据 $S_X(z)$,$S_Y(z)$ 试构造具有正态 $N(0,1)$ 分布的白噪声驱动下的两个线性系统模型。

9. 系统如图 20.8.4 所示。设$\{X(t), -\infty < t < +\infty\}$为平稳随机过程,试证$\{Y_1(t), -\infty < t < +\infty\}$与$\{Y_2(t), -\infty < t < +\infty\}$的互功率谱密度$S_{y_1y_2}(\omega)$为

$$S_{y_1y_2}(\omega) = \Phi_1(\mathrm{j}\omega)\Phi_2(-\mathrm{j}\omega)S_X(\omega)$$

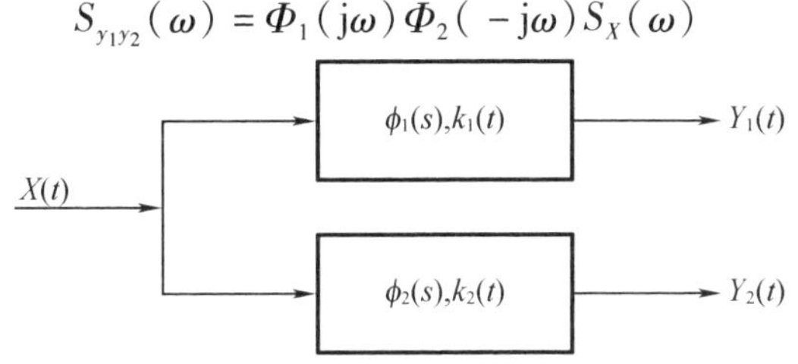

图 20.8.4　习题 9 图

10. 系统如图 20.8.5 所示。设$\{X(t), -\infty < t < +\infty\}$为零均值平稳过程,自相关函数为$B_X(\tau) = \mathrm{e}^{-a|\tau|}$,$a > 0$,系统的单位脉冲响应为$k(t) = \mathrm{e}^{-\beta t}$,$t \geqslant 0$,$\beta > 0$,当$t = 0$时将$\{X(t), -\infty < t < +\infty\}$作用于该线性系统,试求输出$\{Y(t), t \geqslant 0\}$的自相关函数$B_Y(t_1, t_2)$。

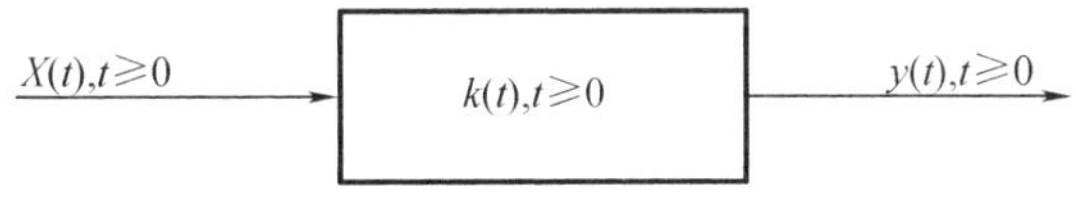

图 20.8.5　习题 10 图

11. 设线性系统频率特性为$\varphi(\mathrm{j}\omega)$,输入为复随机过程$\{X(t), -\infty < t < +\infty\}$,其自相关函数为$\boldsymbol{\Gamma}_X(t_1, t_2) = \mathrm{e}^{\mathrm{j}(at_1 - bt_2)}$,系统输出过程为$\{Y(t), -\infty < t < +\infty\}$,试证明:

(1)$\boldsymbol{\Gamma}_{YX}(t_1, t_2) = \mathrm{e}^{\mathrm{j}(at_1 - bt_2)}\varphi(\mathrm{j}a)$;

(2)$\boldsymbol{\Gamma}_{YY}(t_1, t_2) = \mathrm{e}^{\mathrm{j}(at_1 - bt_2)}\varphi(\mathrm{j}a)\overline{\varphi(\mathrm{j}b)}$。

进一步计算$\boldsymbol{\Gamma}_{YX}(t_1, t_2)$及$\boldsymbol{\Gamma}_{YY}(t_1, t_2)$的二重傅里叶变换。

12. 设随机过程$\{Y(t), t \geqslant 0\}$满足

$$\frac{\mathrm{d}Y(t)}{\mathrm{d}t} + 2Y(t) = X(t), Y(0) = 1, t \geqslant 0$$

其中,$\{X(t), -\infty < t < +\infty\}$为平稳过程且$E[X(t)] = 2$,$E[X(t+\tau)X(t)] = 4 + 2\mathrm{e}^{-|\tau|}$,试对$t > 0$,$t_1 > 0$,$t_2 > 0$,求出$E[Y(t)]$,$E[X(t_1)Y(t_2)]$,$E[Y(t_1)Y(t_2)]$。

13. 对于定理 20.7.1 所得积分,进一步证明有

$$I_k = \frac{1}{a_0^k}\sum_{i=0}^{k}\frac{(b_i^i)^2}{a_0^i}$$

14. 有一个简单的库存控制系统模型:

$$I(n) = I(n-1) + P(n) - S(n)$$
$$P(n) = P(n-1) + u(n)$$

其中,$I(n)$表示库存量,$P(n)$表示进货量,$S(n)$表示销售量,$u(n)$表示决策量,假设采用下述决策规则来补充库存:

$$u(n) = a[I_0 - I(n)]$$

其中,$a > 0$为常数。当销售量的波动可认为是零均值且具有方差为σ^2的独立同分布随机变量序列时,试求进货量和库存量波动的方差σ_P^2和σ_I^2。

15. 设$A_k(z) = \sum\limits_{i=0}^{k} a_i^k z^{k-i}$,$B_k(z) = \sum\limits_{i=0}^{k} b_i^k z^{k-i}$,由$A_k(z)$及$B_k(z)$的各系数按如下规定建

立递归多项式

$$A_{k-1}(z) = \sum_{i=0}^{k-1} a_i^{k-1} z^{k-1-i}$$

$$B_{k-1}(z) = \sum_{i=0}^{k-1} b_i^{k-1} z^{k-1-i}$$

其中

$$a_i^{k-1} = a_i^k - \alpha_k a_{k-i}^k, i = 0,1,2,\cdots,k-1, \alpha_k = \frac{a_0^k}{a_k^k}$$

$$b_i^{k-1} = b_i^k - \beta_k a_{k-i}^k, i = 0,1,2,\cdots,k-1, \beta_k = \frac{b_0^k}{a_k^k}$$

并假定 $A_n(z)(n=1,2,\cdots,k)$ 的零点全部在单位圆内,试证明:

$$I_k \triangleq \frac{1}{2\pi \mathrm{j}} \oint_{|z|=1} \frac{B_k(z)B_k(z^{-1})\mathrm{d}z}{A_k(z)A_k(z^{-1})z} = \left[1 - \left(\frac{a_0^k}{a_k^k}\right)^2\right] I_{k-1} + 2\frac{b_0^k b_k^k}{a_0^k a_k^k} - \left(\frac{b_0^k}{a_k^k}\right)^2$$

16. 对于定理 20. 7. 2 所做的积分,还可做如下处理:设 $A_k(s)$,$B_k(s)$ 仍同定理 20. 7. 2 所示的形式,现构造如下递归多项式:

$$A_{k-1}(s) = \frac{1}{s}\left[A_k(s) - \frac{a_k^k}{a_{k-1}^k s}\widetilde{A}_k(s)\right]$$

$$B_{k-1}(s) = \frac{1}{s}\left[B_k(s) - \frac{b_k^k}{a_{k-1}^k s}\widetilde{A}_k(s)\right]$$

其中

$$\widetilde{A}(s) = \frac{1}{2}[A_k(s) - (-1)^k A_k(-s)]$$

试证明:(1) $I_k = I_{k-1} + \dfrac{(b_k^k)^2}{2a_k^k a_{k-1}^k}$;

(2) $I_k = \dfrac{1}{2}\sum\limits_{l=1}^{k} \dfrac{(b_l^l)^2}{a_l^l a_{l-1}^l}$。

17. 设 $A_k(s) = \sum\limits_{i=0}^{k} a_i^k s^{k-i}$,$B_k(s) = \sum\limits_{i=1}^{k} b_i^k s^{k-i}$,并假定 $A_k(s)$ 的零点全部在 s 的左半平面内,试证明:

$$\frac{1}{2\pi \mathrm{j}}\int_{-\infty}^{+\infty} \frac{1}{A_k(s)A_k(-s)}\mathrm{d}s = \frac{1}{2a_1^1 a_0^1}$$

18. 设实系数多项式 $A_n(s)$ 为

$$A_n(s) = a_0 s^n + a_1 s^{n-1} + \cdots + a_{n-1}s + a_n$$

如果 $A_n(s)$ 的全部零点均在 s 左半平面内,试证明多项式

$$\widetilde{A}_n(s) = \frac{1}{2}[A_n(s) - (-1)^n A_n(-s)]$$

的全部零点均在虚轴上。

19. 如果线性定常系统是渐近稳定的,试证明

$$\int_{-\infty}^{+\infty} |k(t)| \mathrm{d}t < \infty$$

其中,$k(t)(t \geqslant 0)$ 为该系统单位脉冲响应函数。

参 考 文 献

[1] KOLMOGOROV A N. Über die analytischen methoden in der Wahrscheinlichkeitsrechnung [J]. Mathematische Annalen, 1931, 104(1):415-458.

[2] KOLMOGOROV A N. Об аналитических мето дах в теории вероятностей [M]. [S.I.]: [s.n.],1938.

[3] 王梓坤. 随机过程论[M]. 北京:科学出版社, 1965.

[4] DOOB J L. Stochastic processes[M]. New York: [s.n.], 1953.

[5] 夏道行,吴卓人,严绍宗,等. 实变函数论与泛函分析[M]. 北京:人民教育出版社,1978.

[6] KOLMOGOROV A N. Foundations of the theory of probability[M]. New York: Chelsea Press, 1950.

[7] DOOB J L. Markoff chains-denumerable case [J]. Transactions of the American Mathematical Society, 1945,58:455-473.

[8] DOOB J L. Time series and harmonic analysis[M]. [S.I.]:[s.n.],1949.

[9] CHUNG K L. Markov chains with stationary transition probabilities[M]. Berlin:Springer-Varlag, 1960.

[10] ДЫНКИН Е Ь. Основания теории марковских прочессов[M]. [S.I.]:[s.n.], 1959.

[11] ДЫНКИН Е Ь. Марковские прочессы [M] . [S.I.]:[s.n.], 1963.

[12] 复旦大学. 概率论. 第三册:随机过程[M]. 北京:人民教育出版社, 1981.

[13] 吴立德. 可数马尔可夫过程状态的分类[J]. 数学学报, 1965, 15(1):32-41.

[14] 吴立德. 齐次可数马尔可夫过程积分型泛函的分布[J]. 数学学报, 1963, 13(1):86-93.

[15] 胡迪鹤. 可数状态的马尔可夫过程论[M]. 武汉:武汉大学出版社, 1983.

[16] DOETSCH G. Guide to the applications of Laplace transforms[M]. London:Macmillan Press, 1971.

[17] 吉林大学数学系. 数学分析:中册[M]. 北京:人民教育出版社, 1978.

[18] KARLIN S,TAYLOR H M. 随机过程初级教程[M]. 庄兴无,陈宗洵,陈庆华,译. 北京:人民邮电出版社, 2007.

[19] PARZEN E. 随机过程[M]. 邓永录,杨振明,译. 北京:高等教育出版社, 1987.

[20] KEMENY J G, SNELL J L. Finite markov chains [M]. [S.I.]: Van Nostrand Reinhold, 1960.

[21] КОЛМОГОРВ А Н,ДМИТРИЕВ Н А. Велвящиеся случайные процессы [J]. ДАН СССР:[s.n.],1947,56:7-10.

[22] CHUNG K L. A course in probability theory [M]. New York: Academic Press,1974.

[23] RICE S O. Mathematical analysis of random noise[J]. The Bell System Technical Journal, 2014, 23(3):282-332.

[24] DAVENPORT W B, ROOT W L. Random signals and noise[M]. New York:McGraw-Hill,

1958.

[25] YULE G U. A mathematical theory of evolution, based on the conclusions of dr. j. c. willis, f. r. s [J]. Philosophical Transactions of The Royal Society B Biological Sciences, 1925, 213 (402- 410):21-87.

[26] KENDALL, DAVID G. On the generalized birth and death process [J]. The Annals of Mathematical Statistics, 1948, 19(1):1-15.

[27] SYSKI R. Introduction to congestion theory in telephone systems [M]. Edinburgh: [s. n.], 1960.

[28] LOÉVE M. Prabability theory [M]. 3rd ed. [S. I.]: Van Nostrand Reinhold, 1963.

[29] 郭敦仁. 数学物理方法[M]. 北京:人民教育出版社, 1965.

[30] 费勒. 概率论及其应用:第2卷 [M]. 2版. 郑元禄,译. 北京:人民邮电出版社, 2008.

[31] BLACKWELL D. A renewal theorem[J]. Duke Mathematical Journal, 1948, 15(1):145-150.

[32] PAPOULIS A, Pillai S U. 概率、随机变量与随机过程[M]. 保铮, 冯大政, 水鹏朗,译. 西安:西安交通大学出版社, 2004.

[33] TAKACS, LAJOS. Introduction to the theory of queves [M]. New York:Oxford University Press, 1962.

[34] 须田信英. 自动控制中的矩阵理论[M]. 北京:科学出版社, 1979.

[35] PIERSON W J, MARKS W. The power spectrum analysis of ocean wave records[J]. Eos Transactions American Geophysical Union, 1952, 33(6):834-844.

[36] RICE S O. Mathematical analysis of random noise[J]. The Bell System Technical Journal, 2014, 23(3):282-332.

[37] LONGUET – HIGGINS M S. The statistical analysis of a random moving surface[J]. Phil. Trahs. Roy. Soc. A, 1957, 249(966):321-387.

[38] 文圣常. 海浪理论与计算原理[M]. 北京:科学出版社, 1984.

[39] 李积德. 船舶耐波性[M]. 北京:国防工业出版社, 1981.

[40] 帕普力斯. 概率、随机变量与随机过程[M]. 谢国瑞,译. 北京:高等教育出版社, 1984.

[41] 赵希人, 刘胜. 关于固定点波面海浪模型的理论研究[J]. 海洋学报(中文版), 1989, 11(2):226-232.

[42] TRUXAL J G. Automatic feedback control system synthesis [M]. New York:McGraw-Hill, 1955.

[43] PAPOULIS A, MARADUDIN A A. The fourier integral and its application[J]. Physics Today, 1963, 16(3):70-72.

[44] 江泽坚,吴智泉. 实变函数论[M]. 北京:人民教育出版社, 1961.

[45] 周民强. 实变函数[M]. 北京:北京大学出版社, 1985.

[46] 盖尔鲍姆, 奥姆斯特德. 分析中的反例[M]. 高枚,译. 上海:上海科学技术出版社, 1980.

[47] KALMAN R E. A new approach to linear filtering and prediction problems[J]. Journal of Fluids Engineering, 1960, 82:34- 45.

[48] KALMAN R E, BUCY R S. New results in linear filtering and prediction theory [J]. J. Basic Eng. ASME Trans. ser. D, 1960, 83:95-107.

[49] BOGDANOFF J L, KOZIN F, KAILATH T. Engineering applications of random function theory and probability[J]. Physics Today, 1963, 16(9):72-74.

[50] 赵希人. 原子钟时间的统计规律及其在导航工程中的应用[J]. 导航. 1990(4):71-80.

[51] SMITH H M. International time and frequency coordination[J]. Proceedings of the IEEE, 1972, 60(5):479- 487.

[52] KARTASCHOFF P, Barnes J A. Standard time and frequency generation[J]. Proceedings of the IEEE, 1972, 60(5):493-501.

[53] 翟造成, 黄亨祥, 林传富, 等. 上海天文台氢原子钟的新进展[J]. 计量学报, 1988(4):55-58.

[54] 费米. 量子力学[M]. 罗吉庭,译. 西安:西安交通大学出版社, 1984.

[55] 吴大猷. 量子力学:甲部[M]. 北京:科学出版社, 1984.

[56] VESSOT R F C. Quantum Electronics Ⅲ[M]. New York: Columbia University Press,1964.

[57] ALLAN D W. Statistics of atomic frequency standards[J]. Proceedings of the IEEE, 1966, 54(2):221-230.

[58] 李明寿. 我国铯束频率基准研究的新进展[J]. 计量学报, 1987(4):13.

[59] 肖明耀. 有限频域噪声引起的 Allan 方差修正[J]. 计量学报, 1986(4):49-55.

[60] HORNER F. Frequency analysis, modulation and noise[M]. New York: McGraw-Hill, 1948.

[61] HYATT R, THRONE D, CUTLER L S, et al. Performance of Newly Developed Cesium Beam Tubes and Standards[C] // Symposium on Frequency Control. IEEE, 1971.

[62] DOOB J L. Heuristic approach to the Kolmogorov – Smirnov theorem[J]. Ann. Math. Statist. 1949, 20:393- 402.

[63] ROSS S M. 应用随机过程[M]. 9 版. 龚光鲁,译. 北京:人民邮电出版社, 2007.

[64] AKAIKE H. Information theory and an extension of the maximum likelihood principle[C] // 2nd International Symposium on Information Theory. Akademiai Kiado, 1973.

[65] AKAIKE H. IEEE Xplore Abstract—A new look at the statistical model identification[J]. Automatic Control IEEE Transactions on, 1974,19(6):716-723.

[66] BROCKWELL P J, DAVIS R A. Time series: theory and methods [M]. Second Edition, New York:Springer,1991.

[67] PANUSKA V. A stochastic approximation method for identification of linear system using adaptive filtering[M]. [S. I.]:[s. n.], 1968.

[68] LJUNG L, SODERSTROM T, GUSTAVSSON I. Counterexamples to general convergence of a commonly used recursive identification method[J]. IEEE Transactions on Automatic Control, 1975, 20(5):643-652.

[69] 冯铁城. 船舶摇摆与操纵[M]. 北京:国防工业出版社, 1980.

[70] 黄祥鹿, 范菊. 船舶与海洋结构运动的随机理论[M]. 北京:北京航空航天大学出版社, 2005.

[71] 奥奇. 不规则海浪随机分析及概率预报[M]. 北京:海洋出版社, 1985.

[72] MIKIO,HINO. Theory of stochastic simulation with special application to ocean waves [J]. Tec. Rep. , 1972,113:128-138.

[73] 赵希人，刘胜. 具有非有理谱平稳随机过程仿真的谱方法[J]. 自动化学报，1990(2):161-165.

[74] 赵希人，郑淼，侯业和. 关于海浪的有理谱建模及其仿真方法[J]. 系统仿真学报，1992(2):35- 41.

[75] 荆兆寿，刘胜. 随机海浪信号仿真器的研究[J]. 信息与控制，1989，18(6):47-51.

[76] 刘晨晖. 电力系统负荷预报理论与方法[M].哈尔滨:哈尔滨工业大学出版社，1987.

[77] HAGAN M T, BEHR S M. The time series approach to short term load forecasting[J]. IEEE Transactions on Power Systems, 1987, 2(3):785-791.

[78] RAHMAN S, BHATNAGAR R. An expert system based algorithm for short term lord forecast,[J]. IEEE Transactions on Power Systems, 1988(5):3.

[79] GOH T N, ONG H L. A new approach to statistical forecasting of daily peak power demand, electric power system research[M]. [S. I.]:[s. n.],1986.

[80] 中国科学院计算中心概率统计组，概率统计计算[M].北京:科学出版社，1983.

[81] 赵希人，王晓陵. 电力系统负荷的分解建模及预报方法[J]. 自动化学报，1991，17(6):713-720.

[82] 赵希人，李大为，李国斌，等. 电力系统负荷预报误差的概率密度函数建模[J]. 自动化学报，1993，19(05):62-568.

[83] JAMES O B. 统计决策论及贝叶斯分析[M]. 贾乃光，译，北京：中国统计出版社，1998.

[84] RAO B L S P. Nonparametric functional estimation[M]. 2nd. New York:Wiley 1983.

[85] RAO C R. Linear statistical inference and its Application[M]. New York:Wiley,1973.

[86] SILVERMAN B W. Density estimation: are theoretical results useful in practice? [J]. Asymptotic Theory of Statistical Tests & Estimation,1980(2):179-203.

[87] EPSNECNIKOV V A. Nonparametric estimation of a multidimensional probability density [J]. Theory of Probability & Its Applications, 1969, 14:156-161.

[88] WIENER N. Extrapolation, interpolation, and smoothing of stationary time series with engineering application[M]. New Yor:[s. n.],1949.

[89] WIENER N. Cybernetics or control and communication in the animal and the machine[M]. 2nd. New Yor:[s. n.],1961.

[90] КОЛМОГОРВ А Н. Ннтер полирование и экстраполирование стационарных случайных последо вательностей вательностей [M]. [S. I.]:[s. n.],1941.

[91] JAFFFE R, RECHTIN E. Design and performance of phase-lock loops capable of near optionum preformance over a wide range of input signal and noise [J]. Levels Traus, 1955(5):66-76.

[92] NISHIMURA T. Design of phase-locked loop system with correlated noise input[J]. JPL Space Programs Summary,1964,37(4):30.

[93] 赵希人. 一类非平稳随机序列的最优滤波和预测[J]. 自动化学报，1985,11(1):46-54.

[94] BELLESCIZE H D. La reception synchrone[J]. onde elec,1932(11): 230-240.

[95] GRUEN W J. Theory of AFC synchronization[J]. Proc. IRE., 1953(41): 1 043-1 048.

[96] CHOATE R L. Analysis of a phase-modulation communication system[J]. JPL Process Report, 1959(8):21-30.

[97] DURBIN E. Recent developments in loarn—c. navigation[J]. JPL Process Report,1962(2): 138-145.

[98] 无线电导航技术编辑部. 无线电导航技术译丛 [M]. [S. I.]:[s. n.],1964.

[99] "锁相技术"编辑组. 锁相技术[M]. 北京:科学出版社, 1971.

[100] SARIDIS G N, Lobbia R N. Comments on "parameter identification and control of linear discrete - time systems"[J]. IEEE Transactions on Automatic Control, 1975, 20(3): 442- 443.

[101] STEIN G, SARIDIS G N. A parameter-adaptive control technique[J]. Automatica, 1969, 5(6):731-739.

[102] TSE E, ATHANS M. Adaptive stochastic control for a class of linear systems[J]. IEEE Transactions on Automatic Control, 1972, 17(1):38-52.

[103] SARIDIS G. Expanding subinterval random search for system identification and control [J]. IEEE Transactions on Automatic Control, 1977, 22(3):405- 412.

[104] 赵希人. 二阶数字锁相环的研究及参数自校正[J]. 自动化学报, 1986, 12(2): 180-184.

[105] 赵希人, 李大为. 罗兰 C 导航信号包络变换的信噪比分析[J]. 导航, 1991(4): 29-34.

[106] 赵希人, 候业和. 罗兰 C 数字锁相环的 Z&L 变换分析[J]. 导航, 1992(4):140-145.

[107] 赵希人. 一种韧性最优滤波方法及其在电子工程中的应用[J]. 通信学报, 1991(2):38- 42.

[108] 中国科学院数学研究所概率组. 离散时间系统滤波的数学方法[M]. 北京:国防工业出版社, 1975.

[109] 中国科学院数学研究所控制理论研究室. 线性控制系统的能控性和能观测性[M]. 北京:科学出版社, 1975.

[110] KALMAN R E. Random Function Theory and probability[M]. New York:Wiley,1963.

[111] DEYST J J J, PRICE C F. Conditions for asymptotic stability of the discrete minimum variance linear estimator[J]. IEEE Transactions on Automatic Control, 1969, 13(6): 702-705.

[112] JAGWINSKI A H. Stochastic drecesses and filtering theory[M]. New York :[s. n.], 1970.

[113] KALMAN R E. On the general theory of control systems[J]. IRE Transactions on Automatic Control, 1960, 4(3):110-110.

[114] 麦迪成. 随机最优线性估计与控制[M]. 赵希人,译. 哈尔滨:黑龙江人民出版,1984.

[115] 赵希人, 李大为. 具有模型误差时卡尔曼滤波的一个定理[J]. 哈尔滨工程大学学报, 1989(4):414- 417.

[116] GILMUR R. Davidson turing and course-keeping qualities,[M]. [S. I.]:[s. n.], 1946.

[117] FISHER S. Davidson On the Turning and Steering of Ship [M]. [S. I.]:[s. n.], 1944.

[118] VLCC 研究会. 超大型船舶操纵要点[M]. 周沂,译,北京:人民交通出版社,1978.

[119] 岩井聪. 操纵论[M]. 周沂,译. 北京:人民交通出版社,1984.

[120] 辛元欧. 船舶操纵与控制[M]. 上海:上海交通大学出版社,1981.
[121] 赵希人, 陈虹丽, 叶葵, 等. 基于扩展卡尔曼滤波的船舶纵向运动受扰力与力矩的估计[J]. 中国造船, 2004, 45(3):24-29.
[122] NIKOUKHAH R, WILLSKY A S, LEVY B C. Kalman filtering and Riccati equations for descriptor systems[J]. IEEE Transactions on Automatic Control, 1992, 37(9):1 325-1 342.
[123] VALAPPIL J, GEORGAKIS C. Systematic estimation of state noise statistics for extended Kalman filters[J]. AIChE Journal, 2000, 46(2):10-31.
[124] 陶尧森. 船舶耐波性[M]. 上海:上海交通大学出版社,1985.
[125] 赵希人. 卡尔曼滤波器在船用惯性导航系统中的应用[J]. 自动化学报, 1985, 11(3):316-324.
[126] 雷渊超. 惯性导航系统[M]. 哈尔滨:. 哈尔滨工程大学出版社,1978.
[127] 饶曹基, 张卫邦. 陀螺随机漂移率统计特性的分析[J]. 华南理工大学学报(自然科学版), 1981(1):34-50.
[128] 赵希人, 郑焱. 独立分散导航系统的最优组合方法[J]. 导航, 1991(1):47-54.
[129] 中船总综合技术研究. 现代导航[M]. [S. I.]:[s. n.] ,1985.
[130] MAMER C R. Hybrid systems for guidance and navigation[J]. Nonlinear Analysis, 2010, 3:312-317.
[131] MILLER B J. The C-5 Navigation systems an application of digital synergistic stochastic hybrid navigation technology[M]. New York:Wiley,1970.
[132] 黄谟涛, 翟国君. 应用卡尔曼滤波技术计算组合导航坐标[J]. 导航, 1989(2):93-100.
[133] LEWIS F. Optimal estimation with an introduction to stochastic control theory[M]. New York:Wiley,1986.
[134] SCHMIDT W. Improvement of the accuracy of automatic landing systems by use of kalmam filtering techniques and in corporation of inertial data[M]. [S. I.]:[s. n.], 1970.
[135] 赵希人. 关于 CAR 和 CARMA 序列的状态空间表示及其卡尔曼滤波的鲁棒分析[J]. 导航, 1989(4):107-112.
[136] 奥斯特隆姆 K J. Introduction To Stochastic Control Theory[M]. New York:[s. n.],1970.
[137] 赵希人. 长波、超长波无线电导航信号锁相接收精度的统一计算[J]. 电子学报, 1988(5):114-116.
[138] 彭秀艳, 李小军, 沈艳, 等. 大型船舶航迹多变量随机最优控制[J]. 船舶工程, 2003, 25(3):41- 45.
[139] 李漳南,吴荣. 随机过程教程[M]. 北京:高等教育出版社,1987.
[140] 胡迪鹤. 应用随机过程引论. [M]. 哈尔滨:哈尔滨工业大学出版社,1984.
[141] LEE Y W. Statistical theory of communication[M]. New York:Wiley ,1960.
[142] 戴遗山,汪浩. 概率论:第二册[M]. [出版地不详]:出版者不详,1979.
[143] 宫川洋. 不规则信号论と动特性推定[M]. [S. I.]:[s. n.],1970.
[144] 索洛多夫尼科夫. 线性自动控制系统统计动力学[M]. 张东韩,译. 北京:科学出版社,1966.

[145] LANING J H, BATTIN R H. Random Processes In Automatic Control[J]. Nature, 1957, 179(4564):797-797.

[146] 基赫曼, 斯科罗霍德. 随机过程论:第2卷[M]. 周概容,译. 北京:科学出版社,1986.

[147] ЛИПЦЕР РЩ,ЩИРЯЕВ А Н. 随机过程统计[M]. 张纬国,译. 北京:中国宇航出版社,1987.

[148] 张有为. 维纳与卡尔曼滤波理论导论[M]. 人民教育出版社, 1980.

[149] 相良节夫. 系统辨识[M]. 萧德云,译. 北京:化学工业出版社,1988.

[150] 赵希人. 工程中的随机过程. [M]. 哈尔滨:黑龙江教育出版社,1988.

[151] 赵希人. 随机过程应用[M]. 哈尔滨:哈尔滨工程大学出版社,2003.

[152] 赵希人,彭秀艳. 随机过程基础及其应用[M]. 哈尔滨:哈尔滨工程大学出版社,2007.

[153] ZHAO Z J, WANG G N, SRIKANTH, et al. Simplified high – order feed forward control in mechatronics[C] // International Conference on Electrical Machines & Systems. IEEE, 2011.

[154] LAU H C, ZHAO Z J, GE S S, et al. Allocating resources in multiagent flowshops with adaptive auctions[J]. IEEE Transactions on Automation Science & Engineering, 2011, 8(4):732-743.

[155] ZHAO Z Y J, LAU H C, GE S S. Integrated Resource Allocation and Scheduling in a Bidirectional Flowshop With Multimachine and COS Constraints[J]. IEEE Transactions on Systems, Man and Cybernetics, Part C (Applications and Reviews), 2009, 39(2): 190-200.

[156] ZHAO Z J, KIM J, LUO M, et al. A heuristic method for job-shop scheduling with an infinite wait buffer-from one-machine to multi-machine problems[C] // IEEE Conference on Cybernetics & Intelligent Systems. IEEE, 2008.

[157] ZHAO Z J, SUN J, GE S S. High performance quadratic classifier and the application on penDigits recognition[C] // IEEE Conference on Decision & Control. IEEE, 2008.

[158] ZHAO Z J, GE S S. High performance motion control command generator and its application in a 3-link plane manipulator[C] // International Conference on Mechatronics & Automation. IEEE, 2007.

[159] WONG M, ZHAO Z Y, HAN Y D, et al. Three-dimensional pulse-width modulation technique in three-level power inverters for three-phase four-wired system[J]. IEEE Transactions on Power Electronics, 2001, 16(3):418- 427.

[160] 赵希人,赵正毅. 应用概率论教程:上册[M]. 哈尔滨:哈尔滨工程大学出版社,2015.